Umwelt-Handbuch

Arbeitsmaterialien zur Erfassung und Bewertung von Umweltwirkungen

Band III
Katalog umweltrelevanter Standards

Herausgeber:
Bundesministerium für wirtschaftliche Zusammenarbeit (BMZ)

Die Deutsche Bibliothek – CIP-Einheitsaufnahme

Umwelt-Handbuch : Arbeitsmaterialien zur Erfassung und Bewertung von Umweltwirkungen / Hrsg.: Bundesministerium für Wirtschaftliche Zusammenarbeit (BMZ).

NE: Deutschland / Bundesminister für Wirtschaftliche Zusammenarbeit

Bd. 3. Katalog umweltrelevanter Standards. – 1993
ISBN 978-3-528-02305-8 ISBN 978-3-663-14073-3 (eBook)
DOI 10.1007/978-3-663-14073-3

Ursprünglich erschienen bei Deutsche Gesellschaft für Technische Zusammenarbeit (GTZ) GmbH, Eschborn 1993

Softcover reprint of the hardcover 1st edition 1993

Dieses Buch ist auf säurefreiem und chlorfrei gebleichtem Papier gedruckt.

ISBN 978-3-528-02305-8

Umwelt-Handbuch
- Arbeitsmaterialien zur Erfassung und Bewertung von Umweltwirkungen -

BAND 1

BAND 2

Agrarwirtschaft

Bergbau und Energie

Industrie und Gewerbe

BAND 3 Katalog umweltrelevanter Standards

1. Einführung

1.1 Zielsetzung und Aufgabenstellung

Mit dem Katalog umweltrelevanter Standards (KUSt) werden im Sinne einer Arbeitshilfe Imformationen über "umweltrelevante Standards" bereitgestellt, die bei Untersuchungen zur Abschätzung und Bewertung der Umweltwirkungen von Vorhaben Hilfestellung geben.

Die vorliegende Version reicht bereits für die erfolgreiche Recherche nach Informationen über bestimmte Standards aus; die Anzahl der vollständig beschriebenen Standards oder damit im Zusammenhang stehender Informationen ist jedoch noch beschränkt. Dieser Katalog versteht sich also noch nicht als vollständiges Kompendium, sondern als ein im Aufbau befindliches Handbuch. Seine Struktur ist für weitere Informationen, sowohl was die Anzahl der Katalogteile als auch was den Umfang je Katalogteil betrifft, ausgelegt. Der modulare Aufbau, die Gesamtgestaltung und die Gestaltung der Einzelblätter zielen auf ein fortschreibungs- und ergänzungsfähiges Werk.

1.2 Umweltrelevante Standards

Mit dem Begriff "umweltrelevante Standards" werden im weiteren Sinne Parameter, Indikatoren oder Klassifizierungssysteme angesprochen, mit denen Einwirkungen auf die Umwelt kontrolliert, die Umweltqualität beschrieben oder Teile von ihnen bestimmt werden können. Im engeren Sinne versteht man unter "umweltrelevanten Standards"

- Parameter, die für die Formulierung von Grenz-, Richt- oder anderen umweltbezogenen Meßwerten herangezogen werden können, oder

- die formulierten Grenz-, Richt- oder an bestimmten Funktionen orientierten Meßwerte selbst (Grenz-, Richt-, Orientierungs-, ökotoxische Meßwerte usw.).

Umweltrelevante Standards können sich prinzipiell auf alle Teile des ökologischen Wirkungsgeflechts beziehen. Sie lassen sich dessen Komponenten zuordnen

- Atmosphäre (Lufthülle, Bereich des Lufthaushalts)
- Pedosphäre / Lithosphäre (Bodenhülle; Bereich des Bodenhaushalts/Erdkruste)
- Hydrosphäre (Wasserhülle der Erde; Bereich des Wasserhaushalts)
- Biosphäre (Lebensraum; Lebensbereich für Flora und Fauna)
- Anthroposphäre (Menschlicher Lebensraum; Lebensbereich des Menschen).

Die operationellen Ansatzpunkte für Standards liegen in der Regel entweder bei der Eingriffsseite oder beim Nutzeranspruch:

- Standards für Freisetzungen/Einleitungen von Schadstoffen/Lärm/Wärme und Benutzungen von Umweltmedien (Umweltbeeinflussungen) beziehen sich auf Wirkungen, die unmittelbar von den zu betrachtenden Projekten ausgehen.

- **Beeinflussungskategorien**

1 **Abwasser:** Einleitung von verschmutztem bzw. mit Schadstoffen befrachtetem Wasser in Oberflächengewässer bzw. in den Grundwasserkörper.

2 **Abwärme:** Einleitung von erwärmtem Wasser in Oberflächengewässer oder ins Grundwasser.

3 **Emission:** Einleitung gas- und staubförmiger Stoffe in die Atmosphäre; besondere Emissionen wie Licht, Radioaktivität, andere elektromagnetische Strahlen.

4 **Abfälle:** Entstehung und Deponierung von Abfallstoffen, Baggergut, Klärschlamm, Abraum etc.

5 **Nutz- und Hilfsstoffe:** Einbringen von Chemikalien in die Umwelt zu ihrer gezielten Beeinflussung (z. B. Pflanzenschutz- und Düngemittel, Streusalz etc.).

6 **Änderung der Flächennutzung:** Veränderung der bestehenden Oberflächenbedeckung oder Umwidmung der Fläche.

7 **Abtrag des Bodens:** Beseitigung oder Verfrachtung der biologisch aktiven Bodendecke.

8 **Eingriffe in den Wasserhaushalt:** (Wassermengenbewirtschaftung) Gezielte Beeinflussung bzw. Nutzung des Wasserdargebots.

9 **Eingriffe in die Oberflächengestalt:** Veränderung der orographischen Verhältnisse (Abgrabungen und Aufschüttungen); Veränderungen des Landschaftsbildes.

10 **Lärmemission:** Emission von Lärm (außerhalb geschlossener Räume).

- Standards für die Umweltqualität beziehen sich auf Elemente und Funktionen der Umwelt, auf die unmittelbare Nutzungsansprüche gerichtet sind.

- **Umweltqualitätskategorien**

1 **Luftqualität:** Anforderungen an die Reinheit der Luft und an andere Parameter, z. B durch Immissionsgrenzwerte.

2 **Klimatische Situation:** Anforderungen v. a. an das Geländeklima.

3 **Lärmsituation:** Anforderungen an das Freisein von Lärm.

4 **Wasserdargebot:** Bedarf an Wasser (quantitativer Aspekt).

5 **Wasserqualität:** Anforderungen an die Reinheit und den Zustand des Wassers / Freisein von schädlichen, unerwünschten Stoffen, Mikroorganismen sowie anderen Parametern.

6 **Bodenqualität:** Anforderungen an den (physikalisch/chemischen und biologischen) Zustand des Bodens.

7 **Land- und waldwirtschaftlich nutzbare Fläche:** Anforderungen an nutzbare Flächen für die Produktion von Nahrungsmitteln, Holz und anderer Biomasse.

8 **Besondere Biotopfunktionen:** Anforderungen an bioökologische Bedingungen (die nicht bei 1 bis 6 behandelt sind).

9 **Nahrungsmittelqualität:** Anforderungen an die Reinheit der Nahrungsmittel von Schadstoffen und Krankheitserregern sowie an ihre ernährungsphysiologische Qualität.

10 **Besondere Nutzungen und Funktionen:** Anforderungen an bestimmte Bedingungen (die nicht in den o. g. behandelt sind) z. B. Erholungsnutzung, Schutzgebietsstatus, Landschaftsbild.

- **Bioindikatoren**

Im Zusammenhang mit der Durchführung von Umweltuntersuchungen stellt sich auch die Frage nach dem Stellenwert von Bioindikatoren. Mit dem Begriff werden sehr verschiedene biologische (im Unterschied zu chemisch-physikalischen) Methoden zur Erfassung von Umweltzuständen gekennzeichnet. Für aquatische Ökosysteme werden Bioindikatoren operationell eingesetzt und haben Eingang in Regelwerke zur Standardsetzung von Wasser gefunden. Was die Erfassung von Immissions- oder Belastungszuständen anderer Medien betrifft, gibt es mehr oder weniger standardisierte Verfahren. Generell gilt, daß ihr operationeller Einsatz in der deutschen Praxis jedoch sehr beschränkt ist. Es ist aber zu erwarten, daß bei praxisgerechter Entwicklung von Bioindikatorsystemen entsprechende Erfassungsmethoden an Bedeutung gewinnen werden.

Bioindikatoren stellen besondere Anforderungen an eine regionsspezifische Eichung und Standardisierung. Insbesondere für Ökotop-Typen in tropischen Zonen ist hier jedoch noch erhebliche Forschungs-, Entwicklungs- und Aufbereitungsarbeit zu leisten, ehe sie als operationell angesehen werden können oder gar als Standard einsetzbar sind. Eine entsprechende Zusammenstellung von Bioindikatoren, die für die Anwendung bei Umweltuntersuchungen in Frage kommen, liegt jedenfalls nicht vor.

- **Exkurs: Zur Bedeutung von Standards**

Wesentliche Aufgabe einer Untersuchung zur Abschätzung und Bewertung der Umweltwirkungen ist zunächst **die wertfreie Ermittlung der von einem Projekt ausgehenden Einwirkungen auf die Umwelt und der daraus abzuleitenden, bzw. zu erwartenden Veränderungen.** Als Entscheidungshilfe nutzbar ist sie jedoch erst dann, wenn diese Einwirkungen und Veränderungen im Hinblick auf ihre Bedeutung einer Bewertung zugeführt werden. Die Wertmaßstäbe hierfür sind letzlich aus den Ansprüchen des Menschen an die Umwelt abzuleiten, seien diese physiologisch, ökonomisch, ethisch oder sonstwie begründet. Sie finden ihren Ausdruck z. B. in den Zielen des Umweltprogramms der Bundesregierung, die kurz wie folgt zusammengefaßt werden können:

- Schutz von Gesundheit und Wohlbefinden vor anthropogen bedingten schädlichen Umwelteinflüssen,

- Erhaltung und Verbesserung der Leistungs- und Nutzungsfähigkeit des Naturhaushaltes,

- Erhaltung der natürlichen Vielfalt und Eigenart der Tier- und Pflanzenwelt und der Landschaft.

Ein Mittel zur Konkretisierung und Operationalisierung der o. g. Ziele und Wertmaßstäbe ist die Formulierung von Grenz- und Richtwerten (im folgenden "Standards" genannt). Bei der Entwicklung solcher Standards ging in der Vergangenheit (und mit Sicherheit auch in der Zukunft) jedes Land seinen eigenen Weg mit dem Ergebnis, daß heute eine unübersehbare Vielfalt von Grenz-, Richt-, Empfehlungs- und Orientierungswerten besteht, die sich nicht nur in der Höhe des (Meß-) Wertes (bis Faktor 1000!), sondern auch in den dazugehörigen Randbedingungen, wie Meßverfahren, Bezugsraum und -zeit, Mittelungsverfahren, Vorbelastung, Verbindlichkeit etc., unterscheiden und daher praktisch nicht vergleichbar sind.

Diese Vielfalt hat ihre Ursache nicht nur in der Schwierigkeit, naturwissenschaftlich begründbare Standards festzulegen und in dem daher für die Festlegung solcher Werte notwendigen Zusammenspiel naturwissenschaftlicher Erkenntnisse, wirtschaftlicher und politischer Interessen, verfügbarer Meß- und Kontrolltechniken, Stand der Technik etc., sondern auch in der von Land zu Land unterschiedlichen Grundkonzeption der Umweltpolitik (die abhängt von dem regional unterschiedlichen Problemdruck und -bewußtsein, der Einstellung zur Umwelt, dem Wirtschaftssystem, den politischen Entscheidungsmechanismen u.v.a.).

Nachfolgend sollen einige Problemaspekte skizziert werden:

- am Beispiel von Cadmium die mögliche Vielzahl denkbarer Standards und der grundsätzliche qualitative Unterschied zwischen Emissions- und Immissionsstandards,
- am Beispiel des 'Air Quality Managements' den möglichen (notwendigen) koordinierten Einsatz unterschiedlicher Standards zur Erreichung von Qualitätszielen,
- mögliche politische Strategien zur Festlegung von Emissionsstandards.

<u>Stoffspezifische Grenzwerte (Beispiel: Cadmium)</u>

Die schon bei relativ einfach zu erfassenden Schadstoffen mögliche Vielzahl denkbarer Standards sei am Beispiel des Schwermetalls Cadmium demonstriert. Bild a) zeigt eine stark vereinfachte Abbildung der möglichen Pfade ("pathways") des Cadmiums hin zum Rezeptor Mensch. Jeder einzelne der eingezeichneten Pfeile stellt einen Ansatzpunkt für eine Vielzahl von Standards dar. An diesem Beispiel wird deutlich, daß alle Standards, die sich auf dem Rezeptor vorgelagerte Glieder des Wirkungsgeflechts bis hin zur Einwirkung beziehen, die Funktion haben, die Einhaltung der rezeptorspezifischen Standards zu gewährleisten. Sie sind also grundsätzlich aus den Ansprüchen des Rezeptors abzuleiten, die wiederum z. B. beim Menschen von Individuum zu Individuum (unterschiedliche Empfindlichkeit!) und Land zu Land (z. B. unterschiedliche Ernährungsgewohnheiten) z. T. um Größenordnungen variieren. Da die Wirkungskette meist nur bruchstückhaft bekannt ist, werden Standards umso unsicherer, je weiter sie vom Rezeptor "entfernt" liegen. Daraus folgt, daß Emissionsstandards in noch viel stärkerem Maße als Qualitätsstandards mit enormen Unsicherheiten behaftet sind, und das erklärt auch die Tatsache, daß sie weitestgehend nach Kriterien festgelegt werden (müssen), die kaum etwas mit der Wirkung beim Rezeptor zu tun haben.

Abb. a): Cd-Belastungspfade für den Menschen

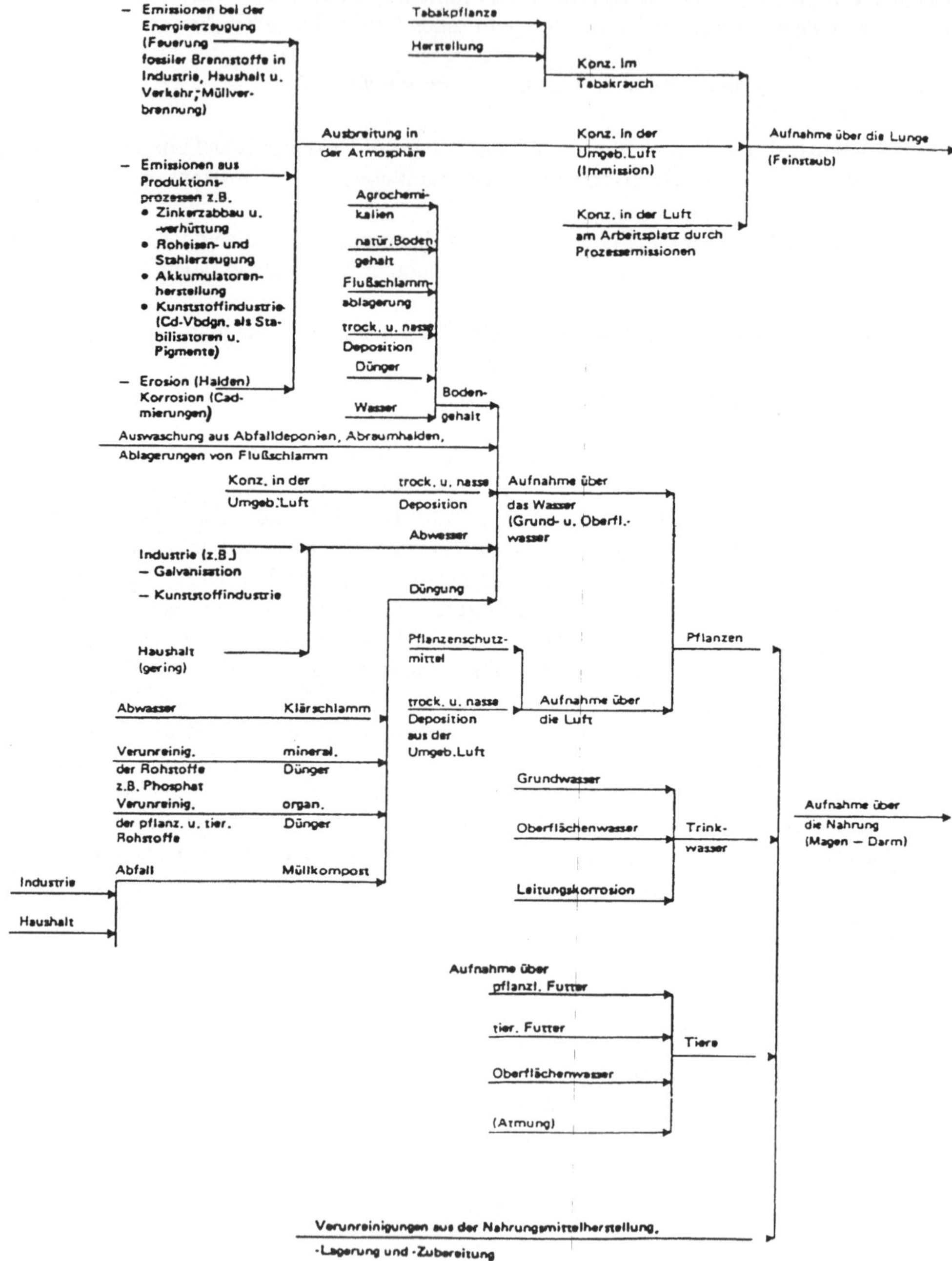

Grenzwerte für lufthygienische Schadstoffe

Die anspruchvollsten Systeme des "Air Quality Managements" (wie z. B. in den USA und der Bundesrepublik Deutschland) setzen (zusammen mit anderen Maßnahmen) u. a. mehrere Arten von Standards in aufeinander abgestimmter Form ein, um auf verschiedenen Stufen der Prozesse und Mechanismen, die schließlich zu unerwünschten Immissionen und Wirkungen führen können, Einfluß zu nehmen.

Sie begrenzen bzw. regeln

- die Zusammensetzung von Stoffen, bei deren bestimmungsgemäßer Verwendung Emissionen entstehen können ("Produktgrenzwerte"),

- die Konstruktion und die Betriebsweise von Anlagen, Anlagenteilen und Geräten in Hinblick auf minimale Emission (engl.: "equipment standards"; im deutschen Sprachgebrauch: Teilgebiet der Produktgrenzwerte),

- die Emission luftverunreinigender Stoffe in die Atmosphäre durch anlagen- und/oder stoffspezifische Vorschriften (Emissionsgrenzwerte),

- die Konzentration in der Atmosphäre oder den Niederschlag luftverunreinigender Stoffe; damit wird indirekt die Aufnahme von Schadstoffen und die Wirkung auf bestimmte Akzeptorgruppen begrenzt ("Immissionsgrenzwerte", engl: "ambient air quality standards"). Da die Wirkung eines bestimmten Schadstoffangebotes auf unterschiedliche Akzeptorgruppen unterschiedlich sein kann, kann es auch für ein und denselben Stoff unterschiedliche Grenzwerte geben.

Politische Strategien zur Grenzwertfestlegung

Die Festlegung von Emissionsstandards kann nach sehr unterschiedlichen Strategien erfolgen, die zu sehr unterschiedlichen Standards für die gleiche Einwirkung auf die Umwelt und zu sehr unterschiedlichen Ergebnissen für die Umweltqualität führen:

- Nach der besten verfügbaren Technologie

  Die Festlegung von Standards orientiert sich am Stand der Technik. Diese Vorgehensweise fordert den maximal möglichen Schutz der Umwelt nach dem Stand der Technik. Gefordert wird, daß z. B. die Verbesserung der Wasserqualität direkt den technischen Neuerungen folgt. Nicht berücksichtigt wird z. B. die relative Toxizität von Stoffen, verschiedene Verteilungswege von Stoffen, die Leistungsfähigkeit des Vorfluters.

Nach dieser Vorgehensweise existieren Standards z. B. in den USA für industrielle Einleiter:[1)]

- nach 1977 erbaute Anlagen: "Best practicable control technology currently available"
- nach 1983 erbaute Anlagen: "Best available technology economically achievable"
- neue Quellen: "Best available demonstrated technology".

• Einheitliche Emissionsstandards

Diese Standards beinhalten Begrenzungen der Konzentration z. B. im Abwasser ungeachtet des Standortes des Einleiters.

Die Standards basieren gewöhnlich auf dem "Verschmutzungspotential" der Einleiter und/oder der Effektivität der anerkannten bzw. gebräuchlichen Technologien. **Vorteile** sind die leichte Kontrolle und Verwaltung und die relativ geringen Kosten für die Kontrolle der Verschmutzung.

Nachteilig ist, daß die Schadstofffracht und der Standort der Einleitung oder die Leistungsfähigkeit und Vorbelastung des Oberflächengewässers nicht berücksichtigt werden.

Einheitliche Einleiterstandards können zur völligen Überlastung einiger Vorfluter bei gleichzeitiger Nichtausnutzung des natürlichen Selbstreinigungspotentials bei anderen Vorflutern führen.

Solche Standards existieren als rechtliche Anforderungen oder als Richtlinien; z. B. Singapur (Trade Effluent Regulations, 1976, Water Pollution Control and Drainage Act, 1975).

• Örtliche Emissionsstandards

In dieser Methode werden Standards entsprechend den lokalen Bedingungen (was nicht unbedingt Umweltbedingungen heißt) festgelegt, mit dem Ziel, z. B. eine bestimmte Wasserqualität zu erreichen.

Vorteile: Diese Standards können aktualisiert werden nach den neuesten Erkenntnissen und Techniken; von den Einleitern wird ein höheres Niveau gefordert als das dem Qualitätsziel entsprechende.

Die geoökologischen Bedingungen und die Anforderungen an die Umwelt werden stärker als bei jeder anderen Methode berücksichtigt. Daher wird diese Methode oft günstiger eingeschätzt als die beiden vorgenannten.

---

1) Greenwood, D.R. et el. (1983): A Handbook of Key Federal Regulations and Criteria for Multimedia Environmental Control. Research Triangle Kust., Research Triangle Park, W.C.

Nachteile: Verwaltung und Kontrolle sind schwieriger, weil ggf. von Betrieb zu Betrieb unterschiedliche Standards gelten. Es treten z. T. gravierende Wettbewerbsverzerrungen auf. Solche Standards werden z. B. in Großbritannien eingesetzt.

Unterschiede im Zahlenwert von Standards sind jedoch nicht nur durch unterschiedliche Strategien zu erklären. Weitere Unterschiede sind zurückzuführen auf die verschiedenen Verfahren der Meßtechnik, der Meßwertübermittlung, die statistischen Eigenschaften des Grenzwertes (Mittelwerte, Spitzenwerte, Perzentile), den Ort der Messung, etc.

Allen Arten von Standards ist auch gemeinsam, daß ihre Einhaltung **überwacht** werden muß; ein Standard hat nur dann einen Sinn, wenn festgestellt wird, ob die reale Situation ober- oder unterhalb des Standards liegt und wie groß die Entfernung zum Standard ist. Das Ergebnis der Überwachung hängt aber ganz entscheidend von der Art des Überwachungssystems ab; unterschiedliche Überwachungssysteme können bei ein und derselben realen Situation zu ganz unterschiedlichen Ergebnissen im Standard kommen.

Daraus folgt, daß Standard und Überwachungssystem sehr eng miteinander verbunden sind. Diese Kopplung geht so weit, daß die Festlegung eines Standards als unabdingbaren Bestandteil die Festlegung der Grundsätze der Überwachung einschließen muß.

Aber selbst wenn nun die Standards für einen bestimmten Stoff in zwei verschiedenen Ländern gleich sind und gleich gut definiert sind, so darf daraus noch nicht auf gleiche Bedeutung der Standards z. B. innerhalb der Luftreinhaltestrategie der beiden Länder geschlossen werden. Man muß also zusätzlich danach fragen, was beispielsweise passiert, wenn der Standard überschritten wird; das ist die Frage nach der Philosophie, die hinter den Standards und der gesamten Luftreinhaltung steht. Wenn als Extremfall in einem Land nichts passiert, im anderen dagegen eine Anlage geschlossen wird, so haben die Grenzwerte trotz völliger Gleichheit in der Definition in der Überwachung eine völlig unterschiedliche Bedeutung. Daher ist der Schluß, ein Land mit einem niedrigen SO_2-Grenzwert verfolge eine schärfere Luftreinhaltepolitik als ein Land mit einem zahlenmäßig höheren Wert, völlig unzulässig, solange nicht alle Aspekte der Grenzwertdefinition bekannt und berücksichtigt sind.

Aus dem hier Gesagten ergeben sich für die Interpretation und Nutzung von Standards u. a. folgende Konsequenzen:

1. Es existiert eine nahezu unübersehbare Fülle von Standards. Es ist daher weder möglich noch sinnvoll, eine vollständige Sammlung aller Standards anzulegen. Diese würde den Umfang einer kleinen Bibliothek annehmen, ohne daß damit ein wesentlicher Schritt hin auf das Ziel getan wärde. Eine im gegebenen Rahmen mögliche und simnvolle Zusammenstellung kann daher nur einen mehr oder minder willkürlichen Ausschnitt aus einer solchen Sammlung darstellen.

2. Die einzelnen Standards bestehen nicht nur aus einem einzigen Zahlenwert; zu ihrer Definition gehört vielmehr eine Vielzahl von Informationen. Ein Vergleich von Standards aus verschiedenen Ländern kann nur mit großer Vorsicht und mit viel Sachver-

stand durchgeführt werden und erfordert einen erheblichen Aufwand. Die Analyse und Interpretation der gesammelten Standards kann daher nicht nach streng wissenschaftlichen Kriterien, sondern muß im wesentlich gutachterlich-interpretativ erfolgen, zumal die Begründung für einzelne Standards aus den normalerweise verfügbaren Unterlagen nicht oder nur mit kriminalistischen Methoden ableitbar sind.

Dies gilt insbesondere für

- die Begründung der Standards und der daraus abzuleitenden Bewertung ihrer Validität (d. h. ihrer inhaltlichen Angemessenheit), sowie ihrer Übertragbarkeit auf andere Länder
- die statistische Analyse der oft sehr vielfältigen, einen einzelnen Schadstoff betreffenden Standards
- die Empfehlung einzelner Standards für die Nutzung.

Eine Klassifizierung von Standards nach ihrer "Bonität" (d. h. ihrer "Güte" und damit Richtigkeit/Angemessenheit/Zuverlässigkeit) ist aus den genannten Gründen wohl auch grundsätzlich kaum möglich.

3. Die gesammelten Standards und ihre Analyse geben keinerlei Hinweise darauf, ob und ggf. inwieweit regionale geoökologische Bedingungen bei ihrer Festlegung eine wesentliche Rolle gespielt haben. Es ist im Gegenteil festzulegen, daß Länder mit empfindlicherer Umwelt oft höhere (d. h. großzügigere) Standards verwenden als solche mit unempfindlicherer Umwelt. Es deutet einiges darauf hin, daß eher der Zustand der Umwelt eine Rolle spielt: eine schlechte Umweltsituation verleitet zur Festlegung großzügiger Standards, da anspruchsvollere nicht oder nur mit nicht akzeptierten Kosten durchzusetzen wären. Länder ohne chemische Industrie oder ohne funktionierende Kontrollmechanismen haben schärfere Standards für entsprechende Emissionen, da ihre Einhaltung ohne Aufwand gesichert oder nicht kontrolliert wird.

4. Standards sind aus grundsätzlichen, naturwissenschaftlich begründeten Erwägungen heraus niemals als Grenzen zu verstehen, unterhalb derer keine negativen Wirkungen stattfinden, oberhalb derer aber katastrophale Folgen auftreten. Jeder Standard stellt im günstigsten Fall lediglich einen (oft recht willkürlich gewählten und von vielen nicht objektivierbaren und oft sachfremden Kriterien abhängigen) Punkt des (meist unbekannten) funktionalen Zusammenhangs zwischen Einwirkung bzw. Zustand und den verursachten Schäden dar. Die Nutzung von Standards als ja/nein-Entscheidungskriterium im administrativen bzw. rechtlichen Bereich (z. B. bei gewerberechtlichen Genehmigungsverfahren oder Schadensersatzprozessen) ist kein Indiz oder gar Basis für ihre "Richtigkeit" bzw. Begründbarkeit nach naturwissenschaftlichen Kriterien. Nicht direkt rezeptorbezogene Standards, insbesondere Emissionsstandards, können lediglich orien-

tierende Funktion haben, nämlich eindeutig unwesentliche Aspekte von der weiteren Untersuchung auszuscheiden (Standards, die sich auf Konzentrationen und nicht auf Frachten beziehen, sind aber auch hierfür absolut ungeeignet).

Die Benutzung von Standards ohne explizite Berücksichtigung aller ihre Gültigkeit beschränkenden Randbedingungen birgt die Gefahr einer unsachgemäßen Entscheidung in sich.

Die oft notwendige Abwägung zwischen konkurrierenden Umweltzielen (z. B. Emission oder Abwasserbelastung?) und zwischen diesen und ökonomischen Zielen erfordert differenziertere Kriterien und Bewertungsmaßstäbe, als Standards sie bieten können.

5. Durch quantitative (und damit erst im Prinzip meßbare und objektiv kontrollierbare) Standards werden bisher überwiegend stoffliche Einwirkungen und Schadstoffe in den Umweltmedien erfaßt. Die besonders gravierenden Folgen von gestaltenden Eingriffen mit ihren Konsequenzen für die nutzbaren Ressourcen (und damit die ökonomische Basis) und die Tier- und Pflanzenwelt werden damit nicht erfaßt.

Zusammenfassend ist festzustellen, daß beim derzeitigen Stand der wissenschaftlichen Diskussion und der Entwicklung von Standards solche bestenfalls als ein mit äußerster Vorsicht zu gebrauchendes Hilfsmittel für Umweltuntersuchungen darstellen. Keinesfalls darf die Entscheidung über die Durchführung eines Projektes allein von der Einhaltung oder Nichteinhaltung von Standards abhängig gemacht werden.

Es ist jedoch andererseits unstrittig, daß Standards ein unverzichtbares Hilfsmittel für die Beurteilung der Umwelterheblichkeit bzw. die Bewertung der Umweltwirkungen von Maßnahmen darstellen.

1.3 Gliederungskonzept des KUSt

Der KUSt folgt zwei Ordnungsprinzipen:

1. Ausgehend von den unmittelbaren Ansatzpunkten für die Standards wird unterschieden nach

   - **Standards für Freisetzungen/Einleitungen von Schadstoffen/ Lärm/Wärme und Benutzungen von Umweltmedien (Umweltbeeinflussungen), (Kap.3)**
   - **Standards für die Umweltqualität (Kap. 4).**

Entsprechend wird differenziert nach Einwirkungs- oder Verursacherkategorien bzw. Bereichen der Umweltqualität (Schutzgüter, Umweltsachgebiete, Medien usw.) (s. folgende Übersichtsmatrizen).

Übersichtsmatrix "Standards für Umweltbeeinflussungen"

Wirkungen auf die Umwelt:
1 Abwasser
2 Abwärme
3 Emission
4 Abfälle
5 Nutz- und Hilfsstoffe
6 Änderung der Flächennutzung
7 Abtrag des Bodens
8 Eingriffe in den Wasserhaushalt
9 Eingriffe in die Oberflächengestalt
10 Lärmemmission

Verursacher, Maßnahmen hier: **Schwerpunkte der Projektaktivitäten**	1 2 3 4 5 6 7 8 9 10
	- Standards/Wirkungsbeziehungen
Landwirtschaftliche Produktion	
Waldwirtschaftliche Produktion	
Verkehr (Straße, Schiene, Wasser, Luft)	
Kommunale Wasserversorgung	(Wirkungen unterschiedlicher
Kommunale Entsorgung	Intensität)
Produzierendes Gewerbe, Industrie	
Bergbau, Rohstoffgewinnung	
Wasserbauliche Maßnahmen (Be- und Entwässerung, etc.)	
u. a. (z. B. Fischerei, Wohnungsbau, Telekommunikation)	

Übersichtsmatrix "Standards für die Umweltqualität"

Ziele, Rezeptoren, Schutzgüter

1 Mensch
2 Naturhaushalt
3 Tier- und Pflanzenwelt
4 Kulturgüter, Sachgüter

Anforderungen an die Umweltqualität aus Sicht der Rezeptoren betreffen	**1 2 3 4**
Auswirkungen →	**← Anforderungen**
	- Standards/Wirkungsbeziehungen -
Luftqualität	
Klimatische Situation	
Lärmsituation	
Wasserdargebot	(Wirkungen unterschiedlicher
Wasserqualtität	Intensität/Anforderungen
Bodenqualität	unterschiedlicher Definition
Land-/Waldwirtschafliche nutzbare Fläche	und Schärfe)
Besondere Biotopfunktionen	
Nahrungsmittelqualität	
Besondere Nutzungen und Funktionen	

2. Ausgehend von den Sachgebieten vorliegender Datenquellen und Fachrichtungen können "Informationsbereiche" definiert werden, die sich als relativ eigenständige Bearbeitungsteile zur Bewältigung des Informationsumfangs verstehen. Als solche können generell die folgenden angesehen werden:

   - **Verursacher, Maßnahmen und Projektaktivitäten**
     (Geräte, Anlagen, planerische und bauliche Maßnahmen, verursacherbezogene Standards)

   - **Chemische Stoffe**
     (chemisch eindeutig definierbare Einzelstoffe, Stoffverbindungen und Stoffgruppen)

   - **Unspezifische Stoffkategorien**
     (chemisch/physikalisch unspezifische Stoffgruppen, stoffgruppenbezogene Sammelbezeichnungen der Umweltplanung)

   - **Parameter und Indikatoren**
     (physikalische oder ökologische Meßgrößen, Parameter und Indikatoren, ausgenommen Stoffe und Stoffkategorien)

   - **Umweltmedien**
     (Einzelparameter, Standards oder Indikatoren zur Bestimmung der Umweltqualität von Umweltmedien)

   - **Akzeptoren und Schutzgüter**
     (Einzelparameter, Standards oder Indikatoren zur Bestimmung der Umweltqualität im Hinblick auf bestimmte Akzeptoren oder Schutzgüter, ausgenommen Umweltmedien)

   - **Kategorien oder Umweltteilbereiche der Fachplanung**
     (fachplanerische Umweltteilbereiche)

   - **Nutzungen und Funktionen**
     (Einzelparameter, Standards oder Indikatoren zur Bestimmung der Umweltqualität von bestimmten Flächen, Flächennutzungen und Flächenfunktionen)

   - **Internationales Umweltrecht**
     (EG-Verträge und internationale, multilaterale Umweltverträge)

- **Regelwerke und Richtlinien**
  (nationale und internationale Regelwerke und Richtlinien, Methoden zur Regelung von umweltbeeinflussenden Faktoren und zur Bestimmung der Umweltqualität).

In KUSt sind die Informationsbereiche "chemische Stoffe und Stoffgruppen" und "internationales Umweltrecht" als besondere Katalogteile geführt. Deren Informationen sind in Tabellen, Übersichten und Informationsblättern als Karteien im Anhang zusammengestellt. Beide Gliederungsprinzipien spiegeln die wesentlichen, möglichen Abfrageinteressen wider und definieren gleichzeitig den Rahmen für die weitere Bearbeitung und für die Fortschreibungsroutine.

Wegen der besseren Lesbarkeit, aber auch aus erhebungspragmatischen Gründen werden redundante Darstellungen nicht vermieden. So ist z. B. der Text zu "Standards der Gewässerschutzrichtlinie der EG" in den Katalogteil "Internationales Unweltrecht" übernommen, die wasserbezogenen Standards zu chemischen Stoffen selbst sind wiederum stoffbezogen im Katalogteil "Chemische Stoffe" enthalten. Die Katalogteile würden damit also in sich geschlossen anwendbar und recherchierbar sein. Sie sind gegenseitige Datenquelle, ihre Inhalte überschneiden sich.

Ein weiterer wichtiger Aspekt des Gesamtkonzepts liegt im Verständnis des KUSt als eines Handbuchs, das sowohl selbst Informationen bereitstellt, als auch auf andere Informationsquellen verweist. Als typische Beispiele für solche Verweise seien hier Kataloge zu Gefahrgütern (z. B. HOMMEL, 1989,90), Listen von geschützten Arten (z. B. Datenbank bei IUCN), chemische Datensammlungen (z. B IRPTC, 1987; UN-CLP, 1987), Sammlungen von Rechtstexten (z. B. BURHENNE, 1989) genannt. In KUSt wurden z. T. manche Register direkt übernommnen. Gegebenenfalls wären weitere Daten zu übernehmen oder Katalogteile zusammenzufassen und neue Karteien zu definieren.

2. Nutzeranleitung

2.1 Katalogteile

Der KUSt gliedert sich in

- den Textteil (Kapitel 1 bis 4),
- die Katalogteile "Chemische Stoffe und Stoffgruppen" (Kapitel 5), "Internationales Umweltrecht" (Kapitel 6) und "Ergänzende Listen" (Kapitel 7),
- einen Anhang mit allgemeinen Verzeichnissen.

Im Textteil werden im wesentlichen der konzeptionelle Rahmen vorgestellt und die Grundbedingungen und besonderen Aspekte zu umweltrelevanten Standards erläutert. In ihm wird das gesamte Themenfeld umweltrelevanter Standards strukturiert. Er gibt Hinweise auf die Komponenten, die die Umwelterheblichkeit von Projektaktivitäten bestimmen und nennt Faktoren, die als Umweltstandards bzw. als entsprechende Parameter in Frage kommen.

Der Hauptteil besteht aus den beiden Informationsbereichen (s. Kapitel 1.3, Gliederungskonzept), auf die hier der fachliche Schwerpunkt gelegt wurde:

- Chemische Stoffe und Stoffgruppen,
- Internationales Umweltrecht.

Diese beiden Katalogteile sind gleich aufgebaut. Weitere Informationsbereiche einer möglichen Folgeversion sollen gleichartig aufgebaut werden. Die ersten Seiten enthalten die spezifischen Erläuterungen; der Karteiteil gibt registerartige Zusammenstellungen und tabellarische Übersichten. Darauf folgen "Informationsblätter" mit detaillierten Informationen zu einzelnen Objekten wie z. B. einzelnen Stoffe oder einzelnen Richtlinien oder Verträgen. Jede Kartei kann prinzipiell unter Zuhilfenahme des allgemeinen Stichwortverzeichnisses lexikonartig genutzt werden. Eine genauere Beschreibung der zugrundegelegten Quellen und der fachlichen Einordnung wird im jeweiligen Erläuterungsteil gegeben.

Die Überschriften über den allgemeinen Verzeichnissen sprechen für sich. Besonders hinzuweisen ist auf das allgemeine Schlagwortverzeichnis. Es stellt praktisch das Bindeglied zwischen allen Katalogteilen dar und bietet neben dem Inhaltsverzeichnis den ersten Einstieg in die Nutzung des KUSt.

2.2 Abfrage von bestimmten Informationen

Die gezielte Abfrage über einzelne Begriffe geschieht über das allgemeine Schlagwortverzeichnis (s. vorn). Die folgende Tabelle gibt darüberhinaus an, an welcher Stelle im KUSt mit weiterführenden Informationen zu rechnen ist, wenn man nicht unbedingt nach einem bestimmten Stichwort vorgehen will. Da die Kartei der chemischen Stoffe und Stoffgruppen eine zentrale Fragestellung betrifft, ist der Suchweg zu entsprechenden Informationen skizziert (zweite nachfolgende Tabelle).

Informationsbereiche und Verweisstelle

Informationen über:	Abfrage/Verweis findet sich in:	Seite
Verursacher, Maßnahmen und Projektaktivitäten	1. Schlagwortverzeichnis 2. Maßnahmen-/Projektkategorien nach EG-Richtlinie zur UVP	731 687
Chemische Stoffe und Stoffgruppen	1. s. bes. Katalogteil 2. s. bes. Suchweg 3. Stoffkartei 4. Schlagwortverzeichnis 5. Verzeichnis der Literatur und Quellen 6. Ergänzende Listen	56 18 63 731 709 699
Unspezifische Stoffkategorien	1. Schlagwortverzeichnis 2. Ergänzende Listen	731 699
Parameter und Indikatoren	Schlagwortverzeichnis	731
Umweltmedien	Schlagwortverzeichnis	731
Akzeptoren und Schutzgüter	Schlagwortverzeichnis	731
Kategorien oder Umweltteilbereiche der Fachplanungen	Schlagwortverzeichnis	731
Nutzungen und Funktionen	Schlagwortverzeichnis	731
Internationales Umweltrecht	1. s. bes. Katalogteil 2. Kartei der Umweltverträge 3. Verzeichnis der Literatur und Quellen 4. Schlagwortverzeichnis	513 518 709 731
Regelwerke und Richtlinien	1. Verzeichnis der Literatur und Quellen 2. Verzeichnis der internationalen, multilateralen Umweltverträge 3. Verzeichnis der EG-Umweltverträge 4. Schlagwortverzeichnis 5. Ergänzende Listen	 709 518 579 731 699

Suchweg zu Informationen über einen chemischen Stoff/eine Stoffgruppe

Suchbegriff: Name eines chemischen Stoffes oder einer Stoffgruppe

Frage	Fundstelle/Verweis	Seite
A.	Gibt es im KUSt nennenswerte Informationen zu dem Stoff?	
	1. Schlagwortverzeichnis • enthält den Stoffnamen in gebräuchlicher Leseart; sofern dort nicht gefunden:	731
	2. Register zur Stoffkartei mit wichtigen Gebrauchsnamen und Synonyma • enthält Stoffnamen und verweist auf a) führenden Namen für Informationsblatt b) führenden Namen in der Übersicht zur Stoffkartei "Umweltrelevante chemische Stoffe nach ausgewählten Gesetzen und Richtlinien, gleichzeitig Übersicht zur Stoffkartei"	135
	3. Tabelle "Umweltrelevante chemische Stoffe nach ausgewählten Gesetzen und Richtlinien, gleichzeitig Übersicht zur Stoffkartei" • enthält u.a., ob für den Stoff ein Informationsblatt angelegt wurde	63
B.	Ist der Stoff in • "International Register of Potentially Toxic Chemicals" (IRPTC, 1987) • "Consolidated List of Products whose consumption and/or sale have been approved by governments" (UN-CLP, 1987) • WHO-Serie "Environmental Health Criteria" behandelt?	
	1. Tabelle "Register der in IRPTC (1987) erfaßten Stoffe"	90
	2. Tabelle "Register der in UN-CLP (1987) erfaßten Stoffe"	124
	3. Tabelle "Übersicht über aktuelle WHO-Publikationen/ Environmental Health Criteria"	134

Fortsetzung

Suchweg zu Informationen über einen chemischen Stoff/eine Stoffgruppe

C. Ist der Stoff Gegenstand der

- EG-Gewässerschutzrichtlinie (1982)
- Bodenschutzkonzeption der Bundesregierung (1987)
- TA-Luft (1986)?

1. Tabelle "Umweltrelevante chemische Stoffe nach ausgewählten Gesetzen und Richtlinien, gleichzeitig Übersicht zur Stoffkartei" 63
   - enthält sämtliche Stoffe, die in einer der drei Regelungen aufgeführt sind

D. Ist der Stoff aufgenommen in

- dem Katalog umweltgefährdender Stoffe (1987)
- der MAK-Liste (1989)?

1. Sofern er auch Gegenstand der unter C. genannten Regelungen ist: Tabelle "Umweltrelevante chemische Stoffe nach ausgewählten Gesetzen und Richtlinien, gleichzeitig Übersicht zur Stoffkartei" 63

E. Wurde der Stoffname nicht gefunden bzw. sind weitergehende oder spezifische Informationen gewünscht?

1. Verzeichnis der Literatur und Quellen (umfassende, aktualisierte Standardwerke sind dort besonders gekennzeichnet) 709
2. Register oder Übersichten zu Datenquellen
   - IRPTC 90
   - UN-CLP 124
   - WHO 134
   - TA-Abfall 700
   - Pflanzenschutzmittelverzeichnis der BBA 703

3. Standards für Umweltbeeinflussungen

3.1 Abwasser

3.1.1 Allgemeines

Als Abwasser bezeichnet man Brauchwasser (nach häuslichem oder gewerblichem Gebrauch verändertes, insbesondere verunreinigtes Wasser) und von bebauten oder befestigten Flächen abfließendes Niederschlagswasser, das in die Kanalisation gelangt. Darüber hinaus ist Abwasser auch das durch landwirtschaftlichen Gebrauch verunreinigte und das aus Ablagerungen austretende Wasser.

Die Schädlichkeit des Abwassers ist gekennzeichnet durch bestimmte Eigenschaften, die (jede einzelne und in ihrer Summierung) eine Änderung der Beschaffenheit eines Gewässers bewirken können. Dazu gehören:

- der Gehalt an bestimmten Stoffen im Wasser (Konzentration),
- die innerhalb einer bestimmten Zeit eingeleitete Schadstoffmenge (Schmutzfracht)
- bestimmte Eigenschaften und Wirkungen des Abwassers (z. B.Sauerstoffzehrung)

Die Einleitung von Abwasser in Oberflächenwasser kann zu einer Beeinträchtigung, d. h. Verunreinigung oder sonstigen nachteiligen Veränderung der physikalischen, chemischen und biologischen Eigenschaften von Gewässern führen. Emissionsstandards gelten für die Überwachung des Abwassers am Ort der Einleitung und dienen der Erhaltung der Wasserqualität für verschiedene Nutzungen und dem Schutz des Lebens in dem Gewässer.

Vorhandene Standards für Inhaltsstoffe im Abwasser gelten für

- Einleitungen in die Kanalisation mit Kläranlage und/oder
- Einleitungen in Gewässer bzw. in die Kanalisation ohne Kläranlage.

Grundsätzlich soll mit den Emissionsstandards die Vorbehandlung des Abwassers oder Verminderung der Schadstofffracht vor dem Einleiten in Gewässer erreicht werden.

Den meist in nationalen Wasserschutzgesetzen verankerten übergeordneten Regelungen der Abwasserbeseitigung sind Richtlinien oder Mindestanforderungen für das Einleiten von Abwässern in Gewässer nachgeordnet. In der Regel wird eine Abwasservorbehandlung dann verlangt, wenn der betreffende Überwachungswert im unbehandelten Abwasser an der Einleitstelle öfters und deutlich überschritten wird.

Demgegenüber steht die eingeschränkte Zumutbarkeit und Realisierbarkeit von Maßnahmen zur Abwasserreinigung für industrielle und kommunale Einleiter, z. B. aufgrund von Kläranlagenbesatz- und -anschlußgrad, Häufigkeit der Probennahme, u. a.

Die Bestimmungen für Inhaltsstoffe im Abwasser beziehen sich auf die Einhaltung von Konzentrationshöchstwerten (mg/l, µg/m^3, mmol/m^3). In Industriestaaten sind für die Festlegung der Standards die "allgemein anerkannten Regeln der Technik" o. ä maßgebend, denen bestimmte Verfahren der Abwasserreinigung zugrunde liegen und nicht die jeweiligen örtlichen Bedingungen bzw. Abwasseranfall oder Leistungsfähigkeit des Vorfluters.

Eine Modifizierung der Emissionsstandards kann erfolgen durch

- die vorherrschende Nutzung eines Gewässers
- das Mengenverhältnis Einleitung zu Vorflut
- Verfügung örtlicher Behörden.

Meßverfahren zur Bestimmung von Abflußmengen und Inhaltsstoffen im Abwasser erfassen Inhaltsstoffe, die wegen des Umfangs ihrer Schmutzfracht oder wegen ihrer spezifischen Schädlichkeit gewässerrelevant sind. Neben der summarischen Begrenzung in Form von Summenparametern (absetzbare Stoffe, BSB_5, CSB, Fischgiftigkeit) sind auch besonders schädliche Stoffe oder Stoffgruppen einzeln zu erfassen (wie z. B. gelöste Metalle, organische Halogen-, Phosphor- oder Zinnverbindungen, kanzerogene Stoffe). Grundsätzlich ist zu unterscheiden zwischen allgemeinen qualitativen Standards in Form von Einleitverboten (-beschränkungen) und parameterbezogenen Standards.

3.1.2 Projektaktivitäten

1. Landwirtschaft

Die landwirtschaftliche Produktion hat Abwässer zur Folge durch die Produktion von Futtermitteln, Fleisch und Milch. Als landwirtschaftsspezifische Abwasser fallen im wesentlichen an:

- Jauche und Gülle
- Silosickerwasser
- Molke
- Abgänge aus der Tierhaltung
- Abwasser aus Bewässerung.

2. Verkehr

Als wichtigste Abwasserquellen dieser Verursachergruppen sind die bei Bau und Betrieb anfallenden direkten Einleitungen und die mit dem Niederschlagswasser abfließenden Schadstoffe zu nennen.

3. Kommunale Entsorgung

Unter kommunalem Abwasser wird das in einem Rinnen- oder Röhrensystem gesammelte und gemeinsam fortgeleitete Abwasser aus Wohnsiedlungen, Gemeinden und Städten verstanden, das im wesentlichen aus

- Haushaltungen
- Einrichtungen wie Gemeinschaftsunterkünften, Hotels, Krankenhäusern, Verwaltungen
- Müllverbrennungsanlagen
- Kleingewerbebetrieben
- Oberflächenabfluß
- Deponien

stammt und nach Abwasserbehandlung oder direkt in den Vorfluter gelangen kann.

Kommunale Abwassereinleitungen sind durch erhebliche Schwankungen in der stofflichen Zusammensetzung (Wasch-, Bade-, Spül- und Fäkalwasser), in der Menge und im Zeitpunkt der Schmutzwassereinleitung gekennzeichnet. Das häusliche Schmutzwasser ist belastet mit Trüb- und Schlammstoffen, Kolloiden und gelösten Stoffen wie Harn, Salz und Detergentien. Diese Stoffe enthalten sauerstoffzehrende Anteile, die verhältnismäßig leicht abbaubar sind und deswegen bei Mangel an Sauerstoff leicht in Fäulnis übergehen.

Die Entwässerung der Siedlungen kann nach dem Trenn- oder Mischverfahren durchgeführt werden. Beim Trennverfahren fließen das Schmutzwasser und der Regenabfluß in getrennten Kanälen ab, beim Mischverfahren werden beide Ströme gemeinsam abgeleitet. In Abhängigkeit von Überlaufhäufigkeit, -dauer und -menge kann bei Regenwetter mit erhöhtem Abfluß ein Teil des Abwassers unter Umgehung der Reinigungsanlage ins Gewässer gelangen. Stoffe, die sich in Trockenwetterzeiten im Kanal abgelagert haben, werden infolge der bei starken Abflüssen erhöhten Schleppkraft wieder aufgenommen und können ein Vielfaches der primären Einleitkonzentration erreichen. Auch beim Trennverfahren werden dem Vorfluter über das Regenwasser erhebliche Schadstofffrachten zugeführt.

Die Analyse von Standards zeigt, daß direkte Abwassereinleitungen aus Wohngebieten in Gewässer in vielen Ländern genehmigungspflichtig bzw. verboten sind. Derartige qualitative Standards existieren in den weit überwiegenden Fällen in den Ländern, die eine gesetzliche Regelung zum Schutz der Gewässer getroffen haben. Als maßgebend können die entsprechenden EG-Richtlinien (s. besonderer Katalogteil) angenommen werden.

4. Energieversorgung

Bei Abwässern aus dem Bereich Energieversorgung ist das durch Biozide verunreinigte Betriebswasser (meist Kühlwasser) anzuführen. Der Einsatz dieser Stoffe dient der Reinhaltung bzw. Entalgung des Wassers und dem Schutz der Kühleinrichtung. Besonders zu nennen sind Chlor und Chlorverbindungen (s.Stoffkartei).

5. Produzierendes Gewerbe/Industrie

Zu den industriellen Abwässern gehört verunreinigtes Wasser, das als Rohstoff, Lösungs- und Transportmittel, für Reinigungen und sanitäre Zwecke u. a. Verwendung gefunden hat.

Industrielle und gewerbliche Abwässer

- sind häufig einseitig zusammengesetzt, d. h. daß bestimmte chemische Stoffgruppen dominieren,
- enthalten hemmende, schwer abbaubare und giftige Stoffe,
- unterliegen in Zusammensetzung und Konzentration starken Schwankungen,
- enthalten Geruchstoffe, die primär oder sekundär z. B. durch bakterielle Umsetzung zu erheblichen Geruchsbelästigungen führen können.

Aufgrund der genannten Eigenschaften werden betriebliche Abwässer häufig unterteilt in

- Abwässer, die ohne Verminderung oder Vorbehandlung in die Kanalisation oder in Gewässer eingeleitet,
- Abwässer, die nur nach Verminderung und Vorbehandlung eingeleitet
  und
- Abwässer, die nicht eingeleitet werden dürfen.

Standards für Abwassereinleitungen werden direkt angegeben oder müssen indirekt abgeleitet werden aus branchenunspezifischen, branchenspezifischen oder ortsspezifischen Vorgaben.

6. Bergbau / Rohstoffgewinnung

Als typische Abwässer seien hier verunreinigte Grubenwässer und Abwässer bei der Gewinnung oder Erschließung von Rohstoffen (die weitere Verarbeitung wäre Teil der produzierenden Industrie) genannt. Die Schädlichkeit des Abwassers ergibt sich meist aus hohen Konzentrationen einzelner Stoffe (z. B. Arsen, Blei, Zink, Quecksilber).

3.2 Abwärme

Die Abwärmebelastung von Oberflächengewässern wird im wesentlichen durch das Einleiten von Kühlwasser und erwärmten Betriebswasser aus Industrieanlagen und Kraftwerken verursacht.

Durch Abwärmeeinleitungen können Störungen des natürlichen thermischen Zustandes von Gewässern und damit Beeinträchtigungen der Wasserqualität und der Lebensbedingungen für die aquatische Fauna und Flora hervorgerufen werden. Folgen der Temperaturerhöhung in der Umgebung der Einleitstelle sind u. a.:

- Abnahme des Sauerstoffgehaltes (durch geringere Löslichkeit des Sauerstoffs bei höheren Temperaturen und durch vermehrten Sauerstoffbedarf infolge erhöhten Stoffwechsels der Organismen),

- Beeinträchtigung von einzelnen Organismen und Verschiebungen im Artenspektrum

- Verminderung der Belastbarkeit bzw. Gefährdung des Selbstreinigungsvorgangs eines Gewässers.

Standards für Abwärmeeinleitungen in Gewässer sind meist nicht rechtlich verbindlich. Sie können jedoch (wie Deutschland) als Grundlage bei Genehmigungsverfahren dienen.

Zu den relevanten betriebsspezifischen Abwärmestandards gehören

- Grenzwerte für die Temperatur des einzuleitenden Wassers (in °C)
- Grenzwerte für die maximale Aufwärmspanne, den Verdunstungsverlust, die maximal gelöste Sauerstoffmenge,
- Grenzwerte für die Temperatur des Gewässers.

Bei letzteren handelt es sich um Immissionswerte (s. hierzu Kap. 4). Die zulässige Aufwärmspanne eines Gewässers gibt an, ob im Vorfluter noch zusätzliche Abwärmeeinleitungen zugelassen werden. Die abwärmebezogenen Parameter sind in der Regel in wasserbezogenen Richtlinien enthalten (s. Kartei der EG-Umweltverträge).

Um die Beeinträchtigung eines Gewässers durch Wärmeeinleitungen beurteilen zu können, sind bezüglich einer Übertragung der Emissionswerte eine Reihe von Daten zu erheben und zueinander in Beziehung zu setzen:

- Menge und Temperatur des eingeleiteten Kühlwassers.
- Natürliche Gewässertemperatur und bestehende Gewässertemperatur. Als Richtwert ist der mittlere Temperaturhöchstwert mehrerer Jahre hinzuzuziehen oder ersatzweise der ungünstigste Jahreswert ("Sommerwert") entsprechend den örtlichen Abfluß- und Witterungsverhältnissen.
- Wasserführung während des Jahreszyklus.
- BSB bzw. CSB.
- Vorhandene aquatische Fauna und Flora; Biotopfunktion.

Durch Berechnungen kann man für einen Vorfluter Temperaturprognosen aufstellen für verschiedene Wasserführungen, Jahreszeiten, Witterungen, Wärmeeinleitungen und so die Wärmebelastbarkeit im Ganzen oder für bestimmte Abschnitte eines Vorfluters ermitteln ("Wärmelastplan"). Diese Berechnungen des Temperaturverlaufs erfordern ein aufwendiges Verfahren. Projektaktivitätenspezifische Standards liegen nicht vor.

3.3 Emission gas- und staubförmiger Stoffe

3.3.1 Allgemeines

Gas- und staubförmige Emissionen treten bei fast allen Arten menschlicher Betätigung direkt oder indirekt auf. Zu unterscheiden sind

- gefaßte Emissionen
- diffuse Emissionen
- Abwehungen
- Emissionen bei Unfällen.

Gewerbliche und industrielle Projekte verursachen teilweise erhebliche Emissionen in Abhängigkeit von der Art der verarbeiteten Materialien, den gewählten Bearbeitungsverfahren und dem Aufwand an Emissionsminderungsmaßnahmen. Darüberhinaus sind auch Belastungen am Arbeitsplatz zu beachten.
In der Landwirtschaft z. B. werden durch die Anwendung von Düngemitteln oder die Bearbeitung des Bodens gas- bzw. staubförmige Emissionen verursacht. Infrastruktureinrichtungen entwickeln bereits im Stadium der Realisierung erhebliche Emissionen durch die Bautätigkeiten sowie in der Betriebsphase durch die Benutzung der Einrichtungen. Bei Bergbau- und Rohstoffprojekten entstehen überwiegend staubförmige Emissionen bei Tagebaubetrieben sowie beim Umschlag der Zwischenprodukte oder als Abwehungen von Halden. Schließlich ist die Kategorie "Wohnsiedlung, Haushalt und Kleingewerbe" zu nennen, die häufig die dominierende Emissionsquelle darstellen.

Soweit Emissionsstandards vorliegen, sind diese in der Regel nicht durch die Anforderungen des Natur- und Umweltschutzes bestimmt, sondern an der technischen Machbarkeit (anerkannte Regeln der Technik, Stand der Technik) und an der Durchsetzbarkeit bei dem betroffenen Wirtschaftsbereich oder Betrieb (wirtschaftliche Lage) orientiert und somit Kompromisse politisch/technischer Art.

Die Meßmöglichkeiten für Emissionen unterliegen vielen Randbedingungen und erfordern einen nicht unerheblichen Aufwand. Die Hauptschwierigkeiten werden dadurch verursacht, daß die meisten Emissionen diffuser Natur sind und durch offene Apparaturen in Werkhallen, Abwehungen von Halden u. a. entstehen können. Werden Emissionen durch Abdeckungen, Absaugungen oder Kamine gefaßt, ist deren meßtechnische Beurteilung erleichtert, so z. B. gekapselte Anlagen bei der Alu-Herstellung, Kamine von Feuerungsanlagen. Aufgrund der

Verschiedenartigkeit der Emissionen erhöht sich der Aufwand entsprechend der Anzahl der zu bestimmenden Schadstoffe. Grundsätzlich sind bei der meßtechnischen Erfassung von Emissionswerten der aktuelle Betriebszustand einer Anlage sowie die Umgebungsbedingungen zu berücksichtigen (Temperatur, Windverhältnisse).

Die Meßtechnik selbst ist aufwendig und wird laufend weiterentwickelt. Die Probenahmebedingungen und bestimmte Störeinflüsse haben einen erheblichen Einfluß auf das Meßergebnis. Die Meßtechnik und Verfahrensvorschriften zur Erfassung gas- und staubförmiger Emissionen sind in verschiedenen Quellen beschrieben: Die einzelnen Richtlinien beschreiben die Meßvorschriften und die einzusetzenden Meßgeräte (TA-Luft, EG-Richtlinien u. a.). Für Methoden-Zusammenstellungen auf internationaler Basis sei auf WHO-Publikationen (1990) verwiesen.

Das Bindeglied zwischen Emission und Immission stellt die Ausbreitungsrechnung dar, die auf der Basis des kausalen Zusammenhanges von der Emission bis zur Immission/Deposition bzw. deren modellhaften Abbildungen die Möglichkeit einer quantitativen Ermittlung/Prognose der zu erwartenden Immission bietet. Es gibt verschiedene Methoden der Ausbreitungsrechnung, denen jeweils auch verschiedene mathematische Modelle zugrundeliegen. Von den Gegebenheiten sind u. a. die folgenden Randbedingungen zu berücksichtigen und modellhaft abzubilden:

- räumliche Verteilung der Quellen
- zeitliche Änderungen der Emissionsraten und -zusammensetzung
- Ausbreitungsbedingungen sowie deren räumliche und zeitliche Änderungen
- physikalisch/chemische Prozesse in der Atmosphäre
- Depositionseffekte (Partikelgröße, Niederschlag).

An ein Emissions-/Immissionsmeßprogramm, die dafür verwendeten Geräte und die angewendeten Auswertemethoden werden hohe Anforderungen an Vorschriften gestellt, die bis zur Empfehlung geeigneter Geräte reichen. Für bestimmte Anlagenarten ist eine laufende Überwachung der Emission vorgesehen. Insbesondere an die Meßvorschriften von Abnahmemessungen im Rahmen von Genehmigungsverfahren sind zusätzliche Anforderungen gestellt.

Emissionen gas- und staubförmiger Stoffe sind als Quelle von umweltrelevanten Einwirkungen erkannt. Deshalb wird immer mehr unternommen, diese Emissionen einzuschränken. Dies geschieht zunächst durch die Entwicklung von Richtlinien mit Emissionsgrenzwerten für die als Hauptemittenten erkannten Quellen.

Die Einhaltung dieser Richtlinien ist meist mit einem Termin versehen, ab dem die Kontroll- und Aufsichtsbehörde mit Zwangsmaßnahmen auf Erfüllung bestehen kann.

Die betroffenen Branchen können den Richtlinien durch Änderungen ihrer Verfahrenstechnik oder durch Minderungsmaßnahmen gerecht werden. Die Umweltschutzzulieferindustrie orientiert sich an den vorhandenen technischen Gegebenheiten und an den gesetzlichen Regelungen und kann in den meisten Fällen angepaßte Lösungen anbieten.

Die Entwicklung der Minderungstechnologien ist sehr stark im Fluß und wird neuen Erkenntnissen laufend angepaßt. Soweit es technisch möglich und wünschenswert ist, werden Minderungsmaßnahmen mit einer Material- und Energierückgewinnung kombiniert. Emissions-Grenzwerte beziehen sich in der Regel immer auf einzelne Stoffe oder Stoffgruppen von einzelnen Anlagen oder Standorten.

Emissionsgrenzwerte werden angegeben als Massengrenzwerte im Abgas [mg/m^3], als Schadstoffausstoß pro Zeiteinheit [kg/h] oder [g/h], oder in Form von Emissionsfaktoren bezogen auf die Masse der erzeugten oder verarbeiteten Produkte in [kg/t] oder [g/t]. Zur Einhaltung von Grenzwerten dürfen Abgase nicht durch zusätzliche Luftbeimengungen verdünnt werden. Emissionsgrenzwerte werden in einzelnen Fällen auch abgestuft nach dem Massenstrom des betreffenden Stoffes als Massenkonzentration angegeben (z. B. 75 mg/m^3 bei 3 kg/h und mehr).

Die geoökologischen Gegebenheiten werden bei der Festlegung von Emissionsgrenzwerten nicht berücksichtigt. Vielmehr wird der technische Stand (allgemein anerkannte Regeln der Technik) der Produktions- und Minderungstechnologie herangezogen. Lediglich bei der Vorgabe zukünftiger Standards werden mögliche Verfahrensverbesserungen bei der Grenzwertbildung berücksichtigt. Manche Staaten berücksichtigen geoökologische und meteorologische Gegebenheiten sowie die vorhandene Vorbelastung dadurch, daß besondere Schutzzonen bzw. Belastungsgebiete ausgewiesen werden, in denen z. B. bei besonderen Verhältnissen niedrigere Grenzwerte gelten sollen. In den meisten Ländern gelten für neue Anlagen schärfere Grenzwerte (ohne Übergangsregelung) als für Altanlagen.

Die Einführung von Emissionsgrenzwerten hat auch wirtschaftliche Auswirkungen, z. B. auf das betriebswirtschaftliche Ergebnis einer ganzen Branche oder die Entstehung eines ganz neuen Umweltschutzmarktes. In der Regel nimmt der Gesetzgeber bei der Festlegung von Grenzwerten auf die betriebswirtschaftliche Zumutbarkeit (branchenweit, nicht einzelbetrieblich) Rücksicht. In Ländern ohne funktionierende Kontroll- und Überwachungsorgane kann es dazu kommen, daß "Vorzeige-Grenzwerte" eingeführt und auch z. T. auch unangepaßte Emissionsstandards von anderen Ländern übernommen werden. Die kummulative Wirkung von Emissionen und die geoökologischen Gegebenheiten werden bei Immissionsgrenzwerten (s. dort) und deren Einhaltung herangezogen.

3.3.2 Projektaktivitäten

Im landwirtschaftlichen Bereich entstehen Emissionen in die Luft durch die mechanische Bearbeitung des Bodens (Staub) und das Ausbringen von Dünger und Pestiziden oder tierischen Fäkalien (Ammoniak).

Ferner entsteht Methan bei der Rinderhaltung und bei Naßreisfeldern; Distickstoffoxid wird u. a. durch Niederbrennen von Vegetation gebildet. Das Ausbringen von Dünger und Fäkalien ist aus pflanzenphysiologischen Gründen auf bestimmte Zeiten beschränkt, ebenso die Anwendung von Pflanzenschutzmitteln, von denen ebenfalls gas- und partikelförmige Emissionen ausgehen können.

Für alle angesprochenen Maßnahmen gibt es zwar Empfehlungen über die Durchführung und den mengenmäßigen Gebrauch, jedoch keine Einschränkungen im Sinne von Emissionsgrenzwerten.

Andere Maßnahmen, wie z. B. das Abbrennen von Feldern oder Böschungen, sind in manchen Ländern auf bestimmte Zeiten eingeschränkt bzw. gänzlich untersagt, und zwar sowohl zum Zwecke der Emissionsvermeidung als auch zum Schutz vor allem der Kleintiere.

Tierhaltung ist insbesondere bei Intensivhaltungen mit Emissionen (insbes. Geruchsbelästigungen) verbunden. Diese Emissionen sind nicht durch Grenzwerte eingeschränkt, vielmehr sollen einzuhaltende Mindestabstände Anwohner schützen. Gülle- oder Flüssigmistlagerung kann in geschlossenen Behältern oder Gruben vorgenommen werden, während Festmist in der Regel offen gelagert wird.

Bei den Emissionen aus der Landwirtschaft handelt es sich meist um Mischungen unterschiedlicher Substanzen, deren meßtechnische Erfassung sehr stark eingeschränkt ist.

1. Verkehr (Straße, Schiene, Wasser, Luft)

Bei der Betrachtung der Emissionen von Verkehrsanlagen muß man zwischen der Bau- und der Betriebsphase unterscheiden.

In der Bauphase sind erhebliche Mengen gas- und staubförmiger Emissionen, erzeugt durch den Einsatz von schweren Baumaschinen und -fahrzeugen sowie durch die notwendigen Erdbewegungen, zu erwarten. Bei Großbaustellen werden auch durch den Abtransport und die Lagerung der benötigten Materialien Emissionen verursacht. Emissionsgrenzwerte für diesen Bereich gibt es nicht.

Standards beziehen sich auf die Geräte (Fahrzeug, Flugzeug etc.), können Teil der allgemeinen Betriebserlaubnis unter bestimmten Bedingungen sein (z. B. Fahrerlaubnis bei Smogwetterlagen, Smogverordnungen).

Fahrzeugbezogene Grenzwerte sind in den Industriestaaten (Herstellerländern) in steter Diskussion, wobei verschiedenste Organisationen versuchen, ihren Einfluß bei der Festlegung von Grenzwerten und Einführungsterminen geltend zu machen (z. B. Automobilhersteller, Mineralölindustrie, Umweltschutzverbände, Regierungen). Das Ergebnis ist schließlich ein Kompromiß der technischen Realisierungsmöglichkeiten und der wirtschaftlichen Zumutbarkeit. Die Einhaltung der Grenzwerte für Straßenverkehrsfahrzeuge wird in den industrialisierten Ländern z. T. durch regelmäßige Kontrollen der Fahrzeuge gewährleistet. Die dafür entwickelten Meßverfahren sind standardisiert und teilweise grenzüberschreitend vereinheitlicht. Die Meßverfahren sind relativ einfach und schnell durchzuführen.

2. Kommunale Entsorgung

Gas- und staubförmige Emissionen können bei der Abfall- und Abwasserentsorgung, insbesondere bei großen Abfallmengen, entstehen. Dabei handelt es sich um Abfälle aus dem häuslichen sowie gewerblichen Bereich. Wesentliche Emittenten sind Deponien, Müllverbrennungsanlagen, Kompostieranlagen und Kläranlagen.

Abfälle werden, wenn eine geordnete Beseitigung organisiert ist, meist auf Deponien verbracht oder verbrannt, z. T. unter Nutzung der dabei entstehenden Wärme. Bei Deponien entstehen Geruchsprobleme, Verwehungen von Abfallmaterial und Deponiegas. Soweit eine geordnete Abwassersammlung, -behandlung und -beseitigung existiert, können Geruchsprobleme, insbesondere aus den chemisch/biologischen Behandlungsstufen, entstehen.

Für die Emission gas- und staubförmiger Stoffe gibt es in Industrieländern nur für Müllverbrennungsanlagen einzuhaltende Grenzwerte. Diese Grenzwerte resultieren aus der sehr heterogenen Zusammensetzung des Mülls und den damit verbundenen Schadstoffen im Abgas. Die Palette der vorgegebenen Grenzwerte wird entsprechend den Nachweismöglichkeiten und den wissenschaftlichen Erkenntnissen über die Wirkungen einzelner Stoffe oder Stoffgruppen laufend erweitert. Hinzu kommt, daß durch den thermischen Umwandlungsprozeß selbst neue Substanzen entstehen können. Die Vorgabe von Grenzwerten orientiert sich am Stand der Minderungstechnik, die ständig weiterentwickelt wird. Andere Bemühungen gehen dahin, bestimmte Stoffe von der Deponie bzw. der Verbrennungsanlage fernzuhalten.

3. Energieversorgung

Energieversorgungseinrichtungen sind Kraftwerke, die feste, flüssige oder gasförmige Brennstoffe in Wärme und/oder Strom umwandeln. Die Zusammensetzung der Emission aus Verbrennungsanlagen hängt sehr stark von der Art und der Zusammensetzung der verwendeten Brennstoffe ab. Neben den Hauptverbrennungprodukten CO_2 und H_2O treten als Luftverunreinigungen u. a. CO, SO_2, NO, NO_2, Schwermetalle sowie nicht vollständig umgesetzte Kohlenwasserstoffe auf. Bei festen und flüssigen Brennstoffen ist zusätzlich Feinstaub bestehend aus Ruß, SO_2- und Halogenverbindungen zu erwarten. Neben der Brennstoffart beeinflussen die Bauart und die Betriebsweise einer Anlage die Art und Menge der entstehenden Emissionen sehr stark. Emissionsgrenzwerte werden deshalb nach Betriebszustand und Leistung der Anlage angegeben.

Die absolute Höhe der Grenzwerte begründet sich aus dem Schadstoffgehalt der Brennstoffe und dem Stand der Feuerungs- und Emissionsminderungstechniken. Die Emissionsgrenzwerte können außerdem nach der thermischen Leistung der Kraftwerke abgestuft sein. Emissionsminderungen können durch brennstoffbezogene Maßnahmen wie die Verwendung von schadstoffarmen Brennstoffen oder Brennstoffaufbereitung erzielt werden. Weitere Möglichkeiten bestehen in der optimierten Betriebsführung sowie in dem Einsatz von Minderungsmaßnahmen im Abgasstrom. Vorrangig sind bei den Minderungsmaßnahmen Verfahren zur Staubabscheidung und Abgasentschwefelung sowie der Entstickung. Als maßgebend für Standards können die Stoffe nach TA-Luft herangezogen werden (s. Stoffkartei).

4. Produzierendes Gewerbe / Industrie

Das Betätigungsfeld von Gewerbe und Industrie ist sehr breit gefächert. Demzufolge hängen auch Menge und Zusammensetzung von gas- und staubförmigen Emissionen direkt von der eingesetzten Verfahrenstechnik und den verwendeten Ausgangsmaterialien und Hilfsstoffen ab.

Insbesondere sind Grenzwerte für SO_2, NO_x staub- und säurehaltige Bestandteile in verschiedenen Ländern eingeführt worden. Bei den Stäuben sind hierbei insbesondere schwer- und buntmetallhaltige Stäube einbezogen. Desweiteren sind verschiedene gesundheitsschädliche Substanzen und geruchsbelästigende Stoffe Emissionsgrenzwerten unterworfen.

Emissionen entstehen insbesondere bei offenen Prozessen der mechanischen Bearbeitung und chemisch/thermischen Umwandlungen. Die Standards orientieren sich am Stand der Technik der Verarbeitungs-, Produktions- und Minderungstechnologien (in Deutschland sind hier VDI- und DIN-Normen zu nennen). Es ist bekannt, daß bei manchen Ländern Grenzwertvorgaben und Vollzug sehr weit auseinanderklaffen. Auch bei Industrie und Gewerbe können die Stoffe nach TA-Luft als maßgebend angenommen werden (s. Stoffkartei).

5. Bergbau / Rohstoffgewinnung

Die typischen potentiellen umwelterheblichen Gas- und Staubemissionen treten auf bei

- Abbau (Stäube, Freisetzung von Gasen)
- Transport
- Aufbereitung, Weiterverarbeitung, Vorverarbeitung
- Haldenwirtschaft, Lagerung (Abwehungen, Ausgasungen).

Die Primärschritte im Bergbau und in der Rohstoffgewinnung sind in der Regel nicht durch entsprechende Grenzwerte reglementiert. Vorhandene Vorschriften beziehen sich auf Arbeitsschutz und Arbeitssicherheit vor Ort. Soweit Standards vorgegeben sind, beziehen sich diese auf die Emissionen aus den weiterverarbeitenden Schritten und den Transport- und Umladevorgängen. Sie orientieren sich am Stand der Entstaubungs- und Kapselungstechnik sowie an der Konzentration im Rohgas. Als wesentliche qualitative Standards sind allgemeine Auflagen, die z. B. das Abwehen während des Transports und der Haldenwirtschaft einschränken sollen, oder Begrünungs-/Rekultivierungsnaßnahmen zu nennen.

3.4 Abfälle

Abfälle sind sowohl als "chemische Stoffe und Stoffgruppen" als auch zum großen Teil als "unspezifische Stoffkategorien" anzusprechen, mit welcher nicht eindeutig bestimmbare Stoffe, Stoffgruppen, Produkte, Wirkstoffe, Reststoffe oder allgemein "Abfall" zusammengefaßt sind. In der TA-Abfall (vom 10.04.1990) werden für über 300 "besonders überwachungsbedürftige Abfälle" Entsorgungshinweise gegeben. Besonders hinzuweisen ist auf die internationalen Verträge, die die Deponierung und den Transport von Abfällen zum Gegenstand haben. Die Analyse von Standards zeigt, daß in keiner der Projektaktivitäten (im wesentlichen Landwirtschaft, kommunale Entsorgung, Energieversorgung, Produzierendes Gewerbe/Industrie, Bergbau/Rohstoffgewinnung) die "Erzeugung" von Abfällen durch Mengengrenzwerte reglementiert ist. Es wird vielmehr versucht, Abfallmengen durch bestimmte abfallwirtschaftliche Maßnahmen wie Recyclinggebot, Pfandsysteme, Rücknahmeverpflichtungen usw. zu reduzieren. Weitgehende Kontrollen der Produktion, der Lagerung, der Verwendung, des Transports und der Deponierung sollen insbesondere bei gefährlichen Abfällen oder Abfallstoffen eine gesundheitliche Gefährdung ausschließen und den Schutz der Umwelt gewährleisten.

Bezogen auf die Projektaktivitäten sind Regelungen oder Anhaltswerte besonders bemerkenswert, die sich beziehen auf:

a) Landwirtschaft
- Lagerung von Mist und Gülle
- Abfallbeseitigung bei der Massentierhaltung
- Ausbringung von Klärschlämmen auf landwirtschaftlich genutzte Flächen
- Aufbringung von Mist und Gülle auf den Boden

b) Kommunale Entsorgung
- Häufigkeit und Form der Entsorgung, Entsorgungszwang (Orts- und Kreissatzungen)
- Verfahrensvorschriften (Deponierichtlinien)
- Verwertungsgebote
- Getrennte Müllentsorgung

c) Produzierendes Gewerbe / Industrie
- Nachweispflicht für bestimmte Abfälle und für Abfälle bestimmter Anlagen (in Deutschland Abfallgesetz und Verwaltungsvorschriften)
- verschiedene Recyclinggebote

3.5 Nutz- und Hilfsstoffe

Mit Nutz- und Hilfsstoffen sind hier Chemikalien wie Pflanzenschutzmittel, Düngemittel, Wachstumsregler, Streusalze u. a. gemeint, die gezielt in die Umwelt eingebracht werden: vor allem durch die Land- und Waldwirtschaft zur Verbesserung oder Veränderung der Wachstumsbedingungen und zur Schädlingsbekämpfung; im Bereich Verkehr zur Beseitigung der Vegetation an Straßenrändern und Schienenstrecken.

Der chemische Pflanzenschutz bedient sich wirksamer Substanzen zur Beseitigung u. a. von Schädlingen der Kulturpflanzen, um deren Wachstumsbedingungen optimal zu gestalten.

Durch den Einsatz der Stoffe über das Anwendungsgebiet hinaus werden jedoch Grund- und Oberflächenwasser, Tiere und Pflanzen und die Qualität des Bodens beeinträchtigt. Von wesentlicher Bedeutung ist die hohe Persistenz zahlreicher Stoffe in Boden und Wasser und unbekannte toxische Wirkungen durch additive und synergetische Prozesse.

Quantitative Standards sind für Pflanzenschutz-, Düngemittel und Wachstumsregler vorhanden in Form von Empfehlungen und Vorschriften für

- Anwendungsbereich (Kulturart, Schädling)
- Applikationsart (Granulat, Emulsion, Stäube)
- Zeitpunkt der Anwendung (z. B. ab einer bestimmten Schadschwelle)
- Wartezeiten (bezogen auf Ernte oder Verbrauch).

Entsprechende Begrenzungen werden von den Herstellern auf Anweisung übergeordneter Behörden (z. B. Biologische Bundesanstalt der Bundesrepublik Deutschland, Health and Welfare Secretariat in Mexiko) gegeben und sind in der Regel stoffspezifisch (s. Stoffkartei).

Die Anwendungsempfehlungen für Düngemittel werden maßgeblich von ertragsbestimmenden Faktoren beeinflußt. Anpassungen an geoökologische Gegebenheiten finden in der Regel nicht statt, werden jedoch ansatzweise praktiziert. Unter tropischen Klimabedingungen z. B. ergeben sich auch mit erhöhtem Einsatz derartiger Stoffe limitierende Faktoren, welche die mögliche agrarische Produktion zwangsläufig auf ein Niveau fixieren, das erheblich unter demjenigen vergleichbarer Anbaugebiete in den Mittelbreiten und Subtropen liegt.

Grundlage der Vorschriften für die Anwendungsempfehlungen für Pflanzenschutzmittel und der nach Anwendung nötigen Wartezeit sind toxikologische Aspekte bezüglich der gesetzlich vorgeschriebenen Rückstandshöchstmengen. Entsprechende Verordnungen gelten aber nur für Lebensmittel pflanzlicher Herkunft und nicht für Futtermittel. Z. T. irreparable Beeinträchtigungen zeigen sich durch bisher unberücksichtigte Kombinationswirkungen zahlreicher Stoffe, die nur schrittweise einer Neubewertung unterzogen werden können.

Die Durchsetzbarkeit der Anwendungsvorschriften ist durch mehrere Faktoren eingeschränkt:

- sprachliche Probleme
- finanzielle Aspekte
- Akzeptanzprobleme
- Ausbildungsprobleme
- Kontrollmöglichkeiten

Der FAO-Verhaltenskodex (als Beispiel für Verhaltensstandards) soll hier eine Besserung bewirken).

3.6 Änderung der Flächennutzung

3.6.1 Allgemeines

Unter Änderung der Flächennutzung wird hier die

- Intensivierung
- Extensivierung
- und Umwandlung

von Flächennutzungen und die damit verbundenen Änderungen der Oberflächenbedeckung verstanden.

Änderungen der Nutzungsintensität erfolgen primär in den Bereichen der land- und waldwirtschaftlichen Produktion mit dem Ziel einer Ausweitung der Produktionsflächen bzw. der Steigerung der Produktion auf den vorhandenen land- und waldwirtschaftlichen Flächen. Die mit einer Änderung der Nutzungsintensität im Einzelfall verbundenen weiteren Maßnahmen, wie z. B. Einsatz von Pflanzenschutz- und Düngemitteln, Be- und Entwässerung, werden in den entsprechenden Kapiteln behandelt.

Änderungen der Vegetationsdecke können negative Folgen haben für

- die Nutzbarkeit der Böden
  (z. B. der Erosion, Verdichtung, Nährstoffauswaschung)
- die nutzbare land- und waldwirtschaftliche Fläche
  (z. B. Abnahme des Waldbestandes, Versteppung, Ausweitung von Ödflächen, Wüstenbildung)
- die Lebensbedingungen von Flora und Fauna
  (z. B. Veränderung und Zerstörung von Biotopen)
- die klimatischen Gegebenheiten
  (z. B. Änderung der Windgeschwindigkeit, der Verschmutzungsrate)
- die wasserhaushaltlichen Gegebenheiten
  (z. B. Veränderung der Grundwasserbildungsrate und der Abflußbedingungen).

Standards für Eingriffe in die Vegetation bzw. Änderung der Nutzungsintensität sind denkbar in Form von Nutzungsge- oder -verboten oder in Form von Empfehlungen/Richtlinien für standort- und regionsspezifische Formen der Landbewirtschaftung, die sich nicht nur an kurzfristigen ökonomischen Interessen orientieren, sonderen auch an der Erhaltung und Verbesserung

- der langfristigen Nutzbarkeit der ökonomischen bedeutsamen Ressourcen (insbes. des Bodens und der Trinkwasservorräte)

- der ökologischen Funktionen der Flächen (insbes. für Klima, Wasserhaushalt, Tier- und Pflanzenwelt)

und der entsprechend optimalen oder wünschenswerten Mischung von Nutzungen in einer Region (Nutzungsstruktur).

In die Gruppe der Nutzungsge- und -verbote gehören "Standards" wie

- die Ausweisung von Gebieten mit Schutzfunktion
(Wasserschutz- und -schongebiete, Naturschutzgebiete, Bannwälder, etc.), in denen bestimmte Nutzungen bzw. Nutzungsänderungen untersagt sind

- Bewirtschaftungsverpflichtungen
(z. B. Einhaltung von Bauweisen, Aufrechterhaltung der Ackerbewirtschaftung)

- Vorschriften zur Begrenzung der Waldrodung
(nur ein bestimmter Anteil der Waldfläche darf gerodet werden; solche Regelungen existieren z. B. in Uruguay und Brasilien)

- der Genehmigungspflichtigkeit der Umwandlung von Wald in Acker-/Grünland und umgekehrt
(z. B. in einigen Ländern der Bundesrepublik Deutschland).

Gemeinsam ist allen diesen Nutzungsge- und -verboten, daß sie weitgehend von den örtlichen und regionalen geoökologischen Bedingungen abhängig sind und damit in der Regel nicht übertragbar sind. Diese Aussage gilt jedoch nicht für die methodischen, ökologischen und planungsbezogenen Prinzipien.

Weitere Änderungen der Flächennutzungen sind vor allem durch Bebauung (Wohnsiedlungsflächen, Infrastruktureinrichtungen, Industriebetriebe, etc.) oder durch bestimmte Funktionen (Schutzgebiete, Nutzungsrechte, etc.) verursacht.

3.6.2 Projektaktivitäten

1. Landwirtschaftliche Produktion

Die landwirtschaftliche Produktion bewirkt mit dem Ziel der Produktionssteigerung (besonders in Gebieten mit mittleren bis geringeren Erträgen) eine Änderung der Nutzungsintensität durch

- Erschließung und Erweiterung von Anbauflächen,
- Umwandlung von Wald und Gras-/Buschland in Ackerland,

- Intensivierung/ Extensivierung des Nutzungstypes
- und durch Viehhaltung.

Die Standards sind derart denkbar, daß für Änderungen der Nutzungsintensität bzw. für die ökologisch und ökonomisch optimale Bewirtschaftungsform Regelungen und Empfehlungen für die zu nutzenden Flächen erarbeitet werden, die sich an den lokalen und regionalen geoökologischen und ökonomischen Gegebenheiten orientieren. Die von vielen nationalen oder regionalen Landwirtschaftsbehörden erarbeiteten Bewirtschaftungsempfehlungen sind in der Regel an ökonomischen Interessen orientiert und daher für Umweltuntersuchungen nur eingeschränkt nutzbar. Inzwischen hat jedoch stellenweise eine ökologische Betrachtungsweise Eingang in Bewirtschaftsformen gefunden (insbes. bestimmte Pilotprojekte).

2. Waldwirtschaftliche Produktion

Von der Waldwirtschaft ausgehende Eingriffe sind

- Abholzung, Kahlschlag
- Aufforstung
- Intensivierung von Waldbewirtschaftungssystemen
- Anpflanzung standortfremder Gehölze.

Als Standards können Empfehlungen und Richtlinien zur standortspezifischen Bewirtschaftung von Forsten angesprochen werden, z. B. in Form von

- Rodungsgenehmigungen (die von Aufforstungen abhängig zu machen sind)
- Einschlagquoten
- festgelegte Umtriebszeiten
- Empfehlungen für die Auswahl geeigneter Gehölze.

3. Weitere projektspezifische Aspekte

Weitere Aspekte betreffen die Umwandlung von Flächennutzungen und die damit verbundenen Änderungen bzw. die Beseitigung der Vegetationsdecke und im weiteren Sinne auch Funktionsänderungen. Im wesentlichen handelt es sich hier um bauliche oder administrative Maßnahmen (z. B. Ausweisung von Schutzgebieten, Sondergebieten).

Überbauungen und Nutzungen können je nach Art und Umfang zu erheblichen Beeinträchtigungen der Umweltqualität führen, so zur Beeinflussung der wasserhaushaltlichen Gegebenheiten, der mikroklimatischen Situation, der Biotopbedingungen ebenso wie zur Veränderung des Angebots an land- und waldwirtschaftlicher Fläche.

3.7 Abtrag des Bodens

Der Abtrag des Bodens ist die mit allen Baumaßnahmen verbundene Entnahme und Verlagerung von Böden. Großflächig sind Abtragungen insbesondere mit dem Abbau oberflächennaher Rohstoffe im Tagebau (wie Kies, Kohle, Bauxit, etc.) und der Anlage von Straßen verbunden. Die Erosion wird hier nicht behandelt, da sie als **Auswirkung** anzusehen ist (s. Kapitel 5).

Sowohl Abtragung und Verlagerung von Erdmassen im Tagebau wie auch Aufschüttungen (z. B. im Straßenbau) erfolgen in der Regel ohne Berücksichtigung der Nutzungseignung und der Funktion des Bodens für Pflanzen und den Wasserhaushalt eines Gebietes.

Direkt bodenbezogene Standards sind in der Regel nicht definiert, da es in den meisten Ländern in der Exekutive keine Zuständigkeiten für den Boden als zerstörbare und knappe Ressource gibt. Wenn überhaupt ist der "Bodenschutz" meistens Gegenstand flächennutzungsbezogener Regelungen (s. vorausgegangenes Kapitel). Bemerkenswert sind einzelne Regelungen oder Richtlinien, die den Schutz des Mutterbodens (des Humuses) vor Überbauung usw. zum Ziel haben.

In Deutschland wird gegenwärtig ein Bodenschutzgesetz vorbereitet. Dieses Gesetz wird die Grundlage für eine Technische Anleitung Boden (TA-Boden) sein, in der verbindliche Bodenwerte festgelegt werden, wobei Regelungen zur Vorsorge und Gefahrenabwehr im Vordergrund stehen.

3.8 Eingriffe in den Wasserhaushalt

Unter Eingriffen in den Wasserhaushalt werden hier Maßnahmen verstanden, die das Niederschlagswasser nach Menge, räumlicher und zeitlicher Verteilung durch bauliche Maßnahmen beeinflussen. Solche Eingriffe sind mit praktisch allen ökonomischen Aktivitäten verbunden. Hierzu gehören insbesondere

- Be- und Entwässerungsmaßnahmen
- Entnahme und Einleitung von Wasser aus/in Oberflächengewässer und Grundwasserkörper
- Änderungen der Fließbedingungen in Fließgewässern durch Ausbau, Begradigung etc.
- Anlage von Oberflächengewässern wie Stauseen, Fischgewässer, Kanäle etc.

Veränderungen des Wasserdargebotes im o. a. Sinne können in Abhängigkeit von den geoökologischen Bedingungen und der Nutzung des Raumes Auswirkungen haben auf

- die klimatische Situation (Lufttemperatur, -feuchtigkeit, -bewegung)
- die Qualität des Grund- und Oberflächenwassers (Verdünnung/Abbau/Anreicherung von Schadstoffen)

- die Bodenqualität und die land- und waldwirtschaftlich nutzbare Fläche (Grundwasserstand, Bodendegradation)
- die Lebensbedingungen für die terrestrische und aquatische Tier- und Pflanzenwelt und damit auch von Krankheitserregern.

Standards über erlaubte, zulässige oder umweltgerechte Eingriffe in den Wasserhaushalt existieren lediglich in Form genereller Richtlinien für die Wassermengenbewirtschaftung (z. B. Wasserhaushaltsgesetz, Bundesnaturschutzgesetz), die in dieser Form auch zwanglos aus den allgemeinen Zielen der Umweltpolitik abzuleiten sind und wie sie etwa von der FAO oder in bestimmten Umweltverträgen formuliert sind: Alle Nutzungen des Wasserhaushaltes bzw. Eingriffe in diesen sollen so erfolgen, daß

- die langfristige Nutzbarkeit gewährleistet ist (d. h. kein Raubbau betrieben wird)
- andere Nutzungen oder Ansprüche an den Naturhaushalt (s. o.) nicht mehr als nötig beeinträchtigt werden.

Was dies für ein konkretes Projekt in einer konkreten geoökologischen Umgebung bedeutet, kann nur im Einzelfall festgelegt werden, und zwar in Abhängigkeit insbesondere von

- Niederschlag (= primäres Wasserangebot)
- den die Aufteilung des Niederschlags in Evapotranspiration, Oberflächenabfluß und Grundwasserzufluß steuernden Größen (insbes. Klima, Vegetation, Boden und geohydrologische Verhältnisse)
- den Ansprüchen an den Wasserhaushalt.

Die Beachtung der o. a. Ziele sicherzustellen ist die (meist nicht erreichte) Aufgabe von wasserrechtlichen Genehmigungsverfahren. Besonders zu erwähnen sind Regelwerke, in denen zunehmend ökologisch orientierte wasserbauliche Maßnahmen beschrieben werden oder besondere (Forschungs-) Vorhaben, die auf einen ökologisch orientierten Wasserbau oder seine entsprechende Wasserwirtschaft abzielen.

Als mögliche Standards kommen in Frage:

- die maximal zulässigen Entnahme- und Einleitungsmengen, ggf. abhängig von der Jahreszeit
- die tolerierbaren Änderungen des Grundwasserstandes (Extremwerte und Periodik) bei direkt auf den Grundwasserstand zielenden Maßnahmen
- die Wasserführung der Vorfluter (Extremwerte und Periodik) bei Maßnahmen des Gewässerbaus
- Strömungsgeschwindigkeit und Turbulenz.

Bezogen auf die Projektaktivitäten sind Regelungen oder Anhaltswerte besonders bemerkenswert, die sich beziehen auf:

a) Landwirtschaft
   - Be- und Entwässerung mit Beeinflussung des Grundwasserspiegels/des örtlichen Wasserhaushaltes

b) kommunale und industrielle Wasserversorgung
   - Entnahme von Wasser aus Oberflächengewässern und Grundwasser
   - Einleitung von Brauch- und Kühlwasser

c) Bergbau / Rohstoffgewinnung
   - Abpumpen

d) Gewässerausbau, hierzu zählen:

   - Schaffung eines stehenden Gewässers mit variablem Wasserstand, im Oberlauf eines Flusses; (daraus resultierend: Erwärmung des Wassers, Veränderung des Chemismus sowie Wasserverluste durch Verdunstung und Versickerung)

   - Schaffung einer mehr oder weniger kanalisierten Strecke unterhalb des Staus; (daraus resultierend: Verhinderung von Wasseraustausch zwischen Grundwasser und Fließgewässer)

   - Speicherung des Wassers während der niederschlagsreichen Zeit und damit Verminderung der Hochwässer im Unterlauf (auch der Überschwemmungen) und, durch Wasserabgabe während der Trockenzeiten, Erhöhung der Abflußmengen mit in beiden Fällen daraus resultierenden Veränderungen im Wasseraustausch zwischen Grundwasser und Fließwasser, sowie zeitlich verschobenen Veränderungen im Wasserverlust durch Verdunstung

   - Schaffung von Bewässerungsgebieten (Bewässerungsnetze und große Wasserflächen); (daraus resultierend: Verluste an verfügbarem Oberflächenwasser durch Versickerung, Evaporation und pflanzliche Verdunstung, jedoch andererseits durch Versickerung Anreicherung des Grundwassers)

   - Ausbau von Fließgewässern zur Beschleunigung des Abflusses und Vermeidung von Hochwasser und Überschwemmungen; (daraus resultierend: Veränderung der Wasserführung, Verstärkung von Hochwasser im unterliegenden Gebiet, Absenkung des Grundwasserspiegels etc.).

3.9 Eingriffe in die Oberflächengestalt

Als Eingriffe in die Oberflächengestalt werden hier Maßnahmen verstanden, die, über den Bereich der Bodenschicht hinaus, zu morphologischen Veränderungen des Ausgangsgesteins (C-Horizont) oder des tieferliegenden Gesteinskörpers führen und Aufschüttungen, die die natürliche Topographie des Raumes deutlich verändern (Stichwort: Landschaftsbild). Ihnen liegen, soweit es sich nicht um die Deponierung von Gewerbe- und Haushaltsabfällen handelt, immer Umlagerungsprozesse zugrunde, d. h. Material wird durch Abgrabungen oberflächennah oder unter Tage von einem Ort entfernt und an einen anderen - meist in Form von Aufschüttungen oder Aufspülungen - deponiert. Ausgenommen bleibt hiervon lediglich der Anteil an verwertbaren Rohstoffen, der einer Weiterverarbeitung oder dem direkten Verbrauch (z. B. Rohphosphat) zugeführt wird. Die Deponierung ausgeräumten Materials muß dabei nicht notwendigerweise zu augenscheinlichen Veränderungen der Oberflächengestalt führen. Ablagerungen im Meer oder in Höhlen können zwar ebenfalls von großer ökologischer Relevanz sein, werden aber hier, da es sich um regionalspezifische Ausnahmefälle handelt, nicht näher berücksichtigt.

Eingriffe in die Oberflächengestalt können je nach Art und Umfang zu erheblichen ökologischen Beeinträchtigungen verschiedenster Auswirkungen führen, so zur Beeinflussung der meso- und mikroklimatischen Situation, des Wasserdargebots und der Wasserqualität, der Bodenqualität, des Angebots an land- und waldwirtschaftlich nutzbarer Fläche und der Biotopbedingungen. Umfangreiche Eingriffe dieser Art sind in der Regel irreversibel und beinhalten ökologische Langzeitwirkungen. Rekultivierungsmaßnahmen führen hier nicht zur Wiederherstellung des natürlichen Ökosystems, sondern zur Schaffung von "Ersatzsystemen".

Als meßbare Kriterien für die Oberflächengestalt gelten aus ökologischer Sicht:

- Topographische Höhe
- Hangneigung
- Reliefenergie
- Ausformungsgrad
- Exposition.

Für Eingriffe unterhalb der Erdoberfläche bietet sich die auch sonst aus technischen Gründen ausschließlich verwendete Meßgröße

- Volumen des ausgeräumten bzw. bewegten Materials

an.

Da Eingriffe in die Oberflächengestalt (sofern nicht mit Deponierung/Ablagerung von Abfällen/Reststoffen verbunden) keine direkten humanökologischen Effekte haben und ebenfalls keine chemisch induzierte Veränderung der Umweltqualität aufweisen, liegen Grenzwerte, die sich gewöhnlich an toxikologischen Aspekten orientieren, hierfür nicht vor.

Bezogen auf die Projektaktivitäten sind besonders zu nennen:

a) Verkehr
- Dämme, Einschnitte
- Fahrrinnen (Schiffsverkehr)
- technische Anlagen (Brücken, Tunnel u. a.)

b) Bergbau / Rohstoffgewinnung
- Tagebau (naß, trocken)
- Untertagebau
- Deponierung des ausgeräumten Materials

c) Gewässerausbau
- Anlage von Grabensystemen
- Begradigung / Ausbau von Flüssen
- Ausbau von Hafenanlagen
- Vertiefung von Gewässern
- Landgewinnungsmaßnahmen
- Bau von Kanälen
- Anlage von Stauseen

Die ökologische Bedeutung der Eingriffe richtet sich nach der
- Tiefe der Eingriffe
- der Art und Zusammensetzung der freigelegten Gesteinsschichten
- der Größe der in Anspruch genommenen Fläche
- der Möglichkeit der Rekultivierung (Summe aller naturräumlichen Voraussetzungen)
- der Flächenknappheit an ökologisch gleichen Funktionsräumen.

Sie betreffen im wesentlichen:
- die Zerschneidung des Lebensraums von Flora und Fauna
- die Zerstörung der Filterwirksamkeit der Deckschicht und damit die Gefährdung des Grundwassers
- klimatische Veränderungen
- Einschränkungen des menschlichen Lebens- und Versorgungsraums.

Die Deposition von ausgeräumtem Material in Form von Halden führt meist zu einer starken Veränderung der Oberflächengestalt, deren ökologischen Folgen abhängen von:
- der Höhe und der Fläche der Aufschüttung

- der Geschlossenheit der aufgeschütteten Fläche
- der Art und chemischen Zusammensetzung des Materials
- Rekultivierungsmaßnahmen (Begrünung u. a.)
- Erosionsschutzmaßnahmen.

In den meisten Ländern werden im Zuge von Genehmigungsverfahren auch Auflagen für den Umweltschutz erteilt, die sich an bestimmte Richtlinien oder Regelwerke halten. Verbindliche Standards im engen Sinne gibt es für Eingriffe in die Oberflächengestalt (sofern damit nicht andere Eingriffe direkt verbunden sind) nicht.

3.10 Lärmemission

Lärm ist definiert als schädliche Umwelteinwirkung von Geräuschen, die nach Art, Ausmaß oder Dauer geeignet sind, Gesundheitsgefahren, Nachteile oder Beeinträchtigungen herbeizuführen. Unter Schallemissionen versteht man das Abstrahlen von Schall einer Schallquelle oder einer Ansammlung von Schallquellen (z. B. Straße, Gewerbegebiet).

Die Schallemission ist einer meßtechnischen Erfassung nicht direkt zugänglich; ersatzweise wird daher der in einer definierten Distanz von der Lärmquelle zu messende bzw. nach einer definierten Meßanordnung oder einem Berechnungsmodus zu ermittelnde Lärmpegel als Emissionspegel bezeichnet. Bei gebietsbezogenen Immissionsdarstellungen wird der Emissionspegel als Eingangswert für die weitere Berechnung des Schalldruckes am Immissionsort zugrundegelegt (s. Kapitel 4).

Bei der akustischen Beurteilung von Geräten, Maschinen, Fahrzeugen oder Anlagenteilen wird der Emissionspegel nach einem typenspezifischen Meßverfahren ermittelt, um etwa im Rahmen von Zulassungsverfahren das Einhalten bestimmter Emissionsgrenzwerte zu überprüfen.

Die vorliegenden Emissionsricht- und Emissionsgrenzwerte für technische Schallpegel sind durchweg am Stand der Technik orientiert, d. h. diese Werte sind für gegebenenfalls erforderliche Muster- und Typenzulassungsverfahren technisch realisierbar. Grundlage für die Festlegung sind die allgemein anerkannten Regeln der Technik unter Berücksichtigung der Kosten-Nutzen-Relation. Bei den bisher ergangenen Vorschriften und Regelungen werden zunächst nach Leistung und Betriebsvorgang gestaffelte Emissionswerte genannt, die mit sofortiger Wirkung gelten. Sodann werden niedrigere bzw. anspruchsvollere Emissionswerte nach Abwägung technischer, gesundheitlicher und finanzieller Aspekte festgelegt, die von einem bestimmten zukünftig gelegenen Zeitpunkt an gültig sind. Schießlich werden die Maschinen definiert, die erhöhten Schallschutzanforderungen genügen müssen (s. vor allem Katalogteil "internationales Umweltrecht"). Es gibt kaum Kontrollverfahren bei der Betriebsroutine bzw. bei der Anlagennutzung. Dies kann dazu führen, daß die tatsächliche Lärmemission aufgrund nachträglicher Veränderung, Verschleiß oder besonderer Anwendung des Gerätes oder der Maschine höher ist.

4. Standards für die Umweltqualität

4.1 Luftqualität

Die Emission von Schadstoffen in die Luft führt in Abhängigkeit von den Emissionsbedingungen und den meteorologischen Gegebenheiten zu gegenüber dem natürlichen Grundpegel erhöhten Schadstoffkonzentrationen in der Atmosphäre. Die Leistungsfähigkeit des Lufthaushaltes hinsichtlich der Verteilung, des Abbaus und der Deposition von Schadstoffen ist nur im kleinräumigen Bereich und auch hier nur in relativ engen Grenzen durch menschliche Eingriffe zu beeinflussen (z. B. geländeklimatische Faktoren).

Als Maß zur Qualifizierung der Immissionen dient die Massenangabe eines Stoffes bezogen auf das Volumen der verunreinigten Luft (z. B. mg/m^3). Speziell bei Gasen sind die Grenzwerte als Volumenkonzentrationen (z. B. in cm^3/m^3) angegeben. Staubförmige Bestandteile werden als Partikelkonzentration $1/cm^3$ oder bei der Deposition als Staubniederschlag als flächen- und zeitbezogene Massenbedeckung in g/m^2 x d angegeben.
Die Stoffkartei (Kapitel 5) enthält immissionsbezogene Informationen.

4.2 Klimatische Situation

Klimatische Veränderungen können verschiedene anthropogen bedingte Ursachen haben:
- Veränderungen der Oberflächenbedeckung
- Be- und Entwässerungsmaßnahmen
- Eingriffe in die Oberflächengestalt
- Anlage von Seen.

Je nach Umfang der Eingriffe und örtlichen Gegebenheiten können sich ihre Auswirkungen auf den lokalen Bereich beschränken (Geländeklima) oder globale Auswirkungen haben.

Als Klimaparameter gelten im wesentlichen:
- Temperatur und Temperaturverlauf
- Luftfeuchtigkeit
- Niederschlagsmengen
- Nebelhäufigkeit
- Windstärke und -richtung
- Strahlungsintensität.

Feststellbar sind solche Änderungen vor allem im geländeklimatischen Bereich mit Auswirkungen auf:
- die Produktionsbedingungen der Landwirtschaft (Kaltluftstaus, Ausgleich von Temperaturextrema durch Wasserflächen etc.)
- die Bodenerosion durch Wind (Funktion von Windschutzgehölzen)

- die Lebensbedingungen von Tieren und Pflanzen, insbesondere Mikroorganismen und damit Krankheitserregern
- die Luftqualität (Verteilung von Schadstoffen)
- Gesundheit und Wohlbefinden der Bevölkerung.

Die Beurteilung einer Klimaänderung als positiv oder negativ ist vollständig von der Situation im Einzelfall und vom angelegten Bewertungsmaßstab (der aus den Nutzungsansprüchen abzuleiten ist) abhängig und nur rezeptorspezifisch zu definieren.

Standards im engeren Sinne liegen hierzu nicht vor, könnten aber aus den Bedingungen, die zu den oben genannten Auswirkungen führen, zumindest in Form von wünschenswerten Anforderungen an die klimatischen Bedingungen entwickelt werden.

4.3 Lärmsituation

4.3.1 Allgemeines

Die Lärmsituation wird im wesentlichen dargestellt als Schallimmission. Unter Schallimmission versteht man das Einwirken von Schall auf ein Gebiet oder einen Punkt eines Gebietes.

Meß- oder Beurteilungsgrößen für die Darstellung der Lärmsituation sind im wesentlichen

- die Höhe des Dauerschallpegels (gemessen oder berechnet als Mittelungspegel über eine bestimmte Zeit, z. B. für tags oder nachts)
- die Höhe und Anzahl der Spitzenpegel
- die Frequenz der Geräusche
- die Ruhezeiten zwischen Schallereignissen
- die Art und Anzahl der Schallquellen.

Als Meßgröße zur Erfassung der Schallimmission dient im allgemeinen der A-bewertete Schalldruckpegel in der Maßeinheit dB (Dezibel). Der A-Bewertung liegt die Hörempfindlichkeit des Menschen zugrunde.

Um der unterschiedlichen Einschätzung der Lärmquellen Rechnung zu tragen und aus meßtechnischen bzw. rechtlichen Gründen wird bei gebietsbezogenen Immissionsstandards in der Regel unterschieden nach einzelnen Anlagen oder Gerätetypen sowie nach den Quellengruppen

- Industrie und Gewerbe
- Verkehr: Straßenverkehr, Schienenverkehr, Schiffsverkehr, Luftverkehr
- sonstige Anlagen (z. B. Freizeitanlagen, Sportanlagen, militärische Anlagen etc.)

Die Wirkung von Geräuschen auf den Menschen ist abhängig von der aktuellen physischen und psychischen Verfassung, der Tätigkeit (Anforderung an geistige Konzentration, akustische Informationen und Regenerationszeiten) und äußert sich nachweisbar in psychischen und körperlichen Reaktionen.

Bei der Einschätzung der Lästigkeit von Geräuschen spielt darüberhinaus die gesellschaftliche und kulturelle Akzeptanz von bestimmten Schallereignissen eine Rolle, die bis zu einem gewissen Grade unabhängig ist von der Höhe des Schallpegels.

Voraussetzung für die Einschätzung der bestehenden Lärmsituation oder einer Lärmsituation, die sich aufgrund einer Planungs- oder Baumaßnahme ergeben kann, ist die Bestimmung der Schallimmission.

Dazu sind Meß- bzw. Rechenverfahren entwickelt worden (z. B. in der Bundesrepublik Deutschland RLS 90, DIN 18005, Schall 03, 04), die es ermöglichen, aufgrund bestimmter Angaben über Flächengröße, Art der Industriebetriebe, Verkehrsmenge und -zusammensetzung, Zugfolge, Geschwindigkeit, Trassengegebenheiten usw. Mittelungspegel in einem bestimmten Abstand zur Trasse bzw. zum Gebietsrand zu berechnen.

Für den Schutz vor Fluglärm bzw. für die Durchsetzung von Schallschutzmaßnahmen werden nach dem Fluglärmgesetz in Deutschland Lärmschutzzonen für Flugplätze und Flughäfen festgelegt. Die Lärmschutzzonen grenzen Gebiete ab, die nach Berechnungen aus Anzahl von Flugbewegungen, Zusammensetzung des Flugverkehrs, Lage der Start- und Landebahnen über bestimmten Schallpegeln (energieäquivalenter Dauerschallpegel) liegen.

Immissionsrichtwerte bzw. -grenzwerte gelten entweder allgemein oder für bestimmte Gebietskategorien, für die je nach der Empfindlichkeit gegenüber Verlärmung unterschiedliche Richt- bzw. Grenzpegel angegeben werden. In der Bundesrepublik Deutschland werden die Gebietskategorien der Baunutzungsverordnung zugrundegelegt, wobei eine gebietstypische Zumutbarkeit von Lärmimmissionen unterstellt wurde.

Bei der Festlegung der Werte in Richtlinien bzw. Vorschriften waren sowohl empirisch ermittelte Zusammenhänge zwischen Schallpegelhöhe und Belästigung als auch die Realisierbarkeit im Rahmen der Bauleit- und Verkehrsplanung maßgebend.

4.3.2 Rezeptorspezifische Aspekte

1. Menschliche Gesundheit

Lärmwirkungen auf den Rezeptor Mensch sind nachweisbar als

- Hörschädigungen
- Behinderung der akustischen Kommunikation
- Aktivierung des zentralen und vegetativen Nervensystems
- Beeinträchtigung von Leistungen
- Belästigungen.

Das Ausmaß der Belästigungen ist jedoch nicht nur vom jeweiligen Lärmpegel abhängig, sondern auch von einer Reihe weiterer Faktoren (s. o.). Allgemein kann gesagt werden, daß bei Mittelungspegeln von 55 dB(A) nachts bzw. 65 dB(A) tags Zumutbarkeitsgrenzen erreicht sind. Für Wohngebiete sollen Orientierungswerte (DIN 18005) von 40 dB(A) nachts und von 50 dB(A) tags unterschritten werden. Unter einem Mittelungspegel von 35 dB(A) sind geräuschbedingte Schlafstörungen nicht mehr zu erwarten (Richtwert für reine Wohngebiete bei Gewerbelärm nach TA-Lärm 35 dB(A)). Ab 85 dB(A) an Dauerarbeitsplätzen ist mit Hörschäden zu rechnen. Die Festlegung von Grenz- oder Richtwerten orientiert sich sowohl an objektivierbaren Belästigungs- und Schädigungsmerkmalen als auch am planerisch Machbaren bzw. Finanzierbaren.

2. Erhaltung der Tier- und Pflanzenwelt

Die Lärmauswirkungen auf die Tierwelt bestehen im wesentlichen

- bei Dauerschall in einer Störung der akustischen Kommunikation und damit Veränderung des Verhaltens bei Paarung, Nahrungssuche, Warnung und Brutpflege mit der Konsequenz der Veränderung natürlicher Biozönosen im emissionsnahen Bereich

- bei Einzelschallereignissen, die z. T. nicht singulär, sondern in Verbindung mit optischen Signalen auftreten, in Schreckreaktionen, die zu besonderen Zeiten, wie etwa der Periode der Reviersuche oder der Brutpflege, dazu führen, daß Habitate auf Dauer verlassen werden und die Fortpflanzung gefährdet ist.

Zu einer Einschätzung der Auswirkungen von Lärmimmissionen können folgende Faktoren herangezogen werden:

- Tierart
- frühere Lärmbelastungen (Anpassungsverhalten)
- Art des Lärms (regelmäßig, sporadisch etc.)
- evtl. sichtbare Verhaltensstörungen
- Nähe der Lärmquelle zum Lebensraum.

4.4 Wasserdargebot

4.4.1 Allgemeines

Das nutzbare Dargebot an Grundwasser und Wasser aus Oberflächengewässern ist der für einen Verwendungszweck geeignete Wasseranteil, der wirtschaftlich genutzt werden kann und der wasserhaushaltsmäßig im langjährigen Mittel zur Verfügung steht und dessen Entnahme ökologisch vertretbar ist.

Wasserentnahmen, die das Dargebot übersteigen, führen dazu, daß die Vegetation abstirbt und Bäche und Quellen versiegen. Konfliktsituationen treten auf bei unterschiedlichen Nutzungsansprüchen. Einschränkungen der Grundwasserentnahme sind durch die Anforderungen an eine langfristige Trink- und Brauchwasserversorgung und durch die Ansprüche der Vegetation und Landwirtschaft gegeben.

Die Grundwasserneubildungsrate (Wasservolumen, das dem Grundwasser pro Zeit- und Flächeneinheit zugeführt wird) ist abhängig von den geoökologischen Gegebenheiten wie

- geologische Situation (v. a. Duchlässigkeit der Deckschichten, Grundwasserspeicher)
- Verteilung der Niederschläge
- Bodenverhältnisse
- Vegetation
- sonstige Klimafaktoren

und anthropogen bedingten Eingriffen wie

- Überbauung (Versiegelung)
- Freilegung von Grundwasseroberflächen (z. B. Kiesabbau)
- Entwässerungsmaßnahmen (z. B. Brunnen, Kanäle, Anlagen großer künstlicher Seen)
- Bodenverdichtungen (z. B. durch Viehbesatz, Maschineneinsatz, Drainage)
- Vegetationsänderungen.

Der Aspekt der Bebauungsaktivitäten spielt insofern eine wichtige Rolle bezüglich der Leistungsfähigkeit des Naturhaushaltes, da durch die zunehmende Versiegelung von Flächen das Gleichgewicht der einzelnen Wasserhaushaltskomponenten gestört wird. Es findet weniger Versickerung statt, die Wassermengen sammeln sich im Vorfluter (Hochwasser) und können die Verdunstung steigern. Gleiches geschieht bei Bodenverdichtungen, die durch Baumaßnahmen und unsachgemäße landwirtschaftliche Bearbeitung entstehen können.

Erhöhte Wasserentnahmen beeinträchtigen die Lebensbedingungen aquatischer Organismen durch die verringerte Wasserführung und dadurch bedingte Temperaturerhöhungen. Die Veränderung periodischer Wasserführungsraten durch Aufstaumaßnahmen führt zu Beeinträchtigungen und Vernichtung angepaßter Lebensformen und zur Absenkung des Grundwasserspiegels.

4.4.2 Rezeptorspezifische Aspekte

1. Menschliche Gesundheit

Primärer Aspekt ist die Sicherung des quantitativen Bedarfs des Menschen an Trink- und Brauchwasser. Der Bedarf ist abhängig von Lebensstandard, Verbrauchstraditionen und Verfügbarkeit. Dementsprechend sind die Verbrauchswerte sehr unterschiedlich.

Der Bedarf an Trinkwasser (in l) pro Person ist relativ einfach festzustellen. Demgegenüber ist die Erfassung des vorhandenen Wasserdargebots mit Trinkwasserqualität je nach Land sehr unterschiedlich fortgeschritten. Die Erneuerung der Vorkommen beruht auf mehr oder weniger validen Schätzungen, wobei häufig ungewiß ist, ob die Nachlieferung mit gleich hochwertigem Wasser gewährleistet ist.

Standards sollten immer von der betroffenen Anzahl von Menschen ausgehen, der Berücksichtigung der Bevölkerungsentwicklung und dem Faktum, daß die quantitative Neubildung nicht unbedingt den qualitativen Anforderungen entsprechen muß. Prinzipiell gilt, daß die Sicherung von Trinkwassergebieten Vorrang vor anderen Nutzungsansprüchen hat.

2. Naturhaushalt

Die Veränderung des Wasserdargebots kann Folgen für die Leistungsfähigkeit des Naturhaushaltes haben. Die Funktion des Vorfluters als Teil eines zusammenhängenden Entwässerungssystems kann durch Wasserführungsänderungen beeinträchtigt werden. Eine Erhöhung der Flußrate kann zu Überschwemmungen führen, eine Erniedrigung zum verringerten Abtransport mitgeführter Substanzen.

Folgende nachteilige Auswirkungen können sich ergeben:

- Schädigung der landwirtschaftlichen Bewässerungssysteme
- Trockenschäden und Ernteverluste
- unterschiedliche Bodensetzungen (Veränderung des Bodenwasserhaushaltes)
- Störung der Wasserversorgung

3. Erhaltung der Tier- und Pflanzenwelt

Die Verfügbarkeit von Wasser ist ein bedeutender Faktor für die Entstehung und Erhaltung einer bestimmten Pflanzengesellschaft. Erhebliche Eingriffe in den Wasserhaushalt führen daher unmittelbar zu Veränderungen von Biozönosen aufgrund von

- Grundwasserstandsänderungen, insbesondere -absenkungen
- Wasserstands- und Abflußänderungen in Oberflächengewässern.

Regionalspezifische Umweltstandards ergeben sich aus den Ansprüchen der Biozönosen und ihrer verschiedenen Organismen vor allem an

- Mindestwassertiefe von Oberflächengewässern
- Mindestgrundwasserstand
- Periodizität des Wasserdargebots
- Mindestwassermenge.

4.5 Wasserqualität

4.5.1 Allgemeines

Die natürliche Qualität von Oberflächen- und Grundwasser wird durch laufend zugeführte Stoffe und sich ändernde Parameter beeinflußt. Dem anthropogenen wie auch natürlich bedingten Eintrag von Stoffen stehen Selbstreinigungsprozesse gegenüber: massenvermehrte Organismen bauen die eingeleiteten Stoffe ab. Dieses funktioniert nur bis zu einer bestimmten, systemabhängigen Belastungsgrenze, ab welcher sich der Charakter eines Gewässers grundlegend verändern kann.

Der Begriff Wasserqualität wird definiert durch

- die natürlichen Eigenschaften eines Gewässers bzw. der Trophiestufe
- die aktuelle oder potentielle Nutzung und die damit verbundenen Güteanforderungen.

Durch physikalische (z. B. Temperaturerhöhungen) und chemische Einwirkungen kann die Wasserqualität so nachhaltig beeinträchtigt werden, daß die Güteanforderung nur mit technischen Aufbereitungsmaßnahmen wieder erreicht werden kann.

Da die verschiedenen Nutzungen unterschiedliche Qualitätsanforderungen haben, ergeben sich spezifische Nutzungsstandards, vor allem:

- Trinkwasserstandards
- Standards für Badewasser/Badegewässer
- Standards für Bewässserungswasser in der Landwirtschaft
- Standards zum Schutz aquatischer Lebewesen
- Standards für die Wasserversorgang der Industrie
- Tränkwasser.

Übergreifend, d. h. ohne Berücksichtigung einer spezifischen Nutzung, kann zur Sicherung der Wasserqualität der Zustand eines Gewässers charakterisiert werden durch

- die Gewässergüteklassifizierung
- den Temperaturzustand.

Die Güteklassifikationen können zur Festlegung von Immissionsstandards herangezogen werden in der Form, daß eine bestimmte Güteklasse auf nationaler oder internationaler Ebene zu erreichen bzw. einzuhalten ist (s. Katalogteil "Umweltrecht").

Die Einteilung eines Gewässers in Güteklassen berücksichtigt in erster Linie die Belastung mit organischen, unter Sauerstoffzehrung biologisch abbaubaren Inhaltsstoffen.

Die stufenweisen Unterschiede im biologischen Zustandsbild von Fließgewässern, wie sie sich im Verlauf des Selbstreinigungsprozesses einstellen, sind im Saprobiensystem beschrieben. Dabei werden für die Güteklassen charakteristische Organismen bzw. - Kombinationen aufgeführt. Dem System liegt die Beobachtung zugrunde, daß in schadstoffbelasteten Gewässern andere Lebensgemeinschaften und andere Häufigkeiten von Organismen vorkommen als in unbelasteten Gewässern. Das Saprobiensystem ist für mitteleuropäische Fließgewässer entwickelt worden. Trotzdem können seine Prinzipien auch auf Verhältnisse in anderen Regionen übertragen werden (s. a. WHO-Richtlinien, versch. Jahre).

Die Ermittlung der Gewässergüte kann relativ einfach anhand von Leitorganismen und leicht erfaßbaren chemischen Parametern wie Temperatur, pH-Wert, Sauerstoffgehalt erfolgen. Speziellere Substanzen dagegen sind nur mit z. T. aufwendigen Labormethoden zu erfassen (z. B. Kohlenwasserstoffe). Die chemischen Daten geben dabei nur Orientierungswerte über häufig anzutreffende Konzentrationen. Bemühungen sind zu erkennen, die Belastung der Gewässer mit Schadstoffen anhand von Summen- bzw. Gruppenparametern (BSB, CSB) realistisch darzustellen. Die Zuhilfenahme dieser Parameter vereinfacht die Untersuchungen, da vom analytischen Aufwand her gesehen es fast unmöglich ist, die Vielfalt von verunreinigenden Verbindungen in ihrer Gesamtheit zu erfassen. Ein Teil der Stoffe wird im Katalogteil "Chemische Stoffe" behandelt. Maßgebende wasser-/gewässerqualitätsbezogene EG-Richtlinien sind mit Angabe der Parameter und Standards im Anhang (Karteiteil EG-Umweltverträge) wiedergegeben.

4.5.2 Rezeptorspezifische Aspekte

1. Wasserqualität / Menschliche Gesundheit

Die Nutzung von Grund-, Quell- und Oberflächenwasser für die menschliche Trinkwasserversorgung und Hygiene unterliegt bestimmten Qualitätsanforderungen. Nur in wenigen Fällen entspricht das zur Verfügung stehende Rohwassser, vor allem Oberflächenwasser, den qualitativen Ansprüchen. Die von Natur aus in den Gewässern enthaltenen Stoffe, anthropogenen Verunreinigungen und evtl. auch die transportbedingten Veränderungen machen eine Aufbereitung des Wassers erforderlich.

Ziel der Trinkwasseraufbereitung ist zum einen die Sicherung der menschlichen Gesundheit auch bei lebenslangem Genuß und zum anderen die Berücksichtigung bestimmter sensorischer Aspekte, z. B. Geschmack, Geruch.

Qualitätsanforderungen an Badegewässer sollen Erholungsaktivitäten wie Schwimmen, Wassersport, Fischen etc. ohne gesundheitliches Risiko erlauben. Neben ästhetischen Normen wie Geruch, Klarheit, Farbe etc. sind auch die gesundheitsgefährdenden Parameter, speziell die bakteriologischen Wasserinhaltsstoffe, angesprochen.

2. Erhaltung der Tier- und Pflanzenwelt

Die Veränderung der natürlichen Gewässergüte wirkt sich auch auf die Lebewesen aquatischer Systeme aus, wie z. B. Bakterien, Algen, Wasserpflanzen. Dabei können Wasserverunreinigungen die natürlichen Lebensbedingungen auf unterschiedliche Weise beeinflussen. Hierzu gehören:

- Veränderung des Sauerstoffgehalts
- Temperaturwechsel
- Änderung des Nährstoffangebotes
- direkte toxische Wirkungen.

Auswirkungen zeigen sich im Hinblick auf das Verhalten, die Fortpflanzung und die Physiologie von Organismen. Resistenz gegenüber bestimmten Schadstoffen führt zur Weitergabe in der Nahrungskette. Die Schadwirkungen können Einzelorganismen oder bestimmte Arten bedrohen. Hinzu kommen mögliche Kombinationswirkungen bei Anwesenheit verschiedener Stoffe.

3. Erhaltung der Leistungsfähigkeit des Naturhaushaltes

Eine dauerhafte oder zumindest langfristige Nutzung des Naturgutes Wasser bringt gleichzeitig eine Veränderung des Mediums Wasser mit sich. Wasser als Produktionsfaktor oder Nutzungspotential für den Menschen verlangt deshalb auch eine nachhaltige, sich nicht erschöpfende Sicherung. Qualitätsanforderungen bestehen von Seiten der Landwirtschaft bezüglich Bewässerungswasser bzw. für verschiedene Industriezweige. Sie sind jedoch nicht als Umweltstandards im eigentlichen Sinne zu verstehen, da hier die technische Nutzungsfähigkeit des Rohstoffes Wasser im Vordergrund der Beurteilung steht. Trotzdem mögen sie einen gewissen Anhalt für die Relevanz bestimmter Inhaltsstoffe bzw. Parameter geben (s. dazu die entsprechenden WHO-Richtlinien insbesondere zum Themenfeld "environmental engineering", WHO, 1990 u. a.)

4.6 Bodenqualität

Der Boden bildet die Verwitterungsschicht der festen Erdkruste und ist in seiner Ausprägung und Entwicklung abhängig von den jeweils herrschenden geologischen, topographischen, klimatischen, hydrologischen und biologischen Verhältnissen. Unter Bodenqualität wird gemeinhin die Eignung eines Bodens als Pflanzenstandort im Sinne der Produktivität verstanden. Synonym wird hier häufig der Begriff der Bodenfruchtbarkeit verwendet, als Maß für die Fähigkeit des Bodens, Pflanzen mit Nährstoffen, Wasser, Sauerstoff und Wärme zu versorgen.

Über die Grundlage der Nahrungsmittelproduktion hinaus schaffen die Bodenverhältnisse die notwendigen Voraussetzungen für die gesamte terrestrische Phytomassenproduktion und damit die Basis nahezu aller Nahrungsketten.

Neben dieser existentiellen Bedeutung für höheres Leben schlechthin haben Böden eine wichtige ökosystemare Stellung als

- Filter und Senken für potentielle Schadstoffe
- Lebensraum für die gesamte Bodenflora und -fauna
- Umwandlungs- und Zersetzungszone im Zyklus von Stoffkreisläufen.

Die wichtigsten Einwirkungen lassen sich nach der primären Auswirkung wie folgt klassifizieren:

1. Chemische Veränderungen erfolgen durch

    - Applikation von Düngemitteln
    - den Einsatz von Bioziden und
    - durch Verunreinigungen als Folge anthropogen induzierter Immissionen bzw., Depositionen verschiedenster Art (direkter Eintrag durch feste (Deponien, Halden) oder flüssige (Abwasser, Aufspülungen) Abfallprodukte und Reststoffe oder indirekt nach Transmission auf dem Luftpfad, durch Ablagerung von flüssigen oder festen (Aerosolen und Einträgen durch Niederschläge)).

2. Physikalische Veränderungen erfolgen durch

    - den Abtrag von Böden (Abtrag einzelner Schichten, Abgrabungen)
    - Veränderungen der natürlichen Vegetationsdecke (Rodung, waldwirtschaftliche Nutzung),
    - Bodenbearbeitung (agrarwirtschaftliche Nutzung, Terrassierung usw.).

3. Biologische Veränderungen erfolgen durch

    - den Einsatz von Bioziden und
    - den Eintrag potentieller Schadstoffe.

Veränderungen des Wasserhaushaltes wirken sich in der Regel direkt auf die chemischen, physikalischen und biologischen Verhältnisse im Boden aus.

Als Bodenparameter gelten im wesentlichen für

- den physikalischen Zustand:
  Gefüge, Aggregatstabilität, Porenvolumen und -verteilung, Korngrößenzusammensetzung, Dichte der mineralischen Substanz, Dichte der organischen Substanz und Bodentemperatur;

- den chemischen Zustand:
  Gehalt und chemische Zusammensetzung der mineralischen und der organischen Substanz, Acidität, Ionenaustauschvermögen, Redox-Eigenschaften;

- den biologischen Zustand;
  Art, Zusammensetzung und Menge des Edaphons.

Die analytische Erfassung des Zustandes von Böden, insbesondere der chemischen Eigenschaften und der dadurch gesteuerten Reaktionsmechanismen und -abläufe, bereitet z. T. erhebliche Schwierigkeiten.

Neben der angesprochenen Bestimmung der chemischen Zusammensetzung von Böden werden im allgemeinen die folgenden wichtigsten Meßgrößen zur Bodenqualitätserfassung herangezogen:

- Korngrößenzusammensetzung
- Gehalt an organischer Substanz
- pH-Wert
- Kationenaustauschkapazität
- Basensättigung
- Feldkapazität bzw. nutzbare Feldkapazität.

Dabei ist zu berücksichtigen, daß gleiche Meßwerte im einzelnen nicht qualitativ gleiche Böden ausweisen. Hier können nur unter Einbeziehung von Bodenklassifikationen (die je nach Zweck und Sicht verschieden sind) Standards ermittelt werden, die sich all der Diversität der Böden und ihres jeweiligen optimalen Zustandes orientieren.

Standards beziehen sich auf die Bodenqualität im Hinblick auf die landwirtschaftliche Nutzungseignung (Bodenschätzung), auf die Erosionsgefährdung und auf die Deposition von Schadstoffen. In der Stoffkartei sind nähere Informationen über stoffbezogene Bodenqualitätsstandards aufgenommen.

4.7 Land- und waldwirtschaftlich nutzbare Flächen

Landwirtschaftlich nutzbare Flächen liefern die zur Ernährung notwendigen Rohstoffe. Zur Deckung des Bedarfs an Grundnahrungsmitteln ist, je nach geoökologischen Gegebenheiten (insbesondere Bodenqualität, Wasserdargebot, Klima), den Ernährungsgepflogenheiten und dem Stand der Landwirtschaftstechnik entsprechend eine unterschiedlich große Fläche je Einwohner erforderlich. Die aus der Einwohnerstärke einer Region, unter Beachtung der genannten Bedingungen, sich ergebende Fläche ist als Standard für die notwendige landwirtschaflliche Fläche aufzufassen. Standards in diesem Sinne können, wegen der o. g. Einflußfaktoren, nur regionsspezifisch ermittelt werden.

Der Mindestbedarf an waldwirtschaftlichen Flächen ergibt sich (unter Außerachtlassung der ökologischen Funktionen des Waldes) aus dem Eigenbedarf der Bevölkerung an Holz sowie aller im Wald nutzbarer Anteile (Erholung, Heilmittel, Pflanzen/Früchte etc.). Diese Größe ist abhängig von den geoökologischen Gegebenheiten und den Lebensgewohnheiten (z. B. dem Bedarf an Heiz- und Brennmaterial).

Die Verfügbarkeit land- und waldwirtschaftlich nutzbarer Fläche wird insbesondere beeinflußt durch

- die Umwandlung in andere Nutzungen (Wald in landwirtschaftliche Fläche, land- und waldwirtschaftliche Fläche in Siedlungs-, Verkehrs-, Industrie-, Abbauflächen etc.)

- die Schädigung des Bodens durch Schadstoffe, Erosion, Abtrag etc. als direkte oder indirekte Folge anderer wirtschaftlicher Aktivitäten, bzw. minimiert standortgerechte, im Sinne einer Erhaltung der langfristigen Nutzbarkeit des Bodens betriebenen Bewirtschaftung.

Standards im o. a. Sinne für die mindestens erforderliche landwirtschaftliche Fläche liegen länder- bzw. regionsspezifisch im wesentlichen als Erfahrungswerte vor. Die Größe kann in Abhängigkeit von den o. a. Bedingungen zwischen vielen Quadratkilometern (extensive Weidewirtschaft), etwa einem Quadratkilometer (shifting cultivation), einem Hektar (z. B. Reisanbau) und Flächen geringeren Ausmaßes (Gartenbauwirtschaft) betragen. Für waldwirtschaftliche Flächen sind entsprechende Werte nicht bekannt.

4.8 Biotopbedingungen (besondere Biotopfunktionen)

Das Kapitel "sonstige Biotopbedingungen/besondere Biotopfunktionen" beinhaltet biotopbezogene Aspekte, die unter den vorausgegangenen Umweltqualitätsparametern nicht betrachtet sind. Vegetation und Fauna sind nach Zusammensetzung und Dichte eine über lange Zeiträume durch das Zusammenwirken der relevanten ökologischen Einzelfaktoren entstandene Lebensgemeinschaft (Biozönose), die einen mehr oder weniger genau abgegrenzten Lebensraum (Biotop) einnehmen. Ein Ökosystem besteht aus einer unbestimmten Menge von Biotopen, die in einer bestimmten Form von Abhängigkeit zueinander stehen.

Die Bedingungen für ein "intaktes" Biotop ergeben sich aus den Ansprüchen der Lebensgemeinschaften an die zur Arterhaltung notwendige Umwelt. Ihre maßgebenden bestimmenden Faktoren sind

- biotopspezifische Minimalfläche (Mindestareal)
- Verbindung bzw. Vernetzung der Areale untereinander
- Struktur- und Artenvielfalt (zur Ausgleichbarkeit störender Einflüsse)
- Freisein von Störungen.

Es liegen inzwischen wissenschaftliche Erkenntnisse über Wirkungsketten in Ökosystemen, das Ausmaß von Veränderungen durch äußere Einflüsse und die Biotopansprüche einzelner Arten vor (insbesondere für bestimmte Leitarten, wie z. B. Großtiere, Vögel, geschützte Arten), die es erlauben, entsprechende raumbezogene "Umweltstandards" zu definieren. Grundsätzlich kann festgestellt werden, daß jede Spezies (Flora oder Fauna) ein Teil eines Biotops ist und dort eine (i. d. R.) unverzichtbare Rolle spielt. Ein Herauslösen/Entfernen eines Organs des Biotops, bedeutet, das Biotop nicht nur in der Zusammensetzung sondern auch in der Funktionalität zu verändern bzw. zu stören. Standards im engeren Sinne für Biotopbedingungen zur Erhaltung der Tier- und Pflanzenwelt liegen nicht vor. Sie können jedoch regionsspezifisch aus der Charakteristik der regionstypischen Biotope abgeleitet werden. In Ansätzen wird eine Betrachtung des Stoff- und Energiekreislaufs als sinnvoller Ersatz versucht. Neben dem nationalen Schutzstatus bestimmter Gebiete können als erstes Indiz für die Bestimmung der Schutzwürdigkeit von Flächen Informationen über das (potentielle) Vorkommen geschützter (z. B. vom Aussterben bedrohter) Arten herangezogen werden. Besonders zu nennen ist hier das Washingtoner Artenschutzabkommen (s. Katalogteil "Internationales Umweltrecht" bzw. "Bundesartenschutzverordnung in Deutschland"). Die "Roten Listen" gründen sich allerdings nur auf die Kriterien Gefährdung und Seltenheit. Darüber hinaus wären Kriterien, wie z. B. Nutzen und Bedeutung für den Naturhaushalt oder Erhaltung von Vielfalt und Eigenart von Natur und Landschaft mit einzubeziehen. Grundsätzlich gilt, daß Maßnahmen zum Biotopschutz nach der artenbezogenen Analyse von entsprechenden Abkommen regionsspezifisch zu konkretisieren sind.

4.9 Nahrungsmittelqualität

Allgemeine Kriterien für die Nahrungsmittelqualität sind neben äußeren Qualitätsmerkmalen wie Gewicht und Größe (ausgerichtet nach Vermarktungsstrategien) die inneren Merkmale wie Schadstofffreiheit, Ernährungswert und Geschmack. Im Zusammenhang mit Umweltstandards können Inhaltsstoffe in Nahrungsmitteln Maßstab für die toxikologische Beurteilung oder Zulässigkeit von Schadstoffen bzw. insbesondere Nutz- und Hilfsstoffen in der Umwelt sein. Ihr Bezug zu Umwelteinwirkungen bestimmter Projekte ist damit jedoch nur indirekt. Sie können bei konkreten Umweltuntersuchungen allenfalls als qualitatives Kriterium zugrunde gelegt werden. Eventuell vorhandene Grenzwerte sind z. T. in den Informationsblättern zur Stoffkartei mit aufgenommen. Für weitergehende Informationen zur Nahrungsmittelqualität bzw. zur Rückstandsproblematik sei insbesondere auf die Höchstmengenverordnung für Pflanzenschutzmittel und Aflatoxine, das Pflanzenschutzmittelverzeichnis (1990) der Biologischen Bundesanstalt für Land- und Forstwirtschaft und die WHO-Food Additives Series (versch. Jahre) verwiesen. Wesentliche Einflußfaktoren auf den Schadstoffgehalt von Nahrungsmitteln sind

- der (natürliche oder anthropogen bedingte) (Schad-)Stoffgehalt des Bodens und des Bewässerungswassers
- die Aufnahme luftgetragener Schadstoffe
- die Anwendung von Pflanzenschutz- und Düngemitteln
- die Anwendung von Pharmaka in der Tierproduktion
- biogene Umwandlungsprodukte.

Schadstoffe im Boden bzw. an Pflanzen können über die Nahrungskette indirekt auf den Menschen wirken. Aufgrund der möglichen Anreicherungsprozesse in der Nahrungskette und der rezeptorspezifischen Wirkung der Stoffe kann ein Nahrungsmittel extrem schädliche Konzentrationen an Schadstoffen enthalten, ohne daß Pflanzen selbst in irgendeiner Form in ihrem Wachstum geschädigt werden.

Gegebenenfalls können sie aber in ihrer Fortpflanzungsmöglichkeit bzw. ihrer Abwehrstärke gegenüber Schädlingen beeinträchtigt werden.

Inwieweit eine Kontamination von Umweltkompartimenten Einfluß hat auf den Gehalt an Schadstoffen in Nahrungsmitteln, ist abhängig von der spezifischen Aufnahmerate der einzelnen Kulturen gegenüber diesen Stoffen (sog. "Transferfaktoren"). Grenzwerte für die Umweltmedien beziehen in der Regel nicht die Anreicherungvorgänge und synergistische oder rezeptorspezifische Phänomene ein.

5. Chemische Stoffe und Stoffgruppen/Stoffkartei

Inhaltsübersicht

- Bleitetramethyl
- Brom
- Cadmium
- Chlor
- Chloride
- Chlornaphthaline
- Chloroform
- Chlorphenole
- Chrom
- 2,4-Dichlorphenoxyessigsäure
- DDT
- Dichlorvos
- Dieldrin
- Dioxine
- DNOC
- Endosulfan
- Endrin
- Epichlorhydrin
- Fluorwasserstoff
- Formaldehyd
- Hexachlorbenzol
- Kalium
- Kalzium
- Kalziumoxid
- Kobalt
- Kohlendioxid
- Kohlenmonoxid
- Kresole
- Kupfer
- Lindan
- Magnesium
- Malathion
- Mangan
- Naphthalin
- Natrium
- Nickel
- Nitrat
- Ozon
- Paraquatdichlorid
- Phenol und seine Verbindungen
- Pentachlorphenol

- Polychlorierte Biphenyle
- Polyvinylchlorid
- Propan
- 2-Propenal
- Pyridin
- Quecksilber und seine Verbindungen
- Quecksilber(II)chlorid
- Schwefeldioxid
- Schwefelwasserstoff
- Selen
- Silber
- Stickoxide
- Stickstoffdioxid
- Stickstoffmonoxid
- 2,3,7,8-Tetrachlordibenzo-*p*-dioxin
- Tetrachlorethen
- Thallium und seine Verbindungen
- Toluol
- 1,1,1-Trichlorethan
- Trichlorethen
- 2,4,5-Trichlorphenoxyessigsäure
- Uran und seine Verbindungen
- Vanadium und seine Verbindungen
- Vanadiumpentoxid
- Vinylchlorid
- Zink

5. Chemische Stoffe und Stoffgruppen/Stoffkartei

5.1 Allgemeines

Umweltorientierte Gesetze, Richtlinien und Empfehlungen sind in aller Regel umweltmedien- bzw. -bereichsspezifisch ausgerichtet (z. B. EG-Gewässerrichtlinie, Bodenschutzkonzeption der Bundesregierung, TA-Luft). Die Vorgaben erfolgen durch entsprechend einschlägig organisierte Dienststellen oder sie beratende Institutionen (Bundesgesundheitsamt, DVWG, IWAR etc.) und werden meist (staats-) gebietsbezogen erstellt und erlassen. Die geltenden Regelungen haben so, vor dem Hintergrund sehr unterschiedlicher Ausgangssituationen (wirtschaftlich, naturräumlich, ökologisch etc.) einen räumlich begrenzten Geltungs- und Gültigkeitsbereich. Unter diesen Voraussetzungen lassen sie sich nicht bedenkenlos auf - ökologisch und/oder politisch - andere Bezugsräume übertragen. So bestehen verständlicherweise, um Beispiele zu nennen, in ariden Gebieten völlig andere Anforderungen an Wasserqualitäten als in Mitteleuropa. Anderseits ist etwa die Temperatur von Abwassereinleitungen in Vorfluter viel niedriger festzulegen als in tropischen oder subtropischen Gebieten.

5.2 Erläuterungen zum Inhalt der "Stoffkartei"

Im Katalogteil "Stoffkartei" sind die meist nutzungs- (z.B. branchen-) und bereichsbezogenen Regelungen (z.B. Oberflächengewässer) verschiedener Länder stoffspezifisch, unter Angabe ihres originären Bezugs und der sie betreffenden Einzelbestimmungen, aufgegliedert und so zum Vergleich einander gegenübergestellt. Dies geschieht auf Ebenen mit unterschiedlichem Differenzierungsgrad, so daß dieser Katalogteil besonders dort Entscheidungshilfen liefern kann, wo:

- für die Planung einzelner Nutzungen keine Bestimmungen vorliegen,
- die ökologische Auswirkung einer Planungsmaßnahme weit über bestehende Nutzungsreglementierungen hinausreicht und durch weitere Beurteilungen ergänzt werden muß und
- bestehende Reglementierungen zu überprüfen sind.

In den Informationsblättern der Stoffkartei werden neben offiziellen Grenz- und Richtwerten für die einzelnen chemischen Stoffe eine Vielzahl von Beurteilungshinweisen gegeben. Die Form der zusätzlichen Angaben in den Informationsblättern wurde gewählt, um einen ausführlichen Textteil mit Erklärungen zu vermeiden und notwendige Erläuterungen dem Benutzer an den jeweils relevanten Katalogstellen in übersichtlicher Form zugänglich zu machen.

Die Diversität der Angaben machte häufig eine Auswertung sehr verschiedener Literaturquellen notwendig, wobei die Recherche auch zu einer Reihe einschlägiger, kontinuierlich aktualisierter Quellen wie Loseblattsammlungen und Handbüchern führte. Sie sind im Literatur- und Quellenverzeichnis durch Fettdruck hervorgehoben. Nach einer Analyse geeigneter Informationsträger und Datenquellen, wurden im wesentlichen die Fachkataloge bzw. Bestände der Staatsbibliothek Berlin, die Bibliothek des Umweltbundesamtes Berlin, die Universitätsbibliothek der TU Berlin und eine Reihe von Institutsbibliotheken der Universität (Umwelttechnik, Chemie, Geographie, Landschaftsökologie) ausgewertet.

Die Informationsblätter umfassen die folgenden Datenblöcke; eine detallierte Darstellung gibt das der Stoffkartei vorangestellte Erläuterungsblatt:

- Chemisch-Physikalische Grunddaten,
- Herkunft und Verwendung,
- Umweltstandards,
- Vergleichs- und Referenzwerte,
- Bewertung und Anmerkungen.

Die recherchierten Datenquellen lieferten qualitativ wie quantitativ höchst unterschiedliche Informationen. Außerdem gebot der Projektrahmen Schwerpunktsetzungen, was sowohl die Stoffauswahl als auch die Bearbeitungstiefe betrifft. Es versteht sich damit von selbst, daß nicht alle Punkte bzw. alle Informationsblätter in gleicher Ausführlichkeit behandelt werden konnten.

5.3 Stoffauswahl

Grundsätzlich sind alle in der Umwelt vorkommenden Stoffe - gleichgültig ob originär natürlich oder anthropogen eingebracht - von ökosystemarer Bedeutung und somit umweltrelevant. Eine Vielzahl von Autoren haben sich um die Zusammenstellung und Auswahl umweltrelevanter Stoffe bemüht und - entsprechend ihren unterschiedlichen Prämissen - Stofflisten erstellt, deren Umfänge zwischen ca. 100.000 (Datenbank INFUCHS n. WAGNER, 1989) und 60 Substanzen (BUA, 1989) variieren. Das Gros der Auswahlen liegt allerdings zwischen einigen Hundert und wenigen Tausend Stoffen. Eine interessante Darstellung dieses Problemkreises gibt das BUA (1989). Hier werden auch eine Reihe von ausländischen Chemikalienlisten vorgestellt.

Im Rahmen von Umweltverträglichkeitsuntersuchungen interessieren potentiell alle anthropogen induzierten stofflichen Veränderungen der natürlichen Umwelt und ihre Auswirkungen. Damit ist eine Stoffmenge angesprochen, deren Aufbereitung für die UVP-Praxis auch langfristig nicht zu liefern ist. In KUSt(90) wurden für die Stoffauswahl folgende Prioritäten gesetzt.

1. Aus der großen Zahl von Verbindungen wurden solche Stoffe ausgewählt, für die bereits gesetzliche Regelungen existieren. Zum einen stellen sie jenen Kernbereich dar, an dem sich UVPs aufgrund eindeutiger Vorgaben orientieren müssen, zum anderen kann davon ausgegangen werden, daß diese Stoffe von kompetenter Seite als besonders umweltschädigend eingeschätzt wurden. Denn gesetzliche Regelungen werden in aller Regel erst dann erlassen, wenn die von einer Substanz ausgehenden Gefahren wissenschaftlich eindeutig erwiesen sind.

   Die Zahl der in den verschiedenen Ländern gesetzlichen Bestimmungen unterworfenen Substanzen ist ebenso unterschiedlich wie die Höhe der jeweils festgelegten Grenzwerte. Die Umweltgesetzgebung der Bundesrepublik Deutschland ist im internationalen Vergleich relativ maßgebend und fortgeschritten. Sie stellt, neben Regelungen der EG, die Basis für die hier getroffene Stoffauswahl aus dem gesetzgebenden Bereich dar. Grundlage für die entsprechende Übersichtstabelle der Stoffkartei 'umweltrelevante chemische Stoffe' waren:

   - für das Umweltmedium 'Wasser': die Liste I der Richtlinie 76/464/EWG,
   - für das Umweltmedium 'Boden': die Bodenschutzkonzeption der Bundesregierung und
   - für das Umweltmedium 'Luft': die Technische Anleitung Luft.

Die Auswertung erfolgte anhand einer Zusammenstellung von WAGNER (1989). Die Zahl der in den genannten Vorschriften angesprochenen Stoffe beträgt im einzelnen 171, 228 bzw. 280. Die Gesamtdarstellung, in der Stoffe, die in mehreren Vorschriften geregelt sind, nur einmal aufgeführt werden, umfaßt 525 Verbindungen.

2. Die 525 reglementierten Substanzen wurden durch 14 weitere als umweltrelevant erachtete Stoffe (z.B. Ozon, Kohlendioxid) bzw. Stoffgruppen (z.B. Stickoxide, Chlornaphthaline etc.) ergänzt, so daß die Übersichtsliste nun eine Gesamtzahl von 539 Stoffen aufweist. Sie ist damit allerdings nicht als endgültig vollständig anzusehen, sondern kann im Falle einer Fortschreibung des Katalogs gegebenenfalls erweitert werden. So fehlen z.B. einige wichtige Nährstoffe wie Phosphate und Nitrit. Darüber hinaus ergaben sich im Zuge der Erarbeitung von Informationsblättern vereinzelt bislang nicht aufgenommene relevante Stoffe (hier waren es z.B. Fluorwasserstoff und Vanadiumpentoxid). Der Endumfang dürfte ca. 560-570 Stoffe betragen.

Von den 14 zusätzlich behandelten Stoffen betreffen 6 chemische Elemente und ihre wichtigsten Verbindungen und sprechen damit ebenfalls Stoffgruppen an. Es sind dies: Barium, Kalium, Kalzium, Magnesium, Natrium und Silber.

Anzahl der Stoffe und Stoffgruppen nach Regelungen und weiterführenden Datenquellen

	Geregelte oder genannte Stoffe			
Regelungen oder Datenquellen	**Gesamtzahl**	**davon : in Übersichtstabelle* genannt** (S. 63)	**davon : im Informationsblatt (Stoffkartei) behandelt**	**besondere Übersicht / Verweis** (Seite)
1.EG-Gewässerschutzrichtlinie Liste 1 (1982)	171	171	21	S. 63
2.Katalog wassergefährdender Stoffe (1987)	ca. 600	180	33	S. 63
3.Bodenschutzkonzeption (1986/87)	228	228	41	S. 63
4.TA Luft (1986)	280	280	40	S. 63
5.MAK-Werte (1989)	ca. 600	205	50	S. 63
6.IRPTC (1987)	ca. 550	185	52	S. 90
7.UN-CLP (1987)	ca. 600	71	29	S. 124
8.WHO-Publikation (1990)	ca. 45	-	-	S. 134
9.Für KUSt (1990) ausgewählte, umweltrelevante Stoffe, die nicht in 1,3,4 genannt sind	14	14	14	S. 63
10.Informationsblatt in KUSt'90				S. 63, S.56
Gesamtzahl	-	539 (ohne Doppelnennungen)	89	S. 63

TA Luft: Technische Anleitung Luft nach Bundesimmissionsschutzgesetz

MAK Werte: Maximale Arbeitsplatzkonzentration (s.DFG, 1989)

IRPTC: International Register of Potentially Toxic Chemicals (1987)

UN-CLP: Consolidated list of products whose consumption and/or sale have been banned, withdrawn, severely restricted or not approved by governments (1987)

WHO-Publ.: Stoffbezogene, aktuelle Monographien u.ä., die in WHO-Publikationskatalog (1986-90) aufgenommen sind.

*: Übersichtstabelle: "Umweltrelevante chemische Stoffe nach ausgewählten Gesetzen und Richtlinien, gleichzeitig Übersicht zur Stoffkartei"

5.4 Stoffkartei

5.4.1 Tabelle: Übersicht zur Stoffkartei / Umweltrelevante chemische Stoffe nach ausgewählten Gesetzen und Richtlinien, gleichzeitig Übersicht über Informationsblätter der Stoffkartei

Anmerkungen:

Die folgende Tabelle basiert auf:

- der EG Gewässerschutzrichtlinie 76/464/EWG (1982),
- der Bodenschutzkonzeption der Bundesregierung (1986/87) und
- der Technischen Anleitung Luft (1986).

Alle in diesen Regelwerken angesprochenen Stoffe wurden in die Liste aufgenommen. Sie stellen die Grundlage der Stoffauswahl dar. Die Übersicht weist darüber hinaus auch aus, ob diese Stoffe in:

- Katalog wassergefährdender Stoffe (1987)
- MAK-Liste (1989)

geführt werden. Die MAK-Liste und der Katalog wassergefährdender Stoffe umfassen jeweils etwa 550 Stoffe, die also nur dann in die Tabelle aufgenommen wurden, wenn sie in der EG-Gewässerschutzrichtlinie, der Bodenschutzkonzeption oder der TA-Luft genannt sind.

Eine konsequente, alphabetische Ordnung der Stoffe nach chemisch systematischen Regeln, wie sie WAGNER (1989) präsentiert, ist für eine Zusammenstellung dieses Umfangs aus Gründen der Übersichtlichkeit und Nachvollziehbarkeit sinnvoll. Dies auch deshalb weil in den Informationsblattüberschriften, um eine bessere Handhabung der Stoffkartei zu erreichen, z.T. gängigere Stoffnamen verwendet wurden. Die folgende Tabelle trägt diese Bezeichnungen, mit * in Klammern gekennzeichnet, hinter den systematischen Namen der Stoffe.

Es bedeuten: Spalte 2 = EG Gewässerschutzrichtlinie 76/464/EWG (1982)
Spalte 3 = Katalog wassergefährdender Stoffe (1987)
Spalte 4 = Bodenschutzkonzeption der Bundesregierung (1986/87)
Spalte 5 = TA-Luft (1986)
Spalte 6 = MAK-Werte-Liste (1989)
Spalte 'Stoffkartei' = Informationsblatt im Katalogteil 'chem. Stoffe : Stoffkartei'

Die Angaben wurden größtenteils WAGNER (1989) entnommen.

Die Stoffliste der Bodenschutzkonzeption wurde durch Auflösen der Stoffgruppen nach den Regeln der Chemie und nach Vorkommen in der Umwelt entwickelt. Radionuklide wurden nicht berücksichtigt (n. WAGNER, 1989).

Die Stoffe sind alphabetisch nach ihren chemisch systematischen Namen geordnet.

Mit * sind in Klammern gängige Gebrauchsnamen gekennzeichnet.

Die Ziffern entsprechen denen der Informationsblätter der Stoffkartei; 3stellige Ziffern stimmen mit denen von WAGNER, 1989 überein; 4stellige Ziffern kennzeichnen Stoffe, die hinzugefügt wurden.

Informationsblatt Nr. / Stoffname	2	3	4	5	6	Stoffkartei
A.						
001 Acenaphthylen, 1,2-Dihydro- (*Acenaphten)-			X			
002 Acetaldehyd		X		X	X	
003 Acetaldehyd, Chlor- (*Chloracetaldehyd)				X	X	
004 Aluminium			X		X	X
005 Ameisensäure		X		X	X	
006 Ameisensäure, Methyl-ester (*Methylformiat)				X	X	
007 Ammonium-Kation			X			
008 Anthracen	X		X			
009 Antimon			X		X	X
010 Arsen	X		X			
011 Arsen(V)oxid (*Arsenpentoxid)	X	X		X	X	
012 Arsen(III)oxid (*Arsentrioxid)	X	X		X	X	
013 Arsensäure	X	X		X	X	
014 Arsensäure, Calcium-Salz (*Calciumarsenat)		X		X	X	
015 Arsensäure, Monokalium-Salz (*Kaliumdihydrogen-arsenat)		X		X	X	
016 Arsensäure, Trinatrium-Salz (*Natriumarsenat)		X		X	X	
017 Arsin (*Arsenwasserstoff)		X		X	X	X
018 Asbest				X	X	X
019 Aziridin (*Ethylenimin)		X		X	X	

Informationsblatt Nr. / Stoffname	2	3	4	5	6	Stoffkartei
B.						
1000 Barium						X
020 Benz[e]acephenanthrylen (*Benzo[b]fluoranthen)	X		X		X	

Informationsblatt Nr. / Stoffname	2	3	4	5	6	Stoffkartei
021 Benz[a]anthracen			X			
022 Benzoesäure, Methyl-ester (*Methylbenzonat)		X		X		
023 Benzo[ghi]fluoranthen			X			
024 Benzo[k]fluoranthen			X			
025 Benzofluoranthen			X			
026 Benzo[j]fluoranthen (*Benzo-1.2,1.3-fluoranthen)			X			
027 11H-Benzo[a]fluoren			X			
028 7-Benzofuranol, 2,3-Dihydro-2,2-dimethyl, Methylcarbamat (*Carbofuran)				X		
029 Benzol	X	X	X	X	X	X
030 Benzol, C1-9-Alkyl-Deriv (*Alkylbenzole)			X			
031 Benzol, Chlor- (*Chlorbenzol)	X	X	X	X	X	
032 Benzol, 1-Chlor-2-[2,2-dichlor-1-(4-chlorphenyl)-ethyl] (*o,p -DDD)				X		
033 Benzol, 1-Chlor-2,4-dinitro-	X		X			
034 Benzol, Chlormethyl- (*Benzylchlorid)	X	X		X	X	
035 Benzol,1-Chlor-3-methyl- (*m-Chlortoluol)	X					
036 Benzol, 1-Chlor-2-methyl-4-nitro-	X					
037 Benzol, 2-Chlor-1-methyl-4-nitro- (*1-Chlor-2-methyl-5-nitrobenzol)	X					
038 Benzol, Chlormethylnitro- (*Chlornitrotoluol)	X					
039 Benzol, 1-Chlor-2-methyl-3-nitro- (*2-Chlor-6-nitrotoluol)	X		X			
040 Benzol, 1-Chlor-4-methyl-2-nitro- (*4-Chlor-3-nitrotoluol)	X					
041 Benzol, 4-Chlor-1-methyl-2-nitro- (*4-Chlor-2-nitrotoluol)	X					

Informationsblatt Nr. / Stoffname	2	3	4	5	6	Stoffkartei
042 Benzol, 1-Chlor-2-methyl- (*o-Chlortoluol)	X	X				
043 Benzol, 1-Chlor-4-methyl- (*p-Chlortoluol)	X	X				
044 Benzol, 1-Chlor-3-nitro-(*m-Chlornitrobenzol)	X		X			
045 Benzol, 1-Chlor-2-nitro-(*o-Chlornitrobenzol)	X		X			
046 Benzol, 1-Chlor-4-nitro-(*p-Chlornitrobenzol)	X	X	X		X	
047 Benzol, 1-Chlor-2[2,2,2-trichlor-1-(4-chlorphenyl)ethyl]-(*o,p-DDT)			X			
048 Benzol, 1,1-(Dichlorethenyliden)bis[4-chlor-(*p,p'-DDE)	X	X	X			
049 Benzol, 1,1-(2,2-Dichlorethyliden)bis[4-chlor-(*p,p'-DDD)	X	X	X			
050 Benzol, 1,3-Dichlor- (*meta-Dichlorbenzol)	X					
051 Benzol, (Dichlormethyl-) (*Benzolchlorid)	X					
052 Benzol, 1,3-Dichlor-5-nitro-	X					
053 Benzol, Dichlornitro- (*Dichlornitrobenzol)	X					
054 Benzol, 1,2-Dichlor-3-nitro- (*2,3-Dichlornitrobenzol)			X			
055 Benzol, 1,2-Dichlor-4-nitro- (*3,4-Dichlornitrobenzol)	X		X			
056 Benzol, 1,4-Dichlor-2-nitro- (*2,5-Dichlornitrobenzol)	X					
057 Benzol, 2,4-Dichlor-1-nitro- (*2,4-Dichlornitrobenzol)	X					
058 Benzol, 1,2-Dichlor- (*o-Dichlorbenzol)	X	X	X	X	X	
059 Benzol, 1,4-Dichlor- (*p-Dichlorbenzol)	X		X	X	X	
060 Benzol, Diethyl- (*Diethylbenzol)		X	X			
061 Benzol, 2,4-Diisocyanato-1-methyl- (*2,4-Toluylen-diisocyanat)		X		X	X	
062 Benzol, (1,1-Dimethylethyl)- (*tert-Butylbenzol)		X	X			
063 Benzol, 1,3-Dimethyl- (*m-Xylol)	X	X	X	X	X	

	Informationsblatt Nr. / Stoffname	2	3	4	5	6	Stoffkartei
064	Benzol, 1,3-Dimethyl-2-nitro- (*1,3-Dimethyl-2-nitro-) benzol)			X			
065	Benzol, 1,2-Dimethyl- (*o-Xylol)	X	X	X	X	X	
066	Benzol, 1,4-Dimethyl- (*p-Xylol)	X	X	X	X	X	
067	Benzol, Dimethyl- (*Xylol)	X	X	X	X	X	
068	Benzol, Dinitro- (*Dinitrobenzol)			X		X	
069	Benzol, Ethenyl- (*Styrol)		X	X	X	X	
070	Benzol, Ethyl- (*Ethylbenzol)	X	X	X	X	X	
071	Benzol, 1-Ethyl-3-methyl- (m-Ethyltoluol)			X			
072	Benzol, 1-Ethyl-2-methyl- (o-Ethyltoluol)			X			
073	Benzol, 1-Ethyl-4-methyl- (p-Ethyltoluol)			X			
074	Benzol, Hexachlor- (*Hexachlorbenzol)	X	X	X			X
075	Benzol, Methoxy- (*Anisol)		X	X			
076	Benzol, 1-Methoxy-2-nitro- (*o-Nitroanisol)			X			
077	Benzol, 1-Methoxy-4-nitro- (*p-Nitroanisol)			X			
078	Benzol, Methyl-, Pentachlor-Derivate			X			
079	Benzol, 1-Methyl-2,4-dinitro- (*2,4-Dinitrotoluol)		X	X		X	
080	Benzol, 2-Methyl-1,3-dinitro- (*2,6-Dinitrotoluol)			X		X	
081	Benzol, Methyldinitro- (*Dinitrotoluol)			X		X	
082	Benzol, 2-Methyl-1,4-dinitro- (*2-Methyl-1,4-dinitrobenzene)			X		X	
083	Benzol, (1-Methylethenyl)- (*1-Methyl-1-phenyl-ethylen)	X			X	X	
084	Benzol, (1-Methylethyl)- (*Cumol)		X	X	X	X	
085	Benzol, 1-Methyl-3-nitro- (*m-Nitrotoluol)			X	X	X	
086	Benzol, Methylnitro- (*Nitrotoluol) (Isomere)				X	X	

Informationsblatt Nr. / Stoffname	2	3	4	5	6	Stoffkartei
087 Benzol, 1-Methyl-2-nitro- (*o-Nitrotoluol)		X	X	X	X	
088 Benzol, 1-Methyl-4-nitro- (*p-Nitrotoluol)			X	X	X	
089 Benzol, Methyl- (*Toluol)	X	X	X	X	X	X
090 Benzol, Nitro- (*Nitrobenzol)		X	X	X	X	
091 Benzol, 1,1'-Oxybis- (*Diphenylether)		X	X		X	
092 Benzol, 1,1'-Oxybis[methyl- (*Ditolylether)			X			
093 Benzol, 1,1'-[Oxybis(methylen)]bis- (*Dibenzylether)			X			
094 Benzol, Pentachlornitro- (*Pentachlornitrobenzol)			X			
095 Benzol, Pentachlor- (*Pentachlorbenzol)			X			
096 Benzol, Pentachlor(trichlorethenyl)- (*Octachlorstyrol)			X			
097 Benzol, Phenylethyl)- (*Diphenylethan)			X			
098 Benzol, Propyl- (*1-Propylbenzol)			X			
099 Benzol, 1,2,3,4-Tetrachlor- (*1,2,3,4-Tetrachlorbenzol)			X			
100 Benzol, 1,2,3,5-Tetrachlor- (*1,2,3,5-Tetrachlorbenzol)			X			
101 Benzol, 1,2,4,5-Tetrachlor- (*1,2,4,5-Tetrachlorbenzol)	X		X			
102 Benzol, Tetramethyl- (*Tetramethylbenzol)			X			
103 Benzol, 1,1'-(2,2,2-Trichlorethyliden)bis[4-chlor- (*DDT)	X	X	X		X	X
104 Benzol, 1,1'-(2,2,2-Trichlorethyliden)bis[4-methoxy- (*Methoxychlor)			X		X	
105 Benzol, Trichlor- (*Trichlorbenzol)	X		X			
106 Benzol, 1,2,3-Trichlor- (*1,2,3-Trichlorbenzol)			X			
107 Benzol, 1,2,4-Trichlor- (*1,2,4-Trichlorbenzol)	X		X		X	
108 Benzol, 1,3,5-Trichlor- (*1,3,5-Trichlorbenzol)			X			
109 Benzol, 1,3,5-Trimethyl- (*Mesitylen)			X	X		

Informationsblatt Nr. / Stoffname	2	3	4	5	6	Stoffkartei
110 Benzol, Trimethyl- (*Trimethylbenzol)			X	X		
111 Benzol, 1,2,3-Trimethyl- (*1,2,3-Trimethylbenzol)			X	X		
112 Benzol, 1,2,4-Trimethyl- (*1,2,4-Trimethylbenzol)			X	X		
113 Benzolacetonitril, alpha-[(Diethoxyphosphinothioyl)-oxy]imino (*Phoxim)	X					
114 Benzolamin, 2-Chlor- (*2-Chloranilin)	X					
115 Benzolamin, 3-Chlor- (*3-Chloranilin)	X					
116 Benzolamin, 2-Chlor-4-methyl- (*2-Chlor-4-methylanilin)	X					
117 Benzolamin, 2-Chlor-6-methyl- (*2-Chlor-6-methylanilin)	X					
118 Benzolamin, 3-Chlor-2-methyl- (*3-Chlor-2-methylanilin)	X					
119 Benzolamin, 3-Chlor-4-methyl- (*3-Chlor-4-methylanilin)	X					
120 Benzolamin, 4-Chlor-2-methyl- (*4-Chlor-2-methylanilin)	X				X	
121 Benzolamin, 5-Chlor-2-methyl- (*5-Chlor-o-toluidin)	X				X	
122 Benzolamin, ar-Chlor-ar-methyl- (*Chlor-toluidin)	X					
123 Benzolamin, 4-Chlor-2-nitro-	X					
124 Benzolamin, 2-Chlor-4-nitro- (*2-Chlor-4-nitro-anilin)			X			
125 Benzolamin, 4-Chlor- (*p-Chloranilin)	X					
126 Benzolamin, ar,ar-Dichlor- (*Dichloranilin)	X					
127 Benzolamin, 2,3-Dichlor- (*Dichloranilin)	X					
128 Benzolamin, 2,4-Dichlor- (*2,4-Dichloranilin)	X					
129 Benzolamin, 2,5-Dichlor- (*2,5-Dichloranilin)	X					
130 Benzolamin, 2,6-Dichlor- (*2,6-Dichloranilin)	X					
131 Benzolamin, 3,4-Dichlor- (*3,4-Dichloranilin)	X					
132 Benzolamin, 3,5-Dichlor- (*3,5-Dichloranilin)	X					

Informationsblatt Nr. / Stoffname	2	3	4	5	6	Stoffkartei
133 Benzolamin, 2,6-Dinitro- N,N-dipropyl -4-(trifluormethyl)- (*2,6-Dinitro-N,N-dipropyl-4-trifluoromethylaminobenzol)	X					
134 Benzolamin, 2-Methyl- (*o-Toluidin)		X		X	X	
135 Benzolamin, 4-Methyl- (*p-Toluidin)	X					
136 Benzolamin, 2-Nitro- (*o-Nitroanilin)		X				
137 Benzolamin, 4-Nitro- (*p-Nitroanilin)		X	X		X	
138 Benzolamin, (*Anilin)		X		X		
139 1,2-Benzoldicarbonsäure, Bis (2-ethylhexyl)-ester (*Di-(2-ethylhexyl) phthalat)			X	X		
140 1,2-Benzoldicarbonsäure, Bis (2-methylpropyl)-ester (*Diisobutylphthalat)			X			
141 1,2-Benzoldicarbonsäure, Butyl-phenylmethyl-ester (*Butylbenzylphthalat)		X	X			
142 1,2-Benzoldicarbonsäure, Dibutyl-ester (*Dibutylphthalat)			X			
143 1,2-Benzoldicarbonsäure, Didecyl-ester (*Didecylphthalat)			X			
144 1,2-Benzoldicarbonsäure, Diethyl-ester (*Diethylphthalat)		X	X			
145 1,2-Benzoldicarbonsäure, Dimethyl-ester (*Dimethylphthalat)			X			
146 1,2-Benzoldicarbonsäure, Diocthyl-ester (*Diocthylphthalat)			X			
147 1,2-Benzoldicarbonsäure, Dipropyl-ester (*Dipropylphthalat)			X			
148 1,2-Benzoldicarbonsäure, Diundecyl-ester (*Diundecylphthalat)			X			
149 Benzonaphthothiophen			X			
150 Benzonitril, 2,6-Dichlor- (*Dichlorbenil)			X			
151 Benzo [ghi] perylen			X			
152 Benzo [c] phenanthren			X			
153 Benzo [a] pyren	X		X	X	X	X

Informationsblatt Nr. / Stoffname	2	3	4	5	6	Stoffkartei
154 Benzo [e] pyren			X			
155 Beryllium			X	X	X	X
156 Bicyclo [3.1.1] heptan, 6,6-Dimethyl-2-methylen- (*beta-Pinen)				X		
157 Bicyclo [3.1.1] heptan, 2,6,6-Trimethyl-,Didehydro-Derivat				X		
158 Bicyclo [3.1.1] heptan, 2,6,6-Trimethyl- (*alpha-Pinen)				X		
159 1,1'-Biphenyl, chloriert (*PCB)	X	X	X	X	X	X
160 1,1'-Biphenyl, Chlor- (*Monochlorbiphenyl)			X			
161 1,1'-Biphenyl, Dichlor- (*Dichlorbiphenyl)			X			siehe 159
162 1,1'-Biphenyl, Heptachlor- (*Heptachlorbiphenyl)			X			
163 1,1'-Biphenyl, Hexabrom				X		
164 1,1'-Biphenyl, Hexachlor- (*Hexachlorbiphenyl, Aroclor 1260)			X			X
165 1,1'-Biphenyl, Pentachlor- (*Pentachlorbiphenyl, Aroclor 1254)			X			X
166 1,1'-Biphenyl, Trichlor- (*Trichlorbiphenyl, Aroclor 1242)			X			X
167 1,1'-Biphenyl (*Biphenyl)	X	X	X	X	X	
168 [1,1'-Biphenyl]-4-Carbonsäure	X					
169 [1,1'-Biphenyl]-4,4'-diamin, 2,2-Dichlor-	X					
170 [1,1'-Biphenyl]-4,4'-diamin, 3,3-Dichlor- (*3,3-Dichlorbenzidin)	X			X	X	
171 [1,1'-Biphenyl]-4,4'-diamin (*Benzidin)	X				X	
172 4,4'-Bipyridin, 1,1'-Dimethyl, Dichlorid- (*Paraquat Dichlorid)			X		X	X
173 4,4'-Bipyridium, 1,1'-Dimethyl-(*Paraquat Ion)			X			
174 Blei			X	X	X	X
175 Brom				X	X	X

Informationsblatt Nr. / Stoffname		2	3	4	5	6	Stoffkartei
176	Bromwasserstoffsäure (*Bromwasserstoff)		X		X	X	
177	1,3-Butadien		X		X	X	
178	1,3-Butadien, 2-Chlor- (*Chloropren)	X			X	X	
179	1,3-Butadien, 1,1,2,3,4,4-Hexachlor- (*Hexachlor-1,3-butadien)	X	X	X		X	
180	1,3-Butadien, Pentachlor- (*Pentachlorbutadien)			X			
181	1,3-Butadien, Tetrachlor- (*Tetrachlorbutadien)			X			
182	Butan	X			X	X	
183	Butan, 2,2-Dimethyl- (*2,2-Dimethylbutan)				X		
184	Butan, 2,3-Dimethyl- (*2,3-Dimethylbutan)				X		
185	Butan, 2-Methyl- (*i-Pentan)				X	X	
186	Butan, 1,1'-Oxybis- (*Di-n-Butylether)		X		X		
187	Butanal (*n-Butylaldehyd)		X		X		
188	Butandisäure, [(Dimethoxythiophosphinyl)thio]-, Diethyl -ester- (*Malathion)	X	X			X	X
189	1-Butanol, 3-Methyl (*Isoamylalkohol)				X	X	
190	1-Butanol (*Butanol)		X		X	X	
191	2-Butanol (*sek. Butanol)		X		X	X	
192	2-Butanon (*Ethylmethylketon)		X		X	X	
193	1-Butanthiol (*n-Butanthiol)		X		X	X	
194	2-Buten, (Z)- (*cis-2-Butylen)				X		
195	2-Buten, (E)- (*trans-2-Butylen)				X		
196	1-Buten, 2,3-Dimethyl-				X		
197	2-Buten, 2,3-Dimethyl- (*2,3-Dimethyl-2-buten)				X		
198	1-Buten, 3,3-Dimethyl- (*3,3-Dimethyl-1-butene)				X		

Informationsblatt Nr. / Stoffname	2	3	4	5	6	Stoffkartei
199 1-Buten, 2-Methyl-				X		
200 1-Buten, 3 Methyl- (*3 Methyl-1-butene)				X		
201 2-Buten, 2 Methyl- (*Trimethylethylene)				X		
202 1-Buten (*Buten-1)				X		
203 Buten (*Butylen)				X		
204 2-Butensäure, 3-[(Dimethoxyphosphinyl)oxy]-, Methyl-ester- (*Mevinphos)	X					
C.						
205 Cadmium	X		X	X	X	X
206 Carbonyldichlorid (*Phosgen)				X	X	
207 Chlor		X		X	X	X
208 Chlorcyan				X	X	
1001 Chloride						X
1002 Chlornaphthaline						X
209 Chrom			X	X		X
209 Chromsäure, Calcium-Salz (1:1)- (*Calciumchromat)		X		X	X	
211 Chromsäure, Chrom-(3+)-Salz (3:2) $[Cr(CrO_4)_3]$- (*Chrom(III)chromat)				X	X	
212 Chromsäure, Zink-Salz (1:1)- (*Zinkchromat)				X	X	
213 Chrysen			X		X	
214 Chrysostil [Mg3(OH)4(Si2O5)]- (*weißer Asbest)				X	X	siehe 018
215 Coronen			X			
216 Cyanid			X	X		
217 Cyanwasserstoffsäure (*Blausäure)		X		X	X	

Nr.	Informationsblatt Nr. / Stoffname	2	3	4	5	6	Stoffkartei
218	2,5-Cyclohexadien-1,4-dien- (*p-Benzochinon)				X	X	
219	Cyclohexan, 1,2,3,4,5,6-Hexachlor-(1.alpha, 2.alpha, 3.beta, 4.alpha, 5.beta, 6.beta)-(*alpha-HCH)	X		X		X	
220	Cyclohexan, 1,2,3,4,5,6-Hexachlor-(1.alpha, 2.beta, 3.alpha, 4.beta, 5. alpha, 6. beta)-(*beta-HCH)	X		X		X	
221	Cyclohexan, 1,2,3,4,5,6-Hexachlor-(1.alpha, 2.alpha, 3.alpha, 4.beta, 5.alpha. 6.beta)-(*delta-HCH)	X		X			
222	Cyclohexan, 1,2,3,4,5,6-Hexachlor-(1.alpha, 2.alpha, 3.alpha, 4.beta, 5.beta, 6.beta)-(*epsilon-HCH)			X			
223	Cyclohexan, 1,2,3,4,5,6-Hexachlor-(1.alpha, 2.alpha, 3.beta, 4.alpha, 5.alpha, 6.beta)-(*gamma-HCH, Lindan)	X	X	X		X	X
224	Cyclohexan, 1,2,3,4,5,6-Hexachlor-(*Hexachlorcyclohexan)	X		X		X	
225	Cyclohexanon		X		X	X	
226	Cyclohexanon, Methyl-				X		
227	4-HCyclopenta[def]phenanthren			X			

	D.	2	3	4	5	6	Stoffkartei
228	Dibenz[a,h]anthracen			X	X	X	
229	Dibenzo[def,mno]chrysen (*Anthanthren)			X			
230	Dibenzo[b,e][1,4]dioxin, Heptachlor- (*Heptachlor-dibenzo-p-dioxin)			X			
231	Dibenzo[b,e][1,4]dioxin, Hexachlor- (*Hexachlor-dibenzo-p-dioxin)			X	X		
232	Dibenzo[b,e][1,4]dioxin, Octachlor- (*Octachlor-dibenzo-p-dioxin)			X			
233	Dibenzo[b,e][1,4]dioxin, Pentachlor- (*Pentachlor-dibenzo-p-dioxin)			X			
234	Dibenzo[b,e][1,4]dioxin, 2,3,7,8 - Tetrachlor- (*TCDD)			X		X	X

Informationsblatt Nr. / Stoffname		2	3	4	5	6	Stoffkartei
235	Dibenzo[b,e][1,4]dioxin, Tetrachlor- (*Tetrachlor-dibenzo-p-dioxin)			X	X		
236	Dibenzofluoranthen			X			
237	Dibenzofuran, Hexachlor-			X	X		
238	Dibenzofuran, Octachlor-			X			
239	Dibenzofuran, Pentachlor-	X					
240	Dibenzofuran, Tetrachlor-			X	X		
241	Dibenzofuran, 2,3,7,8-Tetrachlor-			X			
242	1,4:3,6-Dimethanonaphthalin, 1,2,3,4,10,10-Hexachlor-1,4,4a,5,8,8a-hexahydro-,(1.alpha, 4.alpha, 4a.beta, 5.alpha, 8.alpha, 8a.beta)- (*Aldrin)	X	X	X		X	X
243	2,7:3,6-Dimethanonaphth[2,3-b]oxiren, 3,4,5,6,9,9-Hexachlor-1a,2,2a,3,6,6a,7,7a-octahydro-(1a.alpha, 2.alpha, 2a.beta, 3.beta, 6.beta, 6a.alpha, 7.beta, 7a.alpha)- (*Dieldrin)	X	X	X		X	X
244	2,7:3,6-Dimethanonaphth[2,3-b]oxiren, 3,4,5,6,9,9-Hexachlor-1a,2,2a,3,6,6a,7,7a-octahydro-(1a.alpha, 2.beta, 2a.beta,3.alpha, 6.alpha, 6a.beta, 7.beta, 7a.alpha)- (*Endrin)	X	X	X		X	X
245	1,4-Dioxan (*Diethylendioxid)		X		X	X	
1003	Dioxine						X
246	Dipyrido[1,2-a:2',1'-c]pyrazindiium,6,7-Dihydro-,Dibromid (*Diquat Dibromid)			X			
247	Dipyrido[1,2-a:2',1'-c]pyrazindiium, 6,7-Dihydro- (*Diquat)			X			
248	Distannoxan, Hexabutyl- (*Bistributylzinnoxid)	X	X				
249	Distannoxan, Hexakis(2-methyl)-2-phenyl-propyl- (*Fenbutatinoxid)	X	X				
250	Disulfid, Dimethyl- (*Dimethylsulfid)				X		

Informationsblatt Nr. / Stoffname	2	3	4	5	6	Stoffkartei
251 Dithiophosphorsäure, 0,0-Diethyl-S[2-(ethylthio)-ethyl]-ester (*Disulfoton)	X					
252 Dithiophosphorsäure, 0,0-Diethyl-S[(4-oxo-1,2,3-benzotriazin-3(4H)-yl)methyl]-ester (*Azinphos-ethyl)	X			X		
253 Dithiophosphorsäure, 0,0-Dimethyl-S[2-(methyl-amino)-2-oxoethyl]-ester (*Dimethoat)	X	X				
E.						
254 Essigsäure		X		X	X	
255 Essigsäure, Butyl-ester- (*n-Butylacetat)		X		X	X	
256 Essigsäure, Chlor- (*Chloressigsäure)	X	X		X		
257 Essigsäure, (4-Chlor-2-methylphenoxy)- (*MCPA)	X					
258 Essigsäure, (2,4-Dichlorphenoxy)- (2,4-D)	X		X		X	X
259 Essigsäure, Ethylen-ester (*Vinylacetat)		X		X	X	
260 Essigsäure, Ethyl-ester (*Ethylacetat)		X		X	X	
261 Essigsäure, Methyl-ester (*Methylacetat)		X		X	X	
262 Essigsäure, (2,4,5-Trichlorphenoxy)- (*2,4,5-T)	X	X	X		X	X
263 Ethan				X		
264 Ethan, Chlor- (*Chlorethan)				X	X	
265 Ethan, 1,2-Dibrom- (*Ethylendibromid)	X	X		X	X	
266 Ethan, 1,2-Dichlor- (*Ethylenchromid)	X	X		X	X	
267 Ethan, 1,1-Dichlor- (*Ethylidenchlorid)	X			X	X	
268 Ethan, Hexachlor- (*Hexachlorethan)	X		X		X	
269 Ethan, (*Methylthio)-				X		
270 Ethan, 1,1'-Oxybis- (*Diethylether)		X		X	X	
271 Ethan, 1,1,2,2-Tetrachlor- (*1,1,2,2-Tetrachlorethan)	X		X	X	X	

Informationsblatt Nr. / Stoffname	2	3	4	5	6	Stoffkartei
272 Ethan, 1,1-Thiobis (*Diaethylsulfid)				X		
273 Ethan, 1,1,1-Trichlor- (*1,1,1-Trichlorethan)	X	X	X	X	X	X
274 Ethan, 1,1,2-Trichlor- (*1,1,2-Trichlorethan)	X			X	X	
275 Ethan, 1,1,2-Trichlor-1,2,2-trifluor- (*Frigen)	X	X			X	
276 Ethanamin, N,N-Diethyl- (*Triethylamin)		X		X	X	
277 Ethanamin, N-Ethyl- (*Diethylamin)	X	X		X	X	
278 Ethanamin (*Ethylamin)		X		X	X	
279 1,1-Ethandiol, 2,2,2-Trichlor- (*Chloralhydrat)	X	X				
280 1,2-Ethandiol (*Ethylenglykol)		X		X		
281 Ethanol, 2-Butoxy- (*2-Butoxyethanol)		X		X	X	
282 Ethanol, 2-Chlor- (*2-Chlorethanol)	X	X			X	
283 Ethanol, 2-Ethoxy- (*Ethylglykol)				X	X	
284 Ethanol, 2,2'-Iminobis- (*Diethanolamin)		X		X		
285 Ethanol, 2-Methoxy- (*Methylglykol)		X		X	X	
286 Ethanol (*Ethylalkohol)		X		X	X	
287 Ethanthiol (*Ethylmercaptan)		X		X	X	
288 Ethen, Chlor-,homopolymer (*Polyvinylchlorid)				X	X	X
289 Ethen, Chlor- (*Vinylchlorid)	X	X	X	X	X	X
290 Ethen, 1,2-Dichlor-	X		X	X	X	
291 Ethen, 1,1-Dichlor- (*Vinylidenchlorid)	X		X	X	X	
292 Ethen, Tetrachlor- (*Tetrachlorethen)	X	X	X	X	X	X
293 Ethen, Trichlor- (*Trichlorethen)	X	X	X	X	X	X
294 Ethen, (*Ethylen)				X		

Informationsblatt Nr. / Stoffname	2	3	4	5	6	Stoffkartei
F.						
295 Fluor				X	X	
296 Fluoranthen			X			
297 9H-Fluoren (*Fluoren)			X			
298 Fluorid-Anion			X	X		
1004 Fluorwasserstoff						X
299 Fluorwasserstoffsäure (*Flussäure)		X		X	X	
300 Formaldehyd		X		X	X	X
301 Formamid, N,N-Dimethyl- (*Ameisensäuredimethylamid)		X		X	X	
302 Furan, Tetrahydro- (*Tetrahydrofuran)		X		X	X	
303 2-Furancarbaldehyd (*Furfurol)		X		X	X	
304 2,5-Furandion (*Maleinsäureanhydrid)		X		X	X	
305 2-Furanmethanol (*Furfurylalkohol)		X		X	X	
G.						
306 Glycin, N,N-Bis(carboxymethyl)- (*Nitrilotriessigsäure)		X	X			
307 Glycin, N,N'-1,2-Ethandiylbis[N-(carboxymethyl)- (*Ethylendiamintetraessigsäure)		X	X			
H.						
308 Harnstoff, N'-(4-Chlorphenyl)-N-methoxy-N-methyl- (*Monolinuron)	X	X				
309 Harnstoff, N'-(3,4-Dichlorphenyl)-N-methoxy-N-methyl-	X	X				
310 Heptan		X		X	X	
311 4-Heptanon, 2,6-Dimethyl- (*Diisobutylketon)				X	X	
312 Hepten				X		

Informationsblatt Nr. / Stoffname	2	3	4	5	6	Stoffkartei
313 1-Hepten		X		X		
314 Hexan, 3-Methyl- (*3-Methylhexan)				X		
315 Hexan (*n-Hexan)		X		X	X	
316 2-Hexanol		X		X		
317 3-Hexanol		X		X		
318 1-Hexanol (*Hexanol-1)		X		X		
319 Hexen				X		
320 1-Hexen (*Hexen-1)				X		
321 Hydrazin		X		X	X	
I.						
322 Indeno[1,2,3-cd]fluoranthen			X			
323 Indeno[1,2,3-cd]pyren (*Idenopyren)			X		X	
K.						
1005 Kalium						X
1006 Kalzium						X
1007 Kalziumoxid						X
324 Kobalt			X	X	X	X
1008 Kohlendioxid						X
325 Kohlendisulfid (*Schwefelkohlenstoff)		X		X	X	
326 Kohlenmonoxid		X		X	X	X
327 Kohlensäure, Nickel(2+)-Salz 1:1 (*Nickelcarbonat)				X	X	
328 Krokydolith (*Blauer Asbest)				X	X	X
329 Kupfer			X	X	X	X

Informationsblatt Nr. / Stoffname	2	3	4	5	6	Stoffkartei
M.						
1009 Magnesium						X
330 Mangan				X	X	X
331 Methan, Chlor- (*Chlormethan)		X		X	X	
332 Methan, Dichlor- (*Dichlormethan)	X	X	X	X	X	
333 Methan, Dichlordifluor- (*Dichlordifluormethan)				X	X	
334 Methan, Oxybis- (*Dimethylether)				X		
335 Methan, Tetrachlor- (*Tetrachlorkohlenstoff)	X	X	X	X	X	
336 Methan, Thiobis- (*Dimethylsulfid)				X		
337 Methan, Trichlor- (*Chloroform)	X	X	X	X	X	X
338 Methan, Trichlorfluor- (*Trichlorfluormethan)		X		X	X	
339 Methanamin, N-Methyl- (*Dimethylamin)	X	X		X	X	
340 Methanamin, (*Methylamin)		X		X	X	
341 6,9-Methano-2,4,3-benzo-dioxathiepin, 6,7,8,9,10,10-Hexachlor-1,5,5a,6,9,9a-hexahydro, 3-Oxid, (3.alpha, 5a.beta, 6.alpha, 9.alpha, 9a.alpha)- (*alpha-Endosulfan)			X			
342 6,9-Methano-2,4,3-benzo-dioxathiepin, 6,7,8,9,10,10-Hexachlor-1,5,5a,6,9,9a-hexahydro, 3-Oxid, (3.alpha, 5a.alpha, 6.beta, 9.beta, 9a.alpha)- (*beta-Endosulfan)			X			
343 6,9-Methano-2,4,3-benzo-dioxathiepin, 6,7,8,9,10,10-Hexachlor-1,5,5a,6,9,9a-hexahydro, 3-Oxid (*Endosulfan)	X	X	X			X
344 4,7-Methano-1H-iden, 1,4,5,6,7,8,8-Heptachlor-3a,4,7,7a-tetrahydro- (*Heptachlor)	X		X		X	
345 4,7-Methano-1H-iden, 1,2,4,5,6,7,8,8-Octachlor-2,3,3a,4,7,7a-hexahydro- (*Chlordan)	X		X		X	
346 2,5-Methano-2H-ideno[1,2-b]oxiren, 2,3,4,5,6,7,7-Hepta-chlor-1a,1b,5,5a,6,6a-hexahydro- (*Heptachlorepoxid)	X		X			
347 Methanol (*Methylalkohol)		X		X	X	

Informationsblatt Nr. / Stoffname	2	3	4	5	6	Stoffkartei
348 Methanthiol (*Methylmercaptan)		X		X	X	

N.						
349 Naphthalin	X	X	X	X	X	X
350 Naphthalin, 1-Chlor-	X					
351 Naphthalin, Chlor-Derivate	X	X	X			
352 Naphthalin, 2,6-Dimethyl- (*2,6-Dimethylnaphthalin)			X			
353 Naphthalin, 1-Methyl- (*1-Methylnaphthalin)			X			
354 Naphthalin, 2-Methyl- (*2-Methylnaphthalin)			X			
355 2-Naphthalinamin				X	X	
1010 Natrium						X
356 Nickel			X	X	X	X
357 Nickelcarbonyl, (T-4)- [$Ni(CO)_4$] (*Nickeltetracarbonyl)				X	X	
358 Nickeloxid [NiO_2]				X		
359 Nickelsulfid [NiS]				X		
360 Nitrat-Anion			X			X

O.						
361 Octan (*n-Oktan)		X		X	X	
362 Octen (*Octene, dimersol)				X		
363 Oxiran, (Chlormethyl)- (*Epichlorhydrin)	X	X	X	X	X	X
364 Oxiran, Methyl- (*Propylenoxid)				X	X	
365 Oxiran (*Ethylenoxid)		X		X	X	
1011 Ozon						X

Informationsblatt Nr. / Stoffname	2	3	4	5	6	Stoffkartei
P.						
366 Palladium				X		
367 Paraffinöl (*Mineralöl)			X			
368 Pentan		X		X	X	
369 Pentan, 3-Methylen- (*3-Methylenepentane)				X		
370 Pentan, 2-Methyl- (*Iso-Hexan)				X		
371 Pentan, 3-Methyl- (*3-Methylpentan)				X		
372 1-Pentanol (*n-Amylalkohol)		X		X		
373 2-Pentanon, 4-Hydroxy-4-methyl- (*Diacetonalkohol)		X		X	X	
374 2-Pentanon, 4-Methyl- (*Methylisobutylketon)		X		X	X	
375 1-Penten, 2-Methyl- (*1-Methyl-1-1propylethylene)				X		
376 2-Penten, (Z)- (*2-cis-Penten)				X		
377 2-Penten, (E)- (*2-trans-Penten)				X		
378 Penten (*Amylen)				X		
379 1-Pentene, 4-methyl-				X		
380 1-Penten (*Propylaethylen)				X		
381 Perylen			X			
382 Phenanthren			X			
383 Phenanthren, Methyl- (*Methylphenanthren)			X			
384 Phenol		X	X	X	X	X
385 Phenol, 2-Amino-4-chlor-	X					
386 Phenol, 2,6-Bis(1.1-dimethylethyl)-4-methyl- (*2,6-Di-tert.-butyl-4-methyl-phenol)			X			
387 Phenol, 3-Chlor- (*m-Chlorphenol)	X		X			X

Informationsblatt Nr. / Stoffname	2	3	4	5	6	Stoffkartei
388 Phenol, 2-Chlor-5-methyl- (*6-Chlor-m-kresol)			X			
389 Phenol, 4-Chlor-3-methyl- (*4-Chlor-m-kresol)	X	X	X			
390 Phenol, 2-Chlor (*o-Chlorphenol)	X	X	X			
391 Phenol, Phenol, 4-Chlor (*p-Chlorphenol)	X		X			
392 Phenol, 3,4-Dichlor- (*3,4-Dichlorophenol)				X		
393 Phenol, 3,5-Dichlor- (*3,5-Dichlorophenol)				X		
394 Phenol, Dichlor- (*Dichlorphenol)				X		
395 Phenol, 2,3-Dichlor- (*2,3-Dichlorphenol)		X	X	X		
396 Phenol, 2,4-Dichlor- (*2,4-Dichlorphenol)	X	X	X	X		
397 Phenol, 2,5-Dichlor- (*2,5-Dichlorphenol)			X	X		
398 Phenol, 2,6-Dichlor- (*2,6-Dichlorphenol)			X	X		
399 Phenol, 2,4-Dichlor-3,5-dimethyl- (*2,4-Dichlor-3,5-Xylenol)			X			
400 Phenol, Dimethyl- (*Xylenol)				X		
401 Phenol, 2,3-Dimethyl- (*2,3-Xylenol)				X		
402 Phenol, 2,4-Dimethyl- (*2,4-Xylenol)			X	X		
403 Phenol, 2,5-Dimethyl- (*2,5-Xylenol)				X		
404 Phenol, 3,4-Dimethyl- (*3,4-Xylenol)			X	X		
405 Phenol, 2,4-Dinitro- (*2,4-Dinitrophenol)			X			
406 Phenol, 4-Ethyl- (*p-Ethylphenol)			X			
407 Phenol, 2-Methyl-4,6-dinitro (*4,6-Dinitro-o-kresol)				X	X	X
408 Phenol, 4,4-(1-Methylethyliden)bis- (*Bisphenol A)			X			
409 Phenol, Methyl- (*Kresol)				X	X	X
410 Phenol, 3-Methyl- (*m-Kresol)		X		X	X	X

Informationsblatt Nr. / Stoffname	2	3	4	5	6	Stoffkartei
411 Phenol, 2-Methyl-4-nitro-			X			
412 Phenol, 2-Methyl-5-nitro-			X			
413 Phenol, 4-Methyl-3-nitro-			X			
414 Phenol, 5-Methyl-2-nitro-			X			
415 Phenol, 4-Methyl-2-nitro- (*Mononitrokresol)			X			
416 Phenol, Methylnitro- (*Nitro-Kresol)			X	X		
417 Phenol, 3-Methyl-4-nitro- (*p-Nitro-m-kresol)				X		
418 Phenol, 2-Methyl- (*o-Kresol)			X		X	X
419 Phenol, 4-Methyl- (*p-Kresol)			X	X	X	X
420 Phenol, 3-Nitro- (*m-Nitrophenol)				X		
421 Phenol, Nitro- (*Nitrophenol)			X			
422 Phenol, 2-Nitro- (*2-Nitrophenol)			X	X		
423 Phenol, 4-Nitro- (*p-Nitrophenol)			X	X		
424 Phenol, 4-Nonyl-		X	X			
425 Phenol, Pentachlor- (*Pentachlorphenol)	X	X	X		X	X
426 Phenol, 2-(Phenylmethyl)- (*o-Benzylphenol)			X			
427 Phenol, 4-(Phenylmethyl)- (*p-Benzylphenol)			X			
428 Phenol, 4-Propyl-	X					
429 Phenol, 2,3,4,5-Tetrachlor- (*2,3,4,5-Tetrachlorphenol)			X			
430 Phenol, 2,3,4,6-Tetrachlor- (*2,3,4,6-Tetrachlorphenol)			X			
431 Phenol, 2,3,5,6-Tetrachlor- (*2,3,5,6-Tetrachlorphenol)			X			
432 Phenol, Trichlor- (*Trichlorphenol)				X		
433 Phenol, 2,3,4-Trichlor- (*2,3,4-Trichlorphenol)			X	X		
434 Phenol, 2,3,5-Trichlor- (*2,3,5-Trichlorphenol)			X	X		

Informationsblatt Nr. / Stoffname	2	3	4	5	6	Stoffkartei
435 Phenol, 2,3,6-Trichlor- (*2,3,6-Trichlorphenol)	X		X	X		
436 Phenol, 2,4,5-Trichlor- (*2,4,5-Trichlorphenol)	X		X	X		
437 Phenol, 2,4,6-Trichlor- (*2,4,6-Trichlorphenol)	X		X	X		
438 Phenol, 3,4,5-Trichlor- (*3,4,5-Trichlorphenol)			X			
439 Phosphin (*Phosphorwasserstoff)		X		X	X	
440 Phosphorsäure, 2,2-Dichloroethenyl-dimethyl-ester- (*Dichlorvos)	X				X	X
441 Phosphorsäure, Tributyl-ester- (*Tributylphosphat)	X					
442 Platin				X	X	
443 Plumban, Tetraethyl- (*Bleitetraethyl)		X		X	X	X
444 Plumban, Tetramethyl- (*Bleitetramethyl)		X		X	X	X
445 Propan		X	X	X		X
446 Propan, 1-Chlor- (*1-Chlorpropan)				X		
447 Propan, 1,2-Dichlor- (*1,2-Dichlorpropan)	X	X			X	
448 Propan, 2,2-Dimethyl- (*tert.-Propan)		X		X	X	
449 Propan, 2-Methyl- (*Isobutan)		X		X	X	
450 Propan, 2,2'-Oxybis[1-chlor- (*Bis(1-chlorisopropyl)ether)	X					
451 Propan, 2,2'-Oxybis- (*Diisopropylether)				X	X	
452 Propan, 1,1'-Thiobis-				X		
453 Propan, 2,2'-Thiobis-				X		
454 Propan, 1,2,3-Trichlor- (*1,2,3-Trichlorpropan)			X		X	
455 Propanal (*Propionaldehyd)				X		
456 1-Propanol		X		X		
457 2-Propanol, 1,3-Dichlor-	X					

Informationsblatt Nr. / Stoffname		2	3	4	5	6	Stoffkartei
458	1-Propanol, 2-Methyl- (*Isobutanol)		X		X	X	
459	2-Propanol, 2-Methyl- (*tert.-Butanol)		X		X	X	
460	2-Propanol (*Isopropanol)		X		X	X	
461	2-Propanon (*Aceton)		X		X	X	
462	Propansäure, 2-(4-Chlor-2-Methylphenoxy)- (*Mecoprop)	X					
463	Propansäure, 2-(2,4-Dichlorphenoxy)- (*Dichlorprop)	X					
464	Propansäureamid, N-(3,4-Dichlorphenyl)- (*Propanil)	X					
465	Propansäure (*Propionsäure)		X		X	X	
466	1-Propanthiol, 2-Methyl-				X		
467	1-Propanthiol (*n-Propylmercaptan)				X		
468	2-Propanthiol (*Propane-2-thiol)		X		X		
469	1-Propen, 3-Chlor- (*Allylchlorid)	X	X			X	
470	1-Propen, 1,3-Dichlor- (*1,3-Dichlorpropylen)	X	X			X	
471	1-Propen, 2,3-Dichlor- (*2,3-Dichlorpropylen)	X	X				
472	1-Propen, 2-Methyl- (*Isobutylen)				X		
473	2-Propenal (*Acrolein)		X		X	X	
474	2-Propennitril, homopolymer (*Polyacrylnitril)				X		
475	2-Propennitril (*Acrylnitril)		X		X	X	
476	1-Propen (*Propylen)				X		
477	2-Propensäure, Ethyl-ester- (*Ethylacrylat)		X		X	X	
478	2-Propensäure, 2-Methyl-,Methyl-ester (*Methacrylsäuremethylester)		X		X	X	
479	2-Propensäure, Methyl-ester- (*Acrylsäuremethylester)		X		X	X	
480	2-Propensäure (*Acrylsäure)		X		X		

Informationsblatt Nr. / Stoffname	2	3	4	5	6	Stoffkartei
481 Pyren			X			
482 3(2)-Pyridazinon, 5-Amino-4-chlor-2-phenyl- (*Chloridazon)	X					
483 Pyridin		X		X	X	X
484 2-Pyrrolidinon, 1-Methyl- (*N-Methyl-2-pyrrolidon)				X	X	
Q.						
485 Quecksilber	X	X	X	X	X	X
486 Quecksilber(II)-oxid	X					X
R.						
487 Rhodium				X		
S.						
488 Schwefeltrioxid		X		X		
489 Schwefeldioxid		X		X	X	X
490 Schwefelsäure, Dimethyl-ester- (*Dimethylsulfat)				X	X	
491 Schwefelwasserstoff		X		X	X	X
492 Selen			X	X	X	X
493 Selenhexafluorid (OC-6-11) (*Selenhexafluorid)						
1012 Silber						X
494 Stannan, (Acetyloxy)triphenyl- (*Fentinacetat)	X	X				
495 Stannan, Chlortriphenyl-	X	X				
496 Stannan, Dibutyldichlor- (*Di-n-butyltindichloride)	X	X				
497 Stannan, Dibutyloxo-	X	X				
498 Stannan, Hydroxytriphenyl-	X	X				

	Informationsblatt Nr. / Stoffname	2	3	4	5	6	Stoffkartei
499	Stannan, Tetrabutyl- (*Tetrabutylzinn)	X	X				
500	Stannan, Tricyclohexylhydroxy- (*Cyhexatin)	X	X				
1013	Stickoxide						X
501	Stickstoffdioxid		X		X	X	X
502	Stickstoffoxid (*Stickstoffmonoxid)		X		X		X
503	Sulfat-Anion			X			
T.							
504	Tellur				X		
505	Terphenyl, chloriert	X	X	X			
506	Thallium			X	X	X	X
507	Thioharnstoff			X			
508	Thiophosphorsäure, O-(3-Chlor-4-methyl-2-oxo-2H-1-benzopyran-7-yl)-O,O-diethyl-ester (*Coumaphos)	X					
509	Thiophosphorsäure, O,O-Diethyl-O-[2-(ethylthio)-ethyl]ester (*Demeton-O)	X					
510	Thiophosphorsäure, O,O-Diethyl-O-(4-nitrophenyl)ester (*Parathion)	X	X			X	
511	Thiophosphorsäure, O,O-Diethyl-O-(1-phenyl-1H-1,2,4-triazol-3-yl)-ester (*Triazophos)	X					
512	Thiophosphorsäure, O,O-Dimethyl, S-[2-(Ethyl-sulfinyl)ethyl-Ester (*Oxydemeton-methyl)	X					
513	Thiophosphorsäure, O,O-Dimethyl-S-[2-(methylamino)-2-oxoethyl]-Ester (*Omethoat)	X	X				
514	Thiophosphorsäure, O,O-Dimethyl-O-[3-methyl-4-(methylthio)phenyl]-ester (*Fenthion)	X				X	
515	Thiophosphorsäure, O,O-Dimethyl-O-(3-methyl-4-nitrophenyl)-ester (*Fenitrothion)	X					

Informationsblatt Nr. / Stoffname	2	3	4	5	6	Stoffkartei
516 Thiophosphorsäure, O,O-Dimethyl-O-(4-nitrophenyl)ester (*Methylparathion)	X	X		X		
517 Thiophosphorsäure, S-[2-(Ethylthio)ethyl]-O,O-dimethyl-ester (*Demeton-S-methyl)	X					
518 Toxaphen (*Camphechlor)			X		X	
519 1,3,5-Triazin, 2,4,6-Trichlor- (*Cyanurchlorid)	X					
520 1,3,5-Triazin-2,4-diamin, 6-chlor-N,N'-diethyl- (*Simazin)	X					
521 Triphenylen			X			
U.						
522 Uran			X		X	X
V.						
523 Vanadium			X	X		X
1014 Vanadiumpentoxid						X
W.						
523 Wasserstoff-Kation			X			
Z.						
524 Zink			X			X
525 Zinn				X	X	

5.4.2 Register der in IRPTC (1987) erfaßten Stoffe

1. nach Gebrauchsnamen (alphabetisch, englisch)

2. nach chemischer Taxonomie (alphabetisch, englisch)

3. nach CAS-Nr. mit Verweis auf RTEC-Nr.

Die drei Verzeichnisse sind direkt aus IRPTC (1987) übernommen.

Abkürzungen:

IRPTC (1987):

International Register of Potentially Toxic Chemicals, Legal File 1986, Vol. I und II, UNEP

CAS-RN:

Chemical Abstracts Services Registry Number

RTEC-RN:

Registry of Toxic Effects of Chemical Substances Registry Number

RTECS RN	CAS RN	COMMON NAME
TF6890000	3383-96-8	ABATE
AB1925000	75-07-0	ACETALDEHYDE
AD7350000	103-84-4	ACETANILIDE
AF1225000	64-19-7	ACETIC ACID
AH5425000	141-78-6	ACETIC ACID, ETHYL ESTER
AL3150000	67-64-1	ACETONE
AL7700000	75-05-8	ACETONITRILE
AO5955000	506-96-7	ACETYL BROMIDE
AO9600000	74-86-2	ACETYLENE
KI8575000	79-34-5	ACETYLENE TETRACHLORIDE
FF9100000	973-21-7	ACREX
AR7175000	260-94-6	ACRIDINE
AS1050000	107-02-8	ACROLEIN
AS3325000	79-06-1	ACRYLAMIDE
AS4375000	79-10-7	ACRYLIC ACID
AT0700000	140-88-5	ACRYLIC ACID, ETHYL ESTER
AT5250000	107-13-1	ACRYLONITRILE
AU8400000	124-04-9	ADIPIC ACID
AW5950000	1402-68-2	AFLATOXIN
GY1925000	1162-65-8	AFLATOXIN B1
GY1722000	7220-81-7	AFLATOXIN B2
LV1720000	1165-39-5	AFLATOXIN G1
LV1700000	7241-98-7	AFLATOXIN G2
GY1880000	6795-23-9	AFLATOXIN M1
GY1720000	6885-57-0	AFLATOXIN M2
AE1225000	15972-60-8	ALACHLOR
UE2275000	116-06-3	ALDICARB
IO2100000	309-00-2	ALDRIN
DB4550000	68411-30-3	ALKYL BENZENE SULFONIC ACID, SODIUM SALT
DB4370000	42615-29-2	ALKYLBENZENESULFONIC ACID
GZ1925000	584-79-2	ALLETHRIN
BA5075000	107-18-6	ALLYL ALCOHOL
UC7350000	107-05-1	ALLYL CHLORIDE
GV3500000	319-84-6	ALPHA-HCH
YT9275000	86-88-4	ALPHA-NAPHTHYL THIOUREA; ANTU
KJ2975000	71-55-6	ALPHA-TRICHLOROETHANE
BD0330000	7429-90-5	ALUMINIUM
BD0525000	7446-70-0	ALUMINIUM CHLORIDE
BD0940000	21645-51-2	ALUMINIUM HYDROXIDE
BD1400000	20859-73-8	ALUMINIUM PHOSPHIDE
BD0330000	7429-90-5	ALUMINUM
DG1925000	133-90-4	AMIBEN
TE1575000	919-76-6	AMIDITHION
WO5950000	5329-14-6	AMIDO SULFONIC ACID
DU8925000	92-67-1	AMINO-4-DIPHENYL
FC0175000	2032-59-9	AMINOCARB
TF0525000	78-53-5	AMITON
BQ9625000	1336-21-6	AMMONIA SOLUTIONS
BP4550000	12125-02-9	AMMONIUM CHLORIDE
BS4500000	7783-20-2	AMMONIUM HYDROGEN SULFATE
BQ9625000	1336-21-6	AMMONIUM HYDROXIDE
BR9050000	6484-52-2	AMMONIUM NITRATE
SE0350000	7727-54-0	AMMONIUM PERSULFATE
BS4500000	7783-20-2	AMMONIUM SULFATE
EM7650000	513-35-9	AMYLENE

RTECS RN	CAS RN	COMMON NAME
BW6650000	62-53-3	ANILINE
CA9350000	120-12-7	ANTHRACENE
CC4025000	7440-36-0	ANTIMONY
TE1050000	2540-82-1	ANTIO
YT9275000	86-88-4	ANTU
WT2975000	140-57-8	ARAMITE
YS6425000	1746-81-2	ARESIN
TQ1350000	11104-28-2	AROCLOR 1221
TQ1356000	53469-21-9	AROCLOR 1242
TQ1360000	11097-69-1	AROCLOR 1254
TQ1362000	11096-82-5	AROCLOR 1260
TQ1385000	12642-23-8	AROCLOR 5442
TQ1390000	11126-42-4	AROCLOR 5460
		AROMATIC HYDROCARBONS
CG0700000	7778-39-4	ARSENATES
CG0525000	7440-38-2	ARSENIC
CG3325000	1327-53-3	ARSENIC (III) OXIDE
CG2275000	1303-28-2	ARSENIC (V) OXIDE
CG0700000	7778-39-4	ARSENIC ACID
CG0830000	7778-44-1	ARSENIC ACID, CALCIUM SALT
CG0875000	7778-43-0	ARSENIC ACID, DISODIUM SALT
CG0900000	10048-95-0	ARSENIC ACID, DISODIUM SALT HEPTA HYDRATE
CG1000000	7645-25-2	ARSENIC ACID, LEAD SALT
CG0980000	7784-40-9	ARSENIC ACID, LEAD SALT (1:1)
CG6475000	7784-42-1	ARSENIC HYDRIDE
CG2275000	1303-28-2	ARSENIC PENTOXIDE
CG3325000	1327-53-3	ARSENIC TRIOXIDE
CG3675000	7784-46-5	ARSENIOUS ACID, MONOSODIUM SALT
CG3325000	1327-53-3	ARSENITES
CG6475000	7784-42-1	ARSINE
CI6475000	1332-21-4	ASBESTOS
CI9900000	8052-42-4	ASPHALT
XY5600000	1912-24-9	ATRAZINE
EZ8225000	2303-16-4	AVADEX
TD8400000	2642-71-9	AZINPHOS-ETHYL
TE1925000	86-50-0	AZINPHOS-METHYL
TC4375000	6923-22-4	AZODRIN; MONOCROTOPHOS
QM2100000	91-59-8	B-NAPHTHYLAMINE
CQ8600000	513-77-9	BARIUM CARBONATE
FN9770000	13477-00-4	BARIUM CHLORATE
CQ8750000	10361-37-2	BARIUM CHLORIDE
CQ9625000	10022-31-8	BARIUM NITRATE
TF3325000	333-41-5	BASUDIN
FC3150000	114-26-1	BAYGON; PROPOXUR
TF9625000	55-38-9	BAYTEX
FC1140000	22781-23-3	BENDIOCARB
XU4550000	1861-40-1	BENFLURALIN
DD6475000	17804-35-2	BENOMYL
CV9275000	56-55-3	BENZ(A)ANTHRACENE
CU4375000	100-52-7	BENZALDEHYDE
CY1400000	71-43-2	BENZENE
DB4200000	98-11-3	BENZENE SULFONIC ACID
DC0525000	108-98-5	BENZENETHIOL
DC9625000	92-87-5	BENZIDINE
DJ3675000	50-32-8	BENZO(A)PYRENE

RTECS RN	CAS RN	COMMON NAME
DG0875000	65-85-0	BENZOIC ACID
CY1400000	71-43-2	BENZOL
DK2625000	106-51-4	BENZOQUINONE
TH9990000	85-68-7	BENZYL BUTYL PHTHALATE
DS1750000	7440-41-7	BERYLLIUM
QJ2275000	91-58-7	BETA-CHLORONAPHTHALENE
EI9625000	126-99-8	BETA-CHLOROPRENE
QM2100000	91-59-8	BETA-NAPHTHYLAMINE
TC3850000	141-66-2	BIDRIN; DICROTOPHOS
GQ5600000	485-31-4	BINAPACRYL
GZ1950000	584-79-2	BIOALLETHRIN
DU8050000	92-52-4	BIPHENYL
KN1750000	108-60-1	BIS(CHLOROMETHYL ETHYL)ETHER
KN1575000	542-88-1	BIS(CHLOROMETHYL) ETHER
TD4025000	115-26-4	BIS(DIMETHYLAMINO)FLUOROPHOSPHINE OXIDE
KN1750000	108-60-1	BIS(2-CHLOROISOPROPYL) ETHER
TI0350000	117-81-7	BIS(2-ETHYLHEXYL) PHTHALATE
CI9900000	8052-42-4	BITUMEN
YQ9100000	314-40-9	BROMACIL
	24959-67-9	BROMIDES
EF9100000	7726-95-6	BROMINE
PB5600000	75-25-2	BROMOFORM
TE7175000	2104-96-3	BROMOFOS
TE7000000	4824-78-6	BROMOFOS-ETHYL; ETHYL BROMOPHOS
PA4900000	74-83-9	BROMOMETHANE
TE7175000	2104-96-3	BROMOPHOS
TE7000000	4824-78-6	BROMOPHOS ETHYL
TE7175000	2104-96-3	BROMOPHOS-METHYL
EI9275000	106-99-0	BUTADIENE
EO1400000	71-36-3	BUTAN-1-OL
EO1750000	78-92-2	BUTAN-2-OL
EL6475000	78-93-3	BUTAN-2-ONE
EO1400000	71-36-3	BUTANOL
EL6475000	78-93-3	BUTANONE
EO1400000	71-36-3	BUTYL ALCOHOL
TH9990000	85-68-7	BUTYL BENZYL PHTALATE
KJ8575000	111-76-2	BUTYL CELLOSOLVE
BD0330000	7429-90-5	C.I.77000
FF5250000	7440-44-0	C.I.77266
GL5325000	7440-50-8	C.I.77400
XR2275000	13463-67-7	C.I.77891; TITANIUM DIOXIDE
ZH4810000	1314-13-2	C.I.77947
CH7525000	75-60-5	CACODYLIC ACID
EU9800000	7440-43-9	CADMIUM
EU9810000	543-90-8	CADMIUM ACETATE
EV0175000	10108-64-2	CADMIUM CHLORIDE
EV0260000		CADMIUM COMPOUNDS
EV1925000	1306-19-0	CADMIUM OXIDE
EV2700000	10124-36-4	CADMIUM SULFATE
CG0830000	7778-44-1	CALCIUM ARSENATE
GB2750000	13765-19-0	CALCIUM CHROMATE
GB2800000	8012-75-7	CALCIUM CHROMATE, DIHYDRATE
EW0700000	592-01-8	CALCIUM CYANIDE
EW3100000	1305-78-8	CALCIUM OXIDE
XW5250000	8001-35-2	CAMPHECHLOR

RTECS RN	CAS RN	COMMON NAME
CM3675000	105-60-2	CAPROLACTAM
GW4900000	2425-06-1	CAPTAFOL
GW5075000	133-06-2	CAPTAN
FC5950000	63-25-2	CARBARYL
DD6500000	10605-21-7	CARBENDAZIM
FB9450000	1563-66-2	CARBOFURAN
SJ3325000	108-95-2	CARBOLIC ACID
FF5250000	7440-44-0	CARBON
FF5800000	1333-86-4	CARBON BLACK
FF6400000	124-38-9	CARBON DIOXIDE
FF6650000	75-15-0	CARBON DISULFIDE
FG3500000	630-08-0	CARBON MONOXIDE
FG4900000	56-23-5	CARBON TETRACHLORIDE
FF6400000	124-38-9	CARBONIC ANHYDRIDE
SY5600000	75-44-5	CARBONYL CHLORIDE
TD5250000	786-19-6	CARBOPHENOTHION
WM8400000	121-75-5	CARBOPHOS
RP4550000	5234-68-4	CARBOXIN
UX1050000	120-80-9	CATECHOL
WB4900000	1310-73-2	CAUSTIC SODA
KK8050000	110-80-5	CELLOSOLVE
DG1925000	133-90-4	CHLORAMBEN
WQ2975000	103-17-3	CHLORBENSIDE
PB9800000	57-74-9	CHLORDANE
PC8575000	143-50-0	CHLORDECONE
PA6390000	75-45-6	CHLORDIFLUOROMETHANE
LQ4375000	6164-98-3	CHLORDIMEFORM
DC7875000	80-06-8	CHLORFENETHOL
TB8750000	470-90-6	CHLORFENVINPHOS
TQ1350000	1336-36-3	CHLORINATED BIPHENYL
TQ1356000	53469-21-9	CHLORINATED BIPHENYLS (42% CHLORINE)
TQ1360000	11097-69-1	CHLORINATED BIPHENYLS (54% CHLORINE)
XW5250000	8001-35-2	CHLORINATED CAMPHENE
QJ2100000	90-13-1	CHLORINATED NAPHTHALENES
BP5250000	999-81-5	CHLORMEQUAT
XY5250000	122-34-9	CHLORO BIS(ETHYLAMINO) TRIAZINE
FD8050000	101-21-3	CHLORO-IPC
CZ0175000	108-90-7	CHLOROBENZENE
DD2275000	510-15-6	CHLOROBENZILATE
BP5250000	999-81-5	CHLOROCHOLINE CHLORIDE
PA6390000	75-45-6	CHLORODIFLUOROMETHANE
TQ1356000	53469-21-9	CHLORODIPHENYL (42% CHLORINE)
TQ1360000	11097-69-1	CHLORODIPHENYL (54% CHLORINE)
KH7525000	75-00-3	CHLOROETHANE
KU9625000	75-01-4	CHLOROETHYLENE
FS9100000	67-66-3	CHLOROFORM
KN6650000	107-30-2	CHLOROMETHYL METHYL ETHER
NK5335000	3691-35-8	CHLOROPHACINONE
SK2625000	95-57-8	CHLOROPHENOL
TA0700000	52-68-6	CHLOROPHOS
PB6300000	76-06-2	CHLOROPICRIN
EI9625000	126-99-8	CHLOROPRENE
FD8050000	101-21-3	CHLOROPROPHAM
NT2600000	1897-45-6	CHLOROTHALONIL
CV3850000	1918-13-4	CHLOROTHIAMIDE

RTECS RN	CAS RN	COMMON NAME
YS6125000	1982-47-4	CHLOROXURON
LQ4375000	6164-98-3	CHLORPHENAMIDINE
TB8750000	470-90-6	CHLORPHENVINPHOS
FD8050000	101-21-3	CHLORPROPHAM
TF6300000	2921-88-2	CHLORPYRIFOS
WZ1500000	1861-32-1	CHLORTHAL
CV3850000	1918-13-4	CHLORTHIAMID
GB2750000	13765-19-0	CHROMATE, CALCIUM SALT
GB2800000	8012-75-7	CHROMATE, CALCIUM SALT DIHYDRATE
GB2940000	7789-00-6	CHROMATE, POTASSIUM SALT
GB2955000	7775-11-3	CHROMATE, SODIUM SALT
GB2450000	7738-94-5	CHROMIC ACID
GB6650000	1333-82-0	CHROMIC TRIOXIDE
GB4200000	7440-47-3	CHROMIUM
GB5450000	10060-12-5	CHROMIUM (III) CHLORIDE, HEXAHYDRATE
GB6262000	18540-29-9	CHROMIUM (VI+)
GB6280000	13548-38-4	CHROMIUM NITRATE
GB6650000	1333-82-0	CHROMIUM TRIOXIDE
GB6262000	18540-29-9	CHROMIUM VI
GB6650000	1333-82-0	CHROMIUM(VI) OXIDE
AI7875000	2597-03-7	CIDIAL
FD8050000	101-21-3	CIPC
GF8615000	8001-58-9	COAL TAR OILS
GF8750000	7440-48-4	COBALT
GL5325000	7440-50-8	COPPER
GL8050000	1317-39-1	COPPER (I) OXIDE
GL8800000	7758-98-7	COPPER (II) SULFATE
GL8900000	7758-99-8	COPPER (II) SULFATE PENTAHYDRATE
GL5900000	16102-92-4	COPPER ARSENATE (BASIC)
GL7150000	544-92-3	COPPER CYANIDE
QK9100000	1338-02-9	COPPER NAPHTENATE
GL7020000	1332-40-7	COPPER OXYCHLORIDE
GL8900000	7758-99-8	COPPER SULFATE
GL8800000	7758-98-7	COPPER SULFATE, ANHYDROUS
GL8900000	7758-99-8	COPPER SULFATE, PENTAHYDRATE
GN2275000		COTTON (DUST)
GN4830000	81-82-3	COUMACHLOR
GN6300000	56-72-4	COUMAPHOS
GN4200000	91-64-5	COUMARIN
GN7630000	5836-29-3	COUMATETRALYL
GF8615000	8001-58-9	CREOSOTE
GO5950000	1319-77-3	CRESOL
SE7175000	8002-05-9	CRUDE OIL
KI1101000	76-14-2	CRYOFLUORANE
GL8800000	7758-98-7	CUPRIC SULFATE
GL8900000	7758-99-8	CUPRIC SULFATE, PENTAHYDRATE
GL8050000	1317-39-1	CUPROUS OXIDE
GS7175000	57-12-5	CYANIDE
MW7050000		CYANIDES
GS7175000	57-12-5	CYANIDES, ORGANIC
GW1050000	108-94-1	CYCLOHEXANONE
GZ1250000	52315-07-8	CYPERMETHRIN
WZ1500000	1861-32-1	DACTHAL
UF0690000	75-99-0	DALAPON
UF1225000	127-20-8	DALAPON

RTECS RN	CAS RN	COMMON NAME
TF3850000	115-90-2	DASANIT; FENSULFOTHION
TX8750000	96-12-8	DBCP
KI0700000	72-54-8	DDD
KJ3325000	50-29-3	DDT
TC0350000	62-73-7	DDVP
TF3150000	8065-48-3	DEMETON
TG1750000	919-86-8	DEMETON-S-METHYL
TI0350000	117-81-7	DI(2-ETHYLHEXYL) PHTHALATE
JL9700000	621-64-7	DI-N-PROPYLNITROSAMINE
EZ8225000	2303-16-4	DIALLATE
MU7175000	302-01-2	DIAMINE
DD0875000	119-90-4	DIANISIDINE
TF3325000	333-41-5	DIAZINON
TB9450000	300-76-5	DIBROM
TX8750000	96-12-8	DIBROMOCHLOROPROPANE
KH9275000	106-93-4	DIBROMOETHANE
TI0875000	84-74-2	DIBUTYL PHTHALATE
DG7525000	1918-00-9	DICAMBA
TF0350000	97-17-6	DICHLOFENTHION
PA8200000	75-71-8	DICHLORODIFLUOROMETHANE
PA8050000	75-09-2	DICHLOROMETHANE
TX9625000	78-87-5	DICHLOROPROPANE
UC8310000	542-75-6	DICHLOROPROPENE
TC0350000	62-73-7	DICHLORVOS
DC8400000	115-32-2	DICOFOL
TC3850000	141-66-2	DICROTOPHOS
IO1750000	60-57-1	DIELDRIN
KI5775000	60-29-7	DIETHYL ETHER
TI1050000	84-66-2	DIETHYL PHTHALATE
ID5950000	111-46-6	DIETHYLENE GLYCOL
IE1225000	111-40-0	DIETHYLENETRIAMINE
YS6200000	35367-38-5	DIFLUBENZURON
PA6390000	75-45-6	DIFLUOROCHLOROMETHANE
PA8200000	75-71-8	DIFLUORODICHLOROMETHANE
MX3500000	123-31-9	DIHYDROXYBENZENE; HYDROQUINONE
MJ5775000	108-83-8	DIISOBUTYL KETONE
AG1575000	94-74-6	DIKOTEX
TD4025000	115-26-4	DIMEFOX
TE1750000	60-51-5	DIMETHOATE
TF8050000	1113-02-6	DIMETHOATE O-ANALOGUE
TC4375000	6923-22-4	DIMETHYL PHOSPHATE OF 3-HYDROXY-N-METHYL-CIS-CROTONAMIDE
TI1575000	131-11-3	DIMETHYL PHTHALATE
WS8225000	77-78-1	DIMETHYL SULFATE
IP8750000	124-40-3	DIMETHYLAMINE
LQ2100000	68-12-2	DIMETHYLFORMAMIDE
TB8750000	470-90-6	DIMETHYLVINPHOS
EZ9084000	644-64-4	DIMETILAN
GO9625000	534-52-1	DINITRO-O-CRESOL
SL2800000	51-28-5	DINITROPHENOL
FF9100000	973-21-7	DINOBUTON
GQ5775000	39300-45-3	DINOCAP
SJ9800000	88-85-7	DINOSEB
AF7140000	2813-95-8	DINOSEB ACETATE
GQ5600000	485-31-4	DINOSEB, 3,3-DIMETHYL ACRYL ESTER
JG8225000	123-91-1	DIOXANE

RTECS RN	CAS RN	COMMON NAME
TE3350000	78-34-2	DIOXATHION
AB8050000	957-51-7	DIPHENAMID
DU8050000	92-52-4	DIPHENYL
KN8970000	101-84-8	DIPHENYL ETHER
JJ7800000	122-39-4	DIPHENYLAMINE
TA0700000	52-68-6	DIPTEREX
JM5690000	85-00-7	DIQUAT
JM5750000	4032-26-2	DIQUAT DICHLORIDE
JM5690000	85-00-7	DIQUAT; DIQUAT DIBROMIDE
JM5750000	4032-26-2	DIQUAT; DIQUAT DICHLORIDE
CG0875000	7778-43-0	DISODIUM ARSENATE
CG0900000	10048-95-0	DISODIUM ARSENATE HEPTAHYDRATE
VS6650000	13410-01-0	DISODIUM SELENATE
TD9275000	298-04-4	DISULFOTON
QL0700000	3347-22-6	DITHIANON
YS8925000	330-54-1	DIURON
SJ9800000	88-85-7	DNBP
GO9625000	534-52-1	DNOC
CZ9540000	123-01-3	DODECYLBENZENE
MF1750000	2439-10-3	DODINE
NY2800000	5707-69-7	DRAZOXALON
TF6300000	2921-88-2	DURSBAN
TE3850000	17109-49-8	EDIFENPHOS
TE4375000	640-15-3	EKATIN
RB9275000	115-29-7	ENDOSULFAN
	959-98-8	ENDOSULFAN A
RN7875000	145-73-3	ENDOTHAL
IO1575000	72-20-8	ENDRIN
TX4900000	106-89-8	EPICHLOROHYDRIN
TB1925000	2104-64-5	EPN
CM3675000	105-60-2	EPSILON-CAPROLACTAM
FA4550000	759-94-4	EPTAM
UF1400000	136-25-4	ERBON
KI9625000	75-08-1	ETHANETHIOL
SZ7100000	16672-87-0	ETHEPHON
KI5775000	60-29-7	ETHER
KN1575000	542-88-1	ETHER, BIS(CHLOROMETHYL)
TE4550000	563-12-2	ETHION
SZ7100000	16672-87-0	ETHREL
AH5425000	141-78-6	ETHYL ACETATE
AT0700000	140-88-5	ETHYL ACRYLATE
KH7525000	75-00-3	ETHYL CHLORIDE
UF9625000	107-12-0	ETHYL CYANIDE
KI5775000	60-29-7	ETHYL ETHER
KK8050000	110-80-5	ETHYL GLYCOL
KI9625000	75-08-1	ETHYL MERCAPTAN
EL6475000	78-93-3	ETHYL METHYL KETONE
TF4550000	56-38-2	ETHYL PARATHION
KH2100000	75-04-7	ETHYLAMINE
DA0700000	100-41-4	ETHYLBENZENE
KH9275000	106-93-4	ETHYLENE DIBROMIDE
KI0525000	107-06-2	ETHYLENE DICHLORIDE
KJ8575000	111-76-2	ETHYLENE GLYCOL MONOBUTYL ETHER
KK8050000	110-80-5	ETHYLENE GLYCOL MONOETHYL ETHER
KL5950000	110-49-6	ETHYLENE GLYCOL MONOETHYL ETHER ACETATE

RTECS RN	CAS RN	COMMON NAME
KL5775000	109-86-4	ETHYLENE GLYCOL MONOMETHYL ETHER
KL5950000	110-49-6	ETHYLENE GLYCOL MONOMETHYL ETHER ACETATE
KX2450000	75-21-8	ETHYLENE OXIDE
NI9625000	96-45-7	ETHYLENE THIOUREA
KX3850000	127-18-4	ETHYLENE, TETRACHLORO-
TF8350000	38260-54-7	ETRIMFOS
PB6125000	75-69-4	F-11
PA8200000	75-71-8	F-12
VN8400000	50-65-7	FENASAL
TG0525000	299-84-3	FENCHLORFOS; FENCHLORPHOS; RONNEL
TG0350000	122-14-5	FENITROTHION
TF3850000	115-90-2	FENSULFOTHION
TF9625000	55-38-9	FENTHION
WH6650000	900-95-8	FENTIN ACETATE
WH8575000	76-87-9	FENTIN HYDROXIDE
YT1450000	101-42-8	FENURON
NO8750000	14484-64-1	FERBAM
LJ9100000	7705-08-0	FERRIC CHLORIDE
NO8510000	7782-63-0	FERROUS SULFATE
LL4025000	206-44-0	FLUORANTHENE
MW7875000	7664-39-3	FLUORIC ACID
AH9100000	62-74-8	FLUOROACETIC ACID, SODIUM SALT
PB6125000	75-69-4	FLUOROTRICHLORO-METHANE
TI5685000	133-07-3	FOLPET
LP8925000	50-00-0	FORMALDEHYDE
LQ0525000	75-12-7	FORMAMIDE
LQ4900000	64-18-6	FORMIC ACID
TE1050000	2540-82-1	FORMOTHION
PA6390000	75-45-6	FREON
LS8950000		FUEL OIL
LT7000000	98-01-1	FURFURAL
LU9100000	98-00-0	FURFURYL ALCOHOL
LQ4375000	6164-98-3	GALECRON
GV4900000	58-89-9	GAMMA-HCH
TB9100000	22248-79-9	GARDONA
KL5775000	109-86-4	GLYCOL MONOMETHYL ETHER
KL5950000	110-49-6	GLYCOLMONOMETHYLETHER ACETATE
MC1075000	1071-83-6	GLYPHOSATE
DA2975000	118-74-1	HCB
PC0700000	76-44-8	HEPTACHLOR
PB9450000	1024-57-3	HEPTACHLOR EPOXIDE
YT4550000	2163-79-3	HERBAN
QJ7350000	1335-87-1	HEXACHLORO NAPHTHALENE
EJ0700000	87-68-3	HEXACHLORO-1,3-BUTADIENE
DA2975000	118-74-1	HEXACHLOROBENZENE
EJ0700000	87-68-3	HEXACHLOROBUTADIENE
GY1225000	77-47-4	HEXACHLOROCYCLOPENTADIENE
KI4025000	67-72-1	HEXACHLOROETHANE
QJ7350000	1335-87-1	HEXACHLORONAPHTHALENE
SM0700000	70-30-4	HEXACHLOROPHEN
MP1400000	591-78-6	HEXAN-2-ONE
MN9275000	110-54-3	HEXANE
SA9275000	108-10-1	HEXONE
MU7175000	302-01-2	HYDRAZINE
MW4025000	7647-01-0	HYDROCHLORIC ACID

RTECS RN	CAS RN	COMMON NAME
MW6825000	74-90-8	HYDROCYANIC ACID
MW7875000	7664-39-3	HYDROFLUORIC ACID
MW6825000	74-90-8	HYDROGEN CYANIDE
MW7875000	7664-39-3	HYDROGEN FLUORIDE
MX0900000	7722-84-1	HYDROGEN PEROXIDE
SY7525000	7803-51-2	HYDROGEN PHOSPHIDE
MX3500000	123-31-9	HYDROQUINONE
BQ9625000	1336-21-6	HYDROXIDE OF AMMONIA
CH7525000	75-60-5	HYDROXYDIMETHYLARSINE OXIDE
WH8575000	76-87-9	HYDROXYTRIPHENYLTIN
DI4025000	1689-83-4	IOXYNIL
FD9100000	122-42-9	IPC; PROPHAM
NO8510000	7782-63-0	IRON (II) SULFATE, HEPTAHYDRATE
LJ9100000	7705-08-0	IRON(III) CHLORIDE
NP9625000	78-83-1	ISOBUTANOL
GW7700000	78-59-1	ISOPHORONE
NT4037000	78-79-5	ISOPRENE
FD9100000	122-42-9	ISOPROPYL CARBANILATE
FD8050000	101-21-3	ISOPROPYL 3-CHLOROCARBANILATE
NT8400000	75-31-0	ISOPROPYLAMINE
DC8400000	115-32-2	KELTHANE
PC8575000	143-50-0	KEPONE
TF7900000	2275-23-2	KILVAL
AK2975000	16752-77-5	LANNATE; METHOMYL
OF7525000	7439-92-1	LEAD
AI5250000	301-04-2	LEAD ACETATE
CG1000000	7645-25-2	LEAD ARSENATE
CG0980000	7784-40-9	LEAD ARSENATE (STANDARD)
OF9275000	598-63-0	LEAD CARBONATE
OG2100000	10099-74-8	LEAD NITRATE
OG3675000	7446-27-7	LEAD PHOSPHATE
OF8750000	1335-32-6	LEAD SUBACETATE
AI5250000	301-04-2	LEAD(II) ACETATE
OG2100000	10099-74-8	LEAD(II) NITRATE
TP4550000	78-00-2	LEAD, TETRAETHYL
GY5875000	2164-08-1	LENACIL
TB1720000	21609-90-5	LEPTOPHOS
EW3100000	1305-78-8	LIME
GV4900000	58-89-9	LINDANE
YS9100000	330-55-2	LINURON
OJ6125000	7789-24-4	LITHIUM FLUORIDE
WB4900000	1310-73-2	LYE
TE4375000	640-15-3	M 81
SK2450000	108-43-0	M-CHLOROPHENOL
GO6125000	108-39-4	M-CRESOL
SM1925000	554-84-7	M-NITROPHENOL
SS7700000	108-45-2	M-PHENYLENEDIAMINE
ST2690000	615-05-4	M-PHENYLENEDIAMINE, 4-METHOXY-
ZE2275000	108-38-3	M-XYLENE
TF0490000	1634-78-2	MALAOXON
WM8400000	121-75-5	MALATHION
ON3675000	108-31-6	MALEIC ACID ANHYDRIDE
UR5950000	123-33-1	MALEIC HYDRAZIDE
ZB3200000	8018-01-7	MANCOZEB
OP0700000	12427-38-2	MANEB

RTECS RN	CAS RN	COMMON NAME
OO9275000	7439-96-5	MANGANESE
AG1575000	94-74-6	MCPA
AG2625000	3653-48-3	MCPA, SODIUM SALT
AG1575000	19480-43-4	MCPA,2-BUTOXYETHYL ESTER
UE9750000	93-65-2	MECOPROP
TD5600000	78-57-9	MENAZON
NI9625000	96-45-7	MERCAPTOIMIDAZOLINE
TF3150000	8065-48-3	MERCAPTOPHOS
OV9100000	7487-94-7	MERCURIC CHLORIDE
OW8750000	21908-53-2	MERCURIC OXIDE
OV8750000	7546-30-7	MERCUROUS CHLORIDE
OV4550000	7439-97-6	MERCURY
OV8750000	7546-30-7	MERCURY(I) CHLORIDE
OV9100000	7487-94-7	MERCURY(II) CHLORIDE
OW8750000	21908-53-2	MERCURY(II) OXIDE
XF9900000	108-62-3	METALDEHYDE
TG0175000	298-00-0	METAPHOS
TG0350000	122-14-5	METATHIONE
FC2100000	137-42-8	METHAM-SODIUM
TB4970000	10265-92-6	METHAMIDOFOS
PC1400000	67-56-1	METHANOL
RO0835000	20354-26-1	METHAZOLE
TE2100000	950-37-8	METHIDATHION
AK2975000	16752-77-5	METHOMYL
KJ3675000	72-43-5	METHOXYCHLOR
EL6475000	78-93-3	METHYL ACETONE
PC1400000	67-56-1	METHYL ALCOHOL
PA4900000	74-83-9	METHYL BROMIDE
KL5775000	109-86-4	METHYL CELLOSOLVE
KL5950000	110-49-6	METHYL CELLOSOLVE ACETATE
KJ2975000	71-55-6	METHYL CHLOROFORM
KN6650000	107-30-2	METHYL CHLOROMETHYL ETHER
AL7700000	75-05-8	METHYL CYANIDE
EL6475000	78-93-3	METHYL ETHYL KETONE
KL5775000	109-86-4	METHYL GLYCOL
KL5950000	110-49-6	METHYL GLYCOL ACETATE
SA9275000	108-10-1	METHYL ISOBUTYL KETONE
NQ9450000	624-83-9	METHYL ISOCYANATE
MP1400000	591-78-6	METHYL N-BUTYL KETONE
TG0350000	122-14-5	METHYL NITROPHOS
TG0175000	298-00-0	METHYL PARATHION
WS8225000	77-78-1	METHYL SULFATE
PA4900000	74-83-9	METHYLBROMIDE
PA8050000	75-09-2	METHYLENE CHLORIDE
OW6320000	22967-92-6	METHYLMERCURY
YS3325000	3060-89-7	METOBROMURON
GQ5250000	7786-34-7	MEVINPHOS
FC0700000	315-18-4	MEXACARBATE
PY8030000	8012-95-1	MINERAL OIL
SE7449000		MINERAL OIL (GENERIC)
SE7555000	8030-30-6	MINERAL SPIRITS
PC8225000	2385-85-5	MIREX
CM2625000	2212-67-1	MOLINATE
KN6650000	107-30-2	MONOCHLORODIMETHYL ETHER
TC4375000	6923-22-4	MONOCROTOPHOS

RTECS RN	CAS RN	COMMON NAME
KH2100000	75-04-7	MONOETHYLAMINE
YS6425000	1746-81-2	MONOLINURON
CG3675000	7784-46-5	MONOSODIUM ARSENITE
YS6300000	150-68-5	MONURON
QD6475000	110-91-8	MORPHOLINE
EO1400000	71-36-3	N-BUTANOL
MP1400000	591-78-6	N-BUTYL METHYL KETONE
TI0875000	84-74-2	N-BUTYL PHTHALATE
IQ0525000	62-75-9	N-DIMETHYLNITROSAMINE
MN9275000	110-54-3	N-HEXANE
JL9700000	621-64-7	N-NITROSO-N-PROPYLAMINE
IA3500000	55-18-5	N-NITROSODIETHYLAMINE
IQ0525000	62-75-9	N-NITROSODIMETHYLAMINE
JJ9800000	86-30-6	N-NITROSODIPHENYLAMINE
JL9700000	621-64-7	N-NITROSODIPROPYLAMINE
UH8225000	71-23-8	N-PROPANOL
AB6080000	37764-25-3	N,N-DIALLYL DICHLOROACETAMIDE
ST1050000	99-98-9	N,N-DIMETHYL-P-PHENYLENEDIAMINE
LQ2100000	68-12-2	N,N-DIMETHYLFORMAMIDE
IQ0525000	62-75-9	N,N-DIMETHYLNITROSAMINE
TB9450000	300-76-5	NALED
SE7555000	8030-30-6	NAPHTHA (VM & P) (76. NAPHTHA)
QJ2100000	90-13-1	NAPHTHALENE, 1-CHLORO-
QJ2275000	91-58-7	NAPHTHALENE, 2-CHLORO-
TH7351000	132-67-2	NAPTALAM SODIUM
TX8750000	96-12-8	NEMAGON
QR5950000	7440-02-0	NICKEL
QR6300000	13463-39-3	NICKEL CARBONYL
QS5250000	54-11-5	NICOTINE
QS9625000	65-30-5	NICOTINE SULFATE
BR9050000	6484-52-2	NITRATE OF AMMONIA
QU5775000	7697-37-2	NITRIC ACID
DA6475000	98-95-3	NITROBENZENE
KN8400000	1836-75-5	NITROFEN
QW9700000	7727-37-9	NITROGEN
PA9800000	75-52-5	NITROMETHANE
KN8400000	1836-75-5	NITROPHEN
RB8750000	991-42-4	NORBORMIDE
YT4550000	2163-79-3	NOREA
SK2625000	95-57-8	O-CHLOROPHENOL
GO6300000	95-48-7	O-CRESOL
DD0875000	119-90-4	O-DIANISIDINE
SM2100000	88-75-5	O-NITROPHENOL
SS7875000	95-54-5	O-PHENYLENEDIAMINE
DD1225000	119-93-7	O-TOLIDINE
ZE2450000	95-47-6	O-XYLENE
QK0250000	2234-13-1	OCTACHLORO NAPHTHALENE
UX5950000	152-16-9	OCTAMETHYL
SE7175000	8002-05-9	OIL
TF8050000	1113-02-6	OMETHOATE
CG0700000	7778-39-4	ORTHO ARSENIC ACID
TB6300000	7664-38-2	ORTHOPHOSPHORIC ACID
RP2300000	23135-22-0	OXAMYL
RS2060000	7782-44-7	OXYGEN
RS8225000	10028-15-6	OZONE

RTECS RN	CAS RN	COMMON NAME
DK2625000	106-51-4	P-BENZOQUINONE
SK2800000	106-48-9	P-CHLOROPHENOL
GO6475000	106-44-5	P-CRESOL
CZ4550000	106-46-7	P-DICHLOROBENZENE
JG8225000	123-91-1	P-DIOXANE
SM2275000	100-02-7	P-NITROPHENOL
SS8050000	106-50-3	P-PHENYLENEDIAMINE
ZE2625000	106-42-3	P-XYLENE
KI0700000	72-54-8	P,P'-DDD; P,P'-TDE
KJ3325000	50-29-3	P,P'-DDT
CZ4550000	106-46-7	PARA-DICHLOROBENZENE
PY8030000	8012-95-1	PARAFFIN OIL
TC2275000	311-45-5	PARAOXON
TC5250000	950-35-6	PARAOXON-METHYL
DW2275000	1910-42-5	PARAQUAT
TF4550000	56-38-2	PARATHION
TG0175000	298-00-0	PARATHION-METHYL
LK5060000	59536-65-1	PBB (FIREMASTER BP-6)
LK5065000	67774-32-7	PBB (FIREMASTER FF1)
TQ1350000	1336-36-3	PCB
TQ1360000	11097-69-1	PCB'S (AROCLOR 1254)
TQ1362000	11096-82-5	PCB'S (AROCLOR 1260)
EZ0400000	1114-71-2	PEBULATE
KI6300000	76-01-7	PENTACHLOROETHANE
QK0300000	1321-64-8	PENTACHLORONAPHTHALENE
DA6650000	82-68-8	PENTACHLORONITROBENZENE
SM6300000	87-86-5	PENTACHLOROPHENOL
UF1400000	136-25-4	PENTANATE
SC7500000	7601-90-3	PERCHLORIC ACID
GZ1255000	52645-53-1	PERMETHRIN
KH5790000	72-56-0	PERTHANE
PY8030000	8012-95-1	PETROLATUM
SE7175000	8002-05-9	PETROLEUM
SE7449000	8002-05-9	PETROLEUM DISTILLATE
SE7175000	8002-05-9	PETROLEUM OIL
SE7555000	8030-30-6	PETROLEUM SPIRIT
SJ3325000	108-95-2	PHENOL
AF7140000	2813-95-8	PHENOTAN
AI7875000	2597-03-7	PHENTHOATE
KN8970000	101-84-8	PHENYL ETHER
DC0525000	108-98-5	PHENYL MERCAPTAN
MV8925000	100-63-0	PHENYLHYDRAZINE
OV6475000	62-38-4	PHENYLMERCURIC ACETATE
TD9450000	298-02-2	PHORATE
TD5175000	2310-17-0	PHOSALONE
GQ5250000	7786-34-7	PHOSDRIN
SY5600000	75-44-5	PHOSGENE
TE2275000	732-11-6	PHOSMET
TE1750000	60-51-5	PHOSPHAMID
TC2800000	13171-21-6	PHOSPHAMIDON
SY7525000	7803-51-2	PHOSPHINE
TB6300000	7664-38-2	PHOSPHORIC ACID
TH3500000	7723-14-0	PHOSPHOROUS (WHITE)
BD1400000	20859-73-8	PHOSTOXIN
TH9990000	85-68-7	PHTHALIC ACID, BENZYL BUTYL ESTER

RTECS RN	CAS RN	COMMON NAME
TI0875000	84-74-2	PHTHALIC ACID, DIBUTYL ESTER
TI1050000	84-66-2	PHTHALIC ACID, DIETHYL ESTER
TI1575000	131-11-3	PHTHALIC ACID, DIMETHYL ESTER
TE2275000	732-11-6	PHTHALOPHOS
TJ7525000	1918-02-1	PICLORAM
TJ7875000	88-89-1	PICRIC ACID
NK6300000	83-26-1	PINDONE
XS8050000	51-03-6	PIPERONYL BUTOXIDE
EZ9100000	23103-98-2	PIRIMICARB
TF1610000	23505-41-1	PIRIMIPHOS-ETHYL
TF1410000	29232-93-7	PIRIMIPHOS-METHYL
NK6300000	83-26-1	PIVAL
TQ3325000	9002-88-4	POLY ETHYLENE
KV0350000	9002-86-2	POLY(VINYL CHLORIDE)
LK5060000	59536-65-1	POLYBROMINATED BIPHENYL (FIREMASTER BP-6)
LK5065000	36355-01-8	POLYBROMINATED BIPHENYL (FIREMASTER FF1)
TQ1350000	1336-36-3	POLYCHLORINATED BIPHENYLS
TQ3325000	9002-88-4	POLYETHENE
TR5250000	25322-69-4	POLYOXYPROPYLENE
WL6475000	9003-53-6	POLYSTYRENE
KV0350000	9002-86-2	POLYVINYL CHLORIDE
HX7680000	7778-50-9	POTASSIUM BICHROMATE
GB2940000	7789-00-6	POTASSIUM CHROMATE
GS6825000	590-28-3	POTASSIUM CYANIDE
HX7680000	7778-50-9	POTASSIUM DICHROMATE
SD6475000	7722-64-7	POTASSIUM PERMANGANATE
FB8050000	2631-37-0	PROMECARB
AE1575000	1918-16-7	PROPACHLOR
UH8225000	71-23-8	PROPAN-1-OL
TX2275000	74-98-6	PROPANE
UH8225000	71-23-8	PROPANOL
FD9100000	122-42-9	PROPHAM
ZH4950000	12071-83-9	PROPINEB
UF9625000	107-12-0	PROPIONITRILE
FC3150000	114-26-1	PROPOXUR
UH8225000	71-23-8	PROPYL ALCOHOL
TX9625000	78-87-5	PROPYLENE DICHLORIDE
TZ2975000	75-56-9	PROPYLENE OXIDE
UR2450000	129-00-0	PYRENE
GZ1750000	121-21-1	PYRETHRIN I
GZ0700000	121-29-9	PYRETHRIN II
UR4200000	8003-34-7	PYRETHRUM
UR8400000	110-86-1	PYRIDINE
UX1050000	120-80-9	PYROCATECHOL
UX2800000	87-66-1	PYROGALLOL
VV7330000	14808-60-7	QUARTZ
DK2625000	106-51-4	QUINONE
DA6650000	82-68-8	QUINTOZENE
AB6080000	37764-25-3	R-25788
GZ1310000	10453-86-8	RESMETHRIN
VG9625000	108-46-3	RESORCINOL
VH1050000	101-90-6	RESORCINOL DIGLYCIDYL ETHER
VG9625000	108-46-3	RESORCINOL; 1,3-BENZENEDIOL
VH1050000	101-90-6	RESORCINOL-DIGLYCID
TG0525000	299-84-3	RONNEL

RTECS RN	CAS RN	COMMON NAME
DJ2800000	83-79-4	ROTENONE
MC1075000	1071-83-6	ROUNDUP
EO1750000	78-92-2	S-BUTANOL
VO5075000	54-21-7	SALICYLIC ACID, SODIUM SALT
UX5950000	152-16-9	SCHRADAN
EO1750000	78-92-2	SEC-BUTANOL
EO3325000	13952-84-6	SEC-BUTYLAMINE
VS7700000	7782-49-2	SELENIUM
FC5950000	63-25-2	SEVIN
YT7350000	1982-49-6	SIDURON
VV7330000	14808-60-7	SILICA
VW2327000	7783-61-1	SILICON FLUORIDE
VW0525000	10026-04-7	SILICON TETRACHLORIDE
XY5250000	122-34-9	SIMAZIN
		SLUDGE
CG3675000	7784-46-5	SODIUM ARSENITE
HX7700000	10588-01-9	SODIUM BICHROMATE
GB2955000	7775-11-3	SODIUM CHROMATE
GS7000000	917-61-3	SODIUM CYANIDE
HX7700000	10588-01-9	SODIUM DICHROMATE
HX7750000	7789-12-0	SODIUM DICHROMATE, DIHYDRATE
WB0350000	7681-49-4	SODIUM FLUORIDE
WB0360000	7681-49-4	SODIUM FLUORIDE (SOLUTION)
AH9100000	62-74-8	SODIUM FLUOROACETATE
WB4900000	1310-73-2	SODIUM HYDROXIDE
AG2625000	3653-48-3	SODIUM MCPA
WC5600000	7631-99-4	SODIUM NITRATE
RA1225000	7632-00-0	SODIUM NITRITE
TC9490000	7601-54-9	SODIUM ORTHOPHOSPHATE
VO5075000	54-21-7	SODIUM SALICYLATE
VS6650000	13410-01-0	SODIUM SELENATE
AJ9100000	650-51-1	SODIUM TRICHLORACETATE
SE7555000	8030-30-6	SOLVENT NAPHTHA
WK4375000	57-92-1	STREPTOMYCIN
WL2275000	57-24-9	STRYCHNINE
WL2550000	60-41-3	STRYCHNINE SULFATE
WL3675000	100-42-5	STYRENE
WM4900000	110-15-6	SUCCINIC ACID
EZ5075000	95-06-7	SULFALLATE
WO5950000	5329-14-6	SULFAMIC ACID
WO8400000	63-74-1	SULFONAMIDE
XN4375000	3689-24-5	SULFOTEP
WS4250000	7704-34-9	SULFPHUR
WS5600000	7664-93-9	SULFURIC ACID
WS4250000	7704-34-9	SULPHUR
WS5600000	7664-93-9	SULPHURIC ACID
GF8615000	8001-58-9	TAR OIL
AJ9100000	650-51-1	TCA
HP3500000	1746-01-6	TCDD
KI0700000	72-54-8	TDE
XN4375000	3689-24-5	TEDP
WY2625000	13494-80-9	TELLURIUM
TF6890000	3383-96-8	TEMEPHOS
YS6125000	1982-47-4	TENORAN
UX6825000	107-49-3	TEPP

RTECS RN	CAS RN	COMMON NAME
EO1925000	75-65-0	TERT-BUTANOL
QR6300000	13463-39-3	TETRACARBONYLNICKEL
KI0700000	72-54-8	TETRACHLORODIPHENYLETHANE
KX3850000	127-18-4	TETRACHLOROETHYLENE
FG4900000	56-23-5	TETRACHLOROMETHANE
TB9100000	22248-79-9	TETRACHLORVINPHOS
QI8750000	60-54-8	TETRACYCLINE
WR5850000	116-29-0	TETRADIFON
XN4375000	3689-24-5	TETRAETHYL DITHIOPYROPHOSPHATE
TP4550000	78-00-2	TETRAETHYL LEAD
UX6825000	107-49-3	TETRAETHYL PYROPHOSPHATE
XN4375000	3689-24-5	TETRAETHYLDITHIOPYROPHOSPHATE
UX6825000	107-49-3	TETRAETHYLPYROPHOSPHATE
GZ1700000	7696-12-0	TETRAMETHRIN
TP4725000	75-74-1	TETRAMETHYL LEAD
JO1400000	137-26-8	TETRAMETHYLTHIURAM DISULFIDE
XG3425000	7440-28-0	THALLIUM
XG4200000	7791-12-0	THALLIUM(I) CHLORIDE
DE0700000	148-79-8	THIABENDAZOLE
TE1575000	919-76-6	THIOCRON
TE4375000	640-15-3	THIOMETON
XM5150000	7719-09-7	THIONYL CHLORIDE
BA3650000	23564-06-9	THIOPHANATE
BA3675000	23564-05-8	THIOPHANATE METHYL
DC0525000	108-98-5	THIOPHENOL
JO1400000	137-26-8	THIRAM
EZ0400000	1114-71-2	TILLAM
XP7320000	7440-31-5	TIN
XR2275000	13463-67-7	TITANIUM DIOXIDE
XS5250000	108-88-3	TOLUENE
CZ6300000	584-84-9	TOLUENE DIISOCYANATE
BA3675000	23564-05-8	TOPSIN-M
TJ7525000	1918-02-1	TORDON
XW5250000	8001-35-2	TOXAPHENE
XU9275000	1582-09-8	TREFLAN
PB5600000	75-25-2	TRIBROMOMETHANE
TA0700000	52-68-6	TRICHLORFON
KO4200000	57321-63-8	TRICHLORO DIPHENYL OXIDE
KX4550000	79-01-6	TRICHLORO ETHYLENE
AJ9100000	650-51-1	TRICHLOROACETIC ACID, SODIUM SALT
KO4200000	57321-63-8	TRICHLORODIPHENYL OXIDE
KX4550000	79-01-6	TRICHLOROETHENE
PB6125000	75-69-4	TRICHLOROFLUORO METHANE
TA0700000	52-68-6	TRICHLOROFON
FS9100000	67-66-3	TRICHLOROMETHANE
PB6125000	75-69-4	TRICHLOROMONOFLUOROMETHANE
TB0700000	327-98-0	TRICHLORONATE
PB6300000	76-06-2	TRICHLORONITROMETHANE
KO4200000	57321-63-8	TRICHLOROPHENYL ETHER
TA0700000	52-68-6	TRICHLORPHON
XU9275000	1582-09-8	TRIFLURALIN
TK9200000	26644-46-2	TRIFORINE
TJ7875000	88-89-1	TRINITROPHENOL
TC8400000	115-86-6	TRIPHENYL PHOSPHATE
WH6650000	900-95-8	TRIPHENYLTIN ACETATE

RTECS RN	CAS RN	COMMON NAME
WH8575000	76-87-9	TRIPHENYLTIN HYDROXIDE
TC9490000	7601-54-9	TRISODIUM PHOSPHATE
TD5250000	786-19-6	TRITHION
TG0525000	299-84-3	TROLEN
YO8400000	8006-64-2	TURPENTINE
SE7555000	8030-30-6	TURPENTINE SUBSTITUTE
YR6250000	57-13-6	UREA
YV3600000	110-62-3	VALERALDEHYDE
TF7900000	2275-23-2	VAMIDOTHION
WL3675000	100-42-5	VINYL BENZENE
KU9625000	75-01-4	VINYL CHLORIDE
KV9275000	75-35-4	VINYLIDENE CHLORIDE
SE7555000	8030-30-6	VM & P NAPHTHA
GN4550000	81-81-2	WARFARIN
OF9275000	598-63-0	WHITE LEAD
PY8030000	8012-95-1	WHITE MINERAL OIL
TH3500000	7723-14-0	WHITE PHOSPHORUS
SE7555000	8030-30-6	WHITE SPIRIT
ZE2275000	108-38-3	XYLENE, M-
ZE2450000	95-47-6	XYLENE, O-
ZE2625000	106-42-3	XYLENE, P-
ZE8575000	1300-73-8	XYLIDENE
CM2625000	2212-67-1	YALAN
TH3500000	7723-14-0	YELLOW PHOSPHORUS
ZG8600000	7440-66-6	ZINC
ZH1400000	7646-85-7	ZINC CHLORIDE
ZH1575000	557-21-1	ZINC CYANIDE
ZH0525000	137-30-4	ZINC DIMETHYLDITHIOCARBAMATE
ZH3325000	12122-67-7	ZINC ETHYLENE BISDITHIOCARBAMATE
ZH4810000	1314-13-2	ZINC OXIDE
ZH3325000	12122-67-7	ZINEB
ZH0525000	137-30-4	ZIRAM
SK2625000	95-57-8	0-CHLOROPHENOL
EO1400000	71-36-3	1-BUTANOL
TX4900000	106-89-8	1-CHLORO-2,3-EPOXY-PROPANE
QJ2100000	90-13-1	1-CHLORONAPHTHALENE
YT9275000	86-88-4	1-NAPHTHYL-2-THIOUREA
EM7650000	513-35-9	1-PENTENE
KH5790000	72-56-0	1,1-BIS (4-ETHYLPHENYL)-2,2-DICHLOROETHANE
KV9275000	75-35-4	1,1-DICHLOROETHYLENE
KJ2975000	71-55-6	1,1,1-TRICHLOROETHANE
KI8450000	630-20-6	1,1,1,2-TETRACHLOROETHANE
KJ3150000	79-00-5	1,1,2-TRICHLOROETHANE
KX4550000	79-01-6	1,1,2-TRICHLOROETHYLENE
KI8575000	79-34-5	1,1,2,2-TETRACHLOROETHANE
TX8750000	96-12-8	1,2-DIBROMO-3-CHLOROPROPANE
KH9275000	106-93-4	1,2-DIBROMOETHANE
KI1101000	76-14-2	1,2-DICHLORO-1,1,2,2-TETRAFLUOROETHANE
KI0525000	107-06-2	1,2-DICHLOROETHANE
KV9360000	540-59-0	1,2-DICHLOROETHYLENE
TX9625000	78-87-5	1,2-DICHLOROPROPANE
MW2625000	122-66-7	1,2-DIPHENYLHYDRAZINE
TZ2975000	75-56-9	1,2-EPOXYPROPANE
UX2800000	87-66-1	1,2,3-TRIHYDROXYBENZENE
DC2100000	120-82-1	1,2,4-TRICHLOROBENZENE

RTECS RN	CAS RN	COMMON NAME
VH1050000	101-90-6	1,3-BIS(2,3-EPOPXYPROPOXY)BENZENE
EI9275000	106-99-0	1,3-BUTADIENE
EJ0700000	87-68-3	1,3-BUTADIENE, HEXACHLORO-
UC8310000	542-75-6	1,3-DICHLORO-PROPYLENE
VG9625000	108-46-3	1,3-DIHYDROXYBENZENE; RESORCINOL
CZ4550000	106-46-7	1,4-DICHLOROBENZENE
MX3500000	123-31-9	1,4-DIHYDROXYBENZENE
JG8225000	123-91-1	1,4-DIOXAN
EO3325000	13952-84-6	2-AMINOBUTANE
NT8400000	75-31-0	2-AMINOPROPANE
EL6475000	78-93-3	2-BUTANONE
KJ8575000	111-76-2	2-BUTOXYETHANOL
EI9625000	126-99-8	2-CHLORO-1,3-BUTADIENE
SZ7100000	16672-87-0	2-CHLOROETHYL PHOSPHONIC ACID
QJ2275000	91-58-7	2-CHLORONAPHTHALENE
SK2625000	95-57-8	2-CHLOROPHENOL
EI9625000	126-99-8	2-CHLOROPRENE
KK8050000	110-80-5	2-ETHOXYETHANOL
LT7000000	98-01-1	2-FURALDEHYDE
MP1400000	591-78-6	2-HEXANONE
KL5775000	109-86-4	2-METHOXYETHANOL
KL5950000	110-49-6	2-METHOXYETHYL ACETATE
NT4037000	78-79-5	2-METHYL BUTA-1,3-DIENE
EM7650000	513-35-9	2-METHYL-2-BUTENE
NP9625000	78-83-1	2-METHYLPROPAN-1-OL
EO1925000	75-65-0	2-METHYLPROPAN-2-OL
QM2100000	91-59-8	2-NAPHTHYLAMINE
SM2100000	88-75-5	2-NITROPHENOL
TZ5250000	79-46-9	2-NITROPROPANE
BA5075000	107-18-6	2-PROPEN-1-OL
AS1050000	107-02-8	2-PROPENAL
UF0690000	75-99-0	2,2-DICHLOROPROPIONIC ACID
SM9200000	4901-51-3	2,3,4,5-TETRACHLOROPHENOL
AG6825000	94-75-7	2,4-D
ST2690000	615-05-4	2,4-DIAMINOANISOLE
SK8575000	120-83-2	2,4-DICHLOROPHENOL
SL2800000	51-28-5	2,4-DINITROPHENOL
AJ8400000	93-76-5	2,4,5-T
SN1400000	95-95-4	2,4,5-TRICHLOROPHENOL
SN1575000	88-06-2	2,4,6-TRICHLOROPHENOL
TJ7875000	88-89-1	2,4,6-TRINITROPHENOL
SK8750000	87-65-0	2,6-DICHLOROPHENOL
UC7350000	107-05-1	3-CHLOROPROPENE
SM1925000	554-84-7	3-NITROPHENOL
DD0525000	91-94-1	3,3'-DICHLOROBENZIDINE
DD0875000	119-90-4	3,3'-DIMETHOXYBENZIDINE
DD1225000	119-93-7	3,3'-DIMETHYLBENZIDINE
GO9500000	497-56-3	3,5-DINITRO-O-CRESOL
DU8925000	92-67-1	4-AMINOBIPHENYL
XU5250000	3165-93-3	4-CHLORO-O-TOLUIDINE HYDROCHLORIDE
SM2275000	100-02-7	4-NITROPHENOL
BY7900000	101-80-4	4,4'-DIAMINODIPHENYL OXIDE
GO9625000	534-52-1	4,6-DINITRO-O-CRESOL
AB1060000	602-87-9	5-NITROACENAPHTHENE
	1868-86-6	9-HYDROPERFLUORONONANOIC ACID, AMMONIUM SALT

RTECS RN	CAS RN	CHEMICAL NAME
AB1060000	602-87-9	ACENAPHTHENE, 5-NITRO-
AB1925000	75-07-0	ACETALDEHYDE
AB6080000	37764-25-3	ACETAMIDE, N,N-DIALLYL-2,2-DICHLORO-
AB8050000	957-51-7	ACETAMIDE, N,N-DIMETHYL-2,2-DIPHENYL-
AD7350000	103-84-4	ACETANILIDE
AE1225000	15972-60-8	ACETANILIDE, 2-CHLORO-2',6'-DIETHYL-N-(METHOXYMETHYL)-
AE1575000	1918-16-7	ACETANILIDE, 2-CHLORO-N-ISOPROPYL-
AF1225000	64-19-7	ACETIC ACID
AF7140000	2813-95-8	ACETIC ACID, 2-(SEC-BUTYL)-4,6-DINITROPHENYL ESTER
AG1575000	94-74-6	ACETIC ACID, ((4-CHLORO-O-TOLYL)OXY)-
AG2625000	3653-48-3	ACETIC ACID, ((4-CHLORO-O-TOLYL)OXY)-, SODIUM SALT
AG6825000	94-75-7	ACETIC ACID, (2,4-DICHLOROPHENOXY)-
AH5425000	141-78-6	ACETIC ACID, ETHYL ESTER
AH9100000	62-74-8	ACETIC ACID, FLUORO-, SODIUM SALT
AI5250000	301-04-2	ACETIC ACID, LEAD(2+) SALT
AI7875000	2597-03-7	ACETIC ACID, MERCAPTOPHENYL-, ETHYL ESTER, S-ESTER WITH O,O-DIMETHYL PHOSPHORODITHIOATE
AJ8400000	93-76-5	ACETIC ACID, (2,4,5-TRICHLOROPHENOXY)-
AJ9100000	650-51-1	ACETIC ACID, TRICHLORO-, SODIUM SALT
AK2975000	16752-77-5	ACETIMIDIC ACID, THIO-N-((METHYLCARBAMOYL)OXY)-, METHYL ESTE R
AL3150000	67-64-1	ACETONE
AL7700000	75-05-8	ACETONITRILE
AO5955000	506-96-7	ACETYL BROMIDE
AO9600000	74-86-2	ACETYLENE
AR7175000	260-94-6	ACRIDINE
AS1050000	107-02-8	ACROLEIN
AS3325000	79-06-1	ACRYLAMIDE
AS4375000	79-10-7	ACRYLIC ACID
AT0700000	140-88-5	ACRYLIC ACID, ETHYL ESTER
AT5250000	107-13-1	ACRYLONITRILE
AU8400000	124-04-9	ADIPIC ACID
AW5950000	1402-68-2	AFLATOXIN
BA3650000	23564-06-9	ALLOPHANIC ACID, 4,4'-O-PHENYLENEBIS(3-THIO)-, DIETHYL ESTER
BA3675000	23564-05-8	ALLOPHANIC ACID, 4,4'-O-PHENYLENEBIS(3-THIO-, DIMETHYL ESTER
BA5075000	107-18-6	ALLYL ALCOHOL
BD0330000	7429-90-5	ALUMINUM
BD0525000	7446-70-0	ALUMINUM CHLORIDE
BD0940000	21645-51-2	ALUMINUM HYDROXIDE
BD1400000	20859-73-8	ALUMINUM PHOSPHIDE
BP4550000	12125-02-9	AMMONIUM CHLORIDE
BP5250000	999-81-5	AMMONIUM, (2-CHLOROETHYL)TRIMETHYL-, CHLORIDE
BQ9625000	1336-21-6	AMMONIUM HYDROXIDE
BR9050000	6484-52-2	AMMONIUM NITRATE
BS4500000	7783-20-2	AMMONIUM SULFATE (2:1)
BW6650000	62-53-3	ANILINE
BY7900000	101-80-4	ANILINE, 4,4'-OXYDI-
CA9350000	120-12-7	ANTHRACENE
CC4025000	7440-36-0	ANTIMONY
CG0525000	7440-38-2	ARSENIC
CG0700000	7778-39-4	ARSENIC ACID
CG0830000	7778-44-1	ARSENIC ACID, CALCIUM SALT(2:3)
CG0875000	7778-43-0	ARSENIC ACID, DISODIUM SALT
CG0900000	10048-95-0	ARSENIC ACID, DISODIUM SALT, HEPTAHYDRATE
CG0980000	7784-40-9	ARSENIC ACID, LEAD(2+) SALT(1:1)

RTECS RN	CAS RN	CHEMICAL NAME
CG1000000	7645-25-2	ARSENIC ACID, LEAD SALT
CG2275000	1303-28-2	ARSENIC PENTOXIDE
CG3325000	1327-53-3	ARSENIC TRIOXIDE
CG3675000	7784-46-5	ARSENIOUS ACID, MONOSODIUM SALT
CG6475000	7784-42-1	ARSINE
CH7525000	75-60-5	ARSINE OXIDE, DIMETHYLHYDROXY-
CI6475000	1332-21-4	ASBESTOS
CI9900000	8052-42-4	ASPHALT
CM2625000	2212-67-1	1H-AZEPINE-1-CARBOTHIOIC ACID, HEXAHYDRO-, S-ETHYL ESTER
CM3675000	105-60-2	2H-AZEPIN-2-ONE, HEXAHYDRO-
CQ8600000	513-77-9	BARIUM CARBONATE (1:1)
CQ8750000	10361-37-2	BARIUM CHLORIDE
CQ9625000	10022-31-8	BARIUM(II) NITRATE (1:2)
CU4375000	100-52-7	BENZALDEHYDE
CV3850000	1918-13-4	BENZAMIDE, 2,6-DICHLOROTHIO-
CV9275000	56-55-3	BENZ(A)ANTHRACENE
CY1400000	71-43-2	BENZENE
CZ0175000	108-90-7	BENZENE, CHLORO-
CZ4550000	106-46-7	BENZENE, P-DICHLORO-
CZ6300000	584-84-9	BENZENE, 2,4-DIISOCYANATO-1-METHYL-
CZ9540000	123-01-3	BENZENE, DODECYL-
DA0700000	100-41-4	BENZENE, ETHYL-
DA2975000	118-74-1	BENZENE, HEXACHLORO-
DA6475000	98-95-3	BENZENE, NITRO-
DA6650000	82-68-8	BENZENE, PENTACHLORONITRO-
DB4200000	98-11-3	BENZENESULFONIC ACID
DB4370000	42615-29-2	BENZENESULFONIC ACID, ALKYL DERIVATIVE
DB4550000	68411-30-3	LINEAR ALKYLBENZENE SULFONATES (GENERIC)
DC0525000	108-98-5	BENZENETHIOL
DC2100000	120-82-1	BENZENE, 1,2,4-TRICHLORO-
DC7875000	80-06-8	BENZHYDROL, 4,4'-DICHLORO-ALPHA-METHYL-
DC8400000	115-32-2	BENZHYDROL, 4,4'-DICHLORO-ALPHA-(TRICHLOROMETHYL)-
DC9625000	92-87-5	BENZIDINE
DD0525000	91-94-1	BENZIDINE, 3,3'-DICHLORO-
DD0875000	119-90-4	BENZIDINE, 3,3'-DIMETHOXY-
DD1225000	119-93-7	BENZIDINE, 3,3'-DIMETHYL-
DD2275000	510-15-6	BENZILIC ACID, 4,4'-DICHLORO-, ETHYL ESTER
DD6475000	17804-35-2	2-BENZIMIDAZOLECARBAMIC ACID, 1-(BUTYLCARBAMOYL)-, METHYL ES TER
DD6500000	10605-21-7	2-BENZIMIDAZOLE CARBAMIC ACID, METHYL ESTER
DE0700000	148-79-8	BENZIMIDAZOLE, 2-(4-THIAZOLYL)-
DG0875000	65-85-0	BENZOIC ACID
DG1925000	133-90-4	BENZOIC ACID, 3-AMINO-2,5-DICHLORO-
DG7525000	1918-00-9	BENZOIC ACID, 3,6-DICHLORO-2-METHOXY
DI4025000	1689-83-4	BENZONITRILE, 3,5-DIIODO-4-HYDROXY-
DJ2800000	83-79-4	(1)BENZOPYRANO(3,4-B)FURO(2,3-H)(1)BENZOPYRAN-6(6AH)-ONE, 1, 2,12,12A-TETRAHYDRO-2-ALPHA-ISOPROPENYL-8,9-DIMETHOXY-
DJ3675000	50-32-8	BENZO(A)PYRENE
DK2625000	106-51-4	P-BENZOQUINONE
DS1750000	7440-41-7	BERYLLIUM
DU8050000	92-52-4	BIPHENYL
DU8925000	92-67-1	4-BIPHENYLAMINE
DW2275000	1910-42-5	4,4'-BIPYRIDINIUM, 1,1'-DIMETHYL-, DICHLORIDE
EI9275000	106-99-0	1,3-BUTADIENE
EI9625000	126-99-8	1,3-BUTADIENE, 2-CHLORO-

RTECS RN	CAS RN	CHEMICAL NAME
EJ0700000	87-68-3	1,3-BUTADIENE, HEXACHLORO-
EL6475000	78-93-3	2-BUTANONE
EM7650000	513-35-9	2-BUTENE, 2-METHYL-
EO1400000	71-36-3	BUTYL ALCOHOL
EO1750000	78-92-2	S-BUTYL ALCOHOL
EO1925000	75-65-0	TERT-BUTYL ALCOHOL
EO3325000	13952-84-6	SEC-BUTYLAMINE
EU9800000	7440-43-9	CADMIUM
EU9810000	543-90-8	CADMIUM(II) ACETATE
EV0175000	10108-64-2	CADMIUM CHLORIDE
EV0260000		CADMIUM COMPOUNDS
EV1925000	1306-19-0	CADMIUM OXIDE
EV2700000	10124-36-4	CADMIUM SULFATE (1:1)
EW0700000	592-01-8	CALCIUM CYANIDE
EW3100000	1305-78-8	CALCIUM OXIDE
EZ0400000	1114-71-2	CARBAMIC ACID, N-BUTYLETHYLTHIO-, S-PROPYL ESTER
EZ5075000	95-06-7	CARBAMIC ACID, DIETHYLDITHIO-, 2-CHLOROALLYL ESTER
EZ8225000	2303-16-4	CARBAMIC ACID, DIISOPROPYLTHIO-, S-(2,3-DICHLOROALLYL) ESTER
EZ9084000	644-64-4	CARBAMIC ACID, DIMETHYL-, 1-((DIMETHYLAMINO)CARBONYL)-5-METHYL-1H-PYRAZOL-3-YL ESTER
EZ9100000	23103-98-2	CARBAMIC ACID, DIMETHYL-, 2-(DIMETHYLAMINO)-5,6-DIMETHYL-4-PYRIMIDYL ESTER
FA4550000	759-94-4	CARBAMIC ACID, DIPROPYLTHIO-, S-ETHYL ESTER
FB8050000	2631-37-0	CARBAMIC ACID, METHYL-, M-CYM-5-YL ESTER
FB9450000	1563-66-2	CARBAMIC ACID, METHYL-, 2,3-DIHYDRO-2,2-DIMETHYL-7-BENZOFURANYL ESTER
FC0175000	2032-59-9	CARBAMIC ACID, METHYL-, 4-DIMETHYLAMINO-M-TOLYL ESTER
FC0700000	315-18-4	CARBAMIC ACID, METHYL-, 4-DIMETHYLAMINO-3,5-XYLYL ESTER
FC1140000	22781-23-3	CARBAMIC ACID, METHYL-, 2,3-(DIMETHYLMETHYLENEDIOXY)PHENYL ESTER
FC2100000	137-42-8	CARBAMIC ACID, N-METHYLDITHIO-, SODIUM SALT
FC3150000	114-26-1	CARBAMIC ACID, METHYL-, O-ISOPROPOXYPHENYL ESTER
FC5950000	63-25-2	CARBAMIC ACID, METHYL-, 1-NAPHTHYL ESTER
FD8050000	101-21-3	CARBANILIC ACID, M-CHLORO-, ISOPROPYL ESTER
FD9100000	122-42-9	CARBANILIC ACID, ISOPROPYL ESTER
FF5250000	7440-44-0	CARBON
FF5800000	1333-86-4	CARBON BLACK
FF6400000	124-38-9	CARBON DIOXIDE
FF6650000	75-15-0	CARBON DISULFIDE
FF9100000	973-21-7	CARBONIC ACID, 2-SEC-BUTYL-4,6-DINITROPHENYL ISOPROPYL ESTER
FG3500000	630-08-0	CARBON MONOXIDE
FG4900000	56-23-5	CARBON TETRACHLORIDE
FN9770000	13477-00-4	CHLORIC ACID, BARIUM SALT
FS9100000	67-66-3	CHLOROFORM
GB2450000	7738-94-5	CHROMIC ACID
GB2750000	13765-19-0	CHROMIC ACID, CALCIUM SALT (1:1)
GB2800000	8012-75-7	CHROMIC ACID, CALCIUM SALT (1:1) DIHYDRATE
GB2940000	7789-00-6	CHROMIC ACID, DIPOTASSIUM SALT
GB2955000	7775-11-3	CHROMIC ACID, DISODIUM SALT
GB4200000	7440-47-3	CHROMIUM
GB5450000	10060-12-5	CHROMIUM(III) CHLORIDE, HEXAHYDRATE (1:3:6)
GB6262000	18540-29-9	CHROMIUM, ION (CR 6+)
GB6280000	13548-38-4	CHROMIUM(III) NITRATE
GB6650000	1333-82-0	CHROMIUM(VI) OXIDE (1:3)
GF8615000	8001-58-9	COAL TAR CREOSOTE

RTECS RN	CAS RN	CHEMICAL NAME
GF8750000	7440-48-4	COBALT
GL5325000	7440-50-8	COPPER
GL5900000	16102-92-4	COPPER ARSENATE HYDROXIDE
GL7020000	1332-40-7	COPPER CHLORIDE, MIXED WITH COPPER OXIDE, HYDRATE
GL7150000	544-92-3	COPPER CYANIDE
GL8050000	1317-39-1	COPPER (I) OXIDE
GL8800000	7758-98-7	COPPER(II) SULFATE (1:1)
GL8900000	7758-99-8	COPPER (II) SULFATE PENTAHYDRATE (1:1:5)
GN2275000		COTTON DUST
GN4200000	91-64-5	COUMARIN
GN4550000	81-81-2	COUMARIN, 3-(ALPHA-ACETONYLBENZYL)-4-HYDROXY-
GN4830000	81-82-3	COUMARIN, 3-(ALPHA-ACETONYL-P-CHLOROBENZYL)-4-HYDROXY-
GN6300000	56-72-4	COUMARIN, 3-CHLORO-7-HYDROXY-4-METHYL-, O-ESTER WITH O,O-DIE THYL PHOSPHOROTHIOATE
GN7630000	5836-29-3	COUMARIN, 4-HYDROXY-3-(1,2,3,4-TETRAHYDRO-1-NAPHTHYL)-
GO5950000	1319-77-3	CRESOL
GO6125000	108-39-4	M-CRESOL
GO6300000	95-48-7	O-CRESOL
GO6475000	106-44-5	P-CRESOL
GO9500000	497-56-3	O-CRESOL, 3,5-DINITRO-
GO9625000	534-52-1	O-CRESOL, 4,6-DINITRO-
GQ5250000	7786-34-7	CROTONIC ACID, 3-HYDROXY-, METHYL ESTER, DIMETHYL PHOSPHATE, (E)-
GQ5600000	485-31-4	CROTONIC ACID, 3-METHYL-, 2-SEC-BUTYL-4,6-DINITROPHENYL ESTE R
GQ5775000	39300-45-3	CROTONIC ACID, 2-(1-METHYLHEPTYL)-4,6-DINITROPHENYL ESTER
GS7175000	57-12-5	CYANIDE
GV3500000	319-84-6	CYCLOHEXANE, 1,2,3,4,5,6-HEXACHLORO-, ALPHA ISOMER
GV4900000	58-89-9	CYCLOHEXANE, 1,2,3,4,5,6-HEXACHLORO-, GAMMA-ISOMER
GW1050000	108-94-1	CYCLOHEXANONE
GW4900000	2425-06-1	4-CYCLOHEXENE-1,2-DICARBOXIMIDE, N-((1,1,2,2-TETRACHLOROETHY L)THIO)-
GW5075000	133-06-2	4-CYCLOHEXENE-1,2-DICARBOXIMIDE, N-(TRICHLOROMETHYL)THIO-
GW7700000	78-59-1	2-CYCLOHEXEN-1-ONE, 3,5,5-TRIMETHYL-
GY1225000	77-47-4	1,3-CYCLOPENTADIENE, 1,2,3,4,5,5-HEXACHLORO-
GY1720000	6885-57-0	CYCLOPENTA(C)FURO(3',2':4,5)FURO(2,3-H)(1)BENZOPYRAN-1,11-DI ONE, 2,3,6A,8,9,9A-HEXAHYDRO-9A-HYDROXY-4-METHOXY
GY1722000	7220-81-7	CYCLOPENTA(C)FURO(3',2':4,5)FURO(2,3-H)(1)BENZOPYRAN-1,11-DI ONE, 2,3,6A-ALPHA,8,9,9A-ALPHA-HEXAHYDRO-4-METHOXY-
GY1880000	6795-23-9	CYCLOPENTA(C)FURO(3',2':4,5)FURO(2,3-H)(1)BENZOPYRAN-1,11-DI ONE, 2,3,6A,9A-TETRAHYDRO-9A-HYDROXY-4-METHOXY
GY1925000	1162-65-8	CYCLOPENTA(C)FURO(3',2':4,5)FURO(2,3-H)(1)BENZOPYRAN-1,11-DI ONE,2,3,6A,9A-TETRAHYDRO-4-METHOXY-
GY5875000	2164-08-1	1H-CYCLOPENTAPYRIMIDINE-2,4(3H,5H)-DIONE, 6,7-DIHYDRO-3-CYCL OHEXYL-
GZ0700000	121-29-9	CYCLOPROPANEACRYLIC ACID, 3-CARBOXY-ALPHA,2,2-TRIMETHYL-, 1-METHYL ESTER, ESTER WITH 4-HYDROXY-3-METHYL-2-(2,4-PENTA-DIE NYL)-2-CYCLOPENTEN-1-ONE
GZ1250000	52315-07-8	CYCLOPROPANECARBOXYLIC ACID, 3-(2,2-DICHLOROETHENYL)-2,2-DIM ETHYL-, CYANO(3-PHENOXYPHENYL)METHYL ESTER
GZ1255000	52645-53-1	CYCLOPROPANECARBOXYLIC ACID, 3-(2,2-DICHLOROVINYL)-2,2-DIMET HYL-, 3-PHENOXYBENZYL ESTER A(+-)-, (CIS,TRANS)-
GZ1310000	10453-86-8	CYCLOPROPANECARBOXYLIC ACID, 2,2-DIMETHYL-3-(2-METHYLPROPENY L)-, (4(2-BENZYL)FURYL) METHYL ESTER
GZ1700000	7696-12-0	CYCLOPROPANECARBOXYLIC ACID, 2,2-DIMETHYL-3-(2-METHYL-1-PROP ENYL)-,(1,3,4,5,6,7-HEXAHYDRO-1,3-DIOXO-2H-ISOINDOL-2-YL) ME THYL ESTER

RTECS RN	CAS RN	CHEMICAL NAME
GZ1750000	121-21-1	CYCLOPROPANECARBOXYLIC ACID, 2,2-DIMETHYL-3-(2-METHYLPROPENYL) ESTER WITH 4-HYDROXY-3-METHYL-2-(2,4-PENTADIENYL)-2-CYCLOPENTEN-1-ONE
GZ1925000	584-79-2	CYCLOPROPANECARBOXYLIC ACID, 2,2-DIMETHYL-3-(2-METHYL-1-PROPENYL) 2-METHYL-4-OXO-3-(2-PROPENYL)-2-CYCLOPENTEN-1-YL ESTER
GZ1950000	584-79-2	CYCLOPROPANECARBOXYLIC ACID, 2,2-DIMETHYL-3-(2-METHYL-1-PROPENYL)-, 2-METHYL-4-OXO-3-(2-PROPENYL)-2-CYCLOPENTEN-1-YL ESTER, D-, TRANS-
HP3500000	1746-01-6	DIBENZO-P-DIOXIN, 2,3,7,8-TETRACHLORO-
HX7680000	7778-50-9	DICHROMIC ACID, DIPOTASSIUM SALT
HX7700000	10588-01-9	DICHROMIC ACID, DISODIUM SALT
HX7750000	7789-12-0	DICHROMIC ACID, DISODIUM SALT, DIHYDRATE
IA3500000	55-18-5	DIETHYLAMINE, N-NITROSO-
ID5950000	111-46-6	DIETHYLENE GLYCOL
IE1225000	111-40-0	DIETHYLENETRIAMINE
IO1575000	72-20-8	1,4:5,8-DIMETHANONAPHTHALENE, 1,2,3,4,10,10-HEXACHLORO-6,7-EPOXY-1,4,4A,5,6,7,8,8A-OCTAHYDRO-,ENDO,ENDO-
IO1750000	60-57-1	1,4:5,8-DIMETHANONAPHTHALENE, 1,2,3,4,10,10-HEXACHLORO-6,7-EPOXY-1,4,4A,5,6,7,8,8A-OCTAHYDRO-,ENDO,EXO-
IO2100000	309-00-2	1,4:5,8-DIMETHANONAPHTHALENE, 1,2,3,4,10,10-HEXACHLORO-1,4,4A,5,8,8A-HEXAHYDRO-, ENDO,EXO-
IP8750000	124-40-3	DIMETHYLAMINE
IQ0525000	62-75-9	DIMETHYLAMINE, N-NITROSO-
JG8225000	123-91-1	P-DIOXANE
JJ7800000	122-39-4	DIPHENYLAMINE
JJ9800000	86-30-6	DIPHENYLAMINE, N-NITROSO-
JL9700000	621-64-7	DIPROPYLAMINE, N-NITROSO-
JM5690000	85-00-7	DIPYRIDO(1,2-A:2',1'-C)PYRAZINEDIIUM, 6,7-DIHYDRO-, DIBROMIDE
JM5750000	4032-26-2	DIPYRIDO(1,2-A:2',1'-C)PYRAZINEDIIUM, 6,7-DIHYDRO-, DICHLORIDE
JO1400000	137-26-8	DISULFIDE, BIS(DIMETHYLTHIOCARBAMOYL)
KH2100000	75-04-7	ETHANAMINE
KH5790000	72-56-0	ETHANE, 2,2-BIS(P-ETHYLPHENYL)-1,1-DICHLORO-
KH7525000	75-00-3	ETHANE, CHLORO-
KH9275000	106-93-4	ETHANE, 1,2-DIBROMO-
KI0525000	107-06-2	ETHANE, 1,2-DICHLORO-
KI0700000	72-54-8	ETHANE, 1,1-DICHLORO-2,2-BIS(P-CHLOROPHENYL)-
KI1101000	76-14-2	ETHANE, 1,2-DICHLORO-1,1,2,2-TETRAFLUORO-
KI4025000	67-72-1	ETHANE, HEXACHLORO-
KI5775000	60-29-7	ETHANE, 1,1'-OXYBIS-
KI6300000	76-01-7	ETHANE, PENTACHLORO-
KI8450000	630-20-6	ETHANE, 1,1,1,2-TETRACHLORO-
KI8575000	79-34-5	ETHANE, 1,1,2,2-TETRACHLORO-
KI9625000	75-08-1	ETHANETHIOL
KJ2975000	71-55-6	ETHANE, 1,1,1-TRICHLORO-
KJ3150000	79-00-5	ETHANE, 1,1,2-TRICHLORO-
KJ3325000	50-29-3	ETHANE, 1,1,1-TRICHLORO-2,2-BIS(P-CHLOROPHENYL)-
KJ3675000	72-43-5	ETHANE, 1,1,1-TRICHLORO-2,2-BIS(P-METHOXYPHENYL)-
KJ8575000	111-76-2	ETHANOL, 2-BUTOXY-
KK8050000	110-80-5	ETHANOL, 2-ETHOXY-
KL5775000	109-86-4	ETHANOL, 2-METHOXY-
KL5950000	110-49-6	ETHANOL, 2-METHOXY-, ACETATE
KN1575000	542-88-1	ETHER, BIS(CHLOROMETHYL)-
KN1750000	108-60-1	ETHER, BIS(2-CHLORO-1-METHYLETHYL)

RTECS RN	CAS RN	CHEMICAL NAME
KN6650000	107-30-2	ETHER, CHLOROMETHYL METHYL
KN8400000	1836-75-5	ETHER, 2,4-DICHLOROPHENYL P-NITROPHENYL
KN8970000	101-84-8	ETHER, DIPHENYL
KO4200000	57321-63-8	ETHER, TRICHLOROPHENYL
KU9625000	75-01-4	ETHYLENE, CHLORO-
KV0350000	9002-86-2	ETHYLENE, CHLORO-, POLYMER
KV9275000	75-35-4	ETHYLENE, 1,1-DICHLORO-
KV9360000	540-59-0	ETHYLENE, 1,2-DICHLORO-
KX2450000	75-21-8	ETHYLENE OXIDE
KX3850000	127-18-4	ETHYLENE, TETRACHLORO-
KX4550000	79-01-6	ETHYLENE, TRICHLORO-
LJ9100000	7705-08-0	FERRIC CHLORIDE
LK5060000	59536-65-1	FIREMASTER BP6
LK5065000	67774-32-7	FIREMASTER FF1
LL4025000	206-44-0	FLUORANTHENE
LP8925000	50-00-0	FORMALDEHYDE
LQ0525000	75-12-7	FORMAMIDE
LQ2100000	68-12-2	FORMAMIDE, N,N-DIMETHYL-
LQ4375000	6164-98-3	FORMAMIDINE, N'-(4-CHLORO-O-TOLYL)-N,N-DIMETHYL-
LQ4900000	64-18-6	FORMIC ACID
LT7000000	98-01-1	2-FURALDEHYDE
LU9100000	98-00-0	FURFURYL ALCOHOL
LV1700000	7241-98-7	1H,12H-FURO(3',2':4,5)FURO(2,3H)PYRANO(3,4-C)(1)BENZOPYRAN-1,12-DIONE, 3,4,7A-ALPHA,9,10,10A-ALPHA-HEXAHYDRO-5-METHOXY-
LV1720000	1165-39-5	1H,12H-FURO(3',2':4,5)FURO(2,3-H)PYRANO(3,4-C)(1)BENZOPYRAN-1,12-DIONE, 3,4,7A,10A-TETRAHYDRO-5-METHOXY-
MC1075000	1071-83-6	GLYCINE, N-(PHOSPHONOMETHYL)-
MF1750000	2439-10-3	GUANIDINE, DODECYL-, ACETATE
MJ5775000	108-83-8	4-HEPTANONE, 2,6-DIMETHYL-
MN9275000	110-54-3	HEXANE
MP1400000	591-78-6	2-HEXANONE
MU7175000	302-01-2	HYDRAZINE
MV8925000	100-63-0	HYDRAZINE, PHENYL-
MW2625000	122-66-7	HYDRAZOBENZENE
MW4025000	7647-01-0	HYDROCHLORIC ACID
MW6825000	74-90-8	HYDROCYANIC ACID
MW7875000	7664-39-3	HYDROFLUORIC ACID
MX0900000	7722-84-1	HYDROGEN PEROXIDE
MX3500000	123-31-9	HYDROQUINONE
NI9625000	96-45-7	2-IMIDAZOLIDINETHIONE
NK5335000	3691-35-8	1,3-INDANDIONE, 2-((P-CHLOROPHENYL)PHENYLACETATE)-
NK6300000	83-26-1	1,3-INDANDIONE, 2-PIVALOYL-
NO8510000	7782-63-0	IRON(II) SULFATE (1:1), HEPTAHYDRATE
NO8750000	14484-64-1	IRON, TRIS(DIMETHYLDITHIOCARBAMATO)-
NP9625000	78-83-1	ISOBUTYL ALCOHOL
NQ9450000	624-83-9	ISOCYANIC ACID, METHYL ESTER
NT2600000	1897-45-6	ISOPHTHALONITRILE, TETRACHLORO-
NT4037000	78-79-5	ISOPRENE
NT8400000	75-31-0	ISOPROPYLAMINE
NY2800000	5707-69-7	4,5-ISOXAZOLEDIONE, 3-METHYL-, 4-((O-CHLOROPHENYL)HYDRAZONE)
OF7525000	7439-92-1	LEAD
OF8750000	1335-32-6	LEAD, BIS(ACETATE) TETRAHYDROXY
OF9275000	598-63-0	LEAD CARBONATE
OG2100000	10099-74-8	LEAD NITRATE
OG3675000	7446-27-7	LEAD PHOSPHATE

RTECS RN	CAS RN	CHEMICAL NAME
OJ6125000	7789-24-4	LITHIUM FLUORIDE
ON3675000	108-31-6	MALEIC ANHYDRIDE
OO9275000	7439-96-5	MANGANESE
OP0700000	12427-38-2	MANGANESE, (ETHYLENEBIS(DITHIOCARBAMATO))-
OV4550000	7439-97-6	MERCURY
OV6475000	62-38-4	MERCURY, (ACETATO)PHENYL-
OV8750000	7546-30-7	MERCURY(I) CHLORIDE
OV9100000	7487-94-7	MERCURY(II) CHLORIDE
OW6320000	22967-92-6	MERCURY(1+), METHYL-, ION
OW8750000	21908-53-2	MERCURY(II) OXIDE
PA4900000	74-83-9	METHANE, BROMO-
PA6390000	75-45-6	METHANE, CHLORODIFLUORO-
PA8050000	75-09-2	METHANE, DICHLORO-
PA8200000	75-71-8	METHANE, DICHLORODIFLUORO-
PA9800000	75-52-5	METHANE, NITRO-
PB5600000	75-25-2	METHANE, TRIBROMO-
PB6125000	75-69-4	METHANE, TRICHLOROFLUORO-
PB6300000	76-06-2	METHANE, TRICHLORONITRO-
PB9450000	1024-57-3	4,7-METHANOINDAN, 1,4,5,6,7,8,8-HEPTACHLORO-2,3-EPOXY-3A,4,7 ,7A-TETRAHYDRO-
PB9800000	57-74-9	4,7-METHANOINDAN, 1,2,4,5,6,7,8,8-OCTACHLORO-3A,4,7,7A-TETRA HYDRO-
PC0700000	76-44-8	4,7-METHANOINDENE, 1,4,5,6,7,8,8-HEPTACHLORO-3A,4,7,7A-TETRA HYDRO-
PC1400000	67-56-1	METHANOL
PC8225000	2385-85-5	1,3,4-METHENO-1H-CYCLOBUTA(CD)PENTALENE, 1,1A,2,2,3,3A,4,5,5 ,5A,5B,6-DODECACHLOROOCTAHYDRO-
PC8575000	143-50-0	1,3,4-METHENO-2H-CYCLOBUTA(CD)PENTALEN-2-ONE, 1,1A,3,3A,4,5, 5,5A,5B,6-DECACHLOROOCTAHYDRO-
PY8030000	8012-95-1	MINERAL OIL
QD6475000	110-91-8	MORPHOLINE
QI8750000	60-54-8	TETRACYCLINE
QJ2100000	90-13-1	NAPHTHALENE, 1-CHLORO-
QJ2275000	91-58-7	NAPHTHALENE, 2-CHLORO-
QJ7350000	1335-87-1	NAPHTHALENE, HEXACHLORO-
QK0250000	2234-13-1	NAPHTHALENE, OCTACHLORO-
QK0300000	1321-64-8	NAPHTHALENE, PENTACHLORO-
QK9100000	1338-02-9	NAPHTHENIC ACID, COPPER SALT
QL0700000	3347-22-6	NAPHTO(2,3-B)-P-DITHIIN-2,3-DICARBONITRILE, 5,10-DIHYDRO-5, ,10-DIOXO-
QM2100000	91-59-8	2-NAPHTHYLAMINE
QR5950000	7440-02-0	NICKEL
QR6300000	13463-39-3	NICKEL CARBONYL
QS5250000	54-11-5	NICOTINE
QS9625000	65-30-5	NICOTINE SULFATE
QU5775000	7697-37-2	NITRIC ACID
QW9700000	7727-37-9	NITROGEN (GENERIC)
RA1225000	7632-00-0	NITROUS ACID, SODIUM SALT
RB8750000	991-42-4	5-NORBORENE-2,3-DICARBOXIMIDE, 5-(ALPHA-HYDROXY-ALPHA-2-PYRI DYLBENZYL)-7-(ALPHA-2- PYRIDYLBENZYLIDENE)-
RB9275000	115-29-7	5-NORBORNENE-2,3-DIMETHANOL, 1,4,5,6,7,7-HEXACHLORO-, CYCLIC SULFITE
RN7875000	145-73-3	7-OXABICYCLO(2,2,1)-HEPTANE-2,3-DICARBOXYLIC ACID
RO0835000	20354-26-1	1,2,4-OXADIAZOLIDINE-3,5-DIONE, 2-(3,4-DICHLOROPHENYL)-4-MET HYL-

RTECS RN	CAS RN	CHEMICAL NAME
RP2300000	23135-22-0	OXAMIMIDIC ACID, N',N'-DIMETHYL-N-((METHYLCARBAMOYL)OXY)-1-METHYLTHIO-
RP4550000	5234-68-4	1,4-OXATHIIN-3-CARBOXAMIDE, 5,6-DIHYDRO-2-METHYL-N-PHENYL-
RS2060000	7782-44-7	OXYGEN
RS8225000	10028-15-6	OZONE
SA9275000	108-10-1	2-PENTANONE, 4-METHYL-
SC7500000	7601-90-3	PERCHLORIC ACID
SD6475000	7722-64-7	PERMANGANIC ACID, POTASSIUM SALT
SE0350000	7727-54-0	PEROXYDISULFURIC ACID, DIAMMONIUM SALT
SE7175000	8002-05-9	PETROLEUM
SE7449000		PETROLEUM HYDROCARBONS - MINERAL OILS
SE7555000	8030-30-6	PETROLEUM SPIRITS
SJ3325000	108-95-2	PHENOL
SJ9800000	88-85-7	PHENOL, 2-SEC-BUTYL-4,6-DINITRO-
SK2450000	108-43-0	PHENOL, M-CHLORO-
SK2625000	95-57-8	PHENOL, O-CHLORO-
SK2800000	106-48-9	PHENOL, P-CHLORO-
SK8575000	120-83-2	PHENOL, 2,4-DICHLORO-
SK8750000	87-65-0	PHENOL, 2,6-DICHLORO-
SL2800000	51-28-5	PHENOL, 2,4-DINITRO-
SM0700000	70-30-4	PHENOL, 2,2'-METHYLENEBIS(3,4,6-TRICHLORO)-
SM1925000	554-84-7	PHENOL, 3-NITRO-
SM2100000	88-75-5	PHENOL, 2-NITRO-
SM2275000	100-02-7	PHENOL, 4-NITRO-
SM6300000	87-86-5	PENTACHLOROPHENOL
SM9200000	4901-51-3	PHENOL, 2,3,4,5-TETRACHLORO-
SN1400000	95-95-4	PHENOL, 2,4,5-TRICHLORO-
SN1575000	88-06-2	PHENOL, 2,4,6-TRICHLORO-
SS7700000	108-45-2	M-PHENYLENEDIAMINE
SS7875000	95-54-5	O-PHENYLENEDIAMINE
SS8050000	106-50-3	P-PHENYLENEDIAMINE
ST1050000	99-98-9	P-PHENYLENEDIAMINE, N,N-DIMETHYL
ST2690000	615-05-4	M-PHENYLENEDIAMINE, 4-METHOXY-
SY5600000	75-44-5	PHOSGENE
SY7525000	7803-51-2	PHOSPHINE
SZ7100000	16672-87-0	PHOSPHONIC ACID, (2-CHLOROETHYL)-
TA0700000	52-68-6	PHOSPHONIC ACID, (2,2,2-TRICHLORO-1-HYDROXYETHYL)-, DIMETHYL ESTER
TB0700000	327-98-0	PHOSPHONOTHIOIC ACID, ETHYL-, O-ETHYL-, O-(2,4,5-TRICHLOROPHENYL) ESTER
TB1720000	21609-90-5	PHOSPHONOTHIOIC ACID, PHENYL-, O-(4-BROMO-2,5-DICHLOROPHENYL) O-METHYL ESTER
TB1925000	2104-64-5	PHOSPHONOTHIOIC ACID, PHENYL-, O-ETHYL O-(P-NITROPHENYL) ESTER
TB4970000	10265-92-6	PHOSPHORAMIDOTHIOIC ACID, O,S-DIMETHYL ESTER
TB6300000	7664-38-2	PHOSPHORIC ACID
TB8750000	470-90-6	PHOSPHORIC ACID, 2-CHLORO-1-(2,4,-DICHLORPHENYL) VINYL DIETHYL ESTER
TB9100000	22248-79-9	PHOSPHORIC ACID, 2-CHLORO-1-(2,4,5,-TRICHLORPHENYL) VINYL DIMETHYL ESTER
TB9450000	300-76-5	PHOSPHORIC ACID, 1,2-DIBROMO-2,2-DICHLOROETHYL DIMETHYLESTER
TC0350000	62-73-7	PHOSPHORIC ACID, 2,2-DICHLOROVINYL DIMETHYL ESTER
TC2800000	13171-21-6	PHOSPHORIC ACID, DIMETHYL ESTER, ESTER WITH 2-CHLORO-N,N-DIETHYL-3-HYDROXYCROTONAMIDE

RTECS RN	CAS RN	CHEMICAL NAME
TC3850000	141-66-2	PHOSPHORIC ACID, DIMETHYL ESTER, ESTER WITH (E)-3-HYDROXY-N, N-DIMETHYLCROTONAMIDE
TC4375000	6923-22-4	PHOSPHORIC ACID, DIMETHYL ESTER, ESTER WITH (E)-3-HYDROXY-N-METHYLCROTONAMIDE
TC8400000	115-86-6	PHOSPHORIC ACID, TRIPHENYL ESTER
TC9490000	7601-54-9	PHOSPHORIC ACID, TRISODIUM SALT
TD4025000	115-26-4	PHOSPHORODIAMIDIC FLUORIDE, TETRAMETHYL-
TD5175000	2310-17-0	PHOSPHORODITHIOIC ACID, S-((6-CHLORO-2-OXO-3(2H)-BENZOXAZOLY L)METHYL)O,O-DIETHYL ESTER
TD5250000	786-19-6	PHOSPHORODITHIOIC ACID, S-(((P-CHLOROPHENYL)THIO)METHYL)O,O-DIETHYL ESTER
TD5600000	78-57-9	PHOSPHORODITHIOIC ACID, S-((4,6-DIAMINO-S-TRIAZIN-2-YL)METHY L) O,O-DIMETHYL ESTER
TD8400000	2642-71-9	PHOSPHORODITHIOIC ACID, O,O-DIETHYL ESTER, S-ESTER WITH 3-(M ERCAPTOMETHYL)-1,2,3-BENZOTRIAZIN-4(3H)-ONE
TD9275000	298-04-4	PHOSPHORODITHIOIC ACID, O,O-DIETHYL S-(2-(ETHYLTHIO)ETHYL) E STER
TD9450000	298-02-2	PHOSPHORODITHIOIC ACID, O,O-DIETHYL S-(ETHYLTHIO)METHYL ESTE R
TE1050000	2540-82-1	PHOSPHORODITHIOIC ACID, O,O-DIMETHYL ESTER, S-ESTER WITH N-F ORMYL-2-MERCAPTO-N-METHYL-ACETAMIDE
TE1575000	919-76-6	PHOSPHORODITHIOIC ACID, O,O-DIMETHYL ESTER, S-ESTER WITH 2-M ERCAPTO-N-(METHOXYETHYL) ACETAMIDE
TE1750000	60-51-5	PHOSPHORODITHIOIC ACID, O,O-DIMETHYL ESTER, S-ESTER WITH 2-M ERCAPTO-N-METHYLACETAMIDE
TE1925000	86-50-0	PHOSPHORODITHIOIC ACID, O,O-DIMETHYL ESTER, S-ESTER WITH 3-(MERCAPTOMETHYL)-1,2,3-BENZOTRIAZIN-4(3H)-ONE
TE2100000	950-37-8	PHOSPHORODITHIOIC ACID, O,O-DIMETHYL ESTER, S-ESTER WITH 4-(MERCAPTOMETHYL)-2-METHOXY-DELTA(SUP2)-1,3,4-THIADIAZOLIN-5-O NE
TE2275000	732-11-6	PHOSPHORODITHIOIC ACID, O,O-DIMETHYL ESTER, S-ESTER WITH N-(MERCAPTOMETHYL)PHTHALIMIDE
TE3350000	78-34-2	PHOSPHORODITHIOIC ACID, S,S'-P-DIOXANE-2,3-DIYL O,O,O',O'-TE TRAETHYL ESTER
TE3850000	17109-49-8	PHOSPHORODITHIOIC ACID, O-ETHYL-S,S-DIPHENYL ESTER
TE4375000	640-15-3	PHOSPHORODITHIOIC ACID, S-(2-(ETHYLTHIO)ETHYL) O,O-DIMETHYL ESTER
TE4550000	563-12-2	PHOSPHORODITHIOIC ACID, S,S'-METHYLENE O,O,O',O'-TETRAETHYL ESTER
TE7000000	4824-78-6	PHOSPHOROTHIOIC ACID, O-(4-BROMO-2,5-DICHLOROPHENYL) O,O-DIE THYL ESTER
TE7175000	2104-96-3	PHOSPHOROTHIOIC ACID, O-(4-BROMO-2,5-DICHLOROPHENYL)O,O-DIME THYL ESTER
TF0350000	97-17-6	PHOSPHOROTHIOIC ACID, O-(2,4-DICHLOROPHENYL)-O,O-DIETHYL EST ER
TF0525000	78-53-5	PHOSPHOROTHIOIC ACID, S-(2-(DIETHYLAMINO)ETHYL) O,O-DIETHYL ESTER
TF1410000	29232-93-7	PHOSPHOROTHIOIC ACID, O-(2-(DIETHYLAMINO)-6-METHYL)4-PYRIDIN YL) O,O-DIETHYL ESTER
TF1610000	23505-41-1	PHOSPHOROTHIOIC ACID, O,O-DIETHYL O-(2-DIETHYLAMINO)-6-METHY L-4-PYRIMIDINYL) ESTER
TF3150000	8065-48-3	PHOSPHOROTHIOIC ACID, O,O-DIETHYL O-(2-(ETHYLTHIO)ETHYL) EST ER, MIXED WITH O,O-DIETHYL S-(2-(ETHYLTHIO)ETHYL) ESTER 7:3)
TF3325000	333-41-5	PHOSPHOROTHIOIC ACID, O,O-DIETHYL O-(2-ISOPROPYL-6-METHYL-4-PYRIMIDINYL) ESTER

RTECS RN	CAS RN	CHEMICAL NAME
TF3850000	115-90-2	PHOSPHOROTHIOIC ACID, O,O-DIETHYL O-(P-(METHYLSULFINYL)PHENY L) ESTER
TF4550000	56-38-2	PHOSPHOROTHIOIC ACID, O,O-DIETHYL O-(P-NITROPHENYL) ESTER
TF6300000	2921-88-2	PHOSPHOROTHIOIC ACID, O,O-DIETHYL O-(3,5,6-TRICHLORO-2-PYRID YL) ESTER
TF6890000	3383-96-8	PHOSPHOROTHIOIC ACID, O,O-DIMETHYL ESTER, O,O-DIESTER WITH 4 ,4'-THIODIPHENOL
TF7900000	2275-23-2	PHOSPHOROTHIOIC ACID, O,O-DIMETHYL ESTER S-ESTER WITH 2-((2-MERCAPTOETHYL)THIO)-N-METHYLPROPIONAMIDE
TF8050000	1113-02-6	PHOSPHOROTHIOIC ACID, O,O-DIMETHYL ESTER S-ESTER WITH 2-MERC APTO-N-METHYLACETAMIDE
TF8350000	38260-54-7	PHOSPHOROTHIOIC ACID, O,O-DIMETHYL O-(6-ETHOXY-2-ETHYL-4-PYR IMIDINYL) ESTER
TF9625000	55-38-9	PHOSPHOROTHIOIC ACID, O,O-DIMETHYL-, O-(4-METHYLTHIO)-M-TOLY L) ESTER
TG0175000	298-00-0	PHOSPHOROTHIOIC ACID, O,O-DIMETHYL-, O-(P-NITROPHENYL) ESTER
TG0350000	122-14-5	PHOSPHOROTHIOIC ACID, O,O-DIMETHYL O-(4-NITRO-M-TOLYL) ESTER
TG0525000	299-84-3	PHOSPHOROTHIOIC ACID, O,O-DIMETHYL O(2,4,5-TRICHLOROPHENYL) ESTER
TG1750000	919-86-8	PHOSPHOROTHIOIC ACID, S-(2-(ETHYLTHIO)ETHYL) O,O-DIMETHYL ES TER
TH3500000	7723-14-0	PHOSPHORUS (WHITE)
TH7351000	132-67-2	PHTHALAMIC ACID, N-1-NAPHTHYL-, MONOSODIUM SALT
TH9990000	85-68-7	PHTHALIC ACID, BENZYL BUTYL ESTER
TI0350000	117-81-7	PHTHALIC ACID, BIS(2-ETHYLHEXYL) ESTER
TI0875000	84-74-2	PHTHALIC ACID, DIBUTYL ESTER
TI1050000	84-66-2	PHTHALIC ACID, DIETHYL ESTER
TI1575000	131-11-3	PHTHALIC ACID, DIMETHYL ESTER
TI5685000	133-07-3	PHTHALIMIDE, N-((TRICHLOROMETHYL)THIO)-
TJ7525000	1918-02-1	PICOLINIC ACID, 4-AMINO-3,5,6-TRICHLORO-
TJ7875000	88-89-1	PICRIC ACID
TK9200000	26644-46-2	PIPERAZINE, 1,4-BIS(1-FORMAMIDO-2,2,2-TRICHLOROETHYL)-
TP4550000	78-00-2	PLUMBANE, TETRAETHYL-
TP4725000	75-74-1	PLUMBANE, TETRAMETHYL-
TQ1350000	1336-36-3	POLYCHLORINATED BIPHENYLS
TQ1356000	53469-21-9	POLYCHLORINATED BIPHENYL (AROCLOR 1242)
TQ1360000	11097-69-1	POLYCHLORINATED BIPHENYL (AROCLOR 1254)
TQ1362000	11096-82-5	POLYCHLORINATED BIPHENYL (AROCLOR 1260)
TQ1385000	12642-23-8	POLYCHLORINATED TRIPHENYL (AROCLOR 5442)
TQ1390000	11126-42-4	POLYCHLORINATED TRIPHENYL (AROCLOR 5460)
TQ3325000	9002-88-4	POLYETHYLENE
TR5250000	25322-69-4	POLYPROPYLENE GLYCOL
TX2275000	74-98-6	PROPANE
TX4900000	106-89-8	PROPANE, 1-CHLORO-2,3-EPOXY-
TX8750000	96-12-8	1,2-DIBROMO-3-CHLOROPROPANE
TX9625000	78-87-5	PROPANE, 1,2-DICHLORO-
TZ2975000	75-56-9	PROPANE, 1,2-EPOXY-
TZ5250000	79-46-9	PROPANE, 2-NITRO-
UC7350000	107-05-1	PROPENE, 3-CHLORO-
UC8310000	542-75-6	PROPENE, 1,3-DICHLORO-
UE2275000	116-06-3	PROPIONALDEHYDE, 2-METHYL-2-(METHYLTHIO)-, O-(METHYLCARBAMOY L) OXIME
UE9750000	93-65-2	PROPIONIC ACID, 2-((4-CHLORO-O-TOLYL)OXY)-
UF0690000	75-99-0	PROPIONIC ACID, 2,2-DICHLORO-
UF1225000	127-20-8	PROPIONIC ACID, 2,2-DICHLORO-, SODIUM SALT

RTECS RN	CAS RN	CHEMICAL NAME
UF1400000	136-25-4	PROPIONIC ACID, 2,2-DICHLORO-, 2-(2,4,5-TRICHLOROPHENOXY)ETHYL ESTER
UF9625000	107-12-0	PROPIONITRILE
UH8225000	71-23-8	PROPYL ALCOHOL
UR2450000	129-00-0	PYRENE
UR4200000	8003-34-7	PYRETHRUM
UR5950000	123-33-1	3,6-PYRIDAZINEDIONE, 1,2-DIHYDRO-
UR8400000	110-86-1	PYRIDINE
UX1050000	120-80-9	PYROCATECHOL
UX2800000	87-66-1	PYROGALLOL
UX5950000	152-16-9	PYROPHOSPHORAMIDE, OCTAMETHYL-
UX6825000	107-49-3	PYROPHOSPHORIC ACID, TETRAETHYL ESTER
VG9625000	108-46-3	RESORCINOL
VH1050000	101-90-6	RESORCINOL, DIGLYCIDYL-
VN8400000	50-65-7	SALICYLANILIDE, 2',5-DICHLORO-4'-NITRO
VO5075000	54-21-7	SALICYLIC ACID, MONOSODIUM SALT
VS6650000	13410-01-0	SELENIC ACID, DISODIUM SALT
VS7700000	7782-49-2	SELENIUM
VV7330000	14808-60-7	SILICA, CRYSTALLINE - QUARTZ
VW0525000	10026-04-7	SILICON CHLORIDE (SICL4)
VW2327000	7783-61-1	SILICON FLUORIDE
WB0350000	7681-49-4	SODIUM FLUORIDE
WB0360000	7681-49-4	SODIUM FLUORIDE (SOLUTION)
WB4900000	1310-73-2	SODIUM HYDROXIDE
WC5600000	7631-99-4	SODIUM NITRATE
WH6650000	900-95-8	STANNANE, ACETOXYTRIPHENYL-
WH8575000	76-87-9	STANNANE, HYDROXYTRIPHENYL-
WK4375000	57-92-1	STREPTOMYCIN
WL2275000	57-24-9	STRYCHNINE
WL2550000	60-41-3	STRYCHNINE,SULFATE (2:1)
WL3675000	100-42-5	STYRENE
WL6475000	9003-53-6	STYRENE POLYMER
WM4900000	110-15-6	SUCCINIC ACID
WM8400000	121-75-5	SUCCINIC ACID, MERCAPTO-, DIETHYL ESTER, S-ESTER WITH O,O-DIMETHYL PHOSPHORODITHIOATE
WO5950000	5329-14-6	SULFAMIC ACID
WO8400000	63-74-1	SULFONAMIDE
WQ2975000	103-17-3	SULFIDE, P-CHLOROBENZYL P-CHLOROPHENYL
WR5850000	116-29-0	SULFONE, P-CHLOROPHENYL 2,4,5-TRICHLOROPHENYL
WS4250000	7704-34-9	SULFUR
WS5600000	7664-93-9	SULFURIC ACID
WS8225000	77-78-1	SULFURIC ACID, DIMETHYL ESTER
WT2975000	140-57-8	SULFUROUS ACID, 2-(P-T-BUTYLPHENOXY)-1-METHYLETHYL-2-CHLOROETHYL ESTER
WY2625000	13494-80-9	TELLURIUM
WZ1500000	1861-32-1	TEREPHTHALIC ACID, TETRACHLORO-, DIMETHYL ESTER
XF9900000	108-62-3	1,3,5,7-TETROXOCANE, 2,4,6,8-TETRAMETHYL-
XG3425000	7440-28-0	THALLIUM
XG4200000	7791-12-0	THALLIUM(I) CHLORIDE
XM5150000	7719-09-7	THIONYL CHLORIDE
XN4375000	3689-24-5	THIOPYROPHOSPHORIC ACID, TETRAETHYL ESTER
XP7320000	7440-31-5	TIN
XR2275000	13463-67-7	TITANIUM OXIDE
XS5250000	108-88-3	TOLUENE
XS8050000	51-03-6	TOLUENE, ALPHA-(2-(2-BUTOXYETHOXY)ETHOXY)-4,5-(METHYLENEDIOXY)-2-PROPYL-

RTECS RN	CAS RN	CHEMICAL NAME
XU4550000	1861-40-1	P-TOLUIDINE, N-BUTYL-N-ETHYL-ALPHA,ALPHA,ALPHA-TRIFLUORO-2.6 -DINITRO-
XU5250000	3165-93-3	O-TOLUIDINE, 4-CHLORO-, HYDROCHLORIDE
XU9275000	1582-09-8	P-TOLUIDINE, ALPHA,ALPHA,ALPHA-TRIFLUORO-2,6-DINITRO-N,N-DIP ROPYL-
XW5250000	8001-35-2	TOXAPHENE
XY5250000	122-34-9	S-TRIAZINE, 2-CHLORO-4,6-BIS(ETHYLAMINO)-
XY5600000	1912-24-9	S-TRIAZINE, 2-CHLORO-4-ETHYLAMINO-6-ISOPROPYLAMINO-
YO8400000	8006-64-2	TURPENTINE
YQ9100000	314-40-9	URACIL, 5-BROMO-3-SEC-BUTYL-6-METHYL-
YR6250000	57-13-6	UREA
YS3325000	3060-89-7	UREA, 3-(P-BROMOPHENYL)-1-METHOXY-1-METHYL-
YS6125000	1982-47-4	UREA, 3-(P-(P-CHLOROPHENOXY)PHENYL)-1,1-DIMETHYL-
YS6200000	35367-38-5	UREA, 1-(P-CHLOROPHENYL)-3-(2,6-DIFLUOROBENZOYL)-
YS6300000	150-68-5	UREA, 3-(P-CHLOROPHENYL)-1,1-DIMETHYL-
YS6425000	1746-81-2	UREA, 3-(P-CHLOROPHENYL)-1-METHOXY-1-METHYL-
YS8925000	330-54-1	UREA, 3-(3,4-DICHLOROPHENYL)-1,1-DIMETHYL-
YS9100000	330-55-2	UREA, 3-(3,4-DICHLOROPHENYL)-1-METHOXY-1-METHYL-
YT1450000	101-42-8	UREA, 1,1-DIMETHYL-3-PHENYL-
YT4550000	2163-79-3	UREA, 3-(HEXAHYDRO-4,7-METHANOINDAN-5-YL)1,1-DIMETHYL-
YT7350000	1982-49-6	UREA, 1-(2-METHYLCYCLOHEXYL)-3-PHENYL-
YT9275000	86-88-4	UREA, 1-(1-NAPHTHYL)-2-THIO
YV3600000	110-62-3	VALERALDEHYDE
ZB3200000	8018-01-7	DITHANE M-45
ZE2275000	108-38-3	M-XYLENE
ZE2450000	95-47-6	O-XYLENE
ZE2625000	106-42-3	P-XYLENE
ZE8575000	1300-73-8	XYLIDINE
ZG8600000	7440-66-6	ZINC
ZH0525000	137-30-4	ZINC, BIS(DIMETHYLDITHIOCARBAMATO)-
ZH1400000	7646-85-7	ZINC CHLORIDE
ZH1575000	557-21-1	ZINC CYANIDE
ZH3325000	12122-67-7	ZINC, (ETHYLENEBIS(DITHIOCARBAMATO))-
ZH4810000	1314-13-2	ZINC OXIDE
ZH4950000	12071-83-9	ZINC (N,N'-PROPYLENE-1,2-BIS(DITHIOCARBAMATE))
ZH9100000	14644-61-2	ZIRCONIUM(IV) SULFATE (1:2)

CAS	RTECS
100-02-7	SM2275000
100-41-4	DA0700000
100-42-5	WL3675000
100-52-7	CU4375000
100-63-0	MV8925000
10022-31-8	CQ9625000
10026-04-7	VW0525000
10028-15-6	RS8225000
10048-95-0	CG0900000
10060-12-5	GB5450000
10099-74-8	OG2100000
101-21-3	FD8050000
101-42-8	YT1450000
101-80-4	BY7900000
101-84-8	KN8970000
101-90-6	VH1050000
10108-64-2	EV0175000
10124-36-4	EV2700000
1013-07-8	
1024-57-3	PB9450000
10265-92-6	TB4970000
103-17-3	WQ2975000
103-84-4	AD7350000
10361-37-2	CQ8750000
10453-86-8	GZ1310000
105-60-2	CM3675000
10588-01-9	HX7700000
106-42-3	ZE2625000
106-44-5	GO6475000
106-46-7	CZ4550000
106-48-9	SK2800000
106-50-3	SS8050000
106-51-4	DK2625000
106-89-8	TX4900000
106-93-4	KH9275000
106-99-0	EI9275000
10605-21-7	DD6500000
107-02-8	AS1050000
107-05-1	UC7350000
107-06-2	KI0525000
107-12-0	UF9625000
107-13-1	AT5250000
107-18-6	BA5075000
107-30-2	KN6650000
107-49-3	UX6825000
1071-83-6	MC1075000
108-10-1	SA9275000
108-31-6	ON3675000
108-38-3	ZE2275000
108-38-8	MJ5775000
108-39-4	GO6125000
108-43-0	SK2450000
108-45-2	SS7700000
108-46-3	VG9625000
108-60-1	KN1750000
108-62-3	XF9900000
108-83-8	MJ5775000
108-88-3	XS5250000
108-90-7	CZ0175000
108-94-1	GW1050000
108-95-2	SJ3325000
108-98-5	DC0525000
109-86-4	KL5775000
110-15-6	WM4900000
110-49-6	KL5950000
110-54-3	MN9275000
110-62-3	YV3600000
110-80-5	KK8050000
110-86-1	UR8400000
110-91-8	QD6475000
11096-82-5	TQ1362000
11097-69-1	TQ1360000
111-40-0	IE1225000
111-46-6	ID5950000
111-76-2	KJ8575000
11104-28-2	TQ1350000
11126-42-4	TQ1390000
1113-02-6	TF8050000
1114-71-2	EZ0400000
113-02-6	TF8050000
114-26-1	FC3150000
115-26-4	TD4025000
115-29-7	RB9275000
115-32-2	DC8400000
115-86-6	TC8400000
115-90-2	TF3850000
116-06-3	UE2275000
116-29-0	WR5850000
1162-65-8	GY1925000
1165-39-5	LV1720000
117-81-7	TI0350000
118-74-1	DA2975000
119-90-4	DD0875000
119-93-7	DD1225000
120-12-7	CA9350000
120-80-9	UX1050000
120-82-1	DC2100000
120-83-2	SK8575000
12071-83-9	ZH4950000
121-21-1	GZ1750000
121-29-9	GZ0700000
121-75-5	WM8400000
12122-67-7	ZH3325000
12125-02-9	BP4550000
122-14-5	TG0350000
122-34-9	XY5250000
122-39-4	JJ7800000
122-42-9	FD9100000
122-66-7	MW2625000
123-01-3	CZ9540000
123-31-9	MX3500000
123-33-1	UR5950000
123-39-4	JJ7800000
123-91-1	JG8225000
124-04-9	AU8400000
124-38-9	FF6400000
124-40-3	IP8750000
12427-38-2	OP0700000
126-99-8	EI9625000
12642-23-8	TQ1385000
127-18-4	KX3850000
127-20-8	UF1225000
129-00-0	UR2450000
1300-73-8	ZE8575000
1303-28-2	CG2275000
1305-78-8	EW3100000
1306-19-0	EV1925000
131-11-3	TI1575000
1310-73-2	WB4900000
1314-13-2	ZH4810000
1317-39-1	GL8050000
13171-21-6	TC2800000
1319-77-3	GO5950000
132-67-2	TH7351000
1321-64-8	QK0300000
1327-53-3	CG3325000
133-06-2	GW5075000
133-07-2	TI5685000
133-07-3	TI5685000
133-82-0	GB6650000
133-90-4	DG1925000
1332-21-4	CI6475000
1332-40-7	GL7020000
1333-82-0	GB6650000
1333-86-4	FF5800000
1335-32-6	OF8750000
1335-87-1	QJ7350000
1336-21-6	BQ9625000
1336-36-3	TQ1350000
1338-02-9	QK9100000
13410-01-0	VS6650000
13463-39-3	QR6300000
13463-67-7	XR2275000
13477-00-4	FN9770000
13494-80-9	WY2625000
13548-38-4	GB6280000
136-25-4	UF1400000
137-26-8	JO1400000
137-30-4	ZH0525000

CAS	RTECS
137-42-8	FC2100000
13765-19-0	GB2750000
13952-84-6	EO3325000
140-57-8	WT2975000
140-88-5	AT0700000
1402-68-2	AW5950000
141-66-2	TC3850000
141-78-6	AH5425000
143-50-0	PC8575000
14484-64-1	NO8750000
145-73-3	RN7875000
148-79-8	DE0700000
14808-60-7	VV7330000
150-68-5	YS6300000
152-16-9	UX5950000
1563-66-2	FB9450000
1582-09-8	XU9275000
15972-60-8	AE1225000
16102-92-4	GL5900000
1634-78-2	TF0490000
16672-87-0	SZ7100000
16752-77-5	AK2975000
1689-83-4	DI4025000
17109-49-8	TE3850000
1746-01-6	HP3500000
1746-81-2	YS6425000
17804-35-2	DD6475000
1836-75-5	KN8400000
18530-56-8	YT4550000
18540-29-9	GB6262000
1861-32-1	WZ1500000
1861-40-1	XU4550000
1897-45-6	NT2600000
1910-42-5	DW2275000
1912-24-9	XY5600000
1918-00-9	DG7525000
1918-02-1	TJ7525000
1918-13-4	CV3850000
1918-16-7	AE1575000
19480-43-4	AG1575000
1982-47-4	YS6125000
1982-49-6	YT7350000
2032-59-9	FC0175000
20354-26-1	RO0835000
206-44-0	LL4025000
20859-73-8	BD1400000
2104-64-5	TB1925000
2104-96-3	TE7175000
21609-90-5	TB1720000
2163-79-3	YT4550000
2164-08-1	GY5875000
21645-51-2	BD0940000
21908-53-2	OW8750000

CAS	RTECS
2212-67-1	CM2625000
22248-79-9	TB9100000
2234-13-1	QK0250000
2275-23-2	TF7900000
22781-23-3	FC1140000
22967-92-6	OW6320000
2303-16-4	EZ8225000
2310-17-0	TD5175000
23103-98-2	EZ9100000
23135-22-0	RP2300000
23505-41-1	TF1610000
23564-05-8	BA3675000
23564-06-9	BA3650000
2385-85-5	PC8225000
2425-06-1	GW4900000
2439-10-3	MF1750000
24959-67-9	
25322-69-4	TR5250000
2540-82-1	TE1050000
2597-03-7	AI7875000
260-94-6	AR7175000
2631-37-0	FB8050000
2642-71-9	TD8400000
26644-46-2	TK9200000
2813-95-8	AF7140000
2921-88-2	TF6300000
29232-93-7	TF1410000
298-00-0	TG0175000
298-02-2	TD9450000
298-04-4	TD9275000
299-84-3	TG0525000
300-76-5	TB9450000
301-04-2	AI5250000
302-01-2	MU7175000
3060-89-7	YS3325000
309-00-2	IO2100000
311-45-5	TC2275000
314-40-9	YQ9100000
315-18-4	FC0700000
3165-93-3	XU5250000
319-84-6	GV3500000
327-98-0	TB0700000
330-54-1	YS8925000
330-55-2	YS9100000
33213-65-9	
333-41-5	TF3325000
3347-22-6	QL0700000
3383-96-8	TF6890000
35367-38-5	YS6200000
36355-01-8	LK5065000
3653-48-3	AG2625000
3689-24-5	XN4375000
3691-35-8	NK5335000

CAS	RTECS
37764-25-3	AB6080000
38260-54-7	TF8350000
39300-45-3	GQ5775000
4032-26-2	JM5750000
42615-29-2	DB4370000
470-90-6	TB8750000
4824-78-6	TE7000000
485-31-4	GQ5600000
4901-51-3	SM9200000
497-56-3	GO9500000
50-00-0	LP8925000
50-29-3	KJ3325000
50-32-8	DJ3675000
50-65-7	VN8400000
506-96-7	AO5955000
51-03-6	XS8050000
51-28-5	SL2800000
510-15-6	DD2275000
513-35-9	EM7650000
513-77-9	CQ8600000
52-68-6	TA0700000
52315-07-8	GZ1250000
5234-68-4	RP4550000
52645-53-1	GZ1255000
5329-14-6	WO5950000
534-52-1	GO9625000
53469-21-9	TQ1356000
54-11-5	QS5250000
54-21-7	VO5075000
540-59-0	KV9360000
542-75-6	UC8310000
542-88-1	KN1575000
543-90-8	EU9810000
544-92-3	GL7150000
55-18-5	IA3500000
55-38-9	TF9625000
550-51-1	AJ9100000
554-84-7	SM1925000
557-21-1	ZH1575000
56-23-5	FG4900000
56-38-2	TF4550000
56-55-3	CV9275000
56-72-4	GN6300000
563-12-2	TE4550000
57-12-2	GS7175000
57-12-5	GS7175000
57-13-6	YR6250000
57-24-9	WL2275000
57-74-9	PB9800000
57-92-1	WK4375000
5707-69-7	NY2800000
57321-63-8	KO4200000
58-89-9	GV4900000

CAS	RTECS
5836-29-3	GN7630000
584-79-2	GZ1925000
584-84-9	CZ6300000
59-89-9	GV4900000
590-28-3	GS6825000
591-78-6	MP1400000
592-01-8	EW0700000
59536-65-1	LK5060000
598-63-0	OF9275000
60-29-7	KI5775000
60-41-3	WL2550000
60-51-5	TE1750000
60-54-8	QI8750000
60-57-1	IO1750000
60-75-1	IO1750000
602-87-9	AB1060000
615-05-4	ST2690000
6164-98-3	LQ4375000
6164-98-6	LQ4375000
62-38-4	OV6475000
62-53-3	BW6650000
62-73-7	TC0350000
62-74-8	AH9100000
62-75-9	IQ0525000
621-64-7	JL9700000
624-83-9	NQ9450000
63-25-2	FC5950000
63-74-1	WO8400000
630-08-0	FG3500000
630-20-6	KI8450000
64-18-6	LQ4900000
64-19-7	AF1225000
640-15-3	TE4375000
644-64-4	EZ9084000
6484-52-2	BR9050000
65-30-5	QS9625000
65-85-0	DG0875000
650-51-1	AJ9100000
67-56-1	PC1400000
67-64-1	AL3150000
67-66-3	FS9100000
67-72-1	KI4025000
67774-32-7	LK5065000
6795-23-9	GY1880000
68-12-2	LQ2100000
68411-30-3	DB4550000
6885-57-0	GY1720000
6923-22-4	TC4375000
70-30-4	SM0700000
7085-19-0	UE9750000
71-23-8	UH8225000
71-36-3	EO1400000
71-43-2	CY1400000
71-55-6	KJ2975000
72-20-8	IO1575000
72-43-5	KJ3675000
72-54-8	KI0700000
72-56-0	KH5790000
7220-81-7	GY1722000
7241-98-7	LV1700000
732-11-6	TE2275000
74-83-9	PA4900000
74-86-2	AO9600000
74-90-8	MW6825000
74-98-6	TX2275000
7429-90-5	BD0330000
7434-97-6	OV4550000
7439-92-1	OF7525000
7439-96-5	OO9275000
7439-97-6	OV4550000
7440-02-0	QR5950000
7440-28-0	XG3425000
7440-31-5	XP7320000
7440-36-0	CC4025000
7440-38-2	CG0525000
7440-41-7	DS1750000
7440-43-9	EU9800000
7440-44-0	FF5250000
7440-47-3	GB4200000
7440-48-4	GF8750000
7440-50-8	GL5325000
7440-66-6	ZG8600000
74400-31-5	XP7320000
7446-27-7	OG3675000
7446-70-0	BD0525000
7487-94-7	OV9100000
75-00-3	KH7525000
75-01-4	KU9625000
75-04-7	KH2100000
75-05-8	AL7700000
75-07-0	AB1925000
75-08-1	KI9625000
75-09-2	PA8050000
75-12-7	LQ0525000
75-15-0	FF6650000
75-21-8	KX2450000
75-25-2	PB5600000
75-31-0	NT8400000
75-35-4	KV9275000
75-44-5	SY5600000
75-45-6	PA6390000
75-52-5	PA9800000
75-56-9	TZ2975000
75-60-5	CH7525000
75-65-0	EO1925000
75-69-4	PB6125000
75-71-8	PA8200000
75-74-1	TP4725000
75-99-0	UF0690000
7546-30-7	OV8750000
759-94-4	FA4550000
76-01-7	KI6300000
76-06-2	PB6300000
76-14-2	KI1101000
76-44-8	PC0700000
76-87-9	WH8575000
7601-54-9	TC9490000
7601-90-3	SC7500000
7631-99-4	WC5600000
7632-00-0	RA1225000
7645-25-2	CG1000000
7646-85-7	ZH1400000
7647-01-0	MW4025000
7664-38-2	TB6300000
7664-39-3	MW7875000
7664-93-9	WS5600000
7681-49-4	WB0350000
7696-12-0	GZ1700000
7697-37-2	QU5775000
77-47-4	GY1225000
77-78-1	WS8225000
7704-34-9	WS4250000
7705-08-0	LJ9100000
7719-09-7	XM5150000
7722-64-7	SD6475000
7722-84-1	MX0900000
7723-14-0	TH3500000
7726-95-6	EF9100000
7727-37-9	QW9700000
7727-54-0	SE0350000
7738-94-5	GB2450000
7758-98-7	GL8800000
7758-99-8	GL8900000
7775-11-3	GB2955000
7778-39-4	CG0700000
7778-43-0	CG0875000
7778-44-1	CG0830000
7778-50-9	HX7680000
7782-44-7	RS2060000
7782-49-2	VS7700000
7782-63-0	NO8510000
7783-20-2	BS4500000
7783-61-1	VW2327000
7783-63-0	NO8510000
7784-40-9	CG0980000
7784-42-1	CG6475000
7784-46-5	CG3675000
7786-34-7	GQ5250000
7789-00-6	GB2940000

CAS	RTECS
7789-12-0	HX7750000
7789-24-4	OJ6125000
7791-12-0	XG4200000
78-00-2	TP4550000
78-34-2	TE3350000
78-53-5	TF0525000
78-57-9	TD5600000
78-59-1	GW7700000
78-79-5	NT4037000
78-83-1	NP9625000
78-87-5	TX9625000
78-92-2	EO1750000
78-93-3	EL6475000
7803-51-2	SY7525000
786-19-6	TD5250000
79-00-5	KJ3150000
79-01-6	KX4550000
79-06-1	AS3325000
79-10-7	AS4375000
79-34-5	KI8575000
79-46-9	TZ5250000
80-06-8	DC7875000
8001-35-2	XW5250000
8001-58-9	GF8615000
8002-05-9	SE7175000
8003-34-7	UR4200000
8006-64-2	YO8400000
8012-75-7	GB2800000
8012-95-1	PY8030000
8018-01-7	ZB3200000
8030-30-6	SE7555000
8052-42-4	CI9900000
8065-48-3	TF3150000
81-81-2	GN4550000
81-82-3	GN4830000
82-68-8	DA6650000
83-26-1	NK6300000
83-79-4	DJ2800000
84-66-2	TI1050000
84-74-2	TI0875000
85-00-7	JM5690000
85-68-7	TH9990000
86-30-6	JJ9800000
86-50-0	TE1925000
86-88-4	YT9275000
87-65-0	SK8750000
87-66-1	UX2800000
87-68-3	EJ0700000
87-86-5	SM6300000
88-06-2	SN1575000
88-75-5	SM2100000
88-85-7	SJ9800000
88-89-1	TJ7875000

CAS	RTECS
88-89-11-8	TJ7875000
90-13-1	QJ2100000
900-95-8	WH6650000
9002-86-2	KV0350000
9002-88-4	TQ3325000
9003-53-6	WL6475000
91-58-7	QJ2275000
91-59-8	QM2100000
91-64-5	GN4200000
91-94-1	DD0525000
917-61-3	GS7000000
919-76-6	TE1575000
919-86-8	TG1750000
92-52-4	DU8050000
92-67-1	DU8925000
92-87-5	DC9625000
93-65-2	UE9750000
93-76-5	AJ8400000
94-74-6	AG1575000
94-75-7	AG6825000
95-06-7	EZ5075000
95-47-6	ZE2450000
95-48-7	GO6300000
95-54-5	SS7875000
95-57-8	SK2625000
95-95-4	SN1400000
950-35-6	TC5250000
950-37-8	TE2100000
957-51-7	AB8050000
959-98-8	
96-12-8	TX8750000
96-45-7	NI9625000
97-17-6	TF0350000
973-21-7	FF9100000
98-00-0	LU9100000
98-01-1	LT7000000
98-11-3	DB4200000
98-95-3	DA6475000
99-98-9	ST1050000
991-42-4	RB8750000
999-81-5	BP5250000

5.4.3 Register der in UN-CLP (1987) erfaßten Produkte

nach Produktnamen (alphabetisch, englisch)

Das Verzeichnis ist direkt aus UN-CLP (1987) übernommen.

UN-CLP (1987):

Consolidated List of Products whose Consumption and/or Sale have been Banned, Withdrawn, Severely Restricted or Not Approved by Governments, 1986, second issue, prepared in accordance with General Assembly resolution 37/137, 38/149 and 39/229. UN-Publication. Sales Number E.87.IV.1

ACETANILIDE
ACETARSOL
ACETIC ANHYDRIDE
ACETYL CHLORIDE
ACETYLFURATRIZINE
ACETYLSALICYLIC ACID/PHENACETIN/CAFFEINE (APC)
ACRIDINE DERIVATIVES IN DENTAL PRODUCTS
ACRYLONITRILE
ACTINOLITE
ADRENOCORTICAL EXTRACTS (ORAL)
ALCLOFENAC
ALDICARB
ALDRIN
ALDRIN
ALIPHATIC OR AROMATIC HYDROCARBONS IN ANTI-FREEZE
alpha-HCH
alpha-NAPHTHYLAMINE
alpha-NAPHTHYLTHIOUREA (ANTU)
ALUMINIUM PHOSPHIDE
AMFEPRAMONE
AMINOCARB
AMINOGLUTETHIMIDE
AMINOPHENAZONE
AMINOREX
AMITRAZ
AMITROLE
AMOBARBITAL
AMOSITE
AMPHETAMINE
AMPHETAMINES/OTHER COMPOUNDS
AMPICILLIN/OXYPHENBUTAZONE
ANABASINE
ANALGESICS IN COMBINATION WITH IRON, VITAMINS OR ALCOHOL
ANTERIOR PITUITARY EXTRACTS
ANTHOPHYLLITE
ANTIASTHMATIC VACCINES
ANTIBIOTICS IN COMBINATION OR WITH CORTICOSTEROIDS
ANTIBIOTICS IN COMBINATION OR WITH VITAMINS
ANTIHISTAMINES WITH ANTIDIARRHOEALS OR ANTIAMOEBIC DRUGS
ANTIMONY COMPOUNDS
ANTITUBERCULOSIS DRUGS IN COMBINATION
APROBARBITAL
ARAMITE
ARISTOLOCHIC ACID
ARSENIC
ARSENIC
ARSENIC
ARSENIC-BASED COMPOUNDS
ARSENIC, LEAD, MERCURY IN TEXTILES
ASBESTOS
ASBESTOS
ATROPINE IN COMBINATION
AURAMINE
AZAPROPAZONE
AZARIBINE
AZINPHOS-METHYL
AZOBENZENE
BARBITAL
BARBITURATES IN COMBINATION
BEMEGRIDE
BENOXAPROFEN
BENZALCHLORIDE
BENZENE
BENZENE IN RUBBER CEMENT
BENZIDINE

BENZOTRICHLORIDE
BENZOYLPEROXIDE
BENZYL ALCOHOL
BENZYLPENICILLIN SODIUM (TOPICAL PREPARATIONS)
BERBERINE
beta-BUTYROLACTONE
beta-HCH
beta-NAPHTHYLAMINE
beta-PROPIOLACTONE
BINAPACRYL
BIS (CHLOROMETHYL) ETHER
BIS (2-CHLOROETHYL) SULPHIDE
BIS(2,3-DIBROMOPROPYL) PHOSPHATE
BIS-CHLOROETHYL ETHER
BISMUTH SALTS
BITHIONOL
BITHIONOL
BORIC ACID AND SALTS
BORIC ACID AND SALTS
BROMOCYCLEN
BROMOMETHANE
BROMOMETHANE
BROXYQUINOLINE (SEE ALSO OXYQUINOLINE DERIVATIVES)
BUFORMIN
BUMADIZONE
BUNAMIODYL
CADMIUM
CADMIUM
CADMIUM CHLORIDE
CALAMUS
CALCIUM ARSENATE
CAMPHECHLOR
CAMPHOR
CANTHAXANTHINE
CAPTAFOL
CAPTAN
CARBARYL
CARBOCISTEINE/PROMETHAZINE
CARBON DISULFIDE
CARBON TETRACHLORIDE
CARBON TETRACHLORIDE
CARBON TETRACHLORIDE
CARBON TETRACHLORIDE, ETHYL BROMOACETATE IN CONSUMER PRODUCTS
CARBOPHENOTHION
CARBOSULFAN
CATHINE
CELLULOSE NITRATE IN SPECTACLE FRAMES
CHLORALOSE
CHLORAMPHENICOL
CHLORAMPHENICOL IN COMBINATION
CHLORANIL
CHLORBICYCLEN
CHLORDANE
CHLORDECONE
CHLORDIMEFORM
CHLORFENETHOL
CHLORFENSON
CHLORFENSULPHIDE
CHLORINOL
CHLORMADINONE ACETATE
CHLORMADINONE ACETATE/MESTRANOL (IN ORAL CONTRACEPTIVES)
CHLORNAPHAZINE
CHLORNAPHAZINE
CHLOROBENZILATE
CHLOROFLUOROCARBONS IN AEROSOL SPRAYS

CHLOROFLUOROCARBONS IN AEROSOL SPRAYS
CHLOROFORM
CHLOROFORM
CHLOROPICRIN
CHLOROPROPYLATE
CHLOROQUINE
CHLORPHENTERMINE
CHLORTHAL-DIMETHYL
CHLORTHIOPHOS
CHRYSOTILE
CHYMOTRYPSIN
CIANIDANOL
CINCHOPHEN
CLINDAMYCIN
CLIOQUINOL (SEE ALSO OXYQUINOLINE DERIVATIVES)
CLOFEZONE
CLOFIBRATE
CLOFOREX
CLOMETHIAZOLE
CLOZAPINE
COBALT (NON-RADIOACTIVE FORMS)
CODEINE
COMPONENTS OF OIL DISPERSANTS
COPPER ACETOARSENITE
COPPER ARSENATE (BASIC)
CRIMIDINE
CROCIDOLITE
CYANIDE
CYANIDE (SOLUBLE SALT) IN CONSUMER PRODUCTS
CYCLAMATES IN DRUGS
CYCLOHEXIMIDE
CYCLOSERINE/ISONIAZID
CYPROHEPTADINE
DALKON SHIELD
DDD
DDE
DDT
DDT
delta-HCH
DEMETON (O AND S)
DEMETON-S-METHYL
DEPOT MEDROXYPROGESTERONE ACETATE (DMPA)
DEXAMPHETAMINE
DIALIFOS
DIALLATE
DIANISIDINE
DIAZOMETHANE
DIBENZEPIN HYDROCHLORIDE
DICHLOROBENZIDINE
DICHLOROMETHANE
DICLOFENAC SODIUM
DICOFOL
DICROTOPHOS
DICYCLOVERINE
DIELDRIN
DIENESTROL
DIETHYL SULPHATE
DIETHYLAMINOETHOXYHEXESTROL
DIETHYLSTILBESTROL
DIETHYLSTILBESTROL
DIFURAZONE
DIGITALIS IN COMBINATION
DIHYDROSTREPTOMYCIN
DIHYDROSTREPTOMYCIN SULFATE/STREPTOMYCIN SULFATE
DIHYDROXYMETHYLFURATRIZINE

DIMAZOLE
DIMETHOATE
DIMETHYL SULPHATE
DIMETHYLNITROSAMINE
DIMETILAN
DINOSEB
DINOTERB
DIONAEA MUSCIPULA (EXTRACTS)
DIPHENAZINE
DIPOTASSIUM CLORAZEPATE/ACEPROMAZINE/ACEPROMETAZINE
DISULFOTON
DITHIAZANINE IODIDE
DNOC
DOMPERIDONE
DOXYLAMINE SUCCINATE/PYRIDOXINE HYDROCHLORIDE/DICYCLOVERINE
DRAZOXOLON
DTTB
EMETINE
ENDOSULFAN
ENDOTHAL-SODIUM
ENDRIN
EPICHLOROHYDRIN
EPINEPHRINE
EPINEPHRINE/NOREPINEPHRINE
EPN
ERGOT IN COMBINATION
ERYTHROMYCIN ESTOLATE
ESTROGEN-PROGESTOGEN PREPARATIONS FOR SECONDARY AMENORRHEA
ESTROGENS WITH POLYVITAMINS AND LIVER PROTECTORS
ESTROGENS/TESTOSTERONE
ETHOPROFOS
ETHYL METHYL SULPHONATE (EMS)
ETHYL NITRITE (SPIRIT)
ETHYLENE DIBROMIDE (EDB)
ETHYLENE DIBROMIDE (EDB)
ETHYLENE DICHLORIDE
ETHYLENE DICHLORIDE
ETHYLENE OXIDE
ETHYLENE THIOUREA
ETHYLENEBISDITHIOCARBAMIC ACID
ETHYLENIMINE
ETHYLESTRANOL
ETHYLFORMATE
ETIDOCAINE HYDROCHLORIDE/EPINEPHRINE TARTRATE
ETOFYLLINE (ORAL)
ETRETINATE
FENAZAFLOR
FENCLOFENAC
FENFLURAMINE
FENPROPATHRIN
FENSON
FENSULFOTHION
FENTIN HYDROXIDE
FEPRAZONE
FLUORBENSIDE
FLUOROACETAMIDE
FOLPET
FONOFOS
FORMALDEHYDE
FORMALDEHYDE
FURAZOLIDONE
FURAZOLIDONE/KAOLIN/PECTIN
gamma-HCH
GLAFENINE
GLUTETHIMIDE

GROWTH HORMONE, HUMAN
GUAIFENESIN/CAMPHOR/ETHER
GUANOFURACIN
HALOGENATED SALICYLANILIDES
HCH-MIXED ISOMERS
HCH-MIXED ISOMERS
HEPTABARB
HEPTACHLOR
HEPTACHLOR EPOXIDE
HERPES SIMPLEX VACCINES
HEXACHLOROBENZENE
HEXACHLOROPHENE
HEXACHLOROPHENE
HEXAMETHYLPHOSPHOTRIAMIDE (HMPA)
HEXESTROL
HEXOBARBITAL
HISTOPLASMIN
HORMONAL PREGNANCY TESTS
HYDRAZINE
HYDROCHLOROTHIAZIDE/POTASSIUM
HYDROGEN CYANIDE
HYDROXYQUINOLINE
HYOSCINE METHONITRATE
INDALPINE
INDOMETACIN
INDOPROFEN
INGREDIENTS IN COATING MATERIALS FOR TOYS AND CHILDREN'S FURNITURE
INGREDIENTS IN COSMETICS
INGREDIENTS IN PAINTS AND GRAPHIC MATERIALS
IODINATED CASEIN STROPHANTHIN (NEO-BARINE)
IPRONIAZID
IRON/ARSENIC
ISAXONINE PHOSPHATE
ISOBENZAN
ISOCARBOXAZID
ISODRIN
ISOTRETINOIN
ISOXICAM
KADETHRIN
KEBUZONE
KELEVAN
LATAMOXEF
LEAD
LEAD
LEAD ARSENATE
LEAD ARSENITE
LEAD COMPOUNDS
LEAD IN KETTLES
LEAD OR BENZENE IN PETROL
LEAD OXIDE AND LEAD SALTS
LEPTOPHOS
LEVAMFETAMINE
LINCOMYCIN
LOBELIA
LOPERAMIDE
LYMPHOGRANULOMA VENEREUM ANTIGEN
LYNESTRENOL
M 81
MAGENTA
MALEIC HYDRAZIDE
MANEB
MEASLES VIRUS VACCINE
MECLOZINE
MEDROXYPROGESTERONE ACETATE/ETHINYL ESTRADIOL
MEGESTROL ACETATE

MELIPAX
MENAZON
MEPHENESIN
MEPHOSFOLAN
MEPROBAMATE
MEPYRAMINE
MERCURIC CHLORIDE
MERCURIC DERIVATIVES (TOPICAL)
MERCURIC OXIDE
MERCUROUS CHLORIDE
MERCURY
MERCURY
MERCURY
MERCURY COMPOUNDS
MERCURY IN SPERMICIDE CONTRACEPTIVES
METAMIZOLE SODIUM
METHAMPHETAMINE
METHANEARSONIC ACID
METHANOL
METHANOL
METHAPYRILENE
METHAQUALONE
METHIDATHION
METHIODAL SODIUM
METHOMYL
METHOXYCHLOR
METHOXYETHYLMERCURY ACETATE
METHYL CHLOROMETHYL ETHER
METHYL NITROSOUREA
METHYLENEBIS-o-CHLORANILINE
METHYLMETHANE SULPHONATE
METHYLPHENIDATE
METHYPRYLON
METOCLOPRAMIDE/POLIDOCANOL
METOFOLINE
MEVINPHOS
MIREX
MOFEBUTAZONE
MONURON
MORFAMQUAT
MUMPS SKIN TEST ANTIGEN
N,N'-DIACETYLBENZIDINE
NANDROLONE DECANOATE (INJECTABLE)
NANDROLONE PHENPROPIONATE (INJECTABLE)
NEOMYCIN SULFATE
NEOMYCIN SULFATE/POLYMYXIN B SULFATE/NYSTATIN/ACETARSOL
NIALAMIDE
NICOTINE
NICOTINE SULPHATE
NIKETHAMIDE (ORAL)
NITREFAZOLE
NITRIMIDAZINE/NYSTATIN/TETRACYCLINE HCL
NITRITES IN CUTTING OILS AND FLUIDS
NITROFEN
NITROFURAL
NITROXOLINE
NOMIFENSINE
NORETHISTERONE ENANTATE (INJECTABLE)
o-AMINOAZOTOLUENE
o-DICHLOROBENZENE
o-TOLIDINE
o-TOLUIDINE HYDROCHLORIDE
O-TRICRESYL-PHOSPHATE
OCTACHLORODIPROPYL ETHER
OMETHOATE

OPIUM IN ANTITUSSIVE PREPARATIONS
OXYFLUORFEN
OXYPHENBUTAZONE
OXYPHENISATINE ACETATE
OXYQUINOLINE DERIVATIVES
OXYQUINOLINE DERIVATIVES IN COMBINATION
OXYTHIOQUINOX
OZONE
p-AMINOAZOBENZENE
p-AMINODIPHENYLAMINE
p-PHENYLENEDIAMINE
p-PHENYLENEDIAMINE
p-TOLUYLENEDIAMINE
PARACETAMOL
PARAQUAT(DICHLORIDE)
PARAQUAT-BIS (METHYL SULFATE)
PARATHION
PARATHION METHYL
PARATHION METHYL
PARGYLINE
PENICILLIN/SULFONAMIDES
PENICILLIN/TETRACYCLINE
PENTACHLOROETHANE
PENTACHLOROPHENOL
PENTACHLOROPHENOL
PENTOBARBITAL
PERTHANE
PHENACETIN
PHENAZONE
PHENDIMETRAZINE
PHENFORMIN
PHENMETRAZINE
PHENOBARBITAL
PHENOL
PHENOLPHTHALEIN
PHENTERMINE
PHENYL-beta-NAPHTHYLAMINE
PHENYLBUTAZONE
PHENYLMERCURY ACETATE
PHORATE
PHOSACETIM
PHOSPHINE
PHTHALYLSULFATHIAZOLE
PICLORAM
PICRIC ACID
PIPAMAZINE
PIPERAZINE
PIPRADROL
PIPRADROL/HESPERIDIN
PITUITARY-CHORIONIC GONADOTROPIN (INJECTABLE)
PODOPHYLLUM RESIN
POLIDEXIDE
POLYBROMINATED BIPHENYLS
POLYCHLORINATED BIPHENYLS
POLYCHLORINATED BIPHENYLS
POLYCHLORINATED NAPHTHALENES
POLYCHLORINATED TRIPHENYLS
POLYVIDONE
POTASSIUM ARSENITE
POTASSIUM NITRATE
PRACTOLOL
PRASTERONE
PREDNISOLONE/PHENOBARBITAL
PRONAMIDE
PROPYLENIMINE

PROPYLHEXEDRINE
PROPYPHENAZONE
PROTHOATE
PYRAZOLONES (SEE ALSO AMINOPHENAZONE, METAMIZOLE SODIUM)
PYRAZOLONES IN COMBINATION
PYRINURON
PYRITINOL
QUARTZ
QUINTOZENE
SAFROLE
SANTONIN
SCHRADAN
SELENIUM
SILVEX
SODIUM ARSENITE
SODIUM BROMIDE/CHLORAL HYDRATE IN COMBINATION
SODIUM CACODYLATE
SODIUM CYANIDE
SODIUM DIBUNATE
SODIUM FLUORIDE
SODIUM FLUORIDE
SODIUM FLUOROACETATE
SODIUM METHANEARSONATE
SODIUM SILICOFLUORIDE
STEROIDS (FOR INTERNAL USE) IN COMBINATION
STROBANE
STROBANE
STRYCHNINE
STRYCHNINE
STRYCHNINE IN COMBINATION
STRYCHNINE NITRATE
SULFAGUANIDINE
SULFAMETHIZOLE
SULFAMETHOXYPYRIDAZINE
SULFATHIAZOLE
SULFATHIAZOLE SODIUM WITH SODIUM LACTATE OR SODIUM BICARBONATE
SULFOTEP
SULOCTIDIL
SULPROFOS
SUPERHEPORIN
SUXIBUZONE
TARTRAZINE
TEBUTHIURON
TESTOSTERONE PROPIONATE (INJECTABLE)
TETRACHLOROETHYLENE
TETRACYCLINE (PAEDIATRIC)
TETRACYCLINE IN COMBINATION
TETRACYCLINE/GUAIFENESIN SULFONATE/LIDOCAINE HCL
TETRADIFON
TETRAETHYLPYROPHOSPHATE (TEPP)
TETRASUL
THALIDOMIDE
THALLIUM
THALLIUM SULPHATE
THALLIUM SULPHATE
THENALIDINE
THIAZIDES/POTASSIUM CHLORIDE
THIOACETAMIDE
THIOUREA
TICLOPIDINE
TIENILIC ACID
TIN
TRANYLCYPROMINE
TRAZODONE
TREMOLITE

TRETINOIN
TRIACETYLDIPHENOLISATIN
TRIAZOLAM
TRICHINELLA EXTRACT
TRICHLOROETHYLENE
TRIFLURALINE
TRIS(2,3-DIBROMOPROPYL) PHOSPHATE IN TEXTILES
TRIS(2,3-DIBROMOPROPYL) PHOSPHATE IN TEXTILES
TRIS-(1-AZIRIDINYL) PHOSPHINE OXIDE
URETHANE
URETHANE
VINBARBITAL
VINYL CHLORIDE, POLYVINYL CHLORIDE
VINYL CHLORIDE, POLYVINYL CHLORIDE
VINYL CHLORIDE, POLYVINYL CHLORIDE
VITAMINS IN COMBINATION
VITAMINS/ANALGESICS
XENAZOIC ACID
YELLOW FATTY DYE
YELLOW PHOSPHORUS (IN MATCHES)
YOHIMBINE OR STRYCHNINE WITH TESTOSTERONE, VITAMINS OR IRON
ZIMELDINE
ZINC PHOSPHIDE
ZINC PHOSPHIDE
ZIPEPROL
ZIRCONIUM IN AEROSOLS
ZOMEPIRAC
1,1-DIMETHYL-HYDRAZINE
1,1,2-TRICHLOROETHANE
1,1,2,2-TETRACHLOROETHANE
1,1,2,2-TETRACHLOROETHANE
1,2-DIBROMO-3-CHLOROPROPANE (DBCP)
1,2-DIBROMO-3-CHLOROPROPANE (DBCP)
1,2,3,4-DIEPOXY BUTANE
1,3-PROPANE SULTONE
2-ACETYLAMINOFLUORENE
2-METHOXYETHYLMERCURY CHLORIDE
2-NITROPROPANE
2,3,7,8-TCDD
2,4-D
2,4-DIAMINOANISOL
2,4-DIAMINOANISOL
2,4-DIAMINOTOLUENE
2,4-DIAMINOTOLUENE
2,4-DINITROPHENOL
2,4,5-T
3-METHYLCHOLANTHRENE
3,3-DIMETHOXYBENZIDINE IN SNEEZING PREPARATIONS
3,3'-DICHLOROBENZIDINE
4-AMINODIPHENYL
4-DIMETHYLAMINOAZOBENZENE
4-NITRODIPHENYL

5.4.4 Übersicht über aktuelle WHO-Publikationen / "Environmental Health Criteria"

Stoffgruppen sowie Parameter, behandelt in der WHO-Serie "Environmental Health Criteria"
(nach Heft-Nr., Erscheinungsjahr)

Es sind die stoff- und stoffgruppen-bezogenen Veröffentlichungen der genannten WHO-Serie genannt, die in deren Veröffentlichungskatalog (WHO, 1990) aufgeführt sind. Er nennt die zwischen 1986 und 1990 erschienenen Titel sowie ältere, die nach Maßgabe der WHO für aktuell befunden werden.

No.	(Jahr)	Stoff, Stoffgruppe, Parameter
36	(1984)	Fluor, Fluorid
48	(1985)	Dimethylsulfate
49	(1985)	Acrylamide
50	(1985)	Trichlorethylen
52	(1985)	Toluol
53	(1986)	Asbest, Natürliche Mineralfasern
54	(1986)	Ammoniak
55	(1985)	Ethylenoxid
56	(1985)	Propylenoxid
58	(1986)	Selen
61	(1988)	Chrom
62	(1987)	1,2 Dichlorethan
63	(1986)	Organophosphor Insektizide
64	(1986)	Carbamat Pestizide
65	(1987)	Butanol und Isomere
66	(1986)	Kelevan
67	(1986)	Tetradifon
68	(1987)	Hydrazin
69	(1987)	Magnetische Felder
71	(1987)	Pentachlorphenol
73	(1988)	Phosphor, Phosphate
74	(1987)	Diaminotoluol
75	(1987)	Toluol Diisocyanate
76	(1988)	Thiocarbamat Pestizide
77	(1988)	künstlich hergestellte Mineralfasern
78	(1988)	Dithiocarbamat-Pestizide, Ethylenthio-Harnstoff, Propylenthio-Harnstoff
79	(1989)	Dichlorvos
80	(1988)	Pyrrolecithin Alkaloide
81	(1988)	Vanadium
82	(1989)	Cypermethrin
83	(1989)	DDT und Derivate
84	(1989)	2,4 Dichlorphenoxy-Essigsäure (2,4 D)
86	(1989)	Quecksilber
87	(1989)	Allethrin
90	(1989)	Dimethoate
91	(1989)	Aldrin, Dieldrin
92	(1989)	Resemethrin
93	(1989)	Chlorphenole

5.4.5 Register zur Stoffkartei mit wichtigen Gebrauchsnamen und Synonyma

Stoffname, Gebrauchsname, Synonyma	Stoffname in der Stoffkartei, Fundstelle
A30	**Polychlorierte Biphenyle**
A40	**Polychlorierte Biphenyle**
A50	**Polychlorierte Biphenyle**
A60	**Polychlorierte Biphenyle**
Acenaphthen	s.u. Acenaphthylen, 1,2-Dihydro-
Acenaphthylen, 1,2-Dihydro-	Übersicht zur Stoffkartei
Acetaldehyd	Übersicht zur Stoffkartei
Acetaldehyd, Chlor-	Übersicht zur Stoffkartei
Aceton	s.u. 2-Propanon
Acidum hydrofluorium	**Fluorwasserstoff**
Acrolein	**2-Propenal**
Acrylaldehyd	**2-Propenal**
Acrylnitril	s.u. 2-Propennitril
Acrylsäure	s.u. 2-Propensäure
Acrylsäuremethylester	s.u. 2-Propensäure, Methyl-ester-
Aerothene TT	**1,1,1-Trichlorethan**
Aldrex	**Aldrin**
Aldrin	**Aldrin**
Aldrit	**Aldrin**
Aldrosol	**Aldrin**
Alkylbenzole	s.u. Benzol, C1-9-Alkyl-Derivate
Allylaldehyd	**2-Propenal**
Allylchlorid	s.u. 1-Propen, 3-Chlor-
***alpha-Endosulfan	s.u. 6,9-Methano-2,4,3-benzo-dioxathiepin, 6,7,8,9,10,10-Hexachlor-1,5,5a,6,9,9a-hexahydro, 3-Oxid, (3.alpha, 5a.beta, 6.alpha, 9.alpha, 9a.alpha)-
alpha-HCH	s.u. Cyclohexan, 1,2,3,4,5,6-Hexachlor-(1.alpha, 2.alpha, 3.beta, 4.alpha, 5.beta, 6.beta)-
***alpha-Pinen	s.u. Bicyclo [3.1.1] heptan, 2,6,6-Trimethyl-
Alpha-Trichlorethan	**1,1,1-Trichlorethan**
Aluminium	**Aluminium**
Am Cyan 4049	**Malathion**
Ameisensäure	Übersicht zur Stoffkartei
Ameisensäure, Methyl-ester	Übersicht zur Stoffkartei
Ameisensäurealdehyd	**Formaldehyd**
Ameisensäuredimethylamid	s.u. Formamid, N,N-Dimethyl-
American Cyanamid 4049	**Malathion**
Ammonium-Kation	Übersicht zur Stoffkartei

Amphibolasbest	**Asbest**
Amylen	s.u. Penten
Anilin	s.u. Benzolamin
Anisen	**Toluol**
Anisol	s.u. Benzol, Methoxy-
Anofex	**DDT**
Anthanthren	s.u. Dibenzo[def,mno]chrysen
Anthracen	Übersicht zur Stoffkartei
Antimite	**Naphthalin**
Antimon	**Antimon**
Antverruc	**Formaldehyd**
Armaclean	**1,1,1-Trichlorethan**
Armaclean special	**1,1,1-Trichlorethan**
Aroclor	**Polychlorierte Biphenyle**
Aroclor 1242	**Aroclor 1242**
Aroclor 1254	**Aroclor 1254**
Aroclor 1260	**Aroclor 1260**
Arsen	Übersicht zur Stoffkartei
Arsen(III)oxid	Übersicht zur Stoffkartei
Arsen(V)oxid	Übersicht zur Stoffkartei
Arsenpentoxid	s.u. Arsen(V)oxid
Arsensäure	Übersicht zur Stoffkartei
Arsensäure, Calcium-Salz	Übersicht zur Stoffkartei
Arsensäure, Monokalium-Salz	Übersicht zur Stoffkartei
Arsensäure, Trinatrium-Salz	Übersicht zur Stoffkartei
Arsentrioxid	s.u. Arsen(III)oxid
Arsenwasserstoff	**Arsenwasserstoff**
Arsin	**Arsenwasserstoff**
Asbest	**Asbest**
Ascarele	**Polychlorierte Biphenyle**
Azinphos-ethyl	s.u. Dithiophosphorsäure, 0,0-Diethyl-S[(4-oxo-1,2,3-benzotriazin-3(4H)-yl)methyl]-ester
Aziridin	Übersicht zur Stoffkartei
Baltane	**1,1,1-Trichlorethan**
BaP	**Benzo[a]pyren**
BAP	**Benzo[a]pyren**
Barium	**Barium**
Benz[a]anthracen	Übersicht zur Stoffkartei
Benz[e]acephenanthrylen	Übersicht zur Stoffkartei
Benzidin	s.u. [1,1'-Biphenyl]-4,4'-diamin
Benzo-1.2,1.3-fluoranthen	**Benzo[j]fluoranthen**
11H-Benzo[a]fluoren	Übersicht zur Stoffkartei
Benzo[a]pyren	**Benzo[a]pyren**
Benzo[b]fluoranthen	s.u. Benz[e]acephenanthrylen
Benzo[c]phenanthren	Übersicht zur Stoffkartei
Benzo[def]chrysen	**Benzo[a]pyren**
Benzo[e]pyren	Übersicht zur Stoffkartei
Benzo[ghi]fluoranthen	Übersicht zur Stoffkartei
Benzo[ghi]perylen	Übersicht zur Stoffkartei
Benzo[j]fluoranthen	Übersicht zur Stoffkartei

Benzol, 1-Ethyl-4-methyl-	Übersicht zur Stoffkartei
Benzol, 1-Methoxy-2-nitro-	Übersicht zur Stoffkartei
Benzol, 1-Methoxy-4-nitro-	Übersicht zur Stoffkartei
Benzol, 1-Methyl-2,4-dinitro-	Übersicht zur Stoffkartei
Benzol, 1-Methyl-2-nitro-	Übersicht zur Stoffkartei
Benzol, 1-Methyl-3-nitro-	Übersicht zur Stoffkartei
Benzol, 1-Methyl-4-nitro-	Übersicht zur Stoffkartei
Benzol, 2,4-Dichlor-1-nitro-	Übersicht zur Stoffkartei
Benzol, 2,4-Diisocyanato-1-methyl-	Übersicht zur Stoffkartei
Benzol, 2-Chlor-1-methyl-4-nitro-	Übersicht zur Stoffkartei
Benzol, 2-Methyl-1,3-dinitro-	Übersicht zur Stoffkartei
Benzol, 2-Methyl-1,4-dinitro-	Übersicht zur Stoffkartei
Benzol, 4-Chlor-1-methyl-2-nitro-	Übersicht zur Stoffkartei
Benzol, C1-9-Alkyl-Derivate	Übersicht zur Stoffkartei
Benzol, Chlor-	Übersicht zur Stoffkartei
Benzol, Chlormethyl-	Übersicht zur Stoffkartei
Benzol, Chlormethylnitro-	Übersicht zur Stoffkartei
Benzol, Dichlornitro-	Übersicht zur Stoffkartei
Benzol, Diethyl-	Übersicht zur Stoffkartei
Benzol, Dimethyl-	Übersicht zur Stoffkartei
Benzol, Dinitro-	Übersicht zur Stoffkartei
Benzol, Ethenyl-	Übersicht zur Stoffkartei
Benzol, Ethyl-	Übersicht zur Stoffkartei
Benzol, Hexachlor-	**Hexachlorbenzol**
Benzol, Methoxy-	Übersicht zur Stoffkartei
Benzol, Methyl-	**Toluol**
Benzol, Methyl-, Pentachlor-Derivate	Übersicht zur Stoffkartei
Benzol, Methyldinitro-	Übersicht zur Stoffkartei
Benzol, Methylnitro-	Übersicht zur Stoffkartei
Benzol, Nitro-	Übersicht zur Stoffkartei
Benzol, Pentachlor(trichlorethenyl)-	Übersicht zur Stoffkartei
Benzol, Pentachlor-	Übersicht zur Stoffkartei
Benzol, Pentachlornitro-	Übersicht zur Stoffkartei
Benzol, Phenylethyl-	Übersicht zur Stoffkartei
Benzol, Propyl-	Übersicht zur Stoffkartei
Benzol, Tetramethyl-	Übersicht zur Stoffkartei
Benzol, Trichlor-	Übersicht zur Stoffkartei
Benzol, Trimethyl-	Übersicht zur Stoffkartei
Benzol,1-Chlor-3-methyl-	Übersicht zur Stoffkartei
Benzolacetonitril, alpha-[[(Diethoxyphosphinothioyl)oxy]imino	Übersicht zur Stoffkartei
Benzolamin	Übersicht zur Stoffkartei
Benzolamin, 2,3-Dichlor-	Übersicht zur Stoffkartei
Benzolamin, 2,4-Dichlor-	Übersicht zur Stoffkartei
Benzolamin, 2,5-Dichlor-	Übersicht zur Stoffkartei
Benzolamin, 2,6-Dichlor-	Übersicht zur Stoffkartei
Benzolamin, 2,6-Dinitro- N,N-dipropyl -4-(trifluormethyl)-	Übersicht zur Stoffkartei
Benzolamin, 2-Chlor-	Übersicht zur Stoffkartei
Benzolamin, 2-Chlor-4-methyl-	Übersicht zur Stoffkartei
Benzolamin, 2-Chlor-4-nitro-	Übersicht zur Stoffkartei
Benzolamin, 2-Chlor-6-methyl-	Übersicht zur Stoffkartei

[1,1'-Biphenyl]-4,4'-diamin	Übersicht zur Stoffkartei
[1,1'-Biphenyl]-4,4'-diamin, 2,2-Dichlor-	Übersicht zur Stoffkartei
[1,1'-Biphenyl]-4,4'-diamin, 3,3-Dichlor-	Übersicht zur Stoffkartei
[1,1'-Biphenyl]-4-Carbonsäure	Übersicht zur Stoffkartei
1,1'-Biphenyl	Übersicht zur Stoffkartei
1,1'-Biphenyl, Chlor-	Übersicht zur Stoffkartei
1,1'-Biphenyl, chloriert	**Polychlorierte Biphenyle**
1,1'-Biphenyl, Dichlor-	**Polychlorierte Biphenyle**
1,1'-Biphenyl, Heptachlor-	**Polychlorierte Biphenyle**
1,1'-Biphenyl, Hexabrom	Übersicht zur Stoffkartei
1,1'-Biphenyl, Hexachlor-	**Aroclor 1260**
1,1'-Biphenyl, Pentachlor-	**Aroclor 1254**
1,1'-Biphenyl, Trichlor-	**Aroclor 1242**
4,4'-Bipyridin, 1,1'-Dimethyl, Dichlorid-	**Paraquatdichlorid**
4,4'-Bipyridium, 1,1'-Dimethyl-	Übersicht zur Stoffkartei
Bis(1-chlorisopropyl)ether	s.u. Propan, 2,2'-Oxybis[1-chlor]-
Bisphenol A	s.u. Phenol, 4,4-(1-Methylethyliden)bis-
Bistributylzinnoxid	s.u. Distannoxan, Hexabutyl-
Blauasbest	**Asbest**
Blauer Asbest	**Asbest**
Blausäure	s.u. Cyanwasserstoffsäure
Blei	**Blei**
Blei-alkyl-tetramethyl	**Bleitetramethyl**
Bleitetraethyl	**Bleitetraethyl**
Bleitetramethyl	**Bleitetramethyl**
Brom	**Brom**
Bromum	**Brom**
Bromwasserstoff	s.u. Bromwasserstoffsäure
Bromwasserstoffsäure	Übersicht zur Stoffkartei
1,3-Butadien	Übersicht zur Stoffkartei
1,3-Butadien, 1,1,2,3,4,4-Hexachlor-	Übersicht zur Stoffkartei
1,3-Butadien, 2-Chlor-	Übersicht zur Stoffkartei
1,3-Butadien, Pentachlor-	Übersicht zur Stoffkartei
1,3-Butadien, Tetrachlor-	Übersicht zur Stoffkartei
Butan	Übersicht zur Stoffkartei
Butan, 1,1'-Oxybis-	Übersicht zur Stoffkartei
Butan, 2,2-Dimethyl-	Übersicht zur Stoffkartei
Butan, 2,3-Dimethyl-	Übersicht zur Stoffkartei
Butan, 2-Methyl-	Übersicht zur Stoffkartei
Butanal	Übersicht zur Stoffkartei
Butandisäure, [(Dimethoxythiophosphinyl)thio]-, Diethyl-ester-	**Malathion**
Butanol	s.u. 1-Butanol
1-Butanol	Übersicht zur Stoffkartei
1-Butanol, 3-Methyl	Übersicht zur Stoffkartei
2-Butanol	Übersicht zur Stoffkartei
2-Butanon	Übersicht zur Stoffkartei
1-Butanthiol	Übersicht zur Stoffkartei
n-Butanthiol	s.u. 1-Butanthiol
Buten	Übersicht zur Stoffkartei
1-Buten	Übersicht zur Stoffkartei

1-Buten, 2,3-Dimethyl-	Übersicht zur Stoffkartei
1-Buten, 2-Methyl-	Übersicht zur Stoffkartei
1-Buten, 3 Methyl-	Übersicht zur Stoffkartei
2-Buten, (E)-	Übersicht zur Stoffkartei
2-Buten, (Z)-	Übersicht zur Stoffkartei
2-Buten, 2 Methyl-	Übersicht zur Stoffkartei
2-Buten, 2,3-Dimethyl-	Übersicht zur Stoffkartei
Buten-1	s.u. 1-Buten
2-Butensäure, 3-[(Dimethoxyphosphinyl)oxy]-, Methyl-ester-	Übersicht zur Stoffkartei
2-Butoxyethanol	s.u. Ethanol, 2-Butoxy-
n-Butylaldehyd	s.u. Butanal
tert-Butylbenzol	s.u. Benzol, (1,1-Dimethylethyl)-
Butylbenzylphthalat	s.u. 1,2-Benzoldicarbonsäure, Butyl-phenyl-methyl-ester
Butylen	s.u. Buten
cis-2-Butylen	s.u. 2-Buten, (Z)-
trans-2-Butylen	s.u. 2-Buten, (E)-
Cadmium	**Cadmium**
Calcium	**Kalzium**
Calciumarsenat	s.u. Arsensäure, Calcium-Salz
Calciumchromat	s.u.Chromsäure, Calcium-Salz (1:1)-
Calciumoxid	**Kalziumoxid**
Camphechlor	s.u. Toxaphen
Carbethoxy Malathion	**Malathion**
Carbetox	**Malathion**
Carbofos	**Malathion**
Carbofuran	s.u. 7-Benzofuranol, 2,3-Dihydro-2,2-dimethyl, Übersicht zur Stoffkartei
Carbonyldichlorid	
Carbophos	**Malathion**
Cecolin 2	**Tetrachlorethen**
Cela	**Malathion**
Cezarex	**DDT**
Champion Fluid	**1,1,1-Trichlorethan**
Chlor	**Chlor**
1-Chlor-2-methyl-5-nitrobenzol	s.u. Benzol, 2-Chlor-1-methyl-4-nitro-
2-Chlor-6-nitrotoluol	s.u. Benzol, 1-Chlor-2-methyl-3-nitro-
4-Chlor-2-nitrotoluol	s.u. Benzol, 4-Chlor-1-methyl-2-nitro-
4-Chlor-3-nitrotoluol	s.u. Benzol, 1-Chlor-4-methyl-2-nitro-
Chlor-toluidin	s.u. Benzolamin, ar-Chlor-ar-methyl-
Chloracetaldehyd	s.u. Acetaldehyd, Chlor-
Chloralhydrat	s.u. 1,1-Ethandiol, 2,2,2-Trichlor-
2-Chloranilin	s.u. Benzolamin, 2-Chlor-
3-Chloranilin	s.u. Benzolamin, 3-Chlor-
p-Chloranilin	s.u. Benzolamin, 4-Chlor-
Chlorbenzol	s.u. Benzol, Chlor-
Chlorbiphenyle	**Polychlorierte Biphenyle**
Chlorcyan	Übersicht zur Stoffkartei
Chlordan	s.u. 4,7-Methano-1H-iden, 1,2,4,5,6,7,8,8-Octachlor-2,3,3a,4,7,7a-hexahydro-
1-Chlor-2,3-epoxypropan	**Epichlorhydrin**

Chloressigsäure	s.u. Essigsäure, Chlor-
Chlorethan	s.u. Ethan, Chlor-
2-Chlorethanol	s.u. Ethanol, 2-Chlor-
Chlorethen	**Vinylchlorid**
Chlorethen (hochpolymer)	**Polyvinylchlorid**
Chloridazon	s.u. 3(2)-Pyridazinon, 5-Amino-4-chlor-2-phenyl-
Chloride	**Chloride**
Chlorierte Biphenyle	**Polychlorierte Biphenyle**
Chlorierte Dioxine	**Dioxine**
chlorierte Naphthaline	**Chlornaphthaline**
4-Chlor-m-kresol	s.u. Phenol, 4-Chlor-3-methyl-
6-Chlor-m-kresol	s.u. Phenol, 2-Chlor-5-methyl-
Chlormethan	**Chloroform**
Chlormethan	s.u. Methan, Chlor-
2-Chlor-4-methylanilin	s.u. Benzolamin, 2-Chlor-4-methyl-
2-Chlor-6-methylanilin	s.u. Benzolamin, 2-Chlor-6-methyl-
3-Chlor-2-methylanilin	s.u. Benzolamin, 3-Chlor-2-methyl-
3-Chlor-4-methylanilin	s.u. Benzolamin, 3-Chlor-4-methyl-
4-Chlor-2-methylanilin	s.u. Benzolamin, 4-Chlor-2-methyl-
Chlormethyloxiran	**Epichlorhydrin**
Chlornaphthaline	**Chlornaphthaline**
2-Chlor-4-nitro-anilin	s.u. Benzolamin, 2-Chlor-4-nitro-
m-Chlornitrobenzol	s.u. Benzol, 1-Chlor-3-nitro-
o-Chlornitrobenzol	s.u. Benzol, 1-Chlor-2-nitro-
p-Chlornitrobenzol	s.u. Benzol, 1-Chlor-4-nitro-
Chlornitrotoluol	s.u. Benzol, Chlormethylnitro-
Chloroform	**Chloroform**
Chlorophenothane	**DDT**
Chloropren	s.u. 1,3-Butadien, 2-Chlor-
Chlorotene	**1,1,1-Trichlorethan**
Chlorphenole	**Chlorphenole**
1-Chlorpropan	s.u. Propan, 1-Chlor-
5-Chlor-o-toluidin)	s.u. Benzolamin, 5-Chlor-2-methyl-
m-Chlortoluol	s.u. m-Chlortoluol
o-Chlortoluol	s.u. Benzol, 1-Chlor-2-methyl-
p-Chlortoluol	s.u. Benzol, 1-Chlor-4-methyl-
Chlorum	**Chlor**
Chorothane NU	**1,1,1-Trichlorethan**
Chrom	**Chrom**
Chrom(III)chromat $[Cr(CrO_4)_3]$-	s.u. Chromsäure, Chrom-(3+)-Salz (3:2)
Chromsäure, Calcium-Salz (1:1)-	Übersicht zur Stoffkartei
Chromsäure, Chrom-(3+)-Salz (3:2) $[Cr(CrO_4)_3]$-	Übersicht zur Stoffkartei
Chromsäure, Zink-Salz (1:1)-	Übersicht zur Stoffkartei
Chrysen	Übersicht zur Stoffkartei
Chrysostil	**Asbest**
Clophen	**Polychlorierte Biphenyle**
Clorten	**1,1,1-Trichlorethan**
Cobalt	**Kobalt**

Compound 269	**Endrin**
Compound 4049	**Malathion**
Compound 497	**Dieldrin**
Coronen	Übersicht zur Stoffkartei
Cortilan	**Lindan**
Coumaphos	s.u. Thiophosphorsäure, O-(3-Chlor-4-methyl-2-oxo-2H-1-benzopyran-7-yl)-O,O-diethyl-ester
Cresol	**Kresole**
1,2-Cresol	**Kresole**
1,3-Cresol	**Kresole**
1,4-Cresol	**Kresole**
Cresylsäure	**Kresole**
Cumol	s.u. Benzol, (1-Methylethyl)-
Cyanid	Übersicht zur Stoffkartei
Cyanurchlorid	s.u. 1,3,5-Triazin, 2,4,6-Trichlor-
Cyanwasserstoffsäure	Übersicht zur Stoffkartei
2,5-Cyclohexadien-1,4-dien-	Übersicht zur Stoffkartei
Cyclohexan, 1,2,3,4,5,6-Hexachlor-	Übersicht zur Stoffkartei
Cyclohexan, 1,2,3,4,5,6-Hexachlor-(1.alpha, 2.alpha, 3.alpha, 4.beta, 5.alpha. 6.beta)-	Übersicht zur Stoffkartei
Cyclohexan, 1,2,3,4,5,6-Hexachlor-(1.alpha, 2.alpha, 3.alpha, 4.beta, 5.beta, 6.beta)-	Übersicht zur Stoffkartei
Cyclohexan, 1,2,3,4,5,6-Hexachlor-(1.alpha, 2.alpha, 3.beta, 4.alpha, 5.alpha, 6.beta)-	**Lindan**
Cyclohexan, 1,2,3,4,5,6-Hexachlor-(1.alpha, 2.alpha, 3.beta, 4.alpha, 5.beta, 6.beta)-	Übersicht zur Stoffkartei
Cyclohexan, 1,2,3,4,5,6-Hexachlor-(1.alpha, 2.beta, 3.alpha, 4.beta, 5. alpha, 6. beta)-	Übersicht zur Stoffkartei
Cyclohexanon	Übersicht zur Stoffkartei
Cyclohexanon, Methyl-	Übersicht zur Stoffkartei
Cyhexatin	s.u. Stannan, Tricyclohexylhydroxy-
Cythion	**Malathion**
2,4-D	**2,4-Dichlorphenoxyessigsäure**
o,p -DDD	s.u. Benzol, 1-Chlor-2-[2,2-dichlor-1-(4-chlor
p,p'-DDD	s.u. Benzol, 1,1-(2,2-Dichlorethyliden)bis[4-chlor-
p,p'-DDE	s.u. Benzol, 1,1-(Dichlorethenyliden)bis[4-chlor-
DDT	**DDT**
o,p-DDT	s.u. Benzol, 1-Chlor-2[2,2,2-trichlor-1-(4-chlor phe
p,p'-DDT	**DDT**
DDVP	**Dichlorvos**
Dekapir 2	**Tetrachlorethen**
delta-HCH	s.u. Cyclohexan, 1,2,3,4,5,6-Hexachlor-(1.alpha, 2.alpha, 3.alpha, 4.beta, 5.alpha. 6.beta)-
Demeton-O	s.u. Thiophosphorsäure, O,O-Diethyl-O-[2-(ethylthio)-ethyl]ester

Demeton-S-methyl	s.u. Thiophosphorsäure, S-[2-(Ethylthio)ethyl]-O,O-dimethyl-ester
Detal	**2-Methyl-4,6-Dinitrophenol**
Di-(2-ethylhexyl) phthalat	s.u. 1,2-Benzoldicarbonsäure, Bis (2-ethyl hexyl)-ester
Di-n-Butylether	s.u. Butan, 1,1'-Oxybis-
Di-n-butyltindichloride	s.u. Stannan, Dibutyldichlor-
2,6-Di-tert.-butyl-4-methyl-phenol	s.u. Phenol, 2,6-Bis(1.1-dimethylethyl)-4-methyl-
Diacetonalkohol	s.u. 2-Pentanon, 4-Hydroxy-4-methyl-
Diaethylmercaptosuccinat-O,O-Dimethylthiophosphat	**Malathion**
Diaethylsulfid	s.u. Ethan, 1,1-Thiobis-
Dibenz[a,h]anthracen	Übersicht zur Stoffkartei
Dibenzo[b,e][1,4]dioxin, 2,3,7,8 - Tetrachlor-	**2,3,7,8-Tetrachlordibenzo-p-dioxin**
Dibenzo[b,e][1,4]dioxin, Heptachlor-	Übersicht zur Stoffkartei
Dibenzo[b,e][1,4]dioxin, Hexachlor-	Übersicht zur Stoffkartei
Dibenzo[b,e][1,4]dioxin, Octachlor-	Übersicht zur Stoffkartei
Dibenzo[b,e][1,4]dioxin, Pentachlor-	Übersicht zur Stoffkartei
Dibenzo[b,e][1,4]dioxin, Tetrachlor-	Übersicht zur Stoffkartei
Dibenzo[def,mno]chrysen	Übersicht zur Stoffkartei
Dibenzofluoranthen	Übersicht zur Stoffkartei
Dibenzofuran, 2,3,7,8-Tetrachlor-	Übersicht zur Stoffkartei
Dibenzofuran, Hexachlor-	Übersicht zur Stoffkartei
Dibenzofuran, Octachlor-	Übersicht zur Stoffkartei
Dibenzofuran, Pentachlor-	Übersicht zur Stoffkartei
Dibenzofuran, Tetrachlor-	Übersicht zur Stoffkartei
Dibenzylether	s.u. Benzol, 1,1'-[Oxybis(methylen)]bis-
Dibutylphthalat	s.u. 1,2-Benzoldicarbonsäure, Dibutyl-ester
Dichloranilin	s.u. Benzolamin, 2,3-Dichlor-
Dichloranilin	s.u. Benzolamin, ar,ar-Dichlor-
2,4-Dichloranilin	s.u. Benzolamin, 2,4-Dichlor-
2,5-Dichloranilin	s.u. Benzolamin, 2,5-Dichlor-
2,6-Dichloranilin	s.u. Benzolamin, 2,6-Dichlor-
3,4-Dichloranilin	s.u. Benzolamin, 3,4-Dichlor-
3,5-Dichloranilin	s.u. Benzolamin, 3,5-Dichlor-
Dichlorbenil	s.u. Benzonitril, 2,6-Dichlor-
3,3-Dichlorbenzidin	s.u. [1,1'-Biphenyl]-4,4'-diamin, 3,3-Dichlor-
meta-Dichlorbenzol	s.u. Benzol, 1,3-Dichlor-
o-Dichlorbenzol	s.u. Benzol, 1,2-Dichlor-
p-Dichlorbenzol	s.u. Benzol, 1,4-Dichlor-
Dichlorbiphenyl	**Polychlorierte Biphenyle**
Dichlordifluormethan	s.u. Methan, Dichlordifluor-
p,p'-Dichlordiphenyltrichlorethan	**DDT**
Dichlorethenyl-phosphorsäure-dimethyl-ester	
2,2-Dichlorethenyl-phosphorsäure-dimethyl-ester	**Dichlorvos**
Dichlormethan	s.u. Methan, Dichlor-
Dichlornitrobenzol	s.u. Benzol, Dichlornitro-
2,3-Dichlornitrobenzol	s.u. Benzol, 1,2-Dichlor-3-nitro-
2,4-Dichlornitrobenzol	s.u. Benzol, 2,4-Dichlor-1-nitro-
2,5-Dichlornitrobenzol	s.u. Benzol, 1,4-Dichlor-2-nitro-

3,4-Dichlornitrobenzol	s.u. Benzol, 1,2-Dichlor-4-nitro-
3,4-Dichlorophenol	s.u. Phenol, 3,4-Dichlor-
3,5-Dichlorophenol	s.u. Phenol, 3,5-Dichlor-
Dichlorphenol	s.u. Phenol, Dichlor-
2,3-Dichlorphenol	s.u. Phenol, 2,3-Dichlor-
2,4-Dichlorphenol	s.u. Phenol, 2,4-Dichlor-
2,5-Dichlorphenol	s.u. Phenol, 2,5-Dichlor-
2,6-Dichlorphenol	s.u. Phenol, 2,6-Dichlor-
2,4-Dichlorphenoxyessigsäure	**2,4-Dichlorphenoxyessigsäure**
Dichlorprop	s.u. Propansäure, 2-(2,4-Dichlorphenoxy)-
1,2-Dichlorpropan	s.u. Propan, 1,2-Dichlor-
1,3-Dichlorpropylen	s.u. 1-Propen, 1,3-Dichlor-
2,3-Dichlorpropylen	s.u. 1-Propen, 2,3-Dichlor-
2,2-Dichlorvinyldimethylphosphat	**Dichlorvos**
Dichlorvos	**Dichlorvos**
2,4-Dichlor-3,5-Xylenol	s.u. Phenol, 2,4-Dichlor-3,5-dimethyl-
Didecylphthalat	s.u. 1,2-Benzoldicarbonsäure, Didecyl-ester
Dieldrin	**Dieldrin**
Diethanolamin	s.u. Ethanol, 2,2'-Iminobis-
Diethylamin	s.u. Ethanamin, N-Ethyl-
Diethylbenzol	s.u. Benzol, Diethyl-
Diethylendioxid	s.u. 1,4-Dioxan
Diethylether	s.u. Ethan, 1,1'-Oxybis-
Diethylphthalat	s.u. 1,2-Benzoldicarbonsäure, Diethyl-ester
Digrisol	**Tetrachlorethen**
Diisobutylketon	s.u. 4-Heptanon, 2,6-Dimethyl-
Diisobutylphthalat	s.u. 1,2-Benzoldicarbonsäure
Benzoldicarbonsäure, Bis (2-methylpropyl)-ester-Diisopropylether	s.u. Propan, 2,2'-Oxybis-
1,4:3,6-Dimethanonaphthalin, 1,2,3,4,10,10-Hexachlor-1, 4,4a,5,8,8a-hexahydro- (1.alpha, 4.alpha, 4a.beta, 5.alpha, 8.alpha, 8a.beta)-	**Aldrin**
2,7:3,6-Dimethanonaphth[2,3-b]oxiren, 3, 4,5,6,9,9-Hexachlor-1a,2,2a,3,6,6a,7,7a-octahydro- (1a.alpha, 2.alpha, 2a.beta, 3.beta, 6.beta, 6a.alpha, 7.beta, 7a.alpha)-	**Dieldrin**
2,7:3,6-Dimethanonaphth[2,3-b]oxiren, 3,4, 5,6,9,9-Hexachlor-1a,2,2a,3,6,6a,7,7a-octahydro- (1a.alpha, 2.beta, 2a.beta, 3.alpha, 6.alpha, 6a.beta, 7.beta, 7a.alpha)-	**Endrin**
Dimethoat	s.u. Dithiophosphorsäure, 0,0-Dimethyl-S[2-(methyl-amino)-2-oxoethyl]-ester
1,3-Dimethyl-2-nitro-benzol	s.u. Benzol, 1,3-Dimethyl-2-nitro-
Dimethylamin	s.u. Methanamin, N-Methyl-
2,2-Dimethylbutan	s.u. Butan, 2,2-Dimethyl-
2,3-Dimethylbutan	s.u. Butan, 2,3-Dimethyl-
1-Buten, 3,3-Dimethyl-	Übersicht zur Stoffkartei
2,3-Dimethyl-2-buten	s.u. 2-Buten, 2,3-Dimethyl-
3,3-Dimethyl-1-buten	s.u. 1-Buten, 3,3-Dimethyl-
Dimethylether	s.u. Methan, Oxybis-
2,6-Dimethylnaphtalin	s.u. Naphtalin, 2,6-Dimethyl-
Dimethylphthalat	s.u. 1,2-Benzoldicarbonsäure, Dimethyl-ester
Dimethylsulfat	s.u. Schwefelsäure, Dimethyl-ester-

Dimethylsulfid	s.u. Disulfid, Dimethyl-
Dimethylsulfid	s.u. Methan, Thiobis-
Dinitrobenzol	s.u. Benzol, Dinitro-
4,6-Dinitro-o-kresol	**2-Methyl-4,6-Dinitrophenol**
2,6-Dinitro-N,N-dipropyl-4-trifluoromethylaminobenzol	s.u. Benzolamin, 2,6-Dinitro- N,N-dipropyl -4-(trifluor
2,4-Dinitrophenol	Phenol, 2,4-Dinitro-
Dinitrotoluol	s.u. Benzol, Methyldinitro-2,4-
s.u. Benzol, 1-Methyl-2,4-dinitro-	
2,6-Dinitrotoluol	s.u. Benzol, 2-Methyl-1,3-dinitro-
Dinocide	**DDT**
Diocthylphthalat	s.u. 1,2-Benzoldicarbonsäure, Diocthyl-ester
1,4-Dioxan	Übersicht zur Stoffkartei
'Dioxin'	**2,3,7,8-Tetrachlordibenzo-p-dioxin**
Dioxine	**Dioxine**
Diphenylethan	s.u. Benzol, Phenylethyl-
Diphenylether	s.u. Benzol, 1,1'-Oxybis-
Dipropylphthalat	s.u. 1,2-Benzoldicarbonsäure, Dipropyl-ester
Dipyrido[1,2-a:2',1'-c]pyrazindiium, 6,7-Dihydro-	Übersicht zur Stoffkartei
Dipyrido[1,2-a:2',1'-c]pyrazindiium,6,7-Dihydro-,Dibromid	Übersicht zur Stoffkartei
Diquat	s.u. Dipyrido[1,2-a:2',1'-c]pyrazindiium, 6,7-Dihydro-
Diquat Dibromid	s.u. Dipyrido[1,2-a:2',1'-c]pyrazindiium, 6,7-Dihydro, Dibromid
Distannoxan, Hexabutyl-	Übersicht zur Stoffkartei
Distannoxan, Hexakis(2-methyl)-2-phenyl-propyl-	Übersicht zur Stoffkartei
Disulfid, Dimethyl-	Übersicht zur Stoffkartei
Disulfoton	s.u. Dithiophosphorsäure, 0,0-Diethyl-S[2-(ethylthio)ethyl]-ester
Dithiophosphorsäure, 0,0-Diethyl-S[(4-oxo-1,2,3-benzo-triazin-3(4H)-yl)methyl]-ester	Übersicht zur Stoffkartei
Dithiophosphorsäure, 0,0-Diethyl-S[2-(ethylthio)ethyl]-ester	Übersicht zur Stoffkartei
Dithiophosphorsäure, 0,0-Dimethyl-S[2-(methyl-amino)-2-oxoethyl]-ester	
Dithiophosphorsäuredicarbaethoxyaethyl-Dimethylester	**Malathion**
Ditolylether	s.u. Benzol, 1,1'-Oxybis[methyl-
Diundecylphthalat	s.u. 1,2-Benzoldicarbonsäure, Diundecyl-ester
DNC	**2-Methyl-4,6-Dinitrophenol**
DNOC	**2-Methyl-4,6-Dinitrophenol**
Dow-Per	**Tetrachlorethen**
Dowclene WR	**1,1,1-Trichlorethan**
Drinox	**Aldrin**
Drivertan	**1,1,1-Trichlorethan**
Drosol	**Tetrachlorethen**
Dynaper	**Tetrachlorethen**
ECH	**Epichlorhydrin**
Ekanyl	**Polyvinylchlorid**
Emmatos	**Malathion**
Endosulfan	**Endosulfan**
Endrin	**Endrin**

ENT 16,225	**Dieldrin**
ENT 17034	**Malathion**
ENT 17251	**Endrin**
Epichlorhydrin	**Epichlorhydrin**
1,2-Epoxy-3-chlorpropan	**Epichlorhydrin**
2,3-Epoxypropylchlorid	**Epichlorhydrin**
epsilon-HCH	s.u. Cyclohexan, 1,2,3,4,5,6-Hexachlor-(1.alpha, 2.alpha, 3.alpha, 4.beta, 5.beta, 6.beta)-
Escothen	**1,1,1-Trichlorethan**
Essigsäure	
Essigsäure, (2,4,5-Trichlorphenoxy)-	**2,4,5-Trichlorphenoxyessigsäure**
Essigsäure, (2,4-Dichlorphenoxy)-	**2,4-Dichlorphenoxyessigsäure**
Essigsäure, (4-Chlor-2-methylphenoxy)-	Übersicht zur Stoffkartei
Essigsäure, Butyl-ester-	Übersicht zur Stoffkartei
Essigsäure, Chlor-	Übersicht zur Stoffkartei
Essigsäure, Ethyl-ester	Übersicht zur Stoffkartei
Essigsäure, Ethylen-ester	Übersicht zur Stoffkartei
Essigsäure, Methyl-ester	Übersicht zur Stoffkartei
Ethan	Übersicht zur Stoffkartei
Ethan, 1,1'-Oxybis-	Übersicht zur Stoffkartei
Ethan, 1,1,1-Trichlor-	**1,1,1-Trichlorethan**
Ethan, 1,1,2,2-Tetrachlor-	Übersicht zur Stoffkartei
Ethan, 1,1,2-Trichlor-	Übersicht zur Stoffkartei
Ethan, 1,1,2-Trichlor-1,2,2-trifluor-	Übersicht zur Stoffkartei
Ethan, 1,1-Dichlor-	Übersicht zur Stoffkartei
Ethan, 1,1-Thiobis-	Übersicht zur Stoffkartei
Ethan, 1,2-Dibrom-	Übersicht zur Stoffkartei
Ethan, 1,2-Dichlor-	Übersicht zur Stoffkartei
Ethan, Chlor-	Übersicht zur Stoffkartei
Ethan, Hexachlor-	Übersicht zur Stoffkartei
Ethan, Methylthio-	Übersicht zur Stoffkartei
Ethanamin	Übersicht zur Stoffkartei
Ethanamin, N,N-Diethyl-	Übersicht zur Stoffkartei
Ethanamin, N-Ethyl-	Übersicht zur Stoffkartei
1,1-Ethandiol, 2,2,2-Trichlor-	Übersicht zur Stoffkartei
1,2-Ethandiol	Übersicht zur Stoffkartei
Ethanol	Übersicht zur Stoffkartei
Ethanol, 2,2'-Iminobis-	Übersicht zur Stoffkartei
Ethanol, 2-Butoxy-	Übersicht zur Stoffkartei
Ethanol, 2-Chlor-	Übersicht zur Stoffkartei
Ethanol, 2-Ethoxy-	Übersicht zur Stoffkartei
Ethanol, 2-Methoxy-	Übersicht zur Stoffkartei
Ethanthiol	Übersicht zur Stoffkartei
Ethen	Übersicht zur Stoffkartei
Ethen, 1,1-Dichlor-	Übersicht zur Stoffkartei
Ethen, 1,2-Dichlor-	Übersicht zur Stoffkartei
Ethen, Chlor-	**Vinylchlorid**
Ethen, Chlor-, (hochpolymer)	**Polyvinylchlorid**
Ethen, Tetrachlor-	**Tetrachlorethen**

Ethen, Trichlor-	**Trichlorethen**
Ethiolacar	**Malathion**
Ethylacetat	s.u. Essigsäure, Ethyl-ester
Ethylacrylat	s.u. 2-Propensäure, Ethyl-ester-
Ethylalkohol	s.u. Ethanol
Ethylamin	s.u. Ethanamin
Ethylbenzol	s.u. Benzol, Ethyl-
Ethylen	s.u. Ethen
Ethylendiamintetraessigsäure	s.u. Glycin, N,N'-1,2-Ethandiylbis[N-(carboxymethyl)-
Ethylendibromid	s.u. Ethan, 1,2-Dibrom-
Ethylendibromid	s.u. Ethan, 1,2-Dichlor-
Ethylenglykol	1,2-Ethandiol
Ethylenimin	s.u. Aziridin
Ethylenoxid	s.u. Oxiran
Ethylentetrachlorid	**Tetrachlorethen**
Ethylentrichlorid	**Trichlorethen**
Ethylfluid	**Bleitetraethyl**
Ethylglykol	s.u. Ethanol, 2-Ethoxy-
Ethylidenchlorid	s.u. Ethan, 1,1-Dichlor-
Ethylmercaptan	s.u. Ethanthiol
Ethylmethylketon	s.u. 2-Butanon
m-Ethyltoluol	s.u. Benzol, 1-Ethyl-3-methyl-
o-Ethyltoluol	s.u. Benzol, 1-Ethyl-2-methyl-
p-Ethyltoluol	s.u. Benzol, 1-Ethyl-4-methyl-
Etilin	**Tetrachlorethen**
Etzel	**2-Methyl-4,6-Dinitrophenol**
Experimental Insecticide 4049	**Malathion**
Fannoform	**Formaldehyd**
Faserasbest	**Asbest**
Fato	**Malathion**
Fenbutatinoxid	s.u. Distannoxan, Hexakis(2-methyl)-2-phenylpropyl-
Fenclor	**Polychlorierte Biphenyle**
Fenitrothion	s.u. Thiophosphorsäure, O,O-Dimethyl-O-(3-methyl-4-nitrophenyl)-ester
Fenthion	s.u. Thiophosphorsäure, O,O-Dimethyl-O-[3-methyl-4-(methylthio)phenyl]-ester
Fentinacetat	s.u. Stannan, (Acetyloxy)triphenyl-
Fluor	Übersicht zur Stoffkartei
Fluoranthen	Übersicht zur Stoffkartei
Fluoren	s.u. 9H-Fluoren
9H-Fluoren	Übersicht zur Stoffkartei
Fluorid-Anion	Übersicht zur Stoffkartei
Fluorwasserstoff	**Fluorwasserstoff**
Fluorwasserstoffsäure	**Fluorwasserstoff**
Flussäure	**Fluorwasserstoff**
FO 178	**1,1,1-Trichlorethan**
Formal	**Malathion**
Formaldehyd	**Formaldehyd**

Formalin	**Formaldehyd**
Formalith	**Formaldehyd**
Formamid, N,N-Dimethyl-	Übersicht zur Stoffkartei
Formol	**Formaldehyd**
Formylchlorid	**Chloroform**
Formylhydrat	**Formaldehyd**
Fosfothion	**Malathion**
Freon 1140	**Vinylchlorid**
Frigen	s.u. Ethan, 1,1,2-Trichlor-1,2,2-trifluor-
Furan, Tetrahydro-	Übersicht zur Stoffkartei
2-Furancarbaldehyd	Übersicht zur Stoffkartei
2,5-Furandion	Übersicht zur Stoffkartei
2-Furanmethanol	Übersicht zur Stoffkartei
Furfurol	s.u. 2-Furancarbaldehyd
Furfurylalkohol	s.u. 2-Furanmethanol
Fyfanon	**Malathion**
Garamoxone	**Paraquatdichlorid**
Genklene	**1,1,1-Trichlorethan**
Gesarol	**DDT**
Glycin, N,N'-1,2-Ethandiylbis[N-(carboxymethyl)-	Übersicht zur Stoffkartei
Glycin, N,N-Bis(carboxymethyl)-	Übersicht zur Stoffkartei
Glycinium	**Beryllium**
Guesapon	**DDT**
Guesard	**DDT**
Guesarol	**DDT**
Gyron	**DDT**
Haloform	**Chloroform**
Halowax	**Chlornaphthaline**
Harnstoff, N'-(3,4-Dichlorphenyl)-N-methoxy-N-methyl-	Übersicht zur Stoffkartei
Harnstoff, N'-(4-Chlorphenyl)-N-methoxy-N-methyl-	Übersicht zur Stoffkartei
HCB	**Hexachlorbenzol**
gamma-HCH	**Lindan**
Heod	**Dieldrin**
Heptachlor	s.u. 4,7-Methano-1H-iden, 1,4,5,6,7,8,8-Heptachlor-3a,4,7,7a-tetrahydro-
Heptachlor-dibenzo-p-dioxin	s.u. Dibenzo[b,e][1,4]dioxin, Heptachlor-
Heptachlorbiphenyl	**Polychlorierte Biphenyle**
Heptachlorepoxid	s.u. 2,5-Methano-2H-ideno[1,2-b]oxiren, 2,3,4,5,6,7,7-Heptachlor-1a,1b,5,5a,6,6a, hexahydro-
Heptan	Übersicht zur Stoffkartei
4-Heptanon, 2,6-Dimethyl-	Übersicht zur Stoffkartei
Hepten	Übersicht zur Stoffkartei
1-Hepten	Übersicht zur Stoffkartei
Hexachlor-1,3-butadien	s.u. 1,3-Butadien, 1,1,2,3,4,4-Hexachlor-
Hexachlor-dibenzo-p-dioxin	s.u. Dibenzo[b,e][1,4]dioxin, Hexachlor-
Hexachlorbenzol	**Hexachlorbenzol**
Hexachlorbiphenyl	**Aroclor 1260**
Hexachlorcyclohexan	s.u. Cyclohexan, 1,2,3,4,5,6-Hexachlor-
gamma-Hexachlorcyclohexan	**Lindan**

1,2,3,4,10,10-Hexachlor-6,7-epoxy-1,4,4a,5,6,7,8,8a-octahydro-1,4,5,8-dimethanonaphthalin	**Dieldrin**
1,2,3,4,10,10-Hexachlor-6,7-epoxy-1,4,4a,5,7,8,8a-octahydro-1,4-endo-5,8-endo-dimethanonaphthalin	**Endrin**
Hexachlorethan	s.u. Ethan, Hexachlor-
1,2,3,4,10,10-Hexachlor-1,4,4a,5,8,8a-hexahydro-1,4-endo,exo-5,8-dimethanonaphthalin	**Aldrin**
Hexadrin	**Endrin**
Hexan	Übersicht zur Stoffkartei
Hexan, 3-Methyl-	Übersicht zur Stoffkartei
1-Hexanol	Übersicht zur Stoffkartei
2-Hexanol	Übersicht zur Stoffkartei
3-Hexanol	Übersicht zur Stoffkartei
Hexanol-1)	s.u. 1-Hexanol
Hexen	Übersicht zur Stoffkartei
1-Hexen	Übersicht zur Stoffkartei
Hexen-1	s.u. 1-Hexen
HHDN	**Aldrin**
Hortex	**Lindan**
Hostalit	**Polyvinylchlorid**
Hydrazin	Übersicht zur Stoffkartei
Hydrogensulfit	**Schwefelwasserstoff**
Hydrothionsäure	**Schwefelwasserstoff**
Hydroxybenzol	**Phenol und seine Verbindungen**
Hydroxytoluol	**Kresole**
Ideno[1,2,3-cd]fluoranthen	Übersicht zur Stoffkartei
Ideno[1,2,3-cd]pyren	Übersicht zur Stoffkartei
Idenopyren	s.u. Ideno[1,2,3-cd]pyren
Inhibisol	**1,1,1-Trichlorethan**
Iso-Hexan	s.u. Pentan, 2-Methyl-
Isoamylalkohol	s.u. 1-Butanol, 3-Methyl
Isobutan	s.u. Propan, 2-Methyl-
Isobutanol	s.u. 1-Propanol, 2-Methyl-
Isobutylen	s.u. 1-Propen, 2-Methyl-
Isopropanol	s.u. 2-Propanol
Ivalon	**Formaldehyd**
Ixodex	**DDT**
Jacutin-Fog	**Lindan**
K 31	**1,1,1-Trichlorethan**
Kalium	**Kalium**
Kaliumdihydrogenarsenat	s.u. Arsensäure, Monokalium-Salz
Kalzium	**Kalzium**
Kalziumoxid	**Kalziumoxid**
Kanechlor	**Polychlorierte Biphenyle**
Karbofos	**Malathion**
Karbolsäure	**Phenol und seine Verbindungen**
Kobalt	**Kobalt**
Kohlendioxid	**Kohlendioxid**
Kohlendisulfid	Übersicht zur Stoffkartei
Kohlenmonoxid	**Kohlenmonoxid**

Kohlenoxid	**Kohlenmonoxid**
Kohlensäure	**Kohlendioxid**
Kohlensäure, Nickel(2+)-Salz 1:1	Übersicht zur Stoffkartei
Kohlensäureanhydrid	**Kohlendioxid**
Kohlenstoffmonoxid	**Kohlenmonoxid**
Kop-Thio	**Malathion**
Krykydolith	**Asbest**
Kupfer	**Kupfer**
Kypfos	**Malathion**
Lindan	**Lindan**
Lonza Sicron	**Polyvinylchlorid**
Lucoflex	**Polyvinylchlorid**
Lysoform	**Formaldehyd**
m-Chlorphenol	s.u. Phenol, 3-Chlor-
m-Kresol	**Kresole**
m-Nitrophenol	s.u. Phenol, 3-Nitro-
Magnesium	**Magnesium**
Malacide	**Malathion**
Malagram	**Malathion**
Malamar	**Malathion**
Malaphos	**Malathion**
Malapray	**Malathion**
Malathion	**Malathion**
Maleinsäureanhydrid	s.u. 2,5-Furandion
Mangan	**Mangan**
MCPA	s.u. Essigsäure, (4-Chlor-2-methylphenoxy)-
Mecloran	**1,1,1-Trichlorethan**
Mecoprop	s.u. Propansäure, 2-(4-Chlor-2-
Methylphenoxy)-	
Mendrin	**Endrin**
Mercapthothion	**Malathion**
Mesitylen	s.u. Benzol, 1,3,5-Trimethyl-
Metakresol	**Kresole**
Methacrylsäuremethylester	s.u. 2-Propensäure, 2-Methyl-,Methyl-ester
Methan, Chlor-	Übersicht zur Stoffkartei
Methan, Dichlor-	Übersicht zur Stoffkartei
Methan, Dichlordifluor-	Übersicht zur Stoffkartei
Methan, Oxybis-	Übersicht zur Stoffkartei
Methan, Tetrachlor-	Übersicht zur Stoffkartei
Methan, Thiobis-	Übersicht zur Stoffkartei
Methan, Trichlor-	**Chloroform**
Methan, Trichlorfluor-	Übersicht zur Stoffkartei
Methanal	**Formaldehyd**
Methanamin	Übersicht zur Stoffkartei
Methanamin, N-Methyl-	Übersicht zur Stoffkartei
6,9-Methano-2,4,3-benzo-dioxathiepin, 6,7,8,9,10,10-Hexachlor-1,5,5a,6,9,9a-hexahydro, 3-Oxid	**Endosulfan**
6,9-Methano-2,4,3-benzo-dioxathiepin, 6,7,8,9,10,10-Hexachlor-1,5,5a,6,9,9a-hexahydro, 3-Oxid, (3.alpha, 5a.beta, 6.alpha, 9.alpha, 9a.alpha)-	Übersicht zur Stoffkartei

6,9-Methano-2,4,3-benzo-dioxathiepin, 6,7,8,9,10,10-Hexachlor-1,5,5a,6,9,9a-hexahydro, 3-Oxid, (3.alpha, 5a.alpha, 6.beta, 9.beta, 9a.alpha)-	Übersicht zur Stoffkartei
4,7-Methano-1H-iden, 1,2,4,5,6,7,8,8-Octachlor-2,3,3a,4,7,7a-hexahydro-	Übersicht zur Stoffkartei
4,7-Methano-1H-iden, 1,4,5,6,7,8,8-Heptachlor-3a,4,7,7a-tetrahydro-	Übersicht zur Stoffkartei
2,5-Methano-2H-ideno[1,2-b]oxiren, 2,3,4,5,6,7,7-Hepta-chlor-1a,1b, 5,5a,6,6a-hexahydro-	Übersicht zur Stoffkartei
Methanol	Übersicht zur Stoffkartei
Methanthiol	Übersicht zur Stoffkartei
Methantrichlorid	**Chloroform**
Methoxychlor	s.u. Benzol, 1,1'-(2,2,2-Trichlorethyliden)bis[4-methoxy-
Methylacetat	s.u. Essigsäure, Methyl-ester
Methylaldehyd	**Formaldehyd**
Methylalkohol	s.u. Methanol
Methylamin	s.u. Methanamin
Methylbenzonat	s.u. Benzoesäure, Methyl-ester
3-Methyl-1-butene	s.u. 1-Buten, 3 Methyl-
Methylchloroform	**1,1,1-Trichlorethan**
2-Methyl-1,4-dinitrobenzene	s.u. Benzol, 2-Methyl-1,4-dinitro-
3-Methylenepentane	s.u. Pentan, 3-Methylen-
Methylenoxid	**Formaldehyd**
Methylfluid	**Bleitetramethyl**
Methylformiat	s.u. Ameisensäure, Methyl-ester
Methylglykol	s.u. Ethanol, 2-Methoxy-
3-Methylhexan	s.u. Hexan, 3-Methyl-
Methylhydroxybenzol	**Kresole**
Methylisobutylketon	s.u. 2-Pentanon, 4-Methyl-
Methylmercaptan	s.u. Methanthiol
1-Methylnaphtalin	s.u. Naphtalin, 1-Methyl-
2-Methylnaphtalin	s.u. Naphtalin, 2-Methyl-
Methylparathion	s.u. Thiophosphorsäure, O,O-Dimethyl-O-(4-nitrophenyl)ester
3-Methylpentan	s.u. Pentan, 3-Methyl-
Methylphenanthren	s.u. Phenanthren, Methyl-
Methylphenol	**Kresole**
1-Methyl-1-phenyl-ethylen	s.u. Benzol, (1-Methylethenyl)-
Methylplumban	**Bleitetramethyl**
1-Methyl-1-1propylethylene	s.u. 1-Penten, 2-Methyl-
Methyltrichlormethan	**1,1,1-Trichlorethan**
Mevinphos	s.u. 2-Butensäure, 3-[(Dimethoxyphosphinyl)-oxy]-, Methyl-ester-
Mineralöl	s.u. Paraffinöl
MLT	**Malathion**
Monochlorbiphenyl	s.u. 1,1'-Biphenyl, Chlor-
Monochlorethen	**Vinylchlorid**
Monochlorethylen	**Vinylchlorid**
Monohydroxybenzol	**Phenol und seine Verbindungen**
Monolinuron	s.u. Harnstoff, N'-(4-Chlorphenyl)-N-methoxy-N-methyl-

Mononitrokresol	s.u. Phenol, 4-Methyl-2-nitro-
Monoxidtoluol	**Kresole**
Monta	**Polychlorierte Biphenyle**
Morbicid	**Formaldehyd**
n-Amylalkohol	s.u. 1-Pentanol
n-Butylacetat	s.u. Essigsäure, Butyl-ester-
n-Hexan	s.u. Hexan
N-Methyl-2-pyrrolidon	s.u. 2-Pyrrolidinon, 1-Methyl-
n-Oktan	s.u. Octan
N-Oxide	**Stickoxide**
n-Propylmercaptan	s.u. 1-Propanthiol
Naphtalin, 1-Chlor-	Übersicht zur Stoffkartei
Naphtalin, 1-Methyl-	Übersicht zur Stoffkartei
Naphtalin, 2,6-Dimethyl-	Übersicht zur Stoffkartei
Naphtalin, 2-Methyl-	Übersicht zur Stoffkartei
Naphtalin, Chlor-Derivate	
2-Naphtalinamin	Übersicht zur Stoffkartei
Naphthalin	**Naphthalin**
Naphthalin-Chlorderivate	**Chlornaphthaline**
Naphthylwasserstoff	**Naphthalin**
Natrium	**Natrium**
Natriumarsenat	s.u. Arsensäure, Trinatrium-Salz
NCI-C00215	**Malathion**
NCI-CO4626	**1,1,1-Trichlorethan**
Nendrin	**Endrin**
Neocid	**DDT**
Neocidol	**DDT**
Nickel	**Nickel**
Nickelcarbonat	s.u. Kohlensäure, Nickel(2+)-Salz 1:1
Nickelcarbonyl, (T-4)-	Übersicht zur Stoffkartei
Nickeloxid	Übersicht zur Stoffkartei
Nickelsulfid	Übersicht zur Stoffkartei
Nickeltetracarbonyl	s.u. Nickelcarbonyl, (T-4)- $[Ni(CO)_4]$
Nitrat-Anion	**Nitrat**
Nitrilotriessigsäure	s.u. Glycin, N,N-Bis(carboxymethyl)-
Nitro-Kresol	s.u. Phenol, Methylnitro-
o-Nitroanilin	s.u. Benzolamin, 2-Nitro-
p-Nitroanilin	s.u. Benzolamin, 4-Nitro-
o-Nitroanisol	s.u. Benzol, 1-Methoxy-2-nitro-
p-Nitroanisol	s.u. Benzol, 1-Methoxy-4-nitro-
Nitrobenzol	s.u. Benzol, Nitro-
Nitrophenol	s.u. Phenol, Nitro-
2-Nitrophenol	s.u. Phenol, 2-Nitro-
Nitrose Gase	**Stickoxide**
Nitrotoluol	s.u. Benzol, Methylnitro-
m-Nitrotoluol	s.u. Benzol, 1-Methyl-3-nitro-
o-Nitrotoluol	s.u. Benzol, 1-Methyl-2-nitro-
p-Nitrotoluol	s.u. Benzol, 1-Methyl-4-nitro-
Nonflamol	**Polychlorierte Biphenyle**

Nuvan	**Dichlorvos**
O,O-Dimethyl-S-[1,2-bis(ethoxy-carbonyl)-ethyl]-dithiophosphat	Malathion
o-Benzylphenol	s.u. Phenol, 2-(Phenylmethyl)-
o-Chlorphenol	s.u. Phenol, 2-Chlor
o-Kresol	**Kresole**
Obstbaumkarbolineum	**2-Methyl-4,6-Dinitrophenol**
Octachlor-dibenzo-p-dioxin	s.u. Dibenzo[b,e][1,4]dioxin, Octachlor-
Octachlorstyrol	s.u. Benzol, Pentachlor(trichlorethenyl)-
Octalen	**Aldrin**
Octalox	**Dieldrin**
Octan	Übersicht zur Stoffkartei
Octen	Übersicht zur Stoffkartei
Octene, dimersol	s.u. Octen
Oleophosphothion	**Malathion**
Omethoat	s.u. Thiophosphorsäure, O,O-Dimethyl-S-[2-(methyl-amino)-2-oxoethyl]-Ester
Orthokresol	**Kresole**
Oxiran	**Epichlorhydrin**
Oxiran	Übersicht zur Stoffkartei
Oxiran, (Chlormethyl)-	**Epichlorhydrin**
Oxiran, Methyl-	Übersicht zur Stoffkartei
Oxomethan	**Formaldehyd**
Oxydemeton-methyl	s.u. Thiophosphorsäure, O,O-Dimethyl, S-[2-(Ethyl-sulfinyl)ethyl-Ester
Oxymethylen	**Formaldehyd**
Oxytoluol	**Kresole**
Ozon	**Ozon**
p-Benzochinon	s.u. 2,5-Cyclohexadien-1,4-dien-
p-Benzylphenol	s.u. Phenol, 4-(Phenylmethyl)-
p-Chlorphenol	s.u. Phenol, Phenol, 4-Chlor
p-Ethylphenol	s.u. Phenol, 4-Ethyl-
p-Kresol	**Kresole**
p-Nitro-m-kresol	s.u. Phenol, 3-Methyl-4-nitro-
p-Nitrophenol	s.u. Phenol, 4-Nitro-
Palladium	Übersicht zur Stoffkartei
Paraffinöl	Übersicht zur Stoffkartei
Parakresol	**Kresole**
Paraquat	**Paraquatdichlorid**
Paraquat Ion	s.u. 4,4'-Bipyridium, 1,1'-Dimethyl-
Paraquatdichlorid	**Paraquatdichlorid**
Parathion	s.u. Thiophosphorsäure, O,O-Diethyl-O-(4-nitro-phenyl)ester
PCB	**Polychlorierte Biphenyle**
PCDD	**Dioxine**
PCN	**Chlornaphthaline**
PCP	**Pentachlorphenol**
Penta	**Pentachlorphenol**
Pentachlor-dibenzo-p-dioxin	s.u. Dibenzo[b,e][1,4]dioxin, Pentachlor-
Pentachlorbenzol	s.u. Benzol, Pentachlor-
Pentachlorbiphenyl	**Aroclor 1254**

Phenol, 2-Methyl-	s.u. o-Kresol
Phenol, 2-Methyl-4,6-dinitro	**2-Methyl-4,6-Dinitrophenol**
Phenol, 2-Methyl-4-nitro-	Übersicht zur Stoffkartei
Phenol, 2-Methyl-5-nitro-	Übersicht zur Stoffkartei
Phenol, 2-Nitro-	Übersicht zur Stoffkartei
Phenol, 3,4,5-Trichlor-	Übersicht zur Stoffkartei
Phenol, 3,4-Dichlor-	Übersicht zur Stoffkartei
Phenol, 3,4-Dimethyl-	Übersicht zur Stoffkartei
Phenol, 3,5-Dichlor-	Übersicht zur Stoffkartei
Phenol, 3-Chlor-	Übersicht zur Stoffkartei
Phenol, 3-Methyl-	s.u. m-Kresol
Phenol, 3-Methyl-4-nitro-	Übersicht zur Stoffkartei
Phenol, 3-Nitro-	Übersicht zur Stoffkartei
Phenol, 4,4-(1-Methylethyliden)bis-	Übersicht zur Stoffkartei
Phenol, 4-(Phenylmethyl)-	Übersicht zur Stoffkartei
Phenol, 4-Chlor-3-methyl-	Übersicht zur Stoffkartei
Phenol, 4-Ethyl-	Übersicht zur Stoffkartei
Phenol, 4-Methyl-	s.u. p-Kresol
Phenol, 4-Methyl-2-nitro-	Übersicht zur Stoffkartei
Phenol, 4-Methyl-3-nitro-	Übersicht zur Stoffkartei
Phenol, 4-Nitro-	Übersicht zur Stoffkartei
Phenol, 4-Nonyl-	Übersicht zur Stoffkartei
Phenol, 4-Propyl-	Übersicht zur Stoffkartei
Phenol, 5-Methyl-2-nitro-	Übersicht zur Stoffkartei
Phenol, Dichlor-	Übersicht zur Stoffkartei
Phenol, Dimethyl-	Übersicht zur Stoffkartei
Phenol, Methyl-	**Kresole**
Phenol, Methylnitro-	Übersicht zur Stoffkartei
Phenol, Nitro-	Übersicht zur Stoffkartei
Phenol, Pentachlor-	**Pentachlorphenol**
Phenol, Phenol, 4-Chlor	Übersicht zur Stoffkartei
Phenol, Trichlor-	Übersicht zur Stoffkartei
Phosgen	s.u. Carbonyldichlorid
Phosphin	Übersicht zur Stoffkartei
Phosphorsäure, 2,2-Dichloroethenyl-dimethyl-ester-	**Dichlorvos**
Phosphorwasserstoff	s.u. Phosphin
Phosphothion	**Malathion**
Phoxim	s.u. Benzolacetonitril, alpha-[[(Diethoxyphosphino
Platin	Übersicht zur Stoffkartei
Plumban, Tetraethyl-	**Bleitetraethyl**
Plumban, Tetramethyl-	**Bleitetramethyl**
Plumbum	**Blei**
Polyacrylnitril	s.u. 2-Propennitril, (homopolymer)
Polychlordibenzo-p-dioxin	**Dioxine**
Polychlorierte Dibenzodioxine	**Dioxine**
Polyvinylchlorid	**Polyvinylchlorid**
Prevenol	**Pentachlorphenol**
Prioderm	**Malathion**
Propan	**Propan**

Propan, 1,1'-Thiobis-	Übersicht zur Stoffkartei
Propan, 1,2,3-Trichlor-	Übersicht zur Stoffkartei
Propan, 1,2-Dichlor-	Übersicht zur Stoffkartei
Propan, 1-Chlor-	Übersicht zur Stoffkartei
Propan, 2,2'-Oxybis-	Übersicht zur Stoffkartei
Propan, 2,2'-Oxybis[1-chlor]-	Übersicht zur Stoffkartei
Propan, 2,2'-Thiobis-	Übersicht zur Stoffkartei
Propan, 2,2-Dimethyl-	Übersicht zur Stoffkartei
Propan, 2-Methyl-	Übersicht zur Stoffkartei
Propanal	Übersicht zur Stoffkartei
Propane-2-thiol	s.u. 2-Propanthiol
Propanil	s.u. Propansäureamid, N-(3,4-Dichlorphenyl)-
1-Propanol	Übersicht zur Stoffkartei
2-Propanol	Übersicht zur Stoffkartei
2-Propanol, 1,3-Dichlor-	Übersicht zur Stoffkartei
2-Propanol, 2-Methyl-	Übersicht zur Stoffkartei
1-Propanol, 2-Methyl-	Übersicht zur Stoffkartei
2-Propanon	Übersicht zur Stoffkartei
Propansäure	Übersicht zur Stoffkartei
Propansäure, 2-(2,4-Dichlorphenoxy)-	Übersicht zur Stoffkartei
Propansäure, 2-(4-Chlor-2-Methylphenoxy)-	Übersicht zur Stoffkartei
Propansäureamid, N-(3,4-Dichlorphenyl)-	Übersicht zur Stoffkartei
1-Propanthiol	Übersicht zur Stoffkartei
1-Propanthiol, 2-Methyl-	Übersicht zur Stoffkartei
1-Propen	Übersicht zur Stoffkartei
2-Propenal	**2-Propenal**
1-Propen, 3-Chlor-	Übersicht zur Stoffkartei
1-Propen, 1,3-Dichlor-	Übersicht zur Stoffkartei
1-Propen, 2,3-Dichlor-	Übersicht zur Stoffkartei
1-Propen, 2-Methyl-	Übersicht zur Stoffkartei
2-Propennitril	Übersicht zur Stoffkartei
2-Propennitril, (homopolymer)	Übersicht zur Stoffkartei
2-Propensäure	Übersicht zur Stoffkartei
2-Propensäure, 2-Methyl-,Methyl-ester	Übersicht zur Stoffkartei
2-Propensäure, Ethyl-ester-	Übersicht zur Stoffkartei
2-Propensäure, Methyl-ester-	Übersicht zur Stoffkartei
2-Pyrrolidinon, 1-Methyl-	Übersicht zur Stoffkartei
Propionaldehyd	s.u. Propanal
Propionsäure	s.u. Propansäure
1-Propylbenzol	s.u. Benzol, Propyl-
Propylen	s.u. 1-Propen
Propylenoxid	s.u. Oxiran, Methyl-
Propylethylen	s.u. 1-Penten
PVC	**Polyvinylchlorid**
Pyralene	**Polychlorierte Biphenyle**
Pyranol	**Polychlorierte Biphenyle**
Pyren	Übersicht zur Stoffkartei
Pyridazinon 3(2)-Pyridazinon, 5-Amino-4-chlor-2-phenyl-	Übersicht zur Stoffkartei
Pyridin	**Pyridin**
Pyridinbasen	**Pyridin**

Pyridinum	**Pyridin**
Quecksilber	**Quecksilber und seine Verbindungen**
Quecksilber(II)oxid	**Quecksilber(II)oxid**
Rhodium	Übersicht zur Stoffkartei
	s.u. Methylcarbamat
Sadofos	**Malathion**
Sandovac	**Formaldehyd**
Santotherm	**Polychlorierte Biphenyle**
Saophos	**Malathion**
Schwefel(IV)oxid	**Schwefeldioxid**
Schwefeldioxid	**Schwefeldioxid**
Schwefelkohlenstoff	s.u. Kohlendisulfid
Schwefelsäure, Dimethyl-ester-	Übersicht zur Stoffkartei
Schwefeltrioxid	Übersicht zur Stoffkartei
Schwefelwasserstoff	**Schwefelwasserstoff**
Seedrin	**Aldrin**
sekundäres Butanol	s.u. 2-Butanol
Selen	**Selen**
Selenhexafluorid	s.u. Selenhexafluorid (OC-6-11)
Selenhexafluorid (OC-6-11)	Übersicht zur Stoffkartei
Serpentinasbest	**Asbest**
'Seveso-Gift'	**2,3,7,8-Tetrachlordibenzo-p-dioxin**
SF 60	**Malathion**
Silvic	**Polyvinylchlorid**
Simazin	s.u. 1,3,5-Triazin-2,4-diamin, 6-chlor-N,N'-diethyl-
Siptox I	**Malathion**
Sirius 2	**Tetrachlorethen**
Skai	**Polyvinylchlorid**
Solvethane	**1,1,1-Trichlorethan**
Stannan, (Acetyloxy)triphenyl-	Übersicht zur Stoffkartei
Stannan, Chlortriphenyl-	Übersicht zur Stoffkartei
Stannan, Dibutyldichlor-	Übersicht zur Stoffkartei
Stannan, Dibutyloxo-	Übersicht zur Stoffkartei
Stannan, Hydroxytriphenyl-	Übersicht zur Stoffkartei
Stannan, Tetrabutyl-	Übersicht zur Stoffkartei
Stannan, Tricyclohexylhydroxy-	Übersicht zur Stoffkartei
Steinkohlenteerkampfer	**Naphthalin**
Stickoxid	**Stickstoffmonoxid**
Stickoxide	**Stickoxide**
Stickstoff(II)oxid	**Stickstoffmonoxid**
Stickstoff(IV)oxid	**Stickstoffdioxid**
Stickstoffdioxid	**Stickstoffdioxid**
Stickstoffmonoxid	**Stickstoffmonoxid**
Stickstoffoxid	**Stickstoffmonoxid**
Stickstoffperoxid	**Stickstoffdioxid**
Stickstofftrioxid	**Nitrat**
Styrol	s.u. Benzol, Ethenyl-
Sulfat-Anion	Übersicht zur Stoffkartei
Superlysoform	**Formaldehyd**

2,4,5-T	**2,4,5-Trichlorphenoxyessigsäure**
T241	**Polychlorierte Biphenyle**
T241N	**Polychlorierte Biphenyle**
T64	**Polychlorierte Biphenyle**
T64N	**Polychlorierte Biphenyle**
T82	**Polychlorierte Biphenyle**
(Alpha)-T	**1,1,1-Trichlorethan**
Tannosynt	**Formaldehyd**
TCDBD	**2,3,7,8-Tetrachlordibenzo-p-dioxin**
TCDD	**2,3,7,8-Tetrachlordibenzo-p-dioxin**
TEER EX	**1,1,1-Trichlorethan**
TEL	**Bleitetraethyl**
Telclair X31	**1,1,1-Trichlorethan**
Tellur	Übersicht zur Stoffkartei
Terphenyl, chloriert	Übersicht zur Stoffkartei
Terraklene	**Paraquatdichlorid**
***tert.-Butanol	s.u. 2-Propanol, 2-Methyl-
***tert.-Propan	s.u. Propan, 2,2-Dimethyl-
Tetrabutylzinn	s.u. Stannan, Tetrabutyl-
Tetrachlor-dibenzo-p-dioxin	s.u. Dibenzo[b,e][1,4]dioxin, Tetrachlor-
1,2,3,4-Tetrachlorbenzol	s.u. Benzol, 1,2,3,4-Tetrachlor-
1,2,3,5-Tetrachlorbenzol	s.u. Benzol, 1,2,3,5-Tetrachlor-
1,2,4,5-Tetrachlorbenzol	s.u. Benzol, 1,2,4,5-Tetrachlor-
Tetrachlorbutadien	s.u. 1,3-Butadien, Tetrachlor-
1,1,2,2-Tetrachlorethan	s.u. Ethan, 1,1,2,2-Tetrachlor-
Tetrachlorethen	**Tetrachlorethen**
Tetrachlorethylen	**Tetrachlorethen**
1,1,2,2-Tetrachlorethylen	**Tetrachlorethen**
Tetrachlorkohlenstoff	Methan, Tetrachlor-
2,3,4,5-Tetrachlorphenol	s. u. Phenol, 2,3,4,5-Tetrachlor-
2,3,4,6-Tetrachlorphenol	s. u. Phenol, 2,3,4,6-Tetrachlor-
2,3,5,6-Tetrachlorphenol	s. u. Phenol, 2,3,5,6-Tetrachlor-
Tetraethylblei	**Bleitetraethyl**
Tetraethylplumban	**Bleitetraethyl**
Tetrahydrofuran	s.u. Furan, Tetrahydro-
Tetralex	**Tetrachlorethen**
Tetralina	**Tetrachlorethen**
Tetramethylbenzol	s.u. Benzol, Tetramethyl-
Tetramethylblei	**Bleitetramethyl**
TH Diethyl Mercaptosuccinate	**Malathion**
Thallium	**Thallium und seine Verbindungen**
Therminol	**Polychlorierte Biphenyle**
Thioharnstoff	Übersicht zur Stoffkartei
Thiophosphorsäure, O,O-Diethyl-O-(1-phenyl-1H-1,2,4-triazol-3-yl)-ester	Übersicht zur Stoffkartei
Thiophosphorsäure, O,O-Diethyl-O-(4-nitrophenyl)ester	Übersicht zur Stoffkartei
Thiophosphorsäure, O,O-Diethyl-O-[2-(ethylthio)-ethyl]ester	Übersicht zur Stoffkartei
Thiophosphorsäure, O,O-Dimethyl, S-[2-(Ethyl-sulfinyl)ethyl-Ester	Übersicht zur Stoffkartei
Thiophosphorsäure, O,O-Dimethyl-O-(3-methyl-4-nitrophenyl)-ester	Übersicht zur Stoffkartei
Thiophosphorsäure, O,O-Dimethyl-O-(4-nitrophenyl)ester	Übersicht zur Stoffkartei
Thiophosphorsäure, O,O-Dimethyl-O-[3-methyl-4-(methylthio) phenyl]-ester	Übersicht zur Stoffkartei

Thiophosphorsäure, O,O-Dimethyl-S-[2-(methylamino)-2-oxoethyl]-Ester	Übersicht zur Stoffkartei
Thiophosphorsäure, O-(3-Chlor-4-methyl-2-oxo-2H-1-benzopyran-7-yl)-O,O-diethyl-ester	Übersicht zur Stoffkartei
Thiophosphorsäure, S-[2-(Ethylthio)ethyl]-O,O-dimethyl-ester	Übersicht zur Stoffkartei
TM 4049	**Malathion**
TML	**Bleitetramethyl**
Tolin	**Toluol**
Toluen	**Toluol**
o-Toluidin	s.u. Benzolamin, 2-Methyl-
p-Toluidin	s.u. Benzolamin, 4-Methyl-
Toluol	**Toluol**
2,4-Toluylen-diisocyanat	s.u. Benzol, 2,4-Diisocyanato-1-methyl-
Tolylwasserstoff	**Toluol**
Toxaphen	Übersicht zur Stoffkartei
Tri	**Trichlorethen**
1,1,1-Tri	**1,1,1-Trichlorethan**
1,3,5-Triazin-2,4-diamin, 6-chlor-N,N'-diethyl-	Übersicht zur Stoffkartei
1,3,5-Triazin, 2,4,6-Trichlor-	Übersicht zur Stoffkartei
Triazophos	s.u. Thiophosphorsäure, O,O-Diethyl-O-(1-phenyl-1H-1,2,4-triazol-3-yl)-ester
Tributylphosphat	s.u. Phosphorsäure, Tributyl-ester-
Trichlorbenzol	s.u. Benzol, Trichlor-
1,2,3-Trichlorbenzol	s.u. Benzol, 1,2,3-Trichlor-
1,2,4-Trichlorbenzol	s.u. Benzol, 1,2,4-Trichlor-
1,3,5-Trichlorbenzol	s.u. Benzol, 1,3,5-Trichlor-
Trichlorbiphenyl	**Aroclor 1242**
Trichlordiphenyl	**Polychlorierte Biphenyle**
1,1,1-Trichlorethan	**1,1,1-Trichlorethan**
1,1,2-Trichlorethan	s.u. Ethan, 1,1,2-Trichlor-
Trichlorethen	**Trichlorethen**
Trichlorethylen	**Trichlorethen**
Trichlorfluormethan	s.u. Methan, Trichlorfluor-
Trichlormethan	**Chloroform**
Trichlorphenol	s.u. Phenol, Trichlor-
2,3,4-Trichlorphenol	s.u. Phenol, 2,3,4-Trichlor-
2,3,5-Trichlorphenol	s.u. Phenol, 2,3,5-Trichlor-
2,3,6-Trichlorphenol	s.u. Phenol, 2,3,6-Trichlor-
2,4,5-Trichlorphenol	s.u. Phenol, 2,4,5-Trichlor-
2,4,6-Trichlorphenol	s.u. Phenol, 2,4,6-Trichlor-
3,4,5-Trichlorphenol	s.u. Phenol, 3,4,5-Trichlor-
2,4,5-Trichlorphenoxyessigsäure	**2,4,5-Trichlorphenoxyessigsäure**
1,2,3-Trichlorpropan	s.u. Propan, 1,2,3-Trichlor-
Triethane	**1,1,1-Trichlorethan**
Triethylamin	s.u. Ethanamin, N,N-Diethyl-
Trikresol	**Kresole**
Trimethylbenzol	s.u. Benzol, Trimethyl-
1,2,3-Trimethylbenzol	s.u. Benzol, 1,2,3-Trimethyl-
1,2,4-Trimethylbenzol	s.u. Benzol, 1,2,4-Trimethyl-
Trimethylethylene	s.u. 2-Buten, 2 Methyl-

Trioxygen	**Ozon**
Triphenylen	Übersicht zur Stoffkartei
Trisauerstoff	**Ozon**
Trovidur	**Polyvinylchlorid**
Uran	**Uran und seine Verbindungen**
Vanadin(V)oxid	**Vanadiumpentoxid**
Vanadinsäureanhydrid	**Vanadiumpentoxid**
Vanadium	**Vanadium und seine Verbindungen**
Vanadium(V)oxid	**Vanadiumpentoxid**
Vanadiumpentoxid	**Vanadiumpentoxid**
Vanadiumsäureanhydrid	**Vanadiumpentoxid**
Vapona	**Dichlorvos**
VC	**Vinylchlorid**
VCM	**Vinylchlorid**
Vestolit	**Polyvinylchlorid**
Vinidur	**Polyvinylchlorid**
Vinnol	**Polyvinylchlorid**
Vinoflex	**Polyvinylchlorid**
Vinylacetat	s.u. Essigsäure, Ethylen-ester
Vinylchlorid	**Vinylchlorid**
Vinylchlorür	**Vinylchlorid**
Vinylidenchlorid	s.u. Ethen, 1,1-Dichlor-
Vipla	**Polyvinylchlorid**
Vobaderin	**Formaldehyd**
Vythene C	**1,1,1-Trichlorethan**
Wacker 3X1	**1,1,1-Trichlorethan**
Wasserstoff-Kation	Übersicht zur Stoffkartei
Wasserstoffsulfid	**Schwefelwasserstoff**
Weedol	**Paraquatdichlorid**
weißer Asbest	**Asbest**
Xylenol	s.u. Phenol, Dimethyl-
2,3-Xylenol	s.u. Phenol, 2,3-Dimethyl-
2,4-Xylenol	s.u. Phenol, 2,4-Dimethyl-
2,5-Xylenol	s.u. Phenol, 2,5-Dimethyl-
3,4-Xylenol	s.u. Phenol, 3,4-Dimethyl-
Xylol	s.u. Benzol, Dimethyl-
m-Xylol	s.u. Benzol, 1,3-Dimethyl-
o-Xylol	s.u. Benzol, 1,2-Dimethyl-
p-Xylol	s.u. Benzol, 1,4-Dimethyl-
Zerdane	**DDT**
Zink	**Zink**
Zinkchromat	s.u. Chromsäure, Zink-Salz (1:1)-
Zinn	Übersicht zur Stoffkartei
Zithiol	**Malathion**

5.4.6 Erläuterungsblatt (Beschreibung des Inhalts der Informationsblätter)

INTERNE BEARBEITUNGSNUMMER 999 STOFFBEZEICHNUNG

BEZEICHNUNGEN

CAS-Nr.: 000-00-X

Systematischer Name: originärer Name des Stoffes in der chemischen Taxonomie.

Gebrauchsnamen: 'Umgangsnamen' und gebräuchliche Handelsnamen - allerdings konnten hier für viele Stoffe bzw. Substanzen nicht alle Namen, unter denen sie vertrieben werden, oder Verbindungen, in denen sie enthalten sind, aufgenommen werden.

Stoffname (engl.): chemisch-systematischer und/oder wichtigster Gebrauchsname(n) auf Englisch.

Stoffname (franz.): chemisch-systematischer und/oder wichtigster Gebrauchsname auf Französisch.

Erscheinungsbild: allgemeine äußere Merkmale wie z.B. Geruch, Farbe, Gestalt, z.T. wichtige Reaktionsmerkmale.

CHEM.-PHYSIKAL. GRUNDDATEN

Genannt werden die wesentlichsten, grundsätzlichen Daten zu den chemischen und physikalischen Eigenschaften der Stoffe. Für Stoffgruppen sind in einigen Fällen einzelne Angaben über verschiedene Verbindungen der Gruppe aufgeführt, in selteneren Fällen Informationen über das Spektrum der Eigenschaften der Stoffgruppe durch Nennung von Beispielen einiger wichtiger Vertreter der Gruppe. Die Dichte der Stoffe wurde in der jeweils günstigsten Form dargestellt (flüssig g/ml, kg/l oder g/l, gasförmig bzw. fest in g/cm^3, kg/dm^3 oder g/dm^3).

Umrechnungsmöglichkeiten:

Dichte: 1 kg/dm^3 = 1 g/cm^3 = 1t/m^3 = 1mg/mm^3 = 10^3 kg/m^3 = 1 kg/l
1 g/dm^3 = 1 kg/m^3 = 1g/l

Druck: 1 bar = 0,1 M Pa = 10^5 Pa / 1 mbar = 100 Pa / 1 mm WS = 1 kp/m^2 = 9,80665 Pa / 1 Torr = 1 mm Hg = 133,3 Pa / 1 atm = 101325 Pa = 1,01325 bar / 1 at = 1 kp/cm^2 = 98,0665 K Pa = 0,980665 bar /
1 dyn/cm^2 = 1 µbar = 0,1 Pa

Temperatur: 1 K ≙ 1°C von der Wertigkeit
0 K = -273,15°C / x°C = (9/5 x + 32)°F / 1 K = 9/5°F / 1 K = 95°Ra
y°F = 5/9 (y - 32)°C / x°C = 4/5°R / y°R =) 5/4 y°C
Eispunkt: 0°C = 0°R = 273,15 K = 32°F = 491,67°Ra
Dampfpunkt: 100°C = 373,15 K = 80°R = 212°F = 671,67°Ra
K = Kelvin
C = Celsius
F = Fahrenheit
R = Réaumur
Ra = Rankine

HERKUNFT UND VERWENDUNG

Der Informationsblock umfaßt

- Verwendung
- Herkunft und Herstellung
- Produktion und Emission.

Zu den beiden erstgenannten Punkten liegen meist eindeutige Angaben vor, nicht so zum letztgenannten. Angaben zu Produktionsmengen und Emissionen beruhen in der Regel auf Schätzungen und Berechnungen.

TOXIZITÄT

Toxizitätsangaben beruhen auf sehr unterschiedlichen, oft nicht miteinander vergleichbaren Untersuchungen. In der einschlägigen Literatur werden nur selten Angaben zur Methodik, zu den Versuchs- und den sie begleitenden Rahmenbedingungen gegeben. Für eine Beurteilung erschwerend, kommt hinzu, daß die Untersuchungen an unterschiedlichen Tierarten, mit unterschiedlichen Stoffkonzentrationen, über verschieden lange Zeiträume durchgeführt wurden und sich auch im Alter unterscheiden. So dürften z.B. viele der älteren Untersuchungen kaum mehr reproduzierbar sein.
Die hier wiedergegebenen toxikologischen Daten stellen eine Auswahl aus der z.T. großen Zahl von für einige Stoffe vorhandenen Werten im Bemühen um vergleichbare Angaben dar.

Wirkungscharakter:
In Kurzform wird eine Zusammenstellung wesentlicher, meist humanmedizinischer Befunde gegeben. In den meisten Fällen handelt es sich hierbei um - nicht immer epidemiologische - Ergebnisse, die aus arbeitsplatzbedingten Stoffexpositionen erfolgten. Zur besseren Beschreibung des Wirkungscharakters sind deshalb Resultate von Tierversuchen aufgenommen worden. Sie stellen meist die einzigen Anhaltspunkte für die von einzelnen Substanzen ausgehende potentielle Gefährdung von Menschen und höheren Organismen dar.

VERHALTEN IN DER UMWELT

Das Vorkommen der Stoffe und ihr Verhalten in der Umwelt wird aufgegliedert in die einzelnen Umweltkompartimente:

- Wasser
- Boden
- Luft

darstellt. Eine Aufteilung dieser Art hat in Anbetracht der engen ökosystemaren Verknüpfung der einzelnen Umweltbereiche einen rein formalen Charakter. Durch die jeweils kurze Darstellung der wichtigsten, durch einen Stoff betroffenen Umweltmedien, darf nicht übersehen werden, daß grundsätzlich ein enger Stoffaustausch zwischen den Kompartimenten stattfindet.
Die gegebenen Angaben sollen als Orientierungshilfe dienen, das Gefährdungspotential der Stoffe in den jeweiligen Bereichen grob einschätzen zu können.
Bewußt wurde deshalb hier auch auf die Angabe vergleichsweise spezieller Kenngrößen (z.B. Akkumulations- und Adsorptionskoeffizienten), die im Rahmen einer UVP nur selten berücksichtigt werden können, verzichtet. Sollten sie dennoch benötigt werden, können sie den Literaturverweisen entnommen werden.

UMWELTSTANDARDS

Medium/ Akzeptor	Bereich	Land/ Organ.	Status	Wert	Kat.	Anmerkungen	Quelle

Angegeben sind stoffbezogene gesetzliche Bestimmungen, Richtlinien und Empfehlungen verschiedenster Organisationen und Instutitionen und verschiedenster Länder.
Sie sind umweltmedien- und bereichsbezogen zusammengestellt, um einen direkten Vergleich gleicher oder ähnlicher Regelungen zu ermöglichen. Neben den oft beeindruckenden Abweichungen in der Beurteilung der Schädlichkeit von Substanzen, ist vor allem auch die Vielzahl der unterschiedlichen Anforderungen und Voraussetzungen zu den einzelnen Bestimmungen zu beachten.

Häufig traten Schwierigkeiten bei der Beurteilung des Status von Reglementierungen und Empfehlungen auf. Hier sind fünf Kategorien verwendet worden:

- G steht für einen gesetzlichen Grenzwert,
- (G) steht für einen vermutlich gesetzlichen Grenzwert,
- R steht für eine Richtlinie oder Empfehlung einer Institution oder Organisation,
- (R) steht für die Empfehlung einer Gruppe von Fachleuten, die nicht als allgemein anerkannte nationale Richtlinie einzuschätzen ist,
- keine Angabe bedeutet, daß der gefundende Wert keiner der vier zuvor genannten Kategorien zuzuordnen war.

Immer dann, wenn nicht eindeutig klar war, welchem Rang den Bestimmungen auch in ihrer realen Umsetzung in der Praxis zukommen, wurde die jeweils niedrigere Stufe vergeben. So sind z.B. auch die TWA/STEL-Werte der USA und die PdK-Werte der UDSSR als (G) eingestuft.
Die Spalte 'Kat.' (= Kategorie) wurde nur dann ausgefüllt, wenn die Angaben eindeutig einem umfassenden Regelwerk der jeweiligen Länder zuzuordnen waren (TWA, PdK, MAK, MIK etc).
In der Spalte 'Anmerkungen' werden Zusatzinformationen gegeben, die den Bezug des genannten Wertes näher beschreiben und einen besseren Vergleich der Angaben ermöglichen.

Alle Werte sind, soweit möglich in den originären Einheiten der Regelungen angegeben - für notwendige Umrechnungen sind im Informationsblock 'chem- physikal. Grunddaten' entsprechende Hilfen aufgeführt.

VERGLEICHS-/REFERENZWERTE

Medium/Herkunft	Land	Wert	Quelle

Die aufgelisteten Daten sollen dazu dienen, eine Einschätzung durch Vergleiche nachvollziehbaren Gegebenheiten oder Situationen an bekannten Orten zu erleichtern. Die Auswahl bietet soweit möglich auch extreme Werte, um einen Maßstab für das Spektrum von Belastungen zu liefern.
Die Quellenangabe "nach" weist auf eine Sekundärquelle (z.B. n. UBA) hin.

BEWERTUNG & ANMERKUNGEN

In meist sehr knapper Form wird auf grundsätzlich bei einer Bewertung zu beachtende Aspekte hingewiesen. In einigen Fällen wird auf Besonderheiten beim Umgang und Gebrauch des jeweiligen Stoffes aufmerksam gemacht. Es wird jedoch nie eine Zusammenfassung des Informationsblattes gegeben.

5.4.7 Informationsblätter nach chemischen Stoffen und Stoffgruppen - in alphabetischer Reihenfolge -

242 ALDRIN

BEZEICHNUNGEN

CAS-Nr.:	309-00-2
Systematischer Name:	1,2,3,4,10,10-hexachlor-1,4,4a,5,8,8a-hexahydro-1,4-endo,exo-5,8-dimethanonaphtalin (technisches Produkt >95%)
Gebrauchsnamen:	Aldrin, HHDN, Aldrex, Aldrit, Aldrosol, Drinox, Octalen, Seedrin
Stoffname (engl.):	1,2,3,4,10,10-hexachloro-1,4,4a,5,8,8ahexahydro-1,4-endo,exo-5,8-dimethano-naphtalene, aldrin, chlordane
Stoffname (franz.):	aldrin, hexachlorodiméthanonaphtalène
Erscheinungsbild:	weißer kristalliner, geruchloser Feststoff, als technisches Produkt dunkelbraun

CHEM.-PHYSIKAL. GRUNDDATEN

Summenformel:	$C_{12}H_8Cl_6$
Molare Masse:	364,91 g/mol
Dichte:	1,70 g/cm^3
Rel. Gasdichte:	12,6
Siedepunkt:	145°C
Schmelzpunkt:	104-105,5°C; 49-60°C als technisches Produkt
Dampfdruck:	2,3 x 10^{-5} mm bei 20°C
Löslichkeit:	in Wasser 0,01 mg/l; löslich in Petroleum, Aceton, Benzol und Xylol; besonders gut fettlöslich
Umrechnungsfaktoren:	1 ppm = 15,6 mg/m^3 1 mg/m^3 = 0,07 ppm

HERKUNFT UND VERWENDUNG

Verwendung:
Aldrin ist ein Breitband-Insektizid, das besonders gegen Boden- und Baumwollpest sowie gegen Heuschrecken Einsatz findet.

Herkunft/Herstellung:
Aldrin entsteht in der Umwelt aus dem Abbau von Dieldrin, im Organismus wird es zu Dieldrin umgewandelt. Siehe auch unter 'Dieldrin'.

TOXIZITÄT

Säugetiere:

Ratte:	LD_{50} 67 mg/kg, oral	n. VERSCHUEREN, 1983
	LD_{50} 98->200 mg/kg, dermal	n. VERSCHUEREN, 1983
Maus:	LD_{50} 44 mg/kg, oral	n. MERCIER, 1981
Hund:	LD_{50} 65-95 mg/kg, oral	n. MERCIER, 1981

Wasserorganismen:

Zahnkärpfling	LC_{50} 4-8 ppb (96 h)	n. VERSCHUEREN, 1983
Gestreifte Meeräsche	LC_{50} 100 ppb (96 h)	n. VERSCHUEREN, 1983
Amerikanische Elritze	LC_{50} 28 ug/l (96 h)	n. VERSCHUEREN, 1983
Blauer Sonnenbarsch	LC_{50} 13 ug/l (96 h)	n. VERSCHUEREN, 1983
Regenbogenforelle	LC_{50} 10-17,7 ug/l (96 h)	n. VERSCHUEREN, 1983
Wasserfloh	LC_{50} 30 ug/l (24 h)	n. VERSCHUEREN, 1983
	LC_{50} 28 ug/l (48 h)	n. VERSCHUEREN, 1983

Wirkungcharakter:

Mensch/Säugetiere: Aldrin wirkt schädigend auf das Zentralnervensystem und auf die Leber. Krebserregende Wirkung ist bislang im Tierversuch bei verschiedenen Arten nachgewiesen.
Jüngere Hunde sind für eine Schädigung der Leber anfälliger als ältere. Niedrige Dosen über längere Zeit wirkten bei Mäusen tumorbildend, jedoch nicht leberschädigend (VETTORAZZI, 1979).
Metabolisierung im Organismus von Pflanzen und Tieren zu Dieldrin.

VERHALTEN IN DER UMWELT

Wasser:
Aufgrund der guten Wasserlöslichkeit verteilt sich Aldrin besonders gut in diesem Medium. Wegen der hohen Toxizität gegenüber Wasserorganismen und der hohen Persistenz in Wasser wurde der Stoff in der Bundesrepublik Deutschland der Wassergefährdungsklasse 3 (stark wassergefährdend) zugeordnet.

Luft:
In der Atmosphäre wird Aldrin relativ schnell photochemisch transformiert.

Boden:
Im Boden findet eine Anreicherung aufgrund der hohen Persistenz des Stoffes statt.

Halbwertzeit:
Nach rund einer Woche sind in Flußgewässern noch etwa 100% einer Anfangskonzentration von 10 ug/l nachweisbar, nach vier Wochen noch 40% und nach acht Wochen 20%. Die geschätzte Halbwertzeit in Wasser (bei 20°C in einem 1 m tiefen Wasserkörper) beträgt 185 Stunden.
In Böden verbleiben nach 1-6 Jahren noch 0-25% einer aufgebrachten Menge.

Abbau, Zersetzungsprodukte:

Unter ozeanischen Bedingungen wird Aldrin direkt oder über die Transformation zu Dieldrin zu Aldrindiol metabolisiert. In der Atmosphäre erfolgt die Zersetzung zu Photoaldrin bzw. über die Transformation zu Dieldrin zu Photodieldrin. Photooxidation durch UV-Licht zersetzt in Wasser etwa 75% einer eingebrachten Menge (bei 90°- 95°C) nach über 100 Stunden zu Kohlendioxid (VERSCHUEREN, 1983).

Nahrungskette:

Aldrin wurde in der Muttermilch nachgewiesen (MERCIER, 1981).

UMWELTSTANDARDS

Medium/ Akzeptor	Bereich	Land/ Organ.	Status	Wert	Kat.	Anmerkungen	Quelle
Wasser:	Trinkw	USA	R	0,001 mg/l		Staat Illinois	n. WAITE, 1984
	Abwass	EG	G	5 mg/l		Meerwasser	n. LEROY, 1985
	Abwass	EG	G	5 mg/l		Frischwasser	n. LEROY, 1985
Luft:	Arbpl	D	G	0,25 mg/m^3	MAK		DFG, 1989
	Arbpl	SU	G	0,01 mg/m^3	PDK	Haut	n. KETTNER, 1979
	Arbpl	USA	G	0,25 mg/m^3	TLV	TWA, Haut	ACGIH, 1986
	Arbpl	USA	G	0,75 mg/m^3	TLV	STEL	ACGIH, 1986
Nahrung:	ADI	I	R	0,0001 mg/kg KG		Aldrin + Dieldrin	n. VETTORAZZI, 1979
		WHO	R	0,03-0,3 mg/kg/d			n. VERSCHUEREN, 1983

Anmerkungen:

In der Bundesrepublik sind keine Lösungen, in denen mehr als 20% Aldrin vorkommt, im Handel, da diese selbstentzündlich sind. Außerdem liegt seit 1988 nach der Pflanzenschutzmittel-Anwendungsverordnung ein vollständiges Anwendungsverbot vor.

VERGLEICHS-/REFERENZWERTE

Medium/Herkunft	Land	Wert	Quelle
Gewässer			
Nördl. Mississippi	USA	0,01-0,49 ng/l	n. VERSCHUEREN, 1983
Hawaii (Sediment)	USA	5,5-11,02 ppb	n. VERSCHUEREN, 1983
Anchovys, Mittelmeer, 1976/77		0,1-0,8 ppb (n = 12)	n. VERSCHUEREN, 1983
Thunfische, Mittelmeer, 1976/77		0,1-0,2 ppb (n = 5)	n. VERSCHUEREN, 1983

BEWERTUNG & ANMERKUNGEN

(siehe unter Informationsblatt 'Dieldrin'.)

004 ALUMINIUM

BEZEICHNUNGEN

CAS-Nr.: 7429-90-5
Systematischer Name: Aluminium
Gebrauchsnamen: Aluminium
Stoffname (engl.): aluminium (GB), aluminum (USA)
Stoffname (franz.): aluminium
Erscheinungsbild: silberweißes, kristallisiertes Leichtmetall

CHEM.-PHYSIKAL. GRUNDDATEN

Elementsymbol: Al
Molare Masse: 26,98 g/mol
Dichte: 2,78 g/cm^3
Siedepunkt: 2400°C
Schmelzpunkt: 660,2°C

Löslichkeit: metall. Aluminium löst sich sowohl in Säuren als auch in Basen (amphoterer Charakter)

HERKUNFT UND VERWENDUNG

Verwendung:
Bauxit ist Ausgangsmaterial zur Aluminiumherstellung; Verwendung als Legierungsbestandteil für Magnetstähle, als Desoxidationsmittel, weiterhin als Deckschicht für Stahl, als Aluminiumfarbanstrich, zum Schweißen sowie zum Bau von Reflektoren. In der Lebensmittelindustrie in Form von Folien als Verpackungsmaterial und einige Al-Verbindungen [$Al_2(SO_4)_3 \times 18\ H_2O$; $Al_2(OH)_5Cl$] als Flockungsmittel in der Wasseraufbereitung.

Herkunft/Herstellung:
Aluminium ist am Aufbau der Erdkruste mit seinen Verbindungen mit ca. 8% beteiligt und kommt elementar nicht vor. Als Rohstoff zur Gewinnung von Aluminium wird Al_2O_3 eingesetzt, das auf elektrolytischem Wege in Elektrolyseöfen zu Al reduziert wird.

Produktionszahlen:
1976 = 17,6 Mill. t (Weltproduktion)
1986 = 19,38 Mill. t (Weltproduktion); Fischer Weltalmanach, 1989

TOXIZITÄT

Säugetiere:

Ratte	LD_{50} 3.730 mg/kg KG, Al-Chlorid	n. DVGW, 1988
Ratte	LD_{50} 4.280 mg/kg KG, Al-Nitrat	n. DVGW, 1988

Wasserorganismen:

Algen	1,5 - 2 mg/l, Al-Schädigung, Al-Chlorid	n. DVGW, 1988
Daphnia	1,4 mg/l, Al-Schädigung, Al-Chlorid	n. DVGW, 1988
Aal	LD 2,7 mg/l Al (3,6 h), Al-Chlorid	n. DVGW, 1988
Goldfisch	LD 10,5 mg/l Al (1-10 h), AlK-Sulfat	n. DVGW, 1988
Forelle	LD 57 mg/l Al (15 h), AlK-Sulfat	n. DVGW, 1988

Wirkungscharakter:

Mensch/Säugetiere: Die orale Aufnahme hoher Dosen erzeugt zunächst nur lokale Reizwirkungen, die langfristige Aufnahme erzeugt hämatologische Effekte u. Knochenschäden. Die Inhalation von Al-Stäuben kann zu einer Staublunge führen, mit neurologischen Störungen. Akute Vergiftungserscheinungen sind Lethargie, Blutungen im Augenbereich und Störungen des Kohlenhydratstoffwechsels.

Pflanzen: bewirkt Zerstörung oder Entwicklungshemmung der Wurzel, die Nährstoffaufnahme wird vermindert; Hemmung der Zellteilung, starke Brüchigkeit des Gewebes; Sproßwachstum von Weizen, Mais, Erbse und Zuckerrübe wird gehemmt

VERHALTEN IN DER UMWELT

Wasser:
gelangt als Tonerde in Gewässer; im Trinkwasser findet es sich durch Verfahren der Trinkwasseraufbereitung (Al-Salze als Flockungsmittel). Al-Verbindungen können die Laufzeiten von Schnell- und Langsamfiltern verkürzen und die Qualität des Filtrats beeinflußen sowie zu Ablagerungen in Rohrleitungen führen.

Luft:
Aluminium überzieht sich in der Luft sofort mit einem sehr feinen Oxidfilm, der fest haftet und wasserunlölich ist und das darunterliegende Metall vor Korrosion schützt. Feines Aluminiumpulver ist dagegen in Luft brennbar. Wenn Aluminiumstaub in bestimmter Konzentration (ca. 40 g/m^3 Luft) in der Luft dispergiert ist, bildet es ein explosives Gemisch. Liegt der Sauerstoffgehalt unter 10 %, tritt keine Reaktion ein.

Boden:
Löslichkeit von Al-Oxid in neutralen - alkalischen Böden ist gering, bei pH $< 5{,}5$ steigt die Löslichkeit stark an, wobei mehr als die Hälfte der Kationenaustauschorte durch Al besetzt sein können.
Viele tropische Böden haben einen hohen Gehalt an austauschbarem Al. Sinkt der pH-Wert ab, treten Al-Ionen in der Bodenlösung auf. Mit zunehmender Al-Sättigung sinkt die biologische Aktivität im Boden. So wird auch das Waldsterben zum Teil auf eine Schädigung der Bäume durch Al-Ionen

zurückgeführt. Bei pH-Werten < 3 werden unter der Einwirkung starker Säuren Schwermetalle wie Fe, Mn u.a. in die Bodenlösung überführt, welche die toxische Wirkung der Al-Ionen verstärken können.

Nahrungskette:
Al u. Al-Verbindungen im Kontakt mit Lebensmitteln gelten generell als toxikologisch unbedenklich. Doch wird in diesem Zusammenhang eine mögliche Förderung der Arteriosklerose, der Alzheimerschen Krankheit und eine Störung des Phosphatstoffwechsels durch hohe Al-Gehalte in der Nahrung diskutiert.

UMWELTSTANDARDS

Medium/ Akzeptor	Bereich	Land/ Organ.	Status	Wert	Kat.	Anmerkungen	Quelle
Wasser:	Trinkw	D	G	0,20 mg/l			n. DVGW, 1988
	Trinkw	EG	R	0,05 mg/l			n. LAU-BW, 1989
	Trinkw	EG	(G)	0,20 mg/l			n. LAU-BW, 1989
	Trinkw	WHO	R	0,20 mg/l			n. LAU-BW, 1989
	Bewäs	D	R	1 mg/l		Freilandkulturen	n. DVGW, 1988
	Bewäs	D	(G)	5 mg/l		Freilandkulturen	n. DVGW, 1988
	Bewäs	D	R	1 mg/l		Unterglaskulturen	n. DVGW, 1988
	Bewäs	USA	(G)	0,10 mg/l			n. LAU-BW, 1989
	Bewäs	USA	(G)	20,00 mg/l		1)	n. LAU-BW, 1989
	Abwasser	D	G	10,00 mg/l			n. ROTH, 1989
	Abwasser	CH	R	0,10 mg/l		Qualitätsziel	n. LAU-BW, 1989
	Abwasser	CH	(G)	10,00 mg/l		direkte Einleitung	n. LAU-BW, 1989
	Abwasser	CH	(G)	20,00 mg/l		indirekte Einleitung	n. LAU-BW, 1989
Luft:		D	G	75 mg/m		Aluminiumnitrid 2)	n. LAU-BW, 1989
	Arbpl	D	G	6,00 mg/m^3	MAK		DFG, 1989
	Arbpl	D	(G)	170,00 ug/l	BAT	Harn	n. ROTH, 1989
	Arbpl	USA	(G)	5,00 mg/m^3	TWA	n. LAU-BW, 1989	

Anmerkungen:

1) zur kurzzeitigen Bewässerung und nur für bestimmte Böden
2) bei einem Massenstrom von 3 kg/h und mehr

weitere Regelungen in: DIN 19643, Aufbereitung und Desinfektion von Schwimm- und Beckenwasser, 1984; Kosmetik-Verordnung (1985)

VERGLEICHS-/REFERENZWERTE

Medium/Bereich	Land	Wert	Quelle
Gewässer:			
Bodensee	D	0,0004-0,0021 mg/l	n. DVGW, 1988
Ruhr	D	0,06-0,16 mg/l	n. DVGW, 1988
div. Seen	S	0,1-0,4 mg/l	n. DVGW, 1988

BEWERTUNG & ANMERKUNGEN

Auf Grund der Verwendungsvielfalt von Aluminium und seiner langjährigen unschädlichen Verarbeitung, ist Aluminium aus keinem Lebensbereich mehr wegzudenken. Die aus Alt- und Abfallmaterialien zurückgewonnenen Mengen an Aluminium spielen eine nicht unbedeutende Rolle in der Aluminiumversorgung. 1970 lag die Regenerierung von Sekundärmetall bei ca. 2,5 Mill. t, das sind etwa ein Viertel der Neumetallproduktion. Diese Werte haben sich in den letzten Jahren zunehmend gesteigert.
Aluminium ist, auch in Form seiner Verbindungen, ein völlig untoxisches Metall, wenn man von der möglichen Lungenschädigung durch Al-Pulver absieht, die erst nach Veränderung des Verarbeitungsprozesses auftrat.

009 ANTIMON

BEZEICHNUNGEN

CAS-Nr.: 7440-36-0
Systematischer Name: Antimon
Stoffname (engl.): antimony
Erscheinungsbild: graues, silberweiß glänzendes, sprödes Metall

CHEM.-PHYSIKAL. GRUNDDATEN

Elementsymbol: Sb
Atommasse: 121,1
Dichte: 6,68 g/cm^3
Siedepunkt: 1.380°C
Schmelzpunkt: 630,5°C
Löslichkeit: In Wasser sind die verschiedenen Antimon-Verbindungen stark unterschiedlich löslich; während Antimonkaliumtartrat eine Löslichkeit von 79 g/l (bei 21°C) aufweist, sind Antimon(III)oxid, Antimon(V)oxid und Antimon(V)sulfid praktisch wasserunlöslich.

HERKUNFT UND VERWENDUNG

Verwendung:
Metallisches Antimon dient zur Herstellung von Legierungen, seine Verbindungen zur Produktion von Glas und Keramik, feuerfesten Geweben, Gummi und Kunststoffen, Schädlingsbekämpfungsmitteln, Zündhölzern, Sprengmitteln und pyrotechnischen Materialien sowie Arzneimitteln.

Herkunft/Herstellung:
Antimon ist ein natürliches Produkt, das zu 0,001 % an der Zusammensetzung der Erdkruste beteiligt ist.

Produktionszahlen:

Weltproduktion (1986):	55.533.000 t	Mexiko (1986):	3.337.000 t
Volksrepublik China (1986):	14.000.000 t	Türkei (1986):	1.990.000 t
Bolivien (1986):	10.243.000 t	Guatemala (1986):	1.649.000 t
Südafrika (1986):	7.024.000 t	Thailand (1986):	1.486.000 t
UdSSR (1986):	6.000.000 t		

(alle Angaben n. FISCHER WELTALMANACH, 1989)

TOXIZITÄT

Säugetiere:

Ratte:	LD_{50} 4.480 mg/kg, oral (Antimonacetat)	n. DVGW, 1985
	LD_{50} 115 mg/kg, oral (Antimonkaliumtartrat)	n. DVGW, 1985
	LD_{50} 20.000 mg/kg, oral (Antimon(III)oxid)	n. DVGW, 1985
Maus:	LD_{50} 600 mg/kg, oral (Antimonkaliumtartrat)	n. DVGW, 1985

Wirkungscharakter:

Mensch/Säugetiere: Antimon wird kaum resorbiert, so daß durch orale Aufnahme keine Vergiftungen auftreten. Zudem verursachen Antimonverbindungen starken Brechreiz, durch den aufgenommene Mengen schnell wieder ausgeschieden werden. Die Giftwirkung ist der des Arsens ähnlich: Erbrechen, Durchfall, Kollaps und Leberschäden. Die Einnahme von 5-50 mg/kg Antimonkaliumtartrat kann zum Tode führen. Bei Inhalation treten Schleimhautreizungen und möglicherweise Herzschäden auf.

Antimonverbindungen gelangen über das Abwasser in die Umwelt. Ab einer Konzentration von 3,5 mg/l schädigt z.B. Antimonkaliumtartrat Grünalgen, ab 9 mg/l Kleinkrebse (DVGW, 1985). Ab 0,5 mg/l Antimonsalz wird die biologische Oxidation im Gewässer beeinträchtigt (DVGW, 1985).

VERHALTEN IN DER UMWELT

Die Hintergrundbelastung von Antimon beträgt in Böden 0,0005-1,1 mg/kg und in Gewässern 0,04-3 ug/l (DVGW. 1985). Es ist festgestellt worden, daß über Niederschläge in den Boden gelangenes Antimon die Fruchtbarkeit schädigt.

In der Atmosphäre werden Antimon-Emissionen über große Distanzen transportiert.

UMWELTSTANDARDS

Medium/ Akzeptor	Bereich	Land/ Organ.	Status	Wert	Kat.	Anmerkungen	Quelle
Wasser:	Trinkw	EG	R	0,01 mg/l			n. DVGW, 1985
Boden:		D	R	5,0 mg/kg		in Kulturboden	n. KLOKE, 1988
Luft:	Arbpl	AUS	(G)	0,5 mg/m^3			n. MERIAN, 1984
	Arbpl	B	(G)	0,5 mg/m^3			n. MERIAN, 1984
	Arbpl	CH	(G)	0,5 mg/m^3			n. MERIAN, 1984
	Arbpl	D	G	0,5 mg/m^3	MAK		DFG, 1989
	Arbpl	DDR	G	0,5 mg/m^3	'MAK'		n. MERIAN, 1984

Arbpl	I	(G)	0,5 mg/m^3			n. MERIAN, 1984
Arbpl	NL	(G)	0,5 mg/m^3			n. MERIAN, 1984
Arbpl	PL	(G)	0,5 mg/m^3			n. MERIAN, 1984
Arbpl	RO	(G)	0,5 mg/m3		Kurzzeitwert	n. MERIAN, 1984
Arbpl	RO	(G)	0,2 mg/m^3		Langzeitwert	n. MERIAN, 1984
Arbpl	S	(G)	0,5 mg/m^3			n. MERIAN, 1984
Arbpl	SF	(G)	0,5 mg/m^3			n. MERIAN, 1984
Arbpl	SU	G	0,5 mg/m^3		Kurzzeitwert[1)]	n. KETTNER, 1979
Arbpl	SU	G	0,2 mg/m^3		Langzeitwert[1)]	n. KETTNER, 1979
Arbpl	USA	G	0,5 mg/m^3	TLV	Kurzzeitwert	ACGIH, 1986
Arbpl	YU	(G)	0,5 mg/m^3			n. MERIAN, 1984

Anmerkungen:

[1)] Die Sowjetunion hat für verschiedene Antimonverbindungen Grenzwerte aufgestellt, die von 0,3 bis 1 mg/m^3 reichen.

VERGLEICHS-/REFERENZWERTE

Medium/Herkunft	Land	Wert	Quelle
Gewässer:			
Bodensee (1982)	D	0,13 ug/l	n. DVGW, 1985
Main (Hochheim, 1975)	D	1,21 ug/l	n. DVGW, 1985
Fulda (Fulda, 1975)	D	0,062 ug/l	n. DVGW. 1985
Rhein (Ludwigshafen, 1975)	D	0,62 ug/l	n. DVGW, 1985

BEWERTUNG & ANMERKUNGEN

Antimonverbindungen sind sehr giftig und verhalten sich toxikologisch ähnlich wie Arsen. Über die Umweltrisiken ist bislang wenig bekannt. Aufgrund ihrer geringen Löslichkeit, sind Wasserbelastungsprobleme selten. Beim direkten Umgang mit Antimonverbindungen höchste Vorsicht geboten.

166 AROCLOR 1242

BEZEICHNUNGEN

CAS-Nr.:	53469-21-9
Systematischer Name:	1,1'-Biphenyl, Trichlor-
Gebrauchsnamen:	Aroclor 1242
Stoffname (engl.):	Aroclor 1242
Stoffname (franz.):	Phenoclor 1242
Erscheinungsbild:	meist schwer brennbare, leicht bewegliche oder viskose, wasserhelle bis hellgelbe Flüssigkeit; stark riechend

CHEM.-PHYSIKAL. GRUNDDATEN

Summenformel:	$C_{12}H_7Cl_3$
Molare Masse:	261 g/mol
Chlorgehalt:	42 %
Dichte:	1,4 g/cm^3
Siedepunkt:	337°C
Schmelzpunkt:	28-87°C
Dampfdruck:	0,054 Pa bei 25°C
Flammpunkt:	176-180°C
Explosionsgrenzen:	340-2.940 g/m^3 (bei 20°C)
Löslichkeit:	in diversen Lösemitteln und in Fetten löslich

HERKUNFT UND VERWENDUNG

Siehe unter Informationsblatt 'Polychlorierte Biphenyle'.

TOXIZITÄT

Mensch:	TCL_0 10 mg/m^3, Inhalation	n. UBA, 1986
Säugetiere:		
Ratte:	LD_{50} 4.250 mg/kg, oral	n. UBA, 1986
Meerschweinchen:	LDL_0 345 mg/kg, subkutan	n. UBA, 1986

Wirkungcharakter:
akut mindergiftig, chronisch toxisch. Weitere Angaben unter Informationsblatt: 'Polychlorierte Biphenyle'.

VERHALTEN IN DER UMWELT

Siehe unter Informationsblatt 'Polychlorierte Biphenyle'.

UMWELTSTANDARDS

Medium/ Akzeptor	Bereich	Land/ Organ.	Status	Wert	Kat.	Anmerkungen	Quelle
Luft:	Arbpl	D	G	1,0 mg/m^3	MAK		DFG, 1989
	Arbpl	USA	G	1,0 mg/m^3	TWA		ACGIH, 1986
	Arbpl	USA	G	2,0 mg/m^3	STEL		ACGIH, 1986
Nahrung: Süßwasserfisch		D	R	0,2 mg/kg			n. UBA, 1986

VERGLEICHS-/REFERENZWERTE

Siehe unter Informationsblatt 'Polychlorierte Biphenyle'.

BEWERTUNG & ANMERKUNGEN

Siehe unter Informationsblatt 'Polychlorierte Biphenyle'.

bes. Quellen: HUTZINGER, SAFE & ZTIKO (1974), CRINE (1988)

165 AROCLOR 1254

BEZEICHNUNGEN

CAS-Nr.:	11097-69-1
Systematischer Name:	1,1'-Biphenyl, Pentachlor-
Gebrauchsnamen:	Aroclor 1254
Stoffname (engl.):	Aroclor 1254
Stoffname (franz.):	Phenoclor 1254
Erscheinungsbild:	leicht bewegliche oder viskose, wasserhelle bis hellgelbe Flüssigkeit

CHEM.-PHYSIKAL. GRUNDDATEN

Summenformel:	$C_{12}H_5Cl_5$
Molare Masse:	327 g/mol
Chlorgehalt:	54 %
Dichte:	1,5 g/cm^3
Siedepunkt:	381°C
Schmelzpunkt:	76,5-124°C
Dampfdruck:	2,6 x 10^{-3} Pa bei 25°C
Flammpunkt:	schwer brennbar
Explosionsgrenzen:	340-2.940 g/m^3 (bei 20°C)
Löslichkeit:	in Wasser 0,099 g/m^3 bei 25°C; in diversen Lösemitteln und Fetten löslich

HERKUNFT UND VERWENDUNG

Siehe unter Informationsblatt 'Polychlorierte Biphenyle'.

TOXIZITÄT

Säugetiere:

Ratte:	LD_{50} 1.010 mg/kg, oral	n. UBA, 1986
	LD_{50} 358 mg/kg, intravenös	n. UBA, 1986
Maus:	LD_{50} 2.840 mg/kg, intraper.	n. UBA, 1986

Wirkungcharakter:
Aroclor 1254 ist ein akut mindergiftiger und chronisch toxischer Stoff. Weitere Informationen zur Toxizität siehe unter Informationsblatt 'Polychlorierte Biphenyle'.

VERHALTEN IN DER UMWELT

Siehe unter Informationsblatt 'Polychlorierte Biphenyle'.

UMWELTSTANDARDS

Medium/ Akzeptor	Bereich	Land/ Organ.	Status	Wert	Kat.	Anmerkungen	Quelle
Luft:	Arbpl	D	G	0,5 mg/m^3	MAK		DFG, 1989
	Arbpl	USA	G	0,5 mg/m^3	TWA		ACGIH, 1986
	Arbpl	USA	G	1,0 mg/m^3	STEL		ACGIH, 1986

VERGLEICHS-/REFERENZWERTE

Siehe unter Informationsblatt 'Polychlorierte Biphenyle'.

BEWERTUNG & ANMERKUNGEN

Siehe unter Informationsblatt 'Polychlorierte Biphenyle'.

bes. Quellen: HUTZINGER, SAFE & ZTIKO (1973), CRINE (1988)

164 AROCLOR 1260

BEZEICHNUNGEN

CAS-Nr.:	11096-82-5
Systematischer Name:	1,1'-Biphenyl, Hexachlor-
Gebrauchsnamen:	Aroclor 1260
Stoffname (engl.):	Aroclor 1260
Stoffname (franz.):	Phenoclor 1260
Erscheinungsbild:	leicht bewegliches oder viskoses, wasserhelles bis hellgelbes, weiches klebriges Harz, stark riechend

CHEM.-PHYSIKAL. GRUNDDATEN

Summenformel:	$C_{12}H_4Cl_6$
Molare Masse:	372 g/mol
Chlorgehalt:	60 %
Dichte:	1,6 g/cm^3
Siedepunkt:	400°C
Schmelzpunkt:	77-150°C
Dampfdruck:	$5{,}8 \times 10^{-4}$ Pa bei 25°C
Explosionsgrenzen:	340-2.940 g/m^3 (bei 20°C)
Flammpunkt:	schwer brennbar
Löslichkeit:	in Wasser 0,038 g/m^3 bei 25°C; in diversen Lösemitteln und Fetten löslich

HERKUNFT UND VERWENDUNG

Siehe unter Informationsblatt 'Polychlorierte Biphenyle'.

TOXIZITÄT

Säugetiere:

Ratte:	LD_{50} 1.315 mg/kg, oral	n. UBA, 1986
Kaninchen:	LD_{50} 2.000 mg/kg, dermal	n. UBA, 1986

Wirkungcharakter:
Aroclor 1260 ist ein akut mindergiftiger, chronisch toxischer Stoff. Weitere Informationen zur Toxizität siehe unter Informationsblatt 'Polychlorierte Biphenyle'.

VERHALTEN IN DER UMWELT

Siehe unter Informationsblatt `Polychlorierte Biphenyle'.

UMWELTSTANDARDS

Medium/ Akzeptor	Bereich	Land/ Organ.	Status	Wert	Kat.	Anmerkungen	Quelle
Luft:	Arbpl	D	G	0,5 mg/m^3	MAK		n. DFG, 1989
Nahrung: Süßwasserfisch		D	E	0,3 mg/kg			n. UBA, 1986

VERGLEICHS-/REFERENZWERTE

Siehe unter Informationsblatt `Polychlorierte Biphenyle'.

BEWERTUNG & ANMERKUNGEN

Siehe unter Informationsblatt `Polychlorierte Biphenyle'.

bes. Quellen: HUTZINGER, SAFE & ZTIKO (1974), CRINE (1988)

017 ARSENWASSERSTOFF

BEZEICHNUNGEN

CAS-Nr.:	7784-42-1
Systematischer Name:	Arsenwasserstoff
Gebrauchsnamen:	Arsin, Arsan, Arsenhydrid Anm.: nach vorläufiger IUPAC-Regel ist 'Arsine' die Gruppenbezeichnung für Substitutionsprodukte des Arsenwasserstoffs
Stoffname (engl.):	arsine; arsenic hydride
Stoffname (franz.):	arsin
Erscheinungsbild:	farbloses, brennbares, hochgiftiges Gas; unangenehmer knoblauchartiger Geruch

CHEM.-PHYSIKAL. GRUNDDATEN

Summenformel:	AsH_3
Molare Masse:	77,95 g/mol
Dichte:	1,409 g/cm^3 bei 4°C
rel. Gasdichte:	2,7
Siedepunkt:	-62°C
Schmelzpunkt:	-117°C
Zündtemperatur:	bildet mit Luft explosionsfähiges Gemisch
Löslichkeit:	in Wasser 700 mg/l bei 25°C
Umrechnungsfaktoren:	1 mg/m^3 = 0,309 ppm 1 ppm = 3,24 mg/m^3

HERKUNFT UND VERWENDUNG

Verwendung:
zum Dotieren von Silicium-Halbleitern

Herkunft/Herstellung:
entsteht aus Arsenverbindungen (unter Mitwirkung starker Reduktionsmittel), aus Arseniden und arsenhaltigen Metallverbindungen, wenn diese mit Säuren behandelt werden.

Produktionszahlen:
weltweit: 70.000 t/a (BREUER, 1981)

TOXIZITÄT

Mensch:	LD 250 ppm (20 min)	n. ULLMANN, 1984
	LD 70-300 ppm	n. ULLMANN, 1984
	3-10 ppm (wenige h) (Vergiftungssymptome)	n. ULLMANN, 1984
Wasserorganismen:		
Fische:	LD 1-3,1 mg/l	n. ROTH, 1989
	BZ_F 5,7 (=2ng/l)	n. ROTH, 1989
Krebse:	LD 4,3 mg/l	n. ROTH, 1989

Wirkungscharakter:

Mensch/Säugetiere: kanzerogen; starke hämolytische Wirkung, Anämie, Kopfschmerz, Übelkeit, Muskelschwäche, Schüttelfrost, Fieber, Erbrechen von Blut, Blutharn (dunkelrot), Gelbsucht, Schwellung von Leber und Milz, Nierenversagen, Lungeödem; Wirkung setzt verzögert ein.

VERHALTEN IN DER UMWELT

Wasser:
bildet explosives Gemisch über der Wasseroberfläche.

Luft:
bildet mit Luft explosionsfähige Gemische, die aufgrund ihrer hohen relativen Gasdichte am Boden bleiben.

Abbau, Zersetzungsprodukte:
As, As_2O_3

UMWELTSTANDARDS

Medium/ Akzeptor	Bereich	Land/ Organ.	Status	Wert	Kat.	Anmerkungen	Quelle
Luft:	Arbpl	AUS	(G)	0,2 mg/m^3			n. MERIAN, 1984
	Arbpl	B	(G)	0,2 mg/m^3			n. MERIAN, 1984
	Arbpl	CH	(G)	0,16 mg/m^3			n. MERIAN, 1984
	Arbpl	CS	(G)	0,2 mg/m^3		Langzeit	n. MERIAN, 1984
	Arbpl	CS	(G)	0,4 mg/m^3		Kurzzeit	n. MERIAN, 1984
	Arbpl	D	G	0,2 mg/m^3	TRK	As im Staub	DFG, 1988
	Arbpl	DDR	(G)	0,2 mg/m^3		Langzeit	n. MERIAN, 1984
	Arbpl	DDR	(G)	0,4 mg/m^3		Kurzzeit	n. MERIAN, 1984

Arbpl	H	(G)	0,2 mg/m^3		n. MERIAN, 1984
Arbpl	I	(G)	0,1 mg/m^3		n. MERIAN, 1984
Arbpl	J	(G)	0,2 mg/m^3		n. MERIAN, 1984
Arbpl	NL	(G)	0,2 mg/m^3		n. MERIAN, 1984
Arbpl	PL	(G)	0,2 mg/m^3		n. MERIAN, 1984
Arbpl	RO	(G)	0,1 mg/m^3	Langzeit	n. MERIAN, 1984
Arbpl	RO	(G)	0,3 mg/m^3	Kurzzeit	n. MERIAN, 1984
Arbpl	S	(G)	0,05 mg/m^3		n. MERIAN, 1984
Arbpl	SF	(G)	0,2 mg/m^3		n. MERIAN, 1984
Arbpl	SU	(G)	0,3 mg/m^3		n. MERIAN, 1984
Arbpl	USA	G	0,2 mg/m^3	Langzeit	n. MERIAN, 1984
Arbpl	USA	R	0,2 mg/m^3	Langzeit/ACGIH	n. MERIAN, 1984
Arbpl	USA	R	0,2 mg/m^3	Kurzzeit/ACGIH	n. MERIAN, 1984
Arbpl	YU	(G)	0,2 mg/m^3	als As_2O_3	n. MERIAN, 1984
Geruchsschwelle		R	3 mg/m^3 (1ppm)		

BEWERTUNG & ANMERKUNGEN

Die Toxizität von Arsen-Verbindungen ist sehr unterschiedlich. Arsenwasserstoff ist hochgradig toxisch und kanzerogen. Von besonderer Bedeutung ist Arsenwasserstoff als Gift im Bereich von Arbeitsstätten.

Die Standards der verschiedenen Länder pendeln um 0,2 mg/m^3. In Anbetracht der hohen Toxizität sollte sich eine Einschätzung an den geringsten aufgeführten Werten orientieren.

018 ASBEST

BEZEICHNUNGEN

CAS-Nr.: 1332-21-4
Systematischer Name: Asbest
Gebrauchsnamen: Asbest, Serpentinasbest, Amphibolasbest, Faserasbest, Blauasbest
Stoffname (engl.): asbestos
Stoffname (franz.): amiante
Erscheinungsbild: Faserige, verfilzte Mineralien, deren Farbe je nach Gehalt an Eisenoxiden zwischen rein weiß bis grünlich, bräunlichen bzw. grauen Farbtönen schwankt; Krokydolith ist blau (Blauasbest); die Fasern erreichen eine Länge von 20-25 nm; Asbestfasern fühlen sich glatt und fettig an.

CHEM.-PHYSIKAL. GRUNDDATEN

Asbest ist kein chem. Element, sondern ein Sammelbegriff für zwei Gruppen von Mineralien (Serpentin- und Amphibolasbeste).

	Chrysotil	Krokydolith	Amosit	Anthopyllit	Tremolit	Aktinolith
Summenformel:	$Mg_3(Si_2O_5)$ (OH)	$Na_2Fe(II)_3Fe(III)_2$ $(Si_8O_{22})(OH)_2$	$(Fe,Mg)_7$ (Si_8O_{22}) $(OH)_2$	$(Mg,Fe)_7$ (Si_8O_{22}) $(OH)_2$	Ca_2Mg_5 (Si_8O_{22}) $(OH)_2$	$Ca_2(Mg,Fe)_5$ $(Si_8O_{22})(OH)_2$
Molare Masse:		1.008,82 g/mol				
Dichte:	2,55 g/cm³	3,3-3,4 g/cm³	3,4g/cm³	2,9g/cm³	3,0g/cm³	3,1 g/cm³
Siedepunkt:	450-700°C	400-600°C	600-800	600-850	950-1.040	620-960°C
Schmelzpunkt:	1.500°C	1.200°C	1.400°C	1.450°C	1.315°C	1400°C

Flammpunkt: Asbest ist nicht brennbar, gegen Hitze und Chemikalien beständig und besitzt eine geringe elektrische Leitfähigkeit
Löslichkeit: Asbest ist in Wasser und Alkalien unlöslich

HERKUNFT UND VERWENDUNG

Verwendung:
Aufgrund der hitzebeständigen, geschmeidigen Eigenschaften und der guten Einbindefähigkeit in anorganische und organische Bindemittel wird Asbest in der Industrie als Wärmedämm-, Feuerschutz- und Dichtungsmaterial sowie als Hilfsmittel (Füllstoff) zur Herstellung unzähliger (mehr als 3000) Verbundwerkstoffe verwendet. Wirtschaftlich wird vor allem der Chrysotilasbest aus der Serpentingruppe genutzt (95%). 5% der Amphibolasbeste werden zur Asbestfaserproduktion verwendet.
Versponnen wird er als feuer- und chemikalienbeständige Schutzkleidung eingesetzt. In einer Mischung mit Zement wird Asbest zu Platten und Rohren gegossen (70-90% der Weltproduktion werden in West-Europa in der Bauindustrie verarbeitet; n. WHO, 1987). Weiterhin dient Asbest als Filtermaterial in der Getränke- und Pharmaindustrie und wird in abnehmendem Maße bei der Produktion von Brems- und Kupplungsbelägen für Kraftfahrzeuge eingesetzt.

Herkunft/Herstellung:
Asbeste sind in der Natur weit verbreitet. Die wichtigsten Lagerstätten liegen in Kanada, in der UdSSR und in Südafrika. Natürliche Emissionen entstehen u.a. durch die Verwitterung von Serpentingesteinen.

Produktionszahlen:
Die Weltproduktion lag 1983 bei über 4 Mio. t Tonnen (WHO, 1987). Die Hauptproduktionsländer sind (u. WHO, 1986):

UdSSR	1983:	2.250.000 t/a
Kanada	1983:	820.000 t/a
Südafrika	1983:	221.111 t/a
Brasilien	1983:	158.855 t/a
Zimbabwe	1983:	153.221 t/a
Italien	1983:	139.054 t/a
China	1983:	110.000 t/a
USA	1983:	69.906 t/a
Swaziland	1983:	28.287 t/a
Indien	1983:	17.288 t/a
Mozambique	1983:	800 t/a
Ägypten	1983:	325 t/a

TOXIZITÄT

Mensch:	TCL_0 2,8 Fasern/cm^3/5 Jahre	n. UBA, 1986
	TCL_0 1,2 Fasern/cm^3/19 Jahre ununterbrochen	n. UBA, 1986
Säugetiere:		
Ratte:	TDL_0 100 mg/kg, intrapleural	n. UBA, 1986

Toxikologische Kennzahlen sind bislang unbekannt (DVGW, 1988).

Wirkungscharakter:
Mensch/Säugetiere: Es sind aus der Arbeitsmedizin verschiedene Erkrankungen durch Asbest bekannt, bei denen der Fasergröße eine entscheidende Bedeutung zukommt. Allgemein gelten Fasern mit einem Durchmesser von weniger als 2 um und einer Länge von mehr als 5 um als gesundheitsgefährlich (Durchmesser : Länge = 1 : 3). Diese Fasergröße ist lungengängig, kann sich dort einlagern und verkapseln. Auch wurde eine gewiße Wanderungsfähigkeit von Fasern im Organismus und im Zellstoffwechsel festgestellt. Durch die Akkumulation in der Lunge veröden die Lungenbläschen und der Sauerstoffaustausch wird beeinträchtigt. Bei größeren Mengen eingeatmeter Fasern kann die Berufskrankheit Asbestose (Staublungenkrankheit) entstehen, die das Risiko für Bronchialkrebs erhöht. Insbesondere Stäube < 200 um sind hochtoxisch und stehen im Verdacht, direkt Tumore auszulösen.
Bei Asbestexposition treten Reizungen der Augen und der Atemwege auf, bei direktem Eindringen in verletzte Haut kommt es zu übermäßig starker Verhornung. Gelangen Fasern in den Lungenbereich, führen diese zu

chronischer Bronchitis, Brustfellreizung und Brustfellentzündung. Durch Aufblähungen der Lunge kann es zu Lungenkrebs kommen. Bei beruflicher Exposition kommt es zu langen, bis zu 40 Jahre andauernden Latenzzeiten im Magen-Darm-Kanal.

VERHALTEN IN DER UMWELT

Wasser:
Asbestfasern verursachen eine Trübung des Wassers, sind jedoch wasserunlöslich.

Luft:
Verbleib in der Atmosphäre ist von der Fasergröße abhängig. Asbestfasern können in der Luft über Hunderte von Kilometern transportiert werden. Durch Verwitterung entstehen aus dem Grobstaub kurze und dünne Asbestfasern.

Boden:
Gelangen Asbestfasern auf den Boden, sammeln sich diese auf der Oberfläche an und können jederzeit wieder verweht werden. Partikel über 2 um werden nicht in die Bodenporen eingeschwemmt. Im Boden selbst und in Sedimenten gilt Asbest als unschädlich (DVGW, 1988). Asbeststäube in Abfällen oder auf Deponien müssen beim Transport abgedeckt oder angefeuchtet werden, damit diese nicht in die Luft gelangen. Allgemein gelten Böden und Sedimente als Akkumulationsort.

Halbwertzeit:
Die Halbwertzeit der Fasern auf der Schleimhaut beträgt Minuten bis Stunden, nach dem Eindringen in das Gewebe Tage bis Jahre (HORN, 1989).

Nahrungskette:
Asbestfasern gelangen über das Trinkwasser in den Organismus. Die Belastung des Trinkwassers erfolgt durch das Lösen von Fasern aus Asbestzementrohren. Die Höhe der Belastung ist abhängig von der Calciumcarbonat-Sättigung im Wasser und von der Menge an Eisenoxidablagerungen in den Rohren. Es ist bislang nicht nachgewiesen, daß oral aufgenommenes Asbest krebserregend wirkt.

UMWELTSTANDARDS

Medium/ Akzeptor	Bereich	Land/ Organ.	Status	Wert	Kat.	Anmerkungen	Quelle
Luft:	Arbpl	A	(G)	1,0 Fasern/ml			n. MEEK u.a., 1985
	Arbpl	AUS	(G)	1,0 Fasern/ml		Chrysotil, Amosit	n. MEEK u.a., 1985
	Arbpl	AUS	(G)	0,1 Fasern/ml		Krokydolith	n. MEEK u.a., 1985
	Arbpl	BG	(G)	0,2 Fasern/ml		Krokydolith	n. MEEK u.a., 1985
	Arbpl	BG	(G)	2,0 Fasern/ml		andere Asbestf.	n. MEEK u.a., 1985
	Arbpl	CDN	(G)	2,0 Fasern/ml			n. MEEK u.a., 1985
	Arbpl	CH	(G)	2,0 Fasern/ml		8 h	n. MEEK u.a., 1985

	Arbpl	D	G	0,025 mg/m^3	TRK	Krokydolith	DFG, 1989
	Arbpl	D	G	0,05 mg/m^3	TRK	andere Asbestf. [1)]	DFG, 1989
	Arbpl	D	G	2,0 mg/m^3	TRK	Asbesth. Feinstaub [2)]	DFG, 1989
	Arbpl	DDR	G	5;0 $Fasern/m^3$	(MAK)	Kurzzeit	n. HORN, 1989
	Arbpl	DDR	(G)	0,05 mg/m^3	(MAK)	Schicht	n. HORN, 1989
	Arbpl	DK	(G)	0,1 Fasern/ml		Krokydolith	n. MEEK u.a., 1985
	Arbpl	DK	(G)	1,0 Fasern/ml		andere Asbestf.	n. MEEK u.a., 1985
	Arbpl	EG	R	0,5 $Fasern/cm^3$		Krokydolith	n. SLOOFF u.a., 1989
	Arbpl	EG	R	1,0 $Fasern/cm^3$		andere Asbestf.	n. SLOOFF u.a., 1989
	Arbpl	F	(G)	1,0 Fasern/ml		Luft im Arbeitsraum	n. MEEK u.a., 1985
	Arbpl	F	(G)	2,0 Fasern/ml		Luft im Atembereich	n. MEEK u.a., 1985
	Arbpl	GB	(G)	2,0 $Fasern/cm^3$		Chrysotil	n. SLOOFF u.a., 1989
	Arbpl	GB	(G)	12,0 $Fasern/cm^3$		Amosit u. Antophyllit	n. SLOOFF u.a., 1989
	Arbpl	GB	(G)	0,2 $Fasern/cm^3$		Krokydolith	n. SLOOFF u.a., 1989
	Arbpl	GB	(G)	0,5 $Fasern/cm^3$		Amosit	n. SLOOFF u.a., 1989
	Arbpl	I	(G)	2,0 Fasern/ml			n. MEEK u.a., 1985
	Arbpl	IL	(G)	1,0 Fasern/ml			n. MEEK u.a., 1985
	Arbpl	IRL	(G)	0,2 Fasern/ml		Krokydolith	n. MEEK u.a., 1985
	Arbpl	J	(G)	0,2 Fasern/ml		Krokydolith	n. MEEK u.a., 1985
	Arbpl	J	(G)	2,0 Fasern/ml		andere Asbestf.	n. MEEK u.a., 1985
	Arbpl	N	(G)	2,0 Fasern/ml		15 min	n. MEEK u.a., 1985
	Arbpl	NL	(G)	2,0 Fasern/ml		außer Krokidolit	n. SLOOFF u.a., 1989
	Arbpl	NL	(G)	0,2 Fasern/ml		Krokydolith	n. MEEK u.a., 1985
	Arbpl	NL	(G)	12,0 Fasern/ml		10 min, ohne Krokidolit	n. SLOOFF u.a., 1989
	Arbpl	NZ	(G)	0,2 Fasern/ml		Krokydolith	n. MEEK u.a., 1985
	Arbpl	NZ	(G)	1,0 Fasern/ml		andere Asbestf.	n. MEEK u.a., 1985
	Arbpl	S	(G)	0,5 Fasern/ml			n. MEEK u.a., 1985
	Arbpl	SF	(G)	2,0 Fasern/ml			n. MEEK u.a., 1985
	Arbpl	SGP	(G)	2,0 Fasern/ml			n. MEEK u.a., 1985
	Arbpl	SU	G	2,0 mg/m^3	PDK	3)	n. KETTNER, 1979
	Arbpl	SU	G	6,0 mg/m^3	PDK	Asbestzement	n. KETTNER, 1979
	Arbpl	USA	G	0,5 $Fasern/m^3$	TWA	Amosit, Krokyd. [4)]	ACGIH, 1986
	Arbpl	USA	G	2,0 $Fasern/m^3$	TLV	Chrys., andere A. [4)]	ACGIH, 1986
	Arbpl	ZA	(G)	5,0 Fasern/ml		in Bergwerken	n. MEEK u.a., 1985
	Arbpl	ZA	(G)	2,0 Fasern/ml		in Fabriken	n. MEEK u.a., 1985
	Luft	D	G	0,1 mg/m^3	TA-L	5)	n. DVGW, 1988
	Luft	DDR	G	0,005 mg/m^3	MIK_k		n. HORN, 1989
	Luft	F	(G)	0,1 mg/m^3		Emission (Staub)	n. MEEK u.a., 1985
Nahrung:	Trinkw	USA	G	$7{,}1 \times 10^6$ Fasern/l		mittl. und lange Fasern	n. DVGW, 1988

Anmerkungen:

In Dänemark existiert ein Verbot für asbesthaltige Materialien für Produktion, Import und Gebrauch mit wenigen Ausnahmen. Norwegen, Schweden und die Niederlande regeln die Gehalte von Asbest in Isolations- und Gebrauchsmaterialien in zusätzlichen Verordnungen.

1) Feinstaub, Asbestgehalt > 2,5 Gew.-%

2) Anzuwenden bei 2,5 Gew.-% Asbest im Feinstaub

3) Asbest und Mineralgemische > 10% Asbest
4) Fasergröße länger als 5 m und ein Längen-Durchmesserverhältnis von 3:1
5) als Feinstaub bei einem Massenstrom von 0,5 g/h und mehr

VERGLEICHS-/REFERENZWERTE

Medium/Herkunft	Land	Wert	Quelle
Oberflächengewässer:			
Nördl. Bodensee (1981)	D	< 5 Fasern/l x 10^3 1)	n. DVGW, 1988
Südl. Bodensee (1981)	D	10-20 Fasern/l x 10^3 1)	n. DVGW, 1988
Frankenwald (1981)	D	10-50 Fasern/l x 10^3 1)	n. DVGW, 1988
Bayr. Wald (1981)	D	< 5-30 Fasern/l x 10^3 1)	n. DVGW, 1988
Grundwasser:			
Norddeutschland (1981)	D	4-100 Fasern/l x 10^3 1)	n. DVGW, 1988
Frankenwald (1981)	D	< 5-60 Fasern/l x 10^3 1)	n. DVGW, 1988
Trinkwasser:			
10 Versorgungsbetr. (1981)	D	5-1.000 Fasern/l x 10^3 2)	n. DVGW, 1988
Montreal (1971)	CDN	2.000-9.500 Fasern/l x 10^3	n. DVGW, 1988
Toronto (1974)	CDN	700-4.100 Fasern/l x 10^3	n. DVGW, 1988
Duluth (1974)	USA	20.000-75.000 Fasern/l x 10^3	n. DVGW, 1988
Chicago (1977)	USA	80-2.300 Fasern/l x 10^3	n. DVGW, 1988

Anmerkungen:
1) Asbestfasern mit mehr als 5 um Länge
2) Versorgungsbetriebe mit Asbestzementleitungen und einem negativen Sättigungsindex > 0,2, am Zapfhahn

BEWERTUNG & ANMERKUNGEN

Asbestfasern gelangen durch natürliche und anthropogene Prozesse in die Umwelt. Aufgrund der großen Schädlichkeit für Atemwegsorgane, insbesondere der Lunge, muß die Freisetzung bei der Herstellung und Bearbeitung asbesthaltiger Erzeugnisse deutlich herabgesetzt werden. Dies gilt besonders für Innenräume und Arbeitsplätze. Zunehmend kommt Asbest in den Verdacht, auch durch orale Aufnahme Tumore zu bilden. Deshalb ist ein weiterer Gebrauch von Asbestzementen für Trinkwasserrohrleitungen nicht vertretbar. Der Verzicht aus asbesthaltige Produkte wird mittlerweile durch eine große Zahl von Produkten mit Ersatzstoffen ermöglicht.

1000 BARIUM

BEZEICHNUNGEN

CAS-Nr.:	7440-39-3
Systematischer Name:	Barium
Stoffname (engl.):	barium
Stoffname (franz.):	baryum
Erscheinungsbild:	silberweißes, weiches Leichtmetall

CHEM.-PHYSIKAL. GRUNDDATEN

Elementsymbol:	Ba
Molare Masse:	137,34 g/mol
Dichte:	3,51 g/m^3 (bei 20°C)
Siedepunkt:	1.640°C
Schmelzpunkt:	725°C
Dampfdruck:	1,3 x 10^{-3} mbar bei 547°C 10 mbar bei 1.049°C
Flammpunkt:	Barium entzündet sich von selbst bereits an feuchter Luft, mit Wasser und Alkoholen reagiert es lebhaft, mit Tetrachlorkohlenstoff explosiv.
Löslichkeit:	in Wasser (bei 20°C): Bariumchlorid 357 g/l, Bariumhydroxid 32,8 g/l, Bariumcarbonat 0,16 g/l oder Bariumsulfat 0,02 g/l

HERKUNFT UND VERWENDUNG

Verwendung:
Zu etwa 80% wird Bariumsulfat zur Erhöhung der Dichte bei Bohrspülungen während der Erdölförderung eingesetzt, die restlichen 20% finden als Füllmittel für Anstrichfarben und Papier, als Schwerbetonzusatz und Röntgenkontrastmittel sowie bei Feuerwerken oder Sprengtechniken Anwendung. Bariumcarbonat wird in der Keramik- und Glasindustrie eingesetzt und als Rodentizid in der Landwirtschaft verbraucht. Eine wichtige Verwendung erfolgt im Rahmen der Chloralkalielektrolyse.

Herkunft/Herstellung:
Barium kommt in der Natur als Mineralkomponente (Schwerspat: Bariumsulfat) vor und ist zu 0,04-0,05% am Aufbau der Erdkruste beteiligt.

Produktionszahlen:
Der Verbrauch von Bariumsulfat betrug in der Bundesrepublik im Jahr 1975 knapp 370.000 t (DVGW, 1985).

TOXIZITÄT

Säugetiere:

Ratte:	LD 500 mg/kg, oral (Bariumacetat)	n. DVGW, 1985
	LD 630 mg/kg, oral (Bariumcarbonat)	n. DVGW, 1985
	LD_{50} 150 mg/kg, oral (Bariumchlorid)	n. DVGW, 1985
	LD_{50} 355 mg/kg, oral (Bariumnitrat)	n. DVGW, 1985
Maus:	LD_{50} 800 mg/kg, oral (Bariumcarbonat)	n. DVGW, 1985
	LD 7-14 mg/kg, oral (Bariumchlorid)	n. DVGW, 1985
Kaninchen:	LD 236 mg/kg, oral (Bariumacetat)	n. DVGW, 1985
	LD 170-300 mg/kg, oral (Bariumcarbonat)	n. DVGW, 1985

Wasserorganismen:

Wasserfloh:	83 mg/l kritische Schwelle	n. DVGW, 1985
Aal:	LD 2.000 mg/l (36 h)	n. DVGW, 1985
Goldfisch:	LD 9.400 mg/l (14,5 h)	n. DVGW, 1985

Wirkungscharakter:

Mensch/Säugetiere: Sämtliche löslichen Bariumverbindungen sind giftig und werden im Magen-Darm-Trakt schnell resorbiert. Danach findet eine Akkumulation in den Knochen statt. Eine Einnahme von 2 bis 4 g Bariumchlorid kann zum Tode führen; Barium-Ionen wirken auf das Herz lähmend.
Akute Vergiftungen führen zu Erbrechen und Durchfall, Herzstörungen und Muskelkrämpfen sowie zu Herz- oder Atemstillstand.
Während Bariumhydroxid stark ätzend wirkt, weil es in Wasser das lösliche Bariumhydroxid bildet, ist Bariumsulfat aufgrund seiner praktischen Wasserunlöslichkeit ungefährlich.

VERHALTEN IN DER UMWELT

Bariumverbindungen gelangen zumeist über Abwässer aus Industriebetrieben in die Umwelt. Schon ab 0,1 mg/l Barium werden Mikroorganismen geschädigt; ab 1 g/l ist die Selbstreinigungskraft von Gewässern gehemmt.

UMWELTSTANDARDS

Medium/ Akzeptor	Bereich	Land/ Organ.	Status	Wert	Kat.	Anmerkungen	Quelle
Wasser:	Oberfl	EG	(G)	0,1 mg/l		1)	n. DVGW, 1985
	Oberfl	EG	(G)	1 mg/l		2)	n. DVGW, 1985
	Trinkw	AUS		1 mg/l		1973	n. MERIAN, 1984
	Trinkw	CDN		1 mg/l		1978	n. DVGW, 1985
	Trinkw	EG	(R)	0,1 mg/l		Richtzahl	n. DVGW, 1985
	Trinkw	SU		4 mg/l		1970	n. MERIAN, 1984

	Trinkw	USA	G	1 mg/l			n. DVGW, 1985
	Grundw	NL	R	50 ug/l		3)	n. BACHMANN, 1987
	Grundw	NL	R	100 ug/l		4)	n. BACHMANN, 1987
	Grundw	NL	R	500 ug/l		5)	n. BACHMANN, 1987
	Tränkw	USA	(G)	1 mg/l		1968	n. DVGW, 1985
Boden:		NL	R	200 mg/kg		3)	n. BACHMANN, 1987
		NL	R	400 mg/kg		4)	n. BACHMANN, 1987
		NL	R	2.000 mg/kg		5)	n. BACHMANN, 1987
Luft:	Arbpl	AUS	(G)	0,5 mg/m³			n. MERIAN, 1984
	Arbpl	B	(G)	0,5 mg/m³			n. MERIAN, 1984
	Arbpl	CH	(G)	0,5 mg/m³			n. MERIAN, 1984
	Arbpl	D	G	0,5 mg/m³	MAK		DFG, 1989
	Arbpl	DDR	(G)	0,5 mg/m³	MAK		n. MERIAN, 1984
	Arbpl	NL	(G)	0,5 mg/m³			n. MERIAN, 1984
	Arbpl	PL	(G)	0,5 mg/m³			n. MERIAN, 1984
	Arbpl	RO	(G)	0,5 mg/m³		Kurzzeitwert	n. MERIAN, 1984
	Arbpl	SF	(G)	0,5 mg/m³			n. MERIAN, 1984
	Arbpl	USA	G	0,2 mg/m³		Langzeitwert	ACGIH, 1986
		D	G	50,0 mg/m³		TA-Luft[6)]	n. DVGW, 1985
Nahrung:		D	R	0,5-3,0 mg/P	ADI		n. DVGW, 1985
	Trinkw	D	G	1 mg/l			n. DVGW, 1985

Anmerkungen:

In der Bundesrepublik ist die Verwendung von Barium in Kosmetika bis auf wenige Ausnahmen verboten.

1) Zwingender Wert für einfache physikalische Aufbereitung und Entkeimung
2) Zwingender Wert für normale physikalische und chemische Aufbereitung und Entkeimung; zwingender Wert für physikalische und verfeinerte chemische Aufbereitung, Oxidation, Adsorption und Entkeimung
3) Beurteilungswert für Boden- und Grundwasserverunreinigungen, A-Wert = gilt als unbelastet
4) Beurteilungswert für Boden- und Grundwasserverunreinigungen, B-Wert = Notwendigkeit weiterer Untersuchungen
5) Beurteilungswert für Boden- und Grundwasserverunreinigungen, C-Wert = Notwendigkeit einer Sanierung
6) bei einem Massenstrom von 1 kg/h und mehr

VERGLEICHS-/REFERENZWERTE

Medium/Herkunft	Land	Wert	Quelle
Oberflächengewässer			
Bodensee (1983)	D	23,5 ug/l	n. DVGW, 1985
Ruhr (Duisburg, 1983)	D	41 ug/l	n. DVGW, 1985
Denver (1966)	USA	16-56 ug/l	n. DVGW, 1985
Trinkwasser			
100 Gemeinden	USA	2-380 ug/l	n. DVGW, 1985

BEWERTUNG & ANMERKUNGEN

Bariumverbindungen sind giftig und insbesondere für Wasserorganismen stark toxisch. Über ihr Verhalten in der Umwelt liegen bislang kaum Daten vor, so daß eine umfassende Bewertung nicht erfolgen kann.

029 BENZOL

BEZEICHNUNGEN

CAS-Nr.: 71-43-2
Systematischer Name: Benzol
Gebrauchsname: Benzol
Stoffname (engl.): benzene, annuloene, benzeen, benzen, benzin, benzine, benzol, benzole, bi
carburet of hydrogen, carbon oil, coal naphtha, cyclohexatriene, fenzen, mineral naphtha,motor benzol, NCI-C55276, nitration benzene, phene, phenyl hydride
Stoffname (franz.): benzène
Erscheinungsbild: farblose, leicht flüchtige Flüssigkeit mit aromatischem Geruch

CHEM.-PHYSIKAL. GRUNDDATEN

Summenformel: C_6H_6
Molare Masse: 78,12 g/mol
Dichte: 0,87865 g/cm^3 bei 20°C
rel. Gasdichte: 2,70
Siedepunkt: 80,1 °C bei 1013 hPa
Schmelzpunkt: 5,5 °C
Dampfdruck: 102 hPa bei 20°C; 127 hPa bei 25°C
Flammpunkt: -11 °C
Zündtemperatur: 560 °C
Löslichkeit: in Wasser 1,79 g/l bei 25°C
in Fett 290 g/l (geschätzt)
unbegrenzt in Aceton, Ether, Alkohol, Chloroform

Umrechnungsfaktoren: 1 ppm = 3,26 mg/m^3 bei 20°C
1 mg/m^3 = 0,31 ppm

HERKUNFT UND VERWENDUNG

Verwendung:
Reinbenzol ist in der chemischen Industrie die wichtigste Basis für aromatische Zwischenprodukte sowie für die Gruppe der cycloaliphatischen Verbindungen. Auf der Grundlage von Benzol werden Kunststoffe, synthetischer Kautschuk, Farbstoffe, Farben und Lacke, Harze, Waschmittelrohstoffe und Pflanzenschutzmittel hergestellt.

Herkunft/Herstellung:
Benzol kommt in geringen Mengen und Konzentrationen in der Natur vor. Es ist Bestandteil des Rohöls (max. 0,4 g/l) und entsteht durch unvollständige Verbrennung von Biomaterial (z.B. Wald-

brände). Benzol wird als großtechnisches Produkt als Reinbenzol hergestellt und verarbeitet. Normalerweise wird es aus Rohöl gewonnen. Normalbenzin enthält zwischen 12 und 16 g/l; Superbenzin bis zu 24 g/l Benzol. Neben Kraftfahrzeugen tragen Kokereien, Feuerungsanlagen, Lagerung und Verteilung von Ottokraftstoffen, Raffinerien und die chemische Industrie zur Emission bei.

Produktionszahlen:
Die Schätzungen der jährlichen weltweiten Gesamtproduktion variieren. Die Werte betragen vermutlich mehr als 15 Mio t Reinbenzol und ca. 10 Mio t in Kraftstoffen. Produktion von Reinbenzol:

BRD (1983):	1,34 Mio t	EG (1978/79):	4,4 Mio t
F (1983)	1,37 Mio t	USA (1983)	4,28 Mio t
Japan (1983)	1,75 Mio t	UDSSR (1977)	1,54 Mio t

Emissionszahlen (geschätzt):
weltweit 100.000-1.000.000 t/a; USA in die Atmosphäre 110.000-224.000 t/a (davon 40.000-80.000 t/a aus Kraftstoffen); USA in Gewässer 3-14 t/a; D 55.000-70.000 t/a (davon 50.000-60.000 t/a aus Kraftstoffen)

TOXIZITÄT

Mensch:

	TLC_0 0,68 mg/l, Inhalation	1)

Säugetiere:

Ratte (männlich)	LD_{50} 3,8-6,5 g/kg KG, oral
Ratte (männlich)	LD_{50} 17,6 g/kg KG, dermal
Ratte (männlich)	LC_{50} 18 mg/l, Inhalation (4 h)
Ratte (weiblich)	LD_{50} 6,2-7,2 g/kg KG, oral
Ratte (weiblich)	LD_{50} 19,4 g/kg KG, dermal
Ratte (weiblich)	LC_{50} 23 mg/l, Inhalation (4 h)

Insekten:

Rüsselkäfer	LC_{50} 210 mg/l

Wasserorganismen:

Goldorfe	LC_0 31 +/- 25 mg/l (96 h)
Goldfisch	LC_0 36 mg/l (24 h)
Forelle	LC_{50} 22 mg/l (96 h)
Hering	EC_0 <0,8 mg/l (Reproduktivität)
Wasserfloh (Daphnia magna)	LC_{50} 200 mg/l (48 h)
Wasserfloh (Daphnia magna)	LC_{50} 15 mg/l (96 h)
Blaualge	EC_0 >1400 mg/l (Hemmung der Zellvermehrung)
Grünalge	EC_0 >1400 mg/l (Hemmung der Zellvermehrung)
Grünalge	EC_{50} 310-460 mg/l (Reduktion der Photosynthese)
Meeresalge	EC_0 ca. 1400 mg/l (Reduktion der Produktivität)

andere Organismen:

Regenwurm LC_{50} = 100-1000 ug/cm^2 (48 h)

Anmerkungen:

1) alle Angaben nach RIPPEN, 1989

Wirkungscharakter:

Mensch/Säugetiere: Kanzerogenität bei Menschen erwiesen; karzinogene Tumore bei Ratten und Mäusen; Knochenmarkschädigungen in kleinsten Mengen; Blutgift; chromosomale Veränderungen in den Blutzellen exponierter Arbeiter und in Blut- und Knochenzellen exponierter Ratten; Resorption durch die Haut möglich; mittlere Haut- und Augenreizung. Metabolismus findet vor allem in der Leber und im Knochenmark statt. Bei Einatmung von Benzoldämpfen kann es je nach Konzentration und Dauer zu Störungen des Zentralnervensystems kommen, die sich in Schwindel, Kopfschmerzen, Übelkeit, Benommenheit, Bewußtseinsstörungen mit Erregungs- und Krampfzuständen und schließlich in Bewußtlosigkeit und Lähmung des Atemzentrums äußern. Flüssiges Benzol ist haut- und schleimhautreizend.

Pflanzen: Hohe Luftkonzentrationen (>50 mg/m^3, 30 min.) wirken letal. Im Gießwasser stimulieren geringe Benzolkonzentrationen das Pflanzenwachstum und die Wurzelbildung. Höhere Konzentrationen, nahe der gesättigten Lösung wirken dagegen wachstumshemmend.

Anmerkung: Eine ausführliche Zusammenstellung von Untersuchungen zum Wirkungscharakter von Benzol findet sich bei OAK RIDGE NATIONAL LABORATORY, 1987, und BUA, 1988.

VERHALTEN IN DER UMWELT

Wasser:

stark flüchtig: Verdunstungs-Halbwertszeit 2,7-5 h (4,8 h in einem 1 m tiefen Wasserkörper bei 25°C).

Luft:

Benzol ist ein mittelstarker Smogbildner. Es reagiert schnell mit OH-Radikalen, von deren Konzentration somit die Verweildauer in der Atmosphäre von einigen Stunden bis zu einigen Tagen abhängt. Auswaschungseffekte führen lediglich zu einem kurzfristigen Entzug aus der Atmosphäre, da Benzol von Wasser- und Bodenoberflächen schnell wieder verdunstet.

Boden:

stark flüchtig und somit hohe Verluste aus oberen Bodenschichten an die Atmosphäre; in tieferen Bodenschichten relativ mobil, Auswaschung in das Grundwasser; Anreicherung in Klärschlämmen.

Abbau, Zersetzungsprodukte, Halbwertzeit:

In der Atmosphäre erfolgt der Abbau vorrangig durch indirekte Phototransformation (s.u. Luft); keine Photolyse bei Wellenlängen >290 nm. Über die gesamte Troposphäre gemittelt errechnen sich

Halbwertszeiten von 7-22 Tagen, mit einem Mittelwert von 13 Tagen. In der niedrigen Troposphäre (bis ca. 1-2 km Höhe) liegen die Durchschnittswerte für die Halbwertszeit von Benzol zwischen 3 und 10 Tagen. In Gewässern und im Boden findet der Abbau vorrangig durch Biodegradation (aerob schneller als anaerob) statt. Mikrobielle Metaboliten: cis-Dihydrodiol, 1,2-Dihydroxy-1,2-dihydrobenzene, Catechol. Metaboliten in Säugetieren: Benzenoxid, Hydroquinone, Phenol, Catechol, trans,trans-Mucondialdehyd, p-Benzoquinone. 33% aerober Abbau in Kläranlagen nach 12 h; BOD_5 = 45%; aerober Abbau gering im Vergleich zur Verflüchtigung. Thermische Zersetzung erfolgt bei 600°C in der Gasphase; unter Umweltbedingungen ist Hydrolyse unwahrscheinlich.

UMWELTSTANDARDS

Medium/ Akzeptor	Bereich	Land/ Organ.	Status	Wert	Kat.	Anmerkungen	Quelle
Wasser:		D	R	3	WGK	n. RIPPEN, 1989	
	Trinkw	A	G	10 ug/l			n. RIPPEN, 1989
	Trinkw	SU	R	500 ug/l		tox. Toleranzwert	n. RIPPEN, 1989
	Trinkw	USA	R	13,0 ug/l (7d)		Nat. Acad. Science	n. RIPPEN, 1989
	Trinkw	USA	R	0,35 ug/l (7d)		U.S.EPA	n. RIPPEN, 1989
	Trinkw	USA	R	0,67 ug/l		chron. Exposition	n. RIPPEN, 1989
	Trinkw	USA	(G)	5 ug/l	MCL		
	Trinkw	WHO	R	10 ug/l		Leukämie-Risiko	WHO, 1984
	Abwasser	USA	R	125 ug/l (max./d)		Direkteinleitung	n. RIPPEN, 1989
	Abwasser	USA	R	75,0 ug/l (Mittel, 4d)		Direkteinleitung	n. RIPPEN, 1989
	Grundw	D(HH)	R	1 ug/l		nähere Untersuchung	n. LAU-BW[1)], 1989
	Grundw	D(HH)	R	5 ug/l		Sanierungsunters.	n. LAU-BW[1)], 1989
	Grundw	NL	R	1 ug/l		nähere Untersuchung	n. RIPPEN, 1989
	Grundw	NL	R	5 ug/l		Sanierungsunters.	n. RIPPEN, 1989
	Grundw	USA	G	1 ug/l		Florida	n. ORNL[2)], 1987
	Oberfl	USA	R	3,1 mg/l (1 d, Mittel)		Schutz Süßwasserorg.	n. RIPPEN, 1989
	Oberfl	USA	R	7 mg/l (max.)		Schutz Süßwasserorg.	n. RIPPEN, 1989
	Oberfl	USA	R	0,92 mg/l (1 d, Mittel)		Schutz Salzwasserorg.	n. RIPPEN, 1989
	Oberfl	USA	R	2,1 mg/l (max.)		Schutz Salzwasserorg.	n. RIPPEN, 1989
	Geruchsschwelle			8,6 mg/l			n. RIPPEN, 1989
Boden:		NL	R	0,5 mg/kg TS		nähere Untersuchung	n. RIPPEN, 1989
		NL	R	5 mg/kg TS		Sanierungsunters.	n. RIPPEN, 1989
Luft:		D	G	10,0 mg/m^3	MIK	Kurzzeitwert	n. RIPPEN, 1989

	D	G	3,0 mg/m^3	MIK	Langzeitwert	n. RIPPEN, 1989
	DDR	(G)	0,3 mg/m^3	(MIK)	Kurzzeitwert	n. HORN u.a., 1989
	DDR	(G)	0,1 mg/m^3	(MIK)	Langzeitwert	n. HORN u.a., 1989
	H	(G)	0,8 mg/m^3		30 min-Mittel[3)]	n. STERN, 1986
	H	(G)	1,0 mg/m^3		30 min-Mittel[4)]	n. STERN, 1986
	H	(G)	0,3 mg/m^3		24 h-Mittel[4)]	n. STERN, 1986
	IL	(G)	4,8 mg/m^3		30 min-Mittel	n. STERN, 1986
	IL	(G)	1,6 mg/m^3		24 h-Mittel	n. STERN, 1986
	PL	(G)	0,2 mg/m^3		30 min-Mittel[3)]	n. STERN, 1986
	PL	(G)	1,0 mg/m^3		30 min-Mittel[4)]	n. STERN, 1986
	PL	(G)	0,1 mg/m^3		24 h-Mittel[3)]	n. STERN, 1986
	PL	(G)	0,3 mg/m^3		24 h-Mittel[4)]	n. STERN, 1986
	PL	(G)	0,025 mg/m^3		a-Mittel[3)]	n. STERN, 1986
	PL	(G)	0,043 mg/m^3		a-Mittel[4)]	n. STERN, 1986
	RO	(G)	2,4 mg/m^3		30 min-Mittel	n. STERN, 1986
	RO	(G)	0,8 mg/m^3		24 h-Mittel	n. STERN, 1986
	SU	(G)	1,0 mg/m^3		30 min-Mittel[4)]	n. STERN, 1986
	SU	(G)	0,3 mg/m^3		24 h-Mittel[4)]	n. STERN, 1986
Arbpl	CS	(G)	16 ppm		von 1969	n. ACGIH, 1982
Arbpl	D	G	16,0 mg/m^3	TRK[5)]		DFG, 1989
Arbpl	D	G	5,0 ml/m^3	TRK[6)]		DFG, 1989
Arbpl	DDR	(G)	5,0 mg/m^3			n. HORN u.a., 1988
Arbpl	S	(G)	10 ppm		von 1975	n. ACGIH, 1982
Arbpl	SU	(G)	5,0 mg/m^3	PdK		n. RIPPEN, 1989
Arbpl	USA	(G)	1 ppm	TWA	8 h	n. ORNL[2)], 1987
Arbpl	USA	(G)	5 ppm	STEL		n. ORNL[2)], 1987
Arbpl	USA	R	0,1 ppm	TWA	10 h; Vorschlag	n. ORNL[2)], 1987
Arbpl	USA	R	0,5 ppm		'action level'	n. ORNL[2)], 1987
Arbpl	USA	R	1,0 ppm	CL	15 min.; Vorschlag	n. ORNL[2)], 1987
Geruchsschwelle			15,3 mg/m^3			n. ORNL[2)], 1987

Anmerkungen:

1) Landesamt für Umweltschutz Baden-Württemberg
2) Oak Ridge National Laboratory
3) besonders geschützte Gebiete
4) geschützte Gebiete
5) Stäube
6) Gase und Dämpfe

Weitere benzolspezifische Regelungen in der BRD in:
der Gefahrstoffverordnung; der Bundes-Immissionsschutzverordnung; der Störfall-Verordnung; den Gefahrgutverordnungen; dem Abfallgesetz (Sonderabfall); der Benzinqualitätsangabeverordnung; der Kosmetikverordnung; der Verordnung über die Einschränkung und Verbote für bestimmte Stoffe in Spielwaren und Scherzartikeln.

VERGLEICHS-/REFERENZWERTE

Medium/Herkunft	Land	Wert	Quelle[1]
Wasser:			
Rhein (Basel, 1976)	CH	0,2 ug/l	
Rhein (Köln, 1976)	D	0,3 ug/l	
Rhein (Duisburg, 1976)	D	0,8 ug/l	
Tees River Ästuar (1984)	GB	0,1-200 ug/l	
Grundwasser (unkontaminiert)	NL	<0,01-0,03 ug/l (n=8)	
Grundwasser (kontaminiert)	NL	100 ug/l	
Grundwasser (kontaminiert)	USA	1,0-470 ug/l (n=9 von 13)	
Deponie-Sickerwasser	USA	17-540 ug/l (n=6)	
Trinkwasser	USA	<0,5-15 ug/l (n=945; 11 >=0,5 ug/l)	
Regenwasser	GB	87 ug/l	
Boden/Sediment:			
Klärschlamm	USA	0,05-11,3 mg/kg TG (n=11 von 13)	
Tees River Ästuar (1986)	GB	1,5-3,9 ug/kg NG (n=4)	
Luft:			
Reinluft, Südhemispäre 1980-1983		<5-80 pptv (Mittelwerte)	
Reinluft, Nordhemisphäre 1980-1983		100-260 pptv (Mittelwerte)	
Arktis (Juli 1982)		66 pptv (n=8; Mittelwert)	
Arktis (Frühjahr 1983)		307 pptv (n=10; Mittelwert)	
Deuselbach ('Reinluft', 1983)	D	0,10-0,12 ppbv (Mittelwerte)	
div. (Hintergrundbelastung)	Brasilien	0,31-0,72 ppbv (n=8)	
div.	Kenia	0,07-0,85 ppbv (n=13)	
div. (Wüste)	Ägypten	0,19 ppbv (n=5; Mittelwert)	
Berlin (1976/77)	D	0,6-60 ppbv (n>200; 24 h-Werte)	
7 Städte (1980/81)	USA	1,4-5,8 ppbv (Mittelwerte)	
Leningrad (1977-79)	SU	5,4-204 ppbv (n=30; 20-50 min-Werte)	
Atemluft:			
an Tankstellen (1970-80)		100-10.000 ug/m^3 (n>130; 2-14 h-Werte)	
Tankwagenfahrer		30-100.000 ug/m^3	
Tankwagenfahrer		540 ug/m^3 (8 h-Mittelwert)	
Tankschiffbesatzung		2.400-170.000 ug/m^3	
Tankschiffbesatzung		4200 ug/m^3 (8 h-Mittelwert)	
Nahrung:			
div. Fische (Los Angeles Bay, 1980/81)		<1-52 ug/kg FS (n=4)	
Eier		0,5-1,9 mg/kg	
Rindfleisch		2-19 ug/kg	
Rum		0,12 ug/kg	

Anmerkung: [1] alle Angaben nach RIPPEN, 1989

BEWERTUNG & ANMERKUNGEN

Da Benzol aufgrund seiner physikalischen Eigenschaften schnell in die Atmosphäre gelangt, kann es, trotz relativ kurzfristiger Umwandlungsreaktionen, über weite Strecken transportiert werden. Dem vorteilhaft relativ schnellen Abbau von Benzol stehen nachteilig eine Reihe von toxischen Abbauprodukten gegenüber. Neben arbeitsplatzbedingten Expositionen sind Menschen vor allen durch Rauchen und Verkehrsemissionen der Aufnahme von Benzol ausgesetzt. Die Grenz- und Richtwerte variieren im Luftbereich und besonders im Bereich Trinkwasser. Die Empfehlung der WHO liegt dabei um das 15-30fache über den Vorschlägen der U.S. EPA. Zumindest dort wo Trinkwasser vorrangig zum Verzehr genutzt wird, sollte eine Orientierung an den letztgenannten Werten erfolgen.

Weitergehende Informationen zum Stoff Benzol geben RIPPEN (1989), OAK RIDGE NATIONAL LABORATORY (1987) und das BUA, 1988

153 BENZO[A]PYREN

BEZEICHNUNGEN

CAS-Nr.: 50-32-8
Systematischer Name: Benzo[a]pyren
Gebrauchsnamen: 1,2-Benzpyren (veraltet); 3,4-Benzpyren; Benzo[def]chrysen; BaP; BAP
Stoffname (engl.): Benzo(a)pyrene
Erscheinungsbild: gelbliche Plättchen oder Nadeln

CHEM.-PHYSIKAL.GRUNDDATEN

Summenformel: $C_{20}H_{12}$
Molare Masse: 252,3
Dichte (bei 20°C): 1,282 g/cm^3 (Plättchen); 1,351 g/cm^3 (Nadeln)
Schmelzpunkt: 178°C
Dampfdruck: 0,7 x 10^{-6} Pa bei 20-25°C
Löslichkeit: in Wasser 4,5 x 10^{-6} g/l bei 15-30°C

HERKUNFT UND VERWENDUNG

Herkunft/Verwendung:
natürlicher Bestandteil in organischen Rohstoffen, besonders Rohölen; Entstehung durch Pyrolyse organischer Stoffe.

Beispiele für Anteile:		
	Steinkohlenteer	0,65%
	Straßenteer	0,51-1,0%
	Peche	1,25% (Maximalwert)
	Imprägnieröle	0045-0,35%
	Motoröl (frisch)	0,008-0,27 mg/kg
	Motoröl (gebraucht)	5,2-35 mg/kg
	Dieselöl	0,026 mg/l
	Kraftstoff	0,09-8,3 mg/kg
	Rohöl (Kuwait)	2,8 mg/kg
	Rohöl (Lybien)	1,32 mg/l
	Rohöl (Venezuela)	1,66 mg/l
	Rohöl (Pers. Golf)	0,40 mg/l

Produktionszahlen:
keine kommerzielle Gewinnung oder Verwendung von isoliertem Benzo[a]pyren außer als analytischem Standard.

Emissionen:
Emissionen durch Verbrennung fossiler Brennstoffe:

	Kohleheizung	100 ug/m^3
	Koksofen	13-35 ug/m^3
	Müllverbrennung	11 ug/m^3
	Dieselabgas	5 ug/m^3
	Kohlekraftwerk	0,3 ug/m^3
	Gaskraftwerk	0,1 ug/m^3
	Kfz-Abgas	1-48 ug/l verbrannter Kraftstoff
Emissionsfaktoren (1981, geschätzt):		
	Braunkohlebriketts	37%
	Kokserzeugung	31%
	Steinkohlebriketts	14%
	PKW-Verkehr	13%
	Gas und Gasflammkohle	5%
	Ölheizung	0,1%
	Anthrazit	0,1%

Anmerkung:
Angaben aus verschiedenen Quellen, alle zitiert nach RIPPEN, 1989.

TOXIZITÄT

Insekten:

Grille (Acheta domesticus)	LC50 >15 mg/g KG, oral

Wasserorganismen:

Meerw.-Fisch (Leuresthes tenius)	EC_0 0,024 mg/l (14 d, Schlüpfrate, embryonale Entw., Wachstum)
Regenbogenforelle	EC_0 <50 mg/kg Nahrung (18 Monate, Tumorbildung)
Borstenwürmer	LC_{50} >1 mg/l (96 h)
Wasserfloh (Daphnia pulex)	LC_{50} 0,005 mg/l (96 h)

andere Organismen:

Regenwurm	LC_{50} >1mg/cm^2 (48 h)

Pflanzen:

versch. Nutzpflanzen	13 mg/l im Nährmedium (Suspensionskulturen, keine Beeinflußung Wachtstum
Weizenkeimpflanzen	2,5 mg/l (Initiallösung, Verkümmerung der Pflanzen)

Anmerkungen:
alle Angaben nach RIPPEN, 1989

Wirkungscharakter:
Mensch/Säugetiere: Die kanzerogene Wirkung dieses Stoffes ist eindeutig nachgewiesen.

VERHALTEN IN DER UMWELT

Wasser:
In Brack- und Meerwasser nach 3 h 71-75% adsorbiert an Partikel, insbesondere Phytoplankton und Bakterien. Schnelle Reaktion mit Chlor und Ozon. Photochemische Transformation in Wasser.

Abbau, Zersetzungsprodukte, Halbwertzeit:
Die Angaben für den Abbau in Oberflächengewässern schwanken stark, eine Auswahl von Untersuchungsergebnissen:
- kein Abbau bzw. kein Abbau ohne Lichteinwirkung;
- in Meer- und Brackwasser Mineralisierungsrate: 0,01 ug/l undTag
- nach 12 Tagen Transformation von 53%
- Halbwertzeit für mikrobielle Tansformation >1.400 h.

Für den Abbau im Sediment werden Halbwertzeiten von 5-10 Jahren angegeben; hier wurden für die mikrobielle Transformation bei starker Kontamination um 1.300 h und bei mäßiger bis niedriger Konzentration mehr als 20.000 h ermittelt.
Auch für den Abbau im Boden werden sehr unterschiedliche Halbwertzeiten zwischen 2 und 700 Tagen genannt. Grundsätzlich gilt, daß geringe Konzentrationen langsamer transformiert werden als hohe.
Wichtigste Metaboliten: 3-Hydoxybenzo[a]pyren und 9-Hydroxybenzo[a]pyren.

UMWELTSTANDARDS

Medium/ Akzeptor	Bereich	Land/ Organ.	Status	Wert	Kat.	Anmerkungen	Quelle
Wasser:	Trinkw	A	(G)	0,2 ug/l		incl. 5 andere Stoffe	n. RIPPEN, 1989
	Trinkw	D	G	0,2 ug/l		incl. 5 andere Stoffe	n. RIPPEN, 1989
	Trinkw	EG	R	0,2 ug/l		incl. 5 andere Stoffe	n. RIPPEN, 1989
	Trinkw	SU	(G)	0,005 ug/l			n. RIPPEN, 1989
	Trinkw	WHO	R	0,2 ug/l		incl. 5 andere Stoffe	n. RIPPEN, 1989
	Grundw	D(HH)	R	0,2 ug/l		nähere Untersuchung	n. LAU-BW[1], 1989
	Grundw	D(HH)	R	1 ug/l		Sanierungsunters.	n. LAU-BW, 1989
	Grundw	NL	(G)	0,2 ug/l		nähere Untersuchung	n. RIPPEN, 1989
	Grundw	NL	(G)	1 ug/l		Sanierungsunters.	n. RIPPEN, 1989
Boden:		NL	(G)	1 mg/kg TS		nähere Untersuchung	n. LAU-BW[1], 1989
		NL	(G)	10 mg/kg TS		Sanierungsunters.	n. LAU-BW[1], 1989

Anmerkungen:
[1] Landsamt für Umweltschutz Baden-Württemberg

VERGLEICHS-/REFERENZWERTE

Medium/Herkunft	Land	Wert	Quelle[1)]
Wasser:			
Rhein (Karlsruhe,Köln,Leibheim)	D	<1-13 ng/l (Wasserphase)	
Rhein (Orte s.o. 1977-79)	D	<1-82 ng/l (Schwebstoffe)	
Wupper (Mündung, 1984)	D	690 ng/l (Maximalwert)	
Bodensee (Sipplingen, 1977-79)	D	<1-3 ng/l (Wasserphase)	
Bodensee (Sipplingen, 1977-79)	D	<1-4 ng/l (Schwebstoffe)	
Nordsee (div. Stellen, 1980)	D	<0,02-0,56 ng/l (n=8)	
Grundwasser (unkontaminiert)	NL	<5 ng/l (n=8)	
Grundwasser (kontaminiert)	NL	1.000 ng/l	
Grundwasser (kontaminiert)	USA	13 ug/l (Maximalwert)	
Trinkwasser (Helsinki, 1980)	SF	0,05 ng/l	
Trinkwasser	N	<0,05 ng/l	
Trinkwasser (1984-1986)	D	<50-<120 ng/l (n=598)	
Sediment:			
Rhein (km 639, 1982/83)	D	1,25 mg/kg TS	
Wupper	D	2,0 mg/kg TS (Mittelwert)	
Bodensee	D/CH	1-1.620 ug/kg	
Nordsee (div. Stellen)		0,15-460 ug/kg (belastet und unbelastet)	
Adria		0,4-13 ug/kg TS (n=24)	
Boden:			
Waldboden (div. Standorte)	D	1,5-4 ug/kg TS	
div. kontamin. Böden	D	1-32 mg/kg TS	
Bodenauflage (Solling)	D	110-360 ug/kg	
industrieferne Böden		15-18 ug/kg (Durchschnitt)	
industrienahe Böden		200-500 ug/kg (Durchschnitt)	
Luft:			
Stadtluft (Berlin, Smog, 1980-82)	D	8-92 ng/m3 (n=546)	
wenig belastete Gebiete (1981)	D	1,3-1,4 ng/m3 (n=208)	
unbelastete Gebiete (1981)	D	<0,11-0,52 ng/m3 (n=3)	
Stadtniederschlag (1979/80)	D	1,8-3,6 ng/m3 (Jahresmittel)	
Stadtniederschlag (1979/80)	D	0,30-15 ng/m3 (Monatsmittel)	
Regenwasser (Los Angeles, 1982)	USA	<2-115 ng/l	
Nebel (nördl. Frankenwald, 1983)	D	260-880 ng/l (n=3)	
Staub (Ruhrgebiet, 1970-75)	D	50-100 ng/l	
Arbeitsplatz (Bitumen)	CND	0,04-0,43 ug/m3 (Dachdecker, Str.bau)	
Innenraumlufft (raucherfüllt)		22ng/m3	
Wassertiere:			
div. Mollusken	Grönland	18-60 ug/kg	

div. Mollusken	I	2-540 ug/kg
Seezunge (unbelastet, belastet)	USA	30 und 570 ug/kg TS

Anmerkung:

[1] alle Angaben aus RIPPEN, 1989; dort werden eine Vielzahl von weiteren Untersuchungsergebnissen wiedergegeben, darunter viele zum Gehalt von Benzo[a]pyren in Pflanzen und Lebensmitteln.

BEWERTUNG & ANMERKUNGEN

Obwohl Benzo[a]pyren ein kanzerogener Luftschadstoff ist, liegen bislang wenig Grenzwerte und Umweltstandards vor. Da vom Menschen zumeist oral aufgenommen, müssen Nahrungsmittel und Trinkwasser unbedingt unbelastet von diesem Stoff sein.

155 BERYLLIUM

BEZEICHNUNGEN

CAS-Nr.:	7440-41-7
Systematischer Name:	Beryllium
Gebrauchsnamen:	Glycinium
Stoffname (engl.):	beryllium
Stoffname (franz.):	béryllium
Erscheinungsbild:	silberweißes, glänzendes, hartes Metall

CHEM.-PHYSIKAL. GRUNDDATEN

Summenformel:	Be
Molare Masse:	9,01 g/mol
Dichte:	1,848 g/cm^3 (bei 20°C)
Siedepunkt:	2.970°C
Schmelzpunkt:	1.287°C
Dampfdruck:	0,000133 hPa (bei 990°C)
Flammpunkt:	Beryllium ist ein brennbarer Feststoff (Staub), der im Gemisch mit Luft explosive Gemische bildet
Löslichkeit:	Beryllium selbst ist praktisch wasserunlöslich; löslich in verdünnten Mineralsäuren; ebenfalls wasserunlöslich sind Berylliumhydroxid und Berylliumoxid, dagegen wasserlöslich mit 1,033 x 10^3 g/l (bei 20°C) Berylliumnitrat und mit 0,424 x 10^3 g/l (bei 25°C) Berylliumsulfat

HERKUNFT UND VERWENDUNG

Verwendung:
Beryllium findet Verwendung in der Kerntechnik, dem Flugzeug- und Raketenbau, der Röntgentechnik und der Metallurgie.

Herkunft/Herstellung:
In der Natur kommt Beryllium in verschiedenen mineralischen Verbindungen vor, der Anteil beträgt ca. 0,006% an der stofflichen Zusammensetzung der Erdkruste.

Produktionszahlen:
Die Weltproduktion von Beryllium und seinen Verbindungen liegt bei 3.000-4.000 t im Jahr (n. KOCH, 1989);

Emissionen:
jährlich etwa 8.000 t (n. KOCH, 1989)

TOXIZITÄT

Mensch:	TCL_0 300 mg/m^3, Inhalation	n. UBA, 1986
	LDL_0 0,1 mg/m^3, Inhalation	n. KOCH, 1989
	Aufnahme von 0,025 mg/m^3 keine toxische Wirkung	n. KOCH, 1989
Säugetiere:		
Ratte:	LD_{50} 9,7 mg/kg, oral	n. KOCH, 1989
	LD_{50} 0,44 mg/kg, intravenös	n. KOCH, 1989
	LD_{50} 0,19 mg/m^3, Inhalation	n. KOCH, 1989
Wasserorganismen:		
Kleinkrebse:	LC_{50} 18 mg/l	n. UBA, 1986

Wirkungscharakter:

Mensch/Säugetiere: Beryllium und seine Verbindungen sind stark giftig. Besonders durch Inhalation von Staub oder Hautkontakt kommt es zu Vergiftungen, die sich in Reizung und Schädigung der Atmungsorgane äußern (Bronchitis, Pneumonie, Dermatitis). Gelangen Metallsplitter oder Stäube in die Haut, entstehen dort Berylliumgeschwüre, die zu den schwersten der bekannten Hauterkrankungen führen. Bei oraler Applikation ist eine Vergiftung selten, da Beryllium nur gering resorbiert wird. Chronische Vergiftungen können zum Tode führen. Im Tierversuch Lungenkarzinome induziert. Erkrankungen durch Beryllium oder seine Verbindungen gehören zu den meldepflichtigen Berufskrankheiten in der Bundesrepublik.

Langzeitexpositionen sind mit der Anreicherung von Beryllium in den Knochen und der Leber verbunden. Die Latenzzeit kann bei chronischer Aufnahme mehr als 5 Jahre betragen.

VERHALTEN IN DER UMWELT

Wasser:

In Wasser liegt die Substanz fast ausschließlich an Mineralkörnern adsorbiert vor. In sauren Milieus können sie in Lösung gehen, was zur Folge hat, daß die Selbstreinigungskraft der Gewässer ab einer Konzentration von 0,01 mg/l gehemmt wird. Dies führt zu hohen Toxizitätsraten gegenüber Fischen und Mikroorganismen.

Luft:

In die Atmosphäre gelangt Beryllium über Emissionen berylliumverarbeitender Betriebe. Es wird auch bei der Verbrennung von Kohle freigesetzt (durchschnittlich 0,1-7 mg/kg; n. DVGW, 1985).

Boden:

Böden stellen Akkumulationssenken dar.

Nahrungskette:
Beryllium wird in aquatischen Organismen gespeichert (Faktor 1.000). Neben der Nahrung kann Beryllium auch über das Trinkwasser in beträchtlichen Mengen aufgenommen werden.

UMWELTSTANDARDS

Medium/ Akzeptor	Bereich	Land/ Organ.	Status	Wert	Kat.	Anmerkungen	Quelle
Wasser:	Oberfl	D	(R)	0,0001 mg/l		für natürl. Aufb.	n. DVGW, 1985
	Oberfl	D	(R)	0,0002 mg/l		für phys.-chem. Aufb.	n. DVGW, 1985
	Trinkw	SU		0,0002 mg/l		1970	n. DVGW, 1985
	Bewäss	D	(R)	0,1 mg/l		für Freiland	n. DVGW, 1985
	Bewäss	D	(R)	0,05 mg/l		für Unterglaskultur	n. DVGW, 1985
	Bewäss	USA	(R)	0,5 mg/l		1968	n. DVGW, 1985
	Bewäss	USA	(R)	1 mg/l		1968, Kurzzeitwert	n. DVGW, 1985
Boden:		D	R	10,0 mg/kg		in Kulturböden	n. KLOKE, 1988
Luft:		D	G	20,0 mg/m^3		TA-Luft[1)]	n. DVGW, 1985
		IL		0,00001 mg/m^3		24 h	n. STERN, 1986
		USA		0,00001 mg/m^3		24 h	n. MERIAN, 1984
		YU		0,00001 mg/m^3		24 h	n. MERIAN, 1984
	Arbpl	AUS	(G)	0,002 mg/m^3			n. MERIAN, 1984
	Arbpl	B	(G)	0,002 mg/m^3			n. MERIAN, 1984
	Arbpl	BG	(G)	0,001 mg/m^3			n. MERIAN, 1984
	Arbpl	CH	(G)	0,002 mg/m^3			n. MERIAN, 1984
	Arbpl	CS	(G)	0,001 mg/m^3		Langzeitwert	n. MERIAN, 1984
	Arbpl	CS	(G)	0,002 mg/m^3		Kurzzeitwert	n. MERIAN, 1984
	Arbpl	D	G	0,005 mg/m^3	TRK	Schleifen von Metall	DFG, 1989
	Arbpl	D	G	0,002 mg/m^3	TRK	andere Arbeiten	DFG, 1989
	Arbpl	DDR	(G)	0,002 mg/m^3	MAK	Kurz- & Langzeitwert	n. MERIAN, 1984
	Arbpl	H	(G)	0,001 mg/m^3			n. MERIAN, 1984
	Arbpl	I	(G)	0,002 mg/m^3			n. MERIAN, 1984
	Arbpl	J	(G)	0,002 mg/m^3			n. MERIAN, 1984
	Arbpl	NL	(G)	0,002 mg/m^3			n. MERIAN, 1984
	Arbpl	PL	(G)	0,001 mg/m^3			n. MERIAN, 1984
	Arbpl	RO	(G)	0,001 mg/m^3		Kurzzeitwert	n. MERIAN, 1984
	Arbpl	S	(G)	0,002 mg/m^3			n. MERIAN, 1984
	Arbpl	SF	(G)	0,002 mg/m^3			n. MERIAN, 1984
	Arbpl	SU	G	0,001 mg/m^3	PDK		n. SORBE, 1989
	Arbpl	USA	G	0,002 mg/m^3	TWA	Langzeitwert	ACGIH, 1986
	Arbpl	YU	(G)	0,002 mg/m^3			n. MERIAN, 1984

Anmerkungen:
In der Bundesrepublik existiert ein Verbot für die Anwendung von Beryllium Verbindungen in Kosmetika.

1) bei einem Massenstrom von 0,1 kg/h und mehr

VERGLEICHS-/REFERENZWERTE

Medium/Herkunft	Land	Wert	Quelle
Gewässer:			
Trinkwasser (1961-1966)	USA	0,01-0,7 ug/l	n. DVGW, 1985
Mainz (1973)	D	0,005-0,009 ug/l	n. DVGW, 1985
Oberpfälzer Wald	D	1-12 ug/l	n. DVGW, 1985
Bodensee (1971-1973)	D	< 0,2 ug/l	n. DVGW, 1985
Rhein (Lobith, 1983)	D	0,01-0,09 ug/l	n. DVGW, 1985
Sedimente:			
Baldeneysee, Ruhr (1975)	D	1,4-1,7 mg/kg	n. DVGW, 1985
Luft:			
Atmosphäre		0,5-0,8 ng/m^3	n. KOCH, 1989
Zigarettenrauch		0,47-0,74 ug/Zigarette	n. KOCH, 1989

BEWERTUNG & ANMERKUNGEN

Infolge der hohen Toxizität und Karzinogenität von Beryllium ist darauf zu achten, daß insbesondere Trinkwasser nicht dauerhaft belastet wird. Industrielle Abwässer sollten gefiltert und das aufgefangene Beryllium recycelt werden. Bei Umgang mit Beryllium und seinen Verbindungen ist direkter Kontakt mit der Haut zu vermeiden.

174 BLEI UND SEINE VERBINDUNGEN

BEZEICHNUNGEN

CAS-Nr.: 7439-92-1
Systematischer Name: Blei
Gebrauchsnamen: Plumbum
Stoffname (engl.): lead
Stoffname (franz.): plomb
Erscheinungsbild: graues, an frischen Schnittflächen bläulich-weiß glänzendes Metall

CHEM.-PHYSIKAL. GRUNDDATEN

Summenformel: Pb
Molare Masse: 207,21 g/mol
Dichte: 11,34 g/cm^3
Siedepunkt: 1.740°C
Schmelzpunkt: 327,4°C
Dampfdruck: 0 mbar; 1,33 mbar bei 970°C
Löslichkeit: 0,17 mg/l bei 20°C als Bleioxid in Wasser, als Bleihydroxid praktisch unlöslich in Wasser; gut löslich in Salpetersäure und heißer, konzentrierter Schwefelsäure

HERKUNFT UND VERWENDUNG

Verwendung:
Rund 40% des Bleis wird für die Akkumulatorenherstellung verwendet (DVGW, 1985). Weitere Anwendungsbereiche durch Bleirohre, Legierungen, Kabel, Pigmente und Antiklopfmittel im Benzin. Weltweit werden durchschnittlich 25-40% des Bleiverbrauchs durch Recycling von Schrott und Bleiabfällen gewonnen (MERIAN, 1984). Blei oxidiert an der Luft unter Bildung einer Schutzschicht von Bleioxid, in Wasser zu Bleihydroxid. In seinen Verbindungen tritt es meist zwei-, selten vierwertig auf. Wichtige Bleiverbindungen sind:

Oxide (PbO, zwei-, vierwertig): Rostschutzfarbe für Eisen
Dioxid (PbO_2): Oxidationsmittel für Akkumulatoren
Oleate und Naphthenate: zur Beschleunigung des Trockenvorgangs von Ölfarben
Stearat: als Stabilisator in PVC-Verbindungen
Tetraacetat ($Pb(CH_3COO)_4$): Oxidationsmittel
Tetraalkyle (z.B. Tetramethyl): Antiklopfmittel im Benzin

Herkunft/Herstellung:
Blei kommt in der Erdkruste zu ca. 0,002% vor. Die wichtigsten Minerale sind Bleiglanz (PbS), Cerussit ($PbCO_3$), Rotbleierz ($PbCrO_4$) und der Pyromorphit ($Pb(PO_4)Cl$).

Produktionszahlen:

Weltweite Produktion (1983):	3.500.000 t	(BREMER UMWELTINSTITUT, 1985)
Verbrauch in D (1983):	301.600 t	(BREMER UMWELTINSTITUT, 1985)

TOXIZITÄT

Säugetiere:

Ratte:	LD 11.000 mg/kg, oral (Bleiacetat)	n. DVGW, 1985
	LD_{50} 100-825 mg/kg, oral (Bleiarsenat)	n. DVGW, 1985
Kaninchen:	LD_{50} 125 mg/kg, oral (Bleiarsenat)	n. DVGW, 1985
Huhn:	LD_{50} 450 mg/kg, oral (Bleiarsenat)	n. DVGW, 1985
Hund:	LD 2.000-3.000 mg/kg, oral (Bleisulfat)	n. DVGW, 1985

Wasserorganismen:

Amerikanische Elritze:	LC_{50} 6,7-10,5 mg/l (24h) (Bleichlorid)	n. WHO, 1989
	LC_{50} 4,3-8,7 mg/l (48h) (Bleichlorid)	n. WHO, 1989
	LC_{50} 3,9-7,9 mg/l (96h) (Bleichlorid)	n. WHO, 1989
	LC_{50} 10,7-63,9 mg/l (24h) (Bleiacetat)	n. WHO, 1989
	LC_{50} 7,2-16,7 mg/l (48h) (Bleiacetat)	n. WHO, 1989
	LC_{50} 4,9-11,8 mg/l (96h) (Bleiacetat)	n. WHO, 1989
Blauer Sonnenbarsch:	LC_{50} 22,5-30,4 mg/l (24h) (Bleichlorid)	n. WHO, 1989
	LC_{50} 20,9-29,1 mg/l (48h) (Bleichlorid)	n. WHO, 1989
	LC_{50} 20,0-28,4 mg/l (96h) (Bleichlorid)	n. WHO, 1989
	LC_{50} 6,3 mg/l (24h) (Bleinitrat)	n. WHO, 1989
	LC_{50} 6,3 mg/l (48h) (Bleinitrat)	n. WHO, 1989
Regenbogenforelle:	LC_{50} 1,17 mg/l (96h) (Bleinitrat)	n. WHO, 1989
Herzmuschel:	LC_{50} > 500 mg/l (48h) (Bleinitrat)	n. WHO, 1989
Sandklaffmuschel:	LC_{50} > 50 mg/l (48h) (Bleinitrat)	n. WHO, 1989
Wasserfloh:	LC_{50} 0,45 mg/l (48h) (Bleichlorid)	n. WHO, 1989
	LC_{50} 0,24-0,38 mg/l (21d) (Bleichlorid)	n. WHO, 1989
	LC_{50} 4,19 - 5,89 mg/l (24h) (Bleiacetat)	n. WHO, 1989

Wirkungscharakter:

Mensch/Säugetiere: Blei kann durch Inhalation von bleihaltigem Schwebstaub, durch bleihaltige Nahrung und von Pflanzen über lösliche Bleisalze in Böden aufgenommen werden. Neuerdings ist bekannt, daß Blei in den menschlichen Körper in großen Mengen über das Trinkwasser gelangt (Bleirohre). Während bei beruflich exponierten Personen die Inhalation den wichtigsten Aufnahmeweg darstellt, überwiegt bei der Bevölkerung die Ingestion und die Resorption im Magen-Darm-Trakt.

Blei hemmt die verschiedenen Enzyme des Hämoglobinstoffwechsels wodurch der Sauerstoffhaushalt und das Atemvolumen reduziert wird. Blei vermindert die Aktivität der Aminolaevulinsäure-Dehydratase (ALAD) in den Erythrozyten. Eine Schädigung tritt bei langandauernder Aufnahme von weniger als 1 mg/Tag auf. Vergiftungserscheinungen bei chronischer Belastung äußern sich in Bleiablagerungen am Rand des Zahnfleisches, sogenannter Bleiblässe, durch Koliken und Krämpfe. Apathie, Reizbarkeit,

Schlaflosigkeit und z.T. bei Kindern Verhaltensstörungen weisen auf eine Schädigung des Nervensystems hin. Blei passiert die Plazenta und akkumuliert im Fötus (Blei wird in der Bundesrepublik in der Schwangerschaftsgruppe B geführt, Risiko der Fruchtschädigung wird unterstellt).
Als obere Grenze für den Blutbleispiegel, die noch nicht zu gesundheitsschädigenden Beeinträchtigungen führt, wird 35 ug Pb/100 ml Blut bei Erwachsenen und 30 ug PB/100 ml bei Kindern und Schwangeren angenommen. Die WHO setzte einen Grenzwert von 100 ug Pb/100 ml Blut an, den die meisten Länder weit unterschreiten.
Anorganische Verbindungen des Bleis werden im Magen-Darm-Trakt resorbiert, organische dagegen durch die Haut. Kinder resorbieren Blei besser als Erwachsene (DVGW, 1985). Ca. 90% des resorbierten Bleis ist an die Erythrozyten gebunden und wird über das Blut im gesamten Körper verteilt. Es wird vor allem in den Knochen abgelagert.
Etwa 90% der oral aufgenommenen Bleimenge wird wieder ausgeschieden: 75-80% durch die Elimination in den Nieren (MERIAN, 1984). Ein geringer Teil wird in Haaren und Nägel eingelagert, mit dem Schweiß ausgeschieden oder in der Humanmilch gespeichert.

Pflanzen: Blei wird von Pflanzen meist aus dem Boden, weniger aus der Luft aufgenommen. Toxisch wirkt Blei auf das Wachstum, das zwar bei Beginn einer Applikation zunächst verstärkt wird, ab 5 ppm mit einem starken Gewichtsrückgang, Verfärbungen und morphologischen Abnormitäten (UBA, 1976). Photosynthese, Atmung und andere Stoffwechselkreisläufe werden gestört. Blei hemmt schließlich die Aufnahme von essentiellen Nährstoffen aus dem Boden. Auf das Wachstum höherer Pflanzen hat Pb^{++} nur eine geringe Wirkung. Allgemein wird eher die Pflanzenqualität als der Ertrag geschädigt. Im Vergleich zum Menschen ist Blei für Pflanzen nur gering toxisch.

VERHALTEN IN DER UMWELT

Wasser:
Oberflächengewässer bilden Akkumulationssenken für Bleiverbindungen. Da Bleiverbindungen z.T. schwer wasserlöslich sind, sinken diese auf den Grund und adsorbieren an im Sediment oder lagern sich Schwebstoffen an (insbesondere der Tonfraktion). Wasserpflanzen reichern Blei ebenfalls an. Die biochemische Oxidation organischer Substanzen wird bei Konzentrationen über 0,1 mg/l Blei gehemmt, ab 0,2 mg/l verarmt die Fauna und ab 0,3 mg/l Blei sterben die ersten Fische (Forelle und Weißfische) (DVGW, 1985).
Eine Gefahr für das Grundwasser ist nur bei direktem Kontakt oder bei wasserlöslichen Bleiverbindungen (z.B. Bleichlorid, -oxid, -nitrat) zu erwarten. Es ist jedoch bekannt, daß Trinkwasser, das durch Bleirohre geleitet wird, hohe Konzentrationen von Blei aufweist (in Abhängigkeit des Grundwasserchemismuses).
Blei wird von luftfreiem Wasser nicht angegriffen. Karbonatreiches Wasser bildet in Bleiröhren Bleisulfat und Bleicarbonat, das sich an den Wänden absetzt.

Luft:
Große Mengen Blei gelangen durch Verbrennungsprozesse in die Atmosphäre, wobei ein deutliches

Gefälle von Stadt- zu Landgebieten festzustellen ist. Abhängig von Windgeschwindigkeit, -richtung, Niederschlagsmenge und Luftfeuchtigkeit können Bleiverbindungen großräumig transportiert werden. Der größte Teil wird jedoch direkt sedimentiert oder über Niederschläge aus der Luft entfernt. Im Luftstaub ist Blei an kleine Partikel gebunden, die auf Vegetation und Boden abgelagert werden. Die Akkumulation von Blei aus Kraftfahrzeugabgasen erfolgt in unmittelbarer Nähe der Straßen.

Boden:
Die Aufnahmerate ist von den Bodeneigenschaften abhängig, so besteht eine hohe Affinität zu humosen Substanzen. Insbesondere der pH-Wert spielt eine wichtige Rolle bei der Pflanzenverfügbarkeit der Bleiverbindungen. Je niedriger der pH-Wert ist, desto höher ist ihre Desorption in die Bodenlösung. Da Blei dennoch sehr immobil ist, immobiler als z.B. Cadmium, verbleibt es in den oberen Horizonten und wird nicht in gleichem Maße von Pflanzen aufgenommen. So sind Böden eine bedeutende Senke für Bleiverbindungen. Eine zusätzliche Kontamination kann durch das Aufbringen von bleihaltigen Klärschlämmen erfolgen. Eine Gefahr für das Grundwasser ist nur bei sehr hohen Kontaminationsraten zu erwarten.

Halbwertzeit:
In der Atmosphäre verweilt Blei ca. 7-30 Tage (FATHI & LORENZ, 1980). Die biologische Halbwertzeit in Blut beträgt 20-40 Tage, in Knochen bis zu mehreren Jahren (WHO, 1987)

Nahrungskette:
Infolge des ubiquitären Vorkommens finden sich in sämtlichen Nahrungs- und Futtermitteln Bleiverbindungen. Pflanzliche Nahrungsmittel enthalten im allgemeinen mehr Blei als tierliche. Dies erklärt sich aus ihrer besonderen Exposition: Bleihaltige Staubniederschläge bleiben an den Pflanzenoberflächen haften und werden mitverzehrt. Bei höheren Lebewesen werden die höchsten Konzentrationen in den inneren Organen wie Leber und Niere gefunden. In aquatischen Systemen steigt die Konzentration wie folgt an: Wasser < Fischnährtiere < Fische < Sediment (DVGW, 1985).
Die meisten Menschen nehmen Blei über die Nahrung auf, täglich etwa 441-551 ug, und durch das Trinkwasser, täglich ca. 20 ug (DFG, 1982). Bei Arbeitsplätzen in der Bleiproduktion bzw. -verarbeitung kommen Belastungen durch die Luft hinzu. Etwa 30-50% des Bleis der eingeatmeten Luft (WHO, 1987) verbleibt in der Lunge, der Rest wird in den Körper aufgenommen und zumeist in den Knochen abgelagert.

UMWELTSTANDARDS

Medium/ Akzeptor	Bereich	Land/ Organ.	Status	Wert	Kat.	Anmerkungen	Quelle
Wasser:	Trinkw	AUS	(G)	0,05 mg/l		1973	n. MERIAN, 1984
	Trinkw	CDN	G	0,05 mg/l		1978	n. DVGW, 1985
	Trinkw	CH	(G)	0,05 mg/l			n. MERIAN, 1984
	Trinkw	D	G	0,04 mg/l	TVO		n. ROTH, 1989
	Trinkw	EG	G	0,05 mg/l		1)	n. DVGW, 1985
	Trinkw	J	(G)	0,10 mg/l		1968	n. MERIAN, 1984
	Trinkw	SU	(G)	0,10 mg/l		1970	n. MERIAN, 1984
	Trinkw	USA	G	0,05 mg/l	MCL		n. SCHROEDER, 1985

	Trinkw	ZA	(G)	0,05 mg/l			n. MERIAN, 1984
	Oberfl	CDN		0,05 mg/l		einfache Aufbereitung	n. DVGW, 1985
	Oberfl	CDN		0,25 mg/l		verfeinerte Aufbereitung	n. DVGW, 1985
	Oberfl	D	G	0,03 mg/l		1)	n. DVGW, 1985
	Oberfl	D	G	0,05 mg/l		2)	n. DVGW, 1985
	Oberfl	EG	G	0,05 mg/l		3)	n. DVGW, 1985
	Grundw	NL	(G)	50 ug/l		5)	LAU-BW, 1989
	Grundw	NL	(G)	200 ug/l		6)	LAU-BW, 1989
	Tränkw	D	R	0,04 mg/l			n. DVGW, 1985
	Tränkw	GB		0,10 mg/l			n. DVGW, 1985
	Tränkw	USA		0,05 mg/l		1968	n. DVGW, 1985
	Bewäss	D	R	0,5 mg/l		für Freilandkulturen	n. DVGW, 1985
	Bewäss	D	R	0,05 mg/l		für Unterglaskulturen	n. DVGW, 1985
	Bewäss	GB		2 mg/l			n. DVGW, 1985
	Bewäss	USA		5 mg/l		1968	n. DVGW, 1985
Boden:	Boden	CH	R	50 g/t	VSBo	HNO_3-Auszug 7)	n. BUB, 1987
	Boden	CH	R	1,0 g/t	VSBo	$NaNO_3$-Auszug 7)	n. BUB, 1987
	Boden	GB	R	550 mg/kg		Haus-/Gemüsegärten	n. SAUERBECK, 1986
	Boden	GB	R	1.500 mg/kg		komm. Grünanlagen	n. SAUERBECK, 1986
	Boden	GB	R	2.000 mg/kg		öffentl. Gelände	n. SAUERBECK, 1986
	Boden	NL	R	150 mg/kg TS		5)	LAU-BW, 1989
	Boden	NL	R	600 mg/kg TS		6)	LAU-BW, 1989
	Klärschl	D	R	100 mg/kg		8)	n. KLOKE, 1988
	Klärschl	D	G	2.000 g/ha/a		9)	n. KLOKE, 1988
	Dünger	D	G	200 g/ha/a		9)	n. KLOKE, 1988
Luft:		DDR	G	0,0003 mg/m^3		Langzeitwert	n. HORN, 1989
		E	R	0,05 mg/m^3		Kurzzeitwert	n. STERN, 1986
		EG	R	0,002 mg/m^3		12 m	n. STERN, 1986
		H	R	0,0007 mg/m^3		30 min	n. STERN, 1986
		IL	R	0,005 mg/m^3		24 h	n. STERN, 1986
		PO	R	0,0005 mg/m^3		24 h	n. STERN, 1986
		RC	R	0,007 mg/m^3		24 h	n. STERN, 1986
		YV	R	0,005 mg/m^3		12 m	n. STERN, 1986
	Arbpl	AUS	(G)	0,15 mg/m^3			n. MERIAN, 1984
	Arbpl	BG	(G)	0,15 mg/m^3			n. MERIAN, 1984
	Arbpl	CH	(G)	0,15 mg/m^3			n. MERIAN, 1984
	Arbpl	CS	(G)	0,05 mg/m^3		Langzeitwert	n. MERIAN, 1984
	Arbpl	CS	(G)	0,2 mg/m^3		Kurzzeitwert	n. MERIAN, 1984
	Arbpl	D	G	0,1 mg/m^3	MAK	10)	DFG, 1989
	Arbpl	DDR	(G)	0,01 mg/m^3		Kurzzeitwert	n. HORN, 1989

Arbpl	DDR	(G)	0,005 mg/m^3		Langzeitwert	n. HORN, 1989
Arbpl	H	(G)	0,02 mg/m^3			n. MERIAN, 1984
Arbpl	I	(G)	0,15 mg/m^3			n. MERIAN, 1984
Arbpl	J	(G)	0,15 mg/m^3			n. MERIAN, 1984
Arbpl	NL	(G)	0,15 mg/m^3			n. MERIAN, 1984
Arbpl	PL	(G)	0,05 mg/m^3			n. MERIAN, 1984
Arbpl	RO	(G)	0,1 mg/m^3		Langzeitwert	n. MERIAN, 1984
Arbpl	RO	(G)	0,2 mg/m^3		Kurzzeitwert	n. MERIAN, 1984
Arbpl	S	(G)	0,1 mg/m^3			n. MERIAN, 1984
Arbpl	SF	(G)	0,15 mg/m^3			n. MERIAN, 1984
Arbpl	SU	G	0,01 mg/m^3	PDK		n. SORBE, 1989
Arbpl	USA	G	0,15 mg/m^3	TLV	Langzeitwert	ACGIH, 1986
Arbpl	WHO	(G)	0,03-0,06 mg/m^3			n. MERIAN, 1984
Arbpl	YU	(G)	0,15 mg/m^3			n. MERIAN, 1984
Nahrung:	D	G	70 ug/dl	BAT	Vollblut[11)]	DFG, 1989
	D	G	30 ug/dl	BAT	Vollblut, Fr. <45 J.[11)]	DFG, 1989
	D	G	15 mg/l	BAT	Harn[12)]	DFG, 1989
	D	G	6 mg/l	BAT	Harn, Fr. <45 J.[12)]	DFG, 1989
	WHO/FAO	R	430 ug/Person/d		Erwachsene	n. DFG, 1982
	USA	R	300 ug/Person/d		Säuglinge	n. DFG, 1982
Frucht-/Gemüsesaft	CH	G	0,3 mg/l			n. MERIAN, 1984
Milch	CH	G	0,05 mg/l			n. MERIAN, 1984
Milch	D	R	0,03 mg/kg			n. GROßKLAUS, 1989
Käse	D	R	0,25 mg/kg		außer Hartkäse	n. GROßKLAUS, 1989
Fleisch	D	R	0,25 mg/kg		alle Tierarten	n. GROßKLAUS, 1989
Fleisch	D	R	0,8 mg/kg		Leber/Niere	n. GROßKLAUS, 1989
Fisch	D	R	0,5 mg/kg		außer Konserven	n. GROßKLAUS, 1989
Fisch	D	R	1,0 mg/kg		Fischkonserven	n. GROßKLAUS, 1989
Mineralwasser	D	G	< 0,05 mg/l			n. DVGW, 1985

Anmerkungen:

1) In Bleileitungen sollte der Bleigehalt in einer nach dem Abfließen des Wassers entnommenen Probe nicht mehr als 0,05 mg/l betragen. Wird eine Wasserprobe unmittelbar oder nach dem Abfließen entnommen und überschreitet der Bleigehalt häufig oder erheblich 0,1 mg/l, müssen Maßnahmen zur Abhilfe getroffen werden, um die Risiken einer Bleiaufnahme durch den Verbraucher zu verringern.

2) Grenzwert für natürliche Aufbereitung

3) Grenzwert für chemisch-physikalische Aufbereitung

4) Zwingender Wert für einfache und normale physikalische, schemische und verfeinerte chemische Aufbereitung und Entkeimung

5) Beurteilungswert für Boden- und Grundwasserverunreinigungen Notwendigkeit weiterer Untersuchungen

6) Beurteilungswert für Boden- und Grundwasserverunreinigungen Notwendigkeit einer Sanierung

7) Verbot der Aufbringung von Klärschlamm auf landwirtschaftlich oder gärtnerisch genutzten Böden (Schadstoffgehalte in lufttrockenen, mineralischen Böden)

8) tolerierbarer Gesamtgehalt in Kulturböden

9) Gesetzlich zusätzliche Jahresfracht zum Boden

10) Bei Exposition Schwangerer kann eine fruchtschädigende Wirkung auch bei Einhaltung des MAK-Wertes und des BAT-Wertes nicht ausgeschlossen werden.

11) Parameter Blei

12) Parameter delta-Aminolaevulinsäure

- Um die Emissionen des Kraftfahrzeugsverkehrs zu reduzieren, wurde in zahlreichen Ländern der Bleigehalt im Benzin gesetzlich begrenzt. In der Bundesrepublik und in der Schweiz wurden die Höchstgehalte auf 0,15 mg/l im Benzin festgelegt. Zunehmend wird in den Ländern der EG die in den USA in einigen Bundesländern schon lange verordnete Verwendung von bleifreiem Benzin vorgeschrieben.
- Auch industrielle Bleiemissionen sind z.T. gesetzlichen Regelungen unterworfen. So wurde in der Bundesrepublik nach TA-Luft (1986) zum Schutz vor Gesundheitsgefahren die IW1-Immissionswerte für Blei als Bestandteile des Schwebstaubs auf 2,0 ug/m^3 und zum Schutz vor erheblichen Nachteilen oder erheblichen Belästigungen auf 0,25 mg/(m^{2}d) festgelegt. Weiterhin darf die Menge des anorganischen staubförmigen Bleis bei einem Massenstrom von 25 g/h 5 mg/m^3 nicht überschreiten. Bei der Herstellung von Bleiakkumulatoren dürfen die staubförmigen Emissionen bei einem Massenstrom von 5 g/h oder mehr nicht über 0,5 mg/m^3 liegen.
- Nach dem Blei-Zink-Gesetz von 1974 darf in der Bundesrepublik kein Eß-, Trink- und Kochgeschirr nach halbstündigem Kochen mit 4%iger Essigsäure Blei abgeben.
- Nach dem Farben-Gesetz von 1977 ist die Verwendung von Blei in Farben, Nahrungsmitteln, Genußmittel und Gebrauchsgegenständen verboten.
- Die Pflanzenschutz-Anwendungsverordnung von 1988 schließt die Anwendung von Bleiverbindungen im Pflanzenschutz vollständig aus.
- Es besteht in der BRD ein Anwendungsverbot in der Kosmetik-Verordnung von 1985.

VERGLEICHS-/REFERENZWERTE

Medium/Herkunft	Land	Wert	Quelle
Oberflächengewässer:			
Bodensee (1982)	D	0,2 ug/l	n. DVGW, 1985
Neckar, Berg (1982)	D	4 ug/l	n. DVGW, 1985
Rhein, Köln (1983)	D	1,5-14,0 ug/l	n. DVGW, 1985
Rhein, Duisburg (1983)	D	0,1-90,1 ug/l	n. DVGW, 1985
Ruhr, Witten (1983)	D	2,0-9,0 ug/l	n. DVGW, 1985
Trinkwasser:			
Den Haag (1976)	NL	2 ug/l	n. DVGW, 1985
Karlsruhe (1975)	D	4 ug/l	n. DVGW, 1985
Trinkwasser	D	1-22,5 ug/l (n=80)	n. DFG, 1982
Sedimente:			
Rhein, Basel (1975-77	D	90 mg/kg	n. DVGW, 1985
Rhein, Mannheim (1975-77)	D	370 mg/kg	n. DVGW, 1985
Rhein, Emmerich (1975-77)	D	600 mg/kg	n. DVGW, 1985
Ruhr (1975-77)	D	1.200 mg/kg	n. DVGW, 1985
Donau, Leipheim (1975-77)	D	120 mg/kg	n. DVGW, 1985
Luft:			
Stadtgebiete		0,5-10 ug/m^3	n. MERIAN, 1986
Landgebiete		0,1-1,0 ug/m^3	n. MERIAN, 1986
Städte Nordamerikas, Jahresmittel		0,1-5,0 ug/m^3	n. MERIAN, 1986

Pflanzen:			
"Natürlicher Bleigehalt"	< 3 ppm (Trockensubstanz)		n. MERIAN, 1986
Nahrung:			
Milch	D	0,001-0,084 ppm (n=339)	n. MERIAN, 1986
Rinder-/Kalbsleber	D	0,01-3,31 ppm (n=1.452)	n. MERIAN, 1986
Wein	D	0,0005-3,08 ppm (n=471)	n. MERIAN, 1986

BEWERTUNG & ANMERKUNGEN

Blei gehört nicht zu den essentiellen Elementen. Die häufigste Aufnahme von Blei erfolgt durch die Nahrung und durch arbeitsbedingte Exposition. Die hohe Persistenz von Blei und seinen Verbindungen hat zu einer ubiquitären Verbreitung geführt. Eine Anreicherung über Nahrungsketten kann so zwar kaum verhindert, aber durch lokale Emissionsbegrenzungen weitgehend gering gehalten werden. Im humantoxischen Bereich sollten sich Untersuchungen am Blutbleispiegel von Kindern und Schwangeren orientieren.

443 BLEITETRAETHYL

BEZEICHNUNGEN

CAS-Nr.:	78-00-2
Systematischer Name:	Bleitetraethyl, Tetraethylblei
Gebrauchsnamen:	TEL, Ethylfluid, Tetraethylplumban
Stoffname (engl.):	tetraethyl lead, TEL
Stoffname (franz.):	tétra éthyl de plomb
Erscheinungsbild:	farblose, ölige, schwere, flüchtige Flüssigkeit mit süßlichem, bei starker Verdünnung obstartigem Geruch

CHEM.-PHYSIKAL. GRUNDDATEN

Summenformel:	$C_8H_{20}Pb$
Molare Masse:	323,44 g/mol
Dichte:	1,659 g/cm^3 bei 11°C
Rel. Gasdichte:	11,2
Siedepunkt:	91°C bei 25 mbar; bei 1013 mbar Zersetzung
Schmelzpunkt:	-136,80°C
Dampfdruck:	0,3 mbar bei 20°C; 0,7 mbar bei 30°C; 3 mbar bei 50°C
Flammpunkt:	71-80°C
Zündtemperatur:	136°C
Explosionsgrenze Luft:	1,2-1,8 Vol.-%
Löslichkeit:	in Wasser 0,013 mg/100 ml bei 20°C stark fettlöslich, löslich in organischen Lösemitteln

Umrechnungsfaktoren: 1 ml/m^3 (1 ppm) = 13,4 mg/m^3
1 mg/m^3 = 0,07 ml/m^3 (1 ppm)

HERKUNFT UND VERWENDUNG

Verwendung:
Bleitetraethyl wird als Anti-Klopfmittel Treibstoffen für Kraftfahrzeuge zugesetzt.

Herkunft/Herstellung:
Bleitetraethyl kann kontinuierlich (mit Aceton als Katalysator in einem Autoklav, Reaktionstemperatur 80°C) und diskontinuierlich (mit Ethylchlorid als Katalysator in einem Reaktor, Reaktionstemperatur 115-125°C) hergestellt werden.

TOXIZITÄT

Mensch:	LDL_0 1.470 ug/kg (geschätzt)	n. UBA, 1986
Säugetiere:		
Ratte:	LDL_0 17 mg/kg, oral	n. UBA, 1986
	LC_{50} 850 mg/m^3 Inhalation (60 min)	n. UBA, 1986
	LDL_0 31 mg/kg, intravenös	n. UBA, 1986
	TDL_0 11 mg/kg, oral, (6.-16. d der Trächtigkeit)	n. UBA, 1986
	TDL_0 7.500 ug/kg, oral, (14.-14. d der Trächtigkeit)	n. UBA, 1986
	LD_{50} 15 mg/kg, parenteral	n. UBA, 1986
Maus:	LCL_0 650 mg/m^3 Inhalation (7 h)	n. UBA, 1986
	LDL_0 86 mg/kg, subcutan	n. UBA, 1986
	TDLO 100 mg/kg subcutan (21 d), unterbrochen	n. UBA, 1986
Meerschweinchen:	LDL_0 995 mg/kg, dermal	n. UBA, 1986
Kaninchen:	LD_{50} 0,6 ml/kg	n. VERSCHUEREN, 1983
Wasserorganismen:		
Fisch:	1,4 mg/l tödlich	n. UBA, 1986
Plankton:	0,5 mg/l toxisch	n. UBA, 1986
Ankistrodesmus folcatus:	EC_{50} < 0,3 mg/l (4h)	n. VERSCHUEREN, 1983

Wirkungscharakter:

Mensch/Säugetiere: Bleitetraethyl wirkt auf das Zentrale Nervensystem, wobei Symptome einer Bleivergiftung zeitlich verzögert auftreten. Aufgrund seiner guten Fettlöslichkeit wird es schnell in den Organismus aufgenommen und führt zu Schlaflosigkeit, Angst, Appetitlosigkeit, Erbrechen und Schwindelgefühlen. Bei schweren Vergiftungen durch Hautkontakt oder Einatmen der Dämpfe kommt es zu Lähmungen, Krampfanfällen, Koma und Delirium. Chronische Vergiftungen sind nicht bekannt. (siehe auch unter 'Blei und seine Verbindungen'.)

Pflanzen: Bleitetraethyl setzt die Photosyntheseaktivität herab und reduziert den Sauerstoffverbrauch.

VERHALTEN IN DER UMWELT

Wasser:

TEL liegt im Wasser kaum in gelöster Form vor, sondern sinkt ab. Aufgrund seiner starken Giftwirkung besteht eine extreme Gefährdung von Trink-, Brauch und Grundwasser (Wassergefährdungsklasse 3 in der Bundesrepublik).

Luft:

An der Luft können explosive Bleitetraethyldämpfe entstehen, die außerordentlich toxisch wirken. Die Dämpfe zersetzen sich jedoch rasch bei Einwirkung von Licht.

Boden:
Böden sind Akkumulationsorte für sämtliche Bleiverbindungen. Eine besondere Gefährdung besteht in der Aufnahme des im Boden akkumulierten Bleitetraethyls durch Pflanzen in der Nähe von Straßen. (siehe auch unter 'Blei und seine Verbindungen'.)

Halbwertzeit:
(siehe unter 'Blei und seine Verbindungen'.)

Abbau, Zersetzungsprodukte:
Bleitetraethyl ist bei Raumtemperaturen und Ausschluß von Licht stabil. Bei über 100°C beginnt Zerfall mit ca. 2%/h, bei über 200°C vollständiger Zerfall innerhalb einer Minute. Oxidationsmittel wie Kaliumpermanganat oder Brom zerstören den Stoff bei Raumtemperatur. Bei schnellem Erhitzen zersetzt sich TEL entweder explosionsartig oder bildet explosive Gemische.

Nahrungskette:
(siehe unter 'Blei und seine Verbindungen'.)

UMWELTSTANDARDS

Medium/ Akzeptor	Bereich	Land/ Organ.	Status	Wert	Kat.	Anmerkungen	Quelle
Luft:	Arbpl	D	G	0,075 mg/m^3	MAK	als Pb berechn.	DFG, 1989
	Arbpl	SU	(G)	0,005 mg/m^3	PDK	Haut, als PB berechn.	n. KETTNER, 1979
	Arbpl	SU		0,0004 mg/m^3	PDK	Haut	n. UBA, 1986
	Arbpl	USA	(G)	0,1 mg/m^3	TWA	Haut, als Pb berechnet	ACGIH, 1986

(siehe auch unter 'Blei und seine Verbindungen'.)

VERGLEICHS-/REFERENZWERTE

(siehe unter 'Blei und seine Verbindungen'.)

BEWERTUNG & ANMERKUNGEN

Da Bleitetraethyl ausgesprochen toxisch wirkt, wurde der Verbrauch als "Anti-Klopfmittel" in Benzinen in Industrieländern stark eingeschränkt. Einatmen der Dämpfe und Hautkontakt ist unbedingt zu vermeiden.

444 BLEITETRAMETHYL

BEZEICHNUNGEN

CAS-Nr.:	75-74-1
Systematischer Name:	Bleitetramethyl, Tetramethylblei
Gebrauchsnamen:	TML, Methylfluid, Methylplumban, Bleialkyl-tetramethyl
Stoffname (engl.):	tetramethyl lead
Stoffname (franz.):	tétraméthyl de plomb
Erscheinungsbild:	farblose, ölige Flüssigkeit mit, bei starker Verdünnung, himbeerartigen Geruch

CHEM.-PHYSIKAL. GRUNDDATEN

Summenformel:	$C_4H_{12}Pb$
Molare Masse:	267,33 g/mol
Dichte:	1,995g/cm^3
Rel. Gasdichte:	9,23
Siedepunkt:	110°C bei 1.013 hPa; bei höheren Temp. Zersetzung
Schmelzpunkt:	-27,5- -30°C
Dampfdruck:	32 mbar bei 20°C; 52 mbar bei 30°C; 128 mbar bei 50°C
Flammpunkt:	< 21°C
Zündtemperatur:	220°C
Explosionsgrenze Luft:	> 1,8Vol.-%
Löslichkeit:	15 mg/l (als Pb berechnet) in Seewasser, mit 0,03% in Wasser sehr gering, stark fettlöslich; löslich mit organischen Lösemitteln
Umrechnungsfaktoren:	1 ppm = 11,1 mg/m^3 1 mg/m^3 = 0,09 ppm

HERKUNFT UND VERWENDUNG

Verwendung:
Bleitetramethyl wird als Anti-Klopfmittel Treibstoffen für Kraftfahrzeuge zugesetzt.

Herkunft/Herstellung:
Bleitetramethyl kann kontinuierlich (durch elektrolytische Oxidation) und diskontinuierlich (mit den Katalysatoren Aluminiumchlorid, Aluminiumalkylverbinungen, Ammoniak; Reaktionstemperatur 100-120°C) hergestellt werden. Zur Produktion handelsüblicher Tetramethyl-/-ethylblei-Gemische (TMEL) werden Umverteilungen von Bleitetramethyl und -ethyl mit $BF_3(C_2H_5)_2O$ oder Aluminium-Katalysatoren verwandt.

TOXIZITÄT

Mensch:	NEL 0,15 mg/m^3	n. VERSCHUEREN, 1983
Säugetiere:		
Ratte:	LD_{50} 109 mg/kg, oral	n. UBA, 1986
	LDL_0 73 mg/kg, intraperitoneal	n. UBA, 1986
	TDL_0 80 mg/kg, oral, (9.-11. d der Trächtigkeit)	n. UBA, 1986
	LD_{50} 105 mg/kg, parenteral	n. UBA, 1986
Kaninchen:	LDL_0 24 mg/kg, oral	n. UBA, 1986
	LDL_0 3.391 mg/kg, dermal	n. UBA, 1986
	LDL_0 90 mg/kg,intravenös	n. UBA, 1986
Wasserorganismen:		
Fisch:	LD 1,4 mg/l	n. UBA, 1986
Pflanzen:	LD 50 mg/l	n. UBA, 1986

Wirkungscharakter:

Mensch/Säugetiere: Bleitetramethyl wirkt auf das Zentrale Nervensystem, wobei Symptome einer Bleivergiftung zeitlich verzögert auftreten. Aufgrund seiner guten Fettlöslichkeit wird es schnell in den Organismus aufgenommen und führt zu Schlaflosigkeit, Angst, Appetitlosigkeit, Erbrechen und Schwindelgefühlen. Bei schweren Vergiftungen durch Hautkontakt oder Einatmen der Dämpfe kommt es zu Lähmungen, Krampfanfällen, Koma und Delirium. Chronische Vergiftungen sind nicht bekannt. Bleitetramethyl wird weniger schnell durch die Haut resorbiert als Bleitetraethyl, jedoch leichter inhaliert. (siehe auch unter `Blei und seine Verbindungen'.)

Pflanzen: Bleitetramethyl setzt die Photosyntheseaktivität herab und reduziert den Sauerstoffverbrauch.

VERHALTEN IN DER UMWELT

Wasser:
TML liegt im Wasser kaum gelöst vor, sondern sinkt schnell ab. Aufgrund seiner starken Giftwirkung besteht eine extreme Gefährdung von Trink-, Brauch- und Grundwasser (Wassergefährdungsklasse 3 in der Bundesrepublik).

Luft:
An der Luft können explosive Bleitetramethyldämpfe entstehen, die schwerer als Luft sind, den Boden entlang kriechen und durch Erhitzung gezündet werden können. Sie wirken außerordentlich toxisch. Die Dämpfe zersetzen sich jedoch rasch bei Einwirkung von Licht.

Boden:
Böden sind Akkumulationsorte für sämtliche Bleiverbindungen. Eine besondere Gefährdung besteht in der Aufnahme des im Boden akkumulierten Bleitetramethyls durch Pflanzen in der Nähe von Straßen. (siehe auch unter 'Blei und seine Verbindungen'.)

Halbwertzeit:
(siehe unter 'Blei und seine Verbindungen'.)

Abbau, Zersetzungsprodukte:
Bleitetramethyl zersetzt sich unter Einwirkung von UV-Licht zu Blei, Methylradikalen und Kohlenwasserstoff. Bei schnellem Erhitzen entstehen explosive Gemische.

Nahrungskette:
(siehe unter 'Blei und seine Verbindungen'.)

UMWELTSTANDARDS

Medium/ Akzeptor	Bereich	Land/ Organ.	Status	Wert	Kat.	Anmerkungen	Quelle
Luft:	Arbpl	AUS	(G)	0,15 mg/m^3			n. MERIAN, 1984
	Arbpl	BG	(G)	0,15 mg/m^3			n. MERIAN, 1984
	Arbpl	D	G	0,075 mg/m^3	MAK	als Pb berechnet	DFG, 1989
	Arbpl	I	(G)	0,15 mg/m^3			n. MERIAN, 1984
	Arbpl	J	(G)	0,075 mg/m^3			n. MERIAN, 1984
	Arbpl	NL	(G)	0,15 mg/m^3			n. MERIAN, 1984
	Arbpl	S	(G)	0,075 mg/m^3			n. MERIAN, 1984
	Arbpl	SF	(G)	0,075 mg/m^3			n. MERIAN, 1984
	Arbpl	USA	G	0,15 mg/m^3	TWA	Haut, als Pb	ACGIH, 1986
	Arbpl	WHO	R	0,15 mg/m^3		Langzeitwert	n. MERIAN, 1984
	Arbpl	WHO	R	0,5 mg/m^3		Kurzzeitwert	n. MERIAN, 1984
	Arbpl	YU		0,005 mg/m^3			n. MERIAN, 1984

(siehe auch unter 'Blei und seine Verbindungen'.)

VERGLEICHS-/REFERENZWERTE

(siehe unter 'Blei und seine Verbindungen'.)

BEWERTUNG & ANMERKUNGEN

Da Bleitetramethyl ausgesprochen toxisch wirkt, wurde der Verbrauch als "Anti-Klopfmittel" in Benzinen in Industrieländern stark eingeschränkt. Einatmen der Dämpfe und Hautkontakt ist unbedingt zu vermeiden.

175 BROM

BEZEICHNUNGEN

CAS-Nr.: 7726-95-6
Systematischer Name: Brom
Gebrauchsnamen: Brom, Bromum
Stoffname (engl.): bromine
Stoffname (franz.): brome
Erscheinungsbild: dunkelrotbraune, rauchende, leicht flüchtige Flüssigkeit oder Dampf (bei - 252°C farblos)

CHEM.-PHYSIKAL. GRUNDDATEN

Summenformel: Br_2
Molare Masse: 159,80 g/mol
Dichte: 3,12 g/cm^3 (25°C)
rel. Gasdichte: 5,5
Siedepunkt: 58,78°C
Schmelzpunkt: -7,2°C
Dampfdruck: 220 hPa bei 20°C; 340 hPa bei 30°C
Flammpunkt: nicht brennbar
Löslichkeit: in Wasser 4,2 g/100 ml bei 0°C
3,55 g/100 ml bei 20°C
löslich in Benzol, Benzin, Chloroform, Ethanol, Ether u. H_2S
Umrechnung: 1 mg/m^3 = 0,150 ml/m^3
1 ml/m^3 = 6,658 mg/m^3
Anmerkungen: Neben Hg ist Brom das einzige Element, das bei gewöhnlichen Temperaturen flüssig ist. Brom ist sehr reaktonsfähig; es reagiert explosionsartig zu entzündlichen Gasen u. Dämpfen und korrodiert organ. Stoffe aller Art; reagiert als Oxidationsmittel.

HERKUNFT UND VERWENDUNG

Verwendung:
Der weitaus größte Teil des Broms (90 %) dient zur Herstellung von 1,2-Dibrom-äthan. Dieses wird bleitetraäthylhaltigen Kraftstoffen zugesetzt, um Bleiabscheidungen auf den Ventilen der Verbrennungsmotoren zu vermeiden. Als Ausgangsmaterial für organ. Synthese von Pflanzenschutzmitteln, Farbstoffen, Arzneimitteln, photographischen Chemikalien und Kontrastmitteln.

Herkunft/Herstellung:
wird hauptsächlich aus Ablaugen der Kaliindustrie gewonnen; ein Teil wird aus Meerwasser hergestellt. Ablaugen, Sole, Mutterlaugen etc. mit einem Bromgehalt von > 1 g/l werden durch

Heißentbromung verarbeitet, für Meerwasser wird die Kaltentbromung eingesetzt. Das sich von der wäßrigen Phase trennende Rohbrom wird durch nachgeschaltete Destillation und Trocknung von Chlor, Wasserresten und Verunreinigungen befreit (99% Ausbeute).

Produktionszahlen:
1975 = 189 Tsd t (USA)
1975 = 31,3 Tsd t (GB)

TOXIZITÄT

Mensch:	LDL_0 14 mg/kg, oral	n. UBA, 1986
	LCL_0 0,04-0,06 mg/l Ateml.(Inhal.) = tödlich	n. UBA, 1986
Säugetiere:		
Maus	LC_{50} 750 ppm (9 min), Inhalation	n. UBA, 1986
Katze	LCL_0 140 ppm (7 h), Inhalation	n. UBA, 1986
Kanninchen	LCL_0 180 ppm (6,5 h), Inhalation	n. UBA, 1986
Wasserorganismen:		
Goldfisch	20 mg/l = tödlich	n. UBA, 1986
Kleinkrebse	10 mg/l = tödlich	n. UBA, 1986

Wirkungscharakter:
Mensch/Säugetiere:

Die Flüssigkeit verursacht schwere, schlecht heilende, starke Reizung und Verätzung der Augen, Atmungsorgane, der Haut und des Magen -Darm-Traktes. Tiefe schmerzende Nekrosen auf der Haut bzw. den Schleimhäuten. In hohen Konzentrationen Glottisödem, Kehlkopf- und Lungenödem, Lungenentzündung. Giftigkeit 2 (ROTH, 1989). Noch gefährlicher ist Brom in Form von Dämpfen. Sie erzeugen Bronchospasmen und Pneumonien.

Pflanzen: Brom ist ein Spurenelement was für die Pflanze nicht schädlich aber entbehrlich ist.

VERHALTEN IN DER UMWELT

Wasser:
Brom sinkt ab, löst sich aber etwas in Wasser u. färbt es. Nachfolgend entwickeln sich Bromdämpfe. Auf Grund der hohen Toxizität sowie oxidierenden und ätzenden Eigenschaften Gefährdung aller Arten von Gewässern, besonders von Trink-, Brauch- und Abwässern. Bromide befinden sich als Begleitionen in Kalium- u. Natriumverbindungen, wodurch eine direkte Erhöhung des Bromgehalts bei Aufsalzung der Gewässer erfolgt. In Küstengebieten ist ein erhöhter Bromidgehalt im

Grundwasser auf die Infiltration von Meerwasser zurückzuführen. Wassergefährdungsklasse 2 (ROTH, 1989). In Wasser verhindert Brom Algenbildung.

Luft:
Die Flüssigkeit verdunstet schnell und bildet ätzende Dämpfe. Die Dämpfe sind schwerer als Luft u. kriechen am Boden entlang.

UMWELTSTANDARDS

Medium/ Akzeptor	Bereich	Land/ Organ.	Status	Wert	Kat.	Anmerkungen	Quelle
Wasser:	Grundw	D	R	0,5 g/m^3		Bromid, Untersuchung	n. LAU-BW, 1989
	Grundw	D	R	2,0 g/m^3		Bromid, Sanierung	n. LAU-BW, 1989
	Grundw	NL	(G)	2,0 g/m^3		Bromid	n. LAU-BW, 1989
	Abwasser	CH	(G)	0,1 mg/m^3		direkte Einleitung	n. DVGW, 1988
	Abwasser	CH	(G)	1,0-30 mg/m^3		indirekte Einleitung	n. DVGW, 1988
Boden:		D	(R)	600 mg/kg ltr			n. HOCK, 1988
		NL	R	20 mg/kg ltr			n. KLOKE, 1988
		NL	R	50 mg/kg ltr		Untersuchung	n. KLOKE, 1988
		NL	R	300 mg/kg ltr		Sanierung	n. KLOKE, 1988
Luft:	Arbpl	D	G	0,1 ml/m^3	MAK		DFG, 1989
	Arbpl	D	R	0,7 mg/m^3	TRK		n. DVGW, 1988
	Arbpl	USA	G	0,7 mg/m^3	TWA		n. ACEIH, 1986
	Arbpl	USA	G	2,0 mg/m^3	STEL		n. UBA, 1986
	Arbpl	SU	G	0,075 ml/m^3	PDK		n. UBA, 1986
	Arbpl	SU	G	1,0 mg/m^3	PDK	Hautresorption	n. KETTNER, 1979

Anmerkungen:
weitere Regelungen in: Höchstmengenverordnung Pflanzenbehandlungsmittel, 1978

VERGLEICHS-/REFERENZWERTE

Medium/Bereich	Land	Wert	Quelle
Meerwasser		0,065 kg/m^3	n. ULLMANN, 1978
Kohleflugasche	USA	0,3-21 mg/kg	n. HOCK, 1988
Pflanzenmaterial		15,0 mg/kg TR	n. HOCK, 1988

BEWERTUNG & ANMERKUNGEN

Brom wirkt auch in Form seiner Verbindungen biologisch ähnlich wie Chlor und dessen Verbindungen, die meisten Bromverbindungen sind aber toxischer als entsprechende Chlorverbindungen.

206 CADMIUM

BEZEICHNUNGEN

CAS-Nr.: 7440-43-9
Systematischer Name: Cadmium
Gebrauchsnamen: Cadmium
Stoffname (engl.): cadmium
Stoffname (franz.): cadmium
Erscheinungsbild: weiches, silberweiß glänzendes Schwermetall

CHEM.-PHYSIKAL. GRUNDDATEN

Elementsymbol: Cd
Molare Masse: 112,41 g/mol
Dichte: 8,642 g/cm^3 bei 20°C
Siedepunkt: 756°C
Schmelzpunkt: 320,9°C
Dampfdruck: 1,3 x 10^{-4} mbar bei 180°C
Löslichkeit: löslich in schwachen Säuren

HERKUNFT UND VERWENDUNG

Verwendung:
Metallisches Cd wird als Korrosionsschutz für Eisen und als Legierung in der Autoindustrie verwendet. Seine Verbindungen dienen als Pigment (vor allem als Cd-Sulfid) und als Plastik-Stabilisierer in PVC, in Batterien und in Fungiziden und als Ni-Cd-Akkumulatoren und Photozellen in Kernreaktoren.

Herkunft/Herstellung:
Cd-Mineralien sind selten; häufiges Vorkommen in isomorpher Vertretung in fast allen Zinkerzen (95% der Cd-Produktion). Cd wird von Zn durch Destillation oder Ausfällen aus Sulfatlösung mittels Zinkstaub abgetrennt.

Produktionszahlen:
1980 = 18 x 10^3 t (Weltproduktion); Merian, 1984

TOXIZITÄT

Mensch:	200 ug/g Nierengewebe (Schädigung)	n. UBA, 1986
Säugetiere:		
Ratte	LDL_0 15 mg/kg, ims	n. KOCH, 1989
Ratte	TDL_0 70 mg/kg, ims	n. KOCH, 1989
Ratte	LD_{50} 88 mg/kg KG, (Cadmiumchlorid)	n. DVGW, 1988
Ratte	LD 72 mg/kg KG, (Cadmiumoxid)	n. DVGW, 1988
Kaninchen	LD_{50} 70-150 mg/kg KG, (Cadmiumchlorid)	n. DVGW, 1988
Meerschweinchen	LD 150 mg/kg KG, Cadmiumfluorid	n. DVGW, 1988
Wasserorganismen:		
Daphnia	0,1 mg/l Cd (Schädigung)	n. DVGW, 1988
Stichling	0,3 mg/l Cd (Schädigung)	n. DVGW, 1988
Elritze	LD 5600 mg/l Cd (1 h)	n. DVGW, 1988
Goldfisch	LD 0,017 mg/l (9-18 h)	n. DVGW, 1988
Fisch (ohne Spez.differenzierung)	$LC_{50\ minimal}$ 23 ppm (über 264 h)	n. KOCH, 1989
	$LC_{50\ mittel}$ 140 ppm (über 24 h)	n. KOCH, 1989

Wirkungscharakter:

Mensch/Säugetiere: Neben dem Gastrointestinaltrakt und der Lunge ist die Niere das anfälligste Organ bei chronischer Cadmiumexposition. Kumulationsgift: die leichte Löslichkeit des Elementes in schwachen Säuren ist u.a. eine maßgebliche Voraussetzung für seine Absorption im Organismus, über den Magen-Darm-Trakt werden 5% Cd resorbiert und in Leber und Niere gespeichert; in Asien treten durch Cd-Konzentrationen im Reis "Itai-Itai"- und "Aua Aua"-Krankheiten auf. Schädigung erfolgt durch Erythrozyten Zerstörung, Proteinurie, Rhinitis, Emphysem und chron. Bronchitis. Cd und seine Verbindungen weisen karzinogene Eigenschaften auf. Typ. Symptom für chron. Vergiftungen ist die Ausscheidung von ß-Mikroglobulin im Harn durch seine Nierenfunktionsstörung. Diese führen auch zu Knochendeformationen.

Pflanzen: Cd erniedrigt die Photosynthese- und Transpirationsrate und erhöht die Atmungsrate. Schon niedrige Cd-Konzentrationen im Boden führen zu ausgeprägten Schadbildern u.a. zu Stauchungen der Sproßachse und zu einer intensiven gelben Streifung bei älteren Blättern. Die Aufnahme erfolgt nicht nur über die Wurzel sondern auch über Sproß und Blätter. Neben den Ertragseinbußen ist aber vor allem die Kontamination (bzw. Akkumulation) von Nutzpflanzen gefährlich, da hier Cd als Kumulationsgift in die Nahrungskette eingeht.

VERHALTEN IN DER UMWELT

Wasser:
Cd liegt in Gewässern zu 2/3 bis 3/4 in an Schwebstoffen adsorbierter Form vor. Durch Komplexbildner kann es aus Sedimenten remobilisiert werden. Die Fischtoxizität ist u.a. abhängig vom Calciumgehalt des Wassers. Allgemein gilt: Höhere Calciumgehalte des Wassers vermindern die toxische Wirkung von Cadmium auf Fische.
Die biologische Selbstreinigungskraft der Gewässer wird ab 0,1 mg/l Cd gestört (DVGW, 1988)

Luft:
Cadmium ist an der Luft beständig, da sich eine Oxidschicht bildet.

Boden:
Die Retentionskapazität für Cd hängt vom Gehalt austauschbarer Basen ab. Aufgrund der Adsorption an organ. Bodenbestandteilen erfolgt kaum Auswaschung. Der Anreicherungshorizont für Cd liegt in der Rhizosphäre. Bei pH-Wert 6,5 ist die Verfügbarkeit am geringsten, mit abnehmendem pH-Wert des Bodens wird die Cd-Aufnahme durch Pflanzen gesteigert.

Abbau, Zersetzungsprodukte, Halbwertzeit:
Mit zunehmendem Alter akkumuliert der Organismus Cadmium. 50 % des akkumulierten Elementes werden in Leber und Niere gefunden. Die Cadmiumexkretion erfolgt vorzugsweise über den Urin. Im Mittel 2 ug/d (0,2 - 3,1 ug/l). Die biologische Halbwertzeit[1)] des Cadmiums im menschl. Körper beträgt zwischen 15 - 25 Jahre (in den Nieren gemessen; GROßKLAUS, 1989).

Nahrungskette:
Der Mensch konsumiert etwa ein Drittel seiner Cadmiumbelastung aus tierischen und zwei Drittel aus pflanzlichen Lebensmitteln. Das Rauchen erhöht die Cd-Belastung wesentlich.

Anmerkungen:
[1)]Unter biologischer Halbwertzeit versteht man die Zeitspanne, in der eine gegebene Elementkonzentration im Körper durch Abbau und Ausscheidungsvorgänge auf ihren halben Ausgangswert vermindert wird.

UMWELTSTANDARDS

Medium/ Akzeptor	Bereich	Land/ Organ.	Status	Wert	Kat.	Anmerkungen	Quelle
Wasser:	Trinkw	AUS	(G)	10,0 ug/l			n. MERIAN, 1984
	Trinkw	CH	(G)	5,0 ug/l			n. MERIAN, 1984
	Trinkw	D	G	6,0 ug/l			n. MERIAN, 1984
	Trinkw	D	G	5,0 ug/l		Novelle, 1985	n. DVGW, 1988
	Trinkw	D	G	50,0 ug/m^3			n. LAU-BW, 1989
	Trinkw	EG	R	50,0 ug/m^3			n. LAU-BW, 1989
	Trinkw	SA	(G)	50,0 ug/l			n. MERIAN, 1984

	Trinkw	SU	(G)	10,0 ug/l		n. MERIAN, 1984
	Trinkw	USA	(G)	0,01 mg/l		n. DVGW, 1988
	Trinkw	WHO	R	50,0 ug/l		n. MERIAN,1984
	Oberfl	D	G	50,0 ug/m^3	Untersuchung	n. LAU-BW, 1989
	Oberfl	D	G	100,0 ug/m^3	Sanierung	n. LAU-BW, 1989
	Oberfl	D	R	0,005 mg/l	[1] A	n. DVGW, 1988
	Oberfl	D	R	0,01 mg/l	[2] B	n. DVGW, 1988
	Oberfl	EG	R	10,0 ug/m^3	[3] A_1, A_2, A_3	n. LAU-BW, 1989
	Oberfl	EG	R	50,0 ug/m^3	[3] A_1, A_2, A_3	n. LAU-BW, 1989
	Grundw	D(HH)	R	25,0 ug/m^3	Untersuchung	n. LAU-BW, 1989
	Grundw	D(HH)	R	10,0 ug/m^3	Sanierung	n. LAU-BW, 1989
	Grundw	NL	R	25,0 ug/m^3		n. LAU-BW, 1989
	Grundw	NL	G	10,0 ug/m^3		n. LAU-BW, 1989
	Abwasser	CH	(G)	0,10 g/m^3	direkte/indirekte Einl.	n. LAU-BW, 1989
	Abwasser	CH	R	0,005 g/m^3	Qualitätsziel	n. LAU-BW, 1989
	Abwasser	D(BW)	R	1,0 g/m^3		n. LAU-BW, 1989
	Bewäs	D	R	5,0 ug/l	Freil. u. Unterglaskultur	n. DVGW, 1988
	Bewäs	D	R	10,0 ug/l	Freil. u. Unterglaskultur	n. DVGW, 1988
	Tränkw	D	G	6,0 ug/l		n. DVGW, 1988
Boden:		CH	R	0,8 mg/kg ltr		n. LAU-BW, 1989
		CH	R	0,03 mg/kg	lösl. Gehalt	n. LAU-BW, 1989
		D(HH)	R	8,0 mg/kg TS	Untersuchung	n. LAU-BW, 1989
		NL	R	5 mg/kg ltr	Untersuchung	n. LAU-BW, 1989
		NL	R	20,0 mg/kg ltr	Sanierung	n. LAU-BW, 1989
		USA	R	5,0 mg/kg FS	STLC	n. LAU-BW, 1989
		USA	R	500,0 mg/kg FS	TTLC	n. LAU-BW, 1989
	Klärschl	CH	G	30,0 mg/kg TS	Schlamm	n. LAU-BW, 1989
	Klärschl	D	G	3,0 mg/kg ltr	Boden	n. LAU-BW, 1989
	Klärschl	D	G	20,0 mg/kg TS	Schlamm	n. LAU-BW, 1989
	Klärschl	EG	G	1,0-3 mg/kg TS	Boden	n. LAU-BW, 1989
	Klärschl	EG	G	20,0-40 mg/kg TS	Schlamm	n. LAU-BW, 1989
	Klärschl	EG	G	1,5 mg/ha	[4]	n. LAU-BW, 1989
	Düngem	D	G	4,0 mg/kg	[5]	n. LAU-BW, 1989
	Düngem	D	G	3,0 mg/kg ltr	Boden	n. LAU-BW, 1989
	Düngem	D	G	20 mg/kg TS	Schlamm	n. LAU-BW, 1989
	Kompost	A	R	1-6 ppm TS		n. LAU-BW, 1989
	Kompost	CH	G	3 mg/kg TS		n. LAU-BW, 1989
	Kompost	D	R	3 mg/kg ltr	Boden	n. LAU-BW, 1989
	Kompost	D	R	33 g/ha/a		n. LAU-BW, 1989

Luft:	CH	G	10,0 mg/m^3		6)	n. LAU-BW, 1989
	CH	G	2,0 ug/m^3/d		im Staubniederschlag	n. LAU-BW, 1989
	D	G	0,04 ug/m^3		7)	n. LAU-BW, 1989
	D	G	5,0 ug/m^2		8)	n. LAU-BW, 1989
	WHO	R	1-5,0 mg/m^3		9)	n. LAU-BW, 1989
	WHO	R	10-20,0 mg/m^3		10)	n. LAU-BW, 1989
Arbpl	AUS	G	0,05 mg/m^3		Staub u. lösl. Salze	n. MERIAN, 1984
Arbpl	AUS	G	0,05 mg/m^3		Cd-Oxid, Rauch, als Cd	n. MERIAN, 1984
Arbpl	B	G	0,05 mg/m^3		Staub u. lösl. Salze	n. MERIAN, 1984
Arbpl	B	G	0,05 mg/m^3		Herstellung, Cd-Oxid	n. MERIAN, 1984
Arbpl	B	G	0,05 mg/m^3		Cd-Oxid, Rauch, als Cd	n. MERIAN, 1984
Arbpl	BG	G	0,1 mg/m^3		Cd-Oxid, Rauch, als Cd	n. MERIAN, 1984
Arbpl	CS	G	0,1 mg/m^3		Cd-Oxid, Rauch, Cd 11)	n. MERIAN, 1984
Arbpl	CS	G	0,5 mg/m^3		Cd-Oxid, Rauch, Cd 12)	n. MERIAN, 1984
Arbpl	CH	G	0,1 mg/m^3		Cd-Oxid, Rauch, als Cd	n. MERIAN, 1984
Arbpl	CH	G	0,2 mg/m^3		Staub u. lösl. Salze	n. MERIAN, 1984
Arbpl	D	G	1,5 ug/dl	BAT	Vollblut	n. DVGW, 1988
Arbpl	D	G	15 ug/l	BAT	Harn	n. DVGW, 1988
Arbpl	D	G	1,5 ug/dl	BAT	Blut, Cadmiumoxid	n. KÜHN, BIRETT, 1983
Arbpl	D	G	15,0 ug/l	BAT	Harn, Cadmiumoxid	n. KÜHN, BIRETT, 1983
Arbpl	DDR	G	0,1 mg/m^3		Staub u. lösl. Salze 11)	n. MERIAN, 1984
Arbpl	DDR	G	0,2 mg/m^3		Staub u. lösl. Salze 12)	n. MERIAN, 1984
Arbpl	NL	G	0,05 mg/m^3		Herstellung, Cd-Oxid	n. MERIAN, 1984
Arbpl	NL	G	0,05 mg/m^3		Staub u. lösl. Salze	n. MERIAN, 1984
Arbpl	NL	G	0,05 mg/m^3		Cd-Oxid, Rauch, als Cd	n. MERIAN, 1984
Arbpl	H	G	0,1 mg/m^3		Cd-Oxid, Rauch, als Cd	n. MERIAN, 1984
Arbpl	I	G	0,05 mg/m^3		Staub u. lösl. Salze	n. MERIAN, 1984
Arbpl	I	G	0,01 mg/m^3		Cd-Oxid, Rauch, als Cd	n. MERIAN, 1984
Arbpl	J	G	0,1 mg/m^3		Cd-Oxid, Rauch, als Cd	n. MERIAN, 1984
Arbpl	PL	G	0,1 mg/m^3		Cd-Oxid, Rauch, als Cd	n. MERIAN, 1984
Arbpl	RO	G	0,2 mg/m^3		Cd-Oxid, Rauch, Cd 12)	n. MERIAN, 1984
Arbpl	S	G	0,05 mg/m^3		Staub u. lösl. Salze	n. MERIAN, 1984
Arbpl	S	G	0,02 mg/m^3		Cd-Oxid, Rauch, als Cd	n. MERIAN, 1984
Arbpl	SF	G	0,02 mg/m^3		Staub u. lösl. Salze	n. MERIAN, 1984
Arbpl	SF	G	0,01 mg/m^3		Cd-Oxid, Rauch, als Cd	n. MERIAN, 1984
Arbpl	SU	G	0,1 mg/m^3		Cd-Oxid	n. KETTNER, 1979
Arbpl	SU	G	0,3 mg/m^3		Cd-Hydroxid	n. KETTNER, 1979
Arbpl	SU	G	0,1 mg/m^3		Cd-Oxid, Rauch, als Cd	n. MERIAN, 1984
Arbpl	USA	G	0,1 mg/m^3		Cd-Oxid, Rauch, Cd 11)	n. MERIAN, 1984
Arbpl	USA	G	0,3 mg/m^3		Cd-Oxid, Rauch, Cd 12)	n. MERIAN, 1984
Arbpl	USA	G	0,05 mg/m^3	TWA		n. DVGW, 1988
Arbpl	USA	G	0,2 mg/m^3		Staub u. lösl. Salze 11)	n. MERIAN, 1984
Arbpl	USA	G	0,6 mg/m^3		Staub u. lösl. Salze 12)	n. MERIAN, 1984
Arbpl	USA	G	0,05 mg/m^3	TWA	Rauch, Cd-Oxid	n. ACGIH, 1986
Arbpl	USA	G	0,05 mg/m^3	TWA	Herstellung, Cd-Oxid	n. ACGIH, 1986
Arbpl	WHO	G	0,01 mg/m^3		Staub u. lösl. Salze 13)	n. MERIAN, 1984
Arbpl	WHO	G	0,25 mg/m^3		Staub u. lösl. Salze 12)	n. MERIAN, 1984
Arbpl	YU	G	0,1 mg/m^3		Cd-Oxid, Rauch, als Cd	n. MERIAN, 1984

Nahrung:	WHO	R	0,525 mg/70 kg KG	11)	n. GROßKLAUS, 1989
	D	G	0,005 mg/l	Mineralwasser	n. DVGW, 1988
	D	R	0,0025 mg/kg	Milch	n. GROßKLAUS, 1989
	D	R	0,05 mg/kg	Käse	n. GROßKLAUS, 1989
	D	R	0,1 mg/kg	Rindfleisch	n. GROßKLAUS, 1989
	D	R	0,1 mg/kg	Wurstwaren	n. GROßKLAUS, 1989

Anmerkungen:

1) jeweils für die Trinkwasseraufbereitung: A = kennzeichnet die Belastungsgrenzen, bis zu denen Wasser als Trinkwasser gewonnen werden kann
2) jeweils für die Trinkwasseraufbereitung: B = kennzeichnet die Belastungsgrenzen, bis zu denen unter Zuhilfenahme der gegenwärtig bekannten u. bewährten chem. phys. Verfahren ein Trinkwasser hergestellt werden kann
3) jeweils für die Trinkwasseraufbereitung: A1 = einfache phys. Aufbereitung u. Entkeimung, A2 = Normale phys. u. chem. Aufbereitung und Entkeimung und A3 = Phys. u. verfeinerte chem. Aufbereitung, Oxidation, Adsorption u. Ent-keimung
4) Schwermetallfracht in 10 Jahren
5) in organ.-mineral. Mischdünger
6) arithm. Jahresmittel, im Schwebstaub
7) arithm. Jahresmittel auf der Basis von Tagesmittelwerten, Schutzobjekt: Mensch
8) arithm. Jahresmittel auf der Basis von Monatsmittelwerten, Schutzobjekt: empf. Tiere, Pflanzen u. Sachgüter
9) Mittelungszeit: 1 Jahr (Landgebiete); Schutzobjekt: Mensch
10) Mittelungszeit: 1 Jahr (Stadtgebiete); Schutzobjekt: Mensch
11) Mittelwert
12) Kurzzeitwert
13) Langzeitwert
14) tolerierbare wöchentl. Aufnahme

Weitere Regelungen in: Kosmetik-Verordnung, 1985: Verbot der Verwendung; Farben-Gesetz, 1987. Verbot der Verwendung bei der Herstellung von Nahrungs-, Genußmitteln und Gebrauchsgegenständen; Die Verwendung von Cd-Verbindungen als Pflanzenschutzmittel ist in der BRD verboten.

VERGLEICHS-/REFERENZWERTE

Medium/Bereich	Land	Wert	Quelle
Oberflächengewässer:			
Rhein: (Köln)	D	0,03 - 0,2 ug/l	n. DVGW, 1988
Rhein: (Duisburg)	D	0,05 - 0,5 ug/l	n. DVGW, 1988
Ruhr: (Witten)	D	0,2 - 2,1 ug/l	n. DVGW, 1988
Ruhr: (Duisburg)	D	0,4 - 0,6 ug/l	n. DVGW, 1988
Düngemittel (in 100kg P_2O_5):			
	USA	1,2 - 2,4 g Cd/ha	n. BREMER UMWELT INST., 1985
	Marokko	3,5 - 7,0 g Cd/ha	n. BREMER UMWELT INST., 1985
	SU	3,6 - 7,2 g Cd/ha	n. BREMER UMWELT INST., 1985

	Senegal	11,4 - 22,8 g Cd/ha	n. BREMER UMWELT INST., 1985
Kohleflugasche	USA	0,1-3,9 mg/kg	n. HOCK, 1988
Pflanzenmaterial		0,05-0,2 mg/kg TR	n. HOCK, 1988

BEWERTUNG & ANMERKUNGEN

Cadmium unterliegt als Spurenelement einem ständigen Kreislauf in biologischen und nicht biologischen Strukturen der Umwelt. Der natürlicherweise erfolgende Cadmiumeintrag in die Umwelt mit etwa 40 t/a global, ist im Vergleich zu den geschätzten anthropogen bedingten Emissionen gering. Cadmium wird als eines der giftigsten Metalle betrachtet. Akute und chronische Intoxikationen bei beruflichen Expositionen sind bekannt. Cadmium gehört zu den Spurenelementen, für die Intoxikationen bei Bevölkerungsgruppen infolge chronischer, umweltrelevanter Expositionen nachgewiesen werden konnten.
Die nachgewiesene Akkumulation des Elementes in differenzierten Sedimenten, die damit verbundene Möglichkeit der Remobilisierung und die Bioakkumulationstendenz sind als besonders zu beachtende umweltrelevante Gefährdungsmomente zu nennen.
Cadmiumhaltige Abfallprodukte sind nach Möglichkeit einer Wiederaufbereitung zuzuführen.

207 CHLOR

BEZEICHNUNGEN

CAS-Nr.:	7782-50-5
Systematischer Name:	Chlor
Gebrauchsnamen:	Chlor, Chlorum
Stoffname (engl.):	chlorine
Stoffname (franz.):	chlore, chlorue
Erscheinungsbild:	gelbgrünes Gas mit scharf beißendem Geruch

CHEM.-PHYSIKAL. GRUNDDATEN

Summenformel:	Cl_2
Molare Masse:	70,91 g/mol
Dichte:	0,567 g/ml (flüssig); 3,21 g/l (Gas)
Rel. Gasdichte:	2,49
Siedepunkt:	-34,1 °C
Schmelzpunkt:	-100,98 °C
Dampfdruck:	6,8 bar bei 20°C
Flammpunkt:	nicht brennbar
Löslichkeit:	in Wasser: 7300 mg/l; in Tetrachlormethan: 176,5 g/l bei 19°C
Umrechnung:	1 mg/m^3 = 0,339 ml/m^3 1 ml/m^3 = 2,947 mg/m^3

HERKUNFT UND VERWENDUNG

Verwendung:
Chlor findet in der chem. Industrie vielseitige Verwendung, so bei der Herstellung chlorierter organ. Produkte (Kunststoffe, Insektizide, Herbizide), weiterhin in der Zellstoff- bzw. Papierindustrie und in Wächereien als Bleichmittel. Es wird auch als Desinfektionsmittel für Trink- und Badewasser eingesetzt.

Herkunft/Herstellung:
Chlor kommt in der Natur hauptsächlich an Natrium, Kalium und Magnesium gebunden als Chlorid vor. Eine weitere wichtige Verbindung stellt Chlorwasserstoff dar. Chlor wird heute überwiegend durch Chloralkalielektrolyse hergestellt, darunter versteht man die Gewinnung von Chlor, Wasserstoff und Ätzalkalien aus wäßrigen Lösungen von Alkalichloriden durch elektr. Energie (Quecksilber-Verfahren und das Diaphragma-Verfahren). Daneben verwendet man noch chemische Verfahren (SHELL-Chlorverfahren, KEL-Chlorprozess, SOUTHWEST-POTASH-Verfahren).

Produktionszahlen:
1977 = 22,5 Mio t (Weltproduktion)

TOXIZITÄT

Mensch:	LCL_0 837 ppm/30 min, Inhalation	n. UBA, 1986
	2,5 mg/l Luft = sofort tödlich	n. TAB. CHEMIE, 1980
Säugetiere:		
Ratte	LC_{50} 293 ppm/1 h, Inhalation	n. UBA, 1986
Maus	LC_{50} 137 ppm/1 h, Inhalation	n. UBA, 1986
Meerschweinchen	LCL_0 330 ppm/7 h, Inhalation	n. UBA, 1986
Hund	LCL_0 800 ppm/30 min, Inhalation	n. UBA, 1986
Wasserorganismen:		
Forelle	0,08 ppm/ 168 h/ frisches Wasser; TLm	n. UBA, 1986
Fische	ab 0,05 mg/l = tödlich	

Wirkungscharakter:

Mensch/Säugetiere: Giftiges und stark ätzendes Gas. Vergiftungserscheinungen nach Inhalation durch Reizung der Schleimhäute der Atemwege, verbunden mit Atemnot, Bluthusten und niedrigem Puls; bei längerer und wiederholter Exposition

tritt

Gewöhnung an Geruch und Reizung ein; Symptomverzögerung. Flüssiges Chlor wirkt auf die Haut stark ätzend.

Pflanzen: Die Beschreibung der Schadwirkungen auf Pflanzen beziehen sich im allgemeinen auf die Chloridbelastung (s. Chlorid), obwohl Chlorgas auch oberirdisch von den Pflanzen aufgenommen wird und pflanzliches Gewebe teils durch Oxidation, teils durch Verdrängung von H in organ. Verbindungen zerstört.

Verhalten in der Umwelt

Wasser:
Wassergefährdungsklasse 2. Vernichtung allen Lebens im Wasser; bakterientötend, solange freies Chlor nachweisbar ist. Chlor reagiert mit Wasser, je nach Wasseranteilen wird Chlorwasserstoff bzw. Salzsäure gebildet. In Verbindung mit Feuchtigkeit korrodiert Chlor.

Luft:
Chlorgas (Druckgas) bildet beim Entspannen kalte Nebel, die schwerer als Luft sind; über Wasseroberflächen bilden sich mit Luft giftige, ätzende Gemische.

Boden:
Im Boden liegt Chlor nur in Form seiner Salze (Chloride) und in ionisierter Form vor (s. Chlorid).

UMWELTSTANDARDS

Medium/ Akzeptor	Bereich	Land/ Organ.	Status	Wert	Kat.	Anmerkungen	Quelle
Luft:		D	G	0,1 mg/m^3	IW 1	1)	n. UBA, 1986
		D	G	0,3 mg/m^3	IW 2	2)	n. LAU-BW
		D	R	0,10 mg/m^3		Monatsmittel, Pflanzen	n. LAU-BW
	Arbpl	D	G	0,5 ml/m^3	MAK	Spitzenbegr. I	DFG, 1989
	Arbpl	D	G	1,5 mg/m^3	TRK		n. UBA, 1986
	Arbpl	D	G	1,5 mg/m^3	BAT		n. LAU-BW
	Arbpl	DDR	G	1,0 mg/m^3			n. LAB. CHEMIE, 1980
	Arbpl	SU	G	1,0 mg/m^3	PDK		n. SORBE, 1988
	Arbpl	USA	G	3,0 mg/m^3	TWA		n. SORBE, 1988
	Arbpl	USA	G	9,0 mg/m^3	STEL		n. SORBE, 1988

Anmerkungen:

1) arthm. Jahresmittel

2) 98% des Halbstundenmittels im Jahr

BEWERTUNG & ANMERKUNGEN

Aufgrund der hohen Toxizität. der ätzenden u. oxidierenden Wirkung Gefährdung aller Arten von Gewässern, besonders von Trinkwässern; bei größeren Mengen freiwerdenden Gases ist Katastrophenalarm erforderlich.

1001 CHLORIDE

BEZEICHNUNGEN

Systematischer Name:	Chloride
Gebrauchsnamen:	Chlorid
Stoffname (engl.):	chlorides
Stoffname (franz.):	chlorudes

HERKUNFT UND VERWENDUNG

Verwendung:
Natrium- und Kaliumchlorid werden als Rohstoffe zur Herstellung von Natron- bzw. Kalilauge und Chlor in der chemischen Industrie verwendet. Natriumchlorid wird daneben noch in der Lebensmittelindustrie als Gewürz- und Konservierungsmittel verwendet und in starkem Maße als Auftausalz im Straßenverkehr. Eisen(III)chlorid wird zur Flockung in der Wasseraufbereitung und in der Abwasserbehandlung benutzt.

Herkunft/Herstellung:
Chloride sind vor allem als Natriumchlorid, Kaliumchlorid und Calciumchlorid in der Natur weit verbreitet.

TOXIZITÄT

Säugetiere:

Ratte	LD_{50} 1000 mg/kg KG (Ca-Chlorid)	n. DVGW, 1988
Ratte	LD_{50} 2800 mg/kg KG (Mg-Chlorid)	n. DVGW, 1988
Ratte	LD_{50} 150 mg/kg KG (Ba-Chlorid)	n. DVGW, 1988
Ratte	LD_{50} 3000 mg/kg KG (Na-Chlorid)	n. DVGW, 1988
Ratte	LD 2430 mg/kg KG (K-Chlorid)	n. DVGW, 1988
Maus	LD_{50} 280 mg/kg KG (Ca-Chlorid)	n. DVGW, 1988
Maus	LD_{50} 552 mg/kg KG (K-Chlorid)	n. DVGW, 1988
Meerschweinchen	LD_{50} 2500 mg/kg KG (K-Chlorid)	n. DVGW, 1988

Wasserorganismen:

Rotauge, Schleie	LC 13 g/l (24 h), letal (Na-Chlorid)	n. DVGW, 1988
Goldfisch	LC 14,1 g/l (10 h), letal (Na-Chlorid)	n. DVGW, 1988
Goldfisch	LC 10 g/l (10 h), letal (K-Chlorid)	n. DVGW, 1988
Barsch, Weißfisch	LC 7,6 (10 h), letal (K-Chlorid)	n. DVGW, 1988

Wirkungscharakter:

Mensch/Säugetiere: Gehalte über 250 mg/l verleihen dem Wasser einen salzigen Geschmack, Konzentrationen über 500 mg/l werden als unangenehm empfunden. Die Geschmacksgrenze ist für die einzelnen Chloride unterschiedlich hoch. Der häufig diskutierte Zusammenhang zwischen erhöhter Kochsalzaufnahme und Bluthochdruck ist nicht auf das Chlorid-, sondern auf das Natrium-Ion zurückzuführen.

Pflanzen: Ein Überschuß wirkt auf das Protoplasma stark quellend und beeinflußt die Aktivität von Enzymen, wodurch Änderungen im Betriebs- und Baustoffwechsel auftreten, zusätzlich verändert sich das Stomataverhalten, wodurch übermäßiger Wasserverlust auftritt. Die Schädigung tritt zuerst an den Blattspitzen auf und schreitet zum Blattgrund fort. Die partiellen Nekrosen werden häufig von frühzeitigem Blattabwurf begleitet.

VERHALTEN IN DER UMWELT

Wasser:
Gewässer werden durch die Einleitung von Abwässern der Kali-Industrie und der chemischen Industrie mit Chloriden belastet. In Grund- und Oberflächenwasser gelangt Chlorid vor allem durch häusliche Abwässer und durch industrielle Abwässer. Extrem hohe Chloridgehalte wirken sich schädlich auf die aquatische Flora und Fauna im Süßwasser aus. Es wird ein deutlicher Rückgang der Artenvielfalt bei Fischen beobachtet.

Boden:
Als Sorptionsträger kommen Tonminerale und Humussubstanzen in Frage, aufgrund der Ionisierung ist die Sorbtion von Chloriden jedoch gering und damit ist Chlorid eines der beweglichsten Ionen überhaupt. Der Boden hat keine Pufferfähigkeit für Chloride, die Bodenlösung ist somit Akkumulationsort von überschüssigem Chlorid, wodurch eine direkte Beeinflußung des Pflanzenwachstums erfolgt. Überdurchschnittlich hohe Chlorid-Gehalte sind in ariden und semiariden Böden sowie in strandnahen Zonen anzutreffen.

UMWELTSTANDARDS

Medium/ Akzeptor	Bereich	Land/ Organ.	Status	Wert	Kat.	Anmerkungen	Quelle
Wasser:	Trinkw	CDN	R	200,0 mg/l			n. DVGW, 1988
	Trinkw	EG	R	25,0 mg/l			n. LAU-BW, 1989
	Trinkw	USA	R	250,0 mg/l			n. DVGW, 1988
	Trinkw	WHO	R	250,0 mg/l			n. LAU-BW, 1989

Grundw	NL	H	100,0 mg/m³		n. LAU-BW, 1989
Oberfl	D	R	100,0 mg/m³	Untersuchung	n. LAU-BW, 1989
Oberfl	D	R	200,0 mg/m³	Sanierung	n. LAU-BW, 1989
Oberfl	EG	R	200,0 mg/m³	1) A_1	n. LAU-BW, 1989
Oberfl	EG	R	200,0 mg/m³	2) A_2	n. LAU-BW, 1989
Oberfl	EG	R	200,0 mg/m³	3) A_3	n. LAU-BW, 1989
Abwasser	CH	R	100,0 mg/m³	Qualitätsziel	n. LAU-BW, 1989
Bewäss	D	R	< 0,3 mg/l	geeignet	n. DVGW, 1988
Bewäss	D	R	0,3-1,8 mg/l	bedingt geeignet	n. DVGW, 1988
Bewäss	D	R	> 1,8 mg/l	ungeeignet	n. DVGW, 1988
Bewäss	D	R	200,0 mg/l	Freilandkultur	n. DVGW, 1988
Bewäss	D	G	700,0 mg/l	Freilandkultur	n. DVGW, 1988
Bewäss	D	R	40,0 mg/l	Unterglaskultur	n. DVGW, 1988
Bewäss	D	G	200,0 mg/l	Unterglaskultur	n. DVGW, 1988

Anmerkungen:

[1] jeweils für die Trinkwasseraufbereitung: A1 = einfache phys. Aufbereitung und Entkeimung
[2] jeweils für die Trinkwasseraufbereitung: A2 = normale phys. und chem. Aufbereitung und Entkeimung
[3] jeweils für die Trinkwasseraufbereitung: A3 = Phys. u. verfeinerte chem. Aufbereitung, Oxidation, Adsorbtion und Entkeimung

Weitere Regelungen in: Mineral- und Tafelwasserverordnung (1959, Stand 1979)

VERGLEICHS-/REFERENZWERTE

Medium/Bereich	Land	Wert	Quelle
Wasser:			
Bodensee	D	4,8 - 5,2 ug/l	n. DVGW, 1988
Rhein: (Mainz)	D	81,7 - 249 ug/l	n. DVGW, 1988
Rhein: (Köln)	D	53,5 - 247 ug/l	n. DVGW, 1988
Rhein: (Düsseldorf)	D	57 - 241 ug/l	n. DVGW, 1988
Main: (Frankfurt)	D	25 - 62 ug/l	n. DVGW, 1988
Ruhr: (Witten)	D	25 - 48 ug/l	n. DVGW, 1988
Ruhr: (Duisburg)	D	25 - 103 ug/l	n. DVGW, 1988
Grundwasser	D	10-30 mg/l	n. DVGW, 1988
Meerwasser		18 g/l	n. DVGW, 1988
häusl. Abwasser	D	7 g/Einwohner/d	n. DVGW, 1988
Trinkwasser: (Amsterdam)	NL	170 mg/l	n. DVGW, 1988
Trinkwasser: (Antwerpen)	B	88 mg/l	n. DVGW, 1988
Trinkwasser	A	0,3-60 mg/l	n. DVGW, 1988

BEWERTUNG & ANMERKUNGEN

Chloridbelastungen von Pflanzen sind heute ein ernstes Problem. Bei Streusalzschäden können die Symptome so stark werden, daß die Zweige von der Spitze her ganz absterben, bei Bäumen mehr oder weniger umfangreiche Kronenpartien ausfallen oder der ganze Baum zugrunde geht. Diesen Problemen wurde in letzter Zeit durch den vollständigen bzw. teilweisen Verzicht auf Streusalz durch einzelne Kommunen Rechnung getragen.

1002 CHLORNAPHTHALINE

BEZEICHNUNGEN

CAS-Nr.:	70776-03-3
Systematischer Name:	Chlorierte Naphthaline
Gebrauchsnamen:	Halowax, Chlornaphthaline, Naphthalin-Chlorderivate, PCN
Stoffname (engl.):	chlorinated naphthalene,
Erscheinungsbild:	Gemische aus Chlornaphthalin und Dichlornaphthalin sind flüssig; andere Chlornaphthalingemische sind wachsartige Feststoffe

CHEM.-PHYSIKAL. GRUNDDATEN

Summenformel:	$C_{10}H_nCl_n$
Molare Masse:	151-246 g/mol
Siedepunkt:	250-344°C
Schmelzpunkt:	-25-137°C
Dampfdruck:	0,013-13,3 Pa (bei 20°C)
Anmerkung:	Die chemische Struktur der Moleküle führt zu theoretisch 76 Chlornaphthalin-Isomeren. Die physikalisch-chemischen Eigenschaften sind abhängig vom Chlorierungsgrad. Während sich Schmelz- und Siedepunkt mit zunehmender Zahl der Chloratome erhöhen, reduzieren sich gleichzeitig Dampfdruck und Wasserlöslichkeit.

HERKUNFT UND VERWENDUNG

Verwendung:
Chlornaphthaline finden in der Elektroindustrie und als Additive Anwendung.

Herkunft/Herstellung:
Die Substanzen kommen in der Umwelt nicht natürlich vor.

Produktionszahlen:
Weltproduktion: jährlich etwa 5.000 t (n. KOCH, 1989).

TOXIZITÄT

Mensch: TCL_0 30 mg/m^3, Inhalation (Trichlornaphthalin) n. KOCH, 1989

Säugetiere:

Ratte:	LD_{50} 1.540 mg/kg, oral	n. KOCH, 1989
	LD_{50} 868 mg/kg, oral (2-Chlornaphthalin)	n. KOCH, 1989
Maus:	LD_{50} 1.091 mg/kg, oral	n. KOCH, 1989
	LD_{50} 2.087 mg/kg, oral (2-Chlornaphthalin)	n. KOCH, 1989

Wirkungscharakter:

Mensch/Säugetiere: Die Toxizität wird maßgeblich vom Chlorierungsgrad bestimmt. So sind Monochlor-Isomere für aquatische Organismen toxischer, für Säugetiere weniger toxisch. Die Exposition erfolgt über orale Applikation (Nahrungsmittel) oder Inhalation und führt zu Schäden der Leber. Bei Hautkontakt mit hohen Konzentrationen kommt es zur Ausbildung von Chlorakne.

Wegen der abgestuften Wasser- und Fettlöslichkeit werden Chlornaphthaline schnell resorbiert und transportiert. Meist werden Metaboliten und Restmengen über den Urin wieder ausgeschieden.

VERHALTEN IN DER UMWELT

Chlornaphthaline sind in der Umwelt stabil und werden kaum mikrobiologisch abgebaut. In den Medien Wasser und Boden tritt nur eine geringe Mobilität auf, jedoch in Abhängigkeit vom Chlorierungsgrad eine hohe Bio- und Geoakkumulationstendenz. Die hoch chlorierten Naphthaline weise eine hohe Persistenz auf. Bei der unvollständigen Verbrennung kommt es zur Bildung von Dioxinen und Dibenzofuranen.

Trinkwasser ist infolge der geringen Wasserlöslichkeit nur selten gefährdet.

UMWELTSTANDARDS

(siehe auch unter 'Naphthalin')

Grenzwertempfehlungen der USA für Trinkwasser (n. KOCH, 1989):

Trichlornaphthalin-Isomere:	3,9 ug/l
Tetrachlornaphthalin-Isomere:	1,5 ug/l
Pentachlornaphthalin-Isomere:	0,39 ug/l
Hexachlornaphthalin-Isomere:	0,15 ug/l
Octachlornaphthalin-Isomere:	0,08 ug/l

VERGLEICHS-/REFERENZWERTE

Medium/Herkunft	Land	Wert	Quelle
Luft		bis zu 25 ng/m^3	n. KOCH, 1989
Oberflächenwasser		bis zu 200 ng/l	n. KOCH, 1989
Meerwasser		bis zu 20 ng/l	n. KOCH, 1989
Sedimente/Böden		bis zu 100 ug/kg	n. KOCH, 1989
Fische		bis zu 0,12 mg/kg	n. KOCH, 1989
Vögel		bis zu 70 mg/kg	n. KOCH, 1989
Mensch (Fettgewebe)		bis zu 15 ug/kg	n. KOCH, 1989

BEWERTUNG & ANMERKUNGEN

Ähnlich den chlorierten Biphenylen steigt mit dem Chlorierungsgrad der Chlornaphthaline die Toxizität und die Persistenz in der Umwelt. Deshalb sollte der Verbrauch höher- und hochchlorierter Naphthalinen möglichst gering gehalten werden.

337 CHLOROFORM

BEZEICHNUNGEN

CAS-Nr.:	67-66-3
Systematischer Name:	Trichlormethan
Gebrauchsnamen:	Chloroform, Formylchlorid, Methantrichlorid, Haloform, Chlormethane
Stoffname (engl.):	chloroform, trichloromethane
Stoffname (franz.):	chloroforme
Erscheinungsbild:	klare, stark lichtbrechende, farblose Flüssigkeit mit süßlichem Geruch

CHEM.-PHYSIKAL. GRUNDDATEN

Summenformel:	$CHCl_3$
Molare Masse:	119,4 g/mol
Dichte:	1,48 g/cm^3
Siedepunkt:	61°C
Schmelzpunkt:	-63°C
Dampfdruck:	21 x 10^3 Pa (bei 20°C)
Löslichkeit:	in Wasser 8,1 g/l (bei 20°C) mischbar mit Benzol, Pentan, Hexan, Ethanol und Diethylether
Umrechnungsfaktoren:	1 ppm = 4,96 mg/m^3 1 mg/m^3 = 0,20 ppm

HERKUNFT UND VERWENDUNG

Verwendung:
Zu 75% wird Chloroform zur Herstellung von Fluorchlorkohlenwasserstoffen (Treibgasen) eingesetzt. Darüber hinaus dient die Substanz als Zwischenprodukt bei der Herstellung von Farbstoffen, Arzneimitteln und Pflanzenschutzmitteln. Der Gebrauch als Lösemittel ist stark rückläufig, ebenso wie der als Narkotikum. Zum Teil findet Chloroform in Kosmetika-Herstellung Anwendung.

Herkunft/Herstellung:
Chloroform wird zu 90-95% entweder durch Hydrochlorierung von Methanol oder durch Chlorierung von Methan hergestellt. 5-10% des Vorkommens ist natürlichen Ursprungs im Meerwasser (Reaktion von Methyljodid mit anorganischem Chlor). Chloroform bildet sich in großen Mengen bei der Chlorbleiche von Zellulose. Beachtliche Vorkommen werden auch durch die Wasserchlorung gebildet.
Handelsübliches Chloroform enthält u.a. Bromchlormethan, Bromdichlormethan, Methylenchlorid, Tetrachlormethan, 1,2-Dichlorethan, Trichlorethylen und Tetrachlorethan als Verunreinigungen.

Produktionszahlen:

Weltproduktion 1973:	245.000 - 300.000 t	n. KOCH, 1989
BRD 1982:	35.539 t	n. UBA, 1986

Emissionen:
Die produktions- und anwendungstechnisch bedingten Emissionen betragen etwa 10.000 t, hinzu kommt eine jährliche Belastung der Gewässer mit weiteren 10.000 t/a (n. KOCH, 1989).

TOXIZITÄT

Mensch:	5.000 mg/m^3 nach 7 min Schwindel, Kopfdruck	n. BUA, 1985
	20.000 mg/m^3 Ohnmachtsgefühl	n. BUA, 1985
	69.440 mg/m^3 tiefe Vollnarkose	n. BUA, 1985
	> 79.360 mg/m^3 Atemstillstand, Tod	n. BUA, 1985
	LDL_0 10 ppm, Inhalation (1 a)	n. KOCH, 1989
Säugetiere:		
Ratte:	LD_{50} 1.194 mg/kg, oral	n. DVGW, 1988
	LCL_0 8.000 ppm, Inhalation (4 h)	n. BUA, 1985
Maus:	LD_{50} 80 mg/kg, oral	n. BUA, 1985
	LC_{50} 28.000 mg/kg, Inhalation	n. BUA, 1985
Hund:	LD_{50} 1.100 mg/kg, oral	n. DVGW, 1988
Kaninchen:	LDL_0 500 mg/kg, oral	n. BUA, 1985
Meerschweinchen:	LCL_0 20.000 ppm, Inhalation (2 h)	n. BUA, 1985
Wasserorganismen:		
Goldorfe:	LC_{50} 162-191 mg/l (48 h)	n. UBA, 1986
Regenbogenforelle:	LC_{50} 18-66,8 mg/l (96 h)	n. UBA, 1986
Blauer Sonnenbarsch:	LC_{50} 18-115 mg/l (96 h)	n. UBA, 1986
Wasserfloh:	LC_{50} 28,9 mg/l (48 h)	n. UBA, 1986

Wirkungscharakter:

Mensch/Säugetiere: Die häufigste Aufnahme erfolgt über Inhalation, wobei ein Teil in der Lunge resorbiert, der Rest ausgeatmet wird. Auch bei oraler Applikation wird ein Großteil abgeatmet oder über die Nieren ausgeschieden.
Chloroform schädigt das Zentralnervensystem, die Leber, das Herz und die Nieren. In großen Dosen wirkt es narkotisierend.
Im Tierversuch erweist sich Chloroform als karzinogen; mutagene oder teratogene Effekte sind bislang nicht festgestellt.

VERHALTEN IN DER UMWELT

Wasser:
Die Substanz wird im aquatischen Bereich äußerst langsam abgebaut (Wassergefährdungsklasse 2). Es erfolgt aufgrund der starken Flüchtigkeit eine Entgasung über die Oberflächengewässer. Die Bioakkumulation ist trotz der hohen Fettlöslichkeit von Chloroform gering (Biokonzentrationsfaktor Fisch: 6; UBA, 1986).

Luft:
Infolge der hohen Flüchtigkeit gelangt Chloroform in die Atmosphäre und wird dort in geringen Mengen angereichert. Die Substanz ist nicht photolysestabil.

Boden:
Eine Adsorption an Partikeln erfolgt nicht, so daß eine Anreicherung in Böden oder Sedimenten ausgeschlossen ist.

Halbwertzeit:
In der Atmosphäre verbleibt Chloroform zwischen 15 und 23 Wochen, im Wasser zwischen 10 x 10^4 und 14 x 10^6 Wochen und in Biosystemen etwa 2 Jahre (KOCH, 1989).

Abbau, Zersetzungsprodukte:
Der biologische Abbau unter anaeroben Bedingungen führt zu Kohlendioxid, Chlorid und Methan, der Abbau im Organismus zu Kohlendioxid, Chlorid und Phosgen. In Anwesenheit starker Oxidationsmittel zersetzt sich Chloroform unter Bildung von Phosgen und Chlor (DVGW, 1988).

Nahrungskette:
Chloroform kommt ubiquitär vor und wird auch in Lebensmitteln nachgewiesen. Insbesondere durch die Wasserchlorung enthält Trinkwasser z.T. hohe Konzentrationen von Chloroform. Die tägliche Chloroformaufnahme wird auf durchschnittlich 10 ug/Person geschätzt, je ein Viertel davon stammt aus dem Trinkwasser und aus der Nahrung, die Hälfte aus der Luft (DVGW, 1988).

UMWELTSTANDARDS

Medium/ Akzeptor	Bereich	Land/ Organ.	Status	Wert	Kat.	Anmerkungen	Quelle
Wasser:	Oberfl	D/NL	(G)	1 ug/l	IAWR	für natürl. Aufb.	n. DVGW, 1988
	Oberfl	D/NL	(G)	5 ug/l	IAWR	für phys.-chem. Aufb.	n. DVGW, 1988
	Trinkw	CDN	(G)	350 ug/l		1978	n. DVGW, 1988
	Trinkw	CH	(G)	25 ug/l		1)	n. DVGW, 1988
	Trinkw	D	(R)	25 ug/l		BGA-Kommission 1)	n. DVGW, 1988
	Trinkw	USA	(G)	100 ug/l		Summe Trihalomethane	n. DVGW, 1988
	Trinkw	WHO	R	30 ug/l			n. DVGW, 1988
Luft:		D	G	10,0 mg/m^3	MIK	Langzeitwert	n. BAUM, 1988
		D	G	30,0 mg/m^3	MIK	Kurzzeitwert	n. BAUM, 1988
	Arbpl	D	G	50,0 mg/m^3	MAK	2)	DFG, 1989
	Arbpl	USA	G	50,0 mg/m^3	TWA	Langzeitwert	ACGIH, 1986
Nahrung:		D	G	25 ug/l		Tafel-, Mineralwasser	n. DVGW, 1988

Anmerkungen:
1) Summe Chloroform, Bromoform, Bromdichlormethan, Dibromchlormethan
2) Substanz mit begründetem Verdacht auf krebserregendes Potential
In der Bundesrepublik ist eine Verwendung in Kosmetika, Arzneimitteln und Pflanzenbehandlungsmitteln verboten.

VERGLEICHS-/REFERENZWERTE

Medium/Herkunft	Land	Konzentration	Quelle
Wasser:			
Rhein (Wiesbaden, 1986)	D	0,35-2,1 ug/l	n. DVGW, 1988
Rhein (Lobith, 1985)	D	0,5-4 ug/l	n. DVGW, 1988
Main (Sindlingen, 1983)	D	21 ug/l	n. DVGW, 1988
Mosel (1983)	D	0,5-0,7 ug/l	n. DVGW, 1988
Elbe (1983)	D	0,6-9,8 ug/l	n. DVGW, 1988
Nordseeküste (Emden)	D	0,56-3,8 ug/l	n. UBA, 1986
Ostseeküste	D	0,06-0,17 ug/l	n. UBA, 1986
Trinkwasser:		bis zu 910 ug/l	n. KOCH, 1989
Grundwasser:		bis zu 620 ug/l	n. KOCH, 1989
Sedimente:			
Ruhr (1972-1981)	D	1-3 mg/kg	n. DVGW, 1988
Luft:			
Grundbelastung der Atmosphäre		0,05-0,1 ug/m^3	n. KOCH, 1989
Stadtgebiete		bis zu 74 ug/m^3	n. KOCH, 1989

BEWERTUNG & ANMERKUNGEN

Angesichts der ubiquitären Verteilung sowie der beachtlichen Menge, die jährlich in die Umwelt gelangt, muß Chloroform als umweltgefährdend angesehen werden. Zwar beträgt der Wirkungskonzentrationsfaktor in der Regel mindestens 1000, doch fehlen bislang Informationen über Wirkung und Konzentration in Böden und Bodenorganismen und eine Abklärung des genotoxischen Potentials. Insbesondere die Wasserchlorung sollte so weit möglich vermieden werden, um die Belastung von Grund- und Trinkwasser zu reduzieren.

387 CHLORPHENOLE

BEZEICHNUNGEN

Systematischer Name: Chlorphenole
Stoffname (engl.): Chlorophenols
Erscheinungsbild: geschmacks- und geruchsintensiv

CHEM.-PHYSIKALISCHE GRUNDDATEN

Es können keine spezifischen Angaben für die ganze Gruppe der Chlorphenole gegeben werden. Eine Zusammenfassung der wichtigsten Eigenschaften wird für die Endfassung zusammengestellt.

HERKUNFT UND VERWENDUNG

Verwendung:
Häufig Basis von Desinfektionsmitteln.

Herkunft/Herstellung:
Emission durch: Herstellung, Lagerung, Transport und Anwendung. Entstehung auch durch Chlorung phenolhaltiger Wässer.

TOXIZITÄT

Toxizitätsvergleich einiger Chlorphenole:

	Goldorfentest (LC_{50}-Werte in mg/l)	Bakterien (Pseudomonas) Ver-Vermehrungshemmung ab (mg/l)
2,3,4,5-Tetrachlorphenol	0,3	12
2,3,5-Trichlorphenol	0,6	20
3,5-Dimethyl-2,4-dichlorphenol	0,6	40
Pentachlorphenol	0,6	60
2,3,4,6-Tetrachlorphenol	1	?
2,4,5-Trichlorphenol	1	20
3,4-Dichlorphenol	1,1	20
2,3,4-Trichlorphenol	0,6	40
2-Cyclopentyl-4-chlorphenol	1,4	30
2-Benzyl-4-chlorphenol	1,4	70
3,5-Dichlorphenol	1,8	10

4-tert.-Butyl-2-chlorphenol	2,3	90
3-Methyl-4-chlorphenol	2,4	70
2,5-Dichlorphenol	2,8	50
2,3,6-Trichlorphenol	2,9	>500
4-Chlorphenol	3	20
3-Chlorphenol	3	30
2,4,6-Trichlorphenol	3	170
2,3-Dichlorphenol	3,5	80
2-Methyl-4-chlorphenol	3,6	80
2,6-Dichlorphenol	4	130
3-Methyl-6-chlorphenol	4,4	120
2,4-Dichlorphenol	4,5	70
2-Chlorphenol	8	120

VERHALTEN IN DER UMWELT

Die geruchs- und geschmacksintensiven Chlorphenole sind schon in starken Verdünnungen nachweisbar. Ausgehend vom Phenol bilden sich infolge von Chlorung zumeist folgende Chlorphenole (vgl. DFG, 1982):

- 2-Chlorphenol
- 4-Chlorphenol
- 2,6-Dichlorphenol
- 2,4-Dichlorphenol
- 2,4,5-Trichlorphenol
- 2,4,6-Trichlorphenol
- 2,3,4,5-Tetrachlorphenol
- 2,3,4,6-Tetrachlorphenol
- Pentachlorphenol

Mit zunehmender Chlorsubstitution nehmen Geruchs- und Geschmacksintensität ab, die Toxizität hingegen wird höher.

In Gewässern ist die Abbauhemmung und die Fischtoxizität gleichrangig. Die DFG (1982) bemerkt, daß eine Anreicherung der stärker lipophilen Verbindungen im belebten Schlamm stattfindet. Weitere Anreicherungen in der Nahrungskette führt zur Ungenießbarkeit des Fischfleisches durch starke Geschmacksintensität.

Chlorphenole spielen eine wichtige Rolle bei der Mobilisierung und Immobilisierung von Schwermetallen.

UMWELTSTANDARDS

Medium/ Akzeptor	Bereich	Land/ Organ.	Status	Wert	Kat.	Anmerkungen	Quelle
Wasser:	Grundw	D(HH)	R	0,00030 g/m^3		Einzelstoff[1)]	n. LAU-BW[5)], 1989
	Grundw	D(HH)	R	0,00150 g/m^3		Einzelstoff[2)]	n. LAU-BW[5)], 1989
	Grundw	D(HH)	R	0,00050 g/m3		Stoffgruppe[1)]	n. LAU-BW[5)], 1989
	Grundw	D(HH)	R	0,0020 g/m3		Stoffgruppe[2)]	n. LAU-BW[5)], 1989
	Grundw	NL	R	0,00030 g/m^3		Einzelstoff[1)]	n. LAU-BW[5)], 1989
	Grundw	NL	R	0,00150 g/m^3		Einzelstoff[2)]	n. LAU-BW[5)], 1989
	Grundw	NL	R	0,00050 g/m3		Stoffgruppe[1)]	n. LAU-BW[5)], 1989
	Grundw	NL	R	0,0020 g/m^3		Stoffgruppe[2)]	n. LAU-BW[5)], 1989
	Oberfl	D	R	0,0010 g/m^3		Trinkwasser[3)]	n. LAU-BW[5)], 1989
	Oberfl	D	R	0,0050 g/m^3		Trinkwasser[4)]	n. LAU-BW[5)], 1989
Boden:		NL	R	0,5 mg/kg (ltr.)		Einzelstoff[5)]	n. LAU-BW[5)], 1989
		NL	G	5 mg/kg (ltr.)		Einzelstoff[6)]	n. LAU-BW[5)], 1989
		NL	R	1 mg/kg (ltr.)		Stoffgruppe[5)]	n. LAU-BW[5)], 1989
		NL	G	10 mg/kg (ltr.)		Stoffgruppe[6)]	n. LAU-BW[5)], 1989

Anmerkungen:

1) es sollten eingehende Untersuchungen der Grundwassergüte stattfinden
2) es sollten Sanierungsmaßnahmen eingeleitet werden
3) für die Trinkwasseraufbereitung durch natürliche Verfahren
4) für die Trinkwasseraufbereitung durch chemische und physikalische Verfahren
5) nähere Untersuchungen notwendig
6) Sanierungsmaßnahmen notwendig

In Schweden ist die Anwendung aller Chlorphenole seit 1978 verboten.

BEWERTUNG & ANMERKUNGEN

Infolge der z.T. hohen Toxizität für Wasserorganismen sowie der großen Anreicherungsrate in der Nahrungskette sind Chlorphenole weitgehend zu vermeiden. Eine Chlorung von Trinkwasser zur Entkeimung von Flußwasser ist problematisch, weil sich geruchs- und geschmacksintensive Chlorphenole bilden können.

siehe auch unter den Informationsblättern 'Pentachlorphenol' und 'Phenole'.

209 CHROM

BEZEICHNUNGEN

CAS-Nr.:	7440-47-3
Systematischer Name:	Chrom
Gebrauchsnamen:	Chrom
Stoffname (engl.):	chromium
Stoffname (franz.):	chrome
Erscheinungsbild:	silbergraues, zähes, dehnbares Metall

CHEM.-PHYSIKAL. GRUNDDATEN

Elementsymbol:	Cr
Molare Masse:	51,996 g/mol
Dichte:	7,2 g/cm^3
Siedepunkt:	2500 °C
Schmelzpunkt:	1900 °C
Löslichkeit:	löslich in verd. Salzsäure und Schwefelsäure

HERKUNFT UND VERWENDUNG

Verwendung:
Als Katalysator in der Ammoniaksynthese, zur Herstellung von Chromstählen, nichtrostenden Stählen, Chromlegierungen und zum galvanischen Verchromen. Organische Komplexe werden als Entwickler-Farbstoffe in der Farbphotographie verwendet, anorganische Chrom-Verbindungen dienen als Farbpigmente.

Herkunft/Herstellung:
Chrom findet sich in der Natur fast nur in Form von Verbindungen. Das wichtigste Chromerz ist Chromit. Reines Chrom erhält man durch Reduktion von Chromdioxid mit Aluminium (Thermitverfahren), durch Elektrolyse oder über Chromjodid.

Produktionszahlen:
1985 = 9,935 Mio t (Weltproduktion)

TOXIZITÄT

Mensch:	0,5-1,0 g, oral = tödlich, (Kaliumdichromat)	n. MERIAN, 1984
	LD 6-8 g, oral (Natriumdichromat)	n. KOCH, 1989
Säugetiere:		
Ratte	LD_{50} 1800 mg/kg, oral (Chrom(III)chlorid)	n. MERIAN, 1984
Ratte	LD_{50} 3250 mg/kg, oral (Chrom(III)nitrat)	n. MERIAN, 1984
Wasserorganismen:		
Süßwasserfische	LC_{50} 250-400 mg/l (Cr^{VI})	n. MERIAN, 1984
Meeresfische	LC_{50} 170-400 mg/l (Cr^{VI})	n. MERIAN, 1984
Daphnia	LC_{50} 0,05 mg/l (Cr^{VI})	n. MERIAN, 1984
Algen	LC_{50} 0,032-6,4 mg/l (Cr^{VI})	n. MERIAN, 1984
Bach- u. Regenbogenforelle	0,20-0,35 mg Cr^{VI}/l	n. DVGW, 1988
Fisch (ohne Spez.differenzierung)	LD 60-728 mg/l, (Natriumdichromat)	n. KOCH, 1989

Wirkungscharakter:

Mensch/Säugetiere: Im Gegensatz zu Chrom-(III) ist die Wirkung von Chrom-(VI) vor allem auch genetisch relevant. In nahezu allen Testsystemen zur Ermittlung mutagener Wirkung sind Chrom-(VI)-Verbindungen aktiv. Im Zusammenhang mit der nachgewiesenen Plazentapassage ergibt sich hieraus eine hohes Gefährdungspotential für Embryonen und Feten. Die karzinogene Wirkung von Chrom-(VI)-verbindungen ist sowohl im Tierexperiment nachgewiesen als auch durch die Ergebnisse epidemiologischer Studien an beruflich exponierten Bevölkerungsgruppen bestätigt. Die entsprechenden Latenzzeiten werden mit etwa 10-27 Jahre angegeben. Im Gegensatz zu Chrom-(VI)-verbindungen konnte bei Chrom-(III)-Verbindungen eine karzinogene Wirkung nicht eindeutig nachgewiesen werden. Akute Intoxikationen manifestieren sich bei Chrom-(VI)-Verbindungen u.a. in Nierenschädigungen. Chronische Intoxikationen können zu Veränderungen des Gastrointestinaltraktes sowie zu Akkumulationen in der Leber, Niere, Schilddrüse und im Knochenmark führen. Damit verbunden ist eine geringe Ausscheidungsrate.

Pflanzen: Bei Pflanzen sind u.a. Wurzelschädigungen vor allem durch Chrom(VI) bekannt. Sowohl bei den Pflanzenarten als auch innerhalb der verschiedenen Pflanzenteile bestehen große Unterschiede in der Aufnahme von Chrom und einer möglichen Schädigung. Toxische Einwirkungen von Chrom auf Pflanzen sind vor allem auf der Grundlage von Gefäßversuchen beschrieben worden. Bei Hafer konnte man beobachten, daß die Wurzeln klein und die Blätter schmal blieben u. dabei eine rotbraune Verfärbung und kleine nekrotische Flecken aufweisen.

Anmerkungen: Dreiwertiges Chrom ist ein wichtiges Spurenelement für Mensch und Tier im Insulinstoffwechsel.

VERHALTEN IN DER UMWELT

Wasser:
In aquatischen Systemen schwankt die Toxizität löslicher Chromverbindungen in Abhängigkeit von Temperatur, pH-Wert und Wasserhärte sowie der Organismenspezies. Chrom-(VI)-verbindungen sind gut wasserlöslich, werden jedoch unter natürlichen Bedingungen in Gegenwart organischen, oxidierbaren Materials schnell zu weniger wasserlöslichen, stabilen Chrom-(III)-verbindungen reduziert.

Boden:
Die Beurteilung der Mobilität von Chrom in der Pedosphäre kann nur unter der Berücksichtigung der adsorptiven und reduzierenden Kapazität von Böden und Sedimenten erfolgen. Einmal sedimentierte und festgelegte Chrom(III)hydroxide in aquatischen Sedimenten besitzen nur eine sehr geringfügige Remobilisierungstendenz, da die Oxidation von Chrom-(III)- zu Chrom-(VI)-Verbindungen natürlicherweise kaum erfolgt. Chrom(VI) wirkt schon in relativ geringen Konzentrationen toxisch, wobei der pH-Wert des Bodens maßgebend ist. Ein Chromeintrag erfolgt in zunehmendem Maße über den Einsatz von phosphathaltigen Düngmitteln.

Halbwertzeit:
Man kennt 5 künstl. Isotope, die mit folgenden Halbwertszeiten zerfallen: Cr^{48} in 23 Std., Cr^{49} in 41,9 min, Cr^{51} in 27,8 Tagen, Cr^{55} in 3,5 min und Cr^{56} in 5,9 min.

Nahrungskette:
Mit der Nahrung aufgenommene Chrom(III)-Verbindungen sind relativ ungefährlich, während Chrom(VI)-Verbindungen stark toxisch wirken. Tiere und Menschen nehmen normalerweise nur wenig Chrom durch Inhalation auf, die Hauptmenge an chromhaltigen Stoffen wird mit der Nahrung und dem Trinkwasser aufgenommen. Die Resorption im Darm hängt sehr von der chemischen Form des Chroms ab: organ. Chromkomplexe werden etwa bis zu 20-25% aufgenommen, anorgan. Chrom etwa zu 0,5% (Merian, 1984). Im allg. wird angenommen, daß Cr(VI) etwa 100-1000 mal giftiger ist als Cr(III).

UMWELTSTANDARDS

Medium/ Akzeptor	Bereich	Land/ Organ.	Status	Wert	Kat.	Anmerkungen	Quelle
Wasser:	Trinkw	D	G	50,0 ug/l			n. KOCH, 1989
	Trinkw	WHO	R	50,0 ug/l			n. KOCH, 1989
	Grundw	D(HH)	R	0,050 g/m^3		Untersuchung	n. LAU-BW, 1989
	Grundw	D(HH)	R	0,20 g/m^3		Sanierung	n. LAU-BW, 1989
	Grundw	NL	R	0,05 g/m^3			n. LAU-BW, 1989
	Grundw	NL	R	0,200 g/m^3			n. LAU-BW, 1989
	Oberfl	EG	R	0,050 g/m^3		1) A_1, A_2, A_3	n. LAU-BW, 1989

	Abwasser	D(BW)	R	2,0 g/m³			n. LAU-BW, 1989
	Abwasser	D	R	2,0 mg/l			n. KOCH, 1989
Boden:		CH	R	75,0 mg/kg ltr		Boden	n. LAU-BW, 1989
		NL	R	250,0 mg/kg ltr		Untersuchung	n. LAU-BW, 1989
		NL	R	800,0 mg/kg ltr		Sanierung	n. LAU-BW, 1989
	Klärschl	D	G	100,0 mg/kg ltr		Boden	n. LAU-BW, 1989
	Klärschl	D	G	1200,0 mg/kg TS		Klärschlamm	n. LAU-BW, 1989
	Klärschl	CH	G	1000,0 mg/kg TS		Klärschlamm	n. LAU-BW, 1989
	Klärschl	EG	G	1,0-3 mg/kg TS		Boden	n. LAU-BW, 1989
	Klärschl	EG	G	20,0-40 mg/kg TS		Schlamm	n. LAU-BW, 1989
	Klärschl	EG	G	1,5 mg/ha		Fracht in 10 a	n. LAU-BW, 1989
	Kompost	D	R	100,0 mg/kg ltr		Boden	n. LAU-BW, 1989
	Kompost	D	R	2,0 kg/ha/a		Kompost	n. LAU-BW, 1989
	Kompost	CH	G	150,0 mg/kg TS		Kompost	n. LAU-BW, 1989
	Kompost	D(HH)	R	300,0 mg/kg TS		Untersuchung	n. LAU-BW, 1989
Luft:		D	G	5,0 mg/m³		Na-Dichromat [2)]	n. KOCH, 1989
	Arbpl	AUS	G	1,0 mg/m³		Cr u. unlösl. Cr-Verb.	n. MERIAN, 1984
	Arbpl	AUS	G	0,5 mg/m³		lösliche Salze	n. MERIAN, 1984
	Arbpl	B	G	0,5 mg/m³		lösliche Salze	n. MERIAN, 1984
	Arbpl	CH	G	1,0 mg/m³		Cr u. unlösl. Cr-Verb.	n. MERIAN, 1984
	Arbpl	CH	G	0,5 mg/m³		lösliche Salze	n. MERIAN, 1984
	Arbpl	DDR	G	0,5 mg/m³		Cr u. unlösl. Cr-Verb.	n. MERIAN, 1984
	Arbpl	I	G	0,5 mg/m³		Cr u. unlösl. Cr-Verb.	n. MERIAN, 1984
	Arbpl	NL	G	0,5 mg/m³		lösliche Salze	n. MERIAN, 1984
	Arbpl	SF	G	0,5 mg/m³		lösliche Salze	n. MERIAN, 1984
	Arbpl	SF	G	1,0 mg/m³		Cr u. unlösl. Cr-Verb.	n. MERIAN, 1984
	Arbpl	SU	G	1,0 mg/m³	PDK	Chromoxid	n. KETTNER, 1979
	Arbpl	USA	G	0,5 mg/m³	TWA	metall. Cr	n. ACGIH, 1979
	Arbpl	USA	G	0,5 mg/m³	TWA	Cr(III)	n. ACGIH, 1979
	Arbpl	USA	G	0,5 mg/m³	TWA	Cr(VI), wasserlösl.	n. ACGIH, 1979
	Arbpl	USA	G	0,5 mg/m³	TWA	Cr(VI), wasserunlösl.	n. ACGIH, 1979
	Arbpl	YU	G	1,0 mg/m³		Cr u. unlösl. Cr-Verb.	n. MERIAN, 1984

Anmerkungen:

1) jeweils für die Trinkwasseraufbereitung: A1 = einfache phys. Aufbereitung u. Entkeimung, A2 = Normale phys. u. chem. Aufbereitung und Entkeimung und A3 = Phys. u. verfeinerte chem. Aufbereitung, Oxidation, Adsorbtion u. Entkeimung

2) bei einem Massenstrom von 25 g/h oder mehr

Alkalichromate: begründeter Verdacht auf krebserzeugendes Potential

VERGLEICHS-/REFERENZWERTE

Medium/Bereich	Land	Wert	Quelle
Atmosphäre	weltweit	5 pg/m^3	n. KOCH, 1989
Gewässer	weltweit	0,5 ug/l	n. KOCH, 1989
Kohleflugasche	USA	43-259 mg/kg	n. HOCK, 1988
Pflanzenmaterial		0,2-1,0 mg/kg TR	n. HOCK, 1988

BEWERTUNG & ANMERKUNGEN

Die in Hydro-, Pedo-, Atmo- und Biosphäre festgestellten Chrommengen sind vorwiegend auf industrielle Emissionen zurückzuführen, da die natürlichen Konzentrationen selten die Nachweisempfindlichkeit der gegenwärtig angewandten Analyseverfahren überschreiten. Während die natürlich bedingten Emissionen in die Atmosphäre mit jährlich etwa 58.000 t angegeben werden, erreichen die anthropogen bedingten Emissionen nahezu 100.000 t/a.
Im Hinblick auf das Umweltverhalten leitet sich für Chrom-(III)-verbindungen im Gegensatz zu Chrom-(VI)-Verbindungen eine hohe Stabilität ab.

Chromhaltige Abfälle sind insbesondere auf Grund ihres Verhaltens im geologischen Untergrund bei Deponieablagerungen kritisch zu bewerten. In alkalischem Milieu sind Chromate schätzungsweise bis zu 50 Jahre stabil und migrieren selbst durch bindige Böden bis in grundwasserführende Schichten.
Die Verbrennung Chrom-(III)-haltiger Schlämme sollte daher auf Grund einer möglichen Chromatbildung vermieden werden.

258 2,4-DICHLORPHENOXYESSIGSÄURE

BEZEICHNUNGEN

CAS-Nr.:	94-75-7
Systematischer Name:	2,4-Dichlorphenoxyessigsäure
Gebrauchsnamen:	2,4-D, unter verschiedensten Namen im Handel
Stoffname (engl.):	(2,4-Dichlorphenoxy) acetic acid
Erscheinungsbild:	farbloses, muffig riechendes, kristallines Pulver

CHEM.-PHYSIKAL. GRUNDDATEN

Summenformel:	$C_8H_6Cl_2O_3$	
Molare Masse:	221,04 g/mol	
Dichte:	1,563 g/cm^3 bei 20°C	
Siedepunkt:	160°C bei 50 Pa	
Schmelzpunkt:	140,5°C	
Dampfdruck:	$<10^{-5}$ Pa	
Löslichkeit:	in Wasser	0,70 g/l bei 15°C
		0,55 g/l bei 20°C
		0,80 g/l bei 25°C
	in Olivenöl	0,5 g/l
	in Benzol	6 g/l
	in Aceton	850 g/l

HERKUNFT UND VERWENDUNG

Verwendung:
2,4-D, ihre Salze und Ester werden als Herbizid vor allem gegen breitblättrige Pflanzen eingesetzt. Die Applikationsmenge beträgt in aller Regel 0,3-4,5 kg/ha. Sie werden häufig in Komposition mit anderen Herbiziden verwendet. In Verbindung mit MCPA (2-Methyl-4-chlorphenoxyessigsäure) ist 2,4-D eines der am meisten in Getreidekulturen benutzten Herbizide. Die Butylester von 2,4-D und 2,4,5-T wurden im Vietnamkrieg von den USA unter dem Namen "Agent Orange" zur Entlaubung der Wälder Südvietnams eingesetzt.

Herkunft/Herstellung:
vermutlich keine natürlichen Quellen. 2,4-D wird durch Chlorierung von Phenol und anschließende Umsetzung mit Essigsäure hergestellt. Das technische Produkt kann 0,1-0,6% Chlorphenole und in Spuren polychlorierte Dibenzodioxine und Dibenzofurane enthalten.

Produktionszahlen:
weltweit ca. 100.000 t/a; EG (1980) 15.000-20.000 t; USA (1976) 17.000 t.

Emissionszahlen (geschätzt):
Die gesamte produzierte Menge gelangt in die Umwelt. Darüberhinaus entsteht 2,4-D nach Hydrolyse als Metabolit der als Herbizide eingesetzten Ester der Säure.

TOXIZITÄT

Mensch:	LD_{50} 80 mg/kg KG, oral	n. RIPPEN, 1989
	LDL_0 50-500 mg/kg KG, oral	n. RIPPEN, 1989
	TCL_0 0,01 mg/l, Inhalation	n. RIPPEN, 1989
Säugetiere:		
Maus	LD_{50} 360-368 mg/kg KG, oral	n. DFG, 1986
Ratte	LD_{50} 375-1200 mg/kg KG, oral	n. DFG, 1986
	LD_{50} 1.500 mg/kg KG, dermal	n. RIPPEN, 1989
Kaninchen	LD_{50} 800 mg/kg KG, oral	n. RIPPEN, 1989
	LD_{50} >1.600 mg/kg KG, dermal	n. RIPPEN, 1989
Hund	LD_{50} 100 mg/kg KG, oral	n. RIPPEN, 1989
Vögel:	LD_{50} 540 mg/kg KG	n. RIPPEN, 1989
Wasserorganismen:		
Goldorfe	LC_{50} 250 mg/l	n. RIPPEN, 1989
Regenbogenforelle	LC_{50} 100 mg/l (96h)	n. RIPPEN, 1989
junge Regenbogenforelle	LC_{50} 0,022-0,033 mg/l (96 h)	n. DVGW, 1988
Wasserfloh (Daphnia magna)	LC_{50} >100mg/l (48 h)	n. RIPPEN, 1989
Algen	EC_{50} 50 mg/l (10 d, Wachstumshemmung)	n. RIPPEN, 1989
andere Organismen:		
Regenwurm	LC_{50} 10-100 ug/cm^2, Applikation (48 h)	n. RIPPEN, 1989
Actinomyceten	EC_{80} 160-184 mg/kg	n. RIPPEN, 1989
Bodenpilze	EC_{80} 75-128 mg/kg	n. RIPPEN, 1989

Wirkungscharakter:

Mensch/Säugetiere: kanzerogene Wirkung umstritten, Teratogenität bei Ratten nachgewiesen. 2,4-D kann durch den Magen- und Darmtrakt und über die Haut resorbiert werden, 2,4-D-Ester auch über die Lunge. Sie wirkt auf das zentrale und periphere Nervensystem (Krämpfe und Lähmungen), die Motorik und greift in den intermediären Kohlehydratstoffwechsel ein. Oral aufgenommene 2,4-D wird schnell unverändert ausgeschieden und im Körper nicht gespeichert (DVGW, 1988). Stark augenreizend, leicht hautreizend.

Pflanze: 2,4-D greift in den Stoffwechsel, u.a. in den Nukleinsäurestoffwechsel, ein.

VERHALTEN IN DER UMWELT

Wasser:
Im Gewässer werden die 2,4-D-Ester zu den entsprechenden Säuren hydrolisiert.

Boden:
Wegen der guten Wasserlöslichkeit besonders der Alkali- und Aminsalze ist 2,4-D im Boden sehr mobil. Eine Verunreinigung des Grundwassers durch Sickerwasser ist deshalb möglich.

Abbau, Zersetzungsprodukte, Halbwertzeit:
UV-Transformation in Wasser führt über Chlorphenole und Polyphenole zu huminsäureähnlichen Produkten. Unter anaerobischen Bedingungen wurde im Sediment und in aquatischen Organismen 2,4-Dichlorphenol und im Faulschlamm 4-Chlorphenol (als Zwischenprodukt) nachgewiesen.
Halbwertzeiten: 4-29 d im Boden, etwa 5 d in Pflanzen (Art-abhängig). Die Persistenz von 2,4-D in Gewässern scheint jahreszeitlich starken Schwankungen zu unterliegen. Die Angaben variieren zwischen einem vollständigen Abbau innerhalb von 36 Tagen und einem Verlust von nur 8 % nach 78 Tagen im Laborversuch. RIPPEN (1989) nennt Halbwertzeiten in Oberflächengewässern von <12 bis zu 50 Tagen.

Nahrungskette:
Bioakkumulation in Algen (Chlorella fusca).

UMWELTSTANDARDS

Medium/ Akzeptor	Bereich	Land/ Organ.	Status	Wert	Kat.	Anmerkungen	Quelle
Wasser:	Trinkw	A	(G)	50 ug/l			n. DVGW, 1988
	Trinkw	CDN	(G)	100 ug/l	MAC		n. DVGW, 1988
	Trinkw	D	G	0,1 ug/l			n. DVGW, 1988
	Trinkw	EG	R	0,1 ug/l			n. DVGW, 1988
	Trinkw	USA	R	100 ug/l			n. RIPPEN, 1989
	Trinkw	WHO	R	100 ug/l			n. RIPPEN, 1989
	Oberfl	AUS	R	4 ug/l	RMC	Schutz Wasserorg.	n. KUSt, 1985
	Oberfl	MEX	(G)	0,1 mg/l		(incl. Deriv.), Ästuare	n. KUST, 1985
	Oberfl	MEX	(G)	0,01 mg/l		Küstengewässer	n. KUSt, 1985
	Geruchsschwelle			0,05 mg/l			n. DVGW, 1988
Luft:	Arbpl	D	G	10,0 mg/m^3		incl. Salze und Ester	DFG, 1989
	Arbpl	SU	(G)	1,0 mg/m^3			n. DVGW, 1988
	Arbpl	USA	(G)	10,0 mg/m^3	TWA		n. RIPPEN, 1989

Nahrung:	WHO	R	0,3 mg/kg/d	ADI	n. RIPPEN, 1989
	D	(R)[1)]	0,1 mg/kg/d	DTA	n. DFG, 1986
Zitrusfrüchte	D	G	2,0 mg/kg		n. DVGW, 1988
andere Lebensmittel	D	G	0,1 mg/kg		n. DVGW, 1988

Anmerkungen:
[1)] Arbeitsgruppe 'Toxikologie' der Deutschen Forschungsgemeinschaft

Anwendungsverbote u.a. in der Tschechoslowakei und in Schweden, Anwendungseinschränkungen in Großbritannien.

VERGLEICHS-/REFERENZWERTE

Medium/Herkunft	Land	Wert	Quelle
Wasser:			
Trinkwasser (1983)	USA	0,04 ug/l	n. RIPPEN, 1989
Rhein (km 865, 1978)		< 0,01 ug/l	n. RIPPEN, 1989
Oberflächenwasser (1983)	USA	100 ug/l, (max.)	n. RIPPEN, 1989
Ablaufwasser unter Wald	D	2000 ug/l (Appl. 4,5 kg/ha, Ester)	n. RIPPEN, 1989
Boden/Sediment:			
Klärschlamm	USA	0,55-7.300 ug/kg TS (n=55 von 223)	n. RIPPEN, 1989

BEWERTUNG & ANMERKUNGEN

Die vergleichsweise hohe Mobilität von 2,4-D impliziert die Gefahr der Verunreinigung von Gewässern - auch von Grundwasser - in der Umgebung des Applikationsortes. Dies ist vor allem dann zu berücksichtigen, wenn die möglicherweise kontaminierten Gewässer als Trinkwasserreservoir dienen. Die Toxizität von 2,4-D wird, wie die genannten Standards zeigen, sehr unterschiedlich beurteilt. Im Bereich 'Trinkwasser' variieren sie bis zum 1.000fachen voneinander.

103 DDT

BEZEICHNUNGEN

CAS-Nr.:	50-29-3
Systematischer Namen:	1,1-Bis-(4-chlorphenyl)-2,2,2-trichlorethan; p,p'-Dichlordiphenyltrichlorethan
Gebrauchsnamen:	DDT; p,p'-DDT; Dicophane (GB); Chlorophenothane (USA); Anofex; Cezarex; Dinocide; Gesarol; Guesapon; Guesard; Guesarol; Gyron; Ixodex; Neocid; Neocidol; Zerdane;
Stoffname (engl.):	1,1'-(2,2,2-trichloroethylidene)-bis; DDT
Erscheinungsbild:	farblose, geruchslose bis leicht aromatisch riechende Kristalle

CHEM.-PHYSIKAL. GRUNDDATEN

Summenformel:	$C_{14}H_9Cl_5$
Molare Masse:	354,49 g/mol
Dichte:	1,55 g/cm^3 bei 20°C
Siedepunkt:	260°C
Schmelzpunkt:	109°C
Dampfdruck:	23×10^{-6} Pa bei 20°C (n. RIPPEN, 1989) 17×10^{-6} Pa bei 20°C (n. DVGW, 1988) $43{,}6 \times 10^{-6}$ Pa bei 20°C (n. KORTE, 1980) $25{,}3 \times 10^{-6}$ Pa bei 20°C (n. WHO, 1979)
Löslichkeit:	in Wasser 3×10^{-6} g/l (20-25°C); in vielen organischen Lösemitteln gut löslich: in Benzol 780 g/l (n. RIPPEN, 1989), 1060 g/l (n. WHO, 1979) gut löslich in Fetten
Umrechnungsfaktoren:	1 ppm = 14,7 mg/m^3 1 mg/m^3 = 0,07 ppm

HERKUNFT UND VERWENDUNG

Verwendung:
Kontakt- und Fraßgift gegen eine Vielzahl von Insekten (Malaria- und Gelbfiebermücke, Pestfloh, Kleiderlaus, Tse-Tse-Fliege etc.). Wegen seiner Breitenwirkung, der geringen Phytotoxizität, der guten Dauerwirkung und der geringen akuten Giftigkeit gegenüber Warmblütern wurde es in großem Umfang eingesetzt. Während der Einsatz von DDT in den meisten Industrieländern heute verboten ist, wird es in vielen Ländern der Dritten Welt weiterhin verwendet, weil die Kosten für Ersatzstoffe ein Vielfaches betragen.

Herkunft/Herstellung:
kein natürliches Vorkommen. 1874 synthetisiert, seit 1945 im kommerziellen Handel.

Produktionszahlen:
Es liegen keine Angaben aus jüngerer Zeit vor. 1974 betrug die Produktionsmenge nach Schätzung der OECD weltweit ca. 60.000 t (n. WHO, 1979). Ursprünglich wurde DDT in einer Vielzahl von Ländern produziert, 1979 existierten insgesamt noch 3 Produktionsstätten, eine in den USA, eine in Indien und eine in Frankreich (WHO, 1979). Der DVGW (1988) nennt dagegen allein zwei Betriebe in der EG.

Emissionszahlen:
Fast die gesamte produzierte Menge gelangt in die Umwelt. Die Aufwandmengen betragen in aller Regel zwischen 1 und 3 kg DDT pro Hektar; die eingesetzten Produkte enthalten zwischen 1 und 10% Wirkstoff.

TOXIZITÄT

Mensch:	LD ca. 500 mg/kg KG, oral	n. RIPPEN, 1989
Säugetiere:		
Ratte	LD_{50} 113 mg/kg KG, oral	n. RIPPEN, 1989
	LD_{50} 1900 mg/kg KG, dermal	n. RIPPEN, 1989
Maus	LD_{50} 150-300 mg/kg KG, oral	n. DVGW, 1988
Hund	LD_{50} 150-750 mg/kg KG, oral	n. DVGW, 1988
Katze	LD_{50} 150-600 mg/kg KG, oral	n. DVGW, 1988
Insekten:		
Hausfliege (Musca domestica)	LD_{50} 0,033 ug/Tier (24 h)	n. KORTE, 1980
Wasserorganismen:		
Fische	LC_{50} 8-100 ug/l (96 h)	n. RIPPEN, 1989
Wasserfloh (Daphnia magna)	EC_{50} 0,36-4,4 ug/l (24-48 h)	n. RIPPEN, 1989
Alge (Skeletonema costatum)	EC_{50} 100 ug/l (7 d)	n. DVGW, 1988

Wirkungscharakter:

Mensch/Säugetiere: Der genaue Wirkungsmechanismus ist bisher nicht restlos bekannt. Der Hauptangriffspunkt liegt im Zentralen Nervensystem (Nervengift). Die äußeren Symptome deuten auf eine vorübergehende Erleichterung der Reizübertragung hin, der dann eine Blockierung folgt. Verschiedene Enzyme werden durch DDT gehemmt. Es wirkt so auch als Atemgift. Anreicherung in Fettgeweben. Bei hohen Dosen vor allem Leberschäden; bei Dauergaben (Ratten) Schäden an Leber, Nieren und Milz. Mutagenität und Kanzerogenität bei Menschen höchst wahrscheinlich; kanzerogen bei Versuchstieren.

Pflanzen: DDT ruft in Pflanzen meist keine Schädigungen hervor. Einige empfindliche Pflanzen zeigen Störungen des Wurzelwachstums, wenn DDT im Boden angereichert ist.

Synergismus: Wirkungsverstärkung (Wassertiere) durch Lindan und Alkylbenzolsulfonate.

VERHALTEN IN DER UMWELT

Wasser:
Auch im Wasser zeigt DDT eine starke Tendenz zur Adsorption an feste Partikel. Es reichert sich so im Sediment an und kann mit den Feststoffen über weite Strecken in Fließgewässern transportiert werden.

Luft:
DDT kann in der Luft in gasförmigem Zustand, als Aerosol und adsorbiert an Stäuben vorliegen. In der Luft über applizierten Feldern konnte es noch 6 Monate nach der Aufbringung nachgewiesen werden. Adsorbiert an Stäuben kann es über viele Tausend Kilometer transportiert werden und wurde so weltweit verbreitet. DDT konnte in antarktischem Schnee ebenso nachgewiesen werden, wie im Niederschlag Schottlands und der Shetland Inseln. Die im Regen gefundenen Konzentrationen lassen darauf schließen, daß DDT in der Atmosphäre weltweit relativ gleich verteilt vorliegt.

Boden:
Bei der Applikation von DDT gelangt ein erheblicher Anteil auf den Boden. Es wurden starke Anreicherungen in den obersten Zentimetern des Bodens festgestellt, was auf eine vergleichsweise geringe Mobilität im Bodenkörper schließen läßt.

Abbau, Zersetzungsprodukte:
Wichtige Metaboliten von DDT sind DDE (1,1-Bis-(4-chlorphenyl)-2,2-dichlorethen), DDA und DDD. DDE ist mindestens als ebenso toxisch einzuschätzen wie DDT und scheint in der Umwelt sogar noch beständiger zu sein.
Über den Abbau von DDT im Boden liegen bislang wenig Informationen vor. Es ist nicht geklärt in welchem Verhältnis biologische und chemische Zersetzungsreaktionen zueinander stehen. Insgesamt sind DDT und einige Umwandlungsprodukte (s.o.) als sehr persistent einzustufen.
Auch über Transformations- und Abbauprozesse des Stoffes in der Atmosphäre liegen bislang nur vergleichsweise wenige, gesicherte Informationen vor. Im Labor wurden, unter simulierten Verhältnissen der höheren Atmosphäre, HCL und CO_2 als Abbauprodukte ermittelt. Eine schnelle Zersetzung durch ultraviolette Strahlung wurde von einer Reihe von Autoren nachgewiesen. Repräsentative Daten zur Photomineralisation unter natürlichen Bedingungen liegen nicht vor (WHO, 1979).

Nahrungskette:
starke Anreicherung über Nahrungsketten. In Warmblütern ist es bald nach der Aufnahme im Blutkreislauf nachweisbar, wird diesem aber nachfolgend durch lipoidhaltige Organe entzogen und im Fettgewebe, Gehirn, Leber u.a. Organen gespeichert.

UMWELTSTANDARDS

Medium/ Akzeptor	Bereich	Land/ Organ.	Status	Wert	Kat.	Anmerkungen	Quelle
Wasser:	Trinkw	A	(G)	1 ug/l		DDT und Isomere	n. DVGW, 1988
	Trinkw	CDN	(G)	30 ug/l	MAC	DDT und Isomere	n. DVGW, 1988
	Trinkw	D	G	0,1 ug/l			n. DVGW, 1988
	Trinkw	EG	R	0,1 ug/l			n. DVGW, 1988
	Trinkw	WHO	R	1 ug/l		DDT und Isomere	n. DVGW, 1988
	Grundw	USA	R	0,05 mg/l		State of Illinois	n. WAITE, 1984
	Oberfl	IAWR	R	0,1 ug/l		Trinkwasser[1)]	n. DVGW, 1988
	Oberfl	IAWR	R	0,5 ug/l		Trinkwasser[2)]	n. DVGW, 1988
	Oberfl	D	R	2 ug/l		Trinkwasser[1)]	n. DVGW, 1988
	Oberfl	D	R	10 ug/l		Trinkwasser[2)]	n. DVGW, 1988
	Oberfl	USA	R	0,05 mg/l		State of Illinois	n. WAITE, 1984
	Oberfl	USA	R	0,002 ug/l		Schutz Süßwasserorg.	n. HART, 1974
Luft:	Arbpl	D	G	1,0 mg/m^3	MAK		DFG, 1987
	Arbpl	USA	G	1,0 mg/m^3	(MAK)		n. RIPPEN, 1989
Nahrung:							
Tee, Gewürze		D	G	1,0 mg/kg			n. DVGW, 1988
Obst, Gemüse		D	G	0,1 mg/kg			n. DVGW, 1988
andere pfl. Lebensmittel		D	G	0,05 mg/kg			n. DVGW, 1988
Fett in Fleisch		D	G	3,0 mg/kg			n. DVGW, 1988
Fett in Fischen		D	G	2,0-5,0 mg/kg			n. DVGW, 1988
Fett in Milch		D	G	1,0 mg/kg			n. DVGW, 1988
Eier		D	G	0,5 mg/kg			n. DVGW, 1988

Anmerkungen:

1) Trinkwasseraufbereitung mittels natürlicher Verfahren

2) Trinkwasseraufbereitung mittels chemisch-physikalischer Verfahren

Seit 1974 ist die Herstellung und Verwendung von DDT in der BRD verboten. Anwendungsverbote existieren auch in Schweden und den USA.

VERGLEICHS-/REFERENZWERTE

Medium/Herkunft	Land	Wert	Quelle[1)]
Wasser:			
Oberflächenwasser (1977-79)	USA	0,1 ppb; (max., n=604)	
Antarktis		40 ppt	
Ostsee		0,2 ppt	
Grundwasser (1977-79)	USA	0,9 ppb; (max., n=1074)	
Regenwasser	GB	104-229 ppt	

Sedimente:

Seen und Fluß (Berlin)	D	0,01-136 ppb (n=8)
See	Libyen	0,02 ppb
Mittelmeer (1981)		<0,01-19 ppb

Luft:

'Reinluft'	D	0,2-0,6 ng/m^3
Persischer Golf		0,05-0,58 ng/m^3 (Mittelwert: 0,08 ng/m^3)
Golf von Mexiko		0,010-0,047 ng/m^3

Mensch:

Muttermilch	D	1,5-1,8 mg/kg Fett
Fettgewebe		1,1-5,3 mg/kg (Mittelwerte)

Tiere:

Fische (Lake Michigan; 1969-78)	USA	0,8-9,9 mg/kg
Fische (Nordsee; 1972)		2-73 ug/kg
Zander (Havel, Berlin; 1981)	D	2-105 ug/kg

Pflanzen:

Wasserpflanzen (Donau)		2 ug/kg

Anmerkung:

1) wenn keine Quelle genannt wird, sind die Angaben nach RIPPEN, 1989 zitiert.

BEWERTUNG & ANMERKUNGEN

Schon die Tatsache, daß in mehreren Ländern bereits in der ersten Hälfte der 1970er Jahre ein Anwendungsverbot ausgesprochen wurde, deutet die Gefährlichkeit des Stoffes an. Sie liegt primär in seiner hohen Persistenz in allen Umweltmedien begründet, eine grundsätzliche Voraussetzung für das heute weltweite Vorkommen von DDT. Für die Beurteilung von DDT sind neben der akuten Toxizität vor allem die Akkumulation des Stoffes in Organismen, Böden und Gewässern und damit seine nicht kalkulierbaren Langzeiteinwirkungen entscheidend. Unter dem Gesichtspunkt, daß - bislang teure - Ersatzstoffe existieren, ist nicht nur jeglicher Einsatz ökologisch nicht vertretbar, sondern auch jede weitere Produktion von DDT.

440 DICHLORVOS

BEZEICHNUNGEN

CAS-Nr.:	62-73-7
Systematischer Name:	2,2-Dichlorethenyl-phosphorsäure-dimethyl-ester
Gebrauchsnamen:	DDVP, 2,2-Dichlorvinyldimethylphosphat, Nuvan, Vapona
Stoffname (engl.):	Dichlorvos
Erscheinungsbild:	farblose bis gelbliche Flüssigkeit

CHEM.-PHYSIKAL. GRUNDDATEN

Summenformel:	$C_4H_7Cl_2O_4P$
Molare Masse:	220,98 g/mol
Dichte:	1,42 g/cm^3
Rel. Gasdichte:	7,63
Siedepunkt:	84°C (bei 1,32 mbar)
Dampfdruck:	0,016 mbar (bei 20°C)

HERKUNFT UND VERWENDUNG

Verwendung:
Dichlorvos ist ein Insektizid.

TOXIZITÄT

Säugetiere:

Ratte:	LD_{50} 56-108 mg/kg, oral	n. WHO, 1986
Ratte:	LD_{50} 75-210 mg/kg, dermal	n. WHO, 1986
Ratte:	LD_{50} 56-80 mg/kg, oral	n. WIRTH, 1981

Wasserorganismen:

Karpfen:	TLM > 40 mg/l (48 h)	n. WHO, 1986
Goldfisch:	TLM 10-40 mg/l (48 h)	n. WHO, 1986
Wasserfloh:	TLM 2,8 mg/l (3 h)	n. WHO, 1986

Wirkungscharakter:

Mensch/Säugetiere: Akute Vergiftungserscheinungen betreffen vor allem die Hemmung der Acetylcholinesterase (Hemmung des Zentralnervensystems). Dichlorvos wird wie alle Phosphorsäureester leicht resorbiert. Die Aufnahme erfolgt über die Inhalation oder über den Magen-Darm-Trakt.
Symptome sind mit denen von 'Paraquatdichlorid' vergleichbar.
Nach WIRTH (1981) besteht keine genetische Gefahr durch Dichlorvos.

UMWELTSTANDARDS

Medium/ Akzeptor	Bereich	Land/ Organ.	Status	Wert	Kat.	Anmerkungen	Quelle
Luft:	Arbpl	D	G	1,0 mg/m^3	MAK		DFG, 1989
	Arbpl	SU	G	0,2 mg/m^3	PDK	Haut	n. KETTNER, 1979
	Arbpl	USA	G	1,0 mg/m^3	TWA	Langzeitwert	ACGIH, 1986
Nahrung:		WHO	R	0,004 mg/kg	ADI		n. WHO, 1986

BEWERTUNG & ANMERKUNGEN

Dichlorvos gehört zu den Organophosphor-Insektiziden, bei denen vergleichbare Rückstandsprobleme wie bei den halogenierten Insektiziden auftreten. Aufgrund der Hemmung des Atemsystems ist ein direkter Kontakt mit Dichlorvos zu vermeiden.

243 DIELDRIN

BEZEICHNUNGEN

CAS-Nr.:	60-57-1
Systematischer Name:	1,2,3,4,10,10-hexachlor-6,7-epoxy-1,4,4a,5,6,7,8,8a-octahydro-1,4,5,8-di-methanonaphtalin
Gebrauchsnamen:	Dieldrin, Heod, Compound 497, Octalox, ENT 16,225
Stoffname (engl.):	1,2,3,4,10,10-hexachloro-6,7-epoxy-1,4,4a,5,6,7,8,8a-octahydro-1,4,5,8-di-methanonaphtalene
Stoffname (franz.):	dieldrine
Erscheinungsbild:	weiße, geruchlose Kristalle; Dieldrin gehört zur Gruppe der Cyclodien-Insektizide

CHEM.-PHYSIKAL. GRUNDDATEN

Summenformel:	$C_{12}H_8Cl_6O$
Molare Masse:	380,91
Dichte:	1,70 g/cm^3
Siedepunkt:	>95°C
Schmelzpunkt:	176-177°C
Dampfdruck:	$1{,}8 \times 10^{-7}$ mm bei 25°C
Löslichkeit:	in Wasser 0,1 mg/l; löslich in Petroleum, Aceton, aromatischen Verbindungen
Umrechnungsfaktoren:	1 ppm = 15,8 mg/m^3 1 mg/m^3 = 0,06 ppm

HERKUNFT UND VERWENDUNG

Verwendung:
Dieldrin ist ein Insektizid, das besonders beim Anbau von Wolle Anwendung findet.

Herkunft/Herstellung:
Herstellung über die Diels-Alder-Diene-Reaktion aus Hexachlorcyclopentadien; in der Umwelt durch Oxidation von Aldrin.

TOXIZITÄT

Mensch:	LD_{50} 64 mg/kg KG (geschätzt)	n. MERCIER, 1981
Säugetiere:		
Ratte:	LD_{50} 46-63 mg/kg, oral	n. VERSCHUEREN, 1983
	LD_{50} 52-117 mg/kg, dermal	n. VERSCHUEREN, 1983
Maus:	LD_{50} 38-77 mg/kg, oral	n. MERCIER, 1981
Hund:	LD_{50} 56-120 mg/kg, oral	n. MERCIER, 1981
Kaninchen:	LD_{50} 45-50 mg/kg, oral	n. MERCIER, 1981
Kuh:	LD_{50} 25 mg/kg, oral	n. MERCIER, 1981
Wasserorganismen:		
Zahnkärpfling	LC_{50} 5 ppb (96 h)	n. VERSCHUEREN, 1983
Gestreifte Meeräsche	LC_{50} 23 ppb (96 h)	n. VERSCHUEREN, 1983
Amerikanische Elritze	LC_{50} 16 ug/l (96 h)	n. VERSCHUEREN, 1983
Blauer Sonnenbarsch	LC_{50} 8 ug/l (96 h)	n. VERSCHUEREN, 1983
Regenbogenforelle	LC_{50} 10 ug/l (96 h)	n. VERSCHUEREN, 1983
Wasserfloh	LC_{50} 250 ug/l (48 h)	n. VERSCHUEREN, 1983
Bachflohkrebs	LC_{50} 460 ug/l (96 h)	n. VERSCHUEREN, 1983
Insekten:		
Pteronarcys california	LC_{50} 0,5-39 ug/l (96 h)	n. VERSCHUEREN, 1983

Wirkungscharakter:

Mensch/Säugetiere: Dieldrin kann durch Resorption über die Haut, durch orale Aufnahme oder durch Inhalation Vergiftungen auslösen und führt in der Leber zu schweren Schäden. Im Tierversuch konnte eine krebserregende, jedoch bislang keine teratogene Wirkung nachgewiesen werden.

Pflanzen: Dieldrin wirkt auf Pflanzen nicht toxisch (MERCIER, 1981).

VERHALTEN IN DER UMWELT

Wasser:
Aufgrund der guten Löslichkeit liegt im Medium Wasser ein Anreicherungsbereich. Wegen der hohen Toxizität gegenüber Wasserorganismen wird Dieldrin in der Bundesrepublik der Wassergefährdungsklasse 3 (stark wassergefährdend) zugeordnet.

Boden:
Böden stellen Akkumulationssenken dar. Die Anreicherung ist abhängig von Textur und Wassergehalt.

Halbwertzeit:
In Böden sind durchschnittlich nach 12,8 Jahren etwa 95% einer aufgebrachten Menge von 3,1-5,6 kg/ha verschwunden. Aus lehmig-sandigen Böden sind nach 60 Tagen nur ca. 9% verdampft. In 3 bis 25 Jahren werden 75-100% Dieldrin abgebaut bzw. zersetzt.
In Wasser bildet sich unter Einwirkung von UV-Licht (bei 90°C) 50% Dieldrin in 4,8 Stunden zu Kohlendioxid um. Die geschätzte Halbwertzeit in Wasser (25°C) liegt bei 12,9 Stunden (VERSCHUEREN, 1983).

Abbau, Zersetzungsprodukte:
Dieldrin wird im Körper zu 12-hydroxy-dieldrin und 4,5-aldrin-trans-dihydodial metabolisiert. Durch UV-Lichteinwirkung erfolgt Zersetzung zu CO_2.

Nahrungskette:
Dieldrin lagert sich im Fettgewebe und beim Menschen in den Milchdrüsen ab (WIRTH, 1981).

UMWELTSTANDARDS

Medium/ Akzeptor	Bereich	Land/ Organ.	Status	Wert	Kat.	Anmerkungen	Quelle
Wasser:	Trinkw	USA	R	0,001 mg/l		im Staat Illinois	n. WAITE, 1984
	Abwass	EG	G	5 mg/l		Meerwasser	n. LEROY, 1985
	Abwass	EG	G	5 mg/l		Süßwasser	n. LEROY, 1985
Luft:	Arbpl	D	G	0,25 mg/m^3	MAK		DFG, 1989
	Arbpl	SU		0,01 mg/m^3	PDK	Haut	n. KETTNER, 1979
	Arbpl	USA	G	0,25 mg/m^3	TWA	Haut	ACGIH, 1986
Nahrung:		WHO	R	0,03-0,3 mg/kg/d			n. VERSCHUEREN, 1983

Anmerkungen:
Seit 1988 gilt in der Bundesrepublik Deutschland ein vollständiges Anwendungsverbot (Pflanzenschutz-Anwendungsverordnung).

VERGLEICHS-/REFERENZWERTE

Medium/Herkunft	Land	Wert	Quelle
Gewässer			
Irische See (Suspension)	IRL	0,2-140 ng/g	n. VERSCHUEREN, 1983
Hawaii (Sediment)	USA	2-39,5 ppb	n. VERSCHUEREN, 1983
Los Angeles (Hafen)	USA	0,6-4,5 ppb	n. VERSCHUEREN, 1983
Westl. Ostsee (Oberfläche)		$0{,}17 \times 10^{-9}$ g/l	n. VERSCHUEREN, 1983
Nordsee, SO-England/Niederlande		0,4-17 ppb (1974-76)	n. VERSCHUEREN, 1983

BEWERTUNG & ANMERKUNGEN

Dieldrin ist ein hochtoxischer Stoff für Wasserorganismen, der auch beim Menschen schwere Vergiftungen auslöst. Deshalb sollte auf die Anwendung, weitgehend verzichtet werden.

1003 DIOXINE

BEZEICHNUNGEN

Gebrauchsnamen: Dioxin, Polychlorierte Dibenzodioxine, PCDD, Polychlordibenzo-*p*-dioxin, Chlorierte Dioxine

Stoffname (engl.): chlorinated dioxin, polychlorinated dioxin, PCDD

Anmerkung: Im allgemeinen Sprachgebrauch wird mit Dioxin häufig das 2,3,7,8-Tetrachlordibenzo-*p*-dioxin gemeint.

CHEM.-PHYSIKAL. GRUNDDATEN

Dioxine sind Verbindungsklassen aromatischer Äther, d.h. mit zwei bzw. einem Sauerstoff verbrückte Phenylringe. Durch unterschiedliche Stellung der Chloratome, bis zu acht je Molekül, erhält man insgesamt 75 verschiedene Isomere. Chemisch den PCDD eng verwandt sind die Polychlorierten Dibenzofurane (PCDF), von denen insgesamt 135 Isomere bekannt sind. Gliederung der PCDD (VCI, 1985):

Chlor im Molekül	Kurzname	Abkürzung	Anzahl der Isomere
1	Monochlordioxine	M1CDD	2
2	Dichlordioxine	D2CDD	10
3	Trichlordioxine	T3CDD	14
4	Tetrachlordioxine	T4CDD	22
5	Pentachlordioxine	P5CDD	14
6	Hexachlordioxine	H6CDD	10
7	Heptachlordioxine	H7CDD	2
8	Octachlordioxine	OCDD	1

Die PCDDs sind bis zu Temperaturen von 600°C bis 800°C stabil, darüber beginnen Reaktionen mit Sauerstoff oder thermischer Zerfall. Ab etwa 1.000°-1.200°C werden die PCDDs vollständig oxidiert.

HERKUNFT UND VERWENDUNG

Herkunft:

Dioxine sind nicht Ziel industrieller Produktionen, sondern unerwünschte Nebenprodukte bei thermischen, chemischen und photochemischen Prozessen.

Bei thermischen Prozessen werden Dioxine unter Sauerstoffmangel bei Temperaturen zwischen 300° und 600°C aus organisch oder anorganisch gebundenem Chlor gebildet. Dies erfolgt meist bei unvollständiger Verbrennung in Müllverbrennungs- oder Pyrolyseanlagen. Insbesondere bei der Verbrennung von Chlorphenolaten, 2,4,5-Trichlorphenoxyessigsäure (2,4,5-T), PCBs und Hexachlorophen wurden PCDDs nachgewiesen.

Die Bildung von Dioxinen durch chemische Prozesse erfolgt auch bei der technischen Produktion von anderen chlorierten Verbindungen. Diese unerwünschten Nebenreaktionen treten häufig bei der Herstellung und Weiterverarbeitung von Chlorphenolen, chlorierten Biphenylen und Naphtalinen sowie von Chlorbenzolen auf. Großtechnisch bedeutsam ist hierbei die Herstellung der Herbizide 2,4,5-T, 2,4-D (2,4-Dichlorphenoxyessigsäure) und des Holzschutzmittels Pentachlorphenol (PCP). Chlorierte Benzole und Toluole sind meist Vorprodukte für die Herstellung von Pflanzenschutzmitteln, Farbstoffen und Pharmazeutika.
Den umgekehrten Entstehungsweg erfährt PCDD durch photochemische Reaktionen. Unter Einwirkung von UV-Licht wird insbesondere aus 2,4,5-T, 2,4-D und PCP wiederum Dioxin gebildet. Während die ersten beiden Prozesse vom Menschen verursacht sind, spielt sich der letztgenannte Bildungsweg in der Umwelt ab, ist deshalb nicht quantitativ kalkulierbar und so von besonderer Bedeutung.

TOXIZITÄT

Von großer toxikologischer und ökologischer Relevanz sind 49 Tetra- bis Octachlordibenzodioxine, insbesondere alle 2,3,7,8-Stellungen. Die meisten vorliegenden toxikologischen Daten beziehen sich auf das 2,3,7,8-Tetrachlordibenzodioxin (TCDD). Da sich die toxischen Profile der PCDDs stark ähneln, wird, die Wirkungsstärke an der des TCDD orientiert. Die sich so ergebenden Äquivalenzfaktoren für die 2,3,7,8-Stellungen sind in der folgenden Übersicht wiedergegeben.

Übersicht über die relative Toxizität (VCI, 1985) und die toxischen Äquivalenzfaktoren (TEF) (ROTARD, 1987) chlorierter Dibenzodioxine:

Dibenzodioxin	$LD_{50\text{-}30}$ (mol/kg) Meerschweinchen	Maus	TEF BGA	US-EPA
2,8-dichlor	> 1.180	-	--	--
2,3,7-trichlor	120	> 10	--	--
2,3,7,8-tetrachlor	0,006	0,88	1	1
1,2,3,7,8-pentachlor	0,009	0,94	0,1	0,5 / 0,1
1,2,4,7,8-pentachlor	3,2	> 14	--	--
1,2,3,4,7,8-hexachlor	0,19	2,1	0,1	0,04 / 0,001
1,2,3,6,7,8-hexachlor	0,18-0,26	3,2	0,1	0,04 / 0,001
1,2,3,7,8,9-hexachlor	0,15-0,26	> 3,7	0,1	0,04 / 0,001
1,2,3,4,6,7,8-heptachlor	> 1,4	-	0,01	0,001

Wirkungscharakter:
(siehe unter '2,3,7,8-Tetrachlordibenzo-*p*-dioxin')

VERHALTEN IN DER UMWELT

Wasser:
Infolge geringer Wasserlöslichkeit werden Dioxine rasch an das Sediment oder an Schwebstoffe gebunden. Ihre Verteilung erfolgt nur über die Strömung. Die Bioverfügbarkeit ist zwar gering, jedoch die toxische Wirkung auf Wasserorganismen hoch.

Luft:
Dioxine gelangen an Aerosolen (Flugasche) und Staubpartikeln gebunden in die Atmosphäre.

Boden:
Aufgrund geringer Wasserlöslichkeit und hoher Adsorptionsfähigkeit ist die Mobilität äußerst gering. Böden sind deshalb Akkumulationsorte für Dioxine.

Halbwertzeit:
Die Halbwertzeit im Boden beträgt für Dioxine über 10 Jahre (ROTARD, 1987). Im menschlichen Körper liegt die Halbwertzeit bei 2.120 Tage (BECK u.a., 1987).

Abbau, Zersetzungsprodukte:
Die Abnahme im Boden verläuft über Volatilisation, Photolyse und durch Mikroorganismen. Im Wasser erfolgt eine Reduzierung der Konzentration durch Sedimentation. Unter Protonenkatalyse und UV-Einwirkung werden Dioxine schnell dechloriert.

Nahrungskette:
Weger ihrer guten Fettlöslichkeit reichern sich Dioxine besonders gut in der Nahrungskette an. Ist die Bioakkumulation bei Fischen und im Fett sowie in der Leber von terrestrischen Organismen groß, erfolgt dagegen in Pflanzen eine geringe Anreicherung. Beachtenswert ist dabei die ubiquitär auftretende Anreicherung von ausschließlich 2,3,7,8-Dioxinen in Kuh- und Muttermilch.

UMWELTSTANDARDS

Für die PCDD-Isomere 1,2,3,7,8,9-Hexachlordibenzo-*p*-dioxin und 2,3,7,8-Tetrachlordibenzo-*p*-dioxin sind nach der Störfall-Verordnung der Bundesrepublik besondere Auflagen für Anlagen, in denen diese Dioxine produziert werden, erlassen. Nach dem Chemikaliengesetz ist eine gewerbsmäßige Herstellung verboten. Durch das PCB-, PCP-Verbot, die Einführung von bleifreiem Benzin und durch die Gefahrstoffverordnung sind geeignete Maßnahmen zur Minderung der Dioxin-Emissionen vorhanden, die durch Maßnahmen im Abfallrecht und in internationalen Abkommen ergänzt werden müssen.
(siehe auch unter '2,3,7,8-Tetrachlordibenzo-*p*-dioxin')

VERGLEICHS-/REFERENZWERTE & BEWERTUNG

(siehe unter '2,3,7,8-Tetrachlordibenzo-*p*-dioxin')

407 2-METHYL-4,6-DINITROPHENOL

BEZEICHNUNGEN

CAS-Nr.:	534-52-1
Systematischer Name:	2-Methyl-4,6-dinitrophenol
Gebrauchsnamen:	4,6-Dinitro-o-kresol, DNOC, DNC, Detal, Etzel, Obstbaumkarbolineum
Stoffname (engl.):	Dinitro-o-cresol
Erscheinungsbild:	gelbes Pulver oder Kristalle mit bitterem Geschmack

CHEM.-PHYSIKAL. GRUNDDATEN

Summenformel:	$C_7H_6N_2O_5$
Molare Masse:	198,14 g/mol
rel. Gasdichte:	6,84
Siedepunkt:	312°C
Schmelzpunkt:	86-86,9°C
Dampfdruck:	$10,5 \times 10^{-3}$ Pa (bei 20°C)
Flammpunkt:	bedingt brennbar
Löslichkeit:	in Wasser gering löslich: 125 ppm (bei 25°C); in Aceton: 100,6 g/100 g; in Äthanol: 4,3 g/100 g; in Benzol: 37,5 g/100 g; in Chloroform: 37,2 g/100 g; löslich in Diäthyläther, Methanol, Petroläther, Tetrachlorkohlenstoff

HERKUNFT UND VERWENDUNG

Verwendung:
DNOC ist ein selektives Herbizid, das im Getreide-, Hopfen-, Wein- und Obstbau eingesetzt wird (Insektizid, Akarizid, mit fungiziden Nebenwirkungen).

Herkunft/Herstellung:
DNOC wird nur synthetisch hergestellt. Handelspräparate enthalten meist gut wasserlösliche Formulierungen der Alkali-, Ammonium- oder Aminsalze von DNOC.

TOXIZITÄT

Mensch:	LD 0,35-3,0 g	n. DFG, 1986
Säugetiere:		
Ratte:	LD_{50} 25-85 mg/kg, oral	n. DFG, 1986
	LD_{50} 28,5 mg/kg, intraperitoneal	n. DFG, 1986
	LD_{50} 23,1-26,1 mg/kg, subkutan	n. DFG, 1986
Maus:	LD_{50} 47,0 mg/kg, oral	n. DFG, 1986
	LD_{50} 21,5-27,3 mg/kg, subkutan	n. DFG, 1986
	LD_{50} 1.000 mg/kg, kutan	n. DFG, 1986
	LD_{50} 24-26 mg/kg, intraperitoneal	n. DFG, 1986
Meerschweinchen:	LD_{100} 500 mg/kg, kutan	n. DFG, 1986
Hund:	LD_{50} 15 mg/kg, intravenös	n. DFG, 1986
	LD_{50} 10-23,5 mg/kg, intraperitoneal	n. DFG, 1986
Wasserorganismen:		
Amerikanische Elritze:	1,5-2 mg/l letal (6 h)	n. DVGW, 1988
Stichling:	3 mg/l letal	n. DVGW, 1988
Wasserfloh:	EC_{50} 0,013 mg/l	n. DVGW, 1988
Blaualge:	EC_{10} 0,15 mg/l	n. DVGW, 1988
Grünalge:	EC_{10} 13 mg/l	n. DVGW, 1988

Wirkungscharakter:

Mensch/Säugetiere: DNOC ist ein starkes, kumulativ wirkendes Gift, das bis zum Tode führen kann. Die Aufnahme erfolgt vor allem durch die Lunge, aber auch über den Magen-Darm-Bereich und durch die Haut. Anreicherungen im Körper werden nur langsam wieder ausgeschieden.

Erste Anzeichen einer Vergiftung sind ein Temperaturanstieg des Körpers (hohe Umgebungstemperaturen erhöhen die Giftigkeit), Schwitzen, Atem- und Pulsbeschleunigung, starker Durst, schmerzhafte Koliken, Durchfall und Erbrechen. Die Auswirkungen am Zentralnervensystem zeigen als typische Symptome Euphorie, später Schwindel, Kollapsneigung, Angst- und Unruhezustände, Verwirrung, Bewußtlosigkeit und terminale Krämpfe.

Chronische Vergiftungen äußern sich in Kopfschmerzen, Mattigkeit und einer auffälligen Gewichtsabnahme. Herz, Leber und Nieren werden ebenfalls geschädigt. Die Leberschädigung erfolgt in erster Linie durch orale Aufnahme.

Pflanzen: Die Wirkung beruht auf der Entkopplung von Zellatmung und oxidativer Phosphorylierung.

VERHALTEN IN DER UMWELT

Wasser:
Trotz der sehr geringen Wasserlöslichkeit sind Verunreinigungen von Oberflächengewässern durch Abschwemmung von mit DNOC behandeltem Boden möglich. Die Gefährdung ist für Plankton und Kleinstlebewesen größer als für Fische. Schwellenkonzentration für Wasserflöhe: 3,0 mg/l, Stechmücken 500 mg/l.
Die Toxizität von DNOC-Lösungen ist stark pH-abhängig: saure Lösungen sind toxischer als alkalische (DFG, 1986).

Boden:
Im Boden ist DNOC sehr mobil und wird mikrobiell nur langsam abgebaut. Die meisten Bodenlebewesen werden durch DNOC nicht geschädigt, die CO_2-Produktion nicht beeinträchtigt, Mikroarthropoden (z.B. Milben) und Regenwürmer aber getötet.

Abbau, Zersetzungsprodukte:
Im Organismus wurden zahlreiche Metaboliten festgestellt, von denen einige entgiftend wirken, andere jedoch noch toxischer sind als DNOC selbst (z.B. 6-Amino-4-nitro-o-kresol oder 4,6,-Diamino-o-kresol). Angaben über Metaboliten in Pflanzen und im Boden liegen nicht vor.
DNOC ist im Boden 6-14 Wochen nachweisbar (n. DFG, 1986).

Nahrungskette:
Rückstände in Pflanzenteilen sind bekannt.

UMWELTSTANDARDS

Medium/ Akzeptor	Bereich	Land/ Organ.	Status	Wert	Kat.	Anmerkungen	Quelle
Wasser:	Oberfl	EG	(G)	0,001 mg/l		Pestizide gesamt[1)]	n. DVGW, 1988
	Oberfl	EG	(G)	0,0025 mg/l		Pestizide gesamt[2)]	n. DVGW, 1988
	Oberfl	EG	(G)	0,005 mg/l		Pestizide gesamt[3)]	n. DVGW, 1988
	Trinkw	EG	(G)	0,1 ug/l			n. DVGW, 1988
	Trinkw	D	G	0,1 ug/l			n. DVGW, 1988
Luft:	Arbpl	D	G	0,2 mg/m^3	MAK		DFG, 1989
	Arbpl	SU	(G)	0,05 mg/m^3	PDK		n. KETTNER, 1979
	Arbpl	USA	(G)	0,2 mg/m^3	TLV	Langzeitwert	ACGIH, 1986
Nahrung:		D	(R)	0,01 mg/kg		vorläufige DTA	n. DFG, 1986

Anmerkungen:

In der Bundesrepublik darf DNOC als Insektizid nicht in Einzugsgebieten von Wassergewinnugslagen verwendet werden. In den Wasserschutzzonen I und II ist ein Gebrauch als Herbizid verboten. Die Anwendung in unmittelbarer Nähe von Gewässern ist untersagt.

1) Zwingender Wert für einfache physikalische Aufbereitung und Entkeimung
2) Zwingender Wert für normale physikalische und chemische Aufbereitung und Entkeimung
3) Zwingender Wert für physikalische und verfeinerte chemische Aufbereitung, Oxidation, Adsorption und Entkeimung

BEWERTUNG & ANMERKUNGEN

DNOC besitzt eine ausgeprägt akute Toxizität und eine besondere Gefährdung. Da die Substanz über die Lunge wie über die Haut leicht aufgenommen wird, sind Schutzmaßnahmen beim Ausbringen erforderlich. Insbesondere ist der Gebrauch in der Nähe von Gewässern zu vermeiden.

343 ENDOSULFAN

BEZEICHNUNGEN

CAS-Nr.: 115-29-7
Systematischer Name: 6,9-Methano-2,4,3-benzodioxathiepin, 6,7,8,9,10,10-hexachlor-1,5,5a,6,9a-hexahydro-3-oxid
Gebrauchsnamen: Endosulfan
Stoffname (engl.): Endosulfan
Erscheinungsbild: gelblicher bis gelblichbrauner, kristalliner Feststoff, Geruch nach SO_2

CHEM.-PHYSIKAL. GRUNDDATEN

Summenformel: $C_9H_6Cl_6O_3S$
Molare Masse: 406,95 g/mol
Dichte: 1,745 g/cm^3 (bei 20°C)
rel. Gasdichte: 14,1
Siedepunkt: 106°C (bei 0,9 hPa) Zersetzung
Schmelzpunkt: 209°C
Dampfdruck: $1{,}8 \times 10^{-3}$ Pa (bei 25°C)
Löslichkeit: in Wasser 1,4 mg/l;
in Benzol 33 g/l;
in Xylol 45 g/l;
in Chloroform 50 g/l;
in Tetrachlormethan 29 g/l;
in Methanol 11 g/l.

HERKUNFT UND VERWENDUNG

Verwendung:
Endosulfan ist ein Insektizid.

Herkunft/Herstellung:
Das technische Produkt ist ein Gemisch aus 64% Alpha-Isomer und 36% Beta-Isomer. Es wird über eine Additionsreaktion zwischen Hexachlorcyclopentadien und Butendiol-diacetat hergestellt.

Produktionszahlen:
Nach KOCH (1989) beträgt die jährliche Produktionsmenge in der Bundesrepublik etwa 2.500 t.

TOXIZITÄT

Säugetiere:

Ratte:	LD_{50} 18-220 mg/kg, oral	n. KOCH, 1989
	LC_{50} 350 mg/m^3, Inhalation (4 h)	n. KOCH, 1989
	LD_{50} 74-681 mg/kg, dermal	n. KOCH, 1989
Maus:	LD_{50} 6,9-13,5 mg/kg, oral	n. KOCH, 1989

Wasserorganismen:

Goldfisch:	LC_{50} 100 mg/l	n. KOCH, 1989

Wirkungscharakter:

Mensch/Säugetiere: Die Resorption nach oraler Aufnahme erfolgt langsam, wird jedoch durch Fette gefördert. Im Organismus erfolgt ein schneller metabolischer Abbau unter Bildung von Endosulfandiol, welches eine höhere Toxizität als Endosulfan besitzt. Nicht metabolisiertes Endosulfan wird ebenso wie Abbauprodukte über den Urin ausgeschieden. Eine Bioakkumulation ist nach KOCH (1989) nicht zu erwarten. Schäden an Leber und Niere sind bislang nur im Tierversuch festgestellt worden. Zur Mutagenität oder Karzinogenität sind keine Daten verfügbar.

VERHALTEN IN DER UMWELT

Endosulfan ist unter Normalbedingungen stabil, in saurem oder alkalisch wäßrigem Milieu erfolgt eine Hydrolyse, bei der das weniger toxische Diol oder Schwefeldioxid gebildet wird. Infolge seiner chemischen Struktur ist Endosulfan reaktiver als DDT oder Lindan.

Das Verhalten in der Umwelt wird durch die geringe Wasserlöslichkeit und die Flüchtigkeit bestimmt. Infolge der hohen Reaktivität wird in biotischen und abiotischen Medien die Substanz nicht akkumuliert. Der Abbau erfolgt schnell.

In allen Arten von Gewässern ist die hohe Toxizität für Wasserorganismen zu beachten (Wassergefährdungsklasse 3).

UMWELTSTANDARDS

Medium/ Akzeptor	Bereich	Land/ Organ.	Status	Wert	Kat.	Anmerkungen	Quelle
Wasser:	Trinkw	D	G	0,1 ug/l			n. KOCH, 1989
	Trinkw	D	G	0,5 ug/l		als Summe Pestizide	n. KOCH, 1989
	Trinkw	DDR	G	5,0 ug/l			n. KOCH, 1989
		SU		1-3,0 ng/l		Fischzuchtgewässer	n. KOCH, 1989
Luft:	Arbpl	SU	G	0,1 mg/m^3	PDK		n. SORBE, 1989
	Arbpl	USA	G	0,1 mg/m^3	TLV	Langzeitwert	ACGIH, 1989

BEWERTUNG & ANMERKUNGEN

Aufgrund der hohen Toxizität gegenüber Wasserorganismen ist der Gebrauch von Endosulfan in Gewässernähe sehr kritisch zu beurteilen. Für eine umfassende Bewertung fehlen bislang Daten.

244 ENDRIN

BEZEICHNUNGEN

CAS-Nr.:	72-20-8
Systematischer Name:	1,2,3,4,10,10-Hexachlor-6,7-epoxy-1,4,4a,5,7,8,8a-octahydro-1,4-endo-5,8-endo-di-methano-naphtalin
Gebrauchsnamen:	Mendrin, Nendrin, Hexadrin, Compound 269, ENT 17251
Stoffname (engl.):	1,2,3,4,10,10-hexachloro-6,7-epoxy-1,4,4a,5,7,8,8a-octahydro-exo-1,4-exo-5,8-di-methanonaphtalene, endo-endo
Stoffname (franz.):	endrine; 1,2,3,4,10,10-hexachloro-6,7-époxy-1,4,4a,5,6,7,8,8a-octahydro-1,4,5,8-endo-endo-diméthanonaphtaléne
Erscheinungsbild:	weißes, kristallines Pulver (techn. Produkt mit 92% Endrin gelb-braun); Handelsprodukte sind meist in organischen Lösemitteln gelöst.

CHEM.-PHYSIKAL. GRUNDDATEN

Summenformel:	$C_{12}H_8Cl_6O$
Molare Masse:	380,93 g/mol
Dichte:	1,77 g/cm^3 (techn. Produkt)
Siedepunkt:	245°C (Zersetzung)
Schmelzpunkt:	<200°C (176-177)
Dampfdruck:	0,00000027 hPa bei 25°C
Zündfähiges Gemisch:	1,1-7,0 Vol.-%
Explosionsgrenze:	Stoff selbst explodiert nicht; Handelsprodukte: 1,1-7,0 Vol.% in Luft
Löslichkeit:	in Wasser mit 0,23 mg/l praktisch unlöslich; löslich in Aceton, Benzol, Ethanol, aromatische Kohlenwasserstoffen, Estern und Ketonen
Umrechnungsfaktoren:	1 ppm = 15,8 mg/m^3 1 mg/m^3 = 0,06 ppm

HERKUNFT UND VERWENDUNG

Verwendung:
Gebrauch als nicht-systemisches Insektizid, Akarizid und Rodentizid für Getreideflächen.

Herkunft/Herstellung:
Endrin wird als Additionsprodukt von Hexachlorcyclopentadien und Vinylchlorid mit Cyclopentadien hergestellt. Auch durch die Epoxydierung Isodrins mit Peressigsäure und Perbenzoesäure entsteht Endrin. Bei dem Abbau Dieldrins in der Umwelt wird Endrin als Isomer gebildet (siehe auch unter dem Informationsblatt 'Dieldrin').

TOXIZITÄT

Säugetiere:

Ratte:	LD_{50} 7-43 mg/kg, oral	n. MERCIER, 1981
	LD_{50} 15 mg/kg, dermal	n. UBA, 1986
Maus:	LD_{50} 1.370 ug/kg, oral	n. UBA, 1986
	LD_{50} 2.300 ug/kg, intravenös	n. UBA, 1986
	TDL_0 11 mg/kg, oral, 7.-17. d der Trächtigkeit	n. UBA, 1986
Affe:	LD_{50} 3 mg/kg, oral	n. MERCIER, 1981
Kaninchen:	LD_{50} 60 mg/kg, dermal	n. UBA, 1986
Meerschweinchen:	LD_{50} 16 mg/kg, oral	n. UBA, 1986
Schwein:	LD_{50} 5.600 ug/kg, oral	n. UBA, 1986
	LD_{50} 1.500 ug/kg, intravenös	n. UBA, 1986

Wasserorganismen:

Karpfen:	TL_m 0,005 ppm (48h)	n. UBA, 1986
Fische:	0,013-0,004 mg/l	n. UBA, 1986
Fischnährtiere:	0,1 mg/l	n. UBA, 1986

Wirkungscharakter:

Mensch/Säugetiere: Bei Menschen wirkt Endrin als zentrales Krampfagens sehr giftig. Hautresorption ist möglich. Es zeigen sich bereits nach Einnahme von 1 mg/kg charakteristische Symptome (UBA, 1986). 5-50 mg/kg KG wirken toxisch und über 6 g tödlich (MERCIER, 1981). Es erfolgt eine sehr langsame Ausscheidung über die Nieren und den Darm (Kumulationsgefahr!). Geschädigt werden auch Leber, Niere und das Zentralnervensystem. Häufig tritt aufgrund einer Metabolisierung im Körper eine Chlordioxidvergiftung auf.
Endrin ist ein außerordentlich starkes Gift für Fische und Fischnährtiere.

VERHALTEN IN DER UMWELT

Wasser:
Zwar ist Endrin praktisch unlöslich in Wasser und sinkt ab, jedoch mischen sich bzw. dispergieren die Handelsprodukte in Wasser zu milchigen, giftigen Brühen. Endrin ist darüberhinaus empfindlich gegenüber starken Säuren. Dadurch wirkt es stark toxisch, insbesondere auf Fische und Fischnährtiere, und gefährdet alle Arten von Gewässern. Es wird in der Bundesrepublik Deutschland im Katalog wassergefährdender Stoffe in Klasse 3 (stark wassergefährdend) geführt. Bei Erwärmung bildet Endrin über der Wasseroberfläche explosive Gemische.

(siehe auch unter 'Dieldrin')

Kombinationswirkungen:
Endrin reagiert sehr heftig mit Parathion.

UMWELTSTANDARDS

Medium/ Akzeptor	Bereich	Land/ Organ.	Status	Wert	Kat.	Anmerkungen	Quelle
Wasser:	Trinkw	USA	G	0,0002 mg/l	MCL	Langzeitwert	n. SCHROEDER, 1985
	Trinkw	USA	R	0,0005 mg/l		Im Staat Illinois	n. WAITE, 1984
	Abwasser	EG	G	5 mg/l		Meerwasser	n. LEROY, 1985
	Abwasser	EG	G	5 mg/l		Frischwasser	n. LEROY, 1985
Luft:	Arbpl	D	G	0,1 mg/m^3	MAK		DFG, 1989
	Arbpl	USA	G	0,1 mg/m^3	TWA		ACGIH, 1986
Nahrung:				0,2 ng/kg/d	ADI		n. MERCIER, 1981

Anmerkungen:
Die Anwendung von Endrin ist in der Bundesrepublik seit 1988 vollständig verboten.

VERGLEICHS-/REFERENZWERTE

(siehe unter 'Dieldrin')

BEWERTUNG & ANMERKUNGEN

(siehe unter 'Dieldrin')

363 EPICHLORHYDRIN

BEZEICHNUNGEN

CAS-Nr.:	106-89-8
Systematischer Name:	1-Chlor-2,3-epoxypropan, 1,2-Epoxy-3-chlorpropan
Gebrauchsnamen:	ECH, Epichlorhydrin, Chlormethyloxiran, 2,3-Epoxypropylchlorid, Oxiran
Stoffname (engl.):	epichlorohydrin
Stoffname (franz.):	chloromethyloxirane
Erscheinungsbild:	farblose Flüssigkeit mit chloroformartigem Geruch

CHEM.-PHYSIKAL. GRUNDDATEN

Summenformel:	C_3H_5ClO
Molare Masse:	92,23 g/mol
Dichte:	1,18 g/cm^3 (bei 20°C)
rel. Gasdichte:	3,2
Siedepunkt:	116,5°C
Schmelzpunkt:	-57,2°C
Dampfdruck:	17,3 x 10^3 Pa (bei 20°C)
Flammpunkt:	26°C
Zündtemperatur:	385°C
Explosionsgrenze:	2,3-34,4 Vol-% (in Luft)
Löslichkeit:	in Wasser 60 g/l (bei 20°C) löslich in Ethanol und Ether

HERKUNFT UND VERWENDUNG

Verwendung:
Die Substanz wird in der Gummi-Industrie als Lösemittel und bei der Herstellung von Epoxid- und Phenoxyharzen als Ausgangsstoff verwendet. Darüber hinaus findet Epichlorhydrin bei verschiedenen organischen Synthesen Anwendung.

Herkunft/Herstellung:
Epichlorhydrin kommt in der Natur nicht vor. Es wird synthetisch durch die Umsetzung von Propylen mit Chlorgas bei 600°C und Hydrolyse mit Calciumhydroxid hergestellt. Das Handelsprodukt enthält immer eine Reihe von Verunreinigungen.

TOXIZITÄT

Säugetiere:

Ratte:	LD_{50} 40 mg/kg, oral	n. KOCH, 1989
	LCL_0 250 ppm, Inhalation (4 h)	n. KOCH, 1989
Maus:	LD_{50} 178 mg/kg, oral	n. KOCH, 1989

Wasserorganismen:

Goldfisch:	LC_{50} 23 mg/l (24 h)	n. KOCH, 1989
Wasserfloh:	LC_{50} 30 mg/l	n. KOCH, 1989
Algen:	6 mg/l toxische Grenzkonzentration	n. KOCH, 1989

Wirkungscharakter:

Mensch/Säugetiere: Epichlorhydrin ist ein toxischer und kanzerogener Stoff mit mutagener Wirkung. Insbesondere bei Hautkontakt wird er gut resorbiert, wobei die Symptome zeitlich verzögert auftreten. Akute Vergiftungen führen zu Haut- und Schleimhautreizungen, Atemlähmung sowie Nieren- und Leberschäden. Epichlorhydrin wirkt als Lungen-, Leber- und Nervengift, besonders im Bereich des Zentralen Nervensystems. Chronische Schäden zeigen sich durch allergene Wirkungen, Veränderungen an Augen und Lungen.

VERHALTEN IN DER UMWELT

In der Umwelt erfolgt nur eine vergleichsweise geringe Akkumulation. Die toxische Wirkung ist im Medium Wasser aufgrund der hohen Wasserlöslichkeit am stärksten. Epichlorhydrin ist ein mobiler Stoff, der zwischen Hydro- und Atmosphäre gleichermaßen verteilt auftritt. Trotz seiner hoher Flüchtigkeit ist eine Verunreinigung grundwasserführender Schichten nicht auszuschließen.
Der metabolische Abbau erfolgt leicht durch Hydrolyse. Bei unsachgemäßer Verbrennung besteht die Gefahr der Phosgenbildung.

UMWELTSTANDARDS

Medium/ Akzeptor	Bereich	Land/ Organ.	Status	Wert	Kat.	Anmerkungen	Quelle
Wasser:	Trinkw	DDR	(G)	10,0 ug/l			n. KOCH, 1989
Luft:		D	G	5,0 mg/m^3		1)	n. SCHMEZER u.a., 1987
		DDR	G	0,2 mg/m^3		Kurzzeitwert	n. HORN, 1989
		DDR	G	0,06 mg/m^3		Langzeitwert	n. HORN, 1989
	Arbpl	AUS	(G)	20,0 mg/m^3		1978	n. SCHMEZER u.a., 1987
	Arbpl	B	(G)	20,0 mg/m^3		1978	n. SCHMEZER u.a., 1987
	Arbpl	CH	(G)	19,0 mg/m^3		1978	n. SCHMEZER u.a., 1987
	Arbpl	D	G	12,0 mg/m^3	TRK		DFG, 1989
	Arbpl	DDR	(G)	10,0 mg/m^3			n. HORN, 1989
	Arbpl	DDR	(G)	5,0 mg/m^3			n. HORN, 1989
	Arbpl	NL	(G)	4,0 mg/m^3		1978	n. SCHMEZER u.a., 1987
	Arbpl	PL	(G)	1,0 mg/m^3		1976	n. SCHMEZER u.a., 1987
	Arbpl	RO	(G)	10,0 mg/m^3		max. Belastung	n. SCHMEZER u.a., 1987
	Arbpl	S	(G)	2,0 mg/m^3		1978	n. SCHMEZER u.a., 1987
	Arbpl	SF	(G)	19,0 mg/m^3		1975	n. SCHMEZER u.a., 1987
	Arbpl	SU	G	1,0 mg/m^3	PDK		n. SORBE, 1989
	Arbpl	USA	G	10,0 mg/m^3	TWA	Langzeitwert, Haut	ACGIH, 1986

Anmerkungen:
1) bei einem Massenstrom von 25 g/h und mehr

BEWERTUNG & ANMERKUNGEN

Epichlorhydrin ist ein stark toxischer Stoff im Medium Wasser und nachgewiesenermaßen krebserregend und mutagen. Auch sollten bei der Abfallbeseitigung eine Deponierung oder Verbrennung vermieden werden.

1004 FLUORWASSERSTOFF

BEZEICHNUNGEN

CAS-Nr.:	32057-09-3
Systematischer Name:	Fluorwasserstoff
Gebrauchsnamen:	als wässrige Lösungen: Flußsäure, Acidum hydrofluorium
Stoffname (engl.):	hydrogene fluoride (anhydrous), hydrofluoric acid (als wässrige Lösung)
Stoffname (franz.):	fluorure d'hydrogène (anhydre), acide hydrofluorique (als wässrige Lösung)
Erscheinungsbild:	farblose, leicht bewegliche, ätzende Flüssigkeit mit stechendem Geruch, die an der feuchten Luft stark raucht

CHEM.-PHYSIKAL. GRUNDDATEN

Summenformel:	HF ($(HF)_6$; $(HF)_x$; FH(n))
Molare Masse:	20,01 g/mol
Dichte:	0,98 g/cm^3 bei 0°C und 1013 mbar 0,991 g/cm^3 am Siedepunkt
rel. Gasdichte:	1,77 (Luft = 1)
Siedepunkt:	19,51°C
Schmelzpunkt:	-83,55°C
Dampfdruck:	1 bar (0,1 mPa)
Flammpunkt:	nicht brennbar
Löslichkeit:	- HF ist sehr hygroskopisch und in allen Verhältnissen mit Wasser und mit vielen organischen Stoffen (z.B. mit Alkoholen, Äthern, Ketonen und Nitrilen) mischbar. - mit Kohlenwasserstoffen und deren Halogenderivaten kaum mischbar.

HERKUNFT UND VERWENDUNG

Verwendung:

Der wasserfreie Fluorwasserstoff wird vor allem zur Herstellung der als Aerosole dienenden Fluorkohlenwasserstoffe (Treibgase, Kühlschränke), von Metallfluoriden, Ammoniumhydrogenfluorid und Fluoroschwefelsäure verwendet. Er wird als Entschwefelungsmittel für Gasöle und vielfach als Solvens in chemischen Laboratorien eingesetzt.

Herkunft/Herstellung:

HF entweicht aus Gesteinsmagma und tritt so vor allem in vulkanisch aktiven Zonen auf (z.B. ca. 200.000 t/a im 72 km^2 großen "Tal der 10.000 Dämpfe" in Alaska).

Industriell wird HF durch Erhitzen von Fluoriden mit konz. Schwefelsäure oder durch thermische Spaltung von Fluorokieselsäure unter Bildung von Siliciumtetrafluorid hergestellt.

Produktionszahlen:
in der 'westlichen' Welt: 1964 ca. 555.000 t; 1970 ca. 960.000 t; 1972 ca. 1.045.000 t; 1980 ca. 1.820.000 t (ULLMANN, 1985).

Emissionen:
Neben den natürlichen Quellen sind alle mit HF arbeitenden Industrien wie z.B. Aluminium- und Glashütten, Ziegeleien, Emailier- und Phosphatfabriken als Fluoremittenten anzusehen.

TOXIZITÄT

Mensch:	LD 50 ppm, Inhalation (30-60 min)	n. HOMMEL, 1987
Säugetiere:		
Ratte	LD_{50} 1276 ppm, Inhalation (1 h)	n. ROTH, 1988
Wasserorganismen:		
Fische	LC 60 mg/l	n. HOMMEL, 1987
Fische	LC_0 0,63 ug/l	n. HOMMEL, 1987
Bakterien	0,63 ug/l (Hemmung der Zellvermehrung)	n. HOMMEL, 1987
Pflanzen:		
Krokus	2 ug/m^3 (276 h, sehr starke Blattnekrosen)	n. VDI, 1987
Fichte	5,4 ug/m^3 (270 h, starke Nekrosen)	n. VDI, 1987
Mais	4,7 ug/m^3 (7 d, 7% Blattchlorosen)	n. VDI, 1987
Narzisse	2 ug/m^3 (276 h, schw. bis mittelstarke Blattnekrosen)	n. VDI, 1987
Crysantheme	25 ug/m^3 (114 h, sehr schwache Chlorosen)	n. VDI, 1987

Gruppierung von Pflanzenarten nach ihrer relativen Fluorid-Empfindlichkeit (aus VDI, 1987):

sehr empfindlich

Amerikanische Lärche	Flieder	Krokus-Arten	Schwertlilie
Aprikose	Gadiole	Küchenzwiebel	Serbische Fichte
Bergkiefer	Gelbkiefer	Mahonie	Stechfichte
Bluthirse	Gemeine Kiefer	Maiglöckchen	Tulpe
Douglasie	Hainbuche	Mohrenhirse	Weinrebe
Drehkiefer	Heidelbeere	Pfirsich	Weißtanne
Eberesche	Japanische Lärche	Pflaume	Weymouthskiefer
Eschenahorn	Johanniskraut	Preiselbeere	
Fächerahorn	Korallenstrauch	Rotfichte	

empfindlich

Ackerfuchsschwanz	Gartenerdbeere	Nordmannstanne	Stechfichte
Alpenknöterich	Gartennelke	Pfingstrosen-Arten	Steinklee
Ampfer	Gemeine Kiefer	Pfirsich	Storchschnabel-Arten
Apfel	Goldruten-Arten	Rhododendron-Arten	Süßkartoffel

Aprikose
Aster-Arten
Begonia-Arten
Beifußblätt. Ambrosie
Birken-Arten
Bluthirse
Coloradotanne
Dahlien-Arten
Deutsches Weidelgras
Douglasie
Eberesche
Espenähnliche Pappel
Europäische Lärche
Feldahorn
Flieder
Fuchsrebe
Grünesche
Himbeere
Hirschkolbensumach
Hybridpappel
Inkarnatklee
Japanische Eibe
Kanad. Felsenbirne
Kirschpflaume
Knäuelgras
Krauser Rharbarber
Krummholzkiefer
Lebensbaum-Arten
Luzerne
Mais-Sorten
Mangold
Narzissen-Arten
Riesentanne
Roggen
Rotbuche
Roter Maulbeerbaum
Rotfichte
Saathafer
Saatweizen
Scharlachsumach
Schimmelfichte
Schwarzkiefer
Schwarznuß
Schwarzpappel
Silberahorn
Sonnenblume
Spinat
Spitzahorn
Süßkirsche
Teerose
Tomate
Veilchen
Virginische Traubenkirsche
Vogelmiere
Walnuß
Weiden-Arten
Weinrebsorten
Weißer Gänsefuß
Wiesenschwengel
Wilde Mohrenhirse
Winterlinde

weniger empfindlich

Ackerfuchsschwanz
Akelei-Arten
Amberbaum
Amerikanische Linde
Amerikanische Platane
Ampfer-Arten
Balsampappel
Baumwolle
Berberitze
Birne
Blütenkirsche
Chinesische Ulme
Chin. Wacholder
Chrysanthemum-Arten
Eberesche
Eibe
Eichen-Arten
Eierfrucht
Elfenbeinginster
Erbse
Feuerdorn
Forsythie
Gartenbohne
Gartenerdbeere
Gartenkürbis
Gartenlöwenmaul
Götterbaum
Gurke
Hänge-Scheinzypresse
Hartriegel-Arten
Hemlocktanne
Himbeere
Hirschkolbensumach
Johannisbeere
Kaffeestrauch
Kamelie
Kanad. Felsenbirne
Kartoffel
Kirschpflaume
Kletten-Arten
Kohl
Kreuzdorn
Lebensbaum
Liguster-Arten
Luzerne
Markstammkohl
Möhre
Ölweide
Papierbirke
Petunia
Pfeifenstrauch
Platane
Robinie
Samtesche
Schafgarbe
Scheinzypresse
Schneebeere
Schwarzer Holunder
Schwarzer Nachtschatten
Schwarzerle
Sellerie
Sibirische Ulme
Sojabohne
Spargel-Arten
Tabak
Tomate
Traubenkirsche
Wegerich-Arten
Weiden-Arten
Weißbirke
Weißulme
Weizen-Arten
Wilder Wein
Zuckerrohr
Zwergmispel

Wirkungscharakter:

Mensch/Säugetiere: Verätzungen; Schädigung der Atemwege bis hin zu Lungenödemen; Brennen von Augen, Haut, Nasen-, Rachenschleimhäuten. Langandauernde Inhalation von HF kann auch bei niedrigen Konzentrationen zu Fluorose (= Osteosklerose) führen. Bei Weidevieh wurden nach Intoxikation verminderte Milchleistungen, Zuwachsverluste, Lähmungen und Zahnschäden festgestellt. Auch bei Vieh kann es zum Auftreten von Fluorose kommen. Bei Geruchswahrnehmung ist bereits eine Gesundheitsschädigung möglich. Fluor kommt als Spurenelement in Zähnen und Knochen vor. Fluormangel kann zu Zahnschäden (u.a. Karies) beim Menschen führen.

Pflanzen: HF ist das am stärksten phytotoxisch wirkende Gas. Zwischen den Pflanzenarten bestehen allerdings erhebliche Verträglichkeitsunterschiede, die u.a. auch vom Blattalter und vom Entwicklungsstadium abhängig sind. Allgemein beeinflußt HF die Enzymaktivität und führt zu Nekrosen. HF-Schäden ähneln Trockenschäden.

VERHALTEN IN DER UMWELT

Wasser:
Löst sich vollständig in Wasser unter Freisetzung erheblicher Wärmemengen. Über der Wasseroberfläche können sich ätzende und giftige Gemische bilden. Stark saurer Charakter bei geringer Dissoziation in wässriger Lösung.

Luft:
Raucht je nach Luftfeuchtigkeit unterschiedlich stark. Es bilden sich schnell ätzende Nebel, die aufgrund der relativen Gasdichte am Boden bleiben.

Boden:
Fluor liegt je nach Bodenart in Konzentrationen von 10-150 ppm als natürliches Element vor. Die Versauerung des Bodens durch HF ist gering. Fluor kann im Boden schnell durch Kalk gebunden werden. Schädigungen von Pflanzen durch Aufnahme über den Boden sind in der Regel nicht zu erwarten.

Umwandlung, Abbau, Zersetzungsprodukte, Halbwertzeit:
Es können Fluoride entstehen. Die meisten Metallfluoride sind wasserlöslich, kaum oder nicht wasserlöslich sind PbF_2, CuF_2 und einige Erdalkalifluoride.

UMWELTSTANDARDS

Medium/ Akzeptor	Bereich	Land/ Organ.	Status	Wert	Kat.	Anmerkungen	Quelle
Wasser:		D	R	1	WGK		n. HOMMEL, 1987
Luft:		D	G	1 ug/m^3	IW1	12)	BImSchVwV, 1986
		D	G	3 ug/m^3	IW2	12)	BImSchVwV, 1986
		D	R	200 mg/m^3	MIK	30 min Mittel	VDI, 1974
		D	R	100 mg/m^3	MIK	24 h Mittel	VDI, 1974
		D	R	50 mg/m^3	MIK	arith. Jahresmittel	VDI, 1974
		CDN	(G)	20 mg/m^3		7 d	n. UBA, 1981
		CDN	(G)	40 mg/m^3		24 h	n. UBA, 1981
		CDN	(G)	1,5 ug/m^3		24 h, Manitoba	n. UBA, 1981
		CDN	(G)	4,5 ug/m^3		24 h, Neufundl.	n. UBA, 1981

		CDN	(G)	26 ug/m^3		24 h, Ontario[1]	n. UBA, 1981
		CDN	(G)	7 ug/m^3		24 h, Ontario[2]	n. UBA, 1981
		CDN	(G)	3 ug/m^3		24 h, Saskatch.	n. UBA, 1981
		DDR	(G)	5 ug/m^3		24 h	n. DORNIER, 1984
		DDR	(G)	20 ug/m^3		30 min	n. DORNIER, 1984
		E	(G)	10 ug/m^3		24 h	n. DORNIER, 1984
		E	(G)	30 ug/m^3		30 min	n. DORNIER, 1984
		H	(G)	20 ug/m^3		24 h[3]	n. DORNIER, 1984
		H	(G)	1,3 ug/m^3		24 h[4]	n. DORNIER, 1984
		H	(G)	5 ug/m^3		30 min[4]	n. DORNIER, 1984
		NL	(G)	10 ug/m^3		24 h	n. DORNIER, 1984
		RO	(G)	5 ug/m^3		24 h	n. DORNIER, 1984
		RO	(G)	20 ug/m^3		30 min	n. DORNIER, 1984
		SU	(G)	10 ug/m^3		24 h[5]	n. DORNIER, 1984
		SU	(G)	30 ug/m^3		30 min[5]	n. DORNIER, 1984
		YU	(G)	5 ug/m^3		24 h	n. DORNIER, 1984
		YU	(G)	20 ug/m^3		30 min	n. DORNIER, 1984
	Arbpl	D	G	2 mg/m^3	MAK	8 h Mittel	DFG, 1989
	Arbpl	D	G	3 ml/m^3	MAK	8 h Mittel	DFG, 1989
	Arbpl	USA	(G)	2,5 mg/m^3	TLV-C	Ceiling-value	ACGIH, 1986
	Arbpl	USA	(G)	2 ppm	TLV-C	Ceiling-value	ACGIH, 1986
	Arbpl	D	G	4 mg/g (was)	BAT	Harn[11]	DFG, 1988
		D	R	1 ug/m^3		1 d, Pflanzen[6]	VDI, 1987
		D	R	0,25 ug/m^3		1 mon, Pflanzen[6]	VDI, 1987
		D	R	0,15 ug/m^3		7 mon, Pflanzen[6]	VDI, 1987
		D	R	2 ug/m^3		1 d, Pflanzen[7]	VDI, 1987
		D	R	0,6 ug/m^3		1 mon, Pflanzen[7]	VDI, 1987
		D	R	0,4 ug/m^3		7 mon, Pflanzen[7]	VDI, 1987
		D	R	6 ug/m^3		1 d, Pflanzen[8]	VDI, 1987
		D	R	1,8 ug/m^3		1 mon, Pflanzen[8]	VDI, 1987
		D	R	1,2 ug/m^3		7 mon, Pflanzen[8]	VDI, 1987
		USA	R	2,7 ug/m^3		1 d, Pflschutz	n. ULLMANN, 1985
		USA	R	0,78 ug/m^3		1 mon, Pflschutz	n. ULLMANN, 1985
		USA	R	0,5 ug/m^3		Vegetat.periode	n. ULLMANN, 1985
Nahrung:							
Nutztiere	Futterpfl	D	G	30 mg/kg (88% TS)		[9]	n. BAFEF, 1987
	Futterpfl	D	G	50 mg/kg		[10]	n. BAFEF, 1987
	Futterpfl	D	G	100 mg/kg		Schweine	n. BAFEF, 1987
	Futterpfl	D	G	350 mg/kg		Geflügel	n. BAFEF, 1987
	Futterpfl	D	G	150 mg/kg		andere Tiere	n. BAFEF, 1987

Anmerkungen:

1) für Industrie- und Geschäftszentren
2) für Wohn- und ländliche Gebiete
3) für geschützte Gebiete
4) für besonders geschützte Gebiete

5) für Wohngebiete
6) sehr empfindliche Pflanzen
7) empfindliche Pflanzen
8) weniger empfindliche Pflanzen
9) laktierende Rinder, Schafe, Ziegen
10) sonstige Rinder, Schafe, Ziegen
11) HF und anorganische F-Verbindungen

BEWERTUNG & ANMERKUNGEN

Fluorwasserstoff ist, wenn es in die Luft gelangt, ein z.T. starkes Pflanzengift und sollte deshalb nur in geringen Mengen in die Umwelt gelangen. Der VDI (1987) hat deshalb für Pflanzen eine Reihe von Grenzwerten bei zeitlich unterschiedlichen Expositionen festgelegt.
Umstritten ist die Zugabe von Fluor bei Trinkwasser. Obwohl außer Zweifel steht, daß Fluormangel Zahnschäden verursacht, ist die Aufnahme größerer Fluormengen für Menschen und Tiere gesundheitsschädigend.
Für eine abschließende Bewertung liegen bislang keine ausreichenden Informationen vor.

300 FORMALDEHYD

BEZEICHNUNGEN

CAS-Nr.:	50-00-0
Systematischer Name:	Formaldehyd, Ameisensäurealdehyd, Methanal
Gebrauchsnamen:	Formalin, Methylaldehyd, Oxomethan, Methylenoxid, Oxymethylen, Formylhydrat, Formol, Fannoform, BFV, Formalith, Ivalon, Lysoform, Morbicid, Superlysoform, Tannosynt, Antverruc, Sandovac, Vobaderin
Stoffname (engl.):	formaldehyde, formaline, methanal
Stoffname (franz.):	formaldéhyd, aldéhyd formique, formaline, formol, méthanal, oxyméthyléne
Erscheinungsbild:	farbloses, stechend riechendes Gas, brennbar, bildet mit Luft explosive Gemische; in wässrigen Lösungen stark ätzend und neigt dort zur Polymerisation; hohe Reaktivität, Gefahr der elektrostatischen Aufladung; handelsübliche wäßrige Lösungen enthalten 35-55% Formaldehyd und sind zur Verminderung der Polymerisation mit Methanol stabilisiert; der Methanolzusatz erhöht die Entzündlichkeit.

CHEM.-PHYSIKAL.GRUNDDATEN

Summenformel:	CH_2O
Molare Masse:	30,03 g/mol
Dichte:	0,8153 g/cm^3 (bei 20°C)
rel. Gasdichte:	1,04
Siedepunkt:	-19,2 - -21,0°C
Schmelzpunkt:	-92,0 - -118,0°C
Flammpunkt:	32-61°C
Zündtemperatur:	430°C
Explosionsgrenze:	7 - 73 Vol.-%
Löslichkeit:	in Wasser sehr gut und vollständig lösbar; leicht löslich in Ether, Alkoholen und anderen polaren Lösungsmitteln
Umrechnungsfaktoren:	1 mg/m^3 = 0,801 ppm 1 ppm = 1,248 mg/m^3

HERKUNFT UND VERWENDUNG

Verwendung:

Die Verwendung von Formaldehyd ist sehr umfangreich und von den Zusatzstoffen abhängig (z.B. Harnstoff, Melanin, Phenol, Ammoniak). In verschiedenen Konzentrationen kommt es deshalb in Kleb- (z.B. für die Spanplattenherstellung), Schaum-, Gerb-, Spreng- und Farbstoff, Konservierungs- und Lösemitteln, Medikamenten, Harzen und Fungiziden vor.

Herkunft/Herstellung:
Formaldehyd wird durch Oxidation von Methanol über Silberkatalysator- oder Metalloxidkatalysatorverfahren (Eisen- und Molybdän) hergestellt. Darüberhinaus gelangt es durch unvollständige Verbrennungprozesse sowie durch photochemischen Abbau organischer Spurenstoffe in die Luft.

Produktionszahlen:
In der Bundesrepublik wurden in den Jahren 1980-82 jährlich 500.000 t Formaldehyd hergestellt (BMFJG, 1984), in den USA waren es 1978 2,9 Mio. t und in Japan 1979 1,2 Mio. t (WHO, 1982).

TOXIZITÄT

Mensch:	LDL_0 Frau 36 mg/kg, oral	n. UBA, 1986
	TCL_0 17 mg/m^3/30 min, Inhalation	n. UBA, 1986
	TCL_0 8 ppm, Inhalation	n. UBA, 1986
	LDL_0 477 mg/kg (unberichtet)	n. UBA, 1986
Säugetiere:		
Maus:	LC_{50} 300 mg/m^3, subcutan	n. WHO, 1982
Ratte:	LD_{50} 800 mg/kg, oral	n. WHO, 1982
Ratte:	LC_{50} 590 mg/m^3, Inhalation	n. WHO, 1982
Ratte:	LD_{50} 87 mg/kg, intravenös	n. WHO, 1982
Kaninchen:	LD_{50} 270 mg/kg, dermal	n. WHO, 1982
Meerschweinchen:	LD_{50} 260 mg/kg, oral	n. WHO, 1982
Wasserorganismen:		
Kleinkrebse:	LC_0 27 mg/l	n. UBA, 1986
Kleinkrebse:	LC_{50} 52 mg/l	n. UBA, 1986
Kleinkrebse:	LC_{100} 77 mg/l	n. UBA, 1986
Fische:	LC_{100} ab 28,4 mg/l	n. UBA, 1986
Algen:	LC_{50} ab 0,3-0,5 mg/l	n. UBA, 1986
Wasserfloh:	LC_{50} 2 mg/l	n. UBA, 1986

Wirkungscharakter:

Mensch/Säugetiere: Formaldehyd in Gas-, Dampf- oder Aerosolform wirkt stark reizend auf die Schleim- und Bindehäute, die Haut und die oberen Luftwege. Es ist in wäßriger Lösung ein Protoplasmagift mit ätzender und eiweißdenaturierender Wirkung. Hautkontakt bewirkt oberflächliche Koagulationsnekrosen mit Härtung, Gerbung und Anästhesierung. Bei Verschlucken oder Inhalation größerer Mengen treten Verätzungen der Speise- bzw. Luftröhre, Schmerzen in der Magen-Darm-Region, Erbrechen, Bewußtlosigkeit und Kollaps auf. 60 ml Flüssigkeit oder 650 ml Dampf pro m^3 sind nach wenigen Minuten lebensgefährlich; eine krebserregende Wirkung ist umstritten, jedoch nicht auszuschließen. Spät- und kumulative Schäden sind bislang nicht bekannt.

VERHALTEN IN DER UMWELT

Wasser:
Aufgrund der hohen Löslichkeit des Stoffes befinden sich rund 99% sämtlicher in die Umwelt gelangende Formaldehydmengen im Wasser (BMFJG, 1984).

Luft:
Rund 1% der in die Umwelt emittierten Formaldehyde gelangen in die Atmosphäre, werden aber dort leicht durch Niederschläge ausgewaschen. Aufgrund der relativ kurzen Halbwertzeit erfolgt kein Transport über weite Strecken. Unter Druck stehendes Formaldehyd bildet beim Entspannen kalte Nebel. Sie sind schwerer als Luft, verdampfen leicht und bilden mit Luft auch über Wasseroberflächen aggressive, explosive Gemische.

Boden:
Bislang sind Wirkungen in diesem Medium unbekannt, jedoch ist bisher keine Akkumulation feststellbar, da ein biologischer Abbau stattfindet.

Halbwertzeit:
Die Halbwertzeit beträgt in der Luft (Stadtluft unter Sonneneinwirkung) 1-2 Stunden, unter Beteiligung von OH-Radikalen 12 Stunden.

Abbau, Zersetzungsprodukte:
Der Abbau erfolgt durch Mikroorganismen im Boden und im Wasser; bei Temperaturen über 150°C zersetzt sich Formaldehyd zu Methanol und Kohlenmonoxid; aufgrund der kurzen Halbwertzeit ist die Stabilität unter atmosphärischen Bedingungen gering (BMFJG, 1984); bei Kontakt mit Säuren und Laugen polymerisiert Formaldehyd sehr heftig; reagiert mit Wasser zu Polymethylenen; bildet unter Beteiligung von HCl den hochgradig krebserregende Bis(chlormethyl)ether und katalysiert sekundäre Amine zu kanzerogenen Nitrosaminen bzw. N-Nitroso-Verbindungen.

Nahrungskette:
In der Nahrungskette erfolgt nur geringe Akkumulation; Formaldehyd wird im Organismus rasch zu Ameisensäure oxidiert, die z.T. über den Urin ausgeschieden wird.

Kombinationswirkungen:
Formaldehyd geht mit Ammoniak oder Aminen heftige Kondensationsreaktionen ein, disproportioniert mit Alkalien zu Methanol oder Ameisensäure.

UMWELTSTANDARDS

Medium/ Akzeptor	Bereich	Land/ Organ.	Status	Wert	Kat.	Anmerkungen	Quelle
Luft:		DDR	(G)	0,012 mg/m^3		Langzeitwert	n. HORN, 1989
		DDR	(G)	0,035 mg/m^3		Kurzzeitwert	n. HORN, 1989
		WHO	R	100,0 g/m^3		24 h	n. UBA, 1988
	Arbpl	AUS	G	3,0 mg/m^3			n. WHO, 1982
	Arbpl	B	R	3,0 mg/m^3			n. WHO, 1982
	Arbpl	BG	R	1,0 mg/m^3		1)	n. BMFJG, 1984

Arbpl	CS	R	2,0 mg/m^3			n. WHO, 1982
Arbpl	CS	R	5,0 mg/m^3		10 min	n. WHO, 1982
Arbpl	D	G	0,6 mg/m^3	MAK		DFG, 1989
Arbpl	D	G	0,03 mg/m^3	MIK	Langzeitwert	DFG, 1988
Arbpl	D	G	0,07 mg/m^3	MIK	Kurzzeitwert	DFG, 1988
Arbpl	D	R	0,123 mg/m^3		2)	n. WHO, 1982
Arbpl	DDR	(G)	0,5 mg/m^3		Kurzzeitwert	n. HORN, 1989
Arbpl	DK	(G)	0,148 mg/m^3		2)	n. WHO, 1982
Arbpl	H	(G)	1,0 mg/m^3			n. WHO, 1982
Arbpl	I	(G)	1,2 mg/m^3		Langzeitwert	n. WHO, 1982
Arbpl	I	(G)	0,12 mg/m^3			n. BMFJG, 1984
Arbpl	J	(G)	2,5 mg/m^3			n. WHO, 1982
Arbpl	NL	G	1,2 mg/m^3			n. BMFJG, 1984
Arbpl	NL	R	0,12 mg/m^3		2)	n. BMFJG, 1984
Arbpl	PL	R	2,0 mg/m^3			n. WHO, 1982
Arbpl	RO	R	4,0 mg/m^3		3)	n. WHO, 1982
Arbpl	S	(G)	3,0 mg/m^3		10 min 3)	n. WHO, 1982
Arbpl	S	(G)	0,6 mg/m^3		4)	n. BMFJG, 1984
Arbpl	S	(G)	0,12-0,5 mg/m^3			n. BMFJG, 1984
Arbpl	S	R	0,123 mg/m^3		2)	n. WHO, 1982
Arbpl	SF	(G)	1,2 mg/m^3			n. BMFJG, 1984
Arbpl	SF	R	3,0 mg/m^3			n. WHO, 1982
Arbpl	SU	R	0,5 mg/m^3	PDK	3)	n. SORBE, 1988
Arbpl	USA	(G)	1,5 mg/m^3	TWA	Langzeitwert	n. SORBE, 1988
Arbpl	USA	(G)	3,0 mg/m^3	STEL	30 min	n. WHO, 1982
Arbpl	USA	(G)	0,13 mg/m^3			n. BMFJG, 1984
Arbpl	USA	(G)	0,6 mg/m^3		5)	n. BMFJG, 1984
Arbpl	YU	(G)	1,0 mg/m^3			n. WHO, 1982

Weitere gesetzliche Regelungen:

- In der Bundesrepublik dürfen Spanplatten folgende Konzentrationen nicht übersteigen (ETB, 1980): Emissionsklasse 1 (E1) höchstens 0,1 ppm; Emissionsklasse 2 (E2) höchstens 1,0 ppm; Emissionsklasse 3 (E3) höchstens 2,3 ppm
  Hinsichtlich der Verwendung der Spanplatten im Möbelbau und im Heimwerkerbereich bestehen bislang keine Vorschriften.
- Ebenso bestehen in Belgien und Japan derartige Regelungen (Spanplattenklassifizierung).
- In Kosmetika sind in der Bundesrepublik folgende Höchstkonzentrationen im Fertigerzeugnis zugelassen (Kosmetik-Verordnung, 1977): Nagelhärter: 5,0 %; Konservierungsstoff: 0,2 %; Mundpflegemittel 0,1 %
- Qualitätsanforderungen an zur Isolierung verwendete Harnstoff-Formaldehydharz(UF)-Ortschäume werden in der Bundesrepublik in der DIN-Norm 18159 geregelt.
- In Kanada sind die UF-Schaumisolierungen gänzlich verboten.
- Japan reglementiert auch die Konzentration in Tapeten und Klebemitteln und hat Formaldehyd als Additiv zur Behandlung und Verpackung von Lebensmitteln und in Farben verboten. Die Substanz ist in Textilien auf 75 ppm begrenzt (BMJFG, 1984).

Anmerkungen:

1) für stationäre Anlagen
2) Innenraumluft
3) Höchstwert
4) für neue Anlagen
5) Minnesota

VERGLEICHS-/REFERENZWERTE

Medium/Herkunft	Land	Wert	Quelle
Luft:			
Los Angeles, California (1961-66):	USA	0,005-0,16 mg/m^3	n. BMJFG, 1984
Straßenluft (1977)	CH	0,0011-0,0012 mg/m^3	n. BMJFG, 1984
Seeluft (1979)	D	0,00012-0,008 mg/m^3	n. BMJFG, 1984
Autoabgase		35,7-52,9 mg/m^3	n. BMJFG, 1984
Innenraum eines Hauses (1975):	DK	0,08-2,24 mg/m^3	n. BMJFG, 1984
Innenraumluft (BMJFG, 1984; Untersuchungen von 1975 - 1984):			
Spanplatten:			
Schulneubau		0,36-1,08 mg/m^3 (geringer Luftwechsel)	
Schul- u. Wohnräume		0,6-0,72 mg/m^3 (Möbel)	
Fertighaus		0,18-1,08 mg/m^3	
Häuser in USA		0,012-3,84 mg/m^3 (636 Häuser)	
Wärmedämmung		0,24-3,48 mg/m^3 (43 Objekte)	
Desinfektion:			
Pathologie		< 13,56 mg/m^3 (nach Abzug)	
Bettendesinfektion		< 6 mg/m^3	
Scheuerdesinfektion		< 13,2 mg/m^3	
Sprühdesinfektion		< 12 mg/m^3	
Inkubatorluft		18-30 mg/m^3	
Regenwasser:			
Mainz (1974-1977)	D	0,174 ± 0,085 ug/l	n. BMJFG, 1984
Deuselbach (1974-1976)	D	0,141 ± 0,048 ug/l	n. BMJFG, 1984
Reinluftgebiet (1977)	IRL	0,111 ± 0,059 ug/l	n. BMJFG, 1984
Nahrungs- und Genußmittel:			
Tomaten		5,7-7,3 ug/kg	n. WHO, 1982
Äpfel		17,3-22,3 ug/kg	n. WHO, 1982
Spinat		3,3-7,3 ug/kg	n. WHO, 1982
Karotten		6,7-10,0 ug/kg	n. WHO, 1982
Rettich		3,7-4,4 ug/kg	n. WHO, 1982
Zigarettenrauch		37,5-44,5 ug/Zigarette	n. WHO, 1982

BEWERTUNG & ANMERKUNGEN

Nicht nur durch Expositionen am Arbeitsplatz gelangt Formaldehyd in den menschlichen Körper. Die Verwendung als Kleber zur Spanplattenherstellung und die Mischung mit Harnstoff für Ortschäume ist in der Bundesrepublik und einigen anderen Ländern geregelt. Bei Verwendung der genannten Baumaterialien entgast Formaldehyd in die Innenraumluft von Wohngebäuden. Das Krebspotential von Formaldehyd ist nicht sicher festgestellt. Vereinzelte Tierexperimente weisen auf die Möglichkeit einer kanzerogenen und teratogenen Wirkung hin. Die eigentliche Gefährdung geht jedoch von den Zerfallsprodukten des Formaldehyds aus, die um ein vielfaches gefährlicher als der Stoff selbst sind.

bes. Quellen: BMFJG (1984)

074 HEXACHLORBENZOL

BEZEICHNUNGEN

CAS-Nr.:	118-74-1
Systematischer Name:	Hexachlorbenzol
Gebrauchsnamen:	HCB; Perchlorbenzol
Stoffname (engl.):	hexachlorobenzene
Stoffname (franz.):	hexachlorobenzène
Erscheinungsbild:	farblose (techn.: gelbliche) Kristalle

CHEM.-PHYSIKAL. GRUNDDATEN

Summenformel:	C_6Cl_6
Molare Masse:	284,79 g/mol
Dichte:	2,04 g/cm^3 bei 20°C
Siedepunkt:	332°C
Schmelzpunkt:	229°C
Dampfdruck:	1,1 x 10^{-3} Pa bei 20°C; 2,5 x 10^{-3} Pa bei 25°C
Flammpunkt:	242°C
Löslichkeit:	in Wasser 0,005 mg/l (20°C) in Fett 11,5 g/kg bei 37°C in Benzol 31,6 g/l

HERKUNFT UND VERWENDUNG

Verwendung:
Es wird vorrangig als Fungizid eingesetzt. HCB wurde früher vor allem als Saatgutbeize zur Verhinderung von Stink- und Steinbrand und als Bodenbehandlungsmittel gegen Zwergbrand verwendet. In vielen Ländern der Dritten Welt dient es heute noch der Begasung von Getreide.
Mengenmäßig am meisten wird HCB als Flammschutzmittel sowie als Weichmacher eingesetzt. Es ist ein wichtiges Ausgangsprodukt für die Synthese verschiedener organischer Chlorverbindungen. HCB dient als Zusatz für Holzschutzmittel.

Herkunft/Herstellung:
Es existieren keine natürlichen Quellen. Die Herstellung erfolgt durch Chlorierung von niedrigen chlorierten Benzolen. HCB ist Grundlage für die Produktion von Pentachlorphenol (PCP).
Bei der industriellen Chlorierung von Kohlenwasserstoffen kann als Nebenprodukt HCB entstehen. Durch die Verbrennung von chlorhaltigen Produkten (z.B. der Müllverbrennung) kann es ebenso in die Umwelt gelangen wie durch die Verwendung von HCB-verunreinigten Pestiziden.

Produktionszahlen:
Ende der 1970er Jahre weltweit ca. 10.000 t/a; EG (1978) ca. 8.000 t/a; BRD ca. 4.000 t/a (1974) und 2.600 t/a (1976)

Emissionszahlen:
Die angegebenen Werte liegen zwischen 20% und 100% der produzierten Menge.

TOXIZITÄT

Säugetiere:

Ratte	LD_{50} > 10.000 mg/kg, oral	n. DVGW, 1988
	LD_{50} > 6.800 mg/kg, dermal	n. RIPPEN, 1989
Kaninchen	LD_{50} 2.600 mg/kg, oral	n. DVGW, 1988
Katze	LD_{50} 1.700 mg/kg, oral	n. DVGW, 1988

Wasserorganismen:

Fische	LD_{50} > 100 mg/kg	n. RIPPEN, 1989
Goldorfe	LC_{50} > 0,007 mg/l	n. DVGW, 1988
Wasserfloh (Daphnia magna)	EC_0 0,025 mg/l (24h, Schwimmfähigkeit)	n. DVGW, 1988

Wirkungscharakter:

Mensch/Säugetiere: Eine kanzerogene Wirkung bei Menschen ist bislang unwahrscheinlich und bislang nicht nachgewiesen. Mutagene und teratogene Wirkungen wurden nicht festgestellt, dagegen aber Hautkrankheiten bei Langzeiteinwirkungen auf Menschen, Leberschäden und neurotische Symptome bei Ratten. Im Magen- und Darmtrakt wird HCB aus Lebensmitteln gut resorbiert und langsam metabolisiert. Es reichert sich im Fettgewebe an. Bei Abbau des Fettdepots wird es remobilisiert und ist dann in allen Organen nachweisbar.

VERHALTEN IN DER UMWELT

Wasser:
HCB adsorbiert in Gewässern stark an Schwebstoffen und reichert sich so im Sediment an.

Boden:
Anreicherung in Boden und Klärschlamm

Abbau, Zersetzungsprodukte, Halbwertzeit:
geschätzte Halbwertzeit (abiotisch und biotisch) >1 Jahr; kein Abbau in Oberflächengewässern; Halbwertzeit im Boden ca. 2 Jahre; 14% Abbau (adsorbiert) nach 24 h Bestrahlung mit starkem, simuliertem Sonnenlicht; Photomineralisation beobachtet bei Wellenlängen > 230 nm (adsorbiert); thermische Zersetzung bei 510-527°C; Mineralisierung bei 950°C.
2,3,5-Trichlorphenol, Pentachlorbenzol, Tetrachlorbenzol und Pentachlorbenzol sind Metaboliten von HCB.

Nahrungskette:
Anreicherung in Fettgeweben von Organismen.

UMWELTSTANDARDS

Medium/ Akzeptor	Bereich	Land/ Organ.	Status	Wert	Kat.	Anmerkungen	Quelle
Wasser:	Trinkw	A	(G)	0,01 ug/l			n. DVGW, 1988
	Trinkw	D	G	0,1 ug/l			n. DVGW, 1988
	Trinkw	EG	R	0,1 ug/l			n. DVGW, 1988
	Trinkw	WHO	R	0,01 ug/l			n. DVGW, 1988
	Oberfl	D	R	0,0013 mg/l		Trinkwasser[1)]	n. DVGW, 1988
	Oberfl	D	R	0,0065 mg/l		Trinkwasser[2)]	n. DVGW, 1988
	Oberfl	IAWR	R	0,0001 mg/l		Trinkwasser[1)]	n. DVGW, 1988
	Oberfl	IAWR	R	0,0005 mg/l		Trinkwasser[2)]	n. DVGW, 1988
Luft:	Arbpl	D	G	15 ug/dl	BAT	im Plasma/Serum	n. DVGW, 1988
	Arbpl	SU	(G)	0,9 mg/m^3		Hautresorption	n. KETTNER, 1979
Nahrung:			R	0,001 mg/kg/d	ADI		n. SDWC, 1977
Tee, Gewürze		D	G	0,1 mg/kg			n. DVGW, 1988
Gemüse, Ölsaat, Kaffee		D	G	0,5 mg/kg			n. DVGW, 1988
and. pfl. Lebensmittel		D	G	0,01 mg/kg			n. DVGW, 1988

Anmerkungen:
1) natürliche Aufbereitungsverfahren
2) chemisch-physikalische Aufbereitungsverfahren

Anwendungsverbote existieren u.a. in der BRD und in Japan, Anwendungsbeschränkungen u.a. in Agentinien (n. KUSt, 1985)

VERGLEICHS-/REFERENZWERTE

Medium/Herkunft	Land	Wert	Quelle[1)]
Wasser:			
Rhein (Koblenz, 1981)	D	20 ppt (Mittelwert)	
Große Seen, Niagara River (1980)	CDN	0,02-17 ppt (Mittelwerte: 0,04-0,06 ppt)	
Mittelmeer (1981)		0,7-3,2 ppt	

Boden/Sediment:		
Boden	CH	0,15-50 ppb
Klärschlamm	CH	6-125 ug/kg TS
Rhein		50-400 ppb
Große Seen (1980)	CDN	0,02-320 ppb (n = 71)
Mittelmeer (1981)		< 10-210 ppt
Luft:		
Nordpazifik		0,095-0,13 ng/m^3 (Mittelwert: 0,1 ng/m^3)
Nordpazifik (Niederschlag)		<0,03 ng/l
Nähe Deponie mit HCB-Lagerung		170 ug/m^3
Wassertiere:		
Austern (belastete Gebiete)		0,63 ppb
Aale (Rhein)		1-2 ppm
Forellen (Große Seen)	CND	8-127 ppb
Fische (Nordsee, 1972)		0,2-97 ug/kg
Mensch:		
Knochenmark		1,3-3,9 mg/kg
Fettgewebe		0,03-22 mg/kg
Muttermilch		4-10 ug/kg
Muttermilch	D	0,6-1 mg/kg Fett

Anmerkungen:
[1] alle Angaben aus RIPPEN, 1989

BEWERTUNG & ANMERKUNGEN

Als scheinbar rein anthropogen geschaffene Verbindung, die in der natürlichen Umwelt nicht vorkommt, gehört HCB zu den Stoffen, deren ökosystemare Auswirkungen bislang wenig bekannt sind. Entsprechend vorsichtig sollten alle HCB-emittierenden Maßnahmen beurteilt werden, dies gilt sowohl für die Verwendung des Stoffes zur Schädlingsbekämpfung als auch für die chemische Produktion von Chlorverbindungen, für die HCB ein Ausgangsprodukt darstellt. Die vergleichsweise hohe Persistenz von HCB in allen Umweltbereichen, unabhängig von den vielen, vermutlich störenden ökosystemaren Auswirkungen, sollte entsprechend berücksichtigt werden.

1005 KALIUM

BEZEICHNUNGEN

CAS-Nr.: 7440-09-7
Systematischer Name: Kalium
Gebrauchsnamen: Kalium
Stoffname (engl.): potassium
Stoffname (franz.): potassium
Erscheinungsbild: sehr weiches, silberglänzendes Metall

CHEM.-PHYSIKAL. GRUNDDATEN

Elementsymbol: K
Molare Masse: 39,10 g/mol
Dichte: 0,862 g/cm^3 bei 20°C
Siedepunkt: 774°C
Schmelzpunkt: 63,65°C
Dampfdruck: 10^{-8} mbar bei 23°C
Löslichkeit: in flüssigem Ammoniak, Anilin u. Äthylendiamin

HERKUNFT UND VERWENDUNG

Verwendung:
Metallisches Kalium wird nur in begrenztem Umfang als Reduktionsmittel eingesetzt. Von den Kaliumverbindungen haben besonders Kaliumchlorid und Kaliumsulfat als Düngemittel Bedeutung. Kalium-Natrium-Legierungen dienen als Wärmeüberträger in Kernkraftwerken. Kaliumhydroxid dient als Elektrolyt in Akkumulatoren, als Entwicklungsflüssigkeit in der Photographie und als Rohstoff für die Waschmittel- und Seifenindustrie.

Herkunft/Herstellung:
Kalium kommt in der Erdkruste nur in Form von Verbindungen vor.

Produktionszahlen:
1971 = 130 t (Weltproduktion)

TOXIZITÄT

Säugetiere:

Ratte	LD_{50} 1500 mg/kg KG (Kaliumchlorat)	n. DVGW, 1988
Ratte	LD_{50} 365 mg/kg KG (Kaliumhydroxid)	n. DVGW, 1988

Ratte	LD 2430 mg/kg KG (Kaliumchlorid)	n. DVGW, 1988
Kaninchen	LD 2500 mg/kg KG (Kaliumchlorid)	n. DVGW, 1988
Wasserorganismen:		
Barsch, Weißfisch	LD 10 g/l (18 h)	n. DVGW, 1988
Goldfisch	LD 7,6 g/l (10 h)	n. DVGW, 1988
Aal	0,7 g/l = Schädigung	n. DVGW, 1988

Wirkungscharakter:

Mensch/Säugetiere: Schäden durch metallisches Kalium sind Verbrennungen bzw. extrem schwere, tiefgreifende Verätzungen (vornehmlich durch KOH). Herzrthymusstörungen. Kaliumhydroxid verursacht eine in die Tiefe fortschreitende Quellung u. Auflösung betroffender Gewebe. Durch Spritzer am Auge ergeben sich schwere konjunktivale Reizerscheinungen, Trübung und Ulzeration der Kornea.

Pflanzen: Wuchsminderungen erfolgen durch die osmotische Wirkung. Zu hohe K-Gehalte können die Zusammensetzung der Pflanzen nachteilig beeinflussen, so sinkt der Stärkegehalt der Kartoffeln bei K-Gehalten >1,6% im Frischgewicht. Bei Zuckerrüben sinkt die Zuckerausbeute durch Nichtkristallisation (Löslichkeit der Saccharose). Ein erhöhter K-Gehalt verhindert zudem die Aufnahme anderer Ionen durch Ionenkonkurrenz.

VERHALTEN IN DER UMWELT

Wasser:
In Wasser schmilzt K sofort zu einem Kügelchen zusammen, das zusehends kleiner wird und mit einem rotvioletten Flämmchen immer rascher auf den Wasser umherschießt. Hierbei findet zwischen K und Wasser, Kaliumhydroxid- und Wasserstoffbildung statt. Das Wasser reagiert nachher alkalisch.

Luft:
An der Luft reagiert Kalium heftig, nacheinander geht K in Kaliumoxid, Kaliumhydroxid und Kaliumcarbonat über.

Boden:
Tonhaltige Böden haben häufig die Eigenschaft, wasserlösliches und austauschbares Kalium in eine nichtaustauschbare Form festzulegen. Die Verfügbarkeit in Böden ist vor allem abhängig von dem Gehalt an austauschbarem Kalium, leichtverfügbarem nichtaustauschbarem Kalium und der Transportrate. Mit abnehmendem Boden-pH steigt die K-Verfügbarkeit.

UMWELTSTANDARDS

Medium/ Akzeptor	Bereich	Land/ Organ.	Status	Wert	Kat.	Anmerkungen	Quelle
Wasser:	Trinkw	D	G	12,0 mg/l			n. DVGW, 1988
	Trinkw	EG	R	10,0 mg/l			n. DVGW, 1988
	Trinkw	EG	R	12,0 mg/l			n. DVGW, 1988
Luft:	Arbpl	AUS	(G)	2,0 mg/m^3		K-Hydroxid	n. MERIAN, 1984
	Arbpl	B	(G)	2,0 mg/m^3		K-Hydroxid	n. MERIAN, 1984
	Arbpl	CH	(G)	2,0 mg/m^3		K-Hydroxid	n. MERIAN, 1984
	Arbpl	NL	(G)	2,0 mg/m^3		K-Hydroxid	n. MERIAN, 1984
	Arbpl	USA	(G)	2,0 mg/m^3	TWA	K-Hydroxid	n. MERIAN, 1984

Anmerkungen:
Weitere Regelungen in: Kosmetik-Verordnung (1985): Eingeschränkte Zulassung von Kaliumhydroxid

VERGLEICHS-/REFERENZWERTE

Medium/Bereich	Land	Wert	Quelle
Oberflächengewässer:			
Bodensee	D	1,25-1,35 mg/l	n. DVGW, 1988
Rhein: (Köln)	D	4,7-13,0 mg/l	n. DVGW, 1988
Rhein: (Lobith)	D	4,8-10,0 mg/l	n. DVGW, 1988
Ruhr: (Westhofen)	D	1,9-4,1 mg/l	n. DVGW, 1988

BEWERTUNG & ANMERKUNGEN

Kalium ist ein essentieller Nährstoff für sämtliche Lebewesen, ein natürliches Element in der Umwelt, und bedarf keiner besonderen Vorsichtsmaßnahmen.
In der Landwirtschaft, als Düngemittel eingesetzt, trägt dieser Stoff zur Ertragssteigerung bei. Überdüngung mit Kaliumdüngern kann jedoch zu einer Auswaschung in das Grundwasser führen und insbesondere die Aufnahme anderer Ionen durch die Pflanzen behindern. Demnach muß auf die Höhe der Kaliumgabe besondere geachtet werden.
Gesundheitsgefährdend ist das Kaliumhydroxid, daß als Luftschadstoff angesehen werden muß. Eine Emission davon ist zu vermeiden.

1006 KALZIUM

BEZEICHNUNGEN

CAS-Nr.: 7440-70-2
Systematischer Name: Kalzium, Calcium
Stoffname (engl.): Calcium
Stoffname (franz.): Calcium
Erscheinungsbild: silberglänzendes, weiches Metall

CHEM.-PHYSIKAL. GRUNDDATEN

Summenformel: Ca
Molare Masse: 40,08 g/mol
Dichte: 1,55 g/cm^3 (bei 20°C)
Siedepunkt: 1.484°C
Schmelzpunkt: 839°C
Dampfdruck: 0 mbar (bei 20°C); 10^{-9} mbar (bei 250°C)
Löslichkeit: Kalziumverbindungen weisen sehr unterschiedliche Wasserlöslichkeiten auf: Kalziumchlorid: 245 g/l, Kalziumsulfat (Gips) 2,04 g/l, Kalziumhydroxid 1,28 g/l, Kalziumsulfat (Anhydrit) 0,67 g/l, Kalziumfluorid 0,015 g/l
Kalziumkarbonat (Kalk) ist in kohlendioxidfreiem Wasser praktisch unlöslich, in CO_2-haltigem Wasser geht es als Kalziumhydrogenkarbonat in Lösung. Bei Verminderung der CO_2-Konzentration fällt Kalzium als Karbonat aus.

HERKUNFT UND VERWENDUNG

Verwendung:
Kalziumverbindungen werden in der Stahlindustrie (metallisches Kalzium), als Kühl-, Tau- und Frostschutzmittel (Kalziumchlorid), als Trocken- und Staubbindemittel und als Zementzusatz (Gips und Kalk) verwendet. In geringerer Bedeutung kommen Kalziumverbindungen als Düngemittel in den Handel.

Herkunft/Herstellung:
Kalzium ist das dritthäufigste Element und baut zu 3,6% die Erdkruste auf. Die häufigsten Mineralien sind Kalk, Gips, Anhydrit, Apatit, Dolomit und Flußspat, die großtechnisch abgebaut werden.

TOXIZITÄT

Säugetiere:

Ratte:	LD_{50} 1 g/kg, oral (Kalziumchlorid)	n. DVGW, 1985
	LD_{50} 1 g/kg, oral (Kalziumcyanamid)	n. DVGW, 1985
	LD_{50} 3,9 g/kg, oral (Kalziumnitrat)	n. DVGW, 1985
Kaninchen:	LD 1,38 g/kg, oral (Kalziumchlorid)	n. DVGW, 1985
	LD 1,4 g/kg, oral (Kalziumcyanamid)	n. DVGW, 1985

Wasserorganismen:

Goldfisch:	LD 11,2 g/l (25 h) (Kalziumchlorid)	n. DVGW, 1985
Karpfen:	LD 10 g/l (16-29 h) (Kalziumchlori)	n. DVGW, 1985

Wirkungscharakter:
Mensch/Säugetiere: Kalzium ist eine essentielle Substanz, die Knochen und Zähne aufbaut und an der Bildung von Zellwänden beteiligt ist. Nur in Gegenwart von Kalzium findet die Blutgerinnung statt. Darüberhinaus hemmt oder aktiviert Kalzium Enzyme im Eiweiß-, Kohlenhydrat- und Fettstoffwechsel.
Vergiftungserscheinungen treten infolge von Kalziummangel oder -überschuß auf. Während Kalziummangel das Nervensystem und die Muskulatur erregt, wirkt sich ein Überschuß lähmend aus. Ein erhöhter Kalziumspiegel im Blut führt zu Kalkablagerungen in den Blutgefäßen.

VERHALTEN IN DER UMWELT

Wasser:
Kalzium reagiert nur schwach mit Wasser, wird jedoch durch Zusatz von Salzsäure sehr lebhaft. Schwache Säuren werden von Kalzium gepuffert, sie werden durch Kalziumcarbonat gebunden. Kalzium spielt damit eine wichtige Rolle im 'Puffersystem' verschiedener Umweltmedien, vor allem der Böden, und kann den pH-Wert regulieren.
In Gewässern liegt Kalzium als Hydrogenkarbonat vor. Durch überschüssige freie CO_2-Konzentrationen infolge des Abbaus von organischer Substanz kann es zu einer Aufhärtung des Wassers kommen (zusammen mit Magnesium-Ionen bedingt Kalzium die Härte des Wassers; normales Kalzium-Magnesium-Verhältnis: 5:1). Eine Aufhärtung erfolgt ebenfalls bei der Entsäuerung von Trink- und Brauchwasser durch Kalziumverbindungen.
In Rohrleitungen bildet Kalzium eine erwünschte Kalk-Rost-Schutzschicht, weshalb eine Mindestkonzentration von 20 mg/l Kalzium eingehalten werden sollte (n. DVGW, 1985). Bei zu hohen Konzentrationen kommt es jedoch zu unerwünschten Rohrverkrustungen und -verschlüssen.
Insbesondere in den Einzugsbereichen der Kali-Industrie kommt es häufig zu übermäßiger Belastung der Gewässer mit Kalzium durch Abwässer.

Boden:
Der Kalziumgehalt in Böden schwankt beträchtlich in Abhängigkeit vom Ausgangsgestein. Bei Böden über Kalkstein ist der Gehalt am größten, bei Lateriten, Sand- und Hochmoorböden am geringsten. Die im Boden vorhandenen Mengen an Kalzium liegen jedoch zum größten Teil in nicht austauschbarer Form vor und werden erst durch Verwitterung oder Auflösung mobilisiert. Ihre

Löslichkeit ist allerdings wiederum von pH-Wert und damit von der Anwesenheit von Kohlensäure abhängig. Kalzium führt zu einer Steigerung des Pflanzenwachstums. Kalkungen werden allerdings weniger als Düngemaßnahmen, sondern vielmehr zur Erhaltung und Remobilisierung des Puffersystems eines Bodens durchgeführt.

UMWELTSTANDARDS

Medium/ Akzeptor	Bereich	Land/ Organ.	Status	Wert	Kat.	Anmerkungen	Quelle
Wasser:	Oberfl	D	(G)	100 mg/l		für nat. Aufbereitung	n. DVGW, 1985
	Trinkw	EG	R	60 mg/l		für enthärtetes Wasser	n. DVGW, 1985
	Trinkw	EG	R	100 mg/l		Richtzahl	n. DVGW, 1985
	Trinkw	WHO	R	75 mg/l		Richtwert	n. DVGW, 1985
	Trinkw	WHO	R	200 mg/l		Grenzwert	n. DVGW, 1985
	Abwass	D	(G)	2,0 g/m^3		Richtlinie B-W	n. LAU-BW, 1989
Nahrung:		USA	R	750 mg/Person	ADI	tägliche Zufuhr	n. DVGW, 1985

Anmerkungen:

Grenzwerte für den Bereich Arbeitsplatz siehe unter 'Kalziumoxid'.

VERGLEICHS-/REFERENZWERTE

Medium/Herkunft	Land	Wert	Quelle
Oberflächengewässer			
Meerwasser, Durchschnitt		0,16% Kalziumsulfat	n. DVGW, 1985
Bodensee (1983)	D	42,5-49,5 mg/l	n. DVGW, 1985
Neckar (1983)	D	66-147 mg/l	n. DVGW, 1985
Rhein (Lobith, 1983)	D	53-107 mg/l	n. DVGW, 1985
Ruhr (Echthausen, 1983)	D	33,2-49,4 mg/l	
Trinkwasser			
1981	D	1-530 mg/l	n. DVGW, 1985
1981, Mittelwert	D	72,8 mg/l	n. DVGW, 1985

BEWERTUNG & ANMERKUNGEN

Kalzium ist ein essentielles und in der natürlichen Umwelt weit verbreitetes Element, das keiner besonderen Vorsichtsmaßnahmen bedarf. Die tägliche Zunahme über Nahrungsmittel sollte 750 mg/Person nicht überschreiten. Unterhalb dieses Wertes sind Mangel- oder Überschußerscheinungen ausgeschlossen.
Zunehmend wird der Versauerung der Böden durch Kalkung mit Kalziumkarbonat Einhalt geboten. Die durch plötzlichen pH-Wert-Anstieg veränderten Bedingungen können vielfach Bodenlebewesen schädigen und das Pflanzenwachstum behindern.

1007 KALZIUMOXID

BEZEICHNUNGEN

CAS-Nr.: 1305-78-8
Systematischer Name: Kalziumoxid, Calciumoxid
Stoffname (engl.): calcium oxide

CHEM.-PHYSIKAL. GRUNDDATEN

Summenformel: CaO
Molare Masse: 56,08 g/mol
Siedepunkt: 3.570°C
Schmelzpunkt: 2.600°C
Löslichkeit: heftige Reaktion mit Wasser zu $Ca(OH)_2$ (Kalziumhydroxid), welches eine Wasserlöslichkeit von 1,28 g/l besitzt).

HERKUNFT UND VERWENDUNG

Verwendung:
Kalziumoxid wird als Düngemittel eingesetzt.

TOXIZITÄT

(siehe unter 'Kalzium')

Kalziumoxid wurde in die WGK 2 eingestuft.

VERHALTEN IN DER UMWELT

(siehe unter 'Kalzium')

UMWELTSTANDARDS

Medium/ Akzeptor	Bereich	Land/ Organ.	Status	Wert	Kat.	Anmerkungen	Quelle
Luft:	Arbpl	AUS	(G)	5,0 mg/m^3			n. MERIAN, 1984
	Arbpl	B	(G)	5,0 mg/m^3			n. MERIAN, 1984
	Arbpl	CH	(G)	5,0 mg/m^3			n. MERIAN, 1984
	Arbpl	D	G	5,0 mg/m^3	MAK		DFG, 1989
	Arbpl	I	(G)	5,0 mg/m^3			n. MERIAN, 1984
	Arbpl	NL	(G)	5,0 mg/m^3			n. MERIAN, 1984
	Arbpl	PL	(G)	5,0 mg/m^3			n. MERIAN, 1984
	Arbpl	RO	(G)	2,0 mg/m^3		Langzeitwert	n. MERIAN, 1984
	Arbpl	RO	(G)	5,0 mg/m^3		Kurzzeitwert	n. MERIAN, 1984
	Arbpl	S	(G)	2,0 mg/m^3			n. MERIAN, 1984
	Arbpl	SF	(G)	5,0 mg/m^3			n. MERIAN, 1984
	Arbpl	USA	G	2,0 mg/m^3	TWA	Langzeitwert	ACGIH, 1986

VERGLEICHS-/REFERENZWERTE

(siehe unter 'Kalzium')

BEWERTUNG & ANMERKUNGEN

(siehe unter 'Kalzium')

324 KOBALT

BEZEICHNUNGEN

CAS-Nr.:	7440-48-4
Systematischer Name:	Cobalt
Gebrauchsnamen:	Kobalt, Cobalt
Stoffname (engl.):	cobalt
Stoffname (franz.):	cobalt
Erscheinungsbild:	stahlgraues, glänzendes, ferromagnetisches Metall

CHEM.-PHYSIKAL. GRUNDDATEN

Elementsymbol:	Co
Molare Masse:	58,93 g/mol
Dichte:	8,8 g/cm^3
Siedepunkt:	2880°C
Schmelzpunkt:	1493°C
Dampfdruck:	10^{-7} mbar bei 994°C
Löslichkeit:	leicht löslich in verdünnten, oxidierenden Säuren

HERKUNFT UND VERWENDUNG

Verwendung:
Färben von Glas, Keramik und Emaille durch Co-Verbindungen. Herstellung von temperaturbeständigen, abriebfesten und korrosionsbeständigen Legierungen (Stellit). Das künstliche radioaktive Isotop ^{60}Co wird in Kerntechnik und Nuklearmedizin (Tumorbehandlung) und im Ausland zur Konservierung von Lebensmitteln verwendet. In der chemischen Industrie wird Co in Homogen- und Heterogenkatalysatoren zur Synthese von Treibstoffen (Fischer-Tropsch-Verfahren), Alkoholen und Aldehyden (Hydroformylierung) eingesetzt.

Herkunft/Herstellung:
Co ist zu 0,001% am Aufbau der Erdkruste beteiligt und kommt als Begleiter von Cu-, Ni- und Eisenerzen vor. Co wird durch partielles Rösten sulfidischer Erze in Gegenwart von Flußmitteln hergestellt, wobei sich ein Rohstein aus Cu-, Ni- und Kobaltsulfiden und -arseniden anreichert. Bei der Weiterverarbeitung wird dieses Rohmaterial in Gegenwart von NaCl erhitzt.

Produktionszahlen:
1980 = 30 x 10^3 t (Weltproduktion)

TOXIZITÄT

Mensch:

Luft	Vollblut	Harn
50 ug/m^3	2,5 ug/l	30 ug/l
100 ug/m^3	5,0 ug/l	60 ug/l

Säugetiere:

Ratte	LD_{50} 1500 mg/kg KG	n. LAU-BW, 1989
Ratte	LD_{50} 821 mg/kg KG, (Co-acetat)	n. LAU-BW, 1989
Kanninchen	LD_{50} 20 mg/kg KG	n. LAU-BW, 1989
Kanninchen	LD_{50} 250 mg/kg KG, (Co-nitrat)	n. LAU-BW, 1989

Wasserorganismen:

Daphnia	1-9 mg/l = kritische Schwelle, (Co-chlorid)	n. LAU-BW, 1989

Wirkungscharakter:

Mensch/Säugetiere: Überdosen setzen die Tätigkeit der Schilddrüse herab und können Kropfbildungen verursachen. Im Blut werden die Anzahl der Erythrozyten vermehrt (Polyzythämie), die Blutgefäße temporär erweitert, und es erfolgt eine Änderung der Koagulationsfähigkeit des Blutes, zudem werden häufig Beeinflußungen des Nervensystems festgestellt. Es können Herzschäden u. Lungenfibrose (chron.) auftreten. Von toxikologischer Bedeutung ist vor allem die Inhalation von Co-Staub (eindeutig kanzerogene Wirkung; ROTH, 1989) und Gefahr der Sensiblisierung (ROTH, 1989)

Pflanzen: Co-Überschuß bewirkt Fe- und Cu-Defizite (toxischer Effekt = Verdrängungseffekt). Zunahme von chlorotischen Blättern, die nekrotisch werden und dann verwelken.

VERHALTEN IN DER UMWELT

Luft:
an der Luft ist Kobalt bei normalen Temperaturen beständig, erst beim Erhitzen wird es oxidiert und verbrennt bei Weißglut zu Co_3O_4.

Boden:
Der mittlere Co-Gehalt liegt bei 8 ppm, die Löslichkeit ist pH-Wert abhängig. In sauren Böden erhöht sich die Auswaschung. Kobalt ist vor allem an Mn- und Fe-Oxide gebunden, so daß es nur zu einem kleinen Teil pflanzenverfügbar und damit mobil ist.

Abbau, Zersetzungsprodukte, Halbwertzeit:
5,7a ^{60}Co; renale Ausscheidung inhalierten Kobalts: der größte Teil mit einer Halbwertzeit von 10 Tagen, der Rest mit einer Halbwertzeit von 90 Tagen (MERIAN, 1984)

Nahrungskette:
Die Kobaltaufnahme durch das Trinkwasser spielt keine wesentliche Rolle. Auch die Luft ist normalerweise nur durch Spuren von Kobalt verunreinigt. Der Mensch nimmt pro Tag ca. 140-580ug

Co auf. Von dieser Menge werden 20-95% resorbiert. Die Hauptmenge des aufgenommenen Co liegt allerdings nicht als notwendiges Vitamin B_{12} vor, sondern als an Nahrungsbestandteile gebundenes, anorgan. Co. Die Aufnahme des anorganischen Co ist an die des Eisens gebunden.

UMWELTSTANDARDS

Medium/ Akzeptor	Bereich	Land/ Organ.	Status	Wert	Kat.	Anmerkungen	Quelle
Wasser:	Oberfl	D	R	0,05 mg/l		[1)] für A + B	n. LAU-BW, 1989
	Grundw	D	(R)	50,0 ug/l		Untersuchung	n. LAU-BW, 1989
	Grundw	D	(R)	200,0 ug/l		Sanierung	n. LAU-BW, 1989
	Grundw	NL	(G)	0,200 mg/l			n. LAU-BW, 1989
	Abwasser	CH	(G)	0,05 mg/l			n. LAU-BW, 1989
	Abwasser	CH	(G)	0,50 mg/l		direkte/indirekte Einl.	n. LAU-BW, 1989
	Bewäs	D	R	0,20 mg/l		Freilandkultur	n. LAU-BW, 1989
	Bewäs	D	R	0,20 mg/l		Unterglaskulturen	n. LAU-BW, 1989
	Bewäs	USA	(G)	0,20 mg/l		2)	n. LAU-BW, 1989
	Bewäs	USA	(G)	10 mg/l			n. LAU-BW, 1989
Boden:		CH	R	25 mg/kg ltr			n. LAU-BW, 1989
		D	(R)	50 mg/kg TS		Untersuchung	n. LAU-BW, 1989
		D	R	300 mg/kg TS		Sanierung	n. LAU-BW, 1989
		D	R	800 mg/kg ltr			n. HOCK, 1988
		NL	(G)	50 mg/kg ltr		Untersuchung	n. LAU-BW, 1989
		NL	(G)	300 mg/kg ltr		Sanierung	n. LAU-BW, 1989
		USA	R	8000 mg/kg		TTLC	n. DVGW, 1988
		USA	R	80 mg/kg		STLC	n. DVGW, 1988
	Klärschl	CH	G	100 mg/kg TS			n. LAU-BW, 1989
Luft:	Arbpl	AUS	G	0,1 mg/m^3			n. MERIAN, 1984
	Arbpl	B	G	0,01 mg/m^3			n. MERIAN, 1984
	Arbpl	BG	G	0,5 mg/m^3			n. MERIAN, 1984
	Arbpl	CH	G	0,1 mg/m^3			n. MERIAN, 1984
	Arbpl	CS	G	0,1 mg/m^3		Mittelwert	n. MERIAN, 1984
	Arbpl	CS	G	0,3 mg/m^3		Kurzzeitwert	n. MERIAN, 1984
	Arbpl	D	G	0,5 mg/m^3	MAK		DFG, 1989
	Arbpl	D	G	0,5 mg/m^3	TRK	im Gesamtstaub	n. LAU-BW, 1989
	Arbpl	D	G	50,0 mg/m^3		3)	n. LAU-BW, 1989
	Arbpl	DDR	G	0,1 mg/m^3		Mittelwert	n. MERIAN, 1984
	Arbpl	DDR	G	0,1 mg/m^3		Kurzzeitwert	n. MERIAN, 1984
	Arbpl	SF	G	0,1 mg/m^3			n. MERIAN, 1984

Arbpl	I	G	0,1 mg/m^3		C, S	n. MERIAN, 1984
Arbpl	NL	G	0,1 mg/m^3			n. MERIAN, 1984
Arbpl	PL	G	0,5 mg/m^3			n. MERIAN, 1984
Arbpl	RO	G	0,2 mg/m^3		Mittelwert	n. MERIAN, 1984
Arbpl	RO	G	0,2 mg/m^3		Kurzzeitwert	n. MERIAN, 1984
Arbpl	S	G	0,1 mg/m^3			n. MERIAN, 1984
Arbpl	SU	G	0,5 mg/m^3			n. MERIAN, 1984
Arbpl	USA	(G)	0,1 mg/m^3	TWA	Emmissionskl. III	n. LAU-BW, 1989
Arbpl	YU	G	0,1 mg/m^3			

Anmerkungen:

1) jeweils für die Trinkwasseraufbereitung: A = kennzeichnet die Belastungsgrenzen, bis zu denen allein durch natürliche Verfahren ein Trinkwasser hergestellt werden kann; B = kennzeichnet die Belastungsgrenzen, bis zu denen unter Zuhilfenahme der gegenwärtig bekannten u. bewährten chem. phys. Verfahren ein Trinkwasser hergestellt werden kann

2) nur zur kurzfristigen Bewässerung auf bestimmten Böden geeignet

3) bei Massenstrom von 1kg/h

VERGLEICHS-/REFERENZWERTE

Medium/Bereich	Land	Wert	Quelle
Wasser:			
Bodensee	D	< 0,2 ug/l	n. DVGW, 1988
Rhein: (Mainz)	D	6-12 ug/l	n. DVGW, 1988
Ruhr: (Duisburg)	D	< 1,0 ug/l	n. DVGW, 1988
Meerwasser		0,1 ug/l	n. DVGW, 1988
Sedimente:			
Bodensee	D	5,7-18,9 mg/kg	n. DVGW, 1988
Rhein: (Wiesbaden)	D	20 mg/kg	n. DVGW, 1988
Ruhr: (Wetter)	D	25 mg/kg	n. DVGW, 1988
Kohleflugsache	USA	5-73 mg/kg	n. HOCK, 1988
Pflanzenmaterial		0,3-0,5 mg/kg TS	n. HOCK, 1988

BEWERTUNG & ANMERKUNGEN

Kobalt ist Zentralatom im Vitamin B_{12} und ein wichtiges Spurenelement. Die von Kobalt-Verbindungen ausgehenden Gefahren sind im Vergleich zu denen anderer Schwermetalle gering. Unter toxikologischen Gesichtspunkten sind vor allem die Inhalation von Kobalt-Stäuben zu vermeiden.

1008 KOHLENDIOXID

BEZEICHNUNGEN

CAS-Nr.:	124-38-9
Systematischer Name:	Kohlendioxid
Gebrauchsnamen:	Kohlensäure, Kohlensäureanhydrid
Stoffname (engl.):	carbon dioxide, air fixe, carbonic acid, dioxide of carbon
Stoffname (franz.):	acide carbonique, anhydride carbonique, carboglace, gaz carbonique
Erscheinungsbild:	farbloses Gas, je nach Druck und Temperatur farblose Flüssigkeit oder weißer, schneeähnlicher Stoff

CHEM.-PHYSIKAL. GRUNDDATEN

Summenformel:	CO_2
Molare Masse:	44,01 g/mol
Dichte:	1,98 g/cm^3
Rel. Gasdichte:	1,53
Siedepunkt:	-78,5°C
Tripelpunkt:	-56,6°C
Dampfdruck:	57,2 bar bei 20°C (flüssiger Zustand)
Flammpunkt:	nicht brennbar
Löslichkeit:	171 ml/100 (bei 0°C); 75,7 ml/100 (bei 25°C); erhöht sich bei Zunahme des Druckes

HERKUNFT UND VERWENDUNG

Verwendung:
Kohlendioxid findet in der Nahrungsmittelindustrie häufig Anwendung in Form von Kohlensäure (Zucker-, Gärungs- und Getränkeindustrie). Bei der Metallverarbeitung wird Kohlendioxid zum Schweißen eingesetzt. In geringen Mengen wird es in der Medizin als Betäubungsgas benutzt. In Form von Trockeneis (flüssiges Kohlendioxid) wird es häufig als Effektmittel genutzt. In weit größerer Menge fällt Kohlendioxid jedoch als unerwünschtes Nebenprodukt an.

Herkunft/Herstellung:
Die größte Emittentengruppe für Kohlendioxid ist der Autoverkehr. Insgesamt wird durch sämtliche Verbrennungsprozesse Kohlendioxid in die Atmosphäre abgegeben (Verbrennung fossiler Brennstoffe, Abfackeln, Zementherstellung, Kokerei und die Chemische Industrie). Darüberhinaus gelangen große Mengen von CO_2 über die Abholzung und Brandrodung tropischer Wälder sowie die Bodenoxidation in die Umwelt. Besonders gefährdet sind Bergleute, da Kohlendioxid schwerer als Luft ist und Sauerstoff aus den Stollen verdrängen kann. Nicht-anthropogene Faktoren sind zusätzlich alle vulkanischen Emissionen. Ozeane bilden eine Senke für Kohlendioxid.
Es fällt bei der Atmung als Stoffwechselprodukt an.

TOXIZITÄT

(siehe auch unter 'Kohlenmonoxid')

Wasserorganismen:

Forelle:	ab 45 mg/l tödlich	n. HOMMEL, 1980
Karpfen:	ab 200 mg/l tödlich	n. HOMMEL, 1980

Wirkungscharakter:

Mensch/Säugetiere: Je nach eingeamteter Konzentration wirkt das Gas erregend, betäubend oder erstickend. Ein Gehalt von mehr als 5% CO_2 in der Atemluft ist bedenklich. Es treten Schwindel, Ermüdung und Bewußtlosigkeit ein. Diese Symptome verschwinden jedoch rasch bei ausreichender Zufuhr von Frischluft. Die momentane Konzentration in der Atemluft ist für Menschen und Tiere nicht gesundheitsschädlich.
Nach Hautkontakt mit dem flüssigen Gas oder mit Trockeneis tritt Rötung und Schwellung (z.T. mit Blasenbildung) auf, unter Umständen tiefe Zerstörung des Gewebes.

Pflanzen: Kohlendioxid ist für Pflanzen unschädlich, sie benötigen das Gas für die Photosynthese. Die heute in der Atmosphäre vorhandene Konzentration von ca. 0,03 Vol.-% ist für Pflanzen optimal, eine Erhöhung würde allerdings das Pflanzenwachstum noch fördern.

VERHALTEN IN DER UMWELT

Wasser:
Kohlendioxid ist in Wasser relativ leicht löslich und bildet eine schwache Säure (Kohlensäure). Die Löslichkeit hängt dabei entscheidend von der Temperatur und dem Druck ab. Kohlendioxid gelangt durch Niederschläge, Zuflüsse oder durch den Abbau organischer Substanz in die Gewässer. Kohlensäure stellt im System eine Karbonatsenke dar, in der Kalziumkarbonat und Kohlendioxid im Gleichgewicht stehen. Wird dem Gleichgewicht Kohlendioxid entzogen (z.B. durch Photosynthese), so zerfällt Kalziumkarbonat so lange, bis seine Restmenge wieder mit dem im Wasser gelösten Kohlendioxid im Gleichgewicht steht. Kohlendioxidhaltiges Wasser kann schwerlösliches Kalziumkarbonat in lösliches Kalziumhydrogenkarbonat umsetzen, das wiederum Kohlendioxid binden kann ("Puffersystem"). Deshalb bilden die Ozeane Akkumulationsorte und entziehen der Atmosphäre Kohlendioxid.

Luft:
Von Kohlendioxid geht eine Beeinflussung des Strahlungshaushaltes der Atmosphäre aus. Aufgrund seiner Anreicherung in der Troposhäre wird die Durchlässigkeit für die von der Erde ausgehende langwellige Infrarotstrahlung ("Wärmestrahlung") vermindert. Das führt nach Expertenmeinung, zusammen mit der Wirkung weiterer anthropogener Spurengase und -stäube zu einem Temperaturanstieg an der Erdoberfläche und über den Ozeanen ("Treibhauseffekt") und so zu nachhaltigen klimatischen Veränderungen.

Boden:

Der Kohlendioxid-Gehalt in Böden ist großen Schwankungen unterworfen, da der Gehalt dort steigt, wo der Sauerstoffgehalt vermindert wird. Mit zunehmender Tiefe wird der CO_2-Gehalt höher, so daß hier auch resistentere Lebewesen auftreten (z.B. Regenwürmer). Auch die Pflanzen haben sich diesen Schwankungen angepaßt. CO_2-tolerante Mikroorganismen (z.B. Pilze) siedeln sich in tieferen Schichten an, während die auf ausreichenden Sauerstoff angewiesenen Pflanzen in den obersten Horizonten zu finden sind. Ist ein Boden gut durchlüftet, so überwiegen in ihm die aerob lebenden Arten, Nitrifizierer und Nitratifizierer überwiegen. Unter anaeroben Bedingungen überwiegen dagegen nitratreduzierende Mikroorganismen, so daß eine Erhöhung der Konzentration von NH_4^+-Ionen und molekularem Stickstoff eintritt. Als Endprodukt entsteht unter anderem erneut Kohlendioxid. Das so angereicherte Kohlendioxid wird von Methan produzierenden Bakterien verwertet.

Abbau, Zersetzungsprodukte:

Oberhalb 2000°C spaltet sich Kohlendioxid in Kohlenmonoxid und Sauerstoff auf. Kohlendioxid ist ein sehr beständiges und reaktionsträges Gas.

Nahrungskette:

Rückstände in Nahrungsmitteln sind bislang nicht bekannt. Gefährdet sind Raucher, da Zigarettenrauch hohe Konzentrationen von Kohlenmonoxid und -dioxid enthält.

UMWELTSTANDARDS

Medium/ Akzeptor	Bereich	Land/ Organ.	Status	Wert	Kat.	Anmerkungen	Quelle
Luft:		ROK		20,0 ppm		8 h	n. STERN, 1986
		ROK		8,0 ppm		30 d	n. STERN, 1986
	Arbpl	D	G	9.000,0 mg/m^3	MAK		DFG, 1989
	Arbpl	USA	G	9.000,0 mg/m^3	TWA	Langzeitwert	ACGIH, 1986
	Arbpl	USA	G	54.000,0 mg/m^3	STEL	Kurzzeitwert	ACGIH, 1986

Anmerkungen:

Zahlreiche Länder regeln eher die Emission und/oder Immission von Kohlenmonoxid. Siehe unter dem Informationsblatt 'Kohlenmonoxid'.

VERGLEICHS-/REFERENZWERTE

Medium/Herkunft	Land	Konzentration	Quelle
Luft:			
Bodenluft		0,4 - 1,4 % CO_2	n. RÖMPP, 1983
Hundsgrotte Neapel	I	70% CO_2	n. RÖMPP, 1983
Atmosphäre		0,03 Vol.-% (= 330 ppm)	n. RÖMPP, 1983

BEWERTUNG & ANMERKUNGEN

Aufgrund der großen Beeinflussung des Klimas muß eine umgehende Reduzierung der Kohlendioxid-Emissionen erreicht werden. Das gilt insbesondere auch an Arbeitsplätzen, an denen durch den Gebrauch von Kohlendioxid das giftigere Kohlenmonoxid entstehen kann.

326 KOHLENMONOXID

BEZEICHNUNGEN

CAS-Nr.:	630-08-0
Systematischer Name:	Kohlenmonoxid
Gebrauchsnamen:	Kohlenoxid, Kohlenstoffmonoxid
Stoffname (engl.):	carbon monoxide, exhaust gas, flue gas
Stoffname (franz.):	oxyde de carbone, monoxyde de carbone
Erscheinungsbild:	farbloses, geruchloses Gas

CHEM.-PHYSIKAL. GRUNDDATEN

Summenformel:	CO
Molare Masse:	28,01 g/mol
Dichte:	1,25 g/cm^3
Rel. Gasdichte:	0,97
Siedepunkt:	-191,5°C
Schmelzpunkt:	-199°- -205,1°C
Flammpunkt:	< -191°C
Zündtemperatur:	605°C
Explosionsgrenze:	12,5-74 Vol.-%
max. Explosionsdruck:	7,3 bar
Löslichkeit:	3,3 ml/100 ml (0°C) 2,3 ml/100 ml (20°C) löslich in Ethylacetat, Chloroform, Eisessig, Essigester und anderen organischen Lösungsmittel

HERKUNFT UND VERWENDUNG

Verwendung:
Kohlenmonoxid wird bei der Reduktion von Oxiden zu reinen Metallen verwendet. Der Einsatz ist jedoch in der Regel gering, Kohlenmonoxid ist ein unerwünschtes Nebenprodukt zahlreicher thermischer Prozesse.

Herkunft/Herstellung:
Kohlenmonoxid ensteht bei sämtlichen sauerstoffuntersättigten Verbrennungsprozessen von Kohlenstoff und seinen Verbindungen. Die natürlichen Quellen für Kohlenmonoxid überwiegen (90% der Gesamtemission), die restlichen 10% verteilen sich auf KFZ-Abgase (55%), Industrie (11%) und andere Emittenten (HORN, 1989).
Meist wird Kohlenmonoxid als "Stadtgas" benutzt.

TOXIZITÄT

Mensch:	LCL_0 4.000 ppm, Inhalation (30 min)	n. UBA, 1986
	TCL_0 650 ppm, Inhalation (45 min)	n. UBA, 1986
Säugetiere:		
Ratte:	LD_{50} 1.807 ppm, Inhalation (4 h)	n. UBA, 1986
	LC_{50} 2.078 mg/m^3, Inhalation (4h)	n. HORN, 1989
Maus:	LD_{50} 2.444 ppm, Inhalation (4 h)	n. UBA, 1986
	LC_{50} 6.576 mg/m^3, Inhalation (4h)	n. HORN, 1989
Katze:	MLC 10.040 mg/m^3, Inhalation (35 min)	n. HORN, 1989
Meerschweinchen:	LC_{50} 2.811 mg/m^3, Inhalation (4 h)	n. HORN, 1989
Wasserorganismen:		
Fische:	LD > 1,2 mg/l	n. UBA, 1986

Wirkungscharakter:

Mensch/Säugetiere: Die Toxizität für Menschen und Tiere beruht auf der starken Bindung an den roten Blutfarbstoff Hämoglobin, der für den Transport des Sauerstoffs verantwortlich ist (rund 25fach größere Affinität des Kohlenmonoxids zu Eisen, n. UBA, 1986). Die Aufnahme erfolgt ausschließlich durch Einatmen. Kohlenmonoxid ist weder durch Geruch, Farbe, Geschmack, Schleimhautreizungen oder andere Wirkungen wahrnehmbar, so daß es zu Vergiftungen durch Stadtgas oder Kfz-Abgase kommen kann (häufig Selbstmord).
Akute Vergiftungen äußern sich in Kopfschmerzen, Brechreiz, Muskelschwäche, Bewußtlosigkeit und Atemnot. Kohlenmonoxid-Vergiftungen bei längerer Exposition führen zu Komplikationen des Herz-Kreislauf- und des Nervensystems und führen zum Tode.

Pflanzen: Kohlenmonoxid ist für Pflanzen ungiftig, da es schnell zu Kohlendioxid oxidiert, das Pflanzen zur Photosynthese verwenden.

VERHALTEN IN DER UMWELT

Wasser:

Kohlenmomoxid löst sich nur gering in Wasser, ist jedoch in Wasser sehr reaktiv unter Mitwirkung von Katalysatoren und bei hohen Drücken und Temperaturen. Bei Entspannen des Druckgases bilden sich schnell über der Wasseroberfläche explosive Gemische. In der Bundesrepublik wird Kohlenmonoxid in der Wassergefährdungsklasse 0 geführt (nicht wassergefährdender Stoff). Kohlenmonoxid wirkt auf Fische giftig.

Luft:

Kohlenmonoxid ist etwa so schwer wie Luft. Es gelangt über Abgase in die Atmosphäre und wird hier schnell zu Kohlendioxid oxidiert bzw. beschleunigt die Ozonbildung. Aufgrund der weiten Verbreitung (Ferntransport infolge hoher Schornsteine) und der hohen Toxizität für Menschen und

Tiere ist der Stoff gefährlich. Insbesondere bei Inversionswetterlagen (Smog) ist deshalb auf die CO-Konzentration in der Atemluft zu achten. In Innenräumen durchdringt Kohlenmonoxid leicht Wände und Decken.

Boden:
In mit Sauerstoff untersättigten Böden wird eine höhere Konzentration von Kohlendioxid festgestellt, das aus Kohlenmonoxid oxidiert wurde. CO beschleunigt die Oxydation von NO zu NO_2. Durch Bodenbakterien werden jährlich etwa 81 t CO/km^2 umgewandelt.

Halbwertzeit:
Die Verweilzeit von CO in der Luft beträgt im Mittel etwa 1 bis 2 Monate (HORN, 1989). Die Halbwertzeit des im Blut gebundenen Kohlenmonoxids beträgt ca. 250 Minuten (HORN, 1989).

Abbau, Zersetzungsprodukte:
Kohlenmonoxid wird schnell zu Kohlendioxid oxidiert. Es reagiert mit zahllosen Stoffen explosionsartig (z.B. Aluminium-Staub, Kalium, flüssigem Stickstoffdioxid), unter Hitzeentwicklung (z.B. Bromtrifluorid, Silberoxid). Pflanzen metabolisieren CO zu CO_2 oder zu Methan.

Nahrungskette:
Rückstände in Nahrungs- oder Genußmitteln sind nicht bekannt. Raucher nehmen durch den Zigarettenrauch nicht unbeträchtliche Mengen an Kohlenmonoxid über die Lungen auf.

UMWELTSTANDARDS

Medium/ Akzeptor	Bereich	Land/ Organ.	Status	Wert	Kat.	Anmerkungen	Quelle
Luft:		AUS	(G)	30,0 ppm		2 h	n. STERN, 1986
		AUS	(G)	10,0 ppm		8 h	n. STERN, 1986
		B	(G)	6,0 mg/m^3		8 h	n. MEINL u.a., 1985
		B	(G)	15,0 mg/m^3		1 h	n. MEINL u.a., 1985
		BG	(G)	3,0 mg/m^3		30 min[1)]	n. STERN, 1986
		BG	(G)	1,0 mg/m^3		24 h[1)]	n. STERN, 1986
		CH	(G)	8,0 mg/m^3		24 h	n. BUB, 1986
		CDN	(G)	35,0 mg/m^3		2 h	n. STERN, 1986
		CDN	(G)	15,0 mg/m^3		8 h	n. STERN, 1986
		CS	(G)	6,0 mg/m^3		30 min	n. STERN, 1986
		CS	(G)	1,0 mg/m^3		24 h	n. STERN, 1986
		D	G	50,0 mg/m^3	MIK	Langzeitwert[2)]	n. BAUM, 1988
		D	G	10,0 mg/m^3	MIK	Kurzzeitwert[3)]	n. BAUM, 1988
		D	G	10,0 mg/m^3	IW 1	TA-Luft[3)]	n. BAUM, 1988
		D	G	30,0 mg/m^3	IW 2	TA-Luft[4)]	n. BAUM, 1988
		DDR	(G)	3,0 mg/m^3	MIK_D		n. HORN, 1989
		DDR	(G)	5,0 mg/m^3	MIK_K		n. HORN, 1989
		E	(G)	45,0 mg/m^3		30 min	n. STERN, 1986
		E	(G)	15,0 mg/m^3		8 h	n. STERN, 1986

	GB	(G)	10,0 mg/m^3		8 h	n. BUB, 1986
	GB	(G)	40,0 mg/m^3		1 h	n. BUB, 1986
	GR	(G)	15,0 mg/m^3		8 h, Smogvorwarnung	n. MEINL u.a., 1985
	GR	(G)	25,0 mg/m^3		8 h, Smogalarm Stufe I	n. MEINL u.a., 1985
	GR	(G)	35,0 mg/m^3		8 h, Smogalarm Stufe II	n. MEINL u.a., 1985
	H	(G)	1,0 mg/m^3		30 min[5)]	n. STERN, 1986
	H	(G)	3,0 mg/m^3		30 min1)	n. STERN, 1986
	H	(G)	6,0 mg/m^3		30 min[6)]	n. STERN, 1986
	I	(G)	40,0 mg/m^3		2 h	n. STERN, 1986
	I	(G)	10,0 mg/m^3		8 h	n. MEINL u.a., 1985
	IL	(G)	30,0 ppm		30 min	n. STERN, 1986
	IL	(G)	10,0 ppm		8 h	n. STERN, 1986
	J	(G)	10,0 ppm		24 h	n. STERN, 1986
	J	(G)	20,0 ppm		8 h	n. STERN, 1986
	J	(G)	58,0 mg/m^3		1 h, Dringlichkeitsstufe II	n. MEINL u.a., 1985
	N	(G)	0,025 mg/m^3		3 h	n. STERN, 1986
	N	(G)	0,01 mg/m^3		8 h	n. STERN, 1986
	NL	(G)	40,0 mg/m^3		2 h	n. STERN, 1986
	NZ	(G)	30,0 ppm		2 h	n. STERN, 1986
	NZ	(G)	10,0 ppm		24 h	n. STERN, 1986
	RC	(G)	1,0 ppm		60 min	n. STERN, 1986
	RP	(G)	30,0 ppm		2 h	n. STERN, 1986
	RP	(G)	9,0 ppm		8 h	n. STERN, 1986
	SA	(G)	40,0 mg/m^3		2 h	n. STERN, 1986
	SA	(G)	10,0 mg/m^3		8 h	n. STERN, 1986
	SF	(G)	40,0 mg/m^3		2 h	n. STERN, 1986
	SF	(G)	10,0 mg/m^3		8 h	n. STERN, 1986
	SU	(G)	3,0 mg/m^3		30 min[1)]	n. STERN, 1986
	TJ	(G)	6,0 mg/m^3		6 min	n. STERN, 1986
	TJ	(G)	2,0 mg/m^3		24 h	n. STERN, 1986
	WHO	R	10,0 mg/m^3		8 h	n. UBA, 1988
	WHO	R	30,0 mg/m^3		1 h	n. UBA, 1988
	WHO	R	60,0 mg/m^3		1/2 h	n. UBA, 1988
	YU	(G)	10,0 mg/m^3		30 min[3)]	n. STERN, 1986
	YU	(G)	30,0 mg/m^3		30 min[4)]	n. STERN, 1986
	YU	(G)	40,0 mg/m^3		1 h	n. STERN, 1986
	YU	(G)	10,0 mg/m^3		8 h	n. STERN, 1986
	YV	(G)	10,0 mg/m^3		8 h	n. STERN, 1986
Arbpl	D	G	33,0 mg/m^3	MAK		DFG, 1989
Arbpl	DDR	(G)	55,0 mg/m^3		Langzeitwert	n. HORN, 1989
Arbpl	DDR	(G)	110,0 mg/m^3		Kurzzeitwert	n. HORN, 1989
Arbpl	SU	(G)	20,0 mg/m^3	PDK		n. SORBE, 1989
Arbpl	USA	(G)	55,0 mg/m^3	TWA		ACGIH, 1986
Arbpl	USA	(G)	440,0 mg/m^3	STEL		ACGIH, 1986
Arbpl	D	G	5,0 %[7)]	BAT	Vollblut, Schichtende	DFG, 1989

Anmerkungen:

1) schützendswerte Gebiete
2) 1/2-Stunden-Mittelwert (darf höchstens 1x pro Monat überschritten werden)
3) arithmetischer Jahresmittelwert für die menschliche Gesundheit
4) 98%-Wert der 1/2-Stunden-Mittelwerte eines Jahres
5) speziell schützendswerte Gebiete
6) andere als schützendswerte und speziell schützendswerte Gebiete
7) CO-Hämoglobin

VERGLEICHS-/REFERENZWERTE

Medium/Herkunft	Land	Wert	Quelle
Luft			
Ländliche Gebiete	DDR	0,01-0,9 mg/m^3	n. HORN, 1989
Atmosphäre bis 10 km Höhe		0,15 mg/m^3	n. HORN, 1989
Städtische Gebiete	DDR	10-60 mg/m^3 (Tagesmittel)	n. HORN, 1989
Berlin, Tagesmittelwert	D	15,0 mg/m^3	n. UBA, 1977
Köln, Tagesmittelwert	D	12,0 mg/m^3	n. UBA, 1977
Tunnel, Garagen	DDR	115-570 mg/m^3	n. HORN, 1989
Gaswerke, Bergbau	DDR	< 660 mg/m^3	n. HORN, 1989

BEWERTUNG & ANMERKUNGEN

Kohlenmonoxid gelangt durch Verbrennungsprozesse, insbesondere durch den Straßenverkehr, in die Umwelt. Da inhaliertes Kohlenmonoxid Menschen und Tiere stark schädigt, müssen die Emissionen durch Filter bzw. Katalysatoren eingedämmt werden. Über seine toxische Wirkung hinaus, ist Kohlenmonoxid infolge seiner raschen Oxidation zu Kohlendioxid wahrscheinlich an der Veränderung des Weltklimas (Erhöhung der Temperatur der Atmosphäre) beteiligt.

309 KRESOLE

BEZEICHNUNGEN

CAS-Nr.:	1319-77-3
Systematischer Name:	o-(ortho-)Kresol, m-(meta-)Kresol, p-(para-)Kresol)
Gebrauchsnamen:	Cresol, Hydroxytoluol, Methylphenol, Cresylsäure, Orthokresol, Metakresol, Parakresol, 1,2-Cresol, 1,3-Cresol, 1,4-Cresol, Methylhydroxybenzol, Monoxidtoluol, Oxytoluol, Trikresol
Stoffname (engl.):	cresol, ortho cresol, meta cresol, para cresol
Stoffname (franz.):	crésol, hydroxytoluéne, méthylphénol
Erscheinungsbild:	farblose bis bräunliche Flüssigkeit bzw. Kristalle, riecht ähnlich wie das Desinfektionsmittel Lysol

CHEM.-PHYSIKAL. GRUNDDATEN

Summenformel:	C_7H_8O
Molare Masse:	108, 14 g/mol
Dichte:	1,03 g/cm^3
rel. Gasdichte:	3,74

	meta	ortho	para
Siedepunkt:	203°C	191°C	202°C
Schmelzpunkt:	11°C	31°C	35°C
Dampfdruck (20°C):	0,065 mbar	0,35 mbar	0,06 mbar
Flammpunkt:	86°C	81°C	86°C
Zündtemperatur:	560°C	555°C	555°C
Löslichkeit (Wasser):	2%	2%	2%

HERKUNFT UND VERWENDUNG

Verwendung:
Kresole werden als Desinfektionsmittel, Parfüms, Konservierungsmittel oder Herbizide (98%-DNOC, UCPA) verwandt. Z.T. finden sie in der Textilindustrie als Reinigungsmittel Anwendung.

Herkunft/Herstellung:
Kresole werden aus Kohle oder Petroleum gewonnen und sind Bestandteile in Holz und anderen biogenen Materialien. Dadurch gelangen sie über Verbrennungsprozesse in Kraftfahrzeugen und Hausfeuerungen in die Umwelt (Asphaltabrieb, Plastikausdünstungen, Parfüms, Metallentfettung etc.). Von den drei isomeren Kresolen enthält das aus dem Schweröl des Steinkohleteers gewonnene "Rohkresol" in größerer Menge m- und p-Verbindungen.

TOXIZITÄT

Säugetiere:

Ratte:	LD 1,35 g/kg, oral (o-Kresol)	n. VERSCHUEREN, 1983
	LD 2,02 g/kg, oral (m-Kresol)	n. VERSCHUEREN, 1983
	LD 1,8 g/kg, oral (p-Kresol)	n. VERSCHUEREN, 1983
Kaninchen:	LD 0,8 g/kg, oral (o-Kresol)	n. VERSCHUEREN, 1983
	LD 1,1 g/kg, oral (m-Kresol)	n. VERSCHUEREN, 1983
	LD 1,1 g/kg, oral (p-Kresol)	n. VERSCHUEREN, 1983

Wasserorganismen:

Grünalgen:	LD_0 40 mg/l	n. VERSCHUEREN, 1983
Blaualgen:	LD 6,8 mg/l	n. VERSCHUEREN, 1983
Wasserfloh:	LD_0 16 mg/l (o-Kresol)	n. VERSCHUEREN, 1983
	LD_0 28 mg/l (m-Kresol)	n. VERSCHUEREN, 1983
	LD_0 12 mg/l (p-Kresol)	n. VERSCHUEREN, 1983
Goldfisch:	TLm 49,1-19 mg/l (24-96h) (o-Kresol)	n. VERSCHUEREN, 1983
Karpfen:	TLm 30 mg/l (24h) (o-Kresol)	n. VERSCHUEREN, 1983
	TLm 25 mg/l (24h) (m-Kresol)	n. VERSCHUEREN, 1983
	TLm 21 mg/l (24h) (p-Kresol)	n. VERSCHUEREN, 1983

Wirkungscharakter:

Mensch/Säugetiere: Kresole wirken durch den Abbau von Eiweißen desinfizierend und ätzend. Sie gelangen über die Haut und die Schleimhäute in den Organismus und führen zu Hauterkrankungen. Eine resorptive Lähmung des Zentralen Nervensystems verursacht schließlich Leber- und Nierenschäden. Die Aufnahme kleinerer Mengen kann von Benommenheit bis zu Bewußtlosigkeit, Rausch, Delirium und reichlicher Speichel- und Schweißsekretion führen. Kresole weisen ähnliche Vergiftungserscheinungen wie Phenol auf und erzeugen auf der Haut weiße, später braun-schwarze Schorfbildungen.

Pflanzen: Hemmung des Abbaus von Glucose.

VERHALTEN IN DER UMWELT

Wasser:

Kresole sinken im Wasser ab und lösen sich sehr langsam. Sie bilden bei starker Verdünnung noch giftige, ätzende Mischungen. Diese wirken giftig auf Wasserorganismen. Dringen Kresole in das Grundwasser, kann dieses nicht mehr als Trinkwasser verwendet werden. Es kann zu einer Anreicherung im Sediment kommen (Kresole werden an Tonmineralien adsorbiert).

Luft:

Bei starker Erhitzung bilden sich explosive Gemische, die schwerer als Luft sind und am Boden entlangkriechen. Darum werden Kresole nicht in höhere Schichten der Atmosphäre transportiert und meist über die Niederschläge ausgewaschen. Dieser Effekt kann zur Verunreinigung des

Grundwassers in der Nähe von Großemittenten führen. Kresole werden überwiegend photochemisch abgebaut.

Boden:
Kresole werden von Pflanzen aufgenommen und von ihnen abgebaut. Die Anreicherung von Kresolen im Boden ist von der Bodenart abhängig (Adsorption an Tonmineralien).

Halbwertzeit:
Der Abbau durch Bodenpflanzen erfolgt innerhalb eines Tages (VERSCHUEREN, 1983). Halbwertzeit bei Autoxidation (25°C, pH=9,0) liegt bei etwa 460 Tagen.

Abbau, Zersetzungsprodukte:
Kresole werden photochemisch abgebaut.

Nahrungskette:
(siehe unter den Informationsblättern 'Phenol und seine Verbindungen' sowie 'Chlorphenole')

UMWELTSTANDARDS

Medium/ Akzeptor	Bereich	Land/ Organ.	Status	Wert	Kat.	Anmerkungen	Quelle
Luft:		D	G	0,2 mg/m^3	MIK	Langzeitwert	n. BAUM, 1988
		D	G	0,6 mg/m^3	MIK	Kurzzeitwert	n. BAUM, 1988
		DDR	(G)	0,03 mg/m^3		Kurzzeitwert	n. HORN, 1989
		DDR	(G)	0,01 mg/m^3		Langzeitwert	n. HORN, 1989
	Arbpl	D	G	22,0 mg/m^3	MAK		DFG, 1989
	Arbpl	DDR	(G)	40,0 mg/m^3		Kurzeitwert	n. HORN, 1989
	Arbpl	DDR	(G)	20,0 mg/m^3		Langzeitwert	n. HORN, 1989
	Arbpl	SU	(G)	0,5 mg/m^3	PDK		n. SORBE, 1989
	Arbpl	USA	(G)	22,0 mg/m^3	TWA	Langzeitwert	ACGIH, 1986

Anmerkungen:
Nach der TA-Luft werden die Kresole in der BRD der Klasse I zugeordnet, wonach die Konzentration 20 mg/m^3 bei einem Massenstrom von 0,1 kg/h oder mehr nicht überschritten werden darf.
Siehe weitere Standards auch unter 'Phenole und seine Verbindungen'.

VERGLEICHS-/REFERENZWERTE

(siehe unter den Informationsblättern 'Phenole und seine Verbindungen' und 'Chlorphenole')

BEWERTUNG & ANMERKUNGEN

Beim Umgang mit Kresolen ist auf vorbeugenden Hautschutz und das Fernhalten von offenem Feuer zu achten. Schutzkleidung und gute Durchlüftung sind unbedingt notwendig. Infolge der hohen Giftigkeit sollte auf die Verwendung wenn möglich verzichtet werden.

329 KUPFER

BEZEICHNUNGEN

CAS-Nr.: 7440-50-8
Systematischer Name: Kupfer
Gebrauchsnamen: Kupfer
Stoffname (engl.): copper
Stoffname (franz.): cuivre
Erscheinungsbild: rotglänzendes, zähes, weiches Metall

CHEM.-PHYSIKAL. GRUNDDATEN

Elementformel: Cu
Molare Masse: 63,55 g/mol
Dichte: 8,9 g/cm^3 bei 20°C
Siedepunkt: 2580°C
Schmelzpunkt: 1083°C
Dampfdruck: 0 mbar bei 20°C, 0,73 x 10^{-3} mbar bei 1083°C
Löslichkeit: das Metall wird direkt nur von oxidierenden Säuren (Salpetersäure, heiße konz. Schwefelsäure) angegriffen.

HERKUNFT UND VERWENDUNG

Verwendung:
als Leiter in der Elektrotechnik; für Heiz- und Kühlrohre, als Gefäßmaterial, als Legierungsmetall, in der Verbindung Cu_2O als Antifouling-Farbe (Schiffsbodenanstrich), $CuSO_4$ dient als Fungizid und Algizid, als "Bordeauxbrühe" gegen den Falschen Mehltau, als Kalkmilch gegen die Reblaus und als Düngemittel in Form von $CuSO_4$ x 5 H_2O oder Cu_2O

Herkunft/Herstellung:
Kupfer kommt gediegen und in Erzen wie Kupferkies ($CuFeS_2$), Kupferglanz (Cu_2S), Rotkupfererz (Cu_2O) vor. Kupfer wird heute meist durch elektrolytische Raffinations-Verfahren gereinigt und nur noch zu ca. 10% durch Schmelzflußverfahren. Das Kupfer sulfidischer Erze wird im allgemeinen durch Flotation abgetrennt.

Produktionszahlen:
1986 = 8,513 Mio t (Weltproduktion); Fischer, 1989

TOXIZITÄT

Mensch:	700-2100 ug/g trockenes Lebergewebe = tödlich	n. SORBE, 1986
Säugetiere:		
Ratte	LD_{50} 159 mg/kg KG, oral, (Cu-Carbonat)	n. DVGW, 1988
Ratte	LD_{50} 140 mg/kg KG, oral, (Cu-Chlorid)	n. DVGW, 1988
Ratte	LD_{50} 470 mg/kg KG, oral, (Cu-Oxid)	n. DVGW, 1988
Ratte	LD_{50} 300 mg/kg KG, oral, (Cu-Sulfat)	n. DVGW, 1988
Wasserorganismen:		
Daphnia	LD 0,8 mg/l (18 h), (Cu-Sulfat)	n. DVGW, 1988
Forelle	LD 0,8 mg/l (2-3 d), (Cu-Sulfat)	n. DVGW, 1988
Blaualgen	0,03 mg/l Cu^{2+} = Schädigung, (Cu-Sulfat)	n. DVGW, 1988
Grünalgen	1,1 mg/l Cu^{2+} = Schädigung, (Cu-Sulfat)	n. DVGW, 1988

Cu ist ein starkes Fischgift, dessen Wirkungskonzentration von der Beschaffenheit des Wassers abhängt. Durch Cadmium, Zink u. Quecksilber wird die toxische Wirkung noch verstärkt.

Wirkungscharakter:

Mensch/Säugetiere: als Bestandteil zahlreicher Enzyme ist Cu ein essentielles Spurenelement. Vergiftungen durch orale Aufnahme sind selten, da diese zum Erbrechen führen. Die Giftigkeit beruht auf der Bindung freier Cu-Ionen an andere Proteine und der Beeinträchtigung ihrer physiologischen Funktionen durch Inhalation von Cu-Staub und Cu-Rauch. Die Inhalation in Form von Rauch und Staub verursacht einen Blutabdrang in den nasalen und mucosalen Membranen und kann zur Perforation der Nasenscheidewand führen. Für Kleinkinder besteht eine erhöhte Gefahr (lebensgefährlich) durch Kupfergehalte im Trinkwasser, hierbei tritt der Tod durch Leberzirrhose ein.

Pflanzen: Schäden an Wurzeln, die am Plasmalemma ansetzen und die normale Membranstruktur zerstören; Hemmung des Wurzelwachstums und Bildung von zahlreichen kurzen, braungefärbten Nebenwurzeln. Cu reichert sich in der Wurzelhaut und in den Zellwänden an. Es entstehen Chlorosen, dadurch daß Fe durch Cu von stoffwechselphysiologischen Zentren verdrängt wird. Im gleichen Ökosystem nehmen Wasserpflanzen dreimal soviel Cu auf wie Landpflanzen.

VERHALTEN IN DER UMWELT

Wasser:

in Salzwasser wird Cu ausgefällt, was seinen niedrigen Gehalt im Vergleich zum Süßwasser erklärt. Saurer Regen erhöht die Löslichkeit von Kupfererzen. Erhöhte Kupfergehalte in Trinkwasser mit niedrigem pH-Wert lassen sich meist auf Korrosion der Leitungen zurückführen. Erhöhte Kupfergehalte können das Wasser verfärben und grünliche Abscheidungen hervorrufen.

Luft:
Cu wird in der TA-Luft der Emmissionsklasse III zugeordnet (ROTH, 1989). An normaler feuchter Luft entsteht früher oder später eine grünliche Patina, die das darunter befindliche metallische Cu vor weiteren chem. Einwirkungen (Korrosion) schützt.

Boden:
Cu wird stark von den anorgan. Austauschstellen festgehalten, bei steigenden pH-Werten erfolgt Komplexbildung. Die Bodenlöslichkeit von Cu ist bei pH 5-6 am niedrigsten. Cu wird sehr stark in Tonmineralschichten angereichert. Der Cu-Gehalt nimmt im Boden von oben nach unten ab. Austauschreaktionen und Stickstoffgehalt im Boden sind wichtige Faktoren beim passiven Transport des immobilen Kupfers.

Abbau, Zersetzungsprodukte, Halbwertzeit:
Die Cu(II)salze stellen die stabilsten Cu-Verbindung dar.

Nahrungskette:
Säugetiere und Menschen nehmen 30% des Kupfers in der Nahrung über den Magen auf, wovon ca. 5% tatsächlich resorbiert werden, der Rest wird über die Galle wieder ausgeschieden. Eine Anreicherung erfolgt in der Leber, im Gehirn und in der Niere.

UMWELTSTANDARDS

Medium/ Akzeptor	Bereich	Land/ Organ.	Status	Wert	Kat.	Anmerkungen	Quelle
Wasser:	Trinkw	CH	(G)	1,5 mg/l			n. LAU-BW, 1989
	Trinkw	EG	R	0,1 mg/l		1)	n. DVGW, 1988
	Trinkw	EG	R	3,0 mg/l			n. LAU-BW, 1989
	Trinkw	SU	(G)	0,1 mg/l			n. LAU-BW, 1989
	Trinkw	USA	(G)	1,0 mg/l			n. LAU-BW, 1989
	Trinkw	WHO	R	1,0 mg/l			n. LAU-BW, 1989
	Grundw	D(HH)	R	0,05 mg/l		Untersuchung	n. LAU-BW, 1989
	Grundw	D(HH)	R	0,2 mg/l		Sanierung	n. LAU-BW, 1989
	Grundw	NL	(G)	0,2 mg/l			n. LAU-BW, 1989
	Oberfl	D	R	0,05 mg/l		2) B	n. DVGW, 1988
	Oberfl	D	R	0,30 mg/l		3) A	n. DVGW, 1988
	Oberfl	EG	R	0,02 mg/l		4) A_1	n. LAU-BW, 1989
	Oberfl	EG	R	0,05 mg/l		4) A_1	n. LAU-BW, 1989
	Oberfl	EG	R	0,05 mg/l		5) A_2	n. LAU-BW, 1989
	Oberfl	EG	R	1,0 mg/l		6) A_3	n. LAU-BW, 1989
	Oberfl	EG	R	0,04 mg/l		Salmonidengewässer	n. LAU-BW, 1989
	Abwasser	CH	R	0,01 mg/l		Qualitätsziel	n. LAU-BW, 1989

	Abwasser	CH	(G)	0,5 mg/l		direkte/indirekte Einl.	n. LAU-BW, 1989
	Abwasser	D	R	2,0 mg/l			n. LAU-BW, 1989
	Bewäs	D	R	0,2 mg/l		Freilandkultur	n. LAU-BW, 1989
	Bewäs	D	R	0,05 mg/l		Unterglaskultur	n. LAU-BW, 1989
	Bewäs	GB	R	0,5 mg/l			n. LAU-BW, 1989
	Bewäs	USA	(G)	0,2 mg/l			n. LAU-BW, 1989
	Bewäs	USA	(G)	5,0 mg/l		7)	n. LAU-BW, 1989
	Tränkw	D	R	0,01 mg/l			n. LAU-BW, 1989
	Tränkw	GB	R	0,2 mg/l			n. LAU-BW, 1989
	Tränkw	USA	(G)	1,0 mg/l		Viehzucht	n. LAU-BW, 1989
Boden:		CH	R	50,0 mg/kg		Totalgehalt	n. LAU-BW, 1989
		CH	R	0,7 mg/kg		lösl. Gehalt	n. LAU-BW, 1989
		D(HH)	(R)	300,0 mg/kg		Untersuchung	n. LAU-BW, 1989
		NL	R	100,0 mg/kg ltr			n. LAU-BW, 1989
		NL	G	100,0 mg/kg ltr		Untersuchung	n. LAU-BW, 1989
		NL	G	500,0 mg/kg ltr		Sanierung	n. LAU-BW, 1989
	Klärschl	CH	G	1000,0 mg/kg TS			n. LAU-BW, 1989
	Klärschl	D	G	100,0 mg/kg ltr			n. LAU-BW, 1989
	Klärschl	D	G	1200,0 mg/kg TR			n. LAU-BW, 1989
	Klärschl	EG	G	50-140 mg/kg TS		Boden	n. LAU-BW, 1989
	Klärschl	EG	G	1000,0-1750 mg/kg TS			n. LAU-BW, 1989
	Düngem	D	G	200 mg/kg		8)	n. LAU-BW, 1989
	Kompost	A	R	100,0-1000 ppm TS			n. LAU-BW, 1989
	Kompost	CH	G	150,0 mg/kg TS			n. LAU-BW, 1989
	Kompost	D	R	100 mg/kg ltr		Boden	n. LAU-BW, 1989
	Kompost	D	R	2000 g/ha/a			n. LAU-BW, 1989
Luft:		D	G	20,0 mg/m^3		Rauch, 9)	n. LAU-BW, 1989
		D	G	75,0 mg/m^3		Rauch, 10)	n. LAU-BW, 1989
	Arbpl	AUS	G	1,0 mg/m^3		Staub	n. MERIAN, 1984
	Arbpl	AUS	G	0,1 mg/m^3		Rauch	n. MERIAN, 1984
	Arbpl	B	G	1,0 mg/m^3		Staub	n. MERIAN, 1984
	Arbpl	B	G	0,2 mg/m^3		Rauch	n. MERIAN, 1984
	Arbpl	D	G	0,1 mg/m^3	MAK	Rauch	DFG, 1989
	Arbpl	D	G	1,0 mg/m^3	MAK	Staub	DFG, 1989
	Arbpl	DDR	G	0,2 mg/m^3		Rauch, Mittelwert	n. MERIAN, 1984
	Arbpl	DDR	G	0,4 mg/m^3		Rauch, Kurzzeitwert	n. MERIAN, 1984
	Arbpl	CH	G	1,0 mg/m^3		Staub	n. MERIAN, 1984
	Arbpl	CH	G	0,1 mg/m^3		Rauch	n. MERIAN, 1984
	Arbpl	I	G	1,0 mg/m^3		Staub	n. MERIAN, 1984
	Arbpl	I	G	0,2 mg/m^3		Rauch	n. MERIAN, 1984
	Arbpl	NL	G	1,0 mg/m^3		Staub	n. MERIAN, 1984

	Arbpl	NL	G	0,2 mg/m^3		Rauch	n. MERIAN, 1984
	Arbpl	PL	G	1,0 mg/m^3		Staub	n. MERIAN, 1984
	Arbpl	PL	G	0,1 mg/m^3		Rauch	n. MERIAN, 1984
	Arbpl	RO	G	0,5 mg/m^3		Staub, Mittelwert	n. MERIAN, 1984
	Arbpl	RO	G	1,5 mg/m^3		Staub, Kurzzeitwert	n. MERIAN, 1984
	Arbpl	RO	G	0,05 mg/m^3		Rauch, Mittelwert	n. MERIAN, 1984
	Arbpl	RO	G	0,15 mg/m^3		Rauch, Kurzzeitwert	n. MERIAN, 1984
	Arbpl	S	G	1,0 mg/m^3		Staub	n. MERIAN, 1984
	Arbpl	SF	G	1,0 mg/m^3		Staub	n. MERIAN, 1984
	Arbpl	SF	G	0,1 mg/m^3		Rauch	n. MERIAN, 1984
	Arbpl	SU	G	0,5 mg/m^3	PDK		n. LAU-BW, 1989
	Arbpl	USA	G	0,2 mg/m^3	TWA	Rauch	n. LAU-BW, 1989
	Arbpl	USA	G	1,0 mg/m^3	TWA	Staub	n. MERIAN, 1984
	Arbpl	YU	G	1,0 mg/m^3		Staub	n. MERIAN, 1984
	Arbpl	YU	G	0,1 mg/m^3		Rauch	n. MERIAN, 1984
Nahrung:	Pektin	CH	(G)	400 ppm			n. DVGW, 1988
	Spinatkons.	CH	(G)	100 ppm			n. DVGW, 1988
	Margarine	CH	(G)	100 ppm			n. DVGW, 1988
	Fruchtsaft	CH	(G)	5-30 ppm			n. DVGW, 1988
	Milch	CH	(G)	0,05 ppm			n. DVGW, 1988
	Bier	CH	(G)	0,2 ppm			n. DVGW, 1988
		D	R	30 u/kg KG	ADI		n. BODENSCHUTZ-KONZEPTION, 1985

Anmerkungen:

1) beim Austritt aus der Pumpanlage
2) jeweils für die Trinkwasseraufbereitung: B = kennzeichnet die Belastungsgrenzen, bis zu denen unter Zuhilfenahme der gegenwärtig bekannten u. bewährten chem. phys. Verfahren ein Trinkwasser hergestellt werden kann
3) jeweils für die Trinkwasseraufbereitung: A = kennzeichnet die Belastungsgrenzen, bis zu denen allein durch natürliche Verfahren ein Trinkwasser hergestellt werden kann
4) jeweils für die Trinkwasseraufbereitung: A1 = einfache phys. Aufbereitung u. Entkeimung
5) jeweils für die Trinkwasseraufbereitung: A2 = normale phys. u. chem. Aufbereitung und Entkeimung
6) jeweils für die Trinkwasseraufbereitung: A3 = Phys. u. verfeinerte chem. Aufbereitung, Oxidation, Adsorbtion u. Entkeimung
7) nur für kurzzeitige Bewässerung bestimmter Böden
8) in organ.-mineral. Mischdünger
9) bei einem Massenstrom von 0,1 kg/h
10) bei einem Massenstrom von 3 kg/h

VERGLEICHS-/REFERENZWERTE

Medium/Bereich	Land	Wert	Quelle
Wasser:			
Bodensee	D	0,75-1,1 ug/l	n. DVGW, 1988
Rhein: (Köln)	D	5-17 ug/l	n. DVGW, 1988
Rhein: (Duisburg)	D	2,9-24,6 ug/l	n. DVGW, 1988
Ruhr: (Essen)	D	14-26 ug/l	n. DVGW, 1988
Ruhr: (Duisburg)	D	6-11 ug/l	n. DVGW, 1988
Meerwasser		0,0005-0,03 mg/l	n. HOCK, 1988
Sedimente:			
Rhein	D	250 mg/kg	n. DVGW, 1988
Ruhr	D	900 mg/kg	n. DVGW, 1988
Kohleflugasche	USA	45-616 mg/kg	n. HOCK, 1988
Müllklärschlammkompost	D	50-5000 mg/kg TR	n. HOCK, 1988
Pflanzenmaterial		2-12 mg/kg TR	n. HOCK, 1988

BEWERTUNG & ANMERKUNGEN

Kupfer ist ein wichtiges Spurenelement für sämtliche Lebewesen. Der menschliche Körper benötigt ca. 2 mg/d. Vergiftungen sind selten, da größere Mengen Brechwirkungen verursachen. Einige Cu-Verbindungen besitzen jedoch eine hohe Toxizität für Wasserorganismen.

223 LINDAN

BEZEICHNUNGEN

CAS-Nr.:	58-89-9
Systematischer Name:	gamma-Hexachlorcyclohexan
Gebrauchsnamen:	Lindan, gamma-BHC, Benzolhexachlorid, gamma-HCH, Hortex, Cortilan, Jacutin-Fog; unter mind. 80 verschiedenen Handelsnamen (in Verbindung mit anderen Stoffen) bekannt (Liste in: INDUSTRIEVERBAND PFLANZENSCHUTZ e.V., 1982)
Stoffname (engl.):	1,2,3,4,5,6-hexachlorocyclohexane, gammahexane, lindane
Stoffname (franz.):	lindane
Erscheinungsbild:	farb- und geruchslose Kristalle

CHEM.-PHYSIKAL. GRUNDDATEN

Summenformel:	$C_6H_6Cl_6$
Molare Masse:	290,83 g/mol
Dichte:	1,85-1,90 g/cm^3
Siedepunkt:	176°C bei 1,3 kPa
Schmelzpunkt:	112,5 °C
Dampfdruck:	1,2 x 10^{-5} mbar bei 20 °C
Löslichkeit:	in Wasser 7,3-7,8 mg/l bei 20 °C in Benzol 289 g/l bei 20 °C in Diethylether 208 g/l bei 20 °C in Aceton 435 g/l bei 20 °C leicht löslich in Ethanol und Chloroform
Umrechnungsfaktoren:	1 ppm = 12,1 mg/m^3 1 mg/m^3 = 0,08 ppm

HERKUNFT UND VERWENDUNG

Verwendung:
Insektizid zur Bekämpfung von beißenden und saugenden Organismen im Obst-, Garten- und Ackerbau sowie z.T. in der Forstwirtschaft; zur Bekämpfung von Hygieneschädlingen in leeren Vorratsspeichern und im human- und veterinärmedizinischen Bereich.

Herkunft/Herstellung:
Technische Herstellung durch Photochlorierung von Benzol, wobei ein HCH-Isomerengemisch entsteht, aus dem die einzelnen Isomere durch Extraktion gewonnen werden. Der Anteil von gamma-HCH am Gemisch beträgt 10-18%. Der maximale Reinheitsgrad beträgt 99%, 1% Anteil an anderen Isomeren. Bei der Herstellung fallen ca. 80-90% Abfallisomere an.

Produktionszahlen:
1981 = 1200 t in der BRD; 1986 = 0 (Ang. der Bundesregierung, n. KROMAREK, 1987)

TOXIZITÄT

Mensch:	LD_{100} 150 mg/kg KG	n. UBA 1986
	10-20 mg/kg KG (akut toxisch)	n. UBA, 1986
Säugetiere:		
Ratte	LD_{50} 88-125 mg/kg KG, oral	n. CEC, 1981
	LD_{50} 125-230 mg/kg KG, oral	n. CEC, 1981
	LD_{50} 500 mg/kg KG, dermal	n. IPS, 1982
	LD_{50} 900 mg/kg KG, dermal	n. ROTH, 1988
	NEL 1,25 mg/d und kg KG	VETTORAZZI, 1979
Maus	LD_{50} 86 mg/kg KG, oral	n. CEC, 1981
	LD_{50} 245-480 mg/kg KG, oral	n. IPS, 1982
Hund	LD_{50} 40 - 200 mg/kg KG, oral	n. CEC, 1981)
	NEL 1,6 mg/d und kg KG	VETTORAZZI, 1979
Wasserorganismen:		
Leuciscus idus melanotus	LC_0 0,05/0,02 mg/l (48h)	JUHNKE & LÜDEMANN, 1978
	LC_{50} 0,28/0,003 mg/l (48h)	JUHNKE & LÜDEMANN, 1978
	LC_{100} 0,5/0,07 mg/l (48h)	JUHNKE & LÜDEMANN, 1978
Brachydanio rerio	LC_0 0,07 mg/l (48h)	n. UBA,1986
	LC_{50} 0,06/0,09 mg/l (48h)	n. UBA, 1986
Goldorfe	LC_{50} 0,03-0,25 mg/l	n. ROTH, 1988
Karpfen	LC_{50} 0,28 mg/l	n. LOUB, 1975
Bachforelle (Salmo trutta)	LC_{50} 0,0017 mg/l (96h, 13°C)	n. DVWK, 1985
Lebistes	LC_0 1,3 mg/l (96h)	n. ROTH, 1988
Wasserfloh (Daphnia magna)	EC_0 0,02 mg/l (24h)	n. UBA, 1986
	EC_{50} 0,7 mg/l (24h)	n. UBA, 1986
	EC_{100} 7,0 mg/l (24h)	n. UBA, 1986
Grünalge	EC_{50} 1,7-3,8 mg/l (96h)	n. UBA, 1986
Grünalge (Chlorella spec.)	EC_{50} 0,2-0,3 mg/l (96h)	n. UBA, 1986

Wirkungscharakter:

Mensch/Säugetiere: krebserzeugender Stoff (n. ROTH, 1989), der Übelkeit, Erbrechen, Unruhe und Krämpfe auslöst; wirkt schädigend auf Leber und Niere, und führt zu Beeinträchtigungen des Zentralen Nervensystems beim Menschen.

Insekten: Atemgiftwirkung; toxisch für Bienen.

Pflanzen: Veränderung der Zellstruktur, wurzelschädigend, wachstumshemmend, Hemmung der Atmung;

VERHALTEN IN DER UMWELT

Wasser:
Lindan liegt in Gewässern zu mehr als 90% gelöst vor, es wird nur sehr wenig an Sedimenten und Schwebstoffen adsorbiert (n. DVGW, 1988); Anreicherung in Organismen; Kontamination des Grundwassers in unmittelbarer Nähe von Deponien und in Abwasserversickerungsgebieten.

Luft:
Transportmedium; geschätzte Deposition in der BRD 6-60 t/a (SRU, 1980).

Boden:
Akkumulation; Chemikalie z.T. sehr stabil und noch nach 11-14 Jahren vorhanden (SIEPER, 1972; LOUB, 1975; KORTE, 1980), abhängig von Bodenart, Humusgehalt, Durchfeuchtung, Dosierung und Wirkstoffkombinationen; bei Applikationsmengen von 0,1-1 kg/ha ist nach etwa einem Jahr 40-80% zersetzt; Reduktion der Bodenflora; Grundwassergefährdung vor allem auf sandreichen Böden (DVGW, 1988).

Halbwertzeit:
Boden: 8-18 Monate (UBA, 1986); Gewässer: 7 Monate bis 4 Jahre (UBA, 1986); 15-20 Wochen (DVGW, 1988).

Abbau, Zersetzungsprodukte:
durch Dehydrochlorierung, Dehydrierung und Dechlorierung Abbau über Hexachlorcyclohexen, Penta- und Tetrachlorhexen zu vorwiegend chlorierten Benzolen, Phenolen und deren Konjugate; erfolgt meist durch Mikroorganismen unter aeroben wie anaeroben Bedingungen; im sauren Milieu besonders stabil; abiotischer Abbau durch Photomineralisation zu CO_2, oberhalb 230 nm Umwandlung des gamma-Isomeres zum alpha-Isomeren; Abbau im Boden erfolgt in mehreren Schritten: anfangs physikalische Effekte wie Verflüchtigung von der Oberfläche, Verdampfen oder Kondensation mit Wasser, Einwaschen in tiefere Bodenschichten, Diffusion, dann biologischer Abbau.

Nahrungskette:
Aufnahmewege für den Menschen sehr unterschiedlich bewertet: US-EPA (1980) = 70% Trinkwasser, 30% Fisch, Luftpfad vernachlässigbar; DFG (1982) = Luft + Trinkwasser < 1%, Hauptanteil in tierischen Nahrungsmitteln; Anreicherung in der Muttermilch (HAHNE et.al. 1986).

UMWELTSTANDARDS

Medium/ Akzeptor	Bereich	Land/ Organ.	Status	Wert	Kat.	Anmerkungen	Quelle
Wasser:	Trinkw	A	(R)	3 ug/l			n. DVGW, 1988
	Trinkw	CDN	(G)	4 ug/l			n. DVGW, 1988
	Trinkw	D	G	0,1 ug/l			TVO, 1986
	Trinkw	DDR	(G)	20 ug/l			n. DVGW, 1988
	Trinkw	USA	(G)	4 ug/l			EPA, 1975
	Trinkw	USA	R	0,2 ug/l			EPA, 1986
	Trinkw	WHO	R	3 ug/l			WHO, 1984

	Grundw	USA	R	0,005 mg/l		State of Illinois	n. WAITE, 1984
	Oberfl	1)		0,1 ug/l		2)	IAWR, 1986
	Oberfl	1)		0,5 ug/l		3)	IAWR, 1986
	Oberfl	D	R	1,4 ug/l		2)	DVWG, 1988
	Oberfl	D	R	6,8 ug/l		3)	DVWG, 1988
	Oberfl	USA	R	0,005 mg/l		State of Illinois	n. WAITE, 1984
	Oberfl	USA	R	0,01 ug/l		Schutz aquat. Org.	EPA, 1976
Boden:		NL	R	< 1 ug/kg		< 10% org. S.	n. BARVINCK, 1989
Luft:	Arbpl	D	G	0,5 mg/m^3	MAK	Summe HCHs	n. BAUM, 1988
	Arbpl	DDR	(G)	0,03 mg/m^3	(MIK)	30 min	n. STERN, 1986
	Arbpl	DDR	(G)	0,01 mg/m^3	(MIK)	24 h	n. STERN. 1986
	Arbpl	DDR	(G)	0,5 mg/m^3	(MAK)	Kurzzeitwert	n. HORN u.a., 1989
	Arbpl	DDR	(G)	0,2 mg/m^3	(MAK)	Langzeitwert	n. HORN u.a., 1989
	Arbpl	SU	(G)	0,03 mg/m^3		30 min	n. NEWILL, 1977
	Arbpl	SU	(G)	0,03 mg/m^3		24 h	n. NEWILL, 1977
	Arbpl	USA	G	0,5 mg/m^3	TWA		ACGIH, 1986
	Arbpl	D	G	0,02 mg/l	BAT	Vollblut	DFG, 1988
	Arbpl	D	G	0,025 mg/l	BAT	Plasma/Serum	DFG, 1988
Nahrung: 4)		D	R	12,5 ug/kg KG	ADI		WHO/FAO, 1973
		WHO	R	10 ug/kg KG	ADI		WHO/FAO, 1973
Kartoffel		D	G	0,1 mg/kg			n. DVGW, 1988
Getreide		D	G	0,1 mg/kg			n. DVGW, 1988
Tee		D	G	0,5 mg/kg			n. DVGW, 1988
Gemüse		D	G	1,5 mg/kg			n. DVGW, 1988
Blattgemüse		D	G	2,0 mg/kg			n. DVGW, 1988
Fett 5)		D	G	0,1 mg/kg			n. DVGW, 1988
Fett 6)		D	G	0,2 mg/kg			n. DVGW, 1988
Milch		D	G	0,7 mg/kg			n. DVGW, 1988
Eier		D	G	2 mg/kg			n. DVGW, 1988

Anmerkungen:

1) Rheinanliegerstaaten
2) Grenzwert bei Anwendung natürlicher Reinigungsverfahren zur Trinkwasseraufbereitung
3) Grenzwert bei Anwendung physikalisch-chemischer Reinigungsverfahren zur Trinkwasseraufbereitung
4) Grenzwerte nach der Pflanzenschutzmittel-Höchstmengenverordnung 1984, bezogen auf menschliche Nahrung
5) in Fisch und Fleisch
6) in Geflügel

Für techn. HCH existiert ein Anwendungsverbot in der BRD.

VERGLEICHS-/REFERENZWERTE

Medium/Herkunft	Land	Wert	Quelle
Bodensee	D	0,005	n. DVGW, 1988
Rhein (Karlsruhe)	D	0,05-0,535	n. DVGW, 1988
Donau (Passau)	D	0,001-0,04	n. DVWK, 1985
Elbe	D	0,003-0,123	n. DVWK, 1985
Flüsse/Seen (Mississippi)	USA	0,02-0,16	n. DVWK, 1985
Flüsse	J	0,01-0,1	n. DVWK, 1985
Mariut-See	ET	0,142-7,687	n. DVWK, 1985

BEWERTUNG & ANMERKUNGEN

In gesetzlichen Regelwerken werden häufig alle Isomere der Hexachlorcyclohexane gemeinsam behandelt und so Summationswerte angegeben. Besonders Gewässerrichtwerte beziehen sich oft nur auf die gesamte Gruppe der Pestizide. Technisches HCH ist nach DVGW (1988) in den meisten europäischen Ländern und in Nordamerika verboten, es wird aber heute noch in vielen Ländern der 'Dritten Welt' verwendet.

bes. Quellen: INDUSTRIEVERBAND PFLANZENSCHUTZ e.V., 1980

1009 MAGNESIUM

BEZEICHNUNGEN

CAS-Nr.:	7439-95-4
Systematischer Name:	Magnesium
Gebrauchsnamen:	Magnesium
Stoffname (engl.):	magnesium
Stoffname (franz.):	magnésium
Erscheinungsbild:	silbernes, an der Luft mattweißes Leichtmetall

CHEM.-PHYSIKAL. GRUNDDATEN

Elementsymbol:	Mg
Molare Masse:	24,31 g/mol
Dichte:	1,738 g/cm^3 bei 20°C
Siedepunkt:	1105°C
Schmelzpunkt:	649°C
Dampfdruck:	1 mbar bei 621°C
Flammpunkt:	500°C
Zündtemperatur:	als Staub oder Puder leicht entzündlich
Löslichkeit:	reagiert mit Wasser sehr langsam, weil sich sofort eine oberflächliche, schwer lösliche $Mg(OH)_2$-Schicht ausbildet. In warmem Wasser, schwachen Säuren und in Gegenwart von Ammonium-Salzen löst sich diese Schutzschicht rasch auf.

HERKUNFT UND VERWENDUNG

Verwendung:
Mg wird für Legierungen, zur therm. Reduktion von Metallverbindungen und als Kathode in Batterien verwendet. Aus $MgCl_2$ wird metallisches Magnesium hergestellt. MgO wird in der Industrie als feuerfestes Material, als keramischer Wärmespeicher, im Baustoffsektor und in Düngemitteln eingesetzt.

Herkunft/Herstellung:
Elementares Mg kommt in der Natur nicht vor. Weit verbreitet (8. Stelle der Elementhäufigkeit) tritt es in Carbonaten, Silikaten, Chloriden und Sulfaten auf. Mg macht etwa 2,5 % der Erdrinde aus, 15 % aller Meersalze bestehen aus Mg-Verbindungen. Für die techn. Mg-Herstellung gibt es zwei Verfahren: die Schmelzflußelektrolyse von $MgCl_2$ und die therm. Reduktion von Mg-Verbindungen. Zur Reinigung ist eine Raffination erforderlich.

Produktionszahlen:
Weltproduktion: 1986 = 320,2 Tsd. t (Fischer, 1989); Hauptproduzent sind die USA (ca. 50 %)

TOXIZITÄT

Mensch:	> 2,5 mmol Mg/l Blut (Schädigung)	n. MERIAN, 1984
	7-10 mmol Mg/l Plasma (Schädigung)	n. MERIAN, 1984
Säugetiere:		
Hund	LD 230 mg/kg KG p.o.	n. DVGW, 1988
Ratte	LD_{50} 2800 mg/kg KG p.o., (Mg-Chlorid)	n. DVGW, 1988
Wasserorganismen:		
Karpfen	LD 30 g/l (4 h), (Mg-Chlorid)	n. DVGW, 1988
Aal	LD 15-20 g/l (14 d), (Mg-Chlorid)	n. DVGW, 1988
Goldfisch	LD 12,7 g/l (5 h), (Mg-Chlorid)	n. DVGW, 1988

Wirkungscharakter:

Mensch/Säugetiere: Ätzstoff, vermindert die Erregbarkeit von Nerven und Muskeln und kann zur Lähmung des Zentralen Nervensystems führen, Herzstörungen, Nierenschäden, Verstopfung; giftig nur in hohen Konzentrationen, sehr wahrscheinlich durch Wirkung der Säurereste.

Pflanzen: Mg ist ein essentielles Mineral im Chlorophyll und bei der Umsetzung mit Adenosintriphosphat (ATP) beteiligt. Fehlt es, treten bei Pflanzen Mangelkrankheiten auf. Mg-Toxizitäten sind bisher nicht bekannt.

VERHALTEN IN DER UMWELT

Wasser:
In Form von größeren Stücken oder Blöcken erfolgt keine nennenswerte Reaktion des Mg mit dem Wasser (s.u. Löslichkeit), es sinkt ab. In Staub- oder Puderform reagiert Mg heftig mit Wasser und setzt dabei Wasserstoff frei. Wassergefährdungsklasse X (ROTH, 1989). Die Schädigung der Wasserorganismen erfolgt nach der Reaktion von Magnesium mit dem Wasser durch die Alkalinisierung.

Luft:
Es entzündet sich bei Temperaturen von >500°C und verbrennt mit blendend hellem Licht zu Magnesiumoxid. Der Stoff überzieht sich an feuchter Luft mit einer grauen Oxidschicht. In Pulver- oder Staubform besteht die Gefahr der Bildung von explosiven Staub-Luft-Gemischen.

Boden:
Mg^{2+} wird unspezifisch von Bodenkolloiden gebunden, es ist im Boden gut beweglich, so daß hohe Mengen ausgewaschen werden können (ca. 10-30 kg MgO/ha/a; Mengel, 1984). Der Hauptanteil des Mg liegt im Boden in Form von Silikaten vor. Bei sehr hoher Mg-Konzentration im Boden ist an Ionenkonkurrenz zu denken, hierdurch wird die K- und Ca-Aufnahme behindert. Spezifische Schäden durch überhöhte Mg-Zufuhr sind nicht bekannt.
Bedeutende Mengen sind auch in Karbonatgesteinen als Dolomit gebunden ($CaMg(CO_3)_2$).

Abbau, Zersetzungsprodukte, Halbwertzeit:
3 stabile Isotope: ^{24}Mg, ^{25}Mg und ^{26}Mg. Die Halbwertzeiten der 8 instabilen Mg-Isotope liegen zwischen 0,122 s (^{21}Mg) und 21,1 h (^{28}Mg).

Nahrungskette:
tägl. Mg-Bedarf des Menschen 6 mg/kg Körpergewicht, die heutigen Nahrungsgewohnheiten führen eher zu Mg-Mangelerscheinungen. Die tägl. Mg-Aufnahme beträgt beim Erwachsenen durchschnittlich 20-40 mmol, davon werden 20-40% hauptsächlich vom Dünndarm resorbiert, der Rest wird durch die Nieren wieder ausgeschieden.

UMWELTSTANDARDS

Medium/ Akzeptor	Bereich	Land/ Organ.	Status	Wert	Kat.	Anmerkungen	Quelle
Wasser:	Trinkw	D	G	50,0 mg/l			n. DVGW, 1988
	Trink	EG	R	30,0 mg/l			n. DVGW, 1988
	Trinkw	EG	G	50,0 mg/l			n. DVGW, 1988
	Trinkw	WHO	R	100,0 mg/l			n. DVGW, 1988
	Oberfl	D	R	30,0 mg/l			n. LAU-BW, 1989
Luft:	Arbpl	AUS	G	10,0 mg/m^3		Mg-Oxid, Rauch	n. MERIAN, 1984
	Arbpl	B	G	10,0 mg/m^3		Mg-Oxid, Rauch	n. MERIAN, 1984
	Arbpl	CH	G	8,0 mg/m^3		Mg-Oxid, Rauch	n. MERIAN, 1984
	Arbpl	D	G	8,0 mg/m^3		Mg-Oxid, Rauch	n. MERIAN, 1984
	Arbpl	D	G	6,0 mg/m^3	MAK	Feinstaub	DFG, 1989
	Arbpl	D	G	8,0 mg/m^3	MAK	für MgO	DFG, 1989
	Arbpl	DDR	(G)	10,0 mg/m^3			n. LAB. CHEMIE, 1980
	Arbpl	DDR	G	10,0 mg/m^3		Mg-Oxid, Rauch, 1)	n. MERIAN, 1984
	Arbpl	DDR	G	20,0 mg/m^3		Mg-Oxid, Rauch, 2)	n. MERIAN, 1984
	Arbpl	NL	G	10,0 mg/m^3		Mg-Oxid, Rauch	n. MERIAN, 1984
	Arbpl	PL	G	15,0 mg/m^3		Mg-Oxid, Rauch	n. MERIAN, 1984
	Arbpl	RO	G	15,0 mg/m^3		Mg-Oxid, Rauch, 1)	n. MERIAN, 1984
	Arbpl	USA	G	10,0 mg/m^3		Mg-Oxid, Rauch	n. MERIAN, 1984
	Arbpl	YU	G	15,0 mg/m^3		Mg-Oxid, Rauch	n. MERIAN, 1984

Anmerkungen:
1) Kurzzeitwert
2) Mittelwert

Gesetzliche Grenzwerte für den Bereich Boden wurden bisher noch nicht geregelt.

VERGLEICHS-/REFERENZWERTE

Medium/Bereich	Land	Wert	Quelle
Wasser:			
Bodensee	D	6,9-7,8 mg/l	n. DVGW, 1988
Neckar	D	10-30 mg/l	n. DVGW, 1988
Rhein: (Köln)	D	10,1-15,2 mg/l	n. DVGW, 1988
Rhein: (Lobith)	D	9,4-17,9 mg/l	n. DVGW, 1988
Ruhr: (Witten)	D	5,74-7,7 mg/l	n. DVGW, 1988
Ruhr: (Duisburg)	D	2,1-12,6 mg/l	n. DVGW, 1988
Main	D	27-41 mg/l	n. DVGW, 1988
Weser	D	19-23 mg/l	n. DVGW, 1988

BEWERTUNG & ANMERKUNGEN

Mg-Mangelerscheinungen treten weitaus häufiger mit größeren Auswirkungen auf als Toxizitäten, da es sich um eine zentrales Element im Stoffwechsel von Mensch, Tier und Pflanzen handelt.

188 MALATHION

BEZEICHNUNGEN

CAS-Nr.:	121-75-5
Systematischer Name:	O,O-Dimethyl-S-[1,2-bis(ethoxy-carbonyl)-ethyl]-dithiophosphat
Gebrauchsnamen:	American Cyanamid 4049, Am Cyan 4049, Carbethoxy Malathion, Carbetox, Carbofos, Carbophos, Cela, Compound 4049, Cythion, Diaethylmercaptosuccinat-O,O-Dimethylthiophosphat, Dicarboethoxyethyl-O,O-Dimethyl-Phosphorodithioate, 1,2-Di-(Ethoxycarbamyl)-Ethyl-Phosphordithionat, Diethyl-Mercaptosuccinate-O,O-Dimethyl-Phosphordithionate, Dimethyldicarbaethoxyaethyldithiophosphat, O,O-Dimethyl-S-(1,2-Bis(Ethoxycarbonyl)-Ethyl)-Dithio-phosphate, Dithiophosphorsäuredicarbaethoxyaethyl-Dimethylester, Emmatos, ENT 17034, Ethiolacar, Experimental Insecticide 4049, Fato, Formal, Fosfothion, Fyfanon, Karbofos, Kop-Thion, Kypfos, Malacide, Malagram, Malamar, Malamar 50, Malaphos, Malapray, Malathion, Mercapthothion, MLT, NCI-C00215, Oleophosphothion, Phosphothion, Prioderm, Sadofos, Saophos, S-(1,2-Bis-(Aethoxycarbonyl)-Aethyl)-O,O-Dimethyldithiophosphat, S-(1,2-Di-(Ethoxycarbonyl)Ethyl-Dimethyl-Phosphorothiolothion, SF 60, Siptox I, TH Diethyl Mercaptosuccinate, TM 4049, Zithiol
Stoffname (engl.):	butanedioic acid,[(dimethoxyphosphinothioyl)thio]-,diethyl ester, malathion, four thousand forty-nine, insecticide no 4049, phosphordithionic-acid,O,O-dimethyl-ester,s-ester-wi
Erscheinungsbild:	klare, gelblich scheinende Flüssigkeit (Öl), als technisches Produkt (95%) braun

CHEM.-PHYSIKAL. GRUNDDATEN

Summenformel:	$C_{10}H_{19}O_6PS_2$
Molare Masse:	330,36 g/mol
Dichte:	1,23 g/cm^3 bei 25°C
rel. Gasdichte:	11,4
Siedepunkt:	156-157°C bei 93 Pa
Schmelzpunkt:	2,8-3,7°C
Dampfdruck:	0,0166 Pa bei 20°C
Löslichkeit:	in Wasser 145 mg/l bei 25°C; löslich in org. Lösemitteln (Alkoholen, Estern, Ketonen, Ethern, aromatische Kohlenwasserstoffe); geringe Löslichkeit in Petrolether und einigen Mineralöltypen
Umrechnungsfaktoren:	1 ppm = 13,7 mg/m^3 1 mg/m^3 = 0,07 ppm

HERKUNFT UND VERWENDUNG

Verwendung:
Malathion kommt in der Landwirtschaft als Pflanzenschutzmittel (Insektizid und Akarizid) bevorzugt gegen saugende Insekten zur Anwendung.

Herkunft/Herstellung:
Reaktion von O,O-dimethyl-hydrogen-phosphordithioate mit Diethyl-maleat unter Polymerisation von Maleat durch Hydroquinon.

Produktionszahlen:

USA	1978	14 000 t	(WHO, 1983)
Indien	1980/81	1 264 t	(WHO, 1983)

Weitere Produktionsstätten finden sich in Dänemark, Frankreich, Italien, Spanien, der Bundesrepublik Deutschland, Japan, Brasilien, Mexiko und Taiwan.

Verbrauch:

Mexiko	1982	1800 t	(WHO, 1986)
USA	1982	1500 t	(WHO, 1986)
Indien	1982	800 t	(WHO, 1986)
Italien	1981	552 t	(WHO, 1986)
Jordanien	1982	450 t	(WHO, 1986)
Ungarn	1982	313 t	(WHO, 1986)
Argentinen	1982	235 t	(WHO, 1986)
Ägypten:	1981	208 t	(WHO, 1986)
Polen	1982	104 t	(WHO, 1986)
Niger	1981	69 t	(WHO, 1986)
Pakistan	1982	68 t	(WHO, 1986)
Türkei	1982	58 t	(WHO, 1986)

TOXIZITÄT

Säugetiere:

Maus:	LD_{50} 1.260 mg/kg, oral	n. WHO, 1983
Maus:	LD_{50} 193 mg/kg, intravenös	n. WHO, 1983
Ratte:	LD_{50} 369 mg/kg, oral	n. WHO, 1983
Ratte:	LD_{50} 4.400 mg/kg, dermal	n. WHO, 1983
Hund:	LD_{50} 1.600 mg/kg, intravenös	n. WHO, 1983
Meerschweinchen:	LD_{50} 500 mg/kg, intravenös	n. WHO, 1983

Wasserorganismen:

Amerikanische Elritze:	LC_{50} 12,5 mg/l (96 h)	n. ATRI, 1985
Regenbogenforelle:	LC_{50} 0,1 mg/l (24 h)	n. ATRI, 1985
Blauer Sonnenbarsch:	LC_{50} 0,12 mg/l (24 h)	n. ATRI, 1985
Wasserfloh:	LC_{50} 0,0009 mg/l (24-25h)	n. ATRI, 1985

Anmerkung:
Bei ATRI (1985) weitere unzählige Toxizitätsdaten für Fische, Wasserorganismen allgemein und Wasserpflanzen gegeben.

Wirkungscharakter:

Mensch/Säugetiere: Malathion ist ein Nervengift und schädigt das Zentrale Nervensystem (Hemmung der Acetylcholinesterase). Akute Vergiftungen äußern sich in Schweißausbrüchen, verstärktem Speichelfluß, Durchfall, Bronchitis, Herzinfarkt und Koma. Der Tod tritt aufgrund von Atemstillstand ein.
Erkenntnisse zu Teratogenität und Fertilität fehlen bislang. Ebenfalls ist ein krebserregendes und mutagenes Potential nicht nachgewiesen (WHO, 1983).

Wasserorganismen: Es liegen zahlreiche Toxizitätswerte für verschiedene Fischarten vor. Dabei wurde festgestellt, daß nach einigen Monaten Exposition beim Blauen Sonnenbarsch Verkrüppelung einsetzt und bei der Karpfenbrut Hemmung der Lactatdehydrogenase in der Leber erfolgt. Meist waren schon 0,1-5 ppm letal. Bei Algen wird das Wachstum durch Malathion gehemmt.

VERHALTEN IN DER UMWELT

Luft:
Aufgrund des Auftragungsverfahrens in der Landwirtschaft gelangt Malathion in die Atmosphäre (Anwendung als Spray 0,03-0,08%, als Dampf 4% und als Aerosol 2,5-5%, WHO, 1983). Nach Aufbringung findet man in der Luft über landwirtschaftlichen Flächen eine Konzentration von ca. 0,1 ng/m^3 (WHO, 1983).

Halbwertzeit:
Es erfolgt ein langsamer Abbau in wäßrigen, bodenfreien Systemen in den ersten 7 Tagen und ein rascher vom 8. Tag an. Eine niedrige Konzentration von Malathion stimuliert die mikrobielle Atmung und beschleunigt den Abbau (ATRI, 1985).
Im Tierkörper wird der Stoff innerhalb von 24 Stunden abgebaut und über den Urin ausgeschieden (im Tierversuch mit Hennen und Kühen nachgewiesen, WHO, 1983).
Die Halbwertzeit für chemischen Abbau im Wasser (pH=7,4, bei 20°C) beträgt etwa 11 Tage und ist pH-Wert abhängig (langsame Hydrolyse bei $pH<7$ und schnelle bei $pH>7$) (ATRI, 1985).

Abbau, Zersetzungsprodukte:
Der biotische Abbau durch Mikro- und Makroorganismen verläuft in Warmblütern anders als bei Kaltblütern. Dabei erfolgt eine oxidative Desulphuration zu Malaoxon durch Leberenzyme. Weiter wird Malathion selbst oder Malaoxon hydrolysiert und durch Carboxylesterase entgiftet (WHO, 1983).
Durch Hydrolyse wird Malathion abiotisch abgebaut, wobei das noch giftigere Produkt Diethylfumarat entsteht (ATRI, 1985).
Zersetzungsprodukte sind ebenfalls Phenthoate, Malathion-Monocarboxylsäure, Malathion-Dicarboxylsäure und O,O-Dimethyl-Phosphordithionat der Mercaptophenyl-Essigsäure.

Nahrungskette:
Malathion wird über die Atmung und die Haut in den Körper aufgenommen und im Darm absorbiert. Belastungen durch Malathion in Grund- und Trinkwasser sind bislang nicht bekannt geworden (ATRI, 1985). In die Nahrungskette gelangt Malathion als Rückstand in Nahrungsmitteln wie Getreide, Hülsenfrüchten und Gemüse, auf deren Produktionsflächen das Pestizid eingesetzt wurde. Dieser Pfad ist nicht unerheblich, weshalb von der WHO, FAO und der EG Richtwerte für zulässige Höchstwerte festgelegt wurden.

UMWELTSTANDARDS

Medium/ Akzeptor	Bereich	Land/ Organ.	Status	Wert	Kat.	Anmerkungen	Quelle
Luft:	Arbpl	B	(G)	10,0 mg/m^3			n. WHO, 1983
	Arbpl	BG	(G)	0,06 mg/m^3		Maximalwert	n. WHO, 1983
	Arbpl	CH	(G)	10,0 mg/m^3		Langzeitwert	n. WHO, 1983
	Arbpl	D	(G)	15,0 mg/m^3	MAK		DFG, 1989
	Arbpl	I	(G)	10,0 mg/m^3		Langzeitwert	n. WHO, 1983
	Arbpl	NL	(G)	10,0 mg/m^3			n. WHO, 1983
	Arbpl	PL	(G)	15,0 mg/m^3			n. WHO, 1983
	Arbpl	RO	(G)	10,0 mg/m^3		Langzeitwert	n. WHO, 1983
	Arbpl	RO	(G)	15,0 mg/m^3		Max.	n. WHO, 1983
	Arbpl	SF	(G)	10,0 mg/m^3			n. WHO, 1983
	Arbpl	SU	G	0,5 mg/m^3	PDK		n. SORBE, 1985
	Arbpl	USA	(G)	10,0 mg/m^3	TWA	Langzeitwert, Haut	ACGIH, 1986
	Arbpl	USA	(G)	5.000,0 mg/m^3	STEL	Kurzzeitwert	n. WHO, 1983
	Arbpl	YU	(G)	0,5 mg/m^3			n. WHO, 1983
Nahrung:		D	R	0-0,2 mg/m3	ADI		n. WHO, 1983
Trinkwasser		USA	R	0,02 mg/kg/d	ADI		n. SDWC, 1985
Obst/Gemüse		EG	R	3,0 mg/m3			n. WHO, 1983
sonstige Produkte		EG	R	0,5 mg/m3			n. WHO, 1983
		USA	R	0,1-135 mg/kg		1)	n. WHO, 1983
		WHO	R	8,0 mg/m3		2)	n. WHO, 1983
Blattgemüse		WHO	R	6,0 mg/m3			n. WHO, 1983
Gemüse		WHO	R	3,0 mg/m3		3)	n. WHO, 1983
Zitrusfrüchte		WHO	R	4,0 mg/m3			n. WHO, 1983
Hülsenfrüchte		WHO	R	8,0 mg/m3			n. WHO, 1983
		WHO	R	20,0 mg/m3		4)	n. WHO, 1983

Anmerkungen:
1) für 222 verschiedene Lebensmittel
2) Früchte, Trockenfrüchte, Nüsse, Getreide
3) außer Blattgemüse
4) Kleie aus Roggen und Weizen

VERGLEICHS-/REFERENZWERTE

Medium/Herkunft	Land	Wert	Quelle
Wasser:			
Rhein: (Lobith, 1972)	D	0,01 mg/m^3	n. ATRI, 1985
Zisternenwasser	USA	0,01 ppb (1970)	n. ATRI, 1985
Nahrung:			
Obst	D	0,5 ppm (max.)	n. ATRI, 1985
Getreide	D	3,0 ppm (max.)	n. ATRI, 1985

BEWERTUNG & ANMERKUNGEN

Malathion gehört zu den Pestiziden, die besonders in der Landwirtschaft in Entwicklungsländern eingesetzt werden. Aufgrund der hohen akuten Toxizität für Menschen und Wasserorganismen müssen besondere Vorkehrungen bei der Anwendung beachtet werden. Die Höchstwerte für die Luftkonzentration an Arbeitsplätzen (Innenraumluft) aus den Ländern UdSSR, Jugoslawien und Bulgarien sollten grundsätzlich als Orientierungswerte dienen. Der Kurzzeitwert der USA von 5000 mg/m^3 (OSHA, 1978) liegt bei weitem zu hoch (der ADI-Wert der WHO beträgt 0-0,02 mg/kg KG). Besondere Beachtung sollte den Rückständen in Nahrungsmitteln zukommen.

bes. Quellen: ATRI (1985)

303 MANGAN

BEZEICHNUNGEN

CAS-Nr.:	7439-96-5
Systematischer Name:	Mangan
Gebrauchsnamen:	Mangan
Stoffname (engl.):	manganese
Stoffname (franz.):	manganèse
Erscheinungsbild:	sprödes, hartes Schwermetall

CHEM.-PHYSIKAL. GRUNDDATEN

Elementsymbol:	Mn
Molare Masse:	54,94 g/mol
Dichte:	7,44 g/cm^3
Siedepunkt:	2030°C
Schmelzpunkt:	1247°C
Löslichkeit:	gut löslich in Säuren unter H_2-Entwicklung

HERKUNFT UND VERWENDUNG

Verwendung:
90% der Mn-Produktion werden in Form von Ferromangan und Spiegeleisen in der Eisen- und Stahlmetallurgie verwendet (Desoxidation und Entschwefelung); die verschiedenfarbigen Oxidationsstufen werden als Pigmente in der Keramik- und Glasindustrie verwendet; in Form von Kaliumpermanganat in der Trinkwasseraufbereitung

Herkunft/Herstellung:
elementares Mangan kommt in der Natur nicht vor, die bedeutendste Verbindung ist MnO_2. Mangan ist Bestandteil vieler Erze (Braunstein MnO_2, Hausmannit Mn_3O_4) und ein bedeutendes Spurenelement in Böden. Manganknollen der Tiefsee enthalten etwa 30 % Mn. Hauptvorkommen von Manganerzen liegen in Südafrika, der SU, Gabun, Indien, Australien und Brasilien. Die Gewinnung erfolgt durch Elektrolyse von Mn_3O_4-Lösung (Gamma-Mn) oder aluminothermisch (Alpha- und Beta-Mn). Da reines Mn nur geringe Verwendung findet, ist die Metallgewinnung unbedeutend.

Produktionszahlen:
1985 = 24,423 Mio t (Weltproduktion); Fischer Weltalmanach, 1989

TOXIZITÄT

Säugetiere:

Ratte	LD_{50} 3,730 mg/kg KG, oral (Mn(II)acetat)	n. DVGW, 1988
Meerschwein	LD 200 mg/kg KG, oral (Mn(II)fluorid)	n. DVGW, 1988

Wasserorganismen:

Karpfen	LD 650 mg/l, (Mn(II)chlorid)	n. DVGW, 1988
Aal	LD 5500 mg/l, (Mn(II)clorid)	n. DVGW, 1988

Wirkungscharakter:

Mensch/Säugetiere: Eine chronische Inhalation von Mn-Dämpfen oder Mn-Oxidstaub erzeugt eine permanente Nervenschädigung. 'Manganismus' = neuropsychiatrisches Krankheitsbild mit Zittern der Hände, verstärktem Muskeltonus, Bewegungsstarre des Gesichtes und typischem Gangbild. Bei Tieren ist auf Grund einer Mn-reichen Ernährung (> 2000 ppm) eine Störung der Hämoglobinbildung zu beobachten

Pflanzen: Chlorosen und Nekrosen der Blattränder sowie braune punktförmige Flecken durch Fällungsprodukte des Mn, Ionenkonkurrenz mit Fe.

VERHALTEN IN DER UMWELT

Wasser:
Bei der Wasseraufbereitung nicht vollständig entferntes Mangan kann im Trinkwasser zu braunschwarzen Trübungen führen, wenn lösliche Verbindungen im Leitungsnetz zu unlöslichen oxidiert werden. Im Grundwasser und im Untergrund stehender Gewässer können unter anaeroben Verhältnissen unlösliche Mn-Verbindungen zu löslichen Mn^{2+} Ionen reduziert werden. Ein Teil des Mn liegt in Oberflächengewässern komplexiert vor.

Boden:
Mangan liegt im Boden als Mn^{2+} an Sorptionskomplexen gebunden vor oder als freies Ion in der Bodenlösung. Die Verfügbarkeit von MnO ist umso besser, je feiner die Verteilung ist. Das Gleichgewicht zwischen den verschiedenen Mn-Verbindungen hängt vom Redoxpotential des Bodens ab (je niedriger, desto mehr reduzierte Verbindungen). Je schlechter die Durchlüftung ist, desto mehr Mn^{2+}-Verbindungen treten auf, mit dem Anstieg des pH-Werts nimmt das lösliche Mn ab, beim Neutralpunkt ist die Mn-Verfügbarkeit am geringsten.

Abbau, Zersetzungsprodukte, Halbwertzeit:
Im menschlichen Organismus (für nicht exponierte Personen) liegt die Halbwertzeit 37 ± 7 Tage, bei Bergleuten aus Mn-Minen 15 ± 2 Tage (COTZIAS et al., 1968).

Nahrungskette:
Mn reichert sich im Menschen und in den meisten Tieren nicht an, dagegen in verschiedenen Pflanzen u.a. in Tee (BOWEN, 1979). In Meerestieren erfolgt eine Mn-Anreicherung bis zum 10.000fachen Mn-Gehalt der Umgebung. Der Mensch nimmt mit der Nahrung tägl. ca. 3 mg, mit dem Trinkwasser 5 ug und mit der Atemluft ca. 2 ug Mn auf. Bei Föten und Frühgeburten reichert sich Mn in Leber und Harn an (KAURET et al., 1980)

UMWELTSTANDARDS

Medium/ Akzeptor	Bereich	Land/ Organ.	Status	Wert	Kat.	Anmerkungen	Quelle
Wasser:	Trinkw	CDN		0,05 mg/l			n. LAU-BW, 1989
	Trinkw	D	G	0,05 mg/l			n. LAU-BW, 1989
	Trinkw	EG	R	0,02 mg/l			n. DVGW, 1988
	Trinkw	EG	R	0,05 mg/l			n. DVGW, 1988
	Trinkw	USA	R	0,05 mg/l			n. EPA, 1979
	Trinkw	WHO	R	0,10 mg/l			n. WHO, 1984
	Oberfl	D	G	0,05 mg/l			n. DVGW, 1988
	Oberfl	EG	R	0,05 mg/l		1) A_1	n. LAU-BW, 1989
	Oberfl	EG	R	0,10 mg/l		2) A_2	n. LAU-BW, 1989
	Oberfl	WHO	R	0,50 mg/l			n. DVGW, 1975
	Bewäs	D	R	0,20 mg/l			n. LÜBBE, 1985
	Bewäs	USA	R	2,0-20mg/l			n. DVGW, 1975
Luft:		WHO	R	1,0 ug/m^3			n. ROTH, 1989
	Arbpl	AUS	G	5,0 mg/m^3			n. MERIAN, 1984
	Arbpl	B	G	5,0 mg/m^3			n. MERIAN, 1984
	Arbpl	BG	G	0,3 mg/m^3			n. MERIAN, 1984
	Arbpl	CH	G	5,0 mg/m^3			n. MERIAN, 1984
	Arbpl	CS	G	2,0 mg/m^3			n. MERIAN, 1984
	Arbpl	CS	G	6,0 mg/m^3			n. MERIAN, 1984
	Arbpl	D	G	5,0 mg/m^3	MAK	Spitzbegr. III	n. ROTH, 1989
	Arbpl	D	G	1,0 mg/m^3	MAK	für Mn_3O_4	n. ROTH, 1989
	Arbpl	D	G	50,0 ug/m^3	BAT	Urin	n. ROTH, 1989
	Arbpl	DDR	G	5,0 mg/m^3		MnO_2, Kurzzeit	n. LAB. CHEMIE, 1980
	Arbpl	NL	G	5,0 mg/m^3			n. MERIAN, 1984
	Arbpl	H	G	0,3 mg/m^3			n. MERIAN, 1984
	Arbpl	I	G	2,5 mg/m^3			n. MERIAN, 1984
	Arbpl	J	G	5,0 mg/m^3			n. MERIAN, 1984
	Arbpl	PL	G	0,3 mg/m^3			n. MERIAN, 1984
	Arbpl	RO	G	1,0 mg/m^3		Mittelwert	n. MERIAN, 1984
	Arbpl	RO	G	3,0 mg/m^3		Kurzzeitwert	n. MERIAN, 1984

Arbpl	S	G	2,5 mg/m^3			n. MERIAN, 1984
Arbpl	SF	G	5,0 mg/m^3			n. MERIAN, 1984
Arbpl	SU	G	0,3 mg/m^3	PDK		n. DVGW, 1988
Arbpl	SU	G	0,3 mg/m^3		Dispersionsaerosol	n. KETTNER, 1979
Arbpl	SU	G	0,05 mg/m^3		Kondensationsaerosol	n. KETTNER, 1979
Arbpl	SU	G	5,0 mg/m^3		MnO_2	n. MERIAN, 1984
Arbpl	USA	G	1,0 mg/m^3	TWA	Rauch	n. DVGW, 1988
Arbpl	USA	G	3,0 mg/m^3	STEL		n. ACGIH, 1986
Arbpl	USA	G	5,0 mg/m^3		Kurzzeitwert	n. MERIAN, 1984
Arbpl	WHO	G	0,3 mg/m^3			n. MERIAN, 1984
Arbpl	YU	G	2,0 mg/m^3			n. MERIAN, 1984

Anmerkungen:

1) jeweils für die Trinkwasseraufbereitung: A1 = einfache phys. Aufbereitung und Entkeimung

2) jeweils für die Trinkwasseraufbereitung: A2 = normale phys. und chem. Aufbereitung und Entkeimung

Mn ist essentielles Spurenelement für alle Lebewesen und ist unspez. Aktivator von Enzymen

VERGLEICHS-/REFERENZWERTE

Medium/Bereich	Land	Wert	Quelle
Gewässer:			
Bodensee	D	0,2-4,6 (ug/l)	n. DVGW, 1988
Neckar	D	10-140 (ug/l)	n. DVGW, 1988
Rhein: (Köln)	D	22,8-150,9 (ug/l)	n. DVGW, 1988
Rhein: (Duisburg)	D	2,2-257,5 (ug/l)	n. DVGW, 1988
Rhein: (Lobith)	D	60-260 (ug/l)	n. DVGW, 1988
Ruhr: (Witten)	D	40-500 (ug/l)	n. RUHRVERBAND, 1983
Ruhr: (Duisburg)	D	60-100 (ug/l)	n. RUHRVERBAND, 1983
Pflanzenmaterial		10-100 mg/kg TS	n. HOCK,1988

BEWERTUNG & ANMERKUNGEN

Mangan besitzt fast ausschließlich chronische Giftwirkung, besonders auf Lunge und Nervensystem. Die Inhalation von Mangan-Verbindungen und die orale Aufnahme über Trinkwasser ist deshalb zu vermeiden. Da Mangan Pflanzenschäden hervorrufen kann, sollten Emissionen in die Umwelt so gering wie möglich gehalten werden.

349 NAPHTHALIN

BEZEICHNUNGEN

CAS-Nr.:	91-20-3
Systematischer Name:	Naphthalin
Gebrauchsnamen:	Antimite, Naphthylwasserstoff, Steinkohlenteerkampfer
Stoffname (engl.):	naphthalene
Stoffname (franz.):	naphtaline
Erscheinungsbild:	kristalliner Feststoff

CHEM.-PHYSIKAL. GRUNDDATEN

Summenformel:	$C_{10}H_8$
Molare Masse:	128,17 g/mol
Dichte:	1,14 g/cm^3
rel. Gasdichte:	4,42
Siedepunkt:	218°C
Schmelzpunkt:	80°C
Dampfdruck:	0,072 mbar (bei 20°C)
Flammpunkt:	80°C
Zündtemperatur:	540°C
Explosionsgrenze:	0,9-5,9 Vol.-%
Löslichkeit:	17,2-33,5 mg/l in Wasser; 77,4-98 g/l in Alkohol; 1.130 g/l in Benzol; 30,2 g/l in Chinolin; 910 g/l in Toluol; 783 g/l in Xylol.
Umrechnungsfaktoren:	1 ppm = 5,33 mg/m^3 1 mg/m^3 = 0,19 ppm

HERKUNFT UND VERWENDUNG

Verwendung:

Naphthalin dient als Zwischenprodukt für die Herstellung von Farbstoffen, Phthalsäureanhydrid (Produktion von PVC-Weichmachern) von Gerbstoffen und Betonhilfsmitteln, von Netzmitteln für die Textilindustrie sowie von Lösemittelbestandteilen für Pestizide (Mottenmittel).

Herkunft/Herstellung:

Rohstoffquelle für die Gewinnung in der Bundesrepublik Deutschland ist Steinkohleteer, in dem rund 10% Naphthalin enthalten sind. Infolge der rückläufigen Koksproduktion werden zunehmend petrostämmige Rohstoffe verwendet (Benzinpyrolyse, Pyrolyserückstandsöle); Herstellung durch Destillation und Fraktionierung. Der Gehalt an Naphthalin im technischen Produkt beträgt mindestens 95%, die restlichen Anteile verteilen sich auf Verunreinigungen wie Benzo(b)thiophen (Thionaphthen) und, bei petrostämmigen Naphthalinen, ausschließlich auf Methylindene.

Produktionszahlen:

Weltproduktion	30.000 t/a	n. BUA, 1989
BRD	10 t/a	n. BUA, 1989
Westeuropa (1986)	160.000 t	n. BUA, 1989
USA (1987)	5.500 t	n. BUA, 1989
Japan	4.400 t/a	n. BUA, 1989

TOXIZITÄT

Säugetiere:

Ratte:	LD_{50} 1.110-9.430 mg/kg, oral	n. BUA, 1989
Ratte:	LD_{50} 2.200 mg/kg, oral (m)	n. BUA, 1989
Ratte:	LD_{50} 2.400 mg/kg, oral (w)	n. BUA, 1989
Ratte:	LD_{50} > 2.500 mg/kg, dermal (m,w)	n. BUA, 1989
Ratte:	LD_{50} > 500 mg/m^3, Inhalation (8 h)	n. BUA, 1989
Maus:	LD_{50} 350-710 mg/kg, oral (w)	n. BUA, 1989
Maus:	LD_{50} 533 mg/kg, oral (m)	n. BUA, 1989
Maus:	LD_{50} 969-5.100 mg/kg, subkutan	n. BUA, 1989

Wasserorganismen:

Amerikanische Elritze:	LC_{50} 1,3-6,9 mg/l (96 h)	n. BUA, 1989
Amerikanische Elritze:	LC_{50} 5,95-6,77 mg/l (48 h)	n. BUA, 1989
Forellenbarsch:	LC_{50} 0,31-9,7 mg/l (7 d)	n. BUA, 1989
Regenbogenforelle:	LC_{50} 0,1-0,14 mg/l (96 h)	n. BUA, 1989
Wasserfloh:	LC_{50} 1,79-24,1 mg/l (48 h)	n. BUA, 1989

Wirkungscharakter:

Mensch/Säugetiere: Naphthalin wird oral, dermal oder über Inhalation aufgenommen und hat im allgemeinen eine geringe toxische Wirkung. Schleimhaut- und Hautreizungen treten äußerst selten auf. Bei Aufnahme großer Konzentrationen kommt es zu hämolytischer Anämie, Kataraktbildung und Sensibilisierung. Besonders Säuglinge und Föten sind hiervon gefährdet. Vereinzelt treten beim Menschen auch allergische Reaktionen auf.

Die Toxizität der Naphthaline nimmt bei den chlorierten Naphthalinen um ein vielfaches zu (siehe unter dem Informationsblatt 'Chlornaphthaline').

VERHALTEN IN DER UMWELT

Wasser:
Aufgrund der guten Wasserlöslichkeit stellen aquatische Medien einen Akkumulationsbereich dar. Insbesondere Wasserorganismen nehmen Naphthalin auf und speichern die Substanz in ihrem Organismus. Deshalb wurde es in die Wassergefährdungsklasse 2 eingestuft.

Luft:
Naphthalin entsteht bei der unvollständigen Verbrennung von organischem Material. Aufgrund der kurzen Verweilzeit ist mit einer Anreicherung nicht zu rechnen.

Halbwertzeit:
Die Halbwertzeit in der Atmosphäre wird auf 7 bis 24 Stunden geschätzt (n. BUA, 1989).

Abbau, Zersetzungsprodukte:
Naphthalin wird mikrobiell oder photochemisch abgebaut, unter anaeroben Bedingungen wurde jedoch bislang keine Mineralisation nachgewiesen. Als Metabolit tritt im Organismus primär Naphthalin-1,2-oxid , das zu weiteren Verbindungen umgesetzt wird.
In der Luft wird Naphthalin zu Alkoholen (Naphtholen), Aldehyden und Carbonsäuren oxidiert.

Nahrungskette:
Eine Bioakkumulation erfolgt über Nahrungsketten nur in sehr geringem Umfang.

UMWELTSTANDARDS

Medium/ Akzeptor	Bereich	Land/ Organ.	Status	Wert	Kat.	Anmerkungen	Quelle
Wasser:	Grundw	NL	R	0,2 ug/l		1)	n. BACHMANN, 1987
	Grundw	NL	(G)	7,0 ug/l		2)	n. BACHMANN, 1987
	Grundw	NL	(G)	30,0 ug/l		3)	n. BACHMANN, 1987
Boden:		NL	(G)	0,1 mg/kg		1)	n. BACHMANN, 1987
		NL	(G)	5,0 mg/kg		2)	n. BACHMANN, 1987
		NL	(G)	50,0 mg/kg		3)	n. BACHMANN, 1987
Luft:		D	G	2,5 mg/m^3	MIK	Langzeitwert	n. BAUM, 1988
		D	G	7,5 mg/m^3	MIK	Kurzzeitwert	n. BAUM, 1988
		D	G	0,10 g/m^3		4)	n. BAUM, 1988
		DDR	(G)	0,003 mg/m^3		Kurzzeitwert	n. HORN, 1989
		DDR	(G)	0,001 mg/m^3		Langzeitwert	n. HORN, 1989
	Arbpl	D	G	50,0 mg/m^3	MAK		DFG, 1989
	Arbpl	DDR	(G)	50,0 mg/m^3		Kurzzeitwert	n. HORN, 1989
	Arbpl	DDR	(G)	20,0 mg/m^3		Langzeitwert	n. HORN, 1989

Arbpl	SU	(G)	20,0 mg/m^3	PDK		n. SORBE, 1989
Arbpl	USA	(G)	50,0 mg/m^3	TWA	Langzeitwert	ACGIH, 1986
Arbpl	USA	(G)	75,0 mg/m^3	STEL	Kurzzeitwert	ACGIH, 1986

Anmerkungen:

1) Beurteilungswert für Boden- und Grundwasserverunreinigungen, A-Wert = gilt als unbelastet
2) Beurteilungswert für Boden- und Grundwasserverunreinigungen, B-Wert = Notwendigkeit weiterer Untersuchungen
3) Beurteilungswert für Boden- und Grundwasserverunreinigungen, C-Wert = Notwendigkeit einer Sanierung
4) bei einem Massenstrom von 2 kg/h und mehr

VERGLEICHS-/REFERENZWERTE

Medium/Herkunft	Land	Wert	Quelle
Oberflächengewässer:			
Rhein (1987)	D	< 0,01-0,03 ug/l	n. BUA, 1989
Bodensee (Sommer 1984)	D	0,002-0,276 ug/l	n. BUA, 1989
Luft:			
Stadtluft (1977-1984)	D	0,3-0,6 ug/m^3	n. BUA, 1989
Kiel	D	0,009 ug/m^3	n. BUA, 1989
Tübingen	D	0,191-0,468 ug/m^3	n. BUA, 1989
Zigarettenrauch (filterlos)		0,422 ug/Zigarette (Hauptstrom)	n. BUA, 1989

BEWERTUNG & ANMERKUNGEN

Naphthalin hat eine geringe toxische Wirkung, verursacht aber beim Menschen vereinzelt allergische Reaktionen. Infolge der Emission aus Kraftfahrzeugabgasen liegt eine höhere Exposition in städtischen Gebieten vor. Sie kann zu einer verstärkten Überempfindlichkeit gegenüber anderen reizenden Stoffen führen. Zwar liegen keine Informationen über karzinogene oder mutagene Wirkungen vor, trotzdem ist eine Gefährdung des Fötus nachgewiesen.

1010 NATRIUM

BEZEICHNUNGEN

CAS-Nr.:	7440-23-5
Systematischer Name:	Natrium
Gebrauchsnamen:	Natrium
Stoffname (engl.):	sodium
Stoffname (franz.):	sodium
Erscheinungsbild:	silberweißes, weiches Metall

CHEM.-PHYSIKAL. GRUNDDATEN

Elementsymbol:	Na
Molare Masse:	22,99 g/mol
Dichte:	0,971 g/cm^3 bei 20°C
Siedepunkt:	890°C
Schmelzpunkt:	97,82°C
Dampfdruck:	1,59 mbar bei 400°C
Zündtemperatur:	> 115°C (in trockener Luft)
Löslichkeit:	reagiert heftig

HERKUNFT UND VERWENDUNG

Verwendung:
Als Trocknungsmittel für organische Lösemittel, Katalysator von Polymerisationen und zur Synthese in der chem. Industrie. Metallisches Natrium wird vor allem zur Herstellung der Antiklopfmittel Bleitetraethyl und -methyl für Ottokraftstoffe verwendet. Seine Verbindungen werden in der Lebensmittelindustrie (NaCl), als Auftausalz für vereiste Straßen, als Düngemittel ($NaNO_3$) und in großem Umfang in der Waschmittel- und Zellstoffindustrie verwendet.

Herkunft/Herstellung:
Wegen seiner hohen Reaktionsfähigkeit kommt Natrium in der uns zugänglichen Natur nur in Form seiner Verbindungen vor. Die Erdkruste enthält bis zu einer Tiefe von 16 km 2,6% gebundenes Natrium. Vergesellschaftet mit anderen Alkalimetallen kommt es in verschiedenen Mineralien vor. Zu den technisch bedeutsamen Mineralsalzen zählen Soda, Natriumsulfat, Borax, Chilesalpeter und Steinsalz (Natriumchlorid). Letzteres ist in beträchtlichen Mengen im Meerwasser gelöst. Für die technische Darstellung von Natrium dient heute ausschließlich das Steinsalz. Ab Mitte der 50iger Jahre ist die Kochsalz-Schmelzflußelektrolyse aus einem ternären Salzgemisch in einer modifizierten DOWNS-Zelle üblich.

Produktionszahlen:
Weltproduktion (ausgeschlossen Ostblockstaaten) = 250.000 t/a;
USA = 172.000 t/a

TOXIZITÄT

Säugetiere:

Ratte	LD_{50} 4300 mg/kg KG, (Nahydrogencarbonat)	n. DVGW, 1988
Ratte	LD 1200 g/kg KG, (NaChlorat)	n. DVGW, 1988
Ratte	LD_{50} 3000 mg/kg KG, (NaChlorid)	n. DVGW, 1988
Ratte	LD_{50} 200 mg/kg KG, (NaFluorid)	n. DVGW, 1988
Maus	LD 80 mg/kg KG, (NaFluorid)	n. DVGW, 1988
Kaninchen	LD 8000-12000 mg/kg KG, (NaChlorat)	

Wasserorganismen:

Fische	LC 20 mg/l	n. HOMMEL, 1983
Daphnia	LC 40-240 mg/l	n. HOMMEL, 1983
Insektenlarven	LC 125-1000 mg/l	n. HOMMEL, 1983

Wirkungscharakter:

Mensch/Säugetiere: Natrium ist ein lebenswichtiger Bestandteil des Blutes; jedoch in hohen Konzentrationen auch ein Ätzstoff, der Verätzungen von Haut und Schleimhäuten verursacht. Eine erhöhte Aufnahme führt zu Bluthochdruck mit den entsprechenden Folgekrankheiten wie Herz- und Nierenerkrankungen. Aufnahme von Lösungen durch den Mund führt zu ausgedehnten Zerstörungen im Magendarmkanal.

Pflanzen: Toxizitätssymptome sind Blattbrand, Schorf, totes Gewebe entlang der äußersten Blattzone durch Akkumulation von Na in den Wurzeln und Zellen, wodurch ein osmotischer Defekt ausgelöst wird.

VERHALTEN IN DER UMWELT

Wasser:
Reagiert heftig, es schwimmt und 'tanzt' auf der Wasseroberfläche, bis sich leicht brennbares Wasserstoffgas und stark ätzendes NaOH gebildet haben. Es entsteht über der Wasseroberfläche ein explosives Luftgemisch und im Wasser stark ätzende Lauge. In der Trinkwasseraufbereitung wird der Natriumgehalt durch einige Aufbereitungsverfahren erhöht (z.B. Ionenaustauscher, Kalkfällung, pH-Werteinstellung). Natrium ist ein essentieller Nährstoff für Wasserorganismen.

Luft:
Brennbares, sehr reaktionsfähhiges Metall. Entzündet sich bei Erwärmung in Verbindung mit Luft ohne vorher zu schmelzen.

Boden:
Die physikalischen Bodenbedingungen verschlechtern sich durch übermäßige Na-Anreicherung, so z.B. die Permabilität für Wasser und die Belüftung durch Dispergierung der Bodenteilchen

Nahrungskette:
Mit der Nahrung aufgenommenes Na wird fast vollständig resorbiert. Der tägl. Na-Bedarf des Erwachsenen beträgt etwa 3-5g.

UMWELTSTANDARDS

Medium/ Akzeptor	Bereich	Land/ Organ.	Status	Wert	Kat.	Anmerkungen	Quelle
Wasser:	Trinkw	D	G	150,0 mg/l			n. DVGW, 1988
	Trinkw	EG	R	20,0 mg/l			n. DVGW, 1988
	Trinkw	EG	(G)	150,0 mg/l			n. DVGW, 1988
	Trinkw	WHO	G	200,0 mg/l			n. DVGW, 1988
	Bewäs	D	R	150,0 mg/l		Freilandkulturen	n. DVGW, 1988
	Bewäs	D	G	250,0 mg/l		Freilandkulturen	n. DVGW, 1988
	Bewäs	D	R	50,0 mg/l		Unterglaskulturen	n. DVGW, 1988
	Bewäs	D	G	150,0 mg/l		Unterglaskulturen	n. DVGW, 1988
Luft:	Arbpl	AUS	G	2,0 mg/m^3		Na-Hydroxid	n. MERIAN, 1984
	Arbpl	B	G	2,0 mg/m^3		Na-Hydroxid	n. MERIAN, 1984
	Arbpl	CH	G	2,0 mg/m^3		Na-Hydroxid	n. MERIAN, 1984
	Arbpl	D	G	2,0 mg/m^3		Na-Hydroxid	n. MERIAN, 1984
	Arbpl	DDR	G	2,0 mg/m^3		Na-Hydroxid	n. MERIAN, 1984
	Arbpl	DDR	G	2,0 mg/m^3		Na-Hydroxid	n. MERIAN, 1984
	Arbpl	I	G	1,0 mg/m^3		Na-Hydroxid	n. MERIAN, 1984
	Arbpl	NL	G	2,0 mg/m^3		Na-Hydroxid	n. MERIAN, 1984
	Arbpl	S	G	2,0 mg/m^3		Na-Hydroxid	n. MERIAN, 1984
	Arbpl	FS	G	2,0 mg/m^3		Na-Hydroxid	n. MERIAN, 1984
	Arbpl	SU	G	0,5 mg/m^3		Na-Hydroxid	n. MERIAN, 1984
	Arbpl	USA	G	2,0 mg/m^3		Na-Hydroxid	n. MERIAN, 1984
	Arbpl	YU	G	2,0 mg/m^3		Na-Hydroxid	n. MERIAN, 1984

VERGLEICHS-/REFERENZWERTE

Medium/Bereich	Land	Konzentration	Quelle
Oberflächengewässer:			
Bodensee	D	3,9-4,35 (mg/l)	n. DVGW, 1988
Rhein: (Köln)	D	31,5-146,6 (mg/l)	n. DVGW, 1988
Rhein: (Lobith)	D	53-178 (mg/l)	n. DVGW, 1988
Ruhr: (Witten)	D	20-30 (mg/l)	n. DVGW, 1988

BEWERTUNG & ANMERKUNGEN

Natrium als essentielles Element ist für die Entwicklung sämtlicher Organismen notwendig. Übermäßiger Genuß über Nahrungsmittel führt allerdings zu Bluthochdruck ("Zivilisationskrankheit") oder Verätzungen von Hautteilen und Schleimhäuten. Deshalb ist der Gehalt in Nahrungsmitteln und Trinkwasser ständig zu überprüfen.
Zu hohe Natriumgaben in der Landwirtschaft führen zu einer zunehmenden Versalzung der Böden und damit zu einer mittelfristigen Ertragseinbuße bzw. langfristig zu einem Ertragsausfall. Insbesondere bei der landwirtschaftlichen Bewässerung ist der Natriumgehalt des Bewässerungswassers zu beachten.
Aufgrund seiner heftigen Reaktion im Kontakt mit Wasser, ist der Gebrauch metallischen Natriums in der Nähe von Gewässern zu unterlassen. Insbesondere dürfen keinerlei Brände, an denen Natrium beteiligt ist bzw. in der Nähe davon gelagert wird, mit Wasser gelöscht werden, sondern ein Abdecken mit trockenem Sand, Steinsalz oder Soda hat zu erfolgen.

356 NICKEL

BEZEICHNUNGEN

CAS-Nr.:	7440-02-0
Systematischer Name:	Nickel
Gebrauchsnamen:	Nickel
Stoffname (engl.):	nickel
Stoffname (franz.):	nickel
Erscheinungsbild:	Nickel ist ein silberweißes, glänzendes, zähes und dehnbares Schwermetall mit kubisch-dichtem Metallgitter (beta-Nickel). Daneben existiert eine unbeständigere hexagonale Konfiguration (alpha-Nickel). Ni ist schwach ferromagnetisch, jenseits des Curie-Punktes (353°C) ist es paramagnetisch. Die Mohs'sche Härte beträgt 3,8. Das Metall läßt sich mechanisch sehr gut bearbeiten.

CHEM.-PHYSIKAL. GRUNDDATEN

Elementsymbol:	Ni
rel. Atommasse:	58,71 g/mol
Dichte:	8,9 g/cm^3 (bei 25°C)
Siedepunkt:	2915°C
Schmelzpunkt:	1455°C
Löslichkeit:	in Wasser unlöslich in verdünnter Salpetersäure löslich

HERKUNFT UND VERWENDUNG

Verwendung:
in erster Linie für harte und, zähe und korrosionsbeständige Legierungen, Überzüge ('vernickelt', 'plattieren'), Münzmetalle, Katalysatoren, den chemischen Apparatebau, Laborgeräte, Thermoelemente, Ni-Cd-Akkumulatoren und magnetische Werkstoffe.

Die wichtigsten Verbindungen sind:
- Nickeltetracarbonyl ($Ni(CO)_4$), hochgiftige, farblose Flüssigkeit, Gemische mit Luft sind explosiv, Ausgangssubstanz für die Herstellung von Reinstnickel;
- Nickelmonooxid (NiO), graugrünes, wasserunlösliches Pulver, Verwendung zum Graufärben von Gläsern und zur Herstellung von Ni-Katalysatoren für Hydrierungsprozesse;
- Nickeldichlorid ($NiCl_2$) zum Färben von Keramik, zur Herstellung von Ni-Katalysatoren und zur galvanischen Vernickelung.

Herkunft/Herstellung:
Ni steht an 28. Stelle der Elementhäufigkeit. Der Anteil an der Erdrinde beträgt ca. 0,008 Gew.-%. Der Erdkern enthält wahrscheinlich große Mengen Nickel. Außer in Meteoriten tritt Ni nicht elementar auf.

Nickelmineralien sind in geringen Konzentrationen weit verbreitet; abbauwürdige Vorkommen müssen durch geochemische Prozesse mindestens auf 0,5% Ni-Gehalt angereichert sein. Die Manganknollen der Tiefsee enthalten große Mengen Ni. Die wichtigsten Nickelmineralien sind: Nickelmagnetkies, Pyrrhotin, Garnierit, Gelbnickelkies, Rotnickelkies, Arsennickelkies und Antimonnickel.
Die Gewinnung erfolgt in Abhängigkeit von der Beschaffenheit des Erzes und dem Verwendungszweck nach sehr unterschiedlichen Verfahren. Zum Teil werden die als Zwischenprodukte anfallenden Ni-Fe-Legierungen direkt der Stahlerzeugung zugeführt. Aus sulfidischen Erzen wird zunächst 'Rohstein' dann 'Feinstein' und daraus mittels Hochdruckcarbonylverfahren über Nickeltetracarbonyl hochreines Ni-Pulver hergestellt. Bei oxidischen Erzen wird das Metall schließlich elektrolytisch gewonnen.

Produktionszahlen:
Die Hauptvorkommen liegen in Kanada, der Sowjetunion, auf Neukaledonien, in Australien und auf Kuba. Die Weltreserven werden auf ca. 174 Mio. t geschätzt. Die Weltproduktion liegt bei ca. 1 Mio. t/a (BREUER, 1981).

Emissionszahlen:
natürliche Emissionen (in Mio. kg/a, n. BENNETT 1981):
Äolische Stäube: 4,8; Vulkane: 2,5; Vegetation: 0,8; Waldbrände: 0,2; Meteoritenstäube: 0,2; marines Spritzwasser: 0,009.
anthropogene Emissionen (in Mio. kg/a, n. BENNETT 1981):
Ölverbrennung: 27; Nickel-Industrie: 7,2; Müllverbrennung: 5,1; Stahlproduktion: 1,2; industr. Verarbeitung: 1,0; Kraftfahrzeuge: 0.9; Kohleverbrennung: 0,7
Kohlekraftwerke in der BRD ca. 84 t/a (RÖMPP, 1988).

TOXIZITÄT

Wasserorganismen:

Fische	LC100 5-50 ug/l (24-96 h)		n. ATRI, 1987
Fischlarven, Jungfische	LC50 0,1-5 ug/l		n. ATRI, 1987
Daphnien	0,1-5 ug/l[1)]		n. ATRI, 1987

Pflanzen:

diverse Arten	20-30 mg/kg	Ertrageinbuße	n. BAFEF, 1987
junge Gerste	11-13 mg/kg	Ertragseinbuße	n. BAFEF, 1987

Anmerkungen:
[1)] je geringer die Karbonathärte des Wassers desto geringer die Toxizitätswerte

Wirkungscharakter:
Mensch/Säugetiere: Ni ist ein Spurenelement. Das Metall und seine anorganischen Verbindungen gelten als vergleichsweise ungiftig. Dauernder Hautkontakt kann allerdings zur 'Nickelkrätze' führen. Die organischen Ni-Verbindungen sind dagegen z.T. hochtoxisch (z.B. Nickeltetracarbonyl) und besitzen ein hohes allergenes und mutagenes Potential. Ni-Dampf und -staub sind wie einige andere Ni-Verbindungen wahrscheinlich kanzerogen.

Pflanzen:	Ni ist ein wichtiges Spurenelement für den Pflanzenwuchs.
Synerg./Antagon.:	"Es liegen Laborexperimente vor, die darauf hinweisen, daß sich die toxische Wirkung von Nickel in Anwesenheit anderer Elemente verändert. So sollen die Elemente Kupfer, Zink und Nickel eine additive Wirkung auf die akute Toxizität bei der Regenbogenforelle haben. Synergistische Wirkungen sollen bei Nickel-Zink- oder Nickel-Kupfer-Kombinationen entstehen. Hinweise auf Wirkungsveränderungen bei Mischungen verschiedener Schwermetallsalze liegen auch aus anderen Laborergebnissen vor..." (ATRI, 1987)

VERHALTEN IN DER UMWELT

Wasser:
Nickel liegt in aquatischen Systemen gewöhnlich als Ni^{2+} vor. Unter anderen Faktoren hängt die Form, in der es im Wasser vorgefunden wird, auch vom pH-Wert ab. Nickel-Verbindungen in Gewässern werden in aller Regel als Gesamt-Nickel erfaßt und angegeben, wenngleich das Spektrum der durch anthropogene Einleitungen in Gewässer eingebrachten Verbindungen über lösliche Salze, unlösliche Oxide bis zu metallischem Nickelstaub reicht. Ausschließlich in Gewässern vorkommende Nickel-Verbindungen sind bislang nicht bekannt.

Luft:
Nickel kommt in der Luft als Aerosol vor. Die metallische Form ist beständig. Die Bestimmung luftspezifischer Ni-Verbindungen ist äußerst schwierig, weil zum einen der Gehalt der Stoffverbindungen in der Atmosphäre vergleichsweise gering ist und zum anderen die analytischen Methoden stoffliche Modifikationen verursachen. Entsprechend den Emissionszahlen (s. dort) gelangen in erster Linie Ni-Sulfate, komplexe Ni-Oxide, Ni-Oxid und zu einem weitaus geringeren Anteil metallische Nickelstäube in die Atmosphäre.

Boden:
Auch in Böden kann Nickel in sehr verschiedenen Formen vorliegen als anorganisches kristallines Mineral (oder als Niederschlag), in komplexen Chelaten oder als freies Ion. Das Verhalten von Ni-Verbindungen im Boden hängt neben den Eigenschaften der einzelnen Verbindungen von denen des Bodentyps ab und läßt sich in diesem Rahmen nicht generalisieren. Grundsätzlich gilt hier lediglich, daß mit der Abnahme des pH-Wertes die Desorption steigt und der Gehalt an Ni in der Bodenlösung zunimmt.

Abbau, Zersetzungsprodukte, Halbwertzeit:
Angaben dieser Art können nur für einzelne Ni-Verbindungen, für das Element nur die Halbwertzeiten der 8 instabilen Ni-Isotope gegeben werden. Die Werte liegen zwischen 0,005 s (^{53}Ni) und 7,5 x 10^4 a (^{59}Ni).

Nahrungskette:
Eine Reihe von Pflanzen reichern Ni aus dem Boden an (Kiefern z.B. bis zum 700fachen). In der Regel erfolgt die Aufnahme über das Wurzelsystem. Unter natürlichen Bedingungen liegen die Gehalte in Pflanzen unter 1 ppm, in Böden auf Serpentiniten wurden allerdings auch Konzentrationen von 100 ppm gefunden und auf Klärschlamm beauftragten Böden sogar bis zu 1150 ppm (n. U.S.EPA, 1985).

UMWELTSTANDARDS

Medium/ Akzeptor	Bereich	Land/ Organ.	Status	Wert	Kat.	Anmerkungen	Quelle
Wasser:	Trinkw	D	G	0,05 mg/l			TVO, 1986
	Trinkw	EG	R	0,05 mg/l			n. LAU-BW[3], 1989
	Trinkw	WHO	R	0,1 mg/l			n. TEBBUTT, 1983
	Oberfl	CH	G	0,05 mg/l			n. LAU-BW, 1989
	Oberfl	D	R	0,03 mg/l		1)	DVGW, 1975
	Oberfl	D	R	0,05 mg/l		2)	DVGW, 1975
	Oberfl	USA	(G)	1 mg/l		State of Illinois	n. WAITE, 1984
	marin	USA	R	0,1 mg/l		Gefahrenschwelle	EPA, 1973
	marin	USA	R	0,002 mg/l		Minimalrisiko	EPA, 1973
	Grundw	D(HH)	R	0,02 mg/l		weitere Unters.	n. LAU-BW, 1989
	Grundw	D(HH)	R	0,2 mg/l		Sanierungsunters.	n. LAU-BW, 1989
	Grundw	NL	R	0,05 mg/l		Prüfwert	n. LAU-BW, 1989
	Grundw	NL	R	0,2 mg/l		Sanierung	n. LAU-BW, 1989
	Grundw	USA	(G)	1 mg/l		State of Illinois	n. WAITE, 1984
	Abwasser	CH	(G)	2,0 mg/l		4)	n. LAU-BW, 1989
	Abwasser	D(BW)	R	3,0 mg/l			n. LAU-BW, 1989
	Bewäss	USA		0,2 mg/l		13)	EPA, 1973
	Bewäss	USA		2 mg/l		14)	EPA, 1973
Boden:		CH	(G)	50 mg/l		gesamt[5]	n. LAU-BW, 1989
		CH	(G)	0,2 mg/kg		löslich[6]	n. LAU-BW, 1989
		D(HH)	R	300 mg/kg TS			n. LAU-BW, 1989
		NL	R	100 mg/kg ltr.		Prüfwert	n. LAU-BW, 1989
		NL	R	500mg/l ltr.		Sanierungsunters.	n. LAU-BW, 19889
	Klärschl	CH	G	10 mg/kg TS		Schlamm[9]	n. LAU-BW, 1989
	Klärschl	D	G	50 mg/kg ltr		Boden	n. LAU-BW, 1989
	Klärschl	D	G	200 mg/kg TS		Schlamm	n. LAU-BW, 1989
	Klärschl	EG	R	30-75 mg/kg TS		Boden[7]	n. LAU-BW, 1989
	Klärschl	EG	R	16-25 mg/kg TS		Schlamm[8]	n. LAU-BW, 1989
	Kompost	A	(R)	30-200 ppm TS		Gütesiegel[12]	n. LAU-BW, 1989
	Kompost	CH	(G)	50 mg/kg TS		11)	n. LAU-BW, 1989
	Kompost	D	R	50 mg/kg ltr		Boden	n. LAU-BW, 1989
	Kompost	D	R	330 g/ha/a		10)	n. LAU-BW, 1989

Luft:	Arbpl	B	(G)	0,1 mg/m^3		8-h-Mittel	n. MERIAN, 1984
	Arbpl	BG	(G)	0,5 mg/m^3		8-h-Mittel	n. MERIAN, 1984
	Arbpl	D	G	0,5 mg/m^3	TRK	atembare Stäube	DFG, 1989
	Arbpl	D	G	0,05 mg/m^3	TRK	atembare Tröpfchen	DFG, 1989
	Arbpl	NL	(G)	0,1 mg/m^3		8-h-Mittel	n. MERIAN, 1984
	Arbpl	I	(G)1 mg/m^3			8-h-Mittel	n. MERIAN, 1984
	Arbpl	J	(G)1 mg/m^3			8-h-Mittel	n. MERIAN, 1984
	Arbpl	S	(G)	0,01 mg/m^3		8-h-Mittel[15)]	n. MERIAN, 1984
	Arbpl	SU	(G)	0,5 mg/m^3		8-h-Mittel	n. MERIAN, 1984
	Arbpl	SU	(G)	0,001 mg/m^3		24-h-Mittel	n. STERN, 1986
	Arbpl	USA	(G)	1,0 mg/m^3	TWA	Metall und unlösl. Verb.	n. ACGIH, 1986
	Arbpl	USA	(G)	0,1 mg/m^3	TWA	lösl. anorg. Verb.	n. ACGIH, 1986
Nahrung:		D		0,6 mg/Pers./d	ADI		n. OHNESORGE, 1985

Anmerkungen:

1) Trinkwasseraufbereitung bei Anwendung einfacher physikalischer Reinigungsverfahren
2) Trinkwasseraufbereitung bei Anwendung physikalisch-chemischer Reinigungsverfahren
3) Landesamt für Umweltschutz Baden-Württemberg
4) direkte und indirekte Einleitung
5) Gesamtgehalt
6) pflanzenverfügbarer Gehalt
7) Gehalt im beaufschlagten Boden; die Werte sollen bei pH-Werten <6 herabgesetzt werden; eine Überschreitung ist bis zu 10% zulässig
8) die Verwendung von Schlämmen ist verboten auf Weiden und Futterbauflächen während der Nutzung und in Obst- und Gemüsekulturen während der Vegetation
9) Klärschlamm darf nicht ausgebracht werden auf durchnäßten, schneebedeckten Böden, in Mooren, an Hecken, an Waldrändern, Ufern von Oberflächengewässern, auf Streuflächen und im Fassungsbereich von Grundwasserschutzzonen; in 3 Jahren dürfen nicht mehr als 7,5 t Klärschlamm (TS) ausgebracht werden
10) Aufbringungsintervalle richten sich nach Schwermetallkonzentration und Aufbringungsmenge unter Berücksichtigung der letzten zwei Kompostanalysen
11) bis zum 31. August 1991 dürfen die Komposte höchstens dreimal den Grenzwert überschreiten
12) Gütesiegel zwecks besserer Vermarktung mit staatl. und halbstaatl. Überwachung
13) beim Austritt aus den Pump- und/oder Aufbereitungsanlagen und ihren Nebenanlagen
14) nach 12stündigem Verbleib in der Leitung und am Punkt der Bereitstellung für den Verbraucher
15) eingeordnet in die Gruppe der Stoffe, die erfahrungsgemäß beim Menschen Krebs verursachen können, sich im Tierversuch als karzinogen erwiesen haben oder bei denen ein nennenswertes krebserzeugendes Potential zu vermuten ist

VERGLEICHS-/REFERENZWERTE

Medium/Herkunft	Land	Wert	Quelle
Wasser:			
Trinkwasser	USA	< 10 ug/l (Mittel)	n. BENNETT, 1981
Trinkwasser (Ni-Abbau)	USA	200 ug/l (max)	n. BENNETT, 1981
div. Oberflächengew. (1962-73)	USA	19 ug/l (Mittel)	n. BENNETT, 1981
div. Oberflächengew. (1962-73)	Europa	15 ug/l (Mittel)	n. BENNETT, 1981
Meerwasser		0,1-0,5 ug/l	n. BENNETT, 1981
Boden:			
natürliche Gehalte		5-500 ppm	n. U.S.EPA, 1985
normaler Gehalt		50 ppm	n. U.S.EPA, 1985
häufige Gehalte	D	2-50 mg/kg ltr.	n. LAU-BW[1], 1989
tolerierbar kontaminiert	D	50 mg/kg ltr.	n. LAU-BW, 1989
besonders kontaminiert	D	< 10.000 mg/kg ltr.	n. LAU.BW, 1989
Luft:			
Immissionen im Schwebstaub:			
Rhein/Ruhr-Gebiet (1984)	D	9-15 ng/m^3 (mittlere Schwankung)	n. SRU, 1988
Rhein/Ruhr-Gebiet (1984)	D	12 ng/m^3 (Mittel)	n. SRU, 1988
ländliche Gebiete	D	5 ng/m^3 (a-Mittel)	n. SRU, 1988
Ballungsgebiete	D	20-70 ng/m^3 (a-Mittel)	n. SRU, 1988
Depositionsraten:			
ländliche Gebiete	D	5-30 ug/m^2/d	n. SRU, 1988
Ballungsgebiete	D	10-80 ug/m^2/d	n. SRU, 1988
in Emittentennähe	D	400-1200 ug/m^2/d	n. SRU, 1988
Pflanzen:			
div. Arten (normale Gehalte)		0,1-3 mg/kg TS	n. KUSt, 1985
div. Arten (normale Gehalte)		0,05-5 mg/kg TS	n. BENNETT, 1981
Nahrung:[2]			
Getreide, Gemüse, Obst	USA	0,02-2,7 mg/kg FS	n. BENNETT, 1981
Fleisch	USA	0,06-0,4 mg/kg FS	n. BENNETT, 1981
Meerestiere	USA	0,02-20 mg/kg FS	n. BENNETT, 1981
Austern		1,5 mg/kg FS	n. BENNETT, 1981
Lachs		1,7 mg/kg FS	n. BENNETT, 1981

Anmerkungen:

[1] Landesamt für Umweltschutz Baden-Württemberg

[2] die durchschnittliche menschliche Aufnahmemenge beträgt ca. 0,1-0,3 mg Nickel pro Tag; die Kontamination von Lebensmitteln kann auch die Zubereitung in vernickelten Haushaltgegenständen erfolgen

BEWERTUNG & ANMERKUNGEN

Nickel ist ein Spurenelement und in vergleichsweise hohen Mengen in der Natur vertreten. Von seinen originär vorkommenden Verbindungen gehen keine erwähnenswerten Gefahren aus. Ein erhebliches Gefahrenpotential stellen dagegen die Produkte künstlicher Aufarbeitungen dar. Anreicherungen können so durch Klärschlämme und Komposte in die Umwelt eingebracht werden, weitaus gefährlicher allerdings, sind die mit der Gewinnung von Nickel verbundenen Verfahren, die z.T. hochgradig toxische Substanzen als Zwischen- und Abfallprodukte erzeugen. Wie im Falle fast aller Elemente lassen sich die von ihnen ausgegehenden Gefahren nicht als Gesamtheit beschreiben. Die Palette der Auswirkungen von Nickel in verschiedenen Umweltbereichen wird durch das Spektrum der genannten Standards angedeutet. Im Falle einer Beurteilung von Maßnahmen zum Abbau, zur Verarbeitung oder industriellen Nutzung von Nickel müssen auf jeden Fall nähere Bestimmungen der im einzelnen anfallenden chemischen Verbindungen erfolgen. Erst unter Berücksichtigung ihrer spezifischen Eigenschaften läßt sich eine präzisere Einschätzung der jeweiligen Umwelteinwirkungen vornehmen.

360 NITRAT

BEZEICHNUNGEN

Systematischer Name: Stickstofftrioxid
Gebrauchsnamen: Nitrat
Stoffname (engl.): nitrate
Erscheinungsbild: nitrate

HERKUNFT UND VERWENDUNG

Verwendung:
Nitrate werden als Düngemittel und in der Lebensmittelindustrie verwendet. Rund 90 % aller Fleischerzeugnisse werden gepökelt, d.h. ihnen wird Nitrat in Form von Kaliumnitrat oder Salpeter zugesetzt.

Herkunft/Herstellung:
Salz der Salpetersäure. Nitrat ist ein Bestandteil des Stickstoffkreislaufes der Natur. Stickstoff kommt in der Luft zu 78 % vor. Durch die Mineralisierung des Stickstoffs entsteht zuerst Ammoniak, das durch die nitrifizierenden Bakterien zu Nitrit und dann weiter zu Nitrat oxidiert wird.

TOXIZITÄT

Wirkungscharakter:

Mensch/Säugetiere: Bei Säuglingen besteht neben der Gefahr der Nitrosaminbildung die einer Erkrankung, der sog. Methämoglobinämie (Blausucht). Der erste Schritt ist wieder die Umwandlung zu Nitrit aufgrund geringer Magensäure. Von hier gelangt das Nitrit in die Blutbahn, wo es das Hämoglobin zu Methämoglobin oxidiert, wodurch der Sauerstofftransport gehemmt wird. 60 bis 80% Methämoglobin wirken tödlich durch innere Erstickung. Die Symptome ähneln der einer Kohlenmonoxid-Vergiftung.

Pflanzen: Die Steigerung des Nitratgehaltes hat eine vermehrte Wasseraufnahme der Pflanze zur Folge, gleichzeitig sinkt der Gehalt an wertgebenden Inhaltsstoffen wie Vitamin C oder Eisen.

VERHALTEN IN DER UMWELT

Wasser:
Die Auswaschung der Nitrat-Ionen von den Bodenoberschichten ins Grundwasser ist von vielen Faktoren abhängig und dauert oft Monate und Jahre. Es werden drei Verfahren zur Reduzierung der Nitratgehalte im Trinkwasser diskutiert und in einigen Wasserwerken erprobt, dazu gehört die biologische Denitrifikation, der Ionenaustausch und die Umkehrosmose.

Boden:
Für die Verlagerung der Nitrat-Ionen im Boden gibt es verschiedene Möglichkeiten; sie werden von Pflanzen und Mikroorganismen aufgenommen, sie werden nitrifiziert, sie können durch Mikroben zu Ammonium-Ionen ($NH4^{+}$) reduziert werden oder sie werden durch das anfallende Sickerwasser in das Grundwasser ausgewaschen. Hierbei besteht eine klare Abhängigkeit der Nitratauswaschung von der Jahreszeit (am stärksten in der vegetationsarmen Periode). Je höher der Humusgehalt ist, umso mehr organisch gebundener Stickstoff wird zu Nitrat mikrobiell abgebaut.

Abbau, Zersetzungsprodukte:
Die sogenannte Tertiärwirkung des aufgenommenen Nitrats geht von den sich bildenden N-Nitrosoverbindungen aus. Die N-Nitrosoverbindungen sind kanzerogene Substanzen.

Nahrungskette:
Werden nitrathaltige Speisen verzehrt, so kann das Nitrat nach der Aufnahme in den Blutkreislauf über den Speichel wieder in die Mundhöhle gelangen und dort von Mikroorganismen zu Nitrit umgewandelt werden. Vierfünftel der Nitritbelastung sind also Folge ihrer Entstehung aus Nitrat. Der Hauptanteil der Nitritbelastung des Menschen stammt aus dem Gemüse (über 70%, Heinze, 1986). Der natürliche Nitratgehalt von Fleisch ist unwesentlich. Es gelangt über die Methoden der Haltbarmachung ins Fleisch bzw. in den Fisch.

UMWELTSTANDARDS

Medium/ Akzeptor	Bereich	Land/ Organ.	Status	Wert	Kat.	Anmerkungen	Quelle
Wasser:	Trinkw	CS	(G)	15,0 mg/l			n. B.U. INST., 1984
	Trinkw	CH	(G)	20,0 mg/l			n. B.U. INST., 1984
	Trinkw	D	G	50,0 g/m^3			n. LAU-BW, 1989
	Trinkw	DDR	(G)	40,0 mg/l			n. B.U. INST., 1984
	Trinkw	DDR	(G)	20,0 mg/l			n. B.U. INST., 1984
	Trinkw	EG	R	25,0 g/m^3			n. LAU-BW, 1989
	Trinkw	EG	R	50,0 g/m^3			n. LAU-BW, 1989
	Trinkw	GB	(G)	90 mg/l			n. HEINZE, 1986
	Trinkw	SU	(G)	40 mg/l			n. HEINZE, 1986
	Trinkw	USA	(G)	45 mg/l			n. HEINZE, 1986
	Trinkw	WHO	R	44,30 g/m^3			n. LAU-BW, 1989

	Grundw	NL	R	5,6 g/m³		n. LAU-BW, 1989
	Oberfl	D	R	25,0 g/m³	Untersuchung	n. LAU-BW, 1989
	Oberfl	D	R	50,0 g/m³	Sanierung	n. LAU-BW, 1989
	Oberfl	EG	R	25,0 g/m³	[1] A_1	n. LAU-BW, 1989
	Oberfl	EG	R	50,0 g/m³	[2] A_1, A_2, A_3	n. LAU-BW, 1989
	Abwas	CH	(G)	25,0 g/m³	Qualitätsziel	n. LAU-BW, 1989
Nahrung:		CH	G	3000 mg/kg	Salat	n. B.U. INST., 1984
		D	(G)	5,0 mg/kg KG ADI	als NatriumNitrat [3]	n. GROßKLAUS, 1989
		D	(G)	5,0 mg/kg KG ADI	als KaliumNitrat [3]	n. GROßKLAUS, 1989
		D	(G)	100,0 mg/kg KG ADI	als KaliumNitrat [4]	n. GROßKLAUS, 1989
		NL	(G)	4000,0 mg/kg KG	Salat	n. B.U. INST., 1984
		WHO	R	3,65 mg/kg KG ADI		n. B.U. INST., 1984
		WHO	R	18,3 mg/d	[5]	n. B.U. INST., 1984
		WHO	R	73,0 mg/d	[6]	n. B.U. INST., 1984
		WHO	R	219,0 mg/d	[7]	n. B.U. INST., 1984

Anmerkungen:

[1] jeweils für die Trinkwasseraufbereitung: Qualitätsanforderung an Oberflächengewässern für die Trinkwasseversorgung in den Mitgliedsstaaten: A1 = G für einfache physikalische Aufbereitung und Entkeimung

[2] jeweils für die Trinkwasseraufbereitung: A1 = einfache phys. Aufbereitung u. Entkeimung, A2 = Normale phys. u. chem. Aufbereitung und Entkeimung und A3 = Phys. u. verfeinerte chem. Aufbereitung, Oxidation, Adsorbtion u. Entkeimung

[3] in Fleisch, Fisch, Käse

[4] in Rohwürsten

[5] für einen Säugling von 5 kg

[6] für ein Kind von 20 kg

[7] für einen Erwachsenen von 60 kg

Nitrat als Zusatzstoff ist in Norwegen, Schweden und der DDR verboten (n. HEINZE, 1986).

VERGLEICHS-/REFERENZWERTE

Medium/Bereich	Land	Wert	Quelle
Kopfsalat	D	1489,2 mg/kg FG	n. RSU, 1987
Spinat	D	964,8 mg/kg FG	n. RSU, 1987
Tomate	D	27,2 mg/kg FG	n. RSU, 1987
Milch	D	1,35 mg/kg FS	n. RSU, 1987
Fleischerzeugnisse	D	77,23 mg/kg FS	n. RSU, 1987
Frischgemüse	D	720,58 mg/kg FS	n. RSU, 1987
Säuglingsnahrung	D	81,0 mg/kg FS	n. RSU, 1987

BEWERTUNG & ANMERKUNGEN

Aufgrund der Umwandlung von Nitrat im menschlichen Körper zu Nitrit bzw. Nitrosaminen (gelten als karzinogen) und der daraus entstehenden, gerade für Säuglinge, lebensgefährlichen Belastung muß ein unkontrolliertes Inverkehrbringen von Nitrat vermieden werden. Gerade bei der Haltbarmachung von Lebensmitteln (Pökeln) muß der Verbrauch von Nitraten eingeschränkt werden.
In der Landwirtschaft muß der Einsatz von Nitratdüngemitteln unbedingt aus Trinkwasserschutzgebieten und Einflußbereichen von Grundwasser (hydromorphe Böden) ausgeschlossen werden.

1011 OZON

BEZEICHNUNGEN

CAS-Nr.:	10028-15-6
Systematischer Name:	Ozon
Gebrauchsnamen:	Ozon, Trisauerstoff, Trioxygen
Stoffname (engl.):	ozone
Stoffname (franz.):	ozone
Erscheinungsbild:	farbloses Gas; bzw. dunkelblaue Flüssigkeit

CHEM.-PHYSIKAL. GRUNDDATEN

Summenformel:	O_3
Molare Masse:	48,0 g/mol
Dichte:	2,15 g/l bei 0°C
rel. Gasdichte:	1,66
Siedepunkt:	-112°C
Schmelzpunkt:	-251°C
Dampfdruck:	70 bar bei -20°C
Flammpunkt:	2677 K
Zündtemperatur:	< - 180°C (flüssiges Ozon), detonationsfähig; untere Zündgrenze gasförmiger O_2/O_3-Gemische bei 9 mol-% O_3
Löslichkeit:	in Wasser 490 ml/l bei 25°C besonders gut löslich in Freon-12
Umrechnung:	1 mg/m^3 = 0,051 ppm 1 ppm = 1,995 mg/m^3
Anmerkungen:	festes Ozon explodiert bei der geringsten Erschütterung mit einem hellweißen Blitz, während flüssiges beim raschen Erwärmen oder bei Berührung mit organ. Verbindungen explodiert.

HERKUNFT UND VERWENDUNG

Verwendung:

Im Laboratorium zur Ozonierung, in der Industrie zum Bleichen von Ölen, Fetten, Wachsen, Synthesefasern, Papieren, Zellstoff und Textilien, als Desinfektionsmittel in Brauhäusern, Kühlräumen und dgl., zur künstl. Alterung von Weinbrand und zur Reinigung von Trinkwasser. Daneben zur Entkeimung von Schwimmbadwasser und zur Desodorierung von üblen Gerüchen. Weitere Anwendungen ergeben sich aus der sterillisierenden Wirkung von Ozon bei der Herstellung, Konservierung und Lagerung von Lebensmitteln.

Herkunft/Herstellung:
Ozon entsteht aus Luftsauerstoff durch UV-Licht bei sehr hohen Temperaturen und bei stiller elektr. Entladung. Die Entstehung setzt die Existenz von Vorläuferstoffen, insbes. N-Oxide und Kohlenwasserstoffe voraus, die durch ausreichende Sonneneinstrahlung zu Ozon umgewandelt werden. Hauptquellen für Arbeitsplatzbelastungen sind Schutzgasschweißen, Kopiergeräte, Luftfilteranlagen, UV-Entkeimungsanlagen und UV-Lampen, bei denen im Atembereich durch UV-Bestrahlung aus molekularem Sauerstoff Ozon entsteht. Als einzige wirtschaftliche Methode zur Ozon-Erzeugung hat sich die Methode der stillen elektrischen Entladung erwiesen.

TOXIZITÄT

Mensch:	LD 15-20ppm	n. ULLMANN, 1978
	0,001 mg/l Luft (deutliche Reizung)	n. TAB. CHEMIE, 1980
	0,002 mg/l Luft (1,5 h; Schädigung)	n. TAB. CHEMIE, 1980
Säugetiere:		
Meerschweinchen	LC_{50} 51,7 ppm	n. ULLMANN, 1978
Maus	LC_{50} 21 ppm	n. ULLMANN, 1978

Anmerkungen:
Juvenile Tiere reagieren empfindlicher auf die Inhalation als adulte Tiere. Körperliche Anstrengung erhöht die Toxizität, was durch verstärkte Ventilation oder Streß bedingt ist.

Wirkungscharakter:

Mensch/Säugetiere: Reizstoff besonders für die Schleimhäute der Augen, Nase und des Rachens, doch werden die Hauptschädigungen in den Atemwegen verursacht, wobei Atembeschwerden mit Abnahme des Respirationsvolumens, später auch mit Bronchitis und Lungenödeme auftreten können. Chronische Exposition kann auch bei niedrigen O_3-Konzentrationen Brust- und Kopfschmerzen sowie Schwindel zur Folge haben. Die Toxizität des Ozons wird z.T. auf die oxidative Zersetzung ungesättigter Fettsäuren im Organismus zurückgeführt.

Pflanzen: Die direkte Einwirkung des Ozons führt zur Zerstörung der Chlorophylle, insbes. des Chlorophylls b. Eine Beteiligung des Ozons an "Waldschäden" wird seit längerem diskutiert. Die Ozonaufnahme erfolgt nur direkt über die Luft. Es bestehen große Unterschiede in der Sensitivität verschiedener Pflanzen. Akute Symptome von O_3-Belastungen sind Nekrosen, Chlorosen und sogen. "Wasserflecken".

VERHALTEN IN DER UMWELT

Wasser:
Mit steigendem pH-Wert nimmt die Geschwindigkeit der Zersetzung von Ozon in wässriger Lösung zu. Die Art der im Wasser gelösten Alkalien beeinflußt die Beständigkeit des Ozons, so wird Ozon in wäßrigen Bicarbonat-Lösungen beispielsweise stabilisiert. In Gegenwart von Wasser oxidiert Ozon alle Metalle bis zur höchsten Oxidationsstufe.

Luft:
Die Beiträge des Ozons zur atmosphärischen Luftverunreinigung beruhen auf der photochemischen Bildung von "Smog", deren erster Schritt wohl die Photolyse des O_3 ist.

Abbau, Zersetzungsprodukte, Halbwertszeit:
Gasförmiges Ozon verbrennt spontan: $O_3 \rightarrow O_2 + 1/2\ O_2 + 284$ kJ mit einer Halbwertszeit von 3 Tagen (bei 20°C), 8 Tagen (bei -15°C), 18 Tagen (bei -25°C) bzw. 3 Monaten (bei -50°C); die Verbrennung ist allerdings nur eine einfache allotrope Umwandlung des gleichen Elementes.

UMWELTSTANDARDS

Medium/ Akzeptor	Bereich	Land/ Organ.	Status	Wert	Kat.	Anmerkungen	Quelle
Luft:		CH	(G)	100,0 ug/m^3		1)	n. LAU-BW, 1989
		CH	(G)	120,0 ug/m^3		2)	n. LAU-BW, 1989
		D	R	120,0 ug/m^3		3)	n. LAU-BW, 1989
		WHO	R	150,0-200 ug/m^3		4)	n. LAU-BW, 1989
		WHO	R	100,0-120 ug/m^3		5)	n. LAU-BW, 1989
		WHO	R	200,0 ug/m^3		6)	n. LAU-BW, 1989
		WHO	R	60,0 ug/m^3		7)	n. LAU-BW, 1989
		WHO	R	65,0 ug/m^3		8)	n. LAU-BW, 1989
	Arbpl	D	G	0,1 ml/m^3	MAK		DFG, 1989
	Arbpl	D	G	2,0 mg/m^3	MAK		DFG, 1989
	Arbpl	DDR	(G)	0,2 mg/m^3			n. TAB. CHEMIE, 1980
	Arbpl	SU	(G)	0,1 mg/m^3			n. KETTNER, 1979
	Arbpl	USA	(G)	0,2 mg/m^3	TWA		n. ACGIH, 1986
	Arbpl	USA	(G)	0,6 mg/m^3	STEL		n. ACGIH, 1986

Anmerkungen:
1) Expositionszeit: 98% des Halbstundenmittels eines Jahres
2) Expositionszeit: 1 Stundenmittel; eine Überschreitung maximal
3) Expositionszeit: Halbstundenmittel; Schutzobjekt: Mensch
4) Expositionszeit: 1h; Schutzobjekt: Mensch
5) Expositionszeit: 8h; Schutzobjekt: Mensch
6) Expositionszeit: 1h; Schutzobjekt: Vegatation
7) Expositionszeit: Mittelwert über die gesamte Vegetationszeit
8) Expositionszeit: 24h; Schutzobjekt: Vegetation

BEWERTUNG & ANMERKUNGEN

Eine Bewertung des Stoffes Ozon muß unter zwei unterschiedlichen Aspekten erfolgen. Ozon als bodennaher Luftschadstoff gefährdet Atemwegsorgane sowie Pflanzen und ist deshalb so weit wie möglich zu vermeiden. Da Ozon sekundär gebildet wird, heißt das, daß vor allem Emissionen von Stickoxiden und Kohlendioxid reduziert werden müssen.

Gleichzeitig müssen Fluorkohlenwasserstoffe, Stickoxide und Kohlendioxide aus oberen Atmosphärenschichten (Ozonosphäre in 50 bis 60 km) ferngehalten werden, da diese die lebenswichtige Ozonschicht, die die gesundheitsgefährdende UV-Strahlung absorbiert, abbaut. Während also die bodennahen Ozongehalte schädigend wirken, sind die in der oberen Atmosphäre vorkommenden Gehalte lebenswichtig.

172 PARAQUATDICHLORID

BEZEICHNUNGEN

CAS-Nr.:	1910-42-5
Systematischer Name:	1,1'-Dimethyl-4,4'-bipyridinium-kation, Paraquatdichlorid
Gebrauchsnamen:	Paraquat, 1,1-Dimethyl(-4,4-Bipyridinium)-dichlorid, Garamoxone, Gramoxon, Terraklene, Weedol
Stoffname (engl.):	1,1'-dimethyl-4,4'-bipyridylium dichloride, methylviologen, N,N'-dimethyl-4,4'-bipyridiniumchloride
Stoffname (franz.):	dichlorure de paraquat, dichlorure de N,N'-diméthyl-4,4'-dipyridinium
Erscheinungsbild:	Reines Paraquat-Salz ist ein weißes, kristallines, geruchloses Pulver; das technische Produkt sieht gelblich aus.

CHEM.-PHYSIKAL. GRUNDDATEN

Summenformel:	$C_{12}H_{14}N_2Cl_2$
Molare Masse:	257,2 g/mol
Dichte:	1,25 g/cm^3 bei 20°C
rel. Dampfdichte:	8,8
Siedepunkt:	>300°C unter Zersetzung
Schmelzpunkt:	175-180
Dampfdruck:	$<10^{-3}$ Pa bei 20°C
Löslichkeit:	in Wasser 700 g/l bei 20°C; löslich in Alkohol; unlöslich in organischen Lösungen

HERKUNFT UND VERWENDUNG

Verwendung:
Paraquat ist ein nicht-selektierendes Kontaktherbizid, das besonders im Obst- und Weinbau gegen Nichtkräuter eingesetzt wird. Zur Anwendung kommen meist das Sulfat oder das Chlorid. Pflanzenbehandlungsmittel, die Paraquat als alleinigen Wirkstoff enthalten, sind in der Bundesrepublik verboten.

Herkunft/Herstellung:
Paraquat wird synthetisch hergestellt, natürliche Gehalte sind nicht bekannt. Paraquat gehört zur Gruppe der Bipyridiniumderivate. Es werden 2 technische Produkte hergestellt: 1,1'-dimethyl-4,4'-bipyridilium-dichlorid oder 1,1'-dimethyl-4,4'-bipyridilium-dimethylsulfat. Das Produkt wird aus der Verbindung von Pyridinen, im Beisein von Natrium, Ammoniak, 4,4'-Bipyridil und Methylchlorid hergestellt.

Produktionszahlen:
Paraquat wird in zahlreichen Ländern hergestellt (z.B. Chinesische Volksrepublik, Taiwan, Italien, Großbritannien, USA). Es findet in mehr als 130 Ländern Anwendung (meist als Paraquatdichlorid, in der SU als Paraquatdimethylphosphat). Produktionszahlen sind nicht bekannt (WHO, 1984).

TOXIZITÄT

Mensch:	DTA 0,008 mg/kg	n. DFG, 1985
Säugetiere:		
Maus:	LD_{50} 100-120 mg/kg, oral	n. DVGW, 1988
Maus:	LD_{50} 62 mg/kg, dermal	n. WHO, 1984
Ratte:	LD_{50} 100-150 mg/kg, oral	n. DVGW, 1988
Ratte:	LD_{50} 80-90 mg/kg, dermal	n. DVGW, 1988
Ratte:	LC_{50} 1-10 mg/m^3, Inhalation	n. WHO, 1984
Hund:	LD_{50} 25-50 mg/kg, oral	n. DVGW, 1988
Katze:	LD_{50} 30-50 mg/kg, oral	n. DVGW, 1988
Kaninchen:	LD_{50} 120-130 mg/kg, oral	n. DVGW, 1988
Kaninchen:	LD_{50} 236-500 mg/kg, dermal	n. WHO, 1984
Meerschweinchen:	LD_{50} 20-40 mg/kg, oral	n. DVGW, 1988
Meerschweinchen:	LD_{50} 319 mg/kg, dermal	n. WHO, 1984
Meerschweinchen:	LC_{50} 4 mg/m^3, Inhalation	n. WHO, 1984
Affe:	LD_{50} 50 mg/kg, oral	n. WHO, 1984
Wasserorganismen:		
Guppy:	LC_{50} 21,8-46,4 mg/l (96h)	n. DVGW, 1988
Sonnenbarsch:	LC_{50} 100 mg/l (48h)	n. DVGW, 1988
Sonnenbarsch:	LC_{50} 12 mg/l (96h)	n. DVGW, 1988
Forelle:	LC_{50} 4,5-32 mg/l (96h)	n. DVGW, 1988
Bachflohkrebs:	LC_{50} 11 mg/l (96h)	n. DVGW, 1988

Wirkungscharakter:

Mensch/Säugetiere: Für den Menschen ist Paraquat stark giftig und schädigt Nieren, Leber und Lunge. Auf der Haut, den Schleimhäuten und der Bindehaut wirkt das Herbizid in wässriger Form ätzend; es wird durch die Haut aufgenommen. Auch über die Lunge wird Paraquat gut aufgenommen und dort gespeichert. Es findet jedoch im allgemeinen nur eine sehr geringe Resorption statt (5% der aufgenommenen Menge) (DVGW, 1988). Ebenso ist die Metabolisierung im Körper gering, Paraquat wird weitgehend unverändert ausgeschieden.
Im Tierversuch wurde keine Erhöhung der Tumorraten durch Paraquat, festgestellt. Gentoxische und teratogene Wirkungen wurden bei einzelnen Tierarten nachgewiesen.

Pflanzen: Paraquat wird nur aus den wäßrigen Lösungen seiner Salze von Pflanzen über die Blätter aufgenommen. Die Aufnahme erfolgt im Dunkeln rascher und in größeren Mengen als bei Licht. Es wird mit dem Transpirationsstrom im Xylem transportiert. Die phytotoxische Wirkung erfolgt nur bei Licht und ausreichendem Sauerstoffgehalt. Dabei wird die Photosynthese nachhaltig gestört.

VERHALTEN IN DER UMWELT

Wasser:
Paraquat wird im Gewässer an Schwebstoffe und Sedimente adsorbiert oder von Pflanzen aufgenommen. Das Herbizid gelangt entweder über direkte Anwendung oder durch Erosion aus benachbarten Bereichen in die Gewässer. Ist Paraquat nicht sorbiert, wird es schnell von Mikroorganismen abgebaut und ist nicht mehr pflanzenverfügbar. Eine Verunreinigung des Grundwassers ist nicht zu befürchten.

Luft:
Paraquat gelangt abhängig von der Aufbringungsart (als Spray, oder mit einer Flüssigkeit vermischt) in geringen Mengen in die Luft. Entscheidend ist jedoch, ob im Moment der Applikation Paraquat eingeatmet wird oder auf die Haut gelangt. Den Hauptpfad der Körperaufnahme stellt der Weg durch die Haut dar. Die Halbwertzeit in der Luft schwankt zwischen wenigen Stunden und 64 Tagen.

Boden:
Paraquat wird in Tonböden und bei hohen Gehalten an organischer Substanz stark sorbiert und ist dann nur wenig mobil. In sorbiertem Zustand erfolgt keine Aufnahme durch Pflanzen. Abhängig vom Bodentyp verbleibt Paraquat im obersten Bodenhorizont. Aufgrund der hohen Sorption erfolgt keine Auswaschung durch Sickerwasser und keine Metabolisierung durch Mikroorganismen.

Halbwertzeit:
In Luft beträgt die Halbwertzeit zwischen 5 Stunden und 64 Tagen (abhängig von Applikationsmethode). Bei Verwendung in Wasser konnten nach etwa 1 bis 4 Tagen keine Werte an Paraquat mehr gemessen werden; im Schlamm wurden nach über 400 Tagen noch Rückstände nachgewiesen.

Abbau, Zersetzungsprodukte:
Photochemischer Abbau führt zu Zersetzungsprodukten geringerer Toxizität. Biologischer Abbau im Boden führt zu schneller Reduktion der Aufwandmenge, aber auch zur Reduzierung der Populationsdichte der Mikroorganismen.

Nahrungskette:
Keine Akkumulation über Nahrungsketten.

UMWELTSTANDARDS

Medium/ Akzeptor	Bereich	Land/ Organ.	Status	Wert	Kat.	Anmerkungen	Quelle
Wasser:	Trinkw	D	G	0,1 ug/l			n. DVGW, 1988
	Trinkw	EG	G	0,1 ug/l			n. DVGW, 1988
	Oberfl	EG	G	0,001 mg/l		1)	n. DVGW, 1988
	Oberfl	EG	G	0,0025 mg/l		2)	n. DVGW, 1988
	Oberfl	EG	G	0,005 mg/l		3)	n. DVGW, 1988
Luft:	Arbpl	BG	(G)	0,01 mg/m^3			n. WHO, 1984
	Arbpl	D	G	0,1 mg/m^3	MAK		n. BAUM, 1988
	Arbpl	H	(G)	0,02 mg/m^3			n. WHO, 1984
	Arbpl	USA	G	0,1 mg/m^3	TWA	Langzeitwert	ACGIH, 1986

Anmerkungen:

In der Bundesrepublik ist die Anwendung im Getreidebau verboten (Pflanzenschutz-Anwendungsverordnung, Stand 1988)

1) Grenzwert für physikalische Aufbereitung und Entkeimung von Trinkwasser
2) Grenzwert für physikalische und chemische Aufbereitung und Entkeimung von Trinkwasser
3) Grenzwert für physikalische und verfeinerte chemische Aufbereitung von Trinkwasser

BEWERTUNG & ANMERKUNGEN

Paraquat ist ein starkes Kontaktherbizid, bei dessen Verwendung Inhalationen und Hautkontakte zu vermeiden sind. Aufgrund der hohen Toxizität für Mensch und Tier muß ein Verzicht empfohlen werden. Für diese Empfehlung spricht auch die hohe Persistenz im Boden.

425 PENTACHLORPHENOL

BEZEICHNUNGEN

CAS-Nr.:	87-86-5
Systematischer Name:	Pentachlorphenol
Gebrauchsnamen:	PCP, Penta, Prevenol
Stoffname (engl.):	pentachlorophenol, chlorophen
Stoffname (franz.):	pentachlorophénol
Erscheinungsbild:	fest, farblos (techn. dunkelgrau bis braun), stechender Geruch wenn erhitzt

CHEM.-PHYSIKAL. GRUNDDATEN

Summenformel:	C_6HCl_5O
Molare Masse:	266,34 g/mol
Dichte:	1,978 g/cm^3 bei 22°C
Siedepunkt:	310 °C
Schmelzpunkt:	189 °C
Dampfdruck:	5,1 x 10^{-3} Pa bei 20 °C
Löslichkeit:	in Wasser 2,0 g/l bei 20 °C (pH 7); mit steig. pH-Wert nimmt die Lösl.. zu in Fett 213 g/kg bei 37 °C in Methanol 180 g/L bei 25 °C in Ethanol 120 g/l bei 25 °C
Umrechnungsfaktoren:	1 ppm = 11,1 mg/m3 1 mg/m3 = 0,09 ppm

HERKUNFT UND VERWENDUNG

Verwendung:
PCP (und PCP-Na) sind Konservierungsmittel mit einem breiten fungiziden und bakteriziden Wirkungsspektrum. Die weitaus größte Menge wird zum Holzschutz eingesetzt. Danach folgen Anwendungen für Textil- und Lederkonservierungen. Die weiterverarbeitende Industrie stellt aus Pentachlorphenol PCP-Ester her. Auch sie dienen als Textilkonservierungsmittel. Außerhalb Europas finden PCP und seine Salze als Insektizide und Herbizide Verwendung.

Herkunft/Herstellung:
keine natürlichen Quellen. Das weit verbreitete Vorkommen von PCP in der Umwelt ist nicht alleine auf die Produktion und Anwendung des Stoffs zurückzuführen, sondern auch auf biologische und chemische Umsetzungsprozesse anderer Organika. So ist PCP u.a. ein Metabolit von Lindan und von Hexachlorbenzol, welches in der BRD bis 1984 zur Produktion von PCP-Na Verwendung fand. Zur Herstellung von PCP wird handelsübliches Phenol und gereinigtes Chlor eingesetzt. Bei der Herstellung fallen keine Abwässer an, es bilden sich aber als unerwünschte Verunreinigungen vor allem polychlorierte Dibenzo-p-dioxine (PCDDs) und polychlorierte Dibenzofurane (PCDFs) in Abwässern der holzverarbeitenden Industrie.

Produktionszahlen:
Die Schätzwerte (1984) gelten für PCP und PCP-Na:
Weltproduktion ohne Ostblock 35.000-40.000 t/a; Weltgesamtproduktion ca. 90.000 t/a; USA 23.000 t/a; EG 8.000 t/a; BRD 3.300 t/a (bis 1986).
Ca. 93% der in der BRD hergestellten PCPs und PCP-Na's werden exportiert. Die Anwendung hat in der BRD in den letzten Jahren kontinuierlich abgenommen (Ersatzstoffe). Seit 1985 ist die Herstellung von PCP-Na in der BRD eingestellt.

TOXIZITÄT

Mensch:	LD 29 mg/kg KG, oral (geschätzt)	n. BUA, 1985
Säugetiere:		
Ratte[1]	LD_{50} 27-205 mg/kg KG, oral	n. BUA, 1985
Ratte[1]	LD_{50} 11,7 mg/kg KG, Inhalation	n. BUA, 1985
Ratte	NEL 3 mg/kg KG und d	n. BUA, 1985
Kannichen	LD_{50} 550 mg/kg KG	n. KORTE, 1980
Wasserorganismen:[2]		
Algen (empfindlich)	1-10 ug/l, (Wachstumsstörung)	n. BUA, 1985
Algen (weniger empfindl.)	>1 mg/l, (Wachstumsstörung)	n. BUA, 1985
Mollusken, Crustaceen, Daphnien	0,02->10 mg/l[3]	n. BUA, 1985
Goldorfe	LC_{50} 0,6 mg/l[4]	DFG, 1982
Regenbogenforelle	LC_{50} 0,05-0,106 mg/l, 96 h[4]	n. BUA, 1985

Anmerkungen:
[1] weibliche und junge Tiere reagieren empfindlicher als männliche und ältere Tiere
[2] starke Beeinflußung durch Faktoren wie ph-Wert, O_2-Gehalt und Temperatur
[3] die Angaben zeigen, daß hier z.T. sehr widersprüchliche Untersuchungsergebnisse erzielt wurden. Am ehesten betroffen sind jeweils Reproduktion und Juvenilstadien.
[4] Auch bei Fischen ist die Reproduktion und das Juvenilstadium am stärksten gefährdet

Wirkungscharakter:

Mensch/Säugetiere: Reizungen der Augen und der Atemwege, Hautreaktionen (Chlorakne), psychosomatische Störungen, Schädigung von inneren Organen (vor allem der Leber) und Knochenmarksschäden. Im Tierversuch embryotoxisch, bei höheren Konzentrationen embryoletal. PCP kann durch die Lunge, die Haut und den Magen- und Darmtrakt aufgenommen werden. Ca. 80% des resorbierten PCPs wird über die Nieren unverändert ausgeschieden. Kanzerogenität von technischem PCP, auch aufgrund der Verunreinigungen, möglich; evtl. mutagen.

Pflanzen: Die toxische Wirkung von PCP beruht bei Pflanzen, auch aquatischen, auf der Beeinträchtigung der Photosynthese. Das Ausmaß der Hemmung ist artenspezifisch.

VERHALTEN IN DER UMWELT

Wasser:
Mobilität von PCP im Wasser hängt stark von dessem pH-Wert ab, weil dieser die Adsorption und Volatilität beeinflußt. Mit steigendem pH-Wert nimmt die Löslichkeit zu. Im sauren Bereich wird PCP von Sedimenten bzw. Schlamm stärker adsorbiert. Andererseits kann die Mobilität hier durch die (temperaturabhängige) Verdampfungsrate an der Oberfläche bestimmt sein, denn nur in nichtionisierter Form ist PCP flüchtig.

Luft:
Aufgrund seiner Volatilität gelangt PCP in die Luft. Die Volatilität steigt stark mit zunehmender Temperatur, ist aber auch abhängig von möglichen Zusatzstoffen und z.B. der Art des behandelten Holzes. Durch Verbrennung von mit PCP behandeltem Holz werden Dioxine und Furane freigesetzt.

Boden:
Zwar steigt mit dem pH-Wert die Adsorbierbarkeit von PCP in Böden, gleichzeitig erhöht sich aber auch die Desorbierbarkeit durch Erhöhung seiner Wasserlöslichkeit. Solchermaßen ist das Verhalten von PCP, neben den Bodeneigenschaften, auch stark von klimatischen Bedingungen abhängig. Zusätzlich zu Adsorptions- und Desorptionsvorgängen können schnelle Sickerbahnen für den Transport im Boden von Bedeutung sein. Erst einmal ins Grundwasser gelangt, ist der Abbau von PCP fraglich. In der BRD dürfen die Abfälle aus der Produktion von PCP seit 1984 wegen der Gefahr eines Eintrags in die Umwelt durch Sickerwässer nicht in Übertagedeponien gelagert werden.

Abbau, Halbwertzeit, Zersetzungsprodukte:
Freies oder in Wasser gelöstes PCP wird unter Einwirkung von Sonnenlicht binnen weniger Tage photomineralisiert, verstärkt bei Adsorption an Feststoffen. Es entstehen niedriger chlorierte Verbindungen, bei hohen PCP-Konzentrationen auch Octachlordioxine. Dieser Abbau entfällt, wenn PCP in tiefere Bodenschichten oder in das Grundwasser gelangt ist. Die Abbaurate in Wasser ist grundsätzlich pH-Wert- und temperaturabhängig und unterliegt starken Schwankungen (Beisp.: Halbwertzeit bei pH 5,1 = 328 h, bei pH 6 = 3.120 h (jeweils bei 30° C)).
Unter gewissen Bedingungen wird PCP durch Mikroorganismen abgebaut. Es ist dennoch als biologisch schwer abbaubar einzustufen. Der Abbau erfolgt über Chinonbildung und kann bis zur vollständigen Mineralisierung führen.

Nahrungskette:
Bioakkumulation in aquatischen Ökosystemen scheint nicht nur sehr artenspezifisch, sondern auch stark vom Biotop sowie der Länge und Intensität der Exposition abhängig zu sein. Auch die Wiederausscheidung ist art- und organspezifisch mit Halbwertzeiten von ca. 7 h bis 7 d. Zur Frage, ob PCP von Fischen und anderen aquatischen Lebewesen direkt aus dem Wasser oder über die Nahrungskette aufgenommen wird, liegen widersprüchliche Ergebnisse vor. Planzen können im Boden gespeichertes PCP über mehrere Vegetationsperioden hinweg anreichern.

UMWELTSTANDARDS

Medium/ Akzeptor	Bereich	Land/ Organ.	Status	Wert	Kat.	Anmerkungen	Quelle
Wasser:	Trinkw	A	(G)	10 ug/l			n. DVGW, 1988
	Trinkw	D	G	0,1 ug/l			n. DVGW, 1988
	Trinkw	EG	R	0,1 ug/l			EG, 1980
	Trinkw	USA	R	220 ug/l			n. DVGW, 1988
	Trinkw	USA	R	21 ug/L	NOEL		n. BUA, 1985
	Trinkw	WHO	R	10 ug/l			WHO, 1984
	Geruchsschwelle			1600 ug/l			DFG, 1988
	Geschmacksschwelle			30 ug/l			DFG, 1988
Luft:		D	G	25 ug/m^3	MIK		n. BUA, 1985
	Arbpl	D	G	0,05 mg/m^3	MAK[1]		DFG, 1989
	Arbpl	D	G	0,005 ml/m^3	MAK[2]		DFG, 1989
	Arbpl	S	G	0,5 mg/m^3	(MAK)		n. RIPPEN, 1989
	Arbpl	SU	(G)	0,1 mg/m^3	(MAK)		n. DVGW, 1988
	Arbpl	USA	(G)	0,5 mg/m^3	TWA		n. DVGW, 1988
	Arbpl	USA	(G)	1,5 mg/m^3	STEL		ACGIH, 1982
Nahrung:							
Getreide		D	G	0,03 mg/kg			n. DVGW, 1988
Gewürze		D	G	0,01 mg/kg			n. DVGW, 1988
Kaffee, Tee u.ä.		D	G	0,01 mg/kg			n. DVGW, 1988
Ölsaat		D	G	0,01 mg/kg			n. DVGW, 1988
		USA	R	3 ug/kg/d KG	ADI		n. BUA, 1985

Anmerkungen:
[1] Stäube
[2] Gase und Dämpfe

- In der BRD Anwendungsverbot (Pflanzenschutz-Anwendungsverordnung 1980, Stand 1986); ebenso in den Niederlanden und in Japan
- Die Produktionsanlagen für PCP unterliegen in der BRD der Störfallverordnung (12. BImSchV, §7 BImSchG).
- In Schweden ist die Anwendung aller Chlorphenole seit 1978 verboten.
- In einigen Ländern bestehen gesetzliche Regelungen zum Höchstgehalt an Verunreinigungen von technischem PCP: BRD 0,01 mg/kg 1,2,3,7,8,9-HCDD (Hexachlordibenzo-p-dioxin) und 0,1 mg/kg 2,3,7,8-TCDD (Tetrachlordibenzo-p-dioxin); Dänemark 1mg/kg HCDD; Schweiz 1mg/kg HCDD; USA 15 mg/kg HCDD und 2,3,7,8-TCDD unterhalb der Nachweisgrenze (alle Angaben nach BUA, 1985)

VERGLEICHS-/REFERENZWERTE

Medium/Herkunft	Land	Wert	Quelle[8]
Wasser:			
div. Flüße/Ästuare	D	0,02-0,4 ug/l, (Mittel)	
div. Flüße/Ästuare	D	3,5 ug/l, (max.)	
Rhein[1] (1986)	D	0,13 ug/l (max.)	n. DVGW, 1988
div. (1976/77)	NL	0,3-1,1 ug/l (Mittelwerte)	
div. (1976/77)	NL	1,0-11 ug/l (max.)	
Grundwasser	CH	0,03 ug/l	
Grundwasser	NL	1,0 ug/l, (max.)	
Trinkwasser (1977)	D	0,01-0,02 ug/l	n. DVGW, 1988
Trinkwasser (1972)	USA	0,06 ug/l	n. DVGW, 1988
Abwasser (1980)[2]	USA	8.200-32.000 ug/l	
Abwasser (1980)[3]	USA	27-75.000 ug/l	
Abwasser (Papierfabrik)[4]	D	20-680 ug/l	
Abwasser (PCP-verarb. Betr.)[4]	D	1-130 ug/l	
Luft/Schwebstaub:			
div. Orte	global	0,00009-0,008 ug/m^3	
Anden (1977)[5]	Bol	0,00025-0,00093 ug/m^3	
Innenraumluft (1978)[6]	D	0,4-8,0 ug/m3	
Boden:			
div.	Europa	>35 ug/kg	
Rheinfelden	CH	25-140 ug/kg (0-10 cm)	
		33-184 ug/kg (20-30 cm)	
Sediment:			
div.	Europa	>35 ug/kg	
div. (1974)	Jap	80-360 ug/kg (Mittelwerte)	
Tiere/Pflanzen:			
Muscheln (Isefjord, 1982)	DK	1-5 ug/kg TS	
Muscheln (div. Seen, 1978)	SF	1,7-5,6 ug/kg FS	
Seefische (Küste, 1974)	CDN	0,5-4,0 ug/kg FS	
Fische (Ontariosee, 1982)	CDN	<0,8-39 ug/kg	
Vögel (1980/1983)	SF	0-8.571 ug/kg FS	
Gras (Rheinfelden, 1982)	CH	67-87 ug/kg	
Nahrungsmittel:			
'Warenkorb' (1973/76)[7]	USA	10-13 ug/kg	

Anmerkungen:
1) Mittelwerte an 5 Meßstellen (Bad Honnef, Leverkusen, Düsseldorf, Duisburg, Kleve)
2) Ablauf unbehandelter Abwässer der holzverarbeitenden Industrie (Querschnitt US-amerikanischer Anlagen)
3) Ablauf behandelter Abwässer der horlzverarbeitenden Industrie (Querschnitt US-amerikanischer Anlagen)
4) Ablauf industrieller Kläranlage
5) gemessen in 5.200 m üb. NN
6) 0,3-6 Jahre nach großflächiger Behandlung
7) untersucht wurden Molkereiprodukte, Getreide, Blattgemüse, Rüben und Früchte aus 30 Geschäften in 30 US-Städten
8) wenn keine andere Quelle genannt wird, sind die Werte nach BUA, 1985 angegeben

BEWERTUNG & ANMERKUNGEN

Aufgrund seiner physikalischen Eigenschaften ist PCP in der Umwelt so mobil, daß es sich ubiquitär verbreiten kann. Das zum Einsatz kommende technische PCP enthält als Verunreinigungen andere chlorierte Phenole und Aromaten sowie in Spuren polychlorierte Dibenzo-p-dioxine (PCDDs) und Dibenzofurane (PCDFs) und stellt somit eine der wesentlichen Quellen für den Eintrag von Stoffen dieser beiden Gruppen in die Umwelt dar. Ein Teil der Toxizität von PCP ist auf diese Verunreinigungen zurückzuführen. Da jedoch die in den Verkehr gebrachten, technischen Produkte in ihrer Verunreinigung starken Schwankungen unterliegen, existieren weiterhin Unklarheiten über ihre toxikologische Beurteilung.

bes. Quellen: BUA, 1985; PASTOR, 1979; RIPPEN, 1989; WHO, 1987

384 PHENOL UND SEINE VERBINDUNGEN

BEZEICHNUNGEN

CAS-Nr.:	108-95-2
Systematischer Name:	Phenol
Gebrauchsnamen:	Karbolsäure, Hydroxybenzol, Benzolphenol, Monohydroxybenzol
Stoffname (engl.):	phenol solid, benzaphenol, benzene phenol, carbolic acid, hydroxy benzene, oxybenzene, phenic acid, phenyl hydrate, phenyl hydroxide, phenyl acid
Stoffname (franz.):	phénol, acide carbolique, acide phénique, benzénol, phénol ordinaire
Erscheinungsbild:	farbloser bis rötlichweißer Stoff oder farblose Schmelze; süßlicher Geruch

CHEM.-PHYSIKAL. GRUNDDATEN

Summenformel:	C_6H_6O
Molare Masse:	94,11 g/mol
Dichte:	1,07 g/cm^3
rel. Gasdichte:	3,24
Siedepunkt:	181,1°C
Schmelzpunkt:	40,8°C
Dampfdruck:	0,2 mbar bei 20°C; 3,5 mbar bei 50°C; 54 mbar bei 100°C
Flammpunkt:	82°C
Zündtemperatur:	595°C
Explosionsgrenze:	1,3-9,5 Vol.-%
Löslichkeit:	82 g/l in Wasser; gut löslich in Alkohol, Ether, Chloroform und in Fetten und äther. Ölen
Geruchsschwelle:	0,5 ml/m^3
Umrechnungsfaktoren:	1 ppm = 3,91 mg/m^3 1 mg/m^3 = 0,26ppm

HERKUNFT UND VERWENDUNG

Verwendung:
Phenol wird zur Herstellung von Kunstharzen, Farbstoffen, Arzneimitteln, Schädlingsbekämpfungsmitteln, synthetischen Gerbstoffen, Riechstoffen, Schmierölen und Lösungsmitteln verwendet.

Herkunft/Herstellung:
Unter den einwertigen Phenolen ist die Stammverbindung Phenol, neben den Kresolen, die wichtigste Verbindung. Daneben sind das Thymol, die Naphthole, das Phenolphthalein, Trichlorphenol und Pentachlorphenol beachtenswert. Unter den zweiwertigen Phenolen haben die natürlichen Verbindungen Brenzcatechin, Guajacol und deren Derivate keine toxikologische Bedeutung. Besonders bekannt ist das Brenzcatechinderivat Adrenalin. Natürlich kommt Phenol als Grundbaustein der

Gruppe Phenole in Kiefernholz und -nadeln, im Harn von Pflanzenfressern (Phenolsulfat) und im Steinkohleteer vor. Einwertige Phenole stellen zahlreiche Geruchsstoffe in der Natur dar (z.B. Vanillin, Thymol, Carvacrol, Zingiveron (in Ingwer), Salicylaldehyd). Von den synthetischen mehrwertigen Phenolen ist das Hexachlorophen besonders toxisch.
Phenol wird aus der Destillation des Steinkohlenteers gewonnen (nach RÖMPP (1983) ergibt 1 t Steinkohle etwa 0,25 kg Phenol). Heute überwiegt jedoch die synthetische Produktion durch Spaltung von Cumolhydroperoxid, wobei als Nebenprodukt Aceton anfällt. Z.T. findet noch die Darstellung aus Benzol über Benzolsulfonsäure oder über Chlorbenzol Anwendung.
Emission: Die Menge der in die Umwelt gelangten Metaboliten des im menschlichen Stoffwechsel produzierten Phenols wird auf 100.000 t/a geschätzt, die insgesamt in die Umwelt gelangende Menge an Emissionen auf 75.000 t/a (RIPPEN, 1989). Emissionen entstehen bei der unvollständigen Verbrennung von Benzin und Steinkohleteer, in Abwässern von Kokereien sowie als Metabolit bei der Photolyse von Benzol und Chlorbenzol.

Produktionszahlen:

Jährliche Produktionsmenge (weltweit):	3 Millionen t/a	(RIPPEN, 1989)
Jährliche Produktionsmenge (BRD):	270.000 t/a	(RIPPEN, 1989)
Jährliche Produktionsmenge (USA, 1979):	1.300.000 t/a	(RIPPEN, 1989)

TOXIZITÄT

Mensch:	1 g möglicherweise tödlich	n. RIPPEN, 1989
Säugetiere:		
Ratte:	LD_{50} 414-530 mg/kg, oral	n. RIPPEN, 1989
Ratte:	LD_{50} 669 mg/kg, dermal	n. RIPPEN, 1989
Kaninchen:	LD_{50} 400-600 mg/kg, oral	n. RIPPEN, 1989
Kaninchen:	LD_{50} 850 mg/kg, dermal	n. RIPPEN, 1989
Katze:	LD_{50} 100 mg/kg, oral	n. RIPPEN, 1989
Hund:	LD_{50} 500 mg/kg, oral	n. RIPPEN, 1989
Wasserorganismen:		
Pimephales promelas:	LC_{50} 24-68 mg/l	n. RIPPEN, 1989
Leuciscus idus melanotus:	LC_{50} 25 mg/l (48h)	n. RIPPEN, 1989
Lepomis macrochirus:	LC_{50} 24 mg/l (96h)	n. RIPPEN, 1989
Daphnia:	LC_{50} 12 mg/l (48h)	n. RIPPEN, 1989
Scenedesmus quadricauda:	EC_0 7,5-40 mg/l	n. RIPPEN, 1989
Microcystis aeruginosa:	EC_0 4,6 mg/l	n. RIPPEN, 1989

Toxizitätsdaten zu verschiedenen Phenolverbindungen finden sich bei DFG, 1982, Band II: Phenole.

Wirkungscharakter:

Mensch/Säugetiere: Dämpfe und Flüssigkeiten sind giftig und werden leicht durch die Haut und die Atemwegorgane in den Körper aufgenommen. Eingeatmete Dämpfe verätzen Atemwege und Lunge. Kontakt der Flüssigkeit mit der Haut und den Augen ruft schwere Verätzungen hervor (Phenol ist ein starkes Protoplasmagift). Bei längerer Exposition kommt es zur Lähmung des Zentral-

nervensystems, zur Schädigung der Nieren und Lungen. Die Lähmung führt schließlich zum Tod. Begleitsymptome sind Kopfschmerzen, Ohrensausen, Schwindel, Magen- und Darmstörungen, Benommenheit, Kollaps, Rausch, Bewußtlosigkeit, unregelmäßige Atmung, Atemstillstand, Herzversagen und z.T. Krämpfe. Nach HORN (1989) besitzt Phenol eine teratogene und kanzerogene Wirkung.
Meist verhindert die organoleptische Wirkung der Halogenphenole (Geruch und Geschmack) eine Schädigung durch orale Aufnahme.
(siehe auch unter den Informationsblättern 'Kresole', 'Pentachlorphenol' und 'chlorierte Phenole')

Pflanzen: Beeinträchtigung der passiven Permeabilität, Wachstumshemmung.

VERHALTEN IN DER UMWELT

Wasser:
Phenol ist schwerer als Wasser und sinkt ab. Es löst sich langsam und bildet auch in Verdünnung noch giftige Lösungen. Aufgrund der starken Toxizität in Wasser wird Phenol in der Bundesrepublik Deutschland in der Wassergefährdungsklasse 2 (wassergefährdend) geführt.

Luft:
Dämpfe sind schwerer als Luft und bilden bei Erhitzung explosive Gemische. In der Luft oxidiert Phenol, wobei durch Licht oder katalytisch wirkende Verunreinigungen die Oxidation beschleunigt wird.

Boden:
Es erfolgt im Boden ein mikrobieller aerober oder anaerober Abbau, so daß eine Akkumulation nur in begrenztem Umfang erfolgt. Abhängig ist die Akkumulation von dem Vorkommen von Tonmineralen (große Affinität gegenüber Aluminiumoxid).

Halbwertzeit:
Die Halbwertzeit im Boden beträgt für Phenol etwa 3 Stunden (RIPPEN, 1989).

Abbau, Zersetzungsprodukte:
Die biologische Abbaubarkeit der natürlichen Phenole ist im allgemeinen sehr gut, so daß mit einer Akkumulation in Pflanzen oder Tieren kaum zu rechnen ist. Der Abbau durch Bakterien erfolgt vollständig bis zum Kohlendioxid. Im Boden kann es zur Kondensation zu Huminsäuren kommen. Die Abbaubarkeit der synthetischen Phenole ist dagegen geringer, da viele Phenole eine bakterizide Wirkung besitzen. Je mehr Chlor- oder Nitroatome in die Phenole eingebaut sind, desto höher ist ihre Toxizität. So ist das 'Pentachlorphenol' das giftigste der Chlorphenole, das Trinitrophenol (Pikrinsäure) das giftigste der Nitrophenole.
Der Abbau in Oberflächengewässern erfolgt in rund 7 Tagen zu 90% (stehendes Gewässer), im Boden durch Mikroflora in ca. 1 Tag (RIPPEN, 1989); völliger Abbau in erdigen Aufschlämmungen nach über 2 Tagen.
Metabolite von Phenolen können ebenfalls sehr giftig sein: aus 2,4,5-Trichlorphenol kann bei unsachgemäßer Verbrennung TCDD (Dioxin) entstehen. In der Regel führt der Bioabbau über Brenzcatechin, o-Chinon, Dicarbonsäure zu Essigsäure und CO_2 (RIPPEN, 1989).

Phenol wird im Organismus nach Oxidation oder Konjugation mit Schwefel- oder Glucuronsäure mit dem Urin ausgeschieden.

Nahrungskette:
Eine Anreicherung in Nahrungsmitteln findet nur bedingt statt. Gefährdet sind Raucher, da Phenole im Zigarettenrauch enthalten sind. Vorkommen in Grundwasser führt zur Verunreinigung des Trinkwassers, das aufgrund der Geschmacksveränderung nicht mehr genießbar ist.

UMWELTSTANDARDS

Medium/ Akzeptor	Bereich	Land/ Organ.	Status	Wert	Kat.	Anmerkungen	Quelle
Wasser:	Trinkw	EG	(G)	0,0005 g/m^3		Höchstkonzentration	n. LAU-BW, 1989
	Trinkw	USA		0,001 mg/l		im Staat Illinois	n. WAITE, 1984
	Trinkw	USA		0,02 mg/l		im Staat Iowa	n. WAITE, 1984
	Oberfl	D	R	0,005 g/m^3		4)	n. LAU-BW, 1989
	Oberfl	D	R	0,01 g/m^3		5)	n. LAU-BW, 1989
	Grundw	NL	R	0,0002 g/m^3		1)	n. LAU-BW, 1989
	Grundw	NL	(G)	0,015 g/m^3		2)	n. LAU-BW, 1989
	Grundw	NL	(G)	0,05 g/m^3		3)	n. LAU-BW, 1989
	Abwasser	CH	(G)	0,005 g/m^3		6)	n. LAU-BW, 1989
	Abwasser	CH	(G)	0,05-0,20 g/m^3		7)	n. LAU-BW, 1989
	Abwasser	D	R	100,0 g/m^3		Richtlinie[8)]	n. LAU-BW, 1989
Boden:		GB	R	0-0,1 mg/kg		nicht kontaminiert	n. LAU-BW, 1989
		GB	R	5-50,0 mg/kg		kontaminierter Boden	n. LAU-BW, 1989
		GB	R	> 250,0 mg/kg		stark kontaminiert	n. LAU-BW, 1989
		NL	R	0,05 mg/kg		1)	n. LAU-BW, 1989
		NL	R	1,0 mg/kg		2)	n. LAU-BW, 1989
		NL	R	10,0 mg/kg		3)	n. LAU-BW, 1989
Luft:		BG	(G)	0,01 mg/m^3		30 min, 24 h[8) 9)]	n. STERN, 1986
		CS	(G)	0,1 mg/m^3		30 min, 24 h	n. STERN, 1986
		D	G	0,2 mg/m^3	MIK	Langzeitwert	n. BAUM, 1988
		D	G	0,6 mg/m^3	MIK	Kurzzeitwert	n. BAUM, 1988
		DDR	(G)	0,01 mg/m^3		Kurzzeitwert	n. HORN, 1989
		DDR	(G)	0,003 mg/m^3		Langzeitwert	n. HORN, 1989
		H	(G)	0,01 mg/m^3		30 min, 24 h[8) 9)]	n. STERN, 1986
		H	(G)	0,6 mg/m^3		30 min[10)]	n. STERN, 1986
		IL	(G)	0,02 mg/m^3		20 min	n. STERN, 1986
		IL	(G)	0,01 mg/m^3		24 h	n. STERN, 1986

	RO	(G)	0,1 mg/m^3		30 min	n. STERN, 1986
	RO	(G)	0,03 mg/m^3		24 h	n. STERN, 1986
	SU	(G)	0,01 mg/m^3		30 min, 24 h[8) 9)]	n. STERN, 1986
	TJ	(G)	0,02 mg/m^3		60 min	n. STERN, 1986
Arbpl	D	G	19,0 mg/m^3	MAK		DFG, 1989
Arbpl	DDR	G	20,0 mg/m^3			n. HORN, 1989
Arbpl	SU	G	0,3 mg/m^3	PDK		n. SORBE, 1989
Arbpl	USA	G	19,0 mg/m^3	TWA	Langzeitwert	ACGIH, 1986
Arbpl	USA	G	38,0 mg/m^3	STEL	Kurzzeitwert	ACGIH, 1986

Anmerkungen:

1) Beurteilungswert für Boden- und Grundwasserverunreinigungen, A-Wert = gilt als unbelastet
2) Beurteilungswert für Boden- und Grundwasserverunreinigungen, B-Wert = Notwendigkeit weiterer Untersuchungen
3) Beurteilungswert für Boden- und Grundwasserverunreinigungen, C-Wert = Notwendigkeit einer Sanierung
4) Belastungsgrenze, bis zu der allein durch natürliche Verfahren ein Trinkwasser hergestellt werden kann
5) Belastungsgrenze, bis zu der unter Zuhilfenahme der gegenwärtig bekannten und bewährten chemisch physikalischen Verfahren ein Trinkwasser hergestellt werden kann
6) "Schweizer Qualitätsziel", das als Grundlage für die Beurteilung von Oberflächengewässer und für die Trinkwasserversorgung dient
7) Grenzwert für die Einleitung von Abwasser in die Fließgewässer
8) Richtlinie für die Anforderungen an Abwasser bei Einleitung in öffentliche Abwasseranlagen des Landes Baden-Württemberg
9) schützenswerte Gebiete
10) spezielle schützenswerte Gebiete
11) weitere, nicht besonders schützenswerte Gebiete

VERGLEICHS-/REFERENZWERTE

Medium/Herkunft	Land	Wert	Quelle
Wasser:			
Kläranlage (Zu-/Ablauf)	BRD, USA	2-20 ppb	n. RIPPEN, 1989
Flußwasser	USA	10-100 ppb	n. RIPPEN, 1989
Oberflächengewässer (1977)	J	< 10 ppb (n=9)	n. RIPPEN, 1989
Donau (1972)	D	0,01-1 ppb	n. RIPPEN, 1989
Trinkwasser	D	6-20 ppt	n. RIPPEN, 1989
Boden/Sediment:			
Sedimente (1977)	J	30-40 ppb (n=3)	n. RIPPEN, 1989
Luft:			
Außenluftkonzentration	DDR	12 ug/m^3	n. HORN, 1989
Stadt (1979)	J	0,5-1,0 ppb	n. RIPPEN, 1989
Stadt (1973)	USA	15-91 ppt	n. RIPPEN, 1989

Paris (1977), (n=7)	F	0,17-2,1 ppb (2h-Werte)	n. RIPPEN, 1989
Auto-Abgas		1,3-1,5 ppm	n. RIPPEN, 1989
Tabakrauch		300-500 ppm	n. RIPPEN, 1989
Mensch:			
Ausscheidung, Urin:		02-6,6 mg/kg/d	n. RIPPEN, 1989

BEWERTUNG & ANMERKUNGEN

Da synthetische Phenole gegenüber natürlich vorkommenden höher toxisch wirken, ist eine Verminderung der Emissionen dringend geboten. Dies auch unter dem Aspekt der Wassergefährdung und der z.T. noch höher toxischen Metaboliten. Beim Umgang mit Phenol sind insbesondere Hautkontakt und Inhalation zu vermeiden.
(siehe auch unter den Informationsblättern 'chlorierte Phenole', 'Pentachlorphenol' und 'Kresol'.)

159 POLYCHLORIERTE BIPHENYLE

BEZEICHNUNGEN

CAS-Nr.:	1336-36-3
Systematischer Name:	Polychlorierte Biphenyle
Gebrauchsnamen:	Chlorierte Biphenyle, Chlorbiphenyle, PCB, Ascarele, Clophen, Trichlordiphenyl, Aroclor, Fenclor, Kanechlor, Monta, Nonflamol, Phenoclor, Pyralene, Pyranol, Santotherm, Therminol, A30, A40, A50, A60, T64, T64N, T82, T241, T241N
Stoffname (engl.):	polychlorinated biphenyls, PCB, PCT, PCN, PBB, aroclor (USA), chlorextol (USA), dykanol (USA), inerten (USA), noflamol (USA), diphenyle, xenene, PHPH, bibenzene
Stoffname (franz.):	phenoclor, pyrelen, diphényle, biphényle, phenyl benzéne
Erscheinungsbild:	leicht bewegliche oder viskose, wasserhelle bis hellgelbe Flüssigkeit (Aroclor 1242, 1254) bzw. weiche klebrige Harze (Aroclor 1260); stark riechend.

CHEM.-PHYSIKAL. GRUNDDATEN

Summenformel:	$C_{12}H_{10-(n+m)}Cl_{n+m}$
Molare Masse:	261-372 g/mol
Dichte:	1,4-1,6 g/cm^3
Siedepunkt:	320-420°C, abhängig vom Chlorierungsgrad
Schmelzpunkt:	28-150°C
Dampfdruck:	0,054-(5,8 x 10^{-4}) Pa
Flammpunkt:	z.T. schwer brennbar
Explosionsgrenzen:	340-2940 g/m^3 (bei 20°C)
Löslichkeit:	allgemein gering wasserlöslich; in diversen Lösemitteln und in Fetten löslich
Anmerkungen:	Polychlorierte Biphenyle besitzen zumeist typische chem. Eigenschaften, dazu gehören: niedriger Dampfdruck, hohe Viskosität, minimale Wasserlöslichkeit, hohe Dielektrizitätskonstante, hohe thermische Stabilität und Chemikalien-Resistenz. Polychlorierte Biphenyle sind chlorierte Kohlenwasserstoffe. Es existieren etwa 210 verschiedene Verbindungen.

HERKUNFT UND VERWENDUNG

Verwendung:

PCBs werden als Kühlmittel, Hydraulikflüssigkeit, Transformatorenöle, Imprägniermittel für Holz und Papier, Weichmacher für Kunststoffe und als Isoliermaterial verwendet. Für den Elektrosektor weisen sie nahezu ideale Eigenschaften auf und besitzen zudem eine hohe Alterungsbeständigkeit.

Damit Emissionen ausgeschlossen sind:
PCBs dürfen seit 1978 in der Bundesrepublik Deutschland nur in sogenannten geschlossenen Systemen Verwendung finden. Einsatz findet der Stoff besonders im Bergbau, in Transformatoren und in Kühlanlagen.

Herkunft/Herstellung:
Bei der Chlorierung von Biphenylen, unter der Katalysatorwirkung von Eisen und Eisenchlorid, entsteht ein Isomerengemisch, das nachfolgend destilliert wird.

Produktionszahlen:

BRD (1980):	7.400 t	(BMI, 1985)
BRD (seit 1983)	keine Produktion	(BMI, 1985)
Frankreich (1980):	6.500 t	(LORENZ & NEUMEIER, 1983)
Spanien (1980):	1.250 t	(LORENZ & NEUMEIER, 1983)

Besondere Gefahren:
Bei Erhitzung oder Pyrolyse können hochgiftige Dämpfe von polychlorierten Dibenzofuranen (PCDFs) freigesetzt werden.

TOXIZITÄT

Säugetiere:

allgemein:	TDL_0 325 mg/kg	n. UBA, 1986

Wasserorganismen:

Regenbogenforelle:	LC_{50} 2 ug/l (96 h)	n. UBA, 1986
Forellenbarsch:	LC_{50} 2,3 ug/l (96 h)	n. UBA, 1986
Amerikanische Elritze:	LC_{50} 7,7-300 ug/l (96 h)	n. UBA, 1986
Katzenwels:	LC_{50} 8,7-139 ug/l (30 d)	n. UBA, 1986
Blauer Sonnenbarsch:	LC_{50} 84-400 ug/l (30 d)	n. UBA, 1986
Gammarus spec.:	LC_{50}/EC_{50} 10-73 ug/l	n. UBA, 1986
Grünalge:	0,1-300 ug/l Wachstumshemmung	n. UBA, 1986

Wirkungscharakter:

Mensch/Säugetiere: Die toxikologischen Wirkungen von PCBs auf Menschen ist bislang nicht vollständig erfaßt. Nach dem Chemikaliengesetz in der Bundesrepublik wird PCB als mindergiftig eingestuft, obwohl eine kanzerogene und teratogene Wirkung nachgewiesen ist (UBA, 1986). Grundsätzlich steigt der Toxizitätsgrad mit dem Chlorgehalt, zusätzlich durch die Oxidationsprodukte von PCB, die bei weitem toxischer als PCB selbst sein können. Allgemein sind die Gefahren einer Vergiftung durch eine Inhalation infolge des niedrigen Dampfdruckes gering. Dagegen kann der Hautkontakt und die orale Aufnahme zu schweren Folgen führen. Der Hauptangriffspunkt sind die Leber und das Enzymsystem. Der Abbau im Körper variiert stark und führt bei höher chlorierten PCBs zu kumulativen Wirkungen. Bei systematischer Vergiftung sind die üblichen Symptome Übelkeit, Erbrechen, Gewichtsverlust, Ödeme und Schmerzen im Unterleibsbereich; bei starker Leberschädigung Koma bis Tod.

Pflanzen: Bei Algen reduziert PCB die Zellteilungsrate und die CO_2-Fixierung. Insgesamt wird das Wachstum gehemmt. Populationsverschiebungen treten bei Konzentrationen >0,1 ug/l (Phytoplankton und Invertebraten) (LORENZ & NEUMEIER, 1983)

Anmerkung: Toxizitätsdaten 'Aroclor 1242', 'Aroclor 1254', 'Aroclor 1260' sind auf den Informationsblättern für diese Stoffe zu finden.

VERHALTEN IN DER UMWELT

Wasser:
Der Eintrag in Gewässer erfolgt über diffuse Quellen und Auswaschungen aus der Atmosphäre.

Luft:
Infolge des niedrigen Dampfdruckes gelangen PCBs in die Atmosphäre und verteilen sich hier ubiquitär. Die Verdampfungsraten sind für Böden, in Abhängigkeit von der Bodentextur, größer als für Gewässer.

Boden:
Anreicherung in der Humusschicht mit geringer Mobilität, wenn sorbiert, dann über Dampfphase mobil. Der Abbau ist sehr gering; die Persistenz steigt mit dem Chlorierungsgrad.

Halbwertzeit:
Die theoretischen Werte, basierend auf Schätzungen der Wasserlöslichkeit und des Dampfdruckes, liegen zwischen 5 Stunden und 7 Tage, für technische PCBs (Aroclor) zwischen 9,5 und 10,2 Stunden (UBA, 1986). Für den Abbau durch Hydroxyl-Radikale wurden theoretische Halbwertzeiten von 3-1700 Tage berechnet.

Tabelle: Grobe Richtwerte für Halbwertzeiten (UBA, 1986):

Umwelt-bedingungen	Mono-/ Dichlor-PCBs	Trichlor PCBs	Tetra-chlor-PCBs	Penta-Decachlor-PCBs
Süßwasser	2-4 d	5-40 d	7 d-2 m	1 a
Schlamm	1-2 d	2-3 d	3-5 d	??
Boden	6-10 d	12-30 d	---	1 a

Abbau, Zersetzungsprodukte:
Abbau durch Hydrolyse ist nicht zu erwarten, da PCBs selbst gegenüber starken Basen und Säuren stabil sind. Oxidativer Abbau erfolgt nur unter hohem Energieaufwand. Biotischer Abbau durch Mikroorganismen vollzieht sich nur unter aeroben Bedingungen. Durch Adsorption und/oder Übergang in anaerobe Bereiche wird ein Abbau vollständig unterbunden. Die Mineralisation im Boden ist durch starke UV-Einwirkung möglich.
Als Metaboliten sind bisher Hydroxy-Verbindungen, Metaspaltprodukte und Chlorbenzoate nachgewiesen. Am Ende des Abbaus stehen CO_2 und HCl.

Nahrungskette:
Die PCB-Aufnahme des Menschen erfolgt zu etwa 25% durch die Atemluft und zu etwa 75% durch die Nahrung (UBA, 1986). Hierbei stellen tierische Nahrungsmittel den Hauptanteil, Fische liefern 4-5% der aufgenommenen Menge. Die Aufnahme durch Trinkwasser ist gering.
Speicherung in Fettgewebe, Milch und Leber.

UMWELTSTANDARDS

Medium/ Akzeptor	Bereich	Land/ Organ.	Status	Wert	Kat.	Anmerkungen	Quelle
Wasser:	Oberfl	BRD	(R)	0,014 ug/l		Süßwasser	n. UBA, 1986
Luft:	Umweltstandards für das Medium Luft siehe unter den Informationsblättern 164-166.						
Nahrung:		CDN	R	0,2-1,0 pg/kg/d	ADI		n. CRINE, 1988
		D	(R)	175 ug/kg KG	ADI		n. BMI, 1985
		NL	R	4 pg/kg/d	ADI		n. CRINE, 1988
		USA	R	0,06 pg/kg/d	ADI	EPA	n. CRINE, 1988
Milch- und Milchprodukte		USA	(G)	1,5 mg/kg		1)	n. LORENZ u.a., 1983
Geflügel		USA	(G)	3,0 mg/kg FS		2)	n. LORENZ u.a., 1983
Eier		USA	(G)	0,2 mg/kg FS			n. LORENZ u.a., 1983
Fische/Muscheln		USA	(G)	2,0 mg/kg FS			n. LORENZ u.a., 1983

Anmerkungen:
1) Bezugsbasis Fett
2) Bezugsbasis Fett

Seit 1979 besteht in den USA ein Produktionsverbot für Polychlorierte Biphenyle, seit 1985 für Konzentrationen > 500 mg/kg ein Anwendungsverbot in Transformatoren und Elektromagneten (LORENZ & NEUMEIER, 1983).

VERGLEICHS-/REFERENZWERTE

Medium/Herkunft	Wert	Quelle
Luft	5-30 ng/m^3	n. BMI, 1985
Luft	0,1-20 ng/m^3	n. PEARSON, 1982
Wasser:		
Regen/Schnee	0,1-200 ng/l	n. PEARSON, 1982
Seewasser	0,25-100 ng/l	n. PEARSON, 1982
Oberflächenwasser	0,1-3000 ng/l	n. PEARSON, 1982

Boden/Sediment	1-1000 ug/kg	n. PEARSON, 1982
Boden	0,05-0,1 mg/kg	n. BMI, 1985
Schlamm	1-100 mg/kg	n. PEARSON, 1982
Plankton	0,01-2.0 mg/kg	n. PEARSON, 1982
Fische	0,01-25 mg/kg	n. PEARSON, 1982
Vögel	0,1-1000 mg/kg	n. PEARSON, 1982
Meeressäuger/Amphibien	0,1-1000 mg/kg	n. PEARSON, 1982
Mensch (Fettgewebe)	0,1-10 mg/kg	n. PEARSON, 1982

BEWERTUNG & ANMERKUNGEN

Die Gruppe der PCBs ist durch eine hohe Persistenz und breite Anwendung gekennzeichnet. Besondere Probleme bringt die Entsorgung. Bei einer thermischen Zerstörung in Müllverbrennungsanlagen bei zu niedrigen Temperaturen können nicht unbeträchtliche Mengen von Tetrachlordibenzo-*p*-dioxin (TCDD) in die Umwelt gelangen. Überdies ist bis heute nicht restlos geklärt, ob PCBs überhaupt durch hohe Temperaturen vollständig zerstört werden können. Deshalb ist es unumgänglich die Verwendung von PCBs einzuschränken bzw. nur in geschlossenen Systemen zuzulassen. Ersatzstoffe gibt es mittlerweile genügend.

bes. Quellen: HUTZINGER, SAFE & ZITKO (1974); CRINE (1988)

288 POLYVINYLCHLORID

BEZEICHNUNGEN

Systematischer Name: Chlorethen, hochpolymer
Gebrauchsnamen/Synonyma: Polyvinylchlorid, PVC, Ekanyl, Hostalit, Lucoflex, Lonza Sicron, Skai, Silvic, Trovidur, Vestolit, Vinidur, Vinnol, Vipla, Vinoflex
Stoffname (engl.): polyvinyl chloride
Stoffname (franz.): clorure de polyvinyle
Erscheinungsbild: glasklarer Feststoff, laugen- und säurebeständig

CHEM.-PHYSIKAL. GRUNDDATEN

Summenformel: $(C_2H_3Cl)_n$ (n = 500-2000)
Dichte: 1,28-1,39 g/cm^3
Formbeständigkeit: bis 60°C

Anmerkung:
Chemisch-physikalische Daten des Grundstamms siehe unter dem Informationsblatt 'Vinylchlorid'.

HERKUNFT UND VERWENDUNG

Verwendung:
Polyvinylchlorid wird für Verpackungszwecke hergestellt ("Klarsichtfolie", Plastiktüten etc.) und findet auch in der Schallplattenproduktion Verwendung. Es ist in Bodenbelägen, Rohrleitungen, Kabelummantelungen und Kunstleder enthalten.

Herkunft/Herstellung:
Das Polymerisat aus Vinylchlorid ist Polyvinylchlorid (PVC). PVC kommt in der Natur nicht vor. Erhebliche Mengen werden bei der Herstellung von Polyvinylchlorid aus Vinylchlorid in die Umwelt abgegeben.

Produktionszahlen:
1974 lag die Produktion in der Bundesrepublik Deutschland bei 1 Millionen Tonnen.

(siehe auch unter dem Informationsblatt 'Vinylchlorid').

TOXIZITÄT

Polyvinylchlorid schädigt die Leber von Menschen und Tieren und wirkt krebserregend. Die Schädigung wird jedoch durch das Grundprodukt der Vinylchlorid-Monomere (VCM), dem Vinylchlorid, verursacht.

(siehe auch unter dem Informationsblatt `Vinylchlorid').

VERHALTEN IN DER UMWELT

Polyvinylchlorid gelangt häufig über den Abfall in die Umwelt oder entgast aus PVC-haltigen Verpackungen. Besonders kritisch sind die Diffusionen in Nahrungsmittel, über die PVC in den Körper gelangt, nachfolgend zu VC metabolisiert wird und krebserregend wirken kann.

(siehe auch unter dem Informationsblatt `Vinylchlorid').

UMWELTSTANDARDS

Da nur Vinylchlorid geregelt ist, siehe unter dem Informationsblatt `Vinylchlorid'.

VERGLEICHS-/REFERENZWERTE

(siehe unter dem Informationsblatt `Vinylchlorid')

BEWERTUNG & ANMERKUNGEN

Auf den Einsatz von PVC zur Verpackung von Nahrungs- und Genußmitteln sollte weitgehend verzichtet werden. Beim Umgang mit PVC ist insbesondere darauf zu achten, daß keine Dämpfe inhaliert werden. Eine lange Exposition sollte vermieden werden (siehe auch unter dem Informationsblatt `Vinylchlorid').

445 PROPAN

BEZEICHNUNGEN

CAS-Nr.:	74-98-6
Systematischer Name:	Propan
Gebrauchsnamen:	Propan
Stoffname (engl.):	propane
Stoffname (franz.):	propane
Erscheinungsbild:	farb- und geruchsloses Gas

CHEM.-PHYSIKAL. GRUNDDATEN

Summenformel:	C_3H_8
Molare Masse:	44,10 g/mol
Dichte:	2,0196 g/l bei 0°C
rel. Gasdichte:	1,56
Siedepunkt:	- 44,5°C
Schmelzpunkt:	- 189,9°C
Dampfdruck:	85 bar bei 20°C
Flammpunkt:	- 104°C
Zündtemperatur:	470°C
Löslichkeit:	in Wasser: 6,4 ml bei 17,8°C in Ethanol: 783 ml bei 16,6°C in Alkohol und Äther leicht löslich
Umrechnung:	1 mg/m^3 = 0,546 ppm 1 ppm = 1,833 mg/m^3
Anmerkungen:	max. Explosionsdruck: 8,6 bar; Explosionsgrenzen in Luft in Vol%: untere 2,1; obere 9,5 in g/m^3: untere 39; obere 180

HERKUNFT UND VERWENDUNG

Verwendung:
Bestandteil als handelsübliches Brenngas (in Druckgasflaschen als Flüssiggas), für Haushalt, Gewerbe und Industrie. Desweiteren wird Propan als Kühlmittel und selektives Lösemittel für höhere Rohölfraktionierung verwendet. Hauptsächlich wird es als Ausgangsprodukt für Ethylen und Propylen benötigt. Vielfach wird Propan heute - anstelle von Chlorfluorkohlenwasserstoffen - als Treibmittel in Sprays eingesetzt.

Herkunft/Herstellung:
Man gewinnt Propan aus Erdgasen, den Abgasen der Erdöldestillation und -hydrierung sowie aus den Krackgasen. Propan aus sogenannten nassen Erdgasen muß noch einer Entschwefelung unterzogen werden, wobei auch gleichzeitig gelöstes CO_2 entfernt wird.

Produktionszahlen:
Weltweit = > 10 Mio t/a (inkl. Butan);
BRD = 2 Mio t/a (inkl. n-Butan)
USA = 4,8 Mio t/a

TOXIZITÄT

Mensch: In Konzentrationen von 250-1000 ppm über 1 min bis 8 Std erfolgen keine klinisch meßbaren Veränderungen, obwohl der Stoff im Blut als auch in der ausgeatmeten Luft nachweisbar ist.

Wirkungscharakter:
Mensch/Säugetiere: Wenig giftiges Gas, das schwach narkotisch wirkt. Beim schnellen Übergang in den Gaszustand kann die Luft (ins besondere in Räumen) verdrängt werden (Erstickungsgefahr).

VERHALTEN IN DER UMWELT

Wasser:
Löst sich nur geringfügig in Wasser und schwimmt bis zum Übergang in die Gasphase auf der Wasseroberfläche. Wassergefährdungsklasse 0 (ROTH, 1988).

Luft:
Beim Entspannen des Gases bilden sich große Mengen kalter Nebel und explosionsfähiger Gemische, die sich schnell ausbreiten. Die Nebel sind schwerer als Luft, kriechen am Boden entlang und können bei Zündung über weite Strecken zurückschlagen. Propan reagiert mit Ozon.

Boden:
Es gibt nur relativ wenige Propan-abbauende Mikroorganismen (Spezialisten). Sie metabolisieren diesen Kohlenwasserstoff im Boden bereits in der Nähe natürlicher, emittierender Lagerstätten, verhindern dadurch den Eintritt von Propan in die Umwelt und wirken so als Filter.

Abbau, Zersetzungsprodukte, Halbwertzeit:
Halbwertzeit unter durchschnittlichen atmosphärischen Bedingungen, ca. 13 Tage. Verbrennt an der Luft mit leuchtender, rußender Flamme zu CO_2 und H_2O. Nicht leicht bio-abbaubar (28-d-Prüfung; Grundstufe).

UMWELTSTANDARDS

Medium/ Akzeptor	Bereich	Land/ Organ.	Status	Wert	Kat.	Anmerkungen	Quelle
Luft:	Arbpl	D	G	1000,0 ml/m^3	MAK	Spitzbegr. IV	DFG, 1989
	Arbpl	D	G	1800,0 mg/m^3	MAK		DFG, 1989
	Arbpl	SU	(G)	300,0 mg/m^3	PDK		n. SORBE, 1986

VERGLEICHS-/REFERENZWERTE

Medium/Bereich	Land	Wert	Quelle
Stadtluft	D	2,6-12 ug/m^3	n. RIPPEN, 1988
Stadtluft	NL	12 ug/m^3	n. RIPPEN, 1988
Landluft	NL	5 ug/m^3	n. RIPPEN, 1988

BEWERTUNG & ANMERKUNGEN

Für eine Bewertung unter ökologischen Gesichtspunkten fehlen bislang ausreichende Informationen. Besondere Beachtung bedürfen die Transport- und Lagerungsbedingungen.

473 2-PROPENAL

BEZEICHNUNGEN

CAS-Nr.:	107-02-8
Systematischer Name:	2-Propenal
Gebrauchsnamen:	Acrolein, Acrylaldehyd, Allylaldehyd
Stoffname (engl.):	Propenal
Stoffname (franz.):	Propénal, Acroléine, Aldéhyde acrylique
Erscheinungsbild:	farblose bis gelbliche Flüssigkeit mit stechendem Geruch

CHEM.-PHYSIKAL. GRUNDDATEN

Summenformel:	C_3H_4O
Molare Masse:	56,06 g/mol
Dichte:	0,84 g/cm^3
Rel. Gasdichte:	1,94
Siedepunkt:	52,1°C
Schmelzpunkt:	-87°C
Dampfdruck:	287-293 hPa (bei 20°C)
Flammpunkt:	< -20°C
Zündtemperatur:	280°C
Explosionsgrenze:	2,8-31 Vol.-% (in Luft)
Löslichkeit:	21,4 Gew.-% (bei 20°C) löslich in organischen Lösemitteln
Umrechnungsfaktoren:	1 ppm = 2,33 mg/m^3 1 mg/m^3 = 0,43 ppm

HERKUNFT UND VERWENDUNG

Verwendung:
Acrolein dient zur Herstellung von Pharmazeutika, Gummi, Lacken und Fischölen. Es fällt weiterhin bei der organischen Synthese, bei Kaffeeröstereien, bei der Holz- und Müllverbrennung, in Fahrzeugabgasen und im Tabakrauch an. Vereinzelt findet diese Substanz als Herbizid in Oberflächengewässern Anwendung.

Herkunft/Herstellung:
Acrolein wird durch die Oxidation von Propylen hergestellt. Als Nebenprodukte treten dabei Acetaldehyd und/oder Acrylsäure auf.

TOXIZITÄT

Mensch:	LCL_0 153 ppm, Inhalation (10 min)	n. UBA, 1986
	TCL_0 1 ppm, Inhalation	n. UBA, 1986
	TCL_0 330 ppb, Inhalation (Kind, 2 h)	n. UBA, 1986
Säugetiere:		
Ratte:	LCL_0 8 ppm, Inhalation	n. UBA, 1986
	LD_{50} 46 mg/kg, oral	n. UBA, 1986
	LD_{50} 50 mg/kg, subkutan	n. UBA, 1986
Maus:	LD_{50} 40 mg/kg, oral	n. UBA, 1986
	LC_{50} 66 ppm, Inhalation (6 h)	n. UBA, 1986
	LDL_0 2 mg/kg, intraperitoneal	n. UBA, 1986
Wasserorganismen:		
Fische:	3 mg/l tödlich	n. UBA, 1986
Wasserpflanzen:	1,5-7,5 mg/l toxisch	n. UBA, 1986
Kaltblüter:	0,05-5 mg/l toxisch	n. UBA, 1986

Wirkungscharakter:

Mensch/Säugetiere: Acrolein wird aufgrund seiner niedrigen Geruchs- und Reizschwelle anderen hochtoxischen Stoffen als Warnstoff beigemischt. Bei Vergiftungen kommt es dennoch zu einer starken Reizung der Augen, der Haut und der Atemwegorgane sowie des Magen- und Darmbereichs. Bei leichter Exposition treten zentralnervöse Störungen mit Schwindel, Schläfrigkeit und Bewußtslosigkeit auf. Hohe Konzentrationen führen zu schweren Verätzungen und zu Bronchitis, Pneumonie und Lungenödemen. Luftkonzentrationen von 2 mg/m^3 reizen die Schleimhäute. Die Erträglichkeitsgrenze liegt bei ca. 70 mg/m^3 nach 1 Minute. Eine mutagene Wirkung wurde bislang nur an Einzellern beobachtet.

VERHALTEN IN DER UMWELT

Die giftige, leicht entzündliche und verdampfende Flüssigkeit Acrolein gefährdet alle Arten von Gewässern, insbesondere Trinkwasser (Wassergefährdungsklasse 2). Bereits in sehr geringen Konzentrationen (in Abhängigkeit vom pH-Wert) wirkt es auf Wasserorganismen toxisch: tolerierbare Konzentrationen für Wasserflöhe > 16,9 - < 33,6 ug/l, für Elritzen > 11,4 - < 41,7 ug/l (n. UBA, 1986).
Insgesamt ist Acrolein wenig persistent, sehr reaktiv und relativ schnell physikalisch-chemisch abbaubar. Eine Bioakkumulation wird nicht vermutet (n. KOCH, 1989).
Acrolein ist ein Bestandteil des photochemischen Smogs und wird in der Luft zu Kohlenmonoxid, -dioxid und Wasserstoff sowie ungesättigten Kohlenwasserstoffen oxidiert (Photolyse).
Im Zigarettenrauch stellt Acrolein ein bedeutsamen Reizstoff dar.

UMWELTSTANDARDS

Medium/ Akzeptor	Bereich	Land/ Organ.	Status	Wert	Kat.	Anmerkungen	Quelle
Luft:		D	G	0,01 mg/m^3		Langzeitwert	n. BAUM, 1988
		D	G	0,025 mg/m^3		Kurzzeitwert	n. BAUM, 1988
		D	G	20,0 mg/m^3		TA-Luft[1)]	n. BAUM, 1988
		DDR	(G)	0,02 mg/m^3		Kurzzeitwert	n. HORN, 1989
		DDR	(G)	0,01 mg/m^3		Langzeitwert	n. HORN, 1989
		H	(G)	0,1 mg/m^3			n. STERN, 1986
		IL	(G)	0,1 mg/m^3		24 h	n. STERN, 1977
		IL	(G)	0,25 mg/m^3		30 min	n. STERN, 1977
		SU	(G)	0,03 mg/m^3		24 h, 30 min	n. STERN, 1977
	Arbpl	D	G	0,25 mg/m^3	MAK		DFG, 1989
	Arbpl	DDR	(G)	0,3 mg/m^3		Kurzzeitwert	n. HORN, 1989
	Arbpl	SU	(G)	0,2 mg/m^3	PDK		n. SORBE, 1989
	Arbpl	USA	(G)	0,25 mg/m^3	TLV	Langzeitwert	ACGIH, 1986
	Arbpl	USA	(G)	0,8 mg/m^3	TLV	Kurzzeitwert	ACGIH, 1986

Anmerkungen:
[1)] bei einem Massenstrom von 0,1 kg/h oder mehr

VERGLEICHS-/REFERENZWERTE

Medium/Herkunft	Land	Wert	Quelle
Luft:			
Außenluft	DDR	2-30 ug/m^3	n. HORN, 1989

BEWERTUNG & ANMERKUNGEN

Infolge der hohen Wassergefährdung, ist ein Gebrauch in der Nähe von Wasserentnahmestellen und Grundwasserbildungsgebieten zu vermeiden. Für eine umfassende Bewertung fehlen bislang Erkenntnisse zum Umweltverhalten und zur Toxizität.

483 PYRIDIN

BEZEICHNUNGEN

CAS-Nr.:	110-86-1
Systematischer Name:	Pyridin
Gebrauchsnamen:	Pyridin, Pyridinbasen, Pyridinum
Stoffname (engl.):	pyridine, azine
Stoffname (franz.):	pyridine
Erscheinungsbild:	farblose, scharfriechende Flüssigkeit

CHEM.-PHYSIKAL. GRUNDDATEN

Summenformel:	C_5H_5N
Molare Masse:	79,10 g/mol
Dichte:	0,9819 g/cm^3
rel. Gasdichte:	2,73
Siedepunkt:	115,5°C
Schmelzpunkt:	-41,8°C
Dampfdruck:	20,5 mbar bei 20°C
Flammpunkt:	17°C
Zündtemperatur:	550°C
Löslichkeit:	in Wasser unbegrenzt löslich, vollständig mischbar gut löslich in Alkoholen, Ethern, Ölen u. Benzin
Umrechnung:	1 mg/m^3 = 0,304 ppm 1 ppm = 3,288 mg/m^3
Anmerkungen:	Explosionsgrenzen in Luft in Vol%: untere 1,7; obere 10,6 Explosionsgrenzen in Luft in g/m^3: untere 56; obere 350

HERKUNFT UND VERWENDUNG

Verwendung:
Techn. Pyridin ist mit Pikolinen u.a. Substanzen vermischt. Es dient als Vergällungsmittel für Äthanol. Pyridin ist Bestandteil verschiedener Arzneimittel und wird als Lösungsmittel im Labor und in der Technik für organische Salze und Chemikalien eingesetzt. Es findet Verwendung zur Synthese von Alkaloiden, Farbstoffen, Desinfektionsmitteln, Herbiziden und Insektiziden.

Herkunft/Herstellung:
Pyridin ist in Knochen-, Steinkohlen- und Urteer, in pyrogenen Ölen verschiedener Herkunft, in Ölen bituminöser Schiefer, im Kaffeeöl vorhanden. Technisch stellt man Pyridin aus Steinkohlenteer durch Auswaschen mit verdünnter Schwefelsäure her, die anschließende Abscheidung erfolgt mit Alkalien.

Produktionszahlen:
Weltproduktion, 1972 = 36.000 t/a

TOXIZITÄT

Mensch:	LD 15 g	
Säugetiere:		
Maus	LD_{50} 891 mg/kg KG	n. KOCH, 1989
Ratte	LD_{50} 850 mg/kg KG	n. KOCH, 1989
Ratte	LC_{50} 4000 ppm, 4 h, ihl	n. KOCH, 1989
Wasserorganismen:		
Fische	LC 15 mg/l	n. HOMMEL, 1973
Daphnia	LC_0 70 mg/l	n. HOMMEL, 1973
Daphnia	LC_{50} 240 mg/l	n. HOMMEL, 1973
Daphnia	LC_{100} 910 mg/l	n. HOMMEL, 1973

Wirkungscharakter:

Mensch/Säugetiere: Nervengift und örtlicher Reizstoff besonders für die Augen und die Schleimhäute; Schwindel, Kopfschmerzen, Benommenheit, Erbrechen, Hautröte und Lähmung der Kopfnerven. Bei Säugetieren treten spez. Effekte bei Langzeitexposition auf, es werden Hemmungen des Ammoniakmetabolismus in Hirn, Leber u. Niere festgestellt.

VERHALTEN IN DER UMWELT

Wasser:
Löst sich vollständig in Wasser und bildet auch bei stärkerer Verdünnung noch giftige Mischungen. In geschlossenen Behältern und bei Erwärmung des Wassers können sich über der Oberfläche explosive Gemische mit Luft bilden. Kontinuierliche Pyridin-Immissionen in Gewässern können zu einer erhöhten Metabolisierung der Mikroflora führen. 0,5 mg/l stören jedoch bereits Nitrifikations- und Ammonifizierungsprozesse. Oxidationsprozesse werden ab 5 mg/l merklich gemindert. In aquatischen Systemen ist die Verbindung relativ stabil, da keine Hydrolyse erfolgt.

Luft:
Giftige und brennbare Flüssigkeit die schnell verdunstet und deren Dämpfe leicht entzündbar sind. Dämpfe bilden mit Luft giftige und explosive Gemische, die schwerer sind als Luft.

Boden:
Hohe Mobilität. Kombinierte Applikationen von Pyridin und Phenol erhöhen die Pyridinstabilität in Böden. Nach einer anfänglichen Hemmung des Bakterienwachstums kommt es zu Adaptionserscheinungen sowohl in Böden als auch in aquatischen Systemen. Bei Ausbringung von 75 mg Pyridin/100 g Boden ist die Substanz nach 129 Tagen nicht mehr nachweisbar.

Abbau, Zersetzungsprodukte, Halbwertzeit:
Nach erfolgter Resorption wird Pyridin im Organismus relativ schnell in alle Organstrukturen verteilt. Der metabolische Abbau erfolgt vorzugsweise durch Methylierung bzw. Oxidation am freien Elektronenpaar des Stickstoffatoms. Als Metabolit ist u.a. N-Oxymethylpyridin identifiziert. Neben der Metabolisierung erfolgt eine relativ schnelle Exkretion des Stoffes. 0,4 g/kg KG werden innerhalb von 3 Tagen vollständig ausgeschieden.

UMWELTSTANDARDS

Medium/ Akzeptor	Bereich	Land/ Organ.	Status	Wert	Kat.	Anmerkungen	Quelle
Wasser:	Trinkw	SU	R	0,2 mg/l			n. KOCH, 1989
	Grundw	D(HH)	R	0,01 g/m^3		Untersuchung	n. LAU-BW, 1989
	Grundw	D(HH)	R	0,03 g/m^3		Sanierung	n. LAU-BW, 1989
	Grundw	NL	(G)	0,03 g/m^3			n. LAU-BW, 1989
	Abwasser	SU	R	1,0 mg/l			n. KOCH, 1989
	Fischzucht	SU	R	0,01 mg/l			n. KOCH, 1989
Boden:		NL	(R)	0,1 mg/kg ltr			n. LAU-BW, 1989
		NL	(G)	2 mg/kg ltr		Untersuchung	n. LAU-BW, 1989
		NL	(G)	40 mg/kg ltr		Sanierung	n. LAU-BW, 1989
Luft:	Arbpl	D	G	5,0 ml/m^3	MAK	Spitzenbegr. II, 1	DFG, 1989
	Arbpl	D	G	15,0 mg/m^3	MAK		DFG, 1989
	Arbpl	D	G	0,2 ml/m^3	MIK	[1] A	n. BAUM, 1988
	Arbpl	D	G	0,7 mg/m^3	MIK	[1] A	n. BAUM, 1988
	Arbpl	D	G	0,6 mg/m^3	MIK	[2] C	n. BAUM, 1988
	Arbpl	D	G	2,1 mg/m^3	MIK	[2] C	n. BAUM, 1988
	Arbpl	USA	G	15,0 mg/m^3	TWA		n. SORBE, 1986
	Arbpl	USA	G	5,0 ml/m^3	TWA		n. SORBE, 1086
	Arbpl	USA	G	30,0 mg/m^3	STEL		n. SORBE, 1986
	Arbpl	USA	G	10,0 ml/m^3	STEL		n. SORBE, 1986
	Arbpl	SU	G	1,5 ml/m^3	PDK		n. SORBE, 1986
	Arbpl	SU	G	5,0 mg/m^3	PDK		n. SORBE, 1986

Anmerkungen:
[1] jeweils für die Trinkwasseraufbereitung: A = kennzeichnet die Belastungsgrenzen, bis zu denen allein durch natürliche Verfahren ein Trinkwasser hergestellt werden kann
[2] jeweils für die Trinkwasseraufbereitung: B = kennzeichnet die Belastungsgrenzen, bis zu denen unter Zuhilfenahme der gegenwärtigen und bekannten und bewährten chem. phys. Verfahren ein Trinkwasser hergestellt werden kann

BEWERTUNG & ANMERKUNGEN

Auf Grund der Wasserlöslichkeit und Flüchtigkeit verbunden mit einer geringen Bio- und Geoakkumulationstendenz, besitzt Pyridin eine relativ hohe Mobilität und Dispersionstendenz in und zwischen Hydro-, Pedo- und Atmospähre. Pyridin ist nicht deponierbar. Rückstände können in Sonderabfallverbrennungsanlagen beseitigt werden. Eine Einleitung in Gewässer ist in jedem Fall zu vermeiden.

485 QUECKSILBER UND SEINE VERBINDUNGEN

BEZEICHNUNGEN

CAS-Nr.:	7439-97-6
Systematischer Name:	Quecksilber
Stoffname (engl.):	mercury
Stoffname (franz.):	mercure, métal
Erscheinungsbild:	silberweißes, glänzendes, bei Raumtemperatur flüssiges Metall: reines Quecksilber verändert sich an der Luft nicht, während sich verunreinigtes Metall mit einem Oxidhäutchen überzieht. In seinen Verbindungen tritt Quecksilber ein- oder zweiwertig auf. Mit Metallen bildet es Legierungen.

CHEM.-PHYSIKAL. GRUNDDATEN

Elementsymbol:	Hg
Molare Masse:	200,59 g/mol
Dichte:	13,59 g/cm^3
rel. Gasdichte:	6,93
Siedepunkt:	357,3°C
Schmelzpunkt:	-38,9°C
Dampfdruck:	0,00163 mbar (bei 20°C)
Löslichkeit:	in Wasser unlöslich
Umrechnungsfaktoren:	1 ppm = 8,34 mg/m^3 1 mg/m^3 = 0,12 ppm

HERKUNFT UND VERWENDUNG

Verwendung:
Quecksilber findet als Kathodenmaterial bei der Chloralkalielektrolyse, als Silberamalgan bei Zahnfüllungen, als Saatbeizmittel, als chemischer Zusatz bei Salben und als Desinfektionsmittel Anwendung. Die Verwendung in Salben und Desinfektionsmitteln ist heute aus toxikologischen Gründen nicht mehr üblich. Amalganierung mit Gold spielt bei der Aufbereitung entsprechender natürlicher Rohstoffe eine Rolle.

Herkunft/Herstellung:
Quecksilber ist ubiquitär verbreitet. Es gelangen anorganische und auch organische Quecksilberverbindungen in die Umwelt, von denen die organischen weitaus giftiger sind. Die Erdkruste enthält im Mittel etwa 0,02 ppm (bekanntestes Quecksilbermineral: Zinnober), Süßwasser 0,1 ug/l, Meerwasser 0,03 ug/l und die Luft Bruchteile von ng/m^3 Quecksilber. Natürliche Emissionen (z.B. Vulkanismus) sind zu 66% und menschliche Quellen zu 33% für die Zufuhr in die Umwelt verantwortlich (MERIAN, 1984).

Produktionszahlen:
Die bedeutendsten Vorkommen liegen in Italien, Spanien und Jugoslawien. 1976 betrug der Verbrauch an Quecksilber in der Bundesrepublik Deutschland 514,6 Tonnen (DVGW, 1985).

TOXIZITÄT

(Toxizitätsdaten siehe unter dem Informationsblatt 'Quecksilber(II)chlorid').

Wirkungscharakter:

Mensch/Säugetiere: Gesundheitsgefährlich und damit toxisch ist nur der Quecksilberdampf, der bei ständigem Einatmen typische und chronische Vergiftungserscheinungen hervorruft (Quecksilber wird zu fast 100% über die Lunge resorbiert). Eine akute Vergiftung zeigt als Symptome anfangs metallischer, süßer Geschmack im Mund, verbunden mit Übelkeit und Erbrechen, später kommt es zu Entzündungen der Schleimhäute der Atemwegsorgane. Quecksilber wird schließlich in der Leber und den Nieren gespeichert und nur schubweise ausgeschieden. Erkrankungen durch Quecksilber sind in der BRD meldepflichtige Berufskrankheiten. Chronische Vergiftungen führen zur Störung des Zentralnervensystems, verbunden mit Lustlosigkeit, Gleichgültigkeit und Gedächtnisschwäche, zu Übererregbarkeit und allgemeinem Zittern. Quecksilbervergiftungen können zum Tode führen.

Quecksilber-Ionen
Quecksilbersalze wirken auf die Haut und die Schleimhäute ätzend. Aufgrund ihrer geringen Flüchtigkeit werden sie meist dermal oder oral aufgenommen. Die Einnahme von Salzen führt zu Rachenentzündungen, Schluckbeschwerden, Benommenheit, Erbrechen, Bauchschmerzen, blutigem Durchfall, Kreislaufkollaps und Schock. Gleichzeitig schwellen die Speicheldrüsen an, lockern sich Zähne und es treten Leber- und Nierenentzündungen auf.

Organische Quecksilberverbindungen
Akute Vergiftungen durch organische Verbindungen zeigen ganz andere Symptome. Besonders durch kurzkettige Alkylderivate wie Methyl- oder Ethylquecksilber ausgelöste Vergiftungen machen sich erst nach einiger Zeit bemerkbar (Ausnahme krankhaftes Zittern), meist vergehen Wochen nach der Aufnahme. Typische Zeichen sind die Verengung des Gesichtsfeldes, undeutliche Sprache und Handschrift, abnorme Überempfindlichkeit, Hautreizungen, Nasenbluten und Depressionen. Im allgemeinen führen Belastungen mit organischen Verbindungen zu Schäden des Nervensystems (bekannteste Epidemie: Minamata-Krankheit aus Japan).
Methylquecksilber ist gut fettlöslich und passiert die Blut-Hirn-Schranke und die Plazenta. Es wirkt mutagen und teratogen (in der Bundesrepublik wird Methylquecksilber in der Schwangerschaftsgruppe A als sicher nachgewiesener fruchtschädigender Arbeitsstoff geführt).
Während bei einer oralen Aufnahme nur 0,01% des metallischen und ca. 15% des anorganisch gebundenen Quecksilbers resorbiert werden, beträgt die Resorption organischer Verbindungen bis zu 95% (DVGW, 1985).

Pflanzen:	Quecksilberverbindungen hemmen das Zellwachstum und beeinträchtigen die Permeabilität.

VERHALTEN IN DER UMWELT

Wasser:
Quecksilber hemmt die Stoffwechseltätigkeit von Mikroorganismen und beeinträchtigt deshalb schon ab 18 ug/l die Selbstreinigungskraft von Gewässern. Quecksilber wird an Sedimenten und Schwebstoffen adsorbiert.

Luft:
Quecksilber wird fast vollständig über den Niederschlag ausgewaschen.

Boden:
In Böden wird Quecksilber stark angereichert, insbesondere an der organischen Substanz.

Abbau, Zersetzungsprodukte:
Quecksilber wird durch Mikroorganismen abgebaut (Biomethlyierung) oder zu Hg^{2+} reduziert. Bei der Methylierung wird Methylquecksilber produziert, eine Reaktion, die durch hohe pH-Werte begünstigt wird. Das nur chemisch gebildete Dimethylquecksilber (chemische Methylierung) entweicht in die Atmosphäre und wird dort zu elementarem Quecksilber zersetzt. Besonders durch Quecksilber(II)-Ionen belasteter Regen kann aus Quecksilber Monomethylquecksilber bilden. Neben der Methylierung können aus Quecksilber(II)-Ionen Chelatkomplexe gebildet werden. Methylquecksilber ist ein starkes Fischgift.

Nahrungskette:
In Plankton und Meerestieren kann der Quecksilbergehalt bis zum 500fachen der Konzentration im Meerwasser ansteigen (DVGW, 1985). Aufgrund der Akkumulation in Leber und Nieren wird Quecksilber in der Nahrungskette stark angereichert.

Kombinationswirkungen:
Die Wirkung von Quecksilber wird durch die gleichzeitige Aufnahme von Kupfer, Zink oder Blei gesteigert.

UMWELTSTANDARDS

Medium/ Akzeptor	Bereich	Land/ Organ.	Status	Wert	Kat.	Anmerkungen	Quelle
Wasser:	Oberfl	D	G	0,0005 mg/l		1)	n. DVGW, 1985
	Oberfl	D	G	0,001 mg/l		2)	n. DVGW, 1985
	Oberfl	EG	R	0,0005 mg/l		3)	n. DVGW, 1985
	Oberfl	EG	R	0,001 mg/l		4)	n. DVGW, 1985

	Trinkw	CDN		0,001 mg/l			n. DVGW, 1985
	Trinkw	CH		0,003 mg/l		1980	n. MERIAN, 1984
	Trinkw	D	G	0,001 mg/l			n. DVGW, 1985
	Trinkw	EG	R	0,001 mg/l			n. DVGW, 1985
	Trinkw	J		0,001 mg/l		1968	n. MERIAN, 1984
	Trinkw	SU		0,005 mg/l		1970	n. MERIAN, 1984
	Trinkw	USA	(G)	0,002 mg/l			n. DVGW, 1985
	Trinkw	USA	(G)	0,0005 mg/l		Im Staat Illinois	n. WAITE, 1984
	Trinkw	WHO	R	0,001 mg/l			n. LAU-BW, 1989
	Grundw	NL		0,2 ug/l		A-Wert[5)]	n. BACHMANN, 1987
	Grundw	NL		0,5 ug/l		B-Wert[6)]	n. BACHMANN, 1987
	Grundw	NL		2 ug/l		C-Wert[7)]	n. BACHMANN, 1987
	Abwasser	CH	(G)	0,001 g/m^3		für Trinkwasser	n. LAU-BW, 1989
	Abwasser	D	G	0,05 g/m^3			n. ROTH, 1989
	Bewäss	D		2 ug/l		8)	n. DVGW, 1985
	Tränkw	D		4 ug/l		Höchstwert	n. DVGW, 1985
Boden:		D	G	2 mg/kg		9)	KLOKE, 1988
		D	G	25 mg/kg		10)	KLOKE, 1988
		CH	R	0,8 mg/kg		11)	n. BAfUB, 1987
		GB	R	1,5 mg/kg		Hausgärten	n. SAUERBECK, 1986
		GB	R	1 mg/kg		Gemüsegärten	n. SAUERBECK, 1986
		GB	R	50 mg/kg		12)	n. SAUERBECK, 1986
		NL		0,5 mg/kg		A-Wert[5)]	n. BACHMANN, 1987
		NL		2 mg/kg		B-Wert[6)]	n. BACHMANN, 1987
		NL		10 mg/kg		C-Wert[7)]	n. BACHMANN, 1987
Luft:		DDR	G	0,0003 mg/m^3	MIK		n. HORN, 1989
	Arbpl	AUS	(G)	0,05 mg/m^3			n. MERIAN, 1984
	Arbpl	B	(G)	0,05 mg/m^3			n. MERIAN, 1984
	Arbpl	BG	(G)	0,0003 mg/m^3		13)	n. MERIAN, 1984
	Arbpl	BG	(G)	0,01 mg/m^3			n. MERIAN, 1984
	Arbpl	CS	(G)	0,0003 mg/m^3		13)	n. MERIAN, 1984
	Arbpl	CS	(G)	0,05 mg/m^3		Langzeitwert	n. MERIAN, 1984
	Arbpl	CS	(G)	0,15 mg/m^3		Kurzzeitwert	n. MERIAN, 1984
	Arbpl	D	G	0,1 mg/m^3	MAK		DFG, 1989
	Arbpl	DDR	(G)	0,005 mg/m^3		Langzeitwert	n. HORN, 1989
	Arbpl	DDR	(G)	0,01 mg/m^3		Kurzzeitwert	n. HORN, 1989
	Arbpl	H	(G)	0,02 mg/m^3		Haut	n. MERIAN, 1984

Arbpl	IL	(G)	0,001 mg/m^3		14)	n. MERIAN, 1984
Arbpl	J	(G)	0,05 mg/m^3			n. MERIAN, 1984
Arbpl	NL	(G)	0,05 mg/m^3			n. MERIAN, 1984
Arbpl	PL	(G)	0,01 mg/m^3			n. MERIAN, 1984
Arbpl	RO	(G)	0,001 mg/m^3		13)	n. MERIAN, 1984
Arbpl	RO	(G)	0,05 mg/m^3		TWA, Haut	n. MERIAN, 1984
Arbpl	RO	(G)	0,15 mg/m^3		STEL, Haut	n. MERIAN, 1984
Arbpl	S	(G)	0,05 mg/m^3		Haut	n. MERIAN, 1984
Arbpl	SF	(G)	0,05 mg/m^3			n. MERIAN, 1984
Arbpl	SU	(G)	0,01 mg/m^3	PDK		n. SORBE, 1985
Arbpl	USA	(G)	0,01 mg/m^3	MAC	Alkylverbindungen	ACGIH, 1986
Arbpl	USA	(G)	0,03 mg/m^3	MAC	Alkylverbindungen	ACGIH, 1986
Arbpl	YU	(G)	0,0003 mg/m^3		13)	n. MERIAN, 1984
Arbpl	YU	(G)	0,1 mg/m^3		Haut	n. MERIAN, 1984
Nahrung:	D	G	200 ug/l	BAT	Vollblut/Harn	n. SORBE, 1985
	D	R	0,01 mg/kg		Milch, Käse	n. GROßKLAUS, 1989
	D	R	0,03 mg/kg		15)	n. GROßKLAUS, 1989
	D	R	0,1 mg/kg		Tierleber, -nieren	n. GROßKLAUS, 1989
	D	R	0,05 mg/kg		Fleisch-, Wurstwaren	n. GROßKLAUS, 1989

Anmerkungen:

In der Bundesrepublik ist außerdem ein Verwendungsverbot für Quecksilberverbindungen im Pflanzenschutz seit 1980 in Kraft, die Verwendung in Kosmetika bis auf wenige Ausnahmen verboten und der Höchstgehalt für Fische nach der Quecksilberverordnung (1975) auf 1 mg/kg festgelegt.

1) Grenzwert für natürliche Aufbereitung
2) Grenzwert für chemisch-physikalische Aufbereitung
3) Leitwert für physikalische und verfeinerte chemische Aufbereitung
4) Zwingender Wert für physikalische und verfeinerte chemische Aufbereitung
5) Beurteilungswert für Boden- und Grundwasserverunreinigungen, A-Wert = gilt als unbelastet
6) Beurteilungswert für Boden- und Grundwasserverunreinigungen, B-Wert = Notwendigkeit weiterer Untersuchungen
7) Beurteilungswert für Boden- und Grundwasserverunreinigungen, C-Wert = Notwendigkeit einer Sanierung
8) Höchstwert für Freiland- und Unterglaskulturen
9) tolerierbarer Gesamtgehalt im lufttrockenen Boden (Grenzwert laut Klärschlammverordnung)
10) Grenzwert für Schwermetalle im Klärschlamm (Grenzwert laut Klärschlammverordnung)
11) Schadstoffgehalt in luftgetrocknetem, mineralischen Boden (Totalgehalt, HNO_3-Auszug)
12) öffentliche Grünanlagen/Gelände
13) Grenzwerte für Quecksilber als Bestandteile des Schwebstaubes
14) vorläufiger Grenzwert für Israel
15) Hühnerei, Rind-, Kalb-, Schweine-, Hack-, Hühnerfleisch

VERGLEICHS-/REFERENZWERTE

Medium/Herkunft	Land	Wert	Quelle
Wasser:			
Bodensee (1982)	D	0,003 ug/l	n. DVGW, 1985
Neckar (1982)	D	0,1 ug/l	n. DVGW, 1985
Rhein (Köln, 1983)	D	0,01-0,2 ug/l	n. DVGW, 1985
Rhein (Duisburg, 1983)	D	0,03-0,13 ug/l	n. DVGW, 1985
Donau (Leipheim, 1976)	D	0,03 ug/l	n. DVGW, 1985
Weser (Bremen, 1979)	D	0,025-3,8 ug/l	n. DVGW, 1985
Meerwasser	J	12,5 ng/l	n. RIPPEN, 1989
Nordee		1,9-15 ppt	n. RIPPEN, 1989
Luft:			
Südl. Hemisphäre (Afrika):		2,3 ng/m^3	n. RIPPEN, 1989
USA:		1,9-36 ng/m^3	n. RIPPEN, 1989
Sedimente:			
Rhein (Köln):	D	10 mg/kg (1975-77)	n. DVGW, 1985
Neckar (Heidelberg):	D	0,7 mg/kg (1975-77)	n. DVGW, 1985
Donau (Leipheim):	D	1,2 mg/kg (1975-77)	n. DVGW, 1985
Hamburger Hafen:	D	11,2 mg/kg (1977)	n. DVGW, 1985
Säugetiere/Mensch:			
Blut (Mensch), Normalwert:		5 - 10 ng/ml	n. RIPPEN, 1989
Harn (Mensch), Normalwert:		1,5-8 ug/d	n. RIPPEN, 1989
Seehunde:		< 100-200 mg/kg	n. RIPPEN, 1989
Nahrungsmittel:			
Obst, Gemüse:		0,25-33 ppb	n. RIPPEN, 1989
Getreide:		0,5-640 ppb	n. RIPPEN, 1989
Fleisch, Leber etc.:		0,5-1.430 ppb	n. RIPPEN, 1989
Fisch, Fischerzeugnisse:		0,5-2.740 ppb	n. RIPPEN, 1989

BEWERTUNG & ANMERKUNGEN

Quecksilber ist in festem Zustand als reines Metall für den Menschen nicht giftig und damit ungefährlich. Besondere Beachtung erfordern die Auswirkungen der Quecksilber-Dämpfe, sowie die Verunreinigungen von Gewässern. Für eine Bewertung sollten die Beurteilungen der einzelnen Verbindungen relevant sein. Besonders ist hier das Quecksilber(II)chlorid und das Methylquecksilber zu beachten.

1011 QUECKSILBER(II)CHLORID

BEZEICHNUNGEN

CAS-Nr.:	7487-94-7
Systematischer Name:	Quecksilber(II)chlorid
Gebrauchsnamen:	Sublimat
Stoffname (engl.):	mercury(II)chloride
Stoffname (franz.):	chlorude(II)mercure
Erscheinungsbild:	farbloser, kristalliner Feststoff

CHEM.-PHYSIKAL. GRUNDDATEN

Summenformel:	Cl_2Hg
Molare Masse:	271,50 g/mol
Dichte:	5,44 g/cm^3
Siedepunkt:	304°C
Schmelzpunkt:	277-280°C
Dampfdruck:	$13,1 \times 10^{-3}$ Pa bei 25°C
Löslichkeit:	53 g/l bei 15°C; 66 g/l bei 20°C; 69 g/l bei 25°C in Wasser; in Chloroform (1,57 g/l) und in trockenem Benzol (5,2 g/l, bei 25°C) löslich

HERKUNFT UND VERWENDUNG

(siehe auch unter 'Quecksilber und seine Verbindungen')

Quecksilber(II)chlorid wird als Holzschutzmittel eingesetzt. In der Bundesrepublik Deutschland werden weniger als 500 Tonnen im Jahr produziert, weltweit etwa 10.000 Tonnen.

TOXIZITÄT

Mensch:	LD_{low} [1)] 29 mg/kg, oral (m)	n. MERIAN, 1984
	TDL_0 50 mg/kg, oral (w)	n. RIPPEN, 1989
Säugetiere:		
Maus:	LD_{50} 10 mg/kg, oral	n. DVGW, 1985
Maus:	LCL_0 0,3 mg/l, Inhalation (10 min)	n. RIPPEN, 1989
Ratte:	LD_{50} 37 mg/kg, oral	n. MERIAN, 1984
Hund:	LD_{50} 10-15 mg/kg, dermal	n. RIPPEN, 1989
Meerschweinchen:	LCL_0 345 mg/kg, dermal	n. RIPPEN, 1989

Wasserorganismen:

Regenbogenforelle:	LC_{50} 0,042 mg/l (96h)	n. RIPPEN, 1989
Wasserfloh:	LC_{50} 5 ug/l (48h)	n. RIPPEN, 1989
Wasserfloh:	LC_0 2,2 ug/l (96h)	n. RIPPEN, 1989
Wasserfloh:	EC_{50} 6,7 ug/l (21d)	n. RIPPEN, 1989
Blaualge:	EC_0 0,005 mg/l	n. RIPPEN, 1989
Grünalge:	EC_0 0,07 mg/l	n. RIPPEN, 1989

Anmerkung:
[1] LD_{low} = die ersten Todesfälle treten bei diesen Dosen auf.

Wirkungscharakter:

Mensch/Säugetiere: Quecksilber(II)chlorid ist ein sehr starkes Gift, oral wirken Mengen von 200-400 mg meist tödlich (SORBE, 1985). Es verursacht Nierenschäden, Hirnschäden, Stoffwechselstörungen und Membranschäden.
Quecksilber(II)chlorid hemmt die Zellvermehrung und -atmung. Eine krebserregende Wirkung wurde bislang weder beim Menschen noch im Tierversuch nachgewiesen.
Aufgrund des Abbaus zu Quecksilber wirkt der Stoff bei Fischen, Vögeln und Säugetieren teratogen und embryotoxisch (RIPPEN, 1989).

VERHALTEN IN DER UMWELT

Wasser:
Quecksilber(II)chlorid ist in reinem Wasser beständig. Es zersetzt sich in nicht gereinigtem Wasser durch die Einwirkung von Licht und Luft und wird methyliert. Die feste Quecksilberverbindung ist in der Bundesrepublik Deutschland der Gruppe der stark wassergefährdenden Stoffe (WGK 3) zugeordnet.

Luft:
(siehe unter 'Quecksilber und seine Verbindungen')

Boden:
Quecksilber(II)chlorid wird von organischer Substanz adsorbiert, in geringerem Maße auch von mineralischer. Böden bzw. Sedimente stellen Anreicherungsbereiche dar.

Halbwertzeit:
(siehe unter 'Quecksilber und seine Verbindungen')

Abbau, Zersetzungsprodukte:
Quecksilber(II)chlorid wird zu metallischem Quecksilber abgebaut oder zu hochtoxischen Methylierungsprodukten transformiert. In der Atmosphäre erfolgt eine Photolyse zu Quecksilber(I)chlorid und Chlor.

Nahrungskette:
(siehe unter 'Quecksilber und seine Verbindungen')

Kombinationswirkungen:
In Verbindung mit Pentachlorphenol ist eine verstärkte Beeinträchtigung der passiven Permeabilität nachzuweisen.

UMWELTSTANDARDS

Medium/ Akzeptor	Bereich	Land/ Organ.	Status	Wert	Kat.	Anmerkungen	Quelle
Luft:	Arbpl	SU	G	0,1 mg/m^3	PDK		n. KETTNER, 1979

VERGLEICHS-/REFERENZWERTE

(siehe unter 'Quecksilber und seine Verbindungen')

BEWERTUNG & ANMERKUNGEN

Die toxische Wirkung von Quecksilber(II)chlorid ist besonders stark, deshalb ist beim Umgang mit diesem Stoff größte Vorsicht geboten. Die Anwendung in Holzschutzmitteln ist zu vermeiden, da Kombinationswirkungen mit Pentachlorphenol nachgewiesen wurden. Die Anwendung in der Nähe von Gewässern muß streng vermieden werden.

489 SCHWEFELDIOXID

BEZEICHNUNGEN

CAS-Nr.:	7446-09-5
Systematischer Name:	Schwefeldioxid
Gebrauchsnamen:	Schwefel(IV)-oxid
Stoffname (engl.):	sulfur dioxide
Stoffname (franz.):	sulfure dioxide
Erscheinungsbild:	farbloses, nicht brennbares, stechend, nach brennendem Schwefel riechendes Gas; verdünnt: essigähnlicher Geruch

CHEM.-PHYSIKAL. GRUNDDATEN

Summenformel:	SO_2
Molare Masse:	64,06 g/mol
Dichte:	1,46 g/ml bei -10°C /0,009 g/cm^3 bei 18,1°C, 0,002702 g/cm^3 bei 24,14°C
rel. Gasdichte:	2,263
Siedepunkt:	-10°C bei 1013 mbar
Schmelzpunkt:	-75,5°C bei 1013 mbar
Dampfdruck:	339 kPa
Löslichkeit:	in Wasser 18,6 g/l bei 20°C (1013 mbar); in Wasser 10,1 g/l bei 0°C (1013 mbar); leicht löslich in Alkohol, Benzol, Aceton, Tetrachlorkohlenstoff; mit Ether, Schwefelkohlenstoff, Chloroform, Glykol vollständig mischbar
Umrechnungsfaktoren:	1 ppm = 0,376 mg/m^3 1 mg/m^3 = 2,663 ppm

HERKUNFT UND VERWENDUNG

Verwendung:

Die Verwendung von SO_2 ist sehr vielfältig. Es wird z.B. als Reduktionsmittel im Hüttenwesen, als Kältemittel in der Kälteindustrie, als Desinfektions- und Bleichmittel, zur Qualitätsverbesserung und Konservierung von Nahrungsmitteln, zur Entchlorung und als Schädlingsbekämpfungsmittel eingesetzt. SO_2 stellt die wichtigste Verbindung der chemischen Industrie dar. 98 % des technisch eingesetzten SO_2 dienen der Schwefelsäureherstellung.

Herkunft/Herstellung:

Natürlich durch Vulkanismus und Verbrennungsprozesse. Der anthropogen in die Umwelt eingebrachte Anteil beruht in erster Linie auf Verbrennungsprozessen schwefelhaltiger Energieträger (Kohle, Erdöl etc.) in Kraftwerken/Fernheizwerken, in der Industrie, in Haushalten und im Verkehr. Die technische Herstellung erfolgt aus elementaren Schwefel, aus Pyrit, Sulfid-Erzen der Nichteisenmetalle, Gips, Anhydrit und Rauchgasen (zu den Verfahren vgl. ULLMANN, 1984).

Emissionszahlen (geschätzt):
Emission in der BRD 1986 ca. 2,3 Mio. t. Nach Schätzungen wurden 1982 weltweit ca. 10^7 t natürlich emittiert, dies entspricht etwa 1/10tel der anthropogen bedingten Emissionen von ca. 10^8 t (RÖMPP, 1988).

TOXIZITÄT

Mensch:

25 ug/m^3 (a-Mittel), zunehmende Häufigkeit von Erkrankungen der tieferen Atemwege (n. UN-ECE, 1984)
225 ug/m^3 (a-Mittel), zunehmende Häufigkeit von respiratorischen Symptomen; abnehmende Lungenfunktion bei 5jährigen (n. UN-ECE, 1984)
ab 200 ug/m^3 (d-max., 30 min-Werte) signifikante Zunahme von Pseudokrupp bei Kindern (n. AfRL, 1987)
ab 200 ug/m^3 (24 h-Werte) Mortalitätssteigerung bei älteren Personen (n. AFRL, 1987)
1,3 mg/m^3 (40 min), Atemwegsverengungen bei Asthmatikern (n. AFRL, 1987)
53,3 mg/m^3 (10-30 min), heftige, sehr unangenehme Reizsymptome (n. DFG, 1988)
133,2 mg/m^3 (60 min), starke Schleimhautreizungen, Lungenbluten und -ödem, Stimmritzenkrampf mit Erstickungsgefahr (n. DFG, 1988)

Säugetiere:

Maus:	LC_{50} 346 mg/m^3 (24 h)	n. DFG, 1988
Maus:	LC 1598 mg/m^3 (5 h)	n. DFG, 1988
Maus:	LC 2130 mg/m^3 (20 min)	n. DFG, 1988
Kaninchen:	LC_{50} 679 mg/m^3 (24 h)	n. DFG, 1988
Kaninchen:	LC (nach 7 d) 2130 mg/m^3 (1 h)	n. DFG, 1988
Hamster:	LC 1065 mg/m^3 (6 h)	n. DFG, 1988
Meerschweinchen:	LC_{50} 1076 mg/m^3 (24 h)	n. DFG, 1988

Insekten:	LC 2 Vol.% (6 h)	n. RÖMPP, 1988

Flora:

div. Arten	>20 ug/m^3 (a-Mittel, sichtbare Schäden)	n. AFRL, 1987
Fichte	30-40 ug/m^3 (a-Mittel, Schäden)	n. VDI, 1978
Fichte	50-70 ug/m^3 (a-Mittel, starke Schäden)	n. VDI, 1978
Kulturpflanzen	50 ug/m^3 (90 d, Schäden)	n. DFG, 1988
Kiefern (Ruhrgeb.)	>80 ug/m^3 (Mittel Vegetationsperiode, erste Schäden)	n. VDI, 1978
div. Arten	2,7-5,5 mg/m^3 (wenige h, akute Schädigung)[1)]	n. ULLMANN, 1984

Empfindlichkeit höherer Pflanzen (UBA, 1980):

sehr empfindlich

Ackerbohne	Johannisbeere	Saatwicke	Walnuß
Douglasie	Klee	Spinat	
Erbse	Lupine	Stachelbeere	
Fichte	Luzerne	Tanne	

empfindlich

Linde	Kiefer	Hafer	Bohne
Rotbuche	Weymouthskiefer	Roggen	Raps
Apfel	Lärche	Weizen	
Haselnuß	Gerste	Salat	

weniger empfindlich

Ahorn	Kartoffel	Platane	Tomate
Birke	Kohl	Prunusarten	Wacholder
Eibe	Lauch	Rhododendron	Weide
Eiche	Lebensbaum	Robinie	Weinrebe
Erdbeere	Mais	Rübe	
Erle	Mohrrübe	Scheinzypresse	
Flieder	Pappel	Schwarzkiefer	

Anmerkung:
[1] Blattnekrosen, Hemmung der Photosynthese

Wirkungscharakter:

Mensch/Säugetiere: Hornhauttrübung, Atemnot, Entzündungen der Atemorgane, Augenreizung (Bildung von schwefliger Säure auf feuchter Schleimhaut); Bewußtseinsstörung und Lungenödem; Bronchitis, Herz- und Kreislaufversagen.

Pflanzen: sichtbare Schädigungen der oberirdischen Pflanzenteile durch direkte Einwirkung. SO_2 dringt durch die Stomata in die Blätter und führt über eine Beeinträchtigung des Spaltöffnungsmechanismus zu physiologischen und biochemischen Störungen der Photosynthese, der Atmung und der Transpiration; indirekte Schäden vor allem durch Bodenversauerung (Schädigung der Mykorrhiza); Wachstumsstörungen.

VERHALTEN IN DER UMWELT

Wasser:
Eintrag in Gewässer durch trockene und naße Deposition. Die wässrige Lösung reagiert sauer. In der BRD wird SO_2 als schwach wassergefährdender Stoff eingestuft, ebenso Schwefelsäure und schweflige Säure.

Luft:
SO_2 zieht Feuchtigkeit aus der Luft an und bildet Aerosole. Die Oxidation führt zur Bildung von Schwefelsäure und schwefliger Säure und so zur Versauerung des Niederschlags. Die Intensität der Aerosolbildung und die Verweildauer der Aerosole sind abhängig von den jeweiligen meteorologischen Gegebenheiten und der vorhandenen Menge an katalysierenden Luftverunreinigungen. Die mittlere Verweildauer in der Atmosphäre beträgt ca. 3-5 Tage, so daß auch ein Transport über große Entfernungen erfolgen kann.

Boden:
Der eigentlich bedeutsame Anteil des Eintrags von Sulfaten in den Boden geschieht über die trokkene und nasse Deposition aus der Atmosphäre. In der festen Aerosolform sind dies hauptsächlich Sulfate: $(NH_4)_2SO_4$, $(NH_4)_3H(SO_4)_2$, $CaSO_4$, $MgSO_4$ etc., mit einem geringen Anteil an organischen Schwefelverbindungen.
SO_2 bzw. die daraus entstehenden Verbindungen leisten einen hohen Anteil an der Versauerung von Böden. Dies insbesondere dann, wenn die bodeneigenen Puffersysteme die direkt eingetragene bzw. durch Umwandlung der festen Sulfate entstandene Säure nicht neutralisieren können. Die auftretenden Schäden sind nicht substanzspezifisch begründet. Fast alle Bodenreaktionen sind pH-Wert-abhängig. So nimmt die Desorption von vielen toxisch wirkenden Stoffen mit dem Versauerungsgrad der Böden zu, gleichzeitig wird die Auswaschung der meisten Nährstoffe gefördert.

Abbau, Zersetzungsprodukte, Halbwertzeit:
wie unter 'Luft' und 'Boden' beschrieben oxidiert SO_2 schnell und reagiert mit anderen Stoffen. Wichtigste umweltrelevante Reaktionsprodukte sind Schwefelsäure und schweflige Säure.

Synergismen/Antagonismen:
Hierüber liegen eine ganze Reihe von Untersuchungen - in aller Regel unter standardisierten Bedingungen - vor. Allerdings lassen sich aufgrund der Komplexität der Einflußgrößen und Wirkungspfade keine quantitativen Aussagen für natürliche Gegebenheiten treffen. Sicher ist jedoch, daß sich die Wirkung von SO_2 in Kombination mit anderen Schadgasen (z.B. NO_x, HF) mehr als additiv erhöht.

UMWELTSTANDARDS

Medium/ Akzeptor	Bereich	Land/ Organ.	Status	Wert	Kat.	Anmerkungen	Quelle
DIE ANGABEN WERDEN FÜR DIE ENDFASSUNG MIT ENSPRECHENDEN BEREICHSANGABEN VERSEHEN, NEU GEGLIEDERT UND FORMATIERT!							
Luft:		CDN	(G)	0,06 mg/m^3			n. DORNIER, 1984
		CDN	(G)	0,06 mg/m^3		a-Mittel	n. DORNIER, 1984
		CDN	(G)	0,3 mg/m^3		24 h	n. DORNIER, 1984
		CDN	(G)	0,9 mg/m^3		1 h	n. DORNIER, 1984
		CH	(G)	0,03 mg/m^3		a-Mittel	n. WEIDNER, 1986
		CH	(G)	0,4 mg/m^3		24 h	n. DORNIER, 1984
		CH	(G)	0,26 mg/m^3		1 mon	n. DORNIER, 1984
		CH	(G)	0,7 mg/m^3		2 h	n. DORNIER, 1984
		CS	(G)	0,15 mg/m^3		24 h	n. DORNIER, 1984
		CS	(G)	0,5 mg/m^3		30 min	n. KUSt, 1985
		D	R	3,7-6,1 mg/m^3		Geruchsschwelle	DFG, 1988
		D	G	5,3 mg/m^3	MAK	1 y	DFG, 1988
		D	G	0,14 mg/m^3	IW1	1 y arith. Mittel	n. ROTH,1989
		D	G	0,40 mg/m^3	IW2	1 y [4)]	n. ROTH, 1989

	D	G	1,0 mg/m^3	MIK	30 min	n. BAUM, 1988
	D	G	0,3 mg/m^3	MIK	24 h	n. BAUM, 1988
	D	G	0,1 mg/m^3	MIK	1 y	n. BAUM, 1988
	D	R	0,05-0,06 mg/m^3		Vorsorge wen. bel. Geb.	UBA, 1989
	DDR	(G)	0,15 mg/m^3		24 h	n. DORNIER, 1984
	DDR	(G)	0,5 mg/m^3		30 min	n. DORNIER, 1984
	DK	(G)	0,14 mg/m^3		1 y	n. WEIDNER, 1986
	E	(G)	0,065		1 y	n. WEIDNER, 1986
	EG	R	0,1- 0,15 mg/m^3		24 h	EG, 1980
	EG	R	0,04-0,06 mg/m^3		1 y	EG, 1980
	EG	R	0,08 mg/m^3		1 y > 40[3)]	EG, 1980
	EG	R	0,12 mg/m^3		1 y <= 40[3)]	EG, 1980
	EG	R	0,13 mg/m^3		1 d_{Winter} > 60[3)]	EG, 1980
	EG	R	0,18 mg/m^3		1 d_{Winter} <= 60[3)]	EG, 1980
	EG	R	0,25 mg/m^3		1 y > 150[3)][4)]	EG, 1980
	EG	R	0,35 mg/m^3		1 y <= 150[3)][4)]	EG, 1980
	F	(G)wie EG			1 y	n. WEIDNER, 1986
	GB	(G)wie EG			1 y	n. WEIDNER, 1986
	GR	(G)wie EG			1 y	n. WEIDNER, 1986
	H	(G)	1,15 mg/m^3		24 h geschützte Geb.	n. DORNIER, 1984
	H	(G)	1,0 mg/m^3		30 min geschützte Geb.	n. DORNIER, 1984
	H	(G)	0,5 mg/m^3		24 h bes. geschützte Geb.	n. DORNIER, 1984
	H	(G)	0,5 mg/m^3		30 min bes. geschtzt. Geb.	n. DORNIER, 1984
	I	(G)wie EG			1 y	n. WEIDNER, 1986
	I	(G)	0,38 mg/m^3		24 h	n. DORNIER, 1984
	I	(G)	0,75 mg/m^3		30 min	n. DORNIER, 1984
	IL	(G)	0,26 mg/m^3		24 h	n. DORNIER, 1984
	IL	(G)	0,78 mg/m^3		30 min	n. DORNIER, 1984
	IRL	(G)wie EG			1 y	n. WEIDNER, 1986
	J	(G)	0,11 mg/m^3		24 h/1 y	n. DORNIER, 1984
	J	(G)	0,29 mg/m^3		1 h	n. DORNIER, 1984
	KOL	(G)	0,07 mg/m^3		1 y	n. DORNIER, 1984
	L	(G)wie EG			1 y	n. WEIDNER, 1986
	N	(G)	0,025-0,06 mg/m^3		1 y	n. WEIDNER, 1986
	N	(G)	0,2 mg/m^3 (+2%)		24 h	n. DORNIER, 1984
	N	(G)	0,4 mg/m^3 +2%		1 h	n. DORNIER, 1984
	NL	R	0,075 mg/m^3		1 y 50% der 24 h Mittel	n. WEIDNER,1986
	NL	R	0,20 mg/m^3		1 y 95% der 24 h Mittel	n. UBA, 1980
	NL	R	0,25 mg/m^3		1 y 98% der 24 h Mitte	n. WEIDNER,1986
	NL		0,15 mg/m^3		1 y	n. DORNIER, 1984
	NL		0,3 mg/m^3 (+2%)		24 h +2%	n. DORNIER, 1984
	NL		0,5 mg/m^3		24 h +0,3%; 1 d/y	n. DORNIER, 1984
	PL		0,075 mg/m^3		24 h bes. geschützte Geb.	n. DORNIER, 1984
	PL		0,25 mg/m^3		20 min bs. geschtzt. Geb.	n. DORNIER, 1984
Arbpl	Pl		0,35 mg/m^3		24 h geschützte Geb.	n. DORNIER, 1984
	PL		0,9 mg/m^3		20 min geschtzt. Geb.	n. DORNIER, 1984
	RU		0,25 mg/m^3		24 h	n. DORNIER, 1984
	RU		0,75 mg/m^3		20 min	n. DORNIER, 1984
	S		0,06 mg/m^3		1 y	n. DORNIER, 1984
	S		0,75 mg/m^3		1 h	n. DORNIER, 1984

	S		0,10 mg/m³		Okt. bis März	n. DORNIER, 1984
	S		0,30 mg/m³		24 h	n. DORNIER, 1984
	SF	(G)	0,04 mg/m³		1 y	n. WEIDNER, 1986
	SF	(G)	0,25 mg/m³		24 h	n. DORNIER, 1984
	SF	(G)	0,7 mg/m³		30 min	n. DORNIER, 1984
	SU	(G)	0,05 mg/m³		24 h Wohngebiete	n. DORNIER, 1984
	SU	(G)	0,5 mg/m³		30 min Wohngebiete	n. DORNIER, 1984
	TU	(G)	0,15 mg/m³		24 h Wohngebiete	n. DORNIER, 1984
	TU	R	0,30 mg/m³		24 h Industriegebiete	n. DORNIER, 1984
Arbpl	USA	G	2 ppm	TWA		n. ACGIH, 1986
Arbpl	USA	G	5 mg/m³	TWA		n. ACGIH, 1986
Arbpl	USA	G	5 ppm	STEL		n. ACGIH, 1986
Arbpl	USA	G	10 mg/m³	STEL		n. ACGIH, 1986
	WHO	R	0,1-0,15 mg/m³		24h[1]	WHO, 1979
	WHO	R	0,04-0,06 mg/m³		1 y	WHO, 1979
	WHO	R	0,5 mg/m³		10 min[2]	WHO, 1987
	WHO	R	0,35 mg/m³		1 h[2]	WHO, 1987
	WHO	R	0,125 mg/m³		24 h[2]	WHO, 1987
	WHO	R	0,05 mg/m³		1 y[2]	WHO, 1987
	YU	(G)	0,15 mg/m³		24 h	n. DORNIER, 1984
	YU	(G)	0,5 mg/m³		30 min	n. DORNIER, 1984
Wasser	D		RWGK 1			n. ROTH, 1989

Anmerkungen:

1) Mittelwert, max. 7 Überschreitungen pro Jahr

2) Empfehlungen für Europa

3) bei einem Gehalt an Schwebstaub (in ug/m³); Medianwerte

4) 98%-Wert der Summenhäufigkeit aller Tagesmitelwerte des Jahres

WERTE DER SMOG-VERORDNUNGEN DER BUNDESLÄNDER DER BRD

Land	*Vorwarnstufe*	*Stufe 1*	*Stufe 2*
B[1]	SO_2 + 1,3 x Schwebstaub > 1,1 mg/m³ oder SO_2 > 0,60 mg/m³	SO_2 + 1,3 x Schwebstaub > 1,4 mg/m³ oder SO_2 > 1,20 mg/m³	SO_2 + 1,3 x Schwebstaub >1,7 mg/m³ oder SO_2 > 1,80 mg/m³
B[2]		SO_2 + 1,3 x Schwebstaub > 1,1 mg/m³	SO_2 + 1,3 x Schwebstaub >1,4 mg/m³
HH[3]	SO_2 + 2,0 x Schwebstaub > 1,1 mg/m³ oder SO_2 > 0,60 mg/m³	SO_2 + 2,0 x Schwebstaub > 1,4 mg/m³ oder SO_2 > 1,20 mg/m³	SO_2 + 2,0 x Schwebstaub >1,7 mg/m³ oder SO_2 > 1,80 mg/m³
HH[4]		SO_2 + 2,0 x Schwebstaub > 1,1 mg/m³	SO_2 + 2,0 x Schwebstaub >1,4 mg/m³

Niedersachsen [5]; Nordrhein-Westfalen; Hessen; Rheinland-Pfalz; Saarland [5]; Baden-Württemberg und Bayern [5]: alle Werte wie Hamburg (HH), durch Hochziffern gekennzeichnete Bundesländer weisen Abweichungen in der methodischen Ermittlung der Grenzwerte auf (s. entsprechende Anmerkung).

Anmerkungen:
1,3 x oder 2,0 x = Faktoren, mit denen der Schwebstaub multipliziert wird
[1] Berlin: über 21 h gemittelt und in den letzten 3 h
[2] Berlin: über 72 h fortdauernd, (über 21 h Mittelwerte)
[3] Hamburg: über 24 h gemittelt und in den letzten 3 h
[4] Hamburg: über 72 h fortdauernd, (über 24 h Mittelwerte)
[5] über 24 h gemittelt bzw. über 72 h fortdauernd, (über 24 h Mittelwerte)

VERGLEICHS-/REFERENZWERTE

In der Bundesrepublik Deutschland liegen die Jahresmittelwerte zwischen 0,01 und 0,08 mg/m^3. Insbesondere das norddeutsche Flachland zeigt wegen günstiger meteorologischer Verhältnisse Jahresmittelwerte von nur 0,01-0,02 mg/m^3. Ähnliche Werte sind in den süddeutschen Mittelgebirgen und in der Alpenregion fest-zustellen.
Höhere Werte zwischen 0,06 und 0,08 mg/m^3 sind in den Ballungsräumen wie z.B. dem Ruhrgebiet, dem Rhein/Main-Gebiet oder in Berlin anzutreffen.
In den Regionen am Ostrand der BRD tragen Emissionen aus regionalen Quellen (vor allem der DDR, Polen und der CSSR) in hohem Maße zur SO_2-Konzentration in diesen Gebieten bei. In episodischen Fällen erreicht die Konzentration in diesen ländlichen Regionen Werte bis 2 mg/m^3 und somit die Werte der Alarmstufen der Smogverordnungen der jeweiligen Länder.
(UBA, 1989)
Anhaltswerte für mittlere SO_2-Immissionen (Jahresmittelwerte) (SRU, 1988):

"Reinluftgebiete"	0,005 mg/m^3
Ländliche Gebiete	0,005-0,04 mg/m^3
Ballungsräume	0,03-0,1 mg/m^3
Innenstadtbereiche	0,14 mg/m^3

In Ballungsräumen liegen die typischen Kurzzeitbelastungen (98-Perzentil der Halbstundenwerte) zwischen 0,2 und 0,3 mg/m^3. In den am höchsten belasteten Gebieten wurden an einzelnen Stationen Werte von 1,2 mg/m^3 (Bottrop, 1982) und sogar 1,7 mg/m^3 (Lünen-Brambauer, 1981) erreicht.

BEWERTUNG & ANMERKUNGEN

Die bisher bei Toxizitätsuntersuchungen benutzten Laboratoriumstiere sind offentsichtlich wesentlich weniger empfindlich als der Mensch. Selbst das Meerschweinchen als empfindlichstes Tier verträgt - auch über längere Zeit hin - Konzentrationen, die vom Menschen - auch über kürzere Zeit - nicht toleriert würden (DFG, 1988, S.14).

Schwefeldioxid gehört zu den am häufigsten durch gesetzliche Regelungen behandelten, chemischen Verbindungen. Grenz- und Richtwerte mit unterschiedlichem Bezug liegen aus einer Vielzahl von Ländern vor. Die Werte sind - im Vergleich zu denen vieler anderer Stoffe - relativ schnellen Veränderungen unterworfen.

Von Bedeutung bei einem Vergleich der vielen vorliegenden Werte ist vor allem die Berücksichtigung des Berechnungsmodus (Median, arithm. Mittel, Zeitangaben, Perzentile etc.). Die aufgeführten Werte aus den Niederlanden und der EG bieten hierfür gute Beispiele.

Über den Vergleich technischer Anlagen, den Schwefelgehalt von Rohstoffen aus verschiedenen Ländern und Szenarien informiert UBA, 1980.

491 SCHWEFELWASSERSTOFF

BEZEICHNUNGEN

CAS-Nr.:	7783-06-4
Systematischer Name:	Schwefelwasserstoff
Gebrauchsnamen:	Schwefelwasserstoff, Wasserstoffsulfid, Hydrogensulfid, Hydrothionsäure
Stoffname (engl.):	hydrogen sulphide, sulphuretted hydrogen
Stoffname (franz.):	acide sulfhydrique, gaz sulfhydrique, hydrogène sulfuré
Erscheinungsbild:	farbloses, süßliches, nach faulen Eiern riechendes Gas

CHEM.-PHYSIKAL. GRUNDDATEN

Summenformel:	H_2S
Molare Masse:	34,08 mg/mol
Dichte:	1,54 g/l
Siedepunkt:	-60°C
Schmelzpunkt:	-86°C
Dampfdruck:	17,7 mbar bei 20°C
Zündtemperatur:	270°C
Löslichkeit:	in Wasser 3,974 g/l bei 20°C; 2,555 g/l bei 40°C
Umrechnungsfaktoren:	1 mg/m^3 = 0,706 ppm 1 ppm = 1,416 mg/m^3

HERKUNFT UND VERWENDUNG

Verwendung:
Der in der Technik anfallende H_2S wird in der Hauptsache weiter zu Schwefel oder in das in großen Mengen zur Herstellung von Schwefelsäure benötigte Schwefeldioxid verarbeitet.

Herkunft/Herstellung:
In der Umwelt kommt H_2S in geringen Mengen recht häufig vor, z.B. gelöst in Mineralquellen, Gewässern und Abwässern sowie besonders in Naturgasen. H_2S entsteht bei der Zersetzung von schwefelhaltigen Aminosäuren der Eiweißstoffe unter dem Einfluß von Fäulnis- und Schwefelbakterien, z.B. in Sümpfen, stehenden Gewässern und Kläranlagen. Es tritt im industriellen Bereich bei verschiedenen Produktionsprozeßen in Erscheinung z.B. Chemiefaser-Herstellung, Kokereibetriebe, Raffinerien. Der bei der Erdgas-Reinigung anfallende Schwefelwasserstoff wird meist an Ort und Stelle zu Schwefel verarbeitet.

TOXIZITÄT

Mensch:	1,2-2,8 mg/l Luft (sofort tödlich)	n. TAB. CHEMIE, 1980
	0,6 mg/l Luft (0,5-1 h, tödlich)	n. TAB. CHEMIE, 1980
	0,1-0,15 mg/l Luft (mehrstd. Einatmung giftig)	n. TAB. CHEMIE, 1980
Säugetiere:		
Maus	LD_{50} 53 mg/kg KG, (Natriumsulfid)	n. DVGW, 1988
Wasserorganismen:		
Fische	0,86 mg/l (toxisch)	n. HOMMEL, 1973
Bachsaibling	LC 0,86 mg/l (24 h)	n. DVGW, 1988
Karpfen	LC 6,3 mg/l (24 h)	n. DVGW, 1988
Schleie	LC 10 mg/l	n. DVGW, 1988
Fischnährtiere	1,0 mg/l (tödlich)	n. HOMMEL, 1973

Wirkungscharakter:

Mensch/Säugetiere: Reizstoff, Nerven- und Zellgift. Reizung der Augen und Atmungsorgane, Bronchialkatarrh, Übelkeit, bei höheren Konzentrationen Ausschaltung der Geruchsnerven, Krämpfe, Betäubung, Tod durch Atemlähmung. Gewöhnlich bleibt auch eine Überempfindlichkeit gegenüber H_2S erhalten. Erkrankungen durch Schwefelwasserstoff gehören zu den meldepflichtigen Berufskrankheiten.

Pflanzen: werden nur in geringem Umfang geschädigt. Die empfindlichsten Nutzpflanzen sind Rettich, Tomaten, Gurken und Sojabohnen.

VERHALTEN IN DER UMWELT

Wasser:
H_2S löst sich in Wasser auf. Die Luft über solchen Lösungen kann explosibel sein. Bei Eindringen in Grundwasser (Uferfiltrat) ist dieses als Trinkwasser unbrauchbar.

Luft:
Beim Entspannen des Gases bilden sich schnell große Mengen kalter Nebel und sehr giftiger, explosiver Gemische. Die Nebel sind schwerer als Luft, kriechen am Boden entlang und können bei Zündung über weite Strecken zurückschlagen.

Boden:
Die Entwicklung von Schwefelwasserstoff im Boden beruht weniger auf der Wirkung schwefelhaltiger Düngemittel als auf unsachgemäßer Bodenbearbeitung. Unter anaeroben Bedingungen, die durch Vernässung und Verdichtung des Bodens in Verbindung mit frischen, mikrobiell rasch zersetzbaren Ernterückständen entstehen, kann sich durch Reduktion von Sulfat sowie durch Mineralisierung von organischen S-Verbindungen Schwefelwasserstoff entwickeln.

Abbau, Zersetzungsprodukte, Halbwertzeit:
H_2S wird im Organismus rasch zu Sulfat oxidiert und ausgeschieden.

UMWELTSTANDARDS

Medium/ Akzeptor	Bereich	Land/ Organ.	Status	Wert	Kat.	Anmerkungen	Quelle
Wasser:	Trinkw	CDN	()	0,05 mg/l			n. DVGW, 1988
	Trinkw	D	R	1)		DIN 2000	n. DVGW, 1988
	Trinkw	USA	(G)	0,05 mg/l			n. DVGW, 1988
Luft:		D	G	0,005 mg/m^3	IW1	Langzeitwert	n. KÜHN, BIRETT, 1983
		D	G	0,01 mg/m^3	IW2	Kurzzeitwert	n. KÜHN, BIRETT, 1983
	Arbpl	D	G	10,0 ml/m^3	MAK	Spitzenbegr. V	DFG, 1989
	Arbpl	D	G	15,0 mg/m^3	MAK		DFG, 1989
	Arbpl	DDR	(G)	15,0 mg/m^3			n. TAB. CHEMIE, 1980
	Arbpl	SU	(G)	7,0 ml/m^3	PDK		n. SORBE, 1988
	Arbpl	SU	(G)	10,0 mg/m^3	PDK	Hautresorption	n. SORBE, 1988
	Arbpl	USA	(G)	10,0 ml/m^3	TWA	Langzeitwert	n. SORBE, 1988
	Arbpl	USA	(G)	15,0 mg/m^3	TWA	Langzeitwert	n. SORBE, 1988
	Arbpl	USA	(G)	15,0 ml/m^3	STEL	Kurzzeitwert	n. SORBE, 1988
	Arbpl	USA	(G)	27,0 mg/m^3	STEL	Kurzzeitwert	n. SORBE, 1988

Anmerkungen:
1) die Schwefelwasserstoff-Konzentration muß unterhalb der Geruchsschwelle liegen.

VERGLEICHS-/REFERENZWERTE

MEDIUM/BEREICH	Land	Wert	Quelle
Grundwasser:			
Haltern	D	10,0 (ug/l)	n. DVGW, 1988

BEWERTUNG & ANMERKUNGEN

Schwefelwasserstoff ist zwar aufgrund seines typischen Geruchs nach faulenden Eiern sofort feststellbar, doch treten häufig chronische Krankheitsbilder auf (Berufskrankheit). Es müssen demnach am Arbeitsplatz Exposition gegenüber und Intensität einer H_2S-Emission kontrolliert werden.
Da jegliches Wasser, das mit Schwefelwasserstoff in Berührung kommt, nicht mehr genießbar ist, muß ein Umgang mit H_2S in Gewässernähe untersagt sein.

492 SELEN

BEZEICHNUNGEN

CAS-Nr.:	7782-49-2
Systematischer Name:	Selen
Gebrauchsnamen:	Selen
Stoffname (engl.):	selenium
Stoffname (franz.):	sélénium
Erscheinungsbild:	rote oder schwarze nichtmetallische Modifikation (Pulver) oder grauschwarze, kristalline metalloide Form

CHEM.-PHYSIKAL. GRUNDDATEN

Elementsymbol:	Se
Molare Masse:	78,96 g/mol
Dichte:	4,79 g/cm^3
Siedepunkt:	684,9°C
Schmelzpunkt:	217,4°C
Löslichkeit:	in Wasser unlöslich; Selen-Halogenverbindungen zersetzen sich in Wasser; Selensulfide, -nitrid und -carbid sowie Metallselenide sind in Wasser praktisch unlöslich; in konzentrierter Schwefelsäure löslich;

HERKUNFT UND VERWENDUNG

Verwendung:
Selen wird zur Farbgebung und Entfärbung von Oxidgläsern, als Katalysator in der Erdölindustrie, zum Bau von Gleichrichtern, für Photozellen und zur Verbesserung der Vulkanisation von Gummi und Kunststoff verwendet. Weiterhin wird Selen Futtermitteln beigesetzt und dient in der Medizin der Krebstherapie.

Herkunft/Herstellung:
Natürlicherweise kommt Selen in Gesteinen vor und wird durch Verwitterung freigesetzt. Es ist zu etwa 0,00013% am Aufbau der Erdkruste beteiligt, wobei es meist in Spuren sulfidische Erze begleitet. Anthropogene Emissionen resultieren aus der Verbrennung fossiler Brennstoffe (nach KOCH (1989) 62% der Gesamtemission); Selen ist auch bei der Verhüttung sulfidischer Erze im Flugstaub enthalten.

Produktionszahlen:
Der Bedarf an Selen und seinen Verbindungen beträgt derzeit weltweit etwa 1.100 t/a (n. DVGW, 1985).

TOXIZITÄT

Säugetiere:

Ratte:	LD_{50} 6 mg/kg, intravenös (Selen)	n. DVGW, 1985
Ratte:	LD_{50} 38 mg/kg, oral (Selensulfid)	n. DVGW, 1985
Ratte:	LD_{50} 138 mg/kg, oral (Selendisulfid)	n. DVGW, 1985
Ratte:	LD_{50} 4 mg/kg, oral (Natriumselenat)	n. DVGW, 1985
Maus:	LD_{50} 3.700 mg/kg, oral (Selensulfid)	n. DVGW, 1985
Kaninchen:	LD_{50} 4 mg/kg, oral (Natriumselenat)	n. DVGW, 1985

Wasserorganismen:

Goldfisch:	LD 5 mg/l (4-10 d)	n. DVGW, 1985

Wirkungscharakter:

Mensch/Säugetiere: Selen ist ein essentielles Spurenelement (Vitamin E ist nur in Gegenwart von Selen wirksam). Toxische Erscheinungen treten bei einer täglichen Aufnahme von 0,01-0,1 mg/kg KG auf (DVGW, 1985).
Selen und alle Selenverbindungen sind in größeren Mengen giftig, wobei es zur Reizung und Entzündung der oberen Atemwege, der Augen, der Nase und der Haut kommt. Die Adsorptionsrate beträgt etwa 80% und der durchschnittliche Gehalt an Selen im Körper wird mit etwa 7 mg angegeben (KOCH, 1989). Die höchsten Konzentrationen wurden dabei in der Leber und Niere festgestellt. Elementares Selen wird nicht resorbiert, sondern passiert unverändert den Darm. Dagegen schädigt eingeatmeter Selenstaub die Luftwege und führt zu Nasenbluten und Verlust des Geschmackssinns.
In jüngsten Veröffentlichungen wird insbesondere darauf hingewiesen, daß Selen bei der Krebsbekämpfung eingesetzt wird, weil es das Tumorwachstum vermindert. Selenmangel führt zur Kesban-Krankheit (VR China).
Selen mindert die Quecksilbertoxizität (KOCH, 1989).

Pflanzen: In Pflanzen wird Selen akkumuliert, führt aber nicht zu Wachstumsschädigungen.

VERHALTEN IN DER UMWELT

Wasser:
Selen adsorbiert an Schwebstoffen und Sedimenten.
Aufgrund seiner schweren Löslichkeit ist über seine Wirkung in diesem Medium nichts bekannt.
Über die Verwitterung selenhaltiger Gesteine gelangen geringe Mengen dieser Substanz in das Grundwasser. Die Selen-Aufnahme durch das Trinkwasser ist jedoch von untergeordneter Bedeutung.

Luft:
In die Atmosphäre gelangtes Selen wird über Niederschläge wieder ausgewaschen und der Hydro- bzw. Pedosphäre zugeführt. Die Selenkonzentration der Luft schwankt mit der Konzentration der Schwefelverbindungen.

Boden:
Der Selengehalt ist in Böden sehr verschieden und vom pH-Wert und dem Eisengehalt abhängig. So liegen in saurem Milieu eher gering wasserlösliche Eisenselenite (Akkumulation), in alkalischen Böden dagegen vorzugsweise besser lösliche Selenate vor (Mobilisierung bzw. Remobilisierung). Entsprechend unterschiedlich ist die Aufnahmerate durch Pflanzen.

Halbwertzeit
Die Halbwertzeit im Organismus beträgt etwa 1 Jahr (HORN, 1989).

Abbau, Zersetzungsprodukte:
Infolge mikrobiologischer Aktivitäten kann Selen im Wasser oder im Boden in organische Selenverbindungen transformiert werden, womit eine Erhöhung der Mobilität verbunden ist. Auch erfolgt der Einbau in Eiweißverbindungen durch Mikroorganismen.

Nahrungskette:
Aufgrund der Akkumulation in Pflanzen gelangen Selenverbindungen in die Nahrungskette. Auch über das Trinkwasser erfolgt eine regelmäßige Aufnahme in den Organismus.

Wechselwirkungen:
Selen tritt mit Quecksilber, Arsen, Tellur, Cadmium, Silber, Thallium, Blei, Benzol, Paraquat, Nitrit, Cyanid und Vitamin E in Wechselwirkung. Dabei wird die Toxizität von Quecksilber, Cadmium, Tellur, Silber, Thallium, Kaliumcyanid und Nitrit gesenkt.

UMWELTSTANDARDS

Medium/ Akzeptor	Bereich	Land/ Organ.	Status	Wert	Kat.	Anmerkungen	Quelle
Wasser:	Trinkw	AUS	(G)	10,0 ug/l		1973	n. MERIAN, 1984
	Trinkw	CDN	(G)	10,0 ug/l			n. MERIAN, 1984
	Trinkw	EG	R	10,0 ug/l			n. MERIAN, 1984
	Trinkw	SU	(G)	1,0 ug/l		1970	n. MERIAN, 1984
	Trinkw	USA	(G)	10,0 ug/l		1975	n. MERIAN, 1984
	Trinkw	WHO	R	10,0 ug/l		1970	n. MERIAN, 1984
Boden:		D	R	10,0 mg/kg		im Kulturboden	n. KLOKE, 1988
Luft:	Arbpl	AUS	(G)	0,2 mg/m^3		alle Se-Verbindungen	n. MERIAN, 1984
	Arbpl	B	(G)	0,2 mg/m^3			n. MERIAN, 1984
	Arbpl	BG	(G)	2,0 mg/m^3		Selenoxid	n. MERIAN, 1984
	Arbpl	CH	(G)	0,1 mg/m^3			n. MERIAN, 1984

Arbpl	D	G	0,1 mg/m^3	MAK	alle Se-Verbindungen	DFG, 1989
Arbpl	DDR	(G)	0,1 mg/m^3		Langzeitwert	n. HORN, 1989
Arbpl	DDR	(G)	0,2 mg/m^3		Kurzzeitwert	n. HORN, 1989
Arbpl	I	(G)	0,2 mg/m^3		alle Se-Verbindungen	n. MERIAN, 1984
Arbpl	J	(G)	0,1 mg/m^3		alle Se-Verbindungen	n. MERIAN, 1984
Arbpl	NL	(G)	0,2 mg/m^3			n. MERIAN, 1984
Arbpl	PL	(G)	0,1 mg/m^3		alle Se-Verbindungen	n. MERIAN, 1984
Arbpl	RO	(G)	5,0 mg/m^3		Kurzzeitwert	n. MERIAN, 1984
Arbpl	S	(G)	0,1 mg/m^3		alle Se-Verbindungen	n. MERIAN, 1984
Arbpl	SF	(G)	0,1 mg/m^3			n. MERIAN, 1984
Arbpl	SU	(G)	2,0 mg/m^3	PDK		n. SORBE, 1989
Arbpl	USA	(G)	0,2 mg/m^3	TWA	Langzeitwert, als Se	ACGIH, 1986

Anmerkung:

In England wird empfohlen, auf Böden mit einem Selengehalt von 2mg/kg im Zeitraum von 30 Jahren nicht mehr als 5 kg/ha Selen auszubringen (n. MERIAN, 1984).

VERGLEICHS-/REFERENZWERTE

Medium/Herkunft	Land	Wert	Quelle
Oberflächengewässer:			
Bodensee (1982)	D	0,08-0,12 ug/l	n. DVGW, 1985
Rhein (Mainz, 1971-74)	D	0,9-15,5 ug/l	n. DVGW, 1985
Trinkwasser:			
Mainz	D	0,1-3,9 ug/l	n. DVGW, 1985
Trinkwasser	USA	< 10 ug/l	n. DVGW, 1985
Böden:			
natürlicher Gehalt		0,1-1.000 ug/g	n. KOCH, 1989
Pflanzen		0,05-1.000 mg/kg	n. KOCH, 1989
Luft:			
ländliche Gebiete		0,1-3 ng/m^3	n. HORN, 1989
städtische Gebiete		0,01-30 ng/m^3	n. HORN, 1989
Kohlekraftwerk		52 mg/m^3	n. HORN, 1989

BEWERTUNG & ANMERKUNGEN

Selen ist ein essentielles Spurenelement. Bei der Verwendung sind keine besonderen Vorsichtsmaßnahmen notwendig.

1012 SILBER

BEZEICHNUNGEN

CAS-Nr.:	7440-22-4
Systematischer Name:	Silber
Gebrauchsnamen:	Silber
Stoffname (engl.):	silver
Stoffname (franz.):	argent
Erscheinungsbild:	weiß glänzendes, dehnbares Metall

CHEM.-PHYSIKAL. GRUNDDATEN

Elementsymbol:	Ag
Molare Masse:	107,9 g/mol
Dichte:	10,5 g/cm^3
Siedepunkt:	2.210°C
Schmelzpunkt:	960,8°C
Löslichkeit:	die Löslichkeit in Wasser ist für die Verbindungen sehr verschieden: Silbernitrat 2.155 g/l, Silberoxid 0,02 g/l, Silberchlorid 0,0015 g/l, Silberjodid 2,5 $\times 10^{-6}$ g/l

HERKUNFT UND VERWENDUNG

Verwendung:
Silber wird hauptsächlich in der Photoindustrie als Trägersubstanz auf Filmen und Photopapier sowie für Münzen und Schmuck benutzt. Darüber hinaus wird Silber in der Medizin als Desinfektionsmittel und Knochenersatz benutzt. In geringem Umfang findet es zur Entkeimung von Trinkwasser und zur Desinfektion von Schwimmbeckenwasser Anwendung.

Herkunft/Herstellung:
Neben der Bergwerksproduktion beruhte 1987/88 das Silberangebot zu großen Teilen aus der Aufarbeitung und Rückgewinnung.

Produktionszahlen:

Weltproduktion, 1986:	13.418 t
Mexiko, 1986:	2.308 t
Peru, 1986:	1.926 t
UdSSR, 1986:	1.600 t
Kanada, 1986:	1.219 t
Chile, 1986:	501 t

alle Angaben nach FISCHER WELTALMANACH (1989)

TOXIZITÄT

Säugetiere:

Ratte:	LD 2.820 mg/kg, oral (Silberoxid)	n. DVGW, 1985
Maus:	LD_{50} 50 mg/kg, oral (Silbernitrat)	n. DVGW, 1985

Wasserorganismen:

Regenbogenforelle:	LC_{50} 5,3-13 ug/l (96 h) (Silbernitrat)	n. DVGW, 1985
Goldorfe:	LC_{50} 254 ug/l (48 h) (Silbernitrat)	n. DVGW, 1985
Wasserfloh:	LC_{50} 2,2 ug/l (24 h) (Silbernitrat)	n. DVGW, 1985

Wirkungscharakter:

Mensch/Säugetiere: Silber und seine Verbindungen sind gering toxisch und werden im Körper zu schwerlöslichen Verbindungen umgesetzt, die nicht resorbiert werden. Die Aufnahme erfolgt über den Magen-Darm-Trakt, die Lunge oder die Haut. Metallisches Silber verfärbt die Haut blaugrau (Argyrie). Dieses Phänomen tritt auch bei längerer Einnahme von silberhaltigen Arzneimitteln auf. Akute Silbervergiftungen treten beim Menschen nur nach versehentlicher Überdosierung von Arzneimitteln auf. Sie führen jedoch in den wenigsten Fällen zum Tode.
Das gut wasserlösliche Silbernitrat wirkt ätzend. Silbersulfadiazin und Silbernitrat werden gegen die Erblindung aufgrund einer Infektion bei Säuglingen eingesetzt. Silberamalgame finden in der Zahnmedizin Anwendung. Keine dieser Verbindungen gilt als gefährlich, sie lösen auch bei direktem Kontakt keinen Krebs aus.

Pflanzen: Pflanzen sind gegenüber der Toxizität des Silbers resistenter als Tiere.

VERHALTEN IN DER UMWELT

Wasser:
Über Abwässer in Oberflächengewässer gelangende wasserlösliche Silberverbindungen wirken schon in geringen Mengen toxisch auf niedere Wasserorganismen und Fische (Wassergefährdungsklasse von Silberarsenit und Silbernitrat: 3).

Luft:
In die Atmosphäre emittierte Silbermengen werden über die Niederschläge schnell ausgewaschen.

Boden:
Sedimente und Böden sind Akkumulationsbereiche. Infolge der Einwaschung durch Niederschläge und der Aufbringung von Klärschlamm erhöht sich der Silbergehalt um ein Vielfaches.

Nahrungskette:
Silber ist in der Umwelt weit verbreitet und wird besonders in Pflanzen angereichert. Auf diesem Pfad gelangt es in die Nahrungskette. Jedoch ist die Akkumulation in Wasserorganismen bei weitem

höher als bei Säugetieren. So beträgt der durchschnittliche Gehalt in Fischen 11 ppm, in Säugetieren nur 0,006 ppm (n. MERIAN, 1984).

Wechselwirkungen:
Silber hebt die Aktivität von Kupfer und Selen auf, die für die Ernährung lebensnotwendig sind. Durch einen Mangel an Vitamin E wird die Silbertoxizität erhöht.

UMWELTSTANDARDS

Medium/ Akzeptor	Bereich	Land/ Organ.	Status	Wert	Kat.	Anmerkungen	Quelle
Wasser:	Trinkw	AUS	(G)	50,0 ug/l		1973	n. MERIAN, 1984
	Trinkw	CDN	(G)	0,05 mg/l		1978	n. DVGW, 1985
	Trinkw	CH	(G)	200,0 ug/l		1980	n. MERIAN, 1984
	Trinkw	D	G	0,01 mg/l		1985[1)]	n. DVGW, 1985
	Trinkw	EG	(G)	0,01 mg/l		1980[2)]	n. DVGW, 1985
	Trinkw	USA	(G)	0,05 mg/l		1979	n. DVGW, 1985
	Abwass	CH	(G)	0,01 g/m^3		Qualitätsziel	n. LAU-BW, 1989
	Abwass	CH	(G)	0,1 g/m^3		für die Einleitung	n. LAU-BW, 1989
	Abwass	D(BW)	(G)	1,0 g/m^3			n. LAU-BW, 1989
Luft:		D	G	50,0 mg/m^3		3)	n. DVGW, 1985
	Arbpl	AUS	(G)	0,01 mg/m^3			n. MERIAN, 1984
	Arbpl	B	(G)	0,01 mg/m^3			n. MERIAN, 1984
	Arbpl	CH	(G)	0,01 mg/m^3			n. MERIAN, 1984
	Arbpl	D	G	0,01 mg/m^3	MAK		DFG, 1989
	Arbpl	NL	(G)	0,01 mg/m^3			n. MERIAN, 1984
	Arbpl	RO	(G)	0,005 mg/m^3		Langzeitwert	n. MERIAN, 1984
	Arbpl	RO	(G)	0,015 mg/m^3		Kurzzeitwert	n. MERIAN, 1984
	Arbpl	SF	(G)	0,01 mg/m^3			n. MERIAN, 1984
	Arbpl	USA	(G)	0,1 mg/m^3	STEL	Kurzzeitwert, Metall	ACGIH, 1986
	Arbpl	USA	(G)	0,01 mg/m^3	TWA	lösliches Silber	ACGIH, 1986
	Arbpl	YU	(G)	0,01 mg/m^3			n. MERIAN, 1984

Anmerkungen:
In der Bundesrepublik gilt eine beschränkte Zulassung von Silbernitrat in Kosmetika und eine Zulassung von Silber als Farbstoff.

1) der Wert gilt nicht bei Zugabe von Silber oder Silberverbindungen für die Aufbereitung von Trinkwasser
2) im Ausnahmefall ist bei der Behandlung des Wassers, eine Höchstkonzentration von 80 ug/l zulässig
3) bei einem Massenstrom von 1 kg/h und mehr

VERGLEICHS-/REFERENZWERTE

Medium/Herkunft	Land	Wert	Quelle
Oberflächengewässer:			
Rhein (Köln, 1983):	D	0,1-6,4 ug/l	n. DVGW, 1985
Ruhr (Essen, 1983):	D	0,1 ug/l	n. DVGW, 1985
Sedimente:			
Neckar	D	7,3-13,2 mg/kg	n. DVGW, 1985

BEWERTUNG & ANMERKUNGEN

Silber und seine Verbindungen stellen nur für Wasserorganismen eine Gefährdung dar. Insbesondere wasserlösliche Verbindungen sollten deshalb nicht in der Nähe von Gewässern emittiert werden. Am Arbeitsplatz ist die Emission von Silberstaub und der Hautkontakt gering zu halten. Beachtenswert ist zudem eine zweckmäßige Ernährung (ausreichend Vitamin E und B_{12}), damit die Toxizität des Silbers nicht erhöht wird.

1013 STICKOXIDE

BEZEICHNUNGEN

Systematischer Name: Stickoxide
Gebrauchsnamen: Nitrose Gase, N-Oxide
Stoffname (engl.): Nitrogene Gases
Stoffname (franz.): oxyde azotique
Erscheinungsbild: je nach Temperatur und Konzentration gelbbraune bis rotbraune Gase

CHEM.-PHYSIKAL. GRUNDDATEN

Summenformel: NO_x

(weitere Angaben unter den Informationsblättern 'Stickstoffmonoxid' und 'Stickstoffdioxid')

HERKUNFT UND VERWENDUNG

Stickstoff ist zu 78,08% und Sauerstoff zu 20,1% an der Zusammensetzung der Luft beteiligt. Stickoxide umfassen eine Stoffgruppe, deren Verbindungen meist aus Stickstoff und Sauerstoff bestehen. Stickoxide kommen in der Umwelt natürlich vor (Vulkanismus), die natürliche Konzentration wird kontinuierlich durch anthropogene Prozesse erhöht.
In der Atmosphäre kommen meist Stickstoffdioxid und -monoxid vor, die infolge von Verbrennungsprozessen entstehen. Eine Gefährdung geht von ihnen insbesondere für Pflanzen aus, da die Verbindungen in der Atmosphäre zur Oxid- und Säurebildung neigen. Einige Verbindungen wie NO_3-Radikale, Peroxyacetylnitrat (PAN) und nitrierte polycyclische Aromate sind elektrische Entladungsprodukte, die stark toxisch und potentiell karzinogen sind.
Industrielle Luftverunreinigungen kommen durch nitrose Gase in der Umgebung von Salpetersäure- und älteren Schwefelsäurefabriken vor.

TOXIZITÄT

Wirkungscharakter:
Mensch/Säugetiere: Nitrose Gase werden zumeist inhaliert und gelangen so in die Lunge, wo sie die Schleimhäute reizen. Verdünnungen von 0,2 bis 0,5 mg/l können über längere Zeit ohne Beschwerden eingeatmet werden (UBA, 1986). Atemnot tritt nach einer Latenzzeit von 6-12 Stunden auf, gleichzeitig führt die Vergiftung zu blutig-schaumigem Auswurf. Während Stickstoffdioxid zu Lungenödemen führt, besitzt Stickstoffmonoxid Wirkungen auf das Zentrale Nervensystem.
Beim photochemischen Smog entstehen aus Stickoxiden und Kohlenwas-

serstoffen Peroxiacetnitrate, die zu Augen- und Schleimhautreizungen führen.

Pflanzen: Sämtliche Nitrose Gase verursachen braune bis schwarzbraune Blattränder und Flecken. Damit verbunden sind Zellschrumpfungen und die Lösung von Protoplasmen von der Zellwand. Am Ende dieses Prozesses steht das Eintrocknen der geschädigten Zellpartien.
Es bestehen deutliche Resistenzunterschiede bei verschiedenen Pflanzenarten.

(siehe auch unter dem Informationsblatt 'Stickstoffdioxid')

VERHALTEN IN DER UMWELT

Luft:
Stickoxide treten ausschließlich in der Luft auf und werden dort durch das Niederschlagswasser ausgewaschen. Die Verweilzeit von Stickstoff in der Amtosphäre beträgt etwa 10^6 Jahre, die von Stickstoffdioxid 8-10 Tage.
Die schädliche Wirkung ist von der Tageszeit abhängig und in der Nacht am größten. Das liegt daran, daß Nitrose Gase, die in der Nacht zu reaktiven Substanzen reagierten, am Licht wieder zerfallen. Ebenfalls gibt es eine Abhängigkeit von der Jahreszeit. Während in den Wintermonaten der NO-Anteil überwiegt, herrscht in den Sommermonaten der NO_2-Anteil vor.
Es ist nachgewiesen, daß Stickoxide entscheidend an neuartigen Waldschäden beteiligt sind, wobei dem Stickstoffdioxid hierbei der größte Anteil zufällt.
Das Verhalten in Wasser ist vom Löslichkeitsfaktor abhängig, zumeist ist sie eher gering. Die Toxizität ist sehr unterschiedlich. Während Nitrate das Algenwachstum fördern, ist die wäßrige Lösung von Stickstoffdioxid ein toxischer Stoff für Wasserorganismen (salpetrige Säure).

NO_3-Radikale
Das gasförmige Radikal entsteht meist nachts bei der Reaktion von NO_2 und Ozon, zerfällt am Tageslicht jedoch wieder sehr schnell. Es besteht ein Gleichgewicht zwischen NO_2, NO_3-Radikal und Distickstoffpentoxid (N_2O_5). Aus dem Distickstoffpentoxid entsteht häufig Salpetersäure, auch nachts, jedoch in Abwesenheit von OH-Radikalen.

Salpetrige Säure
Nachts wird aus Stickstoffdioxid salpetrige Säure, die morgens unter Einwirkung von Licht sofort zerfällt. Hierbei werden OH-Radikale frei, die zur Bildung von Ozon benötigt werden. Die Bildung von salpetriger Säure wird mit für die Symptome der neuartigen Waldschäden verantwortlich gemacht.

Peroxyacetylnitrat (PAN)
Diese organische Stickstoffverbindung besitzt bei Abwesenheit von Stickstoffmonoxid eine lange thermische Zerfallzeit. Nachts verbindet sich NO mit Ozon schnell zu NO_2, so daß PAN während der Nachtschichten bestehen kann. Morgens zerfällt es und stellt damit erneut OH-Radikale und NO_2 sowie Peroxyacetyl-Radikale zur Verfügung. Somit ist PAN ein wesentliches Bindeglied an Tagen mit hohen photochemischen Oxidantienkonzentrationen.

Sensitivität gegenüber PAN von ausgewählten Pflanzen (HOCK & ELSTNER, 1988):

sensitiv	rel. sensitiv	restistent
(20 ppb)	(20-100 ppb)	(> 100 ppb)
Bohnen	Tabak	Gurken
Salat	Weizen	Baumwolle
Hafer		

Die Anwesenheit von Kohlenmonoxid und Schwefeldioxid erhöht die Schadwirkung. Durch oben beschriebene photochemische Reaktionen werden Nitrosoverbindungen gebildet, die eine kanzerogene Wirkung besitzen.

Boden:
Da Stickstoff im Boden nur in Spuren vorkommt, für die Pflanzen jedoch einen essentiellen Spurenstoff darstellt, erfolgt die Ergänzung des Stickstoffgehaltes nur durch Bindung des elementaren Stickstoffs aus der Luft. Im Boden liegt der Stickstoff zumeist als Ammonium-Ion (NH_4^+) vor. Die Pflanzen nehmen gebundenen Stickstoff in Form anorganischer Ionen auf (überwiegend als Nitrat (NO_3^-), die in großem Umfang von nitrifizierenden Bakterien produziert werden. Denitrifizierende Bakterien wiederum zersetzen in der Nitratatmung diese anorganischen Ionen zu molekularem Stickstoff.

UMWELTSTANDARDS

(siehe 'Stickstoffmonoxid' und 'Stickstoffdioxid')

VERGLEICHS-/REFERENZWERTE

Medium/Herkunft	Land	Konzentration	Quelle
Luft			
NO_3-Radikal, nachts		350 ppt	n. UBA, 1988
NO_3- auf Partikeln	S	0,5-3 ug/m^3 (Stickstoff)	n. UBA, 1987
PAN, nachmittags	USA	40 ppb	n. UBA, 1988
PAN	S	0,1-2 ug/m^3 (Stickstoff)	n. UBA, 1987
HNO_2, Autobahnknoten	USA	8 ppb	n. UBA, 1988
HNO_2	S	0,1-0,3 ug/m^3 (Stickstoff)	n. UBA, 1987
HNO_3	S	0,5-3 ug/m^3 (Stickstoff)	n. UBA, 1987

Anmerkung:
Sämtliche Werte aus Schweden gelten für ländliche Gebiete Südschwedens.

BEWERTUNG & ANMERKUNGEN

Stickoxide sind in ihren Wirkungen und Verhalten verschieden. Da zahlreiche Verbindungen miteinander im Gleichgewicht stehen und sie stark phytotoxisch sind, ist eine Reduktion der Emissionen unausweichlich. Insbesondere unter dem Aspekt der Gesundheitsgefährdung sind die photochemischen Verunreinigungsprodukte zu beachten.

Siehe auch unter 'Stickstoffdioxid'.

501 STICKSTOFFDIOXID

BEZEICHNUNGEN

CAS-Nr.:	10102-44-0
Systematischer Name:	Stickstoffdioxid
Gebrauchsnamen:	Stickstoffperoxid, NO_2, Stickstoff(IV)-oxid
Stoffname (engl.):	nitrogene dioxide
Stoffname (franz.):	bioxyde azotique
Erscheinungsbild:	braunrotes Gas mit stechendem, säureähnlichem Geruch

CHEM.-PHYSIKAL. GRUNDDATEN

Summenformel:	NO_2
Molare Masse:	46,01 g/mol
Dichte:	1,45 g/cm^3
Rel. Gasdichte:	1,59
Siedepunkt:	21,2°C
Schmelzpunkt:	-11,2°C
Dampfdruck:	960 mbar (bei 20°C)
Löslichkeit:	niedrige Wasserlöslichkeit, dagegen gut lipoidlöslich; löslich in konzentrierter Schwefel- und Salpetersäure
Umrechnungsfaktoren:	1 ppm = 1,91 mg/m^3 1 mg/m^3 = 0,52

HERKUNFT UND VERWENDUNG

Verwendung:
Stickstoffdioxid wird zur Herstellung von Salpeter- und Schwefelsäure sowie für Sprengstoffe verwendet.

Herkunft/Herstellung:
94% der Emissionen sind natürlichen (Vulkanismus, Blitze, Bakterien), 6% anthropogenen Ursprungs. Die anthropogenen Quellen verteilen sich zu 55% auf den Energiegewinnungssektor und zu 40% auf dem Verkehr (HORN, 1989).

Emissionen:
Die geschätzte globale Emissionsmenge liegt bei etwa 830 x 10^6 t jährlich.

TOXIZITÄT

Mensch:	LCL_0 200 ppm, Inhalation (1 min)	n. UBA, 1986
	TCL_0 90 ppm, Inhalation (40 min)	n. UBA, 1986
Säugetiere:		
Ratte:	LC_{50} 88 ppm, Inhalation (4 h)	n. UBA, 1986
	LC_{50} 8,8 ppm, Inhalation (4 h)	n. HORN, 1989
Maus:	LCL_0 250 ppm, Inhalation (30 min)	n. UBA, 1986
Kaninchen:	LC_{50} 315 ppm, Inhalation (15 min)	n. UBA, 1986
Hund:	LCL_0 123 mg/m^3, Inhalation	n. UBA, 1986
Meerschweinchen:	LC_{50} 30 ppm, Inhalation (1 h)	n. UBA, 1986
Hamster:	LC_{50} 36 ppm, Inhalation (48 h)	n. UBA, 1986
Affe:	MCL 44 ppm (6 h)	n. HORN, 1989
Wasserorganismen:		
Moskitofisch:	TL_m 72 ppm (96 h, frisches Wasser)	n. UBA, 1986
Herzmuschel:	LC_{50} 330-1.000 ppm (48 h, Salzwasser)	n. UBA, 1986

Wirkungscharakter:

Mensch/Säugetiere:

Stickstoffdioxid ist stark toxisch und reizt die Haut und die Schleimhäute. Infolge der Bildung von salpetriger Säure, Salpetersäure oder ihrer Salze im Lungengewebe (Durchdringung der Alveolen) kommt es zur Vergiftung der Lunge, zum Transport mit dem Blutstrom und der Ausscheidung von Nitrit oder Nitrat im Urin. Als Folge der Schädigung der Membranstrukturen der Lungenbläschen wird der Sauerstoffpartialdruck im Blut und im Hirngewebe gesenkt.

Akute Vergiftungen äußern sich in Reizungen der Augen und Atemwege sowie der Haut (sog. 'Silofüllerkrankheit').

Konzentrationen über 280 mg/m^3 führen beim Menschen zu Lungenentzündung mit tödlichem Ausgang, Konzentrationen von 47 mg/m^3 zu akuter Bronchitis (UBA, 1977). 9 mg/m^3 genügen, um nachteilige Effekte auf die Lungenfunktion und eine Veränderung der Strömungswiderstände in den Atemwegen hervorzurufen (UBA, 1977).

Risikogruppen sind vor allem Personen mit Herz- und Kreislauferkrankungen sowie mit Lungenbeschwerden.

Stickstoffdioxid ist für Tiere und Pflanzen weniger schädlich als für Menschen (UBA, 1986).

Pflanzen:

Bei Pflanzen liegt die Toleranzgrenze um das 2- bis 8fache über der von Schwefeldioxid. Akute Symptome sind denen von Schwefeldioxid ähnlich: interkostales Absterben der Blattmasse und Wasserflecke. Chronische Symptone zeigen sich in einer tiefen Grünfärbung, die dann in Verfärbungen und Abszission übergeht. Die Schäden sind bei Feuchtigkeit bei weitem stärker (Säurebildung) als bei Trockenheit.

Pflanzen weisen eine unterschiedliche Sensivitität gegenüber Stickstoffdioxid (HOCK & ELSTNER, 1988) auf:

sensitiv	rel. unempfindlich	rel. resistent
Erbsen	Ahorn	Buche
Karotten	Fichten	Holunder
Salat	Tannen	Ulme
Petersilie	Rhododendron	Eibe
Hafer	Dahlien	Kohlrabi, Kohl
Rosen		Zwiebeln
Lärchen		Gladiolen

VERHALTEN IN DER UMWELT

Wasser:
Im Wasser ist die Löslichkeit von NO_2 zwar nicht groß, doch ist das wäßrige Produkt HNO_2 oder HNO_3 sehr wasserlöslich, so daß die Gefährdung von Gewässern mit Zunahme der Säurebildung steigt. Aus den Gewässern steigt HNO_3 relativ schnell in die Atmosphäre auf und lagert sich an Wolken- oder Regentropfen sowie an feuchte, basische Aerosolteilchen an. Stickstoffdioxid ist in die WGK 1 eingestuft.

Luft:
In der Atmosphäre existiert ein Gemisch aus Stickoxiden (über 70% aller Gase), unter denen Stickstoffdioxid und -monoxid am häufigsten auftreten. Es besteht ein Gleichgewicht unter diesen Verbindungen (siehe unter 'Stickoxide'), insbesondere zwischen NO_2 und N_2O_5.
Infolge des Partialdrucks sind größere Mengen der wäßrigen salpetrigen Säure, z.T. an Aerosolteilchen gebunden, in der Atmosphäre vorhanden. Auf diese Weise wird ein Großteil des gebundenen NO_2 weiträumig transportiert.

Boden:
Eine Gefährdung von Böden erfolgt auf indirektem Weg über die Versauerung. In Abhängigkeit von der Art und Menge der Bodenorganismen und der Wirksamkeit von Puffersystemen können Nährstoffverlagerungen und -auswaschungen auftreten. Es kann aber auch zu einer erhöhten Aktivität der Bodenfauna kommen, die sich in einem verstärkten Streuabbau, einer erhöhten Nitrifikation bzw. Denitrifikation äußert.
(siehe auch unter 'Stickoxide')

Halbwertzeit:
Die Verweilzeit in der Atmosphäre beträgt etwa 2 bis 10 Tage (HORN, 1989).

Abbau, Zersetzungsprodukte:
Umwandlungsvorgänge werden durch Photooxidation unter Beteiligung von Ozon und Wasserstoffperoxid (H_2O_2) beschleunigt. Die maximalen NO_2-Oxidationsraten betragen in mitteleuropäischen Breiten im Hochsommer etwa 20% pro Stunde (UBA, 1988).

UMWELTSTANDARDS

Medium/ Akzeptor	Bereich	Land/ Organ.	Status	Wert	Kat.	Anmerkungen	Quelle
Luft:		CDN	(G)	60,0-100 ug/m^3		Jahresmittel	n. BUB, 1986
		CDN	(G)	200,0 ug/m^3		24 h	n. BUB, 1986
		CDN	(G)	400,0 ug/m^3		1 h	n. BUB, 1986
		CH	(G)	30,0 ug/m^3		Jahresmittel	n. BUB, 1986
		CH	(G)	80,0 ug/m^3		24 h	n. BUB, 1986
		D	G	0,2 mg/m^3	MIK	30 min	n. UBA, 1986
		D	G	0,1 mg/m^3	MIK	24 h	n. UBA, 1986
		D	G	0,05 mg/m^3	MIK	1 a	n. UBA, 1986
		D	G	0,1 mg/m^3	IW1	TA-Luft	n. UBA, 1986
		D	G	0,3 mg/m^3	IW2	TA-Luft	n. UBA, 1986
		D	R	200,0 ug/m^3		1/2 h, VDI	n. BUB, 1986
		D	R	100,0 ug/m^3		24 h, VDI	n. BUB, 1986
		E	G	400,0 ug/m^3		1/2 h	n. MEINL u.a., 1985
		E	G	100,0 ug/m^3		Jahresmittel	n. MEINL u.a., 1985
		E	G	565,0 ug/m^3		Smogalarmstufe I	n. MEINL u.a., 1985
		E	G	750,0 ug/m^3		Smogalarmstufe II	n. MEINL u.a., 1985
		E	G	1.000,0 ug/m^3		Smogalarmstufe III	n. MEINL u.a., 1985
		EG	(G)	200,0 ug/m^3		98%-Perzentil, Jahr	n. LAU-BW, 1989
		EG	(G)	50,0 ug/m^3		50%-Perzentil, Jahr	n. MEINL u.a., 1985
		F	(G)	200,0 ug/m^3		24 h, 95%-Perzentil	n. MEINL u.a., 1985
		GR	G	200,0 ug/m^3		1 h, Smog-Warnung	n. MEINL u.a., 1985
		GR	G	500,0 ug/m^3		1 h, Smog-Alarmstufe I	n. MEINL u.a., 1985
		GR	G	700,0 ug/m^3		1 h, Smog-Alarmstufe II	n. MEINL u.a., 1985
		I	R	200,0 ug/m^3		1 h	n. MEINL u.a., 1985
		J	(G)	74,0-112 ug/m^3		24 h	n. BUB, 1986
		NL	(G)	150,0 ug/m^3		24 h	n. BUB, 1986
		NL	R	95,0 ug/m^3		4 h	n. BUB, 1986
		NL	(G)	300,0 ug/m3		1 h	n. BUB, 1986
		SF	(G)	150,0 ug/m^3		24 h	n. OECD, 1988
		SF	(G)	300,0 ug/m^3		1 h	n. OECD, 1988
		USA	(G)	100,0 ug/m^3		Jahresmittel	n. BUB, 1986
		WHO	R	30,0 ug/m^3		Jahresmittel	n. BUB, 1986
		WHO	R	95,0 ug/m^3		4 h	n. BUB, 1986
		WHO	R	400,0 ug/m^3		1 h, Mensch	n. LAU-BW, 1989
		WHO	R	150,0 ug/m^3		24 h, Mensch	n. LAU-BW, 1989
		WHO	R	95,0 ug/m^3		4 h, Vegetation	n. LAU-BW, 1989
		WHO	R	30,0 ug/m^3		24 h, Vegetation	n. LAU-BW, 1989
	Arbpl	D	G	9,0 mg/m^3	MAK		DFG, 1989
	Arbpl	SU	(G)	5,0 mg/m^3	PDK		n. SORBE, 1989
	Arbpl	USA	(G)	9,0 mg/m^3	STEL	Kurzzeitwert	ACGIH, 1986

VERGLEICHS-/REFERENZWERTE

Medium/Herkunft	Land	Wert	Quelle
Luft:			
Reinluftgebiete		0,4-10,0 ug/m^3	n. HORN, 1989
Reinluftgebiete	D	3-5 ug/m^3	n. SRU, 1988
städtische Gemeinden		0,02-0,09 mg/m^3	n. HORN, 1989
verkehrsreiche Straße		0,04-0,12 mg/m^3	n. HORN, 1989
Innenraumbelastung (Gasheizung)		< 2,0 mg/m^3	n. HORN, 1989
Innenraumbelastung (Ölheizung)		0,38-1,7 mg/m^3	n. HORN, 1989
Tabakrauch		98-135 mg/m^3	n. HORN, 1989
Ruhrgebiet West (1981-85)	D	44-54 ug/m^3 (Mittel)	n. SRU, 1988
Leverkusen (1981-85)	D	56-63 ug/m^3	n. SRU, 1988

BEWERTUNG & ANMERKUNGEN

Stickstoffdioxid ist ein giftiger Stoff für den Menschen. Infolge verschiedener chemischer Umsetzungen in der Atmosphäre wird er zu einem starken Pflanzengift, so daß er in begründetem Verdacht steht, entscheidend mit an den neuartigen Waldschäden mitzuwirken. Deshalb ist es umgehend notwendig, sämtliche Stickstoffdioxid-Emissionen einzudämmen. Darüberhinaus wirken einige Stickstoffoxid-Verbindungen kanzerogen.

502 STICKSTOFFMONOXID

BEZEICHNUNGEN

CAS-Nr.:	10102-43-9
Systematischer Name:	Stickstoffmonoxid
Gebrauchsnamen:	Stickstoffoxid, Stickoxid, Stickstoff(II)-oxid
Stoffname (engl.):	Mononitrogen monoxide, nitrogen monoxide
Stoffname (franz.):	oxyde d'azote, oxyde nitrique
Erscheinungsbild:	farbloses und geruchloses Gas

CHEM.-PHYSIKAL. GRUNDDATEN

Summenformel:	NO
Molare Masse:	30,01 g/mol
Dichte:	1,34 g/l
Rel. Gasdichte:	1,04
Siedepunkt:	-152°C
Schmelzpunkt:	-164°C
Flammpunkt:	bildet mit Wasserstoff explosionsfähige Gemische
Löslichkeit:	in Wasser 73,4 ml/l (bei 0°C) gut lipoidlöslich
Umrechnungsfaktoren:	1 ppm = 1,23 mg/m^3 1 mg/m^3 = 0,813 ml/m^3

HERKUNFT UND VERWENDUNG

Stickstoffmonoxid wird durch der Verbrennung fossiler Brennstoffe freigesetzt (natürlich bei Vulkanen, anthropogen durch Heizungen). Es fällt auch bei der Verarbeitung von Stoffen unter Hitzeeinwirkung an (z.B. Schweißen). Vereinzelt tritt Stickstoffoxid bei der Verbrennung stickstoffhaltiger Düngemittel auf. Es reagiert jedoch umgehend zu Stickstoffdioxid.
Siehe unter 'Stickstoffdioxid'.

TOXIZITÄT

Säugetiere:

Maus:	LCL_0 320 ppm, Inhalation	n. UBA, 1986
Kaninchen:	LC_{50} 315 ppm, Inhalation (15 min)	n. UBA, 1986

Wirkungscharakter:

Mensch/Säugetiere: Stickstoffmonoxid besitzt eine geringe Toxizität. In der Regel besteht ein Gleichgewicht zwischen Stickstoffmonoxid und -dioxid. Gesundheitsschädigungen gehen hauptsächlich vom Dioxid-Anteil aus.
Das Vergiftungsbild zeigt sich in starken Reizungen der Atemwege, der Lunge und der Schleimhäute. Bei niedrigen Konzentrationen beträgt die Latenzzeit 3-24 Stunden und führt zu Lungenödemen, bei hohen fehlt diese.

Pflanzen: Aufgrund der geringeren Wasserlöslichkeit als Stickstoffdioxid sind Pflanzenschäden durch Stickstoffmonoxid ebenfalls seltener.

(siehe unter 'Stickstoffdioxid')

VERHALTEN IN DER UMWELT

90% der Stickstoffoxidemissionen stammen aus Feuerungsanlagen und Motoren, so daß in der Nähe der Quellen das Monoxid überwiegt, während nach einem Ferntransport etwa 80% als Dioxid vorliegen.
Gefährdet sind aufgrund des Gleichgewichts zwischen Stickstoffmonoxid und -dioxid sämtliche Gewässer. Eine Gefährdung geht insbesondere von der stark reduzierenden bzw. oxidierenden Eigenschaft der Gase aus.

(siehe unter den Informationsblättern 'Stickstoffdioxid' und 'Stickoxide')

UMWELTSTANDARDS

Medium/ Akzeptor	Bereich	Land/ Organ.	Status	Wert	Kat.	Anmerkungen	Quelle
Luft:		CDN	(G)	0,2 mg/m^3		Langzeitwert	n. OECD, 1986
		CH	R	200,0 ug/m^3		Jahresmittel	n. MEINL u.a., 1985
		CH	R	600,0 ug/m^3		30 min, 95%-Perzentil	n. MEINL u.a., 1985
		D	G	1,0 mg/m^3		30 min	n. UBA, 1986
		D	G	0,5 mg/m^3		24 h	n. UBA, 1986
		D	G	0,1 mg/m^3	MIK	1 a	n. UBA, 1986
		D	G	0,2 mg/m^3	IW1	TA-Luft	n. UBA, 1986
		D	G	0,6 mg/m^3	IW2	TA-Luft	n. UBA, 1986
		D	(G)	0,5 mg/m^3		24 h, VDI-R. 2310	n. LAU-BW, 1989
		D	(G)	1,0 mg/m^3		30 min, VDI-R. 2310	n. LAU-BW, 1989
		J	(G)	0,075-0,1 mg/m^3		Langzeitwert	n. OECD, 1986
		YU	(G)	0,085 mg/m^3		Langzeitwert	n. OECD, 1986
		YU	(G)	0,085 mg/m^3		Kurzzeitwert	n. OECD, 1986
	Arbpl	USA	G	30,0 mg/m^3	TWA	Langzeitwert	ACGIH, 1986
	Arbpl	USA	G	45,0 mg/m^3	STEL	Kurzzeitwert	ACGIH, 1986

VERGLEICHS-/REFERENZWERTE

Medium/Herkunft	Land	Konzentration	Quelle
Luft:			
Reinluftgebiete	D	1 ug/m^3	n. SRU, 1988
Ballungsgebiete	D	20-60 ug/m^3 (Jahresmittel)	n. SRU, 1988
Autobahn, ländl. Bereich	D	1.000 ug/m^3 (1/2 h-Mittel)	n. SRU, 1988

BEWERTUNG & ANMERKUNGEN

Eine Bewertung von Stickstoffmonoxid kann nur unter Berücksichtigung der Stickstoffdioxidkonzentration erfolgen.

(siehe unter Informationsblatt 'Stickstoffdioxid')

234 2,3,7,8-TETRACHLORDIBENZO-*p*-DIOXIN

BEZEICHNUNGEN

CAS-Nr.:	1746-01-6
Systematischer Name:	2,3,7,8-Tetrachlordibenzo-*p*-dioxin
Gebrauchsnamen:	TCDD, "Dioxin", 2,3,7,8-TCDD, "Seveso-Gift", 2,3,6,7-Tetrachlordibenzodioxin, TCDBD
Stoffname (engl.):	2,3,7,8-tetrachlorodibenzo-*p*-dioxin
Erscheinungsbild:	extrem giftiger, schwer brennbarer Feststoff (farblose Kristallnadeln)

CHEM.-PHYSIKAL. GRUNDDATEN

Summenformel:	$C_{12}H_4Cl_4O_2$
Molare Masse:	321,96 g/mol
Dichte:	1,83 g/cm^3 (bei 20°C)
Siedepunkt:	ca. 900°C
Schmelzpunkt:	322°C
Dampfdruck:	4,5 x 10^{-6} Pa bei 25°C
Löslichkeit:	in Wasser mit 0,2 x 10^{-6} g/l schwer löslich; leicht löslich in Benzol: 570 mg/l; relativ gering löslich in Fett; löslich in Chloroform, Aceton, Methanol, n-Octanol, 2-Dichlorbenzol
Umrechnungsfaktoren:	1 ppm = 7,99 mg/m^3 1 mg/m^3 = 0,13 ppm

HERKUNFT UND VERWENDUNG

Verwendung:
TCDD entsteht als Nebenprodukt und wird nicht für den Verkauf hergestellt.

Herkunft/Herstellung:
Bislang sind geogene Quellen nicht bekannt. TCDD ist ein Tetrachlordibenzodioxin-Isomer, das zu den chemisch und biologisch sehr stabilen PCDDs (polychlorierte Dibenzodioxine) mit einer Gesamtisomerenanzahl von 75 gehört (siehe auch unter dem Informationsblatt 'Dioxine)'.
TCDD tritt als Nebenprodukt bei der Verbrennung chlorierter Kohlenwasserstoffe zwischen 400° und 800°C und bei der Herstellung von 2,4,5-Trichlorphenol (Herbizid) auf. Darüberhinaus als Verunreinigung in Trichlorphenolen und 2,4,5-Trichlorphenoxyessigsäure ("Agent Orange"). Chlorierte Dibenzodioxine sind gefährliche Sonderabfälle, die erst oberhalb 1000°C vollständig in einfache anorganische Moleküle zerfallen.
(siehe auch unter dem Informationsblatt 'Dioxine')

TOXIZITÄT

Säugetiere:

Maus:	LD_{50} 114-280 ug/kg, oral	n. RIPPEN, 1989
Maus:	LD_{50} 114 ug/kg	n. UBA, 1986
Maus:	LDL_0 80 ug/kg, dermal	n. RIPPEN, 1989
Ratte:	LD_{50} 22-100 ug/kg, oral	n. RIPPEN, 1989
Ratte:	LD_{50} 22,5 ug/kg	n. UBA, 1986
Kaninchen:	LD_{50} 100-115 ug/kg, oral	n. RIPPEN, 1989
Kaninchen:	LDL_0 275 ug/kg, dermal	n. RIPPEN, 1989
Hamster:	LD_{50} 1.160-5.500 ug/kg, oral	n. RIPPEN, 1989
Hund:	LD_{50} 30-300 ug/kg, oral	n. RIPPEN, 1989
Meerschweinchen:	LD_{50} 0,5-2 ug/kg, oral	n. RIPPEN, 1989
Affe:	LD_{50} 70 ug/kg, oral	n. RIPPEN, 1989

Vögel:

Huhn:	LD_{50} 25-50 ug/kg	n. RIPPEN, 1989
Hühnerei:	LD_{50} 0,007 ug/Ei	n. RIPPEN, 1989

Wasserorganismen:

Forelle, Hecht:	0,001-0,0001 ug/l	n. RIPPEN, 1989

Wirkungscharakter:

Mensch/Säugetiere: TCDD ist ein Zellgift, das nach langer Aufnahme zum Tode führen kann. Von den chlorierten Dioxinen ist es die Verbindung mit den stärksten toxischen Wirkungen. Beim Menschen tritt als typisches Symptom Dermatitis (Chlorakne) auf. Diese ist jedoch nicht nur an Hautkontakt gebunden, sondern kann auch durch orale Aufnahme oder Inhalation über einen längeren Zeitraum entstehen. TCDD schädigt die Leber, führt zu Überpigmentierung, erhöht die Leberenzymwerte, stört den Fett- und Carbonatstoffwechsel, schädigt die Herzkranzgefäße, die Harn- und Atemwege und schwächt die Extremitäten. Chronische Belastungen führen zu teratogenen Schädigungen, durch die Gaumenspalten, Nierendefekte, Fehlen der Augenlider, verminderte Schädelverknöcherungen und erhöhte Embryoletalität auftreten. Kanzerogität ist bislang nur im Tierversuch nachgewiesen.

Hunde sind fast 1000 mal weniger empfindlich als Meerschweinchen; bei Ratten, Kaninchen und Mäusen treten als Todesursache Lebernekrosen auf, während bei Meerschweinchen (eines der empfindlichsten Tiere) die Leberschädigungen geringer sind.

VERHALTEN IN DER UMWELT

Wasser:

Die Mobilität im Wasser ist durch die geringe Löslichkeit von TCDD begrenzt. Meist verdampft TCDD aus dem Wasser in die Atmosphäre oder wird von Organismen aufgenommen. Belastungen des

Grundwassers treten hauptsächlich im Nahbereich von Deponien bei Anwesenheit von bestimmten organischen Lösemitteln auf (belastete Sickerwässer).

Luft:
Trotz des geringen Dampfdruckes gelangt TCDD in der Hauptsache von verunreinigten Oberflächen (z.B. nach Herbizid-Einsatz) in die Atmosphäre. Hier unterliegt es z.T. einem Photoabbau.

Boden:
Aufgrund seiner sehr geringen Löslichkeit und seiner starken Adsorption ist TCDD im Boden hoch persistent und immobil. Die Hauptmenge wird innerhalb der ersten etwa 30 cm tiefen Bodenschicht angereichert. An Bodenpartikel adsorbiert, ist TCDD in der Lage vertikal und horizontal zu wandern. Es wird von den Wurzeln der Pflanzen geringfügig aufgenommen, dort aber kaum akkumuliert.

Halbwertzeit:
Geschätzte Halbwertzeit (RIPPEN, 1988): 1-10 Jahre; im Sediment eines eutrophen Sees: 550-590 Jahre; im aquatischen Modellökosystem: 600 Jahre; im Boden: 2-3 Jahre (Seveso), 230-320 Tage (Utah, USA), 10 Jahre (VCI, 1985); in Geweben von Landtieren: 12-30 Tage (UBA, 1983).

Abbau, Zersetzungsprodukte:
TCDD wird in geringem Umfang von Bakterien abgebaut, häufiger findet ein Photoabbau statt.

Nahrungskette:
Die Aufnahme durch Pflanzen aus dem Boden wurde nicht nachgewiesen. TCDD wird im Organismus im Fettgewebe, in der Leber und anderen Geweben gespeichert. Beachtenswert sind die Anreicherungen in Kuh- und Muttermilch, die ubiquitär auftreten. Insbesondere die Belastung von Säuglingen ist als bedenklich anzusehen.
Die Anreicherung ist in aquatischen Organismen wesentlich größer als bei terrestrischen Pflanzen und Tieren. Aufgrund der hohen Adsorptionstendenz ist ein Vorkommen in Trinkwässern nach Filtration unwahrscheinlich.
Bikonzentrationsfaktor Daphnien, Fische: 2×10^3 - 6×10^3 (UBA, 1983).

UMWELTSTANDARDS

Medium/ Akzeptor	Bereich	Land/ Organ.	Status	Wert	Kat.	Anmerkungen	Quelle
Wasser:	Trinkw	D	R	2,0 pg/l			n. RIPPEN, 1988
	Oberfl	D	R	2,0 pg/l			n. RIPPEN, 1988
	Oberfl	CDN		0,001 ppt			n. RIPPEN, 1988
	Oberfl	USA		0,001 ppt			n. RIPPEN, 1988
	Abwasser	D	(R)	20,0 ppt			n. RIPPEN, 1988
Boden:		D	(R)	1,0 ppb		Wohngebiete	n. RIPPEN, 1988
			(R)	10,0-100,0 ppb		Industriegelände	n. RIPPEN, 1988
			(R)	5,0 ppb		Mülldeponie	n. RIPPEN, 1988
			(R)	100,0 ppb		1)	n. RIPPEN, 1988

Luft:	Arbpl	D	G	[2] MAK		DFG, 1989
	Arbpl	D	R	500,0 ng/m³	[3]	n. RIPPEN, 1988
	Arbpl	D	R	5,0 pg/m³	[4]	n. VCI, 1985
	Arbpl	D	R	1,0-2,0 ng/m³	[5]	n. RIPPEN, 1988
	Arbpl	NL		12,0-30,0 pg/m³	[6]	n. RIPPEN, 1988
	Arbpl	NL		450,0 pg/m³	1/2h Max.	n. VCI, 1985
Nahrung:		CDN	R	1,8-10 pg/kg KG ADI		n. VCI, 1985
		CDN		0,001 ppt		n. RIPPEN, 1988
		D	R	1,0-10 pg/kg KG ADI	Faktor 1000	n. VCI, 1985
		NL	R	4,0 pg/kg KG ADI		n. VCI, 1985
Muttermilch		NL		0,03 ppt		n. RIPPEN, 1988
Fisch		USA	R	25,0-50,0 ppt		n. RIPPEN, 1988
chem. Produkte:						
Herbizide		D	(R)	5,0 ppb		n. RIPPEN, 1988

Anmerkungen:

[1] Sondermülldeponie, oberirdisch
[2] keine Festlegung eines Grenzwertes, da keine noch als unbedenklich anzusehende Konzentration angegeben werden kann (Anhang III der MAK-Liste (1988): A2, eindeutig als krebserzeugend ausgewiesener Arbeitsstoff)
[3] Empfehlung eines Emissionswert für Aerosole
[4] Empfehlung eines Immissionswert für Aerosole
[5] partikelgebundenes TCDD
[6] Durchschnitt in der Atemluft

VERGLEICHS-/REFERENZWERTE

Medium/Herkunft	Land	Wert	Quelle
Wasser:			
Deponie Georgswerder	D	20-90 ug/l ("Sickeröl")	n. RIPPEN, 1989
Deponie Love Cabal	USA	176 ug/l (org. Phase)	n. RIPPEN, 1989
Abwasser, Jacksonville	USA	200-600 ng/l	n. RIPPEN, 1989
Niagara River (1983)	USA	3,3 ppb	n. RIPPEN, 1989
Teich, Hamburger Hafen (1983)	D	20 ppt	n. RIPPEN, 1989
Sediment:			
Siskiwit Lake (1935)	USA	< 0,4 ppt	n. RIPPEN, 1989
Siskiwit Lake (1953)	USA	12 ppt	n. RIPPEN, 1989
Siskiwit Lake (1982)	USA	26 ppt	n. RIPPEN, 1989

Boden:			
Seveso, Zone A	I	> = 0,15-30 ppb	n. RIPPEN, 1989
Seveso, 0-7 cm Tiefe	I	10-12.000 ppt	n. RIPPEN, 1989
Werksgelände Ingelheim	D	90-102 ppb (1984)	n. RIPPEN, 1989
Werksgelände Hamburg	D	< 270 ppb (1984)	n. RIPPEN, 1989
Deponie Münchehagen	D	1.130 ppb	n. RIPPEN, 1989
Times Beach	USA	4,4-350 ppb (1983)	n. RIPPEN, 1989
Luft:			
Werksgelände (Staub)	USA	0,7-3 ppb	n. RIPPEN, 1989
Seveso (1977-79)	I	0,06-2,1 ug/kg (Staub)	n. RIPPEN, 1989
Abgas Müllverbrennung	D	0,16-0,65 ng/m^3	n. RIPPEN, 1989
Luft nähe Müllverbrennung	D	7,4 pg/m^3	n. RIPPEN, 1989
Seveso (1976/77)	I	0,02-0,06 pg/m^3	n. RIPPEN, 1989
Rheinfelden (1982)	CH	1,4 pg/m^3	n. RIPPEN, 1989
Stockholm	S	< 2 pg/m^3	n. RIPPEN, 1989
Fische:			
Michigan (19 Flüsse)	USA	< 12-590 ng/kg (n=28)	n. RIPPEN, 1989
Wels, Arkansas	USA	< 50 ng/kg	n. RIPPEN, 1989
Forelle, Port Credit	USA	17-57 ng/kg	n. RIPPEN, 1989
Mensch:			
Muttermilch (1983/84)	D	0,5-1,0 ng/l	n. RIPPEN, 1989
Muttermilch (1983)	S	0,6 ng/l	n. RIPPEN, 1989
Fettgewebe (nach starker Expos.)		20-173 ng/kg	n. RIPPEN, 1989
Fett, krebstote Frau	I (Seveso)	1840 ng/kg (1976)	n. RIPPEN, 1989
Fettgewebe, Great-Lakes	CDN	4,1-22 ppt	n. RIPPEN, 1989

BEWERTUNG & ANMERKUNGEN

Aufgrund der mittlerweile ubiquitären Verbreitung und des großen Risikos teratogener Wirkungen sollten Produktionen, bei denen 2,3,7,8-TCDD als Nebenprodukt anfallen kann, eingestellt werden. Das Gesundheitsrisiko wird durch die Persistenz des Stoffes und dessen Anreicherung in der Umwelt auch langfristig eher zu- als abnehmen.

292 TETRACHLORETHEN

BEZEICHNUNGEN

CAS-Nr.:	127-18-4
Systematischer Name:	Tetrachlorethylen, Tetrachlorethen
Gebrauchsnamen:	Perchlorethylen, PER, Ethylentetrachlorid, 1,1,2,2-Tetrachlorethylen, Cecolin 2, Dekapir 2, Digrisol, Dow-Per, Drosol, Dynaper, Etilin, Peran, Perawin, Perclone, Sirius 2, Tetralex, Tetralina
Stoffname (engl.):	ethylenetetrachloride, 1,1,2,2-tetrachlorethylene
Stoffname (franz.):	tetrachlorethylene, diclorure de carbone, perchlorethylene
Erscheinungsbild:	farblose Flüssigkeit mit ätherischem, chloroformartigem Geruch

CHEM.-PHYSIKAL. GRUNDDATEN

Summenformel:	C_2Cl_4
Molare Masse:	165,83 g/mol
Dichte:	1,6063 g/cm^3 bei 30°C
Siedepunkt:	121,1°C
Schmelzpunkt:	-22,7 - -23,5°C
Dampfdruck:	14 Pa bei 20°C; 24 bei 25°C; 45 bei 30°C
Löslichkeit:	in Wasser 150 mg/l bei 25°C; in Wasser 0,04 g/100ml bei 20°C; leicht löslich in org. Lösemitteln
Geruchsschwelle:	0,3-5 mg/l in Wasser 4,7-70 ppmv in Luft
Explosionsschwelle:	bei Vorhandensein von Sauerstoff Explosionsgefahr
Umrechnungsfaktoren:	1 ppm = 6,78 mg/m^3 1 mg/m^3 = 0,147 ppm

HERKUNFT UND VERWENDUNG

Verwendung:
Der Gebrauch von Tetrachlorethen ist aufgrund der guten Löseeigenschaften vielseitig. Laut BGA (1988) werden 35% zur Entfettung von Metalloberflächen, 50% in chemischen Reinigungen und der Rest bei der Extraktion von Bitterstoffen und der Entfettung von Tierkörpermehl verwendet. Nach LAI (1988) sind rund 60-65% bei der Behandlung von Metalloberflächen und rund 20% in chemischen Reinigungsanlagen in Gebrauch. Um den Dampfdruck herabzusetzen, werden häufig Stabilisatoren unterschiedlichster chemischer Zusammensetzung beigefügt. Wichtige Produkte sind: Kontaktkleber, Entfettungsmittel, Wachsentferner, Schuhfarben und -creme, Garten-Pestizid, Polster- und Teppichreiniger.

Herkunft/Herstellung:
PER wird durch Oxyhydrochlorination, Perchlorination und/oder Dehydrochlorination von Kohlenwasserstoffen oder chlorierten Kohlenwasserstoffen hergestellt.

Produktionszahlen:

Weltweit	1978-80	1.100.000 t	(RIPPEN, 1989)
EG	1980	< 500.000 t	(BGA, 1988)
USA	1977	304.000 t	(BGA, 1988)
USA	1984	231.000 t	(RIPPEN, 1989)
BRD	1979	113.000 t	(BMI, 1985)
BRD	1986	75.000 t	(LAI, 1988)
Japan	1973	57.000 t	(RIPPEN, 1989)
Frankreich	1981	26.000 t	(RIPPEN, 1989)
Mexiko (Import)	1984	15.000 t	(RIPPEN, 1989)
Schweden	1977	5.300 t	(RIPPEN, 1989)

TOXIZITÄT

Mensch:

	LD_0 <= 140 mg/m^3 (1,3 oder 7,5 h/d für 5 d/w)	n. WHO, 1984
	ATD 0,17 mg/d	n. UBA, 1986

Säugetiere:

Maus:	LD_{50} 8.000-11.000 mg/m^3, oral	n. VERSCHUEREN, 1983
Maus:	LC_{100} 135.000 mg/m^3 (2 h)	n. MALTONI u.a., 1986
Maus:	LC_{50} 332.200 mg/m^3 (0,5 h)	n. MALTONI u.a., 1986
Ratte:	NEL 475 mg/m^3, Inhalation (8 h/d für 5 d/w)	n. VERSCHUEREN, 1983
Ratte:	LD_{50} > 5.000 mg/kg, oral	n. VERSCHUEREN, 1983
Ratte:	LD_{50} 13.000 mg/kg, oral (6 h)	n. WHO, 1984
Ratte:	LC_{100} 20.000 ppm, Inhalation (0,4 h)	n. MALTONI u.a., 1986
Ratte:	LC_{100} 2.500 ppm, Inhalation (7 h)	n. MALTONI u.a., 1986
Kaninchen:	LD 20.000 ppm, Inhalation (2 h)	n. MALTONI u.a., 1986
Meerschweinchen:	LC_{100} 37.000 ppm, Inhalation (0,67 h)	n. MALTONI u.a., 1986
Katze:	LCL_0 6.074 ppm, Inhalation (2 h)	n. MALTONI u.a., 1986

Wasserorganismen:

Wasserfloh:	EC_{50} 147 mg/l (24 h)	n. UBA, 1986
Wasserfloh:	LC_{50} 18 mg/l (48 h)	n. WHO, 1984
Wasserfloh:	NEL 10 mg/l (48 h)	n. WHO, 1984
Grünalge:	EC_3 > 250 mg/l (7 d)	n. UBA, 1986
Amerikanische Elritze:	LC_{50} 18,4 mg/l (96 h)	n. UBA, 1986
Amerikanische Elritze:	LC_{50} 23,5 ng/l (24 h)	n. VERSCHUEREN, 1983
Blauer Sonnenbarsch:	LC_{50} 46 mg/l (24 h)	n. WHO, 1984
Blauer Sonnenbarsch:	LC_{50} 13 mg/l (96 h)	n. WHO, 1984
Blauer Sonnenbarsch:	LC_{50} 7 mg/l (96 h)	n. UBA, 1986
Regenbogenforelle:	LC_{50} 4,8 mg/l	n. UBA, 1986
Kliesche:	LC_{50} 5 mg/l (96 h)	n. WHO, 1984

Wirkungscharakter:

Mensch/Säugetiere: Tetrachlorethen wirkt bei Menschen hautentfettend und führt zu Hautresorption; bei Konzentrationen >678 mg/m^3 kommt es zu Reizungen der Augen und Atemwege, bei 4000-6780 mg/m^3 und 45 Minuten Einwirkung zur Betäubung. Es wirkt auf das Zentrale Nervensystem und führt zu Kopfschmerzen, Schwindelgefühlen und Brechreiz. Eine Inhalation führt häufig zu neurologischen Spätschäden. Die Frage, ob Tetrachlorethen krebserregend ist, ist nicht eindeutig geklärt. Während die WHO hiervon ausgeht, gilt PER in der Bundesrepublik Deutschland als nicht kanzerogen. Vereinzelte Versuche mit Hefezellen zeigten mutagene Wirkungen; Teratogenität bzw. Fetotoxizität ist bislang nicht nachgewiesen.
Im Tierversuch zeigte sich, daß Meerschweinchen empfindlicher als andere Tiere reagieren.

VERHALTEN IN DER UMWELT

Wasser:
Aufgrund des hohen Dampfdrucks und der geringen Wasserlöslichkeit wird Tetrachlorethen schnell an die Luft abgegeben. So stellen Grund- und Oberflächenwässer keinen Speicher dar. Dennoch wird es als stark wassergefährdender Stoff (WGK 3) eingestuft. Es ist stark toxisch und zersetzt sich in Wasser langsam zu Trichloressig- und Salzsäure. Tetrachlorethen gelangt durch das Einleiten industrieller Abwässer in den Wasserkreislauf.

Luft:
Wegen des hohen Dampfdruckes gelangen rund 85-90% des Stoffes in die Atmosphäre, hier reagiert er mit OH-Radikalen und ist vermutlich am Abbau der Ozon-Schicht beteiligt. Mittlerweile ist der Stoff ubiquitär nachweisbar. Es findet ein Austausch zwischen Luft und Wasser statt, wobei der Übergang in die Atmosphäre den bevorzugten Reaktionspfad darstellt.

Boden:
Tetrachlorethen wird im Boden angereichert. Bislang konnte keine Abhängigkeit von Korngröße oder Humusgehalt nachgewiesen werden. Hohe Konzentrationen gelangen nur unmittelbar in der Umgebung von Emissionsquellen in den Boden. Es erfolgt ein Abbau über Mikroorganismen.

Halbwertzeit:
Die Halbwertzeit für die Hydrolyse in belüftetem Wasser beträgt ca. 8,8 Monate bis 6 Jahre (UBA, 1986) bzw. 3 Stunden bis 10 Tage (MALTONI u.a., 1986), die in der Troposphäre ca. 12 Wochen, bei Reaktion mit OH-Radikalen bis 47 Tage (UBA, 1986) bzw. 54 Tage (MALTONI u.a., 1986). Die Persistenz in wasserungesättigten Böden liegt bei 2-18 Monaten (DVGW, 1985).

Abbau, Zersetzungsprodukte:
Der Abbau im Boden erfolgt durch methanogene anaerobe Mikroorganismen, über Trichlorethylen als Abbauprodukt (UBA, 1986). In der Troposphäre erfolgt die Zersetzung durch Photooxidation zu Kohlendioxid und Salzsäure, in Wasser zu Trichloressig- und Salzsäure (BGA, 1985). Die Zersetzungsprodukte sind Phosgen, $COCl_2$, Trichloracetylchlorid, Dichloracetylchlorid, HCl und andere Chloride.
Im menschlichen Körper wird Tetrachlorethen in der Leber abgebaut.

Nahrungskette:
Tetrachlorethen wird in lipophilen Geweben mäßig angereichert.

UMWELTSTANDARDS

Medium/ Akzeptor	Bereich	Land/ Organ.	Status	Wert	Kat.	Anmerkungen	Quelle
Wasser:	Trinkw	D	G	0,025 mg/l			n. DVGW, 1985
	Trinkw	D	R	<0,025 mg/l			n. DVGW, 1985
	Trinkw	EG	R	0,001 g/m^3			n. LAU-BW, 1989
	Trinkw	WHO	R	10 mg/l			n. WHO, 1984
	Oberfl	USA		20 ug/l			n. WHO, 1987
	Abwasser	CH	G	0,05 g/m^3		für Trinkwasser	n. LAU-BW, 1989
	Abwasser	D	G	5,0 g/m^3		an Einleitungsstelle	n. ROTH, 1989
Luft:		D	G	35,0 mg/m^3	MIK	Langzeitwert	n. BAUM, 1988
		D	G	110,0 mg/m^3	MIK	Kurzzeitwert 2)	n. BAUM, 1988
		D	G	100,0 mg/m^3		1)	n. KÜHN & BIRETT, 1988
		D	R	5,0 mg/m^3		3)	n. BGA, 1988
		DDR	G	0,5 mg/m^3		Kurzzeitwert	n. HORN, 1989
		DDR	G	0,06 mg/m^3		Langzeitwert	n. HORN, 1989
		WHO	R	5,0 mg/m^3		24 h-Leitwert	n. LAU-BW, 1989
		WHO	R	8,0 mg/m^3		30 min	n. LAU-BW, 1989
	Arbpl	A	(G)	260,0 mg/m^3		Langzeitwert	n. MATONI u.a.,1986
	Arbpl	AUS	(G)	670,0 mg/m^3		Langzeitwert	n. WHO, 1987
	Arbpl	B	(G)	670,0 mg/m^3		Langzeitwert	n. WHO, 1987
	Arbpl	BG	(G)	10,0 mg/m^3			n. MALTONI u.a.,1986
	Arbpl	BR	(G)	525,0 mg/m^3		48 h/w	n. WHO, 1987
	Arbpl	CH	(G)	345,0 mg/m^3		Langzeitwert, Haut	n. WHO, 1987
	Arbpl	CS	(G)	250,0 mg/m^3		4)	n. WHO, 1984
	Arbpl	CS	(G)	1250,0 mg/m^3		Kurzzeitwert	n. WHO, 1984
	Arbpl	D	G	345,0 mg/m^3	MAK		DFG, 1989
	Arbpl	DDR	(G)	300,0 mg/m^3		Langzeitwert	n. HORN, 1989
	Arbpl	DDR	(G)	900,0 mg/m^3		Kurzzeitwert	n. HORN, 1989
	Arbpl	E	(G)	110,0 mg/m^3		Langzeitwert	n. MALTONI u.a.,1986
	Arbpl	ET	(G)	267,0 mg/m^3		Langzeitwert	n. MALTONI u.a.,1986
	Arbpl	F	(G)	405,0 mg/m^3		Langzeitwert	n. MALTONI u.a.,1986
	Arbpl	F	(G)	1080,0 mg/m^3		4)	n. MALTONI u.a.,1986
	Arbpl	GB	(G)	678,0 mg/m^3		Langzeitwert	n. WHO, 1987
	Arbpl	GB	(G)	1000,0 mg/m^3		10 min	n. WHO, 1987

Arbpl	H	(G)	10,0 mg/m^3		Langzeitwert	n. WHO, 1987
Arbpl	H	(G)	50,0 mg/m^3		30 min	n. WHO, 1987
Arbpl	I	(G)	400,0 mg/m^3		Langzeitwert	n. MALTONI u.a.,1986
Arbpl	I	(G)	1000,0 mg/m^3		Haut	n. MALTONI u.a.,1986
Arbpl	J	(G)	268,0 mg/m^3		Langzeitwert	n. MALTONI u.a.,1986
Arbpl	J	(G)	345,0 mg/m^3		4)	n. WHO, 1987
Arbpl	NL	(G)	190,0 mg/m^3		Langzeitwert	n. MALTONI u.a.,1986
Arbpl	NL	(G)	240,0 mg/m^3		Langzeitwert, Haut	n. WHO, 1987
Arbpl	PL	(G)	60,0 mg/m^3		4)	n. WHO, 1987
Arbpl	RO	(G)	400,0 mg/m^3		Langzeitwert	n. WHO, 1987
Arbpl	RO	(G)	500,0 mg/m^3		4)	n. WHO, 1987
Arbpl	S	(G)	140,0 mg/m^3		1 Tag	n. WHO, 1987
Arbpl	S	(G)	350,0 mg/m^3		15 min	n. WHO, 1987
Arbpl	SF	(G)	335,0 mg/m^3			n. WHO, 1987
Arbpl	SU	(G)	10,0 mg/m^3		4)	n. MALTONI u.a.,1986
Arbpl	USA	G	335,0 mg/m^3	TWA	Langzeitwert	ACGIH, 1986
Arbpl	USA	G	1340,0 mg/m^3	STEL	Kurzzeitwert, 15 min	ACGIH, 1986
Arbpl	YU	(G)	10,0 mg/m^3		Langzeitwert	n. WHO, 1987
Arbpl	YU	(G)	200,0 mg/m^3		Langzeitwert	n. MALTONI u.a.,1986
Nahrung:	D	G	100,0 ug/dl	BAT	Blut	DFG, 1989
	D	G	9,5 ml/m^3	BAT	Alveolarluft	DFG, 1989
	D	G	1 mg/kg			n. BGA, 1988
	D	G	0,1 mg/kg		5)	n. UMWELT, 1989
	D	G	0,2 mg/kg			n. UMWELT, 1989
Kosmetika:	D	G	0 mg/kg		Verbot	n. DVGW, 1985
	EG	G	0 mg/kg		Verbot	n. WHO, 1984

Anmerkungen:
1) bei einem Massenstrom von 2 kg/h und mehr
2) innerhalb von 4 Stunden mit maximal 30 minütiger Überschreitung
3) Innenraumluft
4) Höchstwert
5) Summenwert mehrerer Lösungsmittel in einem Lebensmittel

VERGLEICHS-/REFERENZWERTE

Medium/Herkunft	Land	Wert	Quelle
Oberflächenwasser:			
Rhein: (Basel, 1982)	D	0,18-1,73 ug/l	n. DVGW, 1985
Rhein: (Karlsruhe, 1982)	D	0,2-1,39 ug/l	n. DVGW, 1985
Rhein: (Wiesbaden, 1983)	D	0,14-4,1 ug/l	n. DVGW, 1985
Rhein: (Köln, 1983)	D	0,16-0,63 ug/l	n. DVGW, 1985
Main: (Frankfurt, 1979)	D	0,35-2,8 ug/l	n. DVGW, 1985

Ruhr: (Witten, 1983)	D	0,1-0,6 ug/l	n. DVGW, 1985
Elbe: (1982/83)	D	0,2-9,3 ug/l	n. UBA, 1986
Weser: (1982/83)	D	0,5-1,0 ug/l	n. UBA, 1986
Donau: (1983-1985)	D	0,1-2,8 ug/l	n. UBA, 1986
Trinkwasser:			
Wiesbaden (1980)	D	< 1,8 ug/l	n. DVGW, 1985
Taunus (1980)	D	< 10,5 ug/l	n. DVGW, 1985
Medmenham (1981)	GB	< 0,01 ug/l	n. DVGW, 1985
5 Städte (1977)	J	0,2-0,6 ug/l	n. DVGW, 1985
22 Städte (1977)	USA	< 2,0 ug/l	n. DVGW, 1985
Göteborg (1978)	S	< 0,008 ug/l	n. DVGW, 1985
Sedimente:			
Rhein: (Hitdorf, 1982)	D	4 ug/kg	n. DVGW, 1985
Ruhr: (1972-1981)	D	4-36 ug/kg	n. DGVW, 1985

BEWERTUNG & ANMERKUNGEN

Tetrachlorethen ist nach dem Chemikaliengesetz der Bundesrepublik Deutschland zwar als ungiftig eingestuft, doch ist eine Krebsgefährdung bislang nicht ausgeschlossen. Die unterschiedlichen Kontaminationsmöglichkeiten, je nach Produktionsquelle variabel, können bei Arbeitern bei starker Exposition und über lange Zeit zu schweren Schäden führen. Besonders bei der Verladung des Produktes gelangen große Mengen in die Umwelt, so daß das Gesundheitsrisiko in der Umgebung von Herstellungsfabriken besonders groß ist.

Erschwert wird eine Bewertung durch den Gebrauch verschiedener Stabilisatoren, die technischem Tetrachlorethen beigemengt werden. So besteht für einige der in den Stabilisatorengemischen enthaltenen reaktiven Kohlenwasserstoffe wie Epichlorhydrin und 1,4-Dioxan der Verdacht auf krebserzeugende Eigenschaften.

Zunehmend gewinnt die Belastung des Trinkwassers an Bedeutung. Besonders Verunreinigungen des Grundwassers durch Schadensfälle führen zu unerwünschten Belastungen, die über Jahre erhalten bleiben können, wenn zwischen dem Grundwasser und der Atmosphäre kein Austausch stattfindet.

Es ist demnach zu empfehlen, den Gebrauch stark einzuschränken oder Betriebe auf geschlossene Anlagen und Lösemittel-Rückgewinnungssysteme umzustellen. Bei Altanlagen ist auf das Arbeiten - Wartung und Instandsetzung - an erkalteten Anlagen zu achten und das Tragen von Atemschutzgeräten zu empfehlenswert. Um die Schadstoffbelastungen zu vermeiden, die von Defekten an der Anlage ausgehen, ist eine regelmäßige tägliche Kontrolle der Maschinen und Leitungen notwendig.

506 THALLIUM UND SEINE VERBINDUNGEN

BEZEICHNUNGEN

CAS-Nr.:	7440-28-0
Systematischer Name:	Thallium
Gebrauchsnamen:	Thallium
Stoffname (engl.):	thallium
Stoffname (franz.):	thallium
Erscheinungsbild:	große Ähnlichkeit mit Blei; weich, dehnbar; an frischen Schnittstellen weißglänzendes, an der Luft blaugrau anlaufendes Schwermetall; alpha-Thallium hat eine hexagonale Kristallstruktur und geht oberhalb von 232°C in beta-Thallium mit kubischer Struktur über.

CHEM.-PHYSIKAL. GRUNDDATEN

Summenformel:	Tl
rel. Atommasse:	204,37 g/mol
Dichte:	11,85g/cm^3 (bei 20°C)
Siedepunkt:	1457°C
Schmelzpunkt:	303°C
Löslichkeit:	zersetzt sich in Wasser langsam zum Hydroxid; wird von luftfreiem Wasser kaum angegriffen unlöslich in Alkalilaugen

HERKUNFT UND VERWENDUNG

Verwendung:

Zusammen mit Schwefel und Arsen dient es zur Herstellung niedrig schmelzender Gläser (um 150°C). Tl-Zusätze zu Metallen erhöhen ihre Deformations- und Korrosionsbeständigkeit. Die Halbleiterindustrie verwendet es in Photozellen und als Aktivator lichtempfindlicher Kristalle. Das Sulfat, früher ein wichtiges Rattengift, wird wegen seiner hohen Toxizität kaum noch hergestellt.

Wichtige Thallium-Verbindungen sind:
- Thalliumsulfat (Tl_2SO_4), hochgiftig;
- Natriumthallid (NaTl);
- Thallium(I)-alkoxide.

Herkunft/Herstellung:

Der Anteil an der Erdkruste beträgt ca. 10^{-4}% (61. Stelle der Elementhäufigkeit). Es kommt als Begleiter von Zink-, Kupfer-, Eisen- und Bleierzen vor. Alle Thalliummineralien wie Lorandit, Vrbait und Crookesit sind sehr selten. Zur Zementfabrikation benutzte Kiesabbrände können erheblich thalliumhaltig sein (KEMPER, 1987).

Produktion:
Weltproduktion < 100 t/a, Produktionsländer sind die USA, die Sowjetunion, Belgien und die Bundesrepublik Deutschland (BREUER, 1981). Weltproduktion von Thallium und seinen Verbindungen nach ZARTNER-NYILAS u.a. (1983) ca. 20 t/a.

TOXIZITÄT

Mensch:	LD 8-10 mg/kg KG		n. ZARTNER-NYILAS u.a., 1983
	220 ug/kg KG/d [1)]		n. ZARTNER-NYILAS u.a., 1983
	15,4 ug [2)]		n. ZARTNER-NYILAS u.a., 1983
Pflanzen:			
div. Arten	20-30 mg/kg	Ertragseinbußen	BAFEF, 1987
Gerste, jung	11-45 mg/kg	Ertragseinbußen	BAFEF, 1987

Anmerkungen:
1) kleinste toxische Dosis auf das ganze Leben bezogen
2) duldbare tägliche Thallium-Aufnahme aus Luft, Wasser, Lebensmitteln

Wirkungscharakter:

Mensch/Säugetiere: Thallium kann von Menschen über die Nahrungskette, Atmung und Haut aufgenommen werden. Es wird auf dem Blutwege im ganzen Körper verteilt und insbesondere in Leber, Nieren, in der Darmwand und im Muskelgewebe angereichert. Eine ähnliche Akkumulation findet in Knochen, Haut, Schweiß- und Talgdrüsen, Nägeln, Haaren sowie im gesamten Nervensystem statt. darüber hinaus passiert Thallium die Plazenta schwangerer Frauen und kann so das ungeborene Kind schädigen. Die Ausscheidung erfolgt mit Urin und Kot, in geringen Mengen auch über Haare, Schweiß, Tränen und Speichel sowie über die Muttermilch (ZARTNER-NYILAS u.a., 1983. Thallium und seine Verbindungen sind hochtoxisch. Als Schadbilder stellen sich Haarausfall, Grauer Star, Nervenschwund, Sehstörungen, Wachstumshemmungen, Neuralgien und Psychosen ein. Akkumulation in der Haut und in Haaren.

Pflanzen: Thallium hat mit mehreren Schwermetallen gemeinsam, daß es von Pflanzen auch über die Wurzeln aufgenommen werden kann, wodurch es u.U. zu beträchtlichen Anreicherungen im Blattgewebe sowie anderen Pflanzenteilen und damit zu phytotoxischen Wirkungen kommen kann. Das Schadbild, das mit Chlorosen der Blätter sowie Rand- und/oder Interkostalnekrosen zu charakterisieren ist, variiert allerdings hinsichtlich Intensität und Ausprägung von Pflanzenart zu Pflanzenart. Besonders auffallend ist eine art- und sortenspezifische Resistenz. Dabei werden in der Regel Pflanzen mit harter Oberfläche geringer geschädigt als Pflanzen mit weichen, haarigen Oberflächen (ZARTNER-NYILAS u.a., 1983)

VERHALTEN IN DER UMWELT

Wasser:
Thallium reichert sich wie andere Schwermetalle im Sediment von Gewässern an.

Boden:
Über die Persistenz des Thalliums im Boden liegen bislang nur einzelne Hinweise vor. Ähnlich anderen Schwermetallen, scheint es jedoch sehr beständig zu sein, und auch dem Boden zugeführtes Thalliumsulfat wird offenbar nur in geringen Maße ausgewaschen. Die relativ geringen Gehalte von Thallium im Grundwasser - auch im Nahbereich von Emittenten - unterstreichen die Annahme, daß Böden eine wichtige Senke für diese Verbindungen darstellen.

Nahrungskette:
Einige Pflanzenarten reichern Thallium aus dem Boden stark an (z.B. Grünkohl), weitere Akkumulation über Nahrungsketten (s.u. Wirkungscharakter Pflanzen).

UMWELTSTANDARDS

Medium/ Akzeptor	Bereich	Land/ Organ.	Status	Wert	Kat.	Anmerkungen	Quelle
Wasser:	marin	USA		0,01 mg/l (max.)		Gefahrenschwelle	EPA, 1973
	marin	USA		0,05 mg/l (max.)		Minimalrisiko	EPA, 1973
Boden:		D	R	1 mg/kg			KLOKE, 1980
		CH	R	1 mg/kg	VSBO		n. LAU-BW[1], 1989
Luft:		D	G	0,01 mg/m^2	IW1	24 h	TA-Luft, 1986
	Arbpl	Aus	(G)	0,1 mg/m^3		lösl. Verbindungen	n. MERIAN, 1984
	Arbpl	B	(G)	0,1 mg/m^3		lösl. Verbindungen	n. MERIAN, 1984
	Arbpl	D	G	0,1 mg/m^3	MAK	Gesamtstaub	DFG, 1988
	Arbpl	CH	(G)	0,002 mg/m^3/d	LRV	a-Mittel	n. LAU-BW, 1989
	Arbpl	CH	(G)	0,1 mg/m^3		lösl. Verbindungen	n. MERIAN, 1984
	Arbpl	NL	(G)	0,1 mg/m^3		lösl. Verbindungen	n. MERIAN, 1984
	Arbpl	PL	(G)	0,1 mg/m^3		lösl. Verbindungen	n. MERIAN, 1984
	Arbpl	RO	(G)	0,05 mg/m^3		Kurzzeit, lösl. Verb	n. MERIAN, 1984
	Arbpl	SF	(G)	0,1 mg/m^3		lösl. Verbindungen	n. MERIAN, 1984
	Arbpl	SU	(G)	0,01 mg/m^3		1967	n. ACGIH, 1982
	Arbpl	YU	(G)	0,1 mg/m^3		lösl. Verbindungen	n. MERIAN, 1984
Pflanzen:		D	R	0,25 mg/kg			n. BAFEF, 1987
Nahrung:		D	R	0,25 mg/kg			n. BAFEF, 1987

Anmerkungen:
[1] Landesamt für Umweltschutz Baden-Württemberg

VERGLEICHS-/REFERENZWERTE

Medium/Herkunft	Land	Wert	Quelle
Wasser:			
Rhein (bei km 865)		o,5-2,5 ug/l	n. ZARTNER-NYILAS u.a., 1983
div. Oberflw	D(BW)	n.n.	n. ZARTNER-NYILAS u.a., 1983
Boden:			
div. Böden (normal)		<0,5 mg/kg TS	
div. Böden (häufig)		0,01-0,5 mg/kg TS	n. KLOKE, 1980
Pflanzen:		0,01-0,5 mg/kg TS	

BEWERTUNG & ANMERKUNGEN

Aus den bisher bekannten Daten ist das Risiko einer erhöhten Thallium-Exposition der Allgemeinbevölkerung als gering zu beurteilen. Erhöhte lokale Belastungen durch Thallium-emittierende Industrien (z.B. Zement), haben bislang keine Hinweise für eine gesundheitsschädigende Wirkung auf den Menschen ergeben. Tier- und Pflanzenwelt weisen dagegen regional Schädigungen auf. Zur chronischen Belastung des Menschen durch Thallium als Umweltschadstoff liegen wenige Daten vor. Hinsichtlich Mutagenität, Teratogenität und Kanzerogenität bestehen noch unterschiedliche Meinungen.

089 TOLUOL

BEZEICHNUNGEN

CAS-Nr.:	108-88-3
Systematischer Name:	Methylbenzol
Gebrauchsnamen:	Anisen, Benzoen, Benzylwasserstoff, Tolin, Toluen, Tolylwasserstoff
Stoffname (engl.):	aethyl benzene, methacide, phenylmethane, toluol, toluene
Stoffname (franz.):	toluène, methylbenzène
Erscheinungsbild:	farblose Flüssigkeit mit benzolartigem Geruch

CHEM.-PHYSIKAL. GRUNDDATEN

Summenformel:	C_7H_8
Molare Masse:	92,15 g/mol
Dichte:	0,8667 g/cm^3 bei 20°C
rel. Gasdichte:	3,18
Siedepunkt:	110,6°C
Schmelzpunkt:	-95°C
Dampfdruck:	2910 Pa bei 20°C 3850 Pa bei 25°C
Flammpunkt:	6°C
Zündtemperatur:	535°C
Löslichkeit:	in Wasser 0,53 g/l bei 20-25°C in Meerwasser 0,38 g/l unbegrenzt in Chloroform, Aceton, Ether
Umrechnungsfaktoren:	1 ppm = 3,83 mg/m^3 1 mg/m^3 = 0,2611 ppm

HERKUNFT UND VERWENDUNG

Verwendung:
Toluol ist Ausgangsstoff zur Herstellung von Benzolderivaten, Caprolactam, Saccharin, Pharmaka, Farbstoffen, Parfüms, TNT, Detergentien. Es ist Bestandteil von Kraftstoffen (Antiklopfmittel) und Lösungsmittel für Farben und Überzüge, Gummi, Harze, Verdünner in Nitrocellulose-Lacken und Klebstoffen. Es dient als Ausgangsstoff zur Herstellung von Phenol (vorrangig Westeuropa), Benzol und Kresol (vorrangig Japan) und einer Reihe von anderen Stoffen. In den USA wurden in 1393 Produkten durchschnittlich 12% Toluol ermittelt.

Herkunft/Herstellung:
natürliche Quellen: in Kohleteer und Mineralölen; Entstehung bei der Verbrennung von Harzen (z.B. Waldbrände).

Produktionszahlen:

Die Schätzungen der weltweiten Produktion variieren zwischen 6,5 und mehr als 10 Mio. t/a.

Bundesrep. Deutschland (1984)	358.000 t
Canada (1984)	430.000 t
Frankreich (1984)	39.000 t
Italien (1984)	312.000 t
Japan (1984)	784.000 t
Mexiko (1984)	216.000 t
Taiwan (1984)	169.000 t
USA (1984)	2.390.000 t

Emissionszahlen (geschätzt):

Verschiedene Schätzungen variieren zwischen 6-8 Mio. t/a. Für einen Gesamtbetrag von 6,2 Mio t wurden die Anteile der Emissionen wie folgt errechnet:

Verluste in die See	500.000 t/a
Verluste an die Luft aus Raffinerien	2.500.000 t/a
Verdampfen von Kraftstoffen	50.000 t/a
Abgase von Kraftfahrzeugen	2.000.000 t/a
Lösungsmittel-Verluste	1.000.000 t/a
Verluste der chem. Industrie	100.000 t/a

TOXIZITÄT

Mensch:	LD 50-500 mg/kg KG
	>2,9 mg/l, Inhalation (Schäden des zentralen Nervensystems)
	TCL_0 0,77 mg/l, Inhalation
	50-100 ppm (Müdigkeit, Kopfschmerzen)
	200 ppm (Leichte Rachen- und Augenreizungen)
	100-300 ppm (8 h) (Anzeichen von Koordinationsschwächen)
	300-800 ppm (8 h) (deutliche Anzeichen von Koordinationsschwächen)
	>4.000 ppm (1 h) (Bewußtlosigkeit, über längeren Zeitraum letal)
	10.000-30.000 ppm (Bewußtlosigkeit nach wen. Minuten, über längeren Zeitraum letal)
Säugetiere:	
Ratte	LD_{50} 5.000-7.000 mg/kg KG, oral
Ratte (Neugeborene)	LD_{50} 870 mg/kg, oral
Ratte	NOEL >590 mg/kg KG und d, oral (193 d)
Maus	LC_{50} 20 mg/l (8 h)
Wasserorganismen:	
Süßwasserfische	LC_{50} 13-240 mg/l (96 h)
Goldorfe	LC_{50} 70 mg/l
Salm	LC_{50} 6,4-8,1 mg/l (96 h)
Mollusken	LC_{50} 24-74 mg/l (24 h)
Wasserfloh (Daphnia magna)	EC_{50} 11,5-310 mg/l (48 h)
Grünalge	EC_{50} 134-210 mg/l (Reduktion der Photosynthese)
Blaualge	10 mg/l (96 h, 75% Reduktion der Photosynthese)

Pflanzen:

Korn, Soja	200-20.000 ppm im Boden toxisch
Karotten, Tomaten, Gerste	3 ppm (0,5 h) in Luft toxisch

Anmerkungen:

Die Angaben entstammen verschiedenen Quellen, alle zitiert bei RIPPEN, 1989.

Wirkungscharakter:

Mensch/Säugetiere: Bei Inhalation (100 ppm) Kopfschmerzen, Schwindel, Reizung von Augen und Nase. Bei Langzeitexposition Beeinträchtigung des Zentralen Nervensystems, Blutbildveränderungen und andere chronische Wirkungen. Bei Ratten wurden Chromosomenschäden nachgewiesen; bei Untersuchungen exponierter Arbeiter dagegen widersprüchliche Ergebnisse erzielt. Kanzerogenität von Toluol allein scheint nicht zu existieren, wohl aber im Gemisch mit anderen Lösungsmitteln. Bei Ratten und Mäusen wurden Skelett-Anomalien und verringertes Fötusgewicht festgestellt, bei Mäusen auch erhöhte Embryo-Sterblichkeit.

Synerg./Antagon.:

- -Reduktion des Metabolismus in Ratten mit Benzol, Trichlorethen oder Styrol;
- -Verstärkung der toxischen Wirkung von Acetylsalicylsäure (bes. Mißbildungen und Anomalien im Embryo);
- -bei Menschen vermutlich erhöhte Chromosomenschäden bei Toluol-exponierten Rauchern;
- -bei Mäusen Abschwächung versch. toxischer Wirkungen von Benzol;
- -Verstärkung von Hautkrebs, der durch 7,12-Dimethyl-benz[b]anthracen induziert wird.

VERHALTEN IN DER UMWELT

Wasser:

Die starke Flüchtigkeit und die geringe Löslichkeit von Toluol führen zu einer schnellen Abgabe an die Atmosphäre.

Luft:

Aufgrund des hohen Dampfdrucks gelangt der weitaus größte Anteil der in die Umwelt eintretenden Menge in die Atmosphäre. Der Abbau geschieht dort relativ schnell (ca. 50% innerhalb von 2 Tagen), so daß durch naße oder trockene Deposition kaum größere Mengen wieder auf die Erdoberfläche gelangen. Toluol absorbiert keine Wellenlängen >290 nm. Die Verlustprozesse in der Atmosphäre dürften im wesentlichen auf schnelle Reaktionen mit Radikalen zurückzuführen sein (OH, O, RO_2, O_3).

Boden:

Adsorption vorrangig an org. Substanz und Tonpartikeln. Mit sinkendem pH-Wert nimmt die Adsorptionskapazität zu. Ein erheblicher Anteil von in den Boden eingebrachtem Toluol wird an die Atmosphäre abgegeben. Der verbleibende Rest untergeht chemischen Transformationen und Biodegradation.

Abbau, Zersetzungsprodukte, Halbwertzeit:
In der Luft beträgt die geschätzte mittlere Halbwertzeit ca. 12,8 h. In höheren Breiten dürfte die Verweildauer im Sommer etwa 4 Tage, im Winter dagegen bis zu einigen Monaten betragen; in den Tropen gleichmäßig über das ganze Jahr zwischen einigen Tagen und Wochen.
Laboruntersuchungen haben ergeben, daß Toluol aus einem gleichmäßig durchmischten Wasserkörper von 1 m Tiefe mit einer Halbwertzeit von 5 h in die Atmosphäre entweicht.
Von Ratten, Kaninchen und Menschen wird ca. 20% der aufgenommenen Dosis über die Lungen wieder abgegeben. Ca. 80% werden über Benzylalkohol zu Benzoesäure umgewandelt, kleinere Mengen zu Kresolen.

Nahrungskette:
Die geringe Persistenz von Toluol und seine starke Flüchtigkeit macht eine Anreicherung über Nahrungsketten höchst unwahrscheinlich.

UMWELTSTANDARDS

Medium/ Akzeptor	Bereich	Land/ Organ.	Status	Wert	Kat.	Anmerkungen	Quelle
Wasser:	Trinkw	A	(G)	20 ug/l			n. RIPPEN, 1989
	Trinkw	SU	(G)	500 ug/l			n. RIPPEN, 1989
	Trinkw	USA	R	14,3 mg/l			n. RIPPEN, 1989
	Oberfl	USA	R	12,4 mg/l			n. RIPPEN, 1989
	Oberfl	USA	R	2,3 mg/l		24 h-Mittel[1)]	n. RIPPEN, 1989
	Oberfl	USA	R	5,2 mg/l		Spitzenwert[1)]	n. RIPPEN, 1989
	Oberfl	USA	R	0,1 mg/l		24 h-Mittel[2)]	n. RIPPEN, 1989
	Oberfl	USA	R	0,23 mg/l		Spitzenwert[2)]	n. RIPPEN, 1989
	Grundw.	D(HH)	R	15 ug/l		nähere Unters.	n. DVGW, 1988
	Grundw.	D(HH)	R	15 ug/l		Sanierungsunters.	n. DVGW, 1988
	Grundw.	NL	(G)	15 ug/l		nähere Unters.	n. RIPPEN, 1989
	Grundw	NL	(G)	50 ug/l		Sanierungsunters.	n. RIPPEN, 1989
Boden:		NL	(G)	3 mg/kg TS		nähere Unters.	n. DVGW, 1988
		NL	(G)	30 mg/kg TS		Sanierungsunters.	n. DVGW, 1988
Luft:		BG	(G)	0,6 mg/m^3		20 min/24 h	n. EPA, 1983
		DDR	(G)	2,0 mg/m^3		30 min	n. EPA, 1983
		DDR	(G)	0,6 mg/m^3		24 h	n. EPA, 1983
		Europa	R	8, mg/m^3		30 min	WHO, 1987

	Europa	R	1,mg/m^3		24 h	WHO, 1987
	H	(G)	50,0 mg/m^3		30 min	n. EPA, 1983
	H	(G)	20,0 mg/m^3		24 h	n. EPA, 1983
	H	(G)	0,6 mg/m^3		30 min/24 h[3)]	n. EPA, 1983
	SU	(G)	0,6 mg/m^3		20 min/24 h	n. WHO, 1985
	YU	(G)	0,6 mg/m^3		20 min/24 h	n. EPA, 1983
	WHO	R	1,0 mg/m^3		30 min	n. SLOOFF, 1988
	WHO	R	8,0 mg/m^3		30 min	n. SLOOFF, 1988
Arbpl	AUS	(G)	375,mg/m^3			n. RIPPEN, 1989
Arbpl	B	(G)	375,mg/m^3			n. RIPPEN, 1989
Arbpl	BG	(G)	50,mg/m^3			n. RIPPEN, 1989
Arbpl	CH	(G)	380,mg/m^3			n. RIPPEN, 1989
Arbpl	CS	(G)	800,mg/m^3		kurzzeitig	n. RIPPEN, 1989
Arbpl	D	G	380,mg/m^3	MAK		DFG, 1988
Arbpl	DDR	(G)	200,mg/m^3			n. RIPPEN, 1989
Arbpl	DDR	(G)	200,mg/m^3			n. RIPPEN, 1989
Arbpl	H	(G)	50,mg/m^3			n. RIPPEN, 1989
Arbpl	I	(G)	300,mg/m^3			n. RIPPEN, 1989
Arbpl	IRL	(G)	375,mg/m^3			n. RIPPEN, 1989
Arbpl	J	(G)	375,mg/m^3			n. RIPPEN, 1989
Arbpl	NL	(G)	375,mg/m^3			n. RIPPEN, 1989
Arbpl	PL	(G)	100,mg/m^3			n. RIPPEN, 1989
Arbpl	RO	(G)	300,mg/m^3			n. RIPPEN, 1989
Arbpl	S	(G)	375,mg/m^3			n. RIPPEN, 1989
Arbpl	SF	(G)	750,mg/m^3			n. RIPPEN, 1989
Arbpl	SU	(G)	50,mg/m^3	PdK		n. RIPPEN, 1989
Arbpl	USA	G	375,mg/m^3	TWA		n. RIPPEN, 1989
Arbpl	USA	G	560,mg/m^3	STEL		n. RIPPEN, 1989
Arbpl	YU	(G)	200,mg/m^3			n. RIPPEN, 1989
Arbpl	D	G	170 ug/dl	BAT	im Blut	n. DVGW, 1988
Nahrung:	USA	R	30 mg/d	ADI	n. RIPPEN, 1989	

Anmerkungen:

1) Schutz von Süßwasserorganismen

2) Schutz von Salzwasserorganismen

3) geschützte Gebiete

VERGLEICHS-/REFERENZWERTE

Umweltmedium/Herkunft	Land	Konzentration	Quelle[1]
Wasser:			
Oberflächenwasser	GB	1,8-3,8 ug/l	
Rhein (Basel-Duisburg, 1976)	D	0,7-1,9 ug/l	
Golf von Mexiko[2]		3-10 ng/l	
Golf von Mexiko[3]	4-60 ng/l		
Grundwasser (unkontaminiert)	USA	0,01-0,1 ug/l (n=8)	
Grundwasser (kontaminiert)	USA	1,5-8.300 ug/l (n=6 von 13)	
Trinkwasser (5 Städte)	USA	0,1-19 ug/l	
Sediment/Boden:			
Tees River Ästuar	GB	1,2-6,4 ug/kg NG (n=4)	
Klärschlamm	USA	1,4-705 mg/kg TG (n=12 von 13)	
Luft:			
nördl. Hemisphäre[4] (1980-83)		10-210 pptv (Mittelwerte)	
südl. Hemisphäre[4] (1980-83)		<5-90 pptv (Mittelwerte)	
Wüste	Ägypten	0,22 ppbv (Mittelwert)	
Hintergrundbelastung	Brasilien	0,04-0,19 ppbv (n=6)	
Hintergrundbelastung	Kenia	0,05-1,08 ppbv (n=13)	
Stadtluft	D	0,52-27 ppbv	
wenig belastete Gebiete	D	1,3 ppbv	
Deponiegas	D	0,2-620 mg/m^3	
Regenwasser	GB	43 ug/l	
Regenwasser	USA	0,9-220 ng/l	

Anmerkungen:

1) alle Angaben zitiert nach RIPPEN, 1989
2) Hintergrundwert
3) unter anthropogenem Einfluß
4) Reinluft

BEWERTUNG & ANMERKUNGEN

In windstillen Senken kann sich Toluol anreichern und in besonderen Fällen sogar die Explosionsgrenze erreichen. Eine Anreicherung über Nahrungsketten ist höchst unwahrscheinlich. Der Toxizitätsgrad für Wasserorganismen ist mittel bis gering einzuschätzen. In der Regel findet eine schnelle Degradation statt. Erste Anzeichen einer Vergiftung sind Wachstumshemmungen und geringere Reproduktionsraten. Bei Desorption im Bodenkörper kann es in das Grundwasser gelangen und Trinkwasserspeicher kontaminieren.

262 2,4,5-TRICHLORPHENOXYESSIGSÄURE

BEZEICHNUNGEN

CAS-Nr.:	93-76-5
Systematischer Name:	2,4,5-Trichlorphenoxyessigsäure
Gebrauchsnamen:	2,4,5-T
Stoffname (engl.):	2,4,5-trichlorophenoxyacetic acid, 2,4,5-T
Erscheinungsbild:	farblos-weiße, muffig riechende Flüssigkeit, bei 25°C fest, kristallin; reagiert mit organischen und anorganischen Basen zu Salzen, mit Alkoholen zu Estern

CHEM.-PHYSIKAL. GRUNDDATEN

Summenformel:	$C_8H_5Cl_3O_3$
Molare Masse:	255,49 g/mol
Dichte:	1,803 g/cm^3 (bei 20°C)
Siedepunkt:	Zersetzung
Schmelzpunkt:	157-158°C
Dampfdruck:	0,7 x 10^{-6} Pa bei 25°C
Löslichkeit:	in Wasser 0,28 g/l bei 25°C, 238 mg/l bei 50°C; in Ethanol 590 mg/kg bei 50°C; in Diethylether 234 g/l; in Toluol 7,3 g/l; in Xylol 6,1 g/l; löslich in Isopropylalkohol; die Alkali- und Aminsalze von 2,4,5-T sind in Wasser leicht-, die Ester praktisch unlöslich

HERKUNFT UND VERWENDUNG

Verwendung:
2,4,5-T findet in der Land- und insbesondere in der Forstwirtschaft Anwendung als systemisches Herbizid (Vernichtung von Nichtkräutern und Laubunterholz). Es wurde durch die Entlaubungsaktionen in Vietnam bekannt (Gemisch aus 2,4,5-T, 2,4-D und TCDD). 2,4,5-T als Salz- oder Esterformulierung wird meist in Kombination mit anderen Phenoxyfettsäuren eingesetzt. In der Bundesrepublik Deutschland Anwendungsbeschränkungen.

Herkunft/Herstellung:
Ein geogenes Vorhandensein ist unwahrscheinlich. 2,4,5-T wird synthetisch durch Reaktion von 2,4,5-Trichlorphenol, Monochlorsäure und Natriumhydroxid hergestellt. Häufig erfolgt die Produktion aus den Rückständen von Lindan.
Das technische Produkt enthält neben 95% 2,4,5-T-Säure 2,9% Dichlormethoxyphenoxyessigsäure,

0,6% Dichlorphenoxyessigsäure, 0,4 Bis(2,4,5-Trichlorphenoxy)essigsäure und <0,5 ppm TCDD (Dioxin). Seit 1981 garantieren die Hersteller einen Gehalt von <0,01 mg/kg TCDD (DFG, 1986). 2,4,5-T gehört zur Gruppe der Phenoxycarbonsäuren. Es existieren ungefähr 400 Produkte, die 2,4,5-T enthalten.

Produktionszahlen:

weltweite Produktionsmenge	50 000 t/a	(RIPPEN, 1989)
USA (1968)	27 000 t	(RIPPEN, 1989)
D	1 800 t/a	(RIPPEN, 1989)
EG (1980)	1 000 t	(RIPPEN, 1989)

TOXIZITÄT

Säugetiere:		
Ratte:	LD_{50} 300-800 mg/m^3, oral	n. RIPPEN, 1989
Ratte:	LC_{50} 0,83 mg/l, dermal (4 h)	n. RIPPEN, 1989
Maus:	LD_{50} 389 mg/kg, oral	n. RIPPEN, 1989
Hund:	LD_{50} 100 mg/kg, oral	n. RIPPEN, 1989
Meerschweinchen:	LD_{50} 380 mg/kg, oral	n. RIPPEN, 1989
Vögel:		
Huhn:	LD_{50} 310 mg/kg, oral	n. RIPPEN, 1989
Wasserorganismen:		
Regenbogenforelle:	LC_{50} 0,98 mg/l, semistat. (96 h)	n. RIPPEN, 1989
Gestreifter Sägebarsch:	LC_{50} 15 mg/l (96 h)	n. RIPPEN, 1989
Karpfen:	LC_{50} 0,87 mg/l (48 h)	n. RIPPEN, 1989
Goldorfe:	LC_{50} 525 mg/l (96 h)	n. RIPPEN, 1989
Pflanzen:		
Kressesamen:	ED_{50} 0,02 ppm (48 h)	n. RIPPEN, 1989
Winterroggensamen:	ED_{50} 8,3 ppm (72h)	n. RIPPEN, 1989

Anmerkung:
Umfangreiche Toxizitätsdaten für verschiedene Tierarten sind in DFG (1986) zu finden.

Wirkungscharakter:

Mensch/Säugetiere: 2,4,5-T wirkt auf den Menschen stark augen-, jedoch nicht hautreizend. Eine Hautresorption ist möglich. Bei längerer Exposition treten Leberfunktionsbeeinträchtigungen, Änderungen im Verhalten und Nervenschäden ein. Aufgrund der Verunreinigungen durch Chlorphenole und TCDD tritt häufig Chlorakne auf. Die teratogene Wirkung wird auf die Verunreinigung durch TCDD und nicht auf den reinen Stoff 2,4,5-T zurückgeführt.
Der No-Effect-Level der empfindlichsten Tierart Maus beträgt 20 mg/kg (DFG, 1986).

Pflanzen: Pflanzen (insbesondere Dikotyledonen) nehmen 2,4,5-T durch die Blätter auf und metabolisieren den Stoff. Es werden viele Stoffwechselvorgänge gestört. Die direkte Wirkung zeigt sich z.T. in einer Beeinträchtigung der passiven Permeabilität, aber auch in einer verstärkten Sauerstoffbildung und einem erhöhten Wachstum. 2,4,5-T wirkt auch als Entkoppler der Atmungskette.

VERHALTEN IN DER UMWELT

Wasser:
In Gewässern wird 2,4,5-T an organische Schwebstoffe und Sedimente mäßig stark sorbiert. Es bildet auf Wasseroberflächen einen Film und wird photolytisch zersetzt. In Gewässer gelangen Rückstände insbesondere durch Deponie-Sickerwässer.

Luft:
Bei erhöhter Temperatur der bodennahen Luftschicht verdampft ein nicht unbeträchtlicher Teil der ausgebrachten Menge. Derart in die Atmosphäre gelangt, erfolgt eine photolytische Zersetzung oder eine Auswaschung durch Niederschläge.

Boden:
Im Boden wird 2,4,5-T überwiegend mikrobiell abgebaut oder verdampft in die Atmosphäre. Aufgrund der mäßigen Beweglichkeit im Boden verbleibt der größte Teil des Herbizids in den obersten Bodenschichten (bis 10 cm Tiefe). Eine große Menge wird dem Boden durch Pflanzen entzogen.

Halbwertzeit:
2,4,5-T wird im Boden zu >90% innerhalb von 70 Tagen und zu 99% innerhalb eines Jahres abgebaut (WEGLER, 1982). Nach RIPPEN (1989) beträgt die "Entgiftungszeit" jedoch 270 Tage (extrapoliert). Für Böden wurde eine Halbwertzeit zwischen 2 und 10 Wochen nachgewiesen (DFG, 1986). In feuchtem Lehm (0,6-3,4 kg/ha aufgebracht) bleibt der Stoff 2-5 Wochen nachweisbar. In wässrigen Lösungen beträgt die Abnahme 12-97% in 7 Tagen (je nach Bestrahlungsintensität) (RIPPEN, 1989), die Halbwertzeit in dest. Wasser 15 Tage. Nach 7 Tagen findet in Kläranlagen unter aeroben Bedingungen kein Abbau mehr statt. Die Halbwertzeit in Gras liegt bei 17 Tagen.

Abbau, Zersetzungsprodukte:
Ab 500°C thermische Zersetzung unter Bildung von TCDD. Der Stoff ist in saurem Mileu stabil. Im Boden herrscht überwiegend mikrobieller Abbau vor, der Abbau zu CO_2 wird durch Huminstoffe und Fulvinsäuren beschleunigt. In anaeroben Sedimenten und bei der Photolyse in Gegenwart von Huminstoffen erfolgt die Bildung von 2,4,5-Trichlorphenol. Allgemein wird 2,4,5-T zu Chlorphenolen, Polyphenolen, Chinonen und zu huminsäureähnlichen Produkten transformiert.

Kombinationswirkungen:
Es wird ein Synergismus mit TCDD (>1,5 ppm) vermutet (RIPPEN, 1989). Subkutane Injektionen von Lindan, Phenobarbital oder DDT über mehrere Tage führten zu einer Beschleunigung des 2,4,5-T-Metabolismus.

UMWELTSTANDARDS

Medium/ Akzeptor	Bereich	Land/ Organ.	Status	Wert	Kat.	Anmerkungen	Quelle
Wasser:	Oberfl	EG	G	0,001 mg/l		1)	n. DVGW, 1988
	Oberfl	EG	G	0,0025 mg/l		2)	n. DVGW, 1988
	Oberfl	EG	G	0,005 mg/l		3)	n. DVGW, 1988
	Trinkw	A		10,0 ug/l			n. DVGW, 1988
	Trinkw	D	G	0,1 ug/l			n. DVGW, 1988
	Trinkw	EG	G	0,1 ug/l			n. DVGW, 1988
Luft:	Arbpl	D	G	10,0 mg/m^3	MAK		n. BAUM, 1988
	Arbpl	USA	G	10,0 mg/m^3	TWA		n. RIPPEN, 1989
Nahrung:		D	R	0,03 mg/kg	ADI	TCDD: <0,01 mg/kg	DFG, 1986
		D	G	2,0 mg/kg	4)	Waldpilze	n. DVGW, 1988
		D	G	0,05 mg/kg	4)	pflanzl. Lebensmittel	n. DVGW, 1988

Anmerkungen:

1) jeweils für die Trinkwasseraufbereitung: A1 für einfache physikalische Aufbereitung und Entkeimung
2) jeweils für die Trinkwasseraufbereitung: A2 für normale physikalische und chemische Aufbereitung und Entkeimung
3) jeweils für die Trinkwasseraufbereitung: A3 für physikalische und verfeinerte chemische Aufbereitung, Oxidation, Adsorption und Entkeimung
4) Pflanzenschutz-Höchstmengenverordnung, Stand 1984

Gebrauch in Italien seit 1970, ebenso in den Niederlanden, Norwegen, Schweden und in den USA verboten.
Der in der Bundesrepublik Deutschland zulässige Anteil an TCDD darf 0,005 mg/kg technischer Wirkstoff nicht überschreiten (DFG, 1986).
Die Anwendung von 2,4,5-T ist in der Bundesrepublik Deutschland in Gewässernähe beschränkt (Pflanzenschutzmittel-Anwendungsverordnung, Stand 1986: Verbot der Anwendung durch Luft- und Schienenfahrzeuge sowie auf Freiflächen, die nicht landwirtschaftlich oder erwerbsgärtnerisch genutzt werden).
Seit 1985 sind sämtliche 2,4,5-T-Formulierungen nicht mehr zugelassen.

VERGLEICHS-/REFERENZWERTE

Medium/Herkunft	Land	Wert	Quelle
Nahrung:			
Wasserhuhn/Muskel in belast. Geb.		< 1,34 ppm	n. RIPPEN, 1989
Wasserhuhn/Fett in belast. Geb.		< 30 ppb	n. RIPPEN, 1989
Laub (n = 37)	SF	0,1-30 ppm	n. RIPPEN, 1989
Pilze (n = 26)	SF	< 0,02-1,8 ppm	n. RIPPEN, 1989
Waldbeeren (n = 32)	SF	0,07-15 ppm	n. RIPPEN, 1989

BEWERTUNG & ANMERKUNGEN

Im Umgang mit 2,4,5-T-Säuren und ihren Estern gibt es keine besonderen Gefährdungen. Die bisher vorliegenden epidemiologischen Untersuchungen zeigen nur geringe Risiken für Krebsbildungen, jedoch speziesspezifische und dosisabhängige teratogene Wirkungen bei bestimmten Tierarten. Diese Ergebnisse lassen sich jedoch nicht auf Menschen übertragen.
Beachtet werden sollte dagegen der Gehalt an Verunreinigungen durch TCDD sowie die thermische Entsorgung von 2,4,5-T. Hier ist darauf zu achten, daß die Bildung des stark giftigen Dioxins vermieden wird.

273 1,1,1-TRICHLORETHAN

BEZEICHNUNGEN

CAS-Nr.:	71-55-6
Systematischer Name:	1,1,1-Trichlorethan
Gebrauchsnamen:	Methylchloroform, Aerothene TT, (Alpha)-T, Alpha-Trichloroethane, Armaclean, Armaclean special, Baltane, Champion Fluid, Chlorotene, Chlorothane NU, Chlorothene, Chlorten, Dowclene WR, Drivertan, Escothen, FO 178, Genklene, Inhibisol, K 31, Mecloran, Methyltrichlormethan, NCI-CO4626, Solvethane, TEER EX, Telclair X 31, 1,1,1-Tri, Triethane, Vythene C, Wacker 3X1
Stoffname (engl.):	1,1,1-trichloroethane, methyl chloroform
Stoffname (franz.):	trichloro-1,1,1-éthane, chlorethéne, méthylchloroforme
Erscheinungsbild:	Farblose Flüssigkeit mit süßlichem, ätherischem Geruch

CHEM.-PHYSIKAL. GRUNDDATEN

Summenformel:	$C_2H_3Cl_3$
Molare Masse:	133,41 g/mol
Dichte:	1,3376 g/cm^3 bei 20°C
rel. Gasdichte:	4,55
Siedepunkt:	74,1°C
Schmelzpunkt:	-30,6°C
Dampfdruck:	12,798 hPa bei 20°C; 16,931 hPa bei 25°C
Zündtemperatur:	537°C
Explosionsgrenze:	8,0-15,5 Vol.-% in Luft
Geruchsschwelle:	14 mg/l
Löslichkeit:	in Wasser 0,48-4,4 g/l bei 20°C praktisch unlöslich; leicht löslich in Aceton, Benzol, Tetrachlorkohlenstoff, Methanol, Diethylether, Schwefelkohlenstoff
Umrechnungsfaktoren:	1 ppm = 55,4 mg/m^3 1 mg/m^3 = 0,183 ppm

HERKUNFT UND VERWENDUNG

Verwendung:

Laut BGA (1985) werden etwa 30% als Lösemittel bei der Heißreinigung von Metallen, 30% bei der Kaltreinigung von Metallen, 30% als Lösemittel in Farben, Kitten, Klebstoffen, Motorreinigern, Polituren, Schmiermitteln, Schrumpffolien, Schutzüberzügen, Insektiziden und Aerosolen und 10% für verschiedenste Zwecke, z.B. als Schreibmaschinenkorrekturflüssigkeit, verwendet.

Laut DVGW (1985) werden 60-80% bei der Entfettung von Metallen, 20% als Bestandteil von Mischlösemitteln und 2-4% als Klebstoffe verbraucht.

Dem Handelsprodukt sind immer Stabilisatoren zugesetzt. Explosiv ist es in Verbindung mit erhöhten Sauerstoffgehalten und Temperaturen. Nach der Arbeitsstoffverordnung (1980) wird 1,1,1-Trichlorethan in der Bundesrepublik Deutschland als gesundheitsschädlich, aber ungiftig eingestuft.

Herkunft/Herstellung:
1,1,1-Trichlorethan kommt in der Natur nicht vor; es wird industriell aus 1,2-Dichlorethan hergestellt.

Produktionszahlen:

USA	1980	314 022 t	(ATRI, 1985)
EG	1978	123 000 t	(ATRI, 1985)
Japan	1980	86 000 t	(ATRI, 1985)
BRD	1978	35 000 t	(DVGW, 1985)

TOXIZITÄT

Säugetiere:

Maus:	LD_{50} 2.568-9.700 mg/kg, oral	n. EPA, 1984
Ratte:	LD_{50} 10.000 mg/kg (14 d)	n. UBA, 1986
Ratte:	LD_{50} 11.000-14.300 mg/kg, oral	n. EPA, 1984
Kaninchen:	LD_{50} 15.800 mg/kg, dermal	n. EPA, 1984
Hund:	LD_{50} 4.140 mg/kg, intravenös	n. EPA, 1984
Meerschweinchen:	LD_{50} 8.600 mg/kg, oral	n. EPA, 1984

Wasserorganismen:

Goldorfe:	LC_0 94 mg/l (48 h)	n. UBA, 1986
Goldorfe:	LC_{50} 123 mg/l (48 h)	n. UBA, 1986
Goldorfe:	LC_{100} 201 mg/l (48 h)	n. UBA, 1986
Amerikanische Elritze:	LC_{50} 52,8-105 mg/l (96 h)	n. UBA, 1986
Blauer Sonnenbarsch:	LC_{50} 69,7 mg/l (96 h)	n. UBA, 1986
Wasserfloh:	LC_0 2.275 mg/l (24 h)	n. UBA, 1986
Wasserfloh:	LC_{50} 530 mg/l (48 h)	n. UBA, 1986
Wasserfloh:	LC_{100} 2.384 mg/l (24 h)	n. UBA, 1986
Blaualge:	EC_3 350 mg/l (7 d, pH=7)	n. UBA, 1986
Grünalge:	EC_3 430 mg/l (7 d, pH=7)	n. UBA, 1986

Wirbellose:

Pseudomonas putida:	EC_{10} > 100 mg/l (30 min)	n. UBA, 1986
Pseudomonas putida:	EC_3 > 100 mg/l (16 h, pH=7)	n. UBA, 1986
Uronema parduczi:	EC_5 > 1.040 mg/l (20 h, pH=6,8)	n. UBA, 1986

Wirkungscharakter:

Mensch/Säugetiere: Nach Inhalation wirkt 1,1,1-Trichlorethan narkotisch. Schäden an Leber und Nieren wurden bislang nicht beobachtet. Im Gegensatz zu den vergleichbaren Lösemitteln Trichlorethylen (TRI) und Tetrachlorethylen (PER) ist dieser Stoff wesentlich weniger toxisch. Bei akuten Vergiftungen kommt es wie bei anderen aliphatischen Chlorkohlenwasserstoffen zu einer dämpfenden Wirkung auf das Zentrale Nervensystem sowie zur Zerstörung der Leber. Die Inhalation höherer Konzentrationen bewirkt Bewußtlosigkeit,

Aufhebung des Schmerzempfindens, Störung der Reaktionsfähigkeit und Lähmungen von Atmung und Kreislauf mit Todesfolge. Als Grenzkonzentration für das erste Auftreten lähmender Wirkungen beim Menschen werden 500 ppm angegeben, ab 1000 ppm werden narkotisierende Effekte beobachtet (BGA, 1985). Bei chronischen Inhalationsstudien wurde festgestellt, daß selbst bei langen Expositionen mit höheren Dosen bei Ratten, Mäuse und Hunden keinerlei Nebenwirkungen auftraten (Versuche wurden mit verschiedenen Stabilisatorenkombinationen durchgeführt) (BGA, 1985). Aufgrund amerikanischer Studien ist 1,1,1-Trichlorethan in den Verdacht gekommen, bösartige Lebergeschwülste auszulösen.
1,1,1-Trichlorethan fällt in der Bundesrepublik in die Schwangerschaftsgruppe C (Risiko der Fruchtschädigung braucht bei Einhaltung der MAK- und BAT-Werte nicht befürchtet zu werden).

VERHALTEN IN DER UMWELT

Wasser:
1,1,1-Trichlorethan ist schwerer als Wasser und sinkt daher auch im Grundwasser ab. Hier erfolgt dann eine Zersetzung bzw. über den Wasserpfad ein Übertritt in den Biozyklus. Der Stoff kann mittlerweile in allen Oberflächengewässern nachgewiesen werden; in den Ozeanen wurde eine Konzentrationserhöhung in den letzten Jahren beobachtet.

Luft:
Aufgrund seiner geringen Reaktivität gelangt 1,1,1-Trichlorethan in die Atmosphäre (zu 90% der gesamten Produktion (DVGW, 1985)) und ist hier am Abbau der Ozonschicht beteiligt. Es kann in der Atmosphäre ubiquitär nachgewiesen werden.

Boden:
In wasserungesättigten Böden und im Klärschlamm findet eine Anreicherung statt.

Halbwertzeit:
In wasserungesättigten Böden beträgt die Halbwertzeit über 2 Jahre, wird jedoch durch die hohe Verdunstung meist herabgesetzt. Die troposphärische Halbwertzeit wird auf 5-10 Jahre geschätzt (UBA, 1986), die in Meerwasser auf 39 Wochen, bei ph=8 und bei 10°C (ATRI, 1985).

Abbau, Zersetzungsprodukte:
Der Abbau in der Troposphäre - nach ATRI (1985) etwa 15% der freigesetzten Gesamtmenge - führt über Phosgen schließlich zu CO_2 und HCl. Durch Reaktion mit Ozon wird die Ozonschicht abgebaut (von Trichlorethan zu 0,4% (ATRI, 1985). In neuesten Untersuchungen wurde festgestellt, daß sich im Untergrund 1,1,1-Trichlorethan zu dem toxischen 1,2-Dichlorethen umwandelt (DVGW, 1985).

Nahrungskette:
1,1,1-Trichlorethan wird zu etwa 79% über die Atemluft, zu 17% über Nahrungsmittel und zu 4% über das Trinkwasser aufgenommen.

UMWELTSTANDARDS

Medium/ Akzeptor	Bereich	Land/ Organ.	Status	Wert	Kat.	Anmerkungen	Quelle
Wasser:	Trinkw	D	G	0,025 mg/l		1)	n. UBA, 1986
	Trinkw	D	R	25,0 ug/l		1)	n. UBA, 1986
	Trinkw	EG	R	1,0 ug/l		2)	n. DVGW, 1985
	Grundw	D	R	25,0 ug/l		1)	n. UBA, 1986
	Wasser	USA	(R)	18,4 mg/l		3)	n. UBA, 1986
Luft:		D	G	90,0 mg/m^3	MIK	Kurzzeitwert	n. BAUM, 1988
		D	G	30,0 mg/m^3	MIK	Langzeitwert	n. BAUM, 1988
	Arbpl	D	G	1080,0 mg/m^3	MAK		DFG, 1989
	Arbpl	SU	G	20,0 mg/m^3	PDK		n. SORBE, 1986
	Arbpl	USA	G	1900,0 mg/m^3		Langzeitwert	ACGIH, 1986
	Arbpl	USA	G	2450,0 mg/m^3		Kurzzeitwert	ACGIH, 1986
Nahrung:		D	(R)	37,5 mg/d	ADI		n. UBA, 1986
		D	G	55,0 ug/dl	BAT	Vollblut	DFG, 1989
		D	G	20,0 ml/m^3	BAT	Alveolarluft	DFG, 1989
		D	G	0,1 mg/kg		4)	n. UMWELT, 1989
		D	G	0,2 mg/kg		5)	n. UMWELT, 1989

Anmerkungen:

1) Gesamtkonz. für 1,1,1-Trichlorethan, Dichlormethan, Trichlorethen und Tetrachlorethen
2) Summe org. Chlorverb. außer Pestizide
3) bezogen auf Trinkwasserverbrauch von 2 l und Fischkonsum von 6,5 g/d
4) 0,1 mg/kg für jeweils einen der Stoffe: Tetrachlorethen, Trichlorethan oder Chloroform
5) als Summenwert von mehreren Lösungsmitteln innerhalb eines Lebensmittelprodukts

VERGLEICHS-/REFERENZWERTE

Medium/Herkunft	Land	Wert	Quelle
Oberflächenwasser:			
Rheinzuflüsse, 1978	D	0,1-20 ug/l	n. DVGW, 1985
Rhein: (Lobith, 1978)	D	0,01-0,67 ug/l	n. DVGW, 1985
Main: (Kostheim, 1978)	D	1,76-2,57 ug/l	n. DVGW, 1985
Unterer Main (1980)	D	max. 98 ug/l	n. DVGW, 1985

Trinkwasser:			
Ried (1980)	D	max. 1,5 ug/l	n. DVGW, 1985
Mannheim (1980)	D	max. 2,5 ug/l	n. DVGW, 1985
Japan (5 Städte, 1977)	J	max. 0,5 ug/l	n. DVGW, 1985
Wien (1980)	A	0,11 ug/l	n. DVGW, 1985
Göteborg (1978)	S	0,06 ug/l	n. DVGW, 1985
Luft:			
mittl. Konz. der Luft		0,1 ug/m^3	n. DVGW, 1985
dicht besiedelte Gebiete		0,5-1 ug/m^3	n. DVGW, 1985
Bremen (Mai-Juni 1980)	D	0,98 ug/m^3 (n = 15)	n. ATRI, 1985
Bochum (Juni-Dez. 1978)	D	1,8 ug/m^3	n. ATRI, 1985
Niagara-Fälle u. Buffalo	USA	3 600 ng/m^3	n. ATRI, 1985
Sedimente:			
Ruhr (1972-1981)	D	< 1 ug/l	n. DVGW, 1985
Klärschlamm	GB	0,02 mg/kg	n. ATRI, 1985
Nahrungsmittel:			
Milchprodukte mit Frucht	D	max. 0,6 ug/kg	n. ATRI, 1985
Olivenöl	E	10 ug/kg	n. ATRI, 1985
Rindfleisch, Fett	GB	6 ug/kg	n. ATRI, 1985
Kartoffeln	GB	4 ug/kg	n. ATRI, 1985

BEWERTUNG & ANMERKUNGEN

Obwohl 1,1,1-Trichlorethan weniger toxisch als seine verwandten Chlorkohlenwasserstoffe wirkt, kann der Stoff nicht unbedenklich eingesetzt werden. Gerade chronische Expositionen mit niedrigen Konzentrationen können zu bösartigen Lebergeschwülsten führen. Weiterhin unterscheidet sich 1,1,1-Trichlorethan von den Lösemitteln PER (Tetrachlorethen) und TRI (Trichlorethen) dadurch, daß es Stabilisatoren in höheren Konzentrationen enthält, die wiederum stark krebserregend sind. Dadurch wird der Stoff, der als reines Produkt zwar eine geringe Toxizität besitzt, als Gemisch jedoch hochtoxisch. Es werden zunehmend Rückstände in Grund- und Trinkwasser sowie in der Atmosphäre angereichert.

bes. Quellen: ATRI (1985)

293 TRICHLORETHEN

BEZEICHNUNGEN

CAS-Nr.:	79-01-6
Systematischer Name:	Trichlorethen
Gebrauchsnamen:	Tri, Trichlorethylen, Ethylentrichlorid
Stoffname (engl.):	trichlorethene, trichlorethylene
Stoffname (franz.):	trichlorethéne
Erscheinungsbild:	Farblose, flüchtige Flüssigkeit mit süßlichem, an Chloroform erinnernden Geruch

CHEM.-PHYSIKAL. GRUNDDATEN

Summenformel:	C_2Cl_3H
Molare Masse:	131,4 g/mol
Dichte:	1,46 g/cm^3 (bei 20°C)
rel. Gasdichte:	4,54
Siedepunkt:	86,7°C
Schmelzpunkt:	-73 - -87°C
Dampfdruck:	77 mbar bei 20°C
Zündtemperatur:	410°C
Löslichkeit:	in Wasser 1,1 g/l bei 20°C; leicht löslich in Lösemitteln
Umrechnungsfaktoren:	1 ml/m^3 (1 ppm) = 5,46 mg/m^3 1 mg/m^3 = 0,18 ml/m^3 (ppm)

HERKUNFT UND VERWENDUNG

Verwendung:
Trichlorethen wird vielseitig eingesetzt. 75-80% der Produktion werden zur Entfettung von Metallen benutzt (DVGW, 1985), nach RIPPEN (1989) in Westeuropa allein 94%. Wegen seiner guten Löseeigenschaften wird es in chemischen Reinigungen und zur Extraktion von Naturstoffen (z.B. zur Herstellung von coffeinfreiem Kaffee und Fruchtsaftextrakten) verwendet. Als Zwischenprodukt ist TRI bei der Herstellung von Chloressigsäure, Lösungsmittel für Fette, Öle, Wachse, Harze, Gummi, Farben, Lacke, Cellulose-Ester und -ether in Gebrauch.

Herkunft/Herstellung:
Trichlorethen kommt in der Natur nicht vor, es muß aus 1,2-Dichlorethan synthetisiert werden. Dem Handelsprodukt werden Stabilisatoren zugesetzt.

Produktionszahlen:

Weltweit	1978-80	600.000 t	(RIPPEN, 1989)
EG	1978	244.000 t	(RIPPEN, 1989)
USA	1978	130.000 t	(RIPPEN, 1989)
Bundesrepublik	1984	30.400 t	(RIPPEN, 1989)

TOXIZITÄT

Mensch:	ATD 14 mg/d	n. UBA, 1986
	LD_{100} 150 g, dermal	n. RIPPEN, 1989
	TCL_0 44 mg/l, Inhalation (83 min)	n. RIPPEN, 1989
Säugetiere:		
Ratte:	LC_{50} 7.200 mg/kg, oral (14 d)	n. RIPPEN, 1989
	LC_{50} 28-29 mg/kg, dermal	n. RIPPEN, 1989
	LC_{50} 36/34 mg/l, Inhalation (24 h)	n. UBA, 1986
	NEL 400 mg/kg, oral (28 d)	n. RIPPEN, 1989
Maus:	LD_{50} 2.400 mg/kg, oral	n. RIPPEN, 1989
	LC_{50} 45 mg/l, Inhalation (4 h)	n. RIPPEN, 1989
Kaninchen:	LD 7.330 mg/kg	n. DVGW, 1985
Katze:	LD 5.860 mg/kg	n. DVGW, 1985
Hund:	LD_{50} 5.900 mg/kg	n. DVGW, 1985
Wasserorganismus:		
Goldorfe:	LC_0 102 mg/l (48 h)	n. UBA, 1986
	LC_{50} 136-203 mg/l (48 h)	n. UBA, 1986
	LC_{100} 145-248 mg/l (48 h)	n. UBA, 1986
Brachydanio rerio:	LC_0 61-115 mg/l (48 h)	n. UBA, 1986
	LC_{50} 120-150 mg/l (48 h)	n. RIPPEN, 1989
Amerikanische Elritze:	LC_{50} 40,7 mg/l (96 h)	n. UBA, 1986
	LC_{50} 41-67 mg/l (96 h)	n. RIPPEN, 1989
	EC_{50} 22 mg/l (96 h)	n. RIPPEN, 1989
Blauer Sonnenbarsch:	LC_{50} 41-45 mg/l (96 h)	n. RIPPEN, 1989
Wasserfloh:	LC_0 1.130 mg/l (24 h)	n. UBA, 1986
	LC_{50} 1.313 mg/l (24 h)	n. UBA, 1986
	LC_{100} 1.500 mg/l (24 h)	n. UBA, 1986
	LC_{50} 85,2 mg/l (48 h)	n. UBA, 1986
	EC_{50} 21 mg/l (48 h)	n. RIPPEN, 1989
Pflanzen:		
Blaualge:	EC_3 63 mg/l (7 d) (pH=7)	n. UBA, 1986
Grünalge:	EC_3 1.000 mg/l (7 d) (pH=7)	n. UBA, 1986
	EC_{10} 300 mg/l (4 d)	n. UBA, 1986
	EC_{50} 450 mg/l (4 d)	n. UBA, 1986
	EC_{50} 530 mg/l (24 h)	n. RIPPEN, 1989

Wirkungscharakter:

Mensch/Säugetiere: Trichlorethen reizt Augen sowie Haut und wirkt narkotisch; Bewußtlosigkeit tritt bei Inhalation von über 3 mg/kg Körpergewicht ein. Abmagerung und nervöse Erscheinungen wie Kopfschmerzen, Bewußtseinsstörungen, Erregung und Tobsucht sind Folgen chronischer Aufnahme, die das Zentrale Nervensystem schädigt (bei Arbeiterinnen schon ab 200 vppm; RIPPEN,

1989). Trichlorethen wirkt ebenfalls auf Herz, Leber und Niere.Nachdem lange Zeit der Stoff als krebserregend galt, wird heute vermutet, daß der reine Stoff nicht kanzerogen ist. Vielmehr lösten die mit Trichlorethen versetzten Stabilisatoren wie Epichlorhydrin oder Epoxibutan erhöhte Tumorraten im Tierversuch aus. In den USA führten allerdings Versuche mit reinem Trichlorethen bei zwei Tierarten zu erhöhtem Auftreten von Tumoren (UBA, 1986).

Ebenfalls schädigend hat sich ein direktes Abbauprodukt für den Menschen erwiesen: es bildet sich Trichloracetaldehyd im Körper, das mutagen wirkt.

Pflanzen: Trichlorethen führt zur Hemmung der Zellvermehrung und zur Reduktion des Wachstums. Es kommt z.T. zu schwachen Blattvergilbungen.

VERHALTEN IN DER UMWELT

Wasser:
Trichlorethen ist schwerer als Wasser und sinkt deshalb auch im Grundwasser in Phase ab. Es findet bevorzugt ein Austausch mit der Luft statt. Trichlorethen wird in der Bundesrepublik in der Wassergefährdungsklasse 3 (stark wassergefährdend) aufgeführt.

Luft:
Infolge der Leichtflüchtigkeit verdampfen große Mengen der Produktion (1979 geschätzte 50.000 t, DVGW, 1985) und verteilen sich gleichmäßig in der Atmosphäre (ubiquitär). Zwischen der Luft und dem Wasser findet ein Austausch statt. Nach RIPPEN (1989) trägt der Stoff in geringem Maße zur Smogbildung bei. Er wird durch Niederschläge ausgewaschen und so in das Oberflächen- bzw. Grundwasser eingetragen.

Boden:
In Sedimenten wird der Stoff angereichert, im Klärschlamm z.T. derart, daß Anaerobier geschädigt werden.

Halbwertzeit:
Die geschätzte Verweilzeit in der Atmosphäre beträgt ca. 1 Woche; die Halbwertszeit 0,01 Jahr. Im wasserungesättigten Boden ist Trichlorethen 2-18 Monate persistent, wegen der hohen Verdampfung jedoch meist weniger. Die Halbwertszeit im Meerwasser beträgt bei pH=8 und 10°C 39 Wochen, im Süßwasser 2,5-6 Jahre (RIPPEN, 1989). Halbwertszeit im Dunkeln: 11 Monate; bei pH=7 und bei 25°C ist Trichlorethen stabil (RIPPEN, 1989).

Abbau, Zersetzungsprodukte:
Trichlorethen wird durch Einwirkung von Licht und Wärme in der Atmosphäre zu Phosgen, Formylchlorid, Acteylchlorid und schließlich zu CO_2 und HCl umgewandelt, im Wasser zu $CHCl_2COCl$. Bildung von Hexachlorbenzol bei hohen Temperaturen; Reaktion mit alkalischen Materialien (z.B. Mörtel) zu Dichloracetylen; anaerobe Transformation zu Dichlorethen-Isomeren und Vinylchlorid in kontaminierten Grundwasser, anaeroben Boden und in Deponien. In sandigen Böden findet keine Transformation statt. Ein biologischer Abbau durch Mikroorganismen erfolgt nach allmählicher Adaption.

Nahrungskette:
Die Aufnahme des Menschen an Trichlorethen resultiert zu etwa 2-4% aus dem Trinkwasser, 3-26% aus Lebensmitteln und 70-95% aus der Atemluft (UBA, 1986). Im Körper erfolgt Metabolisierung und Anreicherung im Gewebe.

UMWELTSTANDARDS

Medium/ Akzeptor	Bereich	Land/ Organ.	Status	Wert	Kat.	Anmerkungen	Quelle
Wasser:		CH	R	25 ug/l		1)	n. RIPPEN, 1989
	Trinkw	A	G	30 ug/l		2)	n. RIPPEN, 1989
	Trinkw	A		100 ug/l		3)	n. RIPPEN, 1989
	Trinkw	D	G	0,025 mg/m^3	TVO	4)	n. DVGW, 1985
	Trinkw	D	R	25 ug/l		4)	n. DVGW, 1985
	Trinkw	DDR	R	1,0 ug/l			n. RIPPEN, 1989
	Trinkw	EG	R	1 ug/l		5)	n. DVGW, 1985
	Trinkw	SU	R	500 ug/l		6)	n. RIPPEN, 1989
	Trinkw	USA	R	105 000 ug/l		über 1 d	n. RIPPEN, 1989
	Trinkw	USA	R	15 000 ug/l		über 7 d	n. RIPPEN, 1989
	Trinkw	USA	R	2 000 ug/l		über 1 d	n. RIPPEN, 1989
	Trinkw	USA	R	200 ug/l		über 10 d	n. RIPPEN, 1989
	Trinkw	USA	R	75 ug/l		7)	n. RIPPEN, 1989
	Trinkw	WHO	R	30 ug/l			n. DVGW, 1985
	Oberfl	USA	R	27 ug/l		8)	n. UBA, 1986
	Oberfl	USA	(R)	1 500 ug/l		9)	n. RIPPEN, 1989
	Abwass	D	R	5,0 g/m^3		an Einleitungsstelle	n. ROTH, 1989
Luft:	Arbpl	D	G	270,0 mg/m^3	MAK		DFG, 1989
	Arbpl	D	G	150,0 mg/m^3		10)	n. DVGW, 1985
	Arbpl	DDR	G	750,0 mg/m^3	MAK_K		n. HORN, 1989
	Arbpl	DDR	G	250,0 mg/m^3	MAK_D		n. HORN, 1989
	Arbpl	SU	G	10,0 mg/m^3	PDK		n. RIPPEN, 1989
	Arbpl	USA	G	270,0 mg/m^3	TLV	TWA	n. RIPPEN, 1989
	Arbpl	USA	G	1.080,0 mg/m^3	TLV	STEL	ACGIH, 1986
		D	G	30,0 mg/m^3	MIK_K		n. BAUM, 1988
		D	G	90,0 mg/m^3	MIK_D		n. BAUM, 1988
		D	R	5,0 mg/m^3		1/2 h, VDI-Richtl. 2310	n. LAU-BW, 1989
		DDR	G	4,0 mg/m^3	MIK_K		n. HORN, 1989
		DDR	G	1,0 mg/m^3	MIK_D		n. HORN, 1989
		WHO	R	1,0 mg/m^3		24 h	n. LAU-BW, 1989
Nahrung:		D	G	500 ug/dl	BAT	11)	DGF, 1989
		D	G	100 mg/l	BAT	12)	DFG, 1989
		D	G	0,1 mg/kg	LHmV		n. UMWELT, 1989
		D	G	0,2 mg/kg	LHmV	13)	n. UMWELT, 1989

Anmerkungen:

1) provisorischer Toleranzwert (Summe aller chlor. Lösungsmittel)
2) Summe von 14 halogenierten Kohlenwasserstoffen
3) Summe von 14 halogenierten Kohlenwasserstoffen in weniger als 6 Monaten
4) Summe von Trichlorethan, Trichlorethylen, Tetrachlorethylen und Dichlormethan
5) Summe organischer Chlorverbindungen außer Pestiziden
6) Organoleptischer Toleranzwert
7) bei chronischer Exposition
8) Kriterium für Gewässergüte
9) Qualitätskriterium zum Schutz von Süßwasserorganismen
10) bei einem Massenstrom von 3 kg/h und mehr
11) Parameter Trichlorethanol in Vollblut
12) Parameter Trichloressigsäure im Harn
13) Summenwert mehrerer Lösungsmittel in einem Lebensmittel

VERGLEICHS-/REFERENZWERTE

Medium/Herkunft	Land	Konzentration	Quelle
Trinkwasser			
Bremen (1980)	D	0,1 ug/l	n. DVGW, 1985
Mannheim (1980)	D	0,3 - 7,1 ug/l	n. DVGW, 1985
Taunus (1980)	D	<9,5 ug/l	n. DVGW, 1985
Großbritannien (1981)	GB	0,24 ug/l	n. DVGW, 1985
Japan (1977)	J	0,2-0,9 ug/l (5 Städte)	n. DVGW, 1985
USA (1977)	USA	0,1-0,5 ug/l (5 Städte)	n. DVGW, 1985
Wien (1984)	A	<3,5 ug/l	n. RIPPEN, 1989
Zürich (1977)	CH	0,005-0,105 ug/l	n. DVGW, 1985
Göteborg	S	0,015 ug/l	n. DVGW, 1985
Oberflächenwasser			
Rhein (Basel, 1982)	D	0,2-2,44 ug/l	n. DVGW, 1985
Rhein (Köln, 1983)	D	0,06-0,81 ug/l	n. DVGW, 1985
Main (1980)	D	0,4-13 ug/l	n. DVGW, 1985
Bodensee (1982)	D	0,01- 0,08 ug/l	n. DVGW, 1985
Liverpool Bay	GB	0,3 ug/l	n. RIPPEN, 1989
Niagara (1981)	USA	8 ug/l (Mittelwert)	n. RIPPEN, 1989
Lake Ontario (1981)	CDN	13 ug/l (Mittelwert)	n. RIPPEN, 1989
Golf von Kavala	GR	0,26-2,80 ng/l	n. RIPPEN, 1989
Schweiz (1981-83)	CH	<1,3 ug/l (Mittelwert)	n. RIPPEN, 1989
Japan (1974)	J	5 ug/l (Mittelwert)	n. RIPPEN, 1989
Golf von Mexiko, Küste	MEX	10-50 ng/l	n. RIPPEN, 1989
Südpazifik (1981)		0,1-0,7 ng/l	n. RIPPEN, 1989
Grundwasser			
Bremen-Nord (1985)	D	<100 ug/l	n. DVGW, 1985
Niederlande	NL	<1.000 ug/l (Mittelwert)	n. RIPPEN, 1989

Niederlande, kontaminiert	NL	3.000 ug/l	n. RIPPEN, 1989
Großbritannien	GB	<0,01 - 60 ug/l	n. RIPPEN, 1989
Minnesota	USA	0,2 - 6,8 ug/l	n. RIPPEN, 1989
Ohio, kontaminiert	USA	<6.000 ug/l	n. RIPPEN, 1989
Schweiz (1981-83)	CH	<15 ug/l	n. RIPPEN, 1989
Sedimente/Boden			
Rhein (1978)	D	<300 ug/kg	n. DVGW, 1985
Rhein (Hitdorf) (1982)	D	<10 ug/kg	n. DVGW, 1985
Schwarzwald, westexp.	D	8 - 30 ug/m^3	n. RIPPEN, 1989
Nähe chem. Reinigungen	D	30 - 200 ug/m^3	n. RIPPEN, 1989
Klärschlamm	USA	0,048 - 44 mg/kg TG	n. RIPPEN, 1989
Luft			
nördl. Hemisphäre		87 ng/m^3	n. RIPPEN, 1989
südl. Hemisphäre		8,2 ng/m^3	n. RIPPEN, 1989
Arktis (1980-82)		22 - 220 ng/m^3	n. RIPPEN, 1989
Frankfurt, Innenstadt	D	2-46 ug/m^3 (max.: 1.100)	n. RIPPEN, 1989
Berlin (1977)	D	1,0-61 ug/m^3	n. RIPPEN, 1989
Japan (1979)	J	0,08-32 ug/m^3	n. RIPPEN, 1989
Schweden (Stadt)	S	10 ug/m^3	n. RIPPEN, 1989
Säugetiere			
Wirbellose		1-10 ug/kg	n. RIPPEN, 1989
Fische		0,5-100 ug/kg	n. RIPPEN, 1989
Wasservögel		1-100 ug/kg	n. RIPPEN, 1989
Säugetiere		1-10 ug/kg	n. RIPPEN, 1989
Mensch (Fett)		< 32 ug/kg	n. RIPPEN, 1989
Mensch (gesamt)		1 ug/kg	n. RIPPEN, 1989
Nahrungsmittel			
Getränke	D	<0,1-8 ug/kg	n. RIPPEN, 1989
feste Nahrung	D	0,1-64 ug/kg	n. RIPPEN, 1989

BEWERTUNG & ANMERKUNGEN

Aufgrund der hohen Toxizität bei Wasserorganismen empfiehlt die US EPA in Oberflächengewässern prinzipiell eine Konzentration von Null. Da das Risiko, an Krebs zu erkranken, über die Aufnahme durch Trinkwasser auch für den Menschen nicht ausgeschlossen werden kann, wurde ein Qualitätswert für die Summe von vier, sich in ihrer Wirkung ähnlich verhaltenden chlorierten Kohlenwasserstoffen aufgestellt. Dieser sollte, trotz einer sehr großen Spanne in verschiedenen Ländern, für das Trinkwasser nicht 25 ug/l überschreiten.
Da Trichlorethen als typische Verunreinigung für Abwässer aus Städten und Gemeinden gilt, muß bei Produktion und Verbrauch darauf geachtet werden, daß die Emission so gering wie möglich gehalten wird.

522 URAN UND SEINE VERBINDUNGEN

BEZEICHNUNGEN

CAS-Nr.: 7440-61-1
Systematischer Name: Uran
Gebrauchsnamen: Uran
Stoffname (engl.): uranium
Stoffname (franz.): uranium
Erscheinungsbild: silberglänzendes, radioaktives Metall

CHEM.-PHYSIKAL. GRUNDDATEN

Elementsymbol: U
Molare Masse: 238,03 g/mol
Dichte: 19,1 g/cm^3
Siedepunkt: 3818°C
Schmelzpunkt: 1133°C
Löslichkeit: Uranverbindungen besitzen eine sehr unterschiedliche Wasserlöslichkeit. Während Uran(II)sulfid und Uran(IV)sulfid gut wasserlöslich sind, beträgt die Löslichkeit für Uranylacetat 80 g/l, für Uranylnitrat 1193 g/l und für Uranylsulfat 174 g/l.
Anmerkung: In seinen Verbindungen tritt Uran drei- bis sechswertig auf.

HERKUNFT UND VERWENDUNG

Verwendung:
Uran wird fast ausschließlich zur Herstellung von Brennelementen für Kernkraftwerke und Kernwaffen verwendet. Da das spaltbare U^{235} in natürlichem Uran nur zu 0,7% vorkommt, muß es angereichert werden. Dies erfolgt im gasförmigen Zustand über die Verbindung Uranhexafluorid.
Die Verwendung von Uran als Pigment ist in vielen Ländern erlaubt, in der Bundesrepublik Deutschland jedoch verboten.

Herkunft/Herstellung:
Uran ist zu 0,002% am Aufbau der Erdkruste beteiligt, meist in Form von Oxiden (Pechblende, Uranit). Die weltweiten Reserven werden auf rund 8 Millionen Tonnen geschätzt. Die größten Lagerstätten befinden sich in den USA, in Kanada, Mexiko, Südafrika und in Australien.

Produktionszahlen:

Gesamtproduktion der westlichen Welt (1984):	38.052 t
Kanada (1984):	10.475 t
Südafrika (1984):	9.338 t
USA (1984):	5.723 t
Australien (1984):	4.390 t
Niger (1984):	3.200 t
Gabun (1984):	1.000 t

Die BRD verbraucht jährlich ca. 2.000 Tonnen Uran.

TOXIZITÄT

Säugetiere:

Ratte:	LD_{50} 400-2.083 mg/kg, oral	n. DVGW, 1985
Hund:	LD_{50} 1.225-1.575 mg/kg, oral (Uranylnitrat)	n. DVGW, 1985

Wasserorganismen:

Amerikanische Elritze:	LC 3,7 mg/l (96 h, weiches Wasser) (Uranylacetat)	n. DVGW, 1985
Amerikanische Elritze:	LC 2,8-138 mg/l (96 h, weiches Wasser) (Uranylsulfat)	n. DVGW, 1985

Wirkungscharakter:

Mensch/Säugetiere: Uranverbindungen und deren Zerfallsprodukte werden durch die Lunge und durch oral aufgenommene Mengen über den Magen-Darmtrakt aufgenommen. Davon werden etwa 85% in die Knochen und 10% in den Nieren eingelagert. Zwar stellt die Aufnahme eine Strahlenbelastung für den Organismus dar, doch ist die toxische Wirkung auf die Nieren bedeutender.

Pflanzen: Uran und seine Verbindungen gelangen über den Boden in die Pflanzen.

VERHALTEN IN DER UMWELT

Wasser:
Das im Wasser vorliegende Uranyl-Ion stammt meist aus geogenen Quellen oder den Abwässern von Wiederaufbereitungsanlagen und wird von Wasserorganismen aufgenommen.

Luft:
Uran gelangt durch Verbrennung fossiler Brennstoffe in die Atmosphäre. Eine langfristige Hintergrundbelastung stellt dabei die Emission durch Atomwaffentests und Reaktorunfälle dar. Aufgrund der langen Halbwertzeit akkumulieren sich die Uranverbindungen in der Atmosphäre.

Boden:
Belastungen, die nicht geogen bedingt sind, treten infolge der Auswaschung phosphatgedüngter Böden auf, da Rohphosphat Uranverbindungen enthält.

Halbwertzeit:
Die radioaktive Halbwertzeit des natürlichen Urans U^{238} beträgt 4,5 Milliarden Jahre (DVGW, 1985).

Abbau, Zersetzungsprodukte:
Uran ist ein natürlicher Lamda-Strahler, dessen Zerfallsreihe mit Blei endet.

Nahrungskette:
Die Anreicherung in der Nahrungskette ist im Wasser am größten. Fische reichern Uranverbindungen in den Schuppen und Knochen gegenüber dem Meerwasser um den Faktor 2-40 an, Algen sogar um einen Faktor, der um mehrere 100 darüber liegt. Aber auch in Pflanzen und im Menschen wird Uran stark akkumuliert. Der Mensch nimmt mit der Nahrung etwa 1 ug, mit dem Trinkwasser ca. 0,1 ug täglich auf (DVGW, 1985).

UMWELTSTANDARDS

Medium/ Akzeptor	Bereich	Land/ Organ.	Status	Wert	Kat.	Anmerkungen	Quelle
Wasser:	Trinkw	CDN		0,02 mg/l		1978	n. DVGW, 1985
Boden:		D		5,0 mg/kg		1)	n. KLOKE, 1988
Luft:	Arbpl	AUS	(G)	0,2 mg/m^3			n. MERIAN, 1984
	Arbpl	B	(G)	0,2 mg/m^3		lösliche Uranverb.	n. MERIAN, 1984
	Arbpl	BG	(G)	0,075 mg/m^3		unlösliche Uranverb.	n. MERIAN, 1984
	Arbpl	BG	(G)	0,015 mg/m^3		lösliche Uranverb.	n. MERIAN, 1984
	Arbpl	CH	(G)	0,25 mg/m^3		unlösliche Uranverb.	n. MERIAN, 1984
	Arbpl	CH	(G)	0,05 mg/m^3		lösliche Uranverb.	n. MERIAN, 1984
	Arbpl	D	G	0,25 mg/m^3	MAK		DFG, 1989
	Arbpl	NL	(G)	0,2 mg/m^3		lösliche Uranverb.	n. MERIAN, 1984
	Arbpl	PL	(G)	0,075 mg/m^3		unlösliche Uranverb.	n. MERIAN, 1984
	Arbpl	PL	(G)	0,015 mg/m^3		lösliche Uranverb.	n. MERIAN, 1984
	Arbpl	SF	(G)	0,2 mg/m^3		lösliche Uranverb.	n. MERIAN, 1984
	Arbpl	SU	G	0,015 mg/m^3	PDK	lösliche Uranverb.	n. KETTNER, 1979
	Arbpl	SU	G	0,075 mg/m^3	PDK	unlösliche Uranverb.	n. KETTNER, 1979
	Arbpl	USA	G	0,2 mg/m^3	TLV	Langzeitwert	ACGIH, 1986
	Arbpl	USA	G	0,6 mg/m^3	TLV	Kurzzeitwert	ACGIH, 1986
	Arbpl	YU	(G)	0,25 mg/m^3		unlösliche Uranverb.	n. MERIAN, 1984
	Arbpl	YU	(G)	0,05 mg/m^3		lösliche Uranverb.	n. MERIAN, 1984

Anmerkungen:

1) Orientierungswert für tolerierbaren Gesamtgehalt in Kulturböden; Gesamtgehalt im lufttrockenen Boden

In der Strahlenschutzverordnung der Bundesrepublik (1977) wurden für acht Nuklide Freigrenzen und abgeleitete Grenzwerte der Jahres-Aktivitätszufuhr festgeschrieben: Die Freigrenze liegt für die Nuklide $U^{230-234}$ bei $3{,}7 \times 10^3$ (1/s), die Grenzwerte für Luft für $U^{233-234}$ bei $6{,}7 \times 10^1$ und für Wasser und Nahrung bei $7{,}5 \times 10^3$.

VERGLEICHS-/REFERENZWERTE

Medium/Herkunft	Land	Wert	Quelle
Oberflächenwasser:			
Rhein: (Karlsruhe 1968)	D	0,5-1,28 ug/l	n. DVGW, 1985
Rhein: (Bonn 1983)	D	0,7 ug/l	n. DVGW, 1985
Ruhr: (Dortmund 1983)	D	0,3 ug/l	n. DVGW, 1985
Main: (Aschaffenburg)	D	0,9 ug/l	n. DVGW, 1985
Neckar: (Heidelberg 1983)	D	1,3 ug/l	n. DVGW, 1985
Trinkwasser:			
Karlsruhe (1972)	D	1,2 ug/l	n. DVGW, 1985
Darmstadt (1982)	D	4,4 ug/l	n. DVGW, 1985

BEWERTUNG & ANMERKUNGEN

Der Gebrauch von löslichen Uranverbindungen sollte aufgrund der chemischen Toxizität vermieden werden. Insbesondere die Anreicherung von Uran für die Herstellung von Kernbrennstäben über die Verbindung Uranhexafluorid muß unter strengen Vorsichtsmaßnahmen geschehen.

523 VANADIUM UND SEINE VERBINDUNGEN

BEZEICHNUNGEN

CAS-Nr.: 1314-62-1
Systematischer Name: Vanadium
Stoffname (engl.): vanadium
Stoffname (franz.): vanadium
Erscheinungsbild: stahlgraues, dehnbares Metall. Es existieren zwei Isotope (^{50}V, ^{51}V), verschiedene radioaktive Isotope und Verbindungen aus 2-, 3-, 4- oder 5-wertigen Atomen.

CHEM.-PHYSIKAL. GRUNDDATEN

Elementsymbol: V
Molare Masse: 50,94 g/mol
Dichte: 6,11 g/cm^3
Siedepunkt: 3380°C
Schmelzpunkt: 1890°C

HERKUNFT UND VERWENDUNG

Verwendung:
Vanadiumverbindungen werden zu etwa 90% als Legierungselemente (80% in Form von Ferrovanadium und 9% als Nichteisenverbindungen in der Luft- und Raumfahrt) verwendet. Das reine Metall dient als Hüllwerkstoff für Kernbrennelemente.

Herkunft/Herstellung:
Vanadium ist ein weltweit vorkommendes Metall, das zu 0,015 % an der Erdkruste beteiligt ist. Die größten natürlichen Vorkommen liegen in Südafrika und den USA. Die geogene Konzentration in Wasser schwankt je nach Standort zwischen 0,2 bis 100 ug/l in Frischwasser und zwischen 0,2 bis 29 ug/l in Meerwasser. Der Ozeanboden dient als langfristige Senke. Natürliche Vorkommen in Kohle und Rohöl pendeln zwischen 1 bis 1500 mg/kg (WHO, 1987). Es wird geschätzt, daß jährlich rund 65 000 t durch natürliche Emittenten (Vulkane etc.) und 200 000 t durch menschliche Aktivitäten (hauptsächlich in der Metallverarbeitung) in die Umwelt gelangen.

Produktionszahlen:

Weltproduktion	1979:	29.700 t	n. DVGW, 1985
	1981:	35.000 t	n. WHO, 1987
	1980-84:	34-46.000 t	n. WHO, 1988

Hauptproduzenten sind Chile, Finnland, Namibia, Norwegen, Südafrika, UdSSR und die USA.

TOXIZITÄT

Vanadiumpentoxid:

Maus	LD_{50} 23,4 mg/kg KG, gastral	n. WHO, 1988
Ratte	LC_{50} 70 mg/m^3, Inhalation	n. WHO, 1988
Ratte	LD 10 mg/kg KG, gastral	n. WHO, 1988
Katze	LC_{50} 500 mg/m^3, Inhalation	n. WHO, 1988
Kaninchen	LC 205 mg/m^3, Inhalation	n. WHO, 1988

Ammoniumvanadat:

Maus	LD_{50} 10 mg/kg KG, gastral	n. WHO, 1988

Vanadiumtrichlorid:

Maus	LD_{50} 24 mg/kg KG, gastral	n. WHO, 1988

Vanadiumdibromid:

Maus	LD_{50} 88 mg/kg KG, gastral	n. WHO, 1988

Vanadiumsulfat:

Ratte	LD 10 mg/kg KG, gastral	n. WHO, 1988
Kaninchen	LD_{50} 59,1 mg/kg KG, subkutan	n. WHO, 1988
Meerschweinchen	LD 800 mg/kg KG, subkutan	n. WHO, 1988
Meerschweinchen	LD_{50} 560 mg/kg KG	n. WHO, 1988

Wirkungcharakter:
Mensch/Säugetiere: Alle Vanadium-Verbindungen reizen oder verätzen über Dämpfe Augen, Atemwege, Atemwegsorgane und können zu Ödemen in der Lunge führen. Symptome einer Vergiftung sind: Brennen und Schmerzen der Augen, der Nasen- und Rachenschleimhäute sowie der Haut; Husten, Übelkeit, Unwohlsein, Schmerzen hinter dem Brustbein, Atemnot, Schock, Bewußtlosigkeit. Kontakt mit dem festen Stoff bewirkt sehr starke Reizung und Verätzung der Augen und der Haut. Bei Erhitzung entwickeln sich durch Zersetzung giftige Dämpfe, die meist aus Chlorgas bestehen. Es existieren für das reine Metall einige wenige Hinweise auf schwach mutagene, keine auf krebserregende und einige auf teratogene Wirkung (WHO, 1988).

Siehe auch unter 'Vanadiumpentoxid'.

VERHALTEN IN DER UMWELT

Wasser:
Der Eintrag in aquatische Ökosysteme erfolgt über die Atmosphäre. Vanadium-Verbindungen sind schwerer als Wasser und sinken ab. Vanadiumpentoxid löst sich langsam in der mehr als 120fachen Menge Wasser und bildet giftige Gemische. Vanadiumtrichlorid, Vanadiumtetrachlorid und Vanadiumoxytrichlorid reagieren mit Wasser unter Erhitzung und bilden giftige Chlorwasserstoff- und Salzsäuredämpfe, die als weiße Nebel über der Wasseroberfläche aufsteigen.

Luft:
Die Atmosphäre stellt ein Transportmedium dar. Die durchschnittliche Konzentration auf dem Land beträgt <1-50 ng/m^3, in Stadtgebieten aufgrund der Verbrennung von Kohle und Erdöl <1-300 ng/m^3. Vanadiumpentoxid ist in der Luft ein sehr reaktionsfähiger, selbst nicht brennbarer Feststoff, der jedoch die Verbrennung aller anderen brennbaren Substanzen fördert. Vanadiumtrichlorid bildet giftige Staub/Luftgemische, die sich bei Kontakt mit Feuchtigkeit heftig zersetzen und ätzenden Chlorwasserstoff bilden. Bei hohen Temperaturen erfolgt die Zersetzung zu Chlorgas oder Chlorwasserstoffgas. Vanadiumtetrachlorid und Vanadiumoxytrichlorid sind ätzende, nicht brennbare Flüssigkeiten, die bei Erwärmung ebenfalls ätzende Nebel aus Vanadiumpentoxid, Chlorwasserstoffgas oder Salzsäure bilden. Sie sind schwerer als Luft und kriechen am Boden entlang. Bei Einwirkung von Licht beginnt die Zersetzung zu Chlorgas. Im Beisein von Flüssigkeiten wie Wasser oder Wasserdampf bei Vanadiumtetrachlorid erfolgt eine heftige Reaktion unter Bildung von ätzendem Vanadiumtrichlorid, Vanadiumoxytrichlorid, Chlorwasserstoffgas oder Salzsäure.

Boden:
Vanadium-Verbindungen kommen als geogene Grundbelastung ubiquitär vor. Böden stellen jedoch im Vergleich zu den anderen Ökosystemen ein Akkumulationsmedium dar. Die Höhe der Anreicherung ist von der Pflanzenaktivität abhängig. Da Vanadium ein essentielles Spurenelement ist, werden die Verbindungen von den Pflanzen aufgenommen und in deren Wachstumsprozeß eingebaut. Auf diese Weise werden dem Boden Vanadiumgehalte entzogen und können in die Nahrungskette gelangen.

Abbau, Zersetzungsprodukte, Halbwertzeit:
Vanadium-Verbindungen zersetzen sich unter Licht- und Wärmeeinwirkung zu ätzenden Dämpfen oder Gasen. Bei Kontakt mit Wasser erfolgen meist heftige Reaktionen, bei denen ebenso ätzende Dämpfe und Gase gebildet werden. Beschreibung dazu unter 'Verhalten in der Umwelt'.

Nahrungskette:
Da Pflanzen und Tiere Vanadium als essentielles Spurenelement in ihren Körper einbauen, gelangen täglich Mengen davon in den Organismus. Die tägliche Zufuhr durch Nahrungsmittel wird für den Menschen auf 100 µg geschätzt, wobei oral aufgenommenes Vanadium zum größten Teil unresorbiert wieder ausgeschieden wird.

UMWELTSTANDARDS

Medium/ Akzeptor	Bereich	Land/ Organ.	Status	Wert	Kat.	Anmerkungen	Quelle
Wasser:	Oberfl	BRD	R	0,05 mg/l		für die Aufbereitung	(DVGW, 1985)
	Trinkw	BRD		0			(DVGW, 1985)
	Bewäss	USA		10 mg/l		Kurzzeitwert	(DVGW, 1985)
Boden:		BRD	R	50 mg/kg			(KLOKE, 1988)

Luft:		DDR	(G)	0,002 mg/m3		V_2O_5, Lanzeitwert	n. HORN u.a., 1989
	Arbpl	AUS	(G)	0,05 mg/m^3		V_2O_5 (Rauch)	n. MERIAN, 1984
	Arbpl	B	(G)	0,05 mg/m^3		V_2O_5 (Rauch)	n. MERIAN, 1984
	Arbpl	BRD	G	0,05 mg/m^3	MAK	V_2O_5 (Feinstaub)	n. BAUM, 1988
	Arbpl	CH	(G)	0,1 mg/m^3		V_2O_5 (Rauch)	n. MERIAN, 1984
	Arbpl	CS	(G)	0,1 mg/m^3		V_2O_5 (Rauch), Mittel	n. MERIAN, 1984
	Arbpl	CS	(G)	0,3 mg/m^3		V_2O_5 (Rauch), Kurzzeit	n. MERIAN, 1984
	Arbpl	CS	(G)	1,5 mg/m^3		Staub	n. WHO, 1988
	Arbpl	DDR	(G)	0,1 mg/m^3		V_2O_5 (Rauch)	n. HORN u.a., 1989
	Arbpl	DDR	(G)	0,5 mg/m^3		V_2O_5 (Staub), Kurzzeit	n. HORN u.a., 1989
	Arbpl	H	(G)	0,1 mg/m^3		V_2O_5 (Rauch)	n. WHO, 1988
	Arbpl	I	R	0,015 mg/m^3		V_2O_5 (Rauch)	n. MERIAN, 1984
	Arbpl	J	(G)	0,1 mg/m^3		V_2O_5 (Rauch)	n. MERIAN, 1984
	Arbpl	NL	(G)	0,05 mg/m^3		V_2O_5 (Rauch)	n. WHO, 1988
	Arbpl	RO	(G)	0,1 mg/m^3		V_2O_5 (Rauch), Kurzzeit	n. WHO, 1988
	Arbpl	S	(G)	0,5 mg/m^3		V_2O_5 (Stäube)	n. ACGIH, 1982
	Arbpl	S	(G)	0,05 mg/m^3		V_2O_5 (Rauch)	n. MERIAN, 1984
	Arbpl	SF	(G)	0,05 mg/m^3		V_2O_5 (Rauch)	n. MERIAN, 1984
	Arbpl	SU	(G)	0,002 mg/m^3		24 h, V_2O_5	n. STERN, 1986
	Arbpl	SU	(G)	0,1 mg/m^3		V_2O_5 (Rauch)	n. MERIAN, 1984
	Arbpl	SU	(G)	0,5 mg/m^3		V_2O_3	n. KETTNER, 1979
	Arbpl	USA	(G)	0,05 mg/m^3	TWA	V_2O_5 (Rauch/Stäube)	n. ACGIH, 1986
	Arbpl	YU	(G)	0,1 mg/m^3		V_2O_5 (Rauch)	n. WHO, 1988

Anmerkungen:

Grenz- und Richtwerte existieren in der Regel für die Summe aller Vanadium-Verbindungen und werden in V_2O_5 angegeben.

VERGLEICHS-/REFERENZWERTE

Medium/Herkunft	Land	Wert	Quelle
Wasser:			
Bodensee (Überlingen, 1973-74)		1,1-1,9 ug/l	n. DVGW, 1985
Rhein (Mannheim, 1971-74)		0,9-11,6 ug/l	n. DVGW, 1985
Rhein (Mainz, 1971-74)		1,6- 3,0 ug/l	n. DVGW, 1985
Rhein (Wiesbaden, 1971-74)		0,1-10,3 ug/l	n. DVGW, 1985
Main (Ottendorf, 1971-73)		0,2-9,6 ug/l	n. DVGW, 1985
Main (Kostheim, 1971-73)		0,9-16,0 ug/l	n. DVGW, 1985
Ruhr (Echthausen, 1983)		0,2-1,2 ug/l	n. DVGW, 1985
Meerwasser		0,2-29 ug/l	n. DVGW, 1985
Trinkwasser (USA, 1962, 100 Städte)		n.n.-70 ug/l	n. DVGW, 1985

Boden/Sediment:			
div. Böden (Mittel)		100 mg/kg	n. DVGW, 1985
div. Böden		1-680 mg/kg	n. WHO, 1988
Kohle (Mittel)		30 mg/kg	n. DVGW, 1985
Erdöl (Mittel)		50 mg/kg	n. DVGW, 1985
Luft:			
Südpol		0,001-0,002 ng/m^3	n. WHO, 1988
ländl. Gebiete	CDN	0,21-1,9 ng/m^3	n. WHO, 1988
Tiere:			
Mollusken		0,7 mg/kg TS	n. WHO, 1988
Crustaceen		0,4 mg/kg TS	n. WHO, 1988
Insekten		0,15 mg/kg TS	n. WHO, 1988
Fische		0,14 mg/kg TS	n. WHO, 1988
Säugetiere		0,4 mg/kg TS	n. WHO, 1988

BEWERTUNG & ANMERKUNGEN

Über die Auswirkungen der meisten Vanadium-Verbindungen bestehen immer noch keine eindeutigen Untersuchungsergebnisse. Die gilt insbesondere für ihre humantoxikologischen Einflüße bei niedrigeren Konzentrationen. Ebenso fehlen Analysen zur Mutagenität und Kanzerogenität. Vor diesem Hintergrund sollten mögliche Belastung durch Vanadium-Verbindungen weitgehend vermieden werden.

1014 VANADIUMPENTOXID

BEZEICHNUNGEN

CAS-Nr.:	1314-62-1
Systematischer Name:	Vanadiumpentoxid
Gebrauchsnamen:	Vanadin(V)oxid, Vanadinpentoxid, Vanadinsäureanhydrid, Vanadium(V)oxid, Vanadiumsäureanhydrid
Stoffname (engl.):	vanadium pentoxide, divanadium pentoxide, vanadic acid anhydride, vanadic anhydride, vanadium pentaoxide, vanadium pentoxide
Stoffname (franz.):	pentoxyde de vanadium, anhydride vanadique, pentaoxyde de vanadium, pentoxyde de vanadium
Erscheinungsbild:	Gelbes bis orangefarbenes, kristallines Pulver, oder dunkelgraue bis braune Stücke; geruchlos, geschmacklos

CHEM.-PHYSIKAL. GRUNDDATEN

Summenformel:	V_2O_5
Molare Masse:	181,88 g/mol
Dichte:	3,357 g/cm^3
Siedepunkt:	1.750°C
Schmelzpunkt:	690°C
Flammpunkt:	Vanadiumpentoxid brennt selbst nicht, fördert aber die Verbrennung aller anderen brennbaren Substanzen
Löslichkeit:	0,005 g/l bei 20°C in Wasser

HERKUNFT UND VERWENDUNG

(siehe unter dem Informationsblatt 'Vanadium und seine Verbindungen')

TOXIZITÄT

Säugetiere:

Maus:	LD_{50} 23,4 mg/kg, oral	n. WHO, 1988
Ratte:	LC_{50} 70 mg/m^3, Inhalation	n. WHO, 1988
Ratte:	LD_{100} 10 mg/kg, oral	n. WHO, 1988
Kaninchen	LC_{100} 205 mg/m^3, Inhalation	n. WHO, 1988
Katze:	LC_{50} 500 mg/m^3, Inhalation	n. WHO, 1988

Wirkungscharakter:

Mensch/Säugetiere: Vanadiumpentoxid führt zu Reizungen der Haut und der Schleimhäute (0,1 mg/m^3 nach acht Stunden) und wirkt als Blut-, Leber- und Nierengift. Eine chronische Wirkung äußert sich in Bronchitis, Pneumonie, Anämie sowie Leber- und Nierenschäden (0,1-0,4 mg/m^3 führen nach 11 Jahren zu Veränderungen der Nasenschleimhaut, zu chronischer Bronchitis und Verfärbung der Zunge; n. HORN, 1989). Die Wirkung ist abhängig von der Teilchengröße: Aerosole >5 um sind nicht lungengängig. Die Ausscheidung erfolgt nach 1-3 Tagen zu 40-60% über die Nieren, zu 10-12% über den Darm. Vanadiumpentoxid hemmt Enzyme und verhindert die Synthese von Ascorbin- und Fettsäuren und schädigt die DNS (HORN, 1989).
(siehe auch unter dem Informationsblatt 'Vanadium und seine Verbindungen')

VERHALTEN IN DER UMWELT

(siehe auch unter dem Informationsblatt 'Vanadium und seine Verbindungen')

UMWELTSTANDARDS

Medium/ Akzeptor	Bereich	Land/ Organ.	Status	Wert	Kat.	Anmerkungen	Quelle
Luft:	Arbpl	DDR	G	0,1 mg/m^3		Kurzzeitwert, Rauch	n. HORN, 1989
	Arbpl	DDR	G	0,5 mg/m^3		Kurzzeitwert, Staub	n. HORN, 1989
		DDR	G	0,002 mg/m^3		Langzeitwert	n. HORN, 1989

(siehe auch unter dem Informationsblatt 'Vanadium und seine Verbindungen')

VERGLEICHS-/REFERENZWERTE

In der Außenluft wurden V_2O_5 zwischen 0,02 und 13 ug/m^3 gemessen (HORN, 1989).
(siehe auch unter dem Informationsblatt 'Vanadium und seine Verbindungen')

BEWERTUNG & ANMERKUNGEN

(siehe auch unter dem Informationsblatt 'Vanadium und seine Verbindungen')

289 VINYLCHLORID

BEZEICHNUNGEN

CAS-Nr.:	75-01-4
Systematischer Name:	Vinylchlorid, Chlorethen
Gebrauchsnamen:	Monochlorethen, Monochlorethylen, Vinylchlorür, VC, VCM, Freon 1140
Stoffname (engl.):	vinyl chloride, chlorethene, ethylene monochloride, vinyl C monomer
Stoffname (franz.):	clorure de vinyle
Erscheinungsbild:	Farbloses, mild süßlich riechendes Gas, das nur in stabilisiertem Zustand (durch Phenol und seine Derivate) in Druckbehältern transportiert wird.

CHEM.-PHYSIKAL. GRUNDDATEN

Summenformel:	C_2H_3Cl
Molare Masse:	62,50 g/mol
Dichte:	0,9106 g/cm^3
Siedepunkt:	-13,4 - -14,0°C
Schmelzpunkt:	-153,8 - -160,0°C
Dampfdruck:	3.300 hPa bei 20°C; 4.500 hPa bei 30°C
Flammpunkt:	-77 bis -78°C
Zündtemperatur:	415°C
Selbstzündung:	472°C
Explosionsgrenze:	3,8-31 Vol.-%; 95-805 g/m^3
Geruchsschwelle:	10-25.000 ppm
Löslichkeit:	in Wasser 1,1 g/l bei 20°C; in Öl, Alkohol, chlorierten Lösungen und in Kohlenwasserstoffen löslich; Silber- und Kupfersalze vergrößern diese durch Komplexbildung
Umrechnungsfaktoren:	1 ppm = 2,60 mg/m^3 1 mg/m^3 = 0,39 ppm

HERKUNFT UND VERWENDUNG

Verwendung:
Vinylchlorid wird zu 96-98% für die Herstellung von Polyvinylchlorid (PVC) verwendet, die restlichen 2-4% finden in der Herstellung von spezifischen chlorierten Kohlenwasserstoffen wie 1,1,1-Trichlorethan, 1,1,2-Trichlorethan und Vinylidenchlorid Anwendung. Großtechnisch wird VC zur Herstllung von Polymerisaten benutzt (ATRI, 1985).

Herkunft/Herstellung:
Herstellung erfolgt über die Anlagerung von Chlorwasserstoff an Acetylen oder über die Spaltung von 1,2-Dichlorethan unter Erzeugung des Nebenproduktes Chlorwasserstoff.
Das Polymerisat aus Vinylchlorid ist Polyvinylchlorid (PVC).

Produktionszahlen:

weltweit:	10.000.000 t (RIPPEN, 1988)
EG 1977:	3.500.000 t (RIPPEN, 1988)
USA 1982:	2.933.000 t (ATRI, 1985)
Japan 1980:	1.656.000 t (ATRI, 1985)
BRD 1987:	1.500.000 t (BUA, 1989)
Frankreich 1982:	1.150.000 t (ATRI, 1985)
Italien 1977:	750.000 t (RIPPEN, 1988)
Kanada 1982:	408.000 t (ATRI, 1985)
Großbritannien 1977:	405.000 t (RIPPEN, 1988)
Mexiko 1982:	70.000 t (ATRI, 1985)

TOXIZITÄT

Säugetiere:

Maus:	TCL_0 50 ppmv, 30 w intermitt.	n. RIPPEN, 1989
Ratte:	LD_{50} 500 mg/kg, oral	n. RIPPEN, 1989
Ratte:	TCL_0 [1] 6.000 ppm	n. RIPPEN, 1989
Ratte:	TCL_0 11.000 ppm, oral (3 a)	n. RIPPEN, 1989
Kaninchen:	TCL_0 200 ppm, Inhalation (7 h/d über 6 mon)	n. RIPPEN, 1989
Hamster:	TCL_0 [5] 500 ppm, Inhalation (4 h, 30 w intermitt.)	n. RIPPEN, 1989

Anmerkungen:
[1] Inhalation, 4h, 12.-18. Tag nach Befruchtung

Wirkungscharakter:

Mensch/Säugetiere: Das hochentzündliche, giftige, narkotisch wirkende Gas reizt die Augen, die Atemwege und die Haut. Vergiftungssymptome sind allergische Dermatitiden und Sklerodermie. Bei wiederholter Exposition werden Leber, Niere und Milz geschädigt, zum Teil treten bösartige Geschwülste auf. Die Geruchswahrnehmung (etwa 500 ppm (5 min); 6.600 ppm (30 min) verursachen Schwindelanfälle) zeigt den Gefahrenumfang hinsichtlich der Einwirkung von gefährlichen Konzentrationen nicht an. VC wirkt eindeutig kanzerogen und teratogen (Mißbildungen und Skelettveränderungen bei Inhalation) im Tierversuch und auf Menschen.
Bei thermischer Zersetzung entstehen saure Gase. Nebel führen zu Reizerscheinungen an Augen, Nase und Rachen.

VERHALTEN IN DER UMWELT

Wasser:
Vinylchlorid erweist sich in Wasser als sehr beständig. Eine schädigende Wirkung auf Wasserorganismen ist bislang nicht bekannt (UBA, 1986). Eine Anreicherung in aquatischen Nahrungsketten ist unwahrscheinlich (BUA, 1989).

Luft:
Das zum Transport unter Druck stehende Gas bildet beim Entspannen kalte Nebel, die schwerer als Luft sind, leicht verdampfen und mit Luft auch giftige, explosive Gemische bilden. Aufgrund physikochemischer Eigenschaften von Vinylchlorid muß mit einer Akkumulation in der Atmosphäre gerechnet werden.

Halbwertzeit:
Vinylchlorid ist unter normalen Umweltbedingungen äußerst persistent. Die Halbwertzeit im Boden beträgt unter anaeroben Bedingungen >730 Tage. Aerober Abbau in Kläranlagen und Oberflächenwassern in isolierter Bakterienkultur mit 20-120 mg/l benötigt mindestens eine Zeit von 5 Wochen (UBA, 1986). Unter Beteiligung von OH-Radikalen reduziert sich die Halbwertzeit auf 2,4 Tage. Die Halbwertzeit bei Hydrolyse liegt bei <10 Jahren (errechnet für 25°C) (RIPPEN, 1988). In der Troposphäre liegt die Halbwertzeit bei 11 Wochen (abiotischer Abbau) (ATRI, 1985). Als Mittelwert wird von der BUA (1989) eine Halbwertzeit zwischen 2,2 und 2,7 Tage angegeben.

Abbau, Zersetzungsprodukte:
Bei der photochemischen Oxidation bildet sich HCl und Formylchlorid sowie Formaldehyd. Eine UV-Adsorption erfolgt bei Wellenlängen über 220 nm in der Luft und über 218 nm in Wasser; keine Photolyse von 10mg/l in Wasser bei 300 nm über 90 Stunden. Die biotische Mineralisation erfolgt äußerst langsam.

Kombinationswirkungen:
Vinylchlorid reagiert unter starker Hitzeentwicklung mit Acetylen, Chlor, Fluor, Oxidationsmitteln, Peroxiden. Unter Bildung von Polymeren. Als Polymerisationsinitiatoren, wirken Licht, Wärme und Schwefelwasserstoff.

UMWELTSTANDARDS

Medium/ Akzeptor	Bereich	Land/ Organ.	Status	Wert	Kat.	Anmerkungen	Quelle
Wasser:	Trinkw	EG	R	1 ug/l		1)	n. RIPPEN, 1989
	Grundw	NL	R	1 ug/l		3)	n. RIPPEN, 1989
	Grundw	NL	R	10 ug/l		4)	n. RIPPEN, 1989
	Grundw	NL	R	50 ug/l		5)	n. RIPPEN, 1989
	Abwasser	USA	R	50 ug/l		2)	n. RIPPEN, 1989
Luft:		DDR	G	0,6 mg/m^3	MIK_K		n. HORN, 1989
		DDR	G	0,2 mg/m^3	MIK_D		n. HORN, 1989
	Arbpl	D	G	8,0 mg/m^3	TRK	6)	DFG, 1989
	Arbpl	D	G	5,0 mg/m^3	TRK	im übrigen	DFG, 1989

Arbpl	DDR	G	30,0 mg/m^3		Kurz- und Langzeitwert	n. HORN, 1989
Arbpl	SU	G	30,0 mg/m^3	PDK	7)	n. UBA, 1986
Arbpl	USA	G	10,0 mg/m^3	TWA	8)	ACGIH, 1986
Arbpl	USA	G	0,010 ppmv	TLV	9)	n. RIPPEN, 1989
Nahrung:	D	G	0,05 ppm		Verpackung	n. RIPPEN, 1989

Anmerkungen:

1) Summe aller chlorierten Kohlenwasserstoffe außer Pesitziden
2) 4 Tages-Mittel für spezielle Kunststoffindustrie, Direkteinleiter
3) Beurteilungswert für Boden- und Grundwasserverunreinigungen, A-Wert = gilt als unbelastet
4) Beurteilungswert für Boden- und Grundwasserverunreinigungen, B-Wert = Notwendigkeit weiterer Untersuchungen
5) Beurteilungswert für Boden- und Grundwasserverunreinigungen, C-Wert = Notwendigkeit einer Sanierung
6) gilt für bestehende Anlagen
7) Erträglichkeitsgrenze
7) eindeutig als krebserregend markiert
8) Umgebungsluft, California

Für Vinylchlorid ist in der Bundesrepublik Deutschland eine Sonderbestimmung im Rahmen der Vorschriften für den Umgang mit krebserzeugenden Arbeitsstoffen formuliert. Danach darf in der Luft am Arbeitsplatz die Konzentration 3 ppm nicht übersteigen, ist die Kennzeichnung und Ermittlungspflicht geregelt, die persönliche Schutzausrüstung definiert und sind die Reinigungsmaßnahmen beschrieben (VGB 113, 1982, Anhang, 1 Vinylchlorid). Weiterhin ist im Anhang der BAT-Liste (DFG, 1989) für Vinylchlorid als krebseregender Arbeitsstoff die Beziehung zwischen der Stoffkonzentration in der Luft am Arbeitsplatz und der Stoff- bzw. Metabolitenkonzentration im biologischen Material (EKA-Werte) beschrieben. Danach gilt:

Luft Vinylchlorid mg/m^3	Probe: Harn nach Schicht/Expositionsende Thiodiglykolsäure
2,6	1,8
5,2	2,4
10	4,5
21	8,2
42	10,6

Nach der Vinylchlorid-Bedarfsgegenstände-Verordnung (von 1983) besteht in der BRD ein Verbot, Gegenstände mit einem Gehalt an monomerem Vinylchlorid von > 1 mg/kg in den Handel zu bringen. Eine Gefährdung von Lebensmitteln gilt als unbedenklich, wenn die nachweisbaren Anteile an monomerem Vinylchlorid 0,01 mg/kg nicht überschreiten.
Nach der PCB-Verbotsverordnung (löst 1990 die seit 1978 bestehende Regelung ab) darf in der Bundesrepublik Vinylchlorid nicht als Treibgas für Aerosole gewerbsmäßig in den Verkehr gebracht werden.
Vinylchlorid gehört in der Bundesrepublik zur Gruppe der wassergefährdenden Stoffe, deren Beförderung in Rohrleitungen nach §19a WHG genehmigungspflichtig ist.

VERGLEICHS-/REFERENZWERTE

Medium/Herkunft	Land	Wert	Quelle
Oberflächenwasser:			
New Jersey, 1977-79	USA	max. 570 ug/l	n. RIPPEN, 1989
Rhein	D	0,001 mg/l	n. ATRI, 1985
Nebenflüsse des Rheins	D	<0,001-0,005 mg/l	n. ATRI, 1985
Trinkwasser:			
113 Städte	USA	0,05-0,18 ug/l	n. RIPPEN, 1989
100 Städte, 1977	D	max. 1,7 ug/l	n. ATRI, 1985
Grundwasser:			
New Jersey, 1977-79	USA	max. 9,5 ug/l	n. RIPPEN, 1989
Nassau Country	USA	1,6-2,5 ug/l	n. RIPPEN, 1989
Sediment/Boden:			
Los Angeles Bay, 1980/81	USA	<0,5 ug/kg TG	n. RIPPEN, 1989
Klärschlamm	USA	3-110 mg/kg TG	n. RIPPEN, 1989
Luft:			
Reinluftgebiete	D	6,6-24,0 ug/m^3	n. ATRI, 1985
Taunus	D	0,01 ug/m^3	n. ATRI, 1985
Frankfurt a.M.	D	21,8 ug/m^3	n. ATRI, 1985
Industriegebiet Marl	D	213 ug/m^3	n. ATRI, 1985
Produktionsbetrieb, 1980	NL	3-70 ppm	n. RIPPEN, 1989
Deponiegas, 1980-83	USA	max. 2.000 ppm	n. RIPPEN, 1989
Tiere:			
Wirbellose, Los Angeles	USA	<0,3 ug/kg	n. RIPPEN, 1989
Fische, Leber	USA	<0,3 ug/kg	n. RIPPEN, 1989
Nahrung:			
Speiseöl in PVC-Verp.		0,05-14,8 mg/kg	n. ATRI, 1985
Butter/Margarine in PVC-Verp.		0,05 mg/kg	n. ATRI, 1985
alkoholische Getränke		0-2,1 mg/kg	n. ATRI, 1985

BEWERTUNG & ANMERKUNGEN

Aufgrund der eindeutig krebserregenden Wirkung und der großen Persistenz ist auf den Gebrauch von Vinylchlorid soweit wie möglich zu verzichten. Bei der Entsorgung ist besondere Vorsicht geboten, da bei unsachgemäßer Verbrennung hochgiftige Schadstoffe entstehen (z.B. Salzsäure und TCDD). Bes. Quellen: ATRI (1985); DRAFT (1988)

524 ZINK

BEZEICHNUNGEN

CAS-Nr.:	440-66-6
Systematischer Name:	Zink
Gebrauchsnamen:	Zinkpulver; Zinkstaub, -gran, - mehl
Stoffname (engl.):	zinc (-powder)
Stoffname (franz.):	zinc (en poudre)
Erscheinungsbild:	blauweißes, glänzendes Metall mit gestrecktem hexagonalen Gitter. bei Raumtemperatur ist das Metall spröde. Zwischen 100-150°C wird es leicht formbar und oberhalb 250°C so brüchig, daß es leicht pulverisiert. Im Handel ist es meist als blaugraues Pulver.

CHEM.-PHYSIKAL.GRUNDDATEN

Summenformel:	Zn
Molare Masse:	65,38 g/mol
Dichte:	7,14 g/cm^3 (bei 20°C) 6,56 g/cm^3 (beim Schmelzpunkt)
Siedepunkt:	907°C
Schmelzpunkt:	419,6°C
Zündtemperatur:	ca. 500°C
Löslichkeit:	löst sich in Mineralsäuren unter Wasserstoffentwicklung

HERKUNFT UND VERWENDUNG

Verwendung:
zum großen Teil in legierter Form für Gußstücke, zum Oberflächenschutz (verzinken) von Eisenblechen, Eisendrähten und Gebrauchsgegenständen (Wasserrinnen, Eimer, Wannen, Dachdeckfolien etc.). Zinklegierungen enthalten vor allem Al und Cu. Beide Beimengungen steigern die Festigkeit des Metalls erheblich. Zusätze von Magnesium (bis zu 0,05%) verbessern die Korrosionsbeständigkeit. Verwendung in Maschinenbau, Transportwesen, Kraftfahrzeugindustrie und Lagerstoffen. Die chemische Industrie benötigt große Mengen Zinkstaub als Reduktionsmittel. Im Vergleich mit dem Metall spielen die Zinkverbindungen eine untergeordnete Rolle. Die wichtigsten sind:
- Zinkoxid (Weißpigment, Füllstoff von Kautschukwaren, Zinksalben, Ausgangssubstanz für andere Zinkverbindungen),
- Zinksulfid (Leuchtschicht auf Röntgenschirmen, in weißer Malerfarbe),
- Zinksulfat (Verwendung in der Färberei, in Lithoponen und als Holzimprägnierungsmittel; Ausgangssubstanz für die Herstellung von Hydrolysezink)

Herkunft/Herstellung:

Spurenelement in Mensch, Tier und Pflanze (im menschlichen Körper 2-4 g). Zn steht an 26. Stelle der Elementhäufigkeit. Der Anteil an der Erdrinde beträgt rund 0,0058%. Zinkerze sind weit verbreitet. Sie enthalten meist Begleitmetalle (z.B. Pb, Cu, Fe, Cd), die die Wirtschaftlichkeit des Abbaus stark beeinflussen. Sedimentäre Vorkommen aus der Verwitterung primärer Lager. Die wichtigsten Zinkmineralien: Zinkblende, Wurtzit, Zinkspat, Kieselzinkerz, Wilemit und Rotzinkerz.

Die Gewinnung erfolgt überwiegend aus Zinksulfiden; zinkhaltige Schlacken und Gichtstaub spielen ebenfalls eine Rolle. Die zerkleinerten Vorstoffe werden zuerst durch Flotation angereichert und anschließend mit Hilfe sehr unterschiedlicher Röstverfahren in Oxide überführt. Die entstandenen Röstblenden werden durch Zinkdestillation oder durch elektrolytische Verfahren zu Metall weiterverarbeitet. Zinkstaub wird entweder als Nebenprodukt dem Zinkdestillationsverfahren entnommen oder durch Anblasen von flüssigem Metall durch mechanische Zerstäubung gewonnen.

Produktionszahlen:

Die abbauwürdigen Reserven werden auf mindestens 100 Mio. t geschätzt. Die Hauptvorkommen liegen in Australien, den USA, Kanada, der Sowjetunion, Peru, Mexiko, Japan, Zaire, Simbabwe, Marrokko, Jugoslawien, Spanien und Schweden.

Die Weltproduktion beträgt ca. 6,4 Mio t/a.

Emissionszahlen (geschätzt):

Etwa 314.000 t Zink wurden 1975 in die Atmosphäre emittiert, die Zahlen sind seitdem zurückgegangen. Ungefähr 100.000 t werden jährlich in Gewässern den Ozeanen zugeführt. Weitere Zahlen: Kohlekraftwerke in der BRD ca. 450 t/a; Zementfabriken weltweit ca. 30.000 t/a.

TOXIZITÄT

Pflanzen:

div. Arten	150-200 mg/kg	Ertragseinbußen	n. BAFEF, 1987
junge Gerste	120-220 mg/kg	Ertragseinbußen	n. BAFEF, 1987

Wirkungscharakter:

Mensch/Säugetiere: durch Einatmen von Zinkoxid-Dämpfen Gießerfieber mit folgenden Symptomen: Fieber, Schmerzen, Abgeschlagenheit, Schüttelfrost, Schweißausbrüche. Größere Mengen von Zn-Salzen führen zu Verätzungen. Akute Zn-Vergiftungen können z.B. durch saure Speisen verursacht werden, die längere Zeit in Zink-Gefäßen aufbewahrt werde.

Pflanzen: Nekrosen, Chlorosen, Wachstumshemmung.

VERHALTEN IN DER UMWELT

Wasser:
Zink ist aufgrund seiner Schutzschicht in Süß- und Salzwasser beständig. Wegen seiner großen Oberfläche ist Zinkpulver sehr reaktionsfähig: Entzündungs- und Explosionsgefahr bzw. Bildung von leicht entzündlichem Wasserstoff.

Luft:
An der Oberfläche des Zinks entsteht eine dünne farblose Schicht aus basischen Zinkcarbonaten und Zinkoxid, die eine weitere Reaktion des Metalls verhindert.

Boden:
Anreicherungen sind in Böden in der Umgebung von Zinkhütten bis zu einer Entfernung von 12 km feststellbar, im Umkreis von ca. 1,5 km ist in der Regel keine landwirtschaftliche Nutzung möglich.

Abbau, Zersetzungsprodukte, Halbwertzeit:
Zink oxidiert beim Erhitzen zu Zinkoxid.

Nahrungskette:
Zink wird von einigen Pflanzen angereichert.

UMWELTSTANDARDS

Medium/ Akzeptor	Bereich	Land/ Organ.	Status	Wert	Kat.	Anmerkungen	Quelle
Wasser:	Trinkw	D	G	2 mg/l			TVO[2], 1986
	Trinkw	WHO	R	5 mg/l			WHO, 1984
	Oberfl	D	R	0,5 mg/l		[7]	DVGW, 1975
	Oberfl	D	R	1,0 mg/l		[8]	DVGW, 1975
	Oberfl	EG	R	0,5 mg/l		Leitwert[4]	n. LAU-BW[1], 1989
	Oberfl	EG	R	3,0 mg/l		Grenzwert[4]	n. LAU-BW, 1989
	Oberfl	EG	R	1,0 mg/l		Leitwert[5]	n. LAU-BW, 1989
	Oberfl	EG	R	5,0 mg/l		Grenzwert[5]	n. LAU-BW, 1989
	Oberfl	EG	R	1,0 mg/l		Leitwert[6]	n. LAU-BW, 1989
	Oberfl	EG	R	5,0 mg/l		Grenzwert[6]	n. LAU-BW, 1989
	Oberfl	[9]	R	5,0 mg/l		Grenzwert[6]	n. LAU-BW, 1989
	Oberfl	[9]	R	5,0 mg/l		Grenzwert[6]	n. LAU-BW, 1989
	Abwasser	CH	R	2,0 mg/l	dir./indir. Einleitung		n. LAU-BW,1989
	Abwasser	D(BW)	R	5,0 mg/l			n. LAU-BW[1], 1989
	Oberfl	EG	R	0,3 mg/l		Salmoidengew.[3]	EG, 1978
	Oberfl	EG	R	1,0 mg/l		Cyprinidengew.[3]	EG, 1978

	Grundw	D(HH)	R	0,2 mg/l		weitere Unters.	n. LAU-BW[1], 1989
	Grundw	D(HH)	R	0,3 mg/l		Sanierung	n. LAU-BW, 1989
	Grundw	NL	(G)	0,2 mg/l		Prüfwert	n. LAU-BW, 1989
	Grundw	NL	(G)	0,8 mg/l		Sanierung	n. LAU-BW, 1989
	Bewäss	USA		2 mg/l (max.)		kontin. Bewässerung	EPA, 1973
	Bewäss	USA		10 mg/l (max.)		feinkörnige Böden, 20 a	EPA, 1973
	marin	USA		0,1 mg/l (max.)		Gefahrenschwelle	EPA, 1973
	Marin	USA		0,02 mg/l (max.)		Minimalrisiko	EPA, 1973
Boden:			R	0,5-5 mg/kg TS			n. KUSt, 1985
			R	130 mg/kg		pflanzenverfügbar	n. ICRCL, 1983
		CH	R	200 mg/kg ltr.		gesamt	n. LAU-BW, 1989
		CH	R	0,5 mg/kg ltr.		pflanzenverfügbar	n. LAU-BW, 1989
		D	R	300 mg/kg ltr.		Toleranzwert	n. LAU-BW, 1989
		D(HH)	R	1000 mg/kg TS.		weitere Unters.	n. LAU-BW, 1989
		NL	(G)	500 mg/kg ltr.		weitere Unters.	n. LAU-BW, 1989
		NL	(G)	3000 mg/kg ltr.		Sanierung	n. LAU-BW, 1989
		USA	R	250 mg/kg FS		pflanzenverfügbar	n. LAU-BW, 1989
		USA	R	5000 mg/kg FS		gesamt	n. LAU-BW, 1989
	Klärschl	CH	G	3000 mg/kg TS		15)	n. LAU-BW, 1989
	Klärschl	D	G	300 mg/kg ltr.		10)12)	n. LAU-BW, 1989
	Klärschl	D	G	3000 mg/kg ltr.		11)12)	n. LAU-BW, 1989
	Klärschl	EG	R	150-300 mg/kg TS		10)13)14)	n. LAU-BW, 1989
	Klärschl	EG	R	2,5-4 g/kg TS		11)14)	n. LAU-BW, 1989
	Düngem	D	G	100 mg/kg		Rückstandskalk	n. LAU-BW, 1989
	Düngem	D	G	< = 5% Anteil		Kupferdünger	n. LAU-BW, 1989
	Dünger	D	G	< = 5% Anteil		Kupfer-Kobalt-Dünger	n. LAU-BW, 1989
	Kompost	A	R	300-1500 ppm TS			n. LAU-BW, 1989
	Kompost	CH	G	500 mg/kg TS		16)	
	Kompost	D	R	300 mg/kg ltr.		10)	n. LAU-BW, 1989
Luft:		CH	(G)	400 ug/m^3/d		a-Mittel im Staub	n. LAU-BW, 1989
		D	G	50,0 ug/m^3	MIK	a-Mittel	n. LAU-BW, 1989
		D	G	100,0 ug/m^3	MIK	24-h-Mittel	n. LAU-BW, 1989
Zinkchlorid:							
	Arbpl	AUS	(G)	1,0 mg/m^3		8-h-Mittel	n. MERIAN, 1984
	Arbpl	B	(G)	1,0 mg/m^3		8-h-Mittel	n. MERIAN, 1984
	Arbpl	CH	(G)	1,0 mg/m^3		8-h-Mittel	n. MERIAN, 1984
	Arbpl	I	(G)	1,0 mg/m^3		8-h-Mittel	n. MERIAN, 1984
	Arbpl	NL	(G)	1,0 mg/m^3		8-h-Mittel	n. MERIAN, 1984
	Arbpl	PL	(G)	1,0 mg/m^3		8-h-Mittel	n. MERIAN, 1984
	Arbpl	S	(G)	1,0 mg/m^3		8-h-Mittel	n. MERIAN, 1984
	Arbpl	SF	(G)	1,0 mg/m^3		8-h-Mittel	n. MERIAN, 1984
	Arbpl	USA	(G)	1,0 mg/m^3		Lang-/Kurzzeit-Mittel	n. MERIAN, 1984

Zinkchromat:

Arbpl	B	(G)	0,1 mg/m^3	8-h-Mittel	n. MERIAN, 1984
Arbpl	NL	(G)	0,1 mg/m^3	8-h-Mittel	n. MERIAN, 1984

Zinkoxid (Rauch):

Arbpl	AUS	(G)	5,0 mg/m^3	8-h-Mittel	n. MERIAN, 1984
Arbpl	B	(G)	5,0 mg/m^3	8-h-Mittel	n. MERIAN, 1984
Arbpl	BG	(G)	5,0 mg/m^3	8-h-Mittel	n. MERIAN, 1984
Arbpl	CH	(G)	5,0 mg/m^3	8-h-Mittel	n. MERIAN, 1984
Arbpl	CS	(G)	5,0 mg/m^3	8-h-Mittel	n. MERIAN, 1984
Arbpl	CS	(G)	15,0 mg/m^3	Langzeitwert	n. MERIAN, 1984
Arbpl	DDR	(G)	5,0 mg/m^3	8-h-Mittel	n. MERIAN, 1984
Arbpl	DDR	(G)	15,0 mg/m^3	Langzeitwert	n. MERIAN, 1984
Arbpl	I	(G)	5,0 mg/m^3	8-h-Mittel	n. MERIAN, 1984
Arbpl	H	(G)	5,0 mg/m^3	8-h-Mittel	n. MERIAN, 1984
Arbpl	J	(G)	5,0 mg/m^3	8-h-Mittel	n. MERIAN, 1984
Arbpl	NL	(G)	5,0 mg/m^3	8-h-Mittel	n. MERIAN, 1984
Arbpl	PL	(G)	5,0 mg/m^3	8-h-Mittel	n. MERIAN, 1984
Arbpl	SF	(G)	5,0 mg/m^3	8-h-Mittel	n. MERIAN, 1984
Arbpl	S	(G)	1,0 mg/m^3	8-h-Mittel	n. MERIAN, 1984
Arbpl	SU	(G)	6,0 mg/m^3	8-h-Mittel	n. MERIAN, 1984
Arbpl	USA	(G)	5,0 mg/m^3	8-h-Mittel	n. MERIAN, 1984

Pflanzen:	Futterpfl	D	R	500 mg/kg (max.)	Qualitätseinbußen	n. BAFEF, 1987

Anmerkungen:

1) Landesamt für Umweltschutz Baden-Württemberg
2) Trinkwasserverordnung
3) zum Schutz der Wasserorganismen
4) für die einfache physikalische Trinkwasseraufbereitung und Entkeimung
5) für normale physikalische und chemische Trinkwasseraufbereitung und Entkeimung
6) für die physikalische und verfeinerte chemische Trinkwasseraufbereitung, Oxidation
7) Belastungsgrenze bis zu der durch natürliche Verfahren ein Trinkwasser hergestellt werden kann
8) Belastungsgrenze bis zu der unter Einsatz bekannter chem.-physik. Verfahren ein Trinkwasser hergestellt werden kann
9) Rheinanliegerstaaten
10) Gehalt im beaufschlagten Boden
11) Schlammtrockenrückstand für die Aufbringung auf landwirt. Nutzflächen
12) Aufbringung bei Überschreiten der Grenzwerte möglich, Zulassung erforderlich
13) bei pH-Werten unter 6 sollen die Werte herabgesetzt werden
14) Überschreitung der Werte um 10% zulässig
15) Schadstoffgehalt im Trockenrückstand des Klärschlamms. Klärschlamm darf nicht ausgebracht werden auf durchnäßten, schneebedeckten, Böden, in Mooren, an Hecken, an Waldrändern, Ufern von Oberflächengewässern, auf Streuflächen und im Fassungsbereich von Grundwasserschutzzonen etc. In 3 Jahren dürfen je Hektar nicht mehr als 7,5 t Klärschlamm-Trockensubstanz ausgebracht werden.
16) bis zum 31. August 1991 darf 3 Mal der Grenzwert überschritten werden.

VERGLEICHS-/REFERENZWERTE

Medium/Ort	Land	Wert	Quelle
Boden:			
normaler Gesamtgehalt	D	3-50 mg/kg ltr.	n. LAU-BW[1)], 1989
tolerierbar kontaminiert	D	< 10-300 mg/kg ltr.	n. LAU-BW, 1989
besonders kontaminiert	D	bis 2000 mg/kg ltr.	n. LAU-BW, 1989
Luft:			
Depositionsraten:			
'Reinluft'-Gebiete	D	80 $ug/m^2/d$	n. SRU, 1988
ländliche Gebiete	D	80-500 $ug/m^2/d$	n. SRU, 1988
Ballungsgebiete	D	300-mehrere 1000 $ug/m^2/d$	
in Emittentennähe	D	einige 10 $mg/m^2/d$	n. SRU, 1988
Immissionsraten im Schwebstaub:			
Rhein-Ruhr (1984)	D	160-470 ng/m^3 (mittl. Bereich)	n. SRU, 1988
Rhein-Ruhr (1984)	D	310 ng/m^3 (Mittel)	n. SRU, 1988
Stolberg (Bleiprod.)	D	800 ng/m^3 (a-Mittel)	n. SRU, 1988
ländliche Gebiete	D	< = 0,1 ug/m^3	
Pflanzen:			
normale Gehalte		10-100 mg/kg TS	n. KUSt, 1985

BEWERTUNG & ANMERKUNGEN

Anthropogene Zinkemissionen sind wie jedes andere Schwermetall so weit wie möglich aus der Umwelt fernzuhalten. Die große Umwelt- und Gesundheitsgefährdung von Zink machen die zahlreichen Grenzwerte für Gewässer deutlich. Andere Zinkverbindungen wie Zinkchlorid oder Zinkoxid sind Luftschadstoffe und ebenfalls über eine ganze Reihe von Standards geregelt. Für die Landwirtschaft bzw. das Ausbringen von Klärschlamm sind die Zinkgehalte zu beachten. Gegebenenfalls ist auf ein Anbau zu verzichten, da Zink von Pflanzen angereichert werden kann und somit über die Nahrungskette auch beim Menschen zu gesundheitsgefährdenden Belastungen führen kann.

Es gelten unter ökologischen Gesichtspunkte die gleichen Bewertungen wie bei Aluminium, Blei, Cadmium, Quecksilber, Thallium usw.

6. Internationales Umweltrecht

Inhaltsübersicht

6. Internationales Umweltrecht

6.1 Allgemeines

Aus dem internationalen Umweltrecht können Anforderungen abgeleitet werden, die bei der Durchführung einer UVP - mehr oder weniger zwingend - zu berücksichtigen sind. Hier sind z.B. Nutzungsbeschränkungen (bezogen auf bestimmte Gebiete, Tätigkeiten usw.), Schutzgebietsabgrenzungen oder einzelne Schutzgüter zu nennen.

Da sich die Rechtstexte z.T. auch auf qualitative oder quantitative "Umweltstandards" beziehen, wurden die mit "Umweltvreträge" angesprochenen Gesetze, Vereinbarungen, Richtlinien, Protokolle usw. für KUSt ausgewertet.

Der Begriff "internationales Umweltrecht" bzw. "Umweltverträge" wird nach BURHENNE (1988 u. 1989) zunächst sehr weit ausgelegt. In KUSt waren nur die Umweltverträge von Interesse, die sich auf im weiteren Sinne UVP-relevante Bereiche beziehen (s.o.). Diese Verträge sind in die "Kartei der Umweltverträge" (in Übersichtstabelle oder in Informationsblättern) aufgenommen.

Der direkte UVP-bezogene Informationswert der Kartei liegt vor allem im umweltpolitischen/-planerischen Bezug zu Schutzgütern, zu Reglementierungen von Schadstoffen (Emissions-/Immissionsangaben) und von ökologisch bedeutsamen Nutzungen (Handel mit bestimmten Produkten, Transport von bestimmten Gütern, Umgang mit bestimmten Stoffen oder Produkten, Beschränkung von Landnutzungen oder Nutzungen natürlicher Ressourcen, Standardisierung von Umweltstandards usw.). Dies trifft besonders für die ausgewählten EG-Verträge zu.

Darüberhinaus liegt der Wert in der Argumentationshilfe bei der Durchsetzung von Umweltstandards bzw. von "zu berücksichtigenden" Umweltfaktoren. Aus diesem Grunde und wegen des internationalen Anspruchs wurden auch die multilateralen Verträge ausgewertet, auch wenn sie in der Regel eher programmatischen, unverbindlicheren Charakter haben.

Die angemessene Bearbeitung der vielschichtigen, verschiedenen juristischen Bereichen zugeordneten Thematik ist nur über die Auswertung möglichst umfassender Gesamtdarstellungen möglich, bei denen Kontinuität in der Bereitstellung von Informationen zu Umweltverträgen gewährleistet ist.

Die Recherche verschiedener Datenquellen (Datenbanken und Literatur) führte zu den mehrbändigen Loseblattsammlungen "Internationales Umweltrecht, Multilaterale Verträge" (zitiert als IURMV) und "Umweltrecht der EG" (zitiert als UREG). Bei beiden Quellen (hrsgg. von BURHENNE, 1989 bzw. 1988) ist die Voraussetzung einer kontinuierlichen, möglichst vollständigen Erfassung von Verträgen garantiert, so daß sie auch für eine, mit angemessenen Aufwand durchführbare Fortschreibung des KUSt infrage kommen.

Die höchst aufwendige Auswertung von Primärquellen und Dokumentationen konnte somit vermieden werden.

Als solche sind besonders zu nennen: UN Treaty Series, Bundesgesetzblatt der BRD, United Kingdom Treaty Series, US Government Treaty Series, Dokumentation des IUCN-Umweltrecht centers, Amtsblatt der EG.

In IURMV und UREG sind mit wenigen Ausnahmen die Gesetzestexte, z.T. mehrsprachig abgedruckt, womit gegebenenfalls die vertiefte Beschäftigung mit einem Gesetzestext möglich ist. Außerdem enthält IURMV auch eine nach Ländern geordnete Zusammenstellung, nach welcher z.B. abgefragt werden kann, welches Land welchen Gesetzen beigetreten ist.
Die unterschiedliche Zielsetzung von IURMV und UREG sowie deren unterschiedliche Erhebungsroutine legen eine getrennte Behandlung in diesem Katalogteil nahe.

6.2 Auswertungen

Auswertung der Sammlung "Internationales Umweltrecht; Multilaterale Verträge"

In IURMV (1989) sind ca. 400 Titel umweltbezogener, multilateraler Verträge (Übereinkommen, Protokolle, Vereinbarungen, Änderungen usw.) vom Jahr 1868 bis 1988 (letzter eingetragener Vertrag vom 22.3.1989/Stand der Auswertung: 28.Lieferung, 1989) aufgenommen. Die Texte der Verträge sind dort in der Regel ebenfalls abgedruckt.

Die UN-Umwelt-Konferenz in Stockholm (1972, Thema "Human Environment") gab Anstoß für weitergehende internationale Umweltschutzabkommen oder -programme. Aus diesem Grunde bot es sich an, die Auswertung zunächst auf die Verträge ab 1971 zu beschränken. Damit sind für KUSt 154 internationale, multilaterale Umweltverträge sowie Übereinkommen und deren Änderungen bzw. Protokolle ausgewertet (s. Kartei der Umweltverträge: Verzeichnis der internationalen, multilateralen Verträge).

In die Kartei sind schließlich 11 Verträge aufgenommen, bei denen Umweltstandards angesprochen werden und / oder der Informationsgehalt die besondere Aufnahme eines Informationsblattes rechtfertigte.

Das genannte Verzeichnis der internationalen, multilateralen Umweltverträge (s. Kartei der Umweltverträge) gibt eine Übersicht über die ausgewerteten internationalen, multilateralen Umweltverträge, die in der Datenquelle IURMV (1989) erfaßt sind. Die Stichwörter geben Hinweise auf den Gegenstand und UVP-Bezug des Vertrages. Außerdem ist angegeben, ob im Karteiteil des KUSt ein Informationsblatt aufgenommen ist, das weitergehende Informationen zum Vertrag enthält.

Als wesentliche Aussage des Informationsblattes wird der unmittelbare Gegenstand des Vertrages unter Nennung der vertraglich geregelten Objekte bzw. Zielsetzungen genannt. Dabei wurde Wert gelegt auf eine möglichst strenge, bei UVP-Fragestellungen konkretisierbare Auslegung; d.h. die Angaben zum **unmittelbaren** Gegenstand beziehen sich ausschließlich auf den im Vertrag direkt angesprochenen Bereich des Gesetzes und die Gegenstände, die vertraglich geregelt sind. Vertragsteile ohne UVP-Relevanz oder ohne möglichen Nutzen für die Umweltplanung werden nicht beschrieben.

Sofern es im Hinblick auf "Umweltstandards" oder auf die weitergehenden Auswertungen sinnvoll schien, wurden "zugehörige Informationen" aufgenommen.

Auswertung der Sammlung "Umweltrecht der EG"

In UREG (1988) sind ca. 400 Titel umweltbezogener Verträge (Richtlinien, Entscheidungen, Entschließungen, Beschlüsse und Verordnungen sowie deren Änderungs- oder Angleichungsrichtlinien) des EG-Rates bzw. der EG-Kommission bis einschließlich 1987 aufgenommen. Die Texte der Verträge sind in der Regel mit einer Verzögerung von ca. 1 bis 2 Jahren dort ebenfalls abgedruckt, d.h. dieser Texteil von UREG (1988) hat den Stand von Ende 1986. Die Aufnahme und Auswertung der EG-Verträge bezieht sich somit auf diesen Stand.

66 Verträge sind als **UVP-relevante** Regelungen, Vereinbarungen einschließlich ihrer Änderungs- oder Angleichungsrichtlinien anzusehen.

Als UVP-relevant werden Verträge angesprochen, deren Regelungen sich direkt auf Verursacher, auf Umweltmedien oder auf Schutzgüter beziehen sowie solche, die eher programmatischen Charakter haben.

Auch für die EG-Umweltverträge enthält das Informationsblatt die vertraglich geregelten Objekte bzw. Zielsetzungen und den **unmittelbaren** Gegenstand des Vertrages, wie er sich bei strenger Auslegung einer Nutzung für UVP-Fragestellungen angeben läßt. Sofern es für UVP-Anwendungen oder weitergehende Auswertungen sinnvoll schien, wurden "zugehörige Informationen" aufgenommen.

6.3 Zur Kartei der Umweltverträge

Die Kartei ist unterteilt in:

1. Internationale, multilaterale Umweltverträge (Verzeichnis und Informationsblätter)
2. EG-Umweltverträge (Register und Informationsblätter).

Die Informationsblätter sind chronologisch nach dem Annahme- oder Veröffentlichungsdatum bzw. nach der Kurzbezeichnung (IURMV oder EG) des Erstvertrages geordnet, d.h. spätere Änderungs- oder Ergänzungsprotokolle bzw. Änderungs- oder Angleichungsrichtlinien sind in der Regel in die Beschreibung zum Erstvertrag aufgenommen.

Für eine Recherche in den Originalvertragstexten sei auf die angegeben Datenquellen verwiesen. Die im Zusammenhang mit Umweltstandards bedeutsamen Informationen, sind ggfls. als "zugehörige Informationen" z.T. direkt aus den Vertragstexten entnommen. Da die EG-Richtlinie über die UVP von maßgebender Bedeutung ist, wurde sie hier direkt aus dem Amtsblatt der EG kopiert ins Informationsblatt (Datum 27.6.1985, EG-Kenn-Nr. 85/377) übernommen.

6.4 Internationale, multilateriale Umweltverträge

6.4.1 Verzeichnis der internationalen, multilateralen Umweltverträge (seit 1971) und Übersicht zum UVP-Bezug

Bezeichnung des Vertrages (Kurzbezeichnung, Annahmeort, u.a.) (Bezeichnung in deutscher Übersetzung nach IURMV, 1989) - in chronologischer Reihenfolge -	Datum Kenn-Nr. (I = IURMV-, E = EG-Kurzbez.)	Kartei	Gegenstand, UVP-Bezug	Anmerkungen
Übereinkommen über Feuchtgebiete, insbesondere als Lebensraum für Wasser-und Watvögel, von internationaler Bedeutung (Ramsar)	02.02.71 I: 971:09	I	maßnahmenprogrammatisch	
Vertrag über das Verbot der Anbringung von Kernwaffen und anderen Massen-vernichtungswaffen auf dem Meeresboden und im Meeresuntergrund	11.02.71 I: 971:12	-	0	
Internationale Weizen-Übereinkunft von 1971, bestehend aus dem Weizenhandels-Übereinkommen von 1971 und dem Nahrungsmittel-Übereinkommen von 1971	29.03.71 I: 971:25	-	0	
Übereinkommen über den Schutz vor den durch Benzol verursachten Vergiftungsverfahren (Genf)	23.06.71 I: 971:47	I	arbeitsplatzbezogen, chemische Stoffe (Benzol)	
Vereinbarung betreffend die Zusammenarbeit zur Ergreifung von Maßnahmen zur Verhinderung der Meeresverschmutzung durch Öl (Kopenhagen)	16.09.71 I: 971:69	I	zielprogrammatisch, Katastrophenschutz	

Zeichenerklärung, Abkürzungen:

IURMV "Internationales Umweltrecht, multilaterale Verträge" (hrsgg. von BURHENNE, 1989)
Kartei I Vertrag ist im Informationsblatt des Karteiteils "internationale, multilaterale Umweltverträge" geführt.
\- nicht aufgenommen (wegen geringen UVP-Bezugs oder unwesentlicher Informationen)
O ohne oder geringer UVP-Bezug
Ä zugehörige Änderungs- oder Ergänzungsprotokolle ggfs. mit Annahmedatum oder Kenn- Nummer
1) Änderung bezieht sich auf Vertrag, der hier noch nicht aufgenommen ist (vor 1971)

UREG "Umweltrecht der EG" (hrsgg. von BURHENNE, 1988)
Kartei E Vertrag ist im Informationsblatt des Karteiteils "EG-Umweltverträge" geführt.
K.A. Keine Angabe (nicht ausgewertet, nicht auswertbarer Vertragstext, kein Vertragstext vorgelegen)
E Erstvertrag (ursprüngliche Konvention, Erstunterzeichnung), auf den sich das Änderungs- oder Ergänzungsprotokoll bezieht, ggfls. mit Annahmedatum oder Kenn-Nummer
s.E. siehe weitere Angaben im Informationsblatt zum Erstvertrag
2) Textvorlage nicht vorhanden in IURMV (1989)(deshalb keine weitere Auswertung möglich)

noch: Verzeichnis der internationalen, multilateralen Umweltverträge (seit 1971) und Übersicht zum UVP-Bezug

Übereinkommen zur Errichtung des Internationalen Instituts für Führungsaufgaben in der Technik	06.10.71 I: 971:75	-	0	
Änderung des Internationalen Übereinkommens zur Verhütung der Verschmutzung der See durch Öl von 1954 bezüglich des Schutzes des Großen Barriere-Riffs	12.10.71 I: 971:77	-	K.A.	1)
Änderung des Internationalen Übereinkommens zur Verhütung der Verschmutzung der See durch Öl, 1954, betreffend die Anordnung und größenmäßige Begrenzung der Tanks	15.10.71 I: 971:78	-	K.A.	1)
Vereinbarung zur Durchführung einer europäischen Aktion auf dem Gebiet des Umweltschutzes zum Thema Analyse der organischen Mikroverunreinigungen im Wasser	23.11.71 I: 971:86	-	indirekt, betr. Forschung u. Entwicklungsvorhaben	
Vereinbarung zur Durchführung einer Europäischen Aktion auf dem Gebiet des Umwelt schutzes Thema Behandlung von Klärschlamm	23.11.71 I: 971:87	-	indirekt, betr. Forschung u. Entwicklungsvorhaben	
Vereinbarung über die Durchführung einer europäischen Aktion auf dem Gebiet des Umweltschutzes zum Thema Forschungsarbeiten über das physikalisch-chemische Verhalten von Schwefeldioxyd in der Atmosphäre.	23.11.71 I: 971:88	-	indirekt betr. Forschung u. Entwicklungsvorhaben	
Übereinkommen über die zivilrechtliche Haftung bei der Beförderung von Kernmaterial	17.12.71 I: 971:93	-	0	
Internationales Übereinkommen über die Errichtung eines Internationalen Fonds zur Entschädigung für Ölverschmutzungsschäden (Brüssel)	18.12.71 I: 971:94	I	indirekt	Ä: 19.11.76 25.05.84
Protokoll zur Änderung des Übereinkommens vom 20. Dezember 1962 über den Schutz des Lachsbestandes in der Ostsee	21.01.72 I: 972:06	-	K.A	1)
Vertrag über den Beitritt des Königreichs Dänemark, Irlands, des Königreichs Norwegen und des Vereinigten Königreichs von Großbritannien und Nordirland zur Europäischen Wirtschaftsgemeinschaft und zur Europäischen Atomgemeinschaft	22.01.72 I: 972:07	-	0	
Übereinkommen zur Verhütung der Meeresverschmutzung durch das Einbringen von Abfällen und anderen Stoffen durch Schiffe und Flugzeuge (Oslo)	15.02.72 I: 972:12	I	Stoffliste, geographisch	

noch: **Verzeichnis der internationalen, multilateralen Umweltverträge (seit 1971) und Übersicht zum UVP-Bezug**

Übereinkommen über die Satzung den Senegal-Fluß betreffend (Nuakchott, Mauretanien)	11.03.72 I: 972:19	I	indirekt programmatisch	
Übereinkommen über die Errichtung der Organisation zur Verwertung des Senegal-Flußes (OMVS) (Nuakchott, Mauretanien)	11.03.72 I: 972:20	I	indirekt, programmatisch/administrativ	
Übereinkommen über die völkerrechtliche Haftung für Schäden durch Weltraumgegenstände	29.03.72 I: 972:24	-	indirekt	
Übereinkommen über das Verbot der Entwicklung, Herstellung und Lagerung von bakteriologischen (biologischen) und toxischen Waffen und über ihre Vernichtung	10.04.72 I: 972:28	-	indirekt	
Abkommen über eine Assoziation betreffend den Beitritt von Mauritius zum Assoziierungsabkommen zwischen der Europäischen Wirtschaftsgemeinschaft und den mit dieser Gemeinschaft assoziierten afrikanischen Staaten und Madagaskar	12.05.72 I: 972:36	-	0	
Übereinkommen zur Erhaltung der Antarktis-Robben (London)	01.06.72 I: 972:41	I	Robbenarten, geographisch	
Übereinkommen von 1972 über die Internationalen Regeln zur Verhütung von Zusammenstößen auf See	20.10.72 I: 972:77		K.A.	2)
Zusatzprotokoll zu der revidierten Rheinschiffahrtsakte	25.10.72 I: 972:79	-	K.A.	1)
Übereinkommen zum Schutz des Kultur- und Naturerbes der Welt (Paris)	23.11.72 I: 972:86	I	Schutzgüter, Maßnahmen - programmatisch	
Internationales Übereinkommen über sichere Container (CSC)	02.12.72 I: 972:89	-	0	
Übereinkommen über die Verhütung der Meeresverschmutzung durch das Einbringen von Abfällen und anderen Stoffen (London, Mexiko-Stadt, Washington)	29.12.72 I: 972:96	I	Stoffliste	Ä :01.12.78;12.10.78; 24.09.80

noch: Verzeichnis der internationalen, multilateralen Umweltverträge (seit 1971) und Übersicht zum UVP-Bezug

Übereinkommen über die Leistung freiwilliger Beiträge zur Durchführung des Vorhabens zur Erhaltung des Borobudur	29.01.73 I: 973:08	-	Tempel Borobudur (Indonesien) Finanzierung	
Übereinkommen über den internationalen Handel mit gefährdeten Arten freilebender Tiere und Pflanzen (Washingtoner Artenschutzabkommen)	03.03.73 I: 973:18	I	Artenliste	
Übereinkommen in Ausführung von Artikel III Absätze 1 und 4 des Vertrages über die Nichtverbreitung von Kernwaffen	05.04.73 I: 973:27	-	0	
Übereinkommen über die Schiffahrt auf dem Bodensee	01.06.73 I: 973:42	-	indirekt	
Änderung der Liste zum internationalen Übereinkommen zur Regelung des Walfangs	25.06.73 I: 973:47	-	K.A.	1)
Konvention über die Fischerei und den Schutz der lebenden Ressourcen in der Ostsee und an den Belten	13.09.73 I: 973:68	-	indirekt geographisch	Ä: 11.11.82
Übereinkommen zur Errichtung des Europäischen Zentrums für mittelfristige Wettervorhersage	11.10.73 I: 973:78	-	0	
Vereinbarung zur Schaffung eines Entwicklungsfonds des Tschad	22.10.73 I: 973:80	-	indirekt (finanz. u. techn. Zusammenarbeit)	
Protokoll über Maßnahmen auf hoher See bei Fällen von Verschmutzung durch andere Stoffe als Öl	02.11.73 I: 973:83	-	K.A.	1)
Internationales Übereinkommen zur Verhütung der Meeresverschmutzung durch Schiffe (MARPOL) (London)	02.11.73 I: 973:84	I	programmatisch Stoffliste	Ä: 17.02.78 07.09.84
Übereinkommen zum Schutz der Eisbären (Oslo)	15.11.73 I: 973:85	I	Artenschutz	
Vereinbarung über den Fischfang in den Gewässern um die Färöer (Kopenhagen)	18.12.73 I: 973:97	I	indirekt, Regelungsverfahren	

noch: Verzeichnis der internationalen, multilateralen Umweltverträge (seit 1971) und Übersicht zum UVP-Bezug

Nordisches Umweltschutz-Übereinkommen (Stockholmer Übereinkommen)	19.02.74 I: 974:14	-	programmatisch	
Konvention über den Schutz der Meeresumwelt des Ostseegebiets (Helsinki)	22.03.74 I: 974:23	I	Stoffliste	
Übereinkommen zur Verhütung der Meeresverschmutzung vom Land aus (Paris)	04.06.74 I: 974:43	I	Stoffliste	Ä :26.03.86
Übereinkommen über die Verhütung und Bekämpfung der durch krebszeugende Stoffe und Einwirkungen verursachten Berufsgefahren (ILO Nr. 139) (Genf)	24.06.74 I: 974:48	I	arbeitsplatzbezogen	"Übereinkommen über den Berufskrebs"
Internationales Übereinkommen zum Schutz des menschlichen Lebens auf See (SOLAS)	01.11.74 I: 974:81	-	Arbeitschutz Sicherheit	Ä:17.02.78
Übereinkommen über ein Internationales Energieprogramm	18.11.74 I: 974:85	-	0	
Protokoll zur Änderung des Vertrages vom 27. Oktober 1956 über die Schiffbarmachung der Mosel	28.11.74 I: 956:80/A	-	K.A.	1)
Übereinkommen zur Errichtung des Lateinamerikanischen Wirtschaftssystems (SELA)	17.10.75 I: 975:77	-	0	
Vereinbarung über die Bildung einer Kommission zur Prüfung und Lösung von nachbarschaftlichen Fragen	22.10.75 I: 975:87	-	indirekt programmatisch	
Protokoll betreffend die Zusammenarbeit im Kampf gegen die Verschmutzung des Mittelmeeres durch Öl und andere schädliche Stoffe im Falle von Notständen	16.02.76 I: 976:15	-	Katastrophenschutz	
Übereinkommen zum Schutz des Mittelmeeres vor Verschmutzung (Barcelona)	16.02.76 I: 976:13	I	maßnahmen-programmatisch	Ä :17.05.80
Protokoll zur Verhütung der Verschmutzung des Mittelmeeres durch Schiffe und Luftfahrzeuge (Barcelona)	16.02.76 I: 976:14	I	Stoffliste Konventionscharakter	

noch: Verzeichnis der internationalen, multilateralen Umweltverträge (seit 1971) und Übersicht zum UVP-Bezug

Konvention über die Jagdformalitäten für Touristen beim Grenzeintritt in Mitgliedsländer des Conseil de l'Entente (Yamonssoukro)	26.02.76 I: 976:17	I	indirekt grundsätzlicher Artenschutz	
Vereinbarung betreffend die Überwachung der Stratosphäre	05.05.76 I: 976:35	-	indirekt Forschung	
Protokoll zur Änderung des vorläufigen Übereinkommens über den Schutz der Pelzrobben im Nordpazifik	07.05.76 I: 957:11/C	-	K.A.	1)
Übereinkommen betreffend den Schutz der Küstengewässer des Mittelmeeres	10.05.76 I: 976:36	-	programmatisch	
Übereinkommen betreffend den Naturschutz im Südpazifik (Apia, Samoa)	12.06.76 I: 976:45	I	Biotopschutz geographisch	
Übereinkommen zum Schutz des archäologischen, historischen und künstlerischen Kulturguts der amerikanischen Nationen (San Salvador)	16.06.76 I: 976:46	I	indirekt programmatisch	
Übereinkommen über Pflanzenschutz in Nordamerika	13.10.76 I: 976:76	-	Landwirtschaftl. Pflanzenschutz	
Übereinkommen über Mindestnormen auf Handelsschiffen (Nr. 147)	29.10.76 I: 976:80	-	0	
Übereinkommen über die Haftungsbeschränkung von auf See entstandenen Ansprüchen	19.11.76 I: 976:85	-	indirekt	
Protokoll zu dem Internationalen Übereinkommen über die zivilrechtliche Haftung für Ölverschmutzungsschäden	19.11.76 I: 976:86	-	indirekt	
Protokoll zu dem Internationalen Übereinkommen über die Errichtung eines Internationalen Fonds zur Entschädung für Ölverschmutzungsschäden	19.11.76 I: 976:87	(s.E.)	indirekt	E: 18.12.71
Zusatzvereinbarung zu der Vereinbarung vom 29. April 1963 über die Internationale Kommission zum Schutz des Rheins gegen Verunreinigung	03.12.76 I: 976:91	-	K.A.	1)

noch: Verzeichnis der internationalen, multilateralen Umweltverträge (seit 1971) und Übersicht zum UVP-Bezug

Übereinkommen zum Schutz des Rheins gegen chemische Verunreinigung (Bonn)	03.12.76 I: 976:89	I	Stoffliste	
Übereinkommen zum Schutz des Rheins gegen Verunreinigung durch Chloride (Bonn)	03.12.76 I: 976:90	I	Stoffbezogen	
Internationales Übereinkommen über die zivilrechtliche Haftung für Ölverschmutzungsschäden durch die Erforschung nach und die Ausbeutung von mineralischen Bodenschätzen auf dem Meeresgrund	01.05.77 I: 977.33	-	indirekt	
Übereinkommen über das Verbot der Verwendung umweltverändernder Techniken zu militärischen oder sonstigen feindseligen Zwecken	18.05.77 I: 977:37	-	indirekt programmatisch	
Protokoll zur Änderung des Benelux-Übereinkommens über Jagd und Vogelschutz	20.06.77 I: 970:44/A	-	K.A.	1)
Übereinkommen zum Schutz der Arbeitnehmer vor Berufsrisiken, die durch Luftverschmutzung Lärm und Vibration am Arbeitsplatz entstehen (ILO Nr. 148) (Genf)	20.06.77 I: 977.46	I	arbeitsplatzbezogen maßnahmen-programmatisch	
Vereinbarung über gemeinsame Vorschriften über Fauna und Flora (Enugu, Tschad)	03.12.77 I: 977.90	I	Artenliste geographisch	
Protokoll zu dem Internationalen Übereinkommen zum Schutz des menschlichen Lebens auf See (SOLAS Prot. 1974))	17.02.78 I: 974:81/A	(s.E.)	Arbeitsschutz Sicherheit	E: 01.11.74
Protokoll über das internationale Übereinkommen betreffend die Verschmutzung von Schiffen aus (MARPOL Prot. 1978)	17.02.78 I: 973:84/A	(s.E.)	(unbedeutende Änderungen)	E: 02.11.73
Übereinkommen über die Beförderung von Gütern auf See	31.03.78 I: 978:24	-	indirekt	
Regionales Übereinkommen betreffend die Zusammenarbeit zum Schutz der marinen Umwelt vor Verschmutzung	24.04.78 I: 978:31	-	programmatisch geographisch (Golfstaaten)	

noch: Verzeichnis der internationalen, multilateralen Umweltverträge (seit 1971) und Übersicht zum UVP-Bezug

Protokoll betreffend die Zusammenarbeit im Kampf gegen die Verschmutzung durch Öl und andere schädliche Stoffe im Fall von Notständen	24.04.78 I: 978:32	(s.E.)	indirekt Katastrophenschutz geographisch (Golfstaaten)	E: 24.04.78 (978:31)
Protokoll über die Änderung des internationalen Übereinkommens über die Hochseefischerei im Nordpazifik	25.04.78 I: 978:34	-	geographisch	
Vertrag über die Zusammenarbeit am Amazonas	03.07.78 I: 978:49	-	indirekt wirtschaftl. Zusammenarbeit Nutzungsorientiert	
Internationales Übereinkommen über Normen für die Ausbildung, die Zulassung und den Wachdienst von Seeleuten	07.07.78 I: 978:52	-	0	
Änderungen der Anlagen des Übereinkommens über die Verhütung der Meeresverschmutzung durch das Einbringen von Abfällen und anderen Stoffen betreffend die Verbrennung auf See	01.12.78 I: 972:96/A	(s.E.)	Stoffliste (s.E.)	E: 29.12.72
Änderungen des Übereinkommens über die Verhütung der Meeresverschmutzung durch das Einbringen von Abfällen und anderen Stoffen über die Beilegung von Streitigkeiten	12.10.78 I: 972:96/B	(s.E.)	Stoffliste (s.E)	E: 29.12.72
Übereinkommen über die künftige multilaterale Zusammenarbeit auf dem Gebiet der Fischerei im Nordwestatlantik	24.10.78 I: 978:79	-	indirekt Nutzungseinschränkungen	
Zusatzprotokoll zum Europäischen Übereinkommen über den Schutz von Tieren beim internationalen Transport	10.05.79 I: 979:35	-	(Artenliste im Erstvertrag)	1)
Übereinkommen zur Erhaltung der wandernden wildlebenden Tierarten (Bonn)	23.06.79 I: 979:55	I	indirekt Artenliste	
Übereinkommen über die Schlichtungs-Agentur für die Fischerei im Südpazifik	10.07.79 I: 979:57	-	programmatisch/institutionell	
Übereinkommen über die Erhaltung der europäischen wildlebenden Pflanzen und Tiere und ihres natürlichen Lebensraums (Bern)	19.09.79 I: 979.70	I	Biotop- u. Artensatz Artenliste	

noch: Verzeichnis der internationalen, multilateralen Umweltverträge (seit 1971) und Übersicht zum UVP-Bezug

Zusatzprotokoll Nr.2 zu der Revidierten Rheinschiffahrtsakte	17.10.79 I: 979:77	-	0	
Zusatzprotokoll Nr.3 zu der Revidierten Rheinschiffahrtsakte	17.10.79 I: 979:78	-	0	
Übereinkommen über weiträumige grenzüberschreitende Luftverunreinigungen (EMEP) (Genf)	13.11.79 I: 979:84	I	indirekt Forschungsprogramm allgem. Informationen	Ä: 28.09.84 08.07.85 31.10.88
Übereinkommen zur Regelung der Staaten auf dem Mond und anderen Himmelskörpern	5.12.79 I: 979:92	-	0	
Übereinkommen über die Erhaltung und Pflege der Vikunja (Lima)	20.12.79 I: 979:94	I	Tier- und Artenschutz Biotopschutz	
Protokoll über die Änderung des Internationalen Übereinkommens über die Beschränkung der Haftung der Eigentümer von Seeschiffen	21.12.79 I: 979:96	-	K.A.	1)
Übereinkommen über den physischen Schutz von Kernmaterial	03.03.80 I: 980:18	-	0	
Protokoll über den Schutz des Mittelmeers gegen Verschmutzung vom Land aus	17.05.80 I: 980:37	(s.E.)	Stoffliste (s.E)	E: 16.02.76
Übereinkommen über die Erhaltung der lebenden Meeresschätze der Antarktis	20.05.80 I: 980:39	-	programmatisch	
Europäisches Rahmenübereinkommen über die grenzüberschreitende Zusammenarbeit zwischen Gebietskörperschaften	21.05.80 I: 980:40	-	programmatisch/rechtlich	
Änderungen der Anlagen des Übereinkommens über die Verhütung der Meeresverschmutzung durch das Einbringen von Abfällen und anderen Stoffen	24.09.80 I: 972:96/C	(s.E.)	Stoffliste (s.E)	E: 29.12.72
Protokoll zur Änderung des vorläufigen Übereinkommens über den Schutz der Pelzrobben im Nordpazifik	14.10.80 I: 957:11/D	-	K.A.	1)

noch: Verzeichnis der internationalen, multilateralen Umweltverträge (seit 1971) und Übersicht zum UVP-Bezug

Übereinkommen über die künftige multilaterale Zusammenarbeit auf dem Gebiet der Fischerei im Nordostatlantik	18.10.80 I: 980:85	-	indirekt programmatisch	
Übereinkommen zur Bildung der Nigerbecken-Behörde	21.11.80 I: 980:86	-	programmatisch Verwaltung, Finanzierung	
Protokoll über den Entwicklungsfond des Nigerbeckens	21.11.80 I: 980:87	-	programmatisch Finanzierung	
Assoziationsprotokoll des Umweltprogramms für Süd-Asien (SAGEP)	25.02.81 I: 981:14	-	programmatisch (wirtschaftliche Entwicklung)	
Abkommen über eine Zusammenarbeit auf dem Gebiet des Schutzes und der Entwicklung der Meeres- und Küstenumwelt der West- und Zentralafrikanischen Region	23.03.81 I: 981.23	-	programmatisch geographisch (wirtschaftliche Entwicklung)	
Protokoll betreffend die Zusammenarbeit im Kampf gegen die Verschmutzung in Notfällen	23.03.81 I: 981:24	(s.E.)	programmatisch marinen Katastrophenschutz	E: 23.03.81 (981:23)
Vereinbarung über regionale Zusammenarbeit bei der Bekämpfung von Verunreinigung im Südostpazifik durch Öl und andere schädliche Substanzen in Notfällen (Lima)	12.11.81 I: 981:85	I	programmatisch Katastrophenschutz	
Übereinkommen über den Schutz der Meeresumwelt und Küstengebiete des Südostpazifiks (Lima)	20.11.81 I: 981:84	I	programmatisch	
Vereinbarung über die Erhaltung der gemeinsamen Naturschätze	24.01.82 I: 982:10	-	Artenschutz (Handelsverbote)	bezieht sich auf WAA (3.3.1973)
Regionales Abkommen über den Schutz der Meeresumwelt des Roten Meeres und des Golfs von Aden	14.02.82 I: 982:13	-	programmatisch (grundsätzliche Zusammenarbeit, Institutionalisierung)	
Protokoll über regionale Zusammenarbeit bei der Bekämpfung von Verunreinigungen durch Öl und andere schädliche Substanzen in Notfällen	14.02.82 I: 982:14	-	programmatisch	

noch: Verzeichnis der internationalen, multilateralen Umweltverträge (seit 1971) und Übersicht zum UVP-Bezug

Konvention über die Lachserhaltung im Nordatlantik	02.02.82 I: 982:17	-	programmatisch/institutionell	
Protokoll über besonders geschützte Gebiete im Mittelmeerraum (Genf)	03.04.82 I: 982:26	I	ziel-programmatisch institutionell	bezieht sich auf Mittelmeerübereinkommen (16.02.76)
Benelux-Übereinkommen über die Erhaltung der Natur und den Schutz der Landschaft	08.06.82 I: 982:43	-	indirekt programmatisch	
Übereinkommen über vorläufige Regelungen für polymetallische Knollen des Tiefseebodens	02.09.82 I: 982:65	-	0	
Änderungen der Konvention über die Fischerei und den Schutz der lebenden Ressourcen in der Ostsee und den Belten	11.11.82 I: 973:68/A	(s.E.)	(s.E.)	E: 13.09.73
Protokoll zur Änderung des Übereinkommens vom 29.Juli 1960 über die Haftung gegenüber Dritten auf dem Gebiet der Kernenergie in der Fassung des Zusatzprotokolls vom 28.Januar 1964	16.11.82 I: 960:57/B	-	K.A.	1)
Protokoll zur Änderung des Zusatzübereinkommens vom 31. Januar 1963 zum Pariser Übereinkommen vom 29. Juli 1960 über die Haftung gegenüber Dritten auf dem Gebiet der Kernenergie in der Fassung des Zusatzprotokolls vom 28. Januar 1964	16.11.82 I: 963:10/B	-	K.A	1)
Protokoll zum Übereinkommen über Feuchtgebiete, insbesondere als Lebensraum für Wasser- und Watvögel, von internationaler Bedeutung	03.12.82 I: 971:09/A	(s.E.)	(s.E)	E: 02.02.71
Seerechtskonvention der Vereinten Nationen	10.12.82 I: 982:92	-	indirekt	
Protokoll zur Änderung des Übereinkommens zur Verhütung der Meeresverschmutzung durch das Einbringen von Abfällen und anderen Stoffen durch Schiffe und Flugzeuge	02.03.83 I: 972:12/A	(s.E.)	(s.E.)	E: 15.02.72
Vereinbarung über die Fischerei von Thunfisch im Ostpazifik	15.03.83 I: 983:20	-	indirekt Artenliste geographisch	

noch: Verzeichnis der internationalen, multilateralen Umweltverträge (seit 1971) und Übersicht zum UVP-Bezug

Übereinkommen zum Schutz und zur Entwicklung der Meeresumwelt im Karibischen Raum	24.03.83 I: 983:23	-	programmatisch	
Zweites Protokoll zur Änderung des Vertrages vom 27. Oktober 1956 über die Schiffbarmachung der Mosel	21.06.83 956:80/B	-	K.A.	1)
Protokoll über den Schutz des Südostpazifiks gegen die Verschmutzung vom Lande aus (Quito)	22.07.83 I: 983:54	I	programmatisch Stoffliste	Ä: 983:55
Zusatzprotokoll zu dem Übereinkommen über regionale Zusammenarbeit bei der Bekämpfung der Verschmutzung des Südostpazifiks durch Öl und andere schädliche Stoffe	22.07.83 I: 983:55	(s.E.)	(s.E.)	E: 22.07.83 (983:54)
Übereinkommen zur Zusammenarbeit bei der Bekämpfung der Verschmutzung der Nordsee durch Öl und andere schädliche Stoffe	13.09.83 I: 983:68	-	programmatisch	
Protokoll zur Änderung des Europäischen Übereinkommen über die Beschränkung der Verwendung bestimmter Detergentien in Wasch- und Reinigungsmitteln	25.10.83 I: 968:69/A	-	K.A.	1)
Internationales Tropenholz - Übereinkommen (Genf)	18.11.83 I: 983:85	I	programmatisch/institutionell (Nutzungsorientiert)	
Protokoll zur Änderung des internationales Übereinkommens über die zivilrechtliche Haftung für Ölverschmutzungsschäden	25.05.84 I: 969:88/A		K.A.	1)
Protokoll zur Änderung des internationalen Übereinkommens über die Errichtung eines internationalen Fonds zur Entschädigung für Ölverschmutzungsschäden	25.05.84 I: 971:94/A	(s.E.)	(s.E.)	E: 18.12.71
Protokoll über die Änderung der Internationalen Konvention zur Erhaltung der Thunfischbestände im Atlantik	10.07.84 I: 966:38/A	-	K.A.	1)
Vorläufige Absprache über Fragen des Tiefseebodens	03.08.84 I: 984:58	-	programmatisch	
Änderungen der Anlage zu dem Protokoll von 1978 zu dem Internationalen Übereinkommen von 1973 zur Verhütung der Meeresverschmutzung durch Schiffe	07.09.84 I: 973:84/B	(s.E.)	(s.E.)	E: 02.11.73

noch: Verzeichnis der internationalen, multilateralen Umweltverträge (seit 1971) und Übersicht zum UVP-Bezug

Protokoll zum Übereinkommen über weiträumige grenzüberschreitende Luftverunreinigung von 1979, betreffend die langfristige Finanzierung des Programms über die Zusammenarbeit bei der Messung und Bewertung der weiträumigen Übertragung von luftverunreinigenden Stoffen in Europa (EMEP)	28.09.84 I: 979:84/A	(s.E.)	Finanzierung des EMEP	E:13.11.79
Protokoll zur Änderung des vorläufigen Übereinkommens über den Schutz der Pelzrobben im Nordpazifik	12.10.84 I: 957:11/E	-	K.A.	1)
Drittes AKP-EWG Abkommen	08.12.84 I: 984:93	-	indirekt	
Übereinkommen zum Schutz der Ozonschicht (Wiener Übereinkommen)	22.03.85 I: 985:22	I	programmatisch	Ä: 16.09.87
Übereinkommen über den Schutz und die Entwicklung der Meeres- und Küstenumwelt der ostafrikanischen Region (Nairobi, Kenia)	21.06.85 I: 985:46	I	programmatisch (Institutionalisierung)	Ä: 21.06.85
Protokoll über geschützte Gebiete und über wildlebende Fauna und Flora in der ostafrikanischen Region	21.06.85 I: 985:47	(s.E.)	Artenliste (s.E.)	E: 21.06.85 (985:46)
Protokoll über die Zusammenarbeit bei der Bekämpfung von Verunreinigung in der ostafrikanischen Region in Notfällen	21.06.85 I: 985:48	(s.E.)	indirekt Katastrophenschutz (Tankerunfälle, Ölpest)	E: 21.06.85 (985:46)
Protokoll zu dem Übereinkommen von 1979 über weiträumige grenzüberschreitende Luftverunreinigung betreffend die Verunreinigung von Schwefelemissionen oder ihres grenzüberschreitenden Flusses um mindestens 30 vom Hundert	08.07.85 I: 979:84/B	(s.E.)	maßnahmen - programmatisch Verringerung von Emissionen (s.E.)	E: 13.11.79
Vereinbarung über die Erhaltung der Natur und der natürlichen Hilfsquellen (ASEAN)	09.07.85 I: 985:51	-	programmatisch	
Vertrag über eine kernwaffenfreie Zone im Südpazifik	06.08.85 I: 985:58	-	0	
Konvention über die Bedingungen zur Registrierung von Seeschiffen	07.02.86 I;986:11	-	0	

noch: Verzeichnis der internationalen, multilateralen Umweltverträge (seit 1971) und Übersicht zum UVP-Bezug

Einheitliche Europäische Akte	27.02.86 I: 986:16		programmatisch	
Protokoll zur Änderung des Übereinkommens zur Verhütung der Meeresverschmutzung vom Lande aus	26.03.86 I: 974:43/A	(s.E.)	Stoffliste (s.E.)	E: 04.06.74
Übereinkommen über die frühzeitige Benachrichtung bei nuklearen Unfällen	26.09.86 I: 986:71	-	0	
Übereinkommen zur Unterstützung im Falle eines nuklearen Unfalls oder radiologischen Notfalls	26.09.86 I: 986:72	-	0	
Übereinkommen zum Schutz der natürlichen Hilfsquellen und Umwelt im Südpazifik-Gebiet (Nouméa)	24.11.86 I: 986:87	I	programmatisch Stoffliste	Ä: 25.11.86
Protokoll zur Verhütung der Verschmutzung des Sudpazifiks Gebietes durch Einbringen von Abfällen	25.11.86 I: 986:87/A	(s.E.)	(s.E.)	E: 24.11.86
Protokoll betreffend die Zusammenarbeit zur Bekämpfung der Verschmutzung im Südpazifik-Gebiet in Notfällen	25.11.86 I: 986:87/B	(s.E.)	Katastrophenschutz (s.E.)	E: 24.11.86
Übereinkommen über die Wahrung der Vertraulichkeit von Daten betreffend Tiefseebodenfelder	05.12.86 I: 986:90	-	0	
Montrealer Protokoll über Stoffe, die zu einem Abbau der Ozonschicht führen	16.09.87 I: 985:22/A	(s.E.)	(s.E.)	E: 22.03.85
Übereinkommen zur Regelung von mineralischen Bodenschätzen der Antarktis	02.06.88 I: 988:42	-	K.A.	2)
Protokoll zu dem Übereinkommen von 1979 über weiträumige grenzüberschreitende Luftverunreinigungen, betreffend die Bekämpfung von Emissionen von Stickstoffoxiden oder ihres grenzüberschreitenden Flusses	31.10.88 I: 979:84/C	(s.E.)	programmatisch Verringerung von Emissionen (s.E.)	E: 13.11.79
Konvention über die Kontrolle des grenzüberschreitenden Verkehr mit Sonderabfällen und ihrer Beseitigung	22.03.89 I: 989:22	-	K.A.	2)

6.4.2 Informationsblätter zu ausgewählten internationalen multilateralen Umweltverträgen (in chronologischer Reihenfolge)

ANNAHMEDATUM: 02.02.71
IURMV-NR.: 971:09

ÜBEREINKOMMEN ÜBER FEUCHTGEBIETE, INSBESONDERE ALS LEBENSRAUM FÜR WASSER- UND WATVÖGEL, VON INTERNATIONALER BEDEUTUNG

Annahmeort: Ramsar

Änderungs- u. Ergänzungsprotokolle : 971:09/A vom 03.12.82

VERTRAGSPARTNER

Übereinkommen und Protokoll: Australien, BG, CH, Chile, D, DK, F, I, Indien, Iran, IRL, IS, Jordanien, Kanada, Marokko, Mexiko, N, NL, P, Pakistan, PL, S, Senegal, SF, Südafrika, UK, USA.
Nur Übereinkommen: A, Algerien, B, DDR, E, Gabun, GR, H, Japan, Mauretanien, Neuseeland, SU, Surinam, Tunesien, Uruguay, YU.
Nur Protokoll: Ägypten.

UNMITTELBARER GEGENSTAND DES VERTRAGS

Verursacher :

Schutzgut/Akzeptor : Wat- und Wasservögel
Schutzgebiet : benannte Feuchtgebiete der Unterzeichnerstaaten

UVP-Bezug : Jede Vertragspartei bezeichnet geeignete Feuchtgebiete in ihrem Hoheitsgebiet zur Aufnahme in eine "Liste international bedeutender Feuchtgebiete". Unabhängig von der Eintragung fördert jeder Vertragspartner die Ausweisung, Pflege und Aufsicht von Schutzgebieten.

ANMERKUNGEN

Die Liste selbst ist Gegenstand weder des Übereinkommens noch des Protokolls.

VERWEIS

ausgewertete Datenquelle: Internationales Umweltrecht, multilaterale Verträge (IURMV, 1989)

ZUGEHÖRIGE INFORMATIONEN

ANNAHMEDATUM: 23.06.71
IURMV-NR.: 971:47

ÜBEREINKOMMEN ÜBER DEN SCHUTZ VOR DEN DURCH BENZOL VERURSACHTEN VERGIFTUNGSGEFAHREN (ILO NR. 136)

Annahmeort: Genf

Änderungs- u. Ergänzungsprotokolle :

VERTRAGSPARTNER

Bolivien, CH, CSSR, D, E, Ecuador, Elfenbeinküste, F, GR, Giunea, Guayana, H, I, Irak, Israel, Kolumbien, Kuba, Kuweit, Marokko, Nicaragua, RO, Sambia, SF, Syrien, Uruguay und YU

UNMITTELBARER GEGENSTAND DES VERTRAGS

Verursacher :
Schutzgut/Akzeptor : Menschliche Gesundheit
Schutzgebiet :

UVP-Bezug : Der Schutz der Arbeitnehmer, die Benzol oder benzolhaltigen Produkten im Arbeitsprozeß ausgesetzt sind, steht im Vordergrund dieses Übereinkommens: Die benzolhaltigen Substanzen sollen, wenn solche Stoffe abkömmlich sind, durch weniger gesundheitsschädliche Austauschprodukte ersetzt werden. Benzol und benzolhaltige Produkte als Löse- und Verdünnungsmittel sollen unter bestimmten Voraussetzungen verboten werden. Die Benzolkonzentration in der Raumluft der Arbeitsstätten darf den Höchstwert von 25 ppm (entspricht ca. 80 mg/m^3) nicht überschreiten.

ANMERKUNGEN

Weiterhin sind arbeitshygienische und technische Vorbeugungsmaßnahmen zum Schutz der Arbeitnehmer zu schaffen.

VERWEIS

ausgewertete Datenquelle : Internationales Umweltrecht, multilaterale Verträge (IURMV, 1989)

ZUGEHÖRIGE INFORMATIONEN

ANNAHMEDATUM: 16.09.71
IURMV-NR.: 971:69

VEREINBARUNG BETREFFEND DIE ZUSAMMENARBEIT ZUR ERGREIFUNG VON MASSNAHMEN ZUR VERHINDERUNG DER MEERESVERSCHMUTZUNG DURCH ÖL

Annahmeort: Kopenhagen

Änderungs- u. Ergänzungsprotokolle :

VERTRAGSPARTNER

DK, N, S, SF

UNMITTELBARER GEGENSTAND DES VERTRAGS

Verursacher :
Schutzgut/Akzeptor : Meer und marine Lebensgemeinschaften
Schutzgebiet :

UVP-Bezug : Ziel der Vereinbarung ist die Erarbeitung eines Maßnahmenkatalogs (u.a. gegenseitiger Informationsaustausch und Unterstützung im Katastrophenfall) zur Verhinderung von Meeresverschmutzung durch Öl.

ANMERKUNGEN

VERWEIS

ausgewertete Datenquelle : Internationales Umweltrecht, multilaterale Verträge (IURMV, 1989)

ZUGEHÖRIGE INFORMATIONEN

ANNAHMEDATUM: 18.12.71
IURMV-NR.: 971:94

INTERNATIONALES ÜBEREINKOMMEN ÜBER DIE ERRICHTUNG EINES INTERNATIONALEN FONDS ZUR ENTSCHÄDIGUNG FÜR ÖLVERSCHMUTZUNGSSCHÄDEN

Annahmeort: Brüssel

Änderungs- u. Ergänzungsprotokolle : 971:91/A vom 25.05.84
976:87 vom 19.11.76

VERTRAGSPARTNER

Nur Übereinkommen: Algerien, B, Bahamas, Benin, Brasilien, CH, D, DK, E, F, Fidschi- Inseln, Gabun, Ghana, GR, I, Indonesien, IRL, IS, Japan, Kuweit, Liberia, Kamerun, Malediven, Monaco, N, NL, Oman, Papua Neuguinea, P, PL, S, SF, Sri Lanka, Syrien, Tunesien, Tuvalu- Inseln, UdSSR, UK, USA, Vereinigte Arabische Emirate, YU.
Nur Protokoll 971:91/A vom 25.05.84.: keine Angaben.
Nur Protokoll 976:87 vom 19.11.76.: Bahamas, D, F, GB, Arabische Republik Jemen, Liberia, N, S.

UNMITTELBARER GEGENSTAND DES VERTRAGS

Verursacher :
Schutzgut/Akzeptor :
Schutzgebiet :

UVP-Bezug : indirekt

ANMERKUNGEN

Ziel ist die Errichtung eines Fonds für folgende Zwecke:
1. Entschädigung für Verschmutzungsschäden, wenn andere Vereinbarungen diese Schäden nicht übernehmen;
2. Unterstützung der Schiffseigentümer, wenn den einzelnen Bestimmungen der Übereinkünfte über die Sicherheit auf See entsprochen wurde;
3. Sonstige allgemeine Schutzziele bei Ölverschmutzungen.

VERWEIS

ausgewertete Datenquelle: Internationales Umweltrecht, multilaterale Verträge (IURMV, 1989)

ZUGEHÖRIGE INFORMATIONEN

ANNAHMEDATUM: 15.02.72
IURMV-NR.: 972:12

ÜBEREINKOMMEN ZUR VERHÜTUNG DER MEERESVERSCHMUTZUNG DURCH DAS EINBRINGEN VON ABFÄLLEN UND ANDEREN STOFFEN DURCH SCHIFFE UND FLUGZEUGE

Annahmeort: Oslo

Änderungs- u. Ergänzungsprotokolle : 972:12/A vom 02.03.83

VERTRAGSPARTNER

Übereinkommen und Protokoll: B, D, DK, F, IS, N, NL, P, S, SF, UK.
Nur Übereinkommen: E und IRL.

UNMITTELBARER GEGENSTAND DES VERTRAGS

Verursacher :	Schiffe und Flugzeuge
Schutzgut/Akzeptor :	Meer und marine Lebensgemeinschaften
Schutzgebiet :	Geltungsbereich siehe zugehörige Informationen
UVP-Bezug :	Das Übereinkommen hat die Verhütung der Meeresverschmutzung durch Stoffe, welche die menschliche Gesundheit oder die Tier- und Pflanzenwelt gefährden können, zum Inhalt. Dazu sind bestimmte Stoffe, in einer Liste zusammengefaßt: Das Einbringen von Abfällen, die Stoffe aus der Liste enthalten, wird verboten bzw. nur mit einer besonderer Erlaubnis gestattet

ANMERKUNGEN

Die Liste der Stoffe, die von diesem Übereinkommen betroffen sind, wird unten aufgeführt. Das Protokoll enthält darüber hinaus zusätzliche Maßnahmen (z.B. Regeln über die Verbrennung auf See), um die Meeresverschmutzung weiter zu reduzieren.

VERWEIS

ausgewertete Datenquelle: Internationales Umweltrecht, multilaterale Verträge (IURMV, 1989)

ZUGEHÖRIGE INFORMATIONEN

Der Geltungsbereich des Übereinkommens umfaßt folgenden geographischen Bezugsraum:

* Atlantik und Nördliches Eismeer nördlich von 36 Grad nördlicher Breite und zwischen 42 Grad westlicher Länge und 51 Grad östlicher Länge ausschließlich der Ostsee, des Mittelmeeres und seiner Nebengewässer;
* Atlantik nördlich von 59 Grad nördlicher Breite zwischen 44 Grad und 42 Grad westlicher Länge.

A.) Das Einbringen folgender Stoffe ist i.S. des Übereinkommes verboten:

1. Organische Halogen- und Siliciumverbindungen und Verbindungen, die in der Meeresumwelt derartige Stoffe bilden können, mit Ausnahme solcher Stoffe, die nicht giftig sind oder die im Meer rasch in biologisch unschädliche Stoffe umgewandelt werden;
2. Stoffe, die nach Auffassung der Vertragsparteien unter den Bedingungen ihrer Beseitigung wahrscheinlich krebserregend sind;
3. Quecksilber und Quecksilberverbindungen;
4. Cadmium und Cadmiumverbindungen;
5. Beständige Kunststoffe und anderes beständiges synthetisches Material.

B.) Abfälle, die unten aufgeführte Stoffe und Gegenstände in Mengen enthalten, die von einer Kommission als bedeutend bezeichnet werden, dürfen nur mit einer von den zuständigen innerstaatlichen Behörden für jeden Einzelfall erteilten besonderen Erlaubnis eingebracht werden:

1. Arsen, Blei, Kupfer, Zink und ihre Verbindungen, Cyanide und Fluoride sowie Schädlingsbekämpfungsmittel und ihre Nebenprodukte, soweit sie nicht unter Punkt A.) schon genannt sind;
2. Behälter, Schrott, teerähnliche Stoffe oder sonstige sperrige Abfälle; sie sollen stets in tiefem Wasser abgesetzt werden;
3. Sollen Stoffe oder Abfälle in tiefem Wasser abgesetzt werden, müssen folgende Bedingungen erfüllt werden: die Wassertiefe muß mindestens 2000 Meter betragen und die Entfernung vom nächstgelegenen Land muß mindestens 150 Seemeilen betragen.

ANNAHMEDATUM: 11.03.72
IURMV-NR.: 972:19

ÜBEREINKOMMEN ÜBER DIE SATZUNG DEN SENEGAL-FLUSS BETREFFEND

Annahmeort: Nuakchott/ Mauretanien

Änderungs- u. Ergänzungsprotokolle :

VERTRAGSPARTNER

Mali, Mauretanien und Senegal.

UNMITTELBARER GEGENSTAND DES VERTRAGS

Verursacher :
Schutzgut/Akzeptor : Fließgewässer
Schutzgebiet : Senegal- Fluß mit seiner Flora und Fauna

UVP-Bezug : Ziel des Übereinkommens ist die Kooperation zwischen den Unterzeichnerstaaten zum Zweck der Nutzbarmachung des Senegal-Flußes, um damit eine rationelle Ausbeutung seiner natürlichen Ressourcen zu erreichen.

ANMERKUNGEN

Als Nutzung i. S. dieses Übereinkommens gilt hauptsächlich der Bereich der Schiffahrt, die Energiegewinnung sowie der Fluß als allgemeines Wasserreservoir sowohl für den Menschen (Trinkwasser) als auch für die Landwirtschaft (Brauchwasser).

VERWEIS

ausgewertete Datenquelle: Internationales Umweltrecht, multilaterale Verträge (IURMV, 1989)

ZUGEHÖRIGE INFORMATIONEN

ANNAHMEDATUM: 11.03.72
IURMV-NR.: 972:20

ÜBEREINKOMMEN ÜBER DIE ERRICHTUNG DER ORGANISATION ZUR VERWERTUNG DES SENEGAL-FLUSSES (OMVS)

Annahmeort: Nuakchott/ Mauretanien

Änderungs- u. Ergänzungsprotokolle :

VERTRAGSPARTNER

Mali, Mauretanien und Senegal.

UNMITTELBARER GEGENSTAND DES VERTRAGS

Verursacher :
Schutzgut/Akzeptor :
Schutzgebiet :

UVP-Bezug : indirekt

ANMERKUNGEN

Das Übereinkommen hat die Gründung der "Organisation für die Inwertsetzung des Senegal- Flußes" zum Inhalt, wobei die organisatorischen Aspekte im Vordergrund stehen.

VERWEIS

ausgewertete Datenquelle: Internationales Umweltrecht, multilaterale Verträge (IURMV, 1989)

ZUGEHÖRIGE INFORMATIONEN

ANNAHMEDATUM: 01.06.72
IURMV-NR.: 972:41

ÜBEREINKOMMEN ZUR ERHALTUNG DER ANTARKTIS-ROBBEN

Annahmeort: London

Änderungs- u. Ergänzungsprotokolle :

VERTRAGSPARTNER

Argentinien, Australien, B, Chile, F, Japan, N, Neuseeland, PL, Südafrika, UdSSR, USA, UK.

UNMITTELBARER GEGENSTAND DES VERTRAGS

Verursacher :	
Schutzgut/Akzeptor :	Fauna; Differenzierung siehe unten
Schutzgebiet :	Meeresgebiete südlich 60 Grad s. Br.
UVP-Bezug :	Ziel des Übereinkommens ist die Einführung einzelner Maßnahmen, um den Bestand an Robben nicht zu gefährden.

ANMERKUNGEN

Festgelegt werden u.a. Fangquoten, Fang- und Schonzeiten, Fang- und Schongebiete, geschützte und ungeschützte Arten.

VERWEIS

ausgewertete Datenquelle: Internationales Umweltrecht, multilaterale Verträge (IURMV, 1989)

ZUGEHÖRIGE INFORMATIONEN

Für folgende Arten bestehen Fangbegrenzungen:

* Krabenfresserrobben (Lobodon carcinophagus);
* See- Leoparden (Hydrurga leptonyx);
* Weddell- Robben (Leptonychotes weddelli).

Folgende Arten sind geschützt:

* Ross- Robben (Ommatophoca rossi);
* Südliche See- Elefanten (Mirounga leonina);
* Pelzrobben der Gattung Arctocephalus.

ANNAHMEDATUM: 23.11.72
IURMV-NR.: 972:86

ÜBEREINKOMMEN ZUM SCHUTZ DES KULTUR- UND NATURERBES DER WELT

Annahmeort: Paris

Änderungs- u. Ergänzungsprotokolle :

VERTRAGSPARTNER

Ägypten, Äthiopien, Afghanistan, Algerien, Antigua und Barbuda, Argentinien, Australien, Bangla Desh, Benin, BG, Bolivien, Brasilien, Burundi, CH, Chile, Costa Rica, D, DK, E, Ecuador, Elfenbeinküste, F, Ghana, GR, Guatemala, Guinea, Guyana, Haiti, Holy See, Honduras, I, Indien, Irak, Iran, Jamaika, Jemen, Jordanien, Kamerun, Kanada, Kolumbien, Kuba, Libanon, Libyen, Luxemburg, Madagaskar, Malawi, Mali, Malta, Marokko, Mauretanien, Mexiko, Mocambique, Monaco, N, Nepal, Nicaragua, Niger Nigeria, Oman, P, Pakistan, Panama, Peru, PL, Saudi- Arabien, Senegal, Seychellen, Simbabwe, Sri Lanka, Sudan, Syrien, Tansania, Tunesien, Türkei, USA, VR Jemen, YU, Zaire, Zentralafrik. Republik und Zypern.

UNMITTELBARER GEGENSTAND DES VERTRAGS

Verursacher :	
Schutzgut/Akzeptor :	Kultur- und Naturgüter (Definition s.u.)
Schutzgebiet :	
UVP-Bezug :	Um der Zerstörung von Kultur- und Naturerbe entgegentreten zu können, wird in diesem Übereinkommen zu einzelnen Maßnahmen im Bereich Erfassung, Schutz und Erhaltung dieser Güter aufgerufen.

ANMERKUNGEN

Maßnahmen sind u.a. die Erstellung von "Listen des Erbes der Welt", "Fonds für das Erbe der Welt" und einer "Liste des gefährdeten Erbes der Welt". Die Erstellung solcher Listen ist Aufgabe der Vertragsstaaten. Eine weitere Konkretisierung findet nicht statt.

VERWEIS

ausgewertete Datenquelle: Internationales Umweltrecht, multilaterale Verträge (IURMV, 1989)

ZUGEHÖRIGE INFORMATIONEN

Kulturerbe i. S. dieses Übereinkommens sind Denkmäler (aus den Bereichen Architektur, Archäologie, Kunst), Ensembles und sonstige Kulturstätten(Werke von Natur und Mensch); als Naturerbe gelten Naturgebilde, geologische und physiographische Erscheinungen, Naturstätten oder Naturgebiete.

ANNAHMEDATUM: 29.12.72
IURMV-NR.: 972:96

ÜBEREINKOMEN ÜBER DIE VERHÜTUNG DER MEERESVERSCHMUTZUNG DURCH DAS EINBRINGEN VON ABFÄLLEN UND ANDEREN STOFFEN

Annahmeort: London, Mexiko-Stadt, Moskau, Washington

Änderungs- u. Ergänzungsprotokolle : 972:96/A vom 01.12.78.
972:96/B vom 12.10.78
972:96/C vom 24.09.80

VERTRAGSPARTNER

Afghanistan, Argentinien, Australien, B, Bolivien, Brasilien, Beluruss. SSR, Cap Verde, CH, Chile, Costa Rica, D, DK, DDR, Dominik. Rep., E, F, Gabun, GR, Guatemala, H, Haiti, Honduras, I, IS, IRL, Japan, Jordanien, Kamputschea, Kanada, Kenia, Kiribati, Kolumbien, Kuweit, Libanon, Lesotho, Liberia, Lybien, Luxemburg, Marokko, Mexiko, Monaco, N, Nauru, Nepal, Neuseeland, Nigeria, NL, Oman, P, Panama, Papua Neuguinea, Philippinen, PL, S, Saint Lucia, Senegal, Seychellen, SF, Solomonen, Somalia, Südafrika, Surinam, Taiwan, Togo, Tschad, Tunesien, Ukrain. SSR, UdSSR, UK, Uruguay, USA, Venezuela, Vereinigte Arab. Emirate, YU, Zaire (die einzelnen Änderungsprotokolle werden nicht von allen oben aufgeführten Vertragsstaaten mitgetragen).

UNMITTELBARER GEGENSTAND DES VERTRAGS

Verursacher : Dumping von Abfall und best. Stoffen ins Meer
Schutzgut/Akzeptor : Meeresumwelt, menschliche Gesundheit
Schutzgebiet : alle Meeresgewässer (ohne innere Gewässer)

UVP-Bezug : Ziel des Übereinkommens ist sowohl die gemeinsame wirksame Überwachung aller möglichen Ursachen der Meeresverschmutzung als auch die Ergreifung von Maßnahmen zur Verhütung der Meeresverschmutzung infolge des Einbringens von Abfällen und sonstigen Stoffen, die die menschliche Gesundheit oder die Tier- und Pflanzenwelt des Meeres beeinträchtigen können.

ANMERKUNGEN

Das Einbringen von bestimmten Abfällen bzw. Stoffen wird verboten oder bedarf einer Sondergenehmigung.
Die Auflistung dieser Stoffe und -gruppen erfolgt unten.Die Änderungsprotokolle enthalten außer den oben genannten Sachverhalten auch Regelungen zu Verbrennungen auf See sowie Erweiterungen in der Stoff-Liste.

VERWEIS

ausgewertete Datenquelle: Internationales Umweltrecht, multilaterale Verträge (IURMV, 1989)

ZUGEHÖRIGE INFORMATIONEN

A.) Das Einbringen von nachfolgend aufgeführten Abfällen oder sonstigen Stoffen ist nach Artikel IV des o.g. Übereinkommens verboten:

1. Organische Halogenverbindungen;
2. Quecksilber und Quecksilberverbindungen;
3. Cadmium und Cadmiumverbindungen;
4. Beständige Kunststoffe und anderes beständiges synthetisches Material, welche die Fischerei, die Schiffahrt oder sonstige rechtmäßige Nutzungen des Meeres wesentlich behindern;
5. Rohöl, Heizöl, schweres Dieselöl und Schmieröle, hydraulische Flüssigkeiten und Gemische, die einen dieser Stoffe enthalten;
6. Raffinierte Erdölprodukte und Rückstände aus Erdölderivaten;
7. Hochgradig radioaktive Abfälle oder Stoffe;
8. Stoffe in jeglichem Aggregatszustand, die für die biologische und chemische Kriegsführung hergestellt worden sind;
9. Die angeführten Absätze 1. bis 8. gelten nicht für Stoffe, die durch physikalische, chemische oder biologische Prozesse im Meer rasch unschädlich gemacht werden;
10. Die gesamte Auflistung gilt nicht für Abfälle, welche die in den Absätzen 1 bis 5 bezeichneten Stoffe als Spurenverunreinigungen enthalten. Auf diese Abfälle findet Abschnitt B.) Anwendung.

B.) Das Einbringen der nachfolgend aufgeführten Abfälle oder sonstigen Stoffe bedarf einer vorherigen Sondererlaubnis; die folgenden Stoffe und Gegenstände sind mit besonderer Sorgfalt zu behandeln:

1. Abfälle, die bedeutende Mengen folgender Stoffe enthalten:
    - Arsen, Blei, Kupfer, Zink und ihre Verbindungen;
    - organische Siliciumverbindungen;
    - Cyanide, Fluoride, Schädlingsbekämpfungsmittel und ihre Nebenprodukte, soweit sie nicht unter Abschnitt A.) fallen;
2. Säuren oder Laugen mit hohen Anteilen an oben genannten Stoffen (Punkt 1.) und/ oder mit hohen Anteilen an folgenden zusätzlichen Stoffen: Beryllium, Chrom, Nickel und Vanadium und ihre Verbindungen;
3. Behälter, Schrott und sonstige sperrige Abfälle, welche die Fischerei oder die Schiffahrt behindern könnten;
4. Radioaktive Abfälle oder sonstige radioaktive Stoffe, soweit sie nicht unter Abschnitt A.) genannt sind.

ANNAHMEDATUM: 03.03.73
IURMV-NR.: 973:18

ÜBEREINKOMMEN ÜBER DEN INTERNATIONALEN HANDEL MIT GEFÄHRDETEN ARTEN FREILEBENDER TIERE UND PFLANZEN (Washingtoner Artenschutzabkommen)

Annahmeort: Washington

Änderungs- u. Ergänzungsprotokolle :

VERTRAGSPARTNER

A, Ägypten, Afghanistan, Algerien, Argentinien, Australien, B, Bahamas, Bangladesh, Belize, Benin, Bolivien, Botswana, Brasilien, CH, Chile, China, Costa Rica, D, DDR, DK, Dominik. Rep., Ecuador, El Salvador, F, Gambia, Ghana, Guatemala, Guinea, Guyana, H, Honduras, I, Indien, Indonesien, Irak, Iran, IRL, IS, Japan, Jordanien, Kanada, Kamerun, Kamputschea, Kenia, Kolumbien, Kongo, Kuweit, Lesotho, Liberia, Liechtenstein, Luxemburg, Madagaskar, Malawi, Malaysia, Mauritius, Marokko, Mocambique, Monaco, N, Nepal, NL, Nicaragua, Niger, Nigeria, P, Pakistan, Panama, Papua Neuguinea, Paraguay, Peru, Philippinen, PL, Ruanda, S, Saint Lucia, Sambia, Senegal, Seychellen, SF, Singapur, Somalia, Sri Lanka, Sudan, Südafrika, Surinam, Tansania, Thailand, Togo, Trinidad und Tobago, Tunesien, UdSSR, UK, Uruguay,USA, Venezuela, Verein. Arab. Emirate, Vietnam, Zaire, Zentralafrik. Rep., Zimbabwe und Zypern.

UNMITTELBARER GEGENSTAND DES VERTRAGS

Verursacher :
Schutzgut/Akzeptor : Artenschutz (Flora und Fauna)
Schutzgebiet : Territorien der Unterzeichnerstaaten

UVP-Bezug : Das Übereinkommen regelt den Handel bzw. die Einschränkungen im Handel mit bestimmten freilebenden Tieren und Pflanzen, die in ihrem Bestand als gefährdet gelten.

ANMERKUNGEN

In den Anhängen des Übereinkommens sind ungefähr 600 vom Aussterben bedrohte Tierarten sowie circa 100 Pflanzenarten aufgeführt. Der Handel mit Exemplaren dieser Arten wird sehr streng geregelt und darf nur in Ausnahmefällen zugelassen werden.
Außerdem sind circa 250 Tier- und 40 Pflanzenarten genannt, die, obwohl sie noch nicht von der Ausrottung bedroht sind, ebenfalls einer Regelung beim Handel unterworfen werden, um ihr Überleben zu sichern. Dieser Handel erfordert die vorherige Erteilung einer Ausfuhrgenehmigung.
Schließlich unterliegen ungefähr 80 Tier- und Pflanzenarten besonderen länderspezifischen Regelungen.

VERWEIS
ausgewertete Datenquelle: Internationales Umweltrecht, multilaterale Verträge (IURMV, 1989)

ZUGEHÖRIGE INFORMATIONEN

ANNAHMEDATUM: 02.11.73
IURMV-NR.: 973:84

INTERNATIONALES ÜBEREINKOMMEN ZUR VERHÜTUNG DER MEERESVERSCHMUTZUNG DURCH SCHIFFE (MARPOL)

Annahmeort: London

Änderungs- u. Ergänzungsprotokolle : 973:84/A vom 17.02.78
973:84/B vom 07.09.84

VERTRAGSPARTNER

Übereinkommen und Protokolle: Australien, Bulgarien, D, DK, DDR, E, F, GR, I, Kolumbien, Liberia, N, NL, Peru , PL, S, Tunesien, UdSSR, UK, Uruguay, USA, YU.
Nur Übereinkommen: Brasilien, IRL, Jemen, Jordanien, Kenia.
Nur Protokolle: B, Bahamas, China, CSSR, Gabun, H, IS, Israel, Japan, Libanon, Mexiko, Oman, Panama, Republik Korea, Saint Vincent und Grenada, SF, Tuvalu, Südkorea.

UNMITTELBARER GEGENSTAND DES VERTRAGS

Verursacher : Dumping von Schiffen aus
Schutzgut/Akzeptor : Meer
Schutzgebiet : siehe Anmerkungen

UVP-Bezug : Stofflisten, z.T. kategorisiert nach Schädlichkeit; internationale Regelung mit bindendem Charakter; Emissionsregelungen

ANMERKUNGEN

Diese Übereinkommen tritt an die Stelle des Internationalen Übereinkommens von 1954 zur Verhütung der Verschmutzung der See durch Öl.
Die Änderungsprotokolle dienen zur Anpassung einzelner Anlagen an den technischen Fortschritt.
In den Anhängen der Protokolle werden u.a. Stoffe bzw. Stoffgruppen genannt. Von besonderem Interesse ist eine Liste über ca. 180 chemische Stoffe, die in 4 Kategorien (Kat. A, B, C, D) entsprechend ihrer Schädlichkeit zusammengefaßt werden. Für die einzelnen Kategorien gelten bestimmte Regelungen bei möglichen Einleitungen (Fahrtgeschwindigkeit, Entfernung vom nächstgelegenen Land u.a.) Für die 13 Stoffe der gefährlichsten Klasse A werden maximale Einleitwerte in Gewichtsanteilen genannt.
Für einzelne Teilgebiete (Spezielle Zonen) der Ostsee und des Schwarzen Meeres, des Mittelmeeres sowie des Persischen Golfes und des Roten Meeres sind besondere Vereinbarungen über die Einleitung von Stoffen getroffen (s.a. Konvention über den Schutz der Meeresumwelt des Ostseegebietes (974:23 vom 22.03.74)).

VERWEIS

ausgewertete Datenquelle: Internationales Umweltrecht, multilaterale Verträge (IURMV, 1989)

ZUGEHÖRIGE INFORMATIONEN

ANNAHMEDATUM: 15.11.73
IURMV-NR.: 973:85

ÜBEREINKOMMEN ZUM SCHUTZ DER EISBÄREN

Annahmeort: Oslo

Änderungs- u. Ergänzungsprotokolle :

VERTRAGSPARTNER

DK, Kanada, N, UdSSR, USA.

UNMITTELBARER GEGENSTAND DES VERTRAGS

Verursacher :
Schutzgut/Akzeptor : Artenschutz
Schutzgebiet : natürlicher Lebensraum der Eisbären

UVP-Bezug : Der Lebensraum der Eisbären soll geschützt werden; über das Jagdverbot hinaus soll auch der Verzicht auf alle Fahrzeuge in diesem Lebensraum dazu beitragen, daß die Population sich ungestört entwickeln kann.

ANMERKUNGEN

Außer dem oben beschriebenen Artenschutz zielt dieses Übereinkommen auch auf den Habitatschutz ab.

VERWEIS

ausgewertete Datenquelle: Internationales Umweltrecht, multilaterale Verträge (IURMV, 1989)

ZUGEHÖRIGE INFORMATIONEN

ANNAHMEDATUM: 18.12.73
IURMV-NR.: 973:97

VEREINBARUNG ÜBER DEN FISCHFANG IN DEN GEWÄSSERN UM DIE FÄRÖER

Annahmeort: Kopenhagen

Änderungs- u. Ergänzungsprotokolle :

VERTRAGSPARTNER

B, D, DK, F, N, PL, UK.

UNMITTELBARER GEGENSTAND DES VERTRAGS

Verursacher :	
Schutzgut/Akzeptor :	Fische (Kabeljau und Schellfisch)
Schutzgebiet :	Gebiet der Färöer (s.a. Anmerkungen)
UVP-Bezug :	Der Fang der Grundfischarten Kabeljau und Schellfisch im Gebiet der Färöer wird entsprechend eines Fangbegrenzungsplanes eingeschränkt.

ANMERKUNGEN

Das Gebiet der Färöer wird im Übereinkommen als "statistisches Gebiet Vb" des Internationalen Rates für Meeresforschung definiert.

VERWEIS

ausgewertete Datenquelle: Internationales Umweltrecht, multilaterale Verträge (IURMV, 1989)

ZUGEHÖRIGE INFORMATIONEN

ANNAHMEDATUM: 22.03.74
IURMV-NR.: 974:23

KONVENTION ÜBER DEN SCHUTZ DER MEERESUMWELT DES OSTSEEGEBIETS

Annahmeort: Helsinki

Änderungs- u. Ergänzungsprotokolle :

VERTRAGSPARTNER

D, DK, DDR, PL, S, SF, UdSSR.

UNMITTELBARER GEGENSTAND DES VERTRAGS

Verursacher :	Dumping auf See und Verschmutzung von Land aus
Schutzgut/Akzeptor :	Meeresfauna und -flora, Mensch
Schutzgebiet :	Ostseegebiet (Definition s.u.)
UVP-Bezug :	Stofflisten, z.T. kategorisiert nach Schädlichkeit; internationale Regelung mit bindendem Charakter, Emissionsregelungen

ANMERKUNGEN

Die Maßnahmen umfassen u.a. das Verbot bzw. die Einschränkung der Zuführung bestimmter gefährlicher Stoffe und Gegenstände über Luft- oder Wasserweg in das Ostseegebiet. Der Katalog mit den von diesem Übereinkommen betroffenen Stoffen und Gegenständen, die solchen Beschränkungen unterliegen, ist z.T. in den zugehörigen Informationen aufgeführt.
Weiterhin sind in der Anlage der Konvention ca. 180 chemische Stoffe aufgeführt und in Gruppen entsprechend ihrer Schädlichkeit eingeteilt, sodaß für jede Gruppe spezifische Regelungen für eventuelle Einleitungen getroffen werden können. Diese Liste enthält dieselben Stoffe die bereits im Übereinkommen zur Verhütung der Meeresverschmutzung durch Schiffe (MARPOL, 973:84) aufgeführt wurden.

VERWEIS

ausgewertete Datenquelle: Internationales Umweltrecht, multilaterale Verträge (IURMV, 1989)

ZUGEHÖRIGE INFORMATIONEN

Das Ostseegebiet i.S. dieser Konvention umfaßt die Ostsee i.e.S. mit dem Bottnischen und Finnischen Meerbusen sowie dem Skagerrag (Begrenzung zur Nordsee bei 57°44'8" Nord) ohne die inneren Gewässer.

Folgende von dieser Konvention betroffenen gefährlichen Stoffe und Gegenstände unterliegen einer besonderen Regelung:

a.) Die Vertragsparteien verpflichten sich, der Zuführung der unten bezeichneten gefährlichen Stoffe in das Ostseegebiet entgegenzuwirken.
1. DDT und seine Derivate DDE und DDD;
2. PBCs (Polychlorierte Biphenyle).

b.) Die Vertragsparteien treffen alle geeigneten Maßnahmen, um die Verschmutzung durch die unten aufgeführten schädlichen Stoffe und Gegenstände zu überwachen und streng einzuschränken. Deshalb dürfen solche Stoffe und Gegenstände nur mit vorheriger besonderer Erlaubnis, die von der zuständigen innerstaatlichen Dienststelle erteilt wird, in erheblichen Mengen der Meeresumwelt des Ostseegebiets zugeführt werden:

1. Quecksilber, Cadmium und ihre Verbindungen;
2. Antimon, Arsen, Beryllium, Chrom, Kupfer, Blei, Molybdän, Nickel, Selen, Zinn, Vanadium, Zink und ihre Verbindungen sowie elementarer Phosphor;
3. Phenole und ihre Derivate;
4. Phthalsäure und ihre Derivate;
5. Cyanide;
6. Beständige halogenierte Kohlenwasserstoffe;
7. Polycyclische aromatische Kohlenwasserstoffe und ihre Derivate;
8. Beständige giftige organische Siliciumverbindungen;
9. Beständige Schädlingsbekämpfungsmittel, einschließlich der aus organischen Phosphor- und Zinnverbindungen bestehenden Schädlingsbekämpfungsmittel, Unkrautvernichtungsmittel, Schlammbehandlungsmittel und Chemikalien, die zur Konservierung von Holz, Nutzholz, Holzschliff, Zellulose, Papier, Häuten und Textilien verwendet werden, soweit sie nicht unter Abschnitt A.) fallen.
10. Radioaktive Materialien;
11. Säuren, Laugen und oberflächenaktive Stoffe in hohen Konzentrationen oder großen Mengen;
12. Öl und Abfälle petrochemischer und sonstiger Industrien, die lipid- lösliche Stoffe enthalten;
13. Stoffe, die den Geschmack bzw. den Geruch von Erzeugnissen beeinträchtigen, die für den menschlichen Verzehr aus dem Meer gewonnen werden;
14. Gegenstände und Stoffe, die treiben, schweben oder absinken und die rechtmäßige Nutzung des Meeres ernstlich behindern können;
15. Lignin- Stoffe, die in industriellen Abwässern enthalten sind;
16. Die Chelatbildner EDTA und DTPA.

c) Für einzelne der ca. 180 genannten chemischen Stoffe und Stoffgruppen sind besondere Regelungen für das Ostseegebiet getroffen; die Einteilung der einzelnen Stoffe bzw. -gruppen erfolgt nach der im MARPOL Übereinkommen 973:84 aufgeführten Methode. Darüber hinaus sind weitere Bedingungen (Fahrtgeschwindigkeit, Entfernung vom nächstgelegenen Land u.a.) einzuhalten.

ANNAHMEDATUM: 04.06.74
IURMV-NR.: 974:43

ÜBEREINKOMMEN ZUR VERHÜTUNG DER MEERESVERSCHMUTZUNG VOM LANDE AUS

Annahmeort: Paris

Änderungs- u. Ergänzungsprotokolle : 974:43/A vom 26.03.86

VERTRAGSPARTNER

B, D, DK, E, EG, F, IS, IRL, L, N, NL, P, S, UK

UNMITTELBARER GEGENSTAND DES VERTRAGS

Verursacher :
Schutzgut/Akzeptor : Meer, marine Lebensgemeinschaften, Mensch
Schutzgebiet : s.u.

UVP-Bezug : Der Vertrag fordert Maßnahmen, um die Meeresverschmutzung dann zu verhüten, wenn dadurch die menschliche Gesundheit gefährdet oder das Ökosystem des Meeres geschädigt werden könnte. Er verpflichtet dazu, daß die Verschmutzung des Meeresgebietes durch bestimmte Stoffe, die vom Lande aus eingeleitet werden, beseitigt oder begrenzt wird.

ANMERKUNGEN

Die für dieses Übereinkommen relevanten Stoffe sind in den "zugehörigen Informationen" aufgelistet.
Das Ergänzungsprotokoll dehnt den Geltungsbereich des Übereinkommens zusätzlich auf Verschmutzungen des Meeresgebietes durch die Luft aus.
Der geographische Bezugsraum, auf den dieses Übereinkommen Anwendung findet, umfaßt folgende Meeresbereiche:
Der Atlantik nördlich von 36° n.Br. zwischen 42° w.L. und 51° ö.L. ausschließlich der Ostsee, einzelner Belte und dem Mittelmeer mit den Nebengewässern. Außerdem im Atlantik der Bereich nördlich von 59° n.Br. und zwischen 44° w.L. und 42° w.L.

VERWEIS

ausgewertete Datenquelle: Internationales Umweltrecht, multilaterale Verträge (IURMV, 1989)

ZUGEHÖRIGE INFORMATIONEN

Die Vertragsparteien verpflichten sich, die Verschmutzung des Meeresgebietes (ggfs. schrittweise) vom Lande aus durch die unten aufgeführten Stoffe zu beseitigen:

1. Organische Halogenverbindungen und Stoffe, die in der Meeresumwelt derartige Verbindungen bilden können, mit Ausnahme solcher Stoffe, die biologisch unschädlich sind oder im Meer rasch in biologisch unschädliche Stoffe umgewandelt werden;
2. Quecksilber und Quecksilberverbindungen;
3. Cadmium und Cadmiumverbindungen;
4. Beständige Kunststoffe, die eine rechtmäßige Nutzung des Meeres ernstlich behindern können;
5. aus Erdöl gewonnene beständige Öle und Kohlenwasserstoffe;
6. Radioaktive Stoffe einschließlich Abfälle.

Darüber hinaus soll die Verschmutzung des Meeresgebietes vom Lande aus durch die unten aufgeführten Stoffe streng begrenzt werden:

1. Organische Verbindungen von Phosphor, Silicium und Zinn sowie Stoffe, die in der Meeresumwelt derartige Verbindungen bilden können, mit Ausnahme derjenigen Stoffe, die biologisch unschädlich sind oder die im Meer rasch in biologisch unschädliche Stoffe umgewandelt werden;
2. Reiner Phosphor;
3. Aus Erdöl gewonnene nichtbeständige Öle und Kohlenwasserstoffe;
4. Folgende Elemente und ihre Verbindungen: Arsen, Blei, Chrom, Kupfer, Nickel, Zink;
5. Stoffe, die nach Ansicht der Kommission eine schädliche Wirkung auf den Geschmack und/ oder Geruch der Erzeugnisse haben, die aus der Meeresumwelt für den menschlichen Verbrauch gewonnen werden.

ANNAHMEDATUM: 24.06.74
IURMV-NR.: 974:48

ÜBEREINKOMMEN ÜBER DIE VERHÜTUNG UND BEKÄMPFUNG DER DURCH KREBSERZEUGENDE STOFFE UND EINWIRKUNGEN VERURSACHTEN BERUFSGEFAHREN (ILO NR. 139)

Annahmeort: Genf

Änderungs- u. Ergänzungsprotokolle :

VERTRAGSPARTNER

Ägypten, Afghanistan, Argentinien, CH, D, DK, Ecuador, Guinea, Guyana, H, I, Irak, Japan, N, Nicaragua, Peru, S, SF, Syrien, Uruguay, Venezuela und YU.

UNMITTELBARER GEGENSTAND DES VERTRAGS

Verursacher :
Schutzgut/Akzeptor : menschliche Gesundheit
Schutzgebiet :

UVP-Bezug : Ziel des Übereinkommens ist die Entwicklung internationaler Normen zum Schutz vor krebserzeugenden Stoffen oder deren Einwirkungen.

ANMERKUNGEN

Als mögliche Maßnahmen sind vorgesehen, krebserzeugende Stoffe (bzw. Einwirkungen), denen Arbeitnehmer bei ihrer Tätigkeit ausgesetzt sind, durch weniger schädliche zu ersetzen, also Dauer und Grad einer solchen Exposition auf das mit den Sicherheitsanforderungen zu vereinbarende Mindestmaß zu reduzieren.
Es werden weder Stoffe/ -gruppen noch mögliche Maßnahmen genannt.

VERWEIS

ausgewertete Datenquelle: Internationales Umweltrecht, multilaterale Verträge (IURMV, 1989)

ZUGEHÖRIGE INFORMATIONEN

ANNAHMEDATUM: 16.02.76
IURMV-NR.: 976:13

ÜBEREINKOMMEN ZUM SCHUTZ DES MITTELMEERES VOR VERSCHMUTZUNG

Annahmeort: Barcelona

Änderungs- u. Ergänzungsprotokolle : 980:37 vom 17.05.80

VERTRAGSPARTNER

Ägypten, Algerien, E, F, GR, I, IS, Libanon, Libyen, Malta, Marokko, Monaco, Syrien, TR, Tunesien, Zypern und die EG.
Yu ist nur dem Protokoll beigetreten.

UNMITTELBARER GEGENSTAND DES VERTRAGS

Verursacher :	Schiffe und Luftfahrzeuge
Schutzgut/Akzeptor :	Meeresumwelt
Schutzgebiet :	s. Zugehörige Informationen
UVP-Bezug :	Die Vertragsparteien treffen geeignete Maßnahmen, um die Verschmutzung zu verhüten, zu verringern und zu bekämpfen sowie die Meeresumwelt im u.g. Gebiet zu schützen und zu pflegen.

ANMERKUNGEN

Das Protokoll listet in seinem Anhang einen Stoffkatalog auf, der Anwendung im Übereinkommen findet; Verschmutzungen durch bestimmte Stoffe sind zu beseitigen bzw. streng einzuschränken. Bei weiteren Einleitungen ist zwingend eine Genehmigung der zuständigen nationalen Behörden erforderlich, wobei besondere Bestimmungen aus dem Protokoll zu beachten sind.

VERWEIS

ausgewertete Datenquelle: Internationales Umweltrecht, multilaterale Verträge (IURMV, 1989)

ZUGEHÖRIGE INFORMATIONEN

Im Sinne dieses Übereinkommens umfaßt das Mittelmeergebiet das eigentliche Mittelmeer einschließlich seiner Golfe, westlich begrenzt durch die Meerenge von Gibraltar und östlich begrenzt von der Dardanellen- Meerenge.

Verschmutzungen, die chemische Stoffe und -gruppen aus dem unten aufgeführten Abschnitt enthalten, sind zu beseitigen; zu diesem Zweck erstellen die Vertragsparteien die erforderlichen Programme und Maßnahmen (insbesondere Emissionsnormen und Nutzungsnormen) und führen sie aus:

1. Organohalogen-, Organophosphor- und Organozinnverbindungen und Stoffe, die im Meeresmilieu solche Verbindungen bilden können, ausgenommen diejenigen Verbindungen und Stoffe, die biologisch harmlos sind oder sofort in biologisch harmlose Stoffe umgewandelt werden;
2. Quecksilber und Quecksilberverbindungen;
3. Cadmium und Cadmiumverbindungen;
4. Altschmieröle;
5. Dauerhafte synthetische Stoffe, die im Wasser schwimmen, versinken oder in Suspension gehen und bei irgendeiner rechtmäßigen Verwendung des Meeres einen Einfluß ausüben können;
6. Stoffe mit nachgewiesenermaßen karzinogenen, teratogenen und mutagenen Eigenschaften im Meeresmilieu oder infolge dessen;
7. Radioaktive Stoffe einschließlich ihrer Abfälle, wenn ihre Versenkung nicht von den zuständigen internationalen Stellen unter Berücksichtigung des Meeresmilieus festgelegten Grundsätzen des Strahlenschutzes entspricht;

Verschmutzungen durch die unten aufgeführten Stoffe oder Quellen werden streng eingeschränkt; die Überwachung und strenge Begrenzung der Einleitungen wird im Protokoll geregelt. Bei weiteren Einleitungen ist zwingend eine Genehmigung der zuständigen nationalen Behörden erforderlich:

1. Nachstehende Elemente und ihre Verbindungen: Zink, Kupfer, Nickel, Chrom, Blei, Selen, Arsen, Antimon, Molybdän, Titan, Zinn, Barium, Beryllium, Bor, Uran, Vanadium, Kobalt, Thallium, Tellur und Silber;
2. Biozide und ihre Derivate;
3. Siliciumorganische Verbindungen und Stoffe, die im Meeresmilieu solche Verbindungen bilden können, ausschließlich der biologisch unschädlichen oder derjenigen, die rasch in biologisch unschädliche Stoffe umgewandelt werden können;
4. Rohöle und Kohlenwasserstoffe jeden Ursprungs;
5. Cyanide und Fluoride;
6. Nicht biologisch abbaubare Detergentien und andere grenzflächenaktive Stoffe;
7. Anorganische Phosphorverbindungen und elementarer Phosphor;
8. Pathogene Mikroorganismen;
9. Abwärme;
10. Stoffe, die den Geschmack und/ oder Geruch der im Wasser gewonnenen und für den menschlichen Verzehr bestimmten Produkte beeinträchtigen und Verbindungen, die im Meeresmilieu zur Bildung solcher Stoffe führen;
11. Stoffe, die direkt oder indirekt den Sauerstoffgehalt des Meeresmilieus beeinträchtigen, insbesondere solche, die die Eutrophierung zur Folge haben;
12. Säuren oder alkalische Verbindungen von solcher Zusammensetzung und in solcher Menge, daß sie die Meeresqualität beeinträchtigen können;
13. Stoffe die -auch wenn sie nicht toxisch sind- wegen der Menge, in der sie eingeleitet werden, für das Meeresmilieu gefährlich werden oder bei einer rechtmäßigen Verwendung des Meeres einen Einfluß ausüben können.

ANNAHMEDATUM: 16.02.76
IURMV-NR.: 976:14

PROTOKOLL ZUR VERHÜTUNG DER VERSCHMUTZUNG DES MITTELMEERES DURCH SCHIFFE UND LUFTFAHRZEUGE

Annahmeort: Barcelona

Änderungs- u. Ergänzungsprotokolle :

VERTRAGSPARTNER

Ägypten, Algerien, E, F, GR, I, Isreal, Libanon, Lybien, Malta, Marokko, Monaco, Syrien, TR, Tunesien, YU, Zypern und die EG.

UNMITTELBARER GEGENSTAND DES VERTRAGS

Verursacher :	Schiffe und Luftfahrzeuge
Schutzgut/Akzeptor :	
Schutzgebiet :	Mittelmeer
UVP-Bezug :	Dieses Protokoll orientiert sich am Übereinkommen 972:96 über die Verhütung der Meresverschmutzung durch das Einbringen von Abfällen und anderen Stoffen. Die grundlegende Zielsetzung dieses Übereinkommens wird auf das Schutzgebiet des vorliegenden Protokolls angewendet.

ANMERKUNGEN

Das Einbringen von bestimmten Abfällen und Stoffen wird verboten oder bedarf einer Sondergenehmigung. Die Auflistung der Stoffe und -gruppen, die auf dieses Protokoll Anwendung finden, erfolgt in den Zugehörigen Informationen.

VERWEIS

ausgewertete Datenquelle: Internationales Umweltrecht, multilaterale Verträge (IURMV, 1989)

ZUGEHÖRIGE INFORMATIONEN

A.) Das Einbringen der unten aufgeführten chemischen Stoffe und sonstigen Abfällen im Mittelmeergebiet ist verboten:

1. Organische Halogen- und Siliciumverbindungen und Verbindungen, die in der Meeresumwelt derartige Stoffe bilden können, mit Ausnahme solcher Stoffe, die nicht giftig sind oder die im Meer rasch in biologisch unschädliche Stoffe umgewandelt werden, vorausgesetzt, daß sie den Geschmack eßbarer Meereslebewesen nicht beeinträchtigen;

2. Quecksilber und Quecksilberverbindungen;
3. Cadmium und Cadmiumverbindungen;
4. Beständige Kunststoffe und anderes beständiges synthetisches Material, welche die Fischerei oder die Schiffahrt erheblich beeinträchtigen, die Annehmlichkeiten der Umwelt verringern oder sonstige rechtmäßige Nutzungen des Meeres behindern können;
5. Rohöl und Kohlenwasserstoffe, die aus Erdöl gewonnen werden können, und einen dieser Stoffe enthaltende Gemische, die zum Zweck des Einbringens an Bord genommen wurden;
6. Abfälle oder sonstige Stoffe, die von der Internationalen Atomenergie- Organisation als stark, mittelschwach und schwach radioaktiv bezeichnet sind;
7. Saure und basische Verbindungen, deren Zusammensetzung und Menge die Güte des Meerwassers stark beeinträchtigen kann;
8. Stoffe in jeglicher Form, die für die biologische und chemische Kriegsführung hergestellt worden sind, mit Ausnahme solcher Stoffe, die durch physikalische, chemische und biologische Prozesse im Meer rasch unschädlich gemacht werden;

B.) Das Einbringen der unten aufgeführten Stoffe und Abfälle im Mittelmeergebiet bedarf in jedem Einzelfall einer von den zuständigen innerstaatlichen Behörden erteilten Sondererlaubnis:

1. Arsen, Blei, Kupfer, Zink, Beryllium, Nickel, Vanadium, Selen, Antimon und ihre Verbindungen;
2. Cyanide und Fluoride;
3. Schädlingsbekämpfungsmittel und ihre Nebenprodukte;
4. Andere als die in Abschnitt A.) enthaltenen synthetischen organischen Chemikalien, die schädliche Auswirkungen auf die Meereslebewesen haben oder den Geschmack eßbarer Meereslebewesen beeinträchtigen können;
5. Saure und basische Verbindungen, soweit sie nicht unter Abschnitt A.) fallen;
6. Behälter, Schrott und sonstige sperrige Abfälle, die auf den Meeresboden sinken und die Fischerei oder die Schiffahrt ernstlich behindern können;
7. Stoffe, die zwar nicht giftig sind, jedoch wegen der Menge, in der sie eingebracht werden, schädlich wirken können;
8. Radioaktive Abfälle oder sonstige radioaktive Stoffe, die nicht in Abschnitt A.) aufgeführt werden.

ANNAHMEDATUM: 26.02.76
IURMV-NR.: 976:17

KONVENTION ÜBER DIE JAGDFORMALITÄTEN FÜR TOURISTEN BEIM GRENZEINTRITT IN MITGLIEDSLÄNDER DES CONSEIL DE L'ENTENTE

Annahmeort: Yamoussoukro/ Elfenbeinküste

Änderungs- u. Ergänzungsprotokolle :

VERTRAGSPARTNER

Benin, Burkina Faso, Elfenbeinküste, Niger und Togo.

UNMITTELBARER GEGENSTAND DES VERTRAGS

Verursacher :	Jagd und Tourismus
Schutzgut/Akzeptor :	Artenschutz
Schutzgebiet :	
UVP-Bezug :	Die Vertragsparteien beschließen eine einheitliche Regelung für den Jagd-Tourismus auf ihren jeweiligen Staatsgebieten bezüglich Arten, Aufenthaltsdauer und sonstiger Bedingungen.

ANMERKUNGEN

Jeder Vertragspartner läßt eine Liste der teilweise oder gänzlich geschützten sowie der jagdbaren Arten erarbeiten; diese Liste ist nicht Inhalt dieser Konvention.

VERWEIS

ausgewertete Datenquelle: Internationales Umweltrecht, multilaterale Verträge (IURMV, 1989)

ZUGEHÖRIGE INFORMATIONEN

ANNAHMEDATUM: 12.06.76
IURMV-NR.: 976:45

ÜBEREINKOMMEN BETREFFEND DEN NATURSCHUTZ IM SÜDPAZIFIK

Annahmeort: Apia/ Samoa

Änderungs- u. Ergänzungsprotokolle :

VERTRAGSPARTNER

F, Papua-Neuguinea und Samoa.

UNMITTELBARER GEGENSTAND DES VERTRAGS

Verursacher :
Schutzgut/Akzeptor :
Schutzgebiet : Geschützte Bereiche, Nationalparks und -reservate

UVP-Bezug : Die Vertragsparteien weisen Schutzgebiete in oben aufgeführter Form aus. Darüber hinaus werden grundlegende Schutzbestimmungen für die Gebiete ausgesprochen.

ANMERKUNGEN

Konkrete Schutzgebiete werden nicht genannt.

VERWEIS

ausgewertete Datenquelle: Internationales Umweltrecht, multilaterale Verträge (IURMV, 1989)

ZUGEHÖRIGE INFORMATIONEN

ANNAHMEDATUM: 16.06.76
IURMV-NR.: 976:46

ÜBEREINKOMMEN ZUM SCHUTZ DES ARCHÄOLOGISCHEN, HISTORISCHEN UND KÜNSTLERISCHEN KULTURGUTS DER AMERIKANISCHEN NATIONEN

Annahmeort: San Salvador/ El Salvador

Änderungs- u. Ergänzungsprotokolle :

VERTRAGSPARTNER

Bolivien, Chile, Costa Rica, Ecuador, El Salvador, Guatemala, Haiti, Honduras, Nicaragua, Panama und Peru.

UNMITTELBARER GEGENSTAND DES VERTRAGS

Verursacher :	
Schutzgut/Akzeptor :	Verschiedene Kultur- und Sachgüter
Schutzgebiet :	
UVP-Bezug :	Die Vertragsparteien vereinbaren eine Bestandsaufnahme und Unterschutzstellung von Sach- und Kulturgütern, die damit zum historischen Erbe erklärt werden.

ANMERKUNGEN

Es sind definitorische Aussagen gegeben, jedoch keine konkreten Kultur- und Sachgüter genannt.

VERWEIS

ausgewertete Datenquelle: Internationales Umweltrecht, multilaterale Verträge (IURMV, 1989)

ZUGEHÖRIGE INFORMATIONEN

ANNAHMEDATUM: 03.12.76
IURMV-NR.: 976:89

ÜBEREINKOMMEN ZUM SCHUTZ DES RHEINS GEGEN CHEMISCHE VERUNREINIGUNG

Annahmeort: Bonn

Änderungs- u. Ergänzungsprotokolle :

VERTRAGSPARTNER

CH, D, F, L, NL und die EG.

UNMITTELBARER GEGENSTAND DES VERTRAGS

Verursacher :	
Schutzgut/Akzeptor :	Oberflächengewässer
Schutzgebiet :	Rhein und Rheineinzugsgebiet (s.u.)
UVP-Bezug :	Zur Verbesserung der Güte des Rheinwassers werden im Rahmen dieses Übereinkommens folgende Maßnahmen ergriffen: Verunreinigungen durch gefährliche Stoffe sind schrittweise zu beseitigen bzw. zu verringern; Ausnahmen sind nur über Sondergenehmigungen möglich. Zusammen mit den oben erwähnten Genehmigungen werden durch die zuständigen Behörden Emissionsnormen für die einzelnen Stoffe festgelegt.

ANMERKUNGEN

Die Emissionsnormen legen die in Ableitungen zulässige maximale Konzentration eines Stoffes sowie die in einem oder mehreren bestimmten Zeiträumen in Ableitungen zulässige Höchstmenge eines Stoffes fest.
Die chemischen Stoffe und -gruppen, die von diesem Übereinkommen betroffen sind, werden in den Zugehörigen Informationen aufgeführt; es werden jedoch noch keine Meßwertangaben gemacht.

VERWEIS

ausgewertete Datenquelle: Internationales Umweltrecht, multilaterale Verträge (IURMV, 1989)

ZUGEHÖRIGE INFORMATIONEN

Für die Durchführung dieses Übereinkommens beginnt der Rhein am Ausfluß des Untersees und umfaßt die Arme, durch die sein Wasser frei in die Nordsee fließt, bis zur Küstenlinie, einschließlich der IJssel bis Kampen (NL).

A.) Die Vertragsparteien ergreifen Maßnahmen, um die Verunreinigung der ober-irdischen Gewässer des Rheineinzugsgebietes durch die unten aufgeführten gefährlichen Stoffe und Stoffgruppenzu beseitigen:

1. Organische Halogenverbindungen und Stoffe, die im Wasser derartige Verbindungen bilden können;
2. Organische Phosphor- und Zinnverbindungen;
3. Stoffe, deren krebserregende Wirkung im oder durch das Wasser erwiesen ist;
4. Quecksilber und Quecksilberverbindungen;
5. Kadmium und Kadmiumverbindungen;
6. Beständige Mineralöle und aus Erdöl gewonnene beständige Kohlenwasserstoffe.

B.) Die Vertragsparteien ergreifen Maßnahmen, um die Verunreinigung der oberirdischen Gewässer des Rheineinzugsgebietes durch die unten aufgeführten gefährlichen Stoffe und Stoffgruppen zu verringern:

1. Folgende Metalloide und Metalle mit ihren Verbindungen: Zink, Kupfer, Nickel, Chrom, Blei, Selen, Arsen, Antimon, Molybdän, Titan, Zinn, Barium, Beryllium, Bor, Uran, Vanadium, Kobalt, Thallium, Tellur und Silber;
2. Biozide und davon abgeleitete Verbindungen, sofern sie nicht in Abschnitt A.) aufgeführt sind;
3. Stoffe, die eine abträgliche Wirkung auf den Geschmack und/ oder den Geruch der Erzeugnisse haben, die aus den Gewässern für den menschlichen Verzehr gewonnen werden, sowie Verbindungen, die im Wasser zur Bildung solcher Stoffe führen können;
4. Giftige oder langlebige organische Siliciumverbindungen und Stoffe, die im Wasser zur Bildung solcher Verbindungen führen können, mit Ausnahme derjenigen, die biologisch unschädlich sind oder die sich im Wasser rasch in biologisch unschädliche Stoffe umwandeln;
5. Anorganische Phosphorverbindungen und reiner Phosphor;
6. Nichtbeständige Mineralöle und aus Erdöl gewonnene nicht beständige Kohlenwasserstoffe;
7. Cyanide, Fluoride;
8. Stoffe, die sich auf die Sauerstoffbilanz ungünstig auswirken, insbesondere Ammoniak und Nitrite.

ANNAHMEDATUM: 03.12.76
IURMV-NR.: 976:90

ÜBEREINKOMMEN ZUM SCHUTZ DES RHEINS GEGEN VERUNREINIGUNGEN DURCH CHLORIDE

Annahmeort: Bonn

Änderungs- u. Ergänzungsprotokolle :

VERTRAGSPARTNER

CH, D, F, L und NL.

UNMITTELBARER GEGENSTAND DES VERTRAGS

Verursacher :	Industriebetriebe
Schutzgut/Akzeptor :	Oberflächengewässer
Schutzgebiet :	Rhein
UVP-Bezug :	Die Vertragsparteien verstärken ihre Zusammenarbeit zur Bekämpfung der Verunreinigung des Rheins durch Chloridionen.

ANMERKUNGEN

Die Ableitungen in den Rhein sollen um mindestens 60 Kg/ Sec Chloridionen (Jahresdurchschnitt) reduziert werden. Im französischen Hoheitsgebiet (insbesondere im Bereich der elsäßischen Kaligruben) soll dieses Ziel schrittweise realisiert werden.

VERWEIS

ausgewertete Datenquelle: Internationales Umweltrecht, multilaterale Verträge (IURMV, 1989)

ZUGEHÖRIGE INFORMATIONEN

Bezugnehmend auf die Ergebnisse der 1972 in Den Haag abgehaltenen Ministerkonferenz über die Verunreinigung des Rheins, soll die Gewässergüte des Rheinwassers stufenweise so verbessert werden, daß an der deutsch- niederländischen Grenze der Gehalt von 200 mg/l Chlorid- Ionen nicht überschritten wird.

ANNAHMEDATUM: 20.06.77
IURMV-NR.: 977:46

ÜBEREINKOMMEN ZUM SCHUTZ DER ARBEITNEHMER VOR BERUFSRISIKEN, DIE DURCH LUFTVERSCHMUTZUNG, LÄRM UND VIBRATION AM ARBEITSPLATZ ENTSTEHEN

Annahmeort: Genf

Änderungs- u. Ergänzungsprotokolle :

VERTRAGSPARTNER

Brasilien, Costa Rica, Ecuador, GB, Guinea, Kuba, N, P, S, Sambia, SF, Tansania und Yu.

UNMITTELBARER GEGENSTAND DES VERTRAGS

Verursacher :	alle Wirtschaftszweige
Schutzgut/Akzeptor :	menschliche Gesundheit, arbeitsplatzbezogen
Schutzgebiet :	
UVP-Bezug :	Die Unterzeichnerstaaten verpflichten sich, daß Maßnahmen zur Verhütung und Bekämpfung von Berufsgefahren infolge von Luftverunreinigung, Lärm und Vibration an den Arbeitsplätzen sowie zum Schutz der Arbeitnehmer gegen diese Gefahren zu ergreifen sind.

ANMERKUNGEN

Die Durchführung der oben genannten Maßnahmen muß durch innerstaatliche Gesetzgebung mithilfe technische Normen, Sammlungen praktischer Richtlinien o.ä. erfolgen. Der Vertrag selbst enthält keine Konkretisierung hinsichtlich bestimmter Stoffe, Parameter oder Meßwerte.

VERWEIS

ausgewertete Datenquelle: Internationales Umweltrecht, multilaterale Verträge (IURMV, 1989)

ZUGEHÖRIGE INFORMATIONEN

ANNAHMEDATUM: 03.12.77
IURMV-NR.: 977:90

VEREINBARUNG ÜBER GEMEINSAME VORSCHRIFTEN ÜBER FAUNA UND FLORA

Annahmeort: Enugu/ Tschad

Änderungs- u. Ergänzungsprotokolle :

VERTRAGSPARTNER

Kamerun, Niger, Nigeria und Tschad.

UNMITTELBARER GEGENSTAND DES VERTRAGS

Verursacher :	
Schutzgut/Akzeptor :	Flora und Fauna
Schutzgebiet :	Bereich des Tschadbecken
UVP-Bezug :	Gegenstand der Vereinbarung ist der Biotop- und Artenschutz (Flora und Fauna); darüber hinaus sind grundsätzliche grenzüberschreitende Regelungen getroffen.

ANMERKUNGEN

Hauptgegenstand des Vertrages sind Jagd-, Fischerei- und Handelsbeschränkungen in unterschiedlichem Konkretisierungsgrad sowie einzelne Nutzungsgebote und ein allgemeines Verschmutzungsverbot im o.g. Schutzgebiet.
Es werden 4 Reptilien- und 15 Baumarten besonders genannt; für diese gelten besondere Schutzbestimmungen.

VERWEIS

ausgewertete Datenquelle: Internationales Umweltrecht, multilaterale Verträge (IURMV, 1989)

ZUGEHÖRIGE INFORMATIONEN

ANNAHMEDATUM: 23.06.79
IURMV-NR.: 979:55

ÜBEREINKOMMEN ZUR ERHALTUNG DER WANDERNDEN WILDLEBENDEN TIERARTEN

Annahmeort: Bonn

Änderungs- u. Ergänzungsprotokolle :

VERTRAGSPARTNER

Ägypten, Benin, Chile, D, DK, E, Elfenbeinküste, F, Ghana, GR, H, I, Indien, IRL, Israel, Jamaika, Kamerun, L, Madagaskar, Mali, Marokko, N, Niger, Nigeria, NL, P, Pakistan, Paraguay, Philippinen, S, Senegal, SF, Somalia, Sri Lanka, Togo, Tschad, Tunesien, Uganda, UK, Zentralafrikanische Republik und die EG.

UNMITTELBARER GEGENSTAND DES VERTRAGS

Verursacher :
Schutzgut/Akzeptor : Tierarten (s. Anmerkungen)
Schutzgebiet :

UVP-Bezug : Das Übereinkommen fordert zu grenzüberschreitenden Arten- und Habitatschutz von wandernden Tierarten auf, da nationale Alleingänge diesen Schutz nicht ausreichend gewährleisten können.

ANMERKUNGEN

Zu diesem Zweck sollen die Vertragsstaaten Abkommen über die Erhaltung, Hege und Nutzung von bestimmten Tierarten abschließen. Der Anhang des Übereinkommens enthält Artenlisten, wobei eine Differenzierung in gefährdete Arten und in Arten mit ungünstigen Erhaltungssituationen vorgenommen wird: Die Artenlisten umfassen 19 Säugetier-, 34 Vögel-, 5 Reptilien-, 2 Fischarten und eine Schmetterlingsart.

VERWEIS

ausgewertete Datenquelle: Internationales Umweltrecht, multilaterale Verträge (IURMV, 1989)

ZUGEHÖRIGE INFORMATIONEN

ANNAHMEDATUM: 19.09.79
IURMV-NR.: 979:70

ÜBEREINKOMMEN ÜBER DIE ERHALTUNG DER EUROPÄISCHEN WILDLEBENDEN PFLANZEN UND TIERE UND IHRES NATÜRLICHEN LEBENSRAUMES

Annahmeort: Bern

Änderungs- u. Ergänzungsprotokolle :

VERTRAGSPARTNER

AU, B, CH, D, DK, E, F, FL, GR, I, IRL, L, N, NL, P, S, Senegal, SF, Türkei, UK, Zypern und die EG.

UNMITTELBARER GEGENSTAND DES VERTRAGS

Verursacher :
Schutzgut/Akzeptor : bestimmte Pflanzen und Tierarten
Schutzgebiet : Territorien der Vertragsparteien

UVP-Bezug : Das Übereinkommen fordert zum Schutz wildlebender Pflanzen und Tiere mit ihren natürlichen Lebensräumen auf.

ANMERKUNGEN

Die Vertragsparteien ergreifen die erforderlichen gesetzgeberischen und verwaltungstechnischen Maßnahmen, um die Erhaltung der Lebensräume wildlebender Pflanzen- und Tierarten, sowie die Erhaltung gefährdeter natürlicher Lebensräume sicherzustellen. Die Artenliste umfaßt insgesamt über 500 Arten. Die Habitate werden geographisch nicht definiert.

VERWEIS

ausgewertete Datenquelle: Internationales Umweltrecht, multilaterale Verträge (IURMV, 1989)

ZUGEHÖRIGE INFORMATIONEN

ANNAHMEDATUM: 13.11.79
IURMV-NR.: 979:84

ÜBEREINKOMMEN ÜBER WEITRÄUMIGE GRENZÜBERSCHREITENDE LUFT-VERUNREINIGUNGEN (EMEP)

Annahmeort: Genf

Änderungs- u. Ergänzungsprotokolle : 979:84/A vom 28.09.84
979:84/B vom 08.07.85
979:84/C vom 31.10.88

VERTRAGSPARTNER

AU, B, Beloruss. SSR, BG, CH, CSSR, D, DDR, DK, E, F, FL, GR, H, Holy See, I, IRL, IS, Kanada, L, N, NL, P, PL, RO, S, San Marino, SF, TR, UdSSR, UK, Ukrain. SSR, USA, YU und die EG.
Die einzelnen Änderungsprotokolle werden z.T. nicht von allen oben aufgeführten Vertragsstaaten mitgetragen.

UNMITTELBARER GEGENSTAND DES VERTRAGS

Verursacher :
Schutzgut/Akzeptor : Umwelt allgemein, menschl. Gesundheit
Schutzgebiet :

UVP-Bezug : Der Vertrag zielt auf die Förderung von Informationsaustausch, Konsultationen, Forschungs- und Überwachungsarbeiten zur Entwicklung von Strategien und Politiken ab, die der Bekämpfung der Einleitung von luftverunreinigenden Stoffen dienen sollen.

ANMERKUNGEN

Die einzelnen Protokolle regeln insbesondere folgende Sachverhalte:
a.) Organisation der Finanzierung des EMEP;
b.) Entwicklung von Programmen zur Reduzierung der Schwefel- und Stickstoffoxid- Emissionen.
Es werden weder im Vertrag noch in den Protokollen Emissionswerte genannt.

VERWEIS

ausgewertete Datenquelle: Internationales Umweltrecht, multilaterale Verträge (IURMV, 1989)

ZUGEHÖRIGE INFORMATIONEN

ANNAHMEDATUM: 20.12.79
IURMV-NR.: 979:94

ÜBEREINKOMMEN ÜBER DIE ERHALTUNG UND PFLEGE DER VIKUNJA

Annahmeort: Lima/ Peru

Änderungs- u. Ergänzungsprotokolle :

VERTRAGSPARTNER

Bolivien, Chile, Ecuador und Peru.

UNMITTELBARER GEGENSTAND DES VERTRAGS

Verursacher :	
Schutzgut/Akzeptor :	Vikunja (Lama- Art)
Schutzgebiet :	Areal der Vikunja in den südamerikan. Anden
UVP-Bezug :	Die Vertragspartner beschließen ein Handelsverbot bis 31.12.89.; Ausnahmen von dieser Regelung sind nur bei besonderen Bedürfnissen der einheimischen Andenbevölkerung zugelassen.

ANMERKUNGEN

Vertragstext nimmt Bezug auf das Übereinkommen über den Internationalen Handel mit gefährdeten Arten freilebender Tiere und Pflanzen (Washingtoner Artenschutzabkommen 973:18 vom 03.03.73.).

VERWEIS

ausgewertete Datenquelle: Internationales Umweltrecht, multilaterale Verträge (IURMV, 1989)

ZUGEHÖRIGE INFORMATIONEN

ANNAHMEDATUM: 20.11.81
IURMV-NR.: 981:84

ÜBEREINKOMMEN ÜBER DEN SCHUTZ DER MEERESUMWELT UND KÜSTENGEBIETE DES SÜDOSTPAZIFIKS

Annahmeort: Lima/Peru

Änderungs- u. Ergänzungsprotokolle :

VERTRAGSPARTNER

Chile, Ecuador, Kolumbien, Panama und Peru

UNMITTELBARER GEGENSTAND DES VERTRAGS

Verursacher :	
Schutzgut/Akzeptor :	Meeresumwelt
Schutzgebiet :	Küstengebiete des Südpazifiks (ohne weitere Spezifizierung)
UVP-Bezug :	Das Übereinkommen regelt in programmatischem Charakter den Schutz der Meeresumwelt und der Küstengebiete des Südostpazifiks.

ANMERKUNGEN

Konkrete Maßnahmen zur Verhütung, Reduzierung und Kontrolle der Verschmutzung werden nicht genannt.
Außer der Verschmutzung der Meeresumwelt sollen auch Maßnahmen zur Verhinderung der Erosion der Küstenregionen ergriffen werden.

VERWEIS

[siehe andere Verträge!]

ZUGEHÖRIGE INFORMATIONEN

ANNAHMEDATUM: 12.11.81
IURMV-NR.: 981:85

VEREINBARUNG ÜBER REGIONALE ZUSAMMENARBEIT BEI DER BEKÄMPFUNG VON VERUNREINIGUNG IM SÜDOSTPAZIFIK DURCH ÖL UND ANDERE SCHÄDLICHE SUBSTANZEN IN NOTFÄLLEN

Annahmeort: Lima/Peru

Änderungs- u. Ergänzungsprotokolle :

VERTRAGSPARTNER

Chile, Ecuador, Panama und Peru

UNMITTELBARER GEGENSTAND DES VERTRAGS

Verursacher :
Schutzgut/Akzeptor :
Schutzgebiet : Pazifik innerhalb der 200 Sm-Zone der Parteien

UVP-Bezug : Es werden grundsätzliche allgemeine Schutzziele und -objekte definiert.

ANMERKUNGEN

Konkrete Schutzmaßnahmen werden nicht genannt. Die Form der Benachrichtigung in Katastrophenfällen wird festgelegt.

VERWEIS

ausgewertete Datenquelle: Internationales Umweltrecht, multilaterale Verträge (IURMV, 1989)

ZUGEHÖRIGE INFORMATIONEN

ANNAHMEDATUM: 03.04.82
IURMV-NR.: 982:26

PROTOKOLL ÜBER BESONDERS GESCHÜTZTE GEBIETE IM MITTELMEERRAUM

Annahmeort: Genf

Änderungs- u. Ergänzungsprotokolle :

VERTRAGSPARTNER

E, F, GR, I, Israel, Malta, Monaco und Tunesien.

UNMITTELBARER GEGENSTAND DES VERTRAGS

Verursacher :	
Schutzgut/Akzeptor :	
Schutzgebiet :	Küstengewässer der Vertragsparteien
UVP-Bezug :	Die Vertragsparteien schaffen Schutzgebiete und versuchen, die zu ihrem Schutz notwendigen Maßnahmen kurzfristig durchzuführen. Die Auswahl, Schaffung und Verwaltung der Schutzgebiete erfolgt nach einheitlichen Normen, die noch zu erarbeiten sind.

ANMERKUNGEN

Die Schutzgebiete sollen insbesondere der Erhaltung von Landschaften mit besonderem öklogischem Wert, von genetischer Vielfalt der Arten und der Erhaltung von repräsentativen Typen von Ökosystemen dienen. Auf der Basis dieser Charakterisierung erfolgt die Auswahl und Bestimmung der Schutzgebiete.
Es werden keine konkreten Schutzgebiete genannt.

VERWEIS

ausgewertete Datenquelle: Internationales Umweltrecht, multilaterale Verträge (IURMV, 1989)

ZUGEHÖRIGE INFORMATIONEN

ANNAHMEDATUM: 22.07.83
IURMV-NR.: 983:54

PROTOKOLL ÜBER DEN SCHUTZ DES SÜDOSTPAZIFIKS GEGEN DIE VERSCHMUTZUNG VOM LANDE AUS

Annahmeort: Quito/Ecuador

Änderungs- u. Ergänzungsprotokolle : 983:55 vom 22.07.83

VERTRAGSPARTNER

Chile, Ecuador, Kolumbien, Panama und Peru

UNMITTELBARER GEGENSTAND DES VERTRAGS

Verursacher :	Einträge über Wasser vom Lande aus
Schutzgut/Akzeptor :	Meeresumwelt
Schutzgebiet :	Meeresbereiche im Südostpazifik
UVP-Bezug :	Die Vertragsparteien treffen geeignete Maßnahmen, um die Verschmutzung zu verhüten, zu verringern bzw. zu bekämpfen und damit die Meeresumwelt zu schützen und zu pflegen.

ANMERKUNGEN

Die Aussagen zum Schutz der Meeresumwelt decken sich mit den Inhalten aus dem Übereinkommen zum Schutz des Mittelmeeres vor Verschmutzung (976:13). Aus diesem Grund ist der Anhang dieses Protokolls in den Zugehörigen Informationen des Übereinkommens 976:13 vom 16.02.76 aufgeführt.

VERWEIS

ausgewertete Datenquelle: Internationales Umweltrecht, multilaterale Verträge (IURMV, 1989)

ZUGEHÖRIGE INFORMATIONEN

ANNAHMEDATUM: 18.11.83
IURMV-NR.: 983:85

INTERNATIONALES TROPENHOLZ- ÜBEREINKOMMEN

Annahmeort: Genf

Änderungs- u. Ergänzungsprotokolle :

VERTRAGSPARTNER

Ägypten, B, Bolivien, Brasilien, CH, D, DK, E, Ecuador, Elfenbeinküste, F, Gabun, Ghana, GR, Honduras, I, Indonesien, IRL, Japan, Kamerun, Kongo, L, Liberia, Malaysia, N, NL, Papua Neuguinea, Peru, Philippinen, Republik Korea, S, SF, Thailand, Trinidad und Tobago, UdSSR, UK, USA und die EG.

UNMITTELBARER GEGENSTAND DES VERTRAGS

Verursacher :
Schutzgut/Akzeptor :
Schutzgebiet :

UVP-Bezug : Im Vordergrund des Übereinkommens steht die Errichtung und Verwaltung einer internationalen Organisation, die folgende Ziele bewältigen soll:
1. Maximierung der Rohstoffgewinnung;
2. Verarbeitung im Land der Rohstoffgewinnung;
3. Erschließung von unberührten Naturwäldern.

ANMERKUNGEN

Der Charakter des Übereinkommens ist eindeutig nutzungsorientiert mit dem Ziel der Optimierung der Holzgewinnung; es besteht kein expliziter Bezug zum Naturschutz.

VERWEIS

ausgewertete Datenquelle: Internationales Umweltrecht, multilaterale Verträge (IURMV, 1989)

ZUGEHÖRIGE INFORMATIONEN

ANNAHMEDATUM: 22.03.85
IURMV-NR.: 985:22

ÜBEREINKOMMEN ZUM SCHUTZ DER OZONSCHICHT

Annahmeort: Wien

Änderungs- u. Ergänzungsprotokolle : 985:22/A vom 16.09.87

VERTRAGSPARTNER

Ägypten, Argentinien, B, CH, Chile, D, DK, F, GR, I, Kanada, L, Mexiko, N, NL, Peru, S, SF, UdSSR, USA und die EG.

UNMITTELBARER GEGENSTAND DES VERTRAGS

Verursacher :	menschliche Tätigkeit
Schutzgut/Akzeptor :	menschliche Gesundheit und Umwelt allg.
Schutzgebiet :	Atmosphäre/ Ozonschicht
UVP-Bezug :	Die Vertragsparteien treffen geeignete Maßnahmen, um die menschliche Gesundheit und die Umwelt vor schädlichen Auswirkungen zu schützen.

ANMERKUNGEN

Zu diesem Zweck versuchen die Vertragsparteien entsprechend den ihnen zur Verfügung stehenden Mitteln folgende Maßnahmen zu ergreifen:

1. Systematische Beobachtungen, Forschungen und Informationsaustausch;
2. Erstellung geeigneter Gesetzgebungs- und Verwaltungsmaßnahmen zur Regelung, Begrenzung, Verringerung und Verhinderung von Stoffen, die das weitere Bestehen der Ozonschicht gefährden können;
3. Zusammenarbeit mit den zuständigen internationalen Stellen, u.a. mit dem Ziel der Erforschung möglicher Interdependenzen bei einer weiteren Veränderung der Atmosphäre.

VERWEIS

ausgewertete Datenquelle: Internationales Umweltrecht, multilaterale Verträge (IURMV, 1989)

ZUGEHÖRIGE INFORMATIONEN

ANNAHMEDATUM: 21.06.85
IURMV-NR.: 985:46

ÜBEREINKOMMEN ÜBER DEN SCHUTZ UND DIE ENTWICKLUNG DER MEERES- UND KÜSTENUMWELT DER OSTAFRIKANISCHEN REGION

Annahmeort:

Änderungs- u. Ergänzungsprotokolle : 985:47 vom 21.06.85
985:48 vom 21.06.85

VERTRAGSPARTNER

nicht bekannt (in der u.a. Datenquelle nicht angegeben)

UNMITTELBARER GEGENSTAND DES VERTRAGS

Verursacher : Dumping von Schiffen und Einleitungen von Land aus
Schutzgut/Akzeptor : Flora, Fauna, Biotope
Schutzgebiet : Meeres- und Küstenumwelt Ostafrikas

UVP-Bezug : Ziel des Übereinkommens ist die Identifikation der Verschmutzungsquellen sowie die Verhinderung von Verschmutzungen. Zu diesem Zweck wird ein Ausschuß eingesetzt.
Der Vertrag enthält besonderen Hinweis auf Notwendigkeit von UVP. Die Protokolle fordern zur Abgrenzung von Habitaten auf.

ANMERKUNGEN

Die Protokolle enthalten Listen mit ungefähr 150 Tier- und Pflanzenarten unterschiedlicher Schutzbedürftigkeit.

VERWEIS

ausgewertete Datenquelle: Internationales Umweltrecht, multilaterale Verträge (IURMV, 1989)

ZUGEHÖRIGE INFORMATIONEN

ANNAHMEDATUM: 24.11.86
IURMV-NR.: 986:87

ÜBEREINKOMMEN ZUM SCHUTZ DER NATÜRLICHEN HILFSQUELLEN UND UMWELT IM SÜDPAZIFIKGEBIET

Annahmeort: Nouméa/ Neukaledonien

Änderungs- u. Ergänzungsprotokolle : 986:87/A vom 25.11.86
986:87/B vom 25.11.86

VERTRAGSPARTNER

Australien, F, Fidschi, GB, Nauru, Neuseeland, NL, Papua Neuguinea, Salomonen Inseln, Samoa und Tuvalu.

UNMITTELBARER GEGENSTAND DES VERTRAGS

Verursacher :
Schutzgut/Akzeptor : Mensch und Umwelt
Schutzgebiet : 200 Sm- Zone

UVP-Bezug : Folgende Ziele werden verfolgt:
1. Technisch-wissenschaftliche Zusammenarbeit;
2. Informationsaustausch;
3. Regelmäßiger Meinungsaustausch.

ANMERKUNGEN

Darüber hinaus werden Aussagen zu chemischen Stoffen und -gruppen gemacht; diese stimmen i.w. überein mit dem Protokoll über den Schutz des Südostpazifiks gegen die Verschmutzung vom Lande aus (983:54 vom 22.07.83.; s. ebenda).

VERWEIS

ausgewertete Datenquelle: Internationales Umweltrecht, multilaterale Verträge (IURMV, 1989)

ZUGEHÖRIGE INFORMATIONEN

6.5 EG-Umweltverträge

6.5.1 Register über die Informationsblätter zu EG-Umweltverträgen

Titel des Vertrages	EG-Kurzbezeichnung
Richtlinie des Rates zur Angleichung der Rechts- und Verwaltungsvorschriften für die **Einstufung, Verpackung und Kennzeichnung gefährlicher Stoffe**	67/548
Richtlinie des Rates zur Angleichung der Rechtsvorschriften der Mitgliedstaaten über den zulässigen **Geräuschpegel und die Auspuffvorrichtungen von Kraftfahrzeugen**	70/157
Richtlinie des Rates zur Angleichung der Rechtsvorschriften der Mitgliedstaaten über Maßnahmen gegen die Verunreinigung der Luft durch **Abgase von Kraftfahrzeugmotoren mit Fremdzündung**	70/220
Richtlinie des Rates zur Angleichung der Rechtsvorschriften der Mitgliedstaaten über Maßnahmen gegen die **Emission verunreinigender Stoffe aus Dieselmotoren** zum Antrieb von Kraftfahrzeugen	72/306
Richtlinie des Rates zur Angleichung der Rechts- und Verwaltungsvorschriften der Mitgliedskartei der Staaten für die **Einstufung, Verpackung und Kennzeichnung von Zubereitungen gefährlicher Stoffe (Lösemittel)**	73/173
Richtlinie des Rates zur Angleichung der Rechtsvorschriften der Mitgliedstaaten über **Detergentien**	73/404
Richtlinie des Rates zur Angleichung der Rechtsvorschriften der Mitgliedstaaten über die **Methoden zur Kontrolle der biologischen Abbaubarkeit anionischer grenzflächenaktiver Substanzen**	73/405
Richtlinie des Rates über die **Altölbeseitigung**	75/439
Richtlinie des Rates über die **Qualitätsanforderungen an Oberflächenwasser für die Trinkwassergewinnung** in den Mitgliedstaaten	75/440
Richtlinie des Rates über **Abfälle**	75/442
Richtlinie des Rates zur Angleichung der Rechtsvorschriften der Mitgliedstaaten über die **Begrenzung des Schwefelgehaltes bestimmter flüssiger Brennstoffe**	75/716
Richtlinie des Rates zur Angleichung der Rechtsvorschriften der Mitgliedstaaten für **Düngemittel**	76/116

Richtlinie des Rates über die **Qualität der Badegewässer**	76/160
Richtlinie des Rates über die **Beseitigung polychlorierter Biphenyle und Terphenyle**	76/403
Richtlinie des Rates betreffend die Verschmutzung infolge der **Ableitung bestimmter gefährlicher Stoffe in die Gewässer der Gemeinschaft** (Gewässerschutzrichtlinie)	76/464
Richtlinie des Rates zur Angleichung der Rechts- und Verwaltungsvorschriften der Mitgliedstaaten für Beschränkungen des **Inverkehrbringens und der Verwendung gewisser gefährlicher Stoffe und Zubereitungen**	76/769
Richtlinie des Rates über die Festsetzung von Höchstgehalten an **Rückständen von Schädlingsbekämpfungsmitteln auf und in Obst und Gemüse**	76/895
Richtlinie des Rates zur Angleichung der Rechtsvorschriften der Mitgliedstaaten über den **Geräuschpegel in Ohrenhöhe der Fahrer von land- und forstwirtschaftlichen Zugmaschinen auf Rädern**	77/311
Richtlinie des Rates über die **biologische Überwachung der Bevölkerung auf Gefährdung durch Blei**	77/312
Richtlinie des Rates zur Angleichung der Rechtsvorschriften der Mitgliedstaaten über Maßnahmen gegen die **Emission verunreinigender Stoffe aus Dieselmotoren** zum Antrieb von land- oder forstwirtschaftlichen Zugmaschinen auf Rädern	77/537
Richtlinie des Rates zur Angleichung der Rechts- und Verwaltungsvorschriften der Mitgliedstaaten für die **Einstufung, Verpackung und Kennzeichnung von Anstrichmittel, Lacken, Druckfarben, Klebestoffen** und dergleichen	77/728
Richtlinie des Rates über **Abfälle aus der Titandioxidproduktion**	78/176
Richtlinie des Rates über **giftige und gefährliche Abfälle**	78/319
Richtlinie des Rates über **Fluorkohlenwasserstoffe in der Umwelt**	--
Richtlinie des Rates zur Angleichung der Rechts- und Verwaltungsvorschriften der Mitgliedstaaten über den **Schutz der Gesundheit von Arbeitnehmern, die Vinylchloridmonomer ausgesetzt sind**	78/610
Richtlinie des Rates zur Angleichung der Rechtsvorschriften der Mitgliedstaaten für die **Einstufung, Verpackung und Kennzeichnung gefährlicher Zubereitungen (Schädlingsbekämpfungsmittel)**	78/631
Richtlinie des Rates über die **Qualität von Süßwasser**, das schutz- oder verbesserungsbedürftig ist, um das Leben von Fischen zu erhalten	78/659
Entschließung des Rates über den gegenseitigen **Informationsaustausch über Fragen der Standortwahl beim Bau von Kraftwerken**	--

Richtlinie des Rates zur Angleichung der Rechtsvorschriften der Mitgliedstaaten über den zulässigen **Geräuschpegel und die Auspuffanlage von Krafträdern**	78/1015
Richtlinie des Rates zur Angleichung der Rechtsvorschriften der Mitgliedstaaten betreffend die **Ermittlung des Geräusch-Emissionspegels von Baumaschinen und Baugeräten**	79/113
Richtlinie des Rates über das **Verbot des Inverkehrbringens und der Anwendung von Pflanzenschutzmitteln**, die bestimmte Wirkstoffe enthalten	79/117
Verordnung des Rates zur **Einführung einer gemeinsamen forstwirtschaftlichen Maßnahme in bestimmten Zonen des Mittelmeergebietes** der Gemeinschaft	79/269
Richtlinie des Rates über die **Erhaltung der wildlebenden Vogelarten**	79/409
Richtlinie des Rates über die **Meßmethoden sowie über die Häufigkeit der Probennahmen und der Analysen des Oberflächenwassers für die Trinkwassergewinnung** in den Mitgliedstaaten	79/869
Richtlinie des Rates über die **Qualitätsanforderungen an Muschelgewässer**	79/923
Richtlinie des Rates zur **Verringerung der Schallemissionen von Unterschalluftfahrzeugen**	80/51
Richtlinie des Rates über den **Schutz des Grundwassers** gegen Verschmutzung durch bestimmte gefährliche Stoffe ("**Grundwasserrichtlinie**")	80/68
Entscheidung des Rates über **Fluorchlorkohlenwasserstoffe in der Umwelt**	80/372
Richtlinie des Rates zur Angleichung der Rechtsvorschriften der Mitgliedstaaten über die **Gewinnung von und den Handel mit natürlichen Mineralwässern**	80/777
Richtlinie des Rates über die **Qualität von Wasser für den menschlichen Gebrauch**	80/778
Richtlinie des Rates über **Grenzwerte und Leitwerte der Luftqualität für Schwefeldioxid und Schwebstaub**	80/779
Entschließung des Rates über **grenzüberschreitende Luftverschmutzung durch Schwefeldioxid und Schwebstaub**	--
Richtlinie des Rates zur Angleichung der Rechtsvorschriften der Mitgliedstaaten betreffend **Ammoniumnitrat** - ein Nährstoff - Düngemittel mit hohem Stickstoffgehalt	80/876
Entscheidung der Kommission zur Festlegung der Kriterien, nach denen die Mitgliedstaaten der Kommission die **Auskünfte für das Verzeichnis der chemischen Stoffe** erteilen	81/437

Richtlinie des Rates betreffend Grenzwerte und Qualitätsziele für **Quecksilberableitungen aus dem Industriezweig Alkalichloridelektrolyse**	82/176
Richtlinie des Rates über die **Gefahren schwerer Unfälle bei bestimmten Industrietätigkeiten**	82/501
Entscheidung des Rates zur Verstärkung der **Vorbeugungsmaßnahmen in bezug auf Fluorchlorkohlenwasserstoffe** in der Umwelt	82/795
Richtlinie des Rates über die Einzelheiten der **Überwachung und Kontrolle der durch die Ableitung aus der Titandioxidproduktion betroffenen Umweltmedien**	82/883
Richtlinie des Rates betreffend einen **Grenzwert für den Bleigehalt in der Luft**	82/884
Verordnung des Rates zur Einführung einer gemeinschaftlichen Regelung für die **Erhaltung und Bewirtschaftung der Fischereiressourcen**	83/170
Verordnung des Rates über **technische Maßnahmen zur Erhaltung der Fischbestände**	83/171
Richtlinie des Rates betreffend Grenzwerte und Qualitätsziele für Cadmiumableitungen	83/513
Richtlinie des Rates betreffend **Grenzwerte und Qualitätsziele für Quecksilberableitungen** mit Ausnahme des Industriezweiges Alkalichloridelektrolyse	84/156
Richtlinie des Rates zur **Bekämpfung der Luftverunreinigung durch Industrieanlagen**	84/360
Richtlinie des Rates betreffend **Grenzwerte und Qualitätsziele für Ableitungen von Hexachlorcyclohexan**	84/491
Richtlinie des Rates zur Angleichung der Rechtsvorschriften der Mitgliedstaaten betreffend **Baugeräte und Baumaschinen**: gemeinsame Bestimmungen	84/532
Richtlinie des Rates zur Angleichung der Rechtsvorschriften der Mitgliedstaaten über den zulässigen **Schalleistungspegel von Motorkompressoren**	84/533
Richtlinie des Rates zur Angleichung der Rechtsvorschriften der Mitgliedstaaten betreffend den zulässigen **Schalleistungspegel von Turmdrehkränen**	84/534
Richtlinie des Rates zur Angleichung der Rechtsvorschriften der Mitgliedstaaten über den zulässigen **Schalleistungspegel von Schweißstromerzeugern**	84/535
Richtlinie des Rates zur Angleichung der Rechtsvorschriften der Mitgliedstaaten über den zulässigen **Schalleistungspegel von Kraftstromerzeugern**	84/536

Richtlinie des Rates zur Angleichung der Rechtsvorschriften der Mitgliedstaaten über den zulässigen **Schalleistungspegel handbedienter Betonbrecher und Abbau-, Aufbruch- und Spatenhammer**	84/537
Richtlinie des Rates über **Luftqualitätsnormen für Stickstoffdioxid**	85/203
Beschluß des Rates über eine auf **Cadmium** bezügliche Ergänzung zu Anhang IV des Übereinkommens zum **Schutze des Rheins** gegen chemische Verunreinigung	85/336
Richtlinie des Rates über die **Umweltverträglichkeitsprüfung bei bestimmten öffentlichen und privaten Projekten**	85/337
Richtlinie des Rates zur Angleichung der Rechtsvorschriften der Mitgliedstaaten über den **Bleigehalt des Benzins**	85/581
Richtlinie des Rates zur Begrenzung des **Geräuschemissionspegels von Hydraulikbaggern, Seilbaggern, Planiermaschinen, Ladern und Baggerladern**	86/662

6.5.2 Informationsblätter zu EG-Umweltverträgen (in chronologischer Reihenfolge)

DATUM: 27.06.67
EG-KURZBEZ.: 67/548

RICHTLINIE DES RATES ZUR ANGLEICHUNG DER RECHTS- UND VERWALTUNGSVORSCHRIFTEN FÜR DIE EINSTUFUNG, VERPACKUNG UND KENNZEICHNUNG GEFÄHRLICHER STOFFE

Änderungs- u. Angleichungsrichtlinien :

69/81 vom 13.03.69	75/409 vom 24.06.75
70/189 vom 06.03.70	76/907 vom 14.07 76
71/144 vom 21.03.71	79/831 vom 18.09.79
73/146 vom 21.05.73	85/71 vom 21.12.84

VERTRAGSPARTNER

Europäische Gemeinschaften.

UNMITTELBARER GEGENSTAND DES VERTRAGS

Verursacher :	Industrie, Gewerbe, Verkehr
Schutzgut/Akzeptor :	Mensch und Umwelt
Schutzgebiet :	
UVP-Bezug :	Die Regelung ist UVP relevant bezüglich der Definition zur Einstufung gefährlicher Stoffe (einschließlich ihrer Zubereitungen) nach ihrer Gefährlichkeit (explosionsgefährlich, brandfördernd, hochentzündlich, leicht entzündlich, entzündlich, sehr giftig, giftig, gesundheitsschädlich, ätzend, reizend, umweltgefährlich, krebserzeugend, teratogen, mutagen).

ANMERKUNGEN

Die Richtlinie enthält keine Angaben von chemischen Elementen und deren Verbindungen; ebenso fehlen Meßwertangaben.

VERWEIS

ausgewertete Datenquelle: Umweltrecht der EG (UREG, 1988)

ZUGEHÖRIGE INFORMATIONEN

DATUM: 06.02.70
EG-KURZBEZ.: 70/157

RICHTLINIE DES RATES ZUR ANGLEICHUNG DER RECHTSVORSCHRIFTEN DER MITGLIEDSTAATEN ÜBER DEN ZULÄSSIGEN GERÄUSCHPEGEL UND DIE AUSPUFFVORRICHTUNGEN VON KRAFTFAHRZEUGEN

Änderungs- u. Angleichungsrichtlinien :

73/350 vom 07.11.73 — 81/334 vom 13.03.81
77/212 vom 08.03.77 — 84/424 vom 03.09 84

VERTRAGSPARTNER

Europäische Gemeinschaften.

UNMITTELBARER GEGENSTAND DES VERTRAGS

Verursacher :	alle zur Teilnahme am Straßenverkehr bestimmten Kraftfahrzeuge
Schutzgut/Akzeptor :	Lärm, Mensch
Schutzgebiet :	
UVP-Bezug :	Die Richtlinie betrifft die Festlegung eines maximalen Geräuschpegels für Kraftfahrzeuge in Abhängigkeit von Gesamtgewicht und Leistung des Fahrzeugs.

ANMERKUNGEN

Meßgeräte, -bedingungen und -methode werden erläutert; die allgemeine EWG-Betriebserlaubnis wird bei Einhalten des Geräuschpegels erteilt (s.u.).

VERWEIS

ausgewertete Datenquelle: Umweltrecht der EG (UREG, 1988)

ZUGEHÖRIGE INFORMATIONEN

Der für die einzelnen Fahrzeugklassen gemessene Geräuschpegel darf die in der Tabelle aufgeführten Grenzwerte nicht überschreiten:

Fahrzeugklassen	Wert in dB(A)[x]
Fahrzeuge für die Personenbeförderung mit höchstens neun Sitzplätzen einschließlich Fahrersitz	80
Fahrzeuge für die Personenbeförderung mit mehr als neun Sitzplätzen einschließlich Fahrersitz mit einer zulässigen Gesamtmasse von nicht mehr als 3,5 t	81
Fahrzeuge für die Güterbeförderung mit einer zulässigen Gesamtmasse von nicht mehr als 3,5 t	81
Fahrzeuge für die Personenbeförderung mit mehr als 9 Sitzplätzen einschließlich Fahrersitz mit einer zulässigen Gesamtmasse von mehr als 3,5 t	82
Fahrzeuge für die Güterbeförderung mit einer zulässigen Gesamtmasse von mehr als 3,5 t	86
Fahrzeuge für die Personenbeförderung mit mehr als neun Sitzplätzen, einschließlich Fahrersitz, mit einer Leistung von 147 kW oder mehr	85
Fahrzeuge für die Güterbeförderung mit einer Leistung von 147 kW oder mehr und einer zulässigen Gesamtmasse von mehr als 12 t	88

[x] Die Messvorschrift besagt u.a.:

Maximaler Schallpegel (Schalldruckpegel)
- bei Vorbeifahrt, gemessen in 7,5m Abstand von einer fahrzeugmittigen Bezugslinie und in 1,2m Höhe über Grund;
- als Standgeräusch, in ca. 0,5m Abstand von der Auspuffmündung.

Der Anhang der Richtlinie enthält weitere Spezifikationen.

DATUM: 20.03.70
EG-KURZBEZ.: 70/220

RICHTLINIE DES RATES ZUR ANGLEICHUNG DER RECHTSVORSCHRIFTEN DER MITGLIEDSTAATEN ÜBER MAßNAHMEN GEGEN DIE VERUNREINIGUNG DER LUFT DURCH ABGASE VON KRAFTFAHRZEUGMOTOREN MIT FREMDZÜNDUNG

Änderungs- u. Angleichungsrichtlinien :

74/290 vom 28.05.74 78/665 vom 14.07.78
77/102 vom 30.11.76

VERTRAGSPARTNER

Europäische Gemeinschaften.

UNMITTELBARER GEGENSTAND DES VERTRAGS

Verursacher :	Kraftfahrzeuge mit Fremdzündungsmotoren (Benziner)
Schutzgut/Akzeptor :	Luft, Mensch
Schutzgebiet :	
UVP-Bezug :	Ziel der Richtlinie ist die Regelung der Emission luftverunreinigender Gase aus dem genannten Motortyp. Dazu sind Grenzwerte für die chemischen Verbindungen Kohlenmonoxid, Kohlenwasserstoffe und Stickoxide in Abhängigkeit von der jeweiligen Bezugsmasse festgelegt

ANMERKUNGEN

Prüfvorschriften werden genannt; bei Einhaltung der Grenzwerte wird die EWG-Betriebserlaubnis erteilt.

VERWEIS

ausgewertete Datenquelle: Umweltrecht der EG (UREG, 1988)

ZUGEHÖRIGE INFORMATIONEN

Die ermittelten Mengen an den genannten chemischen Verbindungen müssen unter den in der Tabelle aufgeführten Werten liegen:

Bezugsmasse (kg) Pr	Kohlenmonoxid (g/Prüfung) 1.1	Kohlenwasserstoffe (g/Prüfung) 1.2	Stickoxide ausgedrückt in NO_2 (g/Prüfung) 1.3
Pr ≤ 750	65	6,0	8,5
750 < Pr ≤ 850	71	6,3	8,5
850 < Pr ≤ 1020	76	6,5	8,5
1020 < Pr ≤ 1250	87	7,1	10,2
1250 < Pr ≤ 1470	99	7,6	11,9
1470 < Pr ≤ 1700	110	8,1	12,3
1700 < Pr ≤ 1930	121	8,6	12,8
1930 < Pr ≤ 2150	132	9,1	13,2
2150 < Pr	143	9,6	13,6

Anmerkung:
Die Bezugsmasse wird definiert als die Masse des fahrbereiten Fahrzeugs abzüglich der Pauschalmasse des Fahrers (75 kg) und zuzüglich einer Pauschalmasse für Schmierstoffe und Benzin (100 kg).
Die Prüfung simuliert auf dem Prüfstand mehrere Fahrzyklen.
Sie ist durchzuführen für Fahrzeuge mit einem Gesamtgewicht von kleiner/gleich 3,5t.
Der Anhang der Richtlinie enthält weitere Spezifikationen (z.B. Leerlauf, Kfz-Typen, Grenzwertsetzungen).

DATUM: 02.08.72
EG-KURZBEZ.: 72/306

RICHTLINIE DES RATES ZUR ANGLEICHUNG DER RECHTSVORSCHRIFTEN DER MITGLIEDSTAATEN ÜBER MAßNAHMEN GEGEN DIE EMISSION VERUNREINIGENDER STOFFE AUS DIESELMOTOREN ZUM ANTRIEB VON KRAFTFAHRZEUGEN

Änderungs- u. Angleichungsrichtlinien :

VERTRAGSPARTNER

Europäische Gemeinschaften.

UNMITTELBARER GEGENSTAND DES VERTRAGS

Verursacher :	Kraftfahrzeuge, die mit einem Dieselmotor angetrieben werden
Schutzgut/Akzeptor :	Luft, Mensch
Schutzgebiet :	
UVP-Bezug :	Die Richtlinie legt die Emission verunreinigender Stoffe aus Dieselmotoren zum Antrieb von Fahrzeugen fest, ohne diese verunreinigenden Stoffe näher zu definieren.

ANMERKUNGEN

Es wird ein Absorptionskoeffizient gemessen, der über mathematische Umrechnung in den Nennwert des Luftdurchsatzes (in l/sec) umgewandelt wird.

VERWEIS

ausgewertete Datenquelle: Umweltrecht der EG (UREG, 1988)

ZUGEHÖRIGE INFORMATIONEN

DATUM: 04.06.73
EG-KURZBEZ.: 73/173

RICHTLINIE DES RATES ZUR ANGLEICHUNG DER RECHTS- UND VERWALTUNGSVORSCHRIFTEN DER MITGLIEDSKARTEI DER STAATEN FÜR DIE EINSTUFUNG, VERPACKUNG UND KENNZEICHNUNG VON ZUBEREITUNGEN GEFÄHRLICHER STOFFE (LÖSEMITTEL)

Änderungs- u. Angleichungsrichtlinien :

80/81 vom 22.07.80 82/473 vom 10.06.82

VERTRAGSPARTNER

Europäische Gemeinschaften.

UNMITTELBARER GEGENSTAND DES VERTRAGS

Verursacher : Industrie, Gewerbe, Verkehr
Schutzgut/Akzeptor : Mensch und Umwelt
Schutzgebiet :

UVP-Bezug : Die Richtlinie befaßt sich mit der Definition von Zubereitungen, die als Lösemittel verwendet werden sollen sowie mit der Einstufung der Zubereitungen selbst.

ANMERKUNGEN

Es werden grundsätzliche, definitorische Aussagen getroffen. Etwa 100 chemische Stoffe und Verbindungen werden entsprechend ihrer Gefährlichkeit in 9 Klassen eingeordnet.

VERWEIS

ausgewertete Datenquelle: Umweltrecht der EG (UREG, 1988)

ZUGEHÖRIGE INFORMATIONEN

DATUM: 22.11.73
EG-KURZBEZ.: 73/404

RICHTLINIE DES RATES ZUR ANGLEICHUNG DER RECHTSVORSCHRIFTEN DER MITGLIEDSTAATEN ÜBER DETERGENTIEN

Änderungs- u. Angleichungsrichtlinien :
82/242 vom 31.03.82 86/94 vom 10.03.86

VERTRAGSPARTNER

Europäische Gemeinschaften.

UNMITTELBARER GEGENSTAND DES VERTRAGS

Verursacher :	Reinigungsvorgänge in Industrie und Haushalten
Schutzgut/Akzeptor :	Wasserflora in durch Abwasser belastete Gewässer
Schutzgebiet :	
UVP-Bezug :	Die Richtlinie ist UVP-relevant bezüglich der Bestimmung, daß Detergentien bei Reinigungsvorgängen nur dann verwendet werden dürfen, wenn die durchschnittliche biologische Abbaubarkeit der darin enthaltenen grenzflächenaktiven Substanzen für jede der anionische, kationische, nicht ionische und ampholytische Kategorien über 90% liegt.

ANMERKUNGEN

Als Detergens im Sinne dieser Richtlinie gilt jedes Erzeugnis, dessen Zusammensetzung speziell auf das Zusammenwirken von Reinigungsvorgängen abgestellt ist. Die Bestimmung der biologischen Abbaubarkeit erfolgt in Richtlinie 73/405/EWG.

VERWEIS

ausgewertete Datenquelle: Umweltrecht der EG (UREG, 1988)

ZUGEHÖRIGE INFORMATIONEN

DATUM: 22.11.73
EG-KURZBEZ.: 73/405

RICHTLINIE DES RATES ZUR ANGLEICHUNG DER RECHTSVORSCHRIFTEN DER MITGLIEDSTAATEN ÜBER DIE METHODEN ZUR KONTROLLE DER BIOLOGISCHEN ABBAUBARKEIT ANIONISCHER GRENZFLÄCHEN AKTIVER SUBSTANZEN

Änderungs- u. Angleichungsrichtlinien :
82/243 vom 31.03.82

VERTRAGSPARTNER

Europäische Gemeinschaften.

UNMITTELBARER GEGENSTAND DES VERTRAGS

Verursacher :
Schutzgut/Akzeptor : Wasser
Schutzgebiet :

UVP-Bezug : Inhalt der Richtlinie ist die Definition von Methoden zur Kontrolle der biologischen Abbaubarkeit anionischer grenzflächenaktiver Substanzen in Detergentien ("Referenzmethode").

ANMERKUNGEN

siehe auch Richtlinie 73/404/EWG

VERWEIS

ausgewertete Datenquelle: Umweltrecht der EG (UREG, 1988)

ZUGEHÖRIGE INFORMATIONEN

DATUM: 16.06.75
EG-KURZBEZ.: 75/439

RICHTLINIE DES RATES ÜBER DIE ALTÖLBESEITIGUNG

Änderungs- u. Angleichungsrichtlinien :

VERTRAGSPARTNER

Europäische Gemeinschaften.

UNMITTELBARER GEGENSTAND DES VERTRAGS

Verursacher :	
Schutzgut/Akzeptor :	Umwelt
Schutzgebiet :	
UVP-Bezug :	Die Richtlinie beschäftigt sich mit nachteiligen Auswirkungen auf die Umwelt beim Sammeln, Lagern und Beseitigen von Altölen, die prinzipiell vermieden werden sollen.

ANMERKUNGEN

programmatischer Charakter

VERWEIS

ausgewertete Datenquelle: Umweltrecht der EG (UREG, 1988)

ZUGEHÖRIGE INFORMATIONEN

DATUM: 16.06.75
EG-KURZBEZ.: 75/440

RICHTLINIE DES RATES ÜBER DIE QUALITÄTSANFORDERUNGEN AN OBERFLÄCHENWASSER FÜR DIE TRINKWASSERGEWINNUNG IN DEN MITGLIEDSTAATEN

Änderungs- u. Angleichungsrichtlinien :

VERTRAGSPARTNER

Europäische Gemeinschaften.

UNMITTELBARER GEGENSTAND DES VERTRAGS

Verursacher :
Schutzgut/Akzeptor : Mensch/Trinkwasser als Nahrungsmittel
Schutzgebiet :

UVP-Bezug : Es werden Qualitätsnormen aufgestellt, denen Oberflächenwasser genügen muß, um nach entsprechender Aufbereitung für die Trinkwassergewinnung verwendet werden zu können.

ANMERKUNGEN

Zur Bestimmung der Qualität von zur Trinkwassergewinnung bestimmten Oberflächenwasser erfolgt eine Differenzierung in 3 Gruppen (mit verschiedenen Standardaufbereitungsverfahren A1-A3; Grenzwertangaben).
Die Richtlinie 79/869/EWG enthält Angaben zu Meßmetoden und Analyseverfahren des Oberflächenwassers.

VERWEIS

ausgewertete Datenquelle: Umweltrecht der EG (UREG, 1988)

ZUGEHÖRIGE INFORMATIONEN

aus Anhang der RL: Qualitäten zur Trinkwassergewinnung bestimmten Oberflächenwasser

	Parameter		A1([3]) G	A1([3]) I	A2([4]) G	A2([4]) I	A3([5]) G	A3([5]) I
1	pH		6,5-8,5		5,5-9		5,5-9	
2	Färbung (nach einfachem Filtern)	mg/l Pt-Skala	10	20 (O)	50	100 (O)	50	200 (O)
3	Suspendierte Stoffe insgesamt	mg/l MES	25					
4	Temperatur	°C	22	25 (O)	22	25 (O)	22	25 (O)
5	Leitfähigkeit	μ/cm^{-1} à 20°	1000		1000		1000	
6	Geruch	(Verdünnungsfaktor bei 25°C)	3		10		20	
7*	Nitrate	mg/l NO_3	25	50 (O)		50 (O)		50 (O)
8 ([1])	Fluoride	mg/l F	0,7/1	1,5	0,7/1,7		0,7/1,7	
9	Gesamtes extrahiertes organisches Chlor	mg/l Cl						
10*	Eisen (gelöst)	mg/l Fe	0,1	0,3	1	2	1	
11*	Mangan	mg/l Mn	0,05		0,1		1	
12	Kupfer	mg/l Cu	0,02	0,05 (O)	0,05		1	
13	Zink	mg/l Zn	0,5	3	1	5	1	5
14	Bor	mg/l B	1		1		1	
15	Beryllium	mg/l Be						
16	Kobalt	mg/l Co						
17	Nickel	mg/l Ni						
18	Vanadium	mg/l V						
19	Arsen	mg/l As	0,01	0,05		0,05	0,05	0,1
20	Kadmium	mg/l Cd	0,001	0,005	0,001	0,005	0,001	0,005
21	Chrom gesamt	mg/l Cr		0,05		0,05		0,05
22	Blei	mg/l Pb		0,05		0,05		0,05
23	Selen	mg/l Se		0,01		0,01		0,01
24	Quecksilber	mg/l Hg	0,0005	0,001	0,0005	0,001	0,0005	0,001
25	Barium	mg/l Ba		0,1		1		1
26	Zyanide	mg/l Cn		0,05		0,05		0,05
27	Sulfate	mg/l SO_4	150	250	150	250 (O)	150	250 (O)
28	Chloride	mg/l Cl	200		200		200	
29	Grenzflächenaktive Stoffe (Methylenblauaktiv)	mg/l (Laurylsulfat)	0,2		0,2		0,5	
30* ([1])	Phosphate	mg/l P_2O_5	0,4		0,7		0,7	
31	Phenole (Phenolzahl) p-Nitroanilin 4 Aminoantipyrin	mg/l C_6H_5HO		0,001	0,001	0,005	0,01	0,1
32	Gelöste oder emulgierte Kohlenwasserstoffe (nach Extraktion durch Petroläther)	mg/l		0,05		0,2	0,5	1
33	Polyzyklische Aromate	mg/l		0,0002		0,0002		0,001
34	Pestizide - gesamt (Parathion, HCH, Dieldrin)	mg/l		0,001		0,0025		0,005
35*	Chemischer Sauerstoffbedarf (CSB)	mg/l O_2					30	
36*	Sättigung mit verdünntem Sauerstoff	% O_2	> 70		> 50		> 30	
37*	Biochemischer Sauerstoffbedarf bei 20 °C ohne Nitrierung (BSP_5)	mg/l O_2	< 3		< 5		< 7	
38	Kjeldahl -Stickstoff (außer NO_3)	mg/l N	1		2		3	
39	Ammoniak	mg/l NH_4	0,05		1	1,5	2	4 (O)

	Parameter		A1(3) G	A1(3) I	A2(4) G	A2(4) I	A3(5) G	A3(5) I
40	Chloroformextrahierbare Stoffe	mg/l SEC	0,1		0,2		0,5	
41	Organischer Kohlenstoff gesamt	mg/l C						
42	Organischer Kohlenstoff nach Flockung und Membranfiltration (5 *) TOC	mg/l C						
43	Gesamt-Coli 37 °C	/100 ml	50		5000		50000	
44	Coli faec.	/100 ml	20		2000		20000	
45	Streptococcus faec.	/100 ml	20		1000		10000	
46	Salmonellen			nicht nachweisbar in 5000 ml		nicht nachweisbar in 1000 ml		

I = (imperativ) = zwingender Wert.

G = (guide) = Leitwert.

O = außergewöhnliche klimatische oder geographische Verhältnisse.

* = Siehe Artikel 8 Buchstabe d).

(1) Die angegebenen Werte stellen entsprechend der durchschnittlichen Jahrestemperatur festgelegte Höchstgrenzen dar (hohe und niedrige Temperatur).

(2) Dieser Parameter wird aufgenommen, um den ökologischen Erfordernissen bestimmter Umweltmedien zu genügen.

(3) bei einfacher physikalischer Aufbereitung und Entkeimung

(4) bei normaler physikalischer und chemischer Aufbereitung und Entkeimung

(5) bei physikalischer und verfeinerter chemischer Aufbereitung, Oxidation, Adsorption und Entkeimung

DATUM: 15.07.75
EG-KURZBEZ.: 75/442

RICHTLINIE DES RATES ÜBER ABFÄLLE

Änderungs- u. Angleichungsrichtlinien :

VERTRAGSPARTNER

Europäische Gemeinschaften.

UNMITTELBARER GEGENSTAND DES VERTRAGS

Verursacher :

Schutzgut/Akzeptor : Schutz der menschlichen Gesundheit sowie der Umwelt, insbesondere Wasser, Luft und Boden mit Tier- und Pflanzenwelt.

Schutzgebiet :

UVP-Bezug : Es werden grundsätzliche Aussagen über das Sammeln, Befördern und Behandeln von Abfällen einschließlich deren Lagerung und Ablagerung auf dem Boden gemacht.

ANMERKUNGEN

Kostenzuweisungen bei der Beseitigung der Abfälle erfolgen nach dem Verursacherprinzip. Diese Richtlinie gilt für die Abfallbeseitigung im allgemeinen. Für besonders gefährliche Stoffe wird eine Sonderregelung getroffen (vgl. Richtlinie 76/403/EWG). Programmatische Aussagen

VERWEIS

ausgewertete Datenquelle: Umweltrecht der EG (UREG, 1988)

ZUGEHÖRIGE INFORMATIONEN

DATUM: 24.11.75
EG-KURZBEZ.: 75/716

RICHTLINIE DES RATES ZUR ANGLEICHUNG DER RECHTSVORSCHRIFTEN DER MITGLIEDSTAATEN ÜBER DIE BEGRENZUNG DES SCHWEFELGEHALTES BESTIMMTER FLÜSSIGER BRENNSTOFFE

Änderungs- u. Angleichungsrichtlinien :

VERTRAGSPARTNER

Europäische Gemeinschaften.

UNMITTELBARER GEGENSTAND DES VERTRAGS

Verursacher :	verschiedene Typen von Gasölen
Schutzgut/Akzeptor :	
Schutzgebiet :	
UVP-Bezug :	Ziel ist die Reduzierung bzw. Begrenzung des Schwefelgehaltes in flüssigen Brennstoffen (insbesondere in Gasölen).

ANMERKUNGEN

Produktbezogene Grenzwerte: Gasöle dürfen nur in Verkehr gebracht werden, wenn sie einen bestimmten Gehalt an Schwefelverbindungen nicht überschreiten.

VERWEIS

ausgewertete Datenquelle: Umweltrecht der EG (UREG, 1988)

ZUGEHÖRIGE INFORMATIONEN

DATUM: 03.03.75
EG-KURZBEZ.:

ENTSCHLIEẞUNG DES RATES ÜBER ENERGIE UND UMWELTSCHUTZ

Änderungs- u. Angleichungsrichtlinien :

VERTRAGSPARTNER

Europäische Gemeinschaften.

UNMITTELBARER GEGENSTAND DES VERTRAGS

Verursacher :
Schutzgut/Akzeptor : Umwelt
Schutzgebiet :

UVP-Bezug : Entschließung ist UVP-relevant bezüglich:
1. der Zielsetzung der intensiveren Nutzung der Abwärme
2. der allgemeinen Zielsetzung der Verringerung des Schwefelgehaltes der Luft durch verschiedene Maßnahmen
3. der Aufgabe der Verringerung der Verschmutzungen aus Stickoxidquel len.

ANMERKUNGEN

Programmatische Aussagen zu den Wechselwirkungen zwischen Energie und Umwelt.

VERWEIS

ausgewertete Datenquelle: Umweltrecht der EG (UREG, 1988)

ZUGEHÖRIGE INFORMATIONEN

DATUM: 18.12.75
EG-KURZBEZ.: 76/116

RICHTLINIE DES RATES ZUR ANGLEICHUNG DER RECHTSVORSCHRIFTEN DER MITGLIEDSTAATEN FÜR DÜNGEMITTEL

Änderungs- u. Angleichungsrichtlinien :

VERTRAGSPARTNER

Europäische Gemeinschaften.

UNMITTELBARER GEGENSTAND DES VERTRAGS

Verursacher :
Schutzgut/Akzeptor :
Schutzgebiet :

UVP-Bezug : Die Richtlinie ist UVP-relevant bezüglich der Definition, Bezeichnung und Zusammensetzung der in der Gemeinschaft wichtigsten Ein- und Mehrnährstoffdünger ("EWG-Düngemittel").

ANMERKUNGEN

Die Bezeichnung "EWG-Düngemittel" darf nur für bestimmte Düngemittel ausgegeben werden.

VERWEIS

ausgewertete Datenquelle: Umweltrecht der EG (UREG, 1988)

ZUGEHÖRIGE INFORMATIONEN

DATUM: 08.12.75
EG-KURZBEZ.: 76/160

RICHTLINIE DES RATES ÜBER DIE QUALITÄT DER BADEGEWÄSSER

Änderungs- u. Angleichungsrichtlinien :

VERTRAGSPARTNER

Europäische Gemeinschaften.

UNMITTELBARER GEGENSTAND DES VERTRAGS

Verursacher :	
Schutzgut/Akzeptor :	Badegewässer, Mensch
Schutzgebiet :	
UVP-Bezug :	Die Richtlinie schreibt vor, daß Badegewässer innerhalb von 10 Jahren bestimmten Grenzwerten für gewisse Parameter entsprechen müssen; die Mitgliedstaaten haben dies durch entsprechende Maßnahmen sicherzustellen.

ANMERKUNGEN

Qualitätsanforderungen an Badegewässer sind in den zugehörigen Informationen angeführt.

VERWEIS

ausgewertete Datenquelle: Umweltrecht der EG (UREG, 1988)

ZUGEHÖRIGE INFORMATIONEN

QUALITÄTSANFORDERUNGEN AN BADEGEWÄSSER

	Parameter	G	I	Mindest- häufigkeit Der Probenahme	Analysen- oder Prüfungsverfahren
	Mikrobiologische Parameter				
1	Gesamtcoliforme Bakterien /100 ml	500	10000	14täglg (1)	Fermentation im Mehrfachansatz. Bei positivem Ausfall Überführen in Nachweismilieu. Auszählen (wahrscheinlichste Zahl) oder Filtration über Membran und Kultur auf geeignetem Milieu wie Milch-Zucker-Tergitol-Agar, Endo-Agar, 0,4%ige Teepol-Nährbouillon, Umpflanzen und Identifizierung verdächtiger Kolonien. Bei 1. und 2. unterschiedliche Bebrütungstemperatur, je nachdem ob gesamtcoliforme oder faekalcoliforme Bakterien bestimmt werden.
2	Faekalcoliforme Bakterien /100ml	100	2000	14täglg (1)	
3	Streptococcus faec. /100 ml	100	-	(2)	Litskysche Methode. Auszählen (wahrscheinlichste Zahl) oder Filtration über Membran, Kultur auf geeignetem Nährboden.
4	Salmonellen /1 l	-	0	(2)	Konzentration durch Filtrieren über Membran. Impfen auf Standard-Nährboden. Anreicherung, Überführen auf Isolierungs-Agar-Agar, Identifizierung
5	Darmviren PFU/10 l	-	0	(2)	Konzentration durch Filtrieren, Ausflokken oder Zentrifugieren; Bestätigung
	Physikalische und chemische Parameter				
6	pH	-	6-9 (0)	(2)	Elektrometrie mit Eichung auf pH 7 und 9
7	Färbung	-	keine anomale Änderung der Färbung (0) -	14täglg (1) (2)	Besichtigungsprüfung oder photometrische Prüfung nach Platin-Kobalt-Eichskala
8	Mineralöle mg/l	- < =0,3	kein sichtbarer Film auf der Wasseroberfläche, kein Geruch -	14täglg (1) (2)	Besichtigungs- und Geruchsprüfung oder Extraktion an ausreichendem Wasservolumen und Wiegen des Trockenrückstands
9	Tenside, die auf Methylenblau reagieren mg/l (Natriumlaurylsulfat)	- < =0,3	keine anhaltende Schaumbildung -	14täglg (1) (2)	Besichtigungsprüfung oder Methylenblauverfahren - absorptionsspektrophotometrisch

10	Phenol mg/l (Phenol-Zahl) C6H5OH	- < = 0,005	kein spezifischer Geruch < = 0,05	14tägig (1) (2)	Überprüfung auf spezifischen Geruch nach Phenol oder Absorptionsspektrophotometrie 4-AAP-Methode (4-Aminoantipyrin)
11	Transparenz m	2	1 (0)	14tägig (1)	Secchi-Scheibe
12	Gelöster Sauerstoff %-Sättigung = 2	80-120	-	(2)	Winkler-Methode oder elektrometrische Methode (Sauerstoffmesser)
13	Teer-Rückstände und schwimmende Körper wie Holz, Kunststoff, Flaschen, Gefäße aus Glas, Kunststoff, Gummi oder sonstigen Stoffe. Bruch oder Splitter	keine		14tägig (1)	Besichtigungsprüfung
14	Ammoniak mg/l NH4			(3)	Absorptions-Spektrophotometer- Nessler-Reagenz - oder Indophenolblau-Methode
15	Kjeldahl-Stickstoff mg/l N Andere Stoffe, die als Zeichen von Verschmutzung gelten			(3)	Kjeldahl-Methode
16	Pestizide mg/l (Parathion, HCH, Dieldrin)			(2)	Extraktion mit geeigneten Lösungsmittel und chromatograpgische Bestimmung
17	Schwermetalle wie: Arsen Kadmium Chrom VI Blei Quecksilber	 mg/l As Cd Cr VI PB Hg		(2)	Atomabsorption, gegebenenfalls mit vorheriger Extraktion
18	Cyanide mg/l Cn			(2)	Absorptionspektrophotometrie mittels spezifischer Reagenzien
19	Nitrate und mg/l NO3 Phosphate	 PO4		(3)	Absorptionspektrophotometrie mittels spezifischer Reagenzien

G = (guide) = Leitwert.
I = (imperativ) = zwingender Wert.
(0) Überschreitung der Grenzwerte bei außergewöhnlichen geographischen oder meteorologischen Verhältnissen vorgesehen.
(1) hat eine in früheren Jahren durchgeführte Probenahme Ergebnisse erbracht, die sehr viel günstiger sind als die Anforderungen dieses Anhangs und ist kein neuer Faktor hinzugekommen, der die Qualität der Gewässer verringert haben könnte, so können die zuständigen Behörden die Häufigkeit der Probenahmen um einen Faktor 2 verringern.
(2) Der Gehalt ist von den zuständigen Behörden zu überprüfen, wenn eine Untersuchung in dem Badegebiet das Vorhandensein dieser Stoffe möglich erscheinen oder auf eine Verschlechterung der Wasserqualität schließen läßt.
(3) Diese Parameter müssen von den zuständigen Behörden überprüft werden, wenn die Tendenz zur Eutrophierung der Gewässer besteht.

DATUM: 06.04.76
EG-KURZBEZ.: 76/403

RICHTLINIE DES RATES ÜBER DIE BESEITIGUNG POLYCHLORIERTER BIPHENYLE UND TERPHENYLE

Änderungs- u. Angleichungsrichtlinien :

VERTRAGSPARTNER

Europäische Gemeinschaften.

UNMITTELBARER GEGENSTAND DES VERTRAGS

Verursacher :	
Schutzgut/Akzeptor :	menschliche Gesundheit und Umwelt
Schutzgebiet :	
UVP-Bezug :	Die Richtlinie verbietet die unkontrollierte Beseitigung und Deponierung von Gegenständen und Geräten, die PCB enthalten.

ANMERKUNGEN

Bezugnehmend auf die RL 75/442/EWG wird hier eine Sonderregelung getroffen.

VERWEIS

ausgewertete Datenquelle: Umweltrecht der EG (UREG, 1988)

ZUGEHÖRIGE INFORMATIONEN

DATUM: 04.05.76
EG-KURZBEZ.: 76/464

RICHTLINIE DES RATES BETREFFEND DIE VERSCHMUTZUNG INFOLGE DER ABLEITUNG BESTIMMTER GEFÄHRLICHER STOFFE IN DIE GEWÄSSER DER GEMEINSCHAFT (GEWÄSSERSCHUTZRICHTLINIE)

Änderungs- u. Angleichungsrichtlinien :

VERTRAGSPARTNER

Europäische Gemeinschaften.

UNMITTELBARER GEGENSTAND DES VERTRAGS

Verursacher :	
Schutzgut/Akzeptor :	Wasser
Schutzgebiet :	- oberirdische Binnengewässer - Küstenmeer - innere Küstengewässer - Grundwasser
UVP-Bezug :	Die Verschmutzung infolge der Einleitung verschiedener gefährlicher Stoffe in die Gewässer allgemein soll beseitigt (Liste I) bzw. eingeschränkt (Liste II) werden (s.u.).

ANMERKUNGEN

Die Einteilung bestimmter Stoffe nach ihrer Gefährlichkeit in den beiden genannten Listen erfolgt an Hand der Faktoren Toxizität, Langlebigkeit und Bioakkumulation.

VERWEIS

ausgewertete Datenquelle: Umweltrecht der EG (UREG, 1988)

ZUGEHÖRIGE INFORMATIONEN

Liste I:

1. Organische Halogenverbindungen und Stoffe, die im Wasser derartige Verbindungen bilden können;
2. organische Phosphorverbindungen;
3. organische Zinnverbindungen;
4. Stoffe, deren kanzerogene Wirkung im oder durch das Wasser erwiesen sind;
5. Quecksilber und Quecksilberverbindungen;
6. Kadmium und Kadmiumverbindungen;
7. beständige Mineralöle und aus Erdöl gewonnene beständige Kohlenwasserstoffe

sowie für die Anwendung der Artikel 2,8,9 und 14 dieser Richtlinie:

8. langlebige Kunststoffe, die im Wasser treiben, schwimmen oder untergehen können und die jede Nutzung der Gewässer behindern können.

Liste II:

1. Folgende Metalloide und Metalle und ihre Verbindungen:

1. Zink	11. Zinn
2. Kupfer	12. Barium
3. Nickel	13. Beryllium
4. Chrom	14. Bor
5. Blei	15. Uran
6. Selen	16. Vanadium
7. Arsen	17. Kobalt
8. Antimon	18. Thallium
9. Molybdän	19. Tellur
10. Titan	20. Silber

2. Biozide und davon abgeleitete Verbindungen, die nicht in der Liste I enthalten sind;
3. Stoffe, die eine für den Geschmack und/oder den Geruch der Erzeugnisse haben, die aus den Gewässern für den menschlichen Verzehr gewonnen werden,

sowie Verbindungen, die im Wasser zur Bildung solcher Stoffe führen können.

4. giftige oder langlebige organische Siliziumverbindungen und Stoffe, die im Wasser zur Bildung solcher Verbindung führen können, mit Ausnahme derjenigen, die biologisch unschädlich sind oder sich im Wasser rasch in biologisch unschädliche Stoffe umwandeln;
5. Anorganische Phosphorverbindungen und reiner Phosphor;
6. Nichtbeständige Mineralöle und aus Erdöl gewonnene nichtbeständige Kohlenwasserstoffe.
7. Zyanide, Fluoride.
8. Stoffe, die sich auf die Sauerstoffbilanz ungünstig auswirken, insbesondere Amooniak, Nitrite.

DATUM: 27.07.76
EG-KURZBEZ.: 76/769

RICHTLINIE DES RATES ZUR ANGLEICHUNG DER RECHTS- UND VERWALTUNGSVORSCHRIFTEN DER MITGLIEDSTAATEN FÜR BESCHRÄNKUNGEN DES INVERKEHRSBRINGENS UND DER VERWENDUNG GEWISSER GEFÄHRLICHER STOFFE UND ZUBEREITUNGEN

Änderungs- u. Angleichungsrichtlinien :
79/633 vom 24.07.79

VERTRAGSPARTNER

Europäische Gemeinschaften.

UNMITTELBARER GEGENSTAND DES VERTRAGS

Verursacher :
Schutzgut/Akzeptor :
Schutzgebiet :

UVP-Bezug : Bestimmte gefährliche Stoffe unterliegen Beschränkungen beim Inverkehrbringen und in der Verwendung in den Mitgliedstaaten.

ANMERKUNGEN

Die Mitgliedstaaten treffen alle Maßnahmen, damit die aufgeführten Stoffe und Zubereitungen nur unter den dort angegebenen Bedingungen in den Verkehr gebracht oder verwendet werden.

VERWEIS

ausgewertete Datenquelle: Umweltrecht der EG (UREG, 1988)

ZUGEHÖRIGE INFORMATIONEN

Im Anhang der RL sind die folgenden Stoffe bzw. Stoffgruppen genannt, für die Beschränkungen des Inverkehrbringens und der Verwendung gelten:
- Polychlorierte Biphenyle (PCB) mit Ausnahme von mono- und dichlorierte Biphenyle
- Polychlorierte Terphenyle (PCT)
- Zubereitungen, die mehr als 0,1 Gewichtsprozent PCB oder PCT enthalten
- Vinylchlorid (1-Chlor-äthen)

- Flüssige Stoffe in ihrem Zustand oder als Zubereitung, die in Anlage I der Richtlinie 67/548/EWG des Rates vom 27. Juni 1967 zur Angleichung der Rechts- und Verwaltungsvorschrift für die Einstufung, Verpackung und Kennzeichnung gefährlicher Stoffe (ABl. 196 vom 16. 8. 1967, S. 1), zulett geändert durch die Richtlinie 79/370/EWG (ABl. L 88 vom 7. 4. 1979, S. 1), unter folgenden Kategorien aufgeführt sind:
  - sehr giftig
  - giftig
  - gesundheitsschädlich
  - ätzend
  - explosionsgefährlich
  - hochentzündlich
  - leicht entzündlich
  - brennbar

  sowie alle Flüssigkeiten, die einen Flammpunkt unter 55° C haben
- Tri-(2.3-Dibrompropyl)-Phosphat (CAS-Nr. 126-72-7)

Im Anhang der RL sind außerdem die Beschränkungsbedingungen spezifiziert.

DATUM: 23.11.76
EG-KURZBEZ.: 76/895

RICHTLINIE DES RATES ÜBER DIE FESTSETZUNG VON HÖCHSTGEHALTEN AN RÜCKSTÄNDEN VON SCHÄDLINGSBEKÄMPFUNGSMITTELN AUF UND IN OBST UND GEMÜSE

Änderungs- u. Angleichungsrichtlinien :

VERTRAGSPARTNER

Europäische Gemeinschaften.

UNMITTELBARER GEGENSTAND DES VERTRAGS

Verursacher :	
Schutzgut/Akzeptor :	pflanzliche Erzeugnisse für die menschliche und tierische Ernährung
Schutzgebiet :	
UVP-Bezug :	Die Richtlinie regelt das Inverkehrbringen von Obst und Gemüse, sofern die Rückstände von Schädlingsbekämpfungsmitteln oder deren Abbauprodukte bestimmte spezifische Höchstgehalte nicht überschreiten.

ANMERKUNGEN

Als Rückstände von Schädlingsbekämpfungsmitteln sind die Reste der von 42 aufgeführten Schädlingsbekämpfungsmitteln bzw. deren Abbauprodukte. Die Liste im Anhang der RL nennt die Höchstgehalte an Rückständen. Die Richtlinie findet keine Anwendung bei der Ausfuhr in Drittländer.

VERWEIS

ausgewertete Datenquelle: Umweltrecht der EG (UREG, 1988)

ZUGEHÖRIGE INFORMATIONEN

Im Anhang der RL ist neben der üblichen Bezeichnung auch die Chemische Bezeichnung angegeben.

DATUM: 29.03.77
EG-KURZBEZ.: 77/311

RICHTLINIE DES RATES ZUR ANGLEICHUNG DER RECHTSVORSCHRIFTEN DER MITGLIEDSTAATEN ÜBER DEN GERÄUSCHPEGEL IN OHRENHÖHE DER FAHRER VON LAND- UND FORSTWIRTSCHAFTLICHEN ZUGMASCHINEN AUF RÄDERN

Änderungs- u. Angleichungsrichtlinien :

VERTRAGSPARTNER

Europäische Gemeinschaften.

UNMITTELBARER GEGENSTAND DES VERTRAGS

Verursacher : Zugmaschinen aus Land- u./o. Forstwirtschaft
Schutzgut/Akzeptor : Fahrzeugführer
Schutzgebiet :

UVP-Bezug : Die Erteilung der EWG-Betriebserlaubnis erfolgt, wenn der Geräuschpegel der genannten Fahrzeuge je nach Meßbedingung 86 bzw. 90 dB(A) nicht überschreitet.

ANMERKUNGEN

Meßbedingungen sowie -verfahren sind im Anhang der RL erläutert bzw. definiert.

VERWEIS

ausgewertete Datenquelle: Umweltrecht der EG (UREG, 1988)

ZUGEHÖRIGE INFORMATIONEN

DATUM: 29.03.77
EG-KURZBEZ.: 77/312

RICHTLINIE DES RATES ÜBER DIE BIOLOGISCHE ÜBERWACHUNG DER BEVÖLKERUNG AUF GEFÄHRDUNG DURCH BLEI

Änderungs- u. Angleichungsrichtlinien :

VERTRAGSPARTNER

Europäische Gemeinschaften.

UNMITTELBARER GEGENSTAND DES VERTRAGS

Verursacher :	
Schutzgut/Akzeptor :	Mensch
Schutzgebiet :	
UVP-Bezug :	Ein gemeinsames Verfahren zur biologischen Überwachung im Hinblick auf die Beurteilung der Gefährdung der Bevölkerung durch Blei außerhalb der Arbeitsstätten wird festgelegt.

ANMERKUNGEN

Modalitäten und Häufigkeit der Probennahme sowie Analyse der Blutentnahme sind erläutert. Referenzwerte für die Blutbleispiegelwerte werden genannt; die Richtlinie beschränkt sich auf die Analyse; Maßnahmen werden nicht genannt.

VERWEIS

ausgewertete Datenquelle: Umweltrecht der EG (UREG, 1988)

ZUGEHÖRIGE INFORMATIONEN

DATUM: 28.06.77
EG-KURZBEZ.: 77/537

RICHTLINIE DES RATES ZUR ANGLEICHUNG DER RECHTSVORSCHRIFTEN DER MITGLIEDSTAATEN ÜBER MAßNAHMEN GEGEN DIE EMISSION VERUNREINIGENDER STOFFE AUS DIESELMOTOREN ZUM ANTRIEB VON LAND- ODER FORSTWIRTSCHAFTLICHEN ZUGMASCHINEN AUF RÄDERN

Änderungs- u. Angleichungsrichtlinien :

VERTRAGSPARTNER

Europäische Gemeinschaften.

UNMITTELBARER GEGENSTAND DES VERTRAGS

Verursacher :	Dieselmotoren aus Fahrzeugen der Land- oder Forstwirtschaft
Schutzgut/Akzeptor :	Luft, Mensch
Schutzgebiet :	
UVP-Bezug :	Die Erteilung der EWG-Betriebserlaubnis erfolgt, wenn die Emission der verunreinigenden Stoffe den Angaben der Richtlinie entsprechen.

ANMERKUNGEN

VERWEIS

ausgewertete Datenquelle: Umweltrecht der EG (UREG, 1988)

ZUGEHÖRIGE INFORMATIONEN

DATUM: 07.11.77
EG-KURZBEZ.: 77/728

RICHTLINIE DES RATES ZUR ANGLEICHUNG DER RECHTS- UND VERWALTUNGSVORSCHRIFTEN DER MITGLIEDSTAATEN FÜR DIE EINSTUFUNG, VERPACKUNG UND KENNZEICHNUNG VON ANSTRICHMITTEL, LACKEN, DRUCKFARBEN, KLEBESTOFFEN UND DERGLEICHEN

Änderungs- u. Angleichungsrichtlinien :
83/265 vom 16.05.83

VERTRAGSPARTNER

Europäische Gemeinschaften.

UNMITTELBARER GEGENSTAND DES VERTRAGS

Verursacher :
Schutzgut/Akzeptor :
Schutzgebiet :

UVP-Bezug : Stoffliste, Definition

ANMERKUNGEN

Die Richtlinie regelt die Definition zur Einstufung von über 80 chemischen Stoffen und Zubereitungen nach dem Grad ihrer Gefährlichkeit (giftig, gesundheitsschädlich, ätzend, reizend, brandfördernd), wobei der Anteil an Lösemittel (siehe 73/173/EWG) entscheidend ist.
Diese Richtlinie gilt nicht für Zubereitungen, die zur Ausfuhr in Drittländer bestimmt sind.

VERWEIS

ausgewertete Datenquelle: Umweltrecht der EG (UREG, 1988)

ZUGEHÖRIGE INFORMATIONEN

DATUM: 20.02.78
EG-KURZBEZ.: 78/176

RICHTLINIE DES RATES ÜBER ABFÄLLE AUS DER TITANDIOXID-PRODUKTION

Änderungs- u. Angleichungsrichtlinien :

83/29 vom 24.01.83

VERTRAGSPARTNER

Europäische Gemeinschaften.

UNMITTELBARER GEGENSTAND DES VERTRAGS

Verursacher :	Industrieanlagen mit Titandioxid-Produktion
Schutzgut/Akzeptor :	menschliche Gesundheit und Umwelt
Schutzgebiet :	
UVP-Bezug :	Ziel ist, die durch Abfälle aus der Titandioxid-Produktion verursachte Verschmutzung zu verhüten bzw. schrittweise abzubauen.

ANMERKUNGEN

Die weitere Einleitung, das Versenken und die Lagerung dieser Abfälle ist nur mit vorheriger Genehmigung möglich.

VERWEIS

ausgewertete Datenquelle: Umweltrecht der EG (UREG, 1988)

ZUGEHÖRIGE INFORMATIONEN

DATUM: 20.03.78
EG-KURZBEZ.: 78/319

RICHTLINIE DES RATES ÜBER GIFTIGE UND GEFÄHRLICHE ABFÄLLE

Änderungs- u. Angleichungsrichtlinien :

VERTRAGSPARTNER

Europäische Gemeinschaften.

UNMITTELBARER GEGENSTAND DES VERTRAGS

Verursacher :	Anlagen, Einrichtungen und Unternehmen, die giftige Abfälle erzeugen, besitzen und /oder beseitigen
Schutzgut/Akzeptor :	menschliche Gesundheit und Umwelt
Schutzgebiet :	
UVP-Bezug :	Das Anfallen giftiger und gefährlicher Stoffe soll eingeschränkt, die Verwertung und Umwandlung dieser Abfälle sowie andere Verfahren zur Wiederverwendung dieser Abfälle sind vorrangig zu fördern.

ANMERKUNGEN

Giftige Abfälle sind Abfälle, die Stoffe aus der unten aufgeführten Liste enthalten.

VERWEIS

ausgewertete Datenquelle: Umweltrecht der EG (UREG, 1988)

ZUGEHÖRIGE INFORMATIONEN

Liste der giftigen und gefährlichen Stoffe oder Materialien

1. Arsen; Arsenverbindungen
2. Quecksilber; Quecksilberverbindungen
3. Kadmium; Kadmiumverbindungen
4. Thallium; Thalliumverbindungen
5. Beryllium; Berylliumverbindungen
6. Chrom-6-Verbindungen
7. Blei; Bleiverbindungen
8. Antimon; Antimonverbindungen
9. Phenole; Phenolverbindungen
10. Organische und anorganische Cyanide

11. Isocyanate
12. Organische Halogenverbindungen, ausgenommen inerte polymerische Materialien und sonstige Stoffe, die von dieser Liste oder von anderen Richtlinien über die Beseitigung giftiger oder gefährlicher Abfälle erfaßt werden.
13. Chlorierte Lösungsmittel
14. Organische Lösungsmittel
15. Biozide und phyto-pharmazeutische Stoffe
16. Teerhaltige Materialien aus Raffinerieverfahren und Teerrückstände aus Destillationsverfahren
17. Pharmazeutische Verbindungen
18. Peroxide, Chlorate, Perchlorate und Azide
19. Äther
20. Nicht erkennbare und/oder neue chemische Labormaterialien, deren Auswirkungen auf die Umwelt nicht bekannt sind.
21. Asbest (Staub und Fasern)
22. Selen; Selenverbindungen
23. Tellur; Tellurverbindungen
24. Polyzyklische aromatische Verbindungen (krebserregend)
25. Metallische Kohlenstoffverbindungen
26. Lösliche Kupferverbindungen
27. Säurehaltige und/oder basische Stoffe, die zur Oberflächenbehandlung von Metallen verwendet werden.

DATUM: 30.05.78
EG-KURZBEZ.: -

RICHTLINIE DES RATES ÜBER FLUORKOHLENSTOFFE IN DER UMWELT

Änderungs- u. Angleichungsrichtlinien :

VERTRAGSPARTNER

Europäische Gemeinschaften.

UNMITTELBARER GEGENSTAND DES VERTRAGS

Verursacher : Aerosol- und Plastikschaumindustrie [die F-11 und F-12 verwendet]
Schutzgut/Akzeptor :
Schutzgebiet :

UVP-Bezug : Stoffliste

ANMERKUNGEN

Es sollen Maßnahmen ergriffen werden,
1. damit die Produktionskapazität für Fluorchlorkohlenwasserstoffe nicht erhöht wird;
2. um Hersteller und Benutzer von Geräten, die F-11 u./o. F-12 enthalten, zu veranlassen, die Leckage dieser Verbindungen zu verhindern;
3. damit verstärkt nach Austauscherzeugnissen geforscht wird.

F-11 ($C\,Cl_3F$), F-12 ($C\,Cl_2F_2$)

VERWEIS

ausgewertete Datenquelle: Umweltrecht der EG (UREG, 1988)

ZUGEHÖRIGE INFORMATIONEN

DATUM: 29.06.78
EG-KURZBEZ.: 78/610

RICHTLINIE DES RATES ZUR ANGLEICHUNG DER RECHTS- UND VERWALTUNGSVORSCHRIFTEN DER MITGLIEDSTAATEN ÜBER DEN SCHUTZ DER GESUNDHEIT VON ARBEITNEHMERN, DIE VINYLCHLORIDMONOMER AUSGESETZT SIND

Änderungs- u. Angleichungsrichtlinien :

VERTRAGSPARTNER

Europäische Gemeinschaften.

UNMITTELBARER GEGENSTAND DES VERTRAGS

Verursacher :	Betriebe, in denen Vinylchloridmonomer hergestellt, gelagert, transportiert oder verwendet wird.
Schutzgut/Akzeptor :	Arbeitnehmer, die der Einwirkung von Vinylchloridmonomer ausgesetzt sind.
Schutzgebiet :	
UVP-Bezug :	Es werden sowohl technische Maßnahmen zur Gefahrenverhütung als auch Schwellenwerte für die Vinylchloridmonomer-Konzentration in der Luft des Arbeitsbereiches festgelegt.

ANMERKUNGEN

VERWEIS

ausgewertete Datenquelle: Umweltrecht der EG (UREG, 1988)

ZUGEHÖRIGE INFORMATIONEN

Der die Alarmschwelle darstellende Wert darf bei Mittelwerten
- über einer Stunde nicht größer als 15 ppm;
- über 20 Minuten nicht oberhalb 20 ppm;
- über 2 Minuten nicht über 30 ppm liegen.

Wird der Schwellenwert überschritten, müssen individuelle Schutzmaßnahmen getroffen werden; sie sind nicht näher definiert.

DATUM: 26.06.78
EG-KURZBEZ.: 78/631

RICHTLINIE DES RATES ZUR ANGLEICHUNG DER RECHTSVORSCHRIFTEN DER MITGLIEDSTAATEN FÜR DIE EINSTUFUNG, VERPACKUNG UND KENNZEICHNUNG GEFÄHRLICHER ZUBEREITUNG (SCHÄDLINGSBEKÄMPFUNGSMITTEL)

Änderungs- u. Angleichungsrichtlinien :
81/187 vom 26.03.81

VERTRAGSPARTNER

Europäische Gemeinschaften.

UNMITTELBARER GEGENSTAND DES VERTRAGS

Verursacher :
Schutzgut/Akzeptor :
Schutzgebiet :

UVP-Bezug : Die Richtlinie regelt die Einstufung von ca. 130 gefährlichen Zubereitungen (Schädlingsbekämpfungsmittel) nach der Gefährlichkeit (sehr giftig, giftig, gesundheitsschädlich).

ANMERKUNGEN

Es werden keine Meßwerte (Standards) genannt.

VERWEIS

ausgewertete Datenquelle: Umweltrecht der EG (UREG, 1988)

ZUGEHÖRIGE INFORMATIONEN

DATUM: 18.07.78
EG-KURZBEZ.: 78/659

RICHTLINIE DES RATES ÜBER DIE QUALITÄT VON SÜẞWASSER, DAS SCHUTZ- ODER VERBESSERUNGSBEDÜRFTIG IST, UM DAS LEBEN VON FISCHEN ZU ERHALTEN

Änderungs- u. Angleichungsrichtlinien :

VERTRAGSPARTNER

Europäische Gemeinschaften.

UNMITTELBARER GEGENSTAND DES VERTRAGS

Verursacher :
Schutzgut/Akzeptor : Fische, Süßwasser
Schutzgebiet : RL fordert auf, entsprechende Gewässer festzulegen.

UVP-Bezug : Ziel der Richtlinie ist die Einhaltung von Qualitätsanforderungen für Süßwasser zur Erhaltung des Fischlebens. Parameter zur Bestimmung der Gewässerqualität.

ANMERKUNGEN

Für insgesamt 14 Parameter (Temperatur, gelöster Sauerstoff, pH-Wert, Schwebstoff Konzentration sowie verschiedene chemische Konzentrationen) sind Richt- und imperative Werte mit Hinweisen zu Analyse- oder Kontrollverfahren aufgeführt. Es wird unterschieden nach Salmoniden- und Cyprinidengewässern.

VERWEIS

ausgewertete Datenquelle: Umweltrecht der EG (UREG, 1988)

ZUGEHÖRIGE INFORMATIONEN

LISTE DER PARAMETER

Parameter	Salmonidengewässer G	Salmonidengewässer I	Cyprinidengewässer F	Cyprinidengewässer I	Analyse- oder Kontrollverfahren	Regelhäufigkeit der Probennahmen und Messungen	Bemerkungen
1. Temperatur (°C)	1. Die unterhalb einer Abwärmeeinleitungsstelle (und zwar an der Grenze der Mischungszone) gemessene Temperatur darf die Werte für die nichtbeeinträchtigte Temperatur nicht um mehr als [1,5°C / 3°C] überschreiten. Die Mitgliedstaaten können unter bestimmten Bedingungen geographisch begrenzte Ausnahmeregelungen beschließen, sofern die zuständige Behörde nachweisen kann, daß sich daraus keine nachteiligen Folgen für die ausgewogene Entwicklung des Fischbestandes ergeben. 2. Außerdem darf die Abwärme nicht dazu führen, daß die Temperatur in der Zone unterhalb der Einleitungsstelle (an der Grenze der Mischungszone) folgende Werte überschreitet: [21,5 (0), 10 (0) / 28(0), 10 (0)] Der Temperaturgrenzwert von 10°C gilt nur für die Laichzeit solcher Arten, die für die Fortpflanzung kaltes Wasser benötigen, und nur für Gewässer, welche sich für solche Arten eignen. Die Temperaturgrenzwerte dürfen jedoch in 2 % der Fälle zeitlich überschritten werden.	1,5°C 21,5 (0) 10 (0)		3°C 28(0) 10 (0)	Temperaturmessung	Wöchentlich, sowohl oberhalb als auch unterhalb der Abwärmeeinleitungsstelle	Zu plötzliche Temperaturerhöhungen sind zu vermeiden
2. Gelöster Sauerstoff mg/l O_2	50% > =9 100% > =7	50% > =9 Sinkt der Sauerstoffgehalt unter 6 mg/l, so wenden die Mitgliedstaaten Artikel7 Absatz 3 an. Die zuständige Behörde muß nachweisen, daß die ausgewogene Entwicklung des Fischbestands hierdurch nicht beeinträchtigt wird.	50% > =8 100% > =5	50% > =7 Sinkt der Sauerstoffgehalt unter 4 mg/l, so wenden die Mitgliedstaaten Artikel7 Absatz 3 an. Die zuständige Behörde muß nachweisen, daß die ausgewogene Entwicklung des Fischbestands hierdurch nicht beeinträchtigt wird.	Winkler-Methode oder spezifische Elektroden elektrochemisches Verfahren)	Monatlich mindestens eine Probe, die repräsentativ für niedrigen Sauerstoffgehalt am Tage der Probenahme ist. Wenn jedoch stärkere tägliche Änderungen vermutet werden, sind täglich mindestens zwei Proben zu entnehmen.	
3. pH		6-9 (0)		6-9 (0)	Elektrometrie: Eichung mittels zweier Pufferlösungen mit bekanntem pH-Wert in der Nähe und vorzugsweise beiderseits des zu messenden pH-Werts	Monatlich	
4. Schwebstoffe (mg/l)	25 (0)		25 (0)		Filtration über Filtermembran 0,45*m oder Zentrifugieren (Mindestzeit 5 Minuten, durchschnittliche Beschleunigung 2800-3200g) Trocknen bei 105°C und Wiegen		Die angegebenen Werte sind durchschnittliche Konzentrationen und gelten nicht für Schwebstoffe mit schädlichen chemischen Eigenschaften. Bei Hochwasser kann mit besonders hohen Konzentrationen gerechnet werden.

Parameter	Salmonidengewässer G	I	Cyprinidengewässer F	I	Analyse- oder Kontrollverfahren	Regelhäufigkeit der Probennahmen und Messungen	Bemerkungen
5. BSB_5 (mg/l O_2)	< 3		< 6		Bestimmung des O_2 nach der Winkler-Methode vor und nach fünftägiger Inkubation bei völliger Dunkelheit bei 20°C ± 1°C (die Nitrifikation sollte nicht verhindert werden)		
6. Gesamtphosphor (mg/l P)					Molekulare Absorptionsspektrophotometrie		Im Falle von Seen mit einer Durchschnittstiefe von 18 bis 300 Metern könnte folgende Formel angewandt werden: L = Belastung, ausgedrückt in mg P pro Quadratmeter Seeoberfläche pro Jahr $\bar{Z}$ = Mittlere Tiefe des Sees in Metern Tw = Theoretische Austauschzeit des Wassers des Sees in Jahren In anderen Fällen können Grenzwerte von 0,2 mg/l bei Salmonidengewässern und 0,4 mg/l bei Cyprinidengewässern (ausgedrückt in PO_4) als Richtwerte zur Verringerung der Eutrophierung angesehen werden.
7. Nitrite (mg/l NO_2)	< 0,01		< 0,03		Molekulare Absorptionsspektrophotometrie		
8. Phenolhaltige Verbindung (mg/l C6H5OH)		(2)		(2)	Geschmacksprüfung		Eine Geschmacksprüfung wird nur dann vorgenommen, wenn vermutet wird, daß phenolhaltige Verbindungen vorhanden sind
9. Ölkohlenwasserstoffe		(3)		(3)	Visuelle Prüfung Geschmacksprüfung	Monatlich	Eine visuelle Prüfung wird regelmäßig einmal im Monat vorgenommen; eine Geschmacksprüfung erfolgt nur dann, wenn vermutet wird, daß Kohlenwasserstoffe vorhanden sind
10. Nicht ionisiertes Ammonium (mg/l NH_3)	< 0,005	< 0,025	< 0,005	< 0,025	Molekulare Absorptionsspektrophotometrie unter Anwendung von Indophenolblau oder Nessler-Methode in Verbindung mit der Bestimmung des pH-Wertes und der Temperatur	Monatlich den.	Bei nicht ionisiertem Ammonium können kleinere Erhöhungen im Laufe eines Tages hingenommen wer-
	Zur Verringerung der Gefahr der Toxizität durch nicht ionisiertes Ammonium, des Sauerstoffverbrauchs durch Nitrifikation und der Eutrophierung dürfen die Gesamtammoniumkonzentration folgende Werte nicht überschreiten:						
11. Ammonium insgesamt (mg/l NH_4)	< 0,04	< 1(4)	< 0,2	< 1(4)			
12. Restchlor insgesamt (mg/l HOCL)		< 0,005		< 0,005	DPD-Methode (Diäthyl-p-Phenylendiamin)	Monatlich	Die I-Werte entsprechen pH = 6. Höhere Gesamtchlorkonzentrationen können bei höheren pH-Werten akzeptiert werden.
13. Gesamtzink (mg/l Zn)		< 0,3		< 0,1	Atomabsorptionsspektrometrie	Monatlich	Die I-Werte entsprechen einer Härte des Wassers von 100 mg/l Ca CO_3. Für Härtegrade zwischen 10 und 500 mg/l siehe entsprechende Grenzwerte in Anhang II

Parameter	Salmonidengewässer G	I	Cyprinidengewässer F	I	Analyse- oder Kontrollverfahren	Regelhäufigkeit der Probennahmen und Messungen	Bemerkungen
14. Gelöstes Kupfer (mg/l Cu)	< 0,04		< 0,04		Atomabsorptions-spektrometrie		Die G-Werte entsprechen einer Härte des Wassers von 100 mg/l $CaCO_3$. Für Härtegrade zwischen 10 und 300 mg/l siehe entsprechende Grenzwerte in Anhang II

(1) Die künstlichen Änderungen des pH-Wertes gegenüber den nicht beeinträchtigten Werten dürfen im Bereich zwischen 6,0 und 9,0 nicht mehr als * 0,5 pH-Einheiten betragen, daß durch diese Änderungen die Schädlichkeit anderer im Wasser vorhandener Stoffe nicht erhöht wird.

(2) Die phenolhaltigen Verbindungen dürfen nicht in solchen Konzentrationen vorhanden sein, daß sie den Wohlgeschmack des Fisches beeiträchtigen.

(3) Die Ölkohlenwasserstoffe dürfen im Wasser nicht in solchen Mengen vorhanden sein, daß sie:

- an der Wasseroberfläche einen sichtbaren Film, bilden oder das Bett der Wasserläufe und Seen mit einer Schicht überziehen;
- bei den Fischen Schäden verursachen.

(4) Bei besonders geographischen oder klimatischen Verhältnisse insbesondere im Falle niedriger Wassertemperaturen und einer verminderten Nitrifikation, oder wenn die zuständige Behörde nachweisen kann, daß sich keine schädlichen Folgen für die ausgewogene Entwicklung des Fischbestandes ergeben, können die Mitgliedstaaten höhere Werte als 1 mg/l festsetzen.

Allgemeine Bemerkung

Es wird darauf hingewiesen, daß bei der Festlegung der Werte der Parameter davon ausgegangen wurde, daß die in diesem Anhang in Betracht gezogenen bzw. nicht in Betracht gezogenen anderen Parameter günstig sind. Das bedeutet insbesondere, daß die Konzentrationen an sonstigen schädlichen Stoffen sehr schwach sind.

Treten gleichzeitig zwei oder mehrere schädliche Stoffe als Gemisch auf, so können gemeinsame Wirkungen (additive, synergetische oder antagonistische Wirkungen) von Bedeutung sein.

Abkürzungen:

G = Richtwert

I = Imperativer Wert

(0) = Abweichungen gemäß Artikel 11 sind möglich.

DATUM: 20.11.78
EG-KURZBEZ.: -

ENTSCHLIEẞUNG DES RATES ÜBER DEN GEGENSEITIGEN INFORMATIONS-AUSTAUSCH ÜBER FRAGEN DER STANDORTWAHL BEIM BAU VON KRAFT-WERKEN

Änderungs- u. Angleichungsrichtlinien :

VERTRAGSPARTNER

Europäische Gemeinschaften.

UNMITTELBARER GEGENSTAND DES VERTRAGS

Verursacher :	Kraftwerke als Sammelbezeichnung
Schutzgut/Akzeptor :	
Schutzgebiet :	
UVP-Bezug :	Ein intensiver gegenseitiger Informationsaustausch über Fragen der Standortwahl von Kraftwerken soll grundlegende Probleme der Elektrizitätswirtschaft lösen helfen.

ANMERKUNGEN

programmatischer Charakter

VERWEIS

ausgewertete Datenquelle: Umweltrecht der EG (UREG, 1988)

ZUGEHÖRIGE INFORMATIONEN

DATUM: 23.11.78
EG-KURZBEZ.: 78/1015

RICHTLINIE DES RATES ZUR ANGLEICHUNG DER RECHTSVORSCHRIFTEN DER MITGLIEDSTAATEN ÜBER DEN ZULÄSSIGEN GERÄUSCHPEGEL UND DIE AUSPUFFANLAGE VON KRAFTRÄDERN

Änderungs- u. Angleichungsrichtlinien :

VERTRAGSPARTNER

Europäische Gemeinschaften.

UNMITTELBARER GEGENSTAND DES VERTRAGS

Verursacher :	Krafträder
Schutzgut/Akzeptor :	Lärm, Mensch
Schutzgebiet :	
UVP-Bezug :	Der Geräuschpegel der Krafträder darf, in Abhängigkeit von der Hubraumklasse, bestimmte Grenzwerte nicht überschreiten (s.u.).

ANMERKUNGEN

Meßmethode und -bedingungen sind in der Richtlinie erläutert.

VERWEIS

ausgewertete Datenquelle: Umweltrecht der EG (UREG, 1988)

ZUGEHÖRIGE INFORMATIONEN

Der Geräuschpegel der Krafträder darf in Abhängigkeit von der Hubraumklasse unter den in der Anlage der Richtlinie aufgeführten Bedingungen folgende Grenzwerte nicht überschritten:

Hubraumklasse cm^3	Grenzwerte des Geräuschpegels dB(A)
<80	78
125	80
350	83
500	85
>500	86

Die Meßvorschrift besagt u.a.:
Maximaler Schallpegel (Schalldruckpegel)
- bei Vorbeifahrt, gemessen in 7,5 m Abstand von einer fahrzeugmittigen Bezugslinie und in ca. 1,2 m Höhe über Grund
- als Standgeräusch, in ca. 0,5 m Abstand von der Auspuffmündung.

Der Anhang der Richtlinie enthält weitere Spezifikationen.

DATUM: 19.12.78
EG-KURZBEZ.: 79/113

RICHTLINIE DES RATES ZUR ANGLEICHUNG DER RECHTSVORSCHRIFTEN DER MITGLIEDSTAATEN BETREFFEND DIE ERMITTLUNG DES GERÄUSCH-EMISSIONSPEGELS VON BAUMASCHINEN UND BAUGERÄTEN

Änderungs- u. Angleichungsrichtlinien :
81/1051 vom 30.12.81

VERTRAGSPARTNER

Europäische Gemeinschaften.

UNMITTELBARER GEGENSTAND DES VERTRAGS

Verursacher :	Baumaschinen u. Baugeräte
Schutzgut/Akzeptor :	Lärm, Mensch
Schutzgebiet :	
UVP-Bezug :	Die Richtlinie regelt die Ermittlung der Geräuschemission bei Baumaschinen und -geräten, wobei Verfahren, Meßbedingungen und weitere technische Vorgaben im Anhang der Richtlinie dargestellt sind.

ANMERKUNGEN

Vgl. Richtlinie 84/532/EWG bis 84/537/EWG.

VERWEIS

ausgewertete Datenquelle: Umweltrecht der EG (UREG, 1988)

ZUGEHÖRIGE INFORMATIONEN

DATUM: 21.12.78
EG-KURZBEZ.: 79/117

RICHTLINIE DES RATES ÜBER DAS VERBOT DES INVERKEHRBRINGENS UND DER ANWENDUNG VON PFLANZENSCHUTZMITTELN, DIE BESTIMMTE WIRKSTOFFE ENTHALTEN

Änderungs- u. Angleichungsrichtlinien :

VERTRAGSPARTNER

Europäische Gemeinschaften.

UNMITTELBARER GEGENSTAND DES VERTRAGS

Verursacher : Schädlingsbekämpfungsmittel
Schutzgut/Akzeptor : Mensch, Tier und Umwelt
Schutzgebiet :

UVP-Bezug : Pflanzenschutzmittel, die einen oder mehrere der unten aufgeführten Wirkstoffe enthalten, dürfen weder in Verkehr gebracht noch angewendet werden. Ausnahmeregelungen sind zugelassen.

ANMERKUNGEN

Die Richtlinie gilt nicht für Pflanzenschutzmittel, die zur Ausfuhr in Drittländer bestimmt sind.

VERWEIS

ausgewertete Datenquelle: Umweltrecht der EG (UREG, 1988)

ZUGEHÖRIGE INFORMATIONEN

Wirkstoffe oder Wirkstoffgruppen:

A. Quecksilberverbindungen
1. Quecksilberoxid
2. Quecksilberchlorid (Kalomel)
3. Sonstige anorganische Quecksilberverbindungen
4. Alkylquecksilberverbindungen
5. Alkoxyalkyl- und Arylquecksilberverbindungen

B. Beständige Chlorverbindungen

1. Aldrin
2. Chlordan
3. Dieldrin
4. DDT
5. Endrin
6. HCH mit weniger als 99,0% Gamma-Isomer-Gehalt
7. Heptachlor
8. Hexachlorbenzol

DATUM: 06.02.79
EG-KURZBEZ.: 79/269

VERORDNUNG DES RATES ZUR EINFÜHRUNG EINER GEMEINSAMEN FORSTWIRTSCHAFTLICHEN MASSNAHME IN BESTIMMTEN ZONEN DES MITTELMEERGEBIETS DER GEMEINSCHAFT

Änderungs- u. Angleichungsrichtlinien :

VERTRAGSPARTNER

Europäische Gemeinschaften.

UNMITTELBARER GEGENSTAND DES VERTRAGS

Verursacher :	
Schutzgut/Akzeptor :	Wald/Forstwirtschaft
Schutzgebiet :	Folgende Regionen bzw. Provinzen/Departements: Mezzogiorno, Latium, Toskana, Ligurien, Umbrien, Emilia-Romagna, Cuneo, Alessandria, Piemont, Pavia, Marken, Languedoc-Rousillon, Provence, Côte-d'Azur, Korsika, Ardèche, Drôme.
UVP-Bezug :	Die Richtlinie regelt Maßnahmen zur Aufforstung, zur Verbesserung abgewirtschafteter Waldbestände sowie dazu ergänzende Brandschutzmaßnahmen u.ä. in einem Rahmenprogramm.

ANMERKUNGEN

Ziel der Maßnahmen ist einerseits die Hebung des Lebensstandards der landwirtschaftlichen Bevölkerung sowie andererseits die Erhaltung und Verbesserung der bodenspezifischen und hydrologischen Belange.

VERWEIS

ausgewertete Datenquelle: Umweltrecht der EG (UREG, 1988)

ZUGEHÖRIGE INFORMATIONEN

DATUM: 02.04.79
EG-KURZBEZ.: 79/409

RICHTLINIE DES RATES ÜBER DIE ERHALTUNG DER WILDLEBENDEN VOGELARTEN

Änderungs- u. Angleichungsrichtlinien :

VERTRAGSPARTNER

Europäische Gemeinschaften.

UNMITTELBARER GEGENSTAND DES VERTRAGS

Verursacher :	
Schutzgut/Akzeptor :	Vögel
Schutzgebiet :	Territorien der Mitgliedstaaten
UVP-Bezug :	Die Richtlinie betrifft die Erhaltung sämtlicher wildlebender Vogelarten, die in Europa heimisch sind.

ANMERKUNGEN

Auf 24 aufgeführte Arten sind besondere Schutzmaßnahmen hinsichtlich ihrer Lebensräume anzuwenden, um ihr Überleben zu sichern. Weiterhin werden 72 Vogelarten genannt, die bejagt werden dürfen.
Weitere Einschränkungen sind länderspezifisch geregelt.
Zu den Maßnahmen gehört u.a. auch die Bereitstellung und Ausweisung geeigneter Schutzgebiete.
Die Richtlinie findet keine Anwendung auf Grönland.

VERWEIS

ausgewertete Datenquelle: Umweltrecht der EG (UREG, 1988)

ZUGEHÖRIGE INFORMATIONEN

DATUM: 09.10.79
EG-KURZBEZ.: 79/869

RICHTLINIE DES RATES ÜBER DIE MESSMETHODEN SOWIE ÜBER DIE HÄUFIGKEIT DER PROBENAHMEN UND DER ANALYSEN DES OBERFLÄCHENWASSERS FÜR DIE TRINKWASSERGEWINNUNG IN DEN MITGLIEDSTAATEN

Änderungs- u. Angleichungsrichtlinien :

VERTRAGSPARTNER

Europäische Gemeinschaften.

UNMITTELBARER GEGENSTAND DES VERTRAGS

Verursacher :
Schutzgut/Akzeptor : Oberflächenwasser, Trinkwasser
Schutzgebiet :

UVP-Bezug : Die Richtlinie betrifft die Referenzmeßmethoden zur Bestimmung der insgesamt 46 Parameterwerte gemäß der Richtlinie 75/440/EWG enthaltenen Parameter.

ANMERKUNGEN

Die Richtlinie 75/440/EWG regelt die Qualitätsanforderungen nach 46 Parametern an Oberflächenwasser für die Trinkwassergewinnung.

VERWEIS

ausgewertete Datenquelle: Umweltrecht der EG (UREG, 1988)

ZUGEHÖRIGE INFORMATIONEN

ANHANG I

REFERENZMEßMETHODEN ZUR BESTIMMUNG DER PARAMETER-WERTE I UND/ODER G GEMÄß RICHTLINIE 75/440/EWG

(A)	(B)		(C)	(D)	(E)	(F)	(G)
	Parameter		Erfassungs-grenze	Genauigkeit +-	Richtigkeit +-	Referenzmeßmethode (1)	Empfohlenes Behältermaterial
1	pH-Wert	Einheit pH	-	0,1	0,2	- Elektrometrie Die Messung erfolgt an Ort und Stelle bei der Probenahme ohne Probenvorbehandlung	
2	Färbung (nach einfachem Filtern)	mg Pt/l	5	19%	20%	- Fitration durch Glasfibermembrane Photometrische Methode nach den Eichwerten der Platin-Kobalt-Skala	
3	Suspendierte Stoffe insgesamt	mg/l	-	5%	10%	- Membranfiltration (0,45*m), Trocknen bei 105°C und Wiegen - Zentrifugieren (mindestens 5 min, mittlere Beschleunigung 2800 bis 3200 g), Trocknen bei 105°C und Wiegen	
4	Temperatur	°C	-	0,5	1	- Temperaturmessung Messung an Ort und Stelle bei der Probenahme ohne Probenvorbehandlung	
5	Leitfähigkeit bei 20°C	*S/cm	-	5%	10%	- Elektrometrie	
6	Geruch	Verdünnungs-faktor bei 25°C	-	-	-	- Feststellung durch Verdünnungsreihe	Glas
7	Nitrate	mg/l NO3	2	10%	20%	- Molekularabsorptionsspektrophotometrie	
8	Fluoride	mg/l F	0,05	10%	20%	- Molekularabsorptionsspektrophotometrie, nötigenfalls nach Destillation - Ionensensitive Elektroden	
9	Gesamtes extrahierbares organisches Chlor	mg/l Cl					
10	Eisen (gelöst)	mg/l Fe	0,02	10%	20%	- Atomabsorbitionsspektrometrie nach Membranfiltration (0,45*m) Molekularabsorptionsspektrophotometrie nach Membrandiltration (0,45*m)	
11	Mangan	mg/l Mn	0,01 (2)	10%	20%	- Atomabsorptionsspektrometrie	
			0,02 (3)	10%	20%	- Atomabsorptionsspektrometrie - Molekularabsorptionsspektrophotometrie	
12	Kupfer (10)	mg/l Cu	0,005	10%	20%	- Atomabsorptionsspektrometrie - Polarographie	
			0,02 (4)	10%	20%	- Atomabsorptionsspektrometrie - Molekularabsorptionsspektrophotometrie - Polarographie	

13	Zink (10)	mg/l Zn	0,01 (2) 0,02	10% 10%	20% 20%	- Atomabsorptionsspektrometrie - Atomabsorptionsspektrometrie - Molekularabsorptionsspektrophotometrie	
14	Bor (10)	mg/l B	0,1	10%	20%	- Molekularabsorptionsspektrophotometrie - Atomabsorptionsspektrometrie	Material, das keine erheblichen Mengen Bor enthält
15	Beryllium	mg/l Be					
16	Kobalt	mg/l Co					
17	Nickel	mg/l Ni					
18	Vanadium	mg/l V					
19	Arsen (10)	mg/l As	0,002 (2) 0,01 (5)	20%	20%	- Atomabsorptionsspektrometrie Atomabsorptionsspektrometrie Molekularabsorptionsspektrophotometrie	
20	Cadmium (10)	mg/l Cd	0,0002 0,001 (5)	30%	30%	- Atomabsorptionsspektrometrie - Polarographie	
21	Chrom gesamt (10)	mg/l Cr	0,01	20%	30%	- Atomabsorptionsspektrometrie - Molekularabsorptionsspektrophotometrie	
22	Blei (10)	mg/l Pb	0,01	20%	30%	- Atomabsorptionsspektrometrie - Polarographie	
23	Selen (10)	mg/l Se	0,005			- Atomabsorptionsspektrometrie	
24	Quecksilber (10)	mg/l Hg	0,0001 0,0001 (5)	30%	30%	- Atomabsorptionsspektrometrie (Kaltdampfmethode)	
25	Barium (10)	mg/l Ba	0,02	15%	30%	- Atomabsorptionsspektrometrie	
26	Cyanide	mg/l CN	0,01	20%	30%	- Molekularabsorptionsspektrophotometrie	
27	Sulfate	mg/l SO4	10	10%	10%	- Gravimetrie - Komplexometrie mit Äthylendiamintetraessigsäure - Molekularabsorptionsspektrophotometrie	
28	Chloride	mg/l Cl	10	10%	10%	- Titrimetrie (Mohrsche Methode) - Molekularabsorptionsspektrophotometrie	
29	Grenzflächenaktive Stoffe (methylenblauaktiv)	mg/l (Laurylsulfat)	0,05	20%		- Molekularabsorptionsspektrophotometrie	
30	Phosphate	mg/l P2O5	0,02	10%	20%	- Molekularabsorptionsspektrophotometrie	
31	Phenole (Phenolzahl)	mg/l C6H5OH	0,0005 0,001 (6)	0,0005 30%	0,0005 50%	- Molekularabsorptionsspektrophotometrie 4 Aminoantipyrin-Methode - p-Nitroanilin-Methode	Glas
32	Gelöste oder emulgierte Kohlenwasserstoffe	mg/l 0,04 (3)	0,01	20%	30%	- Infrarot-Spektrometrie nach Extraktion mit Tetrachlorkohlenstoff - Gravimetrie nach Extraktion durch Petroläther	Glas
33	Polycyclische aromatische Kohlenwasserstoffe (10)	mg/l	0,00004	50%	50%	- Messung der Fluoreszenzintensität im UV-Licht nach Dünnschichtchromatographie - Vergleichsmessung zu einer Mischung von 6 Standardsubstanzen mit derselben Konzentration (8)	Glas oder Aluminium
34	Pestizide - gesamt (Parathion, Hexachlorcyclohexan, Dieldrin (10)	mg/l	0,0001	50%	50%	- Gas- oder Flüssigkeitschromatographie nach Extraktion mit geeignetem Lösungsmittel und Reinigung. Identifizierung der Mischungsbestandteile, quantitative Bestimmung (9)	Glas

35	Chemischer Sauerstoff-bedarf (CSB)	mg/l O2	15	20%	20%	- Kaliumchromatmethode	
36	Sauerstoff-sättigungs-index	%	5	10%	10%	- Winkler-Methode - Elektrochemische Methode	Glas
37	Biochemischer Sauerstoffbedarf bei 20°C ohne Nitrifizierung (BSB5)	mg/l O2	2	1,5	2	- Bestimmung des gelösten O2 vor und nach fünftägiger Bebrütung bei 20 +- 1°C im Dunkeln. Zusatz eines Nitrifizierungsinhibitors	
38	Kjeldahl-Stick-stoff (außer NO2- und NO4-Stickstoff)	mg/l N	0,5	0,5	0,5	- Mineralisierung und Destillation nach dem Kjeldahl-Verfahren, Ammoniumbestimmung durch Molekularabsorptionsspektro-photometrie oder Titrimetrie	
39	Ammonium	mg/l NH4	0,01 (2) 0,1 (3)	0,03 (2) 10% (3)	0,03 (2) 20% (3)	- Molekularabsorptionsspektrophotometrie	
40	Chloroform-extrahierbare Stoffe	mg/l	(11)	-	-	- Extraktion bei pH 7 mit gereinigtem Chloroform, Vakuumverdampfung bei Umgebungstemperatur, Wägen des Rückstands	Glas
41	Gesamter organischer Kohlenstoff	mg/l C					
42	Organischer Kohlenstoff nach Flockung und Membran-filtration (5*m)	mg/l C					
43	Gesamt-coliforme	/100 ml	5 (2) 500 (7) 5 (2) 500 (7)			- Kultur bei 37°C auf zu diesem Zweck geeignetem spezifischen festen Nähr-boden (Milchzucker-Tergitol-Agar, Endo-Agar, 0,4%iges Teepol-Agar), mit (2) oder ohne (7) Filtrieren und Aus-zählen der Kolonien. Die Proben müssen verdünnt oder gegebenenfalls so konzentriert sein, daß sie 10 bis 100 Kolonien enthalten. Erforderlichenfalls durch Gasbildung zu identifizieren. - Verdünnungsmethode mit Fermentation in flüssigen Substraten in mindestens drei Ansätzen in drei Verdünnungen. Bei positivem Ausfall Überführen in Nachweismilieu. Auszählen auf Wahr-scheinlichste Zahl. Bebrütungstemperatur 37 +- 1°C.	Sterilisiertes Glas
44	Fäkal-coliforme	/100 ml	2 (2) 200 (/) 2(2) 200(7)			- Kultur bei 44°C auf zu diesem Zweck geeignetem spezifischen festen Nähr-boden (Milchzucker-Tergitol-Agar, Endo-Agar, 0,4%iges Teepol-Agar), mit (2) oder ohne (7) Filtrieren und Aus-zählen der Kolonien. die Proben müssen verdünnt sein, daß sie 10 bis 100 Kolo-nien enthalten. Erforderlichenfalls durch Gasbildung zu identifizieren. - Verdünnungsmethode mit Fermentation in flüssigen Substraten in mindestens drei Ansätzen in drei Verdünnungen. Bei positivem Ausfall Überführen in Nachweismilieu. Auszählen auf wahr-scheinlichste Zahl. Bebrütungstemperatur 44 +- 0,5°C.	Sterilisiertes Glas

Nr.	Parameter	Einheit	Wert			Methode	Behälter
45	Fäkalstreptokokken	/100ml	2(2) 200 (7) 2(2) 200 (7)			- Kultur bei 37°C auf zu diesem Zweck geeignetem spezifischen festen Nährboden (z.B. Natriumazid), mit (2) oder ohne (7) Filtrieren und Auszählen der Kolonien. Die Proben müssen verdünnt oder gegebenenfalls so konzentriert sein, daß sie 10 bis 100 Kolonien enthalten. - Verfahren der Verdünnung in Natriumazifbrühe in mindestens 3 Ansätzen mit 3 Verdünnungen, Auszählen auf wahrscheinlichste Zahl.	Sterilisiertes Glas
46	Salmonellen (12)		1/5000ml 1/1000 ml			- Konzentration durch Filtration durch Filtrieren (über Membrane oder geeignete Filter); Impfung auf vorangereichertem Nährboden. Anreicherung, Überführen auf Isolierungs-Agar-Agar, Identifizierung.	Sterilisiertes Glas

(1) Die an der Schöpfstelle entnommenen Proben von Oberflächenwasser werden nach Siebung (Maschennetz) zur Entfernung darin schwimmender Rückstände wie Holz, Kunststoff usw. analysiert und gemessen.

(2) Für Wasser der Kategorie A1 Wert G.

(3) Für Wasser der Kategorie A2 und A3.

(4) Für Wasser der Kategorie A3.

(5) Für Wasser der Kategorien A1, A2, A3 Wert I.

(6) Für Wasser der Kategorien A2 Wert I und A3.

(7) Für Wasser der Kategorien A2 und A3 Wert G.

(8) Mischung von sechs Standardsubstanzen mit derselben Konzentration: Fluoranthen; 3,4-Benzofluoranthen; 11,12-Benzofluoranthen; 3,4-Benzoperylen; 1,2,3 - cd/-Indenopyren

(9) Mischung von drei Substanzen mit derselben Konzentration: Parathion, Hexachlorcaclohexan, Dieldrin

(10) Enthalten die Proben einen so hohen Anteil an suspendierenden Stoffen, daß eine besondere Probenvorbehandlung erforderlich ist, können die Meßgenauigkeitswerte der Spalte E ausnahmsweise überschritten werden und stellen dann einen Zielwert dar. Diese Proben müssen so behandelt werden, daß möglicherweise viele der zu messenden Stoffe zur Analyse kommen.

(11) Da diese Methode nicht in allen Mitgliedstaaten üblich ist, ist es nicht gewährleistet, daß der Wert der Erfassungsgrenze, der zur Kontrolle der in der Richtlinie 75/440/EWG festgesetzt Werte erforderlich ist, erreicht werden kann.

(12) Nicht nachweisbar in 5000 ml (A1, G) und nicht nachweisbar in 1000 ml (A2, G).

ANHANG II

Jährliche Mindesthäufigkeit der Probenahmen und der Analysen in bezug auf die einzelnen Parameter gemäß Richtlinie 75/440/EWG

	A1 (*)			A2 (*)			A3 (*)		
Bevölkerung	I (**)	II (**)	III (**)	I (**)	II (**)	III (**)	I (**)	II (**)	III (**)
< = 10000	(***)	(***)	(***)	(***)	(***)	(***)	2	1	(***)(1)
> 10000 - < = 30000	1	1	(***)	2	1	(***)	3	1	1
> 30000 - < = 100000	2	1	(***)	4	2	1	6	2	1
> 100000	3	2	(***)	8	4	1	12	4	1

(*) Qualität des Oberflächenwassers, Anhang II der Richtlinie 75/440/EWG.
(**) Einstufung der Parameter nach der Häufigkeit.
(***) Von den zuständigen einzelstaatlichen Behörden festzulegende Häufigkeit.
(1) Da diese Oberflächenwasser für die Trinkwassergewinnung bestimmt sind, wird den Mitgliedstaaten empfohlen, zumindest vom Wasser dieser Kategorie (A3, III, * 10000) eine jährliche Probenahme durchzuführen.

GRUPPEN

I Parameter		II Parameter		III Parameter	
1	pH-Wert	10	Eisen (gelöst)	8	Fluoride
2	Färbung	11	Mangan	14	Bor
3	Suspendierte Stoffe insgesamt	12	Kupfer	19	Arsen
4	Temperatur	13	Zink	20	Cadmium
5	Leitfähigkeit	27	Sulfate	21	Chrom gesamt
6	Geruch	29	Grenzflächenaktive Stoffe	22	Blei
7	Nitrate	31	Phenole	23	Selen
28	Chloride	38	Kjeldahl-Stickstoff	24	Quecksilber
30	Phosphate	43	Gesamtcoliforme	25	Barium
35	Chemischer Sauerstoffbedarf	44	Fäkalcoliforme	26	Cyanide
36	Sauerstoffsättigungsindex			32	Gelöste oder emulgierte Kohlenwasserstoffe
37	Biocheischer Sauerstoffbedarf			34	Pestizide - gesamt
39	Ammonium			40	Chloroformextrahierbare Stoffe
				45	Fäkalstreptokokken
				46	Salmonellen

DATUM: 30.10.79
EG-KURZBEZ.: 79/923

RICHTLINIE DES RATES ÜBER DIE QUALITÄTSANFORDERUNGEN AN MUSCHELGEWÄSSER

Änderungs- u. Angleichungsrichtlinien :

VERTRAGSPARTNER

Europäische Gemeinschaften.

UNMITTELBARER GEGENSTAND DES VERTRAGS

Verursacher :	
Schutzgut/Akzeptor :	für den Menschen zum Verzehr geeignete Muschelerzeugnisse
Schutzgebiet :	Muschelzuchtgewässer (Mitgliedstaaten weisen solche Gewässer/Gebiete aus)
UVP-Bezug :	Die Richtlinie sieht die Festsetzung von Parametern und Werten gemäß der technischen Anlage vor und unterscheidet zwischen Richt- und imperativen Werten.

ANMERKUNGEN

Es werden Meßwerte zu insgesamt 12 Parametern (pH-Wert, Temperatur, Färbung, Schwebstoff- und Salzgehalt, organohalogene Stoffe, verschied. Metalle u.a.m.) genannt, sowie die Meß- und Analyseverfahren bestimmt.

VERWEIS

ausgewertete Datenquelle: Umweltrecht der EG (UREG, 1988)

ZUGEHÖRIGE INFORMATIONEN

	Parameter	G	I	Referenz-Analyse-Verfahren	Mindesthäufigkeit der Probenahme und Messung
1.	pH pH-Einheit		7 - 9	- Elektrometrie Die Messung erfolgt an Ort und Stelle bei der Probenahme	Vierteljährlich
2.	Temperatur °C	Die Temperatur, die sich infolge einer Einleitung ergibt, darf in den von der Einleitung beeinflußten Muschelgewässern nicht mehr als 2°C von der in unbeeinflußten Gewässern gemessenen Temperatur abweichen		- Temperaturmessung Die Messung erfolgt an Ort und Stelle bei der Probenahme	Vierteljährlich
3.	Färbung (nach Filtern) mg Pt/l		Die Farbe des Wassers nach Filtrirung, die sich infolge einer Einleitung ergibt, darf in den von der Einleitung beeinflußten Muschelgewässernn nicht mehr als 10 mg Pt/l von der in unbeeinflußten Gewässern gemessenen Farbe abweichen	- Filtration durch Membrane mit 0,45 um Porengröße Photometrische Methode nach den Eichwerten der Platin-Kobalt-Skala	Vierteljährlich
4.	Schwebstoffe mg/l		Der Schwebstoffgehalt, der sich infolge einer Einleitung ergibt, darf in den von der Einleitung beeinflußten Muschelgewässern nicht mehr als 30% über dem in nicht beeinflußten Gewässern gemessenen Schwebstoffgehalt liegen	- Filtration durch Membrane mit 0,45 um Porengröße, Trocknen bei 105°C und Wiegen -Zentrifugieren (mindestens 5 min, mittlere Beschleunigung 2800 bis 3200 g) Trocknen bei 105°C und Wiegen	Vierteljährlich
5.	Salzgehalt ‰	12 - 38 ‰	- < = 40 ‰ - Die durch eine Einleitung verursachte Schwankung des Salzgehalts darf in den durch diese Einleitung beeinflußten Muschelgewässern 10% des in den nicht beeinflußten Gewässern gemessenen Salzgehalts nicht überschreiten	Leitfähigkeitsmessung	Monatlich
6.	Gelöster Sauerstoff % vom Sättigungswert	> = 80%	- > = 70% (Mittelwert) - Ergibt eine Einzelmessung einen Wert von weniger als 70%, so werden die Messungen wiederholt - Bei einer Einzelmessung darf sich nur dann ein Wert von weniger als 60% ergeben, wenn hierdurch die Entwicklung des Muschelbestandes nicht beeinträchtigt wird.	- Winkler-Methode - Elektrochemische Methode	Monatlich mindestens eine Probe, die repräsentativ für niedrigen Sauerstoffgehalt am Tag der Probenahme ist. Wenn jedoch stärkere tägliche Änderungen vermutet werden sind täglich mindestens zwei Proben zu entnehmen
7.	Kohlenwasserstoffe aus Erdöl		Kohlenwasserstoffe dürfen nicht in so großen Mengen in den Muschelgewässern vorhanden sein, daß sie - einen sichtbaren Film an der Wasseroberfläche und/oder eine Ablagerung auf den Schalentieren hervorrufen - schädliche Auswirkungen auf die Schalentiere hervorrufen	Visuelle Inspektion	Vierteljährlich

8.	Organohalogene Stoffe	Die Begrenzung der Kopnzentration jedes Stoffes im Muschelfleisch muß so sein, daß sie gemäß Artikel 1 zur Qualität der Muschelerzeugnisse beiträgt	Die Konzentration keiner der genannten Stoffe im Muschelwasser oder im Muschelfleisch darf so hoch sein, daß sie schädliche Auswirkungen auf die Schalentiere und die Larven hat	Gaschromatographie nach Extraktion durch geeignete Lösungsmittel und Reinigung	Halbjährlich
9.	Metalle Silber Ag Arsen As Kadmium Cd Chrom Cr Kupfer Cu Quecksilber Hg Nickel Ni Blei Pb Zink Zn mg/l	Die Begrenzung der Konzentration jedes Stoffes im Muschelfleisch muß so sein, daß sie gemäß Artikel 1 zur Qualität der Muschelerzeugnisse beiträgt	Die Konzentration keiner der genannten Stoffe im Muschelwasser oder im Muschelfleisch darf so hoch sein, daß sie schädliche Auswirkungen auf die Schalentiere und die Larven hat Die Zusammenwirkungseffekte dieser Metalle sind in Betracht zu ziehen	Atomabsorptionsspektrometrie, gegebenenfalls mit vorangehender Konzentration und/oder Extraktion	Halbjährlich
10.	Fäkalcoliforme 100 ml	<= 300 im Muschelfleisch und in der Flüssigkeit zwischen den Schalen (1)		Verdünnungsmethode mit Fermentation in flüssigen Substraten in mindestens drei Ansätzen in drei Verdünnegen. Bei positivem Ausfall Überführen in Nachweismilieu. Auszählen auf wahrscheinlichste Zahl. Bebrütungstemperatur 44 +- 0,5°C	Vierteljährlich
11.	Stoffe, die den Geschmack der Schalentiere beeinflussen		Die Konzentrationmuß geringer sein als diejenige, die den Geschmack der Schalentiere beeinträchtigen kann	Geschmacksprüfung der Schalentiere, wenn vermutet wird, daß ein solcher Stoff vorhanden ist	
12.	(Dinoflagellatenprodukt) Saxitoxin				

Abbkürzungen: G = Richtwert

I = Imperativer Wert

(1) Bis zur Verabschiedung einer Richtlinie über den Schutz der Verbraucher von Muschelerzeugnissen müßte dieser Wert jedoch in den Gewässern zwingend eingehalten werden, in denen vom Menschen unmittelbar werzehrbare Muscheln leben.

DATUM: 20.12.79
EG-KURZBEZ.: 80/51

RICHTLINIE DES RATES ZUR VERRINGERUNG DER SCHALLEMISSIONEN VON UNTERSCHALLUFTFAHRZEUGEN

Änderungs- u. Angleichungsrichtlinien :
83/206 vom 21.04.83

VERTRAGSPARTNER

Europäische Gemeinschaften.

UNMITTELBARER GEGENSTAND DES VERTRAGS

Verursacher :	Flugzeug
Schutzgut/Akzeptor :	Lärm
Schutzgebiet :	
UVP-Bezug :	Es erfolgt eine Angleichung der Lärmemission an bereits bestehenden Normen der internationalen Zivilluftfahrtbehörde. Flugzeuge dürfen nur zugelassen werden, wenn die Bedingungen des Abkommens über die Internationale Zivilluftfahrt eingehalten werden.

ANMERKUNGEN

Grenz- oder Richtwerte werden nicht genannt.

VERWEIS

ausgewertete Datenquelle: Umweltrecht der EG (UREG, 1988)

ZUGEHÖRIGE INFORMATIONEN

DATUM: 17.12.79
EG-KURZBEZ.: 80/68

RICHTLINIE DES RATES ÜBER DEN SCHUTZ DES GRUNDWASSERS GEGEN VERSCHMUTZUNG DURCH BESTIMMTE GEFÄHRLICHE STOFFE ("GRUNDWASSERRICHTLINIE")

Änderungs- u. Angleichungsrichtlinien :

VERTRAGSPARTNER

Europäische Gemeinschaften.

UNMITTELBARER GEGENSTAND DES VERTRAGS

Verursacher :	
Schutzgut/Akzeptor :	Grundwasser
Schutzgebiet :	
UVP-Bezug :	Die Mitgliedstaaten treffen Maßnahmen, um die Ableitung von bestimmten gefährlichen Stoffen (s.u.) zu verhindern (Liste I) bzw. zu begrenzen (Liste II).

ANMERKUNGEN

Konkrete Maßnahmen sind nicht angesprochen. Die Liste der gefährlichen Stoffe entspricht i.w. der Liste der Gewässerschutzrichtlinie 76/464/EWG.

VERWEIS

ausgewertete Datenquelle: Umweltrecht der EG (UREG, 1988)

ZUGEHÖRIGE INFORMATIONEN

Liste I:

1. Organische Halogenverbindungen und Stoffe, die im Wasser derartige Verbindungen bilden können
2. organische Phosphorverbindungen
3. organische Zinnverbindungen
4. Stoffe, die im oder durch Wasser krebserregende, mutagene oder teratogene Wirkung haben ([1])
5. Quecksilber und Quecksilberverbindungen
6. Cadmium und Cadmiumverbindungen
7. Mineralöle und Kohlenwasserstoffe
8. Cyanide

Liste II:

1. Folgende Metalloide und Metalle und ihre Verbindungen:

1. Zink	11. Zinn
2. Kupfer	12. Barium
3. Nickel	13. Beryllium
4. Chrom	14. Bor
5. Blei	15. Uran
6. Selen	16. Vanadium
7. Arsen	17. Kobalt
8. Antimon	18. Thallium
9. Molybdän	19. Tellur
10. Titan	20. Silber

2. Biozide und davon abgeleitete Verbindungen, die nicht in der Liste I enthalten sind;
3. Stoffe, die eine für den Geschmack und/oder den Geruch des Grundwassers abträgliche Wirkung haben, sowie Verbindungen, die im Grundwasser zur Bildung solcher Stoffe führen und es für den menschlichen Gebrauch ungeeignet machen können;
4. giftige oder langlebige organische Siliziumverbindungen und Stoffe, die im Wasser zur Bildung solcher Verbindung führen können, mit Ausnahme derjenigen, die biologisch unschädlich sind oder sich im Wasser rasch in biologisch unschädliche Stoffe umwandeln;
5. Anorganische Phosphorverbindungen und reiner Phosphor;
6. Fluoride;
7. Ammoniak und Nitrite.

DATUM: 26.03.80
EG-KURZBEZ.: 80/372

ENTSCHEIDUNG DES RATES ÜBER FLUORCHLORKOHLENWASSERSTOFFE IN DER UMWELT

Änderungs- u. Angleichungsrichtlinien :

VERTRAGSPARTNER

Europäische Gemeinschaften.

UNMITTELBARER GEGENSTAND DES VERTRAGS

Verursacher :	Industrie
Schutzgut/Akzeptor :	
Schutzgebiet :	
UVP-Bezug :	Die Mitgliedstaaten ergreifen Maßnahmen, um sicherzustellen, daß die Industrie die Produktionskapazitäten für Fluorchlorkohlenwasserstoffe nicht erhöht.

ANMERKUNGEN

Bis zum 31.12.81 soll die Verwendung der FCKW bei der Abfüllung von Aerosolbehältnissen um mindestens 30% gegenüber 1976 verringert werden.

VERWEIS

ausgewertete Datenquelle: Umweltrecht der EG (UREG, 1988)

ZUGEHÖRIGE INFORMATIONEN

DATUM: 15.07.80
EG-KURZBEZ.: 80/777

RICHTLINIE DES RATES ZUR ANGLEICHUNG DER RECHTSVORSCHRIFTEN DER MITGLIEDSTAATEN ÜBER DIE GEWINNUNG VON UND DEN HANDEL MIT NATÜRLICHEN MINERALWÄSSERN

Änderungs- u. Angleichungsrichtlinien :

VERTRAGSPARTNER

Europäische Gemeinschaften.

UNMITTELBARER GEGENSTAND DES VERTRAGS

Verursacher :
Schutzgut/Akzeptor :
Schutzgebiet :

UVP-Bezug : Die Richtlinie beschäftigt sich mit der definitorischen Festlegung des Begriffs "Natürliches Mineralwasser", wobei geologische, physikalische, chemische und pharmakologische Sachverhalte zu beachten sind.

ANMERKUNGEN

VERWEIS

ausgewertete Datenquelle: Umweltrecht der EG (UREG, 1988)

ZUGEHÖRIGE INFORMATIONEN

DATUM: 15.07.80
EG-KURZBEZ.: 80/778

RICHTLINIE DES RATES ÜBER DIE QUALITÄT VON WASSER FÜR DEN MENSCHLICHEN GEBRAUCH

Änderungs- u. Angleichungsrichtlinien :

VERTRAGSPARTNER

Europäische Gemeinschaften.

UNMITTELBARER GEGENSTAND DES VERTRAGS

Verursacher :	
Schutzgut/Akzeptor :	Wasser für den menschlichen Gebrauch
Schutzgebiet :	
UVP-Bezug :	Diese Richtlinie betrifft die Anforderungen, denen die Qualität von Wasser für den menschlichen Gebrauch entsprechen muß. Dazu werden Richtwerte und zulässige Höchstkonzentrationen für insgesamt 62 Parameter (4 organoleptische Parameter, 15 physikalisch-chemische Parameter, 6 mikrobiologische Parameter sowie 37 Parameter für toxische und sonstige unerwünschte Stoffe) festgelegt.

ANMERKUNGEN

Außer den genannten Parametern und Werten sind in der Richtlinie auch Angaben zu Standardanalysen, Bezugsverfahren und für die Meßhäufigkeit enthalten. Ausgenommen von dieser Richtlinie sind natürliche Mineral- und Heilwasser.

VERWEIS

ausgewertete Datenquelle: Umweltrecht der EG (UREG, 1988)

ZUGEHÖRIGE INFORMATIONEN

Anhang I

LISTE DER PARAMETER

A. ORGANOLEPTISCHE PARAMETER

Parameter	Art der Darstellung der Ergebnisse (1)	Richtzahl (RZ)	Zulässige Höchstkonzentration (ZHK)	Bemerkungen
1 Färbung	mg/l Pt/Co	1	20	
2 Trübung	mg/l SiO_2 Jackson-Einheiten	1 0,4	10 4	- oder statt dessen unter bestimmten Voraussetzungen durch Sichttiefenmessung in Meter mit der Secchi-Scheibe RZ: 6 m ZHK: 2 m
3 Geruchsschwellenwert	Verdünnungsfaktor	0	2 bei 12°C	- Mit den Geschmacksbestimmungen 3 bei 25°C vergleichen
4 Geschmacksschwellenwert	Verdünnungsfaktor	0	2 bei 12°C	- Mit den Geschmacksbestimmungen 3 bei 25°C vergleichen

(1) Falls ein Mitgliedstaat auf der Grundlage der Richtlinie 71/354/EWG in ihrer letzten Fassung in den nationalen Rechtsvorschriften, die er entsprechend der vorliegenden Richtlinie erläßt, andere Maßeinheiten anwendet als die in diesem Anhang verwendeten, müssen die so bezeichneten Werte denselben Grad der Genauigkeit haben.

B. PHYSIKALISCH-CHEMISCHE PARAMETER
(in Verbindung mit der natürlichen Zusammensetzung des Wassers)

	Parameter	Art der Darstellung der Ergebnisse (1)	Richtzahl (RZ)	Zulässige Höchstkonzentration (ZHK)	Bemerkungen
5	Temperatur	°C	12	25	
6	Wasserstoffionenkonzentration	pH-Wert	6,5< =pH< =8,5		- Das Wasser sollte nicht agressiv sein - Die pH-Werte gelten nicht für Wasser in verschlossenen Behältnissen - Zulässiger Höchstwert: 9,5
7	Leitfähigkeit	uS/cm^{-1} bei 20°C	400		- Entsprechend der Mineralisierung des Wassers - Entsprechende Werte des spezifischen Leitungswiderstands in Ohm/cm: 2500

8	Chloride	mg/l Cl	25		- Annähernde Konzentration, von der ab die Wirkungen auftreten können: 200 mg/l
9	Sulfate	mg/l	SO_4	25	250
10	Kieselsäure	mg/l SiO_2			- Siehe Artikel 8
11	Calcium	mg/l Ca	100		
12	Magnesium	mg/l Mg	30	50	
13	Natrium	mg/l Na	20	175 (ab 1984 und mit einem Prozentanteil) von 90) 150 (ab 1987 und mit einem Prozentanteil von 80) (diese Prozentanteile sind über einen Bezugszeitraum von 3 Jahren zu berechnen)	- Die Werte dieses Parameters tragen den Empfehlungen einer Arbeitsgruppe der WHO Rechnung (Den Haag, Mai 1978), die derzeitige tägliche Gesamtaufnahme von Natriumchlorid schrittweise auf 6 g zu verringern - Die Kommission wird dem Rat ab 1. Januar 1984 Berichte über die Entwicklung hinsichtlich der täglichen Gesamtaufnahme von Natriumchlorid durch die Bevölkerung vorlegen - In diesen Berichten wird die Kommission prüfen, inwieweit der von der Arbeitsgruppe der WHO genannte ZHK-Wert von 120 mg/l erforderlich ist, um einen zufriedenstellenden Wert für die Gesamtaufnahme von Natriumchlorid zu erreichen; sie wird dem Rat gegebenenfalls einen neuen ZHK-Wert für Natrium sowie eine Frist, innerhalb derer ein solcher Wert erreicht werden müßte, vorschlagen - Die Kommission wird dem Rat vor dem 1. Januar 1984 einen Bericht über die Frage vorlegen, ob der Bezugszeitraum von 3 Jahren für die Berechnung der Prozentanteile wissenschaftlich begründet ist
14	Kalium	mg/l K	10	12	
15	Aluminium	mg/l Al	0,05	0,2	
16	Gesamthärte				- Siehe Tabelle F
17	Abdampfrückstand	mg/l nach Abdampfen bei 180°C		1500	
18	Sauerstoffsättigungsanteil	% O_2 Sättigung			- Sättigungsindex >75% ausgenommen für Grundwasser
19	freies Kohlendioxid	mg/l CO_2			- Das Wasser sollte nicht agressiv sein
20	Nitrate	mg/l NO_3	25	50	
21	Nitrite	mg/l NO_2		0,1	
22	Amonium	mg/l N	0,05	0,5	

23	Kjeldahl-Stickstoff (N von NO_2 und NO_3 ausgenommen)	mg/l		1	
24	Oxidierbar- ($KMnO_4$)	mg/l O2	2	5	- Messungen in heißem Zustand und saurem Medium
25	Organisch gebundener Kohlenstoff (TOC)	mg/l			- Alle möglichen Ursachen für eine Erhöhung der normalen Konzentration müssen müssen untersucht werden
26	Schwefelwasserstoff	ug/l S		organoleptisch nicht nachweisbar	
27	Mit Chlorform extrahierbare Stoffe	Abdampfrückstand mg/l	0,1		
28	Gelöste oder emulgierte Kohlenwasserstoffe (nach Extraktion durch Petroläther); Mineralöle	ug/l		10	
29	Phenole (Phenolindex)	ug/l C6H5OH		0,5	- ausgenommen natürliche Phenole, die nicht mit Chlor reagieren
30	Bor	ug/l B	1000		
31	Oberflächenaktive Stoffe (die mit Methylenblau reagieren)	Laurylsulfate ug/l		200	
32	Andere, nicht unter Parameter Nr. 55 fallende organische Chlorverbindungen	ug/l	1		- Der Gehalt an Haloformen muß soweit als irgendmöglich verringert werden
33	Eisen	ug/l Fe	50	200	
34	Mangan	ug/l Mn	20	50	

35	Kupfer	ug/l Cu	100 - beim Austritt aus den Pump- und/oder Aufbereitungsanlagen und ihren Nebenanlagen 3000 - nach zwölfstündigem Verbleib in der Leitung und am Punkt der Bereitstellung für den Verbraucher		- über 3000 ug/l hinaus können adstringierender Geschmack, Verfärbung und Korosion auftreten
36	Zink	ug/l	100 - beim Austritt aus den Pump- und/oder Aufbereitungsanlagen und ihren Nebenanlagen 5000 - nach zwölfstündigem Verbleib in der Leitung und am Punkt der Bereitstellung für den Verbraucher		- über 5000 ug/l hinaus können adstringierender Geschmack, Opaleszenz und sandähnliche Anlagerungen auftreten
37	Phosphor	ug/l P_2O_5	400	5000	
38	Fluorid	ug/l F 8-12°C 25-30°C		 1500 700	- je nach der Durchschnittstemperatur des erfaßten geographischen Bereichs veränderliche ZHK
39	Kobalt	ug/l Co			
40	ungelöste Stoffe		keine		
41	Restchlor	ug/l Cl			- Siehe Artikel 8
42	Barium	ug/l Ba	100		
43	Silber	ug/l Ag		10	Wenn im Ausnahmefall bei der Behandlung des Wassers ein nichtsystematischer Gebrauch von Silber gemacht wird, kann ein ZHK-Wert von 80 ug/l zugelassen werden

D. PARAMETER FÜR TOXISCHE STOFFE

	Parameter	Art der Darstellung der Ergebnisse (1)	Richtzahl (RZ)	Zulässige Höchstkonzentration (ZHK)	Bemerkungen
44	Arsen	ug/l As		50	
45	Beryllium	ug/l Be			
46	Cadmium	ug/l Cd		5	
47	Cyanide	ug/l CN		50	
48	Chrom	ug/l		50	
49	Queck-silber	ug/l Hg		1	
50	Nickel	ug/l Ni		50	
51	Blei	ug/l Pb		50 (in fließendem Wassers)	Bei Bleileitungen sollte der Bleigehalt in einer nach dem Abfließen des Wassers entnommen Probe nicht mehr als 50 ug/l betragen. Wird eine Wasserprobe unmittelbar oder nach dem Abfließen entnommen und überschreitet der Bleigehalt häufig oder erheblich 100 ug/l, müssen geeignete Maßnahmen getroffen werden, um die Risiken einer Bleiaufnahme durch den Verbraucher zu verringern
52	Antimon	ug/l Sb		10	
53	Selen	ug/l Se		10	
54	Vanadium	ug/l V			
55	Pestizide und ähnliche Produkte: - je Substanz - insgesamt	ug/l		 0,1 0,5	Unter Pestiziden und ähnlichen Produkten versteht man folgendes: - Insektenvertilgungsmittel: - beständige organische Chlorverbindungen - organische Phosphorverbindungen - Carbaminate - Unkrautvertilgungsmittel - Fungizide - PCB und PCT
56	Polyzyklische aromatische Kohlenwasserstoffe	ug/l		0,2	- Referenzstoffe: - Fluoranthen - Benzo-3,4-Fluoranthen - Benzo-11,12-Fluoranthen - Benzo-3,4-Pyren - Benzo-1,12-Perylen - Inden-(1,2,3-cd)-Pyren

E. MIKROBIOLOGISCHE PARAMETER

	Parameter	Ergebnisse: Probenmenge in ml	Richtzahl (RZ)	Zulässige-Höchstkonzentration (ZHK)	
				Membran-filtermethode	Mehrfach-röhrenmethode (MPN)
57	Coliforme (1)	100	-	0	wahrscheinlichste Zahl < 1
58	E. coli	100	-	0	wahrscheinlichste Zahl < 1
59	Fäkal-Streptokokken	100	-	0	wahrscheinlichste Zahl < 1
60	Sulfitreduzierendes Clostridium	20	-	-	wahrscheinlichste Zahl < 1

Wasser für den menschlichen Gebrauch darf keine Krankheitserreger enthalten.
Um die mikrobiologische Untersuchung von für den Gebrauch bestimmtes Wasser - soweit erforderlich - zu vervollständigen, sind außer auf die in Tabelle E genannten Keime insbesondere Untersuchungen auf folgendes durchzuführen:
- Salmonellen,
- pathogene Staphylokokken,
- Fäkalbakteriophagen,
- Enteroviren.

Ferner sollten diese Wasser
- weder Parasiten
- noch Algen
- oder andere figürliche Elemente (Animalcula) enthalten.

(1) Sofern eine hinreichende Anzahl von Proben untersucht wird (95 % übereinstimmender Ergebnisse).

	Parameter		Ergebnisse: Probe-menge in ml	Richtzahl (RZ)	Zulässige Höchst-konzen-tration (ZHK)	Bemerkungen
61	Koloniezahl bei unmittelbar an den Verbraucher geliefertem Wasser	37°C	1	10(1)(2)	-	
		22°C	1	100(1)(2)	-	
62	Koloniezahl bei Wasser in verschlossenen Behältnissen	37°C	1	5	20	- Die Mitgliedstaaten können, wenn die Parameter 57, 58, 59 und 60 eingehalten werden und Krankheitserreger (Seite 9) fehlen, auf eigene Verantwortung Wasser, bei dem die Koloniezahl die für den Parameter 62 vorgeschriebenen ZHK-Werte überschreitet, für den Inlandsgebrauch in Verkehr bringen - Die ZHK-Werte sind innerhalb von 12 Stunden nach dem
		22°C	1	20	100	

					Abfüllen zu messen; die Wasserproben sind während dieses Zeitraumes von 12 Stunden auf einer konstanten Temperatur zu halten

(1) Bei desinfiziertem Wasser müssen die entsprechenden Werte bei Verlassen der Aufbereitungsanlage deutlich darunter liegen.
(2) Jede Überschreitung der Werte, die bei aufeinanderfolgenden Entnahmen bestehen bleibt, muß eine Überprüfung nach sich ziehen.

F. ERFORDERLICHE MINDESTKONZENTRATIONEN FÜR WASSER, DAS ENTHÄRTET WORDEN IST UND ZUM MENSCHLICHEN GEBRAUCH GELIEFERT WIRD

	Parameter	Darstellungsweise	Erforderliche Mindestkonzentration (enthärtetes Wasser)	Bemerkungen
1	Gesamthärte	mg/l Ca	60	Calcium oder gleichwertige Kationen
2	Wasserstoffionenkonzentration	pH		das Wasser sollte nicht agressiv sein
3	Alkalität	mg/l HCO3	30	
4	Gelöster Sauerstoff			

NB:
- Die Bestimmungen über Härte, pH, gelösten Sauerstoff und Calcium gelten auch für entsalztes Wasser.
- Wird das Wasser wegen seiner übermäßigen natürlichen Härte entsprechend Tabelle F vor seiner Lieferung an den Verbraucher enthärtet, so darf sein Natriumgehalt in Ausnahmefällen über den in der Spalte "Zulässige Höchstkonzentration" angegebenen Werten liegen. Es wird angestrebt, diesen Gehalt möglichst niedrig zu halten, wobei der Schutz der Volksgesundheit sichergestellt sein muß.

UMRECHNUNGSTABELLE

	Französischer Grad	Englischer Grad	Deutscher Grad	mg Ca	Millimol Ca
Französischer Grad	1	0,70	0,56	4,008	0,1
Englischer Grad	1,43	1	0,80	5,73	0,143
Deutscher Grad	1,79	1,25	1	7,17	0,179
mg Ca	0,25	0,175	0,140	1	0,025
Millimol Ca	10	7	5,6	40,08	1

DATUM: 15.07.80
EG-KURZBEZ.: 80/779

RICHTLINIE DES RATES ÜBER GRENZWERTE UND LEITWERTE DER LUFTQUALITÄT FÜR SCHWEFELDIOXID UND SCHWEBESTAUB

Änderungs- u. Angleichungsrichtlinien :

VERTRAGSPARTNER

Europäische Gemeinschaften.

UNMITTELBARER GEGENSTAND DES VERTRAGS

Verursacher :	
Schutzgut/Akzeptor :	Schutz der Gesundheit des Menschen; Luft, Umwelt
Schutzgebiet :	Hoheitsgebiete der Mitgliedstaaten
UVP-Bezug :	Gegenstand dieser Richtlinie ist die Festlegung von Grenz- und Leitwerten für Schwefeldioxid und Schwebestaub in der Atmosphäre (s.u.).

ANMERKUNGEN

Aufgabe der Mitgliedstaaten ist die Ergreifung geeigneter Maßnahmen, damit die Konzentrationen der genannten Stoffe in der Atmosphäre ab 01.04.83 die unten genannten Werte nicht überschreiten.

VERWEIS

ausgewertete Datenquelle: Umweltrecht der EG (UREG, 1988)

ZUGEHÖRIGE INFORMATIONEN

aus dem Anhang der RL:

I. GRENZWERTE FÜR SCHWEFELDIOXID UND SCHWEFELSTAUB

(Gemessen nach der Black-Smoke-Methode)

TABELLE A

Grenzwerte für Schwefeldioxid in $\mu g/m^3$ mit den zugeordneten Werten für Schwebestaub (gemessen nach der Blck-Smoke-Methode (1)) in $\mu g/m^3$

Bezugszeitraum	**Grenzwert für Schwefeldioxid**	**zugeordneter Grenzwert** für Schwebestaub
Jahr	80 (Median der während des Jahres gemessenen Tagesmittelwerte)	> 40 (Median der während des Jahres gemessenen Tagesmittelwerte)
	120 (Median der während des Jahres gemessenen Tagesmittelwerte)	40 (Median der während des Jahres gemessenen Tagesmittelwerte)
Winter (1. Oktober - 31. März)	130 (Median der im Winter gemessenen Tagesmittelwerte)	> 60 (Median der im Winter gemessenen Tagesmittelwerte)
	180 (Median der im Winter gemessenen Tagesmittelwerte)	60 (Median der im Winter gemessenen Tagesmittelwerte)
Jahr (bestehend aus Meßperioden von 24 Stunden)	250 (2) (98-%-Wert der Summenhäufigkeit aller während des Jahres gemessener Tagesmittelwerte)	> 150 (98-%-Wert der Summenhäufigkeit aller während des Jahres gemessener Tagesmittelwerte)
	350 (2) (98-%-Wert der Summenhäufigkeit aller während des Jahres gemessener Tagesmittelwerte	150 (98-%-Wert der Summenhäufigkeit aller während des Jahres gemessener Tagesmittelwerte

TABELLE B

Grenzwerte für Schwebestaub (gemessen nach der Black-Smoke-Methode (1)) in $\mu g/m^3$

Bezugszeitraum	Grenzwert für Schwebstaub
Jahr	80 (Median der während des Jahres gemessenen Tagesmittelwerte)
Winter (1. Oktober - 31. März)	130 (Median der im Winter gemessenen Tagesmittelwerte)
Jahr (bestehend aus Meßperioden von 24 Stunden)	250(2) (98-%-Wert der Summenhäufigkeit aller während des Jahres gemessenen Tagesmittelwerte)

(1) Die Ergebnisse der nach der OECD-Methode durchgeführten Black-Smoke-Messungen wurden gemäß der Beschreibung der OECD in gravimetrische Einheiten umgerechnet (vgl. Anhang III).

(2) Die Mitgliedstaaten müssen durch alle geeigneten Maßnahmen dafür sorgen, daß dieser Wert nur an höchstens drei aufeinanderfolgenden Tagen überschritten wird. Außerdem müssen sie sich darum bemühen, solche Überschreitungen dieses Wertes zu verhindern und zu verringern.

II. LEITWERTE FÜR SCHWEFELDIOXD UND SCHWEBESTAUB (gemessen nach der Black-Smoke-Methode)

TABELLE A
Leitwerte für Schwefeldioxid in $\mu g/m^3$

Bezugszeitraum	Leitwert für Schwefeldioxid
Jahr	40 bis 60 (arithmetisches Mittel während des Jahres gemessenen Tagesmittelwert)
24 Stunden	100 bis 150 (Tagesmittelwert)

TABELLE B

Leitwerte für Schwebestaub (gemessen nach der Black-Smoke-Methode (1)) in $\mu g/m^3$

Bezugszeitraum	Leitwerte für Schwebestaub
Jahr	40 bis 60 (arithmetisches Mittel während des Jahres gemessenen Tagesmittelwert)
24 Stunden	100 bis 150 (Tagesmittelwerte)

(1) Die Ergebnisse der nach der OECD-Methode durchgeführten Black-Smoke-Messungen wurden gemäß der Beschreibung der OECD in gravimetrische Einheiten umgerechnet (vgl. Anhang III).

DATUM: 15.07.80
EG-KURZBEZ.: -

ENTSCHLIEßUNG DES RATES ÜBER GRENZÜBERSCHREITENDE LUFTVERSCHMUTZUNG DURCH SCHWEFELDIOXID UND SCHWEBSTAUB

Änderungs- u. Angleichungsrichtlinien :

VERTRAGSPARTNER

Europäische Gemeinschaften.

UNMITTELBARER GEGENSTAND DES VERTRAGS

Verursacher :
Schutzgut/Akzeptor : Luft
Schutzgebiet :

UVP-Bezug : Unter Berücksichtigung der Ziele der Richtlinie 80/779/EWG bemühen sich die Mitgliedstaaten die grenzüberschreitende Luftverschmutzung durch Schwefeldioxid und Schwefelstaub einzuschränken und nach Möglichkeit schrittweise zu senken und zu verhüten.

ANMERKUNGEN

VERWEIS

ausgewertete Datenquelle: Umweltrecht der EG (UREG, 1988)

ZUGEHÖRIGE INFORMATIONEN

DATUM: 15.07.80
EG-KURZBEZ.: 80/876

RICHTLINIE DES RATES ZUR ANGLEICHUNG DER RECHTSVORSCHRIFTEN DER MITGLIEDSTAATEN BETREFFEND AMMONIUMNITRAT - EINNÄHRSTOFF-DÜNGEMITTEL MIT HOHEM STICKSTOFFGEHALT

Änderungs- u. Angleichungsrichtlinien :

VERTRAGSPARTNER

Europäische Gemeinschaften.

UNMITTELBARER GEGENSTAND DES VERTRAGS

Verursacher :
Schutzgut/Akzeptor :
Schutzgebiet :

UVP-Bezug : In den Mitgliedstaaten dürfen nur die mit der Bezeichnung "EWG-Düngemittel" versehenen Düngemittel in den Verkehr gebracht werden.
Dazu müssen verschiedene Merkmale (Porosität, pH-Wert, Korngröße, Chlorgehalt etc.) für Ammoniumnitrat- Einnährstoffdüngermittel eingehalten werden.

ANMERKUNGEN

Die Richtlinie 76/116/EWG regelt die Definition des Begriffs "EWG-Düngemittel".

VERWEIS

ausgewertete Datenquelle: Umweltrecht der EG (UREG, 1988)

ZUGEHÖRIGE INFORMATIONEN

DATUM: 11.05.81
EG-KURZBEZ.: 81/437

ENTSCHEIDUNG DER KOMMISSION ZUR FESTLEGUNG DER KRITERIEN NACH DENEN DIE MITGLIEDSTAATEN DER KOMMISSION DIE AUSKÜNFTE FÜR DAS VERZEICHNIS DER CHEMISCHEN STOFFE ERTEILEN

Änderungs- u. Angleichungsrichtlinien :

VERTRAGSPARTNER

Europäische Gemeinschaften.

UNMITTELBARER GEGENSTAND DES VERTRAGS

Verursacher :
Schutzgut/Akzeptor :
Schutzgebiet :

UVP-Bezug : Die Richtlinie 67/548/EWG sieht die Erstellung eines Verzeichnisses für auf dem Markt befindliche chemische Stoffe vor. Diese Richtlinie regelt die notwendigen technischen Maßnahmen zur Durchführung und Koordinierung eines solchen Kataloges (EINECS).

ANMERKUNGEN

EINECS = European Inventory of Existing Commercial Chemical Substances.

VERWEIS

ausgewertete Datenquelle: Umweltrecht der EG (UREG, 1988)

ZUGEHÖRIGE INFORMATIONEN

DATUM: 22.03.82
EG-KURZBEZ.: 82/176

RICHTLINIE DES RATES BETREFFEND GRENZWERTE UND QUALITÄTSZIELE FÜR QUECKSILBERABLEITUNGEN AUS DEM INDUSTRIEZWEIG ALKALI-CHLORIDELEKTROLYSE

Änderungs- u. Angleichungsrichtlinien :

VERTRAGSPARTNER

Europäische Gemeinschaften.

UNMITTELBARER GEGENSTAND DES VERTRAGS

Verursacher :	Industriebetriebe, in denen Alkalichloride unter Verwendung von Quecksilberkathodenzellen einem Elektrolyseverfahren unterzogen werden.
Schutzgut/Akzeptor :	Abwasser, Gewässer
Schutzgebiet :	
UVP-Bezug :	Diese Richtlinie legt gemäß RL 76/464/EWG Grenzwerte als Emissionsnormen für Quecksilber in Ableitungen aus Industriebetrieben fest.

ANMERKUNGEN

Grenzwerte, Fristen für deren Einhaltung sowie Überwachungs- und Kontrollverfahren sind unten ausgeführt. In der Anlage der Richtlinie sind darüber hinaus auch Aussagen zu Referenzmeßmethoden und Überwachungsverfahren enthalten.

VERWEIS

ausgewertete Datenquelle: Umweltrecht der EG (UREG, 1988)

ZUGEHÖRIGE INFORMATIONEN

Im Anhang der RL werden folgende Grenzwerte nach Betriebsvorgang genannt:
Rückführung der Salzlösung und verlorene Salzlösung: 50 μg Hg pro l aller quecksilberhaltigen Abflüsse

Da die Quecksilberkonzentration in Abflüssen von der Wassermenge abhängt, werden weitere Grenzwerte in Beziehung zu 1 Tonne installierter Chlorproduktionskapazität gesetzt. Dementsprechend gelten für

- Rückführung der Salzlösung 0,5 bzw. 1,0 g Hg pro t installierter Chlorproduktionskapazität für Abflüsse der Chlor produzierenden Einheiten bzw. für alle quecksilberhaltige Abflüsse aus dem Betriebsgelände,
- Verlorene Salzlösung 5,0 g Hg pro t installierter Chlorproduktionskapazität für alle quecksilberhaltigen Abflüsse aus dem Betriebsgelände.

Im Anhang der RL werden weitere Spezifikationen genannt.

DATUM: 24.06.82
EG-KURZBEZ.: 82/501

RICHTLINIE DES RATES ÜBER DIE GEFAHREN SCHWERER UNFÄLLE BEI BESTIMMTEN INDUSTRIETÄTIGKEITEN

Änderungs- u. Angleichungsrichtlinien :

VERTRAGSPARTNER

Europäische Gemeinschaften.

UNMITTELBARER GEGENSTAND DES VERTRAGS

Verursacher :	Industrietätigkeiten (= Tätigkeiten/Betrieb in Industrieanlagen einschließlich der Lagerung)
Schutzgut/Akzeptor :	
Schutzgebiet :	
UVP-Bezug :	Die Richtlinie betrifft die Verhinderung schwerer Unfälle bei bestimmten Industrietätigkeiten. Eine der Sicherheitsvorkehrungen sieht vor, den zuständigen Behörden dann eine Mitteilung vorzulegen, wenn bestimmte festgelegte Mengen an gefährlichen Stoffen eingesetzt werden oder im Produktionsprozeß anfallen können.

ANMERKUNGEN

In der Anlage der RL sind 178 Stoffe mit den dazugehörigen Mengen aufgeführt, ab denen besondere Sicherheitsvorkehrungen zu treffen sind.

VERWEIS

ausgewertete Datenquelle: Umweltrecht der EG (UREG, 1988)

ZUGEHÖRIGE INFORMATIONEN

Industrietätigkeiten/-anlagen im Sinne der Richtlinie sind:

1. - Anlagen zur Herstellung oder Umwandlung organischer oder anorganischer Stoffe, die insbesondere für folgende Vorgänge dienen:
   - Alkylierung
   - Aminierung mit Ammoniak
   - Carbonylierung
   - Kondensation
   - Dehydrierung
   - Veresterung
   - Halogenierung
   - Hydrierung
   - Hydrolyse
   - Oxydation
   - Polymerisation
   - Sulfonierung
   - Entschwefelung, Synthese und Umwandlung von Schwefelverbindungen
   - Nitrierung und Synthese von Stickstoffverbindungen
   - Synthese von Phosphorverbindungen
   - Formulierung von Schädlingsbekämpfungsmitteln und Arzneimittel;

   - Anlagen zur Behandlung organischer oder anorganischer chemischer Stoffe, die insbesondere für folgende Vorgänge dienen:
   - Destillation
   - Extraktion
   - Solvatation
   - Mischen;

2. Anlagen zur Destillation, Raffination oder sonstigen Be- und Verarbeitung von Rohöl oder Rohölerzeugnissen;
3. Anlagen zur vollständigen oder teilweisen Beseitigung fester oder flüssiger Stoffe durch Verbrennung oder thermische Zersetzung;
4. Anlagen zur Herstellung oder Verarbeitung als Energieträger dienender Gase wie verflüssigtes Petrleumgas, verflüssigtes Erdgas, synthetisches Erdgas;
5. Anlagen zur Trockendestillation von Kohle und Braunkohle;
6. Anlagen zur Herstellung von Metallen oder Nicht-Metallen oder auf elektrischem Wege.

DATUM: 15.11.82
EG-KURZBEZ.: 82/795

ENTSCHEIDUNG DES RATES ZUR VERSTÄRKUNG DER VORBEUGUNGSMAßNAHMEN IN BEZUG AUF FLUORCHLORKOHLENWASSERSTOFFE IN DER UMWELT

Änderungs- u. Angleichungsrichtlinien :

VERTRAGSPARTNER

Europäische Gemeinschaften.

UNMITTELBARER GEGENSTAND DES VERTRAGS

Verursacher :
Schutzgut/Akzeptor :
Schutzgebiet :

UVP-Bezug : Nochmalige Bekräftigung der Maßnahmen, die bereits in der Entscheidung des Rates über Fluorchlorkohlenwasserstoffe in der Umwelt vom 16.03.80 beschlossen wurden.

ANMERKUNGEN

VERWEIS

ausgewertete Datenquelle: Umweltrecht der EG (UREG, 1988)

ZUGEHÖRIGE INFORMATIONEN

DATUM: 03.12.82
EG-KURZBEZ.: 82/883

RICHTLINIE DES RATES ÜBER DIE EINZELHEITEN DER ÜBERWACHUNG UND KONTROLLE DER DURCH DIE ABLEITUNGEN AUS DER TITANDIOXIDPRODUKTION BETROFFENEN UMWELTMEDIEN

Änderungs- u. Angleichungsrichtlinien :

VERTRAGSPARTNER

Europäische Gemeinschaften.

UNMITTELBARER GEGENSTAND DES VERTRAGS

Verursacher :	Abfälle aus der Titandioxidproduktion
Schutzgut/Akzeptor :	Umwelt allgemein
Schutzgebiet :	
UVP-Bezug :	Durch diese Richtlinie werden gemäß der Richtlinie 78/176/EWG Einzelheiten zur Überwachung und Kontrolle der Auswirkungen festgelegt, die die Einbringung und Lagerung der Abfälle aus der Titandioxidproduktion auf die Umweltmedien haben.

ANMERKUNGEN

VERWEIS

ausgewertete Datenquelle: Umweltrecht der EG (UREG, 1988)

ZUGEHÖRIGE INFORMATIONEN

Je nach der **Art der Abfallbeseitigung** (s. unten) sind zum Zweck der Überwachung und Kontrolle bestimmte **Parameter** hinsichtlich ihrer möglichen Auswirkungen auf die Umwelt zu untersuchen:

1. Einleitung in die Luft
- SO_2 (Referenzmeßmethode nach RL 80/779/EWG)
- Chlor und Staub

2. Einleiten oder Einbringen in Meeresgewässer
- Wassersäule (Temperatur, Salzgehalt, pH-Wert, gelöster O_2, Trübheitsgrad (mg Feststoffe/l), Fe (aufgelöst und schwebend), Cd, Cr, Cu, Hg, Mn, Ni, Pb, Ti, Zn (in mg/l), Oxidhydrate und Eisenhydroxide (in mg Fe/l).
- Sedimente (aus der obersten, nahe der Oberfläche gelegenen Schicht): Cd, Cr, Cu, Fe, Hg, Mn, Ni, Pb, Ti, V, Zn, in mg/kg Trockensubstanz) sowie Oxidhydrate und Eisenhydroxide (in mg Fe/l).
- lebende Organismen (repräsentative Arten der Ableitungsstelle: Benthonische Fauna, Planktonfauna, Flora, Fische): Cd, Cr, Cu, Fe, Hg, Mn, Ni, Pb, Ti, V, Zn.

3. Einleitung in Oberflächensüßwasser

Parameter wie Punkt 2.; unberücksichtigt ist hier der Salzgehalt (in $^0/_{00}$); dieser Parameter ist durch den Begriff Leitfähigkeit (bei 20°C in $\mu S\ cm^{-1}$) ersetzt. Ausgenommen Salzgehalt, zusätzlich Leitfähigkeit

4. Bodenlagerung und Ablagerung auf dem Boden
- Oberflächenwasser: (pH-Wert, SO_4 in mg/l bei Abfällen, die aus Sulfat-Verfahren stammen).
- Grundwasser (um den Standort, ggf. einschließlich der Grundwasserabflüsse): Ca, Cl, Cr, Cu, Fe, Mn, Ni, Pb, Ti, Zn.
- Umfeld der Lagerung bzw. Ablagerungsstelle bedarf einer "visuelle Prüfung" bezüglich
  - Topographie und Bewirtschaftung des Standortes;
  - Auswirkungen auf den Untergrund;
  - Ökologie des Standortes.

5. Versenkung in den Untergrund
- Parameter für die Bereiche Oberflächenwasser und Grundwasser sind identisch mit Punkt 4;
- darüber hinaus muß eine photographische und topographische Kontrolle der Stabilität des Bodens durchgeführt werden;
- durch Pumpversuche und Bohrdiagramme ist die Durchlässigkeit und Porosität des Untergrundes zu prüfen.

Über die obige Darstellung hinaus erfolgt in der Anlage der Richtlinie eine weitergehende Differenzierung und Spezifizierung hinsichtlich der Nennung der Mindesthäufigkeit der Probennahme (1 bis 3x jährlich) und hinsichtlich der Bestimmung der Referenzmeßmethoden zu den jeweiligen Parametern.

DATUM: 03.12.82
EG-KURZBEZ.: 82/884

RICHTLINIE DES RATES BETREFFEND EINEN GRENZWERT FÜR DEN BLEIGEHALT IN DER LUFT

Änderungs- u. Angleichungsrichtlinien :

VERTRAGSPARTNER

Europäische Gemeinschaften.

UNMITTELBARER GEGENSTAND DES VERTRAGS

Verursacher :	
Schutzgut/Akzeptor :	Schutz des Menschen vor den Auswirkungen der Bleiverschmutzung
Schutzgebiet :	
UVP-Bezug :	Gegenstand dieser Richtlinie ist die Festlegung eines Grenzwertes für die Bleikonzentration in der Luft, ausgedrückt als Jahresmittelwert mit 2 Mikrogramm Pb/m^3 Luft. Die Mitgliedstaaten können jederzeit einen strengeren Wert festsetzen.

ANMERKUNGEN

Die Richtlinie bezieht sich nicht auf die Gefährdung am Arbeitsplatz.
Die Richtlinie regelt u.a. auch die Probenahmemethode sowie die Referenzmethode für die Analyse.

VERWEIS

ausgewertete Datenquelle: Umweltrecht der EG (UREG, 1988)

ZUGEHÖRIGE INFORMATIONEN

DATUM: 25.01.83
EG-KURZBEZ.: 83/170

VERORDNUNG DES RATES ZUR EINFÜHRUNG EINER GEMEINSCHAFTLICHEN REGELUNG FÜR DIE ERHALTUNG UND BEWIRTSCHAFTUNG DER FISCHEREIRESSOURCEN

Änderungs- u. Angleichungsrichtlinien :

VERTRAGSPARTNER

Europäische Gemeinschaften.

UNMITTELBARER GEGENSTAND DES VERTRAGS

Verursacher :	
Schutzgut/Akzeptor :	Fischbestände (Seefische)
Schutzgebiet :	Die Richtlinie sieht die Ausweisung von Küstenstreifen für jeden Mitgliedstaat vor, in denen besondere Aussagen zur Fischerei getroffen sind.
UVP-Bezug :	Die Richtlinie umfaßt Maßnahmen zur Bestandserhaltung, Regeln für die Nutzung und Aufteilung der Fischereiressourcen.

ANMERKUNGEN

Ziel ist u.a. die Schaffung von Zonen, in denen der Fischfang, differenziert nach 20 verschiedenen Fischarten, mindestens für bestimmte Zeiträume, untersagt ist. Weiterhin sind im Gebiet der Shetland-Inseln besondere empfindliche Gebiete abgegrenzt, in denen der Fischereiaufwand besonders geregelt wird.

VERWEIS

ausgewertete Datenquelle: Umweltrecht der EG (UREG, 1988)

ZUGEHÖRIGE INFORMATIONEN

DATUM: 25.01.83
EG-KURZBEZ.: 83/171

VERORDNUNG DES RATES ÜBER TECHNISCHE MAßNAHMEN ZUR ERHALTUNG DER FISCHBESTÄNDE

Änderungs- u. Angleichungsverordnung :
2931/83 vom 04.10.83

VERTRAGSPARTNER

Europäische Gemeinschaften.

UNMITTELBARER GEGENSTAND DES VERTRAGS

Verursacher :
Schutzgut/Akzeptor : Fischbestände (Seefische)
Schutzgebiet : Meeresgewässer, die der Hoheitsgewalt der Mitgliedstaaten unterstehen sowie die Gewässer der franz. Departements St. Pierre, Martinique, Guadeloupe und Guyana.

UVP-Bezug : Basierend auf der Richtlinie 170/83/EWG werden hier technische Maßnahmen (Arten der Fangnetze, deren Maschenöffnung etc.) bezüglich einzelner Fischarten getroffen.

ANMERKUNGEN

Außerdem wird ein Fischereiverbot für bestimmte Fischarten und Zeiträume ausgesprochen. Weitere Einschränkungen gelten für die Verwendung von besonderen Geräten und Schiffen in einzelnen Fanggebieten.

VERWEIS

ausgewertete Datenquelle: Umweltrecht der EG (UREG, 1988)

ZUGEHÖRIGE INFORMATIONEN

DATUM: 26.09.83
EG-KURZBEZ.: 83/513

RICHTLINIE DES RATES BETREFFEND GRENZWERTE UND QUALITÄTSZIELE FÜR CADMIUMABLEITUNGEN

Änderungs- u. Angleichungsrichtlinien :

VERTRAGSPARTNER

Europäische Gemeinschaften.

UNMITTELBARER GEGENSTAND DES VERTRAGS

Verursacher :	Industriebetriebe, in denen Cadmium oder cadmiumhaltige Verbindungen verwendet werden.
Schutzgut/Akzeptor :	Abwasser
Schutzgebiet :	
UVP-Bezug :	Ausgehend von der Richtlinie 76/464/EWG betreffend der Verschmutzung infolge der Ableitung bestimmter gefährlicher Stoffe in die Gewässer sind hier spezielle Grenzwerte und Qualitätsziele für Cadmiumableitungen getroffen.

ANMERKUNGEN

Die Grenzwerte, die Fristen für die Einhaltung der Grenzwerte sowie das Verfahren, zur Überwachung und Kontrolle der Ableitungen sind unten aufgeführt. In der Anlage der Richtlinie sind darüber hinaus auch Aussagen zu Referenzmeßmethoden und Überwachungsverfahren enthalten. Ableitungen ins Grundwasser sind von dieser Richtlinie nicht betroffen.

VERWEIS

ausgewertete Datenquelle: Umweltrecht der EG (UREG, 1988)

ZUGEHÖRIGE INFORMATIONEN

Im Anhang der RI werden folgende Industriezweige besonders genannt:

1. Zinkbergbau, Blei- und Zinkraffination, NE-Metallindustrie und Industrie für metallisches Cadmium,
2. Herstellung von Cadmiumverbindungen,
3. Pigmentherstellung,
4. Herstellung von Stabilisatoren
5. Herstellung von Primär- und Sekundärbatterien
6. Galvanotechnik
7. Herstellung von Phosphorsäure und/oder Phosphatdüngemitteln aus Phosphormineralien.

Für die Industriezweige 1 bis 6 werden genannt:
- ein Grenzwert von 0,2 mg Cd pro Liter abgeleitetes Abwasser (durchschnittl. monatl. Gesamtcadmiumkonzentration, gewogen nach der Abflußmenge)
- ein Grenzwert von 0,3 g (Industriezweige 3 und 6), 0,5 g (Industriezweige 2 und 4), 1,5 g (Industriezweig 5) abgeleitetes Cd pro Kilogramm verwendetes Cadmium (monatl. Durchschnittswert). Für Industriezweig 1 ist hier kein Grenzwert genannt.

Für den Industriezweig 7 heißt es:"Zur Zeit gibt es keine wirtschaftlich brauchbaren technischen Verfahren, die es ermöglichen, den Ableitungen aus der Herstellung von Phosphorsäure und/oder Phosphatdüngemitteln aus Phosphormineralien systematisch das Cadmium zu entziehen. Für diese Ableitungen wurde folglich kein Grenzwert festgesetzt. Das Fehlen solcher Grenzwerte entbindet die Mitgliedstaaten nicht von ihrer Verpflichtung, nach der Richtlinie 76/464/EWG Emissionsnormen für diese Ableitungen festzusetzen."
Die Grenzwerte als **tägliche Durchschnittswerte** betragen das Doppelte der o.g. monatlichen Durchschnittswerte.
Im Anhang der RL werden weitere Spezifikationen genannt.

DATUM: 08.03.84
EG-KURZBEZ.: 84/156

RICHTLINIE DES RATES BETREFFEND GRENZWERTE UND QUALITÄTSZIELE FÜR QUECKSILBERABLEITUNGEN MIT AUSNAHME DES INDUSTRIEZWEIGS ALKALICHLORIDELEKTROLYSE

Änderungs- u. Angleichungsrichtlinien :

VERTRAGSPARTNER

Europäische Gemeinschaften.

UNMITTELBARER GEGENSTAND DES VERTRAGS

Verursacher :	Industriebetriebe, in denen Quecksilber oder quecksilberhaltige Verbindungen verwendet werden.
Schutzgut/Akzeptor :	Abwasser
Schutzgebiet :	
UVP-Bezug :	Ausgehend von der Richtlinie 76/464/EWG betreffend der Verschmutzung infolge der Ableitung bestimmter gefährlicher Stoffe in die Gewässer sind hier spezielle Grenzwerte und Qualitätsziele für Quecksilberableitungen getroffen.

ANMERKUNGEN

Die Grenzwerte, die Fristen für die Einhaltung der Grenzwerte sowie das Verfahren, zur Überwachung und Kontrolle der Ableitungen sind unten näher erläutert. Ableitungen ins Grundwasser sind von dieser Richtlinie nicht betroffen.

VERWEIS

ausgewertete Datenquelle: Umweltrecht der EG (UREG, 1988)

ZUGEHÖRIGE INFORMATIONEN

Im Anhang der RL werden folgende Industriezweige und Grenzwerte angegeben:

	mg/l abgeleitetes Wasser	g/kg verwendetes Quecksilber (wenn nicht anders angegeben)
1. Chemische Industrien, die Quecksilberkatalysatoren verwenden		
a) für Vinylchloridproduktion	0,05	(0,1 g/t Produktions-kapazität Vinylchlorid)
b) für andere Produktionszweige	0,05	5
2. Herstellung quecksilber-haltiger Katalysatoren, die für die Vinylchlorid-produktion verwendet werden	0,05	0,7
3. Herstellung organischer und anorganischer Quecksilber-verbindungen (ausgen. die unter Nr.2 genannten Erzeugnisse)	0,05	0,05
4. Herstellung von, quecksilber-haltigen Primärbatterien	0,05	0,03
5. WE-Metallindustrie		
5.1 Betriebe zur Quecksilber rückgewinnung	0,05	-
5.2 Förderung und Eignung von WE-Metallen	0,05	-
6. Betriebe zur Aufbereitung quecksilberhaltiger toxischer Abfälle	0,05	-

Die Grenzwerte als tägliche **Durchschnittswerte** betragen das Doppelte der o.g. monatlichen Durchschnittswerte.
Im Anhang der RL werden weitere Spezifikationen genannt.

DATUM: 28.06.84
EG-KURZBEZ.: 84/360

RICHTLINIE DES RATES ZUR BEKÄMPFUNG DER LUFTVERUNREINIGUNG DURCH INDUSTRIEANLAGEN

Änderungs- u. Angleichungsrichtlinien :

VERTRAGSPARTNER

Europäische Gemeinschaften.

UNMITTELBARER GEGENSTAND DES VERTRAGS

Verursacher :	Industrieanlagen aus den Bereichen Energiewirtschaft, Metallherstellung und -verarbeitung, Industrie der nicht metallischen Mineralstoffe, chemische Industrie sowie Abfallbeseitigung
Schutzgut/Akzeptor :	Luft, Abgase
Schutzgebiet :	
UVP-Bezug :	Genehmigungen für den Bau und Betrieb von bestimmten Industrieanlagen sollen nur dann ausgesprochen werden, wenn geeignete Vorsorgemaßnahmen gegen Luftverunreinigung ergriffen und die geltenden Emissions- sowie Luftqualitätsgrenzwerte berücksichtigt werden.

ANMERKUNGEN

Im Rahmen dieser Richtlinie werden als besonders wichtige Schadstoffe angesehen: Schwefeldioxid, Stickstoffoxide, Kohlenmonoxid, organische Stoffe und insbesondere Kohlenwasserstoffe, Schwermetalle, Staub, Asbest, Glas- und Gesteinsfasern, Chlor sowie Fluor mit den jeweils dazugehörigen Verbindungen. In der RL werden keine Grenzwerte genannt.

VERWEIS

ausgewertete Datenquelle: Umweltrecht der EG (UREG, 1988)

ZUGEHÖRIGE INFORMATIONEN

Kategorien von Industrieanlagen ([1])

1 Energiewirtschaft

1.1 Kokereien
1.2 Raffinerien für Erdöl (ausgenommen Unternemen, die nur Schmiermittel aus Erdöl herstellen)
1.3 Anlagen zur Kohlevergasung und Kohleverflüssigung
1.4 Wärmekraftwerke (mit Ausnahme von Kernkraftwerken) und andere Verbrennungsanlagen mit einer Wärme-Nennleistung von mehr als 50 MW

2 Metallherstellung und -verarbeitung

2.1 Röst- und Sinteranlagen mit einer Kapazität von mehr als 1000 Tonnen Erz im Jahr
2.2 Integrierte Anlagen zur Erzeugung von Roheisen und Rohstahl
2.3 Eisengießereien mit Schmelzanlagen mit einem Fassungsvermögen von mehr als 5 Tonnen
2.4 Anlagen zur Erzeugung und zum Schmelzen von Nichteisenmetallen mit Anlagen mit einem Gesamtfassungsvermögen von mehr als 1 Tonne für Schwermetalle und 500 kg für Leichtmetalle

3 Industrie der nichtmetallischen Mineralstoffe

3.1 Anlagen zur Herstellung von Zement und Drehofenkalk
3.2 Anlagen zur Erzeugung und Verarbeitung von Asbest und zur Herstellung von Asbesterzeugnissen
3.3 Anlagen zur Herstellung von Glas- und Gesteinsfasern
3.4 Anlagen zur Herstellung von (Normal- und Spezial-) Glas mit einem Fassungsvermögen von mehr als 5000 Tonnen pro Jahr
3.5 Anlagen zur Herstellung von Grobkeramik, insbesondere feuerfester Normalstein, Steinrohre, Ziegelstein für Wände und Fußböden sowie Dachziegel

4 Chemische Industrie

4.1 Chemische Anlagen für die Herstellung von Olefinen, Olefinderivaten, Monomeren und Polymeren
4.2 Chemische Anlagen für die Herstellung anderer organischer Zwischenerzeugnisse
4.3 Anlagen für die Herstellung anorganischer Grundchemikalien

5 Abfallbeseitigung

5.1 Anlagen, die dazu bestimmt sind, toxischen und gefährlichen Abfall durch Verbrennen zu beseitigen
5.2 Anlagen zur Aufbereitung anderer fester und flüssiger Abfälle durch Verbrennen

6 Verschiedene Industrien

Anlagen zur chemischen Erzeugung von Papiermasse mit einer Produktionskapazität von mindestens 25000 t im Jahr

([1]) Die hier genannten Schwellenwerte beziehen sich auf Produktionskapazitäten.

DATUM: 09.10.84
EG-KURZBEZ.: 84/491

RICHTLINIE DES RATES BETREFFEND GRENZWERTE UND QUALITÄTSZIELE FÜR ABLEITUNGEN VON HEXACHLOROCYCLOHEXAN

Änderungs- u. Angleichungsrichtlinien :

VERTRAGSPARTNER

Europäische Gemeinschaften.

UNMITTELBARER GEGENSTAND DES VERTRAGS

Verursacher :	Industriebetriebe, in denen HCH oder HCH-haltige Substanzen verwendet werden
Schutzgut/Akzeptor :	Gewässer, Abwasser
Schutzgebiet :	
UVP-Bezug :	Ausgehend von der Richtlinie 76/464/EWG betreffend die Verschmutzung von Gewässern infolge der Ableitung bestimmter gefährlicher Stoffe in die Gewässer sind hier spezielle Grenzwerte und Qualitätsziele für Ableitungen von Hexachlorocyclohexan getroffen.

ANMERKUNGEN

Grenzwerte, Fristen für die Einhaltung dieser Grenzwerte sowie die Verfahren zur Überwachung und Kontrolle der Ableitungen sind unten ausgeführt. Ableitungen ins Grundwasser sind von dieser Richtlinie nicht betroffen.

VERWEIS

ausgewertete Datenquelle: Umweltrecht der EG (UREG, 1988)

ZUGEHÖRIGE INFORMATIONEN

Im Anhang der RL werden folgende Industriezweige und Grenzwerte genannt:

	g HCH pro t hergestelltes HCH[1])	mg HCH pro l abgeleitetes Abwasser[2])
1. Betrieb zur Herstellung von HCH	2	2
2. Betrieb zur Extraktion von Lindan	4	2
3. Betrieb, in dem die Herstellung von HCH und die Extraktion von Lindan vorgenommen werden	5	2

[1]) Frachtgrenzwerte (monatlicher Durchschnittswert)

[2]) Konzentrationsgrenzwert (durchschnittl monatl. HCH-Konzentration, gewogen nach dem Abwasserabfluß)

Im Anhang der RL werden weitere Spezifikationen genannt.
Für Mitgliedstaaten, die eine Ausnahmeregelung entsprechend der RL 76/464/EWG ("Gewässerschutzrichtlinie")anwenden, werden die Emissionsnormen so festgesetzt, daß die Qualitätsziele unter den nachstehend aufgeführten Zielen (in dem von HCH-Ableitungen betroffenen Gebiet) eingehalten werden:

- Die Gesamt-HCH-Konzentration in den oberirdischen Binnengewässern (die Ableitungen betroffen sind) darf 100 ng/l nicht überschreiten;
- Die Gesamt-HCH-Konzentration in Mündungsgewässern und im Küstenmeer darf 20 ng/l nicht überschreiten;
- Bei Gewässern, aus denen Trinkwasser gewonnen wird, muß der HCH-Gehalt den Anforderungen der RL 75/440/EWG entsprechen.

DATUM: 17.09.84
EG-KURZBEZ.: 84/532

RICHTLINIE DES RATES ZUR ANGLEICHUNG DER RECHTSVORSCHRIFTEN DER MITGLIEDSTAATEN BETREFFEND BAUGERÄTE UND BAUMASCHINEN: GEMEINSAME BESTIMMUNGEN

Änderungs- u. Angleichungsrichtlinien :

VERTRAGSPARTNER

Europäische Gemeinschaften.

UNMITTELBARER GEGENSTAND DES VERTRAGS

Verursacher : Baugeräte und -maschinen
Schutzgut/Akzeptor : Lärm, Mensch
Schutzgebiet :

UVP-Bezug : Ziel der Richtlinie ist es, die Geräuschbeeinträchtigung und die Arbeitssicherheit zu gewährleisten.
Dazu sind Rechtsvorschriften zur EWG-Bauartzulassung sowie zur EWG-Baumusterprüfung getroffen (Rahmenrichtlinie).

ANMERKUNGEN

In Einzelrichtlinien für die jeweiligen Gerätekategorien werden detaillierte Vorschriften getroffen (vgl. 84/533/EWG bis 537/EWG).
Die Ermittlung des Geräuschemissionspegels von Baugeräten und Baumaschinen erfolgt entsprechend den Grundsätzen der Richtlinie 79/113/EWG.
Die RL nennt keine Grenzwerte.

VERWEIS

ausgewertete Datenquelle: Umweltrecht der EG (UREG, 1988)

ZUGEHÖRIGE INFORMATIONEN

DATUM: 17.09.84
EG-KURZBEZ.: 84/533

RICHTLINIE DES RATES ZUR ANGLEICHUNG DER RECHTSVORSCHRIFTEN DER MITGLIEDSTAATEN ÜBER DEN ZULÄSSIGEN SCHALLEISTUNGSPEGEL VON MOTORKOMPRESSOREN

Änderungs- u. Angleichungsrichtlinien :
85/406 vom 11.07.85

VERTRAGSPARTNER

Europäische Gemeinschaften.

UNMITTELBARER GEGENSTAND DES VERTRAGS

Verursacher :	Motorkompressoren, die zu Arbeiten auf Baustellen des Baugewerbes dienen.
Schutzgut/Akzeptor :	Lärm, Mensch
Schutzgebiet :	
UVP-Bezug :	Basierend auf der Richtlinie 84/532/EWG (Rahmenrichtlinie) werden in dieser Richtlinie Vorschriften für eine Geräteart, im Hinblick auf die Auswirkungen des Lärms festgelegt.

ANMERKUNGEN

Die EWG-Baumusterprüfbescheinigung wird dann erteilt, wenn der Schalleistungspegel den unten aufgeführten Grenzwerten entspricht.
Meßverfahren und Messbedingungen sind im Anhang der Richtlinie erläutert.

VERWEIS

ausgewertete Datenquelle: Umweltrecht der EG (UREG, 1988)

ZUGEHÖRIGE INFORMATIONEN

Je nach Normalnenndurchsatz (Motorkompressortyp) sind Schalleistungspegel zwischen 100 und 104 dB(A)/1 pW zulässig.

DATUM: 17.09.84
EG-KURZBEZ.: 84/534

RICHTLINIE DES RATES ZUR ANGLEICHUNG DER RECHTSVORSCHRIFTEN DER MITGLIEDSTAATEN BETREFFEND DEN ZULÄSSIGEN SCHALLEISTUNGSPEGEL VON TURMDREHKRÄNEN

Änderungs- u. Angleichungsrichtlinien :

VERTRAGSPARTNER

Europäische Gemeinschaften.

UNMITTELBARER GEGENSTAND DES VERTRAGS

Verursacher :	Turmdrehkräne, die auf Baustellen eingesetzt werden.
Schutzgut/Akzeptor :	Lärm, Mensch
Schutzgebiet :	
UVP-Bezug :	Basierend auf der Richtlinie 84/532/EWG (Rahmenrichtlinien) werden in dieser Richtlinie Vorschriften für eine Geräteart, im Hinblick auf die Auswirkungen des Lärms, festgelegt.

ANMERKUNGEN

Die EWG-Baumusterprüfbescheinigung wird dann erteilt, wenn der Schalleistungspegel dem unten aufgeführten Grenzwerten entspricht.
Meßverfahren und Messbedingungen sind im Anhang der Richtlinie erläutert (s.a. RL 84/536).

VERWEIS

ausgewertete Datenquelle: Umweltrecht der EG (UREG, 1988)

ZUGEHÖRIGE INFORMATIONEN

Als zulässiger Schalleistungspegel wird 100 db(A)/1 pW genannt. In Verbindung mit Anlagenteilen für Kraftstromerzeugern (s. RL 84/536) ist auch ein Grenzwert von 102 dB(A)/1 pW möglich.

DATUM: 17.09.84
EG-KURZBEZ.: 84/535

RICHTLINIE DES RATES ZUR ANGLEICHUNG DER RECHTSVORSCHRIFTEN DER MITGLIEDSTAATEN ÜBER DEN ZULÄSSIGEN SCHALLEISTUNGSPEGEL VON SCHWEIßSTROMERZEUGERN

Änderungs- u. Angleichungsrichtlinien :
85/407 vom 11.07.85

VERTRAGSPARTNER

Europäische Gemeinschaften.

UNMITTELBARER GEGENSTAND DES VERTRAGS

Verursacher :	Schweißstromerzeuger, die auf Baustellen eingesetzt werden
Schutzgut/Akzeptor :	Lärm, Mensch
Schutzgebiet :	
UVP-Bezug :	Basierend auf der Richtlinie 84/532/EWG (Rahmenrichtlinien) werden in dieser Richtlinie Vorschriften für eine Geräteart, im Hinblick auf die Auswirkungen des Lärms festgelegt.

ANMERKUNGEN

Die EWG-Baumusterprüfbescheinigung wird dann erteilt, wenn der Schalleistungspegel dem unten aufgeführten Grenzwerten entspricht.
Meßverfahren und Messbedingungen sind im Anhang der Richtlinie erläutert.

VERWEIS

ausgewertete Datenquelle: Umweltrecht der EG (UREG, 1988)

ZUGEHÖRIGE INFORMATIONEN

Je nach maximaler Auslegungsstromstärke (bis 200 A bzw. über 200 A) des Schweißstromerzeugers wird ein zulässiger Schalleistungspegel von 100 bzw. 101 dB(A)/1 pW genannt.

DATUM: 17.09.84
EG-KURZBEZ.: 84/536

RICHTLINIE DES RATES ZUR ANGLEICHUNG DER RECHTSVORSCHRIFTEN DER MITGLIEDSTAATEN ÜBER DEN ZULÄSSIGEN SCHALLEISTUNGSPEGEL VON KRAFTSTROMERZEUGERN

Änderungs- u. Angleichungsrichtlinien :
85/408 vom 11.07.85

VERTRAGSPARTNER

Europäische Gemeinschaften.

UNMITTELBARER GEGENSTAND DES VERTRAGS

Verursacher :	Kraftstromerzeuger, die zu Arbeit auf Baustellen des Baugewerbes dienen
Schutzgut/Akzeptor :	Lärm, Mensch
Schutzgebiet :	
UVP-Bezug :	Basierend auf der Richtlinie 84/532/EWG (Rahmenrichtlinien) werden in dieser Richtlinie Vorschriften für eine Geräteart, im Hinblick auf die Auswirkungen des Lärms festgelegt.

ANMERKUNGEN

Die EWG-Baumusterprüfbescheinigung wird dann erteilt, wenn der Schalleistungspegel dem unten aufgeführten Grenzwerten entspricht.
Meßverfahren und Messbedingungen sind im Anhang der Richtlinie erläutert.

VERWEIS

ausgewertete Datenquelle: Umweltrecht der EG (UREG, 1988)

ZUGEHÖRIGE INFORMATIONEN

Je nach elektrischer Leistung des Kraftstromerzeugers (bis 2 kVA bzw. über 2 kVA) wird ein zulässiger Schalleistungspegel von 102 bzw. 100 dB(A)/1 pW genannt.

DATUM: 17.09.84
EG-KURZBEZ.: 84/537

RICHTLINIE DES RATES ZUR ANGLEICHUNG DER RECHTSVORSCHRIFTEN DER MITGLIEDSTAATEN ÜBER DEN ZULÄSSIGEN SCHALLEISTUNGSPEGEL HANDBEDIENTER BETONBRECHER UND ABBAU-, AUFBRUCH- UND SPATENHAMMER

Änderungs- u. Angleichungsrichtlinien :

85/409 vom 11.07.85

VERTRAGSPARTNER

Europäische Gemeinschaften.

UNMITTELBARER GEGENSTAND DES VERTRAGS

Verursacher :	Betonbrecher und Abbau-, Aufbruch- und Spatenhämmer
Schutzgut/Akzeptor :	Lärm, Mensch
Schutzgebiet :	
UVP-Bezug :	Basierend auf der Richtlinie 84/532/EWG (Rahmenrichtlinien) werden in dieser Richtlinie Vorschriften für eine Geräteart, im Hinblick auf die Auswirkungen des Lärms festgelegt.

ANMERKUNGEN

Die EWG-Baumusterprüfbescheinigung wird dann erteilt, wenn der Schalleistungspegel dem unten aufgeführten Grenzwerten entspricht.
Meßverfahren und Messbedingungen sind im Anhang der Richtlinie erläutert.

VERWEIS

ausgewertete Datenquelle: Umweltrecht der EG (UREG, 1988)

ZUGEHÖRIGE INFORMATIONEN

Je nach Masse des Gerätes (unter 20 kg, 20 bis 35 kg, über 35 kg) wird ein zulässiger Schalleistungspegel von 108, 111 bzw. 114 dB(A)/1 pW genannt. Der letztgenannte Wert gilt auch für Geräte mit eingebautem Verbrennungsmotor.

DATUM: 07.03.85
EG-KURZBEZ.: 85/203

RICHTLINIE DES RATES ÜBER LUFTQUALITÄTSNORMEN FÜR STICKSTOFF-DIOXID

Änderungs- u. Angleichungsrichtlinien :
85/580 vom 20.12.85

VERTRAGSPARTNER

Europäische Gemeinschaften.

UNMITTELBARER GEGENSTAND DES VERTRAGS

Verursacher :	
Schutzgut/Akzeptor :	Schutz der menschlichen Gesundheit
Schutzgebiet :	
UVP-Bezug :	Gegenstand der Richtlinie ist die Festlegung eines Grenzwertes für den Stickstoffdioxidgehalt in der Atmosphäre sowie die Vorgabe von Leitwerten, die beispielsweise als Bezugspunkte für die Festlegung von Sonderregelungen für besondere Gebiete dienen könnten.

ANMERKUNGEN

Im Anhang der Richtlinie sind Angaben zu Überwachungsverfahren und Referenzanalysemethoden getroffen.

VERWEIS

ausgewertete Datenquelle: Umweltrecht der EG (UREG, 1988)

ZUGEHÖRIGE INFORMATIONEN

Im Anhang der RL werden folgende Werte für den Bezugszeitraum genannt:

Grenzwert:	200 $\mu g/m^3$ [1])
Leitwerte:	50 $\mu g/m^3$ [2])
	135 $\mu g/m^3$ [1])

[1]) 98%-Wert der Summenhäufigkeit
[2]) 50%-Wert der Summenhäufigkeit, jeweils berechnet aus den während des Jahres gemessenen Mittelwerten über eine Stunde oder kürzere Zeiträume.

DATUM: 27.06.85
EG-KURZBEZ.: 85/336

BESCHLUSS DES RATES ÜBER EINE AUF CADMIUM BEZÜGLICHE ERGÄNZUNG ZU ANHANG IV DES ÜBEREINKOMMENS ZUM SCHUTZE DES RHEINS GEGEN CHEMISCHE VERUNREINIGUNG

Änderungs- u. Angleichungsrichtlinien :

VERTRAGSPARTNER

Europäische Gemeinschaften.

UNMITTELBARER GEGENSTAND DES VERTRAGS

Verursacher :	
Schutzgut/Akzeptor :	Gewässer, Wasser
Schutzgebiet :	Rhein mit Gewässern des Rhein-Einzugsgebiets
UVP-Bezug :	Inhalt der Richtlinie ist die Änderung des Übereinkommens zum Schutz des Rheins gegen chemische Verunreinigungen in Bezug auf die Ableitung von Cadmium. Es werden dazu die Grenzwerte der Richtlinie 83/513/EWG für die Ableitung von Cadmium in Gewässer in diese Richtlinie übernommen.

ANMERKUNGEN

Grenzwerte sind in der Richtlinie 83/513/EWG aufgeführt.

VERWEIS

ausgewertete Datenquelle: Umweltrecht der EG (UREG, 1988)

ZUGEHÖRIGE INFORMATIONEN

DATUM: 27.06.85
EG-KURZBEZ.: 85/337

RICHTLINIE DES RATES ÜBER DIE UMWELTVERTRÄGLICHKEITSPRÜFUNG BEI BESTIMMTEN ÖFFENTLICHEN UND PRIVATEN PROJEKTEN

Änderungs- u. Angleichungsrichtlinien :

VERTRAGSPARTNER

Europäische Gemeinschaften.

UNMITTELBARER GEGENSTAND DES VERTRAGS

Verursacher :	Projekte, "die möglicherweise erhebliche Auswirkungen auf die Umwelt haben." Definitionen zu 91 Projekten/Projekttypen
Schutzgut/Akzeptor :	Mensch, Fauna, Flora, Boden, Wasser, Luft, Klima, Landschaft; Wechselwirkungen; Sachgüter und kulturelles Erbe
Schutzgebiet :	
UVP-Bezug :	Die Richtlinie definiert den formalen Rahmen und rechtlichen Inhalt zur UVP.

ANMERKUNGEN

Liste der betroffenen Projekte/Projekttypen ist grundlegend für Verursachertypen.

VERWEIS

Wegen der Bedeutung der UVP-Richtlinie ist der Text aus dem Amtsblatt der EG übernommen.
ausgewertete Datenquelle: Umweltrecht der EG (UREG, 1988)

ZUGEHÖRIGE INFORMATIONEN

Anhang I: Obligatorisch zu prüfende Projekte (restriktive Ausnahmeregelung)
Anhang II: zu prüfende Projekte "wenn ihre Merkmale nach Aufassung der Mitgliedstaaten dies erfordern".

RICHTLINIE DES RATES

vom 27. Juni 1985

über die Umweltverträglichkeitsprüfung bei bestimmten öffentlichen und privaten Projekten

(85/337/EWG)

DER RAT DER EUROPÄISCHEN GEMEINSCHAFTEN —

gestützt auf den Vertrag zur Gründung der Europäischen Wirtschaftsgemeinschaft, insbesondere auf die Artikel 100 und 235,

auf Vorschlag der Kommission ([1]),

nach Stellungnahme des Europäischen Parlaments ([2]),

nach Stellungnahme des Wirtschafts- und Sozialausschusses ([3]),

in Erwägung nachstehender Gründe:

In den Aktionsprogrammen der Europäischen Gemeinschaften für den Umweltschutz von 1973 ([4]) und 1977 ([5]) sowie im Aktionsprogramm von 1983 ([6]), dessen allgemeine Leitlinien der Rat der Europäischen Gemeinschaften und die Vertreter der Regierungen der Mitgliedstaaten genehmigt hatten, wurde betont, daß die beste Umweltpolitik darin besteht, Umweltbelastungen von vornherein zu vermeiden, statt sie erst nachträglich in ihren Auswirkungen zu bekämpfen. In ihnen wurde bekräftigt, daß bei allen technischen Planungs- und Entscheidungsprozessen die Auswirkungen auf die Umwelt so früh wie möglich berücksichtigt werden müssen. Zu diesem Zweck wurde die Einführung von Verfahren zur Abschätzung dieser Auswirkungen vorgesehen.

Die unterschiedlichen Rechtsvorschriften, die in den einzelnen Mitgliedstaaten für die Umweltverträglichkeitsprüfung bei öffentlichen und privaten Projekten gelten, können zu ungleichen Wettbewerbsbedingungen führen und sich somit unmittelbar auf das Funktionieren des Gemeinsamen Marktes auswirken. Es ist daher eine Angleichung der Rechtsvorschriften nach Artikel 100 des Vertrages vorzunehmen.

([1]) ABl. Nr. C 169 vom 9. 7. 1980, S. 14.
([2]) ABl. Nr. C 66 vom 15. 3. 1982, S. 89.
([3]) ABl. Nr. C 185 vom 27. 7. 1981, S. 8.
([4]) ABl. Nr. C 112 vom 20. 12. 1973, S. 1.
([5]) ABl. Nr. C 139 vom 13. 6. 1977, S. 1.
([6]) ABl. Nr. C 46 vom 17. 2. 1983, S. 1.

Es erscheint ferner erforderlich, eines der Ziele der Gemeinschaft im Bereich des Schutzes der Umwelt und der Lebensqualität zu verwirklichen.

Da die hierfür erforderlichen Befugnisse im Vertrag nicht vorgesehen sind, ist Artikel 235 des Vertrages zur Anwendung zu bringen.

Zur Ergänzung und Koordinierung der Genehmigungsverfahren für öffentliche und private Projekte, die möglicherweise erhebliche Auswirkungen auf die Umwelt haben, sollten allgemeine Grundsätze für Umweltverträglichkeitsprüfungen aufgestellt werden.

Die Genehmigung für öffentliche und private Projekte, bei denen mit erheblichen Auswirkungen auf die Umwelt zu rechnen ist, sollt erst nach vorheriger Beurteilung der möglichen erheblichen Umweltauswirkungen dieser Projekte erteilt werden. Diese Beurteilung hat von seiten des Projektträgers anhand sachgerechter Angaben zu erfolgen, die gegebenenfalls von den Behörden und der Öffentlichkeit ergänzt werden können, die möglicherweise von dem Projekt betroffen sind.

Es erscheint erforderlich, eine Harmonisierung der Grundsätze für die Umweltverträglichkeitsprüfung vorzunehmen, insbesondere hinsichtlich der Art der zu prüfenden Projekte, der Hauptauflagen für den Projektträger und des Inhalts der Prüfung.

Projekte bestimmter Klassen haben erhebliche Auswirkungen auf die Umwelt und sind grundsätzlich einer systematischen Prüfung zu unterziehen.

Projekte anderer Klassen haben nicht unter allen Umständen zwangsläufig erhebliche Auswirkungen auf die Umwelt; sie sind einer Prüfung zu unterziehen, wenn dies nach Auffassung der Mitgliedstaaten ihrem Wesen nach erforderlich ist.

Bei Projekten, die einer Prüfung unterzogen werden, sind bestimmte Mindestangaben über das Projekt und seine Umweltauswirkungen zu machen.

Die Umweltauswirkungen eines Projekts müssen mit Rücksicht auf folgende Bestrebungen beurteilt werden: die menschliche Gesundheit zu schützen, durch eine Verbesserung der Umweltbedingungen zur Lebensqualität beizutragen, für die Erhaltung der Artenvielfalt zu sorgen und die Reproduktionsfähigkeit des Ökosystems als Grundlage allen Lebens zu erhalten.

Es ist hingegen nicht angebracht, diese Richtlinie auf Projekte anzuwenden, die im einzelnen durch einen besonderen einzelstaatlichen Gesetzgebungsakt genehmigt werden, da die mit dieser Richtlinie verfolgten Ziele einschließlich des Ziels der Bereitstellung von Informationen im Wege des Gesetzgebungsverfahrens erreicht werden.

Im übrigen kann es sich in Ausnahmefällen als sinnvoll erweisen, ein spezifisches Projekt von den in dieser Richtlinie vorgesehenen Prüfungsverfahren zu befreien, sofern die Kommission hiervon in geeigneter Weise unterrichtet wird —

HAT FOLGENDE RICHTLINIE ERLASSEN:

Artikel 1

(1) Gegenstand dieser Richtlinie ist die Umweltverträglichkeitsprüfung bei öffentlichen und privaten Projekten, die möglicherweise erhebliche Auswirkungen auf die Umwelt haben.

(2) Im Sinne dieser Richtlinie sind:

Projekt:

— die Errichtung von baulichen oder sonstigen Anlagen,

— sonstige Eingriffe in Natur und Landschaft einschließlich derjenigen zum Abbau von Bodenschätzen;

Projektträger:

Person, die die Genehmigung für ein privates Projekt beantragt, oder die Behörde, die ein Projekt betreiben will;

Genehmigung:

Entscheidung der zuständigen Behörde oder der zuständigen Behörden, aufgrund deren der Projektträger das Recht zur Durchführung des Projekts erhält.

(3) Die zuständige(n) Behörde(n) ist (sind) die Behörde(n), die von den Mitgliedstaaten für die Durchführung der sich aus dieser Richtlinie ergebenden Aufgaben bestimmt wird (werden).

(4) Projekte, die Zwecken der nationalen Verteidigung dienen, fallen nicht unter dieses Richtlinie.

(5) Diese Richtlinie gilt nicht für Projekte, die im einzelnen durch einen besonderen einzelstaatlichen Gesetzgebungsakt genehmigt werden, da die mit dieser Richtlinie verfolgten Ziele einschließlich des Ziels der Bereitstellung von Informationen im Wege des Gesetzgebungsverfahrens erreicht werden.

Artikel 2

(1) Die Mitgliedstaaten treffen die erforderlichen Maßnahmen, damit vor der Erteilung der Genehmigung die Projekte, bei denen insbesondere aufgrund ihrer Art, ihrer Größe oder ihres Standortes mit erheblichen Auswirkungen auf die Umwelt zu rechnen ist, einer Prüfung in bezug auf ihre Auswirkungen unterzogen werden.

Diese Projekte sind in Artikel 4 definiert.

(2) Die Umweltverträglichkeitsprüfung kann in den Mitgliedstaaten im Rahmen der bestehenden Verfahren zur Genehmigung der Projekte durchgeführt werden oder, falls solche nicht bestehen, im Rahmen anderer Verfahren oder der Verfahren, die einzuführen sind, um den Zielen dieser Richtlinie zu entsprechen.

(3) Die Mitgliedstaaten können in Ausnahmefällen ein einzelnes Projekt ganz oder teilweise von den Bestimmungen dieser Richtlinie ausnehmen.

In diesem Fall müssen die Mitgliedstaaten:

a) prüfen, ob eine andere Form der Prüfung angemessen ist und ob die so gewonnenen Informationen der Öffentlichkeit zur Verfügung gestellt werden sollen;

b) der Öffentlichkeit die Informationen betreffend diese Ausnahme zur Verfügung stellen und sie über die Gründe für die Gewährung der Ausnahme unterrichten;

c) die Kommission vor Erteilung der Genehmigung über die Gründe für die Gewährung dieser Ausnahme unterrichten und ihr die Informationen übermitteln, die sie gegebenenfalls ihren eigenen Staatsangehörigen zur Verfügung stellen.

Die Kommission übermittelt den anderen Mitgliedstaaten unverzüglich die ihr zugegangenen Unterlagen.

Die Kommission erstattet dem Rat jährlich über die Anwendung dieses Absatzes Bericht.

Artikel 3

Die Umweltverträglichkeitsprüfung identifiziert, beschreibt und bewertet in geeigneter Weise nach Maßgabe eines jeden Einzelfalls gemäß den Artikeln 4 bis 11 die unmittelbaren und mittelbaren Auswirkungen eines Projekts auf folgende Faktoren:

— Mensch, Fauna und Flora,

— Boden, Wasser, Luft, Klima und Landschaft,

— die Wechselwirkung zwischen den unter dem ersten und dem zweiten Gedankenstrich genannten Faktoren,

— Sachgüter und das kulturelle Erbe.

Artikel 4

(1) Projekte der in Anhang I aufgeführten Klassen werden vorbehaltlich des Artikels 2 Absatz 3 einer Prüfung gemäß den Artikeln 5 bis 10 unterzogen.

(2) Projekte der in Anhang II aufgezählten Klassen werden einer Prüfung gemäß den Artikeln 5 bis 10 unterzogen, wenn ihre Merkmale nach Auffassung der Mitgliedstaaten dies erfordern.

Zu diesem Zweck können die Mitgliedstaaten insbesondere bestimmte Arten von Projekten, die einer Prüfung zu unterziehen sind, bestimmen oder Kriterien und/oder Schwellenwerte aufstellen, anhand deren bestimmt werden kann, welche von den Projekten der in Anhang II aufgezählten Klassen einer Prüfung gemäß den Artikeln 5 bis 10 unterzogen werden sollen.

Artikel 5

(1) Bei Projekten, die nach Artikel 4 einer Umweltverträglichkeitsprüfung gemäß den Artikeln 5 bis 10 unterzogen werden müssen, ergreifen die Mitgliedstaaten die erforderlichen Maßnahmen, um sicherzustellen, daß der Projektträger die in Anhang III genannten Angaben in geeigneter Form vorlegt, soweit

a) die Mitgliedstaaten der Auffassung sind, daß die Angaben in einem bestimmten Stadium des Genehmigungsverfahrens und in Anbetracht der besonderen Merkmale eines spezifischen Projekts oder einer bestimmten Art von Projekten und der möglicherweise beeinträchtigten Umwelt von Bedeutung sind;

b) die Mitgliedstaaten der Auffassung sind, daß von dem Projektträger unter anderem unter Berücksichtigung des Kenntnisstandes und der Prüfungsmethoden billigerweise verlangt werden kann, daß er die Angaben zusammenstellt.

(2) Die vom Projektträger gemäß Absatz 1 vorzulegenden Angaben umfassen mindestens folgendes:

— eine Beschreibung des Projekts nach Standort, Art und Umfang;
— eine Beschreibung der Maßnahmen, mit denen bedeutende nachteilige Auswirkungen vermieden, eingeschränkt und soweit möglich ausgeglichen werden sollen;
— die notwendigen Angaben zur Feststellung und Beurteilung der Hauptwirkungen, die das Projekt voraussichtlich für die Umwelt haben wird;
— eine nichttechnische Zusammenfassung der unter dem ersten, zweiten und dritten Gedankenstrich genannten Angaben.

(3) Falls die Mitgliedstaaten dies für erforderlich halten, sorgen sie dafür, daß die Behörden, die über zweckdienliche Informationen verfügen, diese Informationen dem Projektträger zur Verfügung stellen.

Artikel 6

(1) Die Mitgliedstaaten treffen die erforderlichen Maßnahmen, damit die Behörden, die in ihrem umweltbezogenen Aufgabenbereich von dem Projekt berührt sein könnten, die Möglichkeit haben, ihre Stellungnahme zu dem Antrag auf Genehmigung abzugeben. Zu diesem Zweck bestimmen die Mitgliedstaaten allgemein oder von Fall zu Fall bei der Einreichung von Anträgen auf Genehmigung die Behörden, die anzuhören sind. Diesen Behörden werden die nach Artikel 5 eingeholten Informationen mitgeteilt. Die Einzelheiten der Anhörung werden von den Mitgliedstaaten festgelegt.

(2) Die Mitgliedstaaten tragen dafür Sorge,

— daß der Öffentlichkeit jeder Genehmigungsantrag sowie die nach Artikel 5 eingeholten Informationen zugänglich gemacht werden;
— daß der betroffenen Öffentlichkeit Gelegenheit gegeben wird, sich vor Durchführung des Projekts dazu zu äußern.

(3) Die Einzelheiten dieser Unterrichtung und Anhörung werden von den Mitgliedstaaten festgelegt, die nach Maßgabe der besonderen Merkmale der betreffenden Projekte oder Standorte insbesondere folgendes tun können:

— den betroffenen Personenkreis bestimmen;
— bestimmen, wo die Informationen eingesehen werden können;
— präzisieren, wie die Öffentlichkeit unterrichtet werden kann, z. B. durch Anschläge innerhalb eines gewissen Umkreises, Veröffentlichungen in Lokalzeitungen, Veranstaltung von Ausstellungen mit Plänen, Zeichnungen, Tafeln, graphischen Darstellungen, Modellen;
— bestimmen, in welcher Weise die Öffentlichkeit angehört werden soll, z. B. durch Aufforderung zur schriftlichen Stellungnahme und durch öffentliche Umfrage;
— geeignete Fristen für die verschiedenen Phasen des Verfahrens festsetzen, damit gewährleistet ist, daß binnen angemessenen Fristen ein Beschluß gefaßt wird.

Artikel 7

Stellt ein Mitgliedstaat fest, daß ein Projekt erhebliche Auswirkungen auf die Umwelt eines anderen Mitgliedstaats haben könnte, oder stellt ein Mitgliedstaat, der möglicherweise davon erheblich berührt wird, einen entsprechenden Antrag, so teilt der Mitgliedstaat, in dessen Hoheitsgebiet die Durchführung des Projekts vorgeschlagen wird, dem anderen Mitgliedstaat die nach Artikel 5 eingeholten Informationen zum gleichen Zeitpunkt mit, zu dem er sie seinen eigenen Staatsangehörigen zur Verfügung stellt. Diese Informationen dienen als Grundlage für notwendige Konsultationen im Rahmen der bilateralen Beziehungen beider Mitgliedstaaten auf der Basis von Gegenseitigkeit und Gleichwertigkeit.

Artikel 8

Die gemäß den Artikeln 5, 6 und 7 eingeholten Angaben sind im Rahmen des Genehmigungsverfahrens zu berücksichtigen.

Artikel 9

Nachdem eine Entscheidung getroffen wurde, macht (machen) die zuständige(n) Behörde(n) der betroffenen Öffentlichkeit folgendes zugänglich:

— den Inhalt der Entscheidung und die gegebenenfalls mit der Entscheidung verbundenen Bedingungen;
— die Gründe und Erwägungen, auf denen ihre Entscheidung beruht, wenn dies die Rechtsvorschriften der Mitgliedstaaten vorsehen.

Die Mitgliedstaaten bestimmen die näheren Einzelheiten für diese Information.

Ist ein anderer Mitgliedstaat nach Artikel 7 unterrichtet worden, so wird er von der betreffenden Entscheidung ebenfalls unterrichtet.

Artikel 10

Die Bestimmungen dieser Richtlinie berühren nicht die Verpflichtung der zuständigen Behörden, die von den einzelstaatlichen Rechts- und Verwaltungsvorschriften und der herrschenden Rechtspraxis auferlegten Beschränkungen zur Wahrung der gewerblichen und handelsbezogenen Geheimnisse und des öffentlichen Interesses zu beachten.

Soweit Artikel 7 Anwendung findet, unterliegen die Übermittlung von Angaben an einen anderen Mitgliedstaat und der Empfang von Angaben eines anderen Mitgliedstaats den Beschränkungen, die in dem Mitgliedstaat gelten, in dem das vorgeschlagene Projekt durchgeführt werden soll.

Artikel 11

(1) Die Mitgliedstaaten und die Kommission tauschen Angaben über ihre Erfahrungen bei der Anwendung dieser Richtlinie aus.

(2) Insbesondere teilen die Mitgliedstaaten der Kommission gemäß Artikel 4 Absatz 2 die für die Auswahl der betreffenden Projekte gegebenenfalls festgelegten Kriterien und/oder Schwellenwerte oder die Arten der betreffenden Projekte mit, die gemäß Artikel 4 Absatz 2 einer Umweltverträglichkeitsprüfung nach den Artikeln 5 bis 10 unterzogen werden.

(3) Fünf Jahre nach Bekanntgabe dieser Richtlinie übermittelt die Kommission dem Europäischen Parlament und dem Rat einen Bericht über deren Anwendung und Nutzeffekt. Der Bericht stützt sich auf diesen Informationsaustausch.

(4) Die Kommission unterbreitet dem Rat auf der Grundlage dieses Informationsaustauschs zusätzliche Vorschläge, falls dies sich im Hinblick auf eine hinreichend koordinierte Anwendung dieser Richtlinie als notwendig erweist.

Artikel 12

(1) Die Mitgliedstaaten treffen die erforderlichen Maßnahmen, um dieser Richtlinie innerhalb von drei Jahren nach ihrer Bekanntgabe (¹) nachzukommen.

(2) Die Mitgliedstaaten teilen der Kommission den Wortlaut der innerstaatlichen Rechtsvorschriften mit, die sie auf dem unter diese Richtlinie fallenden Gebiet erlassen.

Artikel 13

Diese Richtlinie hindert die Mitgliedstaaten nicht daran, gegebenenfalls strengere Regeln für Anwendungsbereich und Verfahren der Umweltverträglichkeitsprüfung festzulegen.

Artikel 14

Diese Richtlinie ist an die Mitgliedstaaten gerichtet.

Geschehen zu Luxemburg am 27. Juni 1985.

Im Namen des Rates

Der Präsident

A. BIONDI

(¹) Diese Richtlinie wurde den Mitgliedstaaten am 3. Juli 1985 bekanntgegeben.

ANHANG I

PROJEKTE NACH ARTIKEL 4 ABSATZ 1

1. Raffinerien für Erdöl (ausgenommen Unternehmen, die nur Schmiermittel aus Erdöl herstellen) sowie Anlagen zur Vergasung und zur Verflüssigung von täglich mindestens 500 Tonnen Kohle oder bituminösem Schiefer

2. Wärmekraftwerke und andere Verbrennungsanlagen mit einer Wärmeleistung von mindestens 300 MW sowie Kernkraftwerke und andere Kernreaktoren (mit Ausnahme von Forschungseinrichtungen für die Erzeugung und Bearbeitung von spalt- und brutstoffhaltigen Stoffen, deren Höchstleistung 1 kW thermische Dauerleistung nicht übersteigt)

3. Anlagen mit dem ausschließlichen Zweck der Endlagerung oder endgültigen Beseitigung radioaktiver Abfälle

4. Integrierte Hüttenwerke zur Erzeugung von Roheisen und Rohstahl

5. Anlagen zur Gewinnung von Asbest sowie zur Be- und Verarbeitung von Asbest und Asbesterzeugnissen : im Falle von Asbestzementerzeugnissen mit einer Jahresproduktion von mehr als 20 000 Tonnen Fertigerzeugnissen, von Reibungsbelägen mit einer Jahresproduktion von mehr als 50 Tonnen Fertigerzeugnissen, sowie — bei anderen Verwendungszwecken — von Asbest mit einem Einsatz von mehr als 200 Tonnen im Jahr

6. Integrierte chemische Anlagen

7. Bau von Autobahnen, Schnellstraßen [1], Eisenbahn-Fernverkehrsstrecken sowie von Flugplätzen [2] mit einer Start- und Landebahngrundlänge von 2 100 m und mehr

8. Seehandelshäfen sowie Schiffahrtswege und Häfen für die Binnenschiffahrt, die Schiffen mit mehr als 1 350 Tonnen zugänglich sind.

9. Abfallbeseitigungsanlagen zur Verbrennung, zur chemischen Behandlung oder zur Erdlagerung von giftigem und gefährlichem Abfall.

---

(1) „Schnellstraßen" im Sinne dieser Richtlinie sind Schnellstraßen gemäß den Begriffsbestimmungen des Europäischen Übereinkommens über die Hauptstraßen des internationalen Verkehrs vom 15. November 1975.

(2) „Flugplätze" im Sinne dieser Richtlinie sind Flugplätze gemäß den Begriffsbestimmungen des Abkommens von Chicago von 1944 zur Errichtung der Internationalen Zivilluftfahrt-Organisation (Anhang 14).

ANHANG II

PROJEKTE NACH ARTIKEL 4 ABSATZ 2

1. **Landwirtschaft**

a) Flurbereinigungsprojekte

b) Projekte zur Verwendung von Ödland oder naturnaher Flächen zu intensiver Landwirtschaftsnutzung

c) Wasserwirtschaftliche Projekte in der Landwirtschaft

d) Erstaufforstungen, wenn sie zu ökologisch negativen Veränderungen führen können, und Rodungen zum Zwecke der Umwandlung in eine andere Bodennutzungsart

e) Betriebe mit Stallplätzen für Geflügel

f) Betriebe mit Stallplätzen für Schweine

g) Salmenzucht

h) Landgewinnung am Meer

2. **Bergbau**

a) Gewinnung von Torf

b) Tiefbohrungen, ausgenommen Bohrungen zur Untersuchung der Bodenfestigkeit, insbesondere:

— Bohrungen zur Gewinnung von Erdwärme

— Bohrungen im Zusammenhang mit der Lagerung von Kernabfällen

— Bohrungen im Zusammenhang mit der Wasserversorgung

c) Gewinnung von nichtenergetischen Mineralien (ohne Erze), wie Marmor, Sand, Kies, Schiefer, Salz, Phosphate, Pottasche

d) Gewinnung von Steinkohle und Braunkohle im Untertagebau

e) Gewinnung von Steinkohle und Braunkohle im Tagebau

f) Gewinnung von Erdöl

g) Gewinnung von Erdgas

h) Gewinnung von Erzen

i) Gewinnung von bituminösem Schiefer

j) Gewinnung von nicht-energetischen Mineralien (ohne Erze) über Tage

k) Oberirdische Anlagen zur Gewinnung von Steinkohle, Erdöl, Erdgas und Erzen sowie von bituminösem Schiefer

l) Kokereien (Kohletrockendestillation)

m) Anlagen zur Zementherstellung

3. **Energiewirtschaft**

a) Anlagen der Industrie zur Erzeugung von Strom, Dampf und Warmwasser (soweit nicht durch Anhang I erfaßt)

b) Anlagen der Industrie zum Transport von Gas, Dampf und Warmwasser; Beförderung elektrischer Energie über Freileitungen

c) Oberirdische Speicherung von Erdgas

d) Lagerung von brennbaren Gasen in unterirdischen Behältern

e) Oberirdische Speicherung von fossilen Brennstoffen

f) Industrielles Pressen von Steinkohle und Braunkohle

g) Anlagen zur Erzeugung oder Anreicherung von Kernbrennstoffen

h) Anlagen zur Aufarbeitung bestrahlter Kernbrennstoffe

i) Anlagen zur Aufnahme und Bearbeitung radioaktiver Abfälle (soweit nicht durch Anhang I erfaßt)

j) Anlagen zur hydroelektrischen Energieerzeugung

4. **Bearbeitung von Metallen**
   a) Eisen- und Stahlhütten, einschließlich Gießereien; Schmieden, Ziehereien und Walzwerke (soweit nicht durch Anhang I erfaßt)
   b) Anlagen zur Erzeugung, einschließlich zum Schmelzen, zur Affinierung, zum Ziehen und zum Walzen von Nichteisenmetallen, mit Ausnahme von Edelmetallen
   c) Herstellung großer Preß-, Zieh- und Stanzteile
   d) Oberflächenveredelung
   e) Kessel- und Behälterbau, Herstellung von Tanks und anderen Blechbehältern
   f) Bau und Montage von Kraftwagen und deren Motoren
   g) Schiffswerften
   h) Anlagen für den Bau und die Instandsetzung von Luftfahrzeugen
   i) Bau von Eisenbahnmaterial
   j) Tiefung mit Hilfe von Sprengstoffen
   k) Anlagen zum Rösten und Sintern von Erz
5. **Glaserzeugung**
6. **Chemische Industrie**
   a) Behandlung von chemischen Zwischenerzeugnissen und Erzeugung von Chemikalien (soweit nicht durch Anhang I erfaßt)
   b) Zubereitung von Pflanzenschutz- und Schädlingsbekämpfungsmitteln und pharmazeutischen Erzeugnissen, Farben und Anstrichmitteln, Elastomeren und Peroxiden
   c) Speicherung und Lagerung von Erdöl, petrochemischen und chemischen Erzeugnissen
7. **Nahrungs- und Genußmittelgewerbe**
   a) Erzeugung von Ölen und Fetten pflanzlicher und tierischer Herkunft
   b) Fleisch- und Gemüsekonservenindustrie
   c) Erzeugung von Milchprodukten
   d) Brauereien und Malzereien
   e) Süßwaren- und Sirupherstellung
   f) Anlagen zum Schlachten von Tieren
   g) Industrielle Herstellung von Stärken
   h) Fischmehl- und Fischölfabriken
   i) Zuckerfabriken
8. **Textil-, Leder-, Holz- und Papierindustrie**
   a) Wollwasch, Wollentfettungs- und Wollbleichanlagen
   b) Herstellung von Holzfaser- und Spanplatten sowie Sperrholz
   c) Herstellung von Holzschiff, Papier und Pappe
   d) Faserfärbereien
   e) Anlagen zur Erzeugung und Verarbeitung von Zellstoff und Zellulose
   f) Gerbereien und Weißgerbereien
9. **Verarbeitung von Gummi**
   Erzeugung und Verarbeitung von Erzeugnissen aus Elastomeren
10. **Infrastrukturprojekte**
   a) Anlage von Industriezonen
   b) Städtebauprojekte
   c) Seilbahnen und andere Bergbahnen
   d) Bau von Straßen, Häfen (einschließlich Fischereihäfen) und Flugplätzen (nicht unter Anhang I fallende Projekte)
   e) Flußkanalisierungs- und Stromkorrekturarbeiten
   f) Talsperren und sonstige Anlagen zum Aufstauen eines Gewässers oder zum dauernden Speichern von Wasser
   g) Straßenbahnen, Stadtschnellbahnen in Hochlage, Untergrundbahnen, Hängebahnen oder ähnliche Bahnen besonderer Bauart, die ausschließlich oder vorwiegend der Personenbeförderung dienen
   h) Bau von Öl- und Gaspipelines
   i) Bau von Wasserfernleitungen
   j) Jachthäfen

11. Sonstige Projekte

a) Feriendörfer, Hotelkomplexe

b) Ständige Renn- und Teststrecken für Automobile und Motorräder

c) Anlagen für die Beseitigung von Industrie- und Hausmüll (soweit nicht durch Anhang I erfaßt)

d) Kläranlagen

e) Schlammlagerplätze

f) Lagerung von Eisenschrott

g) Prüfstände für Motoren, Turbinen oder Reaktoren

h) Herstellung künstlicher Mineralfasern

i) Herstellung, Verpackung, Verladung oder Abfüllen (in Hülsen bzw. in Kapseln) von Sprengpulver oder Explosivstoffen

j) Tierkörperbeseitigungsanstalten

12. Änderung von Projekten des Anhangs I sowie Projekten des Anhangs I, die ausschließlich oder überwiegend der Entwicklung und Erprobung neuer Verfahren oder Erzeugnisse dienen und nicht länger als ein Jahr betrieben werden

---

ANHANG III

ANGABEN GEMÄSS ARTIKEL 5 ABSATZ 1

1. Beschreibung des Projekts, im besonderen:

   — Beschreibung der physischen Merkmale des gesamten Projekts und des Bedarfs an Grund und Boden während des Bauens und des Betriebes

   — Beschreibung der wichtigsten Merkmale der Produktionsprozesse, z. B. Art und Menge der verwendeten Materialien

   — Art und Quantität der erwarteten Rückstände und Emissionen (Verschmutzung des Wassers, der Luft und des Bodens, Lärm, Erschütterungen, Licht, Wärme, Strahlung usw.), die sich aus dem Betrieb des vorgeschlagenen Projekts ergeben

2. Gegebenenfalls Übersicht über die wichtigsten anderweitigen vom Projektträger geprüften Lösungsmöglichkeiten und Angabe der wesentlichen Auswahlgründe im Hinblick auf die Umweltauswirkungen

3. Beschreibung der möglicherweise von dem vorgeschlagenen Projekt erheblich beeinträchtigten Umwelt, wozu insbesondere die Bevölkerung, die Fauna, die Flora, der Boden, das Wasser, die Luft, des Klima, die materiellen Güter einschließlich der architektonisch wertvollen Bauten und der archäologischen Schätze und die Landschaft sowie die Wechselwirkung zwischen den genannten Faktoren gehören

4. Beschreibung [1] der möglichen wesentlichen Auswirkungen des vorgeschlagenen Projekts auf die Umwelt infolge:

   — des Vorhandenseins der Projektanlagen

   — der Nutzung der natürlichen Ressourcen

   — der Emission von Schadstoffen der Verursachung von Belästigungen und der Beseitigung von Abfällen

   und Hinweis des Projektträgers auf die zur Vorausschätzung der Umweltauswirkungen angewandten Methoden

5. Beschreibung der Maßnahmen, mit denen bedeutende nachteilige Auswirkungen des Projekts auf die Umwelt vermieden, eingeschränkt und soweit möglich ausgeglichen werden sollen

6. Nichttechnische Zusammenfassung der gemäß den obengenannten Punkten übermittelten Informationen

7. Kurze Angabe etwaiger Schwierigkeiten (technische Lücken oder fehlende Kenntnisse) des Projektträgers bei der Zusammenstellung der geforderten Angaben

---

[1] Diese Beschreibung sollte sich auf die direkten und die etwaigen indirekten, sekundären, kumulativen, kurz- mittel- und langfristigen, ständigen und vorübergehenden, positiven und negativen Auswirkungen des Vorhabens erstrecken.

DATUM: 20.12.85
EG-KURZBEZ.: 85/581

RICHTLINIE DES RATES ZUR ANGLEICHUNG DER RECHTSVORSCHRIFTEN DER MITGLIEDSTAATEN ÜBER DEN BLEIGEHALT DES BENZINS

Änderungs- u. Angleichungsrichtlinien :

VERTRAGSPARTNER

Europäische Gemeinschaften.

UNMITTELBARER GEGENSTAND DES VERTRAGS

Verursacher :	Benzin herstellende Industrie
Schutzgut/Akzeptor :	Mensch
Schutzgebiet :	
UVP-Bezug :	Ziel der Richtlinie ist die Herabsetzung des Bleigehalts von verbleitem Benzin auf 0,15 g Pb/l.

ANMERKUNGEN

Die Referenzverfahren für die Messung des Bleigehaltes und des Benzolgehaltes sowie für die Bestimmung der Oktanzahl sind im Anhang der RL aufgeführt.

VERWEIS

ausgewertete Datenquelle: Umweltrecht der EG (UREG, 1988)

ZUGEHÖRIGE INFORMATIONEN

DATUM: 22.12.86
EG-KURZBEZ.: 86/662

RICHTLINIE DES RATES ZUR BEGRENZUNG DES GERÄUSCHEMISSIONSPEGELS VON HYDRAULIKBAGGERS, SEILBAGGERN, PLANIERMASCHINEN, LADERN UND BAGGERLADERN

Änderungs- u. Angleichungsrichtlinien :

VERTRAGSPARTNER

Europäische Gemeinschaften.

UNMITTELBARER GEGENSTAND DES VERTRAGS

Verursacher :	Hydraulikbagger, Seilbagger, Planiermaschinen, Lader und Baggerlader
Schutzgut/Akzeptor :	Lärm, Mensch
Schutzgebiet :	
UVP-Bezug :	Basierend auf der Richtlinie 84/532/EWG zur Angleichung der Rechtsvorschriften betreffend Baugeräte und Baumaschinen (Rahmenrichtlinie) werden in dieser Richtlinie Vorschriften für eine Geräteart, im Hinblick auf die Auswirkungen des Lärms, festgelegt.

ANMERKUNGEN

Die EWG-Baumusterprüfbescheinigung wird dann erteilt, wenn der Schalleistungspegel unter bestimmten Grenzwerten liegt.
Meßverfahren und -bedingungen sind im Anhang der RL erläutert.

VERWEIS

ausgewertete Datenquelle: Umweltrecht der EG (UREG, 1988)

ZUGEHÖRIGE INFORMATIONEN

Je nach installierter Nutzleistung (unter 70 bis über 350 KW) sind Schalleistungspegel zwischen 106 und 118 dB(A)/1 pW zulässig.

7. Ergänzende Listen

7.1 Liste von Abfallarten

Katalog der besonders überwachungsbedürftigen Abfälle (nach TA-Abfall, Teil 1).

7.2 Liste von Pflanzenschutzmitteln

Pflanzenschutzmittel, Zusatzstoffe und ihre Wirkstoffe (nach Pflanzenschutzmittelverzeichnis, Teil 1, 1990).

7.1 Liste von Abfallarten

Katalog der besonders überwachungsbedürftigen Abfälle (nach TA-Abfall, Teil 1).

- Abfallarten in alphabetischer Reihenfolge

Abfälle aus der Produktion und Zubereitung von pharmazeutischen Erzeugnissen
Aceton oder andere aliphatische Ketone
Äschereischlamm
Akku-Säuren
Aliphatische Amine
Alkali- und Erdalkalisulfide Alkalicarbonate
Altbestände und Reste von Pflanzenschutz- und Schädlingsbekämpfungsmitteln
Altlacke, Altfarben, nicht ausgehärtet
Aluminiumhaltiger Staub
Aluminiumsulfat-, Aluminiumphosphatrückstände
Ammoniaklösung (Salmiakgeist)
Ammoniumhydrogenfluorid
Anodenschlamm
Anorganische Destillationsrückstände
Anorganische Kühlmittellösungen
Anorganische Peroxide
Anorganische Säuren, Säuregemische, Beizen (sauer)
Anstrichmittel
Aromatische Amine
Arsenkalk Arsenverbindungen
Asbeststäube, Spritzasbest
Bariumcarbonatschlamm
Bariumsalze
Bariumsulfatschlamm Bariumsulfatschlamm, quecksilberhaltig
Batterien, quecksilberhaltig
Bauschutt und Erdaushub mit schädlichen Verunreinigungen
Benzol, Toluol oder Xylole
Berylliumhaltige Abfälle
Bims-Öl-Gemisch
Bitumenemulsionen
Blei- oder zinnhaltiger Galvanikschlamm
Bleiaschen
Bleicherde, mineralölhaltig
Bleihaltige Abfälle

Bleikrätze
Bleisalze
Bleischlamm
Bleisulfat
Bohr- und Schleifölemulsionen, Emulsionsgemische
Bohr-, Schneid- und Schleiföle
Bohrschlamm mit schädlichen Verunreinigungen
Boraxrückstände
Braunstein, Manganoxide
Brüniersalzabfälle
Cadmiumhaltiger Galvanikschlamm
Calciumchlorid
Calciumfluoridschlamm Calciumphosphatschlamm
Chlorbenzole
Clorkalk
Chrom-(III)-haltiger Galvanikschlamm
Chrom-(III)-Oxid
Chrom-(VI)-haltiger Galvanikschlamm Cyanidhaltiger Galvanikschlamm
Cyanidhaltiger Schlamm
Desinfektionsmittel
Destillationsrückstände aus Chemischen Reinigungen
Destillationsrückstände aus Teerölproduktion
Destillationsrückstände, lösemittelhaltig (mit halogenierten organischen Lösemitteln) Destillationsrückstände, lösemittelhaltig (ohne halogenierte organische Lösemittel)
1,2-Dichlorethan Dichlormethan
Diethylether oder andere aliphatische Ether Dimethylformamid Dioxan
Druckfarbenreste
Düngemittelreste
Eisenchlorid
Eisenmetallbehältnisse mit schädlichen Restinhalten
Eisenoxidschlamm aus Reduktionen
Eisensalzlösungen
Eisensulfat (Grünsalz)
Elektrolysezellenschrott
Emailleschlamm, Emailleschlicker
Entwicklerbäder
Erodierschlamm
Ethylenglykole
Fabrikationsrückstände aus der Kunststoffherstellung und -verarbeitung

Fabrikationsrückstände aus Waschmittelherstellung
Farb- und Lackverdünner (Nitroverdünner)
Farbmittel (Pigmente und Farbstoffe), anorganisch Farbmittel (Pigmente und Farbstoffe), organisch
Feinchemikalien
Feste anthracenhaltige Rückstände
Feste fett- und ölverschmutzte Betriebsmittel
Feste naphtalinhaltige Rückstände Feste phenolhaltige Rückstände
Feste Pyrolyserückstände Feste Reaktionsprodukte aus der Abgasreinigung von Abfallverbrennungsanlagen Feste Reaktionsprodukte aus der Abgasreinigung von Feuerungsanlagen ohne Rea-Gipse Feste Reaktionsprodukte aus der Abgasreinigung von Sonderabfallverbrennungsanlagen
Fettabfälle Fettsäurederivate
Fettsäurerückstände
Fettsäurerückstände
Feuerlöschpulverreste
Filterstäube aus Abfallverbrennungsanlagen
Filterstäube aus Shreddern
Filterstäube aus Sonderabfallverbrennungsanlagen
Filterstäube, NE-metallhaltig
Filtertücher, Filtersäcke mit schädlichen Verunreinigungen, vorwiegend anorganisch Filtertücher, Filtersäcke mit schädlichen Verunreinigungen, vorwiegend organisch
Fixierbäder
Fluorchlorkohlenwasserstoffe, Kälte-, Treib- und Lösemittel
Füll- und Trennmittelsuspensionen mit mineralischen Feststoffanteilen
Gase in Patronen Gase in Stahldruckflaschen
Gasreinigungsmasse, Rohrstaub aus Gasleitungen
Gebrauchte ammoniakalische Kupferätzlösung
Gemengereste
Gerbereibrühe
Gerbereischlamm
Gichtgasschlamm
Gichtgasstäube
Gipsabfälle mit schädlichen Verunreinigungen
Gipsschlamm mit schädlichen Verunreinigungen
Glas- und Keramikabfälle mit schädlichen Verunreinigungen
Glasschleifschlamm mit schädlichen Verunreinigungen

Glykolether
Gummischlamm, lösemittelhaltig
Härtereischlamm, cyanidhaltig Härtereischlamm, nitrat-, nitrithaltig
Häutesalze
Halogenierte organische Säuren
Harzöl Harzrückstände, nicht ausgehärtet
Holzabfälle und -behältnisse mit schädlichen Verunreinigungen, vorwiegend anorganisch Holzabfälle und -behältnisse mit schädlichen Verunreinigungen, vorwiegend organisch
Hon- und Läppschlämme
Honöle
Hypochlorit-Ablauge (Chlorbleichlauge)
Imprägniersalzabfälle
Industriekehricht
Infektiöse Abfälle
Ionenaustauscherharze mit schädlichen Verunreinigungen
Jarositschlamm
Kalkschlamm mit schädlichen Verunreinigungen
Kaltreiniger, frei von halogenierten organischen Lösemitteln
Katalysatoren und Kontaktmassen
Kautschuklösungen
Kernsande Kieselsäue- und Quarzabfälle mit schädlichen Verunreinigungen, vorwiegend anorganisch Kieselsäure- und Quarzabfälle mit schädlichen Verunreinigungen, vorwiegend organisch
Kitt- und Spachtelmassen, nicht ausgehärtet
Kobalthaltiger Galvanikschlamm
Körperteile und Organabfälle
Kompressorenkondensate
Konzentrate und Halbkonzentrate, Chrom-(VI)-haltig Konzentrate und Halbkonzentrate, cyanidhaltig Konzentrate und Halbkonzentrate, metallsalzhaltig
Kunststoffbehältnisse mit schädlichen Restinhalten
Kunststoffdispersionen oder -emulsionen Kunststoffschlämme, lösemittelhaltig (mit halogenierten organischen Lösemitteln) Kunststoffschlämme, lösemittelhaltig (ohne halogenierte organische Lösemittel)
Kupferätzlösungen
Kupferchlorid
Kupferhaltiger Galvanikschlamm
Kupferoxid
Laborchemikalienreste, anorganisch Laborchemikalienreste, organisch
Lack- und Farbschlamm Lackiererei abfälle, nicht ausgehärtet
Latex-Schlämme oder -Emulsionen
Laugen, Laugengemische, Beizen (basisch)
Lederchemikalien, Gerbstoffe
Leichtmetallkrätzen, aluminiumhaltig Leichtmetallkräten, magnesiumhaltig
Leim- und Klebemittel, nicht ausgehärtet
Lösemittel-Wassergemische ohne halogenierte organische Lösemittel
Lösemittel-Wassergemische, halogenierte organische Lösemittel enthaltend

Lösemittelgemische ohne halogenierte organische Lösemittel
Lösemittelgemische, halogenierte organische Lösemittel enthaltend
Lösemittelhaltige Betriebsmittel mit halogenierten organischen Lösemitteln Lösemittelhaltige Betriebsmittel ohne halogenierte organische Lösemittel Lösemittelhaltige Schlämme mit halogenierten organischen Lösemitteln Lösemittelhaltige Schlämme ohne halogenierte organische Lösemittel
Magnesiumchlorid
Magnesiumhaltige Abfälle
Maschinen- und Turbinenöle
Mehrfach nitrierte, organische Chemikalien
Mercaptanhaltiger Schlamm
Metallseifen
Methanol und andere flüssige Alkohole Methylacetat und andere aliphatische Essigsäureester
Mineralfaserabfälle mit schädlichen Verunreinigungen Mineralische Rückstände aus Gasreinigung
Mist, infektiös
Mit Chemikalien verunreinigte Betriebsmittel
Natrium- und Kaliumphosphatabfälle Natriumbromid Natriumchlorid Natriumsulfat (Glaubersalz)
NE-Metallbehältnisse mit schädlichen Restinhalten
Nicht halogenierte organische Säuren
Nickel-Cadmium-Akkumulatoren
Nickelhaltiger Galvanikschlamm
Öl- und Benzinabscheiderinhalte
Öl-, Fett-, Wachsemulsionen
Ölfilter
Ölgatsch
Ölverunreinigter Boden
Ofenausbruch aus metallurgischen Prozessen mit schädlichen Verunreinigungen Ofenausbruch aus nichtmetallurgischen Prozessen mit schädlichen Verunreinigungen
Organische Destillationsrückstände
Organische Peroxide
Papierfilter mit schädlichen Verunreinigungen, vorwiegend anorganisch Papierfilter mit schädlichen Verunreinigungen, vorwiegend organisch
Paraffinölschlamm
PCB-haltige Erzeugnisse und Betriebsmittel
Pechabfälle Pellets aus Ölvergasung
Petroleum
Pfähle und Masten, kyanisiert
Pflanzenöle
Phenole
Phenolhaltiger Schlamm Phenolwasser
Phosphatierschlamm

Polierwolle und -filze mit schädlichen Verunreinigungen
Polychlorierte Biphenyle (PCB)
Produktionsabfälle von Körperpflegemitteln
Produktionsabfälle von Pflanzenschutz- und Schädlingsbekämpfungsmitteln
Pyrotechnische Abfälle
Quecksilber, quecksilberhaltige Rückstände, Quecksilberdampflampen, Leuchtstoffröhren
Rückstände aus der rauchgasseitigen Kesselreinigung
Rückstände aus der Säureharz-Aufarbeitung
Rückstände aus der wasserseitigen Kesselreinigung
Rückstände mit Elementarschwefel
Sägemehl und -späne mit schädlichen Verunreinigungen, vorwiegend anorganisch Sägemehl und -späne, ölgetränkt oder mit schädlichen Verunreinigungen, vorwiegend organisch
Säure, mineralölhaltig Säureharz und Säureteer
Salmiak (Ammoniumchlorid) Salzbadabfälle Salze, cyanidhaltig Salze, nitrat-, nitrithaltig
Salzschlacken, aluminiumhaltig Salzschlacken, magnesiumhaltig
Sandfangrückstände
Schlacken aus NE-Metallschmelzen
Schlacken aus Sonderabfallverbrennungsanlagen
Schlämme aus industrieller Abwasserreinigung
Schlamm aus Glycerinreinigung Schlamm aus Kokerei- und Gaswerknaßentstaubern
Schlamm aus Mineralölraffination
Schlamm aus NE-Metallurgie
Schlamm aus Öltrennanlagen Schlamm aus Tankreinigung und Faßwäsche
Schlamm aus Textilausrüstung Schlamm aus Textilfärbereien
Schleifschlamm, ölhaltig
Schwefel
Schwefelkohlenstoff
Schwermetallsulfide
Sedimentationswasser aus Schlammdeponien und Absetzbecken
Shredderrückstände (Leichtfraktion)
Sickerwasser aus Hausmülldeponien Sickerwasser aus Schlackdeponien Sickerwasser aus Sonderabfalldeponien
Skoroditschlamm
Sonstige Böden mit schädlichen Verunreinigungen
Sonstige feste Abfälle mineralischen Ursprungs mit schädlichen Verunreinigungen
Sonstige Galvanikschlämme
Sonstige halogenierte organische Lösemittel
Sonstige Konzentrate und Halbkonzentrate sowie Spül- und Waschwässer
Sonstige Metallhydroxidschlämme
Sonstige Metalloxide und Metallhydroxide ohne Eisen- und Aluminiumoxide und -hydroxide
Sonstige Metallschlämme
Sonstige NE-metallhaltige Abfälle ohne Aluminium- und Manganabfälle
Sonstige nicht halogenierte organische Lösemittel
Sonstige Öl-Wassergemische
Sonstige PCB-haltige Abfälle

Sonstige Salze, löslich
Sonstige Salze, schwerlöslich

Sonstige Schlämme aus Fäll- und Löseprozessen mit schädlichen Verunreinigungen

Sonstige Schlämme aus Kokereien und Gaswerken
Sonstige Schlämme aus Petrochemie

Sprengstoff- und Munitionsabfälle

Spül- und Waschwässer, cyanidhaltig
Spül- und Waschwasser, metallsalzhaltig

Spül- und Waschwasser mit schädlichen Verunreinigungen, organisch belastet

Stäube aus der Schlackenaufbereitung

Steinsalzrückstände (Gangart)

Strahlmittelrückstände mit schädlichen Verunreinigungen

Sulfitablauge

Sulfonseifen, Sulfonsäuren

Synthetische Kühl- und Schmiermittel

Tabakrauchkondensat

Teerrückstände

Tenside

Tetrachlorethen (Per)
Tetrachlormethan (Tetra)

Tetrahydrofuran

Textiles Verpackungsmaterial mit schädlichen Verunreinigungen, vorwiegend anorganisch
Textiles Verpackungsmaterial mit schädlichen Verunreinigungen, vorwiegend organisch

Trafoöle, Wärmeträgeröle und Hydrauliköle, frei von polychlorierten Biphenylen
Trafoöle, Wärmeträgeröle und Hydrauliköle, polychlorierte Biphenyle enthaltend

Trichlorethane
Trichlorethen (Tri)
Trichlormethan (Chloroform)

Trockenbatterien (Trockenzellen)

Vanadiumsalze

Verbrauchte Filter- und Aufsaugmassen mit schädlichen Verunreinigungen (Kieselgur, Aktiverden, Aktivkohle)
Verbrauchte Ölbinder

Verbrennungsmotoren- und Getriebeöle
Verbrennungsmotoren-, Getriebe-, Maschinen- und Turbinenöle, polychlorierte Biphenyle und halogenhaltige polychlorierte Biphenyl-Ersatzprodukte enthaltend, Kältemaschinenöle aus Kühlgeräten, Kälte- und Klimaanlagen

Verpackungsmaterial mit schädlichen Verunreinigungen oder Restinhalten, vorwiegend anorganisch
Verpackungsmaterial mit schädlichen Verunreinigungen oder Restinhalten, vorwiegend organisch

Verunreinigte Heizöle (auch Dieselöl)
Verunreinigte Kraftstoffe (Benzine)

Vorgemischte Abfälle zum Zweck der Verbrennung
Vorgemischte Abfälle zum Zweck der Ablagerung

Wachsemulsionen

Wäschereischlamm

Wäßrige Rückstände aus der Altölraffination

Wasch- und Prozeßwässer

Waschbenzin, Petrolether, Ligroin, Testbenzin

Wasser aus Naßentschlackung

Weichmacher mit halogenierten organischen Bestandteilen

Weichmacher ohne halogenierte organische Bestandteile

Zellstofftücher mit schädlichen Verunreinigungen, vorwiegend anorganisch
Zellstofftücher mit schädlichen Verunreinigungen, vorwiegend organisch

Ziehmittelrückstände

Zinkhaltige Abfälle

Zinkhaltiger Galvanikschlamm

Zinkoxid, -hydroxid

Zinkschlamm

Zinnaschen

Zinnschlamm

7.2 Liste von Pflanzenschutzmitteln

Pflanzenschutzmittel, Zusatzstoffe und ihre Wirkstoffe (nach Pflanzenschutzmittelverzeichnis, Teil 1, 1990).
- Pflanzenschutzmittel in alphabetischer Reihenfolge

AAcombin
AAdimethoat
AAdipon
AAgrano GF 2000
AAgrano Spezial Feuchtbeize
AAgrano Spezial Wasserbeize
AAgrano Spezial Wasserbeize mit Krähenschutz
AAgrano Universal Feuchtbeize
AAgrano Universal Wasserbeize
AAherba Combi
AAherba-Combi-Fluid
AAherba-DP
AAherba-KV-Kombi-Fluid
AAherba-M
AAherba-Super-Fluid
AAlindan-Flüssig
AAlindan-Inkrusta-S
AAmonam
AAprotect
AAtiram
AAvolex
Abavit Universal Feuchtbeize
Abavit UT mit Beizhaftmittel
Afalon
Afugan
Agermin
Agravia 11 E
Agronex
Agronex-Gamma
Agronex-Spezial
Aktuan
Alachlor
Aldicarb
Alfamethrin
Aliette
Aluminiumphosphid
Alzodef
Amitrol
Aminotriazol „Bayer"
Amylone
Amylone-Kombi-Fluid
Anilazin
Aniten
Aniten P
Anitop
Anofex
Anox M Granulat
Anox WF
Anthrachinon
Antikoagulantien
Antischneck Schnecken-Korn
Antischneck Streumittel
Antracol
Apron
Arbin
Arbosan spezial Feuchtbeize
Arbosan spezial-Wasserbeize
Arbosan spezial-Wasserbeize mit Krähenschutz
Arbosan Universal-Feuchtbeize
Arbosan Universal-Wasserbeize
Arelon flüssig
Arelon Kombi
Arelon P flüssig
Aresin
Arikal Konz.
Arrex-Patrone
ASB Schneckenkorn
ASEPTA MANEB 80%-spritzpulver
Astix CMPP
Astix MPD
Asulam
Asulox
Atrazin
Atrazin flüssig DU PONT
Atrazin 50 „Schering"
Atrazin flüssig ICI
Atrazin flüssig Spiess-Urania
Atrazin 500 flüssig Spiess-Urania
Atrazin ICI flüssig
Atrazin 50 Rustica
Atrazin 50 Spiess-Urania
Atrazin Spritzpulver
Atrazin 50 WP
Avadex BW
Avenge
Azinphos-ethyl
Azurin CMU

Bacillus thuringiensis
Banvel M
Banvel P
Banvel 4 S
Barnon
Basagran
Basagran DP
Basagran DP „neu"
Basagran Pulver
Basagran Top
Basagran Top „neu"
Basagran Ultra „neu"
Basagran Ultra
Basamid Granulat
Basfapon
BASF-Grünkupfer
BASF-Maneb-Spritzpulver
Basinex P
Basforin
Basta
Basudin 40 Spritzpulve
Baur's Giftweizen
Bavistin
Baycor-Spritzpulver
Bayfidan
Bayleton flüssig
Bayleton spezial
Bayleton Spritzpulver
Baytan E Flüssigbeize
Baytan spezial Flüssigbeize
Baytan Universal
Baytan universal Flüssigbeize
Baytan universal Slurry
Baythroid 50
Belgran
Benazolin
Benazolinester
Bendiocarb
Bentazon
Beosit 35 flüssig
Beosit 35 Spritzpulver
Berghoff 2,4 D
Berghoff 2,4-D-Combi
Berghoff DP
Berghoff MCPA
Berghoff MCPP
Berghoff MP-Combi
Bertram Schneckenfrei
Betamat
Betanal
Betanal Tandem
Betoran P
Betosip
Bifenal
Bifenox
Birgin
Bitertanol
Blattlausfrei Pirimor G
blitol Unkrautfrei für Wege
Bottrol PE
Boxer

BREK
BREK Flüssig
Brennessel-Granulat
Neu Spiess-Urania
Brestan 60
Bromacil
Bromfenoxim
Bromophos
Bromoxynil
Buctril
Butisan E
Butisan S
Butylat

Calciumcarbit
Calciumcyanamid
Calixin
Capsolane
Carbendazim
Carbetamid
Carbofuran
Carbosulfan
Carbosulfan techn.,
SAT 3001 (15/85)
Carboxin
Casoron G
CCC-Feinchemie
CCC-460-Halmverstarker
CCC-Stefes
CCC-Stefes 720
CeCeCe 460
Celamerck Totalunkraut-
vernichter Ektorex
Celatox DP
Celatox-Mecoprop
Cercobin FL
Cerone
Certrol B
Certrol DP
Certrol H
CEVA-Schneckenkorn
Granulat
CFM Dimethoat 40
Chloridazon
Chloridazon FL 430 ACA
Chloridazon FL-Stefes
Chlormequat
Chlorphacinon
Chlorpropham
Chlorpyrifos
Chlorthalonil
Chlortoluron
Chlortoluron Agan 500 flüssig
Ciluan
Cito Mäuseweizen
Cito Wühlmaustod
Clopyralid
Comfuval FL
Compo-Gartenunkraut-
vernichter
Compo Schneckenkorn
Compo Tannen-Schutz
Concert

Contra-Schnecken
Corbel
Cosan 80 Netzschwefel
Counter 2 G
Cufolan
Cunitex
Cuprasol
Curaterr Granulat
Curbetan flüssig
Custos
Custos flüssig
Cyanamid
Cycloat
Cycocel
Cycocel 720
Cyfluthrin
Cymbush
Cymoxanil
Cyperkill 10 EC
Cypermethrin

2,4-D
Dacamox 10 G
Daconil 2787 Extra
Dalapon
Dazomet
Decilaz D-Fluid
Decilaz DP
Decis flüssig
Decis WP
Deiquat
Deltamethrin
DELU-Schneckenkorn
DELU-Wühlmausköder
Demeril 480 EC
Demeril Kombi
Demeton-S-methyl
Depon
Derosal
Derosal flüssig
Desmel
Detia BIO Universal-Staub
Detia Dimecron
Detia Giftkörner
Detia Kartoffel-Keimfrei
Detia Schneckenkorn
Detia Wühlmausköder
Devrinol 50 WP
Devrinol Kombi
Dialifos
Diazinon
Dicamba
Dicarzol
Dichlobenil
Dichlofluanid
Dichlorprop
Diclobutrazol
Diclofop-methyl
Dicofol
Dicuran 500 flüssig
Dicuran 700 flüssig
Dicuran 75 WDG
Difenzoquat

Dimecron 20
Dimefuron
Dimethoat
Dimethoat ICI
Dimethoat DU PONT
Dipel
Dipterex MR
Dipterex SL
Dithane Ultra Hoechst
Dithane Ultra Spiess-Urania
Dithane Ultra W
Dithianon
Diuron
Diuron Bayer
Diuron WP BASF
Dizan
Domatol
Domestin Flüssigbeize
Dom Saatschutzmittel
DOM Schneckenkorn
Dowpon
DP-Fluid-Berghoff
DP 60 Wacker
Drawisal flüssig
Dr. Geyer's Radikal-
Unkrautvernichter
Dual 500 flüssig
Duplosan DP
Duplosan KV
Duplosan KV-Combi
DU PONT Netzschwefel
Dursban flüssig
Du-Ter Extra
Dybar
Dyrene
Dyrene flüssig

E Combi
E 605 forte
Eftol
Egesa-Insektenmittel
Egesa Schneckenkorn
Ehrenpreis-Vernichter Anicon
Eimü-zin
ELANCO Beize flüssig
Elancolan
Elancolan K
Elefant Unkrautvertilger
Emtebe
Endosulfan
EPTC
Eruzin stark 80
Escal
Ethephon
Ethephon-Berghoff
Ethidimuron
Ethirimol
Ethofumesat
Ethoprophos
Etilon
Etilon Feuchtbeize
Etisso Schneckenkorn
Euparen

FALI-Atrazin 500 SC
FALI Chlortoluron 500 flüssig
FALI Chlortoluron 700 flüssig
FALI-Simazin 500 flüssig
FALI Simazin 50 WP
FALI Terbutryn 500 flüssig
Falitox-CMPP flüssig
Falitox-D flüssig
Falitox-DP flüssig
Falitox-MP-Kombi flüssig
Faneron flüssig
Faneron plus
Fastac
FBS-Natrium-Chlorat-Gemisch
Fenchlorazol
Fenfuram
Fenoxaprop
Fenpropimorph
Fentinacetat
Fentinhydroxid
Fenvalerat
Fervinal
Fervinal plus
Fitoran-Grün
Fix Schneckenkorn
Flamprop-M-isopropyl
Flexidor
Flotox Netzschwefel
Fluatriafol
Fluazifop
Fluazifop-butyl
Fluorochloridon
Flurenol
Fluroxypyr
Folicur
Folimat
Formetanat
Fosetyl
Foxpro
Foxtar
Foxtril
Frankol-forte 2
Frankol-vollaktiv
Fuberidazol
Funguran
Fusilade
Fusilade 2000

Gabi-Schneckenkorn
Gallant
Galtak
Gamaterr
Gamma-Saatgutpuder Bayer
Gamma-Streunex
Gardol Schneckentod
Gardoprim 500 flüssig
Gardoprim plus
Garlon 4
Garvoxin 3 G
Garvoxin 20 WP
Gehölze-Unkraut-frei
Germisan GF
Germisan spezial Feuchtbeize
Gesaprim 50
Gesaprim 500 flüssig
Gesaprim Mikrogranulat
Gesaran 2079
Gesatop 50
Gesatop 500 flüssig
Gesatop 2 Granulat
Giftweizen Neudorff
Giftweizen P 140
Globol Schneckenfrei
Glufosinat
Glyphosat
Goltix WG
Graminon 500 flüssig
Gropper
Guazatine
Gusathion K forte

Halmverstärker CCC DU PONT
Haloxyfop
HaTe 4c-Extrakt
H & B-Natriumchlorat-Gemisch
Hedonal flüssig
Heptenophos
Herbatox „neu"
Herbazid S
Herbazid UG-1
Herbenta DP
Herbenta flüssig
Herbenta Ultra
Herbexan-D 500
Herbexan-MP 560
Herbizid Granulat 8102
Herbizid Marks D
Herbizid Marks DP
Herbizid Marks Kombi DM
Herbizid Marks M
Herbizid Marks MP
Herbizid Marks MPD
Herbizid D DU PONT
Herbizid DP DU PONT
Herbizid Kombi DM DU PONT
Herbizid M DU PONT
Herbizid MP DU PONT
Herbizid MPD DU PONT
Herburan
Herli-Unkrautvertilger
Hexazinon
Hinkens-CCC
Hinkens-Chloridazon-480
HORA-Atrazin 500 flüssig
HORA Chlortoluron 500 flüssig
HORA Combi
HORA Curan 500 flüssig
HORA-Curan 700 flüssig
HORA D
HORA DP
HORA Fenoxim flüssig
HORA KV
HORA KV Combi
HORA M
HORA Mazin 50
HORA Mazin 500 flüssig
HORA Oleo 11 E
HORA Saatgutpuder B
HORA Simazin 500 flüssig
HORA Simazin 50 WP
HORA Terbutryn 500 flüssig
HORA Trazin 50
HORA Trazin 500 flüssig
HORA Tryn 500 flüssig
HORA Turon 500 flüssig
Hortex stark RP
Hostaquick
Hostathion
Hymexazol

Igepa-Unkrautjäger
Igran 500 flüssig
Illoxan
Illoxan N
Imazalil
Insekten Stäubemittel
Hortex neu
Ioxynil
Ipiphen FL 157
Iprodion
Isofenphos
Isoproturon
Isoxaben

Jetfix-Ampfer-Streumittel-CMPP
Kalkstickstoff gemahlen
Kalziumphosphid
Karate
Karmex
Kelthane neu
Kerb 50 W
Kerb WDG
Kexels Unkrautvertilger
KKB
KKB-Stähler
Kontakt Feinchemie
Komitol
Krovar I
K 111 U
Kumulus WG
Kupfer konz.
Kupfer konz. 45/50
Kupferoxychlorid
Kupferspritzmittel „Schacht" hochproz.

lambda-Cyhalothrin
Lannate 20 L
Lannate 25-WP
Lasso
Laubrex II
Lawi-Öl
Lenacil

Lentagran
Lentagran WP
Lentipur CL 700
Lepit Feldmausköder
Limachlor
Lindan
Lindan 800 SC
Lindan Stark Feinchemie
Lindan Staub
Linuron
Lontrel 100
Lonza Schneckenkorn
Luxan Maneb 80 Spritzpulver

M 52 DB
maiblü Schneckenkorn
maiblü Wühlmausbrocken
Mais-Bentrol
Mais-Bentrol GL
Mais-Certrol
Mais-Certrol flüssig
Mancozeb
Maneb
Maneb 80 B
Maneb 350 SC
Maneb „Schacht"
Maneb 80 Spritzpulver
Maneb 80 wp
Manex
Marshal 25 EC
Matador
Mausan-Giftweizen
Mäusegiftweizen „Schacht"
MCPA

MCPP-Berghoff
ME 605 Spritzpulver
Mecoprop

Medipham FL 700
MEGA-DP
MEGA-M
MEGA-MD
MEGA-P
Mega-PD
Mesurol-Combi
Mesurol flüssig
Metalaxyl
Metaldehyd
Metam-Fluid 510 g/l BASF

Metam-Natrium
Metamitron
Metasystox (i)
Metasystox R
Metazachlor
Methabenzthiazuron
Methfuroxam
Methidathion
Methiocarb
Methomyl
Methoprotryn
Methylbromid

Metiram
Metobromuron
Metolachlor
Metribuzin
Metsulfuron
Mevinphos
Mito FOG
Mocap 10 G
Mocap 20 GS
Monceren
Monceren flüssig
Monceren Flüssigbeize
Monolinuron
MONSUN
Morkit
Morkit Slurry
Mudekan
Multamat
Multamat 3 G

Napropamid
Natriumchlorat
Natriumchlorat mit 25%
Kochsalz
Nemispor
Netzschwefel Bayer
Netzschwefel 80
Netzschwefel 80 H
Netz-Schwefelit
Netzschwefel DU PONT
Netzschwefel „Schacht"
Netzschwefel Schirm
Netzschwefel Stulln
Netzschwefel Sulfoplex
Netzschwefel 80 WP
Neudo Phosphid S
Neurasen-Unkraut-Ex
flüssig
Nexion-Saatgutpuder
Nexion-stark
Nexit-flüssig SC
Nexit-stark
Nortron
Nortron 500 SC
Novanox Plus
Nuarimol

Oftanol T
Okultin Combi
Oleo Biochemicals
Oleo FC
Oleo-Gesaprim 400
Omethoat
Orefa-Schneckenkorn-
Feingranulat mit VPA
Oxadixyl
Oxydemeton-methyl
Oxytril M

Panoctin 35 Feuchtbeize
Panoctin Spezial Feuchtbeize

Panoctin Universal
Feuchtbeize
Panogen
Paraffinicum
Paral-o-san Schneckenkorn
Parathion
Parathion-methyl
Parathion forte Agrotec
Parathion-P-O-X-konzentriert
Patoran
Patoran CB
PD 5
Pecotot Schneckenkorn
Feingranulat mit VPA
Pencycuron
Pendimethalin
Pendiron flüssig
Perfekthion
Perlka
Permethrin
Peruran
Pflanzen Paral
Schneckenkorn
Phenmedipham
Phenmedipham
Biochemicals
Phenmedipham FL 157
Phosalon
Phosphamidon
Phosphorwasserstoff
Phostoxin-WM
PYRAZOL-WDG
Phyto-Atrazin-FL-500
Phyto-CCC
Phyto-PMP
Phyto-Chloridazon
Phyto-Chloridazon WG
Phyto-IPU-WP
Phytox-M
Phytox-Staub
Phytox-Super
Picloram
Piperonylbutoxid
Pirimicarb
Pirimor-Granulat zum
Auflösen in Wasser
Plantex
PMP-Stefes
POLLUX-Giftkörner
Polyram-Combi
Polytanol
Pomarsol Kartoffelbeize
Pradone Kombi
Prefix G
Prefix G neu
Primextra Neu
Prochloraz
PRO LIMAX
Procymidon
Propham
Propiconazol
Propineb
Propoxur

Propyzamid
Prosulfocarb
Pulsfog K
Pyradex TF
Pyramin
Pyramin FL
Pyramin WG
Pyrazophos
Pyrethrine
Pyridat

Quizalofop

R 25 788
Racer
Ra-C9-Unkrautvertilger
Ralon
Rapid-Ex
Rasen-Banvel
Rasen-Certrol
Raxil
Reglone
Rhoden-Spritzpulver
Ribinol
Ridomil 25
Ridomil Granulat
Ridomil MZ
Ridomil MZ-Super
Ridomil plus
Ridomil TK
Rinal-Giftkörner
Ripcord 10
Ripcord 40
Risolex
Risolex flüssig
Rogor
Rogor 40 L
Ro-Neet .
Ro-Neet Stauffer
Ronilan
Ronilan FL
Ronilan WG
Rotenol Staub
Rosen-Spritz-S
Roundup
Rovral
Rovral UFB
Roxion
Rübenunkrautmittel
Rübenunkrautmittel flüssig
Rubitox-flüssig
Rumetan-Wühlmaus-Köder

Sambarin
Sandofan M
Saprol
Schädlingsvernichter Decis
Schaumstopp Wacker
Schnecken-frei
Schneckenkorn Baur
Feingranulat
Schneckenkorn Degro
Schneckenkorn Dehner
Schneckenkorn Helarion
Schneckenkorn Limex
Schneckenkorn Mesurol
Schneckenkorn
Spiess-Urania
Schneckenkorn W
Schneckenkorn Wülfel
Schneckentod Schacht
Schnecktex
Schola-Unkrautvertilger
Schrozberger (WLZ)
Giftweizen
Schwefel
Seedoxin
Seedoxin FHL
Segetan Giftweizen
Sencor WG
Sethoxydim
Shell-CMPP
Shell 2,4-D
Shell Phosdrin 50
Sibutol
Sibutol Combi Slurry
Sibutol Flüssigbeize
Sibutol-Morkit-Flüssigbeize
Simazin
Simazin flüssig Spiess-Urania
Simazin 500 flüssig
Spiess-Urania
Simazin Granulat
Simazin 2 Granulat
Spiess-Urania
Simazin 500 SC
Simazin 500 SCHERING
Simazin 50 Spiess-Urania
Simazin 50 WP
Simazin 50 WP Schering
Simbo
Snek-Vetyl „neu"
Sportak
Sportak ALPHA
Spruzit-Staub
Stabilan
Starane 180
Stefes-Terbuthryn 500 flüssig
Stempor – Granulat zum
Auflösen in Wasser
Stomp
Stomp-B
Stomp SC
Stomp 45 WP
Streunex-Granulat
Substral Garten-Kalk-
stickstoff mit Unkrautstop
Substral-Schnecken-Frei
Sufran Netzschwefel
Sufran S
Sulfran Z
Sumicidin 10
Sumisclex
Sumisclex WG
Susokal N-Unkrautvernichter
Sutan
Synergid 3

Tachigaren
Talpan-Giftkörner
Talpan-Giftpulver
Talpan-Unkrautvernichtungs-
mittel
Talpan-Wühlmausbrocken
Targa
Tarsol
Tebuconazol
Tebutam
Tecto FL
Temik 5 G
Temik LD
Tender
Terabol (Büchsenverfahren)
Terbufos
Terbuthylazin
Terbutryn
Terpal C
terrasan Schnecken Tod
Testor wasserlöslich
Thiabendazol
Thifensulfuron
Thiodan 35 flüssig
Thiodan 35 Spritzpulver
Thiodan-Staub
Thiofanox
Thiophanat-methyl
Thiovit „Sandoz"
Thiram
Tilgin-Unkrautvertilgungs-
mittel
Tixit
TMTD 98% Satec
Tolclofos
Tolkan flo
Tolkan Fox
TOP Netzschwefel „Schering"
Torak
Tordon 22 K
Total Ex
Tramat
Tramat 500
Traton
Triadimefon
Triadimenol
Triallat
Triazophos
Tribunil
Tribunil-Combi
Trichlorfon
Triclopyr
Tridemorph
Trifluralin
Triforin
Trimangol
Trimangol 80 ICI
Tristar
Triticol flüssig Spiess-Urania
Triticol Spiess-Urania

Triticol WDG Spiess-Urania
Tschilla-Schneckenkorn
Tutan-TMTD
Tuta-Super-W-Unkraut-vertilger
Tuta-SV-Schnecken-vertilger
Tuta-total-Unkrautvertilger

U 46 Combi-Fluid
U 46 D-Fluid
U 46 DP-Fluid
U 46 KV-Combi-Fluid
U 46 KV-Fluid
U 46 M-Fluid
Ucesol 720
Ukavau
Ultima-DP
Ultima-MP
Ultima Plus
Ultracid 40 Ciba-Geigy
Ultracid 200 Ciba-Geigy
Ultracid 400 Ciba-Geigy
Unden flüssig
Unden Spritzpulver
Unkraut-Ende
Unkraut-Ex
Unkraut-Ex „frappant" 3
Unkrauttod
Unkraut-Tod
Unkrauttod Istalin
Unkrautvernichter – UV
Unkrautvernichtungsmittel
Unkrautvernichtungs-mittel 374
Unkrautvernichtungsmittel 374 W
Unkrautvertilger UV 75/25
Unkrautvertilger Waldschütz
Unkrautvertilgungsmittel
Unkrautvertilgungsmittel
Vlinsora
Ustilan
Ustilan GW 20
Ustinex BHF
Ustinex CN-Streumittel
Ustinex PA WG
Ustinex PD
Ustinex T-Granulat
Ustinex-Unkrautfrei
Ustinex WS
Utox CMPP
Utox CMPP Spiess-Urania
Utox DP
Utox DP Spiess-Urania
Utox KV Combi-Fluid
Utox KV Combi-Fluid Spiess-Urania
Utox M
Utox-Super DPD
UVS 99-ex

Venzar
Verisan
Vigil
Vincit
Vinclozolin
Vinuran
Vinuran WS
Vorox W

Wacker 83
Wacker 83v
Weedazol
Wildverbißschutz HaTe
4c-Extract
Wühlmaus-Köder Arrex
Wühlmausköder Wülfel
Wühlmaustod Arvicol

Zedesa Methylbromid
ZERA-CCC
ZERA-Chlortoluron 700 fl
ZERA Rüben-fix
ZERA-Terbutryn 500 flüssig
Zineb
Zinkphosphid
Ziram

Literatur und Quellen

Anmerkungen:

1. Organisationen und Institutionen sind alphabetisch nach den im Katalog verwendeten Abkürzungen eingeordnet, nachfolgend wird ihre vollständige Bezeichnung bzw. ein entsprechender Verweis gegeben.

2. Bei Lexika, Loseblattsammlungen, Katalogen u.a. fortgeschriebenen Quellenmaterialen ist - wie im Text zitiert - jeweils die Jahreszahl des letzten Erscheinungsdatums bzw. der letzten Ergänzungslieferung angegeben.

3. Umfassende Standardwerke wie Lexika, Loseblattsammlungen und Kataloge, die in der Regel in kürzeren Zeitabständen überarbeitet bzw. ergänzt werden, sind durch Fettdruck hervorgehoben.

ACGIH - AMERICAN CONFERENCE OF GOVERNMENTAL INDUSTRIAL HYGIENISTS (Hrsg.) (1982): Documentation of the Limit Values. Cincinnati.

ACGIH - AMERICAN CONFERENCE OF GOVERNMENTAL INDUSTRIAL HYGIENISTS (Hrsg.) (1986-87): TLVs. Threshold Limit Values for Chemical Substances in the Work Environmental Adopted by ACGIH. Glenway, Cincinnati.

ALTHAUS, H. (1985): Nutzenbezogene Gewässerzustandsbeschreibung für die Bade- und Wassersportnutzung. In: Gewässerschutz, Wasser, Abwasser, 73: 195-205.

ARL - AKADEMIE FÜR RAUMFORSCHUNG UND LANDESPLANUNG (Hrsg.) (1987): Wechselseitige Beeinflussung von Umweltvorsorge und Raumordnung. In: Veröffentlichungen der ARL, Forschungs- und Sitzungsberichte, 165. Hannover.

ARNDT, U; NOBEL, W; SCHWEIZER, B. (1987): Bioindikatoren, Ulmer-Vg., Stuttgart.

ATRI, F.R. (1985): Chlorierte Kohlenwasserstoffe III. Berlin (Schriftenreihe des Fachbereichs Landschaftsentwicklung der Technischen Universität Berlin, 34).

ATRI, F.R. (1985): Chlorierte Kohlenwasserstoffe in der Umwelt II und IV. 2 Bände. Stuttgart & New York.

ATRI, F.R. (1987): Arsen. Elemente in der aquatischen Umwelt II. Biotische und abiotische Systeme. Stuttgart & New York (Schriftenreihe des Vereins für Wasser-, Boden-, Lufthygiene 75).

ATRI, F.R. (1987): Nickel. Elemente in der aquatischen Umwelt I. Biotische und abiotische Systeme. Stuttgart & New York (Schriftenreihe des Vereins für Wasser-, Boden-, Lufthygiene 73).

ATV - ABWASSERTECHNISCHE VEREINIGUNG (Hrsg.) (1982): Lehr- und Handbuch der Abwassertechnik. 3. Bände. München.

BACHMANN, G. (1987): Geplante Vergiftung? In: Garten + Landschaft, 8: 15-20.

BAFEF - BUNDESAMT FÜR ERNÄHRUNG UND FORSTWIRTSCHAFT (Hrsg.) (1987): Bericht über Auswirkungen von Luftverunreinigungen auf landwirtschaftlich genutzten Flächen und Nutzpflanzbeständen. Frankfurt a.M. (Arbeitsmaterialien des BAFEF, BEF 26-40.29).

BARTHOLOME, E. u.a. (Hrsg.) (1985): Ullmanns Enzyklopädie der technischen Chemie. 25. Bände. 4. neuüberarbeitete Auflage, 1972-1984. Weinheim.

BAUM, F. (1988): Luftreinhaltung in der Praxis. München & Wien.

BBA - BIOLOGISCHE BUNDESANSTALT FÜR LAND- UND FORSTWIRTSCHAFT (Hrsg.) (1990, u.a.): Pflanzenschutzmittelverzeichnis, Teil 1 bis 7.

BECK, H., K. ECKART, W. MATHER & R. WITTKOWSKI (1987): Die Belastung des Verbrauchers durch Dioxine in Lebensmitteln und Umwelt. In: BGA-Schriften, 4: 36-41.

BEGERT, A. (1985): Summen- und Gruppenparameter für organische Inhaltsstoffe von Wasser und Abwasser. In: Wiener Mitteilungen, 57.

BENNETT, B.G. (1981): Summary Exposure Assessments for Mercury, Nickel, Tin. London (Exposure Commitment Assessments of Environmental Pollutants, Vol. 1, N^{O}. 2).

BGA - BUNDESGESUNDHEITSAMT (Hrsg.) (1988): Empfehlungen des BGA zu Tetrachlorethen in der Innenraumluft. In: Bundesgesundheitsblatt, 31(3): 99-101.

BMI - BUNDESMINISTER DES INNERN (Hrsg.) (1985): Bodenschutzkonzeption der Bundesregierung. Bonn.

BMJFG - BUNDESMINISTER FÜR JUGEND, FAMILIE UND GESUNDHEIT (Hrsg.) (1984): Formaldehyd. Ein gemeinsamer Bericht des Bundesgesundheitsamtes, der Bundesanstalt für Arbeitsschutz und des Umweltbundesamtes. Bonn (Schriftenreihe des BMJFG, 148).

BOWEN, H.J.M. (1979): Environmental Chemistry of the Elements. New York.

BREMER UMWELTINSTITUT (1985): Schwermetalle. Endlager Mensch. Köln.

BRS Information Technologies (versch. Jahre): Informationsblätter oder -schriften über von BRS angebotene Datenbanken. New York.

BUA - BERATERGREMIUM FÜR UMWELTRELEVANTE ALTSTOFFE DER GESELLSCHAFT DEUTSCHER CHEMIKER (Hrsg.) (1989): Chlortoluole (Methylchlorbenzole). Weinheim (BUA-Stoffberichte, 38).

BUA - BERATERGREMIUM FÜR UMWELTRELEVANTE ALTSTOFFE DER GESELLSCHAFT DEUTSCHER CHEMIKER (Hrsg.) (1988): Benzol. Basel, Heidelberg & Zürich (BUA-Stoffberichte, 24).

BUA - BERATERGREMIUM FÜR UMWELTRELEVANTE ALTSTOFFE DER GESELLSCHAFT DEUTSCHER CHEMIKER (Hrsg.) (1985): Chloroform. Weinheim (BUA-Stoffberichte, 1).

BUA - BERATERGREMIUM FÜR UMWELTRELEVANTE ALTSTOFFE DER GESELLSCHAFT DEUTSCHER CHEMIKER (Hrsg.) (1989): Vinylchlorid (Chlorethen). Basel, Heidelberg & Zürich (BUA-Stoffberichte, 35).

BUA - BERATERGREMIUM FÜR UMWELTRELEVANTE ALTSTOFFE DER GESELLSCHAFT DEUTSCHER CHEMIKER (Hrsg.) (1989): Naphthalin. Weinheim (BUA-Stoffberichte, 39).

BUA - BERATERGREMIUM FÜR UMWELTRELEVANTE ALTSTOFFE DER GESELLSCHAFT DEUTSCHER CHEMIKER (Hrsg.) (1989): Existing Chemicals of Environmental Relevance. Bd. I + II. Weinheim.

BUB - BUNDESAMT FÜR UMWELTSCHUTZ BERN (Hrsg.) (1987): Erläuterungen zur Verordnung vom 9. Juni 1986 über Schadstoffe im Boden (VSBo). Bern, Schweiz.

BURHENNE, W.E. (1988): Umweltrecht der Europäischen Gemeinschaft (UREG). Berlin.

BURHENNE, W.E. (1989): Umweltrecht. Systematische Sammlung der Rechtsvorschriften des Bundes und der Länder. Berlin.

BURHENNE, W.E. u.a. (1989): Internationeles Umweltrecht. Multilaterale Verträge (IURMV). Berlin.

CHILVERS, D.C. & B.G. BENNETT (1987): Summary Exposure Assessment for Zinc. London (Exposure Commitment Assessment of Environmental Pollutants, Vol. 5).

CLAUSNITZER, E. u.a. (1981): Erweiterte Kriterien zur Beurteilung der Wasserbeschaffenheit in Fließgewässern. In: Wasserwirtschaft - Wassertechnik, 31(9): 308-310.

CRINE, J.-P. (Hrsg.) (1988): Hazards, Decontamination, and Replacement of PCB. A Comprehensive Guide. New York & London.

DATA STAR (versch. Jahre): Informationsblätter oder -schriften über von DATA STAR angebotene Datenbanken. New York.

DAVIES, D.J.A. & B.G. BENNETT (1983): Summary Exposure Assessment for Copper, Vanadium, Antimony. London (Exposure Commitment Assessments of Environmental Pollutants, Vol. 3).

DEUTSCHER BUNDESTAG (Hrsg.) (1981): Futtermittelverordnung vom 8. 4. 1981. In: BGBl, I, 1981: 352ff.

DEUTSCHER BUNDESTAG (Hrsg.) (1982): Abfallgesetz-Klärschlammverordnung vom 25. 6. 1982. In: BGBl, I, 1982: 734-739.

DEUTSCHER BUNDESTAG (Hrsg.) (1988): Verordnung über Anwendungsverbote für Pflanzenschutzmittel (Pflanzenschutz-Anwendungsverordnung vom 27. 7. 1988). In: BGBl, I, 1988: 1196-1202.

DFG - DEUTSCHE FORSCHUNGSGEMEINSCHAFT (Hrsg.) (1982): Schadstoffe im Wasser. Metalle - Phenole - algenbürtige Schadstoffe. 4 Bände. Bonn (Mitteilung/Kommission für Wasserforschung, 4).

DFG - DEUTSCHE FORSCHUNGSGEMEINSCHAFT (Hrsg.) (1986): Datensammlung zur Toxikologie der Herbizide. 2 Bände. 1.-6. Lieferung. Basel.

DFG - DEUTSCHE FORSCHUNGSGEMEINSCHAFT (Hrsg.) (1988): Polychlorierte Biphenyle. Bestandsaufnahme über Analytik, Vorkommen, Kinetik und Toxikologie. Weinheim (Mitteilungen der Senatskommission zur Prüfung von Rückständen in Lebensmitteln, XIII).

DFG - DEUTSCHE FORSCHUNGSGEMEINSCHAFT (Hrsg.) (1988): Analytische Methoden zur Prüfung gesundheitsschädlicher Arbeitsstoffe. Band 1: Luftanalysen, 6. Lieferung; Band 2: Analysen in biologischem Material, 9. Lieferung. Weinheim.

DFG - DEUTSCHE FORSCHUNGSGEMEINSCHAFT (Hrsg.) (1989): Gesundheitsschädliche Arbeitsstoffe. Toxikologisch-arbeitsmedizinische Begründung von MAK-Werten (Maximale Arbeitsplatz-Konzentrationen). 15. Lieferung 1989. Weinheim.

DFG - DEUTSCHE FORSCHUNGSGEMEINSCHAFT (Hrsg.) (1989): Maximale Arbeitsplatzkonzentrationen und Biologische Arbeitsstofftoleranzwerte 1989. Weinheim (Mitteilungen der Senatskommission zur Prüfung gesundheitsschädlicher Arbeitsstoffe, XXV).

DIMDI = Deutsches Institut für medizinische Dokumentation und Information (versch. Jahre): Informationsblätter oder -schriften über von DIMDI angebotene Datenbanken. Köln.

DOBBERTIN, S. (1987): Vinylchlorid. In: UBA - UMWELTBUNDESAMT (Hrsg.): Luftqualitätskriterien für ausgewählte Umweltkanzerogene. Berlin (Berichte 2/87: 269-276).

DOETSCH, P. (1987): Entwurf und exemplarische Anwendung eines Verfahrens zur nutzungsadäquaten Quantifizierung von Gewässergüte. Aachen (Dissertation der TH Aachen).

DVGW - DEUTSCHER VEREIN DES GAS- UND WASSERFACHES e.V. (Hrsg.) (1975): Arbeitsmerkblatt Nr. 151. In: Veröffentlichungen der ARL, Forschungs- und Sitzungsberichte, 165. Hannover.

DVGW - DEUTSCHER VEREIN DES GAS- UND WASSERFACHES e.V. (Hrsg.) (1985/88): Daten und Informationen zu Wasserinhaltsstoffen. Teil 1 1985, Teil 2 1988. Eschborn (DVGW-Schriftenreihe Wasser, 48).

DVWK - DEUTSCHER VERBAND FÜR WASSERWIRTSCHAFT UND KULTURBAU (Hrsg.) (1985): Datensammlung zur Abschätzung des Gefahrenpotentials von Pflanzenschutzmittel-Wirkstoffen für Gewässer. Hamburg & Berlin, 74.

ECE = Economic Commission for Europe (1988): ECE Critical Levels workshop. Final draft report. Bad Harzburg 14.-18.03.1988.

EIC - ENVIRONMENT INFORMATION CENTER (Hrsg.) (1982): Environment Regulation Handbook. 6 Bände. New York.

EPA - UNITED STATES ENVIRONMENTAL PROTECTION AGENCY (Hrsg.) (1985): Health Assessment Document for Nickel. Draft Final. Washington D.C.

EPA - UNITED STATES ENVIRONMENTAL PROTECTION AGENCY (Hrsg.) (1973): National Academy of Science and National Academy of Engineering. Washington D.C. (Committee on Water Quality Criteria).

EPA - UNITED STATES ENVIRONMENTAL PROTECTION AGENCY (Hrsg.) (1984): Health Assessment Document for 1,1,1-Trichlorethane (Methyl Chloroform). Washington D.C. (EPA - 600/8-82-003F).

EPA - UNITED STATES ENVIRONMENTAL PROTECTION AGENCY (Hrsg.) (1985): Health Assessment Document for Tetrachloroethylene. Final Report. Washington D.C. (EPA - 600/8-82/005F).

EPA - UNITED STATES ENVIRONMENTAL PROTECTION AGENCY (hrsg.) (1983): Health Assessment Document for Toluene. Washington D.C.

EPA - UNITED STATES ENVIRONMENTAL PROTECTION AGENCY (hrsg.) (1989): Risk Assessment Guidance for Superfund, Vol.1: Human Health Evaluation Manual, Part A. Washington.

ETB - AUSSCHUSS FÜR EINHEITLICHE TECHNISCHE BAUBESTIMMUNGEN (Hrsg.) (1980): Richtlinie über die Verwendung von Spanplatten hinsichtlich der Vermeidung unzumutbarer Formaldehydkonzentrationen in der Raumluft. Köln & Berlin.

EUROPEAN CHEMICAL INDUSTRY (Hrsg.) (1981): Assessment of Data on the Effects of Formaldehyde on Humans. Brüssel (Technical Report, 1).

EUROPEAN CHEMICAL INDUSTRY (Hrsg.) (1981): The Mutagenic and Carcinogenic Potential of Formaldehyd. Brüssel (Technical Report, 2).

EWERS, U. (1984): Umweltstandards. In: Metalle in der Umwelt. MERIAN, E: (Hrsg.), Verlag Chemie, Weinheim. S. 263-282.

EXIT Datenbankdienste GmbH (1989): Bereichsabdeckung von Umweltdatenbanken. Bielefeld.

FACHGRUPPE WASSERCHEMIE IN DER GESELLSCHAFT DEUTSCHER CHEMIKER IN GEMEINSCHAFT MIT DEM NORMENAUSSCHUSS WASSERWESEN (NAW) IM DIN e.V. (Hrsg.) (1989): Deutsche Einheitsverfahren zur Wasser-, Abwasser- und Schlamm-Untersuchung. Physikalische, chemische, biologische und bakteriologische Verfahren. 22. Lieferung. Weinheim.

FIZ-Technik = Fachinformationszentrum Technik e.V. (versch. Jahre): Informationsblätter und -schriften über von FIZ - Technik angebotene Datenbanken. Frankfurt.

FÜRST, D.; KIEMSTEDT, H. u.a. (1989): Umweltqualitätsziele für die ökologische Planung. Im Auftrag des Umweltbundesamtes. Berlin.

GARBRECHT, G. (1977): Die Nutzungen des Wasser. In: Wasser Berlin '77. Berlin: 65-82.

GefStoffV (1988): Verordnung über gefährliche Stoffe - Gefahrstoffverordnung. Rahmenfassung, Anhänge mit Liste eingestufter gefährlicher Stoffe und Zubereitungen. 3. Auflage. Landsberg.

GEORGY, U. (1988): Informationsdienstleitungen in den Bereichen Biotechnologie und Umweltschutz. In: Deutsche Gesellschaft für Dokumentation und Information (DGD, 10. Frühjahrstagung der Online-Benutzergruppe der DGD in Frankfurt am Main vom 3.-5. Mai 1988). Frankfurt.

GIMBEL, R. & H. SONTHEIMER (1985): Die IAWR-Methode zur Darstellung der Gewässergüte aus der Sicht der Trinkwasserversorgung. In: Gewässerschutz, Wasser, Abwasser, 73: 313-335.

GMD Gesellschaft für Mathematik und Datenverarbeitung (1988): Verzeichnis deutscher Datenbanken, Datenbank-Betreiber und Informationsvermittlungsstellen. Saur Verlag. München.

GROSSKLAUS, D. (Hrsg.) (1989): Rückstände in von Tieren stammenden Lebensmitteln. Berlin & Hamburg.

GUDERIAN, R. & D.T. TINGEY (1987): Notwendigkeit und Ableitung von Grenzwerten für Stickstoffoxide. Berlin (Berichte, 1/87).

HANDBUCH DES UMWELTSCHUTZES: s. VOGL (1987)

HANKE, H. u.a. (1981): Handbuch zur ökologischen Planung. UBA-Berichte H. 3, 4, 5. Berlin.

HANKE, H. u.a. (1985): Katalog umweltrelevanter Standards. (s. KUSt 1985)

HART, B.T. (1974): A compilation of Australian water quality criteria. Australian Water Resources Council. Canberra (Technical Paper, 7, Australian Government Publishing Service).

HEITFELD, K.-H. & L. KRAPP (1985): Nutzungsbezogene Grundwasserzustandsbeschreibung für die Bade- und Wassersportnutzung. In: Gewässerschutz, Wasser, Abwasser, 73: 225-245.

HEYN, E. (1981): Wasser, ein Problem unserer Zeit. Frankfurt a.M. (Studienbücher Geographie).

HH-BAU - HAMBURGER BAUBEHÖRDE (1985): Bewertungsverfahren zur Bestimmung des Gefährdungspotentials für das Grundwasser bei Altablagerungen, Altschäden und aktuelle Schadensfällen (Entwurf vom 31.12.85). Hamburg.

HILDEBRANDT, A.G., K.E. APPEL & W. LINGK (1985): Versuch einer gesundheitlichen Bewertung von Dioxinen und Furanen. In: BGA-Schriften, 5: 74-77.

HIZ (Handbuch für Internationale Zusammenarbeit): s. VIZ

HOCK, B. & E.F. ELSTNER (Hrsg.) (1988): Schadwirkungen auf Pflanzen. 2. überarbeitete Auflage. Mannheim, Wien & Zürich.

HÖLL, K. (Hrsg.) (1986): Wasser. 7. Auflage. Berlin

HOMMEL, G. (1987): Handbuch der gefährlichen Güter. 2. neubearbeitete Auflage. Heidelberg & Berlin.

HORN, K. u.a. (1989): Grundlagen der Lufthygiene. Berlin (Ost).

HUTZINGER, O., S. SAFE & V. ZITKO (1974): The Chemistry of PCB's. Ohio.

IARC - INTERNATIONAL AGENCY FOR RESEARCH ON CANCER, WHO (Hrsg.)(1987): Monographs on the evaluation of carcinogenic risks to humans, Supplement 6 and 7

IAWR - INTERNATIONALE ARBEITSGEMEINSCHAFT DER WASSERWERKE IM RHEINEINZUGSGEBIET (Hrsg.) (1973): Rheinwasserverschmutzung und Trinkwassergewinnung. Amsterdam, Niederlande.

IRPTC - International Register of Potentially Toxic Chemicals (1987): IRPTC - Legal File 1986, UNEP, Genf.

IURMV (1989): Internationales Umweltrecht. Multilaterale Verträge. Siehe BURHENNE (1989).

JAGER, K.W. (1970): Aldrin, Dieldrin, Endrin and Telodrin. An Epidemiological and Toxicological Study of Long-Term Occupational Exposure. Amsterdam, London & New York.

JAKUBKE, H.-D. & H. JESCHKEIT (1987): Fachlexikon ABC Chemie. 3. überarbeitete Auflage, 2 Bände. Frankfurt a.M.

JOST, D. (Hrsg.) (1988): Die neue TA-Luft. Aktuelle immissionsschutzrechtliche Anforderungen an den Anlagenbetreiber. Lieferung Juni 1988. 3 Bände. Kissing.

KEMPER, F.H. (1987): Metalle - Belastung für den Menschen? In: Erzmetalle, 10: 541-549.

KETTNER, H. (1979): Maximale Arbeitsplatz-Konzentration 1978 in der Sowjetunion. Grundlagen der Normierung. In: Staub-Reinhaltung der Luft, 39(2): 56-62.

KIRSCHNER, P. (1986): Entstehung und Chemie der Dioxine und Furane. In: VDI-KOMMISSION REINHALTUNG DER LUFT (Hrsg.): Aktuelle Probleme der Luftreinhaltung, Teil I: Pseudokrupp, Teil II: Dioxine/Furane. Weinheim (VDI-Schriftenreihe, 2: 185-197).

KLEIN, H.A. (Hrsg.) (1989): Gefahrstoff-Recht. Rechts- und Verwaltungsvorschriften über gefährliche Stoffe im Arbeits- und Verbraucherschutz. 9. Erg.-Lieferung 9/89. Landsberg.

KLEY, D. (1989): Zeitliche Entwicklung der Immissionsbelastung von Waldgebieten in der BRD durch reaktive Spurengase. Vortrag im Int. Kongreß Waldschadensforschung. Friedrichshafen.

KLOKE, A. (1980): Orientierungsdaten für tolerierbare Gesamtgehalte einiger Elemente in Kulturböden. In: Mitteilungen VDLUFA, 1-3, 9-11, 1980. Braunschweig (Biologische Bundesanstalt für Land- und Forstwirtschaft).

KLOKE, A. (1987): Umweltstandards - Material für Raumordnung und Landesplanung. In: Veröffentlichungen der Akademie für Raumforschung und Landesplanung: Forschungs- und Sitzungsberichte. Band 165, Wechselseitige Beeinflussung von Umweltvorsorge und Raumordnung, S. 133-177. Hannover.

KLOKE, A. (1988): Gesetzliche Regelungen zum Schutze des Bodens vor Überlastung mit Schwermetallen in der Bundesrepublik Deutschland. In: BUNDESMINISTER FÜR UMWELT, NATURSCHUTZ UND REAKTORSICHERHEIT (Hrsg).: Schutz des Bodens und wassergefährdender Schichten gegen Verschmutzung aus Flächenquellen. Bonn: 62-73.

KOCH, R. (1989): Umweltchemikalien. Physikalisch-chemische Daten, Toxizitäten, Grenz- und Richtwerte, Umweltverhalten. Weinheim.

KOFLER, W. (1986): Zur Ermittlung der Zumutbarkeit von Belästigungen und ihre Abgrenzung zur Gesundheitsgefährdung durch den ärztlichen Sachverständigen. In: Wissenschaft und Umwelt, 2: 57-65.

KONING, H.W. de (1987): Setting environmental standards. Guidelines for decision-making. World Health Organization. Geneva.

KORTE, F. (Hrsg.) (1980): Grundlagen und Konzepte für die ökologische Beurteilung von Chemikalien. Stuttgart & New York.

KSCHLV (1982): Klärschlammverordnung. Siehe DEUTSCHER BUNDESTAG (1982).

KÜHN, R. & K. , BIRETT (1989): Merkblätter Gefährliche Arbeitsstoffe. 46. Erg.-Lieferung 12/89. München.

KUSt (1985): Katalog umweltrelevanter Standards. Erstellt im Auftrag des Bundesministeriums für wirtschaftliche Zusammenarbeit von Dornier System GmbH, bearbeitet von HANKE, H., ALLNOCH, G.; BRILLAT, M., RAUSCHELBACH, B., RAUSCHENBERGER, H.; SCHILLER, H., HARTMANN, & SALZMANN. Friedrichshafen.

LAI - LÄNDERAUSSCHUSS FÜR IMMISSIONSSCHUTZ (Hrsg.) (1988): Perchlorethylen (PER). Düsseldorf.

LAU-BW - LANDESAMT FÜR UMWELTSCHUTZ BADEN-WÜRTTEMBERG (Hrsg.) (1989): s. LfU - BW.

LAWA - LÄNDERARBEITSGEMEINSCHAFT WASSER (Hrsg.) (1979): Wasserwirtschaft und Kernenergie. Stuttgart.

LAWA - LÄNDERARBEITSGEMEINSCHAFT WASSER (Hrsg.) (1985): Die Gewässergütekarte der BRD 1985. München.

LENIHAN, J. & W.W. FLETSCHER (Hrsg.) (1977): The Chemical Environment. Glasgow & London (Environment and Man, 6).

LEROY, O. (Hrsg.) (1985): The EEC's Fight against the Pollution of the Aquatic Environment. Rixensart, Belgien.

LfU-BW - LANDESAMT FÜR UMWELTSCHUTZ BADEN-WÜRTTEMBERG (Hrsg.) (1989): Grenzwerte und Richtwerte für die Umweltmedien Luft, Wasser, Boden. Karlsruhe.

LORENZ, H. & G. NEUMEIER (Hrsg.) (1983): Polychlorierte Biphenyle (PCB). Ein gemeinsamer Bericht des BGA und des UBA. München (BGA-Schriften, 4).

LÜBBE, E. (1985): Nutzenbezogene Gewässerzustandsbeschreibung für die Landwirtschaftliche Nutzung. In: Gewässerschutz, Wasser, Abwasser, 73: 163-176.

LÜHR, H.-P. (1985): Erwünschte und unerwünschte Effekte bei der Charakterisierung der Gewässerbeschaffenheit. In: Gewässerschutz, Wasser, Abwasser, 73: 207-209.

LÜHR, H.-P. (1985): Zustandsbeschreibung der Gewässer als Voraussetzung gezielter Gewässerpolitik. In: Gewässerschutz, Wasser, Abwasser, 73: 3-8.

MALTONI, C. u.a. (1986): Experimental Research on Trichloroethylene Carcinogenesis. Bologna (Archives of Research on Industrial Carcinogenesis, V).

MARSCHNER, H. (1989): Wirkungen von Bodenversauerungen auf Wachstum, Wasser- und Nährstoffaufnahme mit besonderer Berücksichtigung physiologischer Gesichtspunkte. Vortrag im Int. Kongreß Waldschadensforschung. Friedrichshafen.

MEEK, M.E., H.S. SHANNON & P. TOFT (1985): Case Study - Asbestos. In: CLAYSEN, D.B., D. KREWSKI & I. MUNRO: Toxicological Risk Assessment, Vol. II. General Criteria and Case Studies: 121-162. Boca Raton, Florida, USA.

MENGEL, K. (1984): Ernährung und Stoffwechsel der Pflanze. Stuttgart.

MEINL, H. & J. MÜNCH (1985): Compilation of Ambient Air Quality Standards and Objectives applied in NATO Member States. O.O. (NATO/CCMS Pilot Study on Air Pollution Control Strategies and Modeling, 147).

MERCIER, M. (1981): Criteria (Dose/Effect Relationships) for Organochlorine Pesticide. Report of a Working Group of Experts prearared for the Commission of the European Communities, Directorate-General for Employment and Social Affairs, Health and Safety Directorate. Oxford u.a.

MERIAN, E. (Hrsg.) (1984): Metalle in der Umwelt. Verteilung, Analytik und biologische Relevanz. Weinheim, Florida & Basel.

MOELLER, E. (Hrsg.) (1988): Neue Datenblätter für gefährliche Arbeitsstoffe nach der Gefahrstoffverordnung. Lieferung Juni 1988. 2 Bände. Kissing.

MOHR, U. (Hrsg.) (1989): Assessment of Inhalation Hazards. Berlin u.a.

MOLL, W.L.H. (1987): Taschenbuch für Umweltschutz. Band IV: Chemikalien in der Umwelt. Ausgewählte Stoffe. München & Basel.

MUECKE, R (1989): Internationales Umweltrecht. Multilaterale Verträge. Berlin.

MvV - MINISTERIE VAN VOLKSHUISVESTING (Hrsg.) (1984): Criteriadocument over tetrachlooretheen. Gravenhage, Niederlande (Publikatiereeks Lucht, 32).

NATIONAL RESEARCH COUNCIL. COMMITTEE ON BIOLOGIC EFFECTS OF ATMOSPHERIC POLLUTANTS (1974): Vanadium. Washington D.C.

NETT = Network For Environmental Technology Transfer (1989): DATANETT. Brüssel.

NEUMÜLLER, O. & H. RÖMPP (1988): Römpp's Chemie Lexikon. 6 Bände. 8. Auflage. Stuttgart.

NEWLAND, L.W. (1982): Arsenic, Beryllium, Selenium and Vanadium. In: HUTZINGER, O. (Hrsg.): The Handbook of Environmental Chemistry. Vol. I, Part D: Anthropogenic Compounds. 4 Bände. Berlin, Heidelberg & New York.

OAK RIDGE NATIONAL LABORATORY (Hrsg.) (1988): Toxicological Profile for Vinyl Chloride. Draft, Niederlande.

ODUM, E.-P. (1983): Grundlagen der Ökologie. Stuttgart & New York.

OECD - ORGANIZATION FOR ECONOMIC COOPERATION AND DEVELOPMENT) (Hrsg.) (1986): Environmental Policies in Yugoslavia. Paris.

OECD - ORGANIZATION FOR ECONOMIC COOPERATION AND DEVELOPMENT (Hrsg.) (1988): Environmental Politcies in Finland. Paris.

OECD - ORGANIZATION FOR ECONOMIC COOPERATION AND DEVELOPMENT (Hrsg.) (1989): OECD Environmental Data - Compendium 1989. Paris.

OECD - ORGANIZATION FOR ECONOMIC COOPERATION AND DEVELOPMENT (Hrsg.) (1989): OECD Environmental Data. Données OCDE sur l'Environnement. Compendium 1989. Paris.

OHNESORGE, B. (1985): in: Handbuch des Umweltschutzes.

ORNL - OAK RIDGE NATIONAL LABORATORY (Hrsg.) (1987): Toxicological Profile for Benzene. o.O.

ORNL - OAK RIDGE NATIONAL LABORATORY (Hrsg.) (2987): Toxicological Profile for Arsenic. Draft. o.O.

OTTAHAL, A. (1989): Umwelt-Datenbank-Führer. (Hrsg.: Datenbankdienste Niedersachsen, Technologie-Centrum Hannover), Verlag TÜV Rheinland, Köln.

PASTOR, S. (1979): Über die umwelttoxikologische Bedeutung des Pentachlorphenols. Kiel (Schriftenreihe der Untersuchungsstelle für Umwelttoxikologie des Landes Schleswig-Holstein, H. 6).

PEARSON, C.R. (1982): Halogenated Aromaties. In: HUTZINGER, O. (Hrsg.): The Handbook of Environmental Chemistry. Vol. I, Part D: Anthropogenic Compounds. 4 Bände. Berlin, Heidelberg & New York.

PILOTROWSKI, J.K. & T., COLEMANN (1980): Environmental Hazards of Heavy Metals: Summary Evaluation of Lead, Cadmium and Mercury. London (Global Environmental Monitoring System Programme).

PÖPEL, F. (1988): Lehrbuch für Abwassertechnik und Gewässerschutz. 5. Erg.-Lieferung. Mainz & Wiesbaden.

POSTHUMUS, A.C. (1982): Ecological effects associated with NOx, especially on plants ans vegetation. In: SCHNEIDER, T. & L. GRANT (Hrsg.): Air Pollution by Nitrogen Oxides. Elsevier, Amsterdam, Niederlande: 45-60.

QUELLMALZ, E. (Hrsg.) (1989): Das neue Chemikaliengesetz - Handbuch der gefährlichen Arbeitsstoffe. Lieferung Februar 1989. 3 Bände. Kissing.

RAUSCHELBACH, B.; GRÜGER, C.; HANKE, H.; SCHEMEL, H.-J.: Bestandsaufnahme vorliegender Ansätze zur Bewertung und Aggregation von Informationen im Rahmen von Umweltverträglichkeitsprüfungen. Dornier System GmbH, Friedrichshafen, im Auftrag des BMFT / GSF, München / FKZ 07 UVP 01, Sept. 1988, BPT-Bericht 1, 1990.

REGGIANI, G. (1981): Toxicology of 2,3,7,8-Tetrachlordibenzo-p-dioxin (TCDD): Short Review of its Formation, Occurence, Toxicology, and Kinetics, Discussing Human Health Effects, Safety Measures, and Disposal. In: Regulatory Toxicology and Pharmacology, 1: 211-243.

RIDDER, K. (Hrsg.) (1987): Gefahrgut-Handbuch. 32. Erg.-Lieferung 12/87. Landsberg.

RIECKEN, U. (Hrsg.) (1990): Möglichkeiten und Grenzen der Bioindikation durch Tierarten und Tiergruppen im Rahmen raumrelevanter Planungen. Schriftenreihe für Landschaftspflege und Naturschutz, H. 32.

RIPPEN, G. (1989): Handbuch der Umwelt-Chemikalien. 4. Erg.-Lieferung, 11/89. Landsberg/Lech.

ROTARD, W.D. (1985): Dioxine in der Umwelt. In: BGA-Schriften, 5: 72-73.

ROTARD, W.D. (1987): Risikobewertung von Dioxinen in der Umwelt. In: BGA-Schriften, 4: 33-35.

ROTH, L. & M. DAUNDERER (Hrsg.) (1989): Giftliste. Krebserzeugende, gesundheitsschädliche und reizende Stoffe. 40. Erg.-Lieferung 12/89. Karlsruhe & München.

ROTH, L. (1986): Wassergefährdende Stoffe. 4. Erg.-Lieferung. Weinheim.

ROTH, L. (Hrsg.) (1989): Chemie-Ratgeber: Sicherheitsdaten MAK-Werte. 7. Ausgabe. Weinheim.

RUF, M. (1985): Güteparameter für die fischereiliche Gewässernutzung. In: Gewässerschutz, Wasser, Abwasser, 73: 177-194.

SALOMON, H. (1985): Nutzungsbezogene Gewässerzustandsbeschreibung für die Betriebswasserversorgung. In: Gewässerschutz, Wasser, Abwasser, 73: 137-147.

SAUERBECK, D. (1986): Vorkommen, Verhalten und Bedeutung von anorganischen Schadstoffen in Böden. Hohenheim (Hohenheimer Arbeiten)

SCHMEZER, P. & D. SCHMÄHL (1987): Epichlorhydrin (ECH). In: UBA - Umweltbundesamt (Hrsg.): Luftqualitätskriterien für ausgewählte Umweltkanzerogene. Berlin (Berichte, 2/87).

SCHÖLLER, F. (1985): Grenzwerte, Richtwerte und Normen für Wasserinhaltsstoffe. In: Wiener Mitteilungen, 57.

SCHWOERBEL, J. (1986): Methoden der Hydrobiologie. 3. Auflage. Stuttgart.

SDWC - SAFE DRINKING WATER COMMITTEE (Hrsg.) (1977): Drinking Water and Health. Washington D.C.

SEIDEL, H. (1986): Industrie und Umweltschutz. 3. Auflage. Innsbruck.

SIECKMANN, V. (1985): Notwendigkeit und Anforderungen an die Zustandsbeschreibung der Gewässer aus der Sicht Nordrhein-Westfalens. In: Gewässerschutz, Wasser, Abwasser, 73: 83-88.

SITTIG, M. (Hrsg.) (1980): Priority Toxic Pollutants. Health Impacts and Allowable Limits. New Jersey.

SLOOF, W. & P.J. BROKZIJL (Hrsg.) (1989): Integrated Criteria Document Asbestos. Bilthoven, Niederlande (Nat. Inst. of Public Health and Environmental Protection, Report 758 473 013).

SLOOFF, W. & P.J. BLOKZIJL (Hrsg.) (1988): Integrated Criteria Document Toluene. Bilthoven.

SMITH, C.W. (Hrsg.) (1975): Acrolein. Heidelberg.

SOMMER, P. & L. SCHMIDT (Hrsg.) (1988): Gefährliche Stoffe. 70. Erg.-Lieferung August 1988. Wiesbaden.

SORBE, G. (1988): Sicherheitstechnische Kenndaten chemischer Stoffe. Landsberg/Lech.

SPIELMANN, H. (1985): 1,1,1-Trichlorethan. In: BGA-Schriften, 4: 83-90.

SPIELMANN, H. (1985): Tetrachlorethylen. In: BGA-Schriften, 4: 65-76.

SRU - SACHVERSTÄNDIGENRAT FÜR UMWELTFRAGEN) (Hrsg.) (1988): Umweltgutachten 1987. Bundestagsdrucksache 11/1568. Stuttgart & Mainz.

STERN, A.C. (Hrsg.) (1977): Air Pollution. Vol. V. Air Quality Management. Orlando, San Diego, New York u.a.

STERN, A.C. (Hrsg.) (1986): Air Pollution. Vol. VIII. Supplement to Management of Air Quality. 3. Auflage. Orlando, San Diego, New York u.a.

STRESEMANN, E. (1988): Die allergologische Bedeutung von Stoffen der MAK-Werte-Liste. In: Zentralblatt Arbeitsmedizin, 38: 382-388.

STRUBELT, O. (1989): Gifte in unserer Umwelt. Stuttgart.

STN International (versch. J.): Informationsblätter und -schriften über von STN angebotene Datenbanken. Karlsruhe.

TA-Luft (1986): Erste allgemeine Verwaltungsvorschrift zum Bundes-Immissionsschutzgesetz (Technische Anleitung zur Reinhaltung der Luft vom 27. 2. 1986). In: GMBl. 95.

TCHOBANOGLOUS, G. & E.D. SCHROEDER (1985): Water Quality. Characteristics - Modeling - Modification. Amsterdam, Sydney, Tokio u.a.

TEBBUTT, T.H.Y. (1983): Principles of Water Quality Control. Birmingham, Großbritannien.

TVO - TRINKWASSERVERORDNUNG (1986): Verordnung über Trinkwasser und über Wasser für Lebensmittelbetriebe vom 22. 5. 1986. In: BGBl, I, 1986: 760.

UBA - UMWELTBUNDESAMT (Hrsg.) (1977): Luftreinhaltung '77. Tendenzen - Probleme - Lösungen. Materialien zum Immissionsschutzbericht 1977 der Bundesregierung an den Deutschen Bundestag. Berlin.

UBA - UMWELTBUNDESAMT (Hrsg.) (1980): Luftqualitätskriterien. Umweltbelastung durch Asbest und andere faserige Feinstäube. Berlin.

UBA - UMWELTBUNDESAMT (Hrsg.) (1981): Luftreinhaltung '81. Tendenzen - Probleme - Lösungen. Materialien zum Immissionsschutzbericht 1981 der Bundesregierung an den Deutschen Bundestag. Berlin.

UBA - UMWELTBUNDESAMT (Hrsg.) (1985): UMPLIS. Datenbankhandbuch: ULIDAT, UFORDAT. Eine Information des Umweltbundesamtes. Berlin.

UBA - UMWELTBUNDESAMT (Hrsg.) (1986): Beitrag zur Beurteilung von 19 gefährlichen Stoffen in oberirdischen Gewässern. Berlin (Texte, 10/86).

UBA - UMWELTBUNDESAMT (Hrsg.) (1986): Handbuch Stoffdaten zur Störfall-Verordnung. Berlin (Materialien, 1/86).

UBA - UMWELTBUNDESAMT (Hrsg.) (1988): Luftreinhaltung '88. Tendenzen - Probleme - Lösungen. Materialien zum 4. Immissionsschutzbericht der Bundesregierung an den Deutschen Bundestag. Berlin.

UBA - UMWELTBUNDESAMT (Hrsg.) (1988): UMPLIS. INFUCHS, Anwenderhandbuch - Handbuch Dokumentation-. Loseblattsammlung. Erstellt im Auftrag des Umweltbundesamtes für den Bundesminister für Umwelt, Naturschutz und Reaktorsicherheit (BMU) durch die GSD Gesellschaft für Systemforschung und Dienstleistungen im Gesundheitswesen. Berlin.

UBA - Umweltbundesamt (Hrsg.) (1989): Daten zur Umwelt 1988/89. Berlin.

ULLMANN (1985): Ullmanns Enzyklopädie der technischen Chemie. Siehe BARTHOLOME (1985).

UMWELT (1989): Lösungsmittel-Höchstmengenverordnung erlassen. In: Umwelt, 7: 333.

UN - CLP - Consolidated List of Products whose consumption and/or Sale have been banned, withdrawn, severely restricted or not approved by Governments (1987) : UN-Publication, Sales Number E, 87.IV.1, Prepared in accordance with General Assembly resolutions 37/ 137, 38/ 149, 39/ 229.

UREG (1988): Umweltrecht der EG. Siehe BURHENNE (1988).

VAN DER HEIJDEN, C.A., MULDER, H.C.M., DE VRIJER, F., WOUTERSEN, R.A., DAVIS, P.B., VINK, G.J., HEIJNA-MERKUS, E., JANSSEN, P.J.C.M., CANTON, J.H. & C.A.M. VAN GESTEL (1988): Integrated Criteria Document Toluene. Effects. Bilthoven.

VAN ZINDEREN BAKKER, E.M. & J.F. JAWORSKI (1980): Effects of Vanadium in the Canadian Environment. Ottawa.

VIZ - Vereinigung für Internationale Zusammenarbeit (1989): Handbuch für Internationale Zusammenarbeit. Baden-Baden.

VCI - VERBAND DER CHEMISCHEN INDUSTRIE e.V. (Hrsg.) (1985): Dioxine in der Umwelt. Frankfurt a.M. (VCI-Schriftenreihe, 1).

VERSCHUEREN, K. (1983): Handbook of Environmental Data on Organic Chemicals. 2. Auflage. New York.

VETTORAZZI, G. (1979): International Regulatory Aspects for Pesticide Chemicals. Vol. I, Toxicity Profiles. Florida, USA.

VAN DER VLIES, A. (1985): Gewässergüteplanung und Systeme zur Bewertung der Gewässerbeschaffenheit in den Niederlanden. In: Gewässerschutz, Wasser, Abwasser, 73: 267-277.

VOGL, J. u.a. (Hrsg.)(1987): Handbuch des Umweltschutzes. Landsberg.

WAGNER, B.O. (1989): Übersicht über Altstoffe in Stofflisten politischer Aktionsprogramme und ausgesuchter umweltrelevanter Rechtsvorschriften. Berlin.

WAITE, T.D. (Hrsg.) (1984): Principles of Water Quality. Orlando, San Diego, New York u.a.

WEGLER, R. (Hrsg.) (1982): Chemie der Pflanzenschutz- und Schädlingsbekämpfungsmittel. Band 8: Spezielle Chemie der Herbizide. Berlin, Heidelberg & New York.

WHO - WORLD HEALTH ORGANIZATION (Hrsg.) (1976): Mercury. Genf (Environmental Health Criteria, 1).

WHO - WORLD HEALTH ORGANIZATION (Hrsg.) (1977): IARC Monographs on the Evaluation of the Cancerogenic Risk of Chemicals to Man. Some Fumigants, the Herbicides 2,4-D and 2,4,5-T, Chlorinated Dibenzodioxins and Miscellaneous Industrial Chemicals. Lyon (International Agency for Research on Cancer, 15).

WHO - WORLD HEALTH ORGANIZATION (Hrsg.) (1979): DDT and its Derivates. Genf (Environmental Health Criteria, 9).

WHO - WORLD HEALTH ORGANIZATION (Hrsg.) (1982): IARC Monographs on the Evaluation of the Carcinogenic Risk of Chemicals to Humans. Some Industrial Chemicals and Dyestuffs. Genf (IARC Monographs, 29: 345-375).

WHO - WORLD HEALTH ORGANIZATION (Hrsg.) (1983): IARC Monographs on the Evaluation of the Carcinogenic Risk of Chemicals to Humans. Miscellaneous Pesticides. Genf (International Agency for Research on Cancer, 30).

WHO - WORLD HEALTH ORGANIZATION (Hrsg.) (1984): Tetrachloroethylene. Genf (Environmental Health Criteria, 31).

WHO - WORLD HEALTH ORGANIZATION (Hrsg.) (1984): Epichlorohydrin. Genf (Environmental Health Criteria, 33).

WHO - WORLD HEALTH ORGANIZATION (Hrsg.) (1984): Guidelines for Drinking Water Quality. Vol. 1-3. Eschborn.

WHO - WORLD HEALTH ORGANIZATION (Hrsg.) (1984): Guidelines for Drinking Water Quality. Vol. 1-3. Eschborn.

WHO - WORLD HEALTH ORGANIZATION (Hrsg.) (1984): Paraquat and Diquat. Genf (Environmental Health Criteria, 39).

WHO - WORLD HEALTH ORGANIZATION (Hrsg.) (1985): Toluene. Genf (Environmental Health Criteria, 52).

WHO - WORLD HEALTH ORGANIZATION (Hrsg.) (1986): Organophosphorus Insecticides: A General Introduction. Genf (Environmental Health Criteria, 63).

WHO - WORLD HEALTH ORGANIZATION (Hrsg.) (1986): Asbestos and Other Natural Mineral Fibres. Genf (Environmental Health Criteria, 53).

WHO - WORLD HEALTH ORGANIZATION (Hrsg.) (1987): Pentachlorphenol. Genf (Environmental Health Criteria, 71).

WHO - WORLD HEALTH ORGANIZATION (Hrsg.) (1987): Tetrachloroethylene. Health and Safety Guide. Genf (International Programme on Chemical Safety).

WHO - WORLD HEALTH ORGANIZATION (Hrsg.) (1987): Air Quality Guidelines for Europe. Kopenhagen, Dänemark (Regional Publications, European Series, 23).

WHO - WORLD HEALTH ORGANIZATION (Hrsg.) (1987): Selenium. Genf (Environmental Health Criteria, 58).

WHO - WORLD HEALTH ORGANIZATION (Hrsg.) (1988): Vanadium. Genf (Environmental Health Criteria, 81).

WHO - WORLD HEALTH ORGANIZATION (Hrsg.) (1988): Vanadium. Genf (Environmental Health Criteria, 81).

WHO - WORLD HEALTH ORGANIZATION (Hrsg.) (1989): Lead - Environmental Aspects. Genf (Environmental Health Criteria, 85).

WHO - WORLD HEALTH ORGANIZATION (Hrsg.) (1990): Publications Catalogue 1986-1990. Genf.

WILHELM, F. (1987): Hydrogeographie. Braunschweig.

WIRTH, W. (1981): Toxikologie: Für Ärzte, Naturwissenschaftler und Apotheker. 3. Auflage. Stuttgart & New York.

ZARTNER-NYILAS, G., VALENTIN, H., SCHALLER, K.-H. & R. SCHIELE (1983): Thallium - ökologische, umweltmedizinische und industrielle Bedeutung. Stuttgart (Agrar- und Umweltforschung in Baden-Württemberg, Band 3).

Abkürzungen

AbfKlärV - Klärschlammverordnung
AbwAG - Abwasserabgabengesetz
AbwHerkV - Abwasserherkunftsverordnung
ACGIH - American Conference of Governmental Industrial Hygienists
ADI - Acceptable Daily Intake
AGS - Ausschuß für Gefahrstoffe
AGU - Arbeitsgemeinschaft für Umweltfragen
AOX - Adsorbierbare organische Halogenverbindungen
A.Q.G. - WHO-Air Quality Guidelines for Europa (Luftqualitätswerte für Europa der WHO)
Arbpl - Arbeitsplatz
Arge Rhein - Arbeitsgemeinschaft der Länder zur Reinhaltung des Rheins
ARL - Akademie für Raumforschung und Landesplanung
ARW - Arbeitsgemeinschaft Rhein-Wasserwerke
AtG - Atomgesetz
ATV - Abwassertechnische Vereinigung
BAT - Biologischer Arbeitsstoff-Toleranzwert (Grenzwert für Konzentrationen im menschlichen Körper)
BAS - Bundesanstalt für Arbeitsschutz
BBA - Biologische Bundesanstalt für Land- und Forstwirtschaft
BCF - Biokonzentrationsfaktor
Bewäss - Bewässerung
BFANL - Bundesforschungsanstalt für Naturschutz und Landschaftsökologie
BfG - Bundesanstalt für Gewässerkunde
BGA - Bundesgesundheitsamt
BGB - Bürgerliches Gesetzbuch
BGBl - Bundesgesetzblatt
BIBIDAT - Trinkwasserqualitätsbank am Institut für Wasser-, Boden- und Lufthygiene des BGA
BImSchG - Bundes-Immissionsschutzgesetz
BImSchV - Bundesimmissionsschutzverordnung
BLAU - Bund/Länder-Arbeitskreis Umweltchemikalien
BMBau - Bundesminister für Raumordnung, Bauwesen und Städtebau
BMFT - Bundesminister für Forschung und Technologie
BMI - Bundesminister des Innern
BMJFG - Bundesminister für Jugend, Familie und Gesundheit
BML - Bundesminister für Ernährung, Landwirtschaft und Forsten
BMU - Bundesminister für Umwelt, Naturschutz und Reaktorsicherheit
BMV - Bundesminister für Verkehr
BNatSchG - Bundesnaturschutzgesetz
Bq - Bequerel
BSB_5 - Biochemischer Sauerstoffbedarf in 5 Tagen
BT-DRs - Bundestags-Drucksache
BUA - Beratergremium für umweltrelevante Altstoffe der Gesellschaft Deutscher Chemiker
BUB - Bundesamt für Umweltschutz Bern
BZ_S - Säugetiertoxizitätsbewertungszahl
BZ_F - Fischtoxizitätsbewertungszahl
BZ_B - Bakterientoxizitätsbewertungszahl
CEC - Commission of the European Communities
ChemG - Chemikaliengesetz
CIPRA - Internationale Kommission für den Schutz Alpiner Bereiche
CKW - Chlorkohlenwasserstoffe
CSB - Chemischer Sauerstoffbedarf
DAL - Deutscher Arbeitsring für Lärmbekämpfung
dB(A) - Dezibel nach der Bewertungskurve A
DFG - Deutsche Forschungsgemeinschaft
DGE - Deutsche Gesellschaft für Ernährung
DIMDI - Deutsches Institut für medizinische Dokumentation und Information
DIN - Deutsche Industrienorm; Deutsches Institut für Normung
DOC - Dissolved Organic Carbon (gelöster organisch gebundener Kohlenstoff)
DTA - Duldbare tägliche Aufnahmemenge
DTV - durchschnittliche tägliche Verkehrsstärke
DVGW - Deutscher Verein des Gas- und Wasserfachs
DVO - Durchführungsverordnung
D.W.Q.G. - WHO - Drinking Water Quality Guidelines (Trinkwasserstandards der WHO)
E - Einwohner
EDV - Elektronische Datenverarbeitung
EG - Europäische Gemeinschaft(en)

EMEP - European Monitoring and Evaluation Programme
EOX - extrahierbare organische Halogenverbindungen
EPA - Environmental Protection Agency (US-Umweltschutzbehörde)
EPNdB - Effective perceived noise level (Lärmstörpegel)
EWG - Einwohnergleichwert
FAO - Food and Agriculture Organization (Landwirtschaftsorganisation der Vereinten Nationen)
FS - Feuchtsubstanze, Naßgewicht
G - gesetzlicher Grenzwert
(G) - vermutlich gesetzlicher Grenzwert
GDCh - Gesellschaft Deutscher Chemiker
ges - gesamt
Grundw - Grundwasser
IAEA - International Atomic Energy Agency
IAWR - Internationale Arbeitsgemeinschaft der Wasserwerke im Rheineinzugsgebiet
IBRD - International Bank for Reconstruction and Development
IGW - Immissionsgrenzwert
IIUG - Internationales Institut für Umwelt und Gesellschaft
IMAB - Interministerielle Arbeitsgruppe Bodenschutz
IPS - Industrieverband Pflanzenschutz
IRW - Immissionsrichtwert
ISO - International Organization for Standardization (Internationale Organisation für Normung)
IW1 - Immissionswert der TA-Luft für Dauerbelastung
IW2 - Immissionswert der TA-Luft für Kurzzeitbelastung
LAGA - Länderarbeitsgemeinschaft Abfall
LAI - Länderausschuß für Immissionsschutz
LAU-BW - Landesanstalt für Umweltschutz Baden-Württemberg
LAWA - Länderarbeitsgemeinschaft Wasser
LC_{50} - Letale Konzentration, die bei 50% der Versuchstiere zum Tod führt
LD_{50} - Letale Dosis, die bei 50% der Versuchstiere zum Tod führt
LeitF.Bod.san. - Niederländischer Leitfaden zur Bodensanierung 1988
ltr - lufttrocken
m - männlich
MAK - Maximale Arbeitsplatzkonzentration
max - maximal
MCL - Maximum Contaminant Level
MGA - Mindestgüteanforderung
MIK - Maximale Immissionskonzentration
Mio - Million
Mrd - Milliarde
MVA - Müllverbrennungsanlage
n - Stichprobenumfang
NATO - North Atlantic Treaty Organization (Nordatlantikpaktorganisation)
NatSchG - Naturschutzgesetz
NEL - No-effect-level
NN - Normal Null
NOEL - No Observable Effect Level = höchste Dosis ohne beobachtbare Wirkung
Oberfl - Oberflächengewässer
OECD - Organization for Economic Cooperation and Development (Organisation für wirtschaftliche Zusammenarbeit und Entwicklung)
ÖNM6250 - Österreichische Norm M6250 über die Anforderungen an die Beschaffenheit des Trinkwassers
pH-Wert - Maß für Säuregrad
R - Richtwert offzieller Institution
(R) - Richtwert als Empfehlung einer Arbeitsgruppe
RAL - Deutsches Institut für Gütesicherung und Kennzeichnung
SAF - Sanierungsanforderung
SchwQz - Schweizer Qualitätsziel
SHmV - Schadstoffhöchstmengenverordnung
SRU - Rat von Sachverständigen für Umweltfragen
SSK - Strahlenschutzkommission
STEL - Short Term Exposure Limit
TA-Lärm - Technische Anleitung zum Schutz gegen Lärm
TA-Luft - Technische Anleitung zur Reinhaltung der Luft
TAVO - Trinkwasseraufbereitungsverordnung
TLV-TWA - Threshold Limit Value - Time Weighted Average (Maximale Arbeitsplatzkonzentration an einem 8stündigen Arbeitstag/40 Stunden die Woche, gemittelt)

TLV-STEL - Threshold Limit Value - Short Term Exposure Limit (Maximale Arbeitsplatzkonzentration; Bezug: gewichtetes Mittel einer 15minütigen Exposition, die max. 4 Mal am Tag (8 Stunden je Arbeitstag) auftreten darf, wenn zwischen den Expositionsperioden mindestens 60 Minuten liegen)
TLV-C - Threshold Limit Value - Ceiling (Maximale Arbeitsplatzkonzentration, die durch Arbeitsexposiiton nicht überschritten werden sollte; Messung einer 15minütigen Periode)
TOC - Gesamter organisch gebundener Kohlenstoff
TOCl - Gesamt organisch gebundenes Chlor
Trinkw - Trinkwasser
TR - Trockenrückstand
TRK - Technische Richtkonzentration (für Gefahrstoff, die krebserregend sind)
TS - Trockensubstanz
TÜV - Technischer Überwachungsverein
TVO - Trinkwasserverordnung
TWA - Time Weighted Average
UBA - Umweltbundesamt Berlin
UMK - Umweltministerkonferenz
UMPLIS - Informations- und Dokumentationssystem Umwelt des UBA
UN - Vereinte Nationen
UNEP - Umweltprogramm der UN
UVP - Umweltverträglichkeitsprüfung
UVU - Umweltverträglichkeitsuntersuchung
VCI - Verband der Chemischen Industrie
VDG - Vereinigung Deutscher Gewässerschutz
VDI - Verein Deutscher Ingenieure
VO - Verordnung
VSBo - Schweizer Verordnung über Schadstoffe im Boden vom 1.9. 1986
w - weiblich
WGK - Wassergefährdungsklasse
WHG - Wasserhaushaltsgesetz
WHO - World Health Organization (Weltgesundheitsorganisation)
W.Q.R. - Water Quality Requirements (Wasserqualitätsstandards der USA und Australiens)
ZEBS - Zentrale Erfassungs- und Bewertungsstelle für Umweltchemikalien

Abkürzungen für Länder und Organisationen

A	-	Österreich
ADN	-	Jemen
AFG	-	Afghanistan
AKP	-	Bund Afrikanischer, Karibischer, Pazifischer Staaten
AL	-	Albanien
AND	-	Andorra
ASEAN	-	Bund Asiatischer Länder
AUS	-	Australien
B	-	Belgien
BD	-	Bangladesh
BDS	-	Barbados
BG	-	Bulgarien
BH	-	Belize
BOL	-	Bolivien
BR	-	Brasilien
BRD	-	Bundesrepublik Deutschland)*
BRN	-	Bahrain-Inseln
BRU	-	Brunei
BS	-	Bahama-Inseln
BU	-	Burundi
BUR	-	Birma
C	-	Cuba
CDN	-	Kanada
CH	-	Schweiz
CI	-	Elfenbeinküste
CL	-	Ceylon
CO	-	Kolumbien
COMECON	-	Rat für Gegenseitige Wirtschaftshilfe (RGW)
CR	-	Costa Rica
CS	-	Tschechoslowakei
CY	-	Cypern
D	-	Bundesrepublik Deutschland)*
DDR	-	Deutsche Demokratische Republik)*
DK	-	Dänemark
DOM	-	Dominikanische Republik
DZ	-	Algerien
E	-	Spanien
EAK	-	Kenia
EAT	-	Tansania
EAU	-	Uganda
EC	-	Ecuador
ECE	-	Economic Commission for Europe
EFTA	-	European Federal Trade Association
EG	-	Europäische Gemeinschaften
ES	-	El Salvador
ET	-	Ägypten
ETH	-	Äthiopien
F	-	Frankreich
FIJ	-	Fidschi-Inseln
FL	-	Fürstentum Lichtenstein
FR	-	Färöer-Inseln
GB	-	Großbritannien
GBA	-	Alderny
GBG	-	Guernsey
GBJ	-	Jersey
GBM	-	Insel Man
GBZ	-	Gibraltar
GCA	-	Guatemala
GH	-	Ghana
GR	-	Griechenland
GUY	-	Guyana
H	-	Ungarn
HK	-	Hong Kong
HV	-	Obervolta
I	-	Italien
IL	-	Israel
IND	-	Indien
IR	-	Iran
IRL	-	Irland
IRQ	-	Irak
IS	-	Island
J	-	Japan
JA	-	Jamaika
JOR	-	Jordanien
K	-	Kambodscha
KWT	-	Kuweit
L	-	Luxemburg
LAO	-	Laotische Demokratische Volksrepublik
LAR	-	Lybisch-Arabische Republik
LB	-	Liberia
LS	-	Lesotho
M	-	Malta
MA	-	Marokko
MAL	-	Malaysia
MC	-	Monaco
MEX	-	Mexiko
MS	-	Mauritius
MW	-	Malawi
N	-	Norwegen
NA	-	Niederländische Antillen
NIC	-	Nicaragua
NL	-	Niederlande
NZ	-	Neuseeland

OECD	-	Organization for Economic Cooperation and Development
OPEC	-	Organization of Petroleum Exporting Countries
P	-	Portugal
PA	-	Panama
PAK	-	Pakistan
PE	-	Peru
PL	-	Polen
PNG	-	Papua-Neuguinea
PY	-	Paraguay
Q	-	Katar
RA	-	Argentinien
RB	-	Botswana
RC	-	Republik China (Taiwan)
RCA	-	Zentralafrikanische Republik
RCB	-	Kongo
RFC	-	Kamerun
RGW	-	siehe COMECON
RH	-	Haiti
RI	-	Indonesien
RIM	-	Mauretanien
RL	-	Libanon
RM	-	Madagaskar
RMM	-	Mali
RN	-	Niger
RO	-	Rumänien
ROK	-	Korea
ROU	-	Uruguay
RP	-	Philippinen
RPB	-	Benin
RSM	-	San Marino
RWA	-	Ruanda
S	-	Schweden
SA	-	Saudi-Arabien
SCV	-	Vatikanstaat
SD	-	Swasiland
SF	-	Finnland
SGP	-	Singapur
SME	-	Surinam
SN	-	Senegal
SP	-	Somalia
STL	-	Windward-Insel Saint Lucia
SU	-	Sowjetunion
SUD	-	Sudan
SY	-	Seychellen
SYR	-	Syrien
TG	-	Togo
THA	-	Thailand
TJ	-	Chinesische Volksrepublik
TN	-	Tunesien
TR	-	Türkei
TT	-	Trinidad und Tobago
UdSSR	-	Union der Sozialistischen Sowjetrepubliken (Sowjetunion)
UK	-	United Kingdom (Vereinigtes Königreich von Großbritannien)
USA	-	Vereinigte Staaten von Amerika
VN	-	Vietnam
WAG	-	Gambia
WAL	-	Sierra Leone
WAN	-	Nigeria
WD	-	Windward-Insel Dominica
WG	-	Grenada
WS	-	Samoa
WV	-	Windward-Insel Saint Vincent
Y	-	Yemen
YU	-	Jugoslawien
YV	-	Venezuela
Z	-	Sambia
ZA	-	Südafrika
ZRE	-	Zaire
ZW	-	Simbabwe

Anmerkung:
Für Angaben, die nur für bestimmte Bundesländer gelten, wurde dem Länderkennzeichen ein Kürzel für das Bundesland in Klammern angefügt; Beispiel: D(HH) = Hansestadt Hamburg).

)* Die Kennzeichnung D, BRD, und DDR gelten für die politisch/rechtliche Situation vor dem 3. Oktober 1990.

Einheiten und Maße

%	=	Prozent
a	=	Jahr
cm	=	Zentimeter
cm^2	=	Quadratzentimeter
cm^3	=	Kubikzentimeter
°C	=	Grad Celsius
d	=	Tag
dH	=	deutscher Härtegrad
dl	=	Deziliter
dt	=	Dezitonne
g	=	Gramm
Gew-%	=	Gewichtsprozent
h	=	Stunde
ha	=	Hektar
hPa	=	Hektopascal
kg	=	Kilogramm
km	=	Kilometer
l	=	Liter
m	=	Meter
mg	=	Milligramm (10^{-3} g)
min	=	Minute
Mio	=	Million
ml	=	Milliliter
mm	=	Millimeter
Mrd	=	Milliarde
ng	=	Nanogramm (10^{-9} g)
Pa	=	Pascal
pg	=	Picogramm (10^{-12} g)
pH-Wert	=	Maßeinheit für den Säuregrad
ppb	=	parts per billion (Teile auf 1 Milliarde Teile)
ppm	=	parts per million (Teile auf 1 Million Teile)
ppt	=	parts per trillion (Teile auf 1 Billion Teile)
s	=	Sekunde
t	=	Tonne
ug	=	Mikrogramm (10^{-6} g)
Vol-%	=	Volumenprozent

Schlagwortverzeichnis

Aufgenommen sind Schlagwörter mit den Seitenzahlen ihrer wesentlichen Fundstellen. Die wichtigsten Bezeichnungen chemischer Stoffe sind als Schlagwort geführt; für weitere Stoffsynonyma sei auf die entsprechenden Register der Stoffkartei (Seite 135) und der Abfallarten und Pflanzenschutzmittel (Seite 700 bzw. 703) verwiesen. Stichwörter, die zum Grundinhalt der Informationsblätter (siehe Stoffkartei und Kartei der Umweltverträge) gehören (z. B. Toxizität, Schutzgüter, Umweltmedien) sind nicht erneut aufgenommen.

Synonymbegriffe sind nicht unbedingt unter einem Schlagwort zusammengefaßt (z. B. Pestizide/Schädlingsbekämpfungsmittel; Abfall/Abfälle; Stäube/staubförmige Emissionen).

Qp: Schlagwort bezieht sich auf Qualitätsparameter
iA: Schlagwort bezieht sich auf industrielle Anlage, Gerät u. a.